Kummer/Frankenberger (Hrsg.)

Das deutsche Vermessungs- und Geoinformationswesen 2010

2010

Klaus Kummer/Josef Frankenberger (Hrsg.)

Das deutsche Vermessungs- und Geoinformationswesen

Themenschwerpunkte 2010:

- Gesellschaftliche Verankerung und institutionelles Gefüge
- Aufgabenfelder und Wirkungsbereiche
- Technische Netzwerke und Transfer
- Forschung und Lehre

Wichmann · Heidelberg

Alle in diesem Buch enthaltenen Angaben, Daten, Ergebnisse usw. wurden von den Autoren nach bestem Wissen erstellt und von ihnen und dem Verlag mit größtmöglicher Sorgfalt überprüft. Dennoch sind inhaltliche Fehler nicht völlig auszuschließen. Daher erfolgen die Angaben usw. ohne jegliche Verpflichtung oder Garantie des Verlags oder der Autoren. Sie übernehmen deshalb keinerlei Verantwortung und Haftung für etwa vorhandene inhaltliche Unrichtigkeiten.

Bibliografische Information der Deutschen Nationalbibliothek

Die Deutsche Nationalbibliothek verzeichnet diese Publikation in der Deutschen Nationalbibliografie; detaillierte bibliografische Daten sind im Internet über http://dnb.d-nb.de abrufbar.

Bei der Herstellung des Werkes haben wir uns zukunftsbewusst für umweltverträgliche und wiederverwertbare Materialien entschieden. Der Inhalt ist auf elementar chlorfreies Papier gedruckt.

ISBN 978-3-87907-487-7

E-Mail: kundenbetreuung@hjr-verlag.de
Telefon: +49 89/2183-7928
Telefax: +49 89/2183-7620

www.wichmann-verlag.de
www.hjr-verlag.de

Druck: Fuldaer Verlagsanstalt, Fulda
Printed in Germany

Vorwort der Herausgeber

Die derzeitige Weltwirtschaftskrise ist längst aus dem Finanzbereich hinausgewachsen und hat auch die Energiemärkte und die industrielle Produktion erreicht. Ursachen der Krise waren zum einen das Fehlen wirksamer Regulations- und Kontrollmechanismen für das Marktgeschehen, zum anderen fehlende Transparenz der globalen Verhaltensweisen, aber auch der Mangel an validen Daten und Informationen – aktuell und klar strukturiert und vor allem mit Raum- und Zeitbezug.

Der Raum- und Zeitbezug ist nicht nur die Arbeitsbasis jedes Geodäten, Kartographen und aller, die mit Grund und Boden zu tun haben, sondern auch der Verantwortlichen in Politik, Wirtschaft und Verwaltung. Geodaten müssen allen zugänglich sein!

Der zunehmenden Bedeutung eines performanten Datenverkehrs trägt die Bundesregierung unter anderem durch den raschen Ausbau der Breitbandnetze auch in den ländlichen Räumen Rechnung und stellt im Rahmen ihrer Konjunkturprogramme erhebliche Fördermittel zur Verfügung.

Das Geodatenmanagement ist vor allem die Aufgabe von Geodäsie und Geoinformatik. Da aber das *deutsche Vermessungs- und Geoinformationswesen* von vielen Schultern getragen wird, bedarf es zum optimalen und schnellen Erreichen der von Politik und Wirtschaft gesetzten Ziele einer engen, vertrauensvollen Zusammenarbeit aller Beteiligten – des Bundes, der Länder und Kommunen ebenso wie der Wissenschaft, Forschung und Lehre, der Wirtschaft sowie auch der privaten Dienstleister. Denn das Vermessungswesen des 21. Jahrhunderts ist längst über den rein hoheitlichen Bereich hinausgewachsen und fordert den Vermessungsingenieur weit über die traditionellen Aufgaben eines Geodäten hinaus.

Für das deutsche Vermessungs- und Geoinformationswesen ist das Herausforderung und Auftrag zugleich: *Herausforderung*, weil künftig jeder kleinste Fleck der Erdoberfläche digital in Pixel, bits und bytes verfügbar sein muss – aktuell, umfassend weiter verwertbar und kostengünstig. *Auftrag*, weil Bürger, Wirtschaft, Verwaltung und Politik Geodaten schon heute zur selbstverständlich verfügbaren Infrastruktur rechnen – ähnlich wie der Strom aus der Steckdose.

Allerdings kostet der Aufbau einer derart integralen Geodateninfrastruktur Geld. Diese Aufbauarbeit möglichst wirtschaftlich zu leisten, muss im Interesse von Politik, Verwaltung und Steuerzahler gleichermaßen liegen. Vor allem sind Doppelarbeit und widersprüchliche Aussagen zu vermeiden.

Dieser neue Bedarf und entsprechende Erwartungen zwingen Erzeuger und Nutzer von Geodaten einander zu kennen und zu wissen, was die jeweilige Seite zu leisten imstande ist. Nur wenn das *Wer, Wo* und *Wie* genau bekannt sind, kann effektiv und effizient gearbeitet werden. Wegen der ungeheuren Entwicklungsgeschwindigkeit bei den IuK-Technologien besteht bereits jetzt die Gefahr der Unübersichtlichkeit.

Wissen von einander und von den Produkten und Diensten des deutschen Vermessungs- und Geoinformationswesens müssen also nicht nur der Vermessungsingenieur und Kartograph, sondern auch Bauingenieure und Architekten, Immobilienmakler und Kreditinstitute, Land- und Forstwirte, Umweltingenieure und Statistiker sowie die Rettungs- und Katastrophenhilfsdienste.

Mit diesem Wissensaufbau sollte bereits bei der Ausbildung an den Schulen begonnen werden und später natürlich an den Universitäten und Hochschulen fortgesetzt werden.

Und schließlich sollte in dem Zusammenhang nicht vergessen werden, dass moderne Liegenschafts- und Bodeninformationssysteme in Schwellenländern die Voraussetzung für prosperierende Volkswirtschaften sind. Deutschland ist hier aufgerufen, Beratung und Hilfe zu leisten. Eine unentbehrliche ergänzende Hilfe kann dabei das vorliegende Jahrbuch *„Das deutsche Vermessungs- und Geoinformationswesen"* leisten. Jedem Beitrag wird deshalb eine Zusammenfassung in Englisch vorangestellt.

Welche Bedeutung das Thema Geodateninfrastruktur europaweit erlangt hat, zeigen unter anderem die EU-Richtlinien INSPIRE und GMES sowie das Projekt GALILEO. Die Mitgliedstaaten haben für die Umsetzung der INSPIRE-Richtlinie in nationales Recht extrem enge Zeitkorridore eingeräumt erhalten. Auch in Deutschland wird die intensivierte interdisziplinäre Zusammenarbeit auf den Grundlagen von INSPIRE stattfinden. Das eröffnet in der föderalen Ordnung Deutschlands die Chance, sich bei den amtlichen Geodaten länderübergreifend auf einheitliche Standards festzulegen, ohne die Vorteile des föderalen Wettbewerbs um die besten Lösungen radikal über Bord werfen zu müssen.

Aus all diesen Gründen und um die knappen personellen und materiellen Ressourcen zu bündeln, ist es erforderlich, rasch ein Informations- und Wissensnetzwerk für die Erzeuger, Verwalter und Anwender von Geodaten und Geoinformationsdiensten bereit zu stellen. Auf Verständlichkeit, hohe Aktualität und die Möglichkeit, sich bei Vorschlägen und Fragen auszutauschen, wird besonderes Augenmerk gerichtet werden.

Verlag, Herausgeber und Autoren wünschen sich, dass *„Das deutsche Vermessungs- und Geoinformationswesen"* eine Community-Plattform und eine Art „geodätisches Wikipedia" für alle Berufstätigen und den Berufsnachwuchs aus dem In- und Ausland gleichermaßen wird.

Die Autoren sehen ihre Aufgabe auch darin, dass sie sich den an sie gerichteten Fragen und Diskussionen stellen. Damit kann nicht nur hohe Aktualität und „Bodenhaftung" des Werks, sondern auch die laufende Qualitätssicherung der Informationen gewährleistet werden. Die Herausgeber legen darüber hinaus großen Wert darauf, dass die Auffassungen der Autoren authentisch in ihrem jeweiligen thematischen Zusammenhang wiedergegeben werden, selbst wenn sich dadurch an der einen oder anderen Stelle gewisse Überlappungen oder autorenbezogene Ausprägungen zeigen sollten. Für den gewollten engagierten Meinungsaustausch kann das nur anregend sein.

„Das deutsche Vermessungs- und Geoinformationswesen" ist geplant als Jahrbuch mit dem Grundwerk 2010 und jährlichen Aktualisierungsbänden, die das Grundwerk gezielt vertiefen und besondere Bereiche auch durch Beispiele verdeutlichen. Jedes dritte Jahr wird das Grundwerk völlig überarbeitet neu herausgegeben.

Für viele hat sich das Vermessungs- und Geoinformationswesen in den letzten Dekaden – besonders aber in den letzten Jahren – enorm ausgeweitet und viele – nicht nur – Fachkollegen empfinden diese Ausweitung als kaum noch überschaubar. Dem unüberhörbaren Wunsch nach einer fachlichen Klammer will dieses Werk deshalb nachkommen. Hierbei ist es natürlich erforderlich, Schwerpunkte und Akzente zu setzen, da sich nicht alle Facetten dieses großen fachlichen und beruflichen Wirkungsfeldes eingehend und gleichermaßen vertieft in einem Buchwerk darstellen lassen.

Traditionell begründet, geschichtlich gewachsen und noch heute wirksam ist die enge Verzahnung des *deutschen Vermessungs- und Geoinformationswesens* mit dem Staat. Auch für diejenigen, die im privaten Bereich fachlich wirken, sind deshalb authentische und aktuelle Grundinformationen über das amtliche Vermessungswesen besonders wichtig. Somit wird dem öffentlich-rechtlichen Bereich des Vermessungs- und Geoinformationswesens eine entsprechende Gewichtung im Buchwerk gegeben. Dennoch sollen alle Bereiche des deutschen Vermessungs- und Geoinformationswesens zu Wort kommen, um dem Anspruch gerecht zu werden, einen *Überblick* über den Gesamtbereich geben zu wollen und die *Zusammenhänge* aufzuzeigen. Ohne Gesamtüberblick und –zusammenhänge lässt sich das heutige Wirkungsgeflecht dieses Berufsfeldes nicht mehr verdeutlichen. *Umfassend* soll also die Darstellung sein, aber dennoch *kompakt strukturiert*, so dass sich das Buch auch als Nachschlagewerk versteht. Eine ausgeweitete, differenzierte, sehr vertiefte Darstellung von Einzelbereichen bleibt somit speziellen Einzelwerken überlassen.

Die Herausgeber freuen sich besonders, dass es gelungen ist, für alle Teilbereiche des Berufsfeldes in Deutschland in vorderster Reihe wirkende Expertinnen und Experten als Autoren zu gewinnen: aus der Praxis und ebenso aus der Wissenschaft. Damit kann *Kompetenz für Studium und Praxis* abgerufen werden – *mittendrin im Geschehen*, so dass darüber hinaus die sich vollziehenden oder abzeichnenden *Entwicklungen* und Trends aus berufener Feder aufgezeigt werden können.

Herausgebern und Autoren ist es besonders wichtig, interdisziplinäre Zusammenhänge und Schnittstellen auch innerhalb der einzelnen Kapitel aufzuzeigen und zu beleuchten. *Das deutsche Vermessungs- und Geoinformationswesen* steht heute nicht allein als abgeschlossenes Berufsfeld da, sondern ist zentral in die Wirkungsbereiche aller Geodisziplinen eingebettet. Somit soll die Lektüre auch verwandten Geoberufen und benachbarten Berufsfeldern als Informationsquelle für eine kommunikative, wertschöpfende interdisziplinäre Zusammenarbeit dienen.

Intensive Gedanken haben sich Verlag, Herausgeber und Autoren über den Namen des Werkes gemacht. Dies war keine leichte Aufgabenstellung, denn schon viel zu lange wird eine Klammer über das Berufsfeld vermisst und somit sind auch übergeordnete Bezeichnungen kaum noch eindeutig präsent. Der verwendete Titel ist schließlich nicht zuletzt an guter, alter Tradition anknüpfend gewählt worden. Das Werk hat nämlich tatsächlich eine Vorgängerin: „Das deutsche Vermessungswesen", das als Jahrbuch von *Jordan* und *Steppes* 1882 vom Wittwer-Verlag herausgegeben wurde. Hierauf geht der *„Rückblick"* am Ende des Buches näher ein. Der Verlagsgruppe *Hüthig Jehle Rehm* mit dem *Wichmann Verlag* und *Gerold Olbrich* ist ausdrücklich zu danken, diese schon fast verloren gegangene Tradition nachhaltig aufleben zu lassen, um eine entstandene Lücke wieder schließen zu können.

Verlag und Herausgeber wünschen dem Jahrbuch einen möglichst großen und interessiert-engagierten Leserkreis, denn „noch nie war die Karte so wertvoll wie heute" (Frankfurter Allgemeine Zeitung vom 25. Februar 2009)!

Magdeburg und München, im Oktober 2009 *Klaus Kummer* und *Josef Frankenberger*

Inhaltsverzeichnis

The German Surveying, Mapping and Geoinformation Business

Chapter Summaries

A Gesellschaftliche Verankerung und institutionelles Gefüge

1 Geoinformationen im globalisierten 21. Jahrhundert und im nationalen Kontext

Markus KERBER

Zusammenfassung

Unter Geowissenschaftlern kursiert eine humorvolle aber in ihrem Kern ernst gemeinte Anekdote über den Zustand des Planeten Erde. Danach trifft diese Erde in den Weiten des Weltraums auf einen zweiten Planeten und klagt ihm ihr Leid. Ihr gehe es fürchterlich schlecht. Sie leide an einer Krankheit namens „homo sapiens" und verweist auf zahlreiche Abschürfungen, Geschwüre, Beulen und Dellen sowie den Verlust lebenswichtiger Rohstoffe. Ihr Gegenüber vermag jedoch Trost zu spenden. Es kenne diese Krankheit aus eigener Erfahrung und versichert, dass sie vorübergehe.

Dieses zugegeben überzeichnete Beispiel rückt die Bedeutung der Geowissenschaften und der Verfügbarkeit von Geoinformationen über den „Patienten Erde" in das Blickfeld der Gesellschaft. Der Zusatz „Geo" entstammt dem Griechischen und verdeutlicht, dass es sich hier um die Wissenschaften und Informationen handelt, welche den Planeten Erde berühren; unabhängig davon ob kleinräumig oder großräumig, ob das Erdinnere, die Erdoberfläche oder die Erdatmosphäre betreffend, und losgelöst davon, ob es die Gegenwart oder Vergangenheit betrifft. Eine Behandlung des Planeten Erde verlangt eine Diagnose, die sich auf eine Vielzahl raumbezogener Informationen oder Geoinformationen von Geowissenschaftlern stützt. Sie erzeugen, verarbeiten und bewerten Geodaten und leiten hieraus entscheidungsrelevante Geoinformationen für die Politik und die Verwaltung, aber auch die Wirtschaft und den Bürger sowie die Wissenschaft selbst ab. Die Behandlung des Patienten Erde stellt sich als eine Aufgabe dar, die alle gesellschaftlichen Gruppen nur gemeinsam bewältigen können.

Die Millenniumsziele der Vereinten Nationen, der Nachhaltigkeitsgipfel von Johannisburg, die Lissabonstrategie der Europäischen Union, zahlreiche internationale Abkommen und verschiedene Programme der Bundesregierung haben für die Bedeutung von Geoinformationen sensibilisiert und diverse Maßnahmen eingeleitet, die in diesem Kapitel vorgestellt werden. Aktionen wie das Jahr der Geowissenschaften 2002 auf nationaler Ebene oder das von den Vereinten Nationen initiierte Jahr des Planeten Erde 2008 haben dazu beigetragen, für das Thema in der breiten Öffentlichkeit, also außerhalb von Politik und Verwaltung, zu sensibilisieren.

Dennoch ist der Umgang mit Geoinformationen keine Modeerscheinung der Neuzeit. Die Kultur- und Zivilisationsgeschichte des Menschen ist durchzogen von Beispielen für die Erhebung und Nutzung von Geoinformationen. Die folgenden Seiten werden daher neben der aktuellen administrativen und politischen Bedeutung auch einen Überblick über die historische Dimension des Geoinformationswesens geben. Da allein in der Bundesverwaltung bereits eine Vielzahl an Geoinformationsbehörden in die Erhebung, Führung und Bereitstellung raumbezogener Informationen eingebunden ist, und eine noch größere Zahl als Nutzer auftritt, werden diese in Form einer beispielhaften Auswahl mit ihren Aufgaben kurz vorgestellt. Als Vision wird die Entstehung eines Ressort- und Verwaltungsebenen übergreifenden „Geoinformationsdienstes Deutschland“ aufgezeigt.

Summary

Among Earth scientists a humorous, but in its core true, anecdote about the state of the Earth exists. On its way through outer space Planet Earth meets another planet and tells it about his suffering. He feels very bad. There is a disease called "homo sapiens" he caught and he shows all his grazes, ulcers, bumps and dents and tells about a lack of essential raw materials. But there is consolation by the other planet: "I know that disease and I promise you it will be gone soon", he answers.

This little exaggerated example stresses the importance of earth sciences and the availability of geoinformation on the "Patient Earth" in human society. The prefix "geo" derives from the Greek language and means sciences and information dealing with the earth, both local and global in scale, concerning the inner earth, the surface or the atmosphere and without regard to whether they are ancient, historical or contemporary. Treatment of Planet Earth necessarily needs a diagnosis based on plenty of geoinformation given by earth scientists. They produce, process and give an opinion on geographical data and derive geoinformation in support of politics and administration in decision making as well as in support of economy, civilians and sciences themselves. Treatment of the "Patient Earth" is therefore a challenge, which can only be done by all groups of society together.

The United Nations' Millennium Development Goals, the Johannesburg World Summit on Sustainable Development, the European Union's Lisbon Strategy, several international treaties and different programmes run by the federal government all started a process of awareness building and led to actions, which are presented in this chapter. Activities like the "Year of Earth Sciences" on a national level in 2002 or the "International Year of the Planet Earth" announced by the United Nations in 2008 helped to make these "Geo"-themes more familiar to the public next to politics and administration.

Nevertheless, using geoinformation is not a phenomenon of modern times. History of culture and civilisation in mankind shows many examples of collecting and using this type of information. Therefore this chapter not only gives an overview of their contemporary importance from the political or administrative point of view but also their historical dimension. As there are many agencies in the federal administration dealing with collecting, storing and giving spatial information to other parties and even more who use this information, only some examples are shown and their different functions introduced. The idea of a "Geoinformation Service Germany" connecting specific agencies on different administration levels and in different branches of administration under one "corporate identity" is shown as a vision for the future.

1.1 Historische Dimension des Geoinformationswesens

1.1.1 Ausgangssituation

Unser tägliches Zusammenleben in der Gesellschaft, die individuelle Entwicklung aber auch die Menschheitsgeschichte insgesamt sind – wie wir heute wissen – ohne die Nutzung raumbezogener Informationen, Geoinformationen, nicht mehr denkbar. Wir kennen heute kartographische Darstellungen der Jungsteinzeit, die sich mit Fragen der Wasserwirtschaft auseinandersetzen, ebenso wie Zeichnungen aus dem 6. Jahrtausend vor Christus, welche urbane Siedlungsdarstellungen enthalten. Diese haben sich bis in unsere Tage von einer teilweise stilisierten oder nur topologisch strukturierten zweidimensionalen Darstellung über winkel- und flächentreue Abbildungen der Erdoberfläche hin zu vierdimensionalen, animierten Geoinformationssystemen entwickelt, welche Erscheinungen innerhalb der Geosphäre zeitlich sowie räumlich modellieren und dabei auf einheitliche weltweite Koordinatensysteme nach Länge, Breite und Höhe zurückgreifen. Dies reicht von Strömungen innerhalb des Erdmantels über die Bewegung tektonischer Platten oder Hochwasserszenarien bis hin zu Schadstoffkonzentrationen innerhalb der Atmosphäre.

Parallel dazu ist der Fortschritt in der Ortung und Navigation zu beobachten. Nutzten unsere frühen Vorfahren noch Windrichtungen, die Dünung des Meeres, den Stand der Sterne oder den Zug der Vögel als Orientierungshilfe, so kamen später der Kompass, die astronomische Ortsbestimmung über Venus oder Polarstern mithilfe des Sextanten und präziser Chronometer und schließlich künstliche Himmelskörper in Form der Navigationssatelliten des Global Positioning Systems (GPS) zum Einsatz. Gemeinsam mit den Erdbeobachtungs- und Kommunikationssatelliten stellen diese heute den weltraumgestützten Teil unserer kritischen Infrastrukturen dar.

Vor diesem Hintergrund ist das Geoinformationswesen zu einem komplexen Politikfeld herangewachsen, das von zahlreichen Geowissenschaften wie der Geographie, der Geologie, der Geodäsie, der Geoinformatik aber auch solchen ohne den „Geo-Zusatz" wie der Klima- und Meteorologie, der Hydrologie oder der Botanik und entsprechenden Berufsgruppen geprägt wird. Ihre Akteure finden sich in der Wissenschaft und der Wirtschaft ebenso wie innerhalb der öffentlichen Verwaltung, welche mit Blick auf ihre Verantwortung für ein geordnetes staatliches Miteinander in der Pflicht steht, ein Mindestmaß an raumbezogenen Daten zu erheben, zu führen und bereitzustellen, um aktiven Einfluss auf die Gestaltung und den Umgang mit unserer Umwelt zu nehmen. Die zunehmende Verfügbarkeit solcher Geodaten ist zugleich Anlass, eine Vielzahl weitergehender Phänomene, wie sie beispielsweise in Kriminalstatistiken, dem Auftreten von Krankheitsbildern, in der Arbeitsmarkt- und Bildungssituation oder der Kulturgeschichte zu beobachten sind, georeferenziert aufzubereiten. Eine solche Visualisierung eröffnet Verwaltung und Politik ganz neue Formen der Entscheidungshilfe. Insoweit stellt das deutsche Geoinformationswesen ein Netzwerk unterschiedlichster Verantwortungsträger dar, welches seinerseits in entsprechende europäische und weltweite Netzwerke eingebunden ist.

Bevor wir die Bedeutung von Geoinformationen im globalisierten 21. Jahrhundert betrachten, soll ein Streifzug durch die Siedlungs-, Kunst-, Entdeckungs- und Rechtsgeschichte den Weg dorthin aufzeigen.

1.1.2 Geoinformationen als Zeugnis der Siedlungsgeschichte

Lange vor Erfindung der Schriftzeichen hat sich die Siedlungsgeschichte der Menschheit in bildlichen Darstellungen dokumentiert, die als Vorläufer heutiger Karten und Pläne bezeichnet werden dürfen. So sind erste diesbezügliche Zeugnisse in Form einer geritzten Skizze eines Höhlensystems auf einem Tiergeweih (27.000 v. Chr.) sowie Felszeichnungen aus der Zeit rd. 10.000 v. Chr. bekannt. Am sogenannten „Map Rock" im nordamerikanischen Idaho entdeckten Siedler Mitte des 19. Jahrhunderts vermeintliche Darstellungen des Wassereinzugsgebiets des Snake River, eine frühe thematische Karte. Rund 6.200 v. Chr. entstand eine 275 cm lange erhaltene Felszeichnung der Siedlung Catal Hüyük im heutigen Anatolien. Sie gilt als ältester heute noch erhaltener Stadtplan und stellt eine Mischung aus Profil- und Aufsichtsdarstellungen dar.

Eine der ältesten transportablen Siedlungsdarstellungen bildet die auf Tonplättchen geritzte Darstellung des nördlichen Mesopotamiens, welche den Euphrat, einzelne Ortschaften sowie die Grenzgebirge zeigt (rd. 3.800 v. Chr.). Später sind als Tuschezeichnung gefertigte chinesische Katasterpläne (rd. 2.000 v. Chr.) oder eine auf Papyrus gezeichnete nubische Goldminenkarte (rd. 1.300 v. Chr.) bekannt. Machtsphären, der Nachweis des individuellen Grundbesitzes oder die Lage wichtiger Rohstoffe und Handelsgüter standen als rechtliche und wirtschaftliche Aspekte im Vordergrund der Darstellung.

In Ägypten zwangen die jährlichen Nilüberschwemmungen zu regelmäßigen Vermessungen und Kartierungen, in deren Ergebnis die Grenzen insbesondere landwirtschaftlicher Flächen nachgewiesen wurden, um Rechtsstreitigkeiten vorzubeugen und zu schlichten. Die Katasterkarten sind in altägyptischen Quellen seit ungefähr 1.300 v. Chr häufig erwähnt. Es entstanden Flur- und Lagerbücher, die von Ortsschreibern geführt wurden und die Lage, Größe, Grenzen, Nachbarfelder, Güte und Eigentümer jeden Grundstücks enthielten. Leiter dieser Geodatenerfassung war in der Regel ein ranghoher Offizier.

Die Abbildung von Handels- und Militärrouten zwischen Siedlungsschwerpunkten oder in noch unerschlossene Räume stellte eine wesentliche Motivation für die Kartographie der römischen Antike dar. Exemplarisch hierfür sind die von Kaiser Augustus in Auftrag gegebenen, aber im Original nicht mehr erhaltenen Itinerarien zu nennen. Als Tabula Peutingeriana (375 n. Chr.) hat jedoch eine spätere Auflage bis heute überdauert. Sie darf aus heutiger Sicht als Straßenkarte des Römischen Reiches bezeichnet werden. Einen späteren Straßenatlas stellt das 1579/1580 entstandene Itinerarium Orbis Christiani dar.

Erste geodätische Grundlagen für die Kartographie hatten Griechen und Römer einige hundert Jahre zuvor gelegt. Erstgenannte setzten sich zwischen 500 und 100 v. Chr. insbesondere mit der Gestalt der Erde sowie ihrer Abbildung auseinander. Ihre Karten sind vornehmlich wissenschaftlicher Natur und lassen ein Verschmelzen von Geographie und Kartographie zu einer wissenschaftlichen Disziplin erkennen. Der Mathematiker und Philosoph Pythagoras (6. Jh. v. Chr.) schließt aufgrund von Beobachtungen und Messungen als erster Mensch auf die Kugelgestalt der Erde und wird später durch Eratosthenes von Kyrene (284-202 v. Chr.) bestätigt, der den Erdumfang nahe dem heute bekannten Wert berechnet und eine Gradnetzkarte der antiken Welt mit Breiten- und Längengraden entwirft. Sie ist Voraussetzung des geozentrischen Weltbildes des Claudius Ptolemäus (87-150 n. Chr.), bis zu dessen Widerlegung durch Nikolaus Kopernikus (1473-1543), Johannes Kepler (1571-1630) und Galileo Galilei (1565-1642).

Im Mittelalter prägten vornehmlich die Araber die Kartographie. Sie konnten im 9. Jahrhundert n. Chr. den Erdumfang noch genauer berechnen als Eratosthenes. Sie produzierten Karten in großem Umfang für den Handel und die Expansion ihres Reiches. Die europäischen Entdeckungen der Neuzeit gelten auch als Folge der Kenntnisse der arabischen Kartographie. Europa hingegen befasste sich im Mittelalter nahezu ausnahmslos hinter Klostermauern mit der Kartographie und setzte mit eher künstlerischen denn wissenschaftlichen Akzenten, die Geschichte der Kartographie fort. Erst das ausgehende Mittelalter mit dem Drang der Europäer nach Gold, Gewürzen und fruchtbaren Ländereien bedeutete einen weiteren Schub in der Kartenproduktion und -gestaltung durch den alten Kontinent. Die Erschließung der Seewege über das Mittelmeer, um den Südzipfel Afrikas in Richtung Asien oder in die neue Welt durch Portugiesen, Spanier, Engländer und Niederländer führte seit Beginn des 13. Jahrhunderts zu den See- oder Portolankarten, welche zugleich eine Abkehr vom christlich geprägten kartographischen Weltbild einleiteten. Hierin findet sich neben der topographischen Darstellung ein Netz von Windstrahlen, sogenannten Rumben, zur Unterstützung der Navigation. Sogenannte „Vertoonungen", Ansichtsbilder der Küstenlinien, wirkten unterstützend für die „Fahrt auf Sicht". Navigatorische Zwecke erfüllten auch die Stabkarten der Marshall-Inseln im Südpazifik. Gebogen gebundene sowie kürzere und längere gerade Stäbe gaben Auskunft über die Dünungen der Meeresoberfläche, Strömungen sowie Fahrtrichtungen zwischen den einzelnen Inseln und waren damit Basis für die Besiedlung der südpazifischen Inselwelt.

Auch die Besiedlung des nordamerikanischen Kontinents durch die Europäer wird begleitet von Vermessungsleistungen. 1765 bis 1768 entstand die „Mason-Dixon-Linie" als Grenze zwischen den Nord- und Südstaaten der Vereinigten Staaten von Amerika. Die britischen Vermesser Charles Mason und Jeremiah Dixon hatten im Auftrag der Familien Calvert (Maryland) und Penn (Pennsylvania) die Grenze zwischen deren Ländereien festzulegen. Sie verlief von der Grenze Delawares in Richtung Westen und wurde 1773 sowie 1779 ausgeweitet. 1820 wurde nördlich dieser Grenze die Sklaverei verboten. Die weltweit größte Kartensammlung mit mehr als 4,6 Mio. Karten und 63.000 Atlanten findet sich in der Kartensammlung der Kongressbibliothek in Washington D. C.

Dieser kurze Abriss zeigt die weltweite kultur- und wirtschaftshistorische Bedeutung der Geodäsie sowie von Karten oder kartenähnlichen Darstellungen seit der Jungsteinzeit in allen Epochen der Menschheitsgeschichte. Ihnen gemeinsam ist die zusammenfassende Darstellung des menschlichen Lebens- oder Siedlungsraumes in Form von Eigentumsverhältnissen, lebensnotwendiger und kritischer Infrastrukturen, land- und seegebundener Handelswege oder Staats- und Verwaltungsgrenzen – wenngleich zunächst noch lokal oder thematisch begrenzt.

1.1.3 Geoinformationen als Kulturgut

Wie sehr Geoinformationen unabhängig vom zuvor vorgestellten Nutzwert das Unterbewusstsein prägen und so zum Erkennen ihrer globalen Bedeutung beitragen, zeigt ein Blick in die Malerei, die Literatur oder die Pädagogik.

Karten galten in früheren Jahrhunderten nicht allein als Träger von Geoinformationen, sie waren zugleich vielfach mit der Kunst, insbesondere der Malerei, verwoben. So sind insbesondere aus der Renaissance oder dem Barock mit reichhaltigen Allegorien geschmückte Karten erhalten geblieben. Darüber hinaus bilden Titelkartuschen oder Vignetten, detailreich wiedergegebene Wappen des Adels oder Klerus und fein ausgearbeitete Stadt- und Landschaftsansichten in historischen Karten weitere künstlerische Elemente, die im Einzelfall sogar das eigentliche Kartenbild in den Hintergrund drängten. Waren diese Werke lange Zeit nur sehr wohlhabenden Kreisen zugänglich, so kann man heute beobachten, dass zumindest Reproduktionen solcher Werke Wohnzimmer oder Dielen schmücken und dazu beitragen, die Jahrhunderte alte Bedeutung dieser Informationsträger zu erkennen. Suchen wir nach Beispielen, in welchen die Karte oder das Erfassen geographischer Daten im Mittelpunkt eines größeren Kunstwerkes stehen, so führt uns dies stellvertretend für andere zum Niederländer Jan Vermeer van Delft. Seine „Briefleserin in Blau" oder „Interieur mit Geograf" stellen Gemälde dar, deren Hintergrund jeweils geprägt wird durch auffällige Wandkarten. Andere Künstler vor wie auch nach ihm schmückten ihre Bilder durch Allegorien mit Instrumenten zur räumlichen Positionsbestimmung oder spielten mit Globen innerhalb ihrer Darstellung. Als ältester erhaltener Globus gilt Martin Behaims Erdapfel (um 1490) im Germanischen Museum zu Nürnberg. Dort ist auch Albrecht Dürers Sternenkarte des Jahres 1515 zu bewundern.

Zwei der eindrucksvollsten künstlerischen Arbeiten der Kartographie stellen jedoch die „Galleria delle carte geografiche" im Vatikanpalast sowie die „Guardaroba Nuova" im Florenzer Palazzo Vecchio dar. So waren es Papst Gregor XIII., der 1580 im Vatikan eine ganze Galerie mit Karten verschiedener Regionen, Staaten und Kontinente ausmalen ließ, und Cosimo de Medici, der in Florenz komplette Weltkarten auf Palastwände projizierte. Sind die Lagezentren des 21. Jahrhunderts heute weltweit mit wandfüllenden Monitoren ausgestattet, welche in Echtzeit georeferenziert über die Situation in sämtlichen Krisenherden unseres Planeten Auskunft geben, so haben diese ihre historischen Vorbilder in Rom und Florenz.

Dass das Thema „Geoinformation" nicht nur Adel und Klerus in seinen Bann zieht, zeigt ein Streifzug durch die Literatur unserer Zeit. Der mediale Hype um den Roman „Die Vermessung der Welt" ist lediglich die Spitze eines Eisberges. Carl Friedrich Gauß, dessen Göttinger Triangulationsnetz im Übrigen bis zur Einführung des Euro den 10-DM-Schein der Bundesrepublik schmückte, und Alexander von Humboldt wurden so posthum noch einmal zu Zugpferden des Geoinformationswesens. Wenn gerade dieses Beispiel hier angeführt wird, dann auch deshalb, weil es zwei wesentliche wissenschaftliche Zweige mit Namen identifiziert, die noch heute kennzeichnend sind, wenn es darum geht, Geoinformationen für das 21. Jahrhundert bereitzustellen: Gauß als derjenige, welcher sich um die mathematischen Grundlagen und das Netz oder Koordinatensystem verdient machte, innerhalb dessen Informationen über die reale Welt heute räumlich abgebildet werden; von Humboldt als derjenige, welcher dieses Netz anlässlich seiner Forschungsreisen weltweit mit Informationen füllte und als „Kosmos" quasi ein frühes, wenngleich gebundenes, fachübergreifendes Geoinformationssystem auf Papier herausgab. Humboldts Name steht stellvertretend für die Wissenschaft und die Wissensgesellschaft als einem globalisierten Projekt. Er gilt als Ökologe noch bevor dieser Begriff überhaupt erfunden wurde.

Historische Romane wie jener über Gauß und von Humboldt, die sich mit dem Leben großer Kartographen wie Gerhard Mercator oder Martin Waldseemüller, den Reisen und geodätischen Herausforderungen von Entdeckern wie Ferdinand Magellan oder James Cook und den Meridiangradmessungen von Charles-Marie de La Condamine, Jean Godin, Guillaume de Gentil, Jean-Baptiste-Joseph Delambre oder Pierre-Francois-André Méchain auseinandersetzen, sind zwischenzeitlich ebenso in jeder gut sortierten Buchhandlung zu erwerben, wie Belletristik und philosophische Betrachtungen über Zivilisationsgeschichte und Geopolitik, welche das Geoinformationswesen in den Mittelpunkt ihrer Ausführungen stellen.

Auch unser Nachwuchs wird mittlerweile spielerisch an das Thema „Geoinformation" herangeführt und im weiteren 21. Jahrhundert wie selbstverständlich davon ausgehen, dass Geoinformationen weltweit vorhanden sind, um mit ihnen zu arbeiten. Der erste eigene Globus, welcher in Fußballgröße die Erde in ihrer physischen Gestalt und politischen Gliederung zeigt, ist das nahe liegendste Beispiel. Deutlich früher halten Spielzeugfiguren wie der Piratenkapitän mit Seekarte und Sextant oder die Polarexpedition mit Nivelliergerät und Nivellierlatten Einzug in das Kinderzimmer. Später kommen Experimentierkästen zum Klimawandel und Treibhauseffekt oder Gesellschaftsspiele wie Monopoly, die Siedler, Gisborne, Terra Nova oder Fifth Avenue hinzu, in denen das frühe Verständnis für die Nutzung raumbezogener Informationen zur Bewertung der Wechselwirkungen innerhalb der Geosphäre oder die Erschließung und die Bewirtschaftung des menschlichen Lebensraumes geweckt wird. Die Figur des „Landvermessers" im Spiel „Carcassone-Mayflower" stellt das jüngste Beispiel in dieser Reihe dar. Das Puzzlespiel einer historischen Weltkarte mit 18.000 Teilen oder die serienmäßig angebotenen Vermessungstrupps im H0-Maßstab für die heimische Modelleisenbahn bedeuten den Geo-Bezug für den fortgeschrittenen Nachwuchs. Auch ein erster „cooler Typ" ist im Übrigen Vermessungsingenieur. Er arbeitet im Auftrag der Eisenbahngesellschaft Great Western Railway, zeichnet sich dadurch aus, einen Bären allein mit dem Messer zu töten, gilt als gefürchteter Schütze, ist berüchtigt wegen seines niederschmetternden Faustschlages und wird verehrt wegen seines Edelmutes: Karl Mays Old Shatterhand, der die Besiedlung des nordamerikanischen Kontinents im 19. Jahrhundert durch die Trassierung der Eisenbahn voranbringt. Nicht zuletzt zeichnet sich auch ein Serienklassiker der 1960er Jahre dadurch aus, dass seine Helden im Rahmen ihrer Missionen unbekanntes Terrain zunächst kartographisch erfassen und zu diesem Zweck eine eigene kartographische Abteilung an Bord ihres Schiffes haben: Die stellare Kartographie des Raumschiffs Enterprise. Ohne dass wir es bewusst wahrnehmen, hat das Geoinformationswesen Einzug in die Kinderzimmer gehalten. Kalender, Lesezeichen, Ordnerrücken und Grußkarten mit historischen Karten oder schwerelos in einem Magnetfeld aufgehängte Globen runden die Durchdringung unseres Alltags mit Geoinformationen auch jenseits der unmittelbaren Anwendung ab.

Geoinformationen und der Umgang mit ihnen sind anders als Jahrhunderte zuvor nicht mehr nur ausgewählten Gesellschaftskreisen vorbehalten. Die Auseinandersetzung mit ihnen beginnt bereits in den Kinderschuhen und ist Teil unser aller kulturellen Lebens.

1.1.4 Geoinformationen als Überlebensfaktor

Jede ordentliche Entdeckungs- oder Forschungsreise hatte in der Vergangenheit Geodäten und Astronomen, Kartographen und Zeichner im Team. Während die einen dafür verantwortlich zeichneten Kurs zu halten, hielten die anderen diesen Kurs zeichnerisch fest, indem sie den durchschrittenen oder durchfahrenen Raum zweidimensional abbildeten. Hieran hat sich bis heute – abgesehen davon, dass die Prozesse zunehmend automatisiert ablaufen – nur wenig geändert. Missionen zu anderen Planeten beispielsweise führen regelmäßig Instrumente mit, um zumindest die Oberfläche der erkundeten Himmelskörper zu erfassen. Damit schaffen sie eine der Grundvoraussetzungen, um eine Orientierung auf dem Planeten zu ermöglichen und weitergehende Daten zu referenzieren. Referenzdaten sind u. a. die topographischen Merkmale des jeweiligen Planeten und ein Koordinatensystem. Fachspezifische Informationen, wie die Zusammensetzung des Gesteins, das Vorkommen von Wassereis oder die Gasverteilung in der Planetenhülle werden hierüber räumlich fixiert.

Weitgehend unerforschte Regionen, die im 21. Jahrhundert mit in den Fokus rücken sollen, beherbergt auch der „Planet Erde" noch. So ist die Topographie der Meeresböden, das unter ihnen ruhende Rohstoffpotenzial oder die Fauna und Flora der Ozeane bisher nur im Ansatz erfasst. Dieser Teil unseres Lebensraumes, rd. 2/3 der Erde, ist nicht nur mitverantwortlich für die Stabilität unseres Klimas, sondern zugleich, so die Hoffnung, auch ergänzende Nahrungs-, Rohstoff- und Energiequelle der Zukunft. Da die Weltmeere in weiten Teilen internationale Gewässer sind, deren Nutzung zum Wohle der Menschheit insgesamt festgeschrieben ist, wird es ganz entscheidend darauf ankommen, nutzungsrelevante Geoinformationen dieses Teils der Geosphäre global harmonisiert darzustellen.

Wie sehr das Fehlen von Geoinformationen den Untergang einer Gesellschaft befördern kann beschreibt Jared Diamond in „Kollaps – warum Gesellschaften überleben oder untergehen". So wird der Untergang der Gesellschaften der Osterinseln, der Maya oder der nordamerikanischen Anasazi im Wesentlichen auf eine Ausbeutung natürlicher Ressourcen oder die unkontrollierte Einführung von Nutztieren sowie daraus resultierende Auseinandersetzungen um verbliebene Ressourcen zurückgeführt, die mithilfe einer kontinuierlichen Beobachtung des jeweiligen Handelns und dem daraus folgenden Erkennen des Wechselspiels zwischen natürlichen Phänomenen und menschlichem Handeln hätten vermieden werden können. Das Fehlen von Kenntnissen über die Folgen einer Störung in sich geschlossener Ökosysteme oder Kreisläufe hatte in diesen Kulturen einen kritischen Punkt überschritten, den Diamond zwischenzeitlich auch für einzelne Gesellschaften unserer Tage als erreicht sieht. Wenn wir von Geoinformationen im globalisierten 21. Jahrhundert reden, werden ihre weltweite Verfügbarkeit – und noch mehr ihre Bewertung und sachgerechte Schlussfolgerungen daraus – aber nicht mehr über die Zukunft einzelner Gesellschaften, sondern zunehmend über das Schicksal unserer Zivilisation insgesamt entscheiden. Biologen, Physiker, Geologen und Ingenieure sind sich einig, dass die Natur den bisherigen menschlichen Lebensraum sehr schnell zurückerobern wird, wenn es die Spezies Mensch nicht mehr gibt. Umgekehrt wird daraus jedoch keine Erfolgsgeschichte.

1.1.5 Geoinformationen in historischen Rechtssystemen

Auch wenn Geoinformationen oder Geodaten terminologisch keinen Niederschlag in historischen Rechtsnormen finden, so ist ihre Bedeutung dort doch bereits allgegenwärtig. Im Vordergrund steht jedoch nicht ihre Aussagekraft für globale Herausforderungen, sondern für das unmittelbare Zusammenleben der Menschen der jeweiligen Zeit. Angesprochen sind Tatbestände, Sachverhalte und Rechtsfolgen, mit denen sich heute insbesondere die Vermessungs- und Katasterverwaltungen der Länder und Bauämter der Kommunen in ihrer täglichen Arbeit konfrontiert sehen. So geht es um Fragen der Eigentumssicherung, des Nachbarrechts oder der bauordnungsrechtlichen Konformität des Handelns, deren Beantwortung vielfach nur mithilfe von Geodaten großen Maßstabs möglich ist.

Bei Ausgrabungen in den Ruinenstädten Babylons wurde der „Codex Hamurabi", eine Gesetzessammlung des Königs Hamurabi (1728 bis 1686 v. Chr.), entdeckt, der auf eine frühe Klassifikation von Sondereigentum an Grund und Boden sowie nicht zur freien Verfügung stehende Lehensflächen hinweist. Die entzifferten Tontafeln geben zu erkennen, dass ein reger Immobilienhandel praktiziert und Grundstücke zum Zwecke des Verkaufs oder der Vererbung vielfach geteilt wurden. Diese Praxis blieb nicht ohne Auswirkungen auch auf Verhaltensregeln innerhalb des Glaubenskodex. So heißt es bereits im Alten Testament unter Bezug auf das Sondereigentumsrecht an Grund und Boden „Du sollst kein Begehren haben nach dem Haus deines Nächsten" (2. Buch Moses, Kapitel 20, Vers 17) und „Du sollst deines Nächsten Grenze nicht zurücktreiben, die die Vorigen abgesteckt haben in deinem Erbteil" (5. Buch Moses, Kapitel 19, Vers 14). Der Bodenspekulation tat das jedoch über Jahrtausende keinen Abbruch wie die Entwicklung im späteren Römischen Reich zeigte.

Unter dem oströmischen Kaiser Justinian (527 bis 565 n. Chr.) wurde mit dem „Corpus Iuris Civilis" eine Rechtssammlung entwickelt, die einen nahezu unerschöpflichen Vorrat an Rechtsproblemen und Lösungen abbildet. Das eigentliche Gesetzesbuch bilden die sogenannten „Institutionen", eine Sammlung der Rechtsprechung findet sich in den umfangreichen „Digesten". Hierin enthalten sind die Haftungsfolgen für einen Feldmesser, der eine unrichtige Grundstücksgröße verkündet hat (11. Buch, 6. Titel) oder das Verfahren bei der Grenzregelungsklage (10. Buch, 1. Titel) ebenso wie die Rechtsfolgen eines versetzten Grenzsteines (47. Buch, 21. Titel) oder die konkrete räumliche Ausgestaltung einer Dienstbarkeit wie eines Wegerechts, wenn dieses nicht exakt lokalisiert wurde (8. Buch 1. Titel). Die Institutionen (2. Buch, 1. Titel) beschreiben Rechtsfolgen, die inhaltlich bis in unsere Tage überdauert haben. So sind Uferabrisse nach einer Neuanlandung so lange dem früheren Grundstückseigentümer zuzurechnen und dürfen von ihm zurückgeholt werden, wie sie nicht dauerhaft und natürlich mit dem neuen Standort verwachsen sind. Vergleichbare Regelungen finden sich im „Allgemeinen Landrecht für die preußischen Staaten" von 1794 über die „Erwerbung der An- und Zuwüchse" (I. Teil, 9. Titel, 6. Abschnitt) oder dem „Code Napoleon" des Jahres 1808 über „Zuwachsrechte in Beziehung auf unbewegliche Sachen" (II. Buch, 2. Titel, 2. Kapitel). Wenn diese Beispiele hier genannt werden, so deshalb, weil sie die frühe Bedeutung eines kodifizierten und damit verbindlichen Eigentumssicherungssystems für die Gesellschaft widerspiegeln, wie es in vielen Entwicklungsländern heute noch nicht ausgeprägt ist. Die globale Bedeutung von Geoinformationen im 21. Jahrhundert wird daher nicht allein in der internationalen Vernetzung von Erdbeobachtungsergebnissen zum Zwecke des Umweltmonitorings zu suchen sein, sie wird gerade auch in der Entwicklungshilfezusammenarbeit geprägt vom Aufbau solcher Eigentumssicherungssysteme, die zum Rechtsfrieden und zur wirtschaftlichen Entwicklung der betreffenden Staaten beitragen können.

Das Römische Reich startete eine weitere Verwendung von Grundstücksinformationen: Die Anlage umfassender Steuerkataster wie sie im „Corpus Agrimensorum Romanum" aufgezeigt wird. Danach hatten römische Agrimensoren oder Feldmesser Grenzen festzusetzen und Flurkarten anzulegen, die im Archiv des Senats zu Rom aufbewahrt wurden und als Grundlage für die Steuerbemessung dienten.

Wer heute ein Einfamilienhaus errichten will, sieht sich mit der Notwendigkeit der Vorlage eines amtlichen Lageplans konfrontiert, welcher detailliert und in großem Maßstab die Verhältnisse des Baugrundstückes und die Lagebeziehungen zu den Nachbargrundstücken abzubilden hat. Dieser graphische Nachweis bildet die Grundlage für eine Genehmigung, Modifikation oder Versagung durch die jeweilige Bauaufsichtsbehörde. Die Geschichte zeigt, dass auch die darin enthaltenen Geodaten über Grenzabstände verschiedenster Teile eines Bauwerkes historische Vorbilder haben. So droht der bereits angesprochene „Codex Hamurabi“ dem Bauherrn drastische Strafen an, wenn durch sein Vorhaben andere Menschen nachhaltig beeinträchtigt werden. Im Assyrischen Reich werden Vorschriften über Baufluchten hinzugefügt; Kaiser Augustus (63 v. Chr. bis 14 n. Chr.) ergänzt um Regelungen zu Traufhöhen und zum Brandschutz. Insbesondere Letztgenannte finden Eingang auch in den zwischen 1220 und 1235 durch Eike von Repgow niedergeschriebenen „Sachsenspiegel“, die erste Aufzeichnung des Gewohnheitsrechts in deutscher Sprache. Wenn dort niedergelegt ist „ein jeglicher Man sol auch bewaren sein Ofen und Fewermewer (Schornstein), daß die Funcken oder Flamen nicht faren in eines anderen Mannes Hauß und Hoff, ihm zu schaden“, so stellt das u. a. auf die Beachtung der erforderlichen Abstände der Feuerstellen zum Eigentum des Nachbarn ab – einer der häufigsten Ursachen mittelalterlicher Stadtbrände. Neben der ökonomisch bedingten Sorge um den Bauzustand, der auch in ausreichenden Traufhöhen und Abständen zum Schutz vor abfließendem Niederschlagwasser zum Ausdruck kam, spielten hygienische Aspekte eine maßgebliche Rolle im Baurecht des Sachsenspiegels. So wurde die Lage des Abortes (mindestens drei Fuß vom Zaun entfernt) oder der Schweineställe im Verhältnis zum Nachbarn kodifiziert. Das „Allgemeine Landrecht für die preußischen Staaten“ schließlich hält die „Obrigkeit“ bei der Beurteilung angezeigter Bauvorhaben im § 67 (1. Teil, 8. Titel) dazu an, „das durch eine richtige und vollständige Beschreibung des abzutragenden Gebäudes, nach seiner Lage, Gränzen und übrigen Beschaffenheit, künftigen Streitigkeiten bey dem Wiederaufbaue, in Ansehung des Winkelrechts, und sonst, möglichst vorgebeugt werde.“ Weitergehende stadtplanerische Anforderungen, welche den Bedarf an exakten Geodaten forcierten, finden sich im preußischen Fluchtliniengesetz des Jahres 1875.

Auch hier soll der Bogen zu den Anforderungen des 21. Jahrhunderts geschlagen werden. Eine der zentralen Herausforderungen wird der zunehmende Urbanisierungsprozess werden. Der Druck auf Megacities, eine geordnete Stadtentwicklung zu befördern, wächst weltweit. Rund 40 % der Menschen in den Entwicklungsländern und über 75 % der Menschen in den Industrienationen – damit rd. 1 Mrd. oder die Hälfte der Bevölkerung – leben in Ballungszentren. Dieser Anteil soll sich in den nächsten drei Jahrzehnten auf rd. zwei Drittel erhöhen. Hoch- und Tiefbau stehen in der Verantwortung, ihr Handeln gestützt auf Geodaten am Ziel eines sicheren Zusammenlebens immer größerer Menschenmengen auf immer engerem Raum auszurichten.

Zum Abschluss sei an dieser Stelle noch ein Exkurs zur nachhaltigen Bewirtschaftung unseres Lebensraumes gestattet. Wenn wir diese in den Fokus des 21. Jahrhunderts rücken, sollten wir uns erinnern, dass es sich nicht um eine Erfindung der Neuzeit handelt. Als eine Ursache des Untergangs der Zivilisation der Osterinseln wird der rigorose Raubbau an den natürlichen Ressourcen, speziell des Holzes, betrachtet. Mitteleuropa kennt sehr wohl die Bedeutung dieser Ressourcen, und das seit Jahrhunderten, wie ein Blick ebenfalls in das Allgemeine Landrecht für die preußischen Staaten zeigt. Danach ist ein Holzeinschlag nur in dem Umfang gestattet, wie es der Bedarf der Einwohner erfordert und wie es der fortwährende Bestand des Waldes zulässt. Ein Zuwiderhandeln wird mit drastischen Strafen geahndet. Hier mag auch die Entwicklung auf der iberischen Halbinsel im 15. und 16. Jahrhundert Auslöser gewesen sein, als Wälder in großem Umfang für die spanische Kriegs-, Eroberungs- und Handelsflotte abgeholzt wurden.

1.2 Politische Dimension des Geoinformationswesens

1.2.1 Ausgangssituation

Die UN-Generalversammlung hatte das Jahr 2008 zum Internationalen Jahr des Planeten Erde erklärt. Das UN-Jahr sollte die Bedeutung und den Nutzen der modernen Geowissenschaften für die Gesellschaft und für eine nachhaltige Entwicklung verdeutlichen. Als bislang größte weltweite Initiative in den Geowissenschaften sensibilisiert sie zugleich für deren politische Bedeutung. Nahezu folgerichtig entschied sich das Nobelpreiskomitee noch im gleichen Jahr für die Vergabe des Friedensnobelpreises an den Zwischenstaatlichen Ausschuss für Klimaänderungen, den Weltklimarat (IPCC), und den ehemaligen US-Vizepräsident Al Gore, der in seinem Film „An inconvenient truth“ erschreckende Geoinformationen zum weltweiten Klimawandel zusammenträgt. Vor diesem Hintergrund ist es gerechtfertigt, das Geoinformationswesen wie im Deutschen GEO-Implementierungsplan als ein neues Politikfeld zu bezeichnen. Damit geht diese Einschätzung konform zu Historikern und Wirtschaftswissenschaftlern, welche die Verfügungsgewalt über Geodaten eines Landes durch ein anderes als ein grundlegendes Element der politischen Vorherrschaft, ähnlich dem Besitz von Kernwaffen, betrachten (WESTERHOFF 1999) oder Zivilisationsgeschichte und Geopolitik im Kontext sehen (SCHLÖGEL 2003).

Auch wenn Europa es mit der Verabschiedung der INSPIRE-Richtlinie selbst in die Hand genommen hat, ein geoinformationsgestütztes Umweltmonitoring durch die Harmonisierung der erforderlichen Geodaten in den einzelnen Mitgliedstaaten zu befördern, so kann es nicht für sich in Anspruch nehmen, an vorderster Front gehandelt zu haben. Bereits vor ihm hat das UN-System die Notwendigkeit erkannt, Geodaten zu harmonisieren (vgl. 4.2.6), und vom 11. April 1994 stammt die Unterschrift des US-Präsidenten William Jefferson Clinton unter die Executive Order „Coordinating Geographic Data Acquisition and Access: The National Spatial Data Infrastructure“. Vergleichbar ist die Ausgangssituation bei der Satellitennavigation: Die Entwicklung des GPS begann in den 1970er Jahren beim US-amerikanischen Militär, Europa folgte Ende der 1990er Jahre mit den Überlegungen für das zivile Galileo-System.

Die Beispiele zeigen, dass sich die Politik des Themas Geoinformation in steigendem Maße annimmt. Es ist zu einem Schlüsselthema für zahlreiche andere Politikfelder geworden, welches Antworten und Lösungen, zumindest aber Hilfestellungen, zur Bewältigung der Herausforderungen des 21. Jahrhunderts geben soll.

1.2.2 Die Entwicklung der Geosphäre

Die Erdsystemwissenschaften setzen sich mit dem komplexen Wechselspiel zwischen den festen, flüssigen und gasförmigen Teilen unseres Planeten, zwischen natürlichen und künstlichen Phänomenen auseinander. Sie nutzen und erzeugen zugleich Geoinformationen. Ihr Augenmerk gilt der gegenseitigen Beeinflussung von Atmosphäre (insbesondere den unteren Atmosphärenschichten in Form der Troposphäre und Stratosphäre), Kryosphäre, Hydrosphäre, Lithosphäre und Biosphäre. Aus Geodaten leiten Erdsystemwissenschaftler Prognosen über die Folgen eines Auftauens der Permafrostböden für den im Effekt gegenüber dem CO_2 ungleich kritischeren Methangehalt der Atmosphäre, über die Auswirkungen des Abschmelzens der grönländischen Eiskappe auf den für das Klima Nord- und Mitteleuropas prägenden Golfstrom oder die Konsequenzen von Variationen im Ausstoß von Fluor-Chlor-Kohlenwasserstoffen für die Entwicklung der strahlungsschützenden Ozonschicht ab.

Eines der bekanntesten Beispiele dafür, wie Klimaforscher unterstützt durch satellitengestützte Geodaten politische Entscheidungen befördern konnten, ist der Schutz der Ozonschicht, nachdem das Ozonloch Mitte der 1970er Jahre entdeckt wurde. Als Verursacher des weltweiten Ozonabbaus in den oberen Atmosphärenschichten wurden die Fluor-Chlor-Kohlenwasserstoffe identifiziert und mittlerweile verboten. Auch wenn das Ozonloch erst bis 2050 geschlossen sein wird, haben Geodaten der Satellitenfernerkundung die Menschheit vor einer größeren Katastrophe bewahrt. Nicht zuletzt deshalb beobachten heute unter deutscher Federführung Instrumente wie GOME auf dem Erdbeobachtungssatelliten ERS-2 oder Sciamachy (Scanning Imaging Absorption Spectrometer for Atmospheric Chartography) auf Envisat die Konzentration von Spurengasen und Stickoxiden in der Atmosphäre. Sie leiten globale Karten ab und identifizieren beispielsweise den industriebedingten Beitrag Nordeuropas und der Ostküste der Vereinigten Staaten oder den Anteil großer Waldbrände sowie von Lithosphäreneinflüssen in Form vulkanischer Aktivitäten zur oder an der weltweiten Luftverschmutzung.

Geoinformationen aus Anlass der Beobachtung der Geosphäre drängen heute stetig zu politischen Entscheidungen für eine Verkehrs-, Entwicklungshilfe- oder Energiepolitik des 21. Jahrhunderts. Bereits 1987 widmete sich eine Sonderausgabe des deutschen Wissenschaftsmagazins „GEO“ ausschließlich dem Klimawandel und prognostizierte innerhalb von zwei Jahrzehnten einen weltweiten Temperaturanstieg, dessen zivilisationsbedingte Ursache nicht mehr zu leugnen wäre. Seit 2007 bedient sich die Bundesregierung mit dem Leiter des Potsdam Instituts für Klimafolgenforschung (PIK) eines speziellen Klimaberaters, dessen Erfahrung in der Zusammenführung und Auswertung von Geodaten sowie der Ableitung von Schlussfolgerungen daraus liegt.

1.2.3 Die energiepolitische Dimension

Der weltweite Energieverbrauch steigt. Er hat sich seit Beginn der 1970er Jahre verdoppelt und wird nach Prognosen der Internationalen Energieagentur ohne wirksame Gegenmaßnahmen bis zum Jahr 2020 noch einmal um rund ein Drittel zunehmen. Deutschland ist beim Mineralöl bereits jetzt zu 97 %, bei Gas zu 83 % und bei Steinkohle zu 61 % auf Importe angewiesen. Fossile Energieträger sind endlich. Nur begrenzt stehen auch nachwachsende Rohstoffe wie Holz zur Verfügung (siehe hierzu das Beispiel der Osterinseln oder Spaniens). Die betreffende Biomasse oder Größe der Lagerstätten kann auf der Grundlage geowissenschaftlicher Erhebungen zwischenzeitlich mit hinreichender Bestimmtheit vorhergesagt werden. Versorgungsdefizite oder befristete Engpässe bei Kohle, Öl, Gas oder Holz konnten in der jüngeren Geschichte durch internationalen Handel ausgeglichen werden. Nur wenige Länder oder Regionen, beispielsweise China mit Blick auf das Volumen eigener Kohlevorkommen, Russland dank seiner Gasreserven, der Nahe und mittlere Osten in Bezug auf Erdölvorräte oder Südamerika und Südostasien hinsichtlich ihres Holzbestandes werden in der näheren Zukunft noch über ausreichend eigene Energieträger verfügen. Abgesehen von den teilweise katastrophalen Auswirkungen des Verbrauches der fossilen Energieträger und einer gleichzeitigen Reduzierung der Kohlenstoffsenke „Wald“ auf die Kohlendioxidbilanz in der Atmosphäre, sind diese Energiequellen zeitlich beschränkt. Für die sicher nachgewiesenen und wirtschaftlich nutzbaren Reserven gilt bereits jetzt, dass sie bei gleich bleibendem Verbrauch in spätestens 95 Jahren (Steinkohle) erschöpft sein werden. Für konventionelles Erdöl gilt dies bereits in 42 Jahren. Die weltweite Ausweitung der Kernspaltung oder das Vorantreiben der Kernfusion als alternativer Energiequelle müssen – abgesehen davon, dass auch die Uranreserven innerhalb des vorstehenden Zeitrahmens erschöpft sein werden und Deutschland hier zu 100 % importabhängig ist – aus sicherheitspolitischen Gründen zumindest als bedenklich erachtet werden, sodass sich der Blick auf einen Mix regenerativer oder alternativer Energiequellen richtet, wie ihn auch das Erneuerbare-Energien-Gesetz im Auge hat.

Die Windenergie bildet die derzeit wichtigste erneuerbare Energiequelle in Deutschland. Die Anlagen erzeugen rechnerisch das zweifache des jährlichen Gesamtstromverbrauches des Landes Berlin. Ihre technologische Effizienz konnte in den vergangenen Jahrzehnten kontinuierlich gesteigert werden. Zunehmend problematisch gestaltet sich hingegen die Standortsuche für entsprechende Anlagen bis hin zu ganzen Windparks. Einerseits bedarf es hinreichend kontinuierlicher und hoher Windgeschwindigkeiten, andererseits entstehen Nutzungskonflikte mit Belangen der Raumordnung. Windparks und Windräder beeinträchtigen das Landschaftsbild, schränken die landwirtschaftliche Nutzung ein und beeinträchtigen den Vogelflug. Eine kartographisch aufbereitete Verschneidung dieser Land- und Luftraumnutzungskonflikte führt national zu nur noch wenigen geeigneten Standorten auf dem Festland. Eine Alternative bieten Off-Shore-Windparks in küstennahen Gewässern, welche den Windenergieanteil perspektivisch auf bis zu einem Viertel der Stromversorgung erhöhen sollen. Mögliche Eignungsgebiete und Erwartungsflächen hierfür wurden innerhalb der Ausschließlichen Wirtschaftszone bereits identifiziert und können über das GeoPortal des Bundes abgerufen werden.

Die Energiegewinnung aus der Kraft des Wassers stellt eine lokal begrenzte und ökonomisch sinnvolle Alternative in Küstennähe oder bei entsprechend wasserreichen Flußläufen dar. In Deutschland handelt es sich derzeit noch um die zweitwichtigste erneuerbare Energiequelle, die 2005 mit 3,5 % zur gesamten Stromerzeugung beitrug. Die Standortsuche für entsprechende Gezeitenkraftwerke oder Anlagen zum Aufstauen von Fließgewässern greift zurück auf bathymetrische, orohydrographische und topographische Daten. Sie bedarf zugleich groß- und kleinräumiger Informationen über die Verteilung und Entwicklung von Niederschlagsmengen.

Eine dritte Alternative bildet die Sonnenenergie mit der Erzeugung von Solarstrom und Solarwärme. Ähnlich wie bei der Windenergie konnte der Effizienzgrad in den vergangenen Jahrzehnten kontinuierlich gesteigert werden, sodass eine Erhöhung ihres Anteils am Energiemix im Wesentlichen ebenfalls eine Standortfrage ist. Sonnenscheindauer, -intensität und -einfallswinkel bilden zentrale Leistungsparameter für entsprechende Photovoltaikanlagen, die 2005 zur heimischen Gesamtstromerzeugung 0,16 % beitrugen. Forschungsprogramme über stadtweite Möglichkeiten der Nutzung ganzer Dachflächen für das Anbringen von Solaranlagen sollen einen das Landschaftsbild schonenden Einsatz dieser Technologien sichern. Ein deutlich höheres Potenzial wird der Nutzung der Sonnenenergie für Entwicklungsländer im „Sonnengürtel“ der Erde beigemessen.

Vergleichsweise jung ist die Nutzung geothermischer Energie, welche sich die Wärmeunterschiede mit zunehmender Tiefe geologischer Schichten zu Nutze macht und unabhängig von der variablen Sonneneinstrahlung oder Windgeschwindigkeiten zur Verfügung steht. So steigt die Temperatur mit jedem Kilometer Tiefe um 30° bis 40 °C an. Um dies zu nutzen, wird kaltes Oberflächenwasser in tiefere geologische Schichten geleitet, aufgeheizt und an die Oberfläche zurückgespült. Ein Beispiel hierfür ist das GeneSys-Projekt, in dessen Ergebnis der Behördenstandort „GEOZENTRUM Hannover" mit Erdwärme versorgt werden soll. Das Wasser wird bis in eine Tiefe von rd. 3.600 m eingespeist, erwärmt sich unter Druck auf bis zu 150 °C und gelangt als heißes Wasser an die Oberfläche zurück, wo ihm die Wärme für die Beheizung des GEOZENTRUMS entzogen wird. Zur Erkundung für die Geothermie geeigneter Standorte greift die Praxis in besonderem Maße auf geologische Daten zurück. Hinzu kommen Daten der Raumordnung, Regional- und Bauleitplanung, um jene Orte einzugrenzen, an denen eine breite Nutzung dieser Ressource ihren wirtschaftlichen Einsatz eröffnet.

Zu erheblichen Landnutzungskonflikten führt der Anbau von Energiepflanzen wie Raps, aus dem natürliche Öle als Treibstoff gewonnen werden können. Ihre Erzeugung greift entweder auf jene Bodenressourcen zurück, welche zugleich für die Nahrungsmittelproduktion reserviert sind oder befördert die kritische Erschließung neuer landwirtschaftlicher Nutzflächen beispielsweise in den Tropenwaldgebieten durch die großflächige Rodung bestehender Wälder. Zudem verringert sich das entsprechende Flächenpotenzial mit einer sich ausweitenden Desertifikation bisher fruchtbarer Flächen.

Um dem Ziel der Bundesregierung, den Anteil erneuerbarer Energien am Gesamtenergieverbrauch bis zum Jahr 2020 auf mindestens 10 % (differenziert nach Strom und Kraftstoffbereich) und entsprechend der Nachhaltigkeitsstrategie bis zur Mitte des Jahrhunderts auf 50 % zu steigern, gerecht zu werden, werden sowohl Nutzungskonflikte als auch Standortentscheidungen nicht ohne den Einsatz von Geodaten unterschiedlichster Fachverwaltungen zu lösen sein.

1.2.4 Die verkehrspolitische Dimension

Verkehrswege zu Wasser, zu Lande und in der Luft gelten neben Informations- und Kommunikations- sowie Energie- und Versorgungsnetzen als die Schlagadern für die Verteilung von Gütern und Dienstleistungen. Dies gilt nicht allein für Zwecke des Wirtschaftslebens, sondern gleichermaßen für die individuelle Freizeitgestaltung oder die Versorgung privater Haushalte. So ist es beispielsweise politisches Ziel der Raumordnung, dass von der Landesplanung festgelegte Oberzentren als Standorte für höherwertige Infrastruktureinrichtungen und Dienstleistungen nicht länger als 45 Minuten Pkw-Fahrzeit von einem Haushalt entfernt sind. Für einzelne Regionen Deutschlands belegen georeferenziert aufbereitete Darstellungen, dass dieses Ziel noch nicht erreicht wurde. Solche Geodaten wiederum sind politische Entscheidungsgrundlage für die weitere Ausweisung und den Aufbau von Oberzentren oder Schwerpunktsetzungen in Bundes- und Landesverkehrswegeplänen.

Auf europäischer Ebene bilden die Transeuropäischen Netze (TEN) einen Beitrag der EU zur Umsetzung und Entwicklung des Binnenmarktes und zur Verbesserung des wirtschaftlichen und sozialen Zusammenhaltes der Gemeinschaft. Mit diesem Schwerpunktprogramm wird in der EU eine bessere Vernetzung im Binnenmarkt und eine Vereinheitlichung der Verkehrssysteme angestrebt. Auch das Satellitennavigationssystem Galileo wird in diesem Kontext entwickelt. Rechtsgrundlage ist das Kapitel „Transeuropäische Netze" (Artikel 154 bis 156) im EG-Vertrag. Im Bereich der Verkehrsnetze sind sämtliche Verkehrsträger vom Nordkap bis an die Stiefelspitze Italiens sowie von der Westküste Irlands bis in die griechische Ägäis betroffen. Die Optimierung des Verkehrsflusses wie auch der Verkehrsmenge auf dem europäischen Kontinent einschließlich der Verlagerung von Anteilen auf Schienen- und Wasserwege und damit des Zusammenwachsens der Mitgliedstaaten innerhalb der Union setzt auf Unterstützung durch die Geodäsie und das Geoinformationswesen.

Zunächst ist die Herstellung einer unabhängigen zivilen Kapazität für die Fahrzeugnavigation und -überwachung zu nennen. Die hierfür notwendigen Entscheidungen sind mit der Übernahme des Aufbaus des Satellitennavigationssystems Galileo (vgl. 4.2.2) durch die Europäische Union getroffen. Durch dessen im Vergleich zum US-amerikanischen, militärisch kontrollierten GPS angestrebte höhere Zuverlässigkeit und Genauigkeit sollen perspektivisch selbst im Flugverkehr die Voraussetzungen geschaffen werden, Start- und Landevorgänge auch bei schlechten Sichtverhältnissen primär mithilfe der Satellitennavigation abzuwickeln. Bereits bisher konnte der Einsatz der Satellitennavigation dazu beitragen, die mehr als 2,5 Mio. von der Deutschen Flugsicherung jährlich kontrollierten Flüge zu entzerren und gleichzeitig kraftstoffsparende Begradigungen von Flugrouten auszulösen. Auch auf der grundsätzlich festen Trassenführung der Schiene wird Galileo die politisch gewollte Auslastung dieses Verkehrsweges optimieren. Von den insgesamt mehr als 120.000 Güterwagen bei der Bahn-Tochter „DB Cargo" sind rund die Hälfte europaweit im Einsatz. Um zu vermeiden, dass einzelne Waggons oder ganze Züge auf Abstellgleise gesteuert werden oder Ladungen verlustig gehen, verfügen mehr als 13.000 Güterwagen über Satellitenortungsgeräte. Zusammen mit weiteren Sensoren ermöglichen sie neben der Standortbestimmung jederzeit eine Auskunft über den Beladezustand, die Temperatur in Kühlwagen, das unbefugte Öffnen von Ladungen oder die Beschädigung der Lauflager.

Neben der Satellitennavigation ist der Aufbau vernetzter Geoinformationssysteme Teil einer Verkehrssicherheitspolitik. Auf einer Gesamtlänge von rd. 7.500 km werden in Deutschland Flüsse und Kanäle als Wasserstraßen genutzt und jedes Jahr etwa 240 Mio. Tonnen Güter transportiert. Wie in anderen Transportbranchen zeichnet sich in der Binnenschifffahrt ein Trend zu größeren und schnelleren Schiffen ab. Dies stellt erhöhte Anforderungen an die Schiffsnavigation und erfordert eine optimale Ausnutzung der Wasserstraßen. Seit April 2003 steht den Binnenschiffern daher ein elektronisches Fahrrinnen-Informationssystem mit einer elektronischen Wasserstraßenkarte zur Verfügung, die Informationen auch zur Uferlinie, Uferbauwerken, Umrissen der Schleusen und Wehre, Gefahrenstellen, Tonnen oder Baken enthält. Nachdem das System auf dem Rhein routinemäßig arbeitet wird es schrittweise auch auf anderen Flüssen in Deutschland erprobt und eingeführt. Weitere Staaten haben ihr Interesse daran bekundet. Es ist kompatibel mit der elektronischen Seekarte ECDIS (Electronic Chart Display and Information System), mit dem seit 2001 jedes neue deutsche Schiff ausgerüstet wird, sodass ein sicherer Navigationsübergang in den Mündungsgebieten möglich ist. Durch die Kombinationsmöglichkeit von Satellitennavigation, Radar, elektronischer See- und Wasserstraßenkarte sowie einem automatischen Schiffsidentifikationssystem entsteht ein integriertes Telematiksystem, das die Sicherheit auf den Meeren erhöht und gleichzeitig ein effizientes weltweites Flottenmanagement ermöglicht. Es wird noch ergänzt durch die kurzfristige Möglichkeit, mithilfe von Satellitendaten weltweit aktuelle Eiskarten der Meere zu erstellen und so einen weiteren Beitrag zur sicheren Navigation auf See zu leisten.

Die Unterstützung des Individualverkehrs auf der Straße folgt grundsätzlich den gleichen Prinzipien. Soweit moderne Fahrzeugnavigationssysteme heute frühzeitig auf Baustellen, erhöhtes Verkehrsaufkommen oder Verkehrsunfälle hinweisen und damit die Voraussetzungen schaffen, kritische Bereiche zu umfahren und den Verkehrsfluss aufrecht zu erhalten, steht dahinter ein Zusammenspiel zunehmend präziserer, aktuellerer und informationsreicherer Geodatenbanken auf der einen und satellitengestützter Navigationsdaten auf der anderen Seite.

Im Ergebnis bedeutet die politische Unterstützung dieses gesamten Geo-Maßnahmenpakets in der Verkehrspolitik eine Steigerung der Verkehrssicherheit und damit eine Minimierung persönlicher und wirtschaftlicher Schäden.

1.2.5 Die umweltpolitische Dimension

Im Jahr 2000 beschlossen die Staats- und Regierungschefs der EU in Lissabon die sogenannte Lissabon-Strategie. Weil eine intakte Umwelt und eine moderne Umweltpolitik als grundlegende Faktoren eines dynamischen und wettbewerbsfähigen Wirtschaftsraums erkannt wurden, erfolgte 2001 eine Ergänzung der Lissabon-Strategie um die Umweltdimension. Zusammen mit der Nachhaltigkeitsstrategie der Europäischen Union ist sie Leitlinie für die Umweltpolitik der Bundesregierung. Anlässlich einer 2006 zur Nachhaltigkeitsstrategie gezogenen Zwischenbilanz haben die Staats- und Regierungschefs vereinbart, das Erreichen der Ziele und das Umsetzen der Maßnahmen mithilfe raumbezogener Dateninfrastrukturen und Monitoringdiensten regelmäßig zu überprüfen. Insbesondere zwei Instrumente sind in diesem Zusammenhang von zentraler Bedeutung: Der Aufbau einer europäischen Geodateninfrastruktur (Infrastructure for Spatial Information in Europe – INSPIRE, vgl. 4.2.5) sowie die Vernetzung von Erdbeobachtungsstrukturen und Ableitung von Diensten im Vorhaben Global Monitoring for Environment and Security (GMES, vgl. 4.2.3). Da Umweltpolitik in Maßnahmen auf zahlreichen anderen Politikfeldern wie der Energie-, Verkehrs- oder Wirtschaftspolitik mit zum Ausdruck kommt, sei an dieser Stelle eine Beschränkung auf einzelne Ansatzpunkte mit Bezug zur Nachhaltigkeitsstrategie gestattet.

Die Bundesregierung hat 2008 ihre nationale Strategie zur biologischen Vielfalt beschlossen. Sie folgt den Leitlinien der Nachhaltigkeitsstrategie und legt für alle biodiversitätsrelevanten Themen in Deutschland bis zum Jahr 2050 Ziele und Maßnahmen fest, um als Fernziel die biologische Vielfalt einschließlich ihrer regionaltypischen Besonderheiten wieder zu erhöhen. Damit trägt sie zur nationalen Umsetzung des globalen Übereinkommens über die biologische Vielfalt bei. Zu den Maßnahmen zählen

- die Unterstützung eines weltweiten Netzes von Waldschutzgebieten,
- die Einrichtung der Fauna-Flora-Habitat-Gebiete (FFH) mit einem Anteil von 9,3 % an der Landesfläche als Teil des europäischen Schutzgebietsnetzes „Natura 2000“,
- die weitere Pflege von über 60 Naturschutzgroßprojekten (Großschutzgebiete) mit einer Gesamtfläche von 220.000 ha,
- die Einrichtung eines nationalen Naturerbes für gesamtstaatlich repräsentative Naturschutzflächen von derzeit knapp 150.000 ha und
- die Reduzierung des Flächenverbrauchs für Siedlungs- sowie Verkehrsflächen.

Grundlage der Ausweisung der angesprochenen Schutzgebiete waren umfangreiche Datenerhebungen über die Entwicklung und den Zustand von Fauna und Flora in potenziell geeigneten Regionen, die georeferenziert ausgewertet wurden und letztlich zu einer konkreten Abgrenzung der schutzwürdigen Gebiete geführt haben. Die Lage dieser Gebiete ist heute mehrheitlich über das GeoPortal des Bundes wie auch das Umweltportal „PortalU“ öffentlich zugänglich.

Eine unter umweltpolitischen Gesichtspunkten dramatische Entwicklung hat der „Flächenverbrauch“ unserer Böden genommen. Von 2001 bis 2004 sind in Deutschland täglich 115 ha Land zusätzlich für Siedlungs- und Verkehrszwecke in Anspruch genommen worden. Im Vierjahreszeitraum zuvor lag der Wert bei 129 ha pro Tag. Damit gehen der Umwelt kontinuierlich Flächen für die Filterung des Regenwassers, den Schutz des Grundwassers sowie Anbau- und Weideflächen verloren. Bis 2020 soll dieser Entwicklung beispielsweise durch eine Konzentration auf die Innenentwicklung der Städte sowie die räumliche Zusammenführung von Verkehrsinfrastrukturen begegnet werden. Auch hier greifen Raumordnung, Landes- und Bauleitplanung auf eine Vielzahl topographischer und fachspezifischer Informationen aus Baulückenkatastern, georeferenzierten demographischen Statistiken oder über die Ertragsfähigkeit landwirtschaftlicher Böden zurück.

Zur Umweltpolitik zählt es auch, tragfähige Wirtschaftskreisläufe unter Beachtung der langfristigen Sicherung natürlicher Ressourcen wie dem Wasser zu schaffen. Wirtschaft, Industrie und Kraftwerke verbrauchen in Deutschland jährlich rd. 33 Mrd. Kubikmeter Wasser, das 600fache des Bodensees. Zugleich sind Gewässer besonders wichtige Elemente in Natur und Landschaft, da sie zahlreiche Tiere und Pflanzen beherbergen. Ein Ansatzpunkt zum Schutz des Wassers ist die Umsetzung der im Jahr 2000 in Kraft getretenen EG-Wasserrahmenrichtlinie. Ziel ist es, natürliche oberirdische Gewässer bis zum Jahr 2015 in einen guten ökologischen und chemischen Zustand zu überführen. Künstliche oder erheblich veränderte Gewässer sollen in diesem Zeitraum einen guten chemischen Zustand erreichen und zumindest ein gutes ökologisches Potenzial bieten. Vergleichbare Entwicklungen sind für das Grundwasser vorgezeichnet. Da dieser Prozess nur durch grenzüberschreitendes Handeln zu erreichen ist, sind die Mitgliedstaaten gehalten, Flusseinzugsgebiete zu definieren und auf der Grundlage gemeinsamer Bewirtschaftungspläne zu pflegen. Der Definition der Flusseinzugsgebiete wie auch der Aufstellung der Bewirtschaftungspläne geht eine umfassende Erhebung und Zusammenführung fachspezifischer Geodaten voraus. Vergleichbar gilt dies für die 2008 von der Bundesregierung verabschiedete Strategie zur nachhaltigen Nutzung und zum Schutz der Meere.

Thematisch ergänzend zur Nationalen Meeresstrategie ist die Umsetzung des integrierten Küstenzonenmanagements zu sehen. Die hierzu 2006 verabschiedete nationale Strategie verfolgt das Ziel Wirtschafts- und Siedlungsaktivitäten sowie Infrastrukturmaßnahmen an Land und auf See (Windkraftanlagen, Hafenausbau, Tourismus u. a.) unter wirtschaftlichen und sozialen Aspekten in Einklang zu bringen. Auch hier bilden Geodaten ein Instrument zur Unterstützung der politischen und administrativen Entscheidungsfindung.

Ein weiteres Standbein der Umweltpolitik, aus dem Geodaten nicht mehr wegzudenken sind, ist die Minderung verkehrsbedingter Lärmemissionen. Die EG-Richtlinie zum Umgebungslärm, umgesetzt durch die 34. BImSchV, nimmt Bund, Länder und Kommunen in die Pflicht, stufenweise Lärmkarten für Straßen- und Schienenwege sowie Flug-, See- und Binnenhäfen zu erstellen und öffentlich bekannt zu machen. Die Ergebnisse sind Grundlage für politische und administrative Maßnahmen zur Einschränkung des Umgebungslärms. Bemerkenswert ist hier der Schub für die Entwicklung und Modellierung dreidimensionaler Gebäudedarstellungen sowie weiterer Bauwerke mit Einfluss auf die Lärmausbreitung.

1.2.6 Die gesundheits- und ernährungspolitische Dimension

In ihrer Millenniumserklärung haben sich die Staats- und Regierungschefs der Vereinten Nationen im Jahr 2000 zu globalen Entwicklungszielen bekannt. Danach sollen innerhalb von 15 Jahren u. a. große Fortschritte bei der Bekämpfung insbesondere von Armut, Krankheiten und Bildungsdefiziten erreicht werden. Drei konkrete Millenniums-Entwicklungsziele lauten „Halbierung des Anteils der Weltbevölkerung, der unter extremer Armut und Hunger leidet“, „Bekämpfung von HIV/AIDS, Malaria und anderen Infektionskrankheiten“ sowie „Senkung der Kindersterblichkeitsrate um 2/3“. Die Vereinten Nationen unterstützen das Erreichen dieser Ziele mit eigenen Organisationen (vgl. 4.1.3): Dem World Food Programm (WFP), der Food and Agricultural Organization (FAO) und der World Health Organization (WHO).

Anlässlich der ersten WHO-Europakonferenz „Umwelt und Gesundheit“ in Frankfurt am Main 1989 haben die Umwelt- und Gesundheitsminister den Anspruch jedes Menschen auf eine Umwelt bekräftigt, die ein höchstmögliches Maß an Gesundheit und Wohlbefinden ermöglicht. Dieser Anspruch ist weiterhin Grundlage des Regierungshandelns im Bereich des umweltbezogenen Gesundheitsschutzes. Erstmalig wurden hierbei beide Politikbereiche in einem ganzheitlichen Ansatz miteinander verknüpft und nach gemeinsamen Lösungen gesucht. Bei der WHO-Ministerkonferenz 2004 in Budapest wurde mit der Verabschiedung des „Aktionsplans zur Verbesserung von Umwelt und Gesundheit der Kinder in der europäischen Region“ (CEHAPE) der Fokus auf die Kinder gelegt. Insgesamt stehen vier Ziele im Vordergrund:

- Verhütung von Magen-Darm-Erkrankungen und anderen gesundheitlichen Effekten, einschließlich Todesfällen, durch Bereitstellung von sauberem, bezahlbaren Wasser und guten sanitären Verhältnissen,
- Verhütung und Verringerung von Unfällen und Verletzungen sowie Verringerung der Zahl der Erkrankungen als Folge von Bewegungsmangel durch die Schaffung sicherer und schützender Wohnverhältnisse,
- Verhütung und Verminderung u. a. von Atemwegserkrankungen und Asthmaanfällen durch Verringerung der Schadstoffbelastungen in der Innenraum- und Außenraumluft,
- Verringerung des Risikos von Erkrankungen und Behinderungen als Folge von Belastungen durch Chemikalien, physikalische Einwirkungen und biologische Wirkstoffe sowie gefährliche Arbeitsbedingungen der Mütter vor der Geburt, in der Kindheit und in der Jugend sowie Reduzierung der Neuerkrankungen an Melanomen und anderen Formen von Hautkrebs oder Krebs im Kindesalter.

Wenn die Bundesregierung im Bericht Deutschlands zur Umsetzung des Aktionsplans unter dem Titel „Eine lebenswerte Umwelt für unsere Kinder“ Bilanz zieht, so weist sie dabei auf die Bedeutung von Geoinformationen hin und hebt die Themen „Gesundheit und Sicherheit“ sowie „Umweltüberwachung“ als Bestandteil der INSPIRE-Richtlinie hervor. Danach ist Deutschland verpflichtet, entscheidungsrelevante Informationen über Emissions- und Immissionsbelastungen der Luft, über die Qualität des Wassers und den Zustand der Böden online und technisch verknüpfbar mit anderen Daten zur Verfügung zu stellen. Um eine schnelle, Verwaltungsebenen und -zweige übergreifende Verfügbarkeit von Geoinformationen zu gewährleisten, bauen Bund, Länder und Kommunen eine Geodateninfrastruktur Deutschland (GDI-DE) auf, die Teil einer europäischen Geodateninfrastruktur ist.

Von Interesse für die FAO sind Geodaten und Verfahren, welche eine Optimierung der Nutzung bestehender oder ggf. die Erschließung neuer landwirtschaftlicher Produktionsflächen eröffnen. Dies bedeutet Informationen über die Güte und die natürliche Ertragsfähigkeit landwirtschaftlicher Böden oder Hilfestellung bei der gezielten Ausbringung von Saatgut, Dünge- oder Schädlingsbekämpfungsmitteln. Auch hier können Geodäsie und Geoinformationswesen helfen.

Landwirtschaftliche Flächen werden regelmäßig einheitlich bewirtschaftet, auch wenn Unterschiede in der Fläche oder im Pflanzenbestand existieren. Satellitennavigationssysteme wie GPS und Galileo sowie elektronische Gerätesteuerung lassen eine gezielte Bewirtschaftung von Teilflächen zu. Voraussetzung sind Informationen über die Eigenschaften der Teilflächen. Geobasisdaten wie das Relief, Bodenkarten oder Satellitenbilder sind auf der Grundlage verschiedener Quellen vorhanden und können mit Ergebnissen aus Bodenproben über den Düngezustand und die Wasserversorgung der Pflanzen angereichert werden. Voraussetzung hierfür ist die Verständigung auf interoperable technische Standards. Im Ergebnis können Saat- und Düngevorgänge gezielt gesteuert werden. Dieses System, das auch für die Steuerung der Bodenbearbeitung, den Pflanzenschutz sowie die Erntemengenmessung genutzt werden kann, stellt einen technischen Fortschritt in der Landtechnik dar. Es erlaubt die Einsparung von Betriebsmitteln, sichert den Ertrag und die Qualität der landwirtschaftlichen Erzeugnisse und ermöglicht eine nachhaltige, ressourcenschonende Landwirtschaft.

1.2.7 Die sicherheitspolitische Dimension

Sicherheitspolitik geht heute über das historisch gewachsene Begriffsverständnis von innerer und äußerer Sicherheit hinaus, welches Streitkräfte, die Polizei und Nachrichtendienste als zentrale Akteure kannte. Der erweiterte Sicherheitsbegriff des globalisierten 21. Jahrhunderts nimmt neben den militärischen Bedrohungen, die nicht nur von Staaten ausgehen können, auch andere Konfliktursachen in ihr Blickfeld: Armut und Massenelend, Umweltzerstörung, Pandemien und Seuchen sowie ethnisch und religiös motivierte Gewalt.

Der Begriff „Globalisierung" besagt zunächst einmal, dass immer mehr Menschen weltweit privat, beruflich, wirtschaftlich und politisch vernetzt sind. Möglich wurde dies aufgrund der rasanten Entwicklung der Kommunikations- und Verkehrstechnologien, welche die Mobilität von Informationen, Menschen und Gütern beispiellos erhöhte. Besonders deutlich trat das zuletzt an den internationalen Finanzmärkten zutage. Diese Globalisierung wirkt sich auf zentrale und randständige Regionen unterschiedlich aus. Ein Beispiel dafür ist die Richtung der Migrationsströme: Sie fließen aus den Peripherien in die reichen Länder. Ein weiteres und besonders sicherheitsrelevantes Charakteristikum ist die bedenkliche Zunahme dezentral wirkender Risiken und Gefahren. Bestimmte Umweltschäden wie die Abholzung der Regenwälder, Finanzkrisen bis hin zur Zahlungsunfähigkeit einzelner Staaten oder gewalttätige Konflikte und Bürgerkriege wie in Afghanistan lassen sich nicht mehr lokal oder regional eindämmen, sondern haben unmittelbare und mittelbare Wirkungen weltweit. Die Umsetzung sicherheitspolitischer Maßnahmen obliegt daher nicht mehr allein den eingangs genannten Stellen der öffentlichen Verwaltung. Hierzu tragen mit Blick auf das Angebot und die Nutzung von Geodaten und geodätischen Dienstleistungen auch Umweltbehörden, Katastrophenschutzbehörden, Wetterdienste oder Migrations- und Flüchtlingsbehörden bei.

In der Vergangenheit hat sich immer wieder gezeigt, dass bei großen Katastrophen wie Flächenbränden, Hochwasser, Stürmen/Orkanen oder Erdbeben notwendige Informationen nicht zeitgerecht zur Verfügung standen. Mit dem deutschen Notfallvorsorge-Informationssystem deNIS II wurde ein Netzwerk im Bereich des Zivil- und Katastrophenschutzes aufgebaut, das Bund und Länder bei außergewöhnlichen Gefahrenlagen unterstützen soll. deNIS II dient der Beurteilung der Lage und der Feststellung, welche Maßnahmen zum Schutz der Bevölkerung eingeleitet werden müssen. Es unterstützt und beschleunigt die Entscheidung über die Anforderung zusätzlicher Hilfsressourcen benachbarter Bundesländer, des Bundes oder des Auslandes. Die Daten von deNIS II werden mithilfe eines auf die Bedürfnisse des Krisenmanagements ausgerichteten Geoinformationssystems auf einer interaktiven Lagekarte dargestellt. Das aktuelle Schadensereignis, die Hilfeleistungspotenziale wie Blutkonserven, Sandsäcke, Rettungsdienststellen, Krankenhausbetten oder Räumgeräte sowie die Standorte risikobehafteter Anlagen der chemischen Industrie können vor einem Kartenhintergrund abgebildet und tabellarisch abgefragt werden. Durch einen Anschluss an den Deutschen Wetterdienst (DWD) können auch aktuelle Wetterberichte, Vorhersagen und Unwetterwarnungen abgerufen werden. Satelliten- oder Luftbilder sind durch eine Vernetzung mit dem Deutschen Fernerkundungsdatenzentrum im DLR verfügbar.

Geodatenbasiert erfolgt darüber hinaus der Aufbau eines bundesweit einheitlichen digitalen Sprech- und Datenfunksystems für alle Behörden und Organisationen mit Sicherheitsaufgaben (BOS-Digitalfunk), die Erstellung von Kriminalitätslagebildern oder der Schutz kritischer Infrastrukturen, zu denen sämtliche „Organisationen und Einrichtungen mit wichtiger Bedeutung für das staatliche Gemeinwesen zählen, bei deren Ausfall oder Beeinträchtigung nachhaltig wirkende Versorgungsengpässe, erhebliche Störungen der öffentlichen Sicherheit oder andere dramatische Folgen eintreten würden". Insbesondere sind dies die Energieversorgung, die Verkehrsinfrastruktur, die Trinkwasser- und Nahrungsmittelversorgung, die Gesundheitsinfrastruktur, die Sicherheitsinfrastrukturen der Behörden und Organisationen, die Entsorgungsinfrastrukturen und die Kommunikationsinfrastrukturen.

1.2.8 Die wirtschaftspolitische Dimension

Das Geoinformationswesen von der Erzeugung über die Bevorratung bis hin zur Nutzung und Weiterverwendung von Geodaten war traditionell staatlich geprägt. Ausschlaggebend hierfür waren sowohl hohe Kosten für die Datenerhebung als auch das Fehlen eines Marktes, auf dem abgeleitete Produkte wirtschaftlich abzusetzen gewesen wären. Die abgelaufene Dekade hat diesbezüglich einen grundlegenden Wandel eingeleitet:

- die Erzeugung von Geodaten verliert ihren Charakter als ein staatliches Monopol durch zunehmend wirtschaftlichere Erhebungsmethoden,
- die Benutzung und Weiterverwendung von Geodaten rückt zunehmend in das Interesse auch privater Unternehmen, die Navigationstechnologien und Geodaten nutzen, um hieraus Güter und Leistungen mit einem Mehrwert für den Endnutzer zu erschwinglichen Preisen zu entwickeln,
- die Hard- und Softwareindustrie widmet sich zunehmend der Entwicklung von Lösungen für die Verarbeitung und Weiterverwendung von Geodaten und findet Absatzmärkte insbesondere bei den zuvor genannten Dienstleistern,

- die Entwicklung von Instrumenten zur Erhebung von Geodaten, vornehmlich der Bau und Betrieb von Satelliten ist mit einem Rückgang an Anfangsinvestitionen verbunden, der es für die Industrie lukrativ macht, diese Nachfrage zu befriedigen.

Damit haben sich Geoinformationen als eine innovationsfördernde Ressource mit Schlüsselfunktion für Wirtschaft und Verwaltung etabliert. Einzelne Bundesländer wie Brandenburg heben im Rahmen ihrer Wirtschaftsförderstrategien diesen Wirtschaftszweig nicht zuletzt deshalb besonders hervor, weil er innovative Arbeitsplätze erhält oder erschließt und die Attraktivität des Wirtschaftsstandortes steigert.

Die industrie- und wirtschaftspolitische Bedeutung des Geoinformationswesens und der Geodäsie schlägt sich zugleich in der europäischen Praxis nieder. Ein Kommissionsvorhaben wie das „Global Monitoring for Environment and Security“ (GMES) ist nicht zuletzt in der Federführung der Generaldirektion für Unternehmen verankert, weil es darum geht, Wirtschaftsförderung einerseits durch die aktive Einbindung der Industrie in den Aufbau von Erdbeobachtungskapazitäten, andererseits durch eine vom Grundsatz der Freizügigkeit geprägte Datenpolitik zu betreiben. Auch Galileo, wenngleich bei der Generaldirektion für Transport und Verkehr angesiedelt und hinsichtlich der privaten Beteiligung am Systemaufbau letztlich gescheitert, ist wirtschaftspolitisch getrieben. Letztlich erwartet die Kommission durch Inbetriebnahme des Systems die perspektivische Generierung von über 100.000 Arbeitsplätzen und einen volkswirtschaftlichen Nutzen von 18 Mrd. € für Europa.

Dass selbst die Datenerhebung durch satellitengestützte Verfahren für private Unternehmen zwischenzeitlich von wirtschaftlichem Interesse ist, zeigt die Entwicklung und der Betrieb der Erdbeobachtungssatelliten TerraSAR-X und Rapid Eye. So ermöglicht ein Public-Private-Partnership-Modell dem DLR die wissenschaftliche Nutzung von TerraSAR-X-Ergebnissen, während die infoterra GmbH die kommerziellen Nutzungsrechte innehat. Die Rapid Eye-Satellitenkonstellation wird öffentlich gefördert, im Übrigen aber rein kommerziell genutzt. Bereits zuvor hatten sich konventionelle Anbieter von Geodaten jenseits der Erdbeobachtung durch Satelliten als börsennotierte Unternehmen etabliert (TeleAtlas) oder waren Gegenstand medienwirksamer Übernahmen (Navtec).

Schließlich fördert der Bund die Weiterverwendung von Geodaten durch strategische und legislative Maßnahmen, die eine höchstmögliche Verfügbarkeit und Konformität für kommerzielle Anwendungen gewährleisten. Das Informationsweiterverwendungsgesetz oder das Geodatenzugangsgesetz stellen als Ausfluss gemeinschaftlicher Richtlinien eine diskriminierungsfreie Weitergabe von Geodaten, ihre technische Interoperabilität und eine nur sehr begrenzt erwerbswirtschaftliche Orientierung des Datenvertriebs durch die öffentliche Hand sicher. Auch der Deutsche GEO-Implementierungsplan und das Aktionsprogramm der Bundesregierung „iD 2010 – Informationsgesellschaft Deutschland 2010“ nehmen den Bund in die Pflicht für eine liberale Datenpolitik. Darüber hinaus erfolgt der Aufbau der GDI-DE, welche auch privaten Unternehmen den vereinfachten Zugang zu Geoinformationen der öffentlichen Hand ermöglichen soll, in Kooperation mit einer eigens hierfür eingerichteten Kommission der Geoinformationswirtschaft (GIW-Kommission) beim BMWi.

1.2.9 Die entwicklungspolitische Dimension

Zu den wichtigsten Ursachen für Gewalt und Kriege zählen Armut, soziale Ungerechtigkeit und Perspektivlosigkeit. Deutschland selbst konnte diese Probleme nach dem II. Weltkrieg

u. a. durch die Unterstützung aus dem Marshallplan überwinden. Konflikte in anderen Teilen der Welt gefährden heute auch unsere Sicherheit. Entwicklungspolitik hilft, Krisen zu verhindern und Konflikte zu bewältigen. Auch Umweltprobleme kennen keine Grenzen. Die Förderung umweltfreundlicher Produktionsweisen und des Einsatzes erneuerbarer Energien trägt zum globalen Umweltschutz bei. Zudem beruht Deutschlands Wirtschaftskraft und Wohlstand auf dem Export, sodass ökonomische Krisen in anderen Weltregionen auch uns berühren. Aktive Entwicklungspolitik sichert daher deutsche Interessen.

Als Beginn einer neuen globalen Partnerschaft für Entwicklung gilt die Millenniumserklärung der Vereinten Nationen und mit ihr die Millenniums-Entwicklungsziele. Da die meisten Armen weltweit im ländlichen Raum leben, leistet ländliche Entwicklung einen spürbaren Beitrag zur strukturellen Armutsminderung. Sie orientiert sich an der Förderung der produktiven Potenziale in Entwicklungs- und Schwellenländern und am Prinzip der ökologischen Nachhaltigkeit. Auch Bundes- und Länderministerien sowie die ihnen nachgeordneten Bereiche, Forschungsinstitute oder Interessengruppen der Zivilgesellschaft engagieren sich zunehmend über die deutschen Grenzen hinaus. Dabei ist neben der ländlichen Entwicklung besonders der Aufbau von Infrastrukturen und Eigentumssicherungssystemen auf Geoinformationen angewiesen.

Drei Viertel der Armen weltweit leben im ländlichen Raum, oft in extremer Armut und ohne ausreichende Mittel, ihre Ernährung und die ihrer Familien sicherzustellen. Allein die Landwirtschaft vermag ihnen zunächst eine Existenzgrundlage zu geben. Unter Einsatz von Geoinformationen trägt die Entwicklungshilfe dazu bei, landwirtschaftliche Flächen gezielt zu bewirtschaften und ländliche Infrastrukturen für die Bodennutzung aufzubauen. Die landwirtschaftliche Entwicklung leistet somit einen Beitrag zur besseren Ernährungssituation und zur Gesundheit in Entwicklungsländern. Sie hilft zugleich, Einkommen und Erwerbsmöglichkeiten zu schaffen, und ist damit die Vorbedingung für eine erfolgreiche wirtschaftliche Entwicklung.

Boden ist jedoch nicht nur Produktionsfaktor für die Landwirtschaft, sondern zugleich Wirtschaftsgut und Ursache zahlreicher Konflikte. Sichere Eigentums-, Nutzungs- und Verfügungsrechte sowie ein fairer Zugang zu Land stellen daher weitere unverzichtbare Rahmenbedingungen für eine nachhaltige Entwicklung dar, die nicht ohne einen georeferenzierten Nachweis dieser Flächen zu realisieren sind.

Ähnlich gilt dies für den Aufbau von Ver- und Entsorgungsinfrastrukturen. Noch immer leben rd. 1 Mrd. Menschen ohne sauberes Trinkwasser, mehr als 2 Mrd. ohne funktionsfähige Energieversorgung und ca. 2,5 Mrd. ohne geregelte Entsorgung, obgleich dies eine weitere Voraussetzung für wirtschaftliche Entwicklung und Armutsbekämpfung ist. Gerade in den schnell wachsenden Städten vieler Entwicklungsländer nehmen die Probleme des Bevölkerungs-, Industrie- und Verkehrswachstums teilweise bedrohliche Ausmaße an. Die Folgen sind steigender Ressourcenverbrauch, zunehmende Luft-, Wasser-, Boden- und Gesundheitsbelastungen sowie eine insgesamt sinkende Lebensqualität.

1.2.10 Die verwaltungspolitische Dimension

Der Prozess der Verwaltungsmodernisierung stellt die handelnden Personen regelmäßig aufs Neue vor die Frage, wer im System der staatlichen Verantwortungsteilung Aufgaben am effektivsten und effizientesten wahrnehmen kann und wie Verwaltungsabläufe nicht nur im eigenen, sondern zugleich im Interesse der Wirtschaft und des Bürgers optimiert werden können. Hinsichtlich Geoinformationen muss der Blick heute auf den Gesamtstaat und auf Europa gerichtet sein. Dies bedeutet u. U. auch, neue ungewohnte Wege zu gehen, ggf. auch unter Aufgabe von Gewohnheiten oder unter Verzicht auf einen Teil bisheriger Kompetenzen, wenn dies letztlich dazu führt, dass die gemeinsame Aufgabe im Interesse aller Beteiligten und im Interesse des Standortes Deutschland besser erfüllt werden kann (HAHLEN 2007). Auch wenn die Debatte hierüber betreffend Aufgaben des Geoinformationswesens anlässlich der zweiten Stufe der Föderalismusreform frühzeitig zurückgestellt wurde, so bleibt das Thema allgegenwärtig und schlägt sich in diversen bestehenden oder beabsichtigten Vereinbarungen über die Zusammenarbeit von Bund und Ländern nieder.

Eher ablauf- oder geschäftsprozessorientiert nahmen und nehmen sich die politisch getriebenen Initiativen Bund-Online und Deutschland-Online des Themas Geoinformation an. Hintergrund ist die notwendige Einbindung von Geoinformationen als Entscheidungsgrundlage in diverse politische und Verwaltungsvorgänge. So benötigt beispielsweise die Politik zur Begleitung der demographischen Entwicklung vielfältig verknüpfbare Daten von der Raumplanung des Bundes über die Landes- und Regionalplanung bis hin zur Bauleitplanung auf kommunaler Ebene. Unter der Gesamtverantwortung eines Arbeitskreises der Staatssekretäre für eGovernment des Bundes und der Länder erfolgt innerhalb der Initiative Deutschland-Online die Entwicklung eines gemeinsamen Datenaustauschformates für Planungsdaten (XPlanung). Vergleichbar erfolgt die Koordination der Geodateneinbindung in das länderübergreifende Genehmigungsverfahren für Großraum- und Schwertransporte (VEMAGS). Ausgewählte fachübergreifende Standards des Geoinformationswesens werden darüber hinaus in den vom BMI herausgegebenen Standards und Architekturen für eGovernment-Anwendungen (SAGA 4.0) mit empfehlender Wirkung für Bund und Länder veröffentlicht.

1.3 Administrative Dimension des Geoinformationswesens

1.3.1 Ausgangssituation

Betrachtet man die Vielzahl und Komplexität der politischen Herausforderungen sowie die daraus resultierenden Anforderungen an die Geowissenschaften, Geoinformationen bereitzustellen, so wird es offenkundig, dass dieser Herausforderung weder mit einer Karte oder einer Datenbank, noch mit einer zentralen Geoinformationsbehörde – sei es auf Bundes- oder auf Landesebene – oder einem einzigen regelnden Gesetz begegnet werden kann. Aus diesem Anlass wird die Befriedigung des Bedarfs an Geoinformationen innerhalb der öffentlichen Verwaltung in einem arbeitsteiligen, abgestuften Prozess sichergestellt. Jüngstes Beispiel eines solchen abgestuften Prozesses ist die INSPIRE-Richtlinie zum Aufbau einer Europäischen Geodateninfrastruktur, bei der es darum geht, elektronisch vorliegende Geodaten online bis zum Jahr 2019 verfügbar zu machen. Zunächst sind beschreibende Daten (Metadaten), später dann Geodaten bereitzustellen. Dort wiederum sind zunächst sogenannte Referenzdaten, später dann auch sehr fachspezifische Daten betroffen. Schließlich geht es darum, zunächst neue Datenerhebungen INSPIRE-konform auszugestalten, später dann auch die vorhandenen Datenbestände umzustellen.

1.3.2 Rechtsquellen des Geoinformationswesens

Nehmen wir an dieser Stelle internationales und europäisches Recht aus, da es vielfach noch einer Umsetzung in nationales Recht bedarf, so konzentriert sich die Suche nach den Rechtsquellen des Geoinformationswesens auf das Bundes- und Landesrecht. Verfassungsrechtlich gibt es keine eigene Rechtsmaterie „Geoinformationswesen". In der Konsequenz, sind das Geoinformationswesen betreffende Regelungskompetenzen aus den bestehenden Rechtsmaterien der Artikel 73 und 74 bzw. 70 des Grundgesetzes (GG) abzuleiten. Die Anknüpfungspunkte sind vielfältig.

Mit Blick auf Artikel 70 GG ist festzuhalten, dass beispielsweise das Bauordnungsrecht, das Flurbereinigungsrecht, das Vermessungs- und Katasterrecht oder das Recht der Landesstatistik in die Gesetzgebungskompetenz der Länder fallen. Mittel- oder unmittelbar erfahren die Länder auf diesem Wege das Recht, Sachverhalte betreffend die Erhebung, Führung und Bereitstellung von Geodaten wie solchen für eine Flurneuordnung, der topographischen Landesaufnahme, des Liegenschaftskatasters, der Erstellung amtlicher Lagepläne oder von Landesstatistiken zu regeln. Um gleichwohl bundesweit einheitliche Länderregelungen zu befördern, erfolgt dies vielfach auf der Grundlage von Mustergesetzen oder nach Abstimmung in länderübergreifenden Arbeitsgemeinschaften bis hin zu Ministerkonferenzen.

Artikel 73 GG räumt dem Bund ausschließliche Gesetzgebungskompetenzen ein, die zusammen mit der jeweils ausdrücklich genannten Rechtsmaterie einen Anspruch herleiten, auch Fragen der Erhebung, Führung und Bereitstellung von Geodaten für speziell diese Rechtsmaterien mit zu regeln. In diesem Zusammenhang wird auch von Annexkompetenzen gesprochen. Exemplarisch kann hierfür die Regelungskompetenz für auswärtige Angelegenheiten sowie die Verteidigung, aber auch für den Luftverkehr oder den Verkehr der Eisenbahnen im Eigentum des Bundes sowie das Urheberrecht genannt werden. So regeln beispielsweise das Landbeschaffungsgesetz für Zwecke der Landesverteidigung oder das Allgemeine Eisenbahngesetz Betretungsrechte zur Erhebung von Geodaten in Vorbereitung weitergehender Entscheidungen. Das Urheberrecht trifft Regelungen über den Schutz des persönlichen geistigen Eigentums oder den Schutz von Datenbanken wie er für topographische Karten oder elektronische Geodaten zum Tragen kommen kann. Mit in die Rechtsmaterie der auswärtigen Angelegenheiten fällt das Satellitendatensicherheitsgesetz, welches die Verbreitung von Ergebnissen der satellitengestützten Fernerkundung vor einem außen- und sicherheitspolitischen Hintergrund auf berechtigte Nutzerkreise einschränkt.

Am umfangreichsten jedoch sind konkurrierende Gesetzgebungskompetenzen zum Geoinformationswesen, welche sich als Annex aus Artikel 74 GG ableiten lassen. Das Recht des städtebaulichen Grundstücksverkehrs und das Bodenrecht beispielsweise sind Grundlage für das Baugesetzbuch und die hierzu ergangene Planzeichenverordnung. Danach hat der Bund festgelegt, auf welcher Grundlage die städtebauliche Planung und die Bodenordnung zu erfolgen haben: auf den Geodaten des Liegenschaftskatasters. Vergleichbar gilt dies für Ergebnisse der Bodenschätzung oder der Agrarstatistik. Für den Naturschutz und die Landschaftspflege hingegen haben die Länder Festsetzungen getroffen, die gemäß Artikel 72 GG auch bundesrechtlichen Regelungen entgegenstehen dürfen. Hierzu zählt die Ausweisung und der Nachweis diverser Schutzgebiete in Geoinformationssystemen, die der Öffentlichkeit zugänglich zu machen sind. Landesrechtlich geregelt ist darüber hinaus die Führung von Straßenregistern, Wasserbüchern und Abfallinformationssystemen, wobei teilweise auf eine ausdrückliche Führung in Datenbanken und einen graphischen Nachweis hingewiesen wird. Wie an anderer Stelle aufgezeigt, kommt Geoinformationen zugleich eine erhebliche wirtschaftspolitische Bedeutung zu. Insoweit lässt auch das konkurrierende Recht der Wirtschaft Anknüpfungspunkte für Regelungen im Geoinformationswesen zu, die vom Bund beispielsweise mit dem Informationsweiterverwendungsgesetz ausgeschöpft wurden. Danach ist der diskriminierungsfreie Zugang zu Geodaten zu gewährleisten. In diesem Bereich verfügen die Länder über keine Abweichungskompetenzen gemäß Artikel 72 GG.

Informationszugangsrechte für spezielle Geoinformationen finden sich in weiteren Rechtsnormen, die losgelöst von jeder verfassungsrechtlichen Kompetenzzuordnung nur vom Bund – kraft Natur der Sache – geregelt werden können. Als Rechtsnormen sind das Umweltinformationsgesetz für Geoinformationen des Bundes aus dem Umweltbereich und das Geodatenzugangsgesetz für elektronische Geoinformationen des Bundes zu nennen.

Das letzte Beispiel zeigt, dass der Umgang mit Geoinformationen teilweise einer dezidierten rechtlichen Abwägung bedarf. Dies sei an der Bereitstellung von Geoinformationen verdeutlicht. Handelt es sich um Informationen des Bundes, so ist das geltende Bundesrecht, nicht das Landesrecht heranzuziehen. Sind die Informationen zugleich Umweltinformationen, richtet sich der Zugang nicht in erster Linie nach dem Informationsfreiheitsgesetz oder speziellen Fachgesetzen, sondern nach dem Umweltinformationsgesetz des Bundes. Liegen die Informationen darüber hinaus elektronisch vor, so sind die Bestimmungen des Geodatenzugangsgesetzes über die elektronische Bereitstellung dieser Daten zu beachten. Werden sie zum wiederholten Male abgefordert, ist nach dem Informationsweiterverwendungsgesetz sicherzustellen, dass sie zu den gleichen Konditionen abgegeben werden, wie an frühere Kunden, es sei denn, es handelt sich um einen solchen, der – weil hier Informationen angefordert werden, die aus der satellitengestützten Fernerkundung stammen – durch das Satellitendatensicherheitsgesetz vom Zugang ausgeschlossen ist. Sind individuelle Persönlichkeitsrechte oder urheberrechtliche Interessen durch eine Abgabe der Informationen berührt, können zusätzlich das Datenschutzgesetz des Bundes und das Urheberrechtsgesetz zum Tragen kommen.

1.3.3 Vertikale Verantwortungsteilung im System der Verwaltungsebenen

Die Zuordnung von Gesetzgebungskompetenzen ist nicht gleichzusetzen mit der Ausführungsverantwortung für die aus diesem Anlass begründeten Aufgaben. Eine erste Arbeitsteilung ist verfassungsrechtlich bedingt und leitet sich aus dem Subsidiaritätsprinzip ab. Danach ist den Gemeinden, Kreisen und sonstigen gemeindlichen Zusammenschlüssen das Recht auf kommunale Selbstverwaltung garantiert. Zudem gebietet die föderale Struktur der Bundesrepublik Deutschland, dass die Bundesebene nur insoweit Ausführungsverantwortung übernimmt wie es die Leistungsfähigkeit der Länder übersteigt, die Herstellung gleichwertiger Lebensverhältnisse im Bundesgebiet es verlangt, die Wahrung der Rechts- und Wirtschaftseinheit im gesamtstaatlichen Interesse es erfordert oder außenpolitische Belange des Staates betroffen sind.

Insbesondere der Blick auf die Bundes- und die Länderverwaltungen lässt daher diverse Geoinformationsbehörden erkennen, die so nur auf der Bundesebene existieren, und andere, welche jeweils über „Spiegelbehörden“ in den Ländern verfügen. Zu Letztgenannten zählen die Bundesanstalt für Geowissenschaften und Rohstoffe, das Umweltbundesamt, das Bundesamt für Naturschutz, das Bundesamt für Kartographie und Geodäsie, das Statistische

Bundesamt, das Bundesamt für Bauwesen und Raumordnung oder die Bundesanstalt für Landwirtschaft und Ernährung und das jeweilige Pendant des einzelnen Landes. In anderen Bereichen wie der Seeschifffahrt, der Flugsicherung, der Landesverteidigung, der Wetterbeobachtung oder des Strahlenschutzes hingegen finden wir ausschließlich Bundesbehörden. Dennoch werden die erstgenannten Behörden nicht konkurrierend zu den Ländern tätig. Sie sind vielmehr Ausfluss des Umstandes, dass die Länder zwar – wie im Umwelt-, Wasser-, Raumordnungs- oder Vermessungs- und Liegenschaftsrecht – eigene Gesetzgebungs- und Verwaltungskompetenzen haben, dabei aber nicht verpflichtet sind, spezielle Bedürfnisse der Bundesverwaltung zu befriedigen. Hinzu kommt, dass ihnen weder eine verfassungsrechtliche Kompetenz zukommt, deutsche Belange im stetig wachsenden globalen Geoinformationsnetzwerk außenpolitisch zu vertreten, noch sie strukturell und finanziell befähigt sind, bundesweit einheitliche Güter und Leistungen anzubieten. So werden beispielsweise bundeseinheitliche topographische oder geologische Daten ab einer bestimmten Maßstabsebene von den zuständigen Bundesbehörden auf Grundlage der Länderdaten erzeugt und ggf. für Bundesbelange inhaltlich und technisch optimiert. Die Bauleitplanung einschließlich der Abwägung naturschutzrechtlicher Ausgleichs- und Ersatzmaßnahmen als Gegenbeispiel der lokalen, städtebaulichen Gestaltung mit großmaßstäbigen Geodaten findet hingegen ausschließlich in den Geoinformationsdienststellen auf kommunaler Ebene statt.

Die jüngste Initiative zur gemeinsamen Steuerung dieser Verwaltungsebenen bedingten Trennung der Geoinformationsbehörden ist die Einrichtung eines Lenkungsgremiums zum Aufbau der Geodateninfrastruktur Deutschland (vgl. 13).

1.3.4 Horizontale Verantwortungsteilung im System der Verwaltungszweige

Genausowenig wie heute eine einzelne Verwaltungsebene sämtliche Aufgaben des Geoinformationswesens wahrnehmen kann, ist dies für einen einzelnen Verwaltungszweig denkbar. Eine zweite Arbeitsteilung leitet sich daher aus der Kompetenz der jeweiligen Regierung auf Bundes- oder Landesebene ab. U. a. umfasst die Richtlinienkompetenz des jeweiligen Regierungschefs das Recht, Exekutivaufgaben den einzelnen Geschäftsbereichen der Regierung zuzuweisen. Damit entstehen auf der einzelnen Verwaltungsebene diverse Verwaltungszweige, die im Rahmen der Ressortkompetenz der betreffenden Regierungsmitglieder mit einem organisatorischen Unterbau hinterlegt werden können. Dies betrifft beispielsweise Umweltverwaltung sowie Wasser- und Schifffahrtsverwaltung auf Bundesebene, Vermessungs- und Katasterverwaltungen sowie Straßenbauverwaltungen auf Landesebene oder Bauverwaltungen auf kommunaler Ebene. Die Gefahr einer unkoordinierten bis hin zu einer den Bürger und die Wirtschaft belastenden Doppelerhebung von Daten wird bei solch arbeitsteiligen Strukturen noch erhöht. Beispiel hierfür kann die bauordnungsrechtliche Einmessung baulicher Anlagen auf der einen und die Gebäudeeinmessung nach den Vermessungs- und Liegenschaftsgesetzen andererseits sein. Eine zielgerichtete Zusammenführung dieser Datenerhebungen, die das gleiche Objekt zum Gegenstand haben, trägt zur Verwaltungsvereinfachung und Kostenentlastung beim Bauherrn bei.

Innerhalb der Bundesverwaltung wird beispielsweise die Grundversorgung mit topographischen Basisdaten der Geländeoberfläche als einheitlicher Grundlage für die Abbildung fachspezifischer Geoinformationen in den einzelnen Verwaltungszweigen durch das BKG sichergestellt, welches entsprechendes Datenmaterial zentral bei den Ländern bezieht und dies ggf. für Bundeszwecke aufbereitet. Der Mehrfacherwerb dieser Daten oder kostenverursachende Ersatzbeschaffungen werden auf diesem Wege ausgeschlossen.

Ähnlich wie bei der Verwaltungsebenen übergreifenden Abstimmung übernimmt auch hier ein gemeinsames Gremium Koordinierungsaufgaben: Der Verwaltungszweige übergreifende Interministerielle Ausschuss für Geoinformationswesen (IMAGI, vgl. 1.4.1). Vergleichbare organisatorische Regelungen wurden auf Länderebene getroffen.

1.3.5 Verantwortung auf europäischer Ebene

Zunehmend bringt sich in den letzten Jahren die europäische Ebene in die exekutive Umsetzung des Politikfelds Geoinformationswesen ein. Zum einen verfügt sie mit Dienststellen wie der Europäischen Umweltagentur und der Europäischen Statistikbehörde über Nachfrager, die in besonderem Maße auf harmonisierte Geodaten angewiesen sind, zum anderen betrachtet sie Geoinformationen der öffentlichen Hand als ein Wirtschaftsgut, das ohne weitreichende Beschränkungen öffentlich verfügbar bereitzustellen ist. So verfügt auch die Europäische Kommission über ein dem IMAGI vergleichbares Instrument, während Europäisches Parlament und Europäischer Rat mit Rechtsnormen wie der Wasserrahmenrichtlinie, der Umweltinformationsrichtlinie, der Richtlinie über die Weiterverwendung von Informationen des öffentlichen Sektors oder der INSPIRE-Richtlinie die Voraussetzungen für den vereinfachten Zugang zu Geoinformationen schaffen. Zielstellung hier ist ausnahmslos die Harmonisierung über die Grenzen der Mitgliedstaaten hinweg.

Mit dem Aufbau eigener Geo-Kapazitäten wie in der Erdbeobachtung anlässlich des Global Monitoring for Environment and Security, bei der Ortung und Navigation durch Galileo oder dem Umweltmonitoring mithilfe des Shared Environment Information System tritt die Europäische Kommission darüber hinaus als Datenproduzent, Manager und Wirtschaftsförderer im Geoinformationswesen auf.

1.3.6 Zusammenwirken von Referenzdaten und thematischen Daten

Ein vertiefter Blick auf die Gesamtpalette des Datenangebotes der Geoinformationsbehörden lässt den Rückschluss zu, dass es ein Paket an Geoinformationen gibt, welches in besonderem Maße für zahlreiche, wenn nicht alle Aufgaben innerhalb der Bundes- oder Landesverwaltungen zum Einsatz kommt. Es setzt sich zusammen aus Geoinformationen vom Aufbau der Erdkruste einschließlich der Bodenqualität, über die Gestalt der Erdoberfläche inklusive der Eigentumsstrukturen bis hin zu wesentlichen Parametern über den Zustand der Erdatmosphäre zuzüglich der Wetterdaten. Dieser Grundgedanke schlägt sich in der INSPIRE-Richtlinie nieder. Die Anhänge I und II der Richtlinie, welche jene Themen enthalten, zu denen Geoinformationen zeitlich prioritär harmonisiert bereitzustellen sind, stellen auf wesentliche Inhalte dieses Paketes ab. Sie enthalten die sogenannten Referenzdaten. Lediglich die atmosphärischen Daten kommen erst im Annex III zum Tragen. Sie sind von zentraler Bedeutung für die Landwirtschaft, die Gesundheit oder den Verkehr und fließen in dortige Fachinformationssysteme zur administrativen und politischen Entscheidungsvorbereitung ein. Auch die sogenannten Geobasisdaten der Vermessungs- und Katasterverwaltungen der Länder sind diesem Paket der Referenzdaten zuzuordnen. Dies gilt insbesondere deshalb, weil sie eine eindeutige geographische und in Bezug auf Eigentumsstrukturen rechtliche Zuordnung aller anderen Geodaten über, auf oder unter der Erdoberfläche in einem einheitlichen System ermöglichen. Um so kritischer ist es daher – wenn staatlicherseits das Ziel verfolgt wird, alle anderen Datenproduzenten auf dieser Grundlage zu verpflichten – ihre Erhebung, Führung und Verbreitung an erwerbswirtschaftlichen Prinzipien auszurichten. Den Geobasisdaten ist auch der Schwerpunkt dieses Buches gewidmet.

Die eigentlichen thematischen oder Geofachdaten entstehen in Verwaltungszweigen, die sich jeweils mit begrenzten, differenzierten Sachverhalten auseinandersetzen. Dies kann die Strahlenbelastung der Umwelt, der Betrieb und die Unterhaltung kritischer Infrastrukturen (Verkehrswege, Informations- und Kommunikationsnetze, Energie- und Wasserversorgung), die Ausbreitung und Bekämpfung von Epidemien oder Pandemien, die demographische Entwicklung einschließlich Migration oder die Arbeitslosigkeit sein, um nur wenige Beispiele zu nennen. Ihre jeweilige Kopplung an den Raumbezug der Geobasisdaten eröffnet erst die Möglichkeit, sie ohne zusätzliche Aufbereitungen auch mit Daten anderer Verwaltungszweige zu verknüpfen und so ganzheitliche Lagebilder als Entscheidungsgrundlage für Politik und Verwaltung zu erzeugen.

1.4 Bedeutung des Geoinformationswesens in der Bundesverwaltung

1.4.1 Ausgangssituation

Innerhalb der Bundesverwaltung tritt eine Vielzahl an Dienststellen als Anbieter und Nutzer von Geoinformationen in Erscheinung. Ihre räumlichen oder speziellen fachlichen Wirkungsbereiche sind gegeneinander abgegrenzt. Während die einen ihre Beobachtung auf die Struktur der Erdkruste (BGR), die Gestalt der Erdoberfläche (BKG) oder die Zusammensetzung der Atmosphäre und die in ihr ablaufenden Prozesse (DWD, UBA) bis hin zum Weltraum (DLR) konzentrieren und dabei Referenzdaten für diverse politische Handlungsfelder liefern, zeichnen andere für ausgewählte Einzelthemen verantwortlich. Hierzu zählt der Nachweis, Erhalt und Betrieb von Infrastrukturen in Form der Verkehrswege-, Energie- und Wasserversorgungs- sowie Informations- und Kommunikationsnetze, die Gesundheitsvorsorge, der Pflanzenschutz oder die Bewahrung der biologischen Vielfalt. Die Übergänge sind teilweise fließend. Diese Dienststellen wirken in einem gesamtstaatlichen Interesse und vertreten die Belange der Bundesrepublik Deutschland im internationalen Kontext. In ihrer Gesamtheit bilden sie das Netzwerk der Geoinformationsbehörden des Bundes.

Um eine Abstimmung über die Verantwortungsbereiche hinweg zu koordinieren, die gegenseitige Nutzung vorhandener Geodaten anstelle von Doppelerhebungen zu befördern und eine technische Harmonisierung voranzutreiben, hat die Bundesregierung entsprechend dem Vorgehen der Vereinten Nationen und der Europäischen Kommission einen Interministeriellen Ausschuss für Geoinformationswesen (IMAGI) unter Vorsitz des zuständigen Staatssekretärs im Bundesministerium des Innern (BMI) eingerichtet. In diesem Ausschuss stimmen sich die obersten Bundesbehörden untereinander ab und treffen grundsätzliche, das Geoinformationswesen in den nachfolgend auszugsweise vorgestellten Dienststellen betreffende Entscheidungen.

1.4.2 Bundesamt für Kartographie und Geodäsie (BKG)

Das Bundesamt für Kartographie und Geodäsie mit Hauptsitz in Frankfurt am Main ist eine Bundesoberbehörde im Geschäftsbereich des BMI und versteht sich als Kompetenzzentrum des Bundes für Geodäsie, Kartographie und Geoinformation. Die Kartographie ist das Fachgebiet, das raumbezogene Daten oder Informationen (Geodaten oder Geoinformationen) zusammenführt, harmonisiert, auswertet sowie in Karten und verwandten Darstellungen anschaulich darstellt (visualisiert) und kommuniziert. Sie bildet die Schnittstelle zwischen den Geodaten oder Geoinformationen und ihren Nutzern. Die Geodäsie befasst sich mit der Bestimmung der geometrischen Figur der Erde, ihres Schwerefeldes und der Orientierung der Erde im Weltraum (Erdrotation). Sie schafft so die Grundlagen für die einheitliche Georeferenzierung raumbezogener Informationen im lokalen, regionalen und globalen Rahmen.

Das BKG stellt die räumlichen Bezugssysteme und Basis-Geoinformationen der Länder für das Gebiet Deutschlands bereit und entwickelt die dafür erforderlichen Technologien und setzt sie ein. Es hat die Bundesregierung auf den Gebieten der Geodäsie und des Geoinformationswesens zu beraten sowie die einschlägigen fachlichen Interessen auf internationaler Ebene zu vertreten, wobei ein Schwerpunkt bei den globalen geodätischen Grundlagen liegt. Hinsichtlich harmonisierter Basis-Geoinformationen vom Gebiet Deutschlands betreibt das BKG „rund um die Uhr" ein Geoportal, über welches die betreffenden Produkte bereitgestellt werden. Ergänzend zu den Geobasisdaten der Vermessungsverwaltungen der Bundesländer werden dafür Produkte der satellitengestützten Erdbeobachtung und der Geoinformationswirtschaft verwendet, um die Anforderungen aus nationalen und europäischen Aufgaben erfüllen zu können.

Über die fachtechnischen Arbeiten hinaus wirkt das BKG bei der Koordinierung von Geodäsie und Geoinformationswesen im föderalen System mit. So wird die Koordinierung auf Bundesebene mit der 1998 eingerichteten Geschäftsstelle des IMAGI unterstützt. Nachdem Bund, Länder und die kommunalen Spitzenverbände im Herbst 2003 beschlossen haben, die GDI-DE gemeinsam aufzubauen, setzt die dem BKG zugeordnete Koordinierungsstelle auch die fachlichen Beschlüsse des Lenkungsgremiums GDI-DE um und stellt den Kontakt zur Europäischen Kommission im Rahmen der INSPIRE-Richtlinie her.

1.4.3 Bundesamt für Bevölkerungsschutz und Katastrophenhilfe (BBK)

Nach den Ereignissen des 11. September 2001 sowie der Flutkatastrophe 2002 stand die Frage im Raum, inwieweit die Zweiteilung des deutschen Katastrophenvorsorgesystems mit der Zuständigkeit des Bundes für den Zivilschutz bei militärisch bedingten und der Länder bei „friedensmäßigen" Katastrophenereignissen noch zielführend sein kann. Praktische Erfahrungen bei der Bekämpfung des internationalen Terrorismus wie auch der Strategien betreffend Information, Koordination und Ressourcenmanagement anlässlich der Flut an Elbe und Donau 2002 hatten das bisherige rechtliche System in Frage gestellt, sodass Bund und Länder sich in der Ständigen Konferenz der Innenminister und -senatoren der Länder auf eine „Neue Strategie zum Schutz der Bevölkerung in Deutschland" verständigten. Diese neue Strategie forderte vor allem ein gemeinsames Krisenmanagement durch Bund und Länder bei außergewöhnlichen, national bedeutsamen Gefahren- und Schadenslagen, bei denen alle Staatsebenen zusammenarbeiten müssen. Der zivile Bevölkerungsschutz wurde als vierte Säule (neben Polizei, Bundeswehr und Diensten) im nationalen Sicherheitssystem verankert.

Vor allem sollten neue Koordinierungsinstrumentarien für ein effizienteres Zusammenwirken des Bundes und der Länder, insbesondere eine verbesserte Koordinierung der Informationssysteme, entwickelt werden, damit die Gefahrenabwehr auch auf neue, außergewöhnliche Bedrohungen angemessen reagieren kann. Als zentrales Organisationselement für die zivile Sicherheit hat am 1. Mai 2004 daher ein neues Bundesamt für Bevölkerungsschutz und Katastrophenhilfe in Bonn seine Arbeit als Bundesoberbehörde im Geschäftsbereich des BMI aufgenommen.

Bei der Wahrnehmung dieser Aufgaben wirkt das BBK integrierend über die zahlreichen Einzelregelungen von Bund und Ländern in Vorsorge- und Sicherstellungsgesetzen, im Zivilschutzgesetz, in den verschiedenen Brandschutz- und Katastrophenschutzgesetzen sowie in den Rettungsdienstgesetzen.

Zwei zentrale Ansatzpunkte des BBK für die Nutzung und Bereitstellung von Geodaten innerhalb einer Geodateninfrastruktur stellen die Notfallvorsorge/Notfallplanung sowie der Schutz kritischer Infrastrukturen dar (vgl. 1.2.7). In diesem Zusammenhang erfolgen der Aufbau und die Pflege konkreter Gefährdungskataster sowie des deutschen Notfallvorsorge-Informationssystems deNIS.

1.4.4 Statistisches Bundesamt (StBA)

Entsprechend dem föderalen Staats- und Verwaltungsaufbau werden die bundesweiten amtlichen Statistiken („Bundesstatistiken“) in Zusammenarbeit zwischen dem Statistischen Bundesamt und den Statistischen Ämtern der 16 Länder durchgeführt. Die Bundesstatistik ist daher weitgehend dezentral organisiert. Eine der wichtigsten Anforderungen ist es, Bundesstatistiken überschneidungsfrei, nach einheitlichen Methoden und termingerecht durchzuführen. Hieran knüpft das in Wiesbaden beheimatete Statistische Bundesamt als Bundesoberbehörde im Geschäftsbereich des BMI an. Zu seinem Aufgabenkatalog gehören die methodische und technische Vorbereitung der einzelnen Statistiken, die Weiterentwicklung des Programms der Bundesstatistik, die Koordinierung der Statistiken untereinander sowie die Zusammenstellung und Veröffentlichung der Bundesergebnisse.

Für die Durchführung der Erhebung und die Aufbereitung bis zum Landesergebnis sind überwiegend die Statistischen Ämter der Länder zuständig. Das StBA hat den Auftrag, bundesweite statistische Informationen objektiv, unabhängig und qualitativ hochwertig bereitzustellen und zu verbreiten. Präzisiert werden die Aufgaben im Bundesstatistikgesetz. Diese Informationen stehen Politik, Regierung, Verwaltung, Wirtschaft, Wissenschaft und Bürgern zur Verfügung. Der i-Punkt, eine Servicestelle des StBA in Berlin, informiert und berät Mitglieder des Deutschen Bundestages, der Bundesregierung, der Botschaften und Bundesbehörden, Wirtschaftsverbände sowie Interessenten aus dem Großraum Berlin-Brandenburg zur Datenlage der amtlichen Statistik.

Der Geodatenbezug des StBA wird insbesondere in der Datenbank GENESIS-Online sichtbar. Hierbei handelt es sich um eine Datenbank, die tief gegliederte Ergebnisse der amtlichen Statistik enthält und kontinuierlich ausgebaut wird. Ihr Raumbezug ist in Form der Zuordnung statistischer Daten zu Gebietseinheiten zunächst textlicher Natur, kann jedoch auch graphisch abgebildet werden.

1.4.5 Bundesamt für Migration und Flüchtlinge (BAMF)

Das Bundesamt für Migration und Flüchtlinge mit seiner Zentrale in Nürnberg – entstanden mit dem Inkrafttreten des Zuwanderungsgesetzes am 01. Januar 2005 aus der Umwandlung des Bundesamtes für die Anerkennung ausländischer Flüchtlinge – ist Bundesoberbehörde im Geschäftsbereich des BMI und gilt als Kompetenzzentrum für Migration, Integration und Asyl. Als solches entscheidet es über Asylanträge und den Abschiebeschutz von Flüchtlingen, fördert und koordiniert die sprachliche, soziale und gesellschaftliche Integration von Zuwanderern in Deutschland, hilft als zentrale Steuerungsstelle in Zuwanderungs- und Migrationsfragen bei der Verteilung jüdischer Immigranten aus der ehemaligen Sowjetunion und vermittelt Ausländern, die in ihre Heimat zurückkehren möchten, Informationen zur freiwilligen Rückkehrförderung. Zudem dient das Bundesamt als Kontaktstelle für zeitlich begrenzten Schutz bei einem Massenzustrom von Vertriebenen.

Auch die umfassende Information und das Erstellen fachbezogener Informationsmaterialien sowohl für Zuwanderer als auch für Ausländerbehörden, Integrationskursträger und weitere an der Integration beteiligte Stellen gehören zu den Aktivitäten des Amtes. Zusätzlich führt das Bundesamt das Ausländerzentralregister und betreibt wissenschaftliche Forschung zu Migrationsfragen, um analytische Aussagen zur Steuerung der Zuwanderung zu gewinnen.

Das Online-Auskunftssystem „Integrationsportal" des BAMF verfügt über ein integriertes webbasiertes Geoinformationssystem, welches die georeferenzierte Recherche nach Kontakt- und Beratungsstellen sowie Angeboten der Integrationsarbeit eröffnet. Insbesondere ermöglicht es die schnelle, kartenbasierte Unterrichtung über Migrationserstberatungsstellen, Integrationskurse, Integrationsprojekte, Ausländerbehörden, Regionalstellen des Bundesamtes oder Regionalkoordinatoren. Darüber hinaus fließen Geoinformationen in die wissenschaftliche Forschung zu Migrationsfragen ein.

1.4.6 Wasser- und Schifffahrtsverwaltung (WSV)

Der Bund ist Eigentümer der Bundeswasserstraßen; dazu gehören 23.000 km im Bereich der Seewasserstraßen und 7.500 km Binnenwasserstraßen. Die dem Bundesministerium für Verkehr-, Bau und Stadtentwicklung (BMVBS) nachgeordnete Wasser- und Schifffahrtsverwaltung des Bundes ist zuständig für die Verwaltung dieser Bundeswasserstraßen und für die Regelung des Schiffsverkehrs. Sie setzt sich zusammen aus sieben Wasser- und Schifffahrtsdirektionen (Mittelinstanz oder obere Bundesbehörden), 39 Wasser- und Schifffahrtsämtern (WSÄ) sowie sieben Wasserstraßenneubauämtern (Unterinstanz). Den WSÄ sind auch Betriebsstellen wie Schleusen, Hebewerke oder Bauhöfe zuzurechnen. Als Bundesoberbehörden, teilweise mit Außenstellen, gehören die Bundesanstalt für Wasserbau (BAW) in Karlsruhe, die Bundesanstalt für Gewässerkunde (BfG) in Koblenz, das Bundesamt für Seeschifffahrt und Hydrographie (BSH) in Hamburg und Rostock sowie die Bundesstelle für Seeunfalluntersuchung (BSU) in Hamburg zur WSV. Außerdem existieren weitere Dienststellen mit zentralen Aufgaben für den Gesamtbereich der WSV. Hierzu zählen die Fachstelle für Informationstechnik in Ilmenau und die Fachstelle für Geoinformationen Süd in Regensburg.

Der WSV obliegen im Bereich der Wasserstraßen hinsichtlich der Infrastruktur im Wesentlichen folgende Hoheitsaufgaben:

- Unterhaltung der Bundeswasserstraßen und der bundeseigenen Schifffahrtsanlagen (Erhaltung eines ordnungsgemäßen Zustandes für den normalen Wasserabfluss und die Erhaltung der Schiffbarkeit) sowie ihr Betrieb (beispielsweise rd. 450 Schleusenkammern, 290 Wehre, 4 Schiffshebewerke, 15 Kanalbrücken und 2 Talsperren).
- Ausbau (wesentliche Umgestaltung) und Neubau von Bundeswasserstraßen einschließlich der behördlichen Genehmigungsverfahren (Planfeststellung /Plangenehmigung).
- Strompolizeiliche Aufgaben (Maßnahmen zur Gefahrenabwehr, um die Wasserstraße in einem für die Schifffahrt erforderlichen Zustand zu erhalten, Genehmigung von Benutzungen sowie von Anlagen und Einrichtungen Dritter).
- Setzen und Betreiben von Schifffahrtszeichen (rd. 1.600 feste Schifffahrtszeichen wie Leuchttürme und Baken, etwa 4.000 schwimmende Schifffahrtszeichen sowie etwa 10.000 sonstige Schifffahrtszeichen im Bereich der Seewasserstraßen und entsprechende Schifffahrtszeichen in Form von Tonnen und Tafelzeichen im Binnenbereich).
- Wasserstandsmeldedienst und Eisbekämpfung.

Zu diesem Zweck werden auch Verkehrszentralen (Seewasserstraßen) und Revierzentralen (Binnenwasserstraßen) betrieben, die rund um die Uhr den Verkehr erfassen, überwachen und ggf. regeln, die Schifffahrt durch Informationen und Beratung unterstützen, die Schifffahrtszeichen kontrollieren und schalten sowie bei Havarien oder Umweltverschmutzungen schifffahrtspolizeilich eingreifen und koordinieren. Hierfür stehen zugleich Schadstoffunfallbekämpfungsschiffe (Öl- und Chemiebekämpfung, Notschlepper und Schiffsbrandbekämpfung) bereit, die bei größeren Unglücken vorrangig im deutschen Hoheitsbereich, aber auch auf der Basis bilateraler Abkommen international zum Einsatz kommen. Geoinformation und Geodäsie bilden dabei ein Rückgrat der Aufgabenwahrnehmung.

An den verkehrsreichen Seeschifffahrtsstraßen und in der inneren Deutschen Bucht betreibt die WSV u. a. Navigationsunterstützungs- und Verkehrsregelungsdienste als Verkehrssicherungssysteme. Wesentlicher Bestandteil beider Dienste sind Geoinformationen bzw. Leistungen der Satellitennavigation. Der Navigationsunterstützungsdienst unterstützt durch Informationen, Hinweise oder Empfehlungen die Navigation des einzelnen Schiffes bezüglich des Fahrweges und des unmittelbar benachbarten Verkehrs. Das Schiff erhält Angaben, die ihm bei guter Sicht weitgehend auch von der Brücke aus verfügbar wären. Der Verkehrsregelungsdienst soll potenzielle künftige Verkehrsgefährdungen vorausschauend erkennen und durch verkehrsbeeinflussende Vorgaben verhindern, z. B. durch Hinweise oder Weisungen. Das Schiff erhält Angaben, die ihm auch bei guter Sicht von der Brücke aus nicht ausreichend verfügbar wären, erst recht nicht bei schlechten Sichtbedingungen und im Revier üblichen kleinen Schiffsradarbereich.

Die BfG zeichnet verantwortlich für gewässerkundliche Messungen zwecks Unterhaltung, Betrieb und Ausbau bzw. Neubau von Bundeswasserstraßen (Pegelstände, Strömungsgeschwindigkeiten, Uferlinien, Entnahme- und Zugaben, Schwebstoffgehalt, Wellengang, Salzgehalt, Vereisungdicke/-ausdehnung). Hierbei werden kurz- und mittelfristige hydrologische, wasserwirtschaftliche, hydraulische und morphologische Wechselbeziehungen im und am Gewässer erfasst und georeferenziert. Insbesondere an den Mündungsgebieten in die Nord- und Ostsee, in den Küstengewässern und der hohen See ist diese Erfassung hydrographischer und ozeanologischer Wirkzusammenhänge von besonderer Bedeutung und wird ergänzt um meteorologische Daten des Deutschen Wetterdienstes, Tideberechnungen des Bundesamtes für Seeschifffahrt und Hydrographie sowie ökologische Daten von Landes- und Bundesbehörden. Das elektronische Wasserstraßen-Informationssystem ELWIS stellt diese gewässerkundlichen Informationen – auch die Pegelstände und Wasserstandsvorhersagen – auszugsweise georeferenziert öffentlich zur Verfügung.

Die von der WSV verwalteten Liegenschaften – rd. 232.000 ha Wasserflächen (ohne Seewasserstraßen) und 20.000 ha Landflächen – werden von den WSÄ in einem Liegenschaftsnachweis verwaltet. Speziell für die Herstellung und laufende Aktualisierung der großmaßstäbigen Karten der Bundeswasserstraßen sind regionale Vermessungs- und Kartenstellen verantwortlich. Die Daten und ihre Darstellung sind Grundlage vor allem für die Planung von Bau- und Unterhaltungsarbeiten, für gewässerkundliche Aufgaben und für die Erfüllung von Verkehrssicherungspflichten. Aus diesem Anlass ist auch sicherzustellen, dass die Ergebnisse der Datenerhebung kompatibel sind mit jenen anderer Verwaltungszweige wie der Umweltverwaltung. So geht der Aus- oder Neubau von Wasserstraßen regelmäßig einher mit einer Prüfung der Umweltverträglichkeit und Planfeststellungsverfahren mit umfassenden Beteiligungspflichten. Hierbei sind Belange abzuwägen, die sich regelmäßig nur dann ganzheitlich abbilden und bewerten lassen, wenn Geodaten unterschiedlicher Verwaltungszweige in einer gemeinsamen bildlichen Darstellung als Grundlage genommen werden. Schließlich fließen die Ergebnisse der Datenerhebung in die laufende Aktualisierung der digitalen Bundeswasserstraßenkarte ein, welche die Grundlage eines Auskunfts- und Informationssystems für alle Bundeswasserstraßen und Anlagen bildet, das Wasserstraßengeoinformationssystem (WAGIS).

1.4.7 Bundesamt für Bauwesen und Raumordnung (BBR)

Das Bundesamt für Bauwesen und Raumordnung ist eine am 1. Januar 1998 durch die Fusion der Bundesforschungsanstalt für Landeskunde und Raumordnung mit der Bundesbaudirektion entstandene Bundesoberbehörde im Geschäftsbereich des BMVBS mit erstem Dienstsitz in Bonn. Der wissenschaftliche Bereich ist seit dem 1. Januar 2009 unter Integration des Instituts für die Erhaltung und Modernisierung von Bauwerken zu einem Bundesinstitut für Bau-, Stadt- und Raumforschung (BBSR) im BBR zusammengefasst worden. Das BBR betreut die Bundesbauten im In- und Ausland und unterstützt die Bundesregierung durch fachlich-wissenschaftliche Beratung in den Politikbereichen Raumordnung, Städtebau, Wohnungs- sowie Bauwesen. Zum Aufgabenspektrum zählen raumordnerische und städtebauliche Modellprojekte, Fragen der Baukultur und der Denkmalpflege oder Raumordnungsberichte und Wohnungsmarktstudien.

Eine zentrale Aufgabe des BBSR ist die vergleichende Analyse und Dokumentation der räumlichen Entwicklung im Bundesgebiet und in Europa. Grundlage für die Erfüllung der laufenden Berichtspflichten des BBSR und seiner Aufgabe der wissenschaftlichen Politikberatung ist der Betrieb eines räumlichen Informationssystems bzw. Raumbeobachtungssystems. Es beinhaltet die laufende Aufbereitung und Vorhaltung von einschlägigen Daten und Informationen und ist als Teil der raumbezogenen Informations-Infrastruktur der Bundesrepublik gesetzlich institutionalisiert (§ 18 Abs. 5 ROG). Das Geoportal „Raumbeobachtung.de" bietet verschiedene Zugangsmöglichkeiten, um zu den Ergebnissen und Indikatoren des räumlichen Informationssystems zu gelangen. Drei interaktive Anwendungen ermöglichen eine graphische und kartographische Darstellung eines Großteils der Indikatoren. So lassen sich bundesweit beispielsweise Arztdichte und Pflegeheimplätze bis auf die Ebene der Kreise und kreisfreien Städte oder Anteile der Einkommen- und Gewerbesteuer am Gesamtsteueraufkommen bis auf Gemeindeverbandsebene kartographisch darstellen.

Weitergehende Geodatenangebote unterbreitet das BBSR mit den jährlich herausgegebenen Indikatoren, Karten und Graphiken zur Raum- und Stadtentwicklung (INKAR), die raum- und zeitvergleichende Analysen der Lebensbedingungen im Bundesgebiet und in den Regionen der Europäischen Union ermöglichen, oder seinen bundesweiten Wohnungs- und Immobilienmarktberichten mit empirischen Überblicken über die zentralen Wohnungsmarktindikatoren, Leerstandsentwicklungen oder die Verkäufe großer Immobilienportfolios und einer Analyse der Situation an den Baulandmärkten. Damit soll die bundesweite Transparenz und das Verständnis für die Immobilienmärkte und ihre hohe volkswirtschaftliche Bedeutung verbessert werden.

1.4.8 Deutscher Wetterdienst (DWD)

Der 1952 gegründete Deutsche Wetterdienst ist als nationaler meteorologischer Dienst mit seinen Wetter- und Klimainformationen im Rahmen der Daseinsvorsorge tätig. Dazu gehört die meteorologische Sicherung der Luft- und Seeschifffahrt und das Warnen vor meteorologischen Ereignissen, die für die öffentliche Sicherheit und Ordnung gefährlich werden können. Wichtige Aufgaben des DWD sind zugleich Dienstleistungen für den Bund, die Länder und die Organe der Rechtspflege sowie die Erfüllung internationaler Verpflichtungen. Er vertritt Deutschland beispielsweise in der Weltorganisation für Meteorologie (WMO). Geregelt werden seine Aufgaben im Gesetz über den Deutschen Wetterdienst.

Die Überwachung des Klimas hat durch die Diskussionen über eine mögliche globale Erwärmung in den vergangenen Jahren eine große Bedeutung und öffentliche Aufmerksamkeit erlangt. Resultate der Klimaüberwachung des DWD sind Karten von Mittelwerten, deren Abweichung von vieljährigen Werten oder aber lange Zeitreihen von Mittelwerten oder andere statistische Größen. Voraussetzung für die Fähigkeit das Klima zu überwachen ist die Verfügbarkeit langer Zeitreihen meteorologischer Größen, die möglichst ungestört, d. h. ausschließlich von Klimaeinflüssen, aber nicht durch messtechnische Änderungen bestimmt sind. So ist beim Betrieb von Messstationen beispielsweise darauf zu achten, dass Messwerte im Laufe der Zeit nicht durch Wärmeinseleffekte beeinflusst werden, wie sie durch allmählich anwachsende umliegende Bebauung entstehen. Bereits für den Betrieb seiner Wetterstationen ist der DWD daher auf aktuelle und zuverlässige Geodaten auch des lokalen Umfeldes angewiesen, um die Konstanz von Randbedingungen bewerten zu können.

Die vom DWD erhobenen Wetter- und Klimadaten stehen der Öffentlichkeit online als Geodaten sowie in Form von Zeitreihen und aktuellen Werten zur Verfügung. Dies sind u. a. die Klimadaten Deutschlands von 44 Stationen des DWD oder weltweite Klimadaten für vorgegebene Orte in der ganzen Welt u. a. in Form von Lufttemperaturen, Monatsmitteln, Abweichungen, absoluten Tagesmaxima und -minima der Niederschlagshöhe oder als Monatssummen. Technisches Hilfsmittel hierfür sind die Anwendungen „Wetterdaten und -statistiken express“ und „Web Weather Request and Distribution System“.

Darüber hinaus bietet der DWD ein georeferenziertes Angebot zur Unterstützung der Umsetzung der Energieeinsparverordnung 2007, wonach seit Juli 2008 beim Verkauf und bei der Neuvermietung von Gebäuden oder Wohnungen in Deutschland ein Energieausweis vorgelegt werden muss. Dieser kann u. a. erstellt werden auf Grundlage eines berechneten – auf normierte Klimarandbedingungen gestützten – Energiebedarfs (Energiebedarfsausweis). Für diesen Zweck stellt der DWD über Postleitzahlenbezirke georeferenzierte, monatlich aktualisierte Klimafaktoren kostenfrei bereit. Die Anwendung des Klimafaktors ermöglicht es, Energieverbrauchskennwerte verschiedener Berechnungszeiträume und von Gebäuden in verschiedenen klimatischen Regionen Deutschlands überschlägig zu vergleichen.

1.4.9 Umweltbundesamt (UBA)

Das 1974 in Berlin errichtete und heute als Bundesoberbehörde im Geschäftsbereich des Bundesministeriums für Umwelt, Naturschutz und Reaktorsicherheit (BMU) geführte Umweltbundesamt mit Sitz in Dessau-Roßlau ist Deutschlands zentrale Behörde für den Umweltschutz. Gemeinsam mit dem Bundesamt für Naturschutz und dem Bundesamt für Strahlenschutz bildet das UBA das wissenschaftliche Fundament der Umweltpolitik des Bundes. Gesetzgeber und Bundesregierung haben dem UBA die wissenschaftliche Unterstützung der Bundesministerien in Fragen des Umweltschutzes einschließlich seiner gesundheitlichen Belange und den Vollzug wichtiger, an wissenschaftlichen Sachverstand gebundener Gesetze, wie zum Beispiel beim Emissionshandel oder als Einvernehmensstelle bei der Zulassung chemischer Produkte, übertragen.

Das Amt ist daneben Partner und Kontaktstelle Deutschlands zu verschiedenen internationalen Einrichtungen, wie etwa der WHO, der Organisation der Vereinten Nationen für Bildung, Wissenschaft, Kultur und Kommunikation oder der Europäischen Umweltagentur. Neben seiner Tätigkeit im wissenschaftlichen und politischen Umfeld informiert es aktiv und allgemein verständlich die Öffentlichkeit und die Medien über die Ursachen von Umwelt- und Gesundheitsproblemen und unterbreitet Vorschläge zur Abhilfe. Dazu nimmt es – teilweise in eigenen Laboren und in internationaler Kooperation – umfassende Ermittlungen, Beschreibungen und Bewertungen des Zustandes der Umwelt vor und bündelt die Ergebnisse in fachlichen Konzepten. Die Öffentlichkeitsarbeit ist eine der wichtigsten Aufgaben des Amtes. Jahrzehnte bevor Bürgerinnen und Bürger mit dem Umweltinformationsgesetz und dem Informationsfreiheitsgesetz ein verbrieftes Recht auf Informationen durch Behörden erhielten, hat das Umweltbundesamt bereits in diesem Sinne gewirkt. In diesem Rahmen werden auch wissenschaftliche Publikationen, Ratgeberbroschüren und Faltblätter für verschiedene Zielgruppen veröffentlicht. Die zentrale Informationsstelle des Umweltbundesamtes beantwortet jährlich über 100.000 Anfragen aus dem In- und Ausland. Vor allem das Internetangebot des Umweltbundesamtes bietet einen schnellen und kostenlosen Zugang zu umfangreichen aktuellen Umweltinformationen.

Im Mittelpunkt dieses Informationsangebots stehen die Beiträge zu den nationalen Internetportalen „Umweltportal Deutschland“ (PortalU) und „GeoPortal.Bund“. An das PortalU wurden neben dem Internetangebot des BMU auch mehrere Fach- und Metadatenbanken angeschlossen. In das GeoPortal.Bund ist das Geographische Informationssystem Umwelt (GISU) des UBA integriert. Durch die Zuarbeit zu beiden Portalen erfüllt das Umweltbundesamt ferner EU-Verpflichtungen zur Datenlieferung aus der INSPIRE-Richtlinie.

1.4.10 Bundesamt für Naturschutz (BfN)

Das Bundesamt für Naturschutz mit Sitz in Bonn ist die zentrale wissenschaftliche Behörde des Bundes für den nationalen und internationalen Naturschutz. Es gehört zum Geschäftsbereich des BMU und nimmt wichtige Aufgaben im Vollzug des internationalen Artenschutzes, des Meeresnaturschutzes, des Antarktis-Abkommens und des Gentechnikgesetzes wahr. Insbesondere unterstützt es das BMU bei der internationalen Zusammenarbeit, konzipiert, fördert und betreut Naturschutzgroßprojekte, erteilt Genehmigungen für die Ein- und Ausfuhr geschützter Arten und wirkt bei der Genehmigung des Freisetzens und Inverkehrbringens von gentechnisch veränderten Organismen mit.

Neben der bundespolitischen Kompetenz versteht sich das BfN auch als enger Kooperationspartner der Länderfachbehörden. Dabei geht es darum, vom BfN entwickelte Konzepte und Methoden – z. B. für die Landschaftsplanung, den Arten- oder Gebietsschutz – einheitlich und damit vergleichbar umzusetzen. Ein Beispiel hierfür ist das Engagement des BfN bei der länderübergreifenden Harmonisierung der Geodaten betreffend die verschiedenen Arten von Schutzgebieten. In einem mehrjährigen Projekt anlässlich des Aufbaus der GDI-DE wurden die Voraussetzungen dafür geschaffen, dass es heute möglich ist, die Art, Lage und ggf. weitergehende Festsetzungen von Schutzgebieten über interoperable Online-Dienste harmonisiert zur Verfügung zu stellen.

Wenngleich das BfN nicht für Schutzgebietsausweisungen im lokalen oder regionalen Maßstab zuständig ist, so tritt es im nationalen Maßstab sehr wohl als Nutzer und Anbieter von Geoinformationen auf. Es fördert und betreut gemeinsam mit externen Partnern Naturschutz-Großprojekte, Forschungsvorhaben und Modellprojekte. Bei den Naturschutzgroßprojekten geht es um die großflächige Sicherung des Naturerbes. Für die Auswahl dieser Flächen gibt es eindeutige Kriterien: ein hohes Maß an Naturnähe, nationale Bedeutung, Großflächigkeit, Bedrohung und die Beispielhaftigkeit der Maßnahmen. Die Förderung selbst umfasst vorrangig den Ankauf oder die langfristige Pacht von Flächen, Ausgleichszahlungen für naturschutzbedingte Auflagen und Maßnahmen zur Pflege und Entwicklung der Flächen. In der Ausschließlichen Wirtschaftszone der Nord- und Ostsee – 12 bis 200 Seemeilen jenseits der Küstenlinie – zeichnet das BfN für die Auswahl und das Management von Natura-2000-Gebieten (Fauna-Flora-Habitat- und Vogelschutzgebiete) verantwortlich und wirkt bei Genehmigungen von Vorhaben mit. All diese Handlungen stützen sich auf ein umfassendes, georeferenziertes Lagebild.

1.4.11 Bundesanstalt für Geowissenschaften und Rohstoffe (BGR)

Die Bundesanstalt für Geowissenschaften und Rohstoffe in Hannover ist ein geowissenschaftliches Kompetenzzentrum der Bundesregierung und damit Teil ihrer wissenschaftlich-technischen Infrastruktur. Sie ist eine Bundesoberbehörde im Geschäftsbereich des BMWi. Auf Basis des Gründungserlasses umfasst das Tätigkeitsprofil der BGR die rohstoffwirtschaftliche und geowissenschaftliche Beratung der Bundesregierung und der deutschen Explorationswirtschaft einschließlich der Meeresforschung, die technische Zusammenarbeit mit Entwicklungsländern und die internationale geowissenschaftliche Zusammenarbeit, einschließlich der Polarforschung und geowissenschaftlichen Kartierung, sowie die geowissenschaftliche Forschung und Entwicklung.

In Deutschland werden von der BGR die geologischen Flächendaten ab dem Maßstab 1:200.000 und kleiner bearbeitet; für höher aufgelöste Kartenwerke sind die Geologischen Dienste der Länder zuständig. Unter dem Schlagwort Geoinformationen bietet die BGR einen zentralen Zugang zu ihren Geodaten an. Der Nutzer kann dort eine Recherche nach Geodaten durchführen, die Fachanwendungen der Arbeitsbereiche nutzen und auf die bei der BGR angebotenen (Geo)Webdienste zugreifen. So besteht beispielsweise die Möglichkeit über das Fachinformationssystem Bodenkunde den Gehalt organischer Substanzen in den Oberböden abzufragen oder mithilfe des Fachinformationssystems Hydrogeologie hydrogeologische Übersichtskarten im Maßstab 1:200.000 aufzurufen. Die Darstellungen sind das Ergebnis von Forschungs- und operativer Tätigkeit verbunden mit der Erhebung, Zusammenführung und Auswertung vielfältigster Geodaten durch die BGR auf verschiedenen Fachgebieten. Stellvertretend werden nachfolgend drei Themen genannt.

In der Georisikoforschung gilt ein Augenmerk Erdbeben, Vulkanausbrüchen, Ausbrüchen von Gletscherseen, Hangrutschungen und plötzlichen Landabsenkungen – derartige Naturkatastrophen gefährden Menschenleben und verursachen enorme volkswirtschaftliche Kosten. Um hier rechtzeitig reagieren und größere Schäden vermeiden zu können, untersucht die BGR Ursachen und Abläufe von Naturkatastrophen. Mithilfe dieses Wissens entwickelt sie Vorgehensweisen, die das Eintreten einer Katastrophe verhindern, oder zumindest deren Schäden minimieren. Dies geschieht zum Beispiel in Gebieten, die durch drohende Hangrutschungen oder Ausbrüche von Gletscherseen gefährdet sind.

Bei der Endlagerung radioaktiver Abfälle ist sicherzustellen, dass Mensch und Umwelt keiner weiteren Strahlung ausgesetzt werden. Eine Entsorgung kann daher nur in geologischen Formationen erfolgen, welche einen langfristigen Schutz gewährleisten. In Deutschland liegen Voraussetzungen dafür vor. Die BGR bearbeitet im Rahmen der grundlagenorientierten Forschung in den Endlagerprojekten geowissenschaftliche und geotechnische Fragestellungen. Insbesondere werden Untersuchungen zur Standortauswahl, zur geologischen Standorterkundung, zur gesteinsphysikalischen Charakterisierung des Wirtsgesteins und zur Analyse von zukünftigen Szenarien für die Langzeitsicherheit durchgeführt. Ähnliche Arbeiten erfolgen im Umfeld der aktuellen Diskussion um die CO_2-Endlagerung.

Wasser gilt als unersetzliches Lebensmittel für Menschen, Tiere und Pflanzen und zugleich als einer der wichtigsten Rohstoffe. Jedoch treten nur rd. 2,5 % der globalen Wasserreserven als Süßwasser auf. Von diesem Vorrat wiederum kann nur ein Teil genutzt werden, da etwa 69 % aus Eis und Schnee, vor allem in der Antarktis und in Grönland, bestehen. Mehr als 30 % (ca. 10,5 Mio. Kubikkilometer) bilden die unterirdischen Grundwasserreserven, die bedeutendste verfügbare Süßwasserreserve. Weniger als ein halbes Prozent der weltweiten Süßwasservorkommen sind als Oberflächenwasser in Feuchtgebieten, Flüssen und Seen verteilt. In vielen Ländern erfolgt die Trinkwasserversorgung größtenteils aus dem Grundwasser, in Deutschland zu mehr als 70 %. In Ländern wie Dänemark, Litauen und Österreich bildet Grundwasser die einzige Quelle für die öffentliche Wasserversorgung. Etwa 1,5 Mrd. Menschen versorgen sich heute auf der Erde mit Grundwasser. Die BGR berät die Ressorts der Bundesregierung aber auch Entwicklungsländer in Fragen der Grundwassererkundung, der quantitativen und qualitativen Bewertung von Grundwasserressourcen und ihrer Bewirtschaftung, beim Grundwasserschutz und der Erdwärmenutzung aus dem Grundwasser.

1.4.12 Deutsches Zentrum für Luft- und Raumfahrt (DLR)

Luft- und Raumfahrt tragen heute maßgeblich zur Gestaltung der Lebensbedingungen bei. Der Luftverkehr sichert eine globale Mobilität, Satelliten ermöglichen eine weltweite Kommunikation. Die Fernerkundung liefert wichtige Daten über die Umwelt und die Erforschung des Weltraums bringt neue Erkenntnisse über Ursprung und Entwicklung des Sonnensystems, der Planeten und damit des Lebens. Darüber hinaus profitieren wichtige andere Industriezweige von Innovationen aus der Luft- und Raumfahrt, von der Werkstoff-Technologie über neue medizintechnische Verfahren bis zu Software-Entwicklungen.

Die Bundesrepublik Deutschland betreibt daher mit dem Deutschen Zentrum für Luft- und Raumfahrt ein Forschungszentrum, dessen Arbeiten in nationale und internationale Kooperationen eingebunden sind. Über die eigene Forschung hinaus ist das DLR als Raumfahrtagentur im Auftrag der Bundesregierung für die Planung und Umsetzung der deutschen Raumfahrtaktivitäten zuständig. Es unterhält 29 Institute bzw. Test- und Betriebseinrichtungen und ist an 13 Standorten, darunter dem Vorstandssitz Köln, vertreten. Als Auslandsdienststellen unterhält das DLR Büros in Brüssel, Paris und Washington D. C. Seine Mission umfasst die Erforschung von Erde und Sonnensystem, die Forschung für den Erhalt der Umwelt sowie die Entwicklung umweltverträglicher Technologien zur Verbesserung der Mobilität, Kommunikation und Sicherheit.

Bestandteil des DLR ist das deutsche Fernerkundungsdatenzentrum (DFD). Es befasst sich mit dem Empfang, der Archivierung, der Bereitstellung und der Nutzung von Fernerkundungsdaten. Es agiert zugleich im Auftrag der Europäischen Weltraumagentur als Daten- und Prozessierungszentrum bei europäischen und internationalen Erdbeobachtungsmisssionen. Darüber hinaus ist es Partner der NASA bei weiteren Missionen. Als ausgewählte Services betreibt es u. a. das Zentrum für satellitengestützte Kriseninformation, das Geovisualisierungszentrum sowie das Weltdatenzentrum für die Fernerkundung der Atmosphäre. Zu seinen fachlichen Schwerpunkten zählt u. a. der Empfang der Daten von Erdbeobachtungssatelliten und ihre langfristige Archivierung in der Nationalen Fernerkundungsdatenbibliothek. Die dort gespeicherten Daten können über das Internet abgefragt, bestellt und zum Teil direkt kopiert werden.

Über das DLR, respektive das DFD, stehen der Bundesrepublik Deutschland Geodaten in Form von Fernerkundungsergebnissen seit den 1920er Jahren zur Verfügung, welche die Aufbereitung von langen Zeitreihen ermöglichen. Veränderungen von Jahrzehnten können so übersichtlich und verständlich dargestellt werden. So hat das Geovisualisierungszentrum am DFD in Oberpfaffenhofen diese Daten gesichtet, aufbereitet und schließlich zu Zeitreihenanimationen verarbeitet, die online auf der DLR-Homepage verfügbar sind.

1.4.13 Friedrich-Löffler-Institut (FLI)

Das Friedrich-Loeffler-Institut, Bundesforschungsinstitut für Tiergesundheit mit seinem Hauptsitz auf der Insel Riems ist eine selbstständige Bundesoberbehörde im Geschäftsbereich des Bundesministeriums für Ernährung, Landwirtschaft und Verbraucherschutz (BMELV). Ziele sind die Entwicklung tierschutzgerechter Haltungssysteme, der Erhalt der genetischen Vielfalt bei Nutztieren, die effektive Verwendung von Futtermitteln für die Erzeugung qualitativ hochwertiger Lebensmittel und anderer tierischer Leistungen, sowie der Schutz vor Krankheiten durch eine verbesserte Diagnose, Vorbeugung und Bekämpfung von Tierseuchen und Zoonosen (von Tieren auf den Menschen übertragbaren Infektionen). In letzterem Zusammenhang haben Ausbrüche von hochpathogener Aviärer Influenza, der Maul- und Klauenseuche, der Schweinepest, der Blauzungenkrankeit oder der sogenannten Schweinegrippe den Fokus der Öffentlichkeit auf gefährliche Tierseuchen gelenkt, die bei flächenhaften Ausbrüchen verheerende Folgen für die Wirtschaft und das öffentliche Leben in den betroffenen Regionen bis hin auf die individuelle Gesundheit des Einzelnen haben können. Ein geoinformationsbasiertes Tierseuchennachrichten-System (TSN) beim FLI soll das Monitoring und – im Ernstfall – auch das Krisenmanagement unterstützen. Es gewährleistet einen ständigen Überblick über die aktuelle Tierseuchenlage.

An das System angeschlossen sind die Veterinärbehörden der Kreise, der Regierungspräsidien, und der Bundesländer, das BMELV sowie Untersuchungsämter und Referenzlaboratorien. Für dort zu treffende behördliche Maßnahmen zur Bekämpfung von Tierseuchen wie auch zur Bearbeitung wissenschaftlicher Fragestellungen erhalten diese Stellen exakte Angaben zur Lokalisation von Seuchenausbrüchen und Tierbeständen, sodass nach Ausbruch einer hoch ansteckenden Tierseuche um die betroffenen Bestände Restriktionszonen gebildet und vorgeschriebene Maßnahmen eingeleitet werden können. Dies ist eine Aufgabe, die insbesondere beim Auftreten zahlreicher Sekundärausbrüche mit daraus resultierenden, sich überlappenden Restriktionszonen ohne das Vorhandensein entsprechender Werkzeuge und Daten in Geoinformationssystemen kaum zu bewältigen wäre. Als geographische Grundlage fließen ATKIS®-Daten und Hauskoordinaten der Länder in das System ein. Luftbilder, Straßendaten und weitere Geodaten können ergänzt werden.

1.4.14 Julius-Kühn-Institut (JKI)

Die Biologische Bundesanstalt für Land- und Forstwirtschaft wurde zum 1. Januar 2008 mit der Bundesanstalt für Züchtungsforschung an Kulturpflanzen und Teilen der Bundesforschungsanstalt für Landwirtschaft zusammengeführt und in Julius Kühn-Institut, Bundesforschungsinstitut für Kulturpflanzen, umbenannt. Das JKI mit Hauptsitz in Quedlinburg ist als eine Bundesoberbehörde und ein Bundesforschungsinstitut im Geschäftsbereich des BMELV für das Schutzziel „Kulturpflanze“ in seiner Gesamtheit zuständig. Diese Zuständigkeit umfasst die Bereiche Pflanzengenetik, Pflanzenbau, Pflanzenernährung und Bodenkunde sowie Pflanzenschutz und Pflanzengesundheit. Damit kann das JKI ganzheitliche Konzepte für den gesamten Pflanzenbau, die -produktion und die -pflege entwickeln.

Zielsetzung ist es, Kulturpflanzen so zu schützen, dass Ernteerträge im Interesse einer gesunden und qualitativ hochwertigen Nahrungs- und Futtermittelproduktion gesichert werden. Da die praktische Anwendung dies sichernder Pflanzenschutzmittel zu Situationen führen kann, die mit einem erhöhten Risiko für die Umwelt verbunden sind, hat die Bundesregierung einen „Nationalen Aktionsplan zur nachhaltigen Anwendung von Pflanzenschutzmitteln“ beschlossen, der das Ziel verfolgt, mögliche Gefahren und Risiken, die sich aus der Verwendung von Pflanzenschutzmitteln ergeben können, bis zum Jahr 2020 zu reduzieren. Für die Zusammenarbeit der an der Umsetzung beteiligten Behörden des Bundes und der Länder, sowie betroffener Verbände der Landwirtschaft, des Gartenbaus, des Verbraucher-, Umwelt- und Naturschutzes spielt der harmonisierte Austausch von Geoinformationen, eine zentrale Rolle. Die Identifizierung zeitlich und räumlich definierter Aktionsfelder mit erhöhtem Risikopotenzial, sog. Hot-Spots, ist eine wichtige Säule des Aktionsplans. Dafür werden Geodaten in komplexen Simulationsmodellen genutzt.

Die dabei verwendete Methodik berücksichtigt zum einen Expertenwissen aus der Biologie, Ökotoxikologie, Landschaftsanalyse und weiteren Fachbereichen, zum anderen werden hochauflösende Geobasis- und Geofachdaten des öffentlichen und privaten Sektors genutzt. Mithilfe dieser Technologie werden tagesaktuelle Informationen aus verteilten Datenquellen in einem Expertensystem dynamisch integriert, was die Akzeptanz der Simulationsergebnisse in Politik und Wissenschaft erhöht. Das Resultat der interdisziplinären und behördenübergreifenden Zusammenarbeit sind Risikokarten, die als Basis für gezielte und angepasste Maßnahmen zur Verbesserung der Situation im Hinblick auf Verbraucher- und Umweltschutz dienen.

1.4.15 Geoinformationsdienst der Bundeswehr (GeoInfoDBw)

Militärische Operationen werden entscheidend durch die herrschenden Umweltbedingungen beeinflusst. Planung und Durchführung von Einsätzen bedingen daher eine lagebezogene Zusammenschau der Auswirkungen aller relevanten Geofaktoren. Mit der Aufstellung eines die verschiedenen Streitkräfte innerhalb der Bundeswehr übergreifenden Fachdienstes zur Bearbeitung geowissenschaftlicher Fragestellungen im Geschäftsbereich des Bundesministeriums der Verteidigung (BMVg) wurde diesen Anforderungen organisatorisch Rechnung getragen. Der so entstandene Geoinformationsdienst der Bundeswehr deckt den Bedarf an weltweiten Geodaten und ergänzenden Produkten ab. Die zentrale fachliche Steuerung des GeoInfoDBw erfolgt im Amt für Geoinformationswesen der Bundeswehr, einer Versuchs- und Forschungsanstalt des Bundes mit Sitz in Euskirchen. Es zählt zur Streitkräftebasis. Weitere Kräfte und Mittel des Geoinformationsdienstes sind im Heer, bei der Luftwaffe und bei der Marine sowie im Rüstungsbereich verankert und mit Geowissenschaftlern sämtlicher Fachrichtungen besetzt. Dieser interdisziplinäre Ansatz befähigt die Streitkräfte, einsatzrelevante Umweltbedingungen ohne räumliche Einschränkung jederzeit für die Operationsplanung und -führung zu berücksichtigen, sich exakt zu positionieren und zu navigieren, sowie präzise auf Ziele zu wirken. Die Einsatzkräfte des GeoInfoDBw unterstützen den Führungsprozess insbesondere durch geodätisch/navigatorische, ökologische, biologische, ozeanographische, meteorologische, geologische, geophysikalische und landeskundliche Beratung.

Hauptaufgabe der GeoInfo-Unterstützung im Heer ist die lagebezogene GeoInfo-Beratung beispielweise durch die Erfassung von Umweltbedingungen, deren auftragsbezogene Auswertung und ihre Beurteilung im Hinblick auf Folgerungen für die Operationsführung und Taktik. Zur GeoInfo-Unterstützung im Heer zählt auch die truppengattungsspezifische GeoInfo-Beratung. Sie umfasst neben der Beurteilung der Umwelteinflüsse insbesondere Wetterbeobachtung und Flugwetterberatung für Waffensysteme, Plattformen, Effektoren und Sensoren des Heeres. GeoInfo-Kräfte im Gefechtssimulationszentrum des Heeres erstellen Simulationsumweltdatenbasen für Simulationssysteme des Heeres.

Zur GeoInfo-Unterstützung in der Luftwaffe gehören besondere Aufgaben der Wetterbeobachtung und Flugwetterberatung für Waffensysteme, Plattformen, Effektoren und Sensoren, die Erstellung von Simulationsumweltdatenbasen einschließlich der Versorgung von Nutzern und Systemen mit aktuellen Geoinformationen. GeoInfo-Kräfte unterstützen durch die einsatzbezogene Flugwetterberatung von Luftfahrzeugführern einen Wetterwarndienst sowie die GeoInfo-Beratung bei Such- und Rettungseinsätzen.

GeoInfo-Kräfte der Marine leisten die GeoInfo-Unterstützung im gesamten Einsatzspektrum der See- und Seeluftstreitkräfte sowie der landgestützten Einheiten und Verbände. Die Beratung der Marine erfolgt insbesondere zu den Fachgebieten Meteorologie, Ozeanographie, Hydroakustik, Hydrographie und Meeresgeologie. Grundlage für die GeoInfo-Unterstützung der Marine sind die Erfassung landeskundlicher Geoinformationen, die Ergebnisse von Vorhersagemodellen und der Auf- und Ausbau sowie die Pflege und ständige Aktualisierung von marinespezifischen Datenbanken. Durch die GeoInfo-Kräfte im Marineamt wird das Unterwasserdaten-Center der Marine mit dem integrierten deutschen Naval Mine Warfare Data Center betrieben.

Im Rüstungsbereich schaffen die zuständigen Stellen die technischen und fachtechnischen Voraussetzungen für die GeoInfo-Unterstützung und -Beratung. Im Rahmen der ständigen GeoInfo-Bedarfsanalyse wurden mehr als 200 Vorhaben ermittelt, die zum Teil sehr hohe Qualitätsanforderungen an Geoinformationen stellen. Hierzu zählen u. a. das Führungs- und Informationssystem der Streitkräfte, das Transportflugzeug A400M, der EuroFighter, der Radar-Satellit SAR Lupe, die modulare Abstandswaffe TAURUS, der Unterstützungshubschrauber Tiger, die Fregatte F 124 oder die Korvette K 130.

Soweit für die Aufgabenwahrnehmung eine Zusammenarbeit mit zivilen Stellen möglich ist, macht der GeoInfoDBw von dieser Möglichkeit Gebrauch. Beispiel hierfür ist die Produktion der militärischen Ausgaben der zivilen topographischen Kartenwerke gemeinsam mit den Vermessungs- und Katasterverwaltungen der Länder und die Zusammenarbeit mit dem DWD. Bei sensiblen Sicherheitsanforderungen hingegen werden auch eigene Kapazitäten aufgebaut. Beispiel hierfür ist der hochempfindliche Radarsatellit SAR-Lupe.

Leistungen des GeoInfoDBw können an dieser Stelle nur auszugsweise vorgestellt werden. Zu ihnen zählt die Erstellung von Tiefenprofilen der Temperatur und des Salzgehaltes der Meere als Ausgangsgrößen für die Bestimmung der Schallausbreitungs- und Sonarbedingungen, die Ermittlung von Wassertemperatur, Wellenhöhe, Eisverteilung, Trübung und Strömung an der Meeresoberfläche zur Planung von Marineeinsätzen oder die Durchführung bathymetrischer Messungen zur Modellierung des Meeresbodens. Die Luftwaffe profitiert neben der Flugwetterberatung von digitalen Fliegerkarten zur Navigationsplanung und Navigationsunterstützung von fliegenden Waffensystemen, systemspezifischen Simulationsdatenbasen zur Nutzung in Flug- und Taktiksimulatoren, analogen Filmstreifen für Kartenlesegeräte im Waffensystem TORNADO sowie Warnungen resultierend aus der Vogelzugbeobachtung sobald bestimmte Vogelkonzentrationen überschritten werden (Bird Information to Airmen). Auch Biotopkartierungen auf Übungsplätzen der Bundeswehr bis hin zur Erfassung von Lebensraumtypen in Natura-2000-Gebieten erfolgen durch Kräfte des GeoInfoDBw. Die interdisziplinär begleitete Zusammenstellung landeskundlicher Daten in Form natur- und kulturgeographischer Faktoren ist Grundlage für die auftragsgerechte Analyse, Beschreibung und Bewertung von Staaten, Regionen und Einsatzgebieten. Ein eigener, interdisziplinär aufgestellter Aufgabenbereich Geopolitik beschäftigt sich mit den Wirkungen von politischen Ordnungen auf den Raum und untersucht die georelevanten Dimensionen von Politikfeldern. Die Ergebnisse dienen als geowissenschaftlich fundierte Bausteine für sicherheitspolitische Bewertungen.

1.4.16 Geoforschungszentrum (GFZ)

Das Helmholtz-Zentrum Potsdam Deutsches GeoForschungsZentrum erforscht als nationales Forschungszentrum für Geowissenschaften weltweit das „System Erde“ mit den geologischen, physikalischen, chemischen und biologischen Prozessen, die im Erdinneren und an der Oberfläche ablaufen. Dabei betrachtet das GFZ zugleich die zahlreichen Wechselwirkungen, die es zwischen den Teilsystemen des „Systems Erde“ gibt, der Geo-, Hydro-, Kryo-, Litho-, Atmo- und Biosphäre. Das Ziel ist es, diese Vorgänge in allen Größenordnungen zu verstehen. Ein besonderes Augenmerk gilt darüber hinaus der Analyse, wie der Mensch in seinem Lebensraum an der Erdoberfläche auf unseren Planeten einwirkt. Anlässlich dieser Arbeit umfasst das GFZ, weltweit erstmals, alle Disziplinen der Wissenschaften der festen Erde von der Geodäsie über die Geophysik, Geologie und Mineralogie bis zur Geochemie in einem multidisziplinären Forschungsverbund.

Organisatorisch ist das 1992 als Stiftung des öffentlichen Rechts gegründete GFZ mit seinem Hauptsitz in Potsdam in die Programmstruktur der Helmholtz-Gemeinschaft Deutscher Forschungszentren eingebettet und wird zu 90 % vom Bundesministerium für Bildung und Forschung (BMBF) sowie 10 % vom Ministerium für Wissenschaft, Forschung und Kultur des Landes Brandenburg getragen. Kooperationen bestehen mit zahlreichen anderen Forschungsinstituten innerhalb der Helmholtz-Gemeinschaft, verschiedenen Universitäten, dem DLR und der BGR. Seine fünf Departments befassen sich mit Geodäsie und Fernerkundung, Physik der Erde, Geodynamik und Geomaterialien, Chemie und Stoffkreisläufen der Erde sowie Prozessen der Erdoberfläche.

Die Forschung am GFZ ist in den Programmen der übergreifenden Programmforschung der Helmholtz-Gemeinschaft in den Forschungsbereichen „Erde und Umwelt“ sowie „Energie“ angesiedelt. Jedes Programm beinhaltet mehrere Programmthemen. Übergeordnetes Forschungsziel ist es, auf der Grundlage eines umfassenden Prozess- und Systemverständnisses Strategien zu entwickeln und Handlungsoptionen aufzuzeigen, zum Beispiel für die Sicherung und umweltverträgliche Gewinnung natürlicher Ressourcen, die Vorsorge vor Naturkatastrophen, die Bewertung der Klima- und Umweltentwicklung und des anthropogenen Einflusses hierauf sowie die Erkundung und Nutzung des unterirdischen Raums.

Darüber hinaus ist das GeoForschungsZentrum am Helmholtz-Forschungsnetzwerk „Integriertes Erdbeobachtungssystem“ (Helmholtz-EOS) beteiligt, in dem die Helmholtz-Forschungsbereiche „Erde und Umwelt“ und „Verkehr und Weltraum“ hinsichtlich der Erdbeobachtungsaktivitäten vernetzt wurden. Dies beinhaltet die Bündelung der Kompetenzen und die gemeinsame Nutzung von Infrastruktur und Daten, zuerst in den Forschungsthemen „Eis und Ozean“, „Katastrophenmanagement“ und „Prozesse der Landoberfläche“. Die Satelliten CHAMP (2000, vgl. 4.3.2) und GRACE (2002, vgl. 4.3.2) wurden unter Federführung des GFZ entwickelt. 2005 erteilte das BMBF dem GFZ den Auftrag zum Bau des Tsunami-Frühwarnsystems für den Indischen Ozean (GITEWS). Das System ist Teil der Flutopferhilfe der Bundesregierung und seit Ende 2008 operabel. Sein Projektmanagement wurde 2009 wegen besonderer Professionalität, seiner positiven Außenwirkung für Deutschland, seiner Innovationsstärke und seines entscheidenden Beitrags zum Katastrophenschutz in Südostasien ausgezeichnet.

1.4.17 Robert-Koch-Institut (RKI)

Das Robert Koch-Institut ist seit 1994 als obere Bundesbehörde eine wissenschaftliche Einrichtung im Geschäftsbereich des Bundesministeriums für Gesundheit (BMG). Es ist die zentrale Einrichtung der Bundesregierung auf dem Gebiet der Krankheitsüberwachung und -prävention und damit auch die zentrale Einrichtung des Bundes auf dem Gebiet der anwendungs- und maßnahmenorientierten biomedizinischen Forschung. Die Kernaufgaben des RKI sind die Erkennung, Verhütung und Bekämpfung von Krankheiten, insbesondere der Infektionskrankheiten. Zu den Aufgaben gehört der generelle gesetzliche Auftrag, wissenschaftliche Erkenntnisse als Basis für gesundheitspolitische Entscheidungen zu erarbeiten. Vorrangige Aufgaben liegen in der wissenschaftlichen Untersuchung, der epidemiologischen und medizinischen Analyse und der Bewertung von Krankheiten mit hoher Gefährlichkeit, hohem Verbreitungsgrad oder hoher öffentlicher oder gesundheitspolitischer Bedeutung. Das RKI berät die zuständigen Bundesministerien und wirkt bei der Entwicklung von Normen und Standards mit. Es informiert und berät die Fachöffentlichkeit sowie zunehmend auch die breitere Öffentlichkeit.

Das RKI hat spezialgesetzlich zugewiesene Vollzugsaufgaben, vor allem im Bereich des Infektionsschutzes, sowie bei der Konzeption, der inhaltlichen Durchführung und Koordinierung der Gesundheitsberichterstattung des Bundes (GBE). Für die wissenschaftliche Arbeit des Instituts gelten verschiedene gesetzliche Grundlagen. In Ausführung des Infektionsschutzgesetzes hat das RKI weitreichende koordinierende Verantwortung als Leitinstitut des Öffentlichen Gesundheitsdienstes übernommen. Das vom RKI entwickelte Meldesystem erfasst infektionsepidemiologische Daten zur Überwachung der Situation übertragbarer Krankheiten in Deutschland und georeferenziert diese.

Die Gesundheitsberichterstattung (GBE) des Bundes berichtet über wichtige Aspekte der Gesundheit und des Gesundheitswesens. Damit bildet sie eine datenbasierte Grundlage für politische Entscheidungen. Des Weiteren dient die GBE der Erfolgskontrolle durchgeführter Maßnahmen und trägt zur Entwicklung und Evaluierung von Gesundheitszielen bei. In ihrem Rahmen greift das RKI auf Geodaten zurück, um positive oder negative Wechselwirkungen beispielsweise zwischen bestimmten Merkmalen der Lebensverhältnisse und der körperlichen und seelischen Gesundheit des Menschen zu analysieren. Hierunter fallen beispielsweise das soziale Umfeld, die Familienstruktur, die Schul- und Arbeitssituation, aber auch Wohn- und Umweltbedingungen wie Verkehrsanbindung oder die biologisch-physikalische Beschaffenheit von Luft und Wasser und nicht zuletzt die gesundheitliche Versorgung sowie das System der Sozialen Sicherung. Wesentliche Datenquellen des Berichts werden im Gesundheitsinformationssystem der Gesundheitsberichterstattung für ergänzende Analysen und Recherchen bereitgestellt.

Auch bei der Ermittlung regionaler Unterschiede im Hinblick auf gesundheitsrelevante Verhaltensweisen und die Verbreitung von gesundheitsbezogenen Risikofaktoren sowie Krankheiten setzt das RKI auf Geodaten auf und verknüpft diese mit eigenen Fachinformationen. Diese regionalen Unterschiede können sich beispielsweise ausprägen in dem Nord-Süd-Gefälle einer Krankheitsprävalenz oder in Stadt-/Landunterschieden. Seit der Wiedervereinigung steht im Vordergrund der Analyse regionaler Unterschiede ein Vergleich der gesundheitlichen Situation in den neuen und alten Bundesländern. So ließ sich aufzeigen, dass beispielsweise beim Diabetes mellitus, bei Magen-/Darmkrankheiten und bei Allergien deutliche Stadt-/Landunterschiede existieren. Unterschiede sind auch festzustellen beim

Arzneimittelverbrauch und der ärztlichen Inanspruchnahme. Mit den Daten Nationaler Gesundheitssurveys konnte zu Beginn der 1990er Jahre ebenfalls nachgewiesen werden, wie sich die 25- bis 69-jährige Bevölkerung in den neuen und alten Bundesländern in ihrer Gesundheit unterscheiden. Beispielsweise lag die Prävalenz beim Bluthochdruck in den neuen Bundesländern deutlich höher, während der Anteil an allergischen Krankheiten auffallend niedriger war. Die Feststellung regionaler Unterschiede ermöglicht in Einzelfällen auch eine Ursachenforschung, deren Ergebnis zum Verstehen der Krankheitsentstehung beitragen bzw. für präventivmedizinische Zwecke genutzt werden kann.

1.4.18 Gesellschaft für Technische Zusammenarbeit (GTZ)

Die Gesellschaft für Technische Zusammenarbeit ist ein Bundesunternehmen mit Sitz in Eschborn bei Frankfurt am Main und Niederlassungen in Bonn, Berlin und Brüssel sowie auswärtigen Büros in heute knapp 90 Ländern. Sie wurde 1975 als privatwirtschaftliches Unternehmen gegründet. Die GTZ unterstützt die Bundesregierung bei der Verwirklichung ihrer entwicklungspolitischen Ziele, indem sie Lösungen für politische, wirtschaftliche, ökologische und soziale Entwicklungen in einer globalisierten Welt anbietet und komplexe Reformen und Veränderungsprozesse in Entwicklungs- und Transformationsländern fördert. Ihr Ziel ist es, die Lebensbedingungen der Menschen nachhaltig zu verbessern. Das regionale Know-how ist in den Bereichen „Afrika“, „Asien/Pazifik und Lateinamerika/Karibik“ sowie „Mittelmeer, Europa und Zentralasien“ gebündelt. Das fachliche Know-how ist im Bereich „Planung und Entwicklung“ angesiedelt. Hauptauftraggeber ist das Bundesministerium für wirtschaftliche Zusammenarbeit und Entwicklung (BMZ). Darüber hinaus ist die GTZ tätig für andere Bundesressorts, für Regierungen anderer Länder, für internationale Auftraggeber wie die Europäische Kommission, die Vereinten Nationen oder die Weltbank sowie für Unternehmen der privaten Wirtschaft. Die GTZ nimmt ihre Aufgaben gemeinnützig wahr. Überschüsse werden ausschließlich wieder für eigene Projekte der internationalen Zusammenarbeit für nachhaltige Entwicklung verwendet.

Eine unmittelbare Nähe der GTZ zum Geoinformationswesen ergibt sich in den Aufgabenfeldern „ländliche Entwicklung“, „Landmanagement“ sowie „Umwelt und Infrastruktur“.

Ausgehend von dem Umstand, dass Entwicklungs- und Transformationsstaaten primär ländlich strukturiert sind, beteiligt sich die GTZ an der Entwicklung dieser Strukturen zu zukunftsfähigen Wirtschaftsräumen. Sie fördert den ländlichen Raum als Lebens- und Wirtschaftsraum für die lokale Bevölkerung, als Grundlage für Existenzsicherung und Wirtschaftswachstum – auch mit Impulsen für die städtischen Gebiete – und als Region, in der die natürlichen Ressourcen effizient und zugleich nachhaltig genutzt werden (vgl. 1.2.9).

Darüber hinaus unterstützt die GTZ ihre Partnerländer strukturpolitisch bei einem verbesserten Landmanagement, um Beiträge zur Minderung von Armut und zum Eindämmen von Konflikten zu leisten. Im Mittelpunkt stehen u. a. die Gestaltung von Landreformprozessen, die Schaffung von Investitions- und Beleihungssicherheit, die Formalisierung traditioneller Regelungen und Rechtsharmonisierung sowie die sozialverträgliche Weiterentwicklung des Bodenrechts. Im Ergebnis sollen Eigentumssicherungssysteme für Immobilien aufgebaut werden, wie sie beispielsweise in Deutschland als Kombination von Grundbuch und Liegenschaftskataster zum Einsatz kommen. So hat die GTZ Kambodscha bei der Schaffung von Institutionen für Landangelegenheiten beraten. Dabei wurde ein System zur Landklassifizierung erarbeitet und mit der landesweiten Erfassung der Eigentums- und Nutzungsrechte durch Kataster und Grundbuch begonnen. Das neugeschaffene Regelwerk, das viele Gemeinden bereits erfolgreich anwenden, gewährleistet Rechtssicherheit beim Zugang und der Nutzung von Land.

Im Aufgabenfeld „Umwelt und Infrastruktur" liegt der Fokus auf einer Verbesserung des Infrastruktur-Managements in den Bereichen Energie, Wasser, Abfall und Transport. Dabei gilt der Grundsatz, dass eine langfristige Entwicklung nicht ohne eine intakte Umwelt möglich ist. Auch hier begleitet die GTZ Prozesse in ihren Partnerländern, um – gestützt auf Geodaten – einen verantwortungsvollen Umgang mit natürlichen Ressourcen, Umweltschutz, Reduzierung der Umweltbelastungen sowie konsequentes Umweltmanagement im Interesse einer nachhaltigen Entwicklung zu befördern.

1.4.19 Weitere Bundesbehörden

Weitere Dienststellen des Bundes zeichnen sich heute dadurch aus, dass ihre Aufgabenwahrnehmung nicht mehr ohne den Einsatz und die Visualisierung von Geodaten denkbar ist. Diese Dienststellen sind einerseits Nutzer jener Daten, die auf Bundes- oder Landesebene bereits erzeugt wurden, andererseits bereichern sie das Geodatenangebot innerhalb der Bundesverwaltung mit eigenen Beiträgen und ermöglichen so ebenfalls eine nachhaltige Entscheidungsfindung von Politik und Verwaltung im staatlichen, wirtschaftlichen und individuellen Interesse. Sie sollen hier zumindest zusammenfassend, wenn auch nicht abschließend, kurz vorgestellt werden.

Bundesanstalt für Landwirtschaft und Ernährung (BLE)
Die BLE mit Hauptsitz in Bonn-Mehlem ist eine 1995 durch Zusammenlegung der Bundesanstalt für landwirtschaftliche Marktordnung (BALM) und des Bundesamtes für Ernährung und Forstwirtschaft (BEF) gegründete bundesunmittelbare rechtsfähige Anstalt des öffentlichen Rechts im Geschäftsbereich des BMELV. Zu ihren Aufgaben zählen u. a.

- die Kontrolle der Verwendung nachwachsender Rohstoffe, die auf Stilllegungsflächen angebaut werden sowie die Verwendung von Energiepflanzen, die auf nicht stillgelegten Flächen angebaut werden,
- die Überwachung der Seefischerei außerhalb der Küstengewässer und die Einhaltung der von ihr verwalteten Fischfangquoten,
- die zentrale Planung und Feststellung von Erzeugung, Beständen und Verbrauch auf Grundlage des Ernährungssicherstellungsgesetzes sowie des Ernährungsvorsorgegesetzes. Im Rahmen einer allgemeinen Vorratshaltung sowie der Zivilen Notfallreserve werden auch Vorräte an Ernährungsgütern beschafft, verwaltet und verwertet.

Bundesamt für Strahlenschutz (BfS)
Das BfS arbeitet als Bundesoberbehörde im Geschäftsbereich des BMU für die Sicherheit und den Schutz des Menschen und der Umwelt vor Schäden durch ionisierende und nichtionisierende Strahlung. Im Bereich der ionisierenden Strahlung geht es zum Beispiel um die Röntgendiagnostik in der Medizin, die Sicherheit beim Umgang mit radioaktiven Stoffen in der Kerntechnik und den Schutz vor erhöhter natürlicher Radioaktivität. Zu den Arbeitsfeldern im Bereich nichtionisierender Strahlung gehören u. a. der Schutz vor ultravioletter Strahlung und den Auswirkungen des Mobilfunks.

Als Konsequenz aus den Erfahrungen beim Reaktorunfall von Tschernobyl im Jahr 1986 wurde das Strahlenschutzvorsorgegesetz verabschiedet, das die gesetzliche Grundlage für die Errichtung des „Integrierten Mess- und Informationssystems für die Überwachung der Radioaktivität in der Umwelt“ (IMIS) im BfS ist. Aufgabe von IMIS ist es, bereits geringfügige Änderungen der Umweltradioaktivität flächendeckend schnell und zuverlässig zu erkennen sowie langfristige Trends zu erfassen. Kontinuierlich arbeitende Messnetze sind für die Überwachung der Radioaktivität in der Atmosphäre, in den Bundeswasserstraßen und in der Nord- und Ostsee eingerichtet. Aus mehr als 10.000 Einzelmessungen pro Jahr in Luft, Wasser, Boden, Nahrungs- und Futtermitteln werden Ergebnisse zusammengeführt, geprüft und u. a in Karten der aktuellen Radionuklidkonzentration oder Gamma-Ortsdosisleistung dargestellt. Weitere Karten werden unter Zuhilfenahme geologischer Informationen des BGR über die regionale Verteilung der Radonkonzentration erstellt. Das natürliche radioaktive Edelgas Radon entsteht als Zerfallsprodukt des Urans in allen Umweltmedien, auch in der Atmosphäre.

Bundesnetzagentur (BNetzA)
Die BNetzA für Elektrizität, Gas, Telekommunikation, Post und Eisenbahnen in Bonn ist seit 2005 eine selbständige Bundesoberbehörde im Geschäftsbereich des BMWi. Hervorgegangen ist sie aus der Regulierungsbehörde für Telekommunikation und Post und dem Bundesamt für Post und Telekommunikation. Ihre Aufgabe ist die Förderung der weiteren Entwicklung auf dem Elektrizitäts-, Gas-, Telekommunikations-, Post- und dem Eisenbahninfrastrukturmarkt. Zur Durchsetzung der Regulierungsziele ist sie mit Verfahren und Instrumenten ausgestattet, die auch Informations- und Untersuchungsrechte enthalten. Die Bundesnetzagentur hat die zentrale Aufgabe, für die Einhaltung des Telekommunikationsgesetzes (TKG), Postgesetzes (PostG) und des Energiewirtschaftsgesetzes (EnWG) sowie ihrer Verordnungen zu sorgen. Auf dieser Grundlage gewährleistet sie die Liberalisierung und Deregulierung der Märkte Telekommunikation, Post und Energie durch einen diskriminierungsfreien Netzzugang und effiziente Netznutzungsentgelte.

Ohne ein Wissen über die Lage und den Verlauf der jeweiligen Netze, ihrer Kapazitäten und den Unterhaltungszustand in Form von Geodaten könnte der Handlungsspielraum der BNetzA nur als eingeschränkt bezeichnet werden.

Eisenbahnbundesamt (EBA)
Das EBA mit seiner Zentrale in Bonn ist eine selbständige deutsche Bundesoberbehörde im Geschäftsbereich des BMVBS. Es handelt als Aufsichts- und Genehmigungsbehörde für die Eisenbahnen des Bundes und die Eisenbahnverkehrsunternehmen mit Sitz im Ausland für das Gebiet Deutschlands. Das EBA überwacht darüber hinaus die nicht bundeseigenen Eisenbahnen, die einer Sicherheitsbescheinigung oder einer Sicherheitsgenehmigung bedürfen.

Als zuständige Aufsichtsbehörde für das Schienennetz der Eisenbahnen des Bundes und der Strecken mit Anschluss an das Ausland sowie für alle regelspurigen Eisenbahnverkehrsunternehmen mit Ausnahme der Regionalbahnen ist das EBA angewiesen auf umfassende georeferenzierte Kenntnis über den Verlauf und den Zustand der das Netz bildenden Schienenverkehrswege. Der Aufsicht durch das EBA unterliegen somit mehr als 2/3 aller Eisenbahnunternehmen in Deutschland. Die Eisenbahnen, die lediglich Regionalbahn sind oder die für ihren Eisenbahninfrastrukturbetrieb keiner Sicherheitsgenehmigung bedürfen, werden hingegen von den Bundesländern beaufsichtigt. Bislang haben 13 Bundesländer ganz oder teilweise die Eisenbahnaufsicht auf das EBA übertragen. Das EBA ist außerdem für die Genehmigung und Überwachung von Magnetschwebebahnen zuständig.

Bundesvermögensverwaltung/Bundesanstalt für Immobilienaufgaben (BImA)
Die BImA arbeitet seit dem 1. Januar 2005 als Nachfolger der Bundesvermögensverwaltung im Geschäftsbereich des Bundesministeriums der Finanzen (BMF), ist jedoch ein kaufmännisch orientiertes, eigenverantwortliches Unternehmen, zu dessen Aufgaben u. a. die Verwertung von Grundstücken, an die der Bund nicht mehr gebunden ist, die Deckung des Grundstücks- und Raumbedarfs für Bundeszwecke und die forstliche Bewirtschaftung und naturschutzfachliche Betreuung der Bundesliegenschaften zählt. Auch hier ist eine Aufgabenwahrnehmung ohne die Existenz eines wie auch immer gestalteten Liegenschaftsinformationssystems heute nicht mehr denkbar.

1.5 Schlussbemerkungen

1.5.1 Zukunftsrohstoff „Geodaten"

International und national hat sich das Bewusstsein um das Potenzial von Geoinformationen für die Bewältigung der Herausforderungen des 21. Jahrhunderts etabliert. Die politische und administrative Gestaltung von Veränderungsprozessen auf allen gesellschaftlichen Themenfeldern ist ohne die georeferenzierte, bildliche Aufbereitung der Ausgangssituation und Modellierung alternativer Zukunftsszenarien heute nicht mehr denkbar. Wenn eine Vielzahl an Dienststellen der Bundesverwaltung zwischenzeitlich eigenes Know-how aufbaut, Ressourcen einsetzt und sich zu Geoinformationsbehörden entwickelt, um diesem Anspruch Rechnung zu tragen, so ist dieser Weg ausdrücklich zu begrüßen.

Zugleich wird die Herausforderung bestehen bleiben, diese Entwicklung dergestalt zu steuern, dass die einzelnen Investitionen sich inhaltlich ergänzen und technische Mindestanforderungen für die gemeinsame Nutzung der entstehenden Daten eingehalten werden. Naturgemäß sind hiervon sowohl im Wesentlichen Daten bereitstellende als auch Daten nutzende Behörden betroffen. Einzelne Dienststellen werden in ihrer gesamten Ausrichtung auf die Produktion von Geodaten hinwirken, andere wiederum werden das Thema ausschließlich als Nutzer in organisatorischen Untereinheiten der Dienststelle abhandeln.

1.5.2 Zukunftsvision „Geoinformationsdienst Deutschland"

Für eine Zusammenführung geo-relevanter Aktivitäten unter einem Dach zeichnet sich das Modell des BMVg als eine zielführende Lösung ab, wonach der Geoinformationsdienst der Bundeswehr die Gesamtheit aller Organisationseinheiten darstellt, die sich dem Thema Geoinformation innerhalb der Streitkräfte widmen. Ein entsprechender Geoinformationsdienst des Bundes (GeoInfoDBund) könnte den GeoInfoDBw integrieren und darüber hinaus sämtliche Organisationseinheiten – ganze Dienststellen oder Teile derselben – unter einer Corporate Identity zusammenführen. Zugleich befördert dieses Modell den Dual-Use, d. h. die zivile und militärische Nutzung der Ergebnisse der Partner innerhalb des GeoInfoDBund. Die Koordinierungsverantwortung des IMAGI bliebe hiervon unberührt, seine Bedeutung könnte als Steuerungsorgan des GeoInfoDBund sogar noch gestärkt werden. Inwieweit darüber hinaus ein Geoinformationsdienst Deutschland (GeoInfoDDtld) ein weiteres gemeinsames Bewusstsein über Ländergrenzen hinaus befördern könnte, bliebe Gesprächen mit den Ländern und Spitzenverbänden vorbehalten. In jedem Fall trüge ein solches Modell auch zur Stärkung des nationalen Geoinformationswesens in seiner Außendarstellung bei.

1.6 Quellenangaben

1.6.1 Literaturverzeichnis

ALDER, K. (2005): Das Maß der Welt – Die Suche nach dem Urmeter. Goldmann Verlag, München.

AUGHTON, P. (2001): Dem Wind ausgeliefert – James Cook und die abenteurliche Reise nach Australien. Diana Verlag, München/Zürich.

BEHRENDS, O., KNÜTEL, R., KUPISCH, B. & SEILER, H. H. (1997): Corpus Iuris Civilis I – Institutionen. 2. Aufl. C. F. Müller Verlag, Heidelberg.

BEHRENDS, O., KNÜTEL, R., KUPISCH, B. & SEILER, H. H. (1995): Corpus Iuris Civilis II – Digesten 1-10. C. F. Müller Juristischer Verlag, Heidelberg.

BEHRENDS, O., KNÜTEL, R., KUPISCH, B. & SEILER, H. H. (1999): Corpus Iuris Civilis III – Digesten 11-20. C. F. Müller Verlag, Heidelberg.

BONCZEK, W. (1978): Stadt und Boden – Boden-Nutzungs-Reform im Städtebau. Hammonia Verlag, Hamburg.

BUNDESAMT FÜR KARTOGRAPHIE UND GEODÄSIE (Hrsg.) (2004): Geoinformation und moderner Staat. BKG, Frankfurt am Main.

BUNDESAMT FÜR KARTOGRAPHIE UND GEODÄSIE (Hrsg.) (2009): Bericht über die Tätigkeit des BKG vom 1. Juli 2007 bis 20. Juni 2008. BKG, Frankfurt am Main.

BUNDESANSTALT FÜR GEOWISSENSCHAFTEN UND ROHSTOFFE (2008): 50 Jahre BGR. BGR, Hannover.

BUNDESMINISTERIUM DER VERTEIDIGUNG (2006): Weißbuch 2006 zur Sicherheitspolitik Deutschlands und zur Zukunft der Bundeswehr. BMVg, Berlin.

BUNDESMINISTERIUM DES INNERN (2007): Schutz kritischer Infrastrukturen – Risiko- und Krisenmanagement. BMI, Berlin.

BUNDESMINISTERIUM FÜR GESUNDHEIT (2007): Eine lebenswerte Umwelt für unsere Kinder – Bericht Deutschlands zur Umsetzung des „Aktionsplans zur Verbesserung von Umwelt und Gesundheit der Kinder in der Europäischen Region" der WHO. BMG, Bonn.

BUNDESMINISTERIUM FÜR UMWELT, NATURSCHUTZ UND REAKTORSICHERHEIT (2006): Umweltbericht 2006, Umwelt – Innovation –Beschäftigung, 1. Aufl. Bonn.

BUNDESMINISTERIUM FÜR UMWELT, NATURSCHUTZ UND REAKTORSICHERHEIT (2009a): Dem Klimawandel begegnen – Die Deutsche Anpassungsstrategie. 1. Aufl. Berlin.

BUNDESMINISTERIUM FÜR UMWELT, NATURSCHUTZ UND REAKTORSICHERHEIT (2009b): Nachhaltige Entwicklung durch moderne Umweltpolitik – Perspektiven für Generationengerechtigkeit, Lebensqualität, sozialen Zusammenhalt und internationale Verantwortung. Bonn.

BUNDESMINISTERIUM FÜR WIRTSCHAFT UND TECHNOLOGIE (2006): iD 2010 – Informationsgesellschaft Deutschland 2010, Aktionsprogramm der Bundesregierung. Berlin.

BUNDESMINISTERIUM FÜR WIRTSCHAFT UND TECHNOLOGIE (2007): Mission Raumfahrt – Aus dem Weltraum für die Erde. Berlin.

BUNDESREGIERUNG (2008): Geoinformation im globalen Wandel. Berlin.

BUNDESZENTRALE FÜR POLITISCHE BILDUNG (2006): Europäische Union. Informationen zur politischen Bildung, 279. Bonn.

BUNDESZENTRALE FÜR POLITISCHE BILDUNG (2006): Sicherheitspolitik im 21. Jahrhundert. Informationen zur politischen Bildung, 291. Bonn.

CHIELDS, C. (2004): Der Wasserkartograf – Unterwegs im Südwesten der USA. Frederking und Thaler Verlag, München.

CLARK, C. (2005): Der Vermesser. Hoffmann und Campe Verlag, Hamburg.

COWAN, J. (1997): Der Traum des Kartenmachers – die Meditationen des Fra Mauro, Kartograph. Albrecht Knaus Verlag, München.

CPM COMMUNICATION PRESSE MARKETING (2008): Geoinformationsdienst der Bundeswehr. CPM, Sankt Augustin.

CRANE, N. (2002): Der Weltbeschreiber – Gelehrter, Ketzer, Kosmograph, Wie die Karten des Gerhard Mercator die Welt veränderten. Droemer Verlag, München.

DEUTSCHE GESELLSCHAFT FÜR TECHNISCHE ZUSAMMENARBEIT (2006): Wissen – Macht – Entwicklung; Jahresbericht 2005. GTZ, Eschborn.

DEUTSCHER WETTERDIENST (2006): Jahresbericht 2005. DWD, Offenbach.

DEUTSCHES ZENTRUM FÜR LUFT- UND RAUMFAHRT (2002): Envisat – Deutschlands Beiträge zum Europäischen Umweltsatelliten. Köln.

DEUTSCHES ZENTRUM FÜR LUFT- UND RAUMFAHRT (2004): Satellitendaten für den täglichen Einsatz – Raumfahrt im Bundesministerium für Verkehr, Bau- und Wohnungswesen. Bonn.

DEUTSCHES ZENTRUM FÜR LUFT- UND RAUMFAHRT (2007): TerraSar-X – Das deutsche Radar-Auge im All. Bonn-Oberkassel.

DIAMOND, J. (2006): Kollaps – warum Gesellschaften Überleben oder Untergehen. Fischer Taschenbuch Verlag, Frankfurt am Main.

ETTE, O. & LUBRICH, O. (Hrsg.) (2004): Kosmos – Entwurf einer physischen Weltbeschreibung (Alexander von Humboldt). Eichborn Verlag, Frankfurt am Main.

GABRIEL, P. (2006): Der Kartograph. Verlag Josef Knecht, Frankfurt am Main.

GRÜN, R. (Hrsg.) (2006): Christoph Columbus – Leben und Fahrten des Entdeckers der neuen Welt. Frederking und Thaler Verlag, München.

HAHLEN, J. (2007): Grußwort anlässlich der 119. AdV-Plenumstagung. In: LSA VERM, 2/2007, 91 ff.

HATTENHAUER, H. (Hrsg.) (1996): Allgemeines Landrecht für die preussischen Staaten von 1794. Mit einer Bibliographie von G. Bernert. Luchterhand Verlag, Neuwied/ Kriftel/Berlin.

KAY, B. (2000): Der Navigator. Verlagsgruppe Lübbe, Bergisch Gladbach.

KLINGHOLZ, R. (2004): Deutschland 2020 – Aufbruch in ein anderes Land. In: GEO – das neue Bild der Erde, 5/2004, 88 ff.

LAUSCH, E. (1987): Treibhaus-Effekt – das unheimliche Spiel mit dem Feuer. In: GEO – Wissen, Klima Wetter Mensch, 2/1987.

LUCHT, W. (2008): Wir brauchen neue Kosmologien. In: zeitzeichen, 11/2008, 36 ff.

MEINERT, M. (1995): Satellitenbilder aus Nachbars Garten? In: NaVKV, 3/1995, 229 ff.

MEINERT. M. (1997): Geoinformationen als Basis für die Volkszählung in den USA. In: Vermessung Brandenburg, 1/1997, 67 ff.

MEINERT, M. (1998): Vermessungsleistungen bei Bauvorhaben. In: Vermessung Brandenburg, 2/1998, 10 ff.

MEINERT, M. (2000): Rechtsaspekte des Werbeverbots der ÖbVermIng. In: Vermessung Brandenburg, 1/2000.

MEINERT, M. (2003): Selbstverwaltung contra Staatsverantwortung – Der ÖbVI im Strudel oder auf der Welle der Reformen? In: Vermessung Brandenburg, 2/2003, 10 ff.

MEINERT, M. (2006): Grenzen und Chancen der Organisationsform „Landesbetrieb nach § 26 LHO". Dissertation, Universität Potsdam.

MEINERT, M. (2008): Harmonie bei Geodaten. In: moderne verwaltung, 3/2008.

MEINERT, M. (2009): Kunstgeschichte in Karten des Hochstifts Osnabrück. Verein für Geschichte und Landeskunde von Osnabrück.

MINOW, H. (2009): „Vermessung" im alten Mesopotamien. In: VDVmagazin, 2/2009, 116 ff.

NADOLNY, S. (2006): Die Entdeckung der Langsamkeit. Piper Verlag, München.

PELLEGRINO, F. (2007): Geografie und imaginäre Welten. Bildlexikon der Kunst, Band 18. Parthas Verlag, Berlin.

REITER, T. (2008): Fernweh. In: GEO – das neue Bild der Erde, 9/2008, 167 ff.

REY, P. (2006): Der Kartograf von Palma. Droemer/Knaur-Verlag, Münden.

SCHLÖGEL, K. (2003): Im Raume lesen wir die Zeit – über Zivilisationsgeschichte und Geopolitik. Carl Hanser Verlag, München/Wien.

SCHRÖTER, L. (2001): Venuspassage. Rotbuch Verlag, Hamburg.

SLOTERDIJK, P. (2008): Starke Beobachtung – Raumstation, Distanz und Erkenntnis. In: GEO – das neue Bild der Erde, 9/2008, 174 ff.

SOBEL, D. & ANDREWES, W. J. H. (2002): Längengrad – die illustrierte Ausgabe. Berlin Verlag, Berlin.

SPOHN, T. (Hrsg.): Bauen nach Vorschrift – obrigkeitliche Einflussnahme auf das Bauen und Wohnen in Nordwestdeutschland (14. bis 20. Jh.). Waxmann Verlag, Münster.

STREUFF, H. (2008): Wege ebnen – Türen öffnen – Wissen teilen – das Geodatenzugangsgesetz setzt die INSPIRE-Richtlinie um. In: fub, 70 (3), 124 ff.

TÜGEL, H. (2001): Die zweite Entdeckung der Erde. In: GEO – das neue Bild der Erde, 10/2001, 20 ff.

WEISMANN, A. (2007): Die Welt ohne uns – Reise über eine unbevölkerte Erde. Piper Verlag, München.

WEISSES HAUS, PRESSESTELLE (1994): Coordinating Geographic Data Acquisition and Access – The National Spatial Data Infrastructure. Executive Order des Präsidenten der Vereinigten Staaten von Amerika vom 11. April 1994.

WESTERHOFF, H.-D. (1999): Deutschland und die „digitale Erde" – Impulse aus der Raumfahrt für das Management der Geodaten. In: „Erdanwendungen der Weltraumtechnik – Geoinformationen vom Satelliten zum Verbraucher", Anwenderkonferenz der Deutschen Gesellschaft für Luft- und Raumfahrt, Bonn.

WHITAKER, R. (2005): Die Frau des Kartographen und das Rätsel um die Form der Erde. Karl Blessing Verlag, München.

WILFORD, J. N. (2003): Die Kunst den Weg zu weisen. In: National Geographic, Deutschlandausgabe, 4/2003, 155 ff.

WINCHESTER, S. (2003): Eine Karte verändert die Welt – William Smith und die Geburt der modernen Geologie. Goldmann Verlag, München.

WOLFF, K. D. (Hrsg.) (2001): Code Napoleon – Faksimile Nachdruck der Originalausgabe von 1808. Stroemfeld Verlag, Frankfurt am Main.

1.6.2 Internetverweise

BAMF (2009): Homepage des BAMF, Nürnberg; www.bamf.bund.de

BBK (2009): Homepage des BBK, Bonn; www.bbk.bund.de

BBR (2009): Homepage der BBR, Bonn; www.bbr.bund.de

BfN (2009): Homepage des BfN, Bonn; www.bfn.de

BfS (2009): Homepage des BfS, Salzgitter; www.bfs.de

BGR (2009): Homepage der BGR, Hannover; www.bgr.bund.de

BImA (2009): Homepage der BImA, Bonn; www.bundesimmobilien.de

BKG (2009): Homepage des BKG, Frankfurt am Main; www.bkg.bund.de

BLE (2009): Homepage der BLE, Bonn; www.ble.de

BNetzA (2009): Homepage der BNetzA, Bonn; www.bundesnetzagentur.de

DLR (2009): Homepage des DLR, Köln; www.dlr.de

DWD (2009): Homepage des DWD, Offenbach; www.dwd.de

EBA (2009): Homepage des EBA, Bonn; www.eba.bund.de

FLI (2009): Homepage des FLI, Riems; www.fli.bund.de

GeoInfoDBw (2009): Homepage des GeoInfoDBw, Euskirchen; www.streitkraeftebasis.de

GFZ (2009): Homepage des GFZ, Potsdam; www.gfz-potsdam.de

GTZ (2009): Homepage der GTZ, Eschborn; www.gtz.de

JKI (2009): Homepage des JKI, Quedlinburg; www.jki.bund.de

RKI (2009) : Homepage des RKI, Berlin; www.rki.bund.de

StBA (2009): Homepage des StBA, Wiesbaden; www.destatis.de

UBA (2009): Homepage des UBA, Dessau; www.uba.de

WSV (2009): Homepage der WSV, Berlin: www.wsv.bund.de

2 Gesellschaftlicher Auftrag, Zuständigkeiten, Organisation und Institutionen

Peter CREUZER und Wilhelm ZEDDIES

Zusammenfassung

Das deutsche Vermessungs- und Geoinformationswesen hat mit der Bereitstellung von aktuellen, genauen und flächendeckenden Angaben über unseren Lebensraum, und damit über das Gebiet der Bundesrepublik Deutschland, eine zentrale Aufgabe des Staates übernommen. Hierzu gehört besonders der flächendeckende Nachweis aller Liegenschaften im Liegenschaftskataster, der im Rahmen des u. a. in der Grundbuchordnung (GBO) verankerten deutschen Systems zur Eigentumssicherung zur nachhaltigen Erhaltung und Sicherung des privaten Grundeigentums beiträgt. Zusammen mit der Bereitstellung des einheitlichen Raumbezugs, der geotopographischen Angaben der Bundesrepublik Deutschland sowie dem Schaffen von Transparenz auf dem Grundstücksmarkt kommt diesem Aufgabenbereich ein grundlegender Stellenwert für das gesellschaftliche und wirtschaftliche Wohlergehen des Staates zu. Auch wenn der Aufgabenumfang erhebliche personelle und finanzielle Ressourcen erfordert, ist er für eine funktionierende Volkswirtschaft unerlässlich. Deshalb wird der einfache Zugang zu Geodaten zurzeit durch den Aufbau von Geodateninfrastrukturen des Bundes und der Länder ermöglicht. Darüber hinaus werden die digitalen Datenbestände und Informationen über Grund und Boden auch im europäischen Kontext und für den Aufbau einer europäischen Geodateninfrastruktur (INSPIRE) benötigt. Ebenso grundlegende Aufgaben werden im Bereich der ländlichen Entwicklung und damit des Landmanagements wahrgenommen, um die zukunftsorientierte nachhaltige Entwicklung des ländlichen Raumes sicherzustellen.

Da das Vermessungs- und Geoinformationswesen selbst im Grundgesetz (GG) für die Bundesrepublik Deutschland nicht erwähnt wird, gilt Artikel 70 (1) des GG, der die Gesetzgebungskompetenz in diesen Fällen den Bundesländern zuweist. Aufgrund des föderalen Aufbaus der Bundesrepublik Deutschland ergibt sich bei der Zuordnung des amtlichen Vermessungswesens zu den Ministerien in den Bundesländern ein differenziertes Bild. In der Mehrzahl der Länder unterstehen die Vermessungsverwaltungen den Innenministerien, in den Stadtstaaten sind sie den Bau- und Stadtentwicklungssenatoren zugeordnet. Daneben finden sich, je nach politischen Vorgaben, die Vermessungsverwaltungen im Finanz-, Landwirtschafts-, Umwelt- sowie Wirtschaftsressort. Hinsichtlich der äußeren Organisation sind die Behörden für das Liegenschaftskataster in den Ländern entweder der staatlichen oder der kommunalen Ebene zugeordnet, während die Landesvermessungsdienststellen immer zur staatlichen Ebene gehören. Einige Länder haben sogenannte Integrationsbehörden, die für das jeweilige Bundesland sowohl den Bereich der Landesvermessung als auch des Liegenschaftskatasters in einer Behörde vereinigen, eingeführt. Die für die Landentwicklung zuständigen Fachverwaltungen ressortieren im Allgemeinen bei den Landwirtschaftsministerien der Länder.

Im Rahmen des staatlich bzw. kommunal geprägten amtlichen Vermessungswesens besteht in derzeit 15 Bundesländern (Bayern bildet die Ausnahme) die Institution des Öffentlich bestellten Vermessungsingenieurs (ÖbVermIng). Die Rechtsstellung der ÖbVermIng ergibt sich aus dem jeweiligen Landesrecht. Die Beleihung kennzeichnet den Berufsstand der Öffentlich bestellten Vermessungsingenieure als staatsgebundenen Beruf. Die ÖbVermIng, zusammengeschlossen im BDVI, sind damit Organe des amtlichen Vermessungswesens.

Neben dem amtlichen Vermessungswesen in der Zuständigkeit der Länder sind auch im Bundesbereich Behörden tätig, die dem amtlichen Vermessungswesen zugeordnet und jeweils nur für ihren Geschäftsbereich zuständig sind. Zu nennen sind hier insbesondere das Bundesamt für Kartographie und Geodäsie (BKG) im Geschäftsbereich des Bundesministeriums des Innern, der Geoinformationsdienst der Bundeswehr (GeoInfoDBw) im Geschäftsbereich des Bundesministeriums der Verteidigung sowie die Wasser- und Schifffahrtsverwaltung des Bundes (WSV) im Geschäftsbereich des Bundesministeriums für Verkehr, Bau und Stadtentwicklung. Während die beiden letztgenannten praktisch ausschließlich für ihren eigenen Geschäftsbereich zuständig sind, erfüllt das BKG auch Aufgaben auf dem Gebiet der Geodäsie und des Geoinformationswesens in Zusammenarbeit mit den Ländern. Dies sind die Bereitstellung und Darstellung von analogen und digitalen topographisch-kartographischen Informationen für den Bundesbereich, die Bereitstellung und Laufendhaltung der geodätischen Referenznetze für die Bundesrepublik Deutschland und die Mitwirkung bei der Bestimmung und Laufendhaltung globaler Referenzsysteme sowie die Vertretung der Interessen der Bundesrepublik Deutschland auf dem Gebiet der Geodäsie und des Geoinformationswesens im internationalen Bereich.

Sowohl im Vermessungs- und Geoinformationswesen als auch im Bereich der Ländlichen Entwicklung sind länderübergreifende Gremien entstanden, die sich um eine bundesweite Koordinierung der Aufgabenwahrnehmung kümmern. Der Arbeitsgemeinschaft der Vermessungsverwaltungen der Länder der Bundesrepublik Deutschland (AdV) obliegt dabei die Koordination des amtlichen Vermessungswesens. Für den Bereich der Ländlichen Entwicklung ist dies die Bund-Länder-Arbeitsgemeinschaft Nachhaltige Landentwicklung (ArgeLandentwicklung).

Neben diesen staatlich organisierten Gremien für die bundesweite Koordinierung von Länderaufgaben gibt es im privaten Bereich Berufsverbände und Vereinigungen. Bei den technisch-wissenschaftlichen Vereinigungen und Berufsverbänden sind der Deutsche Verein für Vermessungswesen e. V. – Gesellschaft für Geodäsie, Geoinformation und Landmanagement *– (DVW), der Verband Deutscher Vermessungsingenieure e. V. (VDV), die Deutsche Gesellschaft für Kartographie e. V. (DGfK) und die Deutsche Gesellschaft für Photogrammetrie, Fernerkundung und Geoinformation e. V. (DGPF) zu nennen. Der Deutsche Dachverband für Geoinformation e. V. (DDGI) hat sich zum Ziel gesetzt, die generelle Bedeutung von Geoinformationen herauszustellen.*

Bei der internationalen Zusammenarbeit im amtlichen Vermessungs- und Geoinformationswesen mit dem Schwerpunkt Europa spielt EuroGeographics als Vereinigung der europäischen Vermessungs-, Kataster- und Landregistrierungsverwaltungen eine wesentliche Rolle. Daneben ist die United Nations Economic Commission for Europe – Working Party on Land Administration (UNECE-WPLA) als weiteres Gremium zu nennen, das die internationale Zusammenarbeit im Bereich Landverwaltung und -management – mit einem besonderen Schwerpunkt auf der Unterstützung der Staaten Osteuropas, des Kaukasus und Zentralasiens (ECCA) – fördert. Bei den internationalen wissenschaftlichen Organisationen sind besonders die International Association of Geodesy (IAG) als Untergliederung der

International Union of Geodesy and Geophysics (IUGG), die International Cartographic Association (ICA) sowie die International Society for Photogrammetry and Remote Sensing (ISPRS), hervorzuheben.

Zusammen mit weiteren Vereinigungen und Verbänden leisten die vorgenannten Organisationen wichtige Beiträge für den staatenübergreifenden Informationsaustausch im Vermessungs-, Kataster- und Geoinformationswesen, die Erforschung und Entwicklung neuer Methoden sowie die Bildung eines weltumspannenden Netzwerks.

Summary

The German Surveying and Mapping has been assigned a core task by the state to maintain and deliver current, exact and complete information on our habitat, the terrain and surface of the Federal Republic of Germany. This particularly includes the area covering provision of evidence of all real estate in the real estate cadastre and thus a substantial contribution to the German system of securing private land ownership as put down, inter alia, in German Law by the Land Register Act (Grundbuchordnung, GBO). Together with the supply of a uniform geospatial reference, the delivery of geotopographic data for the Federal Republic of Germany and the creation and maintenance of transparency in the real estate market, these tasks are of fundamental importance for the social and economic welfare of the country. Even though the above scope of tasks does require substantial staff resources as well as financial contributions, it is absolutely crucial for the functioning of the country's economy. Therefore, the easy access to digital geodatasets is currently being enabled and improved. Further, digital information on land and its resources is also essential in the European context and for the establishment of the Infrastructure for Spatial Information in the European Community (INSPIRE). Fundamental tasks of similar importance are performed in the fields of rural development and rural land management in order to guarantee a future-oriented sustainable development of Germany's rural areas.

Surveying and the full scope of tasks related to geoinformation are not mentioned at all in the German Constitution (Grundgesetz, GG), so Article 70 (1) GG, assigning the legislative authority to the 16 German states in this case, applies. The allocation of official surveying and mapping to different ministries within the states has resulted in a heterogeneous overall picture. In most of the German states the survey administrations have to report to the state ministries of the interior, whereas in the city states surveying is assigned to the senators for construction and urban development. Furthermore, according to the different political circumstances, the survey administrations are under the responsibility of the ministries of finance, agriculture, environment or economy. As far as the exterior organisation is concerned, the authorities responsible for real estate cadastre are assigned either to the state or municipal level, while the state survey agencies are always part of the state administration. A few states have introduced so-called integrated authorities, merging the tasks of state survey and real estate cadastre into one agency. The administrative bodies responsible for land development have to report to the Ministries for Agriculture. In addition to the administrative structures established for state or municipality-based surveying and mapping, 15 Germany states (except Bavaria) are supported by publicly appointed (licensed) surveyors (ÖbVermIng). Their legal status can be retrieved from the relevant state legislation. The public appointment does characterise the ÖbVermIng as a state-bound profession. They therefore form part of the official surveying.

Apart from the official surveying within the competence of the states, relevant authorities are also in place and acting at federal level, but each one for its specific responsibilities only. There are the Federal Agency for Cartography and Geodesy (BKG) under the Federal Ministry of the Interior, the Geoinformation Service of the German Federal Armed Forces (GeoInfoDBw) under the Federal Ministry of Defence as well as the Water and Shipping Administration (WSV) assigned to the Federal Ministry for Transport, Building and Urban Affairs. While the two latter are practically exclusively responsible for their own specific tasks, BKG does also fulfil tasks in the fields of geodesy and geoinformation in close collaboration with the 16 states. These tasks encompass maintenance and delivery of paper-based as well as digital topographic and cartographic information for federal needs and purposes, the supply and maintenance of the geodetic reference networks for the Federal Republic of Germany, determining and updating global reference systems and the representation of federal interests and positions in the fields of geodesy and geoinformation at an international level.

In order to coordinate surveying, mapping and geoinformation as well as the performance of rural development tasks at federal level, the necessary bodies responsible for this nationwide coordination have been established. The Working Committee of the Surveying Authorities of the States of the Federal Republic of Germany (AdV) is responsible for official surveying projects and tasks, and the Bund/Länder Task Force Rural Development (Arge Landentwicklung) is setting the frame for sustainable land development in the states of Germany.

Apart from these committees coordinating state tasks at national level, there are professional associations and organisations within the private sector. Among the technical scientific organisations and professional associations are the German Association of Surveying e. V., Society for Geodesy, Geoinformation and Land Management (DVW), the Association of German Survey Engineers e. V. (VDV), the German Cartographic Society e. V. (DGfK) and the German Society for Photogrammetry, Remote Sensing and Geoinformation (DGPF). The German Umbrella Organisation for Geoinformation (DDGI) aims at emphasising and promoting the overall importance of geoinformation.

Looking at collaboration in official surveying and mapping at an international level, EuroGeographics, an association of European administrations responsible for national mapping, land registry and cadastre, plays a major role. The Working Party on Land Administration of the United Nations Economic Commission for Europe (UNECE-WPLA) has to be mentioned as another international body fostering international collaboration in the fields of land management and land administration with a particular focus on rendering support to countries in Eastern Europe and Central Asia currently establishing market economy structures.

Concerning international scientific organisations, the International Association of Geodesy (IAG) as part of the International Union of Geodesy and Geophysics (IUGG), the International Cartographic Association (ICA) and the International Society for Photogrammetry and Remote Sensing (ISPRS) need to be stressed as well. Together with further organisations and associations the aforementioned bodies are contributing substantially to an international information exchange in the fields of surveying, mapping, cadastre and geoinformation, to the exploration and development of new methods and to the creation and maintenance of a global network.

2.1 Selbstverständnis

2.1.1 Gesellschaftliche Bedeutung

Vermessungs- und Geoinformationswesen

Das deutsche Vermessungs- und Geoinformationswesen hat mit der Bereitstellung von aktuellen, genauen und flächendeckenden Angaben über unseren Lebensraum, über das Gebiet der Bundesrepublik Deutschland und damit über Grund und Boden, eine zentrale und grundlegende Aufgabe des Staates übernommen. Die Erfassung, Aktualisierung und Bereitstellung solcher Datenbestände erfordern erhebliche personelle und finanzielle Investitionen und sind zeitintensiv. Gleichwohl wird deren Erfassung und Führung, sowohl was den Anteil an raumbezogenen Geobasisdaten angeht, als auch hinsichtlich der Bereitstellung thematischer, fachbezogener Daten für Politik, Wirtschaft und Verwaltung, die auf demselben Raumbezug basieren, nicht nur in allen deutschen Bundesländern und auf Bundesebene, sondern auch weltweit eine grundlegende Bedeutung zugestanden.

Für den Verantwortungsbereich der Europäischen Union ist mit der INSPIRE-Richtlinie der Rahmen für den Aufbau eines entsprechenden europäischen raumbezogenen Informationssystems geschaffen worden.

Worin liegt also die wesentliche gesellschaftliche Bedeutung des (deutschen) Vermessungs- und Geoinformationswesens und der von ihm bereitgestellten Informationen, die derartig umfangreiche Investitionen in Aufbau, Führung und Bereitstellung der oben genannten Daten rechtfertigt? Die Beantwortung dieser Frage macht es notwendig, sich zunächst die verschiedenen, miteinander verknüpften Funktionen von *Land* vor Augen zu führen.

Land bildet zuallererst die Grundlage und den Lebensraum für Menschen und die gesamte Artenvielfalt an Tieren und Pflanzen, den es möglichst zu erhalten und zu bewahren gilt (ökologischer Blickwinkel). Gleichzeitig ist *Land* der Raum für Unterkunft, soziale und kulturelle Entfaltung des Menschen und seiner Aktivitäten. Aus ökonomischer Sicht ist *Land* schließlich die Grundlage und Quelle aller wirtschaftlichen Entwicklungen und damit des Wohlstandes der Bevölkerung eines Staates (UNITED NATIONS 2005). Diese grundlegenden Funktionen von *Land* werden hierzulande oftmals als selbstverständlich vorausgesetzt und der verantwortungsvolle Umgang mit *Land* und besonders das Funktionieren von effektiven Systemen zur Landregistrierung nicht besonders erwähnt oder infrage gestellt (CREUZER 2008). Überall dort jedoch, wo der Umgang mit der elementaren Lebensgrundlage *Land* nicht im erforderlichen Umfange geregelt und beschrieben ist, können sich unter anderem schwerwiegende Land- und Landnutzungskonflikte entwickeln, die sowohl die Armut eines hohen Prozentsatzes der Bevölkerung, schwere Umweltschäden als auch den wirtschaftlichen Niedergang eines Staates nach sich ziehen können.

Zur nachhaltigen Sicherung der wirtschaftlichen Leistungsfähigkeit eines Staates und seiner sozialen Stabilität ist es daher unumgänglich, verantwortungsvoll mit der Ressource *Land* umzugehen und im Rahmen einer verantwortungsvollen Regierungsführung (*Good Governance*) den politischen Rahmen und die erforderliche Rechtssicherheit (GTZ 1997) für den geordneten Umgang mit der Lebensgrundlage *Land* und damit die nachhaltige soziale und ökonomische Entwicklung des Staates zu schaffen (*Land Policy*).

Dies muss mit der Bereitstellung eines eindeutigen und klaren gesetzlichen Regelwerks (siehe Abschnitt 2.2.1) für die Eigentumssicherung an Immobilien sowie für den Umgang mit *Land* einhergehen. Ebenso notwendig ist aber auch die möglichst detaillierte und aktuelle Beschreibung des Landes und seiner Nutzung, um in allen Bereichen von Politik, Verwaltung und Wirtschaft fundierte raumbezogene Entscheidungen zu komplexen Fragestellungen treffen zu können, die den vielfältigen Interessen und Ansprüchen an die endliche Ressource *Land* gerecht werden.

Ausgehend von den o. g. Zielsetzungen können folgende Kernaufgabenbereiche für das Vermessungs- und Geoinformationswesen benannt werden:

- Schaffung des einheitlichen Raumbezugs (Georeferenzierung) für alle raumbezogenen Planungen, Anwendungen und Daten sowie Bereitstellung der Ergebnisse der Grundlagenvermessung (Lage, Höhe, Schwere) und damit des amtlichen Raumbezugssystems für Bürger, Wirtschaft und Verwaltung;
- Führung und Bereitstellung der Angaben des Liegenschaftskatasters für ein effizientes Eigentumssicherungssystem zur Sicherung des Privateigentums in engem Zusammenwirken mit dem Grundbuch (Amtliches Verzeichnis gem. § 2 Abs. 2 der Grundbuchordnung) und damit Schaffen der notwendigen Rechts- und Planungssicherheit für den verantwortungsvollen Umgang mit Land; Nachweis von öffentlich-rechtlichen Festlegungen;
- Bereitstellung der geotopographischen Angaben der Bundesrepublik Deutschland und der Bundesländer, der topographischen Landeskartenwerke und digitalen Geobasisdaten;
- Einbindung in und Durchführung von Bodenordnungsverfahren nach dem Baugesetzbuch (BauGB), dem Flurbereinigungsgesetz (FlurbG) und ggf. dem Landwirtschaftsanpassungsgesetz (LwAnpG);
- Ermittlung von Grundstückswerten, und Bereitstellung von Bodenrichtwerten und Grundstücksmarktberichten zur Schaffung der erforderlichen Transparenz des Immobilienmarktes;
- Ermöglichen des einfachen Zugangs zu allen o. g. Angaben und Informationen im Rahmen des Aufbaus und der Bereitstellung der Komponenten einer leistungsfähigen Geodateninfrastruktur für das Gebiet der Bundesrepublik Deutschland (GDI-DE).

Diese Kernbereiche werden u. a. durch die Tätigkeiten der entsprechenden AdV-Arbeitskreise Raumbezug, Liegenschaftskataster, Geotopographie und Informations- und Kommunikationstechnik vertreten und weiterentwickelt.

Bereits anhand dieser kurzen Aufzählung wird der enorme Stellenwert des Vermessungs- und Geoinformationswesens und des Landmanagements im Rahmen der Daseinsvorsorge für die Gesellschaft deutlich. Ohne die Erfüllung der o. g. Grundfunktionen „ist die Gestaltung und Verwaltung eines modernen und gut funktionierenden Staates nicht effektiv und effizient durchführbar" (ADV, BDVI 2006).

Das Vermessungs- und Geoinformationswesen Deutschlands wird mit seinen Aufgabenbereichen zusammen mit dem Bereich der Landentwicklung drei wesentlichen Grundfunktionen des Staats gerecht (ADV 2007c):

Zum einen wird die staatliche Grundversorgung durch amtliche Vermessungs- und Geoinformationsleistungen gewährleistet, der Geodatenmarkt wird aktiviert, um mehr Wirtschaftswachstum zu erzeugen und die enge Kooperation aller gesellschaftlichen Sektoren als Grundlage für gesellschaftliche Entscheidungsprozesse wird ermöglicht (ADV, BDVI 2006).

Der hohe gesellschaftliche Nutzen und Stellenwert der hier beschriebenen Grundfunktionen des Vermessungs- und Geoinformationswesens wird insbesondere in Staaten deutlich, die nicht über ein profundes Eigentumssicherungssystem und ein geordnetes Landmanagement und die damit verbundene hohe Rechtssicherheit verfügen. Schon aus diesem Grunde ist die Einrichtung von Landregistrierungssystemen (Kataster, Grundbuch) und den damit verbundenen Dienstleistungen nahezu immer Bestandteil von Maßnahmen zur Entwicklungshilfe und zur Unterstützung des wirtschaftlichen Aufbaus von Staaten.

Die auf den ersten Blick sehr hohen, mit einem effektiven Landverwaltungssystem verbundenen Kosten führen auf lange Sicht zu nachhaltigen Vorteilen für die Gesellschaft und sind eine Investition in die Zukunft eines Landes und seiner künftigen Generationen.

Landentwicklung
Die intensive landwirtschaftliche Nutzung großer Flächen des ländlichen Raumes übt nachhaltigen Einfluss auf Umwelt und Landschaftsbild aus. Der zukunftsorientierten Entwicklung des ländlichen Raumes kommt daher besondere Bedeutung im Rahmen der Gemeinsamen Agrarpolitik der Europäischen Union (GAP) zu. Insbesondere sind die wirtschaftlichen, sozialen und ökologischen Probleme des ländlichen Raumes zu bewältigen. Dies beinhaltet die Nutzung natürlicher Ressourcen genauso wie den Schutz der Artenvielfalt und der bestehenden Ökosysteme (RAT DER EUROPÄISCHEN UNION 2006).

Für die Bereiche der Landentwicklung und des Landmanagements sind die Aufgabengebiete und -schwerpunkte durch das Flurbereinigungsgesetz (FlurbG), die aktuellen Vorgaben der Europäischen Union und des Europäischen Landwirtschaftsfonds für die Entwicklung des ländlichen Raums (RAT DER EUROPÄISCHEN UNION 2005 und 2009) und deren nationale Umsetzung für die aktuelle Förderperiode 2007-2013 sowie das Gesetz über die „Gemeinschaftsaufgabe Verbesserung der Agrarstruktur und des Küstenschutzes“ (GAK-Gesetz) vorgegeben bzw. konkretisiert.

Dabei stehen die Steigerung der Wettbewerbsfähigkeit der Land- und Forstwirtschaft, die Verbesserung der Umwelt und Landschaft sowie die Verbesserung der Lebensqualität im ländlichen Raum einschließlich der Förderung der Diversifizierung der ländlichen Wirtschaft im Vordergrund (BMELV 2006). Der Erhaltung und Weiterentwicklung der ländlichen Räume, der Dörfer und ihrer nachhaltigen Leistungsfähigkeit und Attraktivität und damit insgesamt dem Aufgabenbereich Landentwicklung kommt eine zentrale Rolle im Rahmen der Daseinsvorsorge des Staates zu.

Die einzelnen aus den o. g. zentralen Funktionen abgeleiteten Aufgabenbereiche werden im Abschnitt 2.1.3 noch weiter differenziert.

2.1.2 Geschichtliche Entwicklung

Die nachfolgende Darstellung der geschichtlichen Entwicklung beschränkt sich vorrangig auf das Vermessungswesen in Deutschland im Zeitraum zwischen 1800 und heute.

Für den Bereich der Landesvermessung führten im 18. und 19. Jahrhundert im Allgemeinen der Wunsch und Bedarf der Landesherren, die Landesfläche mit hoher Genauigkeit in Karten darzustellen sowie die Anforderungen des Militärs nach einheitlichen Kartenwerken zu einer übergeordneten Landesvermessung und Landesaufnahme. Die gesetzlichen Regelungen, die für das amtliche Vermessungswesen eine Rolle spielten, waren seit dem späten 18. Jahrhundert mit Reformen in der Landwirtschaft, wie Agrarreform und Grundsteuerreform verbunden. Bei den Agrarreformen ging es um die Gemeinheitsteilung und Verkopplung (GOMILLE 2008). In Frankreich war Ende des 18. Jahrhunderts durch Gesetz die Einführung einer allgemeinen Grundsteuer auf der Basis eines Katasters beschlossen worden. Das Verfahren war jedoch nicht von Erfolg gekrönt, da dieses Register überwiegend auf der Basis der Selbsteinschätzungen der Eigentümer entstand. Erst die unter Napoleon erlassenen Gesetze und Verordnungen für eine Parzellarvermessung lösten das Problem (TORGE 2009). In Preußen wurde durch das „Königliche Finanzedikt" von 1810 als Teil der „Stein-Hardenbergschen Reformen" mit der Reform der Grundsteuer begonnen. Die Umsetzung erfolgte jedoch zunächst nur in den beiden westlichen Provinzen Rheinland und Westfalen.

Für diese Gebiete war unter französischer Herrschaft bereits 1798 ein Grundsteuergesetz verabschiedet worden, zu dessen Umsetzung mit der Aufstellung eines Grundsteuerkatasters begonnen wurde. In den östlichen Provinzen Preußen, Pommern, Posen, Schlesien, Mark Brandenburg und Sachsen geschah dies erst nach 1861 mit der Reformierung der Grund- und Gebäudesteuer (BRANDTS ET AL. 2001). Nach der Gründung des Deutschen Reiches 1871 wurde auch eine Vereinheitlichung des Zivilrechts vorangetrieben. Zeitgleich mit dem Bürgerlichen Gesetzbuch trat am 1.1.1900 auch die Reichsgrundbuchordnung in Kraft, nachdem in Preußen bereits seit 1872 die Preußische Grundbuchordnung existierte. Nach § 2 der Grundbuchordnung erfolgt die Bezeichnung der Grundstücke in den Büchern „nach einem amtlichen Verzeichnis … . Die Einrichtung des Verzeichnisses wird durch landesrechtliche Verordnung bestimmt". Die Funktion des „amtlichen Verzeichnisses" erhielt das Kataster (GOMILLE 2008). Für die Landesvermessung war das Reichsamt für Landesaufnahme (RfL) zuständig. Es entstand am 1.4.1921 durch den Zusammenschluss der Königlich-Preußischen Landesaufnahme, einer Einrichtung des Heeres, mit der Sächsischen Landesaufnahme. Da bis 1934 das Vermessungswesen Sache der Länder war, blieb der Wirkungskreis des RfL begrenzt.

Durch das Gesetz über die Neuordnung des Vermessungswesens vom 3.7.1934 (RGBl. I, S. 534) wurde das Vermessungswesen zur Reichsangelegenheit erklärt. Dies führte zum organisatorischen Zusammenschluss der Landesvermessungen (Erlass vom 31.5.1935) und zur Bildung von Hauptvermessungsabteilungen (Gesetz vom 18.3.1938; RGBl. I, S. 277). Die Bedeutung des RfL nahm dementsprechend zu. Es war dem Geschäftsbereich des Reichsministeriums des Innern (RMdI) zugeordnet und gliederte sich in sechs Abteilungen. Seine Aufgaben waren die vermessungstechnische Erschließung des Reiches und die Herausgabe amtlicher Kartenwerke. Nach Beginn des Zweiten Weltkrieges arbeitete das RfL fast ausschließlich für die Wehrmacht – z. B. bei der Erstellung von Panzer- oder Durchgängigkeitskarten. Zugleich versuchte die Wehrmacht, eigene Vermessungs- und Kartenstäbe aufzubauen (Führererlass vom 4.12.1940). Dadurch entstand eine Konkurrenzsituation zwischen wehrmachtseigenen Stäben und dem RfL (BUNDESARCHIV 2007).

Das Katasterwesen blieb bis 1944 als eigenständige Organisation des Vermessungswesens erhalten. Am 16.10.1934 wurde das Gesetz über die Schätzung des Kulturbodens (Bodenschätzungsgesetz) erlassen. Paragraf 11 regelte, dass die rechtskräftig festgestellten Schätzungsergebnisse in die Liegenschaftskataster zu übernehmen sind (RGBl. I, S. 1050).

Mit der Gründung der Bundesrepublik Deutschland und der Deutschen Demokratischen Republik (DDR) im Jahr 1949 entwickelte sich auch das amtliche Vermessungswesen unterschiedlich. In der DDR wurde es zentralisiert, jedoch waren das Liegenschaftskataster und die Landesvermessung getrennt. Im Bereich der Landesvermessung entstand nach mehreren Reformen 1971 der VEB Kombinat Geodäsie und Kartographie, der sowohl für ingenieurgeodätische als auch für trigonometrische, topographische und kartographische Arbeiten zuständig war. Diese Organisationsform bestand bis zum Beitritt der DDR zur Bundesrepublik Deutschland im Jahre 1990 (LANDESVERMESSUNGSAMT SACHSEN 2006). Die Liegenschaftsverwaltung oblag in der DDR dem Ministerium des Innern, unterteilt in 14 Bezirke und Berlin. Den Ratsbereichen Inneres bei den Bezirken unterstanden die Außenstellen und Arbeitsgruppen des Liegenschaftsdienstes als unselbstständige Organisationseinheiten. Der Liegenschaftsdienst hatte die drei Hauptaufgaben *Grundaufgaben der Liegenschaftsdokumentation – Kataster*, *Aufgaben auf dem Gebiet der Eigentumsdokumentation – Grundbuch* und *Aufgaben auf dem Gebiet der Bodennutzungsdokumentation – Wirtschaftskataster* (WARPAKOWSKI 1995) zu bearbeiten.

In der Bundesrepublik Deutschland wurden nach dem Ende des 2. Weltkrieges elf Bundesländer gegründet, die die Zuständigkeit für das amtliche Vermessungswesen erhielten. Mit der Wiedervereinigung 1990 wurden auf dem Gebiet der ehemaligen DDR fünf Bundesländer gegründet. Die nunmehr 16 Bundesländer haben die Zuständigkeit für das amtliche Vermessungswesen (siehe Abschnitt 2.2.1).

2.1.3 Aufgabenbereiche

Dem deutschen Vermessungs- und Geoinformationswesen und den Verwaltungen für Landentwicklung kommen im Zusammenhang mit den in Abschnitt 2.1.1 beschriebenen Kernaufgabenbereichen folgende zentrale Funktionen für die Gesellschaft zu:

- Flächendeckender Nachweis aller Liegenschaften im Liegenschaftskataster und damit Beitrag zur Sicherung des durch Artikel 14 GG garantierten privaten Grundeigentums; Nachweis der Bodenschätzungsergebnisse;
- Integraler Beitrag zur Eigentumssicherung an Grund und Boden durch Bereitstellung der Angaben des Liegenschaftskatasters zur Spezifizierung der Grundstücke im Sinne des § 2 Abs. 2 der Grundbuchordnung und damit Schaffen von Rechtssicherheit und der Voraussetzungen für Investitionen;
- Führung und Bereitstellung von Angaben des amtlichen Vermessungswesens (Landesbezugssysteme, Geobasisdaten und Karten) in raumbezogenen Geobasisinformationssystemen als Grundlage für alle Fachinformationssysteme von Verwaltung und Wirtschaft;
- Beitrag zur nachhaltigen Entwicklung und gleichzeitige Erhaltung der Leistungsfähigkeit der natürlichen Ressource Land durch Vorhalten aktueller Geobasisdaten für alle komplexen raumbezogenen Analysen und planungsrelevanten Entscheidungen;
- Beitrag zu effektivem Katastrophenschutz durch Bereitstellung von GI-Diensten für Risikoanalysen (z. B. Hochwasser, Erdbeben) und entsprechende Präventionsmaßnahmen, Bereitstellen der Grundlagen für die Navigation durch Satellitenpositionierungsdienste (SA*POS*®) und GI-Daten;
- Beitrag zur Gewährleistung der inneren Sicherheit der Bundesrepublik Deutschland (ADV, BDVI 2006);

- Wesentliche Unterstützung und Ergänzung von eGovernment-Dienstleistungen des Staates durch Online-Bereitstellung von Geodaten;
- Bereitstellung von Geobasisdaten entsprechend den europäischen Standards, um den europäischen Anforderungen an eine europäische Geodateninfrastruktur (INSPIRE) gerecht zu werden;
- Durchführung von gesetzlich geregelten Bodenordnungsverfahren wie Umlegung nach dem Baugesetzbuch (BauGB) für städtische Gebiete;
- Gewährleistung (und ggf. Aktivierung) des Grundstücks- und Hypothekenmarkts durch Bereitstellung von Angaben des amtlichen Vermessungswesens und der Grundstückswertermittlung;
- Schaffung der notwendigen Transparenz auf dem Grundstücksmarkt durch Ermittlung und Veröffentlichung von Bodenrichtwerten, Bereitstellung der Grundlagen für die steuerliche Bewertung und Wertermittlung für Liegenschaften;
- Durchführung von Flurbereinigungsverfahren nach dem FlurbG für den ländlichen Raum zur Erhaltung der nachhaltigen Leistungsfähigkeit der Räume und Verbesserung der Infrastruktur;
- Maßnahmen zur Verbesserung der Produktions- und Arbeitsbedingungen in der Land- und Forstwirtschaft, zur Neuordnung ländlichen Grundbesitzes, Gestaltung des ländlichen Raumes und Sicherung der nachhaltigen Leistungsfähigkeit des Naturhaushaltes nach § 1 GAK-Gesetz;
- Lösung von Landnutzungskonflikten, die aus verschiedensten Nutzungsansprüchen resultieren (Abbau von Bodenschätzen, Umweltschutz, Tourismus, Ansiedlung von Wirtschaftsunternehmen und Gewerbe …);
- Strukturförderung für den ländlichen Raum und Dorferneuerungsmaßnahmen;
- Unterstützung der Entwicklung des ländlichen Raumes durch Umsetzung des Konzeptes der europäischen Entwicklungspolitik LEADER (*Liaison entre actions de développement de l'économie rurale*).

Die unterschiedlichen hier angeführten Aufgabenbereiche sind teilweise eng miteinander verzahnt. Dies spiegelt sich bereits im Verwaltungsaufbau einiger Bundesländer (z. B. Hessen, Baden-Württemberg und Niedersachsen) wider, welche die Aufgabenbereiche des Vermessungs- und Geoinformationswesens und der Landentwicklung zur Ausnutzung bestehender Synergien in entsprechenden Landesbehörden zusammengefasst haben.

2.1.4 Potenziale

Die effektive und effiziente Aufgabenwahrnehmung in den unter 2.1.3 genannten Bereichen setzt eine konsequente Weiterentwicklung und Anpassung des organisatorischen und technischen Umfelds an aktuelle Problemstellungen voraus. Daten und Dienstleistungen des Vermessungs- und Geoinformationswesens sowie der Landentwicklung und die mit ihnen verbundenen Potenziale müssen konsequent ausgeschöpft und weiterentwickelt werden, um den immer umfangreicher und komplexer werdenden Anforderungen von Bürgern, Wirtschaft und Verwaltung gerecht zu werden.

Die deutsche Landesvermessung stellt mit dem Satellitenpositionierungsdienst SA*POS*® ein bundesweit einheitliches Festpunktfeld und damit den einheitlichen Raumbezug für alle Anwender auf der Basis eines Netzes permanenter Referenzstationen zur Verfügung. Dabei werden Dienste unterschiedlicher Genauigkeit unter Verwendung modernster Kommunikationsmittel angeboten. Die rasche und zuverlässige Bereitstellung der erforderlichen Daten des dreidimensionalen Raumbezugs in der vom Nutzer benötigten Qualität ist eine wesentliche Aufgabe, die auch für die Zukunft sichergestellt werden muss (ADV 2008). Es gilt, die modernen Satellitenmessverfahren (GNSS) weiter auszubauen und zu optimieren. Die kontinuierliche Verbesserung der SA*POS*®-Dienste ist durch die AdV bereits in 2006 mit dem Beschluss zur Einführung von GLONASS und GALILEO eingeleitet worden (ADV 2008). Besonderes Augenmerk wird auf die Entwicklung und Bereitstellung des europäischen Satellitenpositionierungssystems GALILEO in den nächsten Jahren zu richten sein. Die Verknüpfung der deutschlandweiten Netze mit europaweiten und globalen Referenzsystemen wird vom Bundesamt für Kartographie und Geodäsie (BKG) und mit den von ihm betriebenen GREF-Stationen geleistet (ADV 2008).

Der Aufbau des Amtlichen Festpunktinformationssystems AFIS® im Rahmen der Umstellung der gesamten Datenbestände des deutschen Vermessungs- und Geoinformationswesens auf das AFIS®-ALKIS®-ATKIS®-Modell (3-A-Modell) ist ein weiterer Schwerpunkt der Arbeiten.

Auch für das Liegenschaftskataster muss das neue 3-A-Modell eingeführt werden. Die Umstellungs- und Migrationsarbeiten müssen zügig vorangetrieben werden, um möglichst rasch die Daten des Liegenschaftskatasters im Amtlichen Liegenschaftskataster-Informationssystem ALKIS® bereitstellen zu können. Dies ist bis zum Jahr 2010 vorgesehen. Für die Bundesrepublik Deutschland gilt es, eine länderübergreifende, flächendeckende Nutzung der Daten des Liegenschaftskatasters zu realisieren. Um überregionalen Nutzeranforderungen genügen zu können, hat die AdV einen Grunddatenbestand für ALKIS® beschlossen, der von allen Bundesländern vorgehalten werden muss. In diesem Zusammenhang müssen die Katasterdatenbestände an den Ländergrenzen harmonisiert werden. Wichtig für zahlreiche Nutzer ist auch der einheitliche AdV-Nutzungsartenkatalog. Neben der Bereitstellung von bundeseinheitlichen Standardausgaben aus dem Liegenschaftskataster, muss auch der Entwicklung von Produkten für spezielle Anforderungen Rechnung getragen werden (ADV 2008).

Die Einführung von ALKIS® schließt die Erfassung und Bereitstellung der notwendigen Metadaten für das Liegenschaftskataster ein. Eine weitere Herausforderung ist die Bereitstellung der durch die INSPIRE-Richtlinie geforderten Daten des Liegenschaftskatasters im Rahmen der Einrichtung einer europäischen Geodateninfrastruktur.

Die Aktualität des Gebäudenachweises im Liegenschaftskataster gewinnt immer mehr an Bedeutung für zahlreiche Planungszwecke. Die Zusammenarbeit mit der Grundbuchverwaltung und dem elektronischen Grundbuch und den Verwaltungen für Landentwicklung sowie dem dort eingesetzten Fachinformationssystem LEFIS wird weiter zu optimieren sein (ADV 2008).

Zur weiteren Verbesserung der Markttransparenz werden webbasierte Auskunftssysteme und Auskünfte über Bodenrichtwerte zu optimieren und weiterzuentwickeln sein. Mit den beschlossenen Änderungen des BauGB ab 1.7.2009 aufgrund des Erbschaftssteuerreformgesetzes wird die flächendeckende Ermittlung von Bodenrichtwerten notwendig. Dabei sind Richtwertzonen für jeweils nach Art und Maß der Nutzung weitgehend übereinstimmende Gebiete zu bilden. Dies wird einen zusätzlichen Arbeitsaufwand für die Geschäftsstellen der Gutachterausschüsse mit sich bringen. Gleichzeitig wird die Einrichtung Oberer Gutachterausschüsse vorgeschrieben.

Die zurzeit in der Diskussion befindliche Neuausrichtung der Grundsteuer wird möglicherweise erhebliche Auswirkungen auf die Vermessungs- und Katasterverwaltungen haben, da zur Ermittlung der Grundsteuer dann unter Umständen die Daten der Katasterverwaltungen einschließlich der Daten der Grundstückswertermittlung herangezogen werden. In welchem Umfang sich damit neue Aufgaben für die Vermessungs- und Katasterverwaltungen und die ÖbVermIng ableiten, bleibt abzuwarten.

Für den Bereich der Geotopographie nimmt die Bereitstellung der verschiedenen Digitalen Landschaftsmodelle (DLM), Digitalen Geländemodelle (DGM), Digitalen Topographischen Karten (DTK) und der Digitalen Orthophotos (DOP) als „topographisches Basisinformationssystem der AdV für landschaftsbeschreibende Geobasisdaten" (ADV 2008) einen breiten Raum ein. Damit verbunden sind ebenfalls die notwendigen Arbeiten zur Überführung der Datenbestände in das 3-A-Modell. Mit der Einrichtung der geforderten Geodateninfrastrukturen auch für den Bereich der Länder müssen die entsprechenden webbasierten Anwendungen und effiziente, anwenderorientierte Portallösungen bereitgestellt werden (ADV 2008). Auch für diesen Bereich sind die Anforderungen von INSPIRE und der entsprechenden nationalen Gesetzgebung zu realisieren. Dies betrifft sowohl technische Fragen zur Gewährleistung der Interoperabilität, als auch die Spezifikationen für Geodatendienste, die Harmonisierung von Metadaten und schließlich abgestimmte Lizenzierungskonzepte für nicht frei verfügbare Geodaten (IMAGI 2008).

Die Herausforderungen der Zukunft für den ländlichen Bereich sind eng verwoben mit denen für die Städte. Die Sicherung der Attraktivität ländlicher Räume und Regionen unter Einbindung lokaler und regionaler Interessenvertretungen muss ein wesentlicher Schwerpunkt der Arbeiten der Landentwicklung und des Landmanagements sein und hat die bestehenden Abhängigkeiten zwischen Metropolregionen und ländlich geprägten Gebieten sowie die Koordinierung konkurrierender Nutzungsanforderungen zu berücksichtigen. Dies schließt Maßnahmen zur Erhaltung der Leistungsfähigkeit und der Attraktivität der Dörfer und zur baulichen und sozialen Entwicklung von Dorfkernen ein. Es ist erforderlich, Vorrangfunktionen für ländliche Gebiete zu definieren, um eine nachhaltige Nutzung sicherzustellen (ARGE LANDENTWICKLUNG 2007). Eine nachhaltige, ländliche Entwicklung muss raumbezogen und gleichzeitig regionsspezifisch differenziert sein und erfordert ein vernetztes Handeln (MEYER VON 2008).

Das eGovernment, internet-basierte Geschäftsmodelle und Geodatenportale setzen die Verfügbarkeit schneller Internetverbindungen voraus. Die Förderung der Ausstattung und Versorgung des ländlichen Raumes mit entsprechenden Breitband-Internetzugängen ist damit ein zum jetzigen Zeitpunkt sehr wichtiges Anliegen. Es wird darüber hinaus zukünftig eine ganzheitliche Vorgehensweise zur Bewältigung aller anstehenden Aufgaben für das Landmanagement in immer stärkerem Maße erforderlich. Dies bedingt die enge Zusammenarbeit aller beteiligten Institutionen des Bundes, der Länder und der Kommunen.

Für die Vermessungs- und Geoinformationsverwaltungen und die für die Landentwicklung zuständigen Verwaltungen der Länder heißt dies einerseits, eine noch intensivere Zusammenarbeit auch mit anderen in Planungsprozesse eingebundenen Fachverwaltungen des Bundes, der Länder und der Kommunen anzustreben. Andererseits müssen – auf der Basis der einzurichtenden Geodateninfrastrukturen des Bundes (GDI-DE) und der Länder – aktuelle und flächendeckende Geobasisdatenbestände bereitgestellt und darüber hinaus auch weitere potenzielle Märkte für Geodaten einschließlich möglicher zusätzlicher Wertschöpfungsmöglichkeiten und damit verbundener Dienstleistungen erschlossen werden. In diesem Zusammenhang kommt dem aktiven Marketing für Nutzen, Anwendungsmöglichkeiten und Verfügbarkeit von Geodaten, aber auch der Erfassung neuer Kundenanforderungen eine wichtige Rolle zu.

Problemstellungen, die sich mit der Nutzung und Verwaltung von Land im städtischen oder ländlichen Bereich befassen, sollten zunehmend von einer Stelle aus koordiniert werden können. Das Prinzip des „*One-stop Shop*", d. h. nur einer kompetenten Anlaufstelle für alle Belange von Bürgern, Verwaltung und Wirtschaft einer Region, die Land und Grundstücke betreffen, wird zunehmend im internationalen Raum propagiert.

In Zusammenhang mit staatenübergreifenden Vorhaben wird auch die Zusammenarbeit in internationalen Fachgremien an Bedeutung gewinnen, da viele Planungen und Analysen länderübergreifend durchgeführt werden müssen. Dies betrifft in gleicher Weise die Grundstücksmärkte. Erste Ansätze für die gemeinsame Bereitstellung von Informationen aus Landregistern verschiedener Länder im Internet sind bereits vorhanden. Die Initiative EULIS (*European Land Information System,* EULIS 2009) ist ein interessantes und aktuelles Beispiel hierfür.

Eine zukünftige erfolgreiche Zusammenarbeit im Bereich Landmanagement setzt klare politische Vorgaben, vernetztes Denken und Vorgehen aller Akteure im städtischen und ländlichen Raum, die Bereitstellung hochaktueller Geodaten der Vermessungs- und Geoinformationsverwaltungen des Bundes und der Länder als Grundlage hierfür, eine entsprechende Organisations- und Personalentwicklung für leistungsstarke Behörden, die effiziente Nutzung von Public-Private-Partnership-Möglichkeiten und die fortgesetzte Aus- und Weiterbildung (*Capacity Building*) aller handelnden Personen voraus (CREUZER 2008).

2.2 Zuständigkeiten[1]

2.2.1 Gesetzliche Grundlagen

Der nachfolgende Abschnitt beschreibt wesentliche bundes- und landesrechtliche Grundlagen für das Vermessungs- und Geoinformationswesen sowie die Landentwicklung in der Bundesrepublik Deutschland[2].

Als gesetzliche Grundlagen für die in Abschnitt 2.1.3 genannten Aufgabenbereiche sind sowohl Bundes- als auch Landesgesetze heranzuziehen. Die Gesetzgebungskompetenz für die jeweiligen Aufgabenbereiche leitet sich aus den Artikeln 70 (1) ff. des Grundgesetzes für die Bundesrepublik Deutschland (GG) ab, das die Gesetzgebungskompetenz im Bereich des Vermessungs- und Katasterwesens den Bundesländern zuweist.

---

[1] Der Bereich des Vermessungswesens an den Hochschulen wird im Kapitel 17 behandelt.

[2] Auf eine Darstellung der historischen Entwicklungslinien und die Einordnung der genannten gesetzlichen Grundlagen in die Rechtssystematik der Bundesrepublik Deutschland wird an dieser Stelle aus Platzgründen bewusst verzichtet, ebenso auf die vollständige Aufzählung aller relevanten Rechtsquellen.

Das Privateigentum an Land (Artikel 14 GG), das erforderliche Eigentumssicherungssystem für Eigentum an Immobilien in der Bundesrepublik Deutschland und die dazu gehörigen Verfahrensvorschriften werden in einer Reihe von Rechtsvorschriften behandelt. Privatrechtliche Regelungen zum Grundstück, zu Rechten an Grundstücken sowie zu Belastungen wie Hypotheken oder Grundschulden und Grunddienstbarkeiten (materielles Recht) finden sich vor allem im Bürgerlichen Gesetzbuch (BGB, 3. Buch Sachenrecht), aber auch in gesonderten Rechtsvorschriften, z. B. zum Erbbaurecht oder Wohnungseigentum (BECK-Texte 2007).

Mit der Grundbuchordnung sind vor allem die notwendige Registrierung von Privateigentum im Grundbuch, die Rolle des Liegenschaftskatasters als amtliches Verzeichnis und die erforderlichen Maßnahmen und Verfahren geregelt (formelles Recht). Die Verordnung zur Durchführung der Grundbuchordnung (Grundbuchverfügung, GBV) enthält detaillierte Vorschriften zur Führung der Grundbücher und darüber, welche Angaben in den einzelnen Abteilungen des Grundbuchs enthalten sind. Weitere Verfahrensvorschriften sind u. a. in der Zivilprozessordnung (ZPO) enthalten.

Zum öffentlichen Recht zählen die Rechtsnormen des Baugesetzbuches (BauGB) und des Flurbereinigungsgesetzes (FlurbG), welche unter anderem Regelungen für den Umgang mit Grundstücken in Bodenordnungsverfahren enthalten.

In den jeweiligen Ländergesetzen werden die Aufgaben von Landesvermessung sowie Zweck und Inhalt des Liegenschaftskatasters beschrieben, die jeweilige Aufgabenwahrnehmung durch Behörden und Öffentlich bestellte Vermessungsingenieure (ÖbVermIng) festgelegt, die Abmarkung von Flurstücksgrenzen behandelt und Regelungen hinsichtlich Erfassung, Bereitstellung und Nutzung von amtlichen Geobasisinformationen der Länder getroffen.

In Ergänzung zu den in Gesetzen getroffenen Regelungen zur Aufgabenwahrnehmung durch ÖbVermIng führen die jeweiligen für die Bundesländer bestehenden Berufsordnungen für die ÖbVermIng Einzelheiten zu Bestellung, Vereidigung, Niederlassung, Amtsführung usw. aus.

Eine Übersicht über die einzelnen gesetzlichen Regelungen der Länder der Bundesrepublik Deutschland zum Vermessungs- und Geoinformationswesen enthält Tabelle 2.1.

Tabelle 2.1: Vermessungs- und Geoinformationsgesetze der Bundesländer (Stand 1.6.2009)

Gesetzgebung für das amtliche Vermessungs- und Geoinformationswesen in den Ländern der Bundesrepublik Deutschland	
Baden-Württemberg	Vermessungsgesetz (VermG) vom 1.7.2004 (GBl. S.469, 509), geändert durch Artikel 17 der Verordnung vom 25.4.2007 (GBl. S. 252)
Bayern	Gesetz über die Landesvermessung und das Liegenschaftskataster (Vermessungs- und Katastergesetz – VermKatG) vom 31. Juli 1970, zuletzt geändert durch § 3 des Gesetzes vom 23.4.2008 (GVBl. S. 139)
Berlin	Gesetz über das Vermessungswesen in Berlin (VermGBln) in der Fassung vom 9. Januar 1996 (GVBl. S. 56), zuletzt geändert durch Artikel I des Gesetzes vom 18.12.2004 (GVBl. S. 524)
Brandenburg	Gesetz über das Geoinformations- und amtliche Vermessungswesen im Land Brandenburg (Brandenburgisches Geoinformations- und Vermessungsgesetz – BbgGeoVermG vom 27.5.2009 (GVBl. I [Nr. 08], S. 166)

Bremen	Gesetz über die Landesvermessung und das Liegenschaftskataster (Vermessungs- und Katastergesetz) vom 16.10.1990 (Brem. GBl. S. 313) in Kraft seit: 4.11.2003, Verkündungsstand: 28.5.2009
Hamburg	Hamburgisches Gesetz über das Vermessungswesen (Hamburgisches Vermessungsgesetz – HmbVermG) vom 20.4.2005 (HmbGVBl. 2005, S. 135)
Hessen	Hessisches Gesetz über das öffentliche Vermessungs- und Geoinformationswesen (Hessisches Vermessungs- und Geoinformationsgesetz – HVGG) vom 6.9.2007 (GVBl. I S. 548), verkündet am 20.9.2007
Mecklenburg-Vorpommern	Gesetz über die Landesvermessung und das Liegenschaftskataster des Landes Mecklenburg-Vorpommern – Vermessungs- und Katastergesetz (VermKatG) – in der Fassung der Bekanntmachung vom 22.7.2002 [1], zuletzt geändert durch Artikel 1 Erstes ÄndG vom 16.2.2009 (GVOBl. M-V S. 261)
Niedersachsen	Niedersächsisches Gesetz über das amtliche Vermessungswesen (NVermG) vom 12.12.2002 (Nds. GVBl. 2003, 5)
Nordrhein-Westfalen	Gesetz über die Landesvermessung und das Liegenschaftskataster (Vermessungs- und Katastergesetz, VermKatG NRW) vom 1.3.2005 (GV. NRW. S. 174), zuletzt geändert durch Artikel 21 des Gesetzes vom 21.4.2009 (GV. NRW. S. 224); in Kraft getreten mit Wirkung vom 1.4.2009
Rheinland-Pfalz	Landesgesetz über das amtliche Vermessungswesen (LGVerm) vom 20.12.2000 (GVBl. S. 572), zuletzt geändert durch Artikel 2 des Gesetzes vom 26.11.2008 (GVBl. S. 296)
Saarland	Saarländisches Gesetz über die Landesvermessung und das Liegenschaftskataster (Saarländisches Vermessungs- und Katastergesetz – SVermKatG), (Artikel 2 des Gesetzes Nr. 1397) vom 16.10.1997 (Amtsblatt S. 1130) zuletzt geändert durch das Gesetz vom 20.8.2008 (Amtsblatt S. 1760)
Sachsen	Gesetz über die Landesvermessung und das Liegenschaftskataster sowie die Bereitstellung von amtlichen Geobasisinformationen im Freistaat Sachsen (Sächsisches Vermessungs- und Geobasisinformationsgesetz, Säch.VermGeoG) vom 29.01.2008, Artikel 9 des Gesetzes zur Neuordnung der Sächsischen Verwaltung (Sächsisches Verwaltungsneuordnungsgesetz – SächsVwNG), (SächsGVBl. Jg. 2008 Bl.-Nr. 3 S. 138)
Sachsen-Anhalt	Vermessungs- und Geoinformationsgesetz Sachsen-Anhalt (VermGeoG LSA) i. d. F. der Bekanntmachung vom 15.9.2004 (GVBl. LSA S. 716)
Schleswig-Holstein	Gesetz über die Landesvermessung und das Liegenschaftskataster vom 12.5.2004, VermKatG (GVOBl. Schl.-H. S. 128)
Thüringen	Thüringer Vermessungs- und Geoinformationsgesetz (ThürVermGeoG), Artikel 1 Thüringer Gesetz zur Zusammenfassung der Rechtsgrundlagen und zur Neuausrichtung des Vermessungs- und Geoinformationswesens vom 16.12.2008 (GVBl. S. 574), Inkrafttreten zum 1.1.2010 in Kraft.

Mit der Richtlinie 2007/2/EG hat die Europäische Gemeinschaft verbindliche Regelungen zum Aufbau einer europäischen Geodateninfrastruktur (INSPIRE) in Kraft gesetzt (EUROPÄISCHE UNION 2007). Die Umsetzung dieser Richtlinie in nationale Gesetzgebung hat der Bund mit Inkrafttreten des Gesetzes über den Zugang zu digitalen Geodaten (Geodatenzugangsgesetz – GeoZG) vom 10.2.2009 für den Bereich des Bundes vollzogen. Die Bundesländer müssen dieses in eigener Verantwortung, soweit noch nicht – wie z. B. in den Ländern Bayern und Nordrhein-Westfalen geschehen (Bayerisches Geodateninfrastrukturgesetz BayGDIG vom 22.7.2008, Geodatenzugangsgesetz GeoZG NRW vom 17.2.2009) –, ebenfalls tun.

Das Baugesetzbuch (BauGB) unterscheidet zwischen Allgemeinem und Besonderem Städtebaurecht und enthält im ersten Kapitel neben Regelungen zur Bauleitplanung (Flächennutzungspläne, Bebauungspläne), deren Sicherung und der Realisierung von Bauvorhaben, im vierten Teil Regelungen zu Bodenordnungsverfahren (Umlegung, Vereinfachte Umlegung) und im fünften Teil Vorschriften bzgl. der Enteignung von Grundeigentum und den notwendigen Entschädigungsregelungen. Das zweite Kapitel „Besonderes Städtebaurecht" enthält Normen zu städtebaulichen Sanierungs- und Entwicklungsmaßnahmen. Im dritten Kapitel des BauGB „Sonstige Vorschriften" werden neben anderen wichtigen Verfahrensvorschriften auch die Aufgaben der Wertermittlung für Grundstücke, die Definition des Verkehrswertes von Grundstücken und die Aufgaben der Führung der Kaufpreissammlung und Bestimmung der Bodenrichtwerte festgelegt.

Vorschriften für „Städtebauliche Maßnahmen im Zusammenhang mit Maßnahmen zur Verbesserung der Agrarstruktur" und damit zur Koordinierung von entsprechenden Vorhaben sind im zweiten Kapitel, Neunter Teil des BauGB geregelt.

Das BauGB stellt damit gesetzliche Grundlagen für Kernaufgaben zur Verfügung, in die das Vermessungs- und Geoinformationswesen Deutschlands integral eingebunden ist. Aufgrund der Ermächtigungsgrundlage in § 199 BauGB ist die „Verordnung über Grundsätze für die Ermittlung der Verkehrswerte von Grundstücken – WertV" von der Bundesregierung erlassen worden. Weitere Grundlagen für die Ermittlung von Verkehrswerten für unbebaute und bebaute Grundstücke sind in den Wertermittlungsrichtlinien (WertR) enthalten.

Die bauliche Nutzung von Grundstücken wird in der Baunutzungsverordnung (BauNVO) geregelt, bauordnungsrechtliche Festsetzungen sind dagegen in den entsprechenden Ländergesetzen verankert (BECK-Texte 2007).

Wesentliche Rechtsgrundlage für den Bereich der Landentwicklung und der Bodenordnung im ländlichen Bereich ist das Flurbereinigungsgesetz (FlurbG), das bis 2006 der konkurrierenden Gesetzgebung des Bundes nach Artikel 74 GG unterlag. Im Zuge der Föderalismusreform wurde das Recht der Flurbereinigung aus Artikel 74 GG herausgenommen. Es unterliegt damit ausschließlich der Länderkompetenz, gilt jedoch nach Artikel 125a GG dort weiter, wo noch keine eigenen länderspezifischen gesetzlichen Regelungen getroffen worden sind. Das Flurbereinigungsrecht unterscheidet sich damit von den bundesgesetzlichen Regelungen für andere Bodenordnungsverfahren wie z. B. für die Umlegung, die nach wie vor nach dem Baugesetzbuch (BauGB) durchzuführen ist (SCHWANTAG, WINGERTER 2008).

Für die neuen Bundesländer gilt darüber hinaus zur Entwicklung der dortigen Landwirtschaft und von leistungsstarken landwirtschaftlichen Betrieben das Landwirtschaftsanpassungsgesetz (LwAnpG), das für „Verfahren zur Feststellung und Neuordnung der Eigentumsverhältnisse – Flurneuordnung" – zur Anwendung kommt und die Möglichkeit von Bodenordnungsverfahren und zum freiwilligen Landtausch beinhaltet. Das LwAnpG gilt auch im zu Niedersachsen gehörenden Amt Neuhaus.

Weitere wichtige Grundlagen sind das Gesetz über die Gemeinschaftsaufgabe „Verbesserung der Agrarstruktur und des Küstenschutzes" (GAK-Gesetz) sowie die ELER-Verordnung des Rates der Europäischen Union zur Förderung der Entwicklung des ländlichen

Raumes durch den Europäischen Landwirtschaftsfonds für die Entwicklung des ländlichen Raumes und deren Änderung von 2009 (RAT DER EUROPÄISCHEN UNION 2005 und 2009).

2.2.2 Ressortzugehörigkeiten in den Bundesländern

Wie in 2.2.1 dargelegt, liegt die Zuständigkeit für das amtliche Vermessungswesen in der Bundesrepublik Deutschland im Verantwortungsbereich der Länder. Aufgrund des föderalen Aufbaus ergibt sich bei der Zuordnung des amtlichen Vermessungswesens zu den Ministerien ein unterschiedliches Bild (Abb. 2.1). In acht Bundesländern ressortieren die für das Vermessungs-, Kataster- und Geoinformationswesen zuständigen Fachverwaltungen bei den Innenministerien. In den drei Stadtstaaten Berlin, Bremen und Hamburg sowie in Thüringen sind die Vermessungs- und Katasterverwaltungen den Senatsverwaltungen für Bauwesen, Stadtentwicklung bzw. dem Bauministerium zugeordnet. Weiterhin gibt es die Zuordnungen zum Finanzministerium (Bayern), zum Landwirtschaftsministerium (Baden-Württemberg), zum Wirtschaftsministerium (Hessen) und zum Umweltministerium (Saarland).

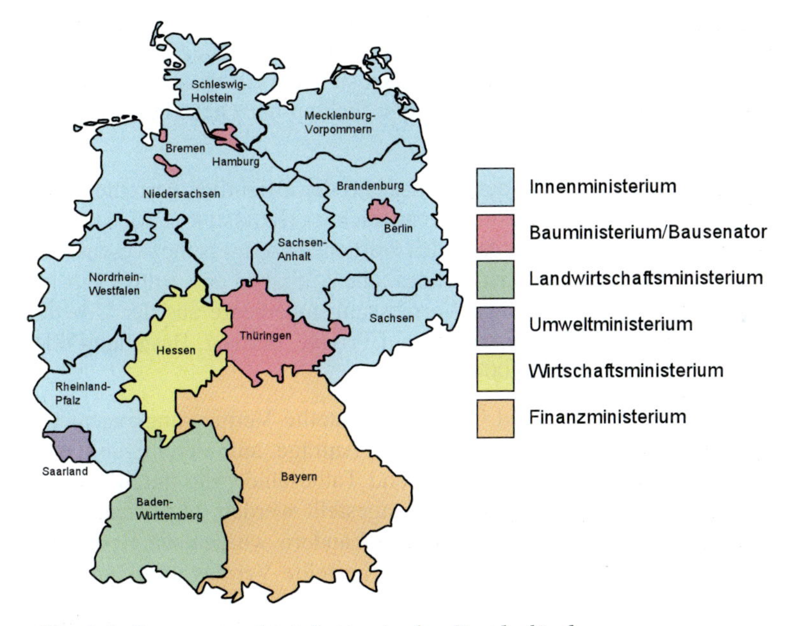

Abb. 2.1: Ressortzugehörigkeiten in den Bundesländern

In Baden-Württemberg und Hessen sind darüber hinaus die Verwaltungen für das Vermessungs-, Kataster- und Geoinformationswesen und für die Ländliche Entwicklung (u. a. Flurbereinigung) in einem Ministerium zusammengefasst worden. Gründe für die Zuordnung zu einem Ministerium sind häufig der jeweiligen historischen Entwicklung, aber auch politischen Rahmenbedingungen zuzuschreiben. Die äußere Organisation der Fachverwaltungen für die Bereiche Landesvermessung und Liegenschaftskataster wird detailliert in Abschnitt 2.3.1 beschrieben.

Die für die ländliche Entwicklung und Flurneuordnung zuständigen Verwaltungen sind im Allgemeinen bei den Landwirtschaftsministerien angesiedelt. Bei der äußeren Organisation auf der unteren Verwaltungsebene gibt es einige Besonderheiten. So sind in Baden-Württemberg die Landkreise (für die Stadtkreise das Landesamt für Geoinformation und Landentwicklung) und in Sachsen die Landkreise und kreisfreien Städte für die Aufgaben der ländlichen Entwicklung zuständig. In Hessen wird dieser Aufgabenbereich von den Ämtern für Bodenmanagement wahrgenommen, die auch gleichzeitig für das Liegenschaftskataster zuständig sind. In Niedersachsen sind die Behörden für Geoinformation, Landentwicklung und Liegenschaften (GLL) für die Bereiche Liegenschaftskataster und ländliche Entwicklung zuständig und unterstehen sowohl dem Innen- als auch dem Landwirtschaftsministerium.

2.2.3 Öffentlich bestellte Vermessungsingenieure[3] (ÖbVermIng)

Die *Institution* „Öffentlich bestellte Vermessungsingenieure“ besteht seit der Herauslösung des „vereidigten Landmessers“ aus dem Gewerberecht durch die Berufsordnung vom 20.1.1938 (RGBl. I. S. 40). Bis auf Bayern, das die Institution der Öffentlich bestellten Vermessungsingenieure nicht kennt, haben alle Bundesländer von ihrer Gesetzgebungskompetenz Gebrauch gemacht und ein Berufsrecht jeweils gesetzlich begründet: In den Landesgesetzen und in Durchführungsverordnungen finden sich Vorschriften zu Rechtsstellung, Aufgaben, Zulassung, Berufsausübung und Berufspflichten der Öffentlich bestellten Vermessungsingenieure.

Nach den landesrechtlichen Vorschriften ist der Berufsstand der Öffentlich bestellten Vermessungsingenieure als staatsgebundener Beruf gekennzeichnet (KUMMER & MÖLLERING 2005, § 1, Randnummer 6.2.2.1). Sie sind Organe des amtlichen Vermessungswesens. Als solche sind sie öffentliche Amtsträger und üben behördliche Aufgaben aus. Entwickelt hat sich der Berufsstand der Öffentlichen bestellten Vermessungsingenieure aus der Übertragung hoheitlicher Aufgaben des Vermessungswesens auf Private, der sog. Bestellung oder Beleihung (allgemein hierzu siehe FREITAG 2004).

In diesem hoheitlichen Tätigkeitsbereich sind Öffentlich bestellte Vermessungsingenieure damit betraut, Liegenschaftsvermessungen auszuführen, Anträge auf Vereinigung oder Teilung von Grundstücken öffentlich zu beglaubigen und Tatbestände, die durch vermessungstechnische Ermittlungen an Grund und Boden festgestellt werden, mit öffentlichem Glauben zu beurkunden (Beleihungsbereich). In einigen Ländern wurden die Berufsordnungen teilweise dahingehend reformiert, dass Öffentlich bestellte Vermessungsingenieure auch an der Erhebung der Geobasisdaten mitwirken, Einsicht in das Liegenschaftskataster gewähren und Auszüge daraus erteilen dürfen, vgl. etwa die Berufsordnung Nordrhein-Westfalens, § 1 ÖbVermIngBO vom 1.3.2005 (GV NRW 2005 174). Daneben führen sie weitere ihnen nach Gesetz und Rechtsverordnungen benannte Aufgaben aus.

In der Praxis erbringen die Öffentlich bestellten Vermessungsingenieure ein vielfältiges Leistungsspektrum gegenüber verschiedenen Personen, Unternehmen und Behörden. So sind sie im Bereich des Liegenschafts-, Planungs- und Bauwesens tätig. Auf bundesgesetzlicher Ebene sind den Öffentlich bestellten Vermessungsingenieuren u. a. Aufgaben im

[3] Die Autoren danken Frau Lisa KEDDO für die umfassende Mitwirkung für das Kapitel 2.2.3.

Bereich des Bauwesens wie im Bereich des Umlegungsverfahrens und der Flurbereinigung eröffnet.

Die Rechtsstellung der ÖbVermIng ergibt sich aus dem Landesrecht. Im öffentlich-rechtlichen Tätigkeitsbereich ist der Öffentlich bestellte Vermessungsingenieur „*Beliehener*“, im privatrechtlichen Tätigkeitsbereich „*Freiberufler*“. Zum vermeintlichen Spannungsverhältnis der Staatsgebundenheit und des Freiberuflerdaseins siehe eingehend KEDDO 2008, 134 ff., siehe auch ZURHORST, FORUM 3/2008, 398-400.

Die *Beleihung* ermöglicht, Aufgaben im amtlichen Vermessungswesen und hoheitliche Befugnisse auf freiberuflich tätige Vermessungsingenieure zu übertragen. Die Aufsichtsbehörde als staatliche Verwaltungsbehörde bestimmt durch den Akt der Beleihung, wer zu diesem Personenkreis gehört (siehe hierzu KEDDO 2008, 115 ff.). Durch die Beleihung entsteht zwischen dem Öffentlich bestellten Vermessungsingenieur und dem Staat ein *öffentlich-rechtliches Treue- und Auftragsverhältnis* mit besonderer Pflichtenbindung.

Der Öffentlich bestellte Vermessungsingenieur wird hierdurch Organ des öffentlichen Vermessungswesens und Inhaber eines öffentlichen Amtes.

Durch den Bestellungsakt ändert sich seine Rechtsstellung auch in verwaltungsrechtlicher und verwaltungsprozessrechtlicher Hinsicht. Er hat die Stellung eines Verwaltungsträgers, da ihm Aufgaben des amtlichen Vermessungswesens zur selbstständigen Wahrnehmung übertragen werden. Im Zusammenhang mit der Ausübung von amtlichen Vermessungstätigkeiten, d. h. von Ausübung der Hoheitsgewalt, ist der Öffentlich bestellte Vermessungsingenieur Inhaber eines öffentlichen Amtes im Sinne des § 11 Abs. 1 Nr. 2 c StGB. Gleichwohl bleibt er Privatrechtssubjekt. In verfahrensrechtlicher Hinsicht ist der Öffentlich bestellte Vermessungsingenieur eine Behörde. Er nimmt Aufgaben der öffentlichen Verwaltung wahr und darf Verwaltungsakte erlassen. Rechtsstreitigkeiten mit ihm sind vor den Verwaltungsgerichten auszutragen. Es handelt sich um öffentlich-rechtliche Streitigkeiten, für die der Verwaltungsrechtsweg eröffnet ist. Eine verwaltungsgerichtliche Klage ist nicht gegen das Land, sondern gegen den Öffentlich bestellten Vermessungsingenieur als Rechtsperson zu richten. In organisationsrechtlicher Hinsicht ist der Öffentlich bestellte Vermessungsingenieur der Vermessungsverwaltung nur angegliedert und nicht, wie es etwa bei Beamten der Fall ist, eingegliedert. Im Verhältnis zu den Katasterämtern steht er auf der gleichen funktionalen Ebene.

Im *privatrechtlichen Tätigkeitsbereich* sind die Öffentlich bestellten Vermessungsingenieure als sogenannte „*Freiberufler*“ den freien Berufen zugeordnet (vgl. Kapitel 12). Obwohl sie der Aufsicht der Behörden unterstehen, verfügen sie über die erforderliche wirtschaftliche Selbstständigkeit. Sofern sie ihre Berufspflichten wahren, sind ihrer Berufsausübungsfreiheit keine Grenzen gesetzt.

Die Zweigleisigkeit der Berufsausübung ergibt sich auch aus dem Wortlaut der Landesberufsordnungen. Danach dürfen ÖbVermIng neben ihrem hoheitlichen Tätigkeitsbereich im gesamten privatrechtlichen Bereich tätig werden. Sichergestellt werden muss dabei stets, dass die unabhängige und eigenverantwortliche Berufsausübung nicht beeinträchtigt wird. Öffentlich bestellte Vermessungsingenieure üben daher zwei voneinander zu trennende Berufe aus, die je nach Tätigkeitsgebiet verschiedene berufsrechtliche Regelungen zum Inhalt haben.

Die Rechte und Pflichten der Öffentlich bestellten Vermessungsingenieur ergeben sich aus den landesrechtlichen Berufsordnungen und Durchführungsvorschriften.

Wird der ÖbVermIng im hoheitlichen Tätigkeitsbereich als Träger eines öffentlichen Amtes tätig, so hat er seine Amtspflichten zu wahren. Das Berufsrecht verpflichtet die Öffentlich bestellten Vermessungsingenieure zur selbstständigen, eigenverantwortlichen, gewissenhaften und unparteiischen Berufsausübung (siehe hierzu KEDDO 2008, S. 182 ff.). Bei Durchführung ihrer Amtshandlung haben sie stets darauf zu achten, dass sie ihre durch das Berufsrecht vorgegebenen Amtspflichten nicht verletzen.

Schließt der ÖbVermIng mit dem Antragssteller für eine Liegenschaftsvermessung einen Vertrag, so handelt es sich um einen öffentlich-rechtlichen – sogenannten subordinationsrechtlichen – Vertrag. Er führt seine Amtsbezeichnung und ein Amtssiegel und ist an einen Amtssitz gebunden (vgl. STROBEL 1992, 373 ff.). Zur Erfüllung des Vertrages ist der Öffentlich bestellte Vermessungsingenieur zum Erlass von Verwaltungsakten (z. B. Grenzfeststellung, Abmarkung) befugt. Im hoheitlichen Tätigkeitsfeld und bei Ausübung von Hoheitsgewalt ist die Rechtsbeziehung der ÖbVermIng zum außenstehenden Dritten öffentlich-rechtlicher Natur.

Zum *privatrechtlichen Tätigkeitsbereich* vergleiche Kapitel 12.

Die hoheitliche Tätigkeit der Öffentlich bestellten Vermessungsingenieure unterliegt der staatlichen *Aufsicht*. Hier wird der ÖbVermIng sowohl als Behördenträger, wie auch in seiner Funktion als individueller Amtsträger beaufsichtigt. Ihm darf kein Amtsvergehen zur Last fallen, das sein Ansehen als Organ des Vermessungswesens bzw. die ungehinderte Ausführung seiner amtlichen Vermessungsleistungen gefährden würde.

Aus der dualen Rechtsstellung des ÖbVermIng als Freiberufler und als Amtsträger folgen hinsichtlich der *beruflichen Verbindungsmöglichkeiten* besondere berufsrechtliche Probleme (ähnlich jenen bei Anwaltsnotaren, die ebenfalls Freiberufler und Amtsträger sind). Beide Tätigkeitsfelder sind im Hinblick auf die beruflichen Verbindungsmöglichkeiten unterschiedlich zu behandeln.

Im Hinblick auf die Bedeutung des in Artikel 12 Abs. 1 GG garantierten Grundrechts der Berufsfreiheit darf es den Öffentlich bestellten Vermessungsingenieuren nicht verwehrt bleiben, sich hinsichtlich ihres privatrechtlichen Status als Freiberufler in eine Berufsverbindung einzubringen (so auch KEDDO 2008, 228 ff.). Dies gilt allerdings nur insoweit, wie der Grundsatz der persönlichen Amtsausübung und die Wahrnehmung anderer hoheitlicher Funktionen von privatrechtlichen Vereinbarungen ausgenommen bleiben. Das öffentliche Amt kann nicht in eine Berufsverbindung eingebracht werden.

Aus dem Landesrecht geht hervor, dass sich ÖbVermIng mit anderen Öffentlich bestellten Vermessungsingenieuren zur gemeinsamen Berufsausübung in Form einer Sozietät verbinden dürfen. Diese wird als eine Gesellschaft bürgerlichen Rechts im Sinne des § 705 ff. BGB begründet. Die Sozietät ist von der Bürogemeinschaft abzugrenzen. Die Bürogemeinschaft unterscheidet sich von der Sozietät dadurch, dass sich der Gesellschaftszweck auf die gemeinsame Nutzung eines Büros einschließlich seiner Infrastruktur beschränkt. Die Partner der Bürogemeinschaft behalten ihre berufliche Selbstständigkeit, üben ihren Beruf nicht gemeinsam aus und nehmen insbesondere Aufträge und Entgelte nicht gemeinsam entgegen. Es handelt sich bei ihr zwar auch um eine Gesellschaft bürgerlichen Rechts, aber lediglich in Form einer sogenannten Innen-GbR.

Die Vergesellschaftung in einer Partnerschaftsgesellschaft als besonderer Gesellschaftsform für Angehörige Freier Berufe kommt für Öffentlich bestellte Vermessungsingenieure grundsätzlich nur hinsichtlich ihrer freiberuflichen, nicht-hoheitlichen Tätigkeiten in Betracht. Die ÖbVermIng sind über die Kataloggruppe der „Ingenieur(e)“ in § 1 Abs. 2 PartGG erfasst. Nach § 1 Abs. 3 PartGG richtet sich die Zulässigkeit jedoch danach, ob die jeweiligen landesrechtlichen Berufsgesetze eine Vergesellschaftung der freiberuflichen Tätigkeiten gestatten oder nicht (vgl. KEDDO 2008, 238-239).

Aus den gleichen Erwägungen heraus können ÖbVermIng auch in ihrer Funktion als privatrechtlich tätiger Ingenieur Gesellschafter einer Kapitalgesellschaft sein. Die Amtsausübung kann hingegen nicht in einer Kapitalgesellschaft erfolgen.

Zur Zulässigkeit von mono- und interprofessionellen Verbindungsmöglichkeiten Öffentlich bestellter Vermessungsingenieure siehe auch KEDDO 2008 241 ff.

Die Rechtsgrundlage für den *Vergütungsanspruch* Öffentlich bestellter Vermessungsingenieure richtet sich danach, ob sie hoheitlich oder privatrechtlich tätig werden. Somit sind zwei Vergütungssysteme voneinander abzugrenzen: das Vergütungssystem für öffentlich-rechtliche Kosten-/Gebührenforderungen und das Vergütungssystem für privatrechtliche Vermessungsleistungen nach der HOAI bzw. nach dem bürgerlichen Recht. Die jeweiligen Vergütungssysteme sind durch unterschiedliche Prinzipien gekennzeichnet (ausführlich hierzu siehe KEDDO 2008, 267 ff. und HOLTHAUSEN 2004).

Im hoheitlichen Tätigkeitsbereich erheben ÖbVermIng eine öffentlich-rechtliche Gebühr. Die Kostenforderung stellt einen Leistungsbescheid dar. Erfüllt der Antragssteller die Forderung nicht, kann diese im Wege des Verwaltungszwangsverfahrens vollstreckt werden. Streitigkeiten über den Leistungsbescheid, etwa die Höhe der geltend gemachten Kosten, sind vor dem Verwaltungsgericht auszutragen (s. o.).

In der Mehrzahl der landesrechtlichen Berufsordnungen Öffentlich bestellter Vermessungsingenieure findet sich bezüglich der *Außendarstellung* ein striktes Werbeverbot. Dies wird zum Teil weiterhin damit begründet, dass unabhängige Vertreter eines öffentlichen Amtes kein gewerbliches Verhalten an den Tag legen dürften. Inzwischen hat sich eine Öffnung des Werberechts für den Amtsträger vollzogen. Das in den Berufsordnungen und Durchführungsvorschriften verankerte strikte Werbeverbot ist verfassungskonform dahingehend auszulegen, dass Öffentlich bestellten Vermessungsingenieuren allein die amtswidrige Werbung untersagt bleibt. Werbung, die nach Form und Inhalt berufsbezogen und sachlich neutral ist, muss dagegen erlaubt sein (Beispiele und Erläuterungen hierzu finden sich bei KEDDO 2008).

2.2.4 Amtliches Vermessungswesen im Bundesbereich

Neben dem amtlichen Vermessungswesen in der Zuständigkeit der Länder sind auch im Bundesbereich Behörden tätig, die dem amtlichen Vermessungswesen zugeordnet werden können. Sie sind dann jeweils nur in ihrem Geschäftsbereich zuständig.

Das **Bundesamt für Kartographie und Geodäsie (BKG)** ist als Bundesoberbehörde dem Geschäftsbereich des Bundesministeriums des Innern zugeordnet. Es erfüllt in Zusammenarbeit mit den Ländern Aufgaben auf dem Gebiet der Geodäsie und des Geoinformationswesens. Dies sind die Bereitstellung und Darstellung von analogen und digitalen topographisch-kartographischen Informationen für den Bundesbereich, die Bereitstellung und Laufendhaltung der geodätischen Referenznetze der Bundesrepublik Deutschland und die Mitwirkung bei der Bestimmung und Laufendhaltung globaler Referenzsysteme sowie die Vertretung der Interessen der Bundesrepublik Deutschland auf dem Gebiet der Geodäsie und des Geoinformationswesens im internationalen Bereich (ADV 2009). Für die detaillierte Beschreibung siehe Abschnitt 2.3.3.

Der **Geoinformationsdienst der Bundeswehr (GeoInfoDBw)** ist ein in allen Bereichen der Bundeswehr vertretener Fachdienst. Er wurde durch die am 1.10.2003 abgeschlossene Zusammenführung des Militärgeographischen Dienstes und des Geophysikalischen Beratungsdienstes der Bundeswehr gebildet. Das Geoinformationswesen der Bundeswehr (GeoInfoWBw) als das Fachgebiet des GeoInfoDBw umfasst alle Geowissenschaften und zugehörige Gebiete, die für die Auftragserfüllung der Bundeswehr sowie des Bundesministeriums der Verteidigung erforderlich sind. Insgesamt sind 17 Wissenschaftsbereiche, von der Biologie, Ökologie über die Geodäsie, Geographie und Geologie bis hin zur Meteorologie und Ozeanographie vertreten. Die Zusammenführung all dieser Geowissenschaften in einem Dienst ermöglicht es dem GeoInfoDBw, sämtliche Geo-Faktoren und deren Auswirkungen lagebezogen in die Planungs- und Entscheidungsprozesse der Streitkräfte und des Bundesministeriums der Verteidigung einzubringen. Fachlich wird die Arbeit durch das Amt für Geoinformationswesen (AGeoBw) gesteuert, welches der Streitkräftebasis[4] angehört und zu den Versuchs- und Forschungseinrichtungen des Bundes zählt. Es ist auf 13 Standorte verteilt, die Hauptstandorte sind Euskirchen, Traben-Trarbach und Fürstenfeldbruck. Unter dem Schlagwort *Geoinformationen aus einer Hand* stellt das AGeoBw die Raumbezugsgrundlagen für den Einsatz der Streitkräfte in Deutschland auf der Basis der Daten des amtlichen Vermessungswesens zur Verfügung. Darüber hinaus ist das AGeoBw auch für die Versorgung der Bundeswehreinheiten mit Geodaten im Rahmen von NATO- und UN-Missionen zuständig (STREITKRÄFTEBASIS 2009).

Die **Wasser- und Schifffahrtsverwaltung des Bundes (WSV)** ist als Bundesbehörde dem Geschäftsbereich des Bundesministeriums für Verkehr, Bau und Stadtentwicklung zugeordnet. Sie ist zuständig für die Verwaltung der Bundeswasserstraßen mit einer Länge von 7.500 Kilometern und für die Regelung des Schiffsverkehrs. Die WSV gliedert sich in sieben Wasser- und Schifffahrtsdirektionen, 39 Wasser- und Schifffahrtsämter und sieben Wasserstraßenneubauämter. Die WSV hat rd. 13.000 Beschäftigte. Der Vermessungsbereich der WSV umfasst geodätische und kartographische Arbeiten mit engem Bezug zum amtlichen Vermessungs- und Geoinformationswesen (WSV 2009). Zur WSV gehören fachlich auch die Bundesoberbehörden Bundesanstalt für Wasserbau (BAW) und Bundesanstalt für Gewässerkunde (BfG), das Bundesamt für Seeschifffahrt und Hydrographie (BSH) und die Bundesstelle für Seeunfalluntersuchung (BSU – ehemaliges Bundesoberseeamt).

2.2.5 Kommunales Vermessungs- und Liegenschaftswesen

Beim kommunalen Vermessungs- und Liegenschaftswesen handelt es sich um Aufgaben des eigenen Wirkungskreises im Rahmen der Kommunalen Selbstverwaltung (Artikel 28 (2) GG), oft ergänzt durch Aufgaben im übertragenen Wirkungskreis aus der Landesge-

[4] Die Streitkräftebasis (SKB) ist mit zurzeit rd. 80.000 Soldatinnen und Soldaten sowie zivilen Mitarbeiterinnen und Mitarbeitern der zweitgrößte Organisationsbereich der Bundeswehr.

setzgebung. Dabei werden in Abhängigkeit von der Größe und der Verwaltungskraft der Städte und Kreise sowie aufgrund der unterschiedlichen Landesgesetzgebungen die kommunalen und staatlichen Vermessungsaufgaben sowohl in getrennten Behörden als auch integriert in einer Behörde wahrgenommen (LUCHT 1987). Wenn die kommunalen Vermessungsstellen nicht auch staatliche Aufgaben wahrnehmen (z. B. in den Ländern mit „kommunalisiertem Kataster" – siehe Abbildung 2.2), sind sie „andere behördliche Vermessungsstellen", die nach den Ländergesetzen für ihren Zuständigkeitsbereich auch Aufgaben im Liegenschaftskataster wahrnehmen dürfen, soweit es zur Erfüllung ihrer Aufgaben erforderlich ist.

Zur geschichtlichen Entwicklung des Kommunalen Vermessungs- und Liegenschaftswesens siehe auch Abschnitt 11.1.1.

2.3 Organisation, Institutionen

2.3.1 Aufbau der Fachverwaltungen

Wie in 2.2.2 beschrieben, sind die für das Vermessungs-, Kataster- und Geoinformationswesen zuständigen Fachverwaltungen unterschiedlichen Ministerien zugeordnet und in der Regel in einen zwei- oder dreistufigen Verwaltungsaufbau eingebunden.

Die Führung des Raumbezuges und die Erhebung und Bereitstellung topographischer Geobasisinformationen obliegen den jeweiligen Landesämtern/-betrieben. Auf regionaler Ebene bestehen Behörden für die Aufgaben des Liegenschaftskatasters und für die Bereitstellung anderer großmaßstäbiger Geobasisinformationen. Sie sind entweder als staatliche Sonderbehörden eingerichtet oder wie in Baden-Württemberg, Brandenburg, Mecklenburg-Vorpommern, Nordrhein-Westfalen und Sachsen kommunalen Gebietskörperschaften zugeordnet.

Im Zuge von Verwaltungsreformmaßnahmen und unter organisatorischer Umsetzung des fachlichen Integrationsansatzes schlossen einige Bundesländer ihre Landesvermessungsbehörde und ihre regionalen Katasterbehörden zu einer integrierten Geoinformationsbehörde zusammen und nutzen die daraus erwachsenen Synergieeffekte (KUMMER, PISCHLER & ZEDDIES 2006).

Herauszustellen ist, dass sich das amtliche Vermessungswesen in Deutschland seit einigen Jahren in einem grundlegenden organisatorischen Umstrukturierungsprozess befindet, der sich durch Integration und Zusammenführung der Behörden auszeichnet. Dieser Prozess ist in einigen Ländern noch nicht abgeschlossen. Innerhalb von etwas mehr als zehn Jahren ist die Anzahl der regionalen Ämter des amtlichen Vermessungswesens von über 600 um mehr als die Hälfte gesunken. Weitere Zusammenlegungen zeichnen sich bereits konkret ab. Bemerkenswert ist, dass mehr als die Hälfte der regionalen Ämter kommunalen Gebietskörperschaften zugeordnet ist und bundesweit nur noch 100 staatliche regionale Behörden bestehen. Nach neuesten Zahlen ist im Durchschnitt eine regionale Vermessungs-, Kataster- und Geoinformationsbehörde in Deutschland für rd. 320.000 Einwohner, 1.400 km^2 Fläche und 253.000 Flurstücke zuständig.

Nachfolgend wird in Abbildung 2.2 die Organisationsform in den einzelnen Bundesländern dargestellt.

Abb. 2.2: Äußere Organisation der Fachverwaltungen in den Bundesländern

Tabelle 2.2 gibt einen Überblick über die Anzahl der Landesämter/-betriebe, regionalen Behörden und die Anzahl der ÖbVermIng (ADV 2009).

Tabelle 2.2: Äußere Organisation der Fachverwaltungen in den Bundesländern und ÖbVermIng (Quelle: ADV 2009/Stand 31.12.2008)

Land	**Ministerium**	**Landesvermessung**	**Anzahl regionale Ämter**	**Anzahl ÖbVermIng**	**Organisationsform** L=Landesbehörde K=Kommunalbehörde I=Integrationsbehörde
Baden-Württemberg	Ministerium für Ernährung und Ländlichen Raum	Landesamt für Geoinformation und Landentwicklung (LGL)	44	158	K
Bayern	Bayerisches Staatsministerium der Finanzen	Landesamt für Vermessung und Geoinformation (LVG)	51		L
Berlin	Senatsverwaltung für Stadtentwicklung Berlin	Abteilung III – Geoinformation, Vermessung, Wertermittlung	12	45	I
Brandenburg	Ministerium des Innern des Landes Brandenburg	Landesvermessung und Geobasisinformation Brandenburg (LGB)	18	161	K

Bremen	Freie Hansestadt Bremen; Der Senator für Umwelt, Bau, Verkehr und Europa	Geoinformation Bremen	1	6	I
Hamburg	Freie und Hansestadt Hamburg	Landesbetrieb Geoinformation und Vermessung	–	9	I
Hessen	Hessisches Ministerium für Wirtschaft, Verkehr und Landesentwicklung	Hessisches Landesamt für Bodenmanagement und Geoinformation	7	89	L
Mecklenburg-Vorpommern	Innenministerium Mecklenburg-Vorpommern	Landesamt für Innere Verwaltung – Amt für Geoinformation, Vermessungs- und Katasterwesen	13	76	K
Niedersachsen	Niedersächsisches Ministerium für Inneres, Sport und Integration	Landesbetrieb Landesvermessung und Geobasisinformation Niedersachsen (LGN)	14	103	L
Nordrhein-Westfalen	Innenministerium des Landes Nordrhein-Westfalen	Bezirksregierung Köln – Abt. 7 GEObasis.NRW	54	486	K
Rheinland-Pfalz	Ministerium des Innern und für Sport	Landesamt für Vermessung und Geoinformation (LVermGeo)	20	87	L
Saarland	Ministerium für Umwelt	Landesamt für Kataster-, Vermessungs- und Kartenwesen	–	11	I
Sachsen	Sächsisches Staatsministerium des Innern	Staatsbetrieb Geobasisinformation und Vermessung Sachsen (GeoSN)	13	119	K
Sachsen-Anhalt	Ministerium des Innern	Landesamt für Vermessung und Geoinformation Sachsen-Anhalt (LVermGeo)	–	56	I
Schleswig-Holstein	Innenministerium des Landes Schleswig-Holstein	Landesvermessungsamt	8	42	L
Thüringen	Thüringer Ministerium für Bau, Landesentwicklung und Medien	Landesamt für *Vermessung* und Geoinformation (TLVermGeo)	–	73	I

2.3.2 Bund der Öffentlich bestellten Vermessungsingenieure (BDVI)

Der Bund der Öffentlich bestellten Vermessungsingenieure (BDVI) ist ein freiwilliger Zusammenschluss Öffentlich bestellter Vermessungsingenieure in Deutschland, um so ihre Interessen gemeinsam und wirkungsvoll zu vertreten. Derzeit zählt der Verband ca. 1.300 Mitglieder. Dies entspricht einem Organisationsgrad von über 90 %. Der BDVI ist als Bundesverband in das Vereinsregister eingetragen und beim Deutschen Bundestag als Gesprächspartner der Parlamentarier registriert (BDVI 2009).

Der Zuständigkeit der Bundesländer für das Vermessungswesen entsprechend gliedert sich der BDVI in Landesgruppen. Da in Bayern die Öffentliche Bestellung von Freiberuflern nicht eingeführt worden ist, existieren derzeit 15 Landesgruppen. Die 15 Landesgruppenvorsitzenden und die wichtigsten Funktionsträger des Verbandes bilden den Hauptvorstand.

Das wichtigste Gremium des Verbandes ist das Präsidium, an dessen Spitze der Präsident und die beiden Vizepräsidenten stehen. Dieses Gremium vertritt den Verband nach außen und setzt Beschlüsse des Hauptvorstandes und der Mitgliederversammlung (z. B. die Beitragsregelung und die Standesregeln) um. Das BDVI-Präsidium setzt zu den wichtigsten Sachthemen Fachkommissionen ein und unterstützt über diese die Interessenvertretung und Beratungsfunktion gegenüber Politik, Wirtschaft und Verwaltung.

2.3.3 Bundesamt für Kartographie und Geodäsie (BKG)

Das Bundesamt für Kartographie und Geodäsie (BKG) hat seinen Hauptsitz in Frankfurt am Main und eine Außenstelle in Leipzig. Es betreibt im Rahmen der Forschungsgruppe Satellitengeodäsie (FGS) auch das Geodätische Observatorium Wettzell. Organisatorisch gliedert sich das BKG in die drei Abteilungen Geoinformationswesen, Geodäsie und Zentrale Dienste.

Kernaufgabe der Abteilung Geoinformationswesen (GI) ist es, in enger Zusammenarbeit mit den Landesvermessungsdienststellen topographische Informationen in Form digitaler Geobasisdaten verschiedener Auflösungsstufen, topographischer Kartenwerke verschiedener Maßstäbe und digitaler kartographischer Rasterdaten bereitzustellen sowie die dafür erforderlichen Methoden und Verfahren unter Berücksichtigung modernster wissenschaftlicher Erkenntnisse und Technologien fortzuentwickeln. In der Abteilung GI werden auch die kleinmaßstäbigen ATKIS®-Produkte hergestellt. Dazu gehören insbesondere die Digitalen Landschaftsmodelle in den Maßstäben 1:250.000 und 1:1.000.000, die kleinmaßstäbigen Digitalen Topographischen Kartenwerke und die dazugehörigen analogen Kartenwerke.

Auf der Grundlage einer Verwaltungsvereinbarung mit den Bundesländern stellt das GeoDatenZentrum des BKG (GDZ) länderübergreifend und flächendeckend harmonisierte Geobasisdaten des Amtlichen Topographisch-Kartographischen Informationssystems (ATKIS®) sowie Digitale Orthophotos (DOP) bereit und vertreibt diese. Über die Verfügbarkeit und Beschaffenheit der Daten informiert ein Metainformationssystem als zentraler Dienst der deutschen Landesvermessung.

Kernaufgabe der Abteilung Geodäsie (G) ist die Bereitstellung und Aktualisierung der geodätischen Lage-, Höhen- und Schwere-Referenznetze der Bundesrepublik Deutschland. Diese bilden die Grundlage für alle Vermessungsarbeiten für die Referenzierung von Geobasisinformationen sowie für die Navigation und die wissenschaftliche Erdbeobachtung im Hinblick auf Umweltveränderungen. Die benötigten Messdaten werden durch moderne geodätische Raumverfahren gewonnen. Auf der Fundamentalstation Wettzell des BKG im Bayerischen Wald kommen die Langbasis-Interferometrie zu Quasaren (VLBI), die Laser-Entfernungsmessung zu Satelliten (SLR) und zum Mond (LLR) sowie die Globalen Positionierungssysteme GPS und GLONASS zum Einsatz. Daneben betreibt das BKG etwa 45 weitere GPS-Stationen in Deutschland, Europa und der Antarktis als deutschen Beitrag zum internationalen GPS-Dienst, der das globale Referenzsystem für Positionsbestimmungen festlegt. Das deutsche GPS-Permanentstationsnetz GREF bildet die Verbindung vom Satellitenpositionierungsdienst SA*POS*® der Landesvermessungsbehörden zu diesem Referenzsystem.

Das BKG betreibt das Datenzentrum europäischer GPS-Referenzstationen und des europäischen Höhennetzes. Im Rahmen des Internationalen Erdrotationsdienstes IERS, dessen Zentralbüro vom BKG geführt wird, werden die weltumspannenden Netze der verschiedenen Raumverfahren kombiniert, um das globale Internationale Terrestrische Referenzsystem ITRS, das Europäische Referenzsystem ETRS89 sowie Erdrotationsparameter abzuleiten.

Das Deutsche Schweregrundnetz 1994, mit Absolutschweremessungen auf 30 Stationen, wird vom BKG als Rahmen für terrestrische Schweredaten vorgehalten. In Zusammenarbeit mit den Vermessungsverwaltungen der Länder wird für die dreidimensionale Satellitenpositionierung ein Zentimeter-Geoid als Höhenbezugsfläche abgeleitet und bereitgestellt (BKG 2007).

2.3.4 Fachkommission Kommunales Vermessungs- und Liegenschaftswesen

Die Gründung der Fachkommission erfolgte am 3. Juni 1947 in Krefeld. Aufgabe der Fachkommission ist die Beratung und Unterstützung des Deutschen Städtetages als Vertretung der Städte bei der Beteiligung in der Gesetzgebung und bei den Fragen praktischer Verwaltung und Zukunftssicherung. Gleichrangig dazu steht der interkommunale Erfahrungsaustausch. Das bundesweit tätige Gremium hat rd. 25 Mitglieder (Leiter großer städtischer Ämter). Es tritt regelmäßig zu Sitzungen in den Städten der Mitglieder zusammen. Dem Gremium sind drei Arbeitskreise zugeordnet: AK Wertermittlung, AK Geoinformation, AK Liegenschaftswesen. Über die Arbeit in den Sitzungen wird regelmäßig jährlich in der Zeitschrift für Geodäsie, Geoinformation und Landmanagement – zfv berichtet.

Aus Anlass des 50-jährigen Bestehens schrieb Jochen Dieckmann, Geschäftsführendes Präsidialmitglied des Deutschen Städtetages: „Als nach dem Ende des Zweiten Weltkrieges neben der Arbeit der Trümmerbeseitigung die zunächst zaghaften Versuche des Wiederaufbaus begannen, war als eine der ersten Fachrichtungen das Vermessungs- und Liegenschaftswesen gefordert: Schadensfeststellungen, Neuordnung von innerstädtischem Baugrund, Planunterlagen für den Wiederaufbau mussten aus dem Nichts geschaffen, dabei die Eigentumsrechte an Grund und Boden nach alten Unterlagen gesichert werden. Die Städte standen hier vor ganz neuen Herausforderungen und vor unmittelbaren Handlungsnotwendigkeiten. Und so war es nur konsequent gleichzeitig zu bewundern, wenn bereits 1947 Fachleute aus dem Vermessungs- und Liegenschaftswesen in damals schweren Zeiten zusammenrückten, um mit der Unterstützung des Deutschen Städtetages erste Erfahrungen auszutauschen…“ (DIECKMANN 1997).

2.4 Bundesweite Koordinierung von Länderaufgaben

2.4.1 Arbeitsgemeinschaft der Vermessungsverwaltungen der Länder der Bundesrepublik Deutschland (AdV)

Der Arbeitsgemeinschaft der Vermessungsverwaltungen der Länder der Bundesrepublik Deutschland (AdV) obliegt die Koordination des Amtlichen deutschen Vermessungswesens. Aufgrund der Zuständigkeit der Bundesländer für das nationale amtliche Vermessungswesen im Kontext mit der föderalen Staatsstruktur definieren Landesgesetze die hier zu erfüllenden Aufgaben. Um eine weitgehende Harmonisierung und Einheitlichkeit zu erreichen, fortzuentwickeln und zu bewahren, trafen bereits im Jahr 1948 Vertreter der Vermessungsverwaltungen der amerikanischen Zone zusammen. Das Jahr 1948 gilt als Gründungsjahr der AdV, auch wenn zunächst nur wenige Länder vertreten waren. Im Oktober 1949 konstituierte sich dann die um die Vermessungsverwaltungen der britischen und französischen Zone erweiterte Arbeitsgemeinschaft und führt seit dieser Zeit ihre heutige Bezeichnung. Später traten Westberlin (1952), das Saarland (1957) sowie nach der Wiedervereinigung die fünf neuen Bundesländer der AdV bei (BOHLMANN 2002).

Neben den für das amtliche Vermessungswesen zuständigen Fachverwaltungen der Länder wirken die Bundesministerien des Innern, der Verteidigung sowie für Verkehr, Bau und Stadtentwicklung in der AdV zusammen. Als Gäste gehören ihr die Deutsche Geodätische Kommission (DGK) als Vertretung der geodätischen Lehre und Forschung sowie die „Bund-Länder-Arbeitsgemeinschaft Nachhaltige Landentwicklung" (ArgeLandentwicklung) als Bund-Länder-Vertretung für den Bereich der Landentwicklung an. Die AdV ist der Ständigen Konferenz der Innenminister und Innensenatoren zugeordnet.

Die Mitgliedsverwaltungen wirken in der AdV zusammen, um

- fachliche Angelegenheiten von grundsätzlicher und überregionaler Bedeutung für das amtliche Vermessungswesen einheitlich zu regeln,
- einen in den Grundzügen einheitlichen und nach den Anforderungen der Informationsgesellschaft orientierten Bestand an Geobasisdaten zu schaffen und
- die Infrastruktur für die Geobasisdaten als eine wichtige Komponente besonders für moderne eGovernment-Architekturen bereitzustellen.

Um diese Ziele zu erreichen, erfüllt die AdV folgende Aufgaben:

- Aufstellung und Abstimmung zukunftsorientierter gemeinschaftlicher Konzepte für die bundesweite Vereinheitlichung von Liegenschaftskataster, Landesvermessung und Geobasisinformationssystem nach den Bedürfnissen von Politik, Wirtschaft und Verwaltung,
- Moderation und Koordination der Normung und der Standardisierung für die Erfassung und Führung der Geobasisdaten sowie der Zugriffs- und Vertriebsmethoden,
- Unterstützung des Aufbaus und Weiterentwicklung der nationalen und europäischen Geodateninfrastruktur und der entsprechenden elektronischen Dienste,
- Vertretung und Darstellung des amtlichen Vermessungswesens,
- Zusammenarbeit mit fachverwandten Organisationen und Stellen sowie mit Institutionen der geodätischen Forschung und Lehre,

- Mitwirkung in internationalen Fachorganisationen zur Förderung des Know-how-Transfers,
- Abstimmung in Fragen der fachlichen Ausbildung sowie
- Förderung der gemeinschaftlichen Durchführung länderübergreifend bedeutsamer Vorhaben.

Das Plenum und der Vorsitz sind nach der Geschäftsordnung die Organe der AdV.

Das Plenum bestimmt die fachliche und strategische Ausrichtung der AdV, fasst Beschlüsse von grundsätzlicher Bedeutung und beauftragt und steuert die Arbeitskreise. Im Plenum hat jede Mitgliedsverwaltung eine Stimme. Beschlüsse des Plenums mit finanziellen Auswirkungen auf die betroffenen Mitgliedsverwaltungen und solche zur Änderung der Geschäftsordnung bedürfen der Einstimmigkeit. Bei allen anderen Beschlüssen gilt ein Quorum von 13 (wenn Interessen der Bundesvertreter nicht betroffen sind) bzw. 14 Stimmen in allen anderen Fällen.

Das Plenum kann zu seiner Unterstützung und Entlastung Arbeitskreise einsetzen, um die Aufgaben im Detail zu erfüllen. Die von den Arbeitskreisen gefassten Beschlüsse sind Beschlüsse der AdV, soweit sich das Plenum nicht die Beschlussfassung ausdrücklich vorbehalten hat.

Der oder die Vorsitzende sorgt dafür, dass die Ziele der AdV kontinuierlich verfolgt und ihre Aufgaben erledigt werden, beruft die Tagungen des Plenums ein und leitet sie, vertritt die AdV nach außen und erfüllt Aufträge des Plenums. Für den Vorsitz und die Vertretung wird vom Plenum jeweils ein Ländervertreter gewählt. Der oder die Vorsitzende schlägt dem Plenum die Kandidaten für die folgende Amtszeit vor. Die Amtszeit beträgt zwei Jahre. Der Vorsitz soll im regelmäßigen Turnus zwischen den Plenumsmitgliedern der Länder wechseln. Hierbei soll grundsätzlich die vertretende Person den nächsten Vorsitz übernehmen. Abbildung 2.3 zeigt den organisatorischen Aufbau der AdV.

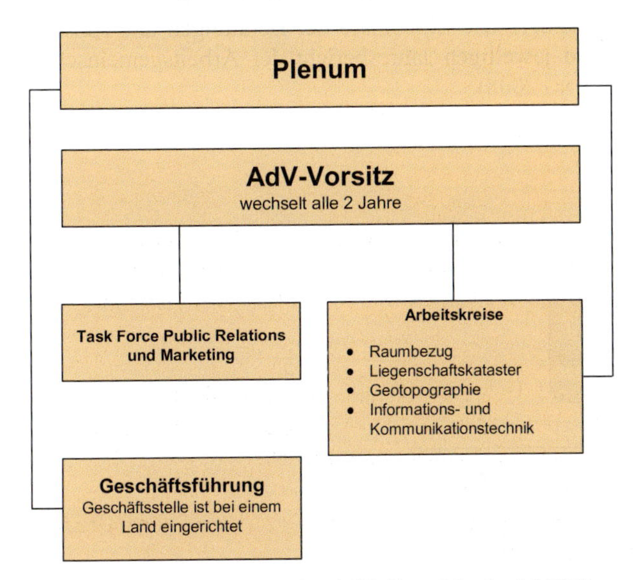

Abb. 2.3: Organigramm der AdV (Stand 1. Juni 2009)

Die AdV wird durch eine Geschäftsstelle unterstützt, die bei einer Mitgliedsverwaltung aus dem Bereich der Länder eingerichtet wird. Die Geschäftsführung wird vom Plenum auf Vorschlag der Mitgliedsverwaltung bestimmt, bei der die Geschäftsstelle eingerichtet ist. Sie hat im Einzelnen die Aufgabe, im Einvernehmen mit dem AdV-Vorsitz die laufenden Geschäfte zu führen, den Haushalt der AdV zu bewirtschaften sowie die Vertretung und Darstellung des amtlichen Vermessungswesens zu unterstützen. Die Mitgliedsverwaltungen tragen anteilig die Kosten für die Geschäftsführung und die sonstigen durch das Plenum beschlossenen Gemeinschaftsaufgaben. Die Aufwendungen für die Geschäftsführung der Arbeitskreise trägt die Mitgliedsverwaltung, der die jeweilige Leitung angehört (ADV 2005).

2.4.2 Bund-Länder-Arbeitsgemeinschaft Nachhaltige Landentwicklung (ArgeLandentwicklung)

Auch für den Bereich der Landentwicklung und die vielfältigen damit verbundenen Aufgaben von Bund und Ländern ist eine deutschlandweit koordinierte Handlungsweise unerlässlich. Zur Wahrnehmung dieser Koordinierungsfunktion ist 1976 die damalige „ArgeFlurb" auf Beschluss der Agrarministerkonferenz (AMK) gegründet und durch einen weiteren Beschluss im Jahr 1998 in ihren Zielsetzungen an veränderte Aufgabenstellungen für die Landentwicklung angepasst worden. Seit diesem Zeitpunkt heißt sie ArgeLandentwicklung. Sie ist der Agrarministerkonferenz zugeordnet.

Die Organisation der ArgeLandentwicklung ergibt sich aus Abbildung 2.4. Ihre Mitglieder setzen sich aus dem Bundesministerium für Ernährung, Landwirtschaft und Verbraucherschutz sowie Vertretern der für die Landentwicklung zuständigen Ressorts der 16 Bundesländer zusammen. Es wechselt der Vorsitz regelmäßig alle drei Jahre; für den Zeitraum 2008-2010 hat das Land Niedersachsen den Vorsitz inne. Alle auftretenden aktuellen Probleme und fachlichen Herausforderungen werden in den drei eingerichteten Arbeitskreisen sowie einmal jährlich im Plenum behandelt. Die Ergebnisse der Beratungen und sonstige Aktivitäten werden einmal jährlich im jeweiligen Jahresbericht der Arbeitsgemeinschaft veröffentlicht (ARGE LANDENTWICKLUNG 2008).

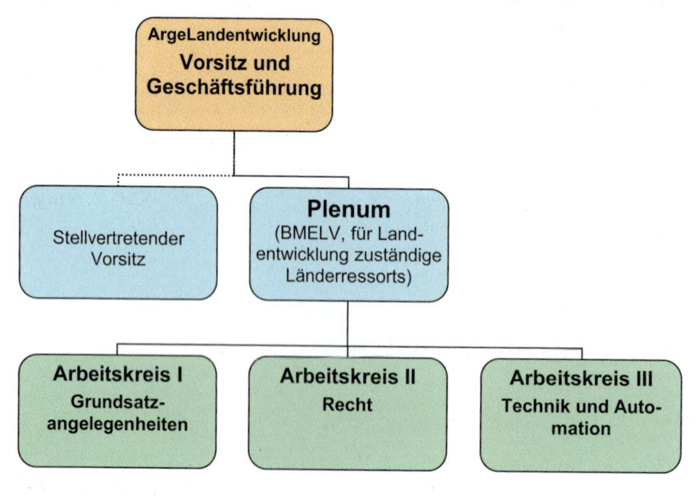

Abb. 2.4: Organigramm der ArgeLandentwicklung

Ziel der ArgeLandentwicklung ist es, auf der Grundlage der von ihr 1998 verabschiedeten „Leitlinien Landentwicklung – Zukunft im ländlichen Raum gemeinsam gestalten" die Landentwicklung und die in den Leitlinien genannten Instrumente weiter zu entwickeln und an moderne Anforderungen anzupassen. Nach § 2 Abs. 2 der Geschäftsordnung der Arge-Landentwicklung (ARGE LANDENTWICKLUNG 2008, Anlage III) sind die im Rahmen der Planung und Durchführung von Vorhaben der Landentwicklung anfallenden allgemeinen und grundsätzlichen Angelegenheiten rechtzeitig gemeinsam zu behandeln.

Die Aufgaben der ArgeLandentwicklung im Einzelnen – von der Erarbeitung von Grundlagen über entsprechende Öffentlichkeitsarbeit bis hin zur internationalen Zusammenarbeit – ergeben sich aus der Geschäftsordnung. Hier ist auch die Beschlussfassung geregelt. Danach werden Beschlüsse mit der Mehrheit der abgegebenen Stimmen gefasst, bei Stimmengleichheit entscheidet der Vorsitzende.

Die eingerichteten Arbeitskreise werden im Auftrag des Plenums, des Vorsitzenden oder eigeninitiativ tätig und können bei Bedarf im Einvernehmen mit dem Vorsitzenden Expertengruppen zur Bearbeitung entsprechender Fachthemen einberufen. Zur Unterstützung und Koordinierung der internationalen Zusammenarbeit auf dem Gebiet der Landentwicklung arbeitet ein Beauftragter für internationale Zusammenarbeit der ArgeLandentwicklung zu.

2.4.3 Deutsche Geodätische Kommission (DGK)

Die Deutsche Geodätische Kommission (DGK) ist eine Kommission bei der Bayerischen Akademie der Wissenschaften (BAdW). Laut Satzung obliegt ihr u. a. die wissenschaftliche Forschung auf allen Gebieten der Geodäsie einschließlich Photogrammetrie, Kartographie, Geoinformationswesen und ländlicher Neuordnung. Sie koordiniert alle Bereiche geodätischer Forschung, aber auch das Geodäsie- und Geoinformatikstudium an den Universitäten in der Bundesrepublik Deutschland und vertritt die Geodäsie im nationalen und internationalen Rahmen. Die Höchstzahl der Ordentlichen Mitglieder der Kommission beträgt 45, im Allgemeinen sind dies Professoren der Geodäsie an deutschen Universitäten. Wissenschaftler aus anderen Staaten können als korrespondierende Mitglieder gewählt werden. Zudem lädt die Kommission Vertreter mit Geodäsie befasster Institutionen als Ständige Gäste ein, um auf diese Weise den Kontakt zwischen geodätischer Forschung und Praxis zu fördern.

Zur Durchführung von Forschungsarbeiten betreibt die Kommission das Deutsche Geodätische Forschungsinstitut (DGFI) in München. Schließlich bearbeitet die Kommission Schwerpunktthemen wie etwa Geoinformationssysteme, Rezente Krustenbewegungen und Ausbildungswesen über ihre Arbeitskreise. Die DGK publiziert die „Veröffentlichungen der Deutschen Geodätischen Kommission" mit den Reihen Theoretische Geodäsie, Angewandte Geodäsie, Dissertationen, Geschichte und Entwicklung der Geodäsie und Jahresberichte (DGK 2009).

2.5 Privater Bereich, Partnerschaften, Berufsverbände

2.5.1 Deutscher Verein für Vermessungswesen (DVW)

Der Deutsche Verein für Vermessungswesen e. V. (DVW) wurde 1871 als technisch-wissenschaftlicher Verein mit dem Namen „Deutscher Geometer-Verein" gegründet. Ziel der damaligen Vereinsgründung war es, das „gesamte Vermessungswesen, namentlich durch Verbreitung wissenschaftlicher Erkenntnisse und praktischer Erfahrungen zu heben und zu fördern". Ergänzend dazu ist es der heutige Vereinszweck, die Ziele und Belange seiner Mitglieder in den Bereichen Geodäsie, Geoinformation und Landmanagement zu vertreten, zu fördern und zu koordinieren sowie die fachlichen Entwicklungen aufzuzeigen und praktische Erfahrungen zu vermitteln (DVW 2009).

Die Veränderungen der letzten Jahre haben deutlich gemacht, dass die Bereiche, in denen der DVW wirkt, äußerst vielschichtig sind. Daher hat der DVW im Jahr 2000 auch namentlich diesem Umstand Rechnung getragen. Er führt heute den Untertitel „Gesellschaft für Geodäsie, Geoinformation und Landmanagement".

Der DVW ist als Mitglied in der Internationalen Vereinigung der Vermessungsingenieure (FIG) vertreten. Er setzt sich aus 13 Landesvereinen mit derzeit insgesamt ca. 8.000 Mitgliedern zusammen.

Der DVW fördert die Geodäsie, die Geoinformation und das Landmanagement in Wissenschaft, Forschung und Praxis. Dazu befassen sich sieben Arbeitskreise mit aktuellen Fragestellungen aus den Bereichen Geodäsie, Geoinformation und Landmanagement, sowohl aus wissenschaftlicher als auch aus anwendungsorientierter Sicht. Die Ergebnisse werden in Fachtagungen, Seminaren, der DVW-Schriftenreihe, der Fachzeitschrift zfv – Zeitschrift für Geodäsie, Geoinformation und Landmanagement – und in Stellungnahmen zu Gesetzentwürfen dargestellt.

Der DVW wirkt mit bei der fachlichen Aus-, Fort- und Weiterbildung des gesamten Berufsstandes und pflegt in diesem Rahmen die internationale Zusammenarbeit. Die DVW-Seminare und die INTERGEO® – Kongress und Fachmesse für Geodäsie, Geoinformation und Landmanagement – bieten Gelegenheit zu Kommunikation und Erfahrungsaustausch.

Der DVW kooperiert mit technischen sowie wissenschaftlichen Vereinigungen, Hochschulen und Institutionen. In der sogenannten „Bremer Erklärung" auf der INTERGEO® 2008 haben sich der DVW, die Deutsche Gesellschaft für Photogrammetrie, Fernerkundung und Geoinformation (DGPF), die Deutsche Gesellschaft für Kartographie (DGfK), die Deutsche Hydrographische Gesellschaft (DHyG), der Verband Deutscher Vermessungsingenieure (VDV), der Deutsche Markscheider-Verein (DMV) und der Bund der Öffentlich bestellten Vermessungsingenieure (BDVI) zu einer intensiven Zusammenarbeit bekannt. Dazu wird eine verstärkte Koordinierung in der fachlichen Arbeit der Vereinsgremien angestrebt. Vorrangige Möglichkeiten werden dabei in der Fort- und Weiterbildung für alle Vereinsmitglieder gesehen. Berufsständische Interessen sollen verstärkt gemeinsam gegenüber Öffentlichkeit und Politik vertreten werden. Die Zusammenarbeit soll die jeweilige Vereinsarbeit stärken und damit direkt den Mitgliedern zugute kommen (DVW 2008).

2.5.2 Verband Deutscher Vermessungsingenieure (VDV)

Der Verband Deutscher Vermessungsingenieure e. V. (VDV) ist ein Berufsverband von Ingenieuren im Vermessungswesen. Er wurde 1949 als „Verein Deutscher Ingenieure und Techniker des Vermessungswesens" in Essen gegründet. Mit Beginn des Jahres 1958 wurde er in den „Verband Deutscher Vermessungsingenieure" umbenannt. Der Verband hat derzeit ca. 6.500 Mitglieder. Er sieht sich als berufspolitische und fachbezogene Vertretung seiner Mitglieder mit dem Ziel, bei der strukturellen Gestaltung des deutschen Vermessungswesens mitzuwirken sowie die berufliche Weiterbildung zu fördern. Allgemeine Ziele des VDV sind einerseits die Wahrung des Berufsausübungsrechtes in allen Bereichen des Vermessungs- und Geoinformationswesens, die Zuständigkeit des Vermessungs- und Geoinformationsingenieurs für die Erfassung und Bereithaltung aller flächenbezogenen Sachverhalte unserer Umwelt sowie die Verwendung der Arbeitsergebnisse aller Vermessungs- und Geoinformationsingenieure. Im Besonderen fordert er für die Ingenieurausbildung im Vermessungs- und Geoinformationswesen die gleichen Eingangsvoraussetzungen für alle Studiengänge, ein gemeinsames Grundstudium als bestmögliche Voraussetzung für die spätere Verzweigung zu Forschung oder Praxis, die Festsetzung der Regelstudienzeit auf acht Semester, die Unverzichtbarkeit von Zeiten fachbezogener praktischer Tätigkeiten als Bestandteil der Studiengänge sowie gleiche Berufsausübungschancen nach dem Abschluss der Studiengänge (VDV 2009).

Die Verbandszeitschrift des VDV, das „VDVmagazin", erscheint zweimonatlich und enthält Beiträge fachtechnischer und berufsständischer Art sowie Verbandsmitteilungen.

2.5.3 Deutsche Gesellschaft für Kartographie (DGfK)

.Die Deutsche Gesellschaft für Kartographie e. V. (DGfK) ist eine gemeinnützige, wirtschaftlich unabhängige, politisch neutrale Fachgesellschaft der Berufsangehörigen der Kartographie und der Interessenten an kartographischen Erzeugnissen. Ziele und Aufgaben dieser technisch-wissenschaftlichen Vereinigung sind die Förderung der Kartographie in Wissenschaft und Forschung, insbesondere in Lehre und Praxis, die Bildung aller in kartographischen Berufen Tätigen durch Aus-, Fort- und Weiterbildung, besonders des Berufsnachwuchses, die Pflege der nationalen und internationalen Zusammenarbeit in der Kartographie und mit anderen Fachgebieten, die Förderung der fachwissenschaftlichen Erkenntnisse für raumbedeutsame Planungen und Maßnahmen und die Unterstützung der Pflege des kartographischen Kulturguts in Deutschland. Die DGfK wurde 1950 in Bielefeld gegründet und hat zurzeit ca. 1.700 Mitglieder.

Fachlich werden die wichtigsten Teilgebiete der Kartographie von elf Kommissionen der DGfK betreut und gefördert. Sie führen vielfach Fachveranstaltungen in Form von Seminaren und Weiterbildungskursen durch. Die Ergebnisse dieser Fachveranstaltungen werden in entsprechenden Publikationen – vornehmlich in der eigenen Schriftenreihe „Kartographische Schriften" – vorgelegt.

Örtlich wird die Arbeit der Gesellschaft von 16 Sektionen durchgeführt. Sie veranstalten regelmäßig Fachvorträge, Ausstellungen und Exkursionen und bilden die Basis für die Kommunikation und den Aufbau von Netzwerken für die ortsansässigen Mitglieder der Deutschen Gesellschaft für Kartographie.

Regelmäßig gibt die Gesellschaft die „KN – Kartographischen Nachrichten – Fachzeitschrift für Geoinformation und Visualisierung" heraus. Diese Zeitschrift ist die einzige deutschsprachige kartographische Fachzeitschrift. Sie erscheint jährlich in sechs Heften. In Aufsätzen, Berichten, Hinweisen auf Neuerscheinungen und zahlreichen Einzelinformationen, auch aus dem Stellenmarkt, berichtet sie über das kartographische Fachgeschehen im In- und Ausland (besonders der Schweiz und Österreich).

Die Gesellschaft ist Mitglied der Internationalen Kartographischen Vereinigung (IKV). Vertreter der DGfK nehmen in der IKV wichtige Funktionen wahr und arbeiten in ihren

Kommissionen und Arbeitsgruppen. Geowissenschaftlich fachübergreifend ist die DGfK Gründungsmitglied der „GeoUnion – Alfred Wegener Stiftung“ (AWS), ebenso Mitglied im Deutschen Dachverband für Geoinformation (DDGI). Auf diese Weise wirkt die DGfK gestaltend auf nationaler und internationaler Ebene mit und hat unmittelbaren Anteil am weltweiten kartographischen Geschehen (DGFK 2009).

2.5.4 Deutsche Gesellschaft für Photogrammetrie, Fernerkundung und Geoinformation (DGPF)

Die Deutsche Gesellschaft für Photogrammetrie, Fernerkundung und Geoinformation e. V. (DGPF) ist ein Fachverband bestehend aus Vermessungsingenieuren, Geodäten, Photogrammetern, Geoinformatikern und Fernerkundungsfachleuten. Die DGPF wurde 1909 in Jena unter dem Namen „Deutsche Gesellschaft für Photogrammetrie“ gegründet.

Sie ist die einzige photogrammetrische Fachgesellschaft in Deutschland. Die DGPF pflegt und fördert die wissenschaftliche und angewandte Photogrammetrie zur Lösung von Aufgaben im Vermessungswesen, in der Kartographie, im Bauwesen, im Bergbau, in der Industrie und in anderen Gebieten zur berührungsfreien Vermessung sowie die Anwendung der Fernerkundung in den Geowissenschaften, in der Land- und Forstwirtschaft, in der Landesplanung, im Umweltschutz, in der Archäologie und weiteren Gebieten sowie die Ausbildung an den Hoch- und Fachschulen. Sie unterstützt die Entwicklung neuer Techniken der Photogrammetrie und Fernerkundung zur Erfassung, Aufzeichnung, Verarbeitung und Darstellung von Bilddaten aus dem Nahbereich, dem Luftraum und dem Weltraum, insbesondere auch deren Einbindung in raumbezogene Informationssysteme (GIS).

Durch den regelmäßigen Erfahrungsaustausch im eigenen Fachgebiet und durch interdisziplinäre Kooperation zwischen Wissenschaftlern und Praktikern in den Tagungen der Arbeitskreise, auf den wissenschaftlichen Jahrestagungen und anderen Veranstaltungen auf nationaler und internationaler Ebene wird die Fortbildung der Mitglieder gefördert. Die DGPF unterstützt als Trägergesellschaft die „GeoUnion – Alfred Wegener Stiftung“ (AWS), die „Deutsche Arbeitsgemeinschaft für Mustererkennung” (DAGM) und den „Deutschen Dachverband für Geoinformation” (DDGI). Sie ist das deutsche Mitglied der „Internationalen Gesellschaft für Photogrammetrie und Fernerkundung” (ISPRS). Der DGPF gehören gegenwärtig ca. 900 Mitglieder an. Als Zeitschrift der Gesellschaft erschien seit 1926 „Bildmessung und Luftbildwesen“ (BuL), die älteste photogrammetrische Fachzeitschrift. Sie wurde im Jahr 1990 in „Zeitschrift für Photogrammetrie und Fernerkundung“ (ZPF) umbenannt und erschien bis 1996 als offizielles Organ der DGPF. Seit 1997 heißt das Organ der DGPF „Photogrammetrie – Fernerkundung – Geoinformation“ (PFG). Die Zeitschrift erscheint sechsmal jährlich und ist für Mitglieder der Gesellschaft kostenfrei (SEYFERT 1998).

2.5.5 Deutscher Dachverband für Geoinformation (DDGI)

Der Deutsche Dachverband für Geoinformation e. V. (DDGI) wurde 1994 gegründet. Der DDGI hat es sich aufgrund des stark und stetig wachsenden Bedarfs an Geoinformationen für die Planung und Entwicklung in Wirtschaft, Verwaltung und Wissenschaft zum Ziel gesetzt, die generelle Bedeutung von Geoinformationen herauszustellen, ihre Nutzung zu verstärken und die Rahmenbedingungen für die öffentlichen Geoinformationen in Deutschland zu verbessern. Der DDGI fördert und vertritt interdisziplinäre deutsche Interessen im Bereich Geoinformation, regt den Aufbau und die Anwendung von Geoinformationen auf nationaler und internationaler Ebene an und koordiniert diese. Angebot, Zugänglichkeit und Verwendbarkeit durch Standardisierung der Qualität und Inhalte von Geodaten werden optimiert und der volkswirtschaftliche Nutzen gebündelt.

Der Verband versteht sich als Informationsplattform und Technologienetzwerk für Forschung und Entwicklung, Lehre, behördliche Institutionen, den Handel, die Wirtschaft und Privatpersonen aus der Geoinformatikbranche. Eine professionell unterstützte Lobbyarbeit mit einer Vielzahl von Kontakten nach Berlin und in die Länder setzt das Thema Geoinformation auf die Tagesordnung der Bundes- und Landespolitik. Die aktive Öffentlichkeitsarbeit des DDGI lenkt die Aufmerksamkeit auf die Geoinformationen, z. B. durch Beteiligung an Messen mit GI-Bezug, die Kooperation mit strategischen Medienpartnern und die jährliche Verleihung des DDGI-Medienpreises.

Der Dachverband begleitet die Arbeit des interministeriellen Ausschusses für Geoinformationswesen (IMAGI) und beteiligt sich aktiv in der beim Bundesministerium für Wirtschaft angesiedelten „Kommission für Geoinformationswirtschaft“ (GIW-Kommission). Weiterhin vertritt der DDGI die deutschen Geoinformationsinteressen durch Gremienarbeit in der *European Umbrella Organisation for Geographic Information* (EUROGI) und wirkt über EUROGI unterstützend bei den Arbeiten im Rahmen der Bereitstellung einer *Global Spatial Data Infrastructure* (GSDI) mit.

Der DDGI unterscheidet verschiedene Arten der Mitgliedschaft. Als ordentliche Mitglieder gelten Unternehmen und Institutionen aus den Interessengruppen „Lehre und Forschung“, „Behörde“, „Fachverband“, „Wirtschaft“ sowie „Sponsor“ mit einem Sitz in Deutschland. Sponsoren sind juristische und natürliche Personen aus der Gruppe der ordentlichen Mitglieder. Darüber hinaus können sich auch Privatpersonen als natürliches Mitglied im DDGI beteiligen.

2.5.6 Beratungsgruppe für internationale Entwicklungen im Vermessungs- und Geoinformationswesen (BEV)

Bei der Beratungsgruppe für internationale Entwicklungen im Vermessungs- und Geoinformationswesen (BEV) handelt es sich um den Zusammenschluss von Vertretern aus den Bereichen Amtliches Vermessungs- und Geoinformationswesen und Landmanagement (repräsentiert durch die AdV und die ArgeLandentwicklung), Privatwirtschaft, Forschung und Lehre (u. a. vertreten durch die DGK), der Gesellschaft für Technische Zusammenarbeit (GTZ), der Kreditanstalt für Wiederaufbau (kfw) und des Deutschen Akademischen Austauschdienstes (DAAD).

Der informelle Verbund besteht seit dem Jahr 1975 und soll den Informationsaustausch hinsichtlich der internationalen Zusammenarbeit und Beratungstätigkeit deutscher Gremien und Firmen im Bereich des Vermessungs- und Geoinformationswesens vereinfachen und damit in Deutschland eine bessere Koordinierung von Aktivitäten ermöglichen.

Die BEV wird von einem Vorsitzenden geleitet; eine Geschäftsstelle ist beim BKG eingerichtet. In der Regel werden Sitzungen zweimal im Jahr anberaumt. In Zusammenarbeit der BEV und der GTZ wurde im Jahr 2008 die internationale Konferenz ‚*Policy meets Land Management*‘ in München veranstaltet, die rege internationale Beachtung gefunden hat.

Hinsichtlich des notwendigen Engagements im Bereich der internationalen Entwicklungen wurde von allen Teilnehmern die *‚Munich Declaration on Land Management and Land Policy 2008'* (INTERNATIONAL CONFERENCE 'POLICY MEETS LAND MANAGEMENT' 2008) verabschiedet.

2.5.7 Vermessungstechnisches Museum

Das Vermessungstechnische Museum in Dortmund ist als Abteilung 22 Teil des Museums für Kunst und Kulturgeschichte eingerichtet worden. Es wird betreut vom Förderkreis Vermessungstechnisches Museum e. V., einer gemeinnützigen Einrichtung mit dem Ziel, die Geschichte des Vermessungswesens zu erforschen und sie der Fachwelt und der interessierten Öffentlichkeit darzustellen. Museum und Förderkreis stellen sich auf der Homepage www.vermessungsgeschichte.de vor.

2.6 Internationale Zusammenarbeit im Vermessungs- und Geoinformationswesen

2.6.1 Überblick

Im Zuge der immer mehr zunehmenden Internationalisierung auch der Arbeiten im Bereich des Vermessungs- und Geoinformationswesens und des Landmanagements wächst die Bedeutung der internationalen Kooperation in unserem beruflichen Umfeld weiter rasch an.

Zur Bewältigung vieler länderübergreifender Herausforderungen ist nicht nur die Zusammenarbeit mit anderen Ländern und den dort zuständigen Stellen des Vermessungs- und Geoinformationswesens notwendig, sondern es muss ebenso die interdisziplinäre Zusammenarbeit intensiviert werden. Die bereits bestehenden internationalen Kooperationen sind vielfältig und umfangreich, jedoch vielfach nicht hinreichend transparent.

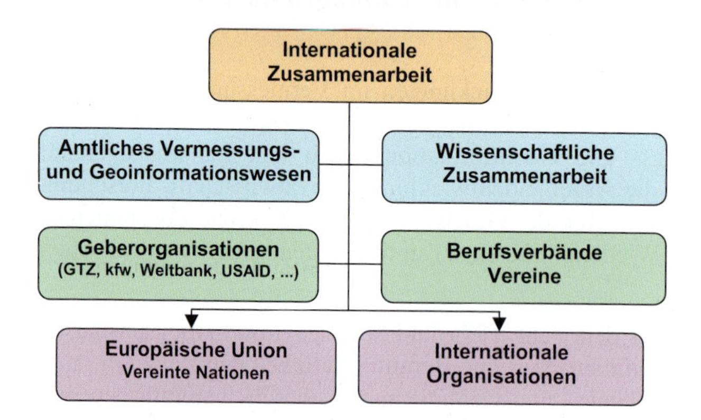

Abb. 2.5: Internationale Zusammenarbeit

Im folgenden Abschnitt werden aus diesem Grunde sowohl die Zusammenarbeit des amtlichen Vermessungs- und Geoinformationswesens, als auch die wissenschaftlichen Kooperationen und die internationalen Aktivitäten von fachbezogenen Verbänden und Vereinigungen in ihren wesentlichen Grundzügen dargestellt. Die Zusammenstellung erhebt dabei keinen Anspruch auf Vollständigkeit.

Auf die bilateralen Kooperationen und Initiativen des amtlichen Vermessungs- und Geoinformationswesens von Bund und Ländern kann an dieser Stelle nicht näher eingegangen werden. Dies gilt ebenso für die von der Gesellschaft für Technische Zusammenarbeit (GTZ) und dem Bundesministerium für wirtschaftliche Zusammenarbeit (BMZ) sowie der Kreditanstalt für Wiederaufbau betriebenen und finanzierten Projekte im Bereich Landmanagement.

2.6.2 Amtliches Vermessungswesen

Die Zusammenarbeit des Bundes und der Länder auf dem Gebiet des amtlichen Vermessungs- und Geoinformationswesens mit internationalen Fachgremien oder auf bilateraler Basis mit anderen Staaten hat in Deutschland eine lange Tradition. Verbunden mit den politischen Entwicklungen in Europa und unter anderem den Anforderungen der Europäischen Union hat sich diese Zusammenarbeit mittlerweile jedoch deutlich intensiviert. Zwei wesentliche Entwicklungslinien sind hierfür primär verantwortlich.

In Europa ist durch das enge Zusammenwachsen der Mitgliedsstaaten der Europäischen Union und gleichzeitig deren Erweiterung um mehrere Mitgliedsstaaten die Notwendigkeit zur internationalen Kooperation auf dem Gebiet des amtlichen Vermessungswesens dramatisch gestiegen. Immer komplexere, länderübergreifende Planungen und Projekte machen ein einheitliches Vorgehen der EU zwingend erforderlich.

Beispielhaft genannt seien hier nur die Anforderungen aus dem Bereich des Umweltschutzes und der Aufbau einer europäischen Geodateninfrastruktur nach der EU-Richtlinie INSPIRE auf der Basis eines einheitlichen Raumbezugs und einheitlicher Datenarchitekturen und Standards. Ein anderes Beispiel aus dem Bereich der Strukturförderung des ländlichen Raumes sind die Anforderungen der EU an ein Flurstücksidentifizierungssystem (LPIS) und an das Integrierte Verwaltungs- und Kontrollsystem InVeKoS zur Überprüfung der jeweiligen Fördermaßnahmen.

Die zweite Entwicklungslinie ist eng verbunden mit dem Zusammenbruch der ehemaligen Sowjetunion, der Verselbstständigung vieler Staaten und dem damit einhergehenden Transitionsprozess hin zu marktwirtschaftlichen Strukturen und Privateigentum an Grund und Boden, welche die Einrichtung von effizienten Landregistrierungssystemen sowie grundlegende Landmanagement-Strukturen erfordern. Die Unterstützung dieser Länder von Staaten mit gut funktionierendem Eigentumssicherungssystem und bestehenden Grundstücksmärkten, die über die erforderlichen gesetzlichen und institutionellen Rahmenbedingungen verfügen, war und ist weiterhin dringend geboten.

Die AdV hat diesen Entwicklungen frühzeitig Rechnung getragen und ist im Rahmen der Zusammenarbeit auf dem Gebiet des amtlichen Vermessungs- und Geoinformationswesens vorrangig in drei internationale Organisationen eingebunden und wirkt dort aktiv in den entsprechenden Gremien mit. Diese werden in Grundzügen in den folgenden Abschnitten vorgestellt.

EuroGeographics

Die Vereinigung EuroGeographics ist als Nachfolgeorganisation der früheren Vereinigung der Landesvermessungsbehörden Europas *CERCO (Comitée Européen des Responsables de la Cartographie Officiélle)* und deren auf Projektsteuerung und Bereitstellung von Daten und Dienstleistungen ausgerichteter Schwesterorganisation *MEGRIN (Multi-purpose European Groundrelated Information Network)* hervorgegangen. Der Zusammenschluss zu EuroGeographics hat im Jahr 2000 in Malmö, Schweden stattgefunden.

Die dort neu geschaffene Vereinigung unterliegt französischem Recht (entsprechend dem Gesetz vom 1.1.1901) und ist für 99 Jahre, beginnend ab 1.1.2001 ins Leben gerufen worden. Folgerichtig ist der Sitz der Vereinigung in Marne-la-Vallée bei Paris angesiedelt. Ihr wesentlicher Zweck besteht in der Unterstützung des Aufbaus einer europäischen Geodateninfrastruktur, die alle topographischen Daten und Informationen und neuerdings auch die Informationen aus den Bereichen Liegenschaftskataster und Landregister (in Deutschland Grundbuch) beinhaltet.

EuroGeographics unterscheidet dabei zwischen aktiven und assoziierten Mitgliedern. Aufgrund der unterschiedlichen institutionellen Rahmenbedingungen in den verschiedenen europäischen Staaten und den damit verbundenen verschieden zugeordneten Zuständigkeiten sind bis zu drei Mitglieder pro Land zugelassen. Zurzeit umfasst EuroGeographics insgesamt 43 Mitgliedsverwaltungen *(National Mapping, Cadastral and Land Registry Agencies, NMCA)* aus 52 Staaten Europas.

Die Bundesrepublik Deutschland wird durch das Bundesamt für Kartographie und Geodäsie (BKG) als aktives und durch die AdV als assoziiertes Mitglied in EuroGeographics vertreten.

Die Assoziation EuroGeographics finanziert sich über Mitgliedsbeiträge, die sich aus einem fixen Beitrag und einem variablen Anteil, der sich an der Höhe des Bruttosozialprodukts eines Landes orientiert, zusammensetzen. Demzufolge entrichtet Deutschland den höchsten Beitrag.

Die Organisation von EuroGeographics stellt sich insgesamt wie folgt dar:

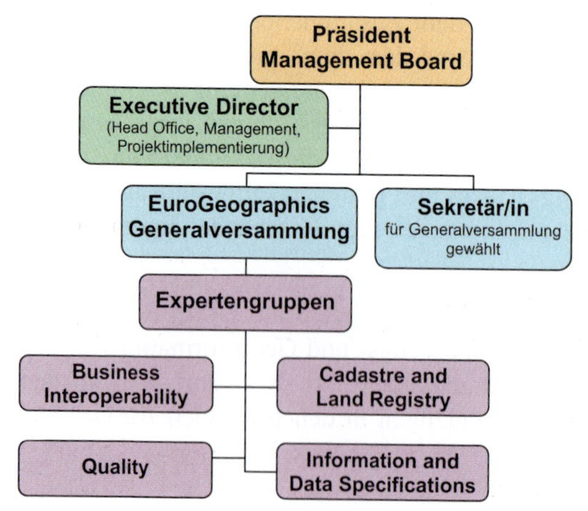

Abb. 2.6: Organigramm EuroGeographics

Strategische und operative Angelegenheiten von EuroGeographics werden von einem Management Board gesteuert, das sich aus Vertretern derjenigen Mitgliedsstaaten, deren Beitrag sich auf mehr als 10 % der Gesamtbudgets beläuft, und maximal sieben weiteren, gewählten Vertretern aus den übrigen Mitgliedsverwaltungen zusammensetzt. Für die Steuerung der Aktivitäten von EuroGeographics und die Projektimplementierung wird aus einer der Mitgliedsorganisationen ein *Executive Director* gestellt, der an das Management Board von EuroGeographics berichtet.

Unter anderem sollen mit EuroGeographics folgende Ziele verfolgt werden (*Articles of EuroGeographics Association 2004*):

- Definition gemeinsamer Spezifikationen und Modelle, um die Interoperabilität zwischen den verschiedenen bestehenden Datensätzen zu ermöglichen;
- Einbindung von EuroGeographics in europäische und nationale Gesetzgebungsinitiativen;
- Bereitstellung von Informationsdiensten;
- Entwicklung von Projekten;
- Schaffung und Verbreitung von Produkten (auch kommerziellen) und Dienstleistungen auf der Basis dieser Projekte.

Die Assoziation EuroGeographics stellt auf der Grundlage ihrer Statuten zurzeit vier paneuropäische geographische Datensätze bereit, die jeweils eine unterschiedliche Anzahl an europäischen Staaten abdecken. Als einheitlicher Raumbezug liegt allen Daten das ETRS 89 zugrunde. Mit dem Datensatz *EuroBoundaryMap* V. 3.0 werden Referenzdaten für die Verwaltungseinheiten und die statistischen Einheiten Europas für insgesamt 39 Staaten im Maßstab 1:100.000 verfügbar gemacht.

Angaben zu den nationalen Höhendaten in Europa (im EVRS) und damit der topographischen Oberfläche werden für die 27 Mitgliedsstaaten der Europäischen Union sowie weitere neun Länder mit dem Datenbestand *EuroDEM* V. 1.0 vorgehalten.

Mit *EuroGlobalMap* werden im Maßstab 1:1.000.000 blattschnittfrei Daten für Europa angeboten. Thematische Informationen beinhalten Angaben zu den Verwaltungsgrenzen, Hydrographie, Transport, Siedlungen, Höhen und geographische Namen.

EuroRegionalMap stellt Vektordaten im Maßstab 1:250.000 zur Verfügung.

Mitglieder von EuroGeographics können alle nationalen Organisationen sein, die verantwortlich für topographische Informationen, das Liegenschaftskataster oder Landinformation in ihrem jeweiligen europäischen Staat sind.

Neben der Bereitstellung von Produkten und Dienstleistungen ist auch der internationale Informationsaustausch *(Best Practice)* sowie die Erarbeitung gemeinsamer Positionen gegenüber der Europäischen Union von großer Bedeutung. Die operativen Arbeiten werden daher, neben der Arbeit des *EuroGeographics Head Office* in Paris, durch vier Expertengruppen bewältigt.

Während die *Business Interoperability Group (BIG)* im Wesentlichen die Aufgaben der Öffentlichkeitsarbeit, des Marketings und der Vertretung der Position von EuroGeographics bei der EU (u. a. GMES, INSPIRE) betreut, ist die *Cadastre and Land Registry Group* für die klassischen Arbeiten in den Bereichen von Liegenschaftskatastern und Landregistern zuständig. In dieser Eigenschaft arbeitet sie eng mit anderen paneuropäischen und internationalen Organisationen zusammen. Für den Bereich Landregistrierung ist eine eigene Unterarbeitsgruppe eingerichtet worden. Eine erweiterte Zuständigkeit für den Bereich Landmanagement ist zurzeit jedoch nicht vorgesehen.

Fragen, die sich mit Datenqualität, Qualitätsmanagement und der Implementierung von Standards beschäftigen, werden von der Expertengruppe *Quality* bearbeitet. Die Entwicklungen im Bereich der europäischen Geodateninfrastruktur (INSPIRE) werden von der Expertengruppe *Information and Data Specifications* wahrgenommen.

Die Assoziation EuroGeographics hat sich damit zu einem wesentlichen Instrument für die internationale Zusammenarbeit der Landesvermessungs-, Kataster- und Landregistrierungsbehörden in Europa entwickelt, das insbesondere dazu dient, gemeinsame Positionen für die Zusammenarbeit mit der EU zu entwickeln und zu vertreten (EUROGEOGRAPHICS 2009).

Permanent Committee on Cadastre in the European Union (PCC)
Das Ständige Komitee für Kataster in der Europäischen Union *(Permanent Committee on Cadastre in the European Union)* ist erst im Jahr 2002 gegründet worden. Initiiert im Rahmen der damaligen spanischen EU-Ratspräsidentschaft wurde auf einem internationalen Kataster-Kongress in Granada, Spanien der Vorschlag zur Gründung eines solchen Gremiums verabschiedet und auf einer weiteren Sitzung in Ispra, Italien noch in 2002 umgesetzt.

Spezielle Fragen des Liegenschaftskatasters in der Europäischen Union waren zu diesem Zeitpunkt nur sehr eingeschränkt in anderen internationalen Organisationen des amtlichen Vermessungswesens thematisiert worden; besonders EuroGeographics und seine Vorgängerorganisationen hatten sich bis zu diesem Zeitpunkt in erster Linie mit kleinmaßstäbigeren topographischen Daten und Karten befasst. Die Notwendigkeit der Abstimmung von Fragen des Liegenschaftskatasters auch staatenübergreifend war der Hauptgrund für die Gründung des PCC außerhalb der europäischen Vereinigung der Landesvermessungsbehörden.

Im PCC werden die Mitgliedsstaaten der Europäischen Union von nur jeweils einer Organisation vertreten. Bei Zuständigkeit verschiedener Behörden und Organisationen in einem Land (z. B. Bundesrepublik Deutschland) wird die Mitgliedsverwaltung vom jeweiligen Land festgelegt (Koordinierungsklausel).

Die Organisation des PCC ist dabei sehr schlank gehalten (Abb. 2.7): In Anlehnung an den turnusmäßigen Wechsel der EU-Ratspräsidentschaft wechselt grundsätzlich ebenfalls der Vorsitz im PCC. Eine ständige Geschäftsstelle ist bewusst nicht eingerichtet worden, Mitgliedsbeiträge und damit ein für Projekte und administrative Zwecke zur Verfügung stehendes Budget sind nicht vorgesehen.

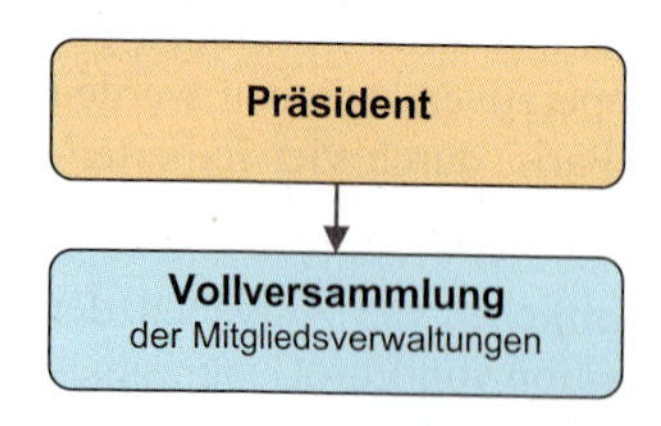

Abb. 2.7: Organigramm des PCC

Im Rahmen der Koordinierung der internationalen Zusammenarbeit ist von EuroGeographics und dem PCC im Jahr 2008 im Rahmen des PCC-Vorsitzes Sloweniens ein *Memorandum of Understanding* unterzeichnet worden, welches die von beiden Organisationen betriebenen internationalen Aktivitäten bündeln und Doppelarbeit vermeiden soll.

Als ein Beispiel für die Zusammenarbeit sei hier die eingerichtete Arbeitsgruppe zur Erarbeitung eines gemeinsamen Beitrags von PCC und EuroGeographics für die Implementierungsrichtlinien von INSPIRE zum Flurstück in 2008 und für katasterrelevante Daten aus den Anhängen II und III zur INSPIRE-Direktive in 2010 genannt.

Das PCC hat weiterhin in 2008 eine Veröffentlichung mit Beiträgen über zunächst acht verschiedene Katastersysteme in Europa, darunter Deutschland, herausgegeben (PCC 2008). Ein zweiter Band ist mit Informationen zu weiteren sechs Staaten unter tschechischer Präsidentschaft in 2009 herausgegeben worden (PCC 2009). Es ist vorgesehen, diese Veröffentlichung zu erweitern und Informationen über weitere Katastersysteme der EU-Mitgliedsstaaten hinzuzufügen.

United Nations Economic Commission for Europe – Working Party on Land Administration (UNECE-WPLA)

Mit dem Zusammenbruch der ehemaligen Sowjetunion haben für den Bereich Zentral- und Osteuropas sowie Zentralasiens wesentliche politische und wirtschaftliche Veränderungen stattgefunden, die erheblichen Einfluss auf die Rolle des Vermessungs- und Geoinformationswesens gehabt haben. Einhergehend mit einem Wechsel der Eigentumsstrukturen (z. B. Restitution, Privatisierung) und der zwingenden Notwendigkeit, Eigentumsverhältnisse zu regeln, das Land zu verwalten und den notwendigen rechtlichen und institutionellen Rahmen hierfür zu schaffen, haben sich die wirtschaftlichen und institutionellen Strukturen im Bereich der Landverwaltung gewandelt und in den o. g. Ländern haben sich die Immobilienmärkte mit sehr unterschiedlicher Geschwindigkeit konstituiert.

Seit nunmehr annähernd zwei Jahrzehnten hat sich damit eine Entwicklung fortgesetzt, die zahlreiche Staaten im Bereich der UNECE-Region nachhaltig beeinflusst hat. Landregistrierungs- und Katastersysteme in Ländern, die sich hin zu marktwirtschaftlichen Strukturen orientieren, haben sich rasant entwickelt, während gleichzeitig die Anforderungen an bereits seit langer Zeit etablierte Systeme in westlichen Ländern mit dem Technologiewandel und den sich immer fort entwickelnden Kundenanforderungen dramatisch angewachsen sind.

In diesem Umfeld hat sich seit 1993 die UNECE als eine der ersten Organisationen der Thematik der Landverwaltung (*land administration*) und damit der Schaffung der zentralen Voraussetzungen für die wirtschaftliche Entwicklung u. a. der ehemaligen GUS-Staaten gewidmet. Dem zunächst als Ad-hoc-Gremium gegründeten *Meeting of Officials on Land Administration (MOLA)* ist im Jahr 1999 aufgrund der sehr erfolgreichen und unverzichtbaren Arbeiten von UNECE ein permanenter Status als Working Party eingeräumt worden. Die Arbeiten werden seitdem unter dem Namen UNECE-WPLA erfolgreich fortgesetzt. Dabei konzentrieren sich die Arbeiten nicht auf die o. g. Länder, sondern ebenso auf die Bedürfnisse und Anforderungen der Länder Westeuropas, die eng in die WPLA eingebunden sind.

Die Einbindung der WPLA und ihrer Arbeiten in die übergeordneten Ziele der Vereinten Nationen (u. a. *Millennium Development Goals, MDG*) und des übergeordneten Gremiums

Committee on Housing and Land Management (UNECE-CHLM) verleihen den praktischen Arbeiten einen ganzheitlichen Ansatz (CREUZER 2006), der in dieser Ausprägung von den bereits beschriebenen internationalen Gremien derzeit nicht verfolgt wird. Die Kernaufgaben der *land administration* werden ebenso betrachtet, wie die Rollen von Raumplanung, der Immobilienmärkte, des Bau- und Wohnungswesens oder der Verbesserung der Agrarstruktur. Im Gegenzug finden die Belange und Leistungen des Vermessungs- und Geoinformationswesens auch Eingang in andere Aufgabenbereiche.

Die UNECE ist im Jahre 1947 durch den Wirtschaftlichen und Sozialen Rat der Vereinten Nationen (*United Nations Economic and Social Council, ECOSOC*) gegründet worden. Sie ist eine von insgesamt fünf Regionalkommissionen der Vereinten Nationen. Zu ihren Aufgaben gehören Analysen und Politikberatung sowie als übergeordnetes Ziel eine paneuropäische Wirtschaftsintegration. Die UNECE-Region umfasst zurzeit insgesamt 56 Staaten, sie reicht von Nordamerika über die europäischen Staaten bis nach Zentralasien. In die Arbeiten sind ebenfalls über 70 professionelle Organisationen und NGOs eingebunden. Der Zuständigkeitsbereich ist damit sehr groß und die zu bearbeitenden Aufgaben durch die zu berücksichtigenden heterogenen Entwicklungsstadien der Landverwaltung geprägt.

Die Ziele von UNECE umfassend darzustellen, würde den Rahmen des Kapitels überschreiten, deshalb sei hier nur auf die im Jahre 2000 von UNECE verabschiedete ECE Strategie zur nachhaltigen Lebensqualität im 21. Jahrhundert verwiesen (UNITED NATIONS ECONOMIC COMMISSION FOR EUROPE 2001). Diese Strategie ist 2006 durch eine Ministererklärung zu den sozialen und wirtschaftlichen Herausforderungen in der ECE-Region bestätigt worden (UNITED NATIONS ECONOMIC COMMISSION FOR EUROPE 2006). Hierin sind die Themenkomplexe der nachhaltigen Raumplanung, der Landreformen, des ungehinderten Zugangs der armen Bevölkerung zur Ressource Land, funktionierende Immobilienmärkte sowie die Entwicklung von Kataster- und Landregistrierungssystemen berücksichtigt.

Gemäß ihrer *Terms of Reference (ToR)* hat die WPLA die Förderung und Verbesserung von *land administration* und Landmanagement (u. a. Planung und Landentwicklung) in der UNECE-Region und damit diese Ziele zu verfolgen und durch praktische Arbeiten zu unterstützen. Sie soll zur Formulierung, Implementierung und Überwachung von Landpolitik und Geodaten-Politik beitragen. Im Rahmen ihrer Aktivitäten soll sie *Public Private Partnership*-Aktivitäten und die Einbindung des privaten Sektors in das Management von Landressourcen und in die Aus- und Weiterbildung unterstützen.

Die Einbindung der WPLA in die Struktur von UNECE ist in Abbildung 2.8 dargestellt. Mitglieder sind die in den jeweiligen Mitgliedsstaaten für Landregistrierung und Liegenschaftskataster verantwortlichen Behörden. Deutschland wird durch die AdV vertreten und hat seit dem Jahr 2005 und damit zwei Wahlperioden den Vorsitz (*Chairmanship*) inne.

Die Kernaktivitäten der WPLA lassen sich in drei Bereiche unterteilen: Zum einen ist die Bereitstellung einer internationalen Plattform für den Erfahrungsaustausch und die gegenseitige Information der Mitgliedsländer über aktuelle Entwicklungen oder Problemstellungen von besonderer Bedeutung. Diesem Umstand wird durch die Organisation von in der Regel zwei Workshops pro Jahr unter der Schirmherrschaft von UNECE-WPLA Rechnung getragen. Dabei wird zwischen thematisch orientierten Seminaren zu speziellen Fragestellungen und Veranstaltungen, die aktuelle Entwicklungen eines ECE-Mitgliedsstaates zum Thema haben, unterschieden.

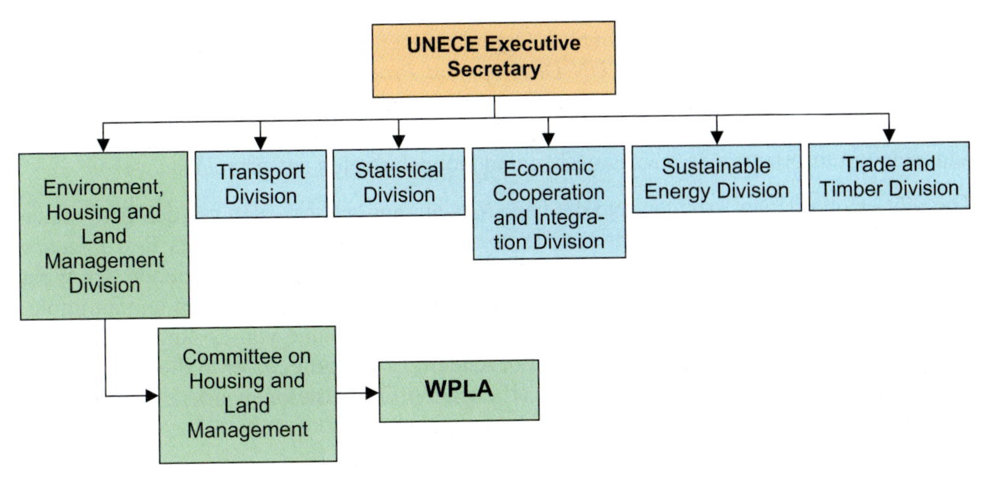

Abb. 2.8: Einbindung der WPLA in die Organisation von UNECE

Darüber hinaus findet alle zwei Jahre eine Vollversammlung (*Session*) der WPLA-Mitglieder bei den Vereinten Nationen in Genf statt, welche auf der Grundlage der dort geführten Diskussionen das Arbeitsprogramm für die nächsten zwei Jahre durch das Plenum zu verabschieden hat und das Steuerungsgremium und den Vorsitz für die folgende zweijährige Session von WPLA (*Bureau*) wählt.

Zum operativen Geschäft zählen weiterhin die sogenannten *Land Administration Reviews*, die durch WPLA und internationale unabhängige Experten auf Antrag eines Mitgliedslandes durchgeführt werden. Dabei wird das jeweilige System zur Landregistrierung und Landverwaltung untersucht und es werden Empfehlungen zur Verbesserung der rechtlichen, institutionellen und fachlichen Rahmenbedingungen für eine effiziente Administration der Grundstücke des Landes gegeben. Die dabei erstellten Berichte werden veröffentlicht. Bisher sind Untersuchungen für Armenien, Aserbeidschan, Bulgarien, Georgien, Litauen und die Russische Föderation durchgeführt worden.

Durch das CHLM werden sogenannte *Country Reviews* durchgeführt, die sich mit der Situation des Siedlungswesens und Wohnungsbaus in ECE-Migliedsstaaten befassen. Im Zuge eines ganzheitlichen Ansatzes wird in diese Untersuchungen auch ein Kapitel mit Informationen zur Situation des Landmanagements aufgenommen.

Weiterhin seien die von WPLA erarbeiteten und von den Vereinten Nationen veröffentlichten Studien und Richtlinien zu Fragestellungen der *land administration* genannt. Einige grundlegende Publikationen sind in (CREUZER 2006) kurz beschrieben.

Mit der *Real Estate Market Advisory Group (REM)* ist 2007 im Zuge der für UNECE eingeleiteten Reformen unter der WPLA eine Gruppe gegründet worden, die sich aus Vertretern des privaten Sektors, Finanzinstituten und NGOs zusammensetzt und sich insbesondere mit den Mechanismen der Grundstücksmärkte in der ECE-Region befasst. REM arbeitet der WPLA direkt zu, stimmt das jeweilige Arbeitsprogramm mit der WPLA ab und berät in Fragen des Grundstücksmarkts. Die Expertise des privaten Sektors auf diesem Gebiet schließt eine Lücke im abgedeckten fachlichen Bereich der WPLA.

Die WPLA arbeitet mit internationalen Organisationen und Vereinigungen wie anderen UN-Regionalkommissionen, dem *UN Development Programme (UNDP)*, mit UN-HABITAT, mit der *UN Food and Agriculture Organization (FAO)*, der Europäischen Union und auch den bereits oben beschriebenen Organisationen EuroGeographics und PCC eng zusammen, um Informationen auszutauschen und Doppelarbeiten zu vermeiden.

Die sehr erfolgreichen Arbeiten und die enge Verzahnung der Arbeiten mit den Aktivitäten des CHLM haben die WPLA mittlerweile über die ECE-Region hinaus als *Best Practice* Beispiel bekannt gemacht, und es gibt Bestrebungen auch in anderen Regionen der Welt, ähnliche Modelle für den internationalen Erfahrungsaustausch zu erarbeiten und zu implementieren. Insbesondere der ganzheitliche Ansatz zur Erarbeitung von Lösungsvorschlägen für Fragen des Landmanagements verdient besondere Erwähnung, da er in dieser Form von den anderen beschriebenen international arbeitenden Organisationen des amtlichen Vermessungs- und Geoinformationswesens nicht praktiziert wird.

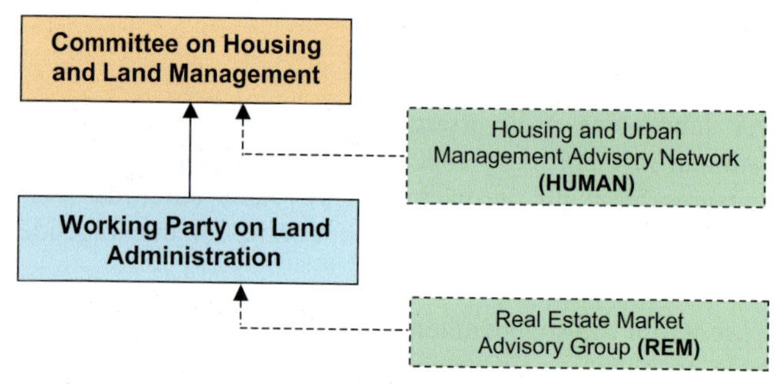

Abb. 2.9: Gremien von CHLM und WPLA

2.6.3 Wissenschaftliche Zusammenarbeit

Die **International Union of Geodesy and Geophysics (IUGG)** ist eine internationale Nichtregierungsorganisation, die sich der Weiterentwicklung, Förderung und Wissensverbreitung über das System Erde, den Weltraum und die Veränderungen aufgrund dynamischer Prozesse widmet. Sie wurde 1919 gegründet und ist eine von 29 wissenschaftlichen Vereinigungen, die im *International Council for Science (ICSU)* zusammengeschlossen sind.

Hauptzweck der IUGG ist die Förderung und Koordinierung von Forschungsaktivitäten über die Erde und den erdnahen Weltraum. Sie gründet spezielle Kommissionen zu langfristigen Forschungsthemen und Spezial-Studiengruppen (SSG) zu aktuellen Themenkreisen. Ferner unterhält die Union eine Reihe wissenschaftlicher Dienste (Services), unter anderem zur Erdrotation und zu GPS.

Die IUGG gliedert sich in acht Assoziationen, von denen die International Association of Geodesy (IAG) im Folgenden näher betrachtet wird (IUGG 2009).

Die **International Association of Geodesy (IAG)** ist eine Sektion der IUGG und trägt ihren Namen seit 1932. Sie versteht sich als Nachfolgerin der „Internationalen Erdmessung“, die zwischen 1886 und 1917 entscheidend von Friedrich Robert Helmert geprägt wurde. Die Zielsetzung der IAG ist allerdings weiter gefasst als die „Internationale Erdmessung" und umfasst den gesamten Bereich der Geodäsie (TORGE 1993).

Die wissenschaftliche Tätigkeit der IAG soll innerhalb einer „Baukastenstruktur" erledigt werden. Hierfür hat die IAG Kommissionen (mit Subkommissionen und Studiengruppen) für die Themenfelder *Reference Frames*, *Gravity Field*, *Earth Rotation* and *Geodynamics* und *Positioning and Applications* eingerichtet. Darüber hinaus gibt es ein *InterCommission Committee on Theory (ICCT)* für kommissionsübergreifende Forschungsprojekte sowie *IAG Services* (IAG 2009). Als Beispiel für einen Dienst sei der *International Earth Rotation and Reference Systems Service (IERS)* genannt, der das *International Terrestrial Reference System* laufend hält, aus dem wiederum das *European Terrestrial Reference System 89 (ETRS89)* abgeleitet wird.

Die 1959 in Bern gegründete **International Cartographic Association (ICA)** ist eine von der UNO anerkannte Nichtregierungsorganisation, die den Richtlinien des *International Council of Science (ICS)* folgt. Sie versteht sich als der weltweite Dachverband für Kartographie als der Fachrichtung, die sich mit der Konzeption, der Produktion, der Verbreitung und dem Studium von Karten beschäftigt (ICA 1995 – ICA Mission). Die ICA sieht es als ihre Aufgabe (*mission*) an, durch die Förderung und Darstellung der Kartographie auf internationaler Ebene zu gewährleisten, dass raumbezogene geographische Informationen mit größtmöglicher Wirkung im Interesse von Wissenschaft und Gesellschaft eingesetzt werden (ICA 2003).

Bei der Mitgliedschaft wird unterschieden zwischen der *National Membership* für die nationalen kartographischen Organisationen oder Vermessungs- und Katasterverwaltungen und der *Affiliate Membership* für Organisationen oder Firmen, die die Ziele der ICA unterstützen wollen. Deutsches Mitglied in der ICA ist die DGfK.

Die ICA besitzt derzeit 22 Kommissionen und acht Arbeitsgruppen (ICA 2009).

Im Jahre 1910 wurde mit der *International Society for Photogrammetry (ISP)* die Vorläuferorganisation der **International Society for Photogrammetry and Remote Sensing (ISPRS)** gegründet, den heutigen Namen erhielt sie 1980. Die ISPRS ist eine Nichtregierungsorganisation, die sich der internationalen Zusammenarbeit zur Förderung der Photogrammetrie und Fernerkundung und ihrer Anwendungen widmet.

Die wissenschaftlichen Interessen schließen die Photogrammetrie, die Fernerkundung, raumbezogene Informationssysteme und verwandte Disziplinen sowie darüber hinaus Anwendungen in der Kartographie, der Geodäsie, den Erd- und Ingenieurwissenschaften und der Überwachung und dem Schutz der Umwelt ein (ISPRS 2009).

Die ISPRS ist mit Organisationen, die direkt oder indirekt mit der UN verbunden sind, sowie weiteren internationalen Vereinigungen assoziiert. Die wissenschaftliche und technische Arbeit der ISPRS wird von acht technischen Kommissionen geleistet. Für die Bearbeitung besonderer Themenbereiche sind sieben Komitees eingerichtet worden.

Bei der Mitgliedschaft wird zwischen Ordentlichen, Assoziierten, Regionalen, Fördernden Mitgliedern sowie Ehrenmitgliedern unterschieden.

EuroSDR (European Spatial Data Research) ist ein paneuropäisches Netzwerk von derzeit 18 Produktions- und Forschungseinrichtungen für Geoinformationen. Die Vorläuferorganisation war die 1953 gegründete *OEEPE (Organisation Européenne d'Etudes Photogrammétriques Experimentales)*.

EuroSDR sieht sich als europäische Forschungsplattform im Bereich der Geoinformationen für die nationalen Vermessungs- und Katasterverwaltungen, Hochschulen, Industrie und weitere interessierte Gruppen. Ziel ist unter anderem die Entwicklung und Verbesserung der Methoden, Systeme und Standards für die Erfassung, Verarbeitung, Aktualisierung und Verbreitung von Geobasisdaten. Die Forschungsaktivitäten von EuroSDR sind in fünf Kommissionen organisiert.
Bei der Mitgliedschaft wird zwischen ordentlicher und assoziierter Mitgliedschaft unterschieden (EUROSDR 2009).

2.6.4 Verbände, Vereinigungen

Die **Fédération Internationale des Géomètres (FIG)** wurde 1878 in Paris gegründet. Sie ist eine Vereinigung nationaler Verbände und Vereine und das einzige internationale Organ, das alle Disziplinen des Vermessungswesens repräsentiert. Gleichzeitig ist sie eine von der UN anerkannte Nichtregierungsorganisation, die dafür sorgen soll, dass die verschiedenen Disziplinen des Vermessungswesens und alle, die in ihnen tätig sind, die Erfordernisse der Märkte und Gemeinschaften, denen sie dienen, erfüllen. Sie verfolgt ihr Ziel, indem sie die Berufspraxis fördert und die Entwicklung beruflicher Standards unterstützt. Mehr als 100 Staaten werden in der FIG repräsentiert durch

- Mitgliedsverbände – nationale Verbände, die eine oder mehrere Vermessungsdisziplinen repräsentieren,
- Zweigorganisationen – Gruppen von Vermessungsingenieuren oder Vermessungsorganisationen, die berufsbezogene Aktivitäten ausführen, aber nicht die Kriterien für einen Mitgliedsverband erfüllen,
- Korporative Mitglieder – Organisationen, Institutionen oder Agenturen, die kommerzielle Dienste auf dem Gebiet des Vermessungswesens anbieten,
- Akademische Mitglieder – Organisationen, Institutionen oder Agenturen, die Ausbildung oder Forschung in einer oder mehreren Vermessungsdisziplinen anbieten.

Das Tagesgeschäft der FIG wird vom ständigen Büro wahrgenommen. Das *FIG-Büro* befindet sich in Kopenhagen, Dänemark.

Die technischen Arbeiten der FIG werden von 10 Kommissionen geleistet, Sie orientieren sich an einem Arbeitsplan, der regelmäßig mit dem Langzeit-Strategieplan abgeglichen wird. Der gegenwärtige Arbeitsplan fokussiert besonders auf die Reaktion der Vermessungsingenieure auf den sozialen, wirtschaftlichen, technologischen und umweltbezogenen Wandel. Die FIG ist sich zudem bewusst, dass die Märkte für Vermessungsdienstleistungen sich permanent ändern. Entsprechend legt der Arbeitsplan großes Gewicht darauf, die beruflichen Institutionen zu stärken, die berufliche Entwicklung zu fördern und die Vermessungsingenieure zu ermuntern, sich neue Fähigkeiten und Techniken anzueignen, damit sie den Bedürfnissen von Gesellschaft und Umwelt angemessen begegnen können. Deutsches Mitglied der FIG ist der DVW (FIG 2009).

Das **Comité de Liaison des Géomètres Européens (CLGE)** wurde 1972 auf dem FIG-Kongress in Wiesbaden von den damaligen neun Mitgliedsstaaten der Europäischen Wirtschaftsgemeinschaft gegründet. Ziel war es, die Römischen Verträge hinsichtlich des Berufes des Vermessungsingenieurs umzusetzen. Die Abkürzung CLGE gibt es in zwei europäischen Sprachen, nämlich auf Englisch *European Council of Geodetic Surveyors* und auf Französisch „*Comité de Liaison des Géomètres Européens*". CLGE vertritt Vermessungsingenieure aus 29 Ländern (Stand 2009). Dazu gehören alle Mitgliedsstaaten der Europäischen Union sowie Norwegen und die Schweiz.

Ziel des CLGE ist es, die Interessen des Berufsstandes der Vermessungsingenieure in Europa, sowohl in der Privatwirtschaft als auch im öffentlichen Sektor zu vertreten und zu fördern. Dazu soll u. a. ein ständiges Forum der Vermessungsingenieure in Europa geschaffen werden, die auf europäischer Ebene partnerschaftlich zusammenarbeiten. Gleichzeitig will CLGE den Berufsstand der Vermessungsingenieure gegenüber der europäischen Öffentlichkeit und vor allem gegenüber den Gremien der Europäischen Union repräsentieren. Ein besonderes Ziel von CLGE ist es, die gegenseitige Anerkennung von Universitätsabschlüssen und Berufsqualifikationen sowie die Mitwirkung bei der Rechtsprechung in Bezug auf Berufsangelegenheiten auf EU-Ebene zu erreichen (CLGE 2009).

Die **European Group of Surveyors (EGoS)** wurde 1989 vornehmlich als Vertretung der nicht-geodätischen Vermessungsexperten in Europa gegründet. EGoS hat zehn Vollmitglieder, drei assoziierte Mitglieder und vier Mitglieder mit Beobachterstatus. Diese repräsentieren ca. 260.000 freiberuflich tätige Vermessungsingenieure in 15 Ländern. EGoS befasst sich hauptsächlich mit der Entwicklung gemeinsamer Kriterien für die Ausbildung im Vermessungsberuf und der Förderung hoher fachlicher Standards innerhalb des Vermessungswesens, der gemeinsamen Lobbyarbeit mit anderen berufsständischen Organisationen auf europäischer Ebene sowie der Förderung der gegenseitigen Anerkennung beruflicher Qualifikationen in Europa und Entwicklung eines europäischen Registers von Vermessungsfachleuten. Weiterhin unterstützt der Verband den Berufsstand in den mittel- und osteuropäischen Staaten bei der Vorbereitung der Mitgliedschaft in der Europäischen Union sowie die Entwicklung der Zusammenarbeit mit Staaten des Mittelmeerraumes. Deutsches Mitglied in EGoS ist der VDV (EGOS 2009).

Die **European Umbrella Organisation for Geographic Information (EUROGI)** ist eine unabhängige, gemeinnützige Nichtregierungsorganisation, die als Dachverband die europäische Geoinformationswirtschaft repräsentiert. Ziel des europäischen Dachverbandes ist es, Verfügbarkeit und Nutzbarkeit von Geoinformation zur Schaffung von Mehrwerten für Verwaltung, Wirtschaft und den Bürger in Europa zu optimieren und die Interessen der beteiligten Gruppen zu vertreten. Hierzu bringt sich EUROGI aktiv in die Gestaltung des Geoinformationsmarktes in Europa ein. Die deutschen Interessen in EUROGI werden vom DDGI wahrgenommnen (DDGI 2009).

2.7 Schlussbemerkung

2.7.1 Wertung

Der hohe Stellenwert des sowohl durch das Vermessungs- und Geoinformationswesen als auch die Landentwicklung bearbeiteten Aufgabenspektrums ist in den vorangehenden Abschnitten verdeutlicht worden. Ohne eine qualifizierte Wahrnehmung der dort beschriebenen Aufgaben ist die geordnete und nachhaltige Entwicklung eines Staates nicht denkbar.

In der Bundesrepublik Deutschland haben der föderale Aufbau sowie die länderspezifischen Besonderheiten zu unterschiedlichen Ansätzen für die Organisation und den institutionellen Aufbau der Länderverwaltungen geführt. Übergeordnete Ziele werden dabei durch die Koordinierungsgremien AdV und ArgeLandentwicklung abgestimmt und festgelegt. Das Vermessungs- und Geoinformationswesen mit den grundlegenden Aufgaben der Bereitstellung des einheitlichen Raumbezugs und der Geobasisdaten flächendeckend für die Bundesrepublik Deutschland, der Eigentumssicherung sowie dem Nachweis der öffentlich-rechtlichen Festlegungen ist eine Staats- und damit eine Hoheitsaufgabe (ADV 2007c). Dieser Ansatz hat sich, einschließlich der Institution des ÖbVermIng als staatsgebundener Beruf, bewährt.

In gleicher Weise nehmen die deutschen Verwaltungen für Landentwicklung die ihnen übertragenen Aufgaben der Strukturförderung des ländlichen Raumes und der Flurbereinigung effizient wahr und stellen damit die nachhaltige Entwicklung unserer ländlichen Räume mit ihren vielfältigen Funktionen und die Erhaltung ihrer Leistungsfähigkeit sicher.

Die Koordinierung aller wesentlichen Aspekte zur Sicherstellung einer bundeseinheitlichen Durchführung der Kernaufgaben erfordert ein hohes Maß an Abstimmung in den o. g. Koordinierungsgremien, ermöglicht jedoch eine nachhaltige Aufgabenwahrnehmung unter Berücksichtigung aller länderspezifischen Aspekte. Die Qualität und der Umfang der Eigentumssicherung, die qualifizierte Abwicklung von Bodenordnungsverfahren im ländlichen und städtischen Bereich sowie die erreichten Ergebnisse in den Bereichen Landentwicklung und Vermessungs- und Geoinformationswesen halten einem internationalen Vergleich jederzeit stand.

Das deutsche Vermessungs- und Geoinformationswesen und die Landentwicklung bringen ihre Fachkompetenz und Erfahrungen auf allen Ebenen in die internationalen Beratungen und die Facharbeit ein und tragen damit wesentlich zur internationalen Vernetzung und zum Know-how-Transfer bei. Sie sind dabei gefragte Partner, nicht zuletzt wegen der hohen Koordinationskompetenz (ADV 2007c), die bei staatenübergreifenden Vorhaben von Vorteil ist.

2.7.2 Ausblick

Die vergangenen knapp 20 Jahre seit der Wiedervereinigung waren im Bereich des deutschen Vermessungs- und Geoinformationswesens zum einen durch den Aufbau der notwendigen Verwaltungsstrukturen in den neuen Bundesländern und zum anderen durch zahlreiche Reformen nicht nur in den alten Bundesländern geprägt, die großen Einfluss auf die beschriebenen Arbeiten gehabt haben. Reformen zur Steigerung der Wirtschaftlichkeit und Effizienz der Aufgabenwahrnehmung, der weiter fortschreitende Technologiewandel und aktuelle Entwicklungen werden auch weiterhin erheblichen Einfluss auf die Organisation und Struktur der Verwaltungen in den Bereichen der Landentwicklung und des Vermessungs- und Geoinformationswesens in Deutschland und seinen 16 Bundesländern haben. Mit der Einführung des 3-A-Modells für die Bereitstellung ihrer Geodaten hat die AdV die Weichen für eine zukunftsorientierte Arbeit auch im europäischen Kontext bereits gestellt. Die Wahrnehmung der beschriebenen Kernaufgaben als solche durch den Staat und von ihm Beliehene wird weiterhin von grundlegender Bedeutung bleiben.

Die Erhaltung der Leistungsfähigkeit und Attraktivität der ländlichen Räume Deutschlands bleibt eine zentrale Aufgabe der Landentwicklung. Dabei werden Themen wie Klima- und Umweltschutz und das Zusammenwirken von ländlichen Räumen und Metropolregionen sowie die sich wandelnden agrarpolitischen Rahmenbedingungen in die Arbeiten einzubeziehen sein.

Die effektive und effiziente Bewältigung der oben beschriebenen Aufgaben und Tätigkeitsfelder auch in der Zukunft wird in einem weiter zusammenwachsenden Europa immer mehr eines vernetzten und interdisziplinären Denkens und Handelns über Länder- und Staatsgrenzen hinweg bedürfen, das sich unter Umständen auch auf bestehende Strukturen der beschriebenen Verwaltungen auswirken kann.

2.8 Quellenangaben

2.8.1 Literaturverzeichnis

ADV (2005): Geschäftsordnung der AdV (unveröffentlicht). Herausgegeben von der AdV-Geschäftsstelle, Hannover.

ADV, BDVI (2006): Gemeinsam für Staat, Wirtschaft und Gesellschaft, Memorandum über die Zusammenarbeit von AdV und BDVI im amtlichen Vermessungswesen in Deutschland. In: zfv, 131 (1), 1-6.

ADV (2007a): Strategische Leitlinien des Amtlichen deutschen Vermessungswesens. In: Wissenswertes über das Amtliche deutsche Vermessungswesen, Sonderdruck der AdV, 2007, 28-40. Magdeburg.

ADV (2007b): Grundlage für Ihre Entscheidungen. Bundesweit: Geodaten für Wirtschaft, Staat und Gesellschaft. Sonderdruck der AdV, AdV-Geschäftsstelle, Hannover.

ADV (2007c): Wissenswertes über das Amtliche deutsche Vermessungswesen. Sonderdruck der AdV, 2007, 28-40. Magdeburg.

ADV (2008): 60 Jahre AdV, Tätigkeitsbericht 2007/2008. Sonderdruck der AdV, AdV-Geschäftsstelle, Hannover.

ADV (2009): Tätigkeitsbericht 2008/2009. Sonderdruck der AdV, AdV-Geschäftsstelle, Hannover.

ARGE LANDENTWICKLUNG (2008): Jahresbericht 2007 der Bund-Länder-Arbeitsgemeinschaft Nachhaltige Landentwicklung. Hrsg.: ArgeLandentwicklung.

BECK-TEXTE (2007): Baugesetzbuch (BauGB). 40. Aufl. Sonderausgabe. Deutscher Taschenbuchverlag, München.

BRANDTS, GRADTKE-HANZSCH & OLSCHEWSKI (2001): 140 Jahre Grundsteuerreform. In: Vermessung Brandenburg, 2/2001, 50 ff.

BKG (2007): Beschreibung der Aufgaben und Organisation des Bundesamtes für Kartographie und Geodäsie (Broschüre). BKG, Frankfurt am Main.

BOHLMANN, T. (2002): Zusammenarbeit im amtlichen Vermessungswesen der Bundesrepublik Deutschland. In: LSA VERM, 2/2002, 101-118.

BUNDESARCHIV (2007): R 1516. Reichsamt für Landesaufnahme.

BUNDESMINISTERIUM FÜR ERNÄHRUNG, LANDWIRTSCHAFT UND VERBRAUCHERSCHUTZ (BMELV 2006): Nationaler Strategieplan der Bundesrepublik Deutschland für die Entwicklung ländlicher Räume 2007-2013. Nationaler Strategieplan ELER (19.9.2006).

CREUZER, P. (2000): Support of Good Land Administration by the Work of the UNECE Working Party on Land Administration. In: zfv, 125 (10).

CREUZER, P. (2006): Internationale Entwicklungszusammenarbeit – Der Beitrag der Working Party on Land Administration der United Nations Economic Commission for Europe (UNECE-WPLA). In: zfv, 131 (5).

CREUZER, P. (2007): Working Party on Land Administration – A Support to Good Governance. Good Land Administration – It's Role in Economic Development, Ulaanbaatar, Mongolia 2007. Hrsg.: Batbileg Chinzorig und Prof. Dr. Shairai Batsukh, ALAGaC, Mongolia.

CREUZER, P. (2008): Gedanken über Landentwicklungsbehörden 2020 – aus internationaler Sicht. Kongressdokumentation 10. Münchner Tage der Bodenordnung und Landentwicklung am 10. und 11. März 2008, Ländliche Räume – Stiefkinder in einer Republik von Stadtregionen? Hrsg von Univ.-Prov. Dr.-Ing. Holger Magel.

DALE, P. (2008): The Social and Economic Benefits that flow from good Land Administration. Vortrag UNECE-WPLA Workshop Bergen, Norwegen, 2008.

DEUTSCHE GESELLSCHAFT FÜR TECHNISCHE ZUSAMMENARBEIT – GTZ (Hrsg.) (1997): Bodenrecht und Bodenordnung – ein Orientierungsrahmen. Eschborn.

DIECKMANN, J. (1997): Vorwort zur Schrift „Stadtvermessung, Geoinformation, Liegenschaften: 50 Jahre Kommunales Vermessungs- und Liegenschaftswesen im Deutschen Städtetag". Bearb. von CUMMERWIE, H.-G. Deutscher Städtetag, Köln (Reihe E, Heft 25).

EUROPÄISCHE UNION (2007): Richtlinie des Europäischen Parlaments und des Rates zur Schaffung einer Geodateninfrastruktur in der Europäischen Gemeinschaft (INSPIRE). Richtlinie 2007/2/EG.

EUROPÄISCHE KOMMISSION (2006): Der Leader-Ansatz: ein grundlegender Leitfaden. Luxemburg, Amt für amtliche Veröffentlichungen der Europäischen Gemeinschaften.

FREITAG, O. (2004): Das Beleihungsrechtsverhältnis. Rahmen, Begründung und Inhalt. Dissertation, Bochum 2004.

GEIERHOS, M. ET AL. (2006): Nachhaltige Landentwicklung – Antworten der ArgeLandentwicklung auf aktuelle Herausforderungen im ländlichen Raum. In: zfv, 131 (5), 242-250.

GOMILLE, U. (2008): Niedersächsisches Vermessungsgesetz – Kommentar. 1. Aufl. Kommunal- und Schulverlag, Wiesbaden.

HOLTHAUSEN, R. (2004): Die Vergütung der Vermessungsingenieure. In: NZBau 2004, 479 ff.

ICA (1995): ICA Mission, 10th General Assembly of the International Cartographic Association. Barcelona, Spain, 3 September 1995.

ICA (2003): A Strategic Plan for the International Cartographic Association 2003-2011. Adopted by the ICA General Assembly.

IMAGI (2008): Geoinformation im globalen Wandel. Festschrift zum 10jährigen Bestehen des Interministeriellen Ausschusses für Geoinformationswesen. Geschäfts- und Koordinierungsstelle des IMAGI, Frankfurt am Main.

INTERNATIONAL CONFERENCE 'POLICY MEETS LAND MANAGEMENT' (2008): Munich Declaration on Land Management and Land Policy 2008. München.

INTERNATIONAL FEDERATION OF SURVEYORS – FIG (2006): The Contribution of the Surveying Profession to Disaster Risk Management. FIG Working Group 8.4, FIG Publication 38.

KEDDO, L. (2008): Der Öffentlich bestellte Vermessungsingenieur. Stellung und Funktion im Rechtssystem. Wißner-Verlag, Augsburg.

KUMMER, K. & MÖLLERING, H. (2005): Vermessungs- und Geoinformationsrecht Sachsen-Anhalt – Kommentar. 3. Aufl. Kommunal- und Schulverlag, Wiesbaden.

KUMMER, K., PISCHLER, N. & ZEDDIES, W. (2006): Das Amtliche deutsche Vermessungswesen – Stark in den Regionen und einheitlich im Bund – für Europa. In: zfv, 131 (5), 234-241.

LANDESVERMESSUNGSAMT SACHSEN (Hrsg.) (2006): Die Vermessung Sachsens – 200 Jahre Vermessungsverwaltung Sachsen. Verlag Klaus Gumnior, Chemnitz.

LUCHT, H. (1987): Kommunales und staatliches Vermessungswesen der Ortsinstanz im Wandel der Rahmenbedingungen. In: zfv, 112 (4), 157 ff.

MEYER VON, H. (2008): Neue Landnutzungsdynamik in den ländlichen Räumen im Spannungsfeld zwischen Produktivität, Produktion und Protektion – Perspektiven der ländlichen Raumpolitiken aus Sicht der OECD. Kongressdokumentation 10. Münchner Tage der Bodenordnung und Landentwicklung am 10. und 11. März 2008 – Ländliche Räume – Stiefkinder in einer Republik von Stadtregionen? Hrsg von Univ.-Prov. Dr.-Ing. Holger Magel.

PERMANENT COMMITTEE ON CADASTRE IN THE EUROPEAN UNION (2008): Cadastral Information System – A resource for the E.U. policies. Overview on the cadastral systems of the E.U. member states. Permanent Committee on Cadastre in the European Union (PCC).

PERMANENT COMMITTEE ON CADASTRE IN THE EUROPEAN UNION (2009): Cadastral Information System – A resource for the E.U. policies. Overview on the cadastral systems of the E.U. member states, Part II. Permanent Committee on Cadastre in the European Union (PCC).

RAT DER EUROPÄISCHEN UNION (2005): Verordnung (EG) Nr. 1698/2005 des Rates vom 20. September 2005 über die Förderung der Entwicklung des ländlichen Raums durch den Europäischen Landwirtschaftsfonds für die Entwicklung des ländlichen Raums (ELER). Amtsblatt der Europäischen Union vom 21.10.2005 (EG 1698/2005).

RAT DER EUROPÄISCHEN UNION (2006): Beschluss des Rates vom 20. Februar 2006 über strategische Leitlinien der Gemeinschaft für die Entwicklung des ländlichen Raumes (Programmplanungszeitraum 2007 bis 2013). Amtsblatt der Europäischen Union vom 25.2.2006 (2006/144/EG).

RAT DER EUROPÄISCHEN UNION (2009): Verordnung (EG) Nr. 473/2009 des Rates vom 25. Mai 2009 zur Änderung der Verordnung über die Förderung der Entwicklung des ländlichen Raums durch den Europäischen Landwirtschaftsfonds für die Entwicklung des ländlichen Raums (ELER) und der Verordnung (EG) Nr. 1290/2005 über die Finanzierung der gemeinsamen Agrarpolitik. Amtsblatt der Europäischen Union vom 9.6.2009 (EG 473/2009).

SCHWANTAG, F. & WINGERTER, K. (2008): Flurbereinigungsgesetz Standardkommentar. 8. Aufl. Begründet von SEEHUSEN/SCHWEDE. Sammlung: Kommentare zu landwirtschaftlichen Gesetzen, Band 13. Agricola-Verlag, Butjadingen-Stollhamm.

SEYFERT (1998): Die Deutsche Gesellschaft für Photogrammetrie und Fernerkundung e. V. (DGPF). In: Vermessung Brandenburg, 2/1998, 67.

STROBEL, E. (1992): Vermessungsrecht für Baden-Württemberg, Kommentar. 2. Aufl. Stuttgart.

TEETZMANN, V. (1998): 100 Jahre Berufsverband der vereidigten Landmesser/Öffentlich bestellter Vermessungsingenieur. In: FORUM, 4/1998, 472 ff.

THE WORLD BANK (2006): Emerging challenges of land rental markets. A review of available evidence for the Europe and Central Asia region. Europe and Central Asia Chief Economist's Regional Working Paper Series Infrastructure Department (ECSIE), March 2006.

TORGE, W. (1993): Von der mitteleuropäischen Gradmessung zur Internationalen Assoziation für Geodäsie. In: zfv, 118 (12), 595 ff.

TORGE, W. (2009): Geschichte der Geodäsie in Deutschland. 2. Aufl. De Gruyter, Berlin/New York.

UNECE-WPLA (2005): Social and Economic Benefits of Good Land Administration (Second Edition). Produced and published by HM Land Registry, London, United Kingdom on behalf of the UNECE-WPLA.

UNITED NATIONS (2005): Land Administration in the UNECE Region – Development Trends and Main Principles. Economic and Social Council, Economic Commission for Europe, ECE/HBP/140. New York/Geneva.

UNITED NATIONS ECONOMIC COMMISSION FOR EUROPE (2001): ECE Strategy for a sustainable quality of life in human settlements in the 21st century. ECE/HBP 120 United Nations, New York/Geneva.

UNITED NATIONS ECONOMIC COMMISSION FOR EUROPE (2006): Ministerial declaration on social and economic challenges in distressed urban areas in the UNECE region, as adopted by Ministers and heads of delegation at the sixty-seventh session of the Committee on Housing and Land Management on 19 September 2006, ECE/HBP 142, Add. 1 Annex.

UNITED NATIONS ECONOMIC COMMISSION FOR EUROPE (2008): Report 2008. ECE/INF/2008/1, United Nations, New York/Geneva.

WARPAKOWSKI, R. (1995): Organisation, Aufgaben und Bedeutung des Liegenschaftskatasters im Wandel – von den Liegenschaftsdiensten zu den Katasterämtern. In: LSA VERM, 1/1995, 21 ff.

ZURHORST, M. (2008): Des Berufes Kern – zur „Perspektive Zukunft". In: FORUM, 3/2008, 398 ff.

2.8.2 Internetverweise

ADV (2009): Homepage der Arbeitsgemeinschaft der Vermessungsverwaltungen der Länder der Bundesrepublik Deutschland – AdV, Hannover; www.adv-online.de

ARGE LANDENTWICKLUNG (2009): Homepage der Bund-Länder-Arbeitsgemeinschaft Nachhaltige Landentwicklung; www.landentwicklung.de

BEV (2009): Homepage der Beratungsgruppe für Internationale Entwicklung im Vermessungswesen; testwww.ipi.uni-hannover.de/bev/

CLGE (2009): Homepage des Council of European Geodetic Surveyors; www.clge.eu

DDGI (2009): Homepage des Deutschen Dachverbandes für Geoinformation; www.ddgi.de

DGFK (2009): Homepage der Deutschen Gesellschaft für Kartographie; www.dgfk.net

DGPF (2009): Homepage der Deutschen Gesellschaft für Photogrammetrie, Fernerkundung und Geoinformation; www.dgpf.de

DVW (2009): Homepage des Deutschen Vereins für Vermessungswesen; www.dvw.de

EGOS (2009): Homepage der European Group of Surveyors; www.europeansurveyors.org

EULIS (2009): Homepage der European Land Information System; www.eulis.org

EUROGI (2009): Homepage der European Umbrella Organisation for Geographic Information; www.eurogi.org

EUROGEOGRAPHICS (2009): Homepage der EuroGeographics; www.eurogeographics.org

EUROSDR (2009): Homepage der EuroSDR; www.eurosdr.net

FIG (2009): Homepage der International Federation of Surveyors; www.fig.net

IAG (2009): Homepage der International Association of Geodesy; www.iag-aig.org

ICA (2009): Homepage der International Cartographic Association; www.icaci.org

ISPRS (2009): Homepage der International Society for Photogrammetry and Remote Sensing; www.isprs.org

IUGG (2009): Homepage der International Union of Geodesy and Geophysics; www.iugg.org

PCC (2009): Homepage des Permanent Committee on Cadastre in the European Union; www.eurocadastre.org

UNECE-WPLA (2009): Homepage der UNECE Working Party on Land Administration; www.unece.org/hlm/wpla/welcome.html

VERMESSUNGSTECHNISCHES MUSEUM (2009): Homepage der Abteilung 22 des Museums für Kunst- und Kulturgeschichte, Dortmund; www.vermessungsgeschichte.de

3 GeoGovernment und Zusammenarbeit

Klaus KUMMER

Zusammenfassung

Traditionell wird die Geodäsie in Deutschland als „Vermessungswesen" bezeichnet, das sich durch neue Technologien und Anwendungsfelder zum „Vermessungs- und Geoinformationswesen" geweitet hat. Der bereits mehr als zwei Jahrtausende andauernde Weg der Geodäsie war schon immer eingebettet in die herrschenden gesellschaftlichen und politischen Bedingungen. Dem öffentlichen Vermessungs- und Geoinformationswesen kommt für das gesamte Berufsfeld somit eine Schlüsselrolle zu. Aber auch im eGovernment-Prozess der gesamten Staatsverwaltung spielen die Vermessungs- und Geoinformationsbehörden eine zentrale Rolle. Man spricht deshalb in diesem Zusammenhang vom „GeoGovernment".

Der Staat hat heute eine neue Rolle zu erfüllen. Er ist Gewährleister, Ermöglicher, Regulierer und nur dann Produzent, wenn dies für die Gewährleistung erforderlich ist (Leitziel „Aktivierender Staat"). Mit diesem Ansatz kommt dem Staat als neue Aufgabe die Moderation der interorganisatorischen Netzwerke zu. Auch für das Vermessungs- und Geoinformationswesen hat das neue Staatsverständnis erhebliche Auswirkungen.

Den Vermessungs- und Geoinformationsbehörden obliegen dabei fachlich die drei Hauptaufgaben Landesvermessung sowie Führung von Liegenschaftskataster und Geobasisinformationssystem. Diese Aufgabentrias ist dem staatlichen Kernbereich zuzuordnen. Die Situation ist weiterhin geprägt durch Zusammenlegung der Kataster- und Landesvermessungsbehörden, auch mit anderen Landesämtern. Dieser „Seamless-Government-Ansatz" erleichtert Netzwerkbildungen innerhalb und außerhalb der Verwaltung.

Aufgrund der Nutzersicht organisieren sich die Behörden verstärkt „von außen nach innen" in Frontoffice-Backoffice-Strukturen. Netzwerk-Organisationsstrukturen und Frontoffice-Strukturen erleichtern auch den Aufbau der nationalen Geodateninfrastruktur (GDI). Im GDI-Gesamtprozess kommt den Vermessungs- und Geoinformationsbehörden eine Hauptfunktion zu.

Mit den zentralen Funktionen des amtlichen deutschen Vermessungs- und Geoinformationswesens ist es zielfördernd, für diesen Verwaltungsbereich strategische Grundsätze aufzustellen. Diese sind von der Arbeitsgemeinschaft der Vermessungsverwaltungen der Länder der Bundesrepublik Deutschland (AdV) beschlossen worden und legen das Hauptgewicht auf das Erreichen der nationalen Einheitlichkeit der Produkte und Leistungen, da das amtliche Vermessungs- und Geoinformationswesen in den Hoheitsbereich der Bundesländer fällt. Schließlich wurde auch die Zusammenarbeit der Vermessungs- und Geoinformationsbehörden mit den Öffentlich bestellten Vermessungsingenieuren durch ein gemeinsames Memorandum fixiert.

Mit dem umfassenden GeoGovernment-Ansatz und der durch Selbstbindung festgelegten intensivierten Zusammenarbeit der Segmente des amtlichen Vermessungs- und Geoinformationswesens kann der Gesamtbereich seiner Verantwortung im föderalen Staatsaufbau in Deutschland gerecht werden.

Summary

Geodesy in Germany is traditionally designated as "surveying and mapping" which, due to new technologies and fields of application, has expanded to "surveying and mapping and geoinformation". More than two thousand years of history of geodesy is embedded in the prevailing social and political conditions. The public surveying and mapping and geoinformation is thus granted a key role for the complete professional field. The surveying and mapping and geoinformation authorities also play a central role in the eGovernment process of the whole state administration. Therefore "GeoGovernment" is mentioned in this context.

The state has a new role to fill today. It is guarantor, facilitator, regulator and only producer if this is required for the guarantee (primary objective "activating state"). With this approach, the state is assigned the new task of moderating the inter-organisational networks. The new state understanding also has significant effects on the surveying and mapping and geoinformation.

The surveying and mapping and geoinformation authorities are obliged thereby to perform the three primary tasks of state survey, management of real estate cadastre as well as geospatial reference data information system. This trio of tasks must be assigned to the state core area. The situation is further marked by consolidation of the cadastral office and state survey authorities and other regional authorities. This "seamless government approach" makes forming networks within and outside the administration easier.

Due to the user view, the authorities organise themselves increasingly "from the outside to the inside" in front office / back office structures. Network organisation structures and front office structures also make the establishment of the national geospatial reference data infrastructure (GDI) easier. The surveying and mapping and geoinformation authorities have a primary function in the overall GDI process.

The central function of the official German Surveying and Mapping and Geoinformation is to promote objectives to establish strategic principles for this administrative area. These have been decided by the Working Committee of the Surveying Authorities of the States of the Federal Republic of Germany (AdV) and place the main emphasis on achieving the national standardisation of products and services as the official surveying and mapping and geoinformation fills the sovereign area of the federal states. Finally, the collaboration of the surveying and mapping and geoinformation authorities with the licenced surveyors has been fixed using a joint memorandum.

With the comprehensive GeoGovernment approach and the intensified collaboration due to specified commitment of the segments of the official surveying and mapping and geoinformation, the complete area can cope with its responsibility in the federal state structure in Germany.

3.1 Vermessungswesen und Staat

3.1.1 Grundlagen

Die Menschen befassen sich von jeher intensiv mit ihrem Lebensraum *Erde*, um ihn zu ergründen, zu erfassen, zu bemessen und aufzuteilen. So wird der Begriff *Geodäsie* (Erdteilung) schon im Altertum geprägt und auf *Aristoteles* (384-322 v. Chr.) zurückgeführt. „Das griechische Weltbild maß der Endlichkeit weit mehr Bedeutung zu, als der Unendlichkeit, da nur das Begrenzte Maß und Form besitzt und Formlosigkeit als Ausdruck des Mangels empfunden wurde" (KUMMER 2009). Mit der Formgebung durch Aufteilung ist somit der Grenzbegriff eingeführt. „Vollendet ist nichts, was kein Ende hat. Das Ende aber ist eine Grenze" (*Aristoteles*). Hierbei geht es nicht um Abgrenzung und Ausgrenzung im negativen Sinn, sondern darum, den Dingen eine Gestalt zu geben. *Leonardo da Vinci* formulierte dies vor rd. fünfhundert Jahren klar und deutlich so: „Was nirgends Grenzen hat, hat keinerlei Gestalt".

Ohne die Bemessung, ohne die Geometrie und ohne den Grenzbegriff könnte die Welt nicht erschlossen werden. Die Grenzen definieren das Sein, sie bestimmen die menschliche Identität und sie geben den Dingen ihr Wesen. Dies haben schon *Leibniz, Kant, Hegel* und *Jaspers* herausgestellt. Das Berufsfeld der Geodäten, also das heutige Vermessungs- und Geoinformationswesen, ist demzufolge nicht nur eine der ältesten Geodisziplinen überhaupt, sondern untrennbar verbunden mit der Befassung der Wesensmerkmale des menschlichen Zusammenlebens. Es begründet sowohl einen traditionellen, als auch grundlegenden Berufsstand (KUMMER 2009), der zudem im vitalen Interesse eines jeden Staatswesens liegt, denn jeder Staat definiert sich grundlegend durch drei Elemente: das Staatsvolk, die Staatsgewalt und das Staatsgebiet.

Mit den Begriffen Bemaßung, Formgebung und Begrenzung/Grenze untrennbar verbunden ist der Eigentumsbegriff. Er ist in Deutschland mit Artikel 14 Grundgesetz (Das Eigentum und das Erbrecht werden gewährleistet...) in den Rang eines elementaren Grundrechtes der Verfassung gehoben worden und im grundlegenden bürgerlichen Recht fest verankert.

Das Aufgaben- und Berufsfeld der Geodäsie als traditionelles Vermessungswesen ist bis in die jüngste Vergangenheit hinein mit drei klassischen Bereichen klar umrissen gewesen (DGK 1998):

- Die Erfassung und Darstellung der eigentumsrechtlichen, der tatsächlichen und der technischen Einzelobjekte mit ihren geometrischen Grundlagen im lokalen Raum (*Objektvermessungen*),
- die Erfassung der Landschaft durch die Geotopographische Landesaufnahme und ihre Darstellung in Landeskartenwerken sowie die Festlegung des Raumbezugs im regionalen und nationalen Raum (*Landesvermessung*) sowie
- die Bestimmung der Erdfigur und die Orientierung des Erdkörpers im globalen Raum (*Erdmessung*).

Heute ist eine Aufweitung dieser Berufsfelddefinition zum *Vermessungs- und Geoinformationswesen* erfolgt, die in 3.1.2 beschrieben wird.

3.1.2 Die Entwicklung der Geodäsie in Deutschland

Die Grundlagen der Geodäsie wurden bereits im Altertum mit der Astronomie, der Geographie, der Mathematik und der Feldmesskunst gelegt. In Deutschland ist die Entwicklung der Geodäsie später durch die politische Zersplitterung und damit gleichzeitig vom Ringen nach Einheitlichkeit geprägt (TORGE 2007). Die mehr als zweitausend Jahre alte Geschichte der Geodäsie wird von TORGE (2007) in seinem grundlegenden Werk in zehn Epochen ausführlich dargestellt:

- Epoche 1: Schaffung der Grundlagen im Altertum.
- Epoche 2: Überführung und Weiterentwicklung im Mittelalter und in der frühen Neuzeit.
- Epoche 3: Umbruch des Weltbildes und neue Messmethoden mit den Grundlagen für eine moderne Geodäsie.
- Epoche 4: Bestimmung der neuen Erdfigur und staatliche Landesaufnahme.
- Epoche 5: Militärische Aufnahmen und systematische Landesvermessungen in der Napoleonischen Zeit.
- Epoche 6: Grad- und Landesvermessungen in den deutschen Ländern mit der Entstehung geodätischer Systeme bis zur Reichsgründung.
- Epoche 7: Deutscher Beitrag für die organisierte internationale Zusammenarbeit.
- Epoche 8: Systematischer Aufbau und Qualitätssteigerung durch preußischen Einfluss auf die Landesvermessung.
- Epoche 9: Weg zu einem deutschen Vermessungswesen durch die Vereinheitlichkeitsbestrebungen ab 1919.
- Epoche 10: Radikale Veränderung des Vermessungswesens in der zweiten Hälfte des 20. Jahrhunderts durch Elektronik und künstliche Erdsatelliten.

Der Weg der Geodäsie war dabei immer eingebettet in die jeweils herrschenden gesellschaftlichen und politischen Bedingungen. Die Geodäsie hatte hierauf schon immer ihre Strategien und Ansätze auszurichten – ebenso wie auf die technische Entwicklung mit deren Möglichkeiten.

Traditionell bis in die jüngste Vergangenheit wird die Geodäsie, die im deutschsprachigen Raum als Vermessungswesen bezeichnet wurde, in die drei Kernbereiche Objektvermessungen, Landesvermessung und Erdmessung gegliedert (vgl. 3.1.1). Durch umfassende Anwendung von Elektronik und Weltraumtechnik haben sich sowohl die Erfassungsmethoden, die Modellbildung für die Geodatenführung als auch die Bereitstellung über Web-Technologien so grundlegend geändert, dass sich heute das Berufsfeld begrifflich zum *Vermessungs- und Geoinformationswesen* erweitert hat.

Da die künftige Entwicklung wesentlich von der Integration der geodätischen Produkte in das interdisziplinäre Monitoring des Systems Erde bestimmt werden dürfte (TORGE 2007), kann erwartet werden, dass sich das Berufsfeld immer mehr in die Anwendungsfelder der Raumplanung, der Bodenordnung sowie der Erdüberwachung und des Klima- und Umweltschutzes hineinbewegen wird. Die sich aufbauenden regionalen, nationalen und europäischen Geodateninfrastrukturen tragen maßgeblich mit dazu bei, dass sich der thematische und räumliche Rahmen für das Vermessungs- und Geoinformationswesen erweitert und das Berufsfeld interdisziplinär noch stärker netzwerkartig integriert. Die Zeiten eines alleingestellten Vermessungswesens sind vorbei.

3.1.3 Staatsbindung des Vermessungswesens

Der Staat hat seit jeher ein ausgeprägtes Interesse, die Abgrenzung und die Gestalt seines Territoriums sowie die räumlichen Grundlagen für Daseinsvorsorge, Landesverteidigung, Katastrophenschutz, Landesentwicklung, Wirtschafts- und Standortpolitik, Infrastrukturplanung, Umweltpolitik, kommunale Bauleitplanung, Städtebau, Agrarpolitik, gerechte Besteuerung, Grundstücksverkehr und Eigentumssicherung

- aktuell,
- flächendeckend,
- einheitlich und
- interessenneutral

ständig verfügbar zu haben. Die Aufgabenbereiche des Vermessungswesens sind und bleiben somit eng an den Staat gebunden. Sie waren traditionell sogar den staatlichen Kernbereichen des Militärs und der Finanzverwaltung zugewiesen.

Im Zuge der permanenten staatlichen Finanzkrise, die einen drastischen Personalabbau in den Behörden bewirkt, werden immer mehr Teilprozesse der behördlichen Tätigkeiten an den privaten Bereich oder an Beliehene vergeben. Die Aufgaben selbst werden dabei aber keineswegs entstaatlicht. Nach wie vor obliegt den zuständigen Fachbehörden die Gewährleistung der einzelnen Gesamtaufgaben. Beispiele hierfür sind die Liegenschaftsvermessungen in Bereich der Führung des Liegenschaftskatasters, die Luftbildbefliegungen für die Geotopographische Landesaufnahme oder der Kartendruck bei der Herausgabe der Topographischen Landeskartenwerke. Auch die Abkehr von den terrestrisch vermarkten geodätischen Festpunkten hin zu Nutzung von allgemein verfügbaren Weltraum- und Satellitensystemen zielt in diese Richtung.

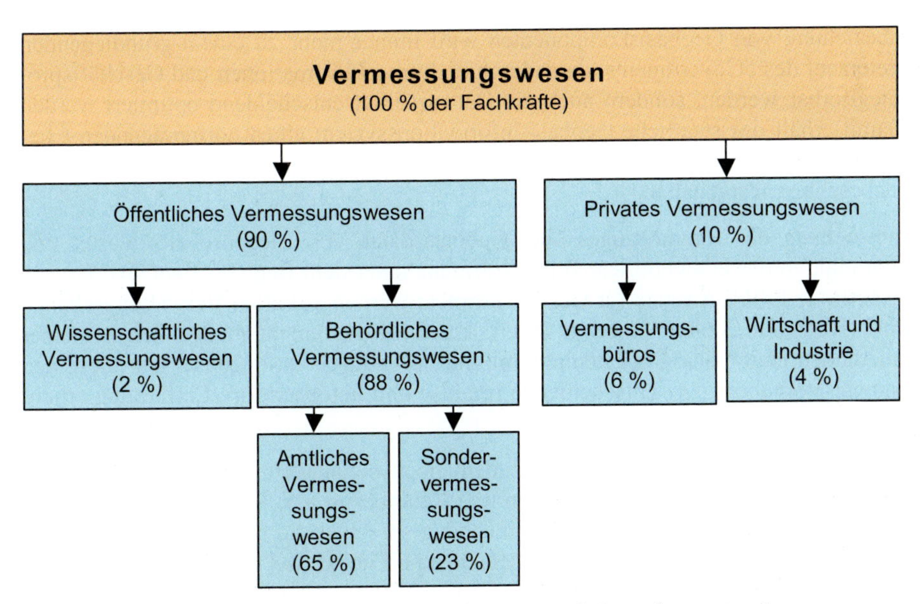

Abb. 3.1: Fachkräfteaufteilung im Vermessungs- (und Geoinformations)wesen (KUMMER, PISCHLER & ZEDDIES 2006b)

Dem Staat mit seinen Verwaltungen kommt somit für das Vermessungs- und Geoinformationswesen weiterhin eine Schlüsselrolle zu. Dies drückt sich auch an der Aufteilung der Fachkräfte auf die einzelnen Bereiche des Vermessungs- und Geoinformationswesens aus, wie Abbildung 3.1 aufzeigt.

Gerade auch bei anhaltendem Trend zur Vergabe von (technisch-fachlichen) Einzelprozessen und Datenerfassungen an Private wird es erforderlich sein, dass diese Dienstleister das staatliche Aufgabenportfolio kennen, damit umgehen können und seine Ansätze und Bedingungen verstehen. Auf die möglichen Privatisierungsansätze und -grenzen im Vermessungs- und Geoinformationswesen wird unter 3.3.2 eingegangen.

3.1.4 eGovernment und Vermessungswesen

Nach BILL und ZEHNER (2001) bezeichnet eGovernment die Abwicklung geschäftlicher Prozesse im Zusammenhang mit Regieren und Verwalten (Government) mit Hife von Informations- und Kommunikationstechnologien über elektronische Medien. Eingeschlossen dabei ist der gesamte öffentliche Sektor auf allen Ebenen. Dabei zielt eGovernment auf eine grundlegende Modernisierung der Verwaltung. Es geht umfassend um Prozesse innerhalb des öffentlichen Sektors sowie um jene zwischen der öffentlichen Verwaltung und der Bevölkerung, der Wirtschaft und den Non-Profit und Non-Government-Organisationen.

Da 80 % aller Informationen einen direkten oder indirekten Raumbezug besitzen (WAGNER 2005), nehmen die Geobasisdaten der Vermessungs- und Geoinformationsverwaltungen eine strukturelle Schlüsselstellung im eGovernment-Prozess ein. Über die Geobasisdaten mit ihrem amtlichen Raumbezug werden die Informationen raumbezogen geordnet und strukturiert und sind so miteinander verknüpfbar (Normschnittstellen durch Georeferenzierung).

Die Einbeziehung von Geobasiskomponenten wird immer mehr zu einem grundlegenden Strukturelement des eGovernments, da dadurch nicht nur Informationen und Geschäftsprozesse integrierbar werden, sondern auch die Datenqualität entscheidend optimiert werden kann. Damit erhält das staatliche Geobasisinformationssystem einen normprägenden Charakter. Dies ist beispielsweise im IT-Leitbild der Landesregierung Sachsen-Anhalts durch Kabinettsbeschluss festgehalten.

Die Einbeziehung des Raumbezuges über Geobasisdaten von Liegenschaftskataster und Geotopographie in das eGovernment firmiert oftmals unter dem Begriff „*GeoGovernment*" (BILL & ZEHNER 2001). Ansätze für GeoGovernment werden auf allen Verwaltungsebenen eingeführt (KUMMER 2004a, WAGNER 2005). Da GeoGovernment maßgeblich auf einer funktionierenden nationalen Geodateninfrastruktur aufbaut (GISSING 2003), gibt diese den eGovernment-Vorhaben ganz entscheidende Impulse und befördert ihre Einführung erheblich.

BORN und KLEINSCHMIDT (2006) zeigen zudem noch einen weiteren hervorzuhebenden Aspekt der Einbeziehung von Geobasisdaten und Raumbezug auf: Sie sind wichtiger Baustein von Kooperationen. In diesem Zusammenhang sprechen die beiden Autoren von einem „Interkommunalen GeoGovernment für Städte und Landkreise".

3.2 Gesellschaftssektoren und die Rolle des Staates

3.2.1 Sektoralgefüge

Die gesellschaftlichen Funktionen lassen sich grundlegend in drei Sektoren gliedern:

- Der Staat mit der Verwaltung (*Erster Sektor*),
- der Markt mit der Wirtschaft (und dem „Mittelstand") (*Zweiter Sektor*) sowie
- die „Aktive Bürgerschaft" als Non-Government-Non-Profit-Bereich (*Dritter Sektor*).

Nach herrschender Meinung wird heute vom Staat erwartet, dass er sich nicht in Konkurrenz zur privaten Wirtschaft begibt und dieser den Markt überlässt (KUMMER 2000b und 2001b). Der Bürger ist nicht in erster Linie Kunde auf dem Markt, sondern vor allem selbst aktiver Mitgestalter des gesellschaftlichen Lebens. Die ehrenamtliche Selbsthilfe erhält einen hohen Stellenwert, wobei die aktive Teilnahme der Bürgerschaft von genereller Bedeutung ist – auch als demokratischer Qualitätsgewinn (KUMMER 2000b und 2001b).

In diesem Sektoralgefüge muss der Staat seine Rolle finden – vor allem auch vor dem Hintergrund der andauernden Finanzkrise der öffentlichen Hand (KUMMER & MÖLLERING 2005).

Im Bereich des Vermessungs- und Geoinformationswesens ist das sektorale Rollenverständnis ebenfalls auszuprägen, um ein sich ergänzendes und verstärkendes Gefüge zu erreichen. Dies ist umso mehr von Bedeutung, weil hier der private Bereich mit den Ingenieurbüros eine klassische Berufsausübung praktiziert und zudem die Beleihung privater Vermessungsingenieure mit staatlichen Aufgaben eine lange Tradition besitzt, die beispielsweise in Preußen mit dem Feldmessergewerbe bis an den Anfang des 19. Jahrhunderts zurückreicht (HÖLPER 1967). Ist das staatliche Rollenverständnis nicht geklärt und eine Balance der einzelnen Berufsbereiche nicht erreicht, muss es zum Schaden des Wirkungsfeldes des gesamten Vermessungs- und Geoinformationswesens zu fortwährenden Spannungen kommen.

Ebenfalls schon traditionell ist im Vermessungs- und Geoinformationswesen aber auch das bemerkenswerte Zusammenwirken des Staates mit dem Dritten Sektor. Hier ist das bis heute praktizierte bürgerschaftliche Engagement der „Feldgeschworenen" in Bayern herauszustellen.

In der ausgesprochen stark ausgeprägten Staatsgebundenheit des Vermessungs- und Geoinformationswesens (vgl. 3.1) kommt somit den Modernisierungsleitlinien der Vermessungs- und Geoinformationsverwaltungen eine hohe Bedeutung für den Wirkungsgrad des Gesamt-Berufsfeldes zu.

3.2.2 Leitziel Aktivierender Staat

Durch Leitzielwandel hat sich in Deutschland das Bild des Staates in den letzten Jahrzehnten gründlich verändert. Während bis nach dem zweiten Weltkrieg der Hoheitsstaat mit seinem Obrigkeits- und Ordnungselementen prägend war, entwickelte sich danach in der Bundesrepublik immer stärker das Bild vom Wohlfahrtsstaat, der umfassende Leistungen in allen gesellschaftsrelevanten Bereichen selbst erbrachte. Dieses Staatsverständnis war auf Dauer nicht finanzierbar und nur in Zeiten ungebrochenen Wirtschaftswachstums möglich.

Zur Lösung dieser Situation prägten sich in der Folge zwei alternative Modernisierungsrichtungen gleichzeitig aus:

- Das Verständnis vom Staat als Dienstleistungsunternehmen mit Marktorientierung sowie
- das Verständnis vom „Schlanken Staat", der sich rigoros auf seine Kernbereiche zurückzieht

(KUMMER 2000b).

Im Verlauf der Zeit zeigten sich immer deutlicher die Nachteile des Marktansatzes, der mit dem Übergriff auf den Zweiten Sektor durch eine ausgeprägte Einnahmepriorisierung die Wirtschaft einschränkte und für sektoralstörende Konkurrenz sorgte. Die Grenzen der marktmäßigen Verwaltungsorganisation wurden immer deutlicher (PENSKI 2000).

Andererseits überzeugten aber auch nicht die Ergebnisse, die durch bedingungslose Verschlankungen und Privatisierungen ausgelöst wurden. Der Staat sparte sich schlank, aber gleichzeitig „krank", denn er wurde bei diesem Ansatz auch der dem Ersten Sektor unbedingt zukommenden Gestaltungsrolle beraubt. Auf Dauer wurde damit dem Zweiten und Dritten Sektor der Boden für die benötigte infrastrukturelle Standort-Plattform entzogen.

Zur Ablösung der beiden Leitziele *Schlanker Staat* und *Dienstleistungsunternehmen Staat* stand in der Folge ein neuer Ansatz zur Verfügung, der letztendlich eine pragmatische Synthese dieser beiden Leitziele beinhaltet: Der *„Aktivierende Staat"* (KUMMER 2000b). Hierbei konzentriert sich der Staat darauf, gesellschaftliche Problemlösungsprozesse zu initiieren und zu moderieren. Er stellt mit dem Prinzip „schlank, aber gestaltend" die staatliche Rahmenverantwortung sicher und ermöglicht in dieser Wirkung bürgerschaftliche Eigenaktivitäten (KUMMER 2000b). Abbildung 3.2 zeigt den Zusammenhang bei der Entwicklung des Staatsverständnisses zusammenfassend auf.

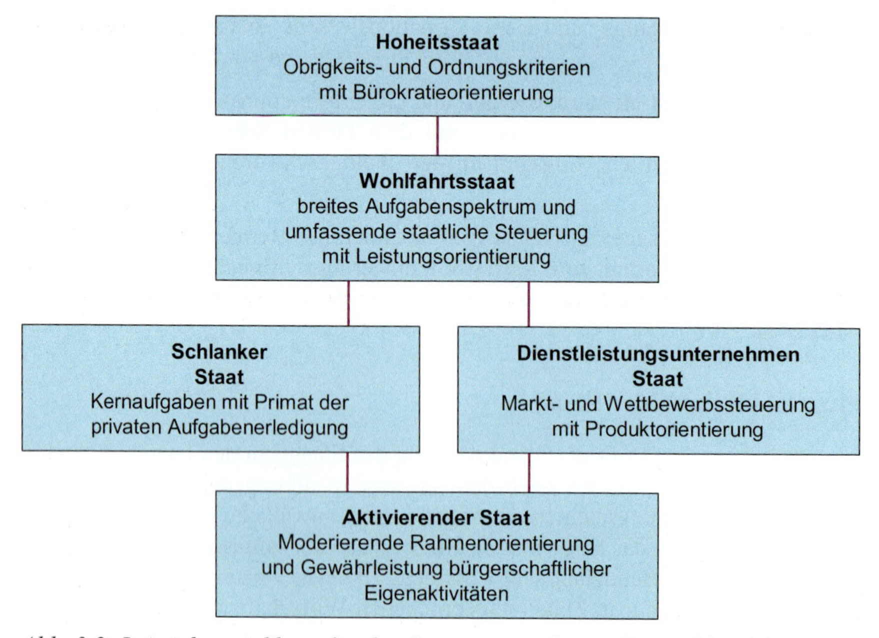

Abb. 3.2: Leitzielentwicklung für das Staatsverständnis in Deutschland (KUMMER 2000b)

Das Leitziel „Aktivierender Staat“ setzt sich aus drei Elementen zusammen (KUMMER 2000b):

- Gewährleistung der staatlichen Leistungen,
- Aktivierung der Wirtschaft und Gesellschaft sowie
- Effektivität und Effizienz.

Hierbei stellt der Staat sicher, dass Leistungen für die Gesellschaft erbracht werden, ohne dass er sie zwingend selbst produziert (Staat als *„Gewährleister“*). Er gibt Basis und Rahmen für gesellschaftliche Leistungsprozesse, aktiviert und animiert zu eigenständigen Problemlösungen und ist Innovationsträger (Staat als *„Ermöglicher“*). Er gibt Standardisierungen vor und sichert durch ein Normierungsregelwerk prozessorientiert gesellschaftliche Leistungen (Staat als *„Regulierer“*). Schließlich produziert der Staat selbst, aber nur in Kernbereichen, wo dies strategisch notwendig, für die Gewährleistung erforderlich oder wirtschaftlich geboten ist (Staat als *„Produzent“*).

Diese vier Rollen des Ersten Sektors sind in Abbildung 3.3 dargestellt.

Der Staat stellt sicher, dass Leistungen für die Gesellschaft erbracht werden, ohne dass er sie zwingend selbst produziert.

Der Staat gibt die Basis und den Rahmen für gesellschaftliche Leistungsprozesse. Er aktiviert und animiert zu eigenständigen Problemlösungen und ist Innovationsträger.

Der Staat gibt Standardisierungen vor. Er überwacht durch ein Normungsregelwerk prozessorientiert gesellschaftliche Leistungen.

In Kernbereichen produziert der Staat selbst, soweit dies strategisch notwendig oder wirtschaftlich geboten ist.

Abb. 3.3: Rollenverständnis des Staates im Leitziel des „Aktivierenden Staates“ (KUMMER 2000b)

Das Leitziel des „Aktivierenden Staates“ enthält somit verschlankende Elemente. Der Outsourcing-Ansatz kommt voll zum Tragen, wobei der Staat nicht aus Einnahme-Gründen den Wettbewerb im Bereich der Dienstleistungen suchen will. Dafür erhält er als neue herausgehobene Rolle zur Gewährleistung des öffentlichen Interesses die Moderation aller gesellschaftlicher Sektoren, also der interorganisatorischen Netzwerke oder Public Private Partnerships (REINERMANN 1999). Auf diese Art und Weise stärkt der Staat nicht nur den privaten Sektor durch Aufgabenüberlassung und Übertragung, sondern er reaktiviert bei knappen Finanzmitteln seine Gestaltungsrolle und erhält Spielräume.

Besonders durch die konsequente Nutzung der Informationstechnik (IT), die als strategisch herausragende Schlüsseltechnologie als Dienstleistungsbereich auch künftig beim Staat verbleiben sollte, schafft der Staat den Verbund sämtlicher Sektoren und damit die sozialverträgliche Integration der operativen Geschäftsprozesse aller Beteiligten (REINERMANN 1999). Dadurch werden die heute oftmals noch intransparenten und inkompatiblen Datenbestände qualifiziert und es kommt zu Wertschöpfungsketten sowie zu mehr Systematisierung und Rationalisierung innerhalb und außerhalb der Verwaltung.

Die Rolle des Ersten Sektors im Leitziel „Aktivierender Staat“ wird in Abbildung 3.4 verdeutlicht. Die Verwaltung ist aufgefordert, durch Abgabe von Dienstleistungsbereichen an den Sektor „Markt“ die Freiräume für sich zu schaffen, die notwendig sind, um ihre Moderationsrolle auszufüllen.

Der Ansatz des „Aktivierenden Staates“ eignet sich besonders für den Aufgabenbereich im amtlichen Vermessungswesen. Hier sind die staatlichen Geobasisinformationen eigentumsrechtlicher und geotopographischer Art sowie die Raumbezugsgrundlage landesweit flächendeckend, einheitlich und nicht gewinnorientiert zu führen und als rechtssichere Grundlage für sämtliche Fachinformationssysteme im Land zu verwenden. Nur so ist gewährleistet, dass eine komplexe Informationsdichte und -breite zur Absicherung des Gemeinwohls vorliegt. Die aktivierende Vermessungs- und Geoinformationsverwaltung stellt damit sicher, dass die verschiedenen Fachinformationssysteme für übergeordnete Fragestellungen durch die einheitliche Basisgrundlage zusammenfügbar, kombinierbar und vernetzbar sind. Ein unmittelbares Staatsinteresse ist hierfür gegeben (KUMMER 2000b).

Die mit diesem Staatsinteresse verbundene staatliche Monopolstellung sollte weder marktgesteuert durch staatliche Betriebe gewinnbringend ausgenutzt werden, noch darf sie in eine private Monopolstellung umgewandelt werden. Der Ansatz des „Aktivierenden Staates“ ist somit für die gemeinwohlorientierte Grundaufgabe des amtlichen Vermessungswesens wie geschaffen (KUMMER 1999b).

3.2.3 Erweiterung der funktionalen Bedeutung

Mit dem Ansatz „Aktivierender Staat“ erhält das gesamte Vermessungs- und Katasterwesen neue Gestaltungsmöglichkeiten, die sich über den staatlichen Bereich erschließen lassen.

Im Vermessungs- und Geoinformationsrecht der Länder sind herkömmlich zwei Grundziele als klassische gewährleistende Hauptaufgaben festgeschrieben: die Sicherung des Grundei-

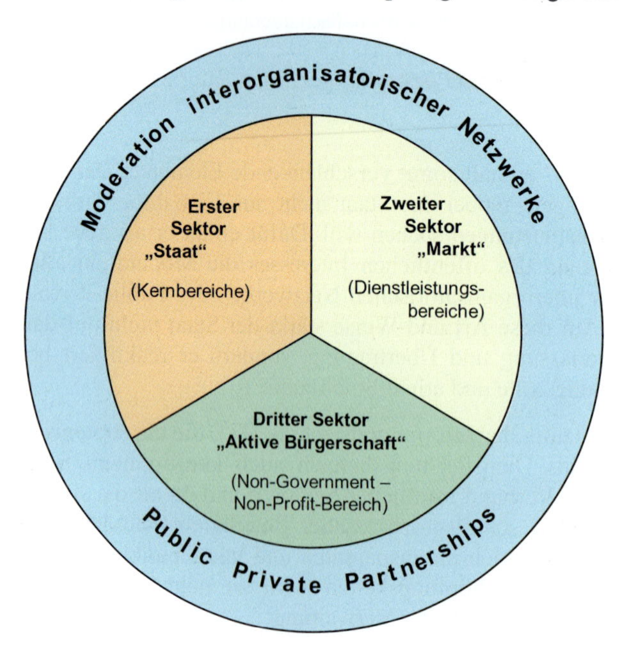

Abb. 3.4: Staats- und Verwaltungsaufgaben im „Aktivierenden Staat“ (KUMMER 2000b)

gentums durch das Liegenschaftskataster sowie die Sicherung der Daseinsvorsorge durch die Landesvermessung. Sie sind eng gekoppelt an die Fachfunktion, die Liegenschaftskataster und Landesvermessung ausüben. Insgesamt kann somit von der *Sicherungs- und Fachfunktion* gesprochen werden.

Als zweite Funktion kommt die *Basisfunktion* hinzu, da Liegenschaftskataster und Landesvermessung für sämtliche raumbezogenen Fachinformationssysteme als Geobasisinformationen die Raumbezugs- und Organisationsgrundlage geben.

Durch die neuen Verwaltungsansätze, die Möglichkeiten der IT sowie die Einrichtung der Geodateninfrastrukturen kommen für das Vermessungs- und Geoinformationswesen noch drei weitere Funktionen hinzu (KUMMER & MÖLLERING 2005):

- die Portalfunktion im Geonetzwerk als Grundkomponente der Geodateninfrastrukturen, für die zentrale Geoportale bei den Landesvermessungsbehörden eingerichtet sind,
- die Kernfunktion eines (virtuellen) multifunktionalen Bodenintegrationssystems, das in Verbindung mit anderen raumbezogenen Registern (wie dem Grundbuch oder dem Kaufpreisinformationssystem) durch automatisierte Abstimmungsmechanismen entsteht, sowie
- die Präsenz- und Aktivierungsfunktion durch Online-Nutzung via Internet oder über die kommunalen Bürgerbüros und Fachstellen (wie Öffentlich bestellte Vermessungsingenieure und Notare).

Der Gesamtzusammenhang ist in Abbildung 3.5 aufgezeigt.

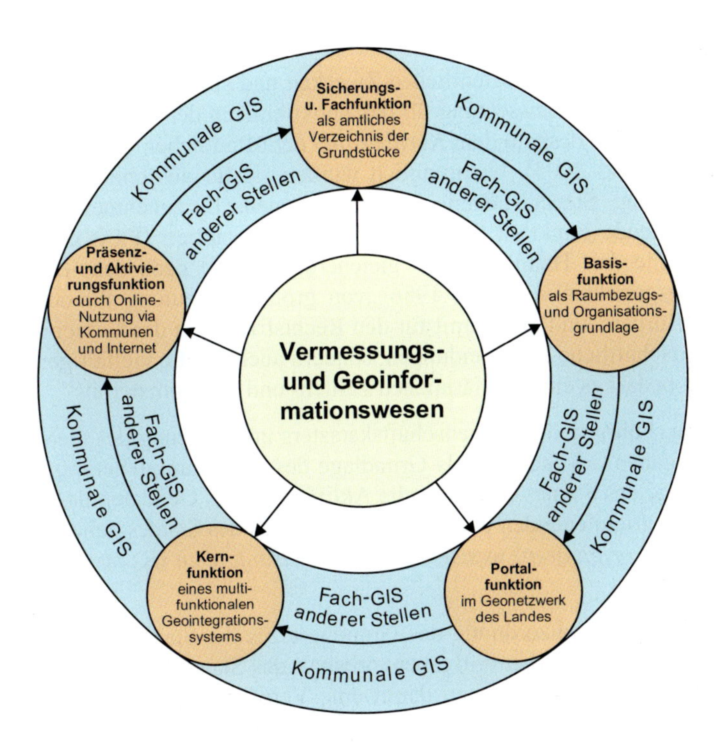

Abb. 3.5: Die fünf Funktionen des amtlichen Vermessungs- und Geoinformationswesens im Fokus der Geofachinformationssysteme (KUMMER 2002a)

3.2.4 Auswirkungen auf die Gesetzgebung in den Ländern

Die Festlegung auf den Modernisierungsansatz „Aktivierender Staat" mit der damit verbundenen Funktionserweiterung hat unmittelbare Auswirkungen auf den Gesamtbereich des Vermessungs- und Geoinformationswesens. Der gesamte GIS-Bereich in Deutschland erfährt dadurch einen erheblichen Bedeutungsgewinn.

Auch für Nachhaltigkeit und Absicherung der neuen Funktionalitäten und der neuen Rolle der Vermessungs- und Geoinformationsverwaltungen ist gesorgt. Neben der klassischen Sicherungs- und Fachfunktion, die den Gewährleistungsanspruch an die Verwaltung abdeckt, werden auch die hinzugekommenen neuen Funktionen in den Novellierungen der Vermessungs- und Katastergesetze der Länder normativ verankert. Als Beispiel ist das Vermessungs- und Geoinformationsgesetz des Landes Sachsen-Anhalt zu nennen, in dem alle fünf Funktionen enumerativ legal festgeschrieben sind (KUMMER & MÖLLERING 2005).

3.3 Seamless-Government-Modell

3.3.1 Hoheitsfunktionen des amtlichen Vermessungswesens

Dem amtlichen Vermessungs- (und Geoinformations)wesen obliegen drei Hauptaufgaben (ADV 2005):

- Die Landesvermessung,
- die Führung des Liegenschaftskatasters und
- die Führung des Geobasisinformationssystems.

Alle drei Hauptaufgaben dienen maßgeblich öffentlichen Zwecken und sind somit *öffentliche Aufgaben*. Sie sind unabdingbare Voraussetzung für das Funktionieren der Wirtschafts- und Gesellschaftsordnung und werden deshalb dem *Kernbestand* der öffentlichen Aufgaben zugeordnet (KUMMER & MÖLLERING 2005). Ursprünglich wurden sie für ausschließliche Staatszwecke (Landesverteidigung, Steuererhebung) wahrgenommen. In zunehmendem Maße hat sich jedoch ihre dienende Funktion für die Allgemeinheit etabliert (FRANKENBERGER 1972). Dies gilt für alle drei Hauptaufgaben gleichermaßen, die nach dem Beschluss des Bundesverfassungsgerichtes vom 25.9.1986 „von großer Bedeutung für den Rechtsverkehr zwischen den Bürgern sind und damit für den Rechtsfrieden in der Gemeinschaft. Nicht nur für privatwirtschaftliche Entscheidungen, sondern auch für die vielfältigen Formen staatlicher Planungen bedarf es eines verlässlichen Zahlen- und Kartenmaterials".

Somit sind Landesvermessung, Führung des Liegenschaftskatasters und Führung des Geobasisinformationssystems Aufgaben des Staates. Als Grundlage des Eigentumssicherungssystems, für die Daseinsvorsorge des Staates sowie für die Aktivierung des Geodatenmarktes und für die Beförderung des grundlegenden eGovernment-Ansatzes des Staates gehören sie zum anerkannten Katalog der *originären, wesensmäßigen Staatsaufgaben* (KUMMER & MÖLLERING 2005).

Folge davon ist, dass nach der Kompetenzordnung des Grundgesetzes die Staatsobliegenheit ausschließlich den Ländern als natürlicher Aufgabenvorbehalt des Staates und als sein Wahrnehmungsmonopol zusteht. Die Länder haben damit eine Verpflichtung zur Aufgabenwahrnehmung.

Unbestritten ist, dass die drei Hauptaufgaben in ihrer Gesamtheit und durch ihre Integration zu einem „Ganzen" mit der Ausübung öffentlicher Gewalt verbunden sind. Landesvermessung, Führung des Liegenschaftskatasters und Führung des Geobasisinformationssystems sind somit *Hoheitsaufgaben*, die eine hoheitliche Ordnung verlangen und dem öffentlichen Recht zugewiesen sind (KUMMER & MÖLLERING 2005).

Das *Vermessungs- und Geobasisinformationswesen* dient der Gewährleistung staatlicher Basisinformationen, der Eigentumssicherung und der Besteuerung des Grund und Bodens. Hinzu kommt als neue Schwerpunktfunktion die Aktivierung des Geodatenmarktes. Die *Landesvermessung* liefert die Grunddaten für staatliche, kommunale und private Vorhaben mit Raumbezug. Diese Aufgabe ist zur Sicherung des staatlichen und öffentlichen Lebens unentbehrlich; sie liefert unerlässliche Kenntnisse und ist einheitliche Grundlage für Landesentwicklung, Verwaltung und Verteidigung des Staatsgebietes. Das *Liegenschaftskataster* gewährleistet die Sicherung des Grundeigentums, dient der Rechtssicherheit, dem Grundstücksverkehr sowie der Ordnung von Grund und Boden. Liegenschaftskataster und Grundbuch bilden eine funktionale Einheit und können bezüglich der Hoheitlichkeit nicht unterschiedlich gesehen werden. Die rechtsstaatliche Gesellschaftsordnung verlangt die ständige Gewährleistung des Eigentums als hochrangige Staatsaufgabe. Die Führung des Liegenschaftskatasters ist daher für die Ordnungs- und Sicherheitsfunktion des Staates unerlässlich (KUMMER & MÖLLERING 2005).

Die erforderliche interessenneutrale, zuverlässige, einheitliche, landesweit lückenlose, vollständige Führung der amtlichen Geobasisinformationen sowie ihre garantierte jederzeitige Verfügbarkeit kann nur mit der Wahrnehmung durch das Vermessungs- und Geoinformationswesen gewährleistet werden, wobei die fünf Funktionen (vgl. 3.2.3), besonders auch die staatliche Aktivierungsfunktion, dem eGovernment-Auftrag dienen.

Die Liegenschaftsvermessungen dienen der Führung des Liegenschaftskatasters und weisen somit eindeutig ebenfalls einen hoheitlichen Charakter auf (KUMMER & MÖLLERING 2005). Davon zu unterscheiden sind solche Vermessungen und Erfassungen, die ihrem Wesen nach nicht als amtlich durchgeführter, vorbereitender Teil einer Hoheitsaufgabe anzusehen sind – auch wenn sie unabhängig von ihrem privatrechtlichen Charakter später gemäß Entscheidung der Verwaltung dennoch in das Hoheitssystem des amtlichen Vermessungswesens übernommen werden (KUMMER & MÖLLERING 2005). Diese Festlegung prägt das Gefüge des Gesamtbereiches Vermessungs- und Geoinformationswesen und entfaltet für das Zusammenwirken seiner einzelnen Segmente entscheidende Wirkung.

Die Aufgaben des amtlichen Vermessungs- und Geoinformationswesens sind Ordnungsaufgaben, wobei die Führung des Liegenschaftskatasters durch ihre Verwaltungsakte der *Eingriffsverwaltung* zuzuordnen sind, während die Aufgaben der Landesvermessung und der Führung des Geobasisinformationssystems zur *schlicht hoheitlichen Leistungsverwaltung* gehören.

Der hoheitliche Charakter der drei Hauptaufgaben wirkt sich vor allem auf den Status der Funktionsträger (Beamte), die Haftung, das Kostenwesen und den Rechtsweg aus. Nach herrschender Rechtsprechung wird dem Merkmal „hoheitliche Tätigkeit" , durch das die Ausübung eines öffentlichen Amtes definiert wird, sowohl die Eingriffs- als auch die Leistungsverwaltung zugerechnet (KUMMER & MÖLLERING 2005). Unbestritten ist auch die Amtstätigkeit der Öffentlich bestellten Vermessungsingenieure eindeutig hoheitlich.

3.3.2 Privatisierungsansätze und -grenzen

Der hoheitliche, staatliche Charakter der Gesamtaufgaben der Vermessungs- und Geoinformationsverwaltungen bleibt unberührt, wenn die Verwaltungen vorbereitende technische oder administrative Tätigkeiten vergeben, die nicht als Teilprozesse von Hoheitsakten festgeschrieben und verlangt sind (Luftbildbefliegungen, Kartendruck, Einbindung von Fernerkundungsergebnissen, Nutzung von Satellitensystemen). Liegenschaftsvermessungen sind dagegen durch ihre Verwaltungsakte und ihre Zielrichtung als Bestandteil des Fortführungsprozesses im Liegenschaftskataster hoheitliche Tätigkeit und können nicht privatisiert werden, wobei ihre Übertragung auf Öffentlich bestellte Vermessungsingenieure als Träger eines öffentlichen Amtes keine Privatisierung dieser Aufgabe ist. Den Ländern bleibt es allerdings vorbehalten, wie sie den Vollzug der Liegenschaftsvermessungen organisatorisch regeln.

Die Übertragung eines ganzen hoheitlichen Aufgabenblocks wie die Führung des Liegenschaftskatasters, die Landesvermessung oder die Führung des Geobasisinformationssystems sind staatliche Kernaufgaben und können ebenfalls nicht privatisiert werden.

Überdies scheidet eine Privatisierung regelmäßig dann aus, wenn dadurch der interessenneutrale Aktivierungsanspruch betroffen ist oder wenn eine flächendeckende, aktuelle und einheitliche Führung der amtlichen Nachweise dadurch nicht mehr zu gewährleisten wäre. Problematisch wäre auch eine vollständige Übertragung sämtlicher hoheitlicher Liegenschaftsvermessungen auf Öffentlich bestellte Vermessungsingenieure, weil dadurch die Verwaltung in ihrem Gewährleistungsanspruch für die Gesamtaufgabe der Führung des Liegenschaftskatasters betroffen wäre und ihre ganzheitliche Kompetenz verlieren würde.

Von privater Seite wird gelegentlich angezweifelt, dass die Herausgabe von Sonderausgaben der Topographischen Landeskartenwerke, beispielsweise mit Tourismusinformationen, in den amtlichen Aufgabenkatalog gehört. Unzweifelhaft ist dann eine amtliche Ausgabe möglich und nötig, wenn dies im öffentlichen Interesse liegt, so bei landesweiten Flächenausgaben oder wenn dies die Infrastruktur- und Standortpolitik des Staates erfordert.

Durch die in den Vermessungs- und Geoinformationsverwaltungen der Länder durchgeführte außerordentlich hohe Personalrückführung dürfte das Privatisierungspotenzial dieser Verwaltungen grundlegend ausgeschöpft sein. Die Weiterführung einer Behörde als Landesbetrieb ist keine Privatisierung, da Landesbetriebe Bestandteile der Landesverwaltung bleiben und sich maßgeblich nur die Haushaltsführung dort ändert.

Für das Gesamtgefüge im Vermessungs- und Geoinformationswesen ist es unbedingt von Vorteil, die Möglichkeiten und Grenzen der Privatisierung sachgerecht, ausgewogen und konsensfähig einzuschätzen.

3.3.3 Integration und Reformen

Das amtliche deutsche Vermessungswesen befindet sich seit einigen Jahren in einem grundlegenden organisatorischen Umstrukturierungsprozess, der vor allem durch Behördenzusammenführungen geprägt ist. Innerhalb von nur 10 Jahren ist die Anzahl der regionalen Ämter von mehr als 600 auf heute nur noch rd. 270 gesunken. Weitere Zusammenlegungen zeichnen sich ab. Mehr als die Hälfte der verbliebenen regionalen Ämter sind als Bestandteil kommunaler Verwaltungen keine selbständigen Behörden, sodass nur noch 130 staatliche Vermessungs- und Geoinformationsbehörden in Deutschland bestehen. Im Durchschnitt ist ein regionales Geoinformationsamt in Deutschland für rd. 300.000 Einwohner, 1.300 km² Fläche und 230.000 Flurstücke zuständig (KUMMER, PISCHLER & ZEDDIES 2006b). Diese Durchschnittswerte dürften weiterhin kontinuierlich steigen.

Neben der Behördenzusammenführung durch Gebietszusammenlegung wird als weiterer Reformansatz die ebenenübergreifende Behördenintegration innerhalb des amtlichen Vermessungs- und Geoinformationswesens, aber auch der organisatorische Zusammenschluss mit Behörden anderer Verwaltungszweige durchgeführt. Folgende Ansätze, die sich teilweise überschneiden, sind dabei zu unterscheiden:

- In 6 Ländern die Zusammenlegung aller Katasterbehörden und unter Umständen mit der Landesvermessungsbehörde zu einer Integrationsbehörde,
- in 6 Ländern eine (teilweise) Zuordnung zur Landkreisebene,
- in 3 Ländern ein Zusammenschluss mit Flurbereinigungsbehörden sowie
- in 2 Ländern eine teilweise Zuordnung in die allgemeine Verwaltung.

In der Folge haben die meisten Ämter, die vormals für einen in sich geschlossenen Aufgabenblock (Hauptaufgabe) zuständig waren, ihr Alleinstellungsmerkmal verloren. Damit verbunden sind entsprechende Namensänderungen, sodass die traditionellen Bezeichnungen *„Katasteramt"* und *„Landesvermessungsamt"* kaum noch anzutreffen sind und demnächst vollständig verschwunden sein dürften. Dafür ist in den allermeisten Bundesländern für die ehemaligen Vermessungs- und Katasterverwaltungen in den Behördenbezeichnungen der Wortteil „GEO" aufgenommen, auch ein Synonym dafür, dass sich das amtliche deutsche Vermessungswesen zum *amtlichen Vermessungs- und Geoinformationswesen* weiterentwickelt hat.

Grundlegender Eckpunkt für die Verwaltungsmodernisierung im Vermessungs- und Geo-Bereich ist somit die organisatorische Öffnung der Verwaltungsträger, um neben den damit verbundenen Einspar- und Synergieeffekten zusammen mit anderen Bereichen der Verwaltung leichter Netzwerkverbünde zu schaffen. In offener oder geschlossener Netzwerk-Struktur entsteht somit im Einklang mit dem eGovernment-Ansatz eine „nahtlose Verwaltung" (*„Seamless-Government-Modell"*) (KUMMER 2004d und KUMMER & MÖLLERING 2005). Dabei ist Grundvoraussetzung, dass sich in jedem Bundesland die verschiedenen räumlichen Amtsbezirke bis hin zur umfassenden konsequenten Einräumigkeit angleichen. Der Ansatz der Netzwerkverwaltung wird im Übrigen auch auf kommunaler Ebene durch Kooperationsmodelle mit Nachdruck beschritten (KGST 2005).

3.3.4 Frontoffice-Backoffice-System

In den Modernisierungsprozessen der Behörden ist unter Berücksichtigung des eGovernments die Einführung eines Verwaltungsprozess-Ansatzes *„aus Nutzersicht – von Außen"* erforderlich (KUMMER & MÖLLERING 2005 und KUMMER & SCHULTZE 2007). Es geht darum, multifunktionale Möglichkeiten für die Transferstellen der Leistungsbereitstellung *„Frontoffices"*) so nahe wie möglich an die Nutzer heranzulegen (Bürgernähe). Diese Frontoffices können heute durch die Möglichkeiten der IT örtlich unabhängig von der Leistungserstellung („Backoffice") für beide Office-Typen besonders wirtschaftlich eingerichtet werden. Die Verwaltungsprozesse und Abläufe sind darauf abzustellen.

Bei den Frontoffices sind alle Transfermöglichkeiten, die von den Nutzern gewünscht werden, bereitzustellen. Dies sind

- das *Internet* (über das *Geoportal*),
- *Telefon, eMail*, besonders zur schnellen Auskunft (über ein *Behörden-Call-Center*),
- der *Behördengang* für kompetente, eingehende Beratung (über leistungsstarke regionale *Geokompetenz-Center* des Verwaltungsträgers) sowie
- der Gang zum örtlichen Rathaus (über Bürgerbüros in den Kommunen).

Im Backoffice wird die Leistungserstellung mit drei grundlegend voneinander zu unterscheidenden Prozess-Komponenten organisiert (KUMMER & MÖLLERING 2005):

- Die *Informationsdatenbanken* (hier: Geodatenbestände, die mit Geodaten-Servern geführt werden) – also eine Data-Warehouse-Konzeption mit Server-Architektur,
- die *operativen* (Fortführungs-/Pflege-)*Geschäftsprozesse* mit Fachanwendungen und -verfahren sowie
- die *zentrale Verfahrensentwicklung*, die als Wissensmanagement organisiert wird.

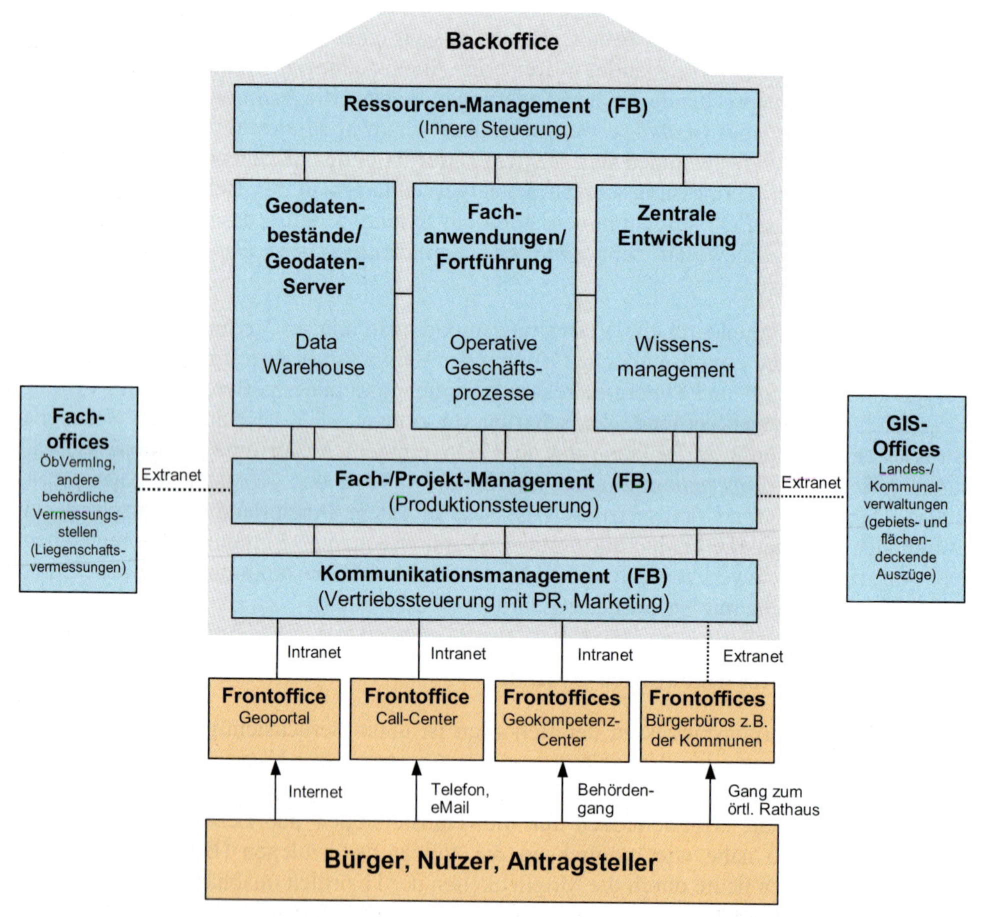

*Abb. 3.6: Frontoffice-Backoffice-Prozess-Architektur(*KUMMER *2004d und 2004e)*

Die Verwaltungsprozesse für diese Frontoffice-Backoffice-Architektur sind technisch über eine von außen nach innen konzipierte IT-Struktur sowie organisatorisch über ein funktionales Management (Funktionalbereiche – FB) zu steuern. Das Gesamtmodell ist in Abbildung 3.6 dargestellt. Es wird komplettiert durch Fachoffices und GIS-Offices (KUMMER 2004d und 2004e).

3.3.5 Exkurs: Die neue Geoinformationsverwaltung

Am Beispiel der Organisation des Landesamtes für Vermessung und Geoinformation in Sachsen-Anhalt wird aufgezeigt, wie Seamless-Government-Modell und Frontoffice-Backoffice-System für eine große Integrationsbehörde mit rd. 1.200 Bediensteten, die aus allen Katasterämtern des Landes und der Landesvermessungsbehörde entstand, umgesetzt werden. Das dabei eingerichtete Matrix-Organisationsmodell ist ausführlich in der Literatur beschrieben, so in KUMMER (2003) und (2004a) sowie in KUMMER & MÖLLERING (2005) und KUMMER & SCHULTZE (2007a).

Das *Funktionale Management* der Integrationsbehörde wird durch vier Funktionalbereiche ausgeführt, für die eine „Vorfahrtsregelung" gegenüber den operativen Produktionseinheiten („*Geoleistungsbereiche*") eingeräumt wurde. Die vier Geoleistungsbereiche sind an vier Standorten eingerichtet, die Funktionalbereiche am Sitz der Behörde in Magdeburg (Abb. 3.7).

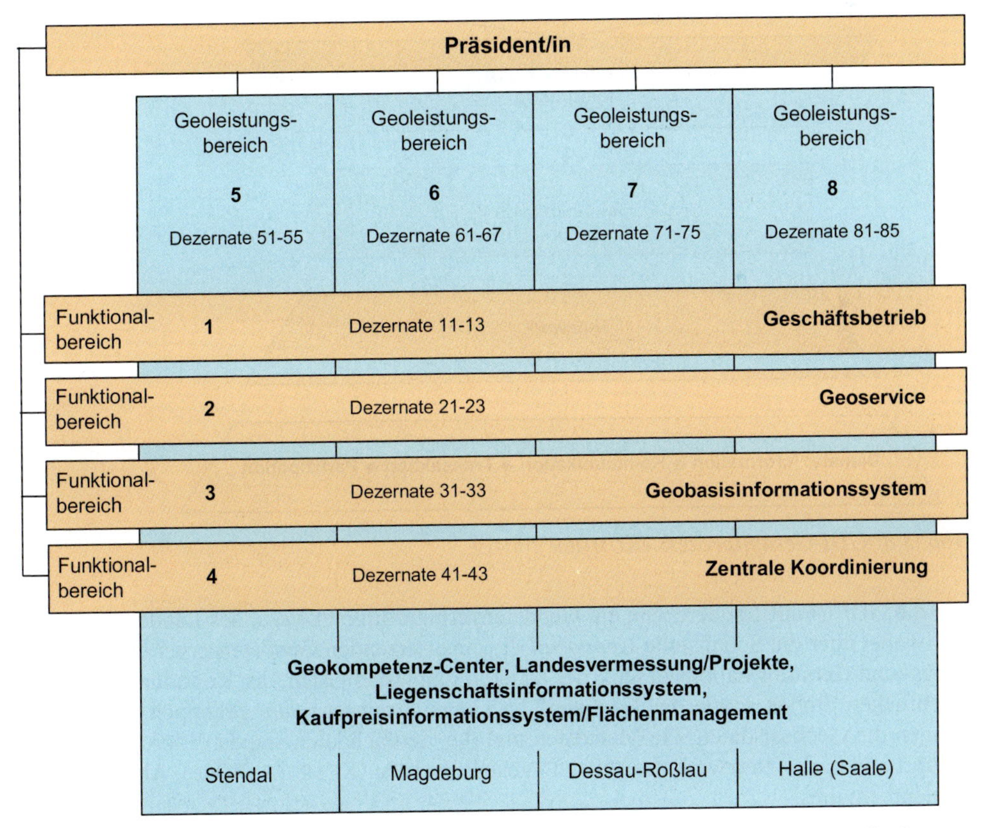

Abb. 3.7: Organisation des Landesamtes für Vermessung und Geoinformation in Sachsen-Anhalt

3.4 Vermessungswesen im Fokus der GDI

3.4.1 Verwaltungsnetzwerk im GDI-Prozess

Mit der Geodateninfrastruktur (GDI) werden durch Standardisierung und Integration

- die Geobasisdaten der Vermessungs- und Geoinformationsbehörden mit
- den Metadaten als beschreibende Informationen über die Geodaten sowie
- den Geofachdaten der raumbezogenen Informationssysteme

zur Geodatenbasis zusammengeführt (*Normungs- und Integrationsprozess der GDI*) (KUMMER 2004e). An diesen Prozess schließt sich der *GDI-Bereitstellungs- und Öffnungsprozess* an, bei dem die genormte Geodatenbasis über das Geoportal mit dem IT-Netzwerk über Internet zur Nutzung angeboten wird (KUMMER 2004e). Der GDI-Gesamtprozess ist in Abbildung 3.8 zusammengestellt.

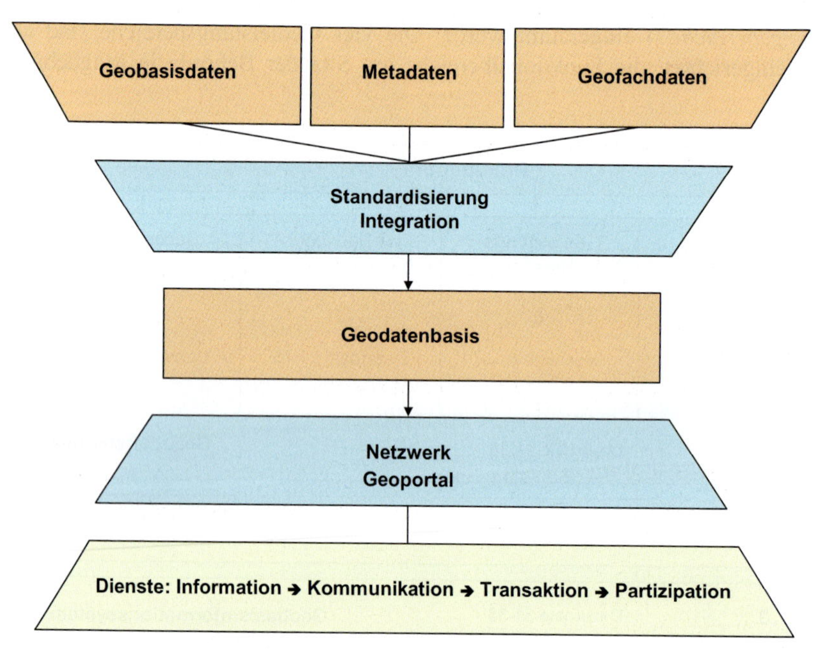

Abb. 3.8: GDI-Gesamtprozess (KUMMER 2004e)

Für die GDI ist auf Länderebene ein Geodatenverbund im Netzwerk des Landes herzustellen, wobei über die Schaltstelle *Geoportal* die einzusetzenden Geodatenserver des Vermessungs- und Geoinformationswesens, der anderen Landesbehörden, der Kommunen, anderen öffentlichen Stellen sowie der Wirtschaft in einem *Verbundsystem* gekoppelt werden. So können die Geobasisdaten, die Metadaten und die Geofachdaten standardisiert zusammengeführt und in das Netzwerk zur Nutzung gestellt werden (KUMMER 2004e). Abbildung 3.9 verdeutlicht dies.

Da die nationale GDI deutschlandweit als einheitliches System aufzubauen ist, sind die Geodatenverbundsysteme der Länder und des Bundes national zusammenzuführen. Dies geschieht über eine Dienste-/Geoportal-Vernetzung, wie Abbildung 3.10 zeigt. Nach dem gleichen Prinzip werden die nationalen GDI europaweit vernetzt.

Weiterführend und im Einzelnen wird das Thema *Geodateninfrastruktur* in Kapitel 13 von BIRTH und SCHLEYER eingehend dargestellt.

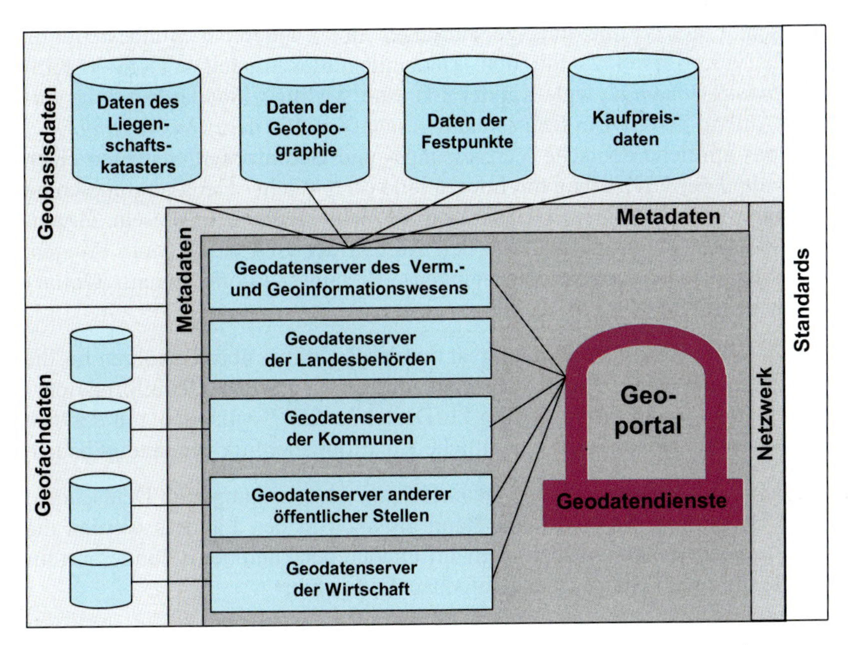

Abb. 3.9: Geodatenverbundsystem auf Länderebene (KUMMER 2004e)

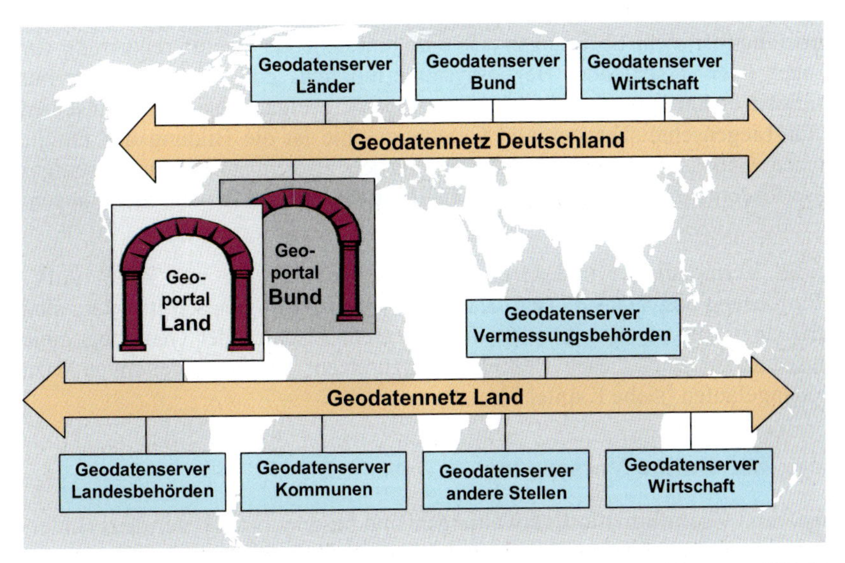

Abb. 3.10: Nationale GDI-Vernetzung (KUMMER, PISCHLER & ZEDDIES 2006b)

3.4.2 Bedeutung der Vermessungs- und Geoinformationsverwaltungen

Für den Aufbau der Geodateninfrastruktur in Deutschland kommt den Vermessungs- und Geoinformationsverwaltungen eine entscheidende Bedeutung zu. So sind die Geobasisdaten der Länder Grundlage sämtlicher Geofachinformationssysteme. Sie sind damit normgebende Organisationsgrundlage aller raumbezogenen Informationen. Die Länder haben hier über die Arbeitsgemeinschaft der Vermessungsverwaltungen der Länder der Bundesrepublik Deutschland (AdV) (vgl. Kapitel 2) mit dem Datenintegrationsmodell ATKIS-ALKIS-AFIS (*„AAA-Anwendungsschema"*, vgl. Kapitel 14) eine wichtige Standardisierungsvoraussetzung für den Aufbau der GDI in Deutschland geschaffen. Mit dem *Geobasisinformationssystem* liefert das amtliche deutsche Vermessungs- und Geoinformationswesen einen wesentlichen Bestandteil der GDI. Ohne die Integration von amtlicher Geotopographie und Liegenschaftskataster wäre die GDI in Deutschland so nicht möglich. In diesem Zusammenhang hat die AdV Beschlüsse gefasst, die den Aufbau der GDI aktiv voran bringen: Einführung von Metadatenkatalogen, Normungen, Portalnetz-Pilotierungen, Online-Dienste, Modellprojekte (KUMMER 2007b).

Ein weiterer wichtiger Schritt in diese Richtung ist mit der Richtlinie über Gebühren für die Bereitstellung und Nutzung von Geobasisdaten der Vermessungs- und Geoinformationsverwaltungen (*„AdV-Gebührenrichtlinie"*) vom 11. Dezember 2007 vollzogen, mit der sich die AdV-Mitgliedsverwaltungen auf eine einheitliche Konditionenpolitik verständigt haben.

Darüber hinaus haben die Vermessungs- und Geoinformationsverwaltungen in Deutschland eine dritte zentrale Bedeutung: Sowohl beim Bund als auch in den Ländern werden die *Geoportale* bei den Landesvermessungsbehörden auf Länderebene und beim Bundesamt für Kartographie und Geodäsie auf Bundesebene aufgebaut und geführt.

3.4.3 Bedeutung des amtlichen geodätischen Raumbezugs

Ohne einen einheitlichen staatlichen Raumbezug ist eine nachhaltige GDI nicht erreichbar. Über Transformationen ist zwar übergangsweise eine hinreichende Georeferenzierung der Geodatenbasis auch über verschiedene Bezugssysteme möglich, jedoch ist auf Dauer nur eine deutschlandweit einheitliche geodätische Bezugsbasis geeignet. Nur mit demselben Bezugssystem für Liegenschaftskataster und Geotopographie ist die Bildung des für die GDI erforderlichen Geobasisinformationssystems wirklich erreichbar. Ein nutzerseitiges Transformationserfordernis bereits innerhalb der Geobasisdatenbestände wäre nicht anwenderfreundlich.

Hierzu haben die Vermessungs- und Geoinformationsverwaltungen mit ihrem AdV-Beschluss zur Einführung des *ETRS 89* (vgl. Kapitel 5) einen wichtigen Schritt getan, sind jedoch gefordert, kurzfristig in allen Ländern für alle Geobasisdaten der Geotopographie und des Liegenschaftskatasters diesen Beschluss umzusetzen. Die Vorbereitungen dazu sind mit Priorität angelaufen (siehe Kapitel 5).

3.4.4 Strategie zur Online-Versorgung

Die Vermessungs- und Geoinformationsverwaltungen sind besonders auch vor dem Hintergrund des Aufbaus der GDI gefordert, die Geobasisdaten „online-fähig" zu machen. Dazu ist Voraussetzung, dass alle amtlichen geotopographischen Daten und alle Katasterdaten im

AAA-Anwendungsschema in nur einer Status-Version deutschlandweit vorliegen. Es widerspricht den Grundsätzen der GDI, wenn Sekundär-Datensätze von Geobasisdaten bei den Anwendern parallel aufgebaut werden würden, die ständig zusätzlich von fachfremder Stelle zu aktualisieren und zu pflegen wären. Zur Online-Anforderung gibt es dauerhaft keine Alternative.

Es besteht der Grundsatz, dass Geodatenbestände originär nur an einer Stelle fortgeführt und gepflegt werden: bei der dafür zuständigen Behörde. Diese stellt ihre eigenen Daten „online in das Netz", sodass andere Nutzer damit „auf Bedarf" und nicht flächendeckend „auf Vorrat" Geo(basis)daten mit ihren Fachdaten zusammenführen können – im „Tagesgeschäft", für jeden Anwendungsfall bedarfsgerecht.

Damit kommt der deutschlandweiten Einheitlichkeit der Geobasisdaten eine entscheidende Bedeutung zu. Hieran werden sich die Vermessungs- und Geoinformationsbehörden der Länder messen lassen müssen.

3.4.5 Koordinierungskompetenz

Wie in Kapitel 13 ausgeführt wird, haben die Länder und der Bund beim Bundesamt für Kartographie und Geodäsie eine gemeinsame Kontakt- und Koordinierungsstelle für die nationale GDI eingerichtet. Sie gewährleistet den Datentransfer innerhalb Europas und muss deshalb auf GDI-Kontaktstellen der Länderebene zurückgreifen können.

In den zur Umsetzung der europäischen INSPIRE-Richtlinie (vgl. Kapitel 4) in nationales Recht auf Bundes- und Länderebene zu erlassenen Geodateninfrastrukturgesetzgebungen sind diese Kontaktstellen legal festgeschrieben. Jedes Bundesland hat danach eine Kontaktstelle einzurichten. Die Kontaktstellen werden auf Länderebene den Vermessungs- und Geoinformationsbehörden zugeordnet, da hier mit den Geoportalen und dem Geobasisinformationssystem bereits zwei Zentral-Elemente der GDI geführt werden sowie von einer interessenneutralen Kompetenzbildung ausgegangen werden kann. Somit kommt es in Deutschland zu einem *operativen GDI-Netzwerk der Landesvermessungsbehörden und des Bundesamtes für Kartographie und Geodäsie*, während der ministerialen Ebene von Bund und Ländern die interministerielle Koordinierung des GDI-Aufbaus obliegt.

3.5 Grundsätze des amtlichen Vermessungswesens

3.5.1 Ansatz

Die Vermessungs- und Geoinformationsverwaltungen in Deutschland haben einen richtungsweisenden Beschluss über die *„Grundsätze des amtlichen Vermessungswesens"* (heute Vermessungs- und Geoinformationswesen) gefasst (ADV 2002b). Sie sollen sich in die aktuellen Reformbemühungen zur Wahrnehmung von Staatsaufgaben einfügen, beschreiben die Kernaufgaben des amtlichen Vermessungswesens in Deutschland und stellen darüber hinaus auch Zielvorstellungen vor, die die Grundlage für dessen Fortentwicklung bilden. Sie sollen nicht zuletzt dazu beitragen, Daten und Informationen des amtlichen Vermessungswesens in ihrer Bedeutung und Wertigkeit zu erkennen, den vielfältigen vorhandenen Geofachdaten anderer Fachbereiche eine einheitliche Grundlage zu geben und so einen effizienteren und ressourcenschonenderen Umgang mit Geoinformationen zu fördern.

In der Präambel der Grundsätze des amtlichen Vermessungswesens heißt es (ADV 2002b):

„Das amtliche Vermessungswesen Deutschlands erfüllt wesentliche Grundfunktionen für die soziale, kulturelle und wirtschaftliche Entwicklung des Staates, für die grundgesetzliche Eigentumsgarantie des Grund und Bodens sowie für raumbezogene Staatsaufgaben (zum Beispiel Landesverteidigung).

Zuständig sind nach der Kompetenzordnung des Grundgesetzes die Länder. In diesem Rahmen stellen sie über die Arbeitsgemeinschaft der Vermessungsverwaltungen der Länder der Bundesrepublik Deutschland (AdV), in der auch der Bund mitwirkt, in gesamtstaatlicher Verantwortung die Berücksichtigung übergeordneter Belange des amtlichen Vermessungswesens sicher.

Das amtliche Vermessungswesen – repräsentiert durch die Landesvermessung und das Liegenschaftskataster – erfasst und dokumentiert entsprechend dem gesetzlichen Auftrag grundlegende Daten von den Erscheinungsformen der Erdoberfläche (Geotopographie) bis zur Abgrenzung von Grundstücken und grundstücksbezogenen Rechten (Liegenschaftskataster) und stellt den einheitlichen geodätischen Raumbezug bereit. Diese Daten werden als Geobasisdaten bezeichnet. Sie werden in einem Informationssystem (Geobasisinformationssystem) geführt, aus dem Nutzern wichtige Grundlagendaten und ein einheitlicher Raumbezug für eigene Aufgaben zur Verfügung gestellt werden.

Geobasisdaten und die daraus abgeleiteten Informationen und Produkte besitzen eine zentrale Bedeutung für politische Entscheidungen, für die Eigentumssicherung, für weitere Rechtsbereiche, für Verwaltungsplanung und Verwaltungsvollzug sowie für die wirtschaftliche Entwicklung des Staates."

Die „Grundsätze" sind in den vier „Einzelbildern"

- Bedeutung,
- Selbstverständnis,
- Standards und
- Entwicklung.

beschrieben (ADV 2002b). Diese vier Bilder werden nachfolgend in 3.5.2 bis 3.5.5 dargestellt und in 3.5.6 als „Thesenextrakt" zusammengefasst.

3.5.2 Bedeutung

Amtliches Vermessungswesen liefert das Geobasisinformationssystem	Geobasisdaten bilden die einheitliche Grundlage für die anderen raumbezogenen Fachdaten (Geofachdaten). Optimale Nutzungsmöglichkeiten und wirtschaftliche Potenziale lassen sich dann erschließen, wenn die Geobasisdaten mit allen sonst verfügbaren Geofachdaten integrierbar und verknüpfbar sind und wenn eine hierauf aufbauende Geodaten-Infrastruktur geschaffen wird. So werden Geodaten verschiedener Fachbereiche wirtschaftlich für verschiedene Problemlösungen einsetzbar.
Raumbezugsgrundlage schafft Voraussetzungen zur Integration	Nur eine einheitliche geodätische Raumbezugsgrundlage schafft die nötigen Voraussetzungen für ein effektives und redundanzfreies Zusammenspiel der verschiedenen Geodaten. Sie wird durch das amtliche Vermessungswesen bereitgestellt.

Amtliches Vermessungswesen sichert Eigentum	Der landesweite und flächendeckende Liegenschaftsnachweis (Flurstücke und Gebäude) im Liegenschaftskataster ist essentieller Bestandteil der Sicherung des Eigentums an Grund und Boden (Artikel 14 Grundgesetz). Das Liegenschaftskataster ist „amtliches Verzeichnis der Grundstücke" im Sinne der Grundbuchordnung und damit wesentlicher Bestandteil des Eigentumsnachweises. Es schafft durch (hoheitliche) Liegenschaftsvermessungen, deren Übernahme in seine Nachweise und durch die darauf aufbauenden Unterlagen die Voraussetzung für neue Eigentumstitel. Die grundsätzliche amtliche Kennzeichnung der Grenzpunkte (Abmarkung) als Eigentumssicherungselement (Grenzfrieden) liegt sowohl im öffentlichen als auch im privaten Interesse.
Liegenschaftskataster dokumentiert öffentlich-rechtliche Festlegungen	Das Liegenschaftskataster ist die Grundlage bodenbezogener Steuern und sonstiger grundstücksbezogener Abgaben und Beiträge, es weist die Bodenschätzungsergebnisse nach. Zudem bietet das Liegenschaftskataster die Möglichkeit, weitere öffentlich-rechtliche Festlegungen nachrichtlich zu führen.

3.5.3 Selbstverständnis

Amtliches Vermessungswesen: Aufgabe des Staates	Die Aufgaben des amtlichen Vermessungswesens sind Aufgaben des Staates. Sie gehören zum anerkannten Katalog der originären wesensmäßigen Staatsaufgaben und sind somit Hoheitsaufgaben; sie bilden eine Einheit.
Aufgabenwahrnehmung: Vermessungs- und Katasterbehörden	Landesvermessung und Liegenschaftskataster mit den dazu erforderlichen Vermessungen bilden in ihrer Gesamtheit eine Aufgabeneinheit; sie obliegt den Vermessungs- und Katasterbehörden. An den Vermessungen zur Fortführung des Liegenschaftskatasters (Liegenschaftsvermessungen) können Öffentlich bestellte Vermessungsingenieure und gegebenenfalls qualifizierte, sonstige behördliche Vermessungsstellen mitwirken, soweit dies der Landesgesetzgeber vorsieht. Dies gilt auch für die Erhebung von Daten für die Landesvermessung.
Geobasisinformationssystem: Basis für Geofachinformationssysteme	Basieren Fachinformationssysteme auf dem Geobasisinformationssystem, so ist sichergestellt, dass über die einheitliche Verfügbarkeit und Aktualität der Geobasisdaten die Geofachdaten verschiedener Fachbereiche problemlos miteinander zu verknüpfen sind und so umfassend und effektiv genutzt werden können. Ein offensives Angebot der Geobasisdaten ist dazu erforderlich.
Öffentlichkeit: Grundprinzip der Geobasisdaten	Die Geobasisdaten sollen grundsätzlich der Öffentlichkeit zur Verfügung stehen; so werden sie den Anforderungen an ein öffentliches Geobasisinformationssystem gerecht. Gesetzliche Schutzbestimmungen werden besonders berücksichtigt. Für bestimmte Benutzerprofile ist bei der Abgabe von personenbezogenen Daten (Angaben zu natürlichen Personen) das berechtigte Interesse darzulegen; datenschutzrechtliche Bestimmungen werden spezialgesetzlich geregelt.

Mitverantwortung: Verpflichtung Dritter	Die Aufgabenerfüllung des amtlichen Vermessungswesens ist auch mit Eingriffen in die Rechts- und Freiheitssphäre des Einzelnen verbunden. Es sind insbesondere Regelungen zur Duldung von Maßnahmen (Betreten von Grundstücken, Ver- und Abmarkung) und zur Vorlage von Unterlagen erforderlich. Die Zweckbindung der Geobasisdaten sowie deren Vervielfältigung, Umarbeitung, Veröffentlichung oder Weitergabe an Dritte sind unter einen gesetzlichen Verwendungsvorbehalt zu stellen. Art und Umfang von Ordnungswidrigkeiten sollen festgelegt werden.

3.5.4 Standards

Basisfunktion fordert Einheitlichkeit	Angesichts der grundlegenden Bedeutung der Geobasisdaten ist ein hohes Maß an Einheitlichkeit und Standardisierung zu gewährleisten. Dies gilt um so mehr, als es für die Nutzer unerlässlich ist, die Daten, Informationen und Produkte des amtlichen Vermessungswesens nicht nur im nationalen Rahmen, sondern darüber hinaus in einem zusammenwachsenden Europa problemlos nutzen und ohne Schwierigkeiten mit anderen Daten zusammenführen zu können.
Qualität ist sicherzustellen	Das amtliche Vermessungswesen erfordert eine sich am Gemeinwohl und den Nutzerbedürfnissen ausgerichtete Qualität. Hierzu gehören neben Aktualität und Vollständigkeit insbesondere Zuverlässigkeit, Homogenität und Redundanzfreiheit. Die Einhaltung der Qualitätsmerkmale wird dadurch gewährleistet, dass das amtliche Vermessungswesen der Verpflichtung zu rechtsstaatlichem Handeln unterliegt, die Geschäftsprozesse und Verfahrensabläufe eindeutig und klar festgelegt sind, und dass ihre Einhaltung durch den Einsatz qualifizierten Personals mit klarer Verantwortung und durch ausreichende Kontrollmechanismen sichergestellt ist.
Standards sind offenzulegen	Die Ergebnisse der Normung als ein Ordnungsinstrument des technisch-wissenschaftlichen Lebens sollen berücksichtigt und die anerkannten Regeln der Technik angewandt werden. Qualitätsparameter und Standards müssen fortlaufend einer Überprüfung unterzogen werden. Sie müssen so konkret wie nötig und doch flexibel anwendbar beschrieben werden.
Geobasisdaten sind aktuell und vollständig zu führen	Geobasisdaten müssen aktuell und vollständig sein, um den Anforderungen der Nutzer gerecht zu werden. Sie sind regelmäßig von Amts wegen oder auf Antrag zu aktualisieren. Für Bereiche mit hoher Nachfrage und häufigen Änderungen soll für die Geotopographie eine Spitzenaktualität gewährleistet sein. Im Liegenschaftskataster besteht ein hoher Anspruch auf flächendeckende Aktualität und Vollständigkeit. Diese Anforderungen müssen auch für Daten gewährleistet werden, die nicht durch anlassbezogene Fortführung ohnehin stets aktuell sind.

Verwaltungsverfahrensrecht ist wichtige Grundlage	Für die Verwaltungsverfahren zur Bestimmung von Flurstücksgrenzen und zur Abmarkung von Grenzpunkten sowie zur Übernahme der Vermessungsschriften in das Liegenschaftskataster einschließlich der Bildung neuer Flurstücke und zur Feststellung sonstiger Veränderungen der im Liegenschaftskataster nachgewiesenen Informationen sollen die Regelungen des allgemeinen Verwaltungsverfahrensrechts gelten; ergänzende bereichsspezifische Regelungen sollen der Verfahrensbeschleunigung und -vereinfachung dienen.

3.5.5 Entwicklung

Liegenschaftskataster und Landesvermessung sind ständig weiterzuentwickeln	Um auch in Zukunft die Funktion des amtlichen Vermessungswesens gewähren zu können, ist es erforderlich, Landesvermessung und Liegenschaftskataster ständig weiterzuentwickeln sowie Daten und Informationen ständig zu aktualisieren. Dazu müssen die angemessenen technischen Möglichkeiten ausgeschöpft werden, um so eine Minimierung der damit verbundenen Aufwendungen zu erreichen.
Prinzip der Benutzung umkehren: Nutzerverantwortung	Bezüglich des Umgangs mit personenbezogenen Daten sollte in der Gesetzeslandschaft ein Paradigmawechsel dahingehend eintreten, dass auf der einen Seite die Verantwortung der Vermessungs- und Katasterbehörden abgebaut und dafür auf der anderen Seite die Verantwortung des jeweiligen Nutzers herausgehoben wird. Eine Umkehr von der prinzipiellen „Abgabebeschränkung mit Öffentlichkeitsvorbehalt“ hin zur prinzipiellen „Öffentlichkeit mit Abgabevorbehalt“ scheint erforderlich.
Andere Stellen erleichtern Datenerhebungen	Öffentliche wie nichtöffentliche Stellen haben den Vermessungs- und Katasterbehörden frühzeitig Geobasisdaten berührende Informationen über Änderungen, Genehmigungen und Maßnahmen mitzuteilen und Unterlagen zur Verfügung zu stellen. Dies dient der Aktualität und Vollständigkeit der Informationssysteme.
Umfassende Nutzung der Geobasisdaten ist sicherzustellen	Im Interesse eines sparsamen Ressourcenverbrauchs ist es erforderlich, dass das Geobasisinformationssystem des amtlichen Vermessungswesens von allen Trägern der öffentlichen Verwaltung für Planung und Verwaltungsvollzug zugrunde gelegt wird. Es könnte im öffentlichen Interesse auch geboten sein, alle Verwaltungsträger zur Nutzung des Geobasisinformationssystems des amtlichen Vermessungswesens zu verpflichten.

3.5.6 Thesenextrakt

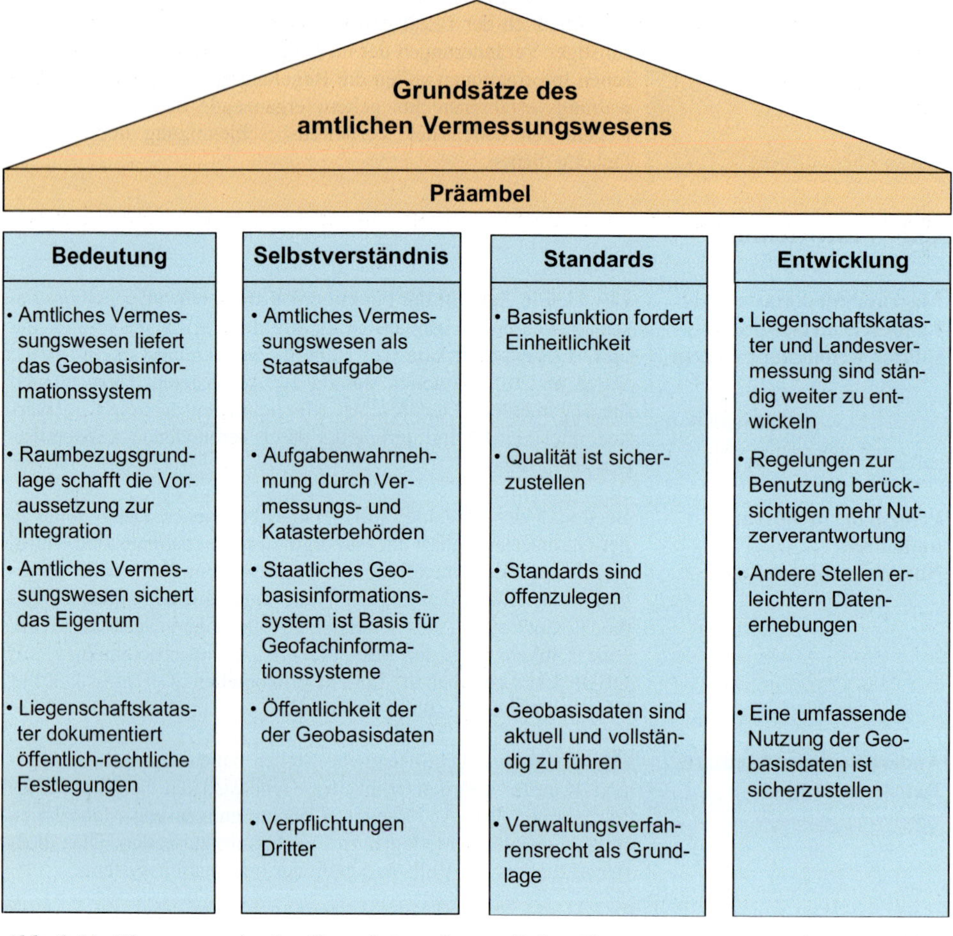

Abb. 3.11: Thesenextrakt der Grundsätze des amtlichen Vermessungswesens (ADV 2002b)

3.6 Strategie der Zusammenarbeit im Vermessungs- und Geoinformationswesen

3.6.1 Die Rolle von Arbeitskreisen im föderalen System

Zuständig für die Aufgaben im amtlichen deutschen Vermessungs- und Geoinformationswesen sind die Länder. Länder und Bund haben ein vitales Interesse an der nationalen, einheitlichen Grundversorgung mit Geobasisdaten. Auf *strategischer Ebene* wirken deshalb die Länder und der Bund gemeinsam in einem Arbeitskreis, der Arbeitsgemeinschaft der Vermessungsverwaltungen der Länder der Bundesrepublik Deutschland (AdV) zusammen, um sich auf einheitliche Modelle, Konzeptionen, Standards, Strategien und fachliche Ziele zu verständigen. Seit mehr als 60 Jahren wird diese strategische Zusammenarbeit erfolgreich gemeinsam praktiziert (ADV 2008a). Die AdV wird eingehend in Kapitel 2 von CREUZER und ZEDDIES dargestellt und ist Ausdruck eines lebendigen Föderalismus (ADV 2007a). „Die Wirkung der AdV beruht einerseits wesentlich darauf, die Vielfalt des amtlichen Vermessungs-(und Geoinformations)wesens in der Bundesrepublik Deutschland zu einem Höchstmaß an notwendiger bedarfsgerechter Einheitlichkeit zu bündeln (ADV 2007a).

Gleichwohl können die strategischen Beschlüsse der AdV von den Mitgliedsverwaltungen nicht verbindlich für die *operative Aufgabenerledigung* sein, da diese den gegebenen Rahmenbedingungen – wie beispielsweise dem Haushalt – in den Ländern verpflichtet ist (ADV 2007a).

Das koordinierende Strategiemandat beruht also auf freiwilliger Selbstbindung. Erschwerend wirkt dabei, dass die Leistungsfähigkeit und die Finanzkraft der Länder sich unterschiedlich entwickelt haben und die operative Einheitlichkeit der Leistungen des amtlichen Vermessungs- und Geoinformationswesens hemmen. Dies ist jedoch nicht dem Vermessungs- und Geoinformationswesen und schon gar nicht der AdV anzulasten, sondern dürfte wohl eher sich als einer notwendig erweisenden übergeordneten Länderreform in Deutschland geschuldet sein. Trotz einheitlicher, gemeinsamer Strategien bestehen somit unterschiedliche Entwicklungs- und Modernisierungsstände in den einzelnen Vermessungs- und Geoinformationsverwaltungen, so in der Aktualität und der Qualität der Produkte als Folge unterschiedlicher Ressourcen (AdV 2008a).

Hier haben aber die Vermessungs- und Geoinformationsverwaltungen konstruktiv und mit dem Willen zur nationalen Einheitlichkeit reagiert und auf operativer Ebene Verwaltungsvereinbarungen geschlossen. Sie betreffen hauptsächlich zwei Bereiche:

- Zentrale Vertriebs- und Versorgungsstrukturen sowie
- gemeinsame Entwicklungsgemeinschaften.

Auf diese (Bund-) Länder-Kooperationen im operativen Bereich wird unter 3.6.6 näher eingegangen.

3.6.2 Strategische Leitlinien

Als Ausprägung der *Grundsätze des amtlichen Vermessungswesens* (vgl. 3.5) sieht sich die AdV mit besonderer Priorität den Nutzeranforderungen verpflichtet und hat den Mitgliedsverwaltungen in ihrem Beschluss zu den *Strategischen Leitlinien* des amtlichen deutschen Vermessungs- und Geoinformationswesens (ADV 2007a)

- einen Handlungsrahmen zur Umsetzung der Public-Relations- und Marketing-Strategie sowie
- einen Handlungsrahmen für die Festlegung der Gebühren und Entgelte

an die Hand gegeben. Die Thesen zu diesen Handlungsrahmen sind nachfolgend zusammengefasst und berücksichtigen besonders auch die Anforderungen der europäischen INSPIRE-Richtlinie und der nationalen GDI (vgl. 3.4).

Die Thesen zur Festlegung der Gebühren und Entgelte lauten:

Einheitliche und nutzerorientierte Gebühren für Geobasisdaten	Geobasisdaten werden für die nationale Geodateninfrastruktur zu deutschlandweit einheitlichen Gebühren benötigt. Die Nutzerorientierung steht bei der Bemessung der Gebührenhöhen im Vordergrund.
Such- und Darstellungsdienste möglichst kostenlos	Metadaten und das Viewing sind Orientierungsgrundlagen für die Nutzung von Geobasisdaten. Ihre kostenlose Bereitstellung steht im Einklang mit den Forderungen der INSPIRE-Richtlinie.
Schutzgebühren für amtliche Auszüge im Rahmen der Gewährleistung	Der Gewährleistungsfunktion für das Eigentum an Grund und Boden und für die Daseinsvorsoge ist es angemessen, wenn hierfür Schutzgebühren erhoben werden.
Marktfördernde und -aktivierende Gebühren für Downloaddienste	Die Gebührenhöhen für Downloaddienste sollen zur Förderung des GIS-Marktes und seiner Aktivierung für zusätzliche Wertschöpfungen und daraus resultierende Gewinne Raum lassen.

Die Thesen zur Umsetzung der Public-Relations- und Marketing-Strategie lauten:

Positionierung auf dem Geodatenmarkt	Das Amtliche deutsche Vermessungswesen nimmt durch Einheitlichkeit in Angebot, Qualität, Konditionen und Distribution, eine marktfördernde Preispolitik sowie gemeinsame und koordinierte PR-Maßnahmen der AdV und ihrer Mitgliedsverwaltungen eine Aktivierungsfunktion im Geoinformationswesen wahr.
Verstärkung der Nutzerorientierung	Produkte und Dienste des amtlichen deutschen Vermessungswesens sind mit flächendeckenden Mindeststandards am Bedarf der Nutzer auszurichten. Marktanalysen zur Erkennung neuer Bedarfsgruppen, kontinuierlicher Erfahrungsaustausch mit dem Nutzer, Kontaktpflege sowie kompetente Beratung in einem modernen Vertriebsnetzwerk sichern die angestrebte Nutzernähe.
Das Amtliche deutsche Vermessungswesen als Basisdienstleister im Geodatenmarkt	Die Geobasisdaten des amtlichen Vermessungswesens sind integrative Grundlage für den Geodatenmarkt. Das Amtliche deutsche Vermessungswesen hat damit eine Vorbildverpflichtung bei der Realisierung einer fachübergreifenden Standardisierung und Normung der Daten und Dienste, z. B. im Rahmen des Aufbaus der Geodateninfrastruktur und der Realisierung eines eGovernments.
Stärkung des Image des Amtlichen deutschen Vermessungswesens	Das amtliche Vermessungswesen stellt die Zufriedenheit seiner Leistungsabnehmer in den Vordergrund. Die Geobasisdaten bilden mit ihrer Einheitlichkeit, Qualität und Vertrautheit die Substanz des Leistungsangebots.

3.6.3 Strategie für die Bereitstellung der Geobasisdaten

In Form von ergänzenden Komponenten zu den *Strategischen Leitlinien* (3.6.2) liegt auch eine *Gesamt-Strategie für die Bereitstellung von Geobasisdaten* vor. „Wirtschaft, Staat und Gesellschaft benötigen sie als Raumbezugsgrundlage: die Geobasisdaten der Bundesländer, also die nationale Geotopographie und das Liegenschaftskataster. Deutschlandweit einheitlich und europatauglich sollen sie sein, aktuell, genormt und integrierbar sowie bereitgestellt zu einfachen Nutzungsbedingungen – vor allen Dingen preiswert. Der Staat als Geodienstleister für den grundlegenden infrastrukturellen Raumbezug nimmt diese Herausforderung an – mit der *Strategie für die Bereitstellung der Geobasisdaten*" (ADV 2007b). Die darin zusammengefassten neun Strategie-Ansätze lassen sich thesenartig wie folgt zusammenfassen (ADV 2007b):

- Einheitliche Verfahrensentwicklung und Normung,
- fachliche Integration zum Geobasisinformationssystem,
- Kopplung mit Weltraumdaten und Diensten der GIS-Wirtschaft,
- Frontoffice-Verbund in den Ländern,
- zentrale nationale Geodienstleistung,
- vertikale Frontoffice-Integration,
- Vernetzung der Geoportale,
- einheitliche Konditionenpolitik sowie
- Motor für INSPIRE und GDI.

Eingehend wird die Bereitstellung und Nutzung der Geobasisdaten von FABIAN und JÄGER-BREDENFELD in Kapitel 15 dargestellt.

3.6.4 Eckwerte der Zusammenarbeit

Je nach Landesgesetzgebung kann privaten Vermessungsingenieuren zur Durchführung von hoheitlichen Liegenschaftsvermessungen ein öffentliches Amt übertragen werden (Öffentlich bestellte Vermessungsingenieure – ÖbVermIng –, eingehend siehe Kapitel 2). Sind Öffentlich bestellte Vermessungsingenieure in einem Bundesland zugelassen, stellt sich die Frage, welchen Anteil an Liegenschaftsvermessungen sie übernehmen und welcher Anteil bei der Verwaltung verbleibt. Ist diese Frage nicht geklärt, kann es zu Spannungen und Reibungsverlusten kommen, die dem gesamten Berufsfeld schaden können.

Die Arbeitsgemeinschaft der Vermessungsverwaltungen der Länder der Bundesrepublik Deutschland (AdV) und der Bund der Öffentlich bestellten Vermessungsingenieure (BDVI) haben deshalb in ihrem Memorandum „Gemeinsam für Staat, Wirtschaft und Gesellschaft" über die beiderseitige Zusammenarbeit im amtlichen Vermessungswesen ihr umfassend erzieltes Einvernehmen gemeinsam dargelegt (ADV, BDVI 2006).

In diesem bemerkenswerten und einmaligen Dokument einvernehmlicher Berufsauffassung wird aufgezeigt, dass die Hauptaufgabe der Öffentlich bestellten Vermessungsingenieure die Liegenschaftsvermessungen sind, wobei die Behörden in Ergänzung dazu Liegenschaftsvermessungen generell in dem Umfang durchführen, der für die Gewährleistung einer rechtssicheren, flächendeckenden und aktuellen amtlichen Geodatenerfassung für die Führung des Liegenschaftskatasters erforderlich ist. Mit dieser „Formel" ist es unter Berücksichtigung der spezifischen Bedingungen in den einzelnen Bundesländern möglich, die

Aufgabenaufteilung zu konkretisieren. Nach herrschender Auffassung sollte im Durchschnitt der angestrebte Anteil der Verwaltung bei 20 bis 25 % liegen.

Verallgemeinernd haben beide Seiten über ihre jeweiligen „Profil- und Imagebereiche" Einvernehmen erzielt, sie aufeinander abgeglichen und als gemeinsames „Struktur-Modell" dargestellt (vgl. Abb. 3.12).

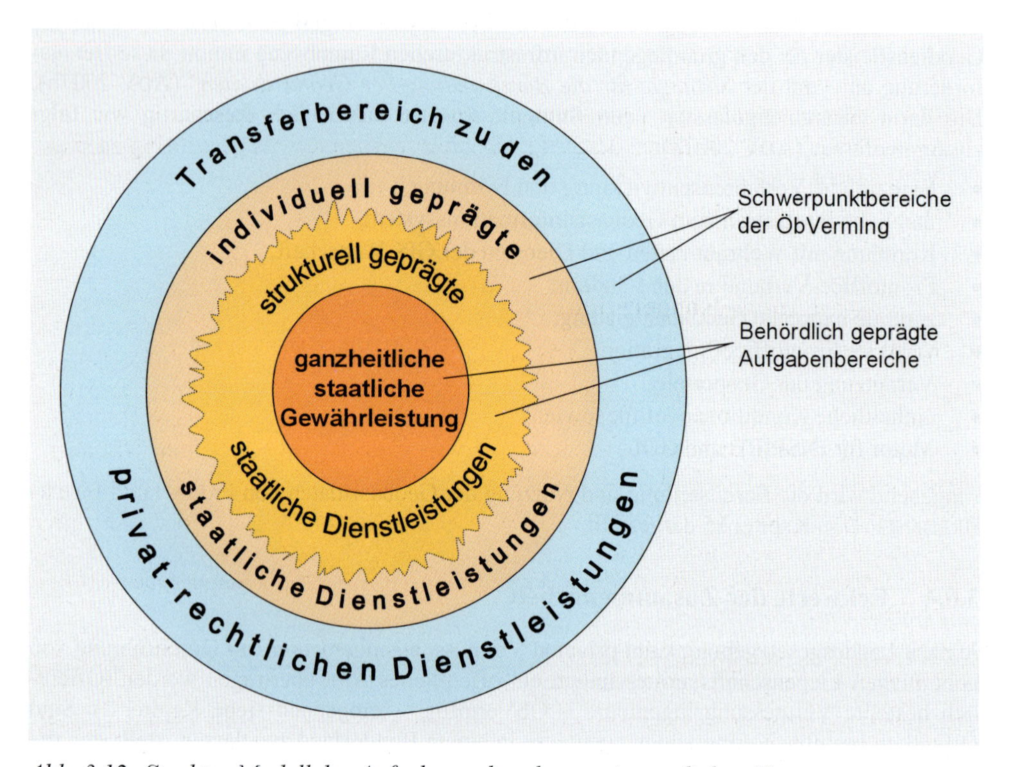

Abb. 3.12: Struktur-Modell der Aufgabenwahrnehmung im amtlichen Vermessungswesen (AdV, BDVI 2006)

Neben dieser Fokussierung der Tätigkeitsfelder haben beide Partner in dem Memorandum darüber hinaus ihre einvernehmlichen Auffassungen über die gesellschaftliche Bedeutung des amtlichen Vermessungs- und Geoinformationswesens, über die Kernbereiche des Aufgabenspektrums sowie über die Kommunikation und Zusammenarbeit dargelegt.

3.6.5 Exkurs: Zusammenarbeit von Verwaltung und ÖbVermIng auf Länderebene

Das Memorandum von AdV und BDVI ist ein „Rahmen-Papier". Es ist dazu geeignet, als Grundlage für Abstimmungen auf Länderebene zu dienen. Dies ist beispielsweise im Bundesland Sachsen-Anhalt geschehen, wo zwischen Verwaltung und den Öffentlich bestellten

Vermessungsingenieuren ein *„Letter of Intent"* mit folgendem Inhalt verabredet wurde (SCHULTZE & ZIEGLER 2007):

- Das Eckwertepapier von AdV und BDVI ist die Richtschnur des Handelns.
- Es werden regelmäßige Gespräche und ein „Konfliktmanagement" vereinbart.
- Liegenschaftsvermessungen sind das Regelverfahren für die Gewährleistung des Verlaufs der Flurstücksgrenzen.
- Vertrauensvolle Zusammenarbeit und staatliche Aufsicht sind wirksame Elemente zur Erhaltung des hoheitlichen Wirkungsfeldes.
- Die Öffentlich bestellten Vermessungsingenieure respektieren den Einsatz von 40 Vollzeitäquivalenten der Verwaltung für Liegenschaftsvermessungen.
- Auswertungen und Quelldaten des Aufgabenfeldes werden jeweils gegenseitig zugänglich gemacht.
- Die Weiterentwicklung des Berufsstandes und die Öffnung neuer Berufsfelder werden miteinander kommuniziert.

3.6.6 Bund-Länder-Kooperationen

Um bundesweit einheitliche Dienste und Produkte bereitzustellen, haben die Vermessungs- und Geoinformationsverwaltungen im operativen Bereich neben gemeinsamen Entwicklungspartnerschaften auch den Vertrieb und die Bereitstellung von einzelnen Produkten durch die Einrichtung gemeinsamer zentraler Stellen mithilfe von Verwaltungsvereinbarungen verabredet. Zur Zeit bestehen drei zentrale Vertriebsstellen:

- Die Gemeinschaft zur Verbreitung der Hauskoordinaten und Hausumringe (GVHK) mit Sitz in Nordrhein-Westfalen,
- das Geodatenzentrum beim Bundesamt für Geodäsie und Kartographie für den Vertrieb im Bereich Geotopographie sowie
- die zentrale Stelle SAPOS mit der bundesweiten Bereitstellung des Satellitenpositionierungsdienstes mit Sitz in Niedersachsen.

Die Innenministerkonferenz und die für das Vermessungs- und Geoinformationswesen zuständigen Staatssekretäre in Deutschland haben die AdV aufgefordert, im Rahmen der Föderalismusreform diese Ansätze für gemeinsame zentrale operative Aufgabenwahrnehmung zu effektivieren und bedarfsgerecht auszuweiten. Somit ist die AdV zur Zeit dabei, einen Entwurf für eine Verwaltungsvereinbarung der Länder zu erarbeiten, nach dem der gesamte zentrale Vertrieb, die operative Zusammenarbeit der Länder, die Qualitätssicherung der Produkte sowie die Analyse der Arbeits- und Entwicklungsstände einschließlich ihres Monitoring einem „Lenkungsausschuss Geobasis" übertragen werden soll, in dem jedes Land vertreten sein kann. Die drei bisherigen zentralen Stellen könnten in diesen Ausschuss integriert werden, der nach derzeitigem Entwurfsstand zentrale operative Tätigkeiten der Ländergemeinschaft an Dritte (so beispielsweise an das Bundesamt für Kartographie und Geodäsie) vergeben kann. Ein Beschluss über diese Verwaltungsvereinbarung ist kurzfristig zu erwarten.

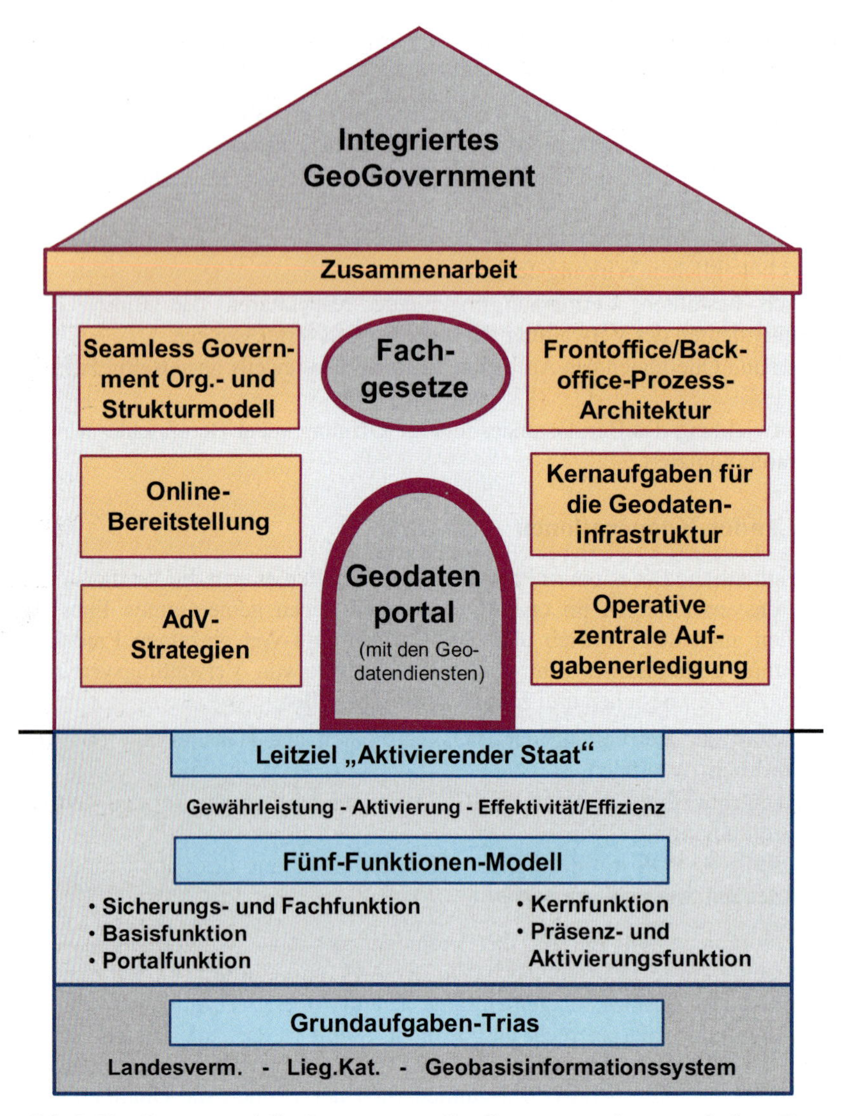

Abb. 3.13: Gesamtmodell „Integriertes GeoGovernment“ im amtlichen Vermessungs- und Geoinformationswesen (KUMMER & MÖLLERING 2005)

3.7 Integriertes GeoGovernment als Gesamtmodell

3.7.1 Wertung

Die Komponenten des Gesamtmodells für GeoGovernment und Zusammenarbeit im amtlichen Vermessungs- und Geoinformationswesen liegen umfassend vor. *Fundament* ist die *Grundaufgabentrias* (Landesvermessung, Liegenschaftskataster, Geobasisinformationssystem) mit den grundlegenden *fünf Funktionen* (Sicherungs- und Fachfunktion, Basisfunktion, Portalfunktion, Kernfunktion, Präsenz- und Aktivierungsfunktion) sowie dem *Leitziel „Aktivierender Staat“* (Gewährleistung, Aktivierung, Effektivität/Effizienz). Im Zentrum des *Kommunikationsbereiches* des Gesamtmodells steht das *Geoportal*. Es wird komplettiert durch das *Seamless-Government-Organisations- und Strukturmodell*, die *Online-Bereitstellung*, die *Frontoffice-Backoffice-Prozess-Architektur*, die *Kernaufgaben für die Geodateninfrastruktur* und die *Fachgesetzgebung*. Zusätzlich liegen umfassende *AdV-Strategien* vor sowie der Ansatz für eine *zentrale länderübergreifende operative Aufgabenerledigung*.

Die Vermessungs- und Geoinformationsverwaltungen haben somit die Möglichkeit, unter Nutzung der Potenziale einer engen *Zusammenarbeit*, die Komponenten so zu strukturieren und zusammenzusetzen, dass ein *„Integriertes GeoGovernment“* erreicht werden kann. Die Konturen eines solchen Gesamtmodells werden in Abbildung 3.13 aufgezeigt.

3.7.2 Trends und Ausblick

Die Grundvoraussetzungen für ein wirksames Vermessungs- und Geoinformationswesen sind in Deutschland gegeben. Eine Schlüsselrolle kommt dabei dem amtlichen Vermessungs- und Geoinformationswesen zu, da der Gesamtbereich einen hohen Grad an Staatsgebundenheit aufweist.

Die nächsten Jahre sind geprägt vom Aufbau der nationalen Geodateninfrastruktur, die auf ein erfolgreich agierendes Vermessungs- und Geoinformationswesen angewiesen ist. Dabei wird es darauf ankommen, die Vorteile des föderalen Systems (Best-Practice-Wettbewerb, Anpassung an regionale Bedürfnisse und Möglichkeiten, Stärkung der Regionen, Pluralismus) zu komplettieren mit der Schaffung der unbedingt notwendigen nationalen Einheitlichkeit des Geobasisinformationssystems in Deutschland. An dieser Herausforderung wird der Gesamtbereich gemessen werden.

3.8 Quellenangaben

3.8.1 Literaturverzeichnis

ADV (2002a): Geodateninfrastruktur in Deutschland (GDI) – Positionspapier der AdV. In: zfv, 127 (2), 90-96.

ADV (2002b): Grundsätze des Amtlichen Vermessungswesens, Thesenpapier der AdV. In: Wissenswertes über das Amtliche deutsche Vermessungswesen, Sonderdruck der AdV, 2007, 20-26, Magdeburg.

ADV (2005): Geschäftsordnung der AdV. In: Wissenswertes über das Amtliche deutsche Vermessungswesen, Sonderdruck der AdV, 2007, 60-64, Magdeburg.

ADV, BDVI (2006): Gemeinsam für Staat, Wirtschaft und Gesellschaft, Memorandum über die Zusammenarbeit von AdV und BDVI im amtlichen Vermessungswesen in Deutschland. In: zfv, 131 (2), 1-6.

ADV (2007a): Strategische Leitlinien des Amtlichen deutschen Vermessungswesens. In: Wissenswertes über das Amtliche deutsche Vermessungswesen, Sonderdruck der AdV, 2007, 28-40, Magdeburg.

ADV (2007b): Strategie für die Bereitstellung von Geobasisdaten. In: Wissenswertes über das Amtliche deutsche Vermessungswesen, Sonderdruck der AdV, 2007, 54-58, Magdeburg.

ADV (2007c): Bund-/Länder-Kooperation zur gemeinsamen Wahrnehmung von Aufgaben. AdV-Beschluss 119/7, 2007, AdV-Geschäftsstelle, Hannover.

ADV (2007d): Einführung der AdV-Gebührenrichtlinie. AdV-Beschluss U6/2007, AdV-Geschäftsstelle, Hannover.

ADV (2007e): Grundlage für Ihre Entscheidungen. Bundesweit: Geodaten für Wirtschaft, Staat und Gesellschaft. Sonderdruck der AdV, 2007, AdV-Geschäftsstelle, Hannover.

ADV (2008a): Kooperation zur gemeinsamen Wahrnehmung von Aufgaben im Amtlichen deutschen Vermessungswesen. AdV-Beschluss 120/7, AdV-Geschäftsstelle, Hannover.

ADV (2008b): 60 Jahre AdV, Tätigkeitsbericht 2007/2008. Sonderdruck der AdV, 2008, AdV-Geschäftsstelle, Hannover.

AHLGRIMM, B. & HERRMANN, M. (2003): eGovernment-Strategie auf Landesebene. In: fub, 65 (3), 124-130.

BAYERISCHE VERMESSUNGSVERWALTUNG (1993): Vermessung 2000, der Bayerische Weg im Vermessungswesen, Stellungnahme zu Privatisierungsbestrebungen. Sonderdruck, München.

BILL, R. & ZEHNER, M. (2001): Lexikon der Geoinformatik. Wichmann Verlag, Heidelberg.

BIRTH, K. & MATTISECK, K. (2005): Bereitstellung und Nutzung von Geobasisdaten. In: fub, 67 (4), 189-196.

BÖHMER, W. (2006): Kleinstaaterei ist Kampfbegriff gegen Föderalismus. Interview mit dem Ministerpräsidenten Sachsen-Anhalts zur Verwaltungsreform. In: Magdeburger Volksstimme, 1. Juni 2006, 4, Magdeburg.

BOHLMANN, T. (2002): Zusammenarbeit im amtlichen Vermessungswesen der Bundesrepublik Deutschland. In: LSA VERM, 2/2002, 101-118.

BOHLMANN, T. & MEHNER, T. (2003): Die Geodateninfrastruktur als Element der eGovernment-Konzeption auf Landesebene. In: fub, 65 (3), 131-140.

BOHLMANN, T. & SCHULTZE, K. (2008): Geoinformationswesen im Fokus von Politik und Verwaltung. In: LSA VERM, 1/2008, 5-19.

DEMPF, E.-M. & JÄGER-BREDENFELD, C. (2007): Neue Wege der Bereitstellung von Geobasisdaten. In: zfv, 132 (4), 247-252.

DGK (1998): Geodäsie 2000^{++}, ein Strategiepapier der Deutschen Geodätischen Kommission. In: zfv, 123 (6), 173-176.

EGGERT, H. (1994): Öffentliches Vermessungswesen aus der Sicht der Politik. In: FORUM, 1994, 306-313.

FRANKENBERGER, J. (1972): Das österreichische Vermessungsgesetz vom 3.7.1968. Dissertation, München.

FRANKENBERGER, J. (2001): Verantwortung und Subsidiarität – der Bayerische Weg im Vermessungswesen. In: zfv, 126 (4), 214-218.

GEO-STS (2007): Abschlusserklärung der für das Vermessungs- und Geoinformationswesen zuständigen Staatssekretärinnen und Staatssekretäre von Bund und Ländern. AdV-Geschäftsstelle, Hannover.

GEO-STS (2008): Abschlusserklärung der für das Vermessungs- und Geoinformationswesen zuständigen Staatssekretärinnen und Staatssekretäre von Bund und Ländern. AdV-Geschäftsstelle, Hannover.

GOERLICH, H.-P. (1998): Der dornenreiche Weg zum schlanken Staat, erste Erfahrungen aus Maßnahmen der Verwaltungsreform in der Hessischen Kataster- und Vermessungsverwaltung, In: AVN, 105 (3), 85-95.

GROTE, T. (2007): Integrierte Führung von Geodaten mit dem AFIS-ALKIS-ATKIS-Konzept – Der Weg des Landes Sachsen-Anhalt. In: zfv, 132 (4), 253-260.

HESSISCHE KATASTER- UND VERMESSUNGSVERWALTUNG (1997): Leitbild der HKVV, die kompetente Partnerin für Vermessung und Geodaten. Sonderdruck. Wiesbaden.

HÖLPER, W. (1967): Berufsordnung der Öffentlich bestellten Vermessungsingenieure, Kommentar. In: NaVKV, 4/1967, 152 ff.

IMAGI (2004): Geoinformation und moderner Staat. Informationsschrift des Interministeriellen Ausschusses für Geoinformationswesen, Geschäfts- und Koordinierungsstelle des IMAGI. Frankfurt am Main.

IMAGI (2008): Geoinformation im globalen Wandel. Festschrift zum 10jährigen Bestehen des Interministeriellen Ausschusses für Geoinformationswesen, Geschäfts- und Koordinierungsstelle des IMAGI. Frankfurt am Main.

KGST (2005): E-Government und Verwaltungsreform: Auf dem Weg zur Netzwerkverwaltung. Positionspapier der Kommunalen Gemeinschaftsstelle für Verwaltungsvereinfachung. KGST-Sonderdruck. Köln.

KLÖPPEL, R. (2000): Integration von Liegenschaftskataster und Grundbuch als Nukleus für ein amtliches Grundstücksinformationssystem. In: fub, 62 (1), 34-47.

KUMMER, K. (1996): Management und Aufgabenerledigung in der Vermessungs- und Katasterverwaltung. In: LSA VERM, 2/1996, 93-102.

KUMMER, K. (1998a): Lösungsstrategien für ein bezahlbares amtliches Vermessungswesen. In: Vermessungswesen und Raumordnung, 3/1998, 172-190.

KUMMER, K. (1998b): Gemeinsam mit der Verwaltung für den Bürger, für eine abgestimmte Aufgabenteilung im amtlichen Vermessungswesen. In: FORUM, 1998, 325-335.

KUMMER, K. (1999a): Von der hierarchischen Aufbaustruktur zur dynamischen Projektorganisation, neues Steuerungsmodell für die Landesvermessung Sachsen-Anhalt. In: zfv, 124 (2), 33-42.

KUMMER, K. (1999b): Modernisierungsansätze für die Vermessungs- und Katasterverwaltung, Dienstleistungsunternehmen oder Agenturverwaltung? In: LSA VERM, 1/1999, 6-18.

KUMMER, K. (2000a): Reorganization of the surveying system in the eastern part of Germany after reunification. Kongressdokumentation der FIG-Working-Week in Prag, 2000. Prag.

KUMMER, K. (2000b): Modernisierungsleitlinien für die Vermessungs- und Katasterverwaltung in Sachsen-Anhalt. In: fub, 62 (1), 5-14.

KUMMER, K. (2000c): Die Reorganisation des amtlichen Vermessungswesens in Sachsen-Anhalt: Ein umfassender Qualitätssicherungsprozess. In: Vermessungswesen und Raumordnung, 5/2000, 225-234.

KUMMER, K. (2000d): Neue Organisationsmodelle in der Landesverwaltung unter Berücksichtigung moderner Informationstechnologien. Kongressdokumentation „Verwaltungsinformatik 2000" in Halberstadt, 2000, und LSA VERM, 2/2000, 92-105.

KUMMER, K. (2001a): Regieren und Verwalten im Informationszeitalter: Die VuKV unterwegs zur virtuellen Verwaltung. In: LSA VERM, 2/2001, 101-106.

KUMMER, K. (2001b): Der Aktivierende Staat: Vision und Strategie für die Praxis, Modernisierung der Vermessungs- und Katasterverwaltung in Sachsen-Anhalt. In: Verwaltung und Management, 2001, 250.

KUMMER, K. (2001c): Quo Vadis Landesvermessung. In: fub, 63 (5), 209-218.

KUMMER, K. (2002a): Das staatliche Liegenschaftskataster im Focus kommunaler Informationssysteme. In: KommunalPraxis, Ausgabe MO, 2002, 80-86. Kronach.

KUMMER, K. (2002b): Management im Öffentlichen Vermessungswesen: Eine Aufgabe für Geodäten. Schriftenreihe des Geodätischen Institutes der TU Dresden, 1, 45-59. Dresden.

KUMMER, K. (2003): Neues eGovernment-Organisationsmodell für große Verwaltungsbereiche – Das amtliche Vermessungswesen geht voran. In: fub, 65 (5), 212-224.

KUMMER, K. (2004a): GeoGovernment in Sachsen-Anhalt: Einführung von Geo-Online-Diensten und Neustrukturierung der Vermessungsverwaltung. In: Landes- und Kommunalverwaltung, 2004, 158-162.

KUMMER, K. (2004b): Das neue Profil des amtlichen Vermessungswesens: Der Weg zur Geoinformationsverwaltung. Wissenschaftliche Arbeiten der Universität Hannover, 250, 155-169. Hannover.

KUMMER, K. & BOHLMANN, T. (2004c): Geodatenportal als Front Office. In: Move – moderne Verwaltung, 3/2004, 40-41.

KUMMER, K. (2004d): Das Geodatenportal: Frontoffice der Seamless Government-Organisation.In: zfv, 129 (6), 369-376.

KUMMER, K. (2004e): Grundlagen für die Geodateninfrastruktur in Sachsen-Anhalt. In: LSA VERM, 2/2004, 95-104.

KUMMER, K. & MÖLLERING, H. (2005): Vermessungs- und Geoinformationsrecht Sachsen-Anhalt, Kommentar. Kommunal- und Schulverlag, Wiesbaden.

KUMMER, K. (2006a): Geduld und Erfahrung, Interview mit dem AdV-Vorsitzenden. In: GeoBit, 3/2006, 21-23.

KUMMER, K., PISCHLER, N. & ZEDDIES, W. (2006b): Das Amtliche Deutsche Vermessungswesen, stark in den Regionen und einheitlich im Bund – für Europa. In: zfv, 131 (5), 230-241.

KUMMER, K. (2006c): The Official Surveying and Mapping in germany and its Contribution to the National SDI (GDI-DE). Kongressdokumentation der FIG-Working-Week in München, 2006. München.

KUMMER, K. & SCHULTZE, K. (2007a): Die Integration zum Geobasisinformationssystem im Ein-Behörden-Modell – Das LVermGeo in Sachsen-Anhalt. In: zfv, 132 (4), 239-246.

KUMMER, K. (2007b): Transfer von Geodaten. In: Move – moderne Verwaltung, 3/2007, 26-27.

KUMMER, K. (2007c): Wir sitzen in einem Boot – zur Zusammenarbeit von AdV und BDVI. In: FORUM, 3/2007, 144-147.

KUMMER, K. (2007d): Wolfgang Torge, Geschichte der Geodäsie in Deutschland. Buchbesprechung. In: LSA VERM, 2/2007, 178-180.

KUMMER, K. (2009): The Property and the Boundary – from a philosophical view. CLGE-Konferenz, 2009. In: Kongress-Dokumentation, Bergen und FORUM, 2/2009, 94-102.

LANDESREGIERUNG SACHSEN-ANHALT (2000): Zukunft für Sachsen-Anhalt, Leitbild für die Modernisierung der Verwaltung und die Kommunalreform sowie den Einsatz der Informationstechnologie. Sonderdruck der Staatskanzlei des Landes Sachsen-Anhalt. Magdeburg.

LANDESREGIERUNG SACHSEN-ANHALT (2003): Grundkonzept eGovernment in Sachsen-Anhalt. Kabinettsbeschluss vom 29. April 2003. Sonderdruck der Statskanzlei des Landes Sachsen-Anhalt. Magdeburg.

LEITHÄUSER, J. (1998): Kulturwandel in Richtung Unternehmen? Verwaltungsreform in Berlin. In: Frankfurter Allgemeine Zeitung, 7. April 1998. Frankfurt/M.

LINGENTHAL, R. (2004): Der Weg zur nationalen Geodateninfrastruktur (GDI). In: LSA VERM, 2/2004, 89-94.

LUCHT, H. (1998): Von der Behörde zum Wirtschaftsbetrieb, Verwaltungsumbau im Kataster- und Vermessungswesen in Bremen – eine Zwischenbilanz. In: Vermessungswesen und Raumordnung, 1/1998, 1-11.

LVERMGEO (2008): LVermGeo 2010^{++} – Die Strategie – Konzeption des Landesamtes für Landesvermessung und Geoinformation Sachsen-Anhalt. Sonderdruck. Magdeburg.

OSNER, A. (2001): Organisationswandel – Von der vertikalen zur horizontalen Verwaltungsführung. In: Verwaltung, Organisation, Personal, Sonderheft, 2001, 33.

OSTERLOH, M. (2004): Am Ende winkte Silber. Über den Erfolg des LVermGeo beim 4. eGovernment – Wettbewerb für Bundes-, Landes- und Kommunalverwaltungen. In: LSA VERM, 2/2004, 5-12.

PENSKI, U. (2000): Grenzen für eine marktfähige Organisation der öffentlichen Verwaltung. In: Vermessungswesen und Raumordnung, 2/2000, 68-78.

REICHARD, C. (1999): Staats- und Verwaltungsmodernisierung im „aktivierenden Staat“. Verwaltung und Fortbildung. Schriftenreihe der Bundesakademie für öffentliche Verwaltung. Brühl.

REINERMANN, H. (1994): Neue Managementformen in der öffentlichen Verwaltung. In: zfv, 119 (12), 627-642.

REINERMANN, H. (1999): Theorie und Praxis der Verwaltungsmodernisierung: was sagt die Wissenschaft? In: Nachrichten der Vermessungsverwaltung Rheinland-Pfalz, 1999, 241.

REINERMANN, H. (2000a): Regieren und Verwalten im Informationszeitalter – unterwegs zur virtuellen Verwaltung. Schriftenreihe Verwaltungsinformatik, 22. R. v. Decker Verlag, Heidelberg.

REINERMANN, H. & VON LUCKE, J. (2000b): Portale in der Öffentlichen Verwaltung. Speyerer Forschungsberichte, 205. Speyer.

REINERMANN, H. (2000C): Der öffentliche Sektor im Internet. Speyerer Forschungsberichte, 206. Speyer.

RUTER, R. X. & KLUTE, J. (1999): Outsourcing – eine Strategie für die öffentliche Verwaltung? In: Die neue Verwaltung, 1999, 29.

SCHÖNHERR, H.-J. (1997): Landesbetrieb Vermessung Baden-Württemberg, mit neuem Schwung in die Zukunft. In: Zeitschrift für Ingenieure und Techniker im öffentlichen Dienst, Dezember 1997, 222.

SCHULTZE, K & KOHN, U. (2003): Auf dem Weg zum zentralen Geodienstleister: Das neue Landesamt für Vermessung und Geoinformation. In: LSA VERM, 2/2003, 113-132.

SCHULTZE, K. & ZIEGLER, C. (2007): Gemeinsam für Staat, Wirtschaft und Gesellschaft – Letter of Intent. In: FORUM, 4/2007, 218-221.

SCHUSTER, O. (1996): Strukturen im Wandel. In: FORUM, 1996, 389-397.

STROBL, J. & GRIESEBNER, G. (2003): GeoGovernment. Wichmann Verlag, Heidelberg.

SPANIER, J. (2002): Leitbildentwicklung in der Vermessungs- und Katasterverwaltung des Landes Sachsen-Anhalt. In: LSA VERM, 1/2002, 5-18, Magdeburg.

STAATSKANZLEI RHEINLAND-PFALZ (1996): Verwaltungsmodernisierung nach dem Vorbild der Wirtschaft. Voran, Schriften zur Verwaltungsmodernisierung in Rheinland-Pfalz, 3/1996. Mainz.

TORGE, W. (2007): Geschichte der Geodäsie in Deutschland. W. de Gruyter, Berlin/New York.

3.8.2 Internetverweise

ADV (2009): Homepage der Arbeitsgemeinschaft der Vermessungsverwaltungen der Länder der Bundesrepublik Deutschland, Hannover; www.adv-online.de

AURÄTH, T. (2009): Stand des „GeoGovernment" in der Sächsischen Landesverwaltung, Dresden; www.wolkersdorfer.info/publication/

BORN, J. & KLEINSCHMIDT, T. (2006): Interkommunales GeoGovernment für Städte und Landkreise. Darmstadt; www.spatial-business-integration.co

DGK (2009): Homepage der Deutschen Geodätischen Kommission, München; www.dgfi.badw.de

GDI-DE (2009): Homepage des Lenkungsgremiums für den Aufbau der Geodateninfrastruktur in Deutschland, Frankfurt am Main; www.gdi-de.org

GDZ (2009): Homepage des GeoDatenZentrums beim Bundesamt für Kartographie und Geodäsie, Leipzig; www.geodatenzentrum.de

GEOPORTAL (2009): Homepage des Geoportals des Bundes beim Bundesamt für Kartographie und Geodäsie, Frankfurt am Main; www.bkg.bund.de

GISSING, R. (2003): GeoGovernment als Teil der österreichischen Geodatenpolitik, Linz; www.swe.uni-linz.ac.at

HAUSKOORDINATEN (2009): Homepage der Vertriebsgemeinschaft der Hauskoordinaten bei der Landesvermessung Nordrhein-Westfalen, Bonn; www.lverma.nrw.de

IMAGI (2009): Homepage des Interministeriellen Ausschusses für Geoinformationswesen, Frankfurt am Main; www.imagi.de

LVERMGEO LSA (2009): Homepage des Landesamtes für Vermessung und Geoinformation Sachsen-Anhalt, Magdeburg; www.lvermgeo.sachsen-anhalt.de

REINERMANN, H. (2003): Querkommunikation in der Verwaltung; Interview in: www.microsoft.com

SAPOS (2009): Homepage der Zentralen Stelle SAPOS bei der Landesvermessung und Geobasisinformation Niedersachsen, Hannover; www.zentrale-stelle-sapos.de

WAGNER, U. (2005): Mit dem Geodatenserver zu GeoGovernment – Ein Zwischenbericht, München; www.koopa.de

4 Geoinformation im internationalen Umfeld

Markus MEINERT und Hartmut STREUFF

Zusammenfassung

Geoinformationen bilden eine elementare Grundlage zahlreicher Politikfelder von der kommunalen über die regionale und nationale Ebene bis hin – und dies in zunehmendem Maße – zur europäischen und internationalen Ebene. In diesem Kapitel werden zunächst die europäischen und supranationalen Organisationen und Institutionen vorgestellt, für deren Arbeit Geoinformationen eine unverzichtbare Grundlage bilden oder die maßgeblichen Einfluss auf dem Gebiet der Geoinformation haben und zukünftige Entwicklungen beeinflussen. Der Bogen spannt sich hier von den Anwendern über die für den Aufbau von Geodateninfrastrukturen verantwortlichen Stellen bis hin zu Normungsgremien.

Im zweiten Teil werden Motivation, Entwicklungsstand und Perspektiven von GALILEO und GMES, den Projekten, welche die beiden Säulen der Europäischen Raumfahrtstrategie bilden, erläutert. Die Darstellung des GEOSS erweitert das Thema wiederum auf das gesamte System Erde und verdeutlicht den politischen Willen zur gemeinsamen Arbeit an Lösungen weltumspannender Probleme. Infrastrukturen, wie sie im Ergebnis der INSPIRE-Richtlinie innerhalb der Europäischen Union rechtlich verbindlich festgelegt oder im UN-System mit UNSDI zur verbesserten Kooperation innerhalb der Weltorganisation eingeführt wurden, bilden die Grundlage für grenzüberschreitende Projekte und Lösungen. Zwischen GMES und GEOSS auf der einen sowie INSPIRE und UNSDI auf der anderen Seite bestehen Wechselbeziehungen, die in Kapitel 4.2 aufgezeigt werden. Während der Fokus bei GMES und GEOSS auf der Schließung von Datenlücken und der Optimierung der technischen Datenbereitstellung liegt, konzentrieren sich INSPIRE und UNSDI auf Belange von Zugang und Nutzung der Daten.

In Abschnitt 4.3 werden ausgewählte internationale Projekte – von der Schwerefeldmessung bis hin zur Landnutzung und Landbedeckung – vorgestellt. Die Auswahl ist dabei nicht repräsentativ für das weite Forschungs- und Anwendungsgebiet der Geoinformation. Sie reflektiert lediglich die Intention der Autoren, den weiten Spannungsbogen aufzuzeigen und das Interesse des Lesers zu wecken, sich vertieft mit den Grundlagen und den Zusammenhängen der Erdbeobachtung zu befassen.

Der letzte Abschnitt ist dem Thema der Datensicherheit gewidmet und als – wenn auch wichtiger – Exkurs zu sehen. Gerade die europäischen Entwicklungen im Rahmen der Umsetzung und Konkretisierung der INSPIRE-Richtlinie haben die Diskussion um Datenschutz und Datensicherheit im Geoinformationswesen erneut in den Fokus gerückt. Chance und Risiko liegen beim Thema der Erdbeobachtung nahe beieinander – je höher die Auflösung von Satellitendaten ist, je einfacher der Austausch von Geoinformationen über Verwaltungs- und Staatengrenzen hinweg wird, desto wichtiger wird ein verantwortungsvoller Umgang mit den sensiblen Informationen. Andererseits sind Transparenz und freier Zugang zu Informationen eine wesentliche Voraussetzung für eine Teilhabe von Bürgern an der politischen Entscheidungsfindung in einer offenen und demokratischen Gesellschaft.

Summary

Geoinformation forms an elementary basis for numerous fields of policy on local, regional and national levels and furthermore gains importance in the European as well as the international political context. This chapter begins by introducing those European and supranational institutions, ranging from users of geoinformation, authorities responsible for the implementation of spatial data infrastructures to standardisation organisations, which need geoinformation as a pivotal element for their activities or have a stake in the field of geoinformation and thus influence future developments in this area.

The second part of the chapter presents motivation, current status, and future perspectives of the European projects GALILEO and GMES, these being the two pillars of the European Space Strategy. With the description of GEOSS the view is broadened once more, focusing on the system earth as a whole, illustrating the political intention to work on joint solutions for the global problems. The Infrastructure for Spatial Information in the European Community (INSPIRE), based on a legislative Act, and the United Nations Spatial Data Infrastructure (UNSDI) for improving the cooperation of the world organisation's bodies build the starting point for transboundary projects and solutions. Interdependancies between GMES and GEOSS on the one hand and INSPIRE and UNSDI on the other hand, are discussed in section 4.2 of this chapter. While GMES and GEOSS focus on closing data gaps and optimising the technical provision of data, INSPIRE and UNSDI focus on aspects of data access and use.

Selected international geoinformation projects are presented in section 4.3 of this chapter, ranging from gravity measurement to land cover and land use mapping. The chosen examples are not meant to be representative for the wide area of research and applications in the field of geoinformation. The intention of the authors, however, is to show the wide variety of the topic and to arouse interest in the reader to give deeper attention to the fundamental aspects and the numerous correlations of earth observation.

The last section is dedicated to the problem of data confidentiality and should be regarded as a digression, however important. The discussions within the framework of transposing and implementing the European INSPIRE Directive have once again highlighted the importance of data security and confidentiality. In earth observation, prospects and risks are closely linked: the higher the resolution of the satellite data and the easier it is to exchange data across administrative and state boundaries, the more important is the responsible handling of sensitive information. On the other hand, transparency and free access to information are crucial pre-conditions for the participation of citizens in political decision making in an open, democratic society.

4.1 Partner, Stakeholder, Kooperationen

4.1.1 Ausgangssituation

Kapitel 2 dieses Buches hatte sich vornehmlich mit Zuständigkeiten, Organisation und Institutionen befasst wie sie sich im oder für das amtliche Vermessungswesen national und international etabliert haben. Dieses Aufgabenfeld fokussiert im Wesentlichen auf die Erhebung, Führung und Bereitstellung von – im deutschen Sprachgebrauch – Geobasisdaten. International sind dies, von einzelnen Ergänzungen abgesehen, die sogenannten Referenzdaten.

Dessen ungeachtet entstehen Geodaten, also Daten mit einem direkten oder indirekten Raumbezug, in hohem Maße außerhalb des amtlichen Vermessungswesens. Sie tragen zur Umsetzung umwelt- und verkehrspolitischer Ziele, der Begleitung demographischer und wirtschaftlicher Entwicklungen oder zielgerichteter Krisenpräventionen bei. Noch bis vor wenigen Jahren wurden die hierfür erforderlichen fachspezifischen raumbezogenen Daten häufig von den für das jeweilige Politikfeld zuständigen Dienststellen, Einrichtungen oder Organisationen selbständig erhoben und gepflegt. Das resultierte zum einen daraus, dass die entsprechenden Daten gezielt und somit kostengünstig für genau eine Fachaufgabe erhoben wurden und dass keine fachliche Notwendigkeit einer Integration bestand; zum anderen ließ die unzureichende landesgrenzenübergreifende Harmonisierung von Geobasisdaten ebenso wie die Vermarktungspolitik der Vermessungsverwaltung den Fachbehörden gelegentlich keine andere Wahl als selber tätig zu werden. Redundanzen in der Erhebung und Pflege waren und sind zum Teil noch heute an der Tagesordnung. Erkenntnisse über die zunehmenden Verflechtungen einzelner Politikfelder, der daraus resultierende Bedarf an vielfältigsten Geodaten und die zugleich begrenzten Ressourcen haben jedoch eine Entwicklung intensiviert, bestehende Fähigkeiten und Kapazitäten zu verknüpfen.

Im Folgenden sollen ohne Anspruch auf Vollständigkeit einige wesentliche Player vorgestellt werden, die an diesem Prozess der Verknüpfung teilhaben, eigene Beiträge dazu leisten oder vorrangig als Nutzer hiervon profitieren. Ausgewählte Programme und Initiativen folgen im Anschluss daran in Abschnitt 4.2.

4.1.2 Geoinformation auf europäischer Ebene

Soweit hier von der europäischen Ebene gesprochen wird, zielt dies einerseits vornehmlich auf den Einflussbereich der Europäischen Union ab, schließt andererseits aber die Betrachtung weitergehender Zusammenarbeit jenseits der Gemeinschaft nicht aus.

Europäische Union (European Union – EU)
Die Europäische Union stellt eine wirtschaftliche und politische Partnerschaft zwischen 27 europäischen Ländern dar, mit dem Ziel, Frieden, Wohlstand und Freiheit zu gewährleisten. Um dies zu erreichen, haben die Mitgliedstaaten Organe geschaffen, die die EU lenken und gemeinsame Rechtsvorschriften erlassen. Die wichtigsten Organe sind das Europäische Parlament als Vertretung der Bürger Europas, der Rat der Europäischen Union als Vertretung der nationalen Regierungen sowie die Europäische Kommission als Vertreterin der gemeinsamen Interessen der EU.

Die Europäische Kommission ist zugleich das Exekutivorgan der EU. Als solches erarbeitet sie Vorschläge für neue europäische Rechtsvorschriften, die sie dem Europäischen Parlament und dem Rat vorlegt. Sie ist verantwortlich für die praktische Umsetzung der EU-Politik und überwacht die Verwaltung des EU-Haushalts. Zudem beobachtet sie die Einhaltung der europäischen Verträge und Rechtsvorschriften und kann bei Rechtsverstößen den Europäischen Gerichtshof anrufen.

Der Präsident der Kommission wird von den Regierungen der EU-Mitgliedstaaten ernannt und vom Europäischen Parlament bestätigt. Die weiteren Mitglieder der Kommission werden von den nationalen Regierungen in Absprache mit dem künftigen Präsidenten ernannt und müssen vom Europäischen Parlament bestätigt werden. Diese auf fünf Jahre bestellten Kommissarinnen und Kommissare vertreten ausdrücklich nicht die Regierungen ihrer Heimatländer, sondern sind für einen bestimmten Politikbereich der EU zuständig. Das Arbeitsprogramm der Kommission ist öffentlich verfügbar (EUROPÄISCHE KOMMISSION 2009) und wird in den einzelnen Generaldirektionen umgesetzt. Stellvertretend für diese Generaldirektionen sollen nachfolgende genannt werden:

- die Generaldirektion für Energie und Verkehr, welche in den Referaten 3 bis 5 der Abteilung G für die Infrastrukturen sowie Rechts-, Finanz-, Errichtungs- und Nutzungsfragen von Galileo (vgl. 4.2.2) ebenso verantwortlich ist wie für das Anwendungsmanagement,
- die Generaldirektion für Unternehmen und Industrie, welche im Referat 5 der Abteilung H das GMES-Bureau beherbergt, um die Entwicklung des Programms (vgl. 4.2.3) mit einem besonderen Augenmerk auf die daraus für die europäische Industrie und den Unternehmen der Mitgliedstaaten erwachsenden Geschäftsmöglichkeiten zu betreiben,
- die Generaldirektion Umwelt, welche, orientiert an den Vorgaben des sechsten Umweltaktionsplans und im Wissen um den Stellenwert interoperabler gemeinschaftsweiter raumbezogener Daten, einer der Hauptförderer des Aufbaus einer europäischen Geodateninfrastruktur (INSPIRE) ist (vgl. 4.2.5),
- die Generaldirektion Informationsgesellschaft und Medien mit der Zuständigkeit für die Informationsweiterverwendungsrichtlinie betreffend Informationen des öffentlichen Sektors, zu welchen ausdrücklich auch digitale Karten und meteorologische Daten rechnen.

Diese Beispiele wie auch zahlreiche Richtlinien des europäischen Parlaments und des Rats (Fauna-Flora-Habitat-Richtlinie, Vogelschutzrichtlinie, Umgebungslärmrichtlinie, Meeresstrategie-Rahmenrichtlinie, Wasserrahmenrichtlinie und andere) belegen, dass Geoinformationen über die Grenzen der einzelnen Generaldirektionen hinweg eine bedeutsame Rolle für die europäische Politikgestaltung und deren Umsetzung spielen. Dies wird noch verstärkt, wenn einzelne nachgelagerte Institutionen und Agenturen in die Betrachtung einbezogen werden.

Das Statistische Amt der Europäischen Gemeinschaften in Luxemburg (EuroStat) hat den Auftrag, einen hochwertigen statistischen Informationsdienst zur Verfügung zu stellen und die Generaldirektionen sowie weitere europäische Institutionen mit Statistiken für die Konzeption, Durchführung und Analyse der Gemeinschaftspolitik zu versorgen, welche zugleich einen Vergleich zwischen Ländern und Regionen ermöglichen. Im Ergebnis bietet EuroStat eine breite Palette Daten an, die für Regierungen, Unternehmen, Bildungseinrichtungen, Journalisten und die breite Öffentlichkeit bei der Arbeit bzw. im Alltag von Nutzen sind. Heute ist die Erhebung von Daten für die Wirtschafts- und Währungsunion und der Aufbau statistischer Systeme im gesamteuropäischen Raum wichtiger als noch vor zehn Jahren. Für seine Aufgaben bedient sich EuroStat eines Geographischen Informationssystems, das in hohem Maße auf interoperable Datensätze der einzelnen Mitgliedstaaten angewiesen ist, dem Geographic Information System of the European Commission (GISCO).

Die Europäische Umweltagentur (European Environment Agency – EEA) in Kopenhagen arbeitet seit 1994 als eine Einrichtung der Europäischen Union. Ihre Aufgabe besteht darin, zuverlässige und unabhängige Informationen über die Umwelt sowohl den Generaldirektionen als auch anderen Stellen innerhalb der Gemeinschaft und den Mitgliedstaaten zur Verfügung zu stellen, die mit der Entwicklung, Festlegung, Umsetzung und Bewertung der Umweltpolitik befasst sind, sodass sie fundierte Entscheidungen in Bezug auf die Verbesserung der Umwelt, die Einbeziehung von Umweltbelangen in die Wirtschaftspolitik und die Verwirklichung einer dauerhaften und umweltgerechten Entwicklung treffen können. Mit ihrer Errichtung wurde außerdem das Europäische Umweltinformations- und -beobachtungsnetz (EIONET – European Environment Information and Observation Network) etabliert, das von der EEA koordiniert wird und neben sogenannten National Focal Points in den 32 Mitgliedstaaten der Agentur auch anerkannte wissenschaftliche Einrichtungen und Behörden umfasst. Mit den bereits operablen Systemen WISE (Water Information System for Europe) zur Umsetzung der europäischen Wasserrahmenrichtlinie oder dem Ozone Web zum Monitoring der bodennahen Ozonwerte hat die EEA erste Bausteine für ein umfassendes, integriertes Umweltbeobachtungssystem geschaffen, dessen weiterer Ausbau nicht ohne die Einbindung von Geoinformationssystemen denkbar ist.

Schließlich kann das Europäische Satellitenzentrum (European Satellite Center – EUSC) als Agentur des Rats der EU mit Sitz in Torrejón in der Nähe von Madrid als geo-relevante Einheit innerhalb der EU benannt werden. Seine Aufgaben umfassen seit Aufnahme der Arbeiten am 1. Januar 2002 die Sammlung und Auswertung von Informationen, die aus der Analyse von Bildern der Erdbeobachtungseinrichtungen gewonnen werden. Sie dienen der Entscheidungsfindung im Rahmen der Gemeinsamen Außen- und Sicherheitspolitik, der zweiten Säule der EU. Neben der Unterstützung der Entscheidungsfindung ist das Zentrum auch mit der Ausbildung von Personal auf dem Gebiet der digitalen Satellitenbildauswertung und der Erstellung geographischer Informationssysteme betraut.

Die erkennbare Betroffenheit diverser Organe und Dienststellen innerhalb der Gemeinschaft von einer nachhaltigen Verfügbarkeit raumbezogener Daten und die begrenzten Ressourcen unterstreichen die Notwendigkeit einer Koordination und Transparenz-Strategie auf dem Gebiet des gemeinschaftlichen Geoinformationswesens, wie sie sowohl von der Kommission als auch Außenstehenden angemahnt worden war. Zu diesem Zweck wurde auf Initiative von EuroStat und der Generaldirektion für die Informationsgesellschaft das „Interservice Committee on Geographical Information within the Commission“ (COGI) eingerichtet. Angesiedelt ist das COGI unmittelbar beim Generalsekretär der EU-Kommission, sodass Entscheidungen betreffend Standards im Geoinformationswesen verbindlich für alle Dienste der Kommission werden, wenn es um die Erstellung, Führung und Nutzung geographischer Informationen geht. Ziel von COGI ist, durch die Förderung der Nutzung von Geoinformationen und die Etablierung gemeinsamer Standards die Effektivität und Effizienz der Gemeinschaftspolitik zu stärken.

Europäische Weltraumagentur (European Space Agency – ESA)
Die Europäische Weltraumagentur ESA hat ihren Hauptsitz in Paris sowie weitere Zentren mit jeweils verschiedenen Aufgabenbereichen in ganz Europa. Sie soll die Entwicklung der europäischen Raumfahrt koordinieren und fördern und sicherstellen, dass die diesbezüglichen Investitionen allen Europäern dauerhaften Nutzen bringen. Aktuell gehören der ESA 17 Mitgliedstaaten an. Indem sie die Finanzmittel und das Know-how der einzelnen Länder bündelt, ermöglicht sie die Realisierung von Programmen und Projekten, die keiner der Mitgliedstaaten im Alleingang bewältigen könnte. Nicht alle EU-Mitgliedstaaten gehören der ESA an und umgekehrt. Faktisch ist die ESA eine völlig eigenständige und unabhängige Organisation. Allerdings unterhält sie über ein ESA/EG-Rahmenabkommen enge Beziehungen zur EU. So teilen sich die beiden Organisationen unter anderem eine gemeinsame europäische Weltraumstrategie und entwickeln gemeinsam die europäische Weltraumpolitik.

Deutschland beherbergt als ESA-Einrichtungen das Europäische Raumflugkontrollzentrum (European Space Operations Center – ESOC) in Darmstadt, welches für die Überwachung der ESA-Satelliten in erdnahem oder interplanetarem Orbit verantwortlich ist, sowie das Europäische Astronautenzentrum (European Astronauts Center – EAC) in Köln, wo Astronauten für künftige Missionen trainiert werden. Der Raumflughafen in Französisch-Guayana ist ebenfalls Teil der ESA-Organisationsstruktur.

Die ESA-Aktivitäten lassen sich in ein „Pflichtprogramm“ und eine Reihe optionaler Programme unterteilen. Das Pflichtprogramm, das die Weltraumforschungsprogramme und das allgemeine Budget umfasst, wird von allen Mitgliedstaaten gemeinsam finanziert. Der anteilsmäßige Beitrag der einzelnen Staaten richtet sich dabei nach dem jeweiligen Bruttoinlandsprodukt. Hinsichtlich der optionalen Programme ist es hingegen jedem einzelnen Staat freigestellt, ob und in welcher Höhe er sich beteiligt. Das geschätzte Budget der ESA betrug für 2006 rd. 2,9 Mrd. €. Die Organisation funktioniert nach dem Prinzip eines geographischen Mittelrückflusses („Geographic Return“), d. h. sie investiert über Industrieaufträge für Raumfahrtprogramme in jedem Mitgliedstaat Beträge, die mehr oder weniger den Beitragszahlungen des jeweiligen Staates entsprechen. Zwei der gemeinsam betriebenen Satellitenmissionen sind EnviSat und GOCE (vgl. 4.3.2).

EnviSat (Environmental Satellite) ist ein 7,9 Tonnen schwerer Umweltsatellit dessen wichtigste Aufgaben in der ständigen Überwachung des Klimas, der Ozeane, der Landfläche bzw. allgemein des Ökosystems der Erde liegen. Mit Gesamtkosten von 2,3 Mrd. € war er der bisher teuerste Satellit der ESA und folgte am 1. März 2002 den Satelliten ERS-1 und ERS-2 nach, die in kleinerer Ausführung in den 1990er Jahren ähnliche Aufgaben übernommen hatten. ERS-2 ist dabei 13 Jahre nach seinem Start immer noch aktiv. An Bord befinden sich zehn hochentwickelte Instrumente zur Erdbeobachtung. Sie können die chemische Zusammensetzung der Atmosphäre, die Temperatur der Ozeane, Wellenhöhen und -richtungen, Windgeschwindigkeiten, Wachstumsphasen von Pflanzen messen und Waldbrände und Umweltverschmutzung aufspüren. Ihr Output von einer polaren sonnensynchronen Umlaufbahn in 800 km Höhe beträgt täglich rd. 280 Gigabyte Daten.

Europäisches Komitee für Normung (Comité Européen de Normalisation – CEN)
Während es sich bei der EU und der ESA um Formen der staatlichen europäischen Zusammenarbeit handelt, erfolgt innerhalb des Europäischen Komitees für Normung (Comité Européen de Normalisation – CEN) eine Kooperation über staatliche, wirtschaftliche und

wissenschaftliche Grenzen hinweg. Es handelt sich um eine 1961 von den nationalen Normungsgremien der Mitgliedstaaten der EWG und der EFTA gegründete private, nicht gewinnorientierte Organisation mit Sitz in Brüssel, deren Anliegen es ist, die Europäische Wirtschaft im globalen Handel zu fördern, das Wohlbefinden der Bürger zu gewährleisten und den Umweltschutz voranzutreiben. Dies soll mithilfe einer effizienten Infrastruktur zur Entwicklung, Verwaltung und Verteilung von europaweit kohärenten Normen und Spezifikationen geschehen, die allen interessierten Kreisen zugänglich sind.

Die 30 CEN-Mitglieder arbeiten zusammen, um freiwillige europäische Normen in verschiedenen Industrie- und Dienstleistungsbereichen zu entwickeln. Damit soll in Europa ein Binnenmarkt für Güter und Dienstleistungen durch den Abbau von technischen Handelshemmnissen verwirklicht werden. Gleichzeitig soll der europäischen Wirtschaft ermöglicht werden, eine wichtige Rolle in der globalen Wirtschaft zu spielen. Mehr als 60.000 Experten und Industrieverbände, Konsumenten und andere gesellschaftliche Interessengruppen sind an der Arbeit der einzelnen Technical Committees (TC) innerhalb von CEN beteiligt.

Für den Bereich des Geoinformationswesens zeichnet CEN/TC 287 verantwortlich. Dieses 1991 errichtete Technische Komitee behandelte Standards für das Geoinformationswesen in den vier Working Groups „Framework for Standardization in GI“, „Models and Applications for GI“, „Geographic Information Transfer“ und „Locational reference systems for GI“ und hat diverse Normentwürfe hervorgebracht. Seitdem diese Entwürfe als Vornormen verabschiedet wurden, ruht die Arbeit in diesem Gremium. Die CEN-Vorarbeiten sind jedoch durch die ISO aufgegriffen worden (vgl. 14).

4.1.3 Geoinformation auf globaler Ebene

Auch global wird das Geoinformationswesen von staatlichen, privaten und wissenschaftlichen Akteuren geprägt. Neben den weltweiten Standardisierungsorganisationen ISO und OGC sind die Vereinten Nationen Konsument und Produzent raumbezogener Informationen, der ein hohes Interesse an der Interoperabilität dieser Daten hat und entsprechende Maßnahmen mit globalem Bezug auslöst (vgl. 4.2.6 und 14).

Vereinte Nationen (United Nations – UN)
Die am 24. Oktober 1945 gegründeten Vereinten Nationen mit heute 192 Mitgliedstaaten haben sich dem weltweiten Frieden und der Sicherheit, der Entwicklung freundschaftlicher Beziehungen zwischen allen Nationen, dem sozialen Fortschritt, besseren Lebensbedingungen und den Menschenrechten verschrieben. Zu diesem Zweck tauschen sich die Mitgliedstaaten in der Generalversammlung, im Sicherheitsrat, im Wirtschafts- und Sozialrat sowie anderen Einrichtungen und Ausschüssen aus und befinden über gemeinsame Schritte betreffend die nachhaltige Entwicklung, den Schutz der Umwelt und von Flüchtlingen, die Umsetzung von Katastrophenhilfe, Aktionen gegen den Terrorismus, die Rüstungskontrolle und Nicht-Weiterverbreitung von Kriegswaffen, die Beförderung der Demokratie, Menschenrechte, Staatsführung, wirtschaftliche und soziale Entwicklung, das internationale Gesundheitswesen, die Ächtung und Beseitigung von Landminen oder die Erweiterung der Nahrungsmittelproduktion. Das hierfür verfügbare Budget für die Jahre 2008/2009 liegt bei knapp 4,2 Mrd. US$. In der Öffentlichkeit am bekanntesten sind die friedenssichernden oder humanitären Einsätze der UN beispielsweise im Sudan, in Zentralafrika, dem Tschad, in Somalia, in Südosteuropa, früher auch in Mittelamerika oder dem Nahen und fernen Osten. Darüber hinaus zeichnen die UN für zahlreiche Konventionen, Verträge und Proto-

kolle verantwortlich, deren Zeichnung die Mitgliedstaaten rechtlich bindet und internationales Recht setzt. So beispielsweise über die Nutzung der internationalen Gewässer, die Bekämpfung der Desertifikation oder die Klimarahmenkonvention mit dem Kyoto-Protokoll zur Begrenzung von Treibhausgas-Emissionen.

Die Vorbereitung und Umsetzung der Entscheidungen der Organe zu den vorstehend genannten Themenkreisen erfolgt in rd. 30 Organisationen, die zusammen genommen auch als das UN-System bezeichnet werden und bei ihrer Arbeit auf weltweite Geodaten angewiesen sind, was zu Anforderungen führt, aus denen Handlungsnotwendigkeiten bis hin zur nationalen Ebene resultieren. Hierzu tauschen sich die Leiter der betreffenden Organisationen regelmäßig in einem Koordinierungsausschuss der Geschäftsführungen, dem Chief Executives Board for Coordination (CEB), gemeinsam mit dem Generalsekretär aus.

Weltgesundheitsorganisation (World Health Organization – WHO)
Ziel der Weltgesundheitsorganisation ist, allen Völkern zur Erreichung des bestmöglichen Gesundheitszustandes zu verhelfen. Als wichtigste UN-Sonderorganisation im Gesundheitsbereich wurde sie 1948 in Genf gegründet und ist zuletzt 2009 angesichts der weltweiten Ausbreitung eines neuen Grippeerregers und der Infektionsgefahr für den Menschen von Mittelamerika aus in den Blickpunkt der Öffentlichkeit geraten. Der Schwerpunkt ihrer Arbeit liegt im Auf- und Ausbau leistungsfähiger Gesundheitsdienste sowie der Unterstützung von Industrie- und Entwicklungsländern bei der Bekämpfung von Krankheiten. Darüber hinaus fördert sie die medizinische Forschung und übernimmt die Aufgabe eines weltweiten Gesundheitswarndienstes. Zur Bewertung der Gefahren eines Erregers wie desjenigen der neuen sog. Schweinegrippe, der von Mensch zu Mensch übertragen werden kann, der Aussprache entsprechender Pandemiewarnungen und Einleitung erforderlicher Unterstützungsmaßnahmen ist sie beispielsweise angewiesen auf Geodaten, die Auskunft über Flug- und allgemeine Reisebewegungen, Bevölkerungsdichten, das Auftreten von Krankheitsbildern, die Existenz von Gesundheitsinfrastrukturen und die Vorratshaltung von Medikamenten geben.

Mitte 2008 waren 193 Staaten Mitglied der WHO. Die Bundesrepublik Deutschland ist seit 1951 Mitglied und drittgrößter Beitragszahler. Der deutsche Anteil zum regulären Haushalt der WHO wird aus Mitteln des Bundesministeriums für Gesundheit (BMG) bestritten und betrug im Jahr 2007 29,2 Mio. €.

Flüchtlingskommissariat der Vereinten Nationen
(United Nations High Commissioner for Refugees – UNHCR)
Das Flüchtlingskommissariat der Vereinten Nationen arbeitet seit 1951 auf der Grundlage der Genfer Flüchtlingskonvention und hat die Rolle eines Koordinators internationaler Flüchtlingshilfe. 2007 standen weltweit in 110 Ländern mehr als 31,7 Mio. Flüchtlinge und Menschen in flüchtlingsähnlichen Situationen unter dem Mandat von UNHCR, welches mit dem Ziel internationalen Rechtsschutzes für Flüchtlinge, der Integration im Erstaufnahmeland, der Unterstützung von Flüchtlingen bei ihrer Rückkehr in das Heimatland sowie der Sicherung der Grundversorgung von Flüchtlingen ausgeübt wird. Für diese Arbeit ist es insbesondere von Interesse, über raumbezogene Daten zur ethnischen Verteilung und Bevölkerungsdichte im Heimatland, soziogeographische Daten und Versorgungsinfrastrukturen zu verfügen.

Die Flüchtlingshilfe gehört in Deutschland sowohl in den Bereich der humanitären Hilfe, die in der Verantwortung des Auswärtigen Amtes liegt, als auch in den Bereich der entwicklungsorientierten Not- und Übergangshilfe, die Aufgabe des Bundesministeriums für wirtschaftliche Zusammenarbeit und Entwicklung (BMZ) ist. Das BMZ, im allgemeinen Sprachgebrauch auch Entwicklungshilfeministerium, unterstützt bevorzugt Vorhaben zur Stärkung der Selbsthilfekräfte und zur Eigenversorgung von Flüchtlingen sowie die Rückführung und Integration im Heimatland. 2007 stellte das BMZ für das UNHCR insgesamt 11,5 Mio. € bereit, der deutsche Gesamtbeitrag lag bei 24,36 Mio. €.

Ernährungs- und Landwirtschaftsorganisation (Food and Agricultural Organization – FAO)

Die Ernährungs- und Landwirtschaftsorganisation der Vereinten Nationen wurde am 16. Oktober 1945 in Quebec (Kanada) gegründet. Dieser Sonderorganisation der UN mit Sitz in Rom gehören gegenwärtig 191 Staaten und die Europäische Union an. Ihr Ziel ist es, den Lebensstandard weltweit zu erhöhen und die Ernährungssituation zu verbessern sowie zur Überwindung von Hunger und Unterernährung beizutragen. Zu diesem Zweck sammelt und veröffentlicht sie Informationen zur weltweiten Entwicklung der Land-, Forst-, Fischerei- und Ernährungswirtschaft, um Versorgungskrisen rechtzeitig zu erkennen. Außerdem erarbeitet sie Ernährungssicherungsstrategien und fördert eigene Entwicklungsprogramme und Projekte. Die für ihre Aufgaben bedeutsamen Geodaten leiten sich unmittelbar aus dem Informationsauftrag ab. Exemplarisch zu nennen sind Bodennutzungsdaten, Daten zur Artenvielfalt und -verteilung, zum land-, forst- und fischereiwirtschaftlichen Ertrag, zur wasserwirtschaftlichen Infrastruktur, demographische Daten oder solche zum Ernährungsverhalten.

Der Haushalt der Organisation finanziert sich über die Beiträge ihrer Mitgliedstaaten. Für den Zweijahreshaushalt 2008/2009 stehen der Organisation insgesamt 929,8 Mio. US$ zur Verfügung. Nach den USA und Japan ist die Bundesrepublik Deutschland mit einem Anteil von 8,6 % der drittgrößte Beitragszahler der FAO.

Welternährungsprogramm (World Food Programm – WFP)

Auf der Liste der Millenniumsentwicklungsziele der UN steht der Kampf gegen den Hunger an oberster Stelle: Bis zum Jahr 2015 soll der Anteil der Hungernden an der Weltbevölkerung halbiert werden. Das 1963 von den UN und FAO gegründete Welternährungsprogramm verfolgt das Ziel, den Hunger – schätzungsweise gehen täglich 1 Mrd. Menschen hungrig zu Bett, 25.000 von ihnen sterben – weltweit zu bekämpfen. Seine Aufgabe ist es einerseits, Bedürftige in besonderen Notlagen wie Dürren oder auf der Flucht mit Nahrungsmitteln zu versorgen. Andererseits unterstützt es breiter angelegte Entwicklungsprogramme in Entwicklungsländern, in denen Nahrungsmittelhilfe als ein Instrument zur Unterstützung der ökonomischen und sozialen Entwicklung der betroffenen Menschen eingesetzt wird. Seine Hilfe erreicht jährlich rd. 100 Mio. Menschen in über 80 Ländern. So werden zum Beispiel im Rahmen sogenannter „Food for Work"-Maßnahmen, bei denen es sich um arbeitsintensive Selbsthilfeprojekte wie den Bau von Straßen, Bewässerungskanälen oder Deichen handelt, Arbeitskräfte durch Nahrungsmittel entlohnt. Auch Speisungsprogramme für Schulkinder oder für Krankenhauspatienten und HIV-Infizierte werden unterstützt.

Mit 2,665 Mrd. US$ Gesamtzusagevolumen im Jahr 2006, das etwa 88 Mio. Menschen in 78 Ländern der Welt zugute kam, ist das WFP inzwischen die größte humanitäre Nothilfeorganisation in der Welt und neben dem Kinderhilfswerk der Vereinten Nationen (UNICEF) und dem UNHCR die wichtigste UN-Organisation in diesem Bereich. Etwa 53,7 % der weltweiten Nahrungsmittelhilfe wurde im Jahr 2005 durch das WFP geleistet, beispielsweise in Folge des Erdbebens im Indischen Ozean am 26. Dezember 2004 und der verheerenden Auswirkungen des dadurch ausgelösten Tsunamis auf Indien, Indonesien, Sri Lanka, Thailand, Myanmar und Somalia, auf den Malediven oder den Seychellen mit mehr als 280.000 Toten und einer ½ Mio. Obdachlosen, welche das gesamte UN-System mit knapp 1 Mrd. US$ auf den Plan riefen. Raumbezogene Daten werden insbesondere benötigt als Informationsträger über verfügbare Versorgungsinfrastrukturen (Schiffe, Flugzeuge, Lastwagen aber im Einzelfall auch Elefanten, Kamele oder Esel, Verkehrswege), Vorräte, Altersverteilungen, Ernährungsverhalten, Lagerkapazitäten oder klimatische Verhältnisse.

Das WFP finanziert sich ausschließlich durch freiwillige Beiträge. Von 2007 bis 2010 stellt die Bundesregierung für seine Entwicklungsprogramme jährlich einen Beitrag von rd. 23 Mio. € zur Verfügung. Hinzu kommt die anlassbezogene Unterstützung von Nothilfeprogrammen in Krisen und Notsituationen. Für konkrete Flüchtlings- und Nothilfeprojekte erhielt das Programm im Jahr 2007 weitere rd. 25,1 Mio. €.

Umweltprogramm der Vereinten Nationen (United Nations Environmental Programme – UNEP)
Das als Unterorgan der Generalversammlung 1972 gegründete Umweltprogramm der Vereinten Nationen mit Sitz in Nairobi (Kenia) soll in erster Linie Katalysator der Umweltaktivitäten der UN sein. Es identifiziert und analysiert Umweltprobleme, arbeitet Grundsätze des Umweltschutzes aus, entwickelt regionale Umweltschutzprogramme und unterstützt Entwicklungsländer beim Aufbau von nationalen Umweltschutzprogrammen. Alle zwei Jahre gibt die Organisation einen Bericht, Global Environment Outlook, über die Umweltsituation der Welt heraus, in dem sie Schäden und Entwicklungen festhält. Zu diesem Zweck ist das Umweltprogramm insbesondere angewiesen auf raumbezogene Daten über die Bodennutzung, die Artenvielfalt, den Zustand der Atmo-, Hydro-, Kryo- und Lithosphäre sowie das Klima.

Das UNEP finanziert sich aus einem Umweltfonds, in den die Mitgliedstaaten freiwillig Beiträge einzahlen. Das Jahresbudget beträgt rd. 40 Mio. US$. Deutschland ist mit jährlich etwa 5,42 Mio. US$ aus dem Haushalt des Bundesministeriums für Umwelt, Naturschutz und Reaktorsicherheit (BMU) der zweitgrößte Geber.

Kinderhilfswerk der Vereinten Nationen (United Nations Children's Fund – UNICEF)
Die UN-Kinderrechtskonvention von 1989 verpflichtet die Mitgliedstaaten, das Überleben der Kinder zu schützen, ihre Entwicklung zu fördern, sie vor Missbrauch und Gewalt zu bewahren und sie an wichtigen Entscheidungen zu beteiligen. Das Kinderhilfswerk der Vereinten Nationen sieht sich diesen Zielen seit seiner Gründung 1946 verpflichtet. Schwerpunkte der Arbeit von UNICEF sind Kinderrechte, Nothilfe- und Entwicklungsmaßnahmen. Schätzungsweise 300.000 Kinder sind weltweit als Kindersoldaten rekrutiert, mehr als 2 Mio. haben in Folge bewaffneter Konflikte in den vergangenen zehn Jahren ihr Leben verloren, mindestens 6 Mio. Kinder wurden dabei dauerhaft geschädigt oder schwer verletzt und mehr als 1 Mio. wurden Waisen oder von ihren Familien getrennt. Nahrung, Trinkwasser und medizinische Versorgung sowie Fürsorge für diese Kinder stehen im Fo-

cus von UNICEF. Hierfür stellen raumbezogene Informationen über die Nahrungsmittelversorgung und das Ernährungsverhalten, die Trinkwasserqualität, Versorgungswege und -kapazitäten oder die Gesundheitsinfrastruktur zentrale Entscheidungsgrundlagen dar.

Der UNICEF-Haushalt betrug 2007 insgesamt rd. 3,013 Mrd. US$. Deutschland trug dazu 12,9 Mio. US$ bei. Außerdem erhielt UNICEF vom „Deutschen Komitee für UNICEF" in Köln 2007 rd. 126 Mio. US$. Das deutsche Komitee steht damit unter den nationalen Komitees an erster Stelle und zählt auch insgesamt zu den größten Gebern von UNICEF.

Zentrum der Vereinten Nationen für menschliche Siedlungen (United Nations Centre for Human Settlements – UN-Habitat)
Das Zentrum der Vereinten Nationen für menschliche Siedlungen wurde 1978 nach der ersten UN-Konferenz über menschliche Siedlungen gegründet und verfolgt die Förderung nachhaltiger städtischer Entwicklung. UN-HABITAT ist die zentrale Organisation des UN-Systems im Bereich Stadtentwicklung, Siedlungswesen und Wohnungsversorgung in Entwicklungs- und Transformationsländern. Die Organisation hat ihren Sitz in Nairobi (Kenia). Derzeit führt sie über 200 Programme und Projekte in mehr als 80 Ländern zumeist in Partnerschaft mit anderen bi- und multilateralen Organisationen durch. Ihr Geodatenbedarf fokussiert auf demographische Daten, Informationen über vorhandene Infrastrukturen, die Bodennutzung, die Wohnungsversorgung oder die Topographie.

UN-HABITAT finanziert sich aus verschiedenen Quellen, unter anderem aus dem regulären UN-Haushalt. Über die Beiträge zum UN-Haushalt hinaus beteiligte sich Deutschland 2006 mit rd. 508.000 US$ an der Finanzierung von UN-HABITAT.

Weltorganisation für Meteorologie (World Meteorological Organization – WMO)
Die 1950 aus der Internationalen Meteorologieorganisation hervor gegangene Weltorganisation für Meteorologie mit Sitz in Genf ist zuständig für die Beobachtung des Status und der Entwicklung der Erdatmosphäre, ihres Wechselspiels mit den Ozeanen, dem daraus abgeleiteten Klima sowie der Verteilung der natürlichen Wasserressourcen und damit UN-Sondereinrichtung für Meteorologie, operationelle Hydrologie und verwandte geophysikalische Wissenschaften. Die 188 in ihr zusammen geschlossenen Staaten und Territorien (Stand vom Januar 2007) verfolgen das Ziel, hierzu weltweite Fachkompetenz und internationale Kooperation bereitzustellen, um zur Sicherheit und zum Wohlergehen der Menschen in aller Welt, zum Schutz des Eigentums gegen Naturkatastrophen und der Umwelt sowie dem wirtschaftlichen Nutzen aller Nationen beizutragen. Hierfür wird ein freier und zeitnaher Zugang und Austausch sämtlicher erforderlichen Informationen angestrebt. In Bezug auf Geodaten betrifft dies Wetter- und Klimadaten, geologische und ozeanographische Daten ebenso wie Informationen über kritische Infrastrukturen und demographische Daten, um Prognosen über potenzielle Gefährdungen erstellen zu können. Die WMO betreibt als Informationsportal ein weltweites Wetterinformationssystem.

Internationale Standardisierungsorganisation (International Standardization Organization – ISO)
Wie bei CEN handelt es sich auch hier abweichend von den zuvor beschriebenen Einrichtungen des UN-Systems um eine Kooperation, die mittelbar über staatliche, wirtschaftliche und wissenschaftliche Grenzen hinweg arbeitet. Die 1946 anlässlich einer internationalen Konferenz der nationalen Normungsorganisationen in London entstandene und mittlerweile in Genf ansässige Internationale Organisation für Normung ist die internationale Vereinigung von Normungsorganisationen und erarbeitet internationale Normen in allen Bereichen

mit Ausnahme der Elektrik und der Elektronik sowie der Telekommunikation. In ihr ist auch der Normen-Koordinierungsausschuss der UN (UNSCC – United Nations Standards Coordinating Committee) aufgegangen. Mittlerweile sind 161 Länder in der ISO vertreten. Deutschland ist durch das Deutsche Institut für Normung e. V. (DIN) seit 1951 vertreten. Normungsprozesse der ISO laufen in mehreren Schritten von einem Vorstadium bis zur Veröffentlichung und ggf. Überprüfung sowie Aufhebung ab. Soweit Standards in Zusammenarbeit mit anderen internationalen Normungsorganisationen entwickelt und herausgegeben werden, kommt dies in den Bezeichnungen dieser Standards zum Ausdruck. Die eigentliche Normungsarbeit vollzieht sich in den Technical Comittees (TC).

Unter den seit 1947 mehr als 17.500 veröffentlichten ISO-Standards befinden sich auch solche des TC 211 „Geographic Information/Geomatics", dessen Aufgabe die Standardisierung im Bereich der digitalen geographischen Informationen ist. Dies umfasst Methoden, Instrumente und Dienste des Datenmanagements zur Erfassung, Verarbeitung, Analyse, Nutzung, Präsentation und Weitergabe solcher Daten in elektronischer Form zwischen verschiedenen Nutzern, Systemen und Orten. Hierbei handelt es sich um die „19100er Normen", z. B. 19115 über Metadaten. Im TC selbst wirken neben den ISO-Mitgliedern auch Vertreter internationaler Organisationen wie der UN oder Fachgruppen wie der Federation Internationale Geometres (FIG) mit, die sich auf fünf Arbeitsausschüsse aufteilen (Referenzmodell für Standards auf dem Gebiet Geoinformation, raumbezogene Datenmodelle und Operationen, Verwaltung raumbezogener Daten, raumbezogene Dienste, Profile und Standards).

Open Geospatial Consortium (OGC)

Das am 25. September 1994 als gemeinnützige Organisation gegründete Open Geospatial Consortium verfolgt das Ziel, die Entwicklung raumbezogener Informationsverarbeitung auf Basis allgemeingültiger, offener Standards im Interesse der Interoperabilität festzulegen. Seine Mitglieder stammen aus Regierungsorganisationen, der privaten Industrie und von Universitäten. Zu den derzeit 383 Mitgliedern zählen auch Google, Microsoft, die NASA und Oracle.

Die Entwicklung offener Standards beruht auf der Basis frei verfügbarer Spezifikationen, die von abstrakten Beschreibungen des Aufbaus, der Komponenten und der Funktionsweise eines dienstebasierten GIS im Sinne des OGC bis hin zu detaillierten Spezifikationen der Implementation der Dienste reichen. Hierbei wird jedoch nicht die konkrete Umsetzung der Software vorgeschrieben, sondern die verschiedenen Schnittstellen eines Dienstes, dessen Eigenschaften und Verhalten festgelegt. Das Ergebnis sind nicht Normen, sondern Spezifikationen, die in einem langen Diskussionsprozess erarbeitet werden und beispielsweise die Webdienste als Teil einer Geodateninfrastruktur betreffen (Catalog Service, Web Coverage Service, Web Feature Service, Web Map Service). Für den Austausch, die Beschreibung und die Speicherung von Geometrien und der zugehörigen Attribute ist der XML-Dialekt GML (Geography Markup Language) entwickelt worden (vgl. 14).

4.2 Internationale Programme und Initiativen

4.2.1 Ausgangssituation

Die Internationale Staatengemeinschaft hat in der vergangenen Dekade diverse Programme und Initiativen aufgelegt, welche die Optimierung der europa- und weltweiten Verfügbarkeit von Geoinformationen zum Ziel haben. Der darin zum Ausdruck kommende Wille, jenseits von militärischen Fähigkeiten unabhängige zivile Kapazitäten aufzubauen und zu bündeln, ist einerseits getrieben von zunehmend engeren Spielräumen bei verfügbaren personellen und finanziellen Ressourcen, andererseits von der Erkenntnis, dass aktuelle Herausforderungen wie der Klimawandel, die demographische Entwicklung oder Ernährungsprobleme nur mithilfe raumbezogener Daten unterschiedlichster Themenfelder bewältigt werden können. Innerhalb der Bundesverwaltung werden die nationalen Interessen an diesen Programmen und Initiativen durch den Interministeriellen Ausschuss für Geoinformationswesen (IMAGI) gebündelt.

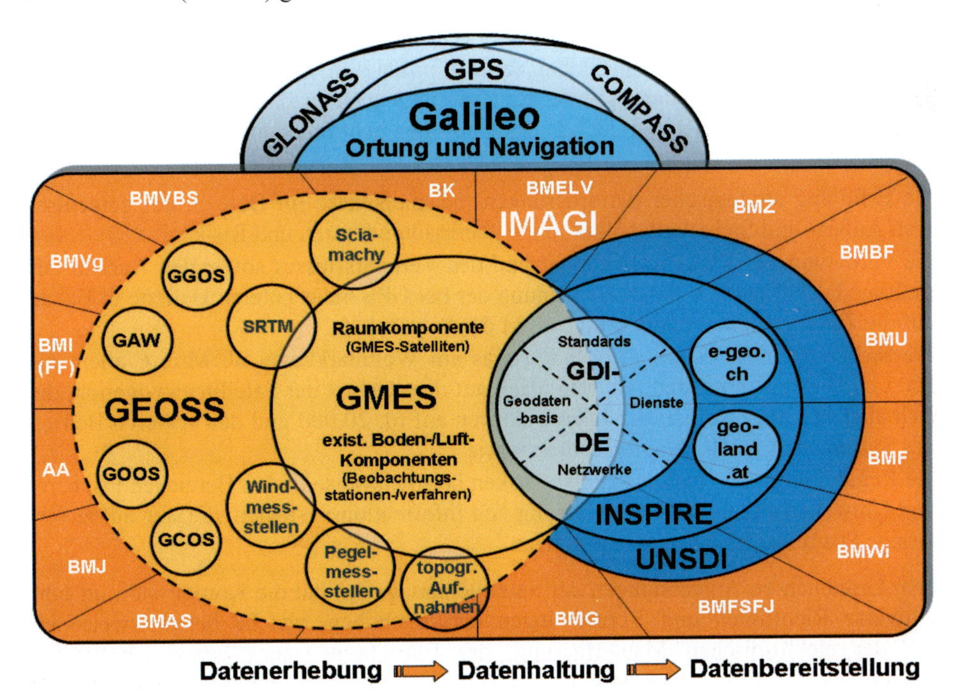

Abb. 4.1: Zusammenwirken von Geodäsie und Geoinformationswesen

4.2.2 Galileo und EGNOS

Mit dem Global Positioning System GPS verfügen die Vereinigten Staaten von Amerika seit Beginn der 1990er Jahre über ein weltweites Satellitennavigationssystem, dessen Nutzen sich seit fast zwei Jahrzehnten bewährt und auf immer neue Anwendungsfelder ausgedehnt hat. Die Anwendungen auf Basis eines solchen Systems betreffen heute nahezu sämtliche Lebensbereiche und Wirtschaftszweige. Der weltweite Markt für entsprechende Produkte und Dienstleistungen wird nach Einschätzung der Europäischen Kommission bis zum Jahr 2025 ein Umsatzvolumen von 400 Mrd. € erreichen (KOMMISSION 2006a). Daraus resultierende wirtschaftliche Perspektiven wie auch der Umstand, dass die Europäische Union über keine vergleichbaren, eigenen weltumspannenden Kapazitäten und Fähigkeiten auf dem Gebiet der Navigation verfügt, haben sie Ende der 1990er Jahre bewogen, die Entwicklung und den Aufbau eines im Vergleich zum GPS nicht militärisch, sondern zivil kontrollierten Globalen Satellitennavigationssystems (GNSS – Global Navigation Satellite System) voranzutreiben. Dies bedeutete den Startschuss für Galileo und dessen Verknüpfung mit dem bestehenden, auf Europa begrenzten European Geostationary Navigation Overlay Service (EGNOS) zu einem europäischen GNSS.

Motivation und Geschichte

In ihrer Mitteilung vom 10. Februar 1999 unter dem Titel „Galileo – Beteiligung Europas an einer neuen Generation von Satellitennavigationsdiensten“ (KOMMISSION 1999a) unterstreicht die Europäische Kommission ihr Ziel, ein globales Satellitennavigationssystem zu schaffen, um aus strategischen und wirtschaftlichen Gründen die Abhängigkeit der Europäischen Union vom amerikanischen GPS-System (vgl. 5.4.2) zu verringern. Zu diesem Zeitpunkt befand sich mit GLONASS (Global Navigation Satellite System) bereits ein konkurrierendes russisches, wenngleich in seiner Reichweite gegenüber GPS noch deutlich eingeschränktes System, in Betrieb (vgl. 5.4.3). Im Einzelnen hebt die Kommission vier Herausforderungen hervor:

- die Erfüllung strategischer Anforderungen, beispielsweise im Bereich der gemeinsamen Außen- und Sicherheitspolitik, ohne übermäßige Kosten und Risiken,
- die Förderung der Verkehrssicherheit und des Verkehrsflusses sowie den Ausbau des multimodalen Verkehrs durch Begegnung der bei GPS beobachteten Defizite in Bezug auf die Zuverlässigkeit und Verfügbarkeit des Systems,
- die Sicherung eines fairen Anteils Europas am Weltmarkt von 40 Mrd. € allein bis 2005 und den entstehenden Arbeitsplätzen auf dem Gebiet der Satellitennavigation, die sich allein für den Aufbau der Infrastrukturen auf rd. 20.000 und den späteren Betrieb des Systems auf 2.000 belaufen sollten sowie
- die Regulierung von Gemeinschaftspolitiken beispielsweise in den Bereichen Fischerei und Umweltschutz mithilfe der Nutzung von Informationssystemen, die sich auf zuverlässige Positions- und Zeitsignale stützen.

In ihrem Grünbuch zu Anwendungen der Satellitennavigation hat die Kommission im Jahr 2006 diverse Richtlinien und Verordnungen hervorgehoben, welche beispielsweise im Bereich der elektronischen Mauterfassung, der Einrichtung eines gemeinschaftlichen Überwachungs- und Informationssystems für den Schiffsverkehr, der Harmonisierung der Binnenschifffahrtsinformationsdienste, der Arbeit der Flugsicherheit, der Durchführung von Tiertransporten oder der Anbaukontrolle in der Landwirtschaft den Einsatz der Satellitenortung und -navigation ausdrücklich vorsehen.

Die Beteiligung am Aufbau und Betrieb eines solchen Systems sollte bewusst auch Drittstaaten offen stehen. Nicht zuletzt deshalb, um den absehbaren finanziellen Aufwand auf mehrere Schultern zu verteilen. Bis 2008 sollte nach den damaligen Planungen unter dem Einsatz von knapp 3 Mrd. € ein System aufgebaut werden, dass mit minimaler Rauminfrastruktur eine weltweite absolute Positionierungsgenauigkeit von mindestens 10 m sicherstellt, der Nutzung durch den Massenmarkt zugänglich ist und durch entsprechende Sicherheitsvorkehrungen zugleich hinreichende Gewähr dafür bietet, auch im Krisenfall für die öffentliche Hand uneingeschränkt verfügbar zu sein. Als ein Schlüsselprojekt der Transeuropäischen Netze (TEN) sollte es im Wesentlichen aus den TEN-Mitteln der Gemeinschaft, Mitteln der Europäischen Weltraumagentur und des 5. Forschungsrahmenprogramms finanziert werden.

Der Europäische Rat griff diese Empfehlungen in seiner Entschließung vom 19. Juli 1999 auf, beauftragte die Kommission, Verhandlungsmandate für Gespräche auch mit den USA sowie der russischen Föderation zu entwerfen und eine Kosten-Nutzen-Analyse vorzulegen, die insbesondere auch mögliche Einnahmequellen, eine öffentlich-private Partnerschaft und Möglichkeiten einer privaten Finanzierung prüft. Damit war die erste Phase des Galileo-Projektes – die Definitionsphase – eingeleitet.

Beschluss- und Rechtslage
Seit dem Startschuss für ein globales Satellitennavigationssystem Europas hat das Projekt Entwicklungsstadien durchlaufen, die Anlass für eine wiederholte Fortschreibung der Beschluss- und Rechtslage durch Europäisches Parlament, Europäischen Rat und Europäische Kommission waren. Als Meilensteine auf diesem Weg können angeführt werden:

- die Mitteilung der Kommission zu Galileo an das Europäische Parlament und den Rat vom 22. November 2000 über Fragen der Systemarchitektur, wirtschaftliche und finanzielle Aspekte sowie eine Managementstruktur,
- die Entschließung des Rats zu Galileo vom 5. April 2001 als Einleitung der Entwicklungsphase mit dem Auftrag einer hälftigen Kostenteilung dieser Phase zwischen ESA und EU, der nutzerbegleiteten Integration von EGNOS und Galileo zu einem mit GPS und GLONASS interoperablen GNSS, dem Aufbau einer vorläufigen Verwaltungsstruktur, der Konzeptionierung einer privaten Beteiligung und Einbindung von Drittstaaten sowie dem Entwurf eines nachhaltigen Sicherheitskonzeptes,
- die Vorlage einer von der Europäischen Kommission bei PriceWaterhouseCoopers in Auftrag gegebenen Wirtschaftlichkeitsstudie zu Galileo am 20. November 2001,
- die Verordnung des Rats vom 21. Mai 2002 zur Gründung des gemeinsamen Unternehmens Galileo im Sinne des Artikels 171 des Vertrages der Europäischen Gemeinschaft als Verwalter und finanziellem Kontrolleur des Galileo-Programms in der Entwicklungsphase,
- die Verordnung des Rats vom 12. Juli 2004 über die Verwaltungsorgane der europäischen Satellitenprogramme, welche die Einrichtung einer europäischen Aufsichtsbehörde für das Globale Satellitennavigationssystem, eines Ausschusses für Systemsicherheit und Gefahrenabwehr sowie eines wissenschaftlich-technischen Ausschusses als Beratungsgremium des Verwaltungsrats der neuen Behörde ab Beginn der Errichtungsphase auf eine rechtliche Grundlage stellt,
- die Feststellung des Scheiterns der Konzessionsverhandlungen mit einem privatem Konsortium über die Errichtung und den Betrieb des GNSS durch den Rat am 6. Juni 2007 sowie die Neudatierung der Betriebsbereitschaft des Systems auf das Jahr 2012 und die Erkenntnis des Bedarfs zusätzlicher öffentlicher Finanzierung,
- die Mitteilung der Kommission „Galileo: Die Europäischen GNSS-Programme mit neuem Profil“ an das Europäische Parlament und den Rat vom 19. September 2007 mit einem Vorschlag für neue Verwaltungsstrukturen und insbesondere die Sicherstellung der öffentlichen Finanzierung und

- die Verordnung des Europäischen Parlaments und des Rats vom 9. Juli 2008 über die weitere Durchführung der europäischen Satellitenprogramme (EGNOS und Galileo), welche den zeitlichen Horizont der verbleibenden Programmphasen einschließlich der Betriebsbereitschaft des Systems für 2013 festsetzt, die Finanzierung der Errichtungsphase durch die Gemeinschaft festschreibt und ihr grundsätzlich die Rückflüsse aus dem Betrieb des Systems sichert sowie Festlegungen zur Auftragsvergabe trifft.

Mit Blick auf die Notwendigkeit, nach dem Scheitern der Einbindung eines privaten Konsortiums nunmehr auch die Organisationsstrukturen anzupassen, liegt zwischenzeitlich der Entwurf einer Verordnung des Europäischen Parlaments und des Rats zur Änderung der Verordnung über die Verwaltungsorgane der europäischen Satellitennavigationsprogramme vor.

Zuständigkeiten für Aufbau, Betrieb und Organisation

Mit der alleinigen Verantwortung der Gemeinschaft für die Errichtung und den Betrieb des Systems sieht der vorstehend genannte Verordnungsentwurf die klare Trennung von Programmaufsicht und Programmverwaltung vor. Dem Rat und dem Europäischen Parlament kommt dabei eine politische Aufsicht zu. Zur speziellen Programmaufsicht wird ein Interinstitutioneller Galileo-Ausschuss eingerichtet, in dem Vertreter der Mitgliedstaaten mitwirken und allgemeine Leitlinien zu allen wichtigen Aspekten des Programms vorgegeben werden. Hiervon unberührt bleibt das fortbestehende Angebot an Drittstaaten, sich am Galileo-Programm zu beteiligen. So ist China mit rd. 280 Mio. € beteiligt und hat nicht zuletzt mit Blick auf eine Etablierung des eigenen GNSS-Systems „COMPASS“ (vgl. 5.4.5) ein gemeinsames Trainingszentrum für die Satellitennavigation an der Pekinger Universität eröffnet. Weitere beteiligte Drittstaaten sind Indien, Israel, Marokko, Saudi-Arabien, Schweiz, Norwegen, Südkorea und die Ukraine.

Die gesamte Programmverwaltung und -lenkung liegt nunmehr in voller Verantwortung der Europäischen Kommission (vgl. 4.1.2). Sie ist hierzu gegenüber dem Parlament und dem Rat rechenschaftspflichtig. Damit wird sie zugleich in die Pflicht genommen, ein angemessenes Risikomanagement aufzubauen, trägt Verantwortung für alle Fragen in Verbindung mit der Sicherheit des Systems und erlässt entsprechende Durchführungsvorschriften und verwaltet die den Programmen zugewiesenen Mittel. Jegliches hierfür erforderliche Know-how ebenso wie die notwendigen Instrumente sind von ihr vorzuhalten.

Zur Programmausführung in der Errichtungs- und Betriebsphase bedient sie sich der ESA sowie der bestehenden GNSS-Aufsichtsbehörde. Letztgenannte gewährleistet die konkrete Sicherheitsakkreditierung und den Betrieb der Galileo-Sicherheitszentrale, bereitet die kommerzielle Nutzung des Systems auf Grundlage entsprechender Marktanalysen vor und führt Aufträge aus, die ihr im Einzelfall von der Kommission übertragen werden. Die Aufgaben der ESA hingegen werden im Rahmen einer Übertragungsvereinbarung mit der Kommission konkretisiert. Hierzu zählt insbesondere die Durchführung der Auftragsvergabe für die Errichtung der Systeminfrastruktur und die Überwachung der Erfüllung der entsprechenden Verträge unter Berücksichtigung der gemeinschaftsrechtlichen Vorgaben.

So werden die einzelnen Leistungen zum Aufbau der Systeminfrastruktur in sechs Arbeitspakete gegliedert und ausgeschrieben werden:

- die systemtechnische Unterstützung,
- die Fertigstellung der Missionsinfrastruktur am Boden,

- die Fertigstellung der Infrastruktur für die Bodenkontrolle,
- den Bau der Satelliten,
- den Start der Satelliten sowie
- den Betrieb des Systems.

Die Ausschreibung erfolgt im freien Wettbewerb, jedoch können sich Hauptauftragnehmer maximal für zwei Arbeitspakete bewerben. Dabei soll eine Weitergabe von mindestens 40 % des Gesamtwertes der jeweiligen Tätigkeiten des Hauptauftragnehmers an Sub-Unternehmer sichergestellt werden.

Architektur und Stand des Vorhabens

Das Galileo-Programm ist gegliedert in eine Definitions-, eine Entwicklungs-, eine Errichtungs- und eine Betriebsphase, die ihrerseits ggf. weitere Unterteilungen kennen. Innerhalb der 2001 abgeschlossenen Definitionsphase wurden die Systemarchitektur konzipiert und Systemkomponenten festgelegt. Anhängig ist die Entwicklungs- und Validierungsphase, welche bis 2010 den Bau und den Start der ersten Satelliten, die Errichtung der ersten Infrastrukturen am Boden sowie alle Arbeiten und Tätigkeiten zur Validierung des Systems in der Umlaufbahn erfasst. In diese Phase fiel der Start der beiden ersten Testsatelliten GIOVE A (Galileo In-Orbit Validation Element) und GIOVE B am 28. Dezember 2005 sowie 26. April 2008 vom Raumfahrtzentrum Baikonur in Kasachstan, die seitdem aus einer Höhe von rd. 23.200 km erste hochgenaue Navigationssignale senden. Mit dem rechtzeitigen Start von GIOVE A und der Herstellung der Funkverbindung vor dem 31. Dezember 2005 konnte die Europäische Gemeinschaft sich die Nutzung der zuvor reservierten Frequenzen endgültig sichern.

Die überlappende Errichtungsphase wird nunmehr zwischen 2008 und 2013 die Errichtung der gesamten Infrastruktur im Weltraum und am Boden sowie zugehörige Tätigkeiten umfassen. Ihr kann bereits die Übertragung des Betriebs und der Instandhaltung des EGNOS-Systems auf das Unternehmen ESSP SaS zum 01. April 2009 zugerechnet werden. Das Unternehmen wurde von sieben europäischen Flugsicherungsorganisationen gegründet. EGNOS umfasst drei Transponder in geostationären Satelliten sowie ein Netz von rd. 40 Bodenstationen und vier Kontrollzentren, mit dessen Hilfe die Zuverlässigkeit und Genauigkeit des zivil verfügbaren GPS-Signals insbesondere für sicherheitskritische Anwendungen in der Luft-und Seefahrt erhöht wird. So wird die absolute Genauigkeit der GPS-Signale auf rd. 2 m Lagegenauigkeit verbessert. Spätestens ab 2013 tritt das GNSS-Programm in die Betriebsphase. Dies bedeutet den Beginn der kontinuierlichen Verwaltung der Infrastrukturen, die Instandhaltung sowie ständige Verbesserung und Erneuerung des Systems, die Durchführung der Zertifizierungs- und Normungsaktivitäten im Zusammenhang mit dem Programm, die Vermarktung des Systems und sämtliche sonstigen Tätigkeiten einer ordnungsgemäßen Programmverwaltung. Eine anfängliche Betriebskapazität soll ab 2011 mit 18 Satelliten sichergestellt werden

In seiner Endausbaustufe wird Galileo als Hauptsäule des europäischen GNSS-Systems im Raumsegment 30 Satelliten umfassen. Das Bodensegment wird sich zusammensetzen aus Kontrollzentren in Oberpfaffenhofen und Fucino (Italien) sowie optional in Spanien, zwei voraussichtlich bei den Kontrollzentren eingerichteten Performance-Centern, welche die Signalqualität evaluieren, fünf Satelliten-Kontrollstationen, 30 Signalkontroll-Empfangsstationen und neun Up-link-Stationen zur Aktualisierung der ausgestrahlten Galileo-

Navigationssignale. Für die Nutzer wird Galileo fünf qualitativ unterschiedliche Dienste anbieten:

- einen offenen Dienst (Open Service), der für den Nutzer kostenlos ist und der für Massenanwendungen der Satellitennavigation bestimmte Ortungs- und Synchronisierungsinformationen enthält;
- einen sicherheitskritischen Dienst (Safety-of-life Service), der auf Nutzer zugeschnitten ist, für die die Sicherheit von wesentlicher Bedeutung ist. Dieser Dienst erfüllt auch die Anforderungen bestimmter Sektoren in Bezug auf Kontinuität, Verfügbarkeit und Genauigkeit und umfast eine Integritätsfunktion, die den Nutzer bei einer Systemfehlfunktion warnt;
- einen kommerziellen Dienst (Commercial Service), der die Entwicklung von Anwendungen für berufliche oder kommerzielle Zwecke aufgrund besserer Leistungen und Daten mit höherem Mehrwert als im offenen Dienst ermöglicht;
- einen öffentlich-regulierten Dienst (Public Regulated Service), der ausschließlich staatlich autorisierten Benutzern für sensible Anwendungen, die eine hochgradige Dienstkontinuität verlangen, vorbehalten ist. Der öffentlich-staatliche Dienst arbeitet mit robusten, verschlüsselten Signalen;
- einen Such- und Rettungsdienst (Search and Rescue Support Service) durch Erfassung der Signale von Notfunkbaken und Weiterleitung von Nachrichten an diese Baken.

Für weitergehende technische Einzelheiten der Systemarchitektur sowie das Leistungsprofil der einzelnen Dienste wird auf die Ausführungen in Abschnitt 5.4.4 verwiesen.

Finanzierung

Anfängliche Kalkulationen über ein Investitionsvolumen von knapp 3 Mrd. € bis zur Betriebsbereitschaft und zur Verteilung der Kostentragung innerhalb eines Public-Private-Partnership-Modells wurden zwischenzeitlich fortgeschrieben. Bereits 2001 prognostizierte eine Wirtschaftlichkeitsstudie die Kosten auf 3,6 Mrd. € (PRICEWATERHOUSECOOPERS 2001). Aus heutiger Sicht kann festgehalten werden, dass bereits in die Entwicklungsphase 1,6 Mrd. € eingeflossen sind und weitere 3,4 Mrd. € bis zur Betriebsbereitschaft veranschlagt wurden. Nach dem endgültigen Scheitern der Verhandlungen mit einem Betreiberkonsortium 2007, welches bereits in die Finanzierung der Errichtungsphase eingebunden werden sollte, wurde das Finanzierungsmodell auf einen zusätzlichen Beitrag der öffentlichen Seite von 2,4 Mrd. € ausgerichtet. Bisher veranschlagt waren im EU-Haushalt lediglich 1 Mrd. €. Die Mittel werden aufgebracht durch Umschichtungen innerhalb des Haushalts der Union, unter anderem aus dem siebten Forschungsrahmenprogramm (400 Mio. €). Zugleich haben Parlament und Rat der Gemeinschaft jedoch einen rechtlichen Anspruch auf Rückflüsse aus dem Betrieb des Systems eingeräumt. Um gleichwohl die Relation zu anderen Großprojekten der Verkehrs- oder Umweltpolitik bewerten zu können, seien folgende Vergleiche angeführt:

- Das größte Einzelprojekt in der Geschichte der deutschen Eisenbahn, die ICE-Neubaustrecke zwischen Frankfurt/Main und Köln, kostete zwischen 1996 und 2002 rd. 6 Mrd. €.
- Die feste Fehmarnbelt-Querung bestehend aus einer zweigleisigen elektrifizierten Eisenbahnstrecke und einer vierstreifigen Straßenverbindung über die rd. 19 km lange Meerenge zwischen Puttgarden (Deutschland) und Rødby (Dänemark) wurde mit rd. 4,4 Mrd. € bis 2018 veranschlagt (BUNDESMINISTERIUM FÜR VERKEHR, BAU UND STADTENTWICKLUNG 2009).

- Der bisher teuerste, aber zugleich wohl erfolgreichste Umweltsatellit der Europäischen Weltraumagentur, EnviSat (vgl. 4.1.2, kostete rd. 2,3 Mrd. €.

Im Rahmen von Wirtschaftlichkeitsuntersuchungen waren zugleich Prognosen über mögliche Einnahmen vorgestellt worden. Ausgehend von der seinerzeit geplanten Betriebsbereitschaft war ein Refinanzierungspotenzial aus kostenpflichtigen Diensten, Abgaben auf Galileo-Empfangsgeräte und Sicherheitszertifizierungen in Höhe von 66 Mio. € für 2010 bis auf 515 Mio. € jährlich ab 2020 geschätzt worden. Diese Prognosen liegen jedoch über jenen des Grünbuchs zu Anwendungen der Satellitennavigation, die 2006 ein Marktvolumen für Produkte und Dienstleistungen auf dem Gebiet der Satellitennavigation in Höhe von rd. 400 Mrd. € weltweit ab 2025 prognostizieren. Dabei wird von rd. 3 Mrd. Empfangsgeräten in Fahrzeugen, Mobiltelefonen, Energieverteilungsnetzen oder Containern im Jahr 2020 ausgegangen. Wesentliches Problem jeglicher Wirtschaftlichkeitsbetrachtung ist, dass die Kosten für die Nutzung des US-amerikanischen GPS nicht vorhergesagt werden können. Wegen der strategischen Bedeutung von GPS ist nicht von einem echten Marktpreis auszugehen, sondern ein eher „politischer Preis" zu erwarten. Entsprechend muss die Europäische Union vorrangig festlegen, wie viel ihr ein eigenständiges Navigationssystem Wert ist.

Deutsche Beiträge
Eine unmittelbare operative Mitwirkung deutscher Stellen an der Errichtung und dem Betrieb des europäischen GNSS schlägt sich im Betrieb des Kontrollzentrums und Performancecenters in Oberpfaffenhofen nieder. Die Einrichtung eines solchen Kontrollzentrums in Deutschland ist Ergebnis eines langen Verhandlungsprozesses innerhalb der Gemeinschaft um die Ansiedlung wirtschaftspolitisch bedeutsamer Galileo-Einrichtungen in den Mitgliedstaaten. Bereits zuvor hatte sich Deutschland erfolgreich um die Ansiedlung des Gemeinsamen Unternehmens „Galileo Joint Undertaking" (2001 bis 2006) beworben. Große Hoffnungen setzt Deutschland innerhalb der Errichtungsphase auf die Ausschreibung der Arbeitspakete. Der Bau der Galileo-Satelliten betrifft ein Portfolio, für welches von deutscher Unternehmensseite attraktive Angebote unterbreitet werden könnten. Bereits die ersten vier Testsatelliten stammen aus deutscher Produktion.

Immer bedeutender wird vor dem Hintergrund des Aufbaus des europäischen GNSS die Entwicklung von Anwendungen basierend auf Galileo. Zu diesem Zweck wurden in Deutschland drei Testumgebungen eingerichtet, die es ermöglichen, speziell die Empfänger- und Anwendungsentwickler bei der Entwicklung ihrer Produkte für Galileo zu unterstützen.

- In Berchtesgaden wurde 2008 GATE (GAlileo Test- und Entwicklungsumgebung), eine bodengebundene realistische Testumgebung, im Auftrag des Deutschen Zentrums für Luft- und Raumfahrt (DLR) von einem Firmen- und Forschungskonsortium aufgebaut. GATE besteht im Wesentlichen aus sechs Boden-Transmittern, die das Galileo-Signal in das GATE-Testgebiet im Raum Berchtesgaden abstrahlen, und dort von Anwendungsentwicklern empfangen werden können. Der reguläre GATE-Betrieb ist mindestens bis zur vollen Verfügbarkeit von Galileo vorgesehen.
- Eine maritime Testumgebung wurde unter dem Namen SEA GATE ebenfalls im Auftrag des DLR im Forschungshafen Rostock aufgebaut. Diese soll vor allem die lokal ansässigen maritimen Softwareunternehmen bei der Entwicklung von Galileo Produkten für die Seeverkehr- und Hafenwirtschaft unterstützen.

- Bei AIR GATE handelt es sich um ein Projekt am Forschungsflughafen Braunschweig, welches den Galileo-Einsatz bei der satellitengestützten Navigation von Flugzeugen erprobt. Das Vorhaben wird vom Institut für Flugführung der TU Braunschweig koordiniert. Beteiligt sind daneben Firmen aus der Region Braunschweig sowie weitere Forschungsinstitute und Unternehmen aus Baden-Württemberg, Bayern und dem Saarland. Für das Projekt werden im Umkreis sowie auf dem Forschungsflughafen Sender am Boden stationiert, die den Einsatz der künftigen Galileo-Satelliten simulieren werden. Das Testfeld soll bereits in zwei Jahren eine umfassende Erprobung von Galileo-Anwendungen für den Flugbetrieb ermöglichen.

Darüber hinaus unterstützt das Bundesministerium für Verkehr, Bau und Stadtentwicklung als Moderator und Schirmherr des Forums für Satellitennavigation die Zusammenarbeit der in Deutschland existierenden regionalen Initiativen. Innerhalb des Forums soll ein breit angelegter Erfahrungs- und Informationsaustausch und eine bundesweite Vernetzung von Unternehmen, Wissenschaft, Verbänden, Verwaltung und Endkunden erfolgen. Auf regelmäßigen Anwenderkonferenzen werden einer breiten Basis von Anwendern und Nutzern die Möglichkeiten Galileos näher gebracht, um diese bei der Entwicklung neuer Produkte und Dienstleistungen einsetzen zu können.

4.2.3 GMES

Mit dem Ende des kalten Kriegs verloren in den 1990er Jahren die weltumspannenden satellitengestützten militärischen Beobachtungssysteme an strategischer Bedeutung. Um den Fortbestand und die Weiterentwicklung dieser Systeme zu sichern und insbesondere die notwendigen Finanzmittel zu erhalten, suchten die nationalen Raumfahrtagenturen Europas gemeinsam mit der ESA nach alternativen innovativen Einsatzfeldern für die Raumfahrttechnologie. Waren für die Meteorologie und somit in gewissem Maße auch für die Klimaforschung damals Satellitendaten bereits unverzichtbarer Bestandteil von Mess- und Beobachtungsprogrammen, so beschränkten sich in anderen Feldern der Erdbeobachtung Einsatz und Nutzung weltraumgestützt erhobener Daten auf einzelne Projekte oder spezielle Missionen. Auf der politischen Ebene verlangte die mit Priorität versehene Gemeinsame Europäische Verteidigungs- und Sicherheitspolitik nach einer größeren Eigenständigkeit und Unabhängigkeit Europas auch auf dem Gebiet der Erdbeobachtungssysteme.

Vor diesem Hintergrund starteten die Europäische Kommission und die ESA im Rahmen einer Konferenz im italienischen Baveno im März 1998 die Initiative Global Monitoring for Environment and Security (GMES). In einem mehr als zweijährigen Diskussionsprozess, in den Interessenvertreter sowohl aus Wirtschaft und Wissenschaft, als auch der Politik und von Nicht-Regierungsorganisationen eng eingebunden waren, wurden politische Ziele definiert und ein vorläufiges, in drei Phasen gegliedertes Umsetzungskonzept erarbeitet. Dieses Konzept sah nach einer Definitionsphase (2001 bis 2003) zur Konkretisierung der inhaltlichen Ausrichtung mittels Pilotprojekten eine Implementierungsphase (2004 bis 2008) für den Aufbau der notwendigen Organisationsstrukturen und der technischen Infrastruktur und schließlich in einer Realisationsphase (2008 bis 2013) die Überführung in ein vollständig operationales System themenorientierter Erdbeobachtungsdienste vor.

Als politisches Ziel stand der Aufbau einer eigenständigen europäischen Fazilität auf dem Gebiet der Umwelt- und Sicherheitsüberwachung im Vordergrund. Die Wirksamkeit europäischer Umweltpolitik sollte mittels GMES überprüft und Handlungsnotwendigkeiten aufgezeigt werden. Internationale Berichtspflichten, beispielsweise im Rahmen des Kyoto-Regimes, sollten mit globalen Instrumenten unterstützt werden. Unter dem Thema Sicherheitsüberwachung wurden Dienste für die Vorhersage, die Risikoanalyse und die Unterstützung der Bekämpfung von Naturkatastrophen in Europa zusammengefasst. Die Ziele der sog. Lissabon-Strategie aus dem Jahr 2000, mit der die Europäische Union eine führende Position auf den Gebieten Innovation, Technologie und Wirtschaftskraft bis zum Ende der ersten Dekade des zweiten Millenniums anstrebt, stehen im Einklang mit der industriepolitischen und forschungspolitischen Ausrichtung der GMES-Initiative. Im Zusammenhang mit der auf dem Europäischen Gipfel in Göteborg im Juni 2001 beschlossenen europäischen Nachhaltigkeitsstrategie erhielt GMES ein explizites politisches Mandat.

Grundlegende Anforderungen an GMES sind:

- die inhaltliche Ausrichtung der GMES-Dienste an den Nutzerinteressen, also ein nachfrageorientierter Ansatz anstelle eines angebotgetriebenen Vorgehens;
- die enge Verbindung der satellitengestützt gewonnenen Informationen mit denjenigen der bereits verfügbaren „In-situ"-Monitoringsysteme, also kein Vorrang für bestimmte Beobachtungswerkzeuge sondern eine Methodenoptimierung;
- die langfristige, verlässliche Verfügbarkeit der Daten in gleich bleibender Qualität;
- die zivile Ausrichtung von GMES.

Durch die Mitteilung der Europäischen Kommission an den Rat und das Parlament vom 23. Oktober 2001 [Europäische Kommission 2001] wurde die erste Phase von GMES offiziell gestartet. Im Anhang zu dieser Mitteilung werden fünf umweltpolitisch und drei sicherheitspolitisch prioritäre Themenfelder definiert, für die auf der Grundlage bereits verfügbarer Daten prototypische GMES-Dienste entwickelt werden sollen. Die ESA startete die Ausschreibung sogenannter GMES Service Elements zu den einzelnen Themenfeldern und bildete Projektkonsortien, in denen Anbieter und Nutzer derartiger Dienste zusammengeführt wurden. Im Ergebnis zeigten die GMES Service Elements die grundsätzliche Machbarkeit der Etablierung nutzerorientierter Informationsdienste auf der Grundlage satellitengestützter Daten in Verbindung mit ortsbezogen erhobenen Informationen.

Zum Ende der initialen Phase legten die Europäische Kommission und die ESA einen gemeinsamen Abschlussbericht vor, der neben einer positiven Wertung der bis dahin im Rahmen der Pilotprojekte erreichten Fortschritte auch grundsätzliche „Lessons learned" enthält. Hier klingen Probleme an, die dem mit Umweltinformationen befassten Experten nur zu vertraut sind: Umweltdaten werden meist lokal oder regional und fast immer bezogen auf einen konkreten fachlichen Kontext erhoben und genutzt. Für die Erfüllung europäischer Berichtspflichten müssen sie – meist aufwendig – zu einem homogenen nationalen Datensatz zusammengeführt werden. Die Umkehrung dieses Prozesses – also die Ableitung der auf regionaler und lokaler Ebene benötigten Daten aus einem für die Europäische Union eingerichteten Messprogramm – ist zumeist schwierig, wenn nicht unmöglich, da beispielsweise ein unterschiedlicher fachlicher Kontext auf der untersten Verwaltungsebene nicht berücksichtigt werden kann. Für die zweite Phase von GMES von 2004 bis 2008 gibt der Bericht konkrete Empfehlungen, die von einer verstärkten und institutionalisierten Einbindung der potenziellen Nutzer in die inhaltliche Definition der Dienste über den Aufbau einer leistungsfähigen Organisationsstruktur bis hin zur Erarbeitung langfristiger Finanzierungskonzepte reichen. Ferner wird empfohlen, die im Rahmen der GMES Service Elements gewonnenen Erfahrungen und Kenntnisse zu ersten operationalen Diensten zusammenzufassen.

Am 3. Februar 2004 veröffentlichte die Europäische Kommission wiederum in einer Mitteilung an den Rat und das Europäische Parlament den zweiten GMES-Aktionsplan 2004 bis 2008 unter der Überschrift „Einrichtung einer GMES-Kapazität bis 2008" [EUROPÄISCHE KOMMISSION 2004]. Mit Blick auf die Selbstverpflichtungen der Weltgemeinschaft auf dem Weltgipfel zur nachhaltigen Entwicklung (World Summit on Sustainable Development; Johannesburg, Republik Südafrika, 2002) und die hierdurch motivierte G8-Initiative „Group on Earth Observation (GEO) (vgl. 4.2.4) wird GMES als europäischer Beitrag zur Umsetzung der dort festgelegten Ziele verstanden. Der Aktionsplan, im Dokument auch als „Implementierungsplan" bezeichnet, nimmt ausdrücklich Bezug auf Galileo (vgl. 4.2.2), indem die Kompatibilität der Systeme gefordert und auf die beim Aufbau der Organisationsstrukturen für Galileo gewonnenen Erfahrungen verwiesen wird. Im sogenannten „GMES-Diamant" werden die Kernelemente des angestrebten Systems veranschaulicht. Auf den gleichwertig nebeneinander stehenden Datenquellen – weltraumgestützte Systeme und „In-situ"-Systeme – aufbauend werden GMES-Dienste angeboten; gleichzeitig werden im Rahmen von GMES die Kapazitäten für Datenintegration und Informationsmanagement bereit gestellt. Dabei sind unter „In-situ"-Daten auch die Daten solcher Messsysteme zu verstehen, die auf Schiffen und Bojen, Flugzeugen und Ballonen etc. installiert sind. Aus der Sicht der Nutzer stehen die Dienste im Vordergrund. Neben den Erdbeobachtungsdaten sollen über das Instrument der Datenintegration auch sozioökonomische und statistische Daten einbezogen werden. Als Maßnahmen und Ziele für die Implementierungsphase 2004 bis 2008 fordert der Aktionsplan unter anderem die Etablierung eines strukturierten Dialogs zwischen Datennutzern und Datenanbietern sowie die Entwicklung eines Geschäftsmodells und eines langfristigen Finanzierungsplans. Ferner sollen kosteneffiziente Dienste, die auf der Grundlage vorhandener Datenquellen operationalisierbar sind, prototypisch realisiert werden. Im Aktionsplan wird die Erarbeitung von Konzepten für zwei Probleme gefordert, deren Lösung grundlegend für den Erfolg von GMES sind: die Datenpolitik und der sogenannte „Dual-Use". Beide Themen sind eng mit den Datenquellen verbunden. Für die GMES-Dienste sollen auch Daten genutzt werden, die aus öffentlich-privat kofinanzierten oder rein privat finanzierten Projekten stammen. Hier könnte ein Konflikt zwischen dem berechtigten Refinanzierungsinteresse der Privatwirtschaft einerseits und der rechtlich verbindlichen Forderung nach kostenloser Bereitstellung von Umweltinformationen auf der Grundlage der europäischen Richtlinie 2003/4/EG auftreten. Durch geeignete Vereinbarungen kann ein solcher Konflikt vermieden werden; die Richtlinie 2003/98/EG einerseits und die Richtlinie 2007/2/EG andererseits (vgl. 4.2.5) weisen hier den Weg. Diffiziler ist die Lösung der „Dual-Use"-Problematik, also der Einbeziehung von Daten, die für militärische Zwecke erhoben werden, in die zivile Nutzung. Zum einen darf hieraus kein Sicherheitsrisiko entstehen; zum anderen muss die Glaubwürdigkeit der zivilen Ausrichtung von GMES insbesondere bei den Projekten zur Katastrophenvorsorge und humanitären Hilfe erhalten bleiben.

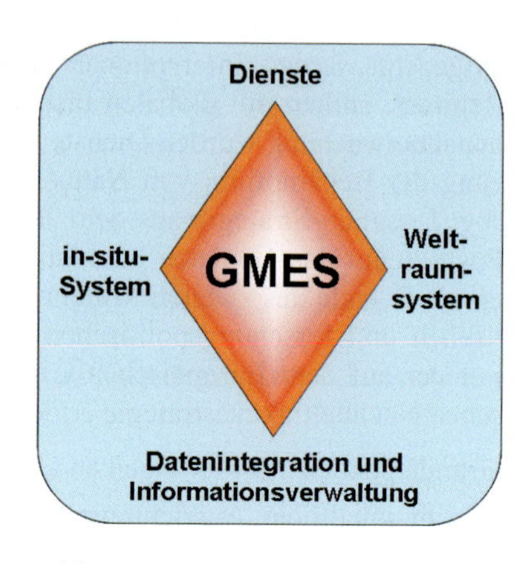

Abb. 4.2: GMES-Diamant

In der Übergangsphase vom forschungsorientierten zum operationalen System wird eine – ausdrücklich als „interim“ bezeichnete – Organisationsstruktur etabliert. Für die strategische Fortentwicklung der Initiative, die Bildung von Netzwerken zur Koordinierung und Abstimmung sowie als Kernelement zur Einbindung der Nutzerinteressen wird ein „GMES Advisory Council“ (GAC) eingerichtet. Im GAC sind neben der Europäischen Kommission, der ESA und den EU-Mitgliedstaaten weitere thematisch betroffene europäische Agenturen wie die EEA, die Europäische Agentur für die Sicherheit des Seeverkehrs (EMSA) und das EUSC vertreten. Ferner wirken im GAC Vertreter der Nutzer, der Raumfahrtindustrie und von Mehrwertanbietern, Forschungseinrichtungen und Universitäten mit. Das operationale Management wurde – anders als im Aktionsplan 2004 bis 2008 vorgeschlagen – mit Kommissionsentscheidung [EUROPÄISCHE KOMMISSION 2006] vom 8. März 2006 dem „GMES Bureau“ übertragen, in dem ausschließlich Vertreter der verschiedenen Generaldirektionen der Europäischen Kommission mitwirken. Dies reflektiert ein verändertes Verständnis der Europäischen Kommission hinsichtlich der eigenen Rolle bei der Implementierung und dem späteren operationalen Betrieb von GMES. Hatte die Kommission sich zunächst eher als Koordinator und Moderator gesehen, so räumt sie erstmals in der Mitteilung vom 10. November 2005 [EUROPÄISCHE KOMMISSION 2005] ein, selbst ein „Hauptnutzer“ der zukünftigen GMES-Dienste zu sein. Damit folgt die Kommission der Auffassung der Mitgliedstaaten, wesentliche Kernelemente der geplanten GMES-Dienste kämen auch und vor allem den Europäischen Institutionen zugute. Gleichzeitig gesteht die Europäische Kommission zu, dass im operationalen Betrieb von GMES eine Grundfinanzierung aus europäischen Mitteln sicherzustellen sein wird.

In der Mitteilung vom 10. November 2005, mit dem programmatischen Untertitel „Vom Konzept zur Wirklichkeit“ wird ferner die Aufgabenverteilung zwischen der Europäischen Kommission und der ESA im Rahmen der Implementierungsphase festgelegt. Seitens der Kommission wird GMES strategisch vorangetrieben, werden die Nutzerinteressen analysiert und gebündelt, Defizite in den „In-situ“-Monitoringsystemen identifiziert und die Umwelt- und Sicherheitsaspekte eingebracht. Die ESA zeichnet verantwortlich für das Weltraumsegment einschließlich der zugehörigen Infrastruktur am Boden. GMES müsse, so steht es in der Mitteilung, von dem auf Einzelprojekten basierenden Stand hin zu langfristig verfügbaren, nutzerorientierten Diensten entwickelt werden. Hierfür sollen zunächst in drei Themenfeldern – „Krisenbewältigung (Emergency Response)“, „Landüberwachung (Land Monitoring)“ und „Dienstleistungen für die Schifffahrt (Marine Services)“ – sogenannte „Fast Track Services“ inhaltlich abgestimmt und bis Anfang 2008 funktionsfähig implementiert sein.

Für das zugehörige Raumfahrtsegment gab der ESA-Ministerrat im Dezember 2005 grünes Licht. Herzstück der GMES-Weltraumkomponente sind fünf speziell auf die vorgesehenen GMES-Dienste ausgerichtete Satelliten, die als „Sentinels“ (Wächter) bezeichnet werden. Darüber hinaus sollen die Satelliten von EUMETSAT sowie Daten aus nationalen und privatwirtschaftlichen Raumfahrtmissionen für die GMES-Dienste genutzt werden. Das Budget für die in den Jahren 2005 bis 2018 aufzubauende Weltraumkomponente beträgt rd. 2,3 Mrd. €, von denen die Bundesrepublik Deutschland rd. 580 Mio. € übernimmt. Die Finanzierung erfolgt zum einen aus dem speziell für GMES aufgelegten ESA-Programm, zum anderen aus Mitteln des sechsten (bis 2006) und siebenten (2007 bis 2011) Forschungsrahmenprogramms der Europäischen Union. Hinsichtlich der Finanzierung auf Seiten der Europäischen Kommission für die Jahre ab 2012 sowie den dauerhaften Betrieb des Systems besteht derzeit noch keine Klarheit.

GMES, neben Galileo die zweite Säule der europäischen Raumfahrtpolitik, schien zu diesem Zeitpunkt auf einem guten Weg zu sein. In diesem Sinne wird GMES im Rahmen der im Jahr 2005 institutionell etablierten Group on Earth Observation (vgl. 4.2.4) als europäischer Beitrag für das Global Earth Observation System of Systems (GEOSS) verstanden. Allerdings fielen die Schatten des bei der Realisierung von Galileo gescheiterten Public-Private-Partnership Ansatzes auch auf GMES, war doch auch hier die mittelfristige Finanzierung ebenso unklar wie die Perspektive einer teilweisen Refinanzierung der GMES-Dienste durch die Nutzer. Die enge Verknüpfung zwischen GMES und der Europäischen Geodateninfrastruktur (INSPIRE) wirkte sich ebenfalls verzögernd auf die Entwicklung der GMES-Dienste aus. Zu Recht wiesen die Mitgliedstaaten darauf hin, dass die GMES-Dienste inhaltlich an den Spezifikationen von INSPIRE auszurichten seien. Die detaillierte Spezifikation der 34 Themen, die in den drei Anhängen der INSPIRE-Richtlinie aufgeführt sind, erfolgt schrittweise erst in den Jahren 2009 bis 2011. Diese Spezifikationen sind dann – anders als die Festlegungen für die GMES-Dienste – rechtlich bindend und somit vorrangig zu berücksichtigen.

Vor diesem Hintergrund wird der schon fast beschwörende Appell in einem internen Kommissionsdokument aus dem Jahr 2008 verständlich: „Um ständig zunehmenden globalen Herausforderungen wie dem Klimawandel zu begegnen, benötigt Europa ein gut koordiniertes und zuverlässiges Erdbeobachtungssystem – ein System, das Europa selbst gehört. GMES ist dieses System."

Auf der Grundlage der Mitteilung der Europäischen Kommission [EUROPÄISCHE KOMMISSION 2008] verabschiedete der Europäische Wettbewerbsrat am 2. Dezember 2008 die von der französischen Präsidentschaft vorgelegten Ratsschlussfolgerungen mit dem Untertitel „Hin zu einem GMES-Programm". Der Rat greift somit den Vorschlag der Europäischen Kommission auf, bis Ende 2009 ein „GMES-Programm" unter Einbeziehung der Finanzierung als Rechtsakt vorzulegen. Der Rat betont ausdrücklich die zivile Natur von GMES, die Notwendigkeit der Nutzerorientierung und die Verfügbarkeit der GMES-Dienste als „öffentliches Gut", sofern dem nicht Aspekte der Sicherheit oder nationale Gesetze entgegenstehen. Der Rat unterstützt den Vorschlag von GMES-Partnerschaften zwischen der Europäischen Union und den Mitgliedstaaten, innerhalb derer die Mitgliedstaaten auf freiwilliger Basis Beiträge zu Komponenten des GMES-Programms leisten. Ferner bestätigt der Rat die Rolle der ESA beim Aufbau des Weltraumsegments von GMES.

In der Bundesrepublik Deutschland ist das Bundesministerium für Verkehr, Bau und Stadtentwicklung (BMVBS) auf politischer Ebene für GMES verantwortlich. Die Koordinierung erfolgt über den IMAGI. Mit bislang drei Informationsveranstaltungen hat die Bundesregierung Nutzer und Anbieter über den Fortgang der Initiative unterrichtet und eine Plattform für Austausch und Zusammenarbeit geschaffen.

Wenn auch im September 2008 anlässlich eines GMES-Forums in Lille, Frankreich, die ersten drei Fast Track Services als „präoperationale Systeme" vorgestellt wurden und wenn auch kein Zweifel daran besteht, dass Europa ein eigenständiges Erdbeobachtungssystem aus geopolitischen Gründen ebenso braucht wie ein eigenständiges Satellitennavigationssystem, so bleiben bis zur Vorlage des neuen GMES-Programms und insbesondere des angekündigten Vorschlags eines europäischen GMES-Rechtsakts noch viele Fragen zu klären und Unsicherheiten zu beseitigen. Da ist die Frage des Namens zwar eher marginal, der Umgang mit ihr aber vielleicht fast symptomatisch: Hatte Kommissar Verheugen noch auf dem GMES-Forum in Lille als Ergebnis eines europaweiten Wettbewerbs der Initiative den neuen Namen „Kopernikus“ gegeben, so kehrte man wenige Wochen später wieder zum etwas sperrigen „GMES“ zurück. Polen hatte darauf bestanden, den Namen ihres berühmten Astronomen korrekt „Copernicus“ zu schreiben – diese Wortmarke ist jedoch bereits anderweitig vergeben.

4.2.4 GEOSS

Bereits bei der ersten weltweiten Umweltkonferenz im Jahr 1972 in Stockholm, Schweden, wurde im Rahmen der UN der Grundstein für „Earth Watch“ gelegt. Ziel dieser Initiative war, die Aktivitäten der verschiedenen UN-Organisationen auf dem Gebiet der Erdbeobachtung unter der Verantwortung des UNEP zu bündeln. Mit der zweiten weltweiten Umweltkonferenz 1992 in Rio de Janeiro, Brasilien, und der dort verabschiedeten „Agenda 21“ wurde dieser Ansatz erneut aufgegriffen, konkretisiert und verstärkt. Die drei wesentlichen Komponenten von Earth Watch sind

- GCOS – Global Climate Observing System für Planung und Koordinierung der Sammlung klimarelevanter Daten;
- GOOS – Global Ocean Observing System für operationale Systeme zur Beobachtung der Ozeane und der Küstenzonen;
- GTOS – Global Terrestrial Observing System für die Beobachtung langfristiger Veränderungen der Landbedeckung und der Ressourcen.

GCOS und GOOS werden getragen von der WMO, der Intergovernmental Oceanographic Commission (IOC) der UNESCO, dem International Council for Science (ICSU) und UNEP; in GTOS arbeiten die FAO, WMO, UNEP sowie die UNESCO und ISCU zusammen.

Auf Initiative der Raumfahrtagenturen wurde vor dem Hintergrund der beginnenden Diskussion zu GMES (vgl. 4.2.3) Ende der 1990er Jahre mit IGOS (Integrated Global Observing Strategy) ein gemeinsamer Rahmen für die drei Programme GCOS, GOOS und GTOS geschaffen.

In der Schlusserklärung des Weltgipfels zur nachhaltigen Entwicklung (Johannesburg, Südafrika, 2002) unterstreicht die Weltgemeinschaft erneut ihren Willen,

- [… to] promote the systematic observation of the Earth‘s atmosphere, land and oceans by improving monitoring stations, increasing the use of satellites, and appropriate integration of these observations to produce high-quality data
- [… to] promote the development and wider use of earth observation technologies, including satellite remote sensing, global mapping and geographic information systems, to collect quality data on environmental impacts, land use and land use changes.

Dies nahm die Gruppe der G8 zum Anlass, das Thema Erdbeobachtung zu einem Schwerpunkt ihrer sogenannten „Science & Technology Initiative“ zu machen. Beim G8-Gipfel im Juni 2003 in Evian, Frankreich, konkretisierten die Staats- und Regierungschefs in einem Aktionsplan den Willen, ihre globalen Beobachtungsstrategien innerhalb von zehn Jahren verstärkt aufeinander abzustimmen. Wesentliche Ziele sind, verlässliche Datenprodukte über die Atmosphäre, den Boden, das Süßwasser, die Weltmeere und die Ökosysteme zu produzieren, das Berichtswesen in Bezug auf diese Daten sowie ihre Archivierung weltweit zu verbessern und Beobachtungslücken in bestehenden Systemen zu schließen.

Auf Einladung der Vereinigten Staaten fand bereits Ende Juli 2003 der erste, politisch und wissenschaftlich hochrangig besetzte „Earth Observation Summit" in Washington D. C., USA, statt. Hier wurde der Grundstein für das Konzept eines „Global Earth Observation System of Systems – GEOSS" gelegt. Nach einem weiteren Gipfeltreffen in Tokio, Japan, im April 2004 konnte schließlich im Februar 2005 beim dritten Earth Observation Summit die „Group on Earth Observation" (GEO) als internationales Gremium offiziell eingerichtet und ein auf zunächst zehn Jahre ausgelegter Implementierungsplan für den Aufbau des GEOSS verabschiedet werden. Die Aktivitäten im Rahmen von IGOS wurden integrativer Bestandteil des GEOSS Implementierungsplans. Unter dem Eindruck der Tsunami-Katastrophe, die am 26. Dezember 2004 an den Küsten des Indischen Ozeans mehr als 300.000 Menschenleben forderte, gewann das Thema der Frühwarn-Systeme und der Katastrophenvorsorge auch im Rahmen des GEOSS ein erhebliches Gewicht.

Im „10 Jahre Implementierungsplan" sind neun thematische Schwerpunkte – sogenannte „societal benefit areas" – definiert, für die die mit GEOSS erwarteten Fortschritte auf dem Gebiet der Erdbeobachtung von besonderer Bedeutung sind:

- Katastrophen – Ziel ist, den Verlust von Menschenleben und Sachschäden in Folge natürlicher oder von Menschen verursachter Katastrophen zu reduzieren durch verbesserte Beobachtungssysteme, Risikovorhersagen und Risikobewertungen sowie eine Verbesserung der Koordinierung bei der Hilfeleistung und der Schadensbeseitigung.
- Gesundheit – Ziel ist ein verbessertes Verständnis der Auswirkungen von Umwelteinflüssen auf die menschliche Gesundheit und das Wohlbefinden, sowohl mittels spezifischer Wettervorhersagen als auch der Verbreitung von Informationen über globale Phänomene, wie etwa den Abbau der Ozonschicht, und deren gesundheitliche Auswirkungen.
- Energie – Ziele sind einerseits die Identifizierung und Bewertung von Potenzialen auf dem Gebiet der erneuerbaren Energien; zum anderen die Risikoanalyse und Optimierung von Infrastrukturen zur Energieverteilung.
- Klima – Ziel ist ein verbessertes Verständnis der Veränderlichkeit des Klimasystems der Erde und des Klimawandels sowie der Interaktion zwischen Klima und den anderen acht Schwerpunktthemen.
- Wasser – Ziel ist die Verbesserung der Datengrundlage für hydrologische Beobachtungssysteme, wo solche Systeme noch fehlen, über Evaporation und atmosphärischen Wasserdampf, Gletscher und polares Eis.
- Wetter – Ziel ist, mittels GEOSS Lücken in den meteorologischen Beobachtungssystemen zu schließen, um so insbesondere die mittelfristigen Vorhersagen zu verbessern und für jedes Land frühzeitige Unwetterwarnungen zu erstellen.
- Ökosysteme – Ziel ist ein global vernetztes Monitoring der terrestrischen und maritimen Ökosysteme und der Küstenzonen, um frühzeitige Bedrohungen ebenso wie langfristige Veränderungen zu erkennen.
- Land- und Forstwirtschaft, Fischerei – Ziel ist die Verbesserung von Ernteprognosen ebenso wie die Gewinnung global vergleichbarer Daten zu Beständen, zur Landnutzung und Landbedeckung.
- Biologische Vielfalt – Ziel ist die Vereinheitlichung der Datengrundlage der Beobachtungssysteme für Biodiversität und genetische Ressourcen.

Diese sehr weitreichenden Ziele sollen dadurch erreicht werden, dass auf bestehenden regionalen, nationalen oder internationalen Erdbeobachtungssystemen aufgebaut wird, diese in geeigneter Weise miteinander verbunden und identifizierte Lücken gezielt geschlossen werden. Im Implementierungsplan heißt es, der Erfolg von GEOSS hänge wesentlich davon ab, dass Nutzer und Anbieter von Daten sich auf ein Regelwerk verständigen, mit dem die Interoperabilität der Einzelsysteme hergestellt werden kann. Dies seien im Wesentlichen technische Standards für die Speicherung, das Prozessieren und den Austausch von Daten, Metadaten und Produkten. Diese Sicht kommt den Europäern sehr entgegen, entspricht doch diese Forderung der Interoperabilität dem Weg, der mit der Schaffung einer Geodateninfrastruktur in der Europäischen Gemeinschaft (INSPIRE) (vgl. 4.2.5) beschritten und auch im Rahmen der GMES-Initiative (vgl. 4.2.3) verfolgt wird.

GEO ist eine freiwillige Partnerschaft von aktuell 79 Staaten, der Europäischen Kommission und 56 supranationalen, internationalen und regionalen Organisationen mit einem Mandat auf dem Gebiet der Erdbeobachtung oder in verwandten Bereichen (Stand: Juni 2009). GEO koordiniert den Aufbau des GEOSS auf der Grundlage des 10-Jahre-Implementierungsplans. Strategische Entscheidungen werden im Konsens vom GEO-Plenum getroffen, das mindestens einmal jährlich tagt. Darüber hinaus finden im Rahmen des GEO-Plenums in größeren Zeitabständen Ministertreffen statt, um die GEO-Aktivitäten auf politischer Ebene abzustimmen. Kontinuierlich wird der Aufbau von GEOSS von einem Exekutivkomitee koordiniert, in dem zwölf hochrangige Vertreter die fünf GEO-Regionen (Afrika, Amerika, Asien/Ozeanien, Europa und die Gemeinschaft Unabhängiger Staaten) repräsentieren. Zur administrativen Unterstützung wurde bei der WMO in Genf ein GEO-Sekretariat eingerichtet. Für die inhaltliche Begleitung der Umsetzung des Implementierungsplans etablierte das erste GEO-Plenum vier sogenannte Komitees zu den querschnittorientierten Aufgabenfeldern „Architecture and Data“, „Science and Technology“, „User Interface“ and „Capacity Building“ sowie eine Arbeitsgruppe zu „Tsunami Activities“. Die Tsunami Arbeitsgruppe wurde Ende März 2008 wieder aufgelöst und die Aufgabe als „Task“ in den Implementierungsplan aufgenommen.

Die GEO verfügt nicht über eigene finanzielle Mittel, um Projekte für das GEOSS durchzuführen. Ihre Aufgabe ist koordinierend mit dem Ziel der Herstellung von Interoperabilität bei bestehenden und in Entwicklung befindlichen Erdbeobachtungssystemen der Partnerstaaten und Partnerorganisationen. Die aus den GEO-Beschlüssen resultierenden Aufgaben und Aktivitäten werden auf der Grundlage freiwilliger Beiträge von den GEO-Partnern umgesetzt. Freiwillige finanzielle oder personelle Beiträge leisten die GEO-Partner darüber hinaus für den Betrieb des GEO-Sekretariats bei der WMO in Genf.

Als G8-Staat hat sich die Bundesrepublik Deutschland aktiv in die Verhandlungen zur Einrichtung der GEO eingebracht und den Implementierungsplan mitgestaltet. In der Startphase zwischen dem ersten GEO-Plenum im Mai 2005 und dem fünften GEO-Plenum im November 2008 hatte Deutschland einen der drei für Europa vorgesehenen Sitze im Exekutivkomitee inne; deutsche Experten wirken in den Fachkomitees mit. Das innerhalb der Bundesregierung für GEO und GEOSS federführende BMVBS leistet einen erheblichen finanziellen Beitrag zur Finanzierung des GEO-Sekretariats. Auf nationaler Ebene wurde für die Koordinierung der GEO-Aktivitäten das deutsche D-GEO-Sekretariat bei der Raumfahrtagentur des DLR eingerichtet. Innerhalb der Bundesregierung werden die Aktivitäten der GEO operativ in einer D-GEO-Arbeitsgruppe und strategisch im IMAGI abgestimmt; die Koordinierung mit den Ländern und der Wirtschaft erfolgt im Lenkungsgremium der

Geodateninfrastruktur Deutschland und in der GIW-Kommission (vgl. 13). Im Mai 2008 hat der IMAGI zur Umsetzung des 10-Jahre-Implementierungsplans den nationalen GEO-Implementierungsplan verabschiedet.

Die deutschen Beiträge zu GMES (vgl. 4.2.3) bilden den Kern des nationalen Engagements beim Aufbau des GEOSS. Weitere wesentliche Beiträge aus Deutschland sind:

- das Weltzentrum für Niederschlagsklimatologie (Global Precipitation Climatology Centre – GPCC) der WMO, das vom Deutschen Wetterdienst (DWD) betrieben wird;
- das Weltzentrum für Abflussdaten (Global Runoff Data Centre – GRDC) der WMO, das bei der Bundesanstalt für Gewässerkunde (BfG) betrieben wird;
- das Weltdatenzentrum für Fernerkundung der Atmosphäre (WDC-RSAT) beim Deutschen Fernerkundungsdatenzentrum (DFD), das als Teil des weltweiten WDC-Systems des International Council for Science ebenfalls ein Baustein von GEOSS ist.

Anlässlich des Ministertreffens im Rahmen des vierten GEO-Plenums im November 2007 in Kapstadt, Südafrika, würdigten die politischen Entscheidungsträger die bisher erreichten Erfolge bei der Umsetzung des Implementierungsplans, unterstrichen noch einmal die Bedeutung des GEOSS für eine nachhaltige globale Entwicklung und vereinbarten für das Jahr 2010 die Vorlage einer Halbzeitbilanz. In der „Cape Town Declaration“ heißt es:

We support the establishment of a process with the objective to reach a consensus on the implementation of the Data Sharing Principles for GEOSS to be presented to the next GEO Ministerial Summit. The success of GEOSS will depend on a commitment by all GEO partners to work together to ensure timely, global and open access to data and products; We commit to explore ways and means for the sustained operations of the shared architectural GEOSS components and related information infrastructure.

4.2.5 INSPIRE

Am 25. April 2007 wurde im Amtsblatt der Europäischen Union die Richtlinie 2007/2/EG des Europäischen Parlaments und des Rats vom 14. März 2007 zur Schaffung einer Geodateninfrastruktur in der Europäischen Gemeinschaft – die sogenannte INSPIRE-Richtlinie – veröffentlicht. INSPIRE („INfrastructure for SPatial INformation in Europe) steht für das Ziel der Richtlinie: eine interoperable, offene Europäische Geodateninfrastruktur. Mit der Veröffentlichung dieses Rechtsaktes ging ein mehr als fünfjähriger, intensiver und in manchen Punkten heftig umstrittener Verhandlungsprozess zu Ende, der im Jahre 2001 mit der Etablierung einer Expertengruppe durch die Europäische Kommission begonnen hatte. Treibende Kraft auf Seiten der Europäischen Kommission war die Generaldirektion Umwelt. Mit Blick auf das komplexe und komplizierte Berichtswesen auf den Gebieten der Umwelt- und Naturschutzpolitik sah die Generaldirektion Umwelt in der Definition von Rahmenbedingungen für eine einheitliche europäische Geodateninfrastruktur ein Instrument, den Austausch der – in der Regel georeferenzierten – Daten der Umweltverwaltungen insbesondere zur Erfüllung der Berichtspflichten gegenüber der Kommission, der Europäischen Umweltagentur und im Rahmen internationaler Umweltübereinkommen zu vereinfachen beziehungsweise überhaupt erst zu ermöglichen. Gestützt auf Artikel 175 des Europäischen Vertrags, den sogenannten Umweltartikel, ist das Themenspektrum, auf das die INSPIRE-Richtlinie Anwendung findet, von „Koordinatenreferenzsystemen“ bis „Mineralische Bodenschätze“ sehr breit angelegt. Umweltpolitik im Verständnis der Europäischen

Union ist querschnittorientiert und korreliert mit nahezu allen anderen Politikfeldern. Standen am Anfang des INSPIRE-Prozesses also eher die Verwaltungen auf europäischer Ebene als Nutzer im Blick, so rückten während der Verhandlungen die Bürger Europas und die Wirtschaft mit in den Fokus. Heute stehen die Harmonisierung und Straffung von Berichtspflichten, die Schaffung von Transparenz und Teilhabe für die Öffentlichkeit und die Aktivierung des Wertschöpfungspotenzials der Geodaten der Verwaltungen durch kommerzielle Nutzung gleichrangig als politische Ziele der Richtlinie nebeneinander.

Nach dem Inkrafttreten der INSPIRE-Richtlinie hatten die Mitgliedstaaten zwei Jahre Zeit, die Regelungen auf nationaler Ebene verbindlich umzusetzen. In Deutschland erfolgte dies auf der Ebene des Bundes durch das am 14. Februar 2009 in Kraft getretene Gesetz über den Zugang zu digitalen Geodaten, kurz: Geodatenzugangsgesetz (GeoZG). In der föderalen Struktur der Bundesrepublik Deutschland, insbesondere mit Blick auf die Zuständigkeit der Länder für das Vermessungswesen, setzen die Länder die INSPIRE-Richtlinie in Landesgesetzen jeweils in eigener Verantwortung um (vgl. 13).

Um den bestehenden Hindernissen und Problemen bei der grenzüberschreitenden und verwaltungsübergreifenden Nutzung von Geodaten und Geodatendiensten zu begegnen, soll bis zum Jahre 2019 die Europäische Geodateninfrastruktur schrittweise aufgebaut werden. Die in der INSPIRE-Richtlinie enthaltene Definition einer Geodateninfrastruktur stellt nicht allein ab auf fachliche Inhalte und technische Instrumente – Geodaten, Metadaten, Geodatendienste, Netzdienste und Netztechnologien – sondern umfasst ausdrücklich auch organisatorische Maßnahmen und Strukturen bis hin zu Koordinierungs- und Überwachungsmechanismen. Hier übernimmt die Richtlinie konsequent die Konzepte des modernen eGovernments, indem sie die Regelungen auf die einzelnen Schritte der Prozessketten projiziert, die bei der Nutzung von Geodaten entstehen. Mit der ausdrücklichen Definition der wesentlichen technischen Elemente der Europäischen Geodateninfrastruktur – Metadaten, Netzdienste und Geoportal – geht die INSPIRE-Richtlinie einen mutigen Schritt hin zu grenz- und fachübergreifend wirksamen Instrumenten zur Vereinfachung des Zugangs zu und der Nutzung von Geodaten unter Verwendung moderner informationstechnischer Konzepte.

Voraussetzung für das Funktionieren der Europäischen Geodateninfrastruktur im Sinne der Interoperabilität ist zunächst, dass die nach den verschiedensten Rechtsvorschriften, in den unterschiedlichsten Fachdisziplinen und mit Bezug auf ein weit gespanntes Aufgabenfeld bei den Behörden vorhandenen Daten ebenso wie die Netzdienste der Geodateninfrastruktur möglichst einheitlich referenziert werden. Ein geeignetes Instrument hierfür sind Metadaten, das sind beschreibende Daten vergleichbar den Kataloginformationen im Bibliothekswesen. Die Richtlinie verpflichtet die Mitgliedstaaten, für die von der Richtlinie betroffenen Geodaten und Geodatendienste Metadaten bereitzustellen.

Kernelemente der Europäischen Geodateninfrastruktur sind ferner die Geodatendienste. Im Einzelnen sind dies:

- Suchdienste, die auf den Metadaten aufsetzen,
- Darstellungsdienste, die es dem Nutzer erlauben, das Ergebnis seiner Recherche dahingehend zu beurteilen, ob es für seine Belange geeignet ist,
- Download-Dienste, um die Daten für eine weitergehende Verwendung herunter zu laden,

- Transformationsdienste zur Umwandlung von Geodaten, um Interoperabilität zu erreichen,
- Dienste zum Abrufen von Geodatendiensten, also integrierte oder kaskadierende Dienste.

Diese Geodatendienste bilden die Prozesskette in der Theorie vollständig ab. Ob die theoretische Trennung zwischen „Suchen und Finden", „Anschauen und Prüfen" und „für die Nutzung Herunterladen" in der praktischen Umsetzung beibehalten werden kann, bleibt abzuwarten. Offen ist dabei vor allem die Frage, ob der Nutzer tatsächlich anhand der mittels Darstellungsdienst übermittelten Informationen beurteilen kann, inwieweit die Geodaten interoperabel zu den eigenen Geodaten sind. Hier wirkt sich nicht allein die Spezifikation des Darstellungsdienstes sondern auch die detaillierte Festlegung der Geodaten – Objekte, Attribute, usw. – aus. Wesentlicher „Stolperstein" ist der Grad der semantischen Harmonisierung der Geodaten.

Wenn die INSPIRE-Richtlinie auch nicht förmlich als sogenannte Rahmenrichtlinie klassifiziert ist, so definiert sie doch im ersten Schritt vorrangig die grundlegenden Anforderungen an einen Staaten- und Verwaltungsgrenzen übergreifenden Zugang zu Geodaten. Sowohl die Einzelheiten zu den betroffenen Geodaten, deren 34 Themen in drei Anhängen aufgeführt sind, als auch Details zu den Netzdiensten, mittels derer die Europäische Geodateninfrastruktur technisch aufgespannt wird, zu Metadaten und zu Nutzungsbedingungen werden durch den Erlass sogenannter Durchführungsbestimmungen schrittweise spezifiziert. Diese Durchführungsbestimmungen werden von der Europäischen Kommission in Abstimmung mit den Mitgliedstaaten und unter Beteiligung des Europäischen Parlaments im Wege der Komitologie in Kraft gesetzt. Bereits Mitte 2005 – also zu einem Zeitpunkt, da die INSPIRE-Richtlinie noch verhandelt wurde – hatte die Europäische Kommission in den Mitgliedstaaten geworben, Experten aus Verwaltung, Wissenschaft und Wirtschaft für sogenannte Drafting Teams zu benennen. Gleichzeitig etablierte die Europäische Kommission ein Netzwerk aus „Spatial Data Interest Communities" und „Legally Mandated Organizations" mit dem Ziel, bei der Erarbeitung der Durchführungsbestimmungen in einem iterativen Review-Prozess möglichst viele Stakeholder einzubinden, verschiedenste Fachinteressen zu berücksichtigen und so eine breite Akzeptanz der Europäischen Geodateninfrastruktur zu gewährleisten. Im Einzelnen sieht die Richtlinie Durchführungsbestimmungen zu den nachfolgend aufgeführten Themenbereichen vor:

- Metadaten – Sowohl für die Geodaten als auch für die Geodatendienste fordert die Richtlinie die Bereitstellung standardisierter Metadaten. Dies vereinfacht die Suche und die erste Bewertung der Suchergebnisse, ohne die Daten bereits detailliert zu kennen. Die entsprechenden Durchführungsbestimmungen wurden als „Verordnung (EG) Nr. 1205/2008 der Kommission vom 3. Dezember 2008 zur Durchführung der Richtlinie 2007/2/EG des Europäischen Parlaments und des Rats hinsichtlich Metadaten" am 4. Dezember 2008 im EU-Amtsblatt veröffentlicht; die Verordnung trat am 24. Dezember 2008 in Kraft; sie ist unmittelbar geltendes Recht und muss von den Mitgliedstaaten nicht in nationales Recht umgesetzt werden. Um einerseits die Verordnung nicht mit technischen Details zu überfrachten und andererseits notwendige technische Anpassungen außerhalb eines förmlichen Rechtsaktes zu erlauben, wurde der Verordnung ein „Technical Guidance Document" beigefügt, das jedoch für die Mitgliedstaaten nicht rechtlich bindend ist. Die Europäische Kommission und die Mitgliedstaaten stimmen jedoch in der Einschätzung überein, dass die – von allen gewollte – Interoperabilität innerhalb einer Europäischen Geodateninfrastruktur nur gewährleistet werden kann, wenn die nationalen Strukturen auf der Grundlage dieser technischen Vorgaben aufgebaut werden. Die Richtlinie verpflichtet die Mitgliedstaaten, die in der Verordnung beschriebenen Metadaten spätestens zwei Jahre nach deren Verabschiedung – also bis zum 3. Dezember 2010 – verfügbar zu machen.

- Netzdienste – Die Durchführungsbestimmungen zu den Netzdiensten werden in zwei Schritten auf den Weg gebracht. Ende Dezember 2008 wurde das Komitologie-Verfahren für den Teil der Verordnung abgeschlossen, der die Suchdienste und die Darstellungsdienste regelt. Die Verordnung wird voraussichtlich Mitte 2009 veröffentlicht werden und in Kraft treten. Für die Download-Dienste und die Transformationsdienste ist der Abstimmungsprozess innerhalb der Expertennetzwerke derzeit noch nicht abgeschlossen (Stand: Mai 2009). Wie bei den Durchführungsbestimmungen zu Metadaten wird es auch zu der Verordnung zu Netzdiensten ein begleitendes, nicht rechtlich bindendes, technisch ausgerichtetes Dokument geben.
- Datenspezifikation – Von zentraler Bedeutung sind die Durchführungsbestimmungen, mit denen die Themen der drei Anhänge inhaltlich, semantisch und technisch konkretisiert werden. Die INSPIRE-Richtlinie sieht vor, die Durchführungsbestimmungen zu den Themen des Anhangs I innerhalb von zwei Jahren nach dem Inkrafttreten der Richtlinie – also bis 15. Mai 2009 – zu verabschieden. Angesichts der Komplexität der Aufgabe und der Bedeutung der Datenspezifikationen für die Geodateninfrastrukturen wurden auf der Grundlage der erarbeiteten Entwürfe umfangreiche Tests in den Mitgliedstaaten durchgeführt. Hierbei wurde deutlich, dass der vorgegebene Zeitplan nicht eingehalten werden kann. Auf Drängen der Mitgliedstaaten räumte die Europäische Kommission ein, das Komitologie-Verfahren zu den Anhang I-Themen erst im Herbst 2009 zum Abschluss zu bringen. Geodaten zu Themen des Anhangs I müssen, soweit sie neu erhoben oder wesentlich überarbeitet sind, spätestens zwei Jahre nach Verabschiedung der entsprechenden Durchführungsbestimmungen den Spezifikationen entsprechend bereitstehen; die Frist für die Umstellung auch der alten Geodatenbestände endet sieben Jahre nach Verabschiedung der Durchführungsbestimmungen. Für die Themen der Anhänge II und III sollen die Durchführungsbestimmungen zur Datenspezifikation fünf Jahre nach dem Inkrafttreten der Richtlinie verabschiedet werden. Die Europäische Kommission wird auch hier Experten für die Besetzung der entsprechenden Arbeitsgruppen einladen. Die Fristen für die INSPIRE-konforme Bereitstellung der Daten zu den Themen der Anhänge II und III enden – die fristgerechte Verabschiedung der entsprechenden Durchführungsbestimmungen vorausgesetzt – 2016 für neue und wesentlich überarbeitete Daten bzw. 2019 für alle übrigen Daten.
- Datennutzung – Bei der Etablierung des Drafting Teams „Data Sharing“ hatte die Europäische Kommission zunächst geplant, über den konkreten Regelungsinhalt der Richtlinie hinaus allgemeine Vorgaben für Lizenz- und Nutzungsbestimmungen, insbesondere für sogenannte „Klick Licences“ zu erarbeiten. Dies hätte zweifellos das mit der Europäischen Geodateninfrastruktur verfolgte Ziel des einfachen Zugangs zu Geodaten und Geodatendiensten erheblich befördert. In der Praxis erwies sich das Vorhaben jedoch als zu ambitioniert. Am 5. Juni 2009 votierte der Regelungsausschuss für einen Vorschlag für eine Durchführungsbestimmung, die lediglich die Nutzung der Geodaten und Geodatendienste im Verkehr zwischen den Mitgliedstaaten und den Organen der europäischen Gemeinschaft regelt.

- Monitoring und Reporting – Am 11. Juni 2009 wurden die Durchführungsbestimmungen zu Monitoring und Reporting als Entscheidung der Kommission vom 5. Juni 2009 zur Durchführung der Richtlinie 2007/2/EG des Europäischen Parlaments und des Rats hinsichtlich Überwachung und Berichterstattung im Amtsblatt der EU L 148/18 veröffentlicht. Die Durchführungsbestimmungen definieren insbesondere Indikatoren, mit denen der Stand der inhaltlichen Umsetzung der Richtlinie und der Aufbau der Geodateninfrastrukturen in den Mitgliedstaaten bewertet werden kann.

Die Europäische Geodateninfrastruktur besteht aus den hinsichtlich ihrer wesentlichen Instrumente mittels der INSPIRE-Richtlinie interoperabel verfügbaren Geodateninfrastrukturen der Mitgliedstaaten. Seitens der Europäischen Kommission werden keine eigenen Geodatendienste zur Verfügung gestellt. Einziges technisches Instrument, mit dem die Europäische Kommission ihrerseits den grenzüberschreitenden und fachübergreifenden Zugang zu Geodaten und Geodatendiensten unterstützt, ist das „Geoportal INSPIRE“. Mit der Einrichtung des „Geoportal INSPIRE“ wird das Ziel verfolgt, die Integration der nationalen Infrastrukturen in die Europäische Geodateninfrastruktur zu fördern. Darüber hinaus können die Mitgliedstaaten Zugang zu den Geodatendiensten auch über eigene „Zugangspunkte“ bieten. Näheres über die Art dieser Zugangspunkte ist in der Richtlinie nicht geregelt, sodass für einen föderal strukturierten Staat wie die Bundesrepublik Deutschland sowohl die Möglichkeit eines einzigen nationalen Geoportals als auch die Möglichkeit mehrerer Zugangspunkte besteht. Aus der Sicht der INSPIRE-Richtlinie ist allein wichtig, dass der Zugang zu der gesamten nationalen Geodateninfrastruktur stets über das „Geoportal INSPIRE“ möglich ist.

Mit der von Bund, Ländern und Kommunen gemeinsam getragenen Initiative GDI-DE (vgl. 13) hat die Bundesrepublik Deutschland – nicht zuletzt mit Blick auf das, was auf europäischer Ebene in Vorbereitung war – bereits 2004 auf nationaler Ebene mit dem Aufbau einer Geodateninfrastruktur begonnen. Die Umsetzung der INSPIRE-Richtlinie ist ebenso wie der Aufbau einer nationalen Geodateninfrastruktur eine gesamtstaatliche Aufgabe. Die Richtlinie adressiert explizit die nationale, die regionale und die lokale Ebene, im Sinne der deutschen Verwaltungsstrukturen also Bund, Länder und Kommunen. Politisches Ziel musste daher sein zu gewährleisten, dass die einzelnen Rechtsetzungen in Bund und Ländern miteinander so weit in Einklang stehen, dass auf ihrer Grundlage die GDI-DE weiter aufgebaut und fortentwickelt werden kann. Das BMU als für die INSPIRE-Umsetzung federführendes Ressort lud daher alle Länder und die kommunalen Spitzenverbände ein, gemeinsam einen „Muster-Entwurf“ für die Umsetzungsgesetze zu erarbeiten. Dieser Muster-Entwurf konnte bis Ende 2007 abgestimmt werden. Die Erarbeitung der Durchführungsbestimmungen wird in Deutschland von der „INSPIRE Task Force“ begleitet. Sie wurde vom BMU bereits im August 2005 etabliert. Neben BMU und dem Bundesministerium des Innern (BMI) sind in der INSPIRE Task Force das Lenkungsgremium GDI-DE durch drei Vertreter der Länder und einen Vertreter der kommunalen Spitzenverbände, betroffene Fachbehörden und Bund/Länder-Arbeitsgemeinschaften sowie alle in den Drafting Teams mitwirkenden Experten vertreten. Damit repräsentiert das Gremium nicht allein die politische und die Verwaltungsebene sondern auch Wirtschaft und Wissenschaft.

Auch wenn sich die INSPIRE-Richtlinie vorrangig an Behörden richtet, so hat der Aufbau einer Staats- und Verwaltungsgrenzen übergreifenden Europäischen Geodateninfrastruktur durchaus positive Auswirkungen auf die Wirtschaft. Der vereinfachte, verbesserte und europaweit harmonisierte Zugang zu Geodaten eröffnet den Unternehmen neue Geschäftsfelder. Sofern der Mitgliedstaat die von der Richtlinie ausdrücklich eingeräumte Möglichkeit wahrnimmt, auch Unternehmen die Mitwirkung innerhalb der nationalen Geodateninfrastruktur zu eröffnen, bietet sich eine europaweite Plattform für unternehmerische Aktivitäten. Darüber hinaus wird die Europäische Geodateninfrastruktur erheblichen Einfluss auf die Standardisierung von Geodaten und Geodatendiensten haben (vgl. 14). Die Unternehmen, die sich frühzeitig im INSPIRE-Prozess engagieren, dürften langfristig hiervon profitieren.

Im Jahr 2019, also zehn Jahre nachdem die INSPIRE-Richtlinie ihre Wirkung entfaltet, wird das Ziel erreicht sein. Geodaten zu allen Themenbereichen der Anhänge, seien sie neu erhoben oder bereits seit langem vorhanden, stehen interoperabel zur Verfügung und können mittels der Netzdienste gefunden, heruntergeladen und genutzt werden.

4.2.6 United Nations Spatial Data Infrastructure (UNSDI)

Geodateninfrastrukturen beschränken sich nicht allein auf einen lokalen, nationalen (vgl. 13) oder kontinentalen (vgl. 4.2.5) Maßstab. Im globalen Kontext zu nennen ist die Global Spatial Data Infrastructure (GSDI)-Initiative. In ihr setzen sich Behörden, Unternehmen, Einzelpersonen und Organisationen aus der gesamten Welt für den Aufbau von Geodateninfrastrukturen auf allen Abstraktionsebenen ein und unterstützen internationale Kooperationen mit Bezug zum Aufbau interoperabler Daten und Dienste. Eine erste GSDI-Konferenz tagte bereits 1996 in Bonn. Seitdem erfolgen jährliche Konferenzen ebenso wie Auftritte anlässlich georelevanter politischer Großereignisse wie dem Nachhaltigkeitsgipfel 2002 in Johannisburg. Die Arbeit der GSDI-Initiative finanziert sich aus Beiträgen ihrer Mitglieder.

Motivation und Geschichte

Von unmittelbarer operativer Bedeutung für eine weltweite Geodateninfrastruktur sind die Aktivitäten der UN zum Aufbau einer United Nations Spatial Data Infrastructure (UNSDI). Hierbei meint „Infrastruktur" die verlässliche Basis für den Austausch von Geoinformationen zur Unterstützung nationaler Entwicklungen und geht insoweit konform mit einem konventionellen Infrastrukturbegriff wie er für das Eisenbahnwesen, den Straßenverkehr, die Informations- und Kommunikationstechnik oder die Seefahrt Anwendung findet, um die Strukturen zur Bewegung von Gütern im Wirtschaftsprozess zu beschreiben. Für das Geoinformationswesen konkretisiert die United Nations Geographic Information Working Group (UNGIWG) diese Infrastruktur mit Blick auf die Erkenntnisse aus entsprechenden nationalen Initiativen als bestehend aus dem erforderlichen politischen und administrativen Rahmen, den Technologien, den Daten selbst, den gemeinsamen technischen Standards sowie den Verfahren, Protokollen und Spezifikationen für die Suche, den Zugang, die Auswertung und die Nutzbarmachung von Geoinformationen.

Mit dem Einstieg der UN in einen grundlegenden Reformprozess seit dem Ende der 1990er Jahre und der Formulierung der Millenniumsziele hatte die internationale Staatengemeinschaft die zunehmende Bedeutung von Geoinformationen erkannt. Dies galt umso mehr, als der Reformprozess der UN nicht allein eine Rückführung von Kosten und personellen Kapazitäten im Focus hatte, sondern vor dem Hintergrund zunehmend komplexerer Herausforderungen in mindestens gleichem Maße einen Umbau des UN-Systems hin zu einem „Global Governance-System". Zugleich ging es um eine stärkere Ausrichtung der UN-Aktivitäten auf den unmittelbaren Nutzen für die Sicherheit der Menschen. Dieser Prozess schlug sich nieder in diversen Konventionen und politischen Instrumenten der UN, welche ohne den Einsatz raumbezogener Informationen weder effizient und effektiv umgesetzt, noch einer Wirkungskontrolle unterzogen werden konnten. Insbesondere zu nennen sind die Konventionen zum Klimawandel, zur biologischen Vielfalt, der Rechte der Kinder, zum Seerecht, zur Verbreitung von Chemiewaffen, zum Internationalen Strafgerichtshof, zur Beseitigung der Diskriminierung von Frauen, zum Weltkulturerbe, zum weltweiten Biosphärennetzwerk oder zum Ökosystemmanagement. Die verschiedensten Abteilungen, Programme und Unterorganisationen der UN waren auf den Zugang zu interoperablen Geodaten angewiesen, um die Umsetzung und Kontrolle der Zielerreichung zu unterstützen. Insoweit standen die UN vor einer ähnlichen Herausforderung wie die Europäische Union zum Zeitpunkt der ersten Überlegungen für den Aufbau einer europäischen Geodateninfrastruktur: Der Befriedigung der ureigensten Nachfrage der Organisation selbst nach weltweiten interoperablen Geoinformationen. Dieser Bedarf an Geoinformationen ist seitdem auch bei den UN stetig angewachsen.

Im Kern soll die UNSDI substanziell zur Mission der UN und zur Realisierung der Millennium-Entwicklungsziele beitragen. Dies insbesondere durch die Eröffnung eines effizienten lokalen, nationalen und globalen Zugangs zu Geodaten sowie ihres Austausches und ihrer Weiterverwendung für die politische, administrative und wirtschaftliche Entscheidungsfindung auf allen gesellschaftlichen Ebenen zum Wohle der Menschen und der Umwelt.

Beschluss- und Rechtslage

Bereits am 19. Februar 1948 hatte der Wirtschafts- und Sozialrat der UN eine Resolution mit dem Titel „Koordinierung kartographischer Dienste der Sondereinrichtungen und internationalen Organisationen“ verabschiedet. Die Komplexität der operationellen Anforderungen an die Arbeit des UN-Systems und der Bedarf an raumbezogenen Daten ist seitdem gewachsen. Vor diesem Hintergrund und angesichts des zwischenzeitlichen rapiden Technologiewandels etablierte sich im März 2000 die UNGIWG. Sie stellt ein nutzergetriebenes freiwilliges Netzwerk von UN-Sachverständigen auf dem Gebiet der Kartographie und des Geoinformationswesens dar, welches sich mit übergreifenden Fragen des Geoinformationswesens von Bedeutung für die UN auseinandersetzt. Dies betraf und betrifft Fragen der politischen Grenzen, der Kartographie, des Datenaustausches, der Standardisierung, der geographischen Namen und des Raumbezugs. Im Ergebnis soll die Nutzung von Geoinformationen innerhalb der UN und ihrer Mitgliedstaaten im Interesse besserer Entscheidungsfindung gefördert werden. Abteilungen, Sonderbehörden, Programme und Organe der UN, die daran teilhaben wollen, richten entsprechende Kontaktstellen ein. Dabei arbeitet UNGIWG direkt mit Nicht-Regierungsorganisationen, Forschungseinrichtungen und Unternehmen zusammen.

Eines der ersten Ergebnisse der UNGIWG war der von der UN Cartographic Section beauftragte „Geographic Information Strategy Plan for the United Nations“ (UNGISP). Das im Jahr 2001/2002 erstellte Dokument beinhaltete eine umfassende Analyse der Aktivitäten im Geoinformationswesen und arbeitete den Bedarf an Informationen der UN für ein effizientes und effektives Management heraus. Ebenfalls fanden sich darin Ansätze einer Strategie für die zukünftige Befriedigung des Bedarfs der UN an Geoinformationen zur Realisierung der Millenniumsziele.

Im Oktober 2005 verabschiedete die UNGIWG einen Vorschlag zur Entwicklung einer Geodateninfrastruktur innerhalb der UN zwecks Förderung und Sicherstellung einer nachhaltigen Entwicklung sowie zur Effizienzsteigerung humanitärer und friedenswahrender

Einsätze. Wie bei jeder anderen bis dahin bekannten Geodateninfrastruktur sollte das Prinzip der gemeinsamen Nutzung von Daten auf Grundlage abgestimmter Standards und Werkzeuge im Vordergrund stehen, um Doppelentwicklungen und -erhebungen verbunden mit entsprechenden Mehrkosten auszuschließen.

Zuständigkeiten für Aufbau, Betrieb und Organisation
Der Aufbau und Betrieb der Geodateninfrastruktur innerhalb der UN entspricht dem Modell auf europäischer und nationaler Ebene. Es handelt sich um einen arbeitsteiligen, koordinierten Prozess, welcher auf der dezentralen Verantwortung für die Erhebung, Führung und Bereitstellung von Geoinformationen aufsetzt.

Die Zuständigkeit für die Koordination obliegt der eingangs erwähnten UNGIWG. Sie ist dem CEB zugeordnet (vgl. 4.1.3), welcher u. a. die Umsetzung von Vereinbarungen zwischen dem UN-Generalsekretariat und den spezialisierten Agenturen und Programmen koordiniert. Diese organisatorische Stellung unterstreicht die fachübergreifende Relevanz der Arbeitsgruppe sowie die Dringlichkeit ihres Handelns.

Architektur und Stand des Vorhabens
Die Strategie zur Entwicklung und Implementierung einer Geodateninfrastruktur der UN vom Februar 2007 sah ein Vier-Stufen-Modell für eine UNSDI vor:

- Stufe 1 (bis 3. Quartal 2007), Aufbau der UNSDI-Organisationsstrukturen, Entwicklung einer GDI-förderlichen „Unternehmenspolitik“ sowie Verständigung auf grundlegende gemeinsame Standards.
- Stufe 2 (bis 3. Quartal 2008), Herausarbeitung von Referenzdatensätzen sowie Aufbau von standardisierten Metadaten und Katalogdiensten bis hin zum Test von Interoperabilität, Datenzugang und Datenführungsprozeduren durch die zuständigen Beteiligten.
- Stufe 3 (bis 2. Quartal 2009), Einrichtung und Ausstattung eines UNSDI-Portals.
- Stufe 4 (bis 4. Quartal 2010), Evaluierung und Optimierung der aufgebauten Informationsarchitekturen und technischen Infrastrukturen entsprechend den Anforderungen der Nutzer und den finanziellen Möglichkeiten.

Dieses Modell wurde anlässlich der 9. UNGIWG-Vollversammlung vom 5. bis 7. November 2008 in Wien fortgeschrieben und mit dem Dokument „Framework for the Implementation of the United Nations Spatial Data“ vom 11. Dezember 2008 veröffentlicht. Die entsprechende Resolution zur Unterstützung des Aufbaus einer Geodateninfrastruktur der UN ist auf der UNGIWG-Homepage abgedruckt.

Danach stellen die Jahre 2009/2010 nunmehr die Implementierungsphase für eine Geodateninfrastruktur der UN dar. In ihr sollen grundlegende Mechanismen der technischen Zusammenarbeit etabliert werden, soweit sie für die Identifikation und Erzeugung eines Kernbestandes an Geodatensätzen und die Versorgung mit einer ausgewählten Zahl an Geodiensten als notwendig erachtet werden, um den Reformprozess und die Zusammenarbeit innerhalb der UN zu befördern. Zu diesem Zweck werden ein Steuerungskomittee sowie eine technische Beratungsgruppe eingerichtet, welche sowohl bei der Steuerung als auch bei den einzelnen Aktivitäten der UN-Abteilungen, Sonderbehörden, Programme und Organe der UN unterstützt. Das Steuerungskommittee hat unter anderem den jährlichen Arbeitsplan anzunehmen. Ein UNSDI-Projekt-Team mit festen Mitarbeitern wird die Implementierungsphase operativ begleiten und steuern. Die Aufnahme der jeweiligen Arbeit erfolgt mit der ersten Unterzeichnung eines Memorandum of Understanding durch jene

UN-Abteilungen, Sonderbehörden, Programme und Organe der Vereinten Nationen, die sich als Teilhaber des UNSDI-Projektes betrachten. Für die einzelnen Teilaufgaben haben sich die in Tabelle 4.1 aufgezeigten Zuständigkeiten herauskristallisiert. Unterschieden wird in Kern- und sonstige Aufgaben. Zu den Kernaufgaben rechnen daten- und dienstebezogene Aufgaben. Mit den datenbezogenen Aufgaben sollen technische Regelungen betreffend den Aufbau und die Versorgung mit einem Kerndatenbestand an Geodatensätzen, mit den servicebezogenen Aufgaben sollen Werkzeuge für die Suche, den Zugang und die Visualisierung von Geodaten erarbeitet werden.

Tabelle 4.1: UNSDI-Zuständigkeiten

Aufgabe	**Zuständigkeit**
UNSDI-Kernaufgaben	
Standards und Best-Practice-Lösungen für die Versorgung mit Referenzdaten	UNSDI-Projektteam
Geodatenwarenhaus	FAO
Visualisierungstool	UNOG/ICTS
UNSDI-thematische Geodatensätze	
Gesundheit (Gesundheitseinrichtungen und Zuständigkeitsbezirke)	WHO
Bevölkerungsentwicklung (Verdichtungen und Verteilungen)	FAO
Infrastruktur (Straßen, Schienenwege, Flughäfen, Häfen, Navigation [UNSDI-T globale Transport-Datenbasis]	WFP
Hydrologie (Gewässer und Abflüsse)	FAO
Landbedeckung	FAO
Globale und kontinentale Küstenlinien 1:100.000	FAO

Finanzierung

Die Mitwirkung am Aufbau der UNSDI durch die einzelnen Abteilungen, Sonderbehörden, Programme und Organe der Vereinten Nationen erfolgt vollständig auf freiwilliger Basis. Ebensowenig erfährt die UNGIWG eine finanzielle Förderung aus Mitgliedsbeiträgen der mitwirkenden Stellen und Personen oder Haushaltstiteln der UN, welche genutzt werden könnten, um Förderprogramme aufzulegen oder Fördermittel auszureichen. Die grundsätzliche Entstehung von Kosten für den Aufbau einer UNSDI wird zwar anerkannt, als wesentliche Erfolgsfaktoren beschreibt die Implementierungsstrategie des Jahres 2007 jedoch Koordination, Kooperation und Innovation statt Geld. Damit setzt sie auf die Abstimmung technologischer Entwicklungen und Standards auf dem Gebiet des Geoinformationswesens wie sie unbeschadet des Aufbaus einer UNSDI ohnehin bei den einzelnen Beteiligten zu implementieren sind. Für den verbleibenden Finanzierungsbedarf wird im Wesentlichen nachfolgende Absicherung angestrebt:

- Übernahme der Kosten für die Anpassung und elektronische Bereitstellung der Geodaten durch die jeweils originär zuständigen oder am weitesten vorbereiteten Datenhalter.

- Finanzielle Förderung der wesentlichen Verwaltungskosten betreffend das übergreifende UNSDI-Management des UNGIWG-Sekretariats durch das CEB.
- Nutzung finanzieller Ressourcen, die für den Aufbau von Informations- und Kommunikationsinfrastrukturen innerhalb der UN veranschlagt sind.
- Spenden oder Beiträge die aus der Zusammenarbeit mit einzelnen, insbesondere externen Partnern erwachsen.

Deutsche Beiträge
Beim Wirtschafts- und Sozialrat der Vereinten Nationen ist die United Nations Group of Experts on Geographical Names (UNGEGN) angesiedelt, welche sich zahlreicher, nach Sprachräumen gegliederter Fachgruppen für die Standardisierung im Bereich der geographischen Namen bedient. Standardisierung geographischer Namen bedeutet unter anderem, dass bei mehreren Namen für ein und dasselbe geographische Objekt einer davon als der amtlich gültige kenntlich gemacht und dass seine Orthographie nach geltenden Regeln festgelegt wird. Diese Notwendigkeit war vom ECOSOC bereits 1948 erkannt worden. Der letzte Anstoß zum Handeln auf UN-Ebene ließ bis zur ersten kartographischen Regionalkonferenz für den asiatischen und pazifischen Raum 1955 auf sich warten. Die Konferenz führte zur ECOSOC-Resolution 715A (XXVII), mit der der Generalsekretär gebeten wurde,

- den Mitgliedstaaten Unterstützung und Anleitung zu geben, welche bisher über keine nationalen Strukturen für die Standardisierung und Koordination geographischer Namen verfügten und
- notwendige Schritte zu tätigen, um eine zentrale „Clearing-Stelle" für geographische Namen einzurichten.

Im Ergebnis des Berichts zur ersten Konferenz für die Standardisierung geographischer Namen kam es schließlich 1968 zur ECOSOC-Resolution 1314(XLIV), mit der bestehende Expertengruppen in das UN-System integriert wurden. 1972 erhielt die bisherige „Ad-hoc-Gruppe" den Namen UNGEGN und ist heute eine der sieben ständigen ECOSOC-Expertengruppen.

Deutschland wirkt über seine Federführung im „Ständigen Ausschuss für geographische Namen" (StAGN) eng mit der „Deutsch-Niederländischen Abteilung" des UNGEGN zusammen. So wirkt der StAGN nicht allein im Interesse der sprachlichen Harmonisierung in den beteiligten Mitgliedstaaten, sondern leistet über den UNGEGN zugleich einen Beitrag zur UNSDI. Er ist das für die Standardisierung geographischer Namen zuständige Gremium im deutschen Sprachraum. Es handelt sich um ein selbständiges wissenschaftliches Gremium ohne hoheitliche Funktionen, dem Wissenschaftler und Praktiker aus Deutschland, Österreich, der Schweiz und aus anderen deutschsprachigen Gebieten angehören. Sie vertreten die Fachgebiete Topographie, Kartographie, Geographie und Linguistik sowie mit geographischen Namen befasste Einrichtungen und Verwaltungen. Seit 1973 befindet sich die Geschäftsstelle im Bundesamt für Kartographie und Geodäsie (BKG) in Frankfurt am Main (vormals Institut für Angewandte Geodäsie), welches von 1994 bis 2009 auch den Vorsitz im StAGN inne hatte. Aufgaben des StAGN sind:

- Vereinheitlichung des amtlichen und privaten Gebrauchs von geographischen Namen im deutschen Sprachgebiet durch Herausgabe entsprechender Empfehlungen oder Richtlinien;
- Vertretung der erarbeiteten Richtlinien im In- und Ausland und in internationalen Gremien;

- Herausgabe von geographischen Namenbüchern, die den Empfehlungen und Resolutionen der UN zur Standardisierung geographischer Namen entsprechen sollen;
- Herausgabe und Laufendhaltung einer synoptischen Liste der im deutschen Sprachgebiet verwendeten Staatennamen;
- Erarbeitung einer Liste deutscher Exonyme, d. h. von Namen, die in der deutschen Sprache anders lauten als in der Amtssprache des betreffenden Staates.

4.3 Internationale Projekte

4.3.1 Ausgangssituation

Eine der zentralen Aufgaben der Geowissenschaften wird es in den kommenden Dekaden sein, das System Erde zu studieren und besser zu verstehen. Dieses „System Erde“ meint das Wechselspiel zwischen ihren festen, flüssigen und gasförmigen Anteilen in Abhängigkeit von Raum und Zeit. Um charakteristische Merkmale und belastbare Aussagen zu Entwicklungen in einem solchen komplexen und heterogenen System herauszuarbeiten, bedarf es langer und synoptischer Datenreihen betreffend die beobachteten Phänomene innerhalb dieser einzelnen Anteile ebenso wie im Wechselspiel zwischen ihnen. Die entstehenden enormen Datenmengen müssen nicht nur in Modellen verarbeitet werden, was mit Blick auf stetig steigende Rechnerkapazitäten bisher gelingt, sie müssen auch kontinuierlich fortgeführt werden. Solche langfristigen globalen Datensätze können systematisch und wirtschaftlich praktisch nur im Wege der satellitengestützten Fernerkundung aufrecht erhalten und gepflegt werden. Mit Blick darauf, dass selbst in erdnahen Orbits die Auflösung dieser Satelliten begrenzt ist, bedarf es gleichwohl regelmäßig ergänzender terrestrisch erhobener regionaler Daten. Im Folgenden finden sich ausgewählte Beispiele, die diesen Ansatz im europäischen und internationalen Maßstab verfolgen.

4.3.2 Erdschwerefeldmodellierung

Die Modellierung des Erdschwerefeldes wie auch des Erdmagnetfeldes stellen einen wesentlichen Beitrag zum besseren Verständnis der Dynamik der festen Erde und der Ozeane sowie der Wechselwirkungen mit der Atmosphäre dar. Informationen über das Schwere- und Magnetfeld selbst sind bereits für sich genommen Referenzdaten für die Navigation und Vermessung ebenso wie für Untersuchungen der Meeresströmungen und der Entwicklung der Meerespegel. Zusammen mit der Auswertung der Daten seismischer Wellen lassen sich Aussagen über die Struktur und Zusammensetzung des Planeten Erde ableiten.

Anlässlich eines vom DLR aufgelegten Förderprogramms für die Ostdeutsche Raumfahrtindustrie schlugen Wissenschaftler des GeoForschungsZentrums Potsdam eine kleine Satellitenmission in einem niedrigen Orbit vor, die mit Sensoren zur Erdschwerefeld- und Magnetfeldbestimmung sowie zur Atmosphären- und Ionosphärenbeobachtung ausgestattet sein sollte. Diese spätere CHAMP-Mission (CHAllenging Minisatellite Payload) verfolgt drei vorrangige Ziele:

- Die Bereitstellung hochpräziser, globaler, langwelliger Ausbreitungen des Erdschwerefeldes und seiner Variationen,
- die globale Abschätzung des Haupt- und erdkrustenspezifischen Magnetfeldes sowie dessen zeitlicher und räumlicher Variabilität sowie

- die Ermittlung global gleichmäßig verteilter atmosphärischer und ionosphärischer Refraktionsparameter für GPS-Signale in Abhängigkeit vom Temperatur- und Wasserdampfgehalt der Atmosphäre sowie der Elektronenkonzentration.

Die erhobenen Daten sollten insbesondere Schlussfolgerungen für nachfolgende Erdsystemkomponenten eröffnen:

- Geosphäre; Erkenntnisse über die Struktur und Dynamik der festen Erde vom Kern über den Mantel bis hin zur Erdkruste sowie dessen Wechselwirkungen mit den Ozeanen und der Atmosphäre,
- Hydrosphäre; präziseres Monitoring der Meeresströmungen sowie der globalen Meeresspiegeländerungen und kurzfristigen Veränderungen des globalen Wasserhaushalts einhergehend mit Erkenntnissen über Wechselwirkungen mit Klima und Wetter,
- Atmosphäre; globale Schichtung der vertikalen Ebenen der Gashülle der Erde und ihre Beziehung zum bzw. ihren Einfluss auf das Erd- und Weltraumwetter.

Der deutsche CHAMP-Satellit wurde unter Missionsleitung durch das GFZ am 15. Juli 2000 mit einer russischen COSMOS-Trägerrakete vom Raumbahnhof Plesetsk nördlich von Moskau in eine polnahe Umlaufbahn von 454 km transportiert. CHAMP soll bis 2010 Daten liefern. Die Ortsauflösung beträgt zwischen 100 und 200 km.

Als CHAMP-Ergänzung wurde am 17. März 2002 GRACE gestartet (Gravity Recovery And Climate Experiment). Hierbei handelt es sich um die Doppelsatelliten GRACE 1 und GRACE 2 in einer niedrigen, nahezu polaren und zirkularen Umlaufbahn mit einer Anfangshöhe von 500 km. Die Satelliten arbeiten nach dem SST-Prinzip (Satellite-to-Satellite Tracking). Sie umrunden die Erde auf derselben Bahn in 200 km Abstand und messen mit Mikrowellen kontinuierlich die gegenseitige Distanz. Dadurch lassen sich Unregelmäßigkeiten des Schwerefeldes mit hoher Präzision analysieren. Wenn sich ein Satellit beispielsweise einer Region mit erhöhter Schwerkraft annähert, wird er dadurch geringfügig beschleunigt und der Satellitenabstand vergrößert sich. Gelangt der zweite Satellit an diese Stelle, verringert sich die Distanz wieder.

Das Projekt wurde gemeinsam vom DLR und der NASA/JPL entwickelt und soll in einigen Jahren eine Bestimmung des globalen Geoids auf etwa einen Zentimeter ermöglichen – etwa fünf bis zehnmal genauer als mit bisherigen Methoden der Satellitengeodäsie. Die räumliche Auflösung ist durch die Flughöhe auf etwa 150 km beschränkt, sodass sich Flug- und terrestrische Gravimetrie bzw. die astrogeodätische Geoidbestimmung noch nicht gänzlich erübrigen. Zusammen mit Letzteren könnte das Geoid in einigen Jahren auch regional/lokal auf Zentimetergenauigkeit ermittelt werden; dies wäre notwendig, um das geowissenschaftliche Potenzial differentieller GPS-Methoden voll auszunutzen. An der wissenschaftlichen Auswertung der Daten ist das GeoForschungsZentrum Potsdam beteiligt. Das Deutsche Raumfahrt-Kontrollzentrum in Darmstadt entwickelte das Bodenbetriebssystem, bereitete den Betrieb prozedural und personell vor und führt ihn durch.

Mithilfe von GRACE konnte die Wissenschaft unter anderem nachweisen, dass sich die Eismasse der Antarktis innerhalb von 3 Jahren um rd. 150 km^3 verringert hat, was einem Anstieg des Meeresspiegels um 0,4 mm pro Jahr entspricht.

Als Nachfolger zu CHAMP wurde am 17. März 2009 der europäische Forschungssatellit GOCE (Gravity-Field and Steady-State Ocean Circulation Explorer) im Auftrag der ESA gestartet. Das deutsche Unternehmen Astrium war für den Bau der Satellitenplattform verantwortlich. GOCE soll aus rd. 250 km Höhe mindestens 20 Monate lang das Erdinnere erforschen und dabei das Schwerefeld genauer und mit einer höheren Messdichte als CHAMP und GRACE vermessen. Hiervon verspricht sich die Forschung Erkenntnisse über die flüssigen Gesteinswalzen im Erdinnern, welche als Motor der Kontinentaldrift und Auslöser von Erdbeben bekannt sind.

Gleichzeitig werden die Daten ozeanographischen Untersuchungen, wie der zuverlässigen Messung eines möglichen Anstiegs des Meeresspiegels oder der Analyse von Meeresströmungen dienen, indem eine weltweite Referenzfläche, das Geoid, für die Höhenbestimmung auf einen Zentimeter, regional sogar auf wenige Millimeter genau, bestimmt wird. Diese Referenzfläche dient zugleich dem besseren Studium der durch Energie und Wärmetransport verursachten, klimatisch bedeutsamen Meeresströmungen wie dem Golfstrom, dessen Versiegen einen Temperaturabfall von bis zu zehn Grad Celsius im Nordatlantikraum zur Folge hätte. Insoweit tragen die Messdaten von GOCE zugleich zur Verbesserung von Klimamodellen und Klimavorhersagen bei.

4.3.3 Geotopographie und Verwaltungsgrenzen

Auf europäischer Ebene haben die Karten-, Kataster und Vermessungsverwaltungen der einzelnen Nationalstaaten bereits Ende der 1980er Jahre – und damit lange vor INSPIRE – die Notwendigkeit europaweit einheitlicher Referenzdatensätze erkannt. Sowohl in Bezug auf ein europäisches Produkt, welches Verwaltungsgrenzen blattschnittfrei wiedergibt, als auch mit Blick auf geotopographische Referenzdatensätze. Entsprechende Projekte wurden durch Eurogeographics, den Zusammenschluss der genannten Verwaltungen, initiiert. Deutschland wird hierin vom BKG vertreten. Das BKG unterstützt die Arbeit von Eurogeographics sowohl finanziell als auch durch die Weitergabe von Fachwissen sowie die Bereitstellung von Datensätzen und die Übernahme von Federführungen in einzelnen Projekten.

Bei der EuroBoundary Map handelt es sich um ein europäisches Produkt im Maßstab 1:100.000 und 1:1 Mio., dessen Datensatz nach einer am BKG erstellten Spezifikation unter dessen Federführung zusammen mit den jeweiligen nationalen Vermessungs- und Katasterbehörden als Datenlieferanten aufgebaut wird. Die EuroBoundaryMap wird nach Qualität und Umfang unter Berücksichtigung moderner Technologien stetig weiterentwickelt. Ihr Ursprung ist in das Jahr 1992, damals noch unter dem Titel „Seamless Administration Boundaries of Europe“ (SABE), zu datieren. Die abgebildeten Verwaltungsgrenzen nehmen Bezug auf die Zensusdaten und sind mit den statistischen Codes von EuroStat verknüpft. Die aktuelle Fassung der Daten enthält alle Verwaltungsgrenzen bis hinab zur kommunalen Ebene in den EU-Mitgliedstaaten sowie zehn weiteren Ländern. Vertrieben wird die EuroBoundaryMap ausschließlich von EuroGeographics. Eine entsprechende Projektvereinbarung haben die beteiligten Staaten 2001 unterzeichnet und EuroGeographics damit zugleich ermächtigt, das Produkt entsprechend den Nutzeranforderungen weiterzuentwickeln.

Das EuroRegionalMap-Projekt zielt auf die Bereitstellung eines europaweiten Vektordatenbestandes topographischer Daten im Maßstab 1:250.000 als Referenzdatensatz, für raumbezogene Analysen und als geographische Hintergrundinformation für Visualisierungen ab. Hierfür werden die Daten von zur Zeit 31 Staaten zusammengeführt. Aktuell steht innerhalb des Projektes die Verbesserung der Qualität der Daten im Sinne der Harmonisierung im Vordergrund. Daneben besteht die Pflicht, einem regelmäßigen Datenupdate nachzukommen. Bei den Projekten EuroRegionalMap und EuroGlobalMap beteiligt sich das BKG unter der Projektführung des Institut Géographique National Belgien bzw. des National Land Survey Finland intensiv an der Weiterentwicklung der Spezifikation und der technischen Realisierung der Produkterstellung insbesondere was die Verwendung neuer GIS-Technologien betrifft.

Darüber hinaus steht auf Initiative von Eurogeographics ein paneuropäisches Geländemodell (EuroDEM) mittlerer Auflösung im Maßstabsbereich 1:50.000 bis 1:100.000 zur Verfügung. Der Datensatz beschreibt die Höhe der Erdoberfläche des EU27-Gebiets sowie weiterer, angrenzender Länder. Dieses digitale Geländemodell bietet eine Höhengenauigkeit von 8-10 m, sowie eine Gitterweite von zwei Bogensekunden. EuroDEM ergänzt als dreidimensionales Modell der Erdoberfläche die bisherigen, zweidimensionalen Produkte von EuroGeographics.

4.3.4 Klimaüberwachung

Die Einrichtung des GCOS (vgl. 4.2.4) geht zurück auf einen Vorschlag anlässich der Zweiten Weltklimakonferenz 1990 in Genf. Das System nimmt sämtliche Klimakomponenten (Atmosphäre, Hydrosphäre, Lithosphäre, Kryosphäre, Biosphäre) integrierend in das Blickfeld. Insoweit beinhaltet es auch die Klimakomponenten zweier anderer, bereits in 4.2.4 angesprochener globaler Überwachungssysteme, des GOOS und des GTOS. 1992 wurde ein entsprechendes Memorandum of Understanding zwischen den GCOS-tragenden Institutionen WMO, IOC der UNESCO, UNEP und ICSU gezeichnet. Es soll auf bereits existierenden Systemen aufbauen und diese weiter ausbauen. Beispielsweise wurden aus dem Stationen-Netzwerk von World Weather Watch (WWW) der WMO qualitativ und für vom Standort her für Klimabeobachtungen besonders geeignete Stationen ausgesucht und zu dem GCOS Upper-Air Network (GUAN) sowie dem GCOS Surface Network (GSN) zusammengefasst. Ziele von GCOS sind:

- Überwachung des Klimasystems,
- Aufdeckung von Klimaänderungen,
- Überwachung der Reaktionen auf Klimaänderungen besonders in den terrestrischen Ökosystemen,
- Anwendung von Klimainformationen für nationales ökonomisches Wachstum und
- Forschung für ein verbessertes Verständnis, eine bessere Modellierung sowie Vorhersage der Entwicklung des Klimasystems.

Die wissenschaftliche Leitung obliegt einem Steuerungskomittee. Deutschland leistet operationelle Beiträge durch den DWD, das Bundesamt für Seeschifffahrt und Hydrographie, die BfG, das Umweltbundesamt, das Bundesamt für Naturschutz und weitere Fachbehörden. Von Seiten der Forschung sind unter anderem das Max-Planck-Institut für Meteorologie, das Potsdam-Institut für Klimafolgenforschung und das Deutsche Klimarechenzentrum beteiligt. Ein nationales GCOS-Sekretariat als Ansprechpartner für alle in Deutschland beteiligten Institutionen sowie als Verbindung zum GCOS-Sekretariat bei der WMO in Genf wird beim Deutschen Wetterdienst betrieben.

4.3.5 Landbedeckung

Fachinformationssysteme, so findet man es im einschlägigen Artikel in Wikipedia, stellen eine spezielle Klasse von Geoinformationssystemen dar. Das erscheint nicht schlüssig, versteht man doch unter einem Fachinformationssystem ein informationstechnisch gestütztes System – Software, Schnittstellen, Daten – zur Darstellung von Informationen zu einem bestimmten Fachthema unter Berücksichtigung des räumlichen und zeitlichen Bezugs. Der Fachbezug kann dabei auf ein Medium – im Bereich der Umweltinformation also Luft, Wasser, Boden – aber auch medienübergreifend auf ein bestimmtes Objekt oder Gebiet ausgerichtet sein. Aus dem in jedem Fall engen Bezug zu den räumlichen Gegebenheiten resultiert eine enge, integrative Verknüpfung zwischen Fachinformationssystemen und Geoinformationen. Die Umkehrung der Aussage aus Wikipedia, dass also Geoinformationssysteme eine spezielle Klasse von Fachinformationssystemen darstellen, ließe sich somit gleichermaßen mit Argumenten unterlegen.

Ein gutes Beispiel für ein Fachprojekt, das umfassende Geodaten bereitstellt, ohne selbst ein Geoinformationssystem im engeren Sinne zu sein, ist die zunächst als CORINE Land Cover bezeichnete Erhebung von Daten zur Landbedeckung und Landnutzung. Das Programm CORINE – das Akronym steht für „Coordination of Information on the Environment" – wurde 1985 von der Europäischen Kommission initiiert, um erstmals nach einheitlichen Kriterien erhobene, harmonisierte Informationen zu ausgewählten zentralen Umweltthemen für ganz Europa verfügbar zu machen. Gemeinsam mit den anderen beiden Projekten des Programms – CORINE Biotope und CORINE Air – bildete CORINE Land Cover einen wesentlichen inhaltlichen Baustein für die Datenbasis des EIONET.

Auf der Grundlage einer europaweit abgestimmten Methodologie und Klassifikation wurden für das Projekt CORINE Land Cover (CLC) 1990 Satellitendaten des Landsat TM 5 für die Vegetationsperioden der Jahre 1989 bis 1992 ausgewertet. Die Notwendigkeit, vier Vegetationsperioden einbeziehen zu müssen, resultiert aus der Nutzung optischer Sensoren, die eine weitgehend wolkenfreie „Sicht" auf die Erde benötigen. Die Darstellung erfolgte im Maßstab 1:100.000, wobei die minimale Größe eines interpretierten Flächenelements 25 ha und die minimale Breite einer linearen Struktur 100 m betrug. Die Klassifikation ordnete die Objekte 44 Kategorien zu, gegliedert in drei Aggregationstiefen („Level") mit den fünf Hauptkategorien: bebaute Flächen, landwirtschaftliche Flächen, Wälder und naturnahe Flächen, Feuchtflächen sowie Wasserflächen. Viele der Level-3-Kategorien – von den 44 definierten Kategorien kommen in der Bundesrepublik 36 tatsächlich vor – können unmittelbar als Indikatoren für potenzielle Umweltbelastungen genutzt werden. So stellen beispielsweise Flächen, die als Weinberge (Kategorie 2.2.1) identifiziert sind, mit ihrem lage- und vegetationsbedingten hohen Erosionspotenzial bei gleichzeitig erheblichem Pestizideinsatz einen wichtigen Indikator für mögliche Gewässerbelastungen dar.

Im Jahr 1995 lag für die damals 15 Mitgliedstaaten der EU und die sogenannten PHARE-Staaten Mittel- und Osteuropas sowie des westlichen Balkans der vollständige CLC 1990-Datensatz vor. Zur fundierten Einschätzung der Qualität der CLC-Daten im Vergleich mit den Daten der Vermessungsverwaltung wurden vom Bundesministerium für Umwelt, Naturschutz und Reaktorsicherheit gemeinsam mit dem Umweltbundesamt und dem Statistischen Bundesamt für ausgewählte, repräsentative Gebiete Deutschlands mit geeigneter CLC-Klassifikation die Übereinstimmungen der CLC-Daten mit den Daten der Landesvermessung (ATKIS-Daten) einerseits sowie andererseits die aus ATKIS-Daten und CLC-

Daten abgeleiteten Flächen mit den Daten der Agrarstatistik und der Flächenstatistik verglichen. Im Ergebnis dieser – wenn auch eher heuristischen als streng wissenschaftlichen – Betrachtung zeigte sich eine etwa 85%ige Übereinstimmung der jeweiligen CLC-Klassifikation von Objekten mit der entsprechenden ATKIS-Objektart. Das mag auf den ersten Blick unbefriedigend erscheinen, wird jedoch dadurch relativiert, dass der Grad der Übereinstimmung zwischen den aus ATKIS abgeleiteten Flächendaten und denjenigen der Agrarstatistik ebenfalls rd. 85 % betrug.

Der vollständige nationale CLC 1990-Datensatz wurde gegen eine geringe Schutzgebühr abgegeben und von mehr als 1.500 Interessenten außerhalb des Umweltbundesamtes nachgefragt. Die Rückmeldungen der Anwender waren durchweg positiv, wiesen jedoch häufig darauf hin, dass eine höhere räumliche Auflösung sowie für spezielle Anwendungen weitere Landbedeckungs- und Landnutzungskategorien wünschenswert wären.

Die Datenpolitik der European Environment Agency (EEA) zielt prioritär ab auf die Gewinnung von Informationen, die als Indikatoren für Umweltbelastungen und Umweltauswirkungen auf regionaler, nationaler und europäischer Ebene genutzt werden können. In zahlreichen Bereichen der Umweltpolitik können Daten zur Landbedeckung und Landnutzung unmittelbar als Indikatoren verwendet oder aus ihnen aussagefähige Indikatoren abgeleitet werden.

Vor diesem Hintergrund war es nur konsequent, dass die Europäische Kommission und die EEA gemeinsam mit den Mitgliedstaaten Ende der 1990er Jahre ein „Land Cover Update" auf den Weg brachten. Schwerpunkt des CLC 2000-Projekts sollten Identifikation und Analyse von Veränderungen der Landbedeckung – das sog. „Change Detection" – sein. Die bei CLC 1990 angewandte Methodologie und Kategorisierung sollte mit Blick auf das Erkennen von Veränderungen grundsätzlich beibehalten werden. Zudem bot die Nutzung genauerer Geländemodelle bei der Georektifizierung der Daten sowie das erweiterte Spektrum des panchromatischen Instruments des Landsat ETM7 Satelliten die Möglichkeit, fehlerhaft klassifizierte Flächen zu identifizieren, bei erkannten Veränderungen die Auflösung auf fünf Hektar zu erhöhen und so die Datengrundlage für eine zukünftige Zeitreihe zu verbessern.

Das von der Europäischen Kommission und der EEA einerseits und den Mitgliedstaaten andererseits jeweils zu gleichen Teilen finanzierte CLC 2000-Projekt mit einem Gesamtvolumen von rd. 12 Mio. € erstreckte sich auf 30 Staaten, neben den damaligen Mitgliedstaaten der Europäischen Union die Beitrittskandidaten sowie die Staaten des Europäischen Wirtschaftsraums. Grundlage der Auswertung waren Satellitendaten der Vegetationsperiode des Jahres 2000, die, wo nötig, ergänzt wurden durch Daten der Jahre 1999 und 2001. Nach Abschluss des Projekts stehen seit 2005 als Produkte die korrigierten und vektorisierten CLC 1990-Daten, die vektorisierten CLC 2000-Daten sowie der sog. „Change Layer" für Europa zur Verfügung.

Vor dem Hintergrund des zu diesem Zeitpunkt weitgehend inhaltlich abgestimmten Vorschlagsentwurfs für eine europäische Richtlinie zur Schaffung einer Geodateninfrastruktur in der Gemeinschaft (vgl. 4.2.5) sowie der Konkretisierung des Themas „Landmonitoring" im Rahmen der GMES-Initiative (vgl. 4.2.3) initiierte die EEA bereits 2006 eine erneute Aktualisierung der CLC-Daten. Das Projekt, das zugleich als „GMES Pre-Cursor Service" fungiert – umfasst erstmalig auch die Entwicklung von GMES-Produkten mit einer höheren räumlichen Auflösung für ausgewählte Landnutzungsklassen mit städtischer Prägung und für Waldklassen. Mit der Bereitstellung der CLC 2006-Daten für die Bundesrepublik Deutschland ist im Jahr 2010 zu rechnen.

Für 2010 oder 2011 als Erhebungsjahr plant die EEA bereits das nächste CLC-Update.

Abhängig von der endgültigen inhaltlichen Ausgestaltung eines entsprechenden GMES-Dienstes wird auf europäischer Ebene langfristig angestrebt, Daten zur Landnutzung und Landbedeckung auf der Grundlage der CLC-Prinzipien – wenn auch möglicherweise mit aus Kostengründen erheblich reduzierter Kategorisierung – regelmäßig alle drei bis fünf Jahre den Anwendern als „GMES Core Service“ kostenfrei zur Verfügung zu stellen. Weitergehende Auswertungen des Datenbestandes – vertiefte Kategorisierung oder höhere Auflösung – bleiben weiterhin möglich, müssten von den Nutzern jedoch auf eigene Rechnung beauftragt werden.

Daten zur Landnutzung und Landbedeckung sind auch Teil der Datenbasis der topographischen Karten der Vermessungsverwaltung. Es liegt daher nahe, Synergien zwischen den CLC-Datenerhebungen und der Aktualisierung topographischer Karten zu aktivieren. Im Rahmen eines gemeinsamen Forschungsprojekts des Umweltbundesamtes und des BKG wurde ein gemeinsames Vorgehen für die künftige Ableitung von CLC-Updates aus dem Digitalen Landschaftsmodell für den Bedarf des Bundes (DLM-DE) des BKG und vorhandenen weiteren Daten anderer Behörden detailliert analysiert. Als Ergebnis wird voraussichtlich 2011 ein aktualisiertes DLM-DE mit dem Stand von 2009, einer nominellen Lagegenauigkeit von ± 3 m – soweit dies auf der Grundlage des zur Verfügung stehenden Bildmaterials möglich ist – sowie die vollständige CLC-Klassifizierung der Flächen zur Verfügung stehen.

Bei nunmehr drei CLC-Datenerhebungen und, hieraus abgeleitet, zwei Change Layern kann zwar noch nicht von einer statistisch soliden Zeitreihe gesprochen werden. Aber das Fundament für eine Zeitreihe der Veränderungen von Landbedeckung und Landnutzung in Europa ist gelegt. Dementsprechend werden die CLC-Daten bereits heute in zahlreichen Fachprojekten genutzt, um – gemeinsam mit anderen wissenschaftlichen Methoden – Trends zu erkennen und umweltpolitische Maßnahmen hinsichtlich ihrer Effizienz und möglicher Verbesserungen zu bewerten. Landbedeckung und Landnutzung sind beispielsweise wesentliche Parameter für die Modellierung des Transports von Schadstofffrachten in der Luft sowie deren Einträge und die Grenzbelastungen von Ökosystemen. Die CLC-Daten werden daher im Rahmen der Genfer Konvention der UNECE zur Luftreinhaltung als eine von mehreren Datengrundlagen in Modellrechnungen des „Long-Range Transboundary Polution“-Protokolls eingesetzt. Die europäische Wasserrahmenrichtlinie verlangt von den Mitgliedstaaten im Rahmen des Managements der Flussgebiete Risikoanalysen und Bewertungen von Schadstoffeinträgen diffuser Quellen. Landwirtschaftlich genutzte Flächen sind in der Regel Quellen für Einträge von Stickstoff und Pestiziden. CLC-Daten werden hier für die Bewertung potenzieller Belastungen in den Wassereinzugsgebieten herangezogen. Für das Monitoring des Zustands von Biotopen und Schutzgebieten des Natura-2000-Netzwerks eignen sich CLC-Daten ebenso wie für naturschutzfachliche Analysen bei der Planung von Bahn- und Straßentrassen.

4.4 Informations- und Datenpolitik

4.4.1 Ausgangssituation

Raumbezogene Daten und Informationen entwickeln sich zu einer grundlegenden Voraussetzung der Vorbereitung administrativer und politischer Entscheidungen ebenso wie der Zielerreichungskontrolle öffentlicher Programme. Mit zunehmender Komplexität der Herausforderungen, die sich einerseits niederschlägt in der Erkenntnis, dass Probleme nicht mehr monokausal und regional begründet sind, andererseits Handlungsempfehlungen nicht mehr nur Auswirkungen auf einen eng begrenzten fachlichen und räumlichen Wirkungsbereich haben, wächst der Bedarf an Daten und Informationen weit über die Erhebungs- und Bereitstellungsmöglichkeiten eines einzelnen Organs, einer Behörde oder einer Organisation hinaus. Dies betrifft auch Geodaten und Geoinformationen. Vor dem Hintergrund der national begrenzten Kapazitäten und Ressourcen sind seit geraumer Zeit Entwicklungen zu beobachten, die Konditionen für die Bereitstellung und Nutzung verfügbarer Daten und Informationen der öffentlichen Hand auf der Grundlage eines nicht-diskriminierenden, freien und kostenbegrenzten Zugangs weiterzuentwickeln.

4.4.2 Ansatz

Eine Vielzahl der Quellen internationalen Rechts, politischer Grundsatzvereinbarungen sowie internationaler Verträge hat sich bisher mit der Frage des Daten- und Informationszugangs sowie deren Weiterverwendung auseinandergesetzt. Als für die jeweiligen Zeichnerstaaten rechtsverbindliche Dokumente können die nachfolgenden Beispiele angeführt werden, welche abgesehen vom ersten, das geistige Eigentum schützenden Beispiel, die einzelnen Staaten in die Pflicht nehmen, spezifische Daten und Informationen für ausgewählte Zwecke in nicht-diskriminierender, ihre Nutzung fördernder Form bereitzustellen:

- Die Berner Übereinkunft zum Schutz des persönlichen geistigen Eigentums (1976) sowie der Copyright-Vertrag (1996) wie sie von der World Intellectual Property Rights Organization (WIPO) ausgearbeitet wurden.
- Die Richtlinie 2003/98/EG des Europäischen Parlaments und des Rats über den Zugang zu Informationen des öffentlichen Sektors, welche die Mitgliedstaaten verpflichtet, die Nutzung öffentlicher Daten und Informationen zu befördern und die Kosten hierfür auf ein Minimum zu begrenzen.
- Die Richtlinie 2003/4/EG des Europäischen Parlaments und des Rats über den Zugang der Öffentlichkeit zu Umweltinformationen, welche auf den freien Zugang und die aktive Verbreitung speziell von Umweltdaten und -informationen verpflichtet.
- Die Richtlinie 2007/2/EG des Europäischen Parlaments und des Rats zur Schaffung einer Geodateninfrastruktur in der Europäischen Gemeinschaft, welche insbesondere auf die Optimierung des technischen Zugangs zu digitalen Geodaten durch den Aufbau geeigneter Strukturen und die Vereinheitlichung von Bereitstellungs- und Nutzungsbedingungen abstellt.

Daneben haben sich die UN und ihre Einzelorganisationen im Wissen um die wissenschaftliche, technische und politische Bedeutung des Zugangs zu umweltbezogenen Daten in verschiedenen Resolutionen und Programmen für eine entsprechende Daten- und Informationszugangspolitik ausgesprochen:

- Anlässlich des Weltnachhaltigkeitsgipfels in Johannisburg 2002 zeichneten die teilnehmenden Nationen – auch Deutschland – eine Deklaration, die den Austausch von Beobachtungen in boden-, luft- und satellitengestützten Netzwerken ohne zeitliche Verzögerung und zu minimalen Kosten, nicht zuletzt durch entsprechende internationale Instrumente und nationale Politik und Rechtsetzungen, befördern sollte.
- Der Weltgipfel der Informationsgesellschaft 2003 unterstreicht die Notwendigkeit, Barrieren gegen den gleichberechtigten Zugang zu Informationen für wirtschaftliche, soziale, politische, gesundheitliche, kulturelle, ausbildungsspezifische oder wissenschaftliche Zwecke durch die Eröffnung des freien Zugangs zu öffentlichen Informationen einschließlich der Schaffung hierbei unterstützender Technologien, abzubauen.
- Die WMO hat einen Pool weltweiter meteorologischer Daten und Informationen für den kostenfreien Zugriff ihrer Mitgliedstaaten eingerichtet sowie eine Resolution für den freien und unbeschränkten Zugriff auf Daten und Informationen verabschiedet.
- Die regierungsübergreifende ozeanographische Kommission der UNESCO, die IOC, stellt fest, dass alle ihre Mitgliedstaaten einen zeitnahen, freien und uneingeschränkten Zugriff auf alle Daten und Informationen gewähren, die unter der Prämisse der Programme des IOC gesammelt und bereitgestellt werden.

Schließlich hat sich ein Teil der internationalen Staatengemeinschaft mit Blick auf die zunehmende Nutzung der satellitengestützten Erdbeobachtung auf Grundsätze zum Zugang und zur Nutzung daraus resultierender Ergebnisse verständigt. Diese schlagen sich nieder in:

- den UN Principles Relating to Remote Sensing of Earth from Space (UN Remote Sensing Principles; UNGA 1986),
- der Charter on Cooperation to achieve the coordinated use of space facilities in the event of natural or technological disasters (Charter on Space and Disaster Cooperation; 2000),
- den „Satellite Data Exchange Principles in Support of Global Change Research“ (1991) des „Committee on Earth Observation Satellites“ (CEOS) sowie
- den „Satellite Data Exchange Principles in Support of Operational Environmental Use for the Public Benefit“ (CEOS 1994).

Dem internationalen Verständnis von Daten und Informationen liegt dabei nachfolgende grundsätzliche Abgrenzung zugrunde. Daten sind regelmäßig die von einem System erzeugten Rohdaten, ggf. differenziert in sog. Rohdaten in Form elektromagnetischer Signale, photographischer Filme oder auf Magnetbändern und prozessierte Daten, welche bereits als einfaches Ergebnis einer ersten Aufbereitung der Rohdaten betrachtet werden können. Bei Informationen hingegen handelt es sich um Produkte, die Korrektur- und Analyseprogramme durchlaufen haben und entsprechend aufbereitet wurden. Die Übergänge dazwischen sind fließend.

Soweit in den diversen Deklarationen oder Resolutionen die Kostenfreiheit angesprochen wird, beinhaltet diese eine differenzierte Betrachtungsweise. So ist zunächst einmal zu unterscheiden nach dem Zweck der Daten- und Informationsverwendung. Soweit diese innerhalb der Programme oder für öffentliche, insbesondere im Zusammenhang mit der Umsetzung umweltpolitischer Maßnahmen stehenden Zwecke bereitgestellt werden, wird ein Zugriff tatsächlich ohne jegliches Entgelt angestrebt. Der regelmäßig hinter den verschiedenen öffentlichen Nutzungen stehende sozio-ökonomische Gesamtnutzen und das

Prinzip der Gegenseitigkeit wiegen jeglichen getätigten Ressourceneinsatz auf. Jenseits dieser Zwecke erfolgende Bereitstellungen, beispielsweise für eine wirtschaftliche Weiterverwendung der Daten und Informationen hingegen, sollen eine begrenzt entgeltpflichtige Abgabe zulassen. Auch hieran werden mit Blick auf den daraus entstehenden Mehrwert für die Gesellschaft enge Anforderungen geknüpft. Da die Sammlung und Aufbereitung dieser Daten und Informationen prinzipiell bereits aus Steuergeldern oder sonstigen öffentlichen Einnahmen finanziert wurde, haben sich unumgängliche Entgelte darauf zu beschränken, nur die Kosten der Reproduktion einer Daten- oder Informationskopie für den Nutzer und deren Bereitstellung einzubeziehen. Die Generierung eines monetären Gewinns soll regelmäßig ausgeschlossen sein. Ein Sonderstatus wird der Nutzung für Forschungs- und Ausbildungszwecke zugesprochen. Mit Blick auf mögliche Rückflüsse von Erkenntnissen und die Steigerung des Bewusstseins um Nutzungspotenziale raumbezogener Daten und Informationen gelten hier prinzipiell gleiche Abgabebedingungen wie für öffentliche Zwecke.

Trotz der vorstehend ausgeführten Forderungen nach einem freien, nicht diskriminierenden Zugang zu Daten und Informationen erkennen die jeweiligen Akteure an, dass berechtigten nationalen, kulturellen oder persönlichen Ansprüchen nach Zugangsbeschränkungen Rechnung zu tragen ist. Diese schlagen sich insbesondere nieder in:

- dem Schutz von Belangen der nationalen Sicherheit, die mit Blick auf die steigende Auflösung neuer Generationen von Erdbeobachtungssatelliten zunehmend enger ausgelegt werden,
- dem Schutz persönlicher geistiger Eigentumsrechte, der jedoch nach einhelliger Meinung noch nicht im Bereich der unprozessierten Rohdaten zur Anwendung kommen kann, gleichwohl angesichts der schwierigen Abgrenzung, ab wann persönliche geistige Schöpfungen vorliegen, aber zunehmend einzelvertraglich konkretisiert wird,
- dem Schutz personenbezogener Daten, die einen unmittelbaren Rückschluss auf persönliche Lebensumstände des Einzelnen zulassen,
- dem Schutz von Daten, deren Weitergabe oder Veröffentlichung einer Preisgabe von Betriebs- oder Geschäftsgeheimnissen gleich käme,
- dem Schutz vertrauensrelevanter Daten, wie sie beispielsweise innerhalb eines gerichtlichen Verfahrens oder für interne Behördenentscheidungen herangezogen werden oder entstehen,
- dem Schutz spezifischer kultureller oder ethnischer Daten einzelner Bevölkerungsgruppen, wie sie durch die Beobachtung von Verhaltensweisen oder Territorien der betroffenen Bevölkerungskreise entstehen und
- dem Schutz sensitiver ökologischer, natürlicher, archäologischer oder kultureller Daten, wie er beispielsweise zu gewährleisten ist, um aussterbende Arten in Fauna und Flora oder wertvolle Kulturgüter vor einem unbegrenzten Zugriff oder einer verbotenen Nutzung zu bewahren.

Die Initiative GEOSS (vgl. 4.2.4) lässt sich von diesen Grundsätzen leiten und formuliert in ihrem 10-Jahre-Implementierungsplan als grundlegende „Data Sharing Principles" den vollständigen und offenen Austausch von Daten, Metadaten und Produkten, ihre Bereitstellung ohne Zeitverzug und zu minimalen Entgelten sowie einer Preispolitik, die nicht mehr als die Reproduktionskosten einbezieht. Perspektivisch sollen zu diesem Zweck, wie auch für ein elektronisches Rechte-Management, Richtlinien, Definitionen und Erwartungen formuliert werden, deren Umsetzung in den beteiligten Staaten, so auch Deutschland, diesen Prinzipien gerecht wird. Mit Blick auf die verschiedenen Arten von Daten, ihre Herkunft und die jeweiligen Nutzungsfälle werden diese voraussichtlich differenzierte Behandlungen offen lassen. Eine identische Zielstellung verfolgt Europa anlässlich der GMES-Initiative. So hat die Kommission anlässlich ihrer Mitteilung an das Europäische Parlament, den Rat, den Europäischen Wirtschafts- und Sozialausschuss sowie den Ausschuss der Regionen zu GMES vom 12. November 2008 klargestellt, dass sie eine vollständige und offene Daten- und Informationspolitik vorschlagen wird.

Bei allen Diskussionen um eine offene Daten- und Informationspolitik darf ein Stichwort nicht unterschätzt werden, das anders als das Thema des personenbezogenen Datenschutzes nicht in der öffentlichen, sehr wohl aber in der administrativ-politischen Diskussion über den Entscheidungen zum Aufbau von Geodateninfrastrukturen und der Entwicklung von Erdbeobachtungskapazitäten schwebt: der „Dual-Use". Angesprochen ist die Möglichkeit, Geoinformationen nicht allein für Verwaltungs- oder wirtschaftliche, kurz gesagt zivile Zwecke einzusetzen, sondern sie zugleich einer militärischen Verwendung zuzuführen. Militärisch meint hierbei nicht ausschließlich die Verwendung innerhalb der regulären Streitkräfte, sondern generell jede Verwendung, die darauf gerichtet ist, die innere oder äußere Sicherheit einer Gesellschaft zu destabilisieren. Neben der zunehmenden Bedeutung von Klauseln, die eine Abgabe von Daten einschränken, wenn hierdurch die nationale oder öffentliche Sicherheit gefährdet werden kann, ist in Deutschland das Satellitendatensicherheitsgesetz (SatDSiG) eine erste umfassende Konsequenz aus dieser Diskussion bezogen auf den Umgang mit Ergebnissen der Satellitenfernerkundung. Ohne eine solche Rechtsnorm wäre der Betrieb kommerzieller Erdbeobachtungssatelliten wie TerraSAR-X oder der Rapid Eye-Serie in Deutschland nicht möglich gewesen. Die hochauflösenden und potenziell sicherheitsrelevanten Ergebnisse dieser Satelliten werden erzielt durch Bauteile, welche gegenwärtig ausschließlich in den USA produziert werden. Ein Export dieser Bauteile an Unternehmen zum Zweck der Weiterverwendung in kommerziellen Erdbeobachtungssatelliten wird von den USA an die Bedingung geknüpft, dass im Importland ein Rechtsrahmen und ein zuverlässiges Verfahren bestehen, welche den Vertrieb entstehender Erdbeobachtungsergebnisse an solche Personen und Stellen ausschließt, in deren Händen sie ein nationales Sicherheitsrisiko darstellen. Vor diesem Hintergrund sehen das SatDSiG und die zugehörige Verordnung ein Verfahren vor, welches in Abhängigkeit vom Aufnahmezeitpunkt, dem Aufnahmegebiet und dem Kunden die Abgabe einschränken kann. Soweit die Abgabe nicht zweifelsfrei zulässig ist erfolgt die Prüfung im Bundesamt für Wirtschaft und Ausfuhrkontrolle (BAFA). Ebenfalls aus Gründen der nationalen Sicherheit kann es von Interesse sein, Geodaten über kritische Infrastrukturen nur einem eingegrenzten Nutzerkreis, nur teilweise oder in begrenztem Konkretisierungsgrad zur Verfügung zu stellen, um Angriffe auf diese Infrastrukturen zu vermeiden. Vor diesem Hintergrund besteht auch seitens der Streitkräfte ein hohes Interesse, dass bei einer Einbringung dort vorhandener inhaltlich, zeitlich und in ihrer Auflösung qualitativ hochwertiger Geodaten in eine Geodateninfrastruktur ein unbefugter Zugriff ausgeschlossen wird.

4.4.3 Ausblick

Mit Blick auf oben stehende internationale Verträge und Übereinkünfte ist die Bundesrepublik Deutschland bereits jetzt rechtlich oder politisch verpflichtet, Geodaten bis hin zu Geobasisdaten unentgeltlich oder ausschließlich zu Reproduktionskosten zur Verfügung zu stellen. Dieser Verpflichtung kommen die jeweils zuständigen Bundesbehörden oder -dienststellen wie das Bundesamt für Seeschifffahrt und Hydrographie betreffend die Geobasisdaten für die deutschen Seegebiete und die ausschließliche Wirtschaftszone, das Umweltbundesamt, das Bundesamt für Naturschutz oder das Deutsche Fernerkundungsdatenzentrum regelmäßig nach. Eine ähnlich offene Daten- und Informationspolitik betreiben die Umweltverwaltungen auf Länderebene. Gegenbeispiele ließen sich aus jenen Verwaltungszweigen anführen, die mit Blick auf einen Beitrag zur Haushaltskonsolidierung gehalten sind, Geodaten – teilweise sogar durch auferlegte betriebliche Strukturen – nur unter der Maßgabe einer Refinanzierung der Bereitstellung, Reproduktion und sogar anteiligen Produktion bereitzustellen. Es dürfte sich zumindest eine Fortsetzung der kontroversen Diskussion abzeichnen, ob diese Grundausrichtung rechtlich und politisch dauerhaft aufrecht erhalten werden kann; insbesondere vor dem Hintergrund, dass die Datenerhebung und -führung bereits steuerfinanziert abgewickelt wurden. Spätestens mit dem Zeitpunkt, zu dem diesen Geodaten eine Klassifikation als Umweltdaten im Sinne der Umweltinformationsrichtlinie der Gemeinschaft rechtsverbindlich zugesprochen wird, dürfte die bisherige Preis- und Nutzungspolitik kaum aufrecht erhalten werden können. Bereits jetzt entfaltet bezüglich dieser Daten zumindest die INSPIRE-Richtlinie ihre Wirkung, wonach bei der elektronischen Nutzung dieser Daten, dem Gebühren Erhebenden enge Grenzen gesetzt sind.

Sowohl der 1. Fortschrittsbericht zum nationalen GEOSS-Implementierungsplan vom März 2009 als auch der 2. Geo-Fortschrittsbericht der Bundesregierung haben einen Handlungsbedarf erkannt und fordern die Bundesregierung auf, Rahmenbedingungen für einen offenen und weitgehend freien öffentlichen Datenzugang im Bereich der Erdbeobachtungs- und Geoinformationsdaten zu schaffen.

4.5 Quellenangaben

4.5.1 Literaturverzeichnis

BUNDESREGIERUNG (2004): Geoinformation und moderner Staat – eine Informationsschrift des Interministeriellen Ausschusses für Geoinformationswesen; www.imagi.de.

DEUTSCHER BUNDESTAG (2005): Bericht der Bundesregierung über die Fortschritte zur Entwicklung der verschiedenen Felder des Geoinformationswesens im nationalen, europäischen und internationalen Kontext. Bundestagsdrucksache 15/5834 vom 27.06.2005.

DEUTSCHER BUNDESTAG (2008): 2. Bericht der Bundesregierung über die Fortschritte zur Entwicklung der verschiedenen Felder des Geoinformationswesens im nationalen, europäischen und internationalen Kontext. Bundestagsdrucksache 16/10080 vom 30.07.2008.

DEUTSCHES D-GEO-SEKRETARIAT (2007): Deutscher GEOSS-Implementierungsplan; www.d-geo.de.

DEUTSCHES D-GEO-SEKRETARIAT (2009): Die nationale Implementierung des Globalen Erdbeobachtungssystems der Systeme – 1. Fortschrittsbericht; www.d-geo.de.

EUROPÄISCHE KOMMISSION (1999): Galileo – Beteiligung Europas an einer neuen Generation von Satellitennavigationsdiensten. Mitteilung vom 10. Februar 1998 (KOM (1999)54).

EUROPÄISCHE KOMMISSION (2000): Mitteilung an das Europäische Parlament und den Rat zu Galileo. Mitteilung vom 22. November 2000 (KOM (2000)750).

EUROPÄISCHE KOMMISSION (2001): Mitteilung der Kommission an das Europäische Parlament und den Rat über ein System zur Globalen Umwelt- und Sicherheitsüberwachung. Mitteilung vom 23. Oktober 2001 (KOM(2001) 609).

EUROPÄISCHE KOMMISSION (2004): Mitteilung der Kommission an das Europäische Parlament und den Rat „Globale Umwelt- und Sicherheitsüberwachung (GMES): Schaffung einer europäischen Kapazität für GMES – Aktionsplan (2004-2008). Mitteilung vom 3. Februar 2004 (KOM (2004)65).

EUROPÄISCHE KOMMISSION (2005): Mitteilung der Kommission an das Europäische Parlament und den Rat „Global Monitoring for Environment and Security (GMES): From Concept to Reality. Mitteilung vom 10. November 2005 (KOM(2005)565).

EUROPÄISCHE KOMMISSION (2006): Grünbuch zu Anwendungen der Satellitennavigation.

EUROPÄISCHE KOMMISSION (2006): an das Europäische Parlament und den Rat „Creating a Bureau for Global Monitoring for Environment and Security (GMES)“. Mitteilung vom 08. März 2006 (KOM (2006)673).

EUROPÄISCHE KOMMISSION (2007): Mitteilung an das Europäische Parlament und den Rat „Galileo: Die europäischen GNSS-Programme mit neuem Profil“ vom 19. September 2007 (KOM (2007)534).

EUROPÄISCHE KOMMISSION (2008): Mitteilung der Kommission an das Europäische Parlament, den Rat, den Europäischen Wirtschafts- und Sozialausschuss und den Ausschuss der Regionen „Globale Umwelt- und Sicherheitsüberwachung (GMES): für einen sicheren Planeten. Mitteilung vom 12. November 2008 (KOM (2008)748).

EUROPÄISCHES PARLAMENT (1996): Entscheidung Nr. 1692/96/EG des Europäischen Parlaments und des Rats vom 23. Juli 1996 über gemeinschaftliche Leitlinien für den Aufbau eines transeuropäischen Verkehrsnetzes. ABl. L 228 vom 09.09.1996.

EUROPÄISCHES PARLAMENT (2000): Richtlinie 2000/60/EG des Europäischen Parlaments und des Rats vom 23. Oktober 2000 zur Schaffung eines Ordnungsrahmens für Maßnahmen der Gemeinschaft im Bereich der Wasserpolitik. ABl. L 327/1 vom 22.12.2000.

EUROPÄISCHES PARLAMENT (2002): Richtlinie 2002/49/EG des Europäischen Parlaments und des Rats vom 25. Juni 2002 über die Bewertung und Bekämpfung von Umgebungslärm. ABl. L 189/12 vom 18.07.2002.

EUROPÄISCHES PARLAMENT (2003): Richtlinie 2003/4/EG des Europäischen Parlaments und des Rats vom 28. Januar 2003 über den Zugang der Öffentlichkeit zu Umweltinformationen und zur Aufhebung der Richtlinie 90/313/EWG des Rats. ABl. L 41/26 vom 14.02.2003.

EUROPÄISCHES PARLAMENT (2003): Richtlinie 2003/98EG des Europäischen Parlaments und des Rats vom 17. November 2003 über die Weiterverwendung von Informationen des öffentlichen Sektors. ABl. L 345/90 vom 31.12.2003.

EUROPÄISCHES PARLAMENT (2007): Richtlinie 2007/2/EG des Europäischen Parlaments und des Rats vom 14. März 2007 zur Schaffung einer Geodateninfrastruktur in der Europäischen Gemeinschaft. ABl. L 108/1 vom 25.04.2007.

EUROPÄISCHES PARLAMENT (2007): Richtlinie 2007/60/EG des Europäischen Parlaments und des Rats vom 23. Oktober 2007 über die Bewertung und das Management von Hochwasserrisiken. ABl. L 288/27 vom 06.11.2007.

EUROPÄISCHES PARLAMENT (2008): Richtlinie 2008/56/EG des Europäischen Parlaments und des Rats vom 17. Juni 2008 zur Schaffung eines Ordnungsrahmens für Maßnahmen der Gemeinschaft im Bereich der Meeresumwelt (Meeresstrategie-Rahmenrichtlinie). ABl. L 164/19 vom 25.06.2008.

EUROPÄISCHES PARLAMENT (2008): Verordnung (EG) Nr. 683/2008 des Europäischen Parlaments und des Rats vom 09. Juli 2008 über die weitere Durchführung der europäischen Satellitenprogramme (EGNOS und Galileo). ABl. L 196/1 vom 24. Juli 2008.

EUROPÄISCHER RAT (1979): Richtlinie 79/409/EWG des Rats über die Erhaltung der wildlebenden Vogelarten vom 02. April 1979; ABl. L 103 vom 25.04.1979, zuletzt geändert durch Richtlinie 2006/105/EG des Rats vom 20.11.2006. ABl. L 363 vom 20.12.2006.

EUROPÄISCHER RAT (1992): Richtlinie 92/43/EWG des Rats zur Erhaltung der natürlichen Lebensräume sowie der wildlebenden Tiere und Pflanzen vom 21. Mai 1992. ABl. L 206 vom 22.07.1992, zuletzt geändert durch Richtlinie 2006/105/EG des Rats vom 20.11.2006; ABl. L 363 vom 20.12.2006.

EUROPÄISCHER RAT (1999): Beteiligung Europas an einer neuen Generation von Satellitennavigationsdiensten – Galileo-Definitionsphase. Amtsblatt der Europäischen Gemeinschaften vom 3. August 1999.

EUROPÄISCHER RAT (2001): Entschließung des Rats zu Galileo; Entschließung vom 5. April 2001 (2001/C 157/01). Amtsblatt der Europäischen Gemeinschaften vom 30 Mai 2001.

EUROPÄISCHER RAT (2002): Verordnung (EG) Nr. 876/2002 des Rats vom 21. Mai 2002 zur Gründung des gemeinsamen Unternehmens Galileo. ABl. L 138/1 vom 28. Mai 2002.

EUROPÄISCHER RAT (2004): Verordnung (EG) Nr. 1321/2004 des Rats vom 12. Juli 2004 über die Verwaltungsorgane der europäischen Satellitennavigationsprogramme. ABl. L 246/1 vom 20. Juli 2004.

GROUP ON EARTH OBSERVATION (2005): The Global Earth Observation System of Systems (GEOSS) 10-Year Implementation Plan; www.d-geo.de.

MEINERT, M. (2008): Harmonie bei Geodaten. In: moderne verwaltung, 3/2008.

PRICEWATERHOUSECOOPERS (2001): Inception Study to Support the Development of a Business Plan for the Galileo Programme. Brüssel.

STREUFF, H. (2008): Wege ebnen – Türen öffnen – Wissen teilen – das Geodatenzugangsgesetz setzt die INSPIRE-Richtlinie um. In: fub, 70 (3), 124 ff.

UNSER, G. & WIMMER, M. (1995): Die Vereinten Nationen – zwischen Anspruch und Wirklichkeit. Bundeszentrale für politische Bildung, Bonn.

4.5.2 Internetverweise

BMVBS (2009): Homepage des BMVBS; http://www.bmvbs.de/dokumente/-,302.953102/Artikel/dokument.htm#4 (03.05.2009)

CEB (2009): Homepage des Chief Executive Board of the United Nations; http://www.unsystemceb.org/ (25.04.2009)

DLR (2009): Homepage des DLR zum DeCover-Projekt; http://www.dlr.de/rd/desktopdefault.aspx/tabid-4285/6899_read-5390/ (08.06.2009)

DLR (2009): Homepage des DLR zum Forum für Satellitennavigation; http://www.dlr.de/rd/desktopdefault.aspx/tabid-4327/6990_read-10290/ (03.05.2009)

FAO (2009): Homepage der FAO; http://www.fao.org/ (08.06.2009)

GEO (2009): Homepage der Group on Earth Observation; http://www.earthobservations.org/ (08.06.2009)

GFZ (2009): Homepage des GFZ; http://www-app2.gfz-potsdam.de/pb1/op/champ/ (09.05.2009)

GMES (2009): Homepage der Initiative GMES; http://www.gmes.info/ (08.06.2009)

IMAGI (2009): Homepage des IMAGI; http://www.imagi.de (08.06.2009)

INSPIRE (2009): Homepage der INSPIRE-Initiative http://inspire.jrc.ec.europa.eu/ (08.06.2009)

StAGN (2009): Homepage des Ständigen Ausschusses für Geographische Namen; http://141.74.33.52/stagn/Home/tabid/36/Default.aspx (25.04.2009)

UN (2009): Homepage der UN; http://unstats.un.org/unsd/geoinfo/mandate.htm (25.04.2009)

UNGIWG (2009): Homepage der UNGIWG; http://www.ungiwg.org/unsdi.htm (25.04.2009)

B Aufgabenfelder und Wirkungsbereiche

5 Geodätischer Raumbezug

Bernhard HECKMANN und Cord-Hinrich JAHN

Zusammenfassung

Der geodätische Raumbezug dient der eindeutigen Bestimmung von Objektpositionen an der Erdoberfläche und deren Darstellung in Koordinatensystemen. Der Bezugsrahmen wird heute global bzw. regional festgelegt und als einheitliche Grundlage für die Georeferenzierung von Geobasis- und Geofachdaten aller Art verwendet. Damit wird insbesondere die Vernetzungsfähigkeit von Geoinformationen in Geodateninfrastrukturen gewährleistet. Im kontinentalen Bereich sind dazu das Europäische Terrestrische Referenzsystem 1989 (ETRS89) und das Europäische Vertikale Referenzsystem 2007 (EVRS2007) verfügbar.

Die Darstellung von räumlichen Objektpositionen wird aus praktischen Erwägungen meist nach Lage und Höhe differenziert. Lagebezugssysteme werden rein geometrisch definiert und auf ein mittleres Erdellipsoid bezogen. Höhenbezugssysteme sind am Schwerefeld der Erde orientiert und physikalisch über Äquipotentialflächen definiert, wobei das Geoid als Referenzfläche dient. Der Übergang zwischen den geometrischen und physikalischen Raumbezugssystemen für moderne satellitengestützte Positionierungsverfahren wird durch hochgenaue Geoid- bzw. Quasigeoidmodelle ermöglicht.

Die Realisierung des Geodätischen Raumbezugs erfolgt über dauerhaft vermarkte Festpunkte an der Erdoberfläche, zu denen auch die aktiven Referenzstationen des amtlichen Satellitenpositionierungsdienstes SA*POS*® *gehören. Durch das dynamische Verhalten der Erde sind die geodätischen Raumbezugssysteme zeitlich nicht stabil und müssen kontinuierlich überwacht und nachgeführt werden. Die Bereitstellung des geodätischen Raumbezugs erfolgt weitgehend über* SA*POS*®*, der im ETRS89 nach bundeseinheitlichen Standards betrieben wird.* SA*POS*® *nutzt die vorhandenen globalen Satellitennavigationssysteme (GNSS) und stellt Korrekturdaten zur Positionierung in den amtlichen Bezugssystemen zur Verfügung. Physikalische Höhen können dabei nur im Kontext mit einem Geoid- bzw. Quasigeoidmodell bestimmt werden.*

Dauerhaft vermarkte Festpunkte werden soweit vorgehalten, wie dies zur Ergänzung, Sicherung und unabhängigen Kontrolle von SA*POS*® *erforderlich ist. Sie stellen gleichzeitig die Ausfallsicherung für* SA*POS*® *dar. Neben einem bundeseinheitlichen Festpunktfeld als übergeordnetes Rahmennetz gibt es in den Ländern bedarfsorientierte Verdichtungen.*

Die Geodätischen Grundnetzpunkte (GGP) bilden eine neue Säule des bundeseinheitlichen Festpunktfeldes. In ihnen werden die geometrischen und physikalischen Raumbezugssyteme mit hoher Genauigkeit auf einer Messmarke zusammengeführt. Die GGP sind damit die Basis für ein zukunftsweisendes integriertes Festpunktfeld. Die Nachweise des geodätischen Raumbezugs werden in das System AFIS® *überführt. Damit können die relevanten Daten zu den Festpunkten nutzergerecht und bundesweit einheitlich in standardisierter Form bereitgestellt werden.*

Die Arbeiten im Geodätischen Raumbezug konzentrieren sich zukünftig auf die Unterhaltung des Festpunktfeldes sowie auf den Betrieb und die Qualitätssicherung von SA*POS*®.

Die Aufgaben entwickeln sich dabei zum zielgerichteten Monitoring der geodätischen Raumbezugssysteme und zum Bereitstellen zeitlicher und räumlicher Veränderungen in den amtlichen Nachweisen weiter. In diesem Zusammenhang ist der Stabilität der Erdoberfläche als Trägerin des Geodätischen Raumbezugs ein besonderes Augenmerk zu widmen, wobei den Festpunkten die Funktion von „Geosensoren" zukommt.

Summary

Spatial geodetic reference systems have to be defined with global objectives. Three-dimensional cartesian coordinate systems are well-suited tools to describe positions on the Earth's surface. In Europe, the European Terrestrial Reference System 1989 (ETRS89) was introduced as a unified geodetic reference system for high accurate applications and localisation of objects to be presented in geographic information systems (GIS) or in maps. A unique geodetic reference system is necessary to combine geoinformation from different sources in common presentations and for interoperable data analysis. For unique height information, the European Vertical Reference System 2007 (EVRS2007) is available.

For mainly practical purposes three-dimensional positions are separated by the components two-dimensional (plane) position and height. The two-dimensional position can be defined geometrically on the Earth's regular ellipsoid. The height component has to be defined physically on irregular potential surfaces in the Earth's gravity field. The connection between geometrical and physical reference systems, which is necessary for positioning procedures with modern satellite navigation systems, is given by accurate models for the geoid and the quasi-geoid.

The geodetic reference systems are realised in geodetic reference frames, represented by permanent delimited reference points on Earth's surface. The active reference stations of the official German satellite positioning service SAPOS® are part of this realisation. The Earth's surface is not fixed but shows dynamical effects; therefore it is necessary to supervise its stability continuously. The geodetic reference system is mainly provided by SAPOS®. SAPOS® uses all available Global Navigation Satellite Systems for determining three-dimensional positions in official German reference systems. For determination of physical defined normal-heights an accurate model of the quasi-geoid is also needed.

Permanent delimited geodetic reference points are necessary for the security, completion and independent control of SAPOS®. A unique frame of reference points has been defined by the Working Committee of the Surveying Authorities of the States of the Federal Republic of Germany (AdV). In this context the new geodetic basic points are to be remarked on especially. Here, the geometrical and physical reference systems are connected in the same gauge mark this is the first step to a precise integrated geodetic reference system in Germany. All essential data of geodetic reference points will be available in the new data model named the "Authoritative Control Point Information System" (AFIS®). Extracts of AFIS® can be given to all users in unique and standardised form.

Future tasks of the official geodetic reference systems are the operating and quality management of SAPOS®. A second important task is the maintenance of the remaining geodetic reference points and the monitoring of the Earth's surface. Movements in vertical and horizontal directions are to be determined in geodetic reference points as "Geosensors", and these changes have to be documented in the official data of the geodetic reference systems.

5.1 Allgemeine Grundlagen

5.1.1 Definitionen

Die Geodäsie definiert den Raumbezug als Gesamtheit von *Bezugssystemen* und deren Realisierungen (*Bezugsrahmen*), die über kinematische Datumsparameter miteinander verbunden sind. Das Geoinformationswesen definiert den Raumbezug (DIN EN ISO 19111) durch Koordinatenreferenzsysteme einschließlich deren Transformation in andere Systeme ohne zeitliche Komponenten. Beide Aspekte werden durch den Begriff *„Raumbezugsinfrastruktur“* zusammengeführt, mit dem der Grundlagencharakter des Raumbezugs für die Geodateninfrastrukturen prägnant bezeichnet werden soll.

Der geodätische Raumbezug dient der eindeutigen Bestimmung von Objektpositionen an der Erdoberfläche und deren Darstellung in Koordinatensystemen. Er beinhaltet neben der Definition und Realisierung auch die Bereitstellung der dazu erforderlichen Bezugssysteme. Der geodätische Raumbezug wird global, zumindest aber europa- oder bundesweit in einem einheitlichen Rahmen festgelegt. Nur so kann er seiner Grundlagenfunktion für die Georeferenzierung von Geobasis- und Geofachdaten gerecht werden und damit deren Vernetzungsfähigkeit im Sinne der Geodateninfrastrukturen gewährleisten (HECKMANN 2009). Der geodätische Raumbezug beinhaltet die drei klassischen Komponenten Lage, Höhe und Schwere. Durch die Satellitenvermessung sind seit etwa 1960 die globalen räumlichen 3-D-Bezugssysteme hinzugekommen.

Die Bestimmung der Objektpositionen an der Erdoberfläche erfolgt über Koordinatensysteme. Für die Erde als räumlich ausgedehnten Körper wird primär ein globales dreidimensionales kartesisches Koordinatensystem verwendet. Lagerung und Orientierung werden dabei so festgelegt, dass der Koordinatenursprung im Massenschwerpunkt der Erde (Geozentrum) liegt und eine der 3 Koordinatenachsen mit der mittleren Rotationsachse der Erde zusammenfällt (Z-Achse). Diese ist definiert durch das Geozentrum und einer international festgelegten mittleren Lage des Nordpols (Conventional Terrestrial Pole – CTP). Die beiden anderen Koordinatenachsen (X und Y) spannen die Äquatorebene auf. Die X-Achse wird durch die Schnittgerade der Meridianebene von Greenwich (0. Längengrad) mit der Äquatorebene gebildet, und die Y-Achse liegt zur X-Achse um 90° nach Osten verdreht (siehe Abb. 5.1). Als Längenmaß dient das internationale Meter.

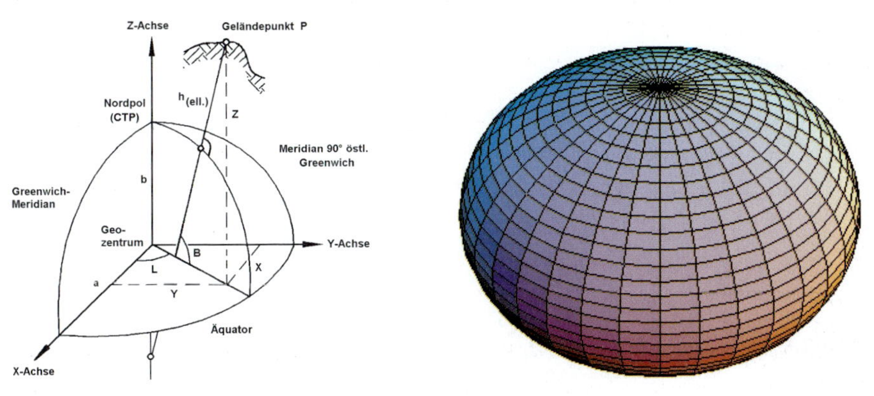

Abb 5.1: 3-D-Position (HECKMANN 2009) *Abb. 5.2: Rotationsellipsoid (WIKIPEDIA 2009)*

Die Bestimmung von Positionen an der Erdoberfläche über geozentrische kartesische 3-D-Koordinaten (X, Y, Z) ist zwar aus mathematischer Sicht recht einfach, aber für den praktischen Gebrauch (z. B. im Liegenschaftskataster) ungeeignet. Durch die Schwerkraft ist man gewohnt, räumliche Positionsangaben an der Erdoberfläche in die Kategorien Lage und Höhe zu unterteilen. Deshalb werden die geodätischen Raumbezugssysteme so festgelegt, dass die Objektpositionen weiterhin nach Lage und Höhe getrennt angegeben werden können.

Lagebezugssysteme

Die Erdfigur wird zunächst geometrisch durch ein an den Polen abgeplattetes Rotationsellipsoid angenähert (Abb. 5.2). Ein mittleres Erdellipsoid ist dabei im Massenschwerpunkt der Erde (Geozentrum) gelagert und seine Figurenachse fällt mit der Erdrotationsachse zusammen. Die Oberfläche dieses Ellipsoides ist mathematisch beherrschbar und dient als Rechenfläche für Lagebezugssysteme sowie als Abbildungsfläche für verebnete Darstellungen der Erde in Karten (z. B. für topgraphische Karten oder für die Liegenschaftskarte).

Die weltweit gebräuchlichste Realisierung des mittleren Erdellipsoides ist das *„Geodetic Reference System 1980 (GRS80)"*, welches von der „International Association of Geodesy (IAG)" im Jahr 1979 empfohlen wurde. Es hat folgende Parameter:

- Große Halbachse a: 6.378.137 m
- Kleine Halbachse b: 6.356.752,3141 m
- Abplattung f = (a – b)/a: 1:298,257 222 101

Abbildung des Ellipsoids in die Ebene

Die Lagedarstellung eines Punktes auf der Ellipsoidoberfläche erfolgt zunächst in geographischen Koordinaten (Länge L und Breite B). Diese nicht-metrischen Koordinaten sind jedoch für viele Zwecke ungeeignet, sodass man das Erdellipsoid in die Ebene abbildet. Dabei sind die konforme Gauß-Krüger-Abbildung und die Universale Transversale Mercator-Abbildung (UTM) sehr verbreitet. Beide beruhen auf einer transversalen Zylinderabbildung in mehreren Meridianstreifen, bei der die Zylinderachse in der Äquatorebene liegt.

Die Gauß-Krüger-Abbildung besteht aus 3° breiten Meridianstreifen, sodass die gesamte Erde in 120 Streifen dargestellt werden kann. Der Mittelmeridian wird längentreu wiedergegeben, östlich und westlich davon gibt es Verzerrungen. Bildlich kann man sich die Gauß-Krüger-Abbildung als transversalen Berührungszylinder vorstellen (siehe Abb. 5.3).

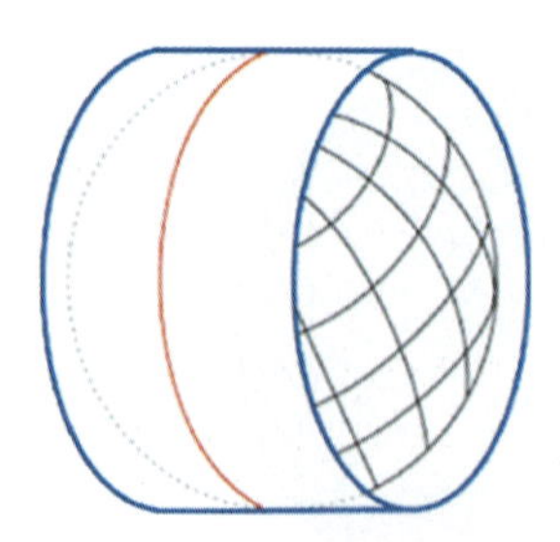

Abb. 5.3: Gauß-Krüger-Abbildung (LGN)

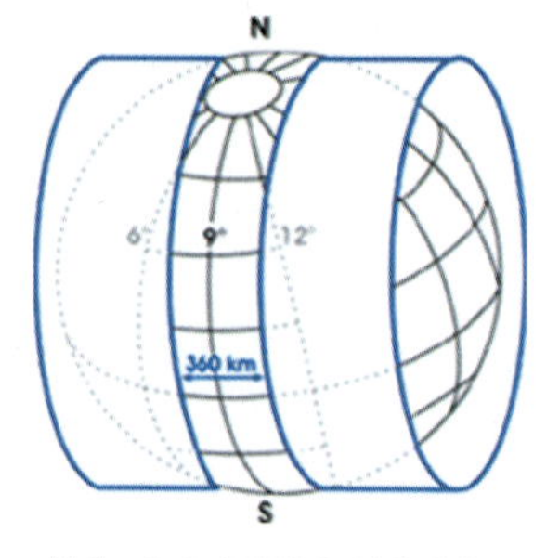

Abb. 5.4: UTM-Abbildung (LGN)

Die Mittelmeridiane der jeweiligen Streifen sind 3°, 6°, 9°, 12° usw. östl. Greenwich. Jeder Meridianstreifen ist nach Westen und Osten um jeweils 1° 30' ausgedehnt. Zusätzlich wird zu jedem benachbarten Meridianstreifen noch ein Überlappungsbereich von jeweils 30' (Festlegung von 1923) bzw. 10' (AdV-Beschluss von 1966) gebildet. Die Nummer des Meridianstreifens ergibt sich aus der Gradzahl des Mittelmeridians dividiert durch 3. Der Koordinatenursprung in einem Gauß-Krüger-Meridianstreifen wird durch den Schnittpunkt des Mittelmeridians mit dem Äquator definiert. Die Ordinate wird als Rechtswert (R) und die Abszisse als Hochwert (H) bezeichnet. Zur Vermeidung negativer Koordinatenwerte wird für den Mittelmeridian der Rechtswert mit 500 km festgesetzt. Zusätzlich wird dem Rechtswert die Meridianstreifennummer vorangestellt (quasi als 1.000-km-Wert).

Die UTM-Abbildung basiert auf denselben mathematischen Grundlagen wie die Gauß-Krüger-Abbildung und unterscheidet sich lediglich durch folgende Festlegungen:

- Die Abbildung erfolgt in 6° breiten Meridianstreifen, die auch als Zonen bezeichnet werden. Damit kann die gesamte Erde in 60 Zonen dargestellt werden.
- Zur Verringerung der durch die breiteren Abbildungsgebiete verursachten Verzerrungen wird der Mittelmeridian um den Faktor 0,9996 verkürzt.
- Die Überlappungsbereiche zwischen den Zonen betragen jeweils 30'.
- Das Abbildungsgebiet wird auf den Bereich zwischen 84° nördlicher und 80° südlicher Breite begrenzt.

Bildlich kann man sich die UTM-Abbildung als transversalen Schnittzylinder vorstellen (siehe Abb. 5.4). An den Schnittlinien zwischen Erdellipsoid und Zylinder ist die UTM-Abbildung längentreu. Diese Linien befinden sich ca. 180,5 km westlich und östlich des Mittelmeridians.

Die UTM-Zonen beginnen im Westen an der Datumsgrenze und werden nach Osten hin hochgezählt. Die UTM-Zone 1 liegt zwischen 180° und 174° westlicher Länge von Greenwich, ihr Mittelmeridian ist 177° westlich Greenwichs. Die ebenen UTM-Koordinaten werden mit East (E) und North (N) bezeichnet. Die East-Koordinate des Mittelmeridians wird auf 500 km gesetzt, außerdem wird noch die Zonen-Nummer (quasi als 1.000-km-Wert) vorangestellt.

Höhenbezugssysteme

Bei den Höhen besteht der Anspruch, die natürlichen Effekte an der Erdoberfläche durch das definierte Höhensystem möglichst realitätsnah zu beschreiben. Wasser soll der Schwerkraft folgend bergab fließen und eine stehende Wasserfläche denselben Höhenwert besitzen. Die Höhenbezugssysteme müssen deswegen physikalisch definiert werden, wobei die Höhenwerte auf sog. „Äquipotentialflächen“ oder „Flächen gleicher Schwerebeschleunigung“ bezogen sind. Letztlich sollen die physikalischen Höhenunterschiede die Potentialunterschiede im Erdschwerefeld darstellen.

Potentialunterschiede können mithilfe des geometrischen Nivellements unter Hinzuziehung von Schwerewerten an der Erdoberfläche ermittelt werden. Die daraus ableitbaren Potentialangaben nennt man „Geopotentielle Koten“, die in der Einheit m^2/s^2 angegeben werden und ein widerspruchsfreies, physikalisch definiertes Höhenbezugssystem bilden. Sie lassen sich mit verschiedenen Modellen in metrische Höhen überführen (siehe Abschnitt 5.1.4). Als Höhen- und Schwerebezugsfläche dient diejenige Äquipotentialfläche, die mit dem mittleren Meeresspiegel der Ozeane übereinstimmt. Diese unregelmäßige Fläche wird als „Geoid“ bezeichnet und kann mathematisch nicht exakt beschrieben werden.

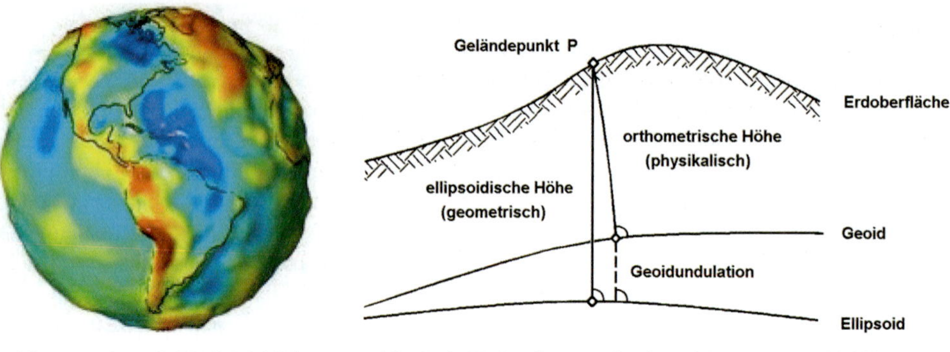

Abb. 5.5: Geoid (NASA 2009) *Abb. 5.6: Höhenbezugsflächen (HECKMANN 2009)*

Die Höhenabweichungen des Geoides von der geometrischen Rechenfläche GRS80 liegen weltweit zwischen +90 m und –110 m, für Deutschland zwischen +35 m und +51 m. Diesen Abstand bezeichnet man als Geoidundulation, er ist gleichzeitig die Differenz zwischen der geometrisch definierten ellipsoidischen Höhe und der physikalisch definierten orthometrischen Höhe eines Punktes an der Erdoberfläche (siehe Abb. 5.6).

Die geometrischen und physikalischen Bezugssysteme wurden lange Zeit unabhängig voneinander realisiert. Durch die modernen satellitengestützten Positionierungsverfahren lassen sich diese beiden „Welten" jedoch immer enger miteinander verbinden.

Maßeinheiten

Die für den geodätischen Raumbezug bedeutsamen Maßeinheiten sind nachfolgend kurz zusammengestellt (PERDIJON 1998).

Basiseinheiten

Länge (Meter): Das Meter (m) ist die Länge der Strecke, die Licht im Vakuum während einer Dauer von 1/299 792 458 Sekunden zurücklegt.

Zeit (Sekunde): Die Sekunde (s) ist die Dauer von 9 192 631 770 Perioden der Strahlung, die dem Übergang zwischen den beiden Hyperfeinstrukturniveaus des Grundzustands des Caesium-133-Atoms entspricht.

Ebener Winkel (Radiant): Der Radiant (rad) ist der ebene Winkel zwischen zwei Radien, zwischen denen auf einem Kreis ein Kreisbogen von der Länge des Radius liegt. Man verwendet auch den Vollwinkel, der 2π rad entspricht, das Gon (1 gon = $\pi/200$ rad) und das Grad ($1° = \pi/180$ rad).

Thermodynamische Temperatur (Kelvin): Das Kelvin (K) ist der 273,16te Teil der thermodynamischen Temperatur des Tripelpunkts von Wasser. Benutzt wird auch die Celsius-Temperatur, die in Grad Celsius (°C) ausgedrückt wird. Sie lässt sich aus der thermodynamischen Temperatur berechnen, indem man von dieser 273,15 subtrahiert.

Masse (Kilogramm): Das Kilogramm (kg) ist gleich der Masse des internationalen Kilogramm-Prototyps.

Abgeleitete Einheiten

Hierzu gehören die Fläche (m^2), das Volumen (m^3), die Geschwindigkeit (m/s), die Winkelgeschwindigkeit (rad/s), die Beschleunigung (m/s^2), die Frequenz (Hertz, 1 Hz = 1/s), die Kraft (Newton, 1 N = 1 kg × m/s^2) und der Druck (Pascal, 1 Pa = 1 N/m^2).

Für Schwerewerte (Betrag der Schwerebeschleunigung) ist intern auch die Einheit Galileo (gal) in Gebrauch (1 gal = 0,01 m/s^2). Dazu werden als Untereinheiten das Milligal (1 mgal = 10^{-5} m/s^2 bzw. 10 $\mu m/s^2$) und das Mikrogal (1 µgal = 10^{-8} m/s^2 bzw. 10 nm/s^2) verwendet.

5.1.2 Geodätisches Datum

Geodätische Raumbezugssysteme werden über das geodätische Datum festgelegt, das die relative Lagerung und Orientierung eines Koordinatensystems im Bezug zum Erdkörper bestimmt. Zusätzlich wird auch die Maßeinheit und die Bezugs- bzw. Rechenfläche festgelegt. Bei den physikalischen Bezugssystemen sind weitere Angaben zu den verwendeten Modellen und zur Reduktion der Messwerte erforderlich. Somit setzt sich das geodätische Datum – je nach Art des Bezugssystems – aus verschiedenen Elementen zusammen.

Bei den klassischen Lagebezugssystemen beinhaltet das Datum die Festlegung des Fundamentalpunktes (z. B. astronomisch bestimmte Koordinaten), der Rechenfläche einschließlich deren Lagerung, der Orientierung (z. B. astronomisch bestimmtes Azimut) und der Längenmaßeinheit (z. B. internationales Meter).

Bei den räumlichen 3-D-Bezugssystemen sind der Koordinatenursprung (z. B. das Geozentrum), die Orientierung der Koordinatenachsen (z. B. über die mittlere Erdrotationsachse und den Greenwich-Meridian) und die Längenmaßeinheit Bestandteile des geodätischen Datums. Ggf. kommt noch die Festlegung der Rechenfläche (z. B. mittleres Erdellipsoid GRS80) hinzu.

Bei den physikalischen Höhensystemen gehören zur Datumsfestlegung das Höhenmodell (z. B. Normalhöhen), die Lagerung der Höhenbezugsfläche (z. B. Quasigeoid durch Nullpunkt des Amsterdamer Pegels) und die Längenmaßeinheit.

Beim Schweresystem ist der Begriff „Datum" nicht gebräuchlich, da die Schwerebeschleunigung an der Erdoberfläche unmittelbar absolut bestimmt werden kann. Allerdings müssen Schwerewerte georeferenziert werden, da sie sonst nicht weiter nutzbar bzw. reproduzierbar sind. Wichtig ist dabei der exakte Bezug auf ein Höhensystem, weil die Schwerkraft direkt vom Abstand zum Geozentrum abhängig ist. Der vertikale Schweregradient beträgt oberhalb der Erdoberfläche etwa –0,3 mgal/m (Freiluftgradient). Außerdem unterliegen die an der Erdoberfläche gemessenen Schwerewerte wegen der Erdgezeiten periodischen Schwankungen, was bei der Definition des Schweresystems ebenfalls zu berücksichtigen ist.

Ein geodätisches Datum wird grundsätzlich indirekt über vermarkte Festpunkte an der Erdoberfläche realisiert (siehe auch Abschnitt 5.2). Die Definition und Realisierung einheitlicher geozentrischer Koordinatensysteme ist dabei erst durch die geodätische Nutzung globaler satellitengestützter Positionierungsverfahren – d. h. etwa ab 1960 – ermöglicht worden. Dazu gehört auch die Bestimmung eines entsprechend gelagerten mittleren Erdellipsoides als weltweit nutzbare Rechen- und Abbildungsfläche. Dieses wird so definiert, dass es gleichzeitig als Niveauellipsoid für die Modellierung des Normalschwerefeldes der Erde – also für die geophysikalischen Belange – genutzt werden kann.

5.1.3 Historische Aspekte der Erdmessung

Bestimmung der Erdfigur

Die Bestimmung der Erdfigur ist eine der wichtigsten Voraussetzungen zur Definition des geodätischen Raumbezugs (vgl. Abschnitt 5.1.1). Aus dem Altertum ist die Erdmessung des ERATOSTHENES (um 220 v. Chr.) bekannt, der für die Erde eine kugelförmige Figur annahm und ihren Umfang mit etwa 37.000 km ermittelte. Bahnbrechend für alle späteren Arbeiten war jedoch die Entwicklung des Triangulationsprinzips durch den Niederländer Willibrord SNELLIUS (publiziert 1617). Dieser hatte eine Dreieckskette zwischen Alkmaar und Bergen op Zoom gemessen, die ihren Maßstab aus einer Basismessung mit Vergrößerungsnetz erhielt. Auf den nördlichen und südlichen Endpunkten der Dreieckskette wurde jeweils die astronomische Breite bestimmt. Diese erste klassische Gradmessung lieferte für einen Breitengrad eine Meridianbogenlänge von 107,3 km.

Im 17. und 18. Jahrhundert setzte die wissenschaftliche Diskussion über die Erdgestalt ein. HUYGENS und NEWTON stritten über ein an den Polen abgeplattetes Rotationsellipsoid (Oblatum) oder einen in Polrichtung gestreckten Rotationskörper (Oblongum). Zur Klärung der Frage wurden mehrere Meridianbögen gemessen (PICARD in Frankreich von 1683 bis 1718 sowie die beiden Expeditionen nach Lappland und Peru zwischen 1735 und 1745) mit dem Ergebnis eines an den Polen abgeplatteten Rotationsellipsoids (BIALAS 1982).

Ab 1750 begann die genauere Bestimmung des Erdellipsoids. Etwa 200 Jahre wurde nach dem von SNELLIUS entwickelten Prinzip mit einer immer stärkeren Verfeinerung der Messtechnik gearbeitet. Um 1950 begann die Ära der elektronischen Entfernungsmessung und ab 1960 das Zeitalter der Satellitengeodäsie. Beide Verfahren haben die Geodäsie und die Erdmessung revolutioniert, was sich auch in der Bestimmung immer genauerer Parameter für das Erdellipsoid widerspiegelt.

Tabelle 5.1: Ellipsoiddimensionen

Name	Jahr	a (m)	b (m)	f = (a – b)/a
Laplace	1802	6 376 614,400	6 355 776,500	≈ 1:306
Delambre	1810	6 376 985,000	6 356 323,871 5	1:308,646 5
Bessel	1841	6 377 397,155	6 356 078,962 8	1:299,152 812 85
Clarke	1880	6 378 249,200	6 356 514,998 4	1:293,466
Hayford	1909	6 378 388,000	6 356 911,946 1	1:297
Krassowsky	1940	6 378 245,000	6 356 863,018 8	1:298,3
WGS72	1967	6 378 135,000	6 356 750,520	1:298,26
GRS80	1979	6 378 137,000	6 356 752,314 14	1:298,257 222 101
WGS84	1984	6 378 137,000	6 356 752,314 245	1:298,257 223 563
PZ90	1990	6 378 136,000	6 356 751,361 75	1:298,257 839 303

Die in der Tabelle 5.1 unter WGS72, GRS80, WGS84 und PZ90 genannten Ellipsoide wurden unmittelbar als geozentrisch gelagerte, mittlere Erdellipsoide definiert. Alle davor bestimmten Ellipsoide dienten überwiegend als Rechen- und Abbildungsflächen für Lagebezugssysteme, die nicht auf das Geozentrum bezogen waren.

Vereinheitlichung der Längenmaßeinheiten durch die Meter-Definition

Bis zum Ende des 18. Jahrhunderts herrschte bezüglich der verwendeten Maße und Gewichte nicht nur in Deutschland eine ungeheuere Vielfalt. Dies erschwerte neben dem gesamten Wirtschaftsleben auch den wissenschaftlichen Austausch. Durch die berühmte Gradmessung von DELAMBRE und MECHAIN zwischen Dünkirchen und Barcelona (1792-1798) wurde ein neues, aus den Erddimensionen abgeleitetes Längenmaß definiert, das Meter. Dieses Maß sollte dem 10-millionenstel Teil eines Meridianquadranten entsprechen (ALDER 2003). Das neue „Meter“ wurde durch das französische Gesetz vom 10.12.1799 auf das dortige Vorgängermaß, die „Peru-Toise“ (auch „Toise de l'académie“ genannt) zu 864 Pariser Linien (P.L.), bezogen:

1 Meter = 443,296 P.L.

Damit war das Meter durch das sog. „legale Verhältnis“ auf die „Peru-Toise“ zurückgeführt, d. h.

1 Toise = 864 P.L. = (864/443,296) legale Meter = 1,949 036 31 legale Meter.

Die Bezeichnung „legales Meter“ dient als Unterscheidung zum späteren „internationalen Meter“, das bis 1960 durch einen Prototyp von 1889 repräsentiert wurde.

In der 2. Hälfte des 19. Jahrhunderts wurde festgestellt, dass das internationale Meter signifikant vom legalen Meter der „Peru-Toise“ abwich, obwohl die ursprüngliche Meterdefinition nicht geändert wurde. Eine Ursache ist die materielle Instabilität des aus Platin gefertigten Archivmeters. Außerdem wurden bei verschiedenen in der Landesvermessung eingesetzten Kopien vom Archivmeter spürbare Längenabweichungen zu ihren ursprünglichen Komparatorwerten ermittelt. Aus umfangreichen Maßvergleichen hat HELMERT 1893 das legale Meter der Peru-Toise mit 13,355 ppm länger als das internationale Meter bestimmt. Für eine in legalen Metern ausgedrückte Entfernung ist der Betrag also um 13,355 ppm kleiner als für die Distanz der selben Strecke im internationalen Meter, sodass gilt:

1,000 000 000 Meter (legal) = 1,000 013 355 Meter (international).

In der preußischen Landesvermessung wurde dieser Umstand seitdem streng berücksichtigt, und der Logarithmus der Entfernung in der 7. Dezimalstelle um 58 Einheiten verändert. Auch die Dimensionen des Bessel-Ellipsoides von 1841 (siehe Tabelle 5.1) sind in der Längeneinheit „legales Meter“ ausgedrückt (LEDERSTEGER 1956).

Heute wird das internationale Meter über die Lichtgeschwindigkeit festgelegt. Die aktuelle Meterdefinition der „Conférence Générale des Poids et Mesures (CGPM)“ in Paris vom 20. Oktober 1983 ist in Abschnitt 5.1.1 wiedergegeben. Damit ist die Längenmaßeinheit direkt an die Zeiteinheit gekoppelt; die Definition der Sekunde bildet nunmehr die Basis für die Festlegung des Längenmaßstabs in den geodätischen Raumbezugssystemen.

5.1.4 Bezugssysteme und deren Realisierungen

Die geodätischen Raumbezugssysteme lassen sich in räumliche 3-D- sowie in Lage-, Höhen- und Schwerebezugssysteme unterteilen. Zusätzlich kann zwischen globaler, kontinentaler, nationaler und lokaler Bedeutung unterschieden werden.

Räumliche 3-D-Bezugssysteme

Das *World Geodetic System 1984 (WGS 84)* ist ein weitgehend aus Satellitenbeobachtungen hergeleitetes, geozentrisch gelagertes räumliches Bezugssystem. Es wird durch das Kontrollsegment des „Global Positioning System (GPS)“, d. h. durch Monitoringstationen an der Erdoberfläche realisiert, und ist heute nahezu identisch mit dem „International Terrestrial Reference System (ITRS)“. Die Ephemeriden der GPS-Satelliten sind auf das WGS84 bezogen (siehe Abschnitt 5.4.1).

Das *International Terrestrial Reference System (ITRS)* ist ein globales 3-D-Koordinatenreferenzsystem mit Ursprung im Geozentrum. Die Z-Achse entspricht der mittleren Erdrotationsachse (Verbindung vom Geozentrum zum CTP), und die Äquatorebene verläuft senkrecht dazu durch das Geozentrum. Die X-Achse wird durch den Schnitt der Greenwich-Meridianebene mit der Äquatorebene gebildet und die Y-Achse ist um 90° gegen die X-Achse nach Osten verdreht.

Das GRS80 dient gleichzeitig als mittleres Erdellipsoid und als Niveauellipsoid. Daher werden im ITRS auch die folgenden physikalischen Größen festgesetzt:

- Dynamische Abplattung J2,
- Erdmasse GM,
- Erdrotationsgeschwindigkeit ω.

Das ITRS wird durch den „International Terrestrial Reference Frame (ITRF)“, konkret durch die kartesischen 3-D-Koordinaten (X, Y, Z) der ITRF-Stationen an der Erdoberfläche, realisiert. Die 3-D-Positionen der ITRF-Stationen werden durch Basisinterferometrie (VLBI), Laserentfernungsmessungen (SLR) und GNSS-Positionierungsverfahren bestimmt und zeitlich fortgeschrieben, insbesondere wegen globaler Veränderungen der Erdoberfläche aufgrund von Plattentektonik, Erdgezeiten und anderer geophysikalischer Vorgänge. Insofern muss das ITRF stets mit dem Zusatz der dazugehörigen Epoche gekennzeichnet werden (z. B. ITRF2005). Das ITRF wird durch den „International Earth Rotation and Reference Systems Service (IERS)“ überwacht. Regelmäßige Aktualisierungen erfolgen dabei vor allem durch den „International GNSS Service (IGS)“, der auch die Wochen- und Jahreslösungen des ITRF publiziert. Der Maßstab des ITRF – das internationale Meter – beruht vorrangig auf den großräumigen VLBI-Beobachtungen und damit auf den hochgenauen Zeitnormalen der daran beteiligten VLBI-Stationen.

Die Subkommission EUREF (European Reference Frame) der IAG hat 1990 ein einheitliches 3-D-Raumbezugssystem für Europa, das *ETRS89 – European Terrestrial Reference System 1989*, wie folgt definiert:

„Das ETRS89 wird durch die kartesischen 3-D-Koordinaten der ITRF-Stationen auf dem festen Teil der Eurasischen Kontinentalplatte zur Epoche 1.1.1989, 0 Uhr UTC, realisiert.“

Die ITRF-Stationen wurden durch 93 EUREF-Punkte in der GPS-Kampagne vom 16. bis 25. Mai 1989 verdichtet, von denen sich 12 in Westdeutschland befinden. Die Punktabstände im EUREF-Netz betrugen etwa 100-300 km. Ab 1990 wurde das EUREF-Netz um

Punkte in Osteuropa erweitert, zudem wurde 1993 noch eine Nachmessung mit der Bezeichnung EUREF-D/NL93 vorgenommen. Die Berechnung erfolgte als Flächennetz. Die Genauigkeit der Lagekoordinaten in Deutschland konnte aus der Ausgleichung mit „besser als 2 cm“ geschätzt werden (BKG 1999). EUREF ist eine Kampagnenlösung und bildet für Deutschland das 3-D-Netz der Hierarchiestufe A. Heute wird das ETRS89 durch das EUREF-Permanentnetz (EPN) realisiert (BKG 2009). Im Mai 1991 hat die AdV beschlossen, das ETRS89 als einheitliches amtliches geodätisches Raumbezugssystem in Deutschland einzuführen.

Durch Verdichtung des EUREF-Netzes wurde für Deutschland in der GPS–Kampagne vom 9. bis 25.4.1991 ein einheitliches 3-D-Raumbezugssystem *DREF91 – Deutsches Referenznetz 1991* bestimmt. Es enthält 109 Punkte, davon 102 Punkte in Deutschland. Der Punktabstand beträgt etwa 70-100 km. Das DREF91-Netz wurde an die Fundamentalstationen Onsala, Wettzell, Graz, Zimmerwald und Kootwijk sowie an den mit mobilem VLBI bestimmten Punkt Hohenbünstorf und an die EUREF-Punkte angeschlossen. Zu den 109 Punkten von 1991 kamen noch weitere 4 DREF-Punkte im Rahmen der Nachmessung EUREF-D/NL93 hinzu. Die Ausgleichung lieferte eine Koordinatengenauigkeit von 1-2 cm und eine Nachbarschaftsgenauigkeit 1-2 cm (BKG 1999).

Die kartesischen 3-D-Koordinaten der DREF-Punkte im ETRS89 wurden durch die AdV im Oktober 1994 eingeführt. Die DREF-Punkte bildeten das 3-D-Netz der Hierarchiestufe B und gleichzeitig den Rahmen für Verdichtungen (C-Netze der Länder, Referenzstationen des Satellitenpositionierungsdienstes der deutschen Landesvermessung SA*POS*®).

Im Anschluss an die DREF-Kampagne haben die Länder ab 1991 weitere Verdichtungsstufen im 3-D-Netz eingerichtet *(Länderspezifische Verdichtungen des DREF)*. Dabei wurden in der Stufe C Punktabstände von 20-30 km gewählt. Darüber hinausgehende Punktverdichtungen sind als Hierarchiestufe D gekennzeichnet. Als Ergebnis wurden jeweils kartesische 3-D-Koordinaten im ETRS89/DREF91 ermittelt, die in der ALK-Punktdatei mit dem Positionsstatus 389 gekennzeichnet wurden.

Ab 1996 sind in Deutschland permanente *Referenzstationen* für den amtlichen Satellitenpositionierungsdienst der deutschen Landesvermessung SA*POS*® eingerichtet worden. Die Bestimmung der SA*POS*®-Referenzstationen im ETRS89 erfolgte länderspezifisch durch Anschluss an die C- oder D-Netze. Nach der Vernetzung der SA*POS*®-Stationen im Jahr 2001 zeigten sich jedoch Inhomogenitäten in deren Koordinierung. Die AdV hat mit den Daten der 42. KW 2002 (GPS-Woche 1188) eine Diagnoseausgleichung über alle SA*POS*®-Referenzstationen durchgeführt, die Lagedifferenzen von 2 bis 3 cm sowie vereinzelte Inhomogenitäten in Lage- und Höhenkomponenten zwischen 3 cm und 7 cm ergaben (BECKERS ET AL. 2005). Zur Bereinigung dieser Diskrepanzen hat die AdV folgende Lösung beschlossen:

- Die Ergebnisse der freien Diagnoseausgleichung werden vermittelnd auf den amtlichen ETRS89-Koordinaten der beteiligten 259 SA*POS*®-Stationen gelagert – zur Minimierung der Folgearbeiten. Diese Berechnungsvariante wird auch als „Liste 4“ bezeichnet.
- Die neuen (genaueren) ETRS89-Koordinaten der SA*POS*®-Referenzstationen werden als amtliche Werte eingeführt (tlw. nur wenn Lageänderung > 10 mm).
- Die Koordinatenänderungen in den SA*POS*®-Referenzstationen werden auf das vermarkte Festpunktfeld übertragen (C- und D-Netze, im Einzelfall auch auf Punkte des B-Netzes).

Mit dieser Maßnahme wurden die kartesischen 3-D-Koordinaten verbessert, ohne das Datum „ETRS89“ zu ändern. Das amtliche Raumbezugssystem in Deutschland wird seitdem auch mit „ETRS89/DREF91/GPS-Woche-1188/Liste-4“ bezeichnet.

Lagebezugssysteme

Im Folgenden werden nur diejenigen Lagebezugssysteme beschrieben, welche für das öffentliche Vermessungswesen in Deutschland auch heute noch von Bedeutung sind.

Die für die Deutsche Landesvermessung wichtigste Grundlage ist das sogenannte *„Potsdam Datum (PD)“*, realisiert durch das *Deutsche Hauptdreiecksnetz (DHDN)*. Dieses ist in mehreren Phasen entstanden und besteht aus drei größeren Netzblöcken. Die Ursprünge des DHDN sind dabei wie folgt gekennzeichnet:

Als Zentralpunkt (Fundamentalpunkt) wurde Rauenberg in Berlin gewählt, dessen Lage aus astronomisch bestimmten Koordinaten der Sternwarte Berlin (Encke 1859) abgeleitet wurde. Die Lotabweichungen im Zentralpunkt wurden zu Null gesetzt. Die Netzausbreitung erfolgte auf dem Bessel-Ellipsoid (1841) als Rechenfläche. Die Orientierung des Netzes wurde durch das astronomische Azimut von Rauenberg zur Marienkirche in Berlin bestimmt. Der Maßstab wurde aus fünf Basismessungen ermittelt, die zwischen 1846 und 1892 mit starren Maßstäben (zunächst Metallstangen, später Invardrähte) ausgeführt wurden. Die Ergebnisse beziehen sich auf das „legale Meter“.

Das DHDN wurde aus arbeitsorganisatorischen und rechentechnischen Gründen schrittweise mittels Ketten- und Füllnetzen aufgebaut. Dabei ist von 1875 bis 1899 der sog. „Schreiber‘sche Block“ entstanden, der heute den ältesten Block im DHDN darstellt. Der Maßstab dieses Netzteils wurde aus den drei Basen bei Göttingen, Meppen und Bonn ermittelt.

Der zweite große Block im DHDN wird durch die süddeutschen Flächennetze gebildet. Diese erstrecken sich über die Gebiete von Baden-Württemberg und Bayern und wurden ab 1936 an den Schreiber’schen Block angefeldert. Nach dem 2. Weltkrieg wurde im Süden noch die Verbindung Bayern – Tirol geschaffen (Abschluss in 1951).

Der Schreiber’sche Block wurde zudem um den Deutsch-Dänischen Anschluss (1931-1940) sowie im Nordwesten durch die Anschlüsse nach Belgien und den Niederlanden ergänzt (1954-1957). Die vorläufige Fertigstellung des DHDN erfolgte 1966 mit dem Nordseeinsel-Netz.

Mit dem Einsatz elektronischer Entfernungsmessgeräte wurden im DHDN systematisch Maßstabskontrollen vorgenommen und in einer von der AdV beschlossenen Diagnoseausgleichung (1972-1984) ausgewertet (EHLERT 1984). Die Ergebnisse führten jedoch nicht zu einer bundesweiten Neukoordinierung des DHDN, sondern nur zu einzelnen lokalen Verbesserungen (EHLERT & STRAUSS 1990). Ab 1984 wurden zudem landesspezifische Modifikationen des DHDN vorgenommen. Die Gauß-Krüger-Koordinaten im PD werden seitdem mit verschiedenem Lagestatus gekennzeichnet, die alle der Lagestatusgruppe 100 angehören.

Die letzte Weiterentwicklung des DHDN erfolgte 1990 mit der Anfelderung des Staatsnetzes 1. O. der ehemaligen DDR, welches damit den dritten großen Block im DHDN bildet. Dieser Stand trägt die Bezeichnung DHDN 1990 (Abb. 5.7). Die danach ausgeführten länderspezifische Erneuerungsmaßnahmen mittels satellitengestützter Vermessungsverfahren dienten bereits der Vorbereitung für den von der AdV 1991 beschlossenen Übergang vom Potsdam Datum (DHDN) zum europäischen Bezugssystem ETRS89.

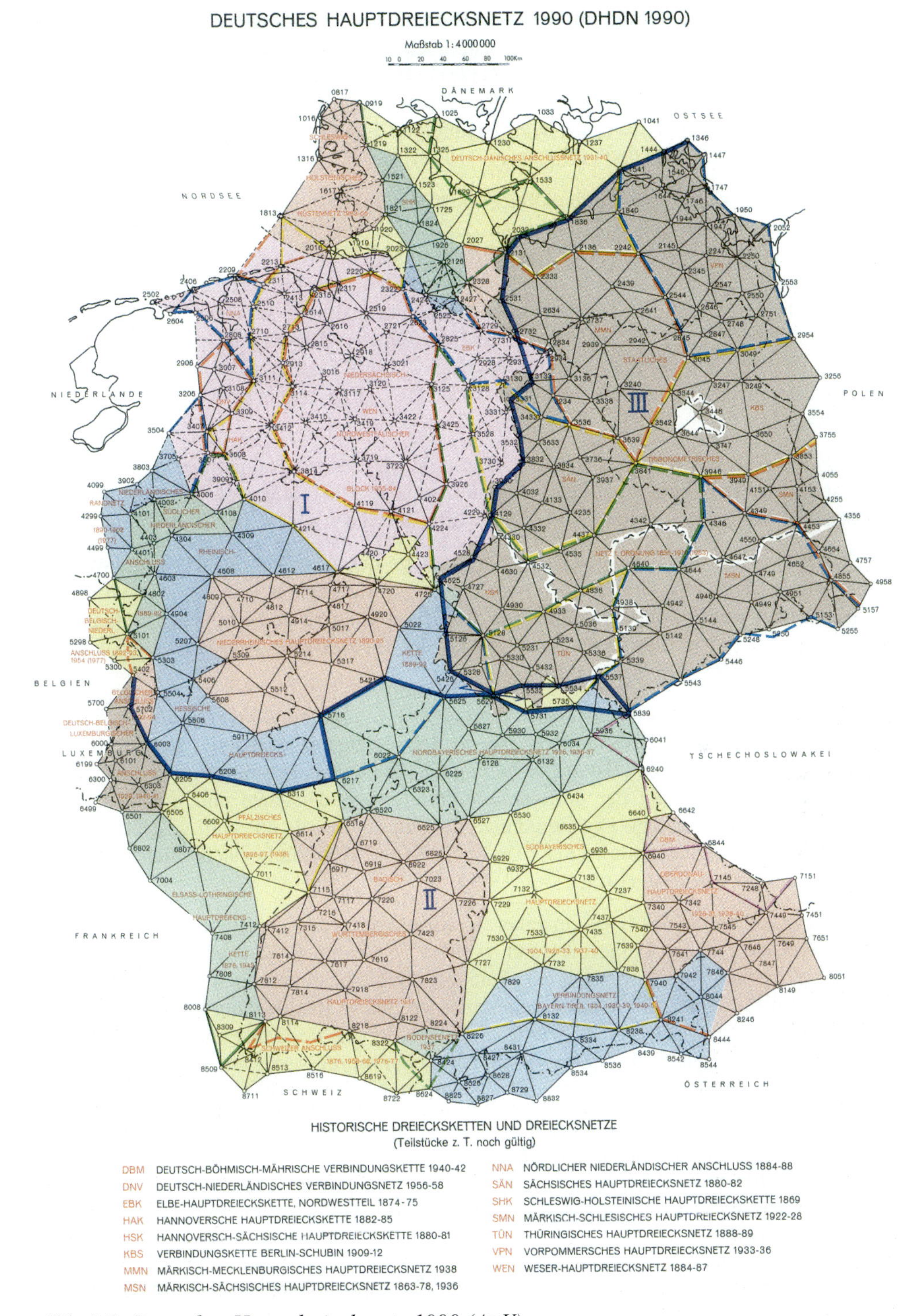

Abb. 5.7: Deutsches Hauptdreiecksnetz 1990 (ADV)

Nach dem 2. Weltkrieg wurde in Westeuropa damit begonnen, ein für die NATO europaweit einheitlich definiertes Lagebezugssystem einzurichten *(Europäisches Datum 1950 (ED50) – Lagebezugssystem für Europa (NATO))*. Hierzu wurde von 1945 bis 1947 aus den Hauptdreiecksnetzen der mitteleuropäischen Staaten das Zentraleuropäische Netz (ZEN) gerechnet. Diese Arbeiten wurden vom ehemaligen Institut für Erdmessung in Bamberg ausgeführt (TORGE (1975) und GRÜTZBACH (1977)).

Das ZEN ist ein von ausgewählten Dreiecksketten gebildetes Rahmennetz. Als Bezugsfläche dient das Internationale Erdellipsoid der IUGG von 1924, das mit dem Hayford-Ellipsoid (1909) identisch ist. Der Längenmaßstab des ZEN ist das internationale Meter. Als Rechenausgangspunkt wurde der Zwischenpunkt 1. Ordnung Potsdam, Helmertturm, gewählt. Die Lagerung des ZEN erfolgte vermittelnd über 107 Laplace-Punkte, in denen die Quadratsumme der Lotabweichungen und der Laplace-Widersprüche minimiert wurde; Potsdam ist damit kein Zentralpunkt im klassischen Sinne. Das über die vorgenannten Festlegungen definierte Europäische Datum 1950 (ED50) ist auch kein geozentrisch gelagertes Bezugssystem.

Das ZEN wurde um mehrere Netzblöcke zum Europäischen Hauptdreiecksnetz RETrig (Réseau Européen Trigonométrique) erweitert, die ab 1951 unter Zwang angeschlossen wurden. Die Weiterentwicklung zum ED87 wurde durch das neue ETRS89 hinfällig.

Das ED50 war bis 1993 die geodätische Grundlage des gesamten NATO-Kartenwerkes. Dabei wurde die UTM-Abbildung verwendet, deren Meldegitter später auch von zivilen Stellen benutzt wurde. Nach der deutschen Wiedervereinigung und der Neuausrichtung der NATO wurden die militärischen Kartenwerke der Bundeswehr von 1996-2000 auf das WGS84 (bzw. ETRS89) umgestellt.

Die Basis für das *Staatliche Trigonometrische Netz 1. Ordnung (STN 1. O.) der DDR* bildete das Astronomisch-Geodätische Netz (AGN) der sozialistischen Länder Osteuropas. Als Fundamentalpunkt wurde Pulkovo bei Leningrad (St Petersburg) ausgewählt. Seine Lage wurde durch Minimierung der dortigen astronomisch-geodätischen und gravimetrischen Lotabweichungen festgelegt. Die Geoidhöhe für Pulkovo wurde auf Null gesetzt, Längenmaßstab ist das internationale Meter. Als Rechen- und Abbildungsfläche dient das Krassowsky-Ellipsoid von 1940 (IHDE ET AL. 1995).

Das STN 1. O. wurde bis 1957 in einer 1. Ausprägung mit der Bezeichnung „System 42/57“ realisiert, in der Folgezeit durch weitere Maßnahmen (genauere Basisvergrößerungsnetze, größere Anzahl von Laplace-Punkten, Azimutbestimmungen) verbessert und an Festpunkte in Polen und Tschechien angeschlossen. Diese Realisierung trägt die Bezeichnung „System 42/63“. Das AGN wurde bis Mitte der 1970er Jahre durch elektronische Entfernungsmessungen und Laplace-Azimute weiter verbessert und neu ausgeglichen. Diese Realisierung wurde „System 42/83“ genannt und war noch bis Herbst 1990 geheim.

Die erste Verdichtungsstufe des STN 1. O. bestand unmittelbar aus TP 3. O. (1 TP/20 km^2). Auch bei der nächsten Verdichtungsstufe wurde auf TP 4. O. verzichtet und direkt TP 5. O. bestimmt (1 TP/2,5 km^2). Die Nachbarschaftsgenauigkeit der TP wird mit 2 cm angegeben. Als Abbildung wurde die Gauß-Krüger-Abbildung mit 6° breiten Meridianstreifen verwendet (STRAUSS 1991).

1991 wurde das STN 1. O. in der Realisierung 42/83 in mehreren Varianten in das DHDN überführt. Bei der 1. Variante wurde das STN 1. O. flächenhaft über 106 identische Punkte des Reichsdreiecksnetzes (TP 1. und 2. O.) gelagert, womit eine bestmögliche Anpassung für das Gebiet der früheren DDR erreicht wurde. Die mittleren Klaffungen betrugen dabei 46 cm. Diese Variante trägt die Bezeichnung „Rauenberg Datum 1983 (RD83)“ und wurde in Sachsen als amtliches Lagebezugssystem eingeführt.

Die 2. Variante bestand in einer Anfelderung über 13 identische Punkte des DHDN an der früheren innerdeutschen Grenze. Damit wurde eine optimale Verbindung für die Länder Mecklenburg-Vorpommern, Sachsen-Anhalt und Thüringen geschaffen. Die mittlere Restklaffung betrug dabei 19 cm. Diese Koordinierung erhielt die Bezeichnung „Potsdam Datum 1983 (PD83)“ und wurde in Thüringen als amtliches Lagebezugssystem eingeführt. Die anderen neuen Länder haben die Koordinaten des Systems 42/83 zunächst als vorläufiges amtliches System beibehalten (IHDE ET AL. 1995).

Die AdV hat im Mai 1995 beschlossen, für das *ETRS89* die *UTM-Abbildung* einzuführen. Damit war das zukünftige amtliche Lagebezugssystem in Deutschland, welches den Geobasisdaten des Liegenschaftskatasters und der Geotopographie zugrunde gelegt wird, verbindlich vorgegeben. Deutschland wird dabei von den beiden UTM-Zonen 32 (Mittelmeridian 9° östl. Greenwich) und 33 (Mittelmeridian 15° östlich Greenwich) abgedeckt. In der ALK-Punktdatei werden die UTM-Koordinaten im ETRS89 als Lagestatus 489 geführt. Während der Beschluss zur Einführung des ETRS89/UTM in Brandenburg schon seit 1996 sukzessive realisiert wird, stellen die meisten Bundesländer das Lagebezugssystem erst mit dem Wechsel auf das AAA-Modell um.

Höhenbezugssysteme

Es werden hauptsächlich die für die praktische Nutzung bedeutsamen physikalisch definierten (schwerkraftorientierten) Höhenbezugssysteme näher behandelt. Aufgrund der überwiegenden Bedeckung der Erdoberfläche mit Ozeanen gibt es keine exakten internationalen Höhenbezugssysteme, sondern nur kontinentale und nationale Höhennetze.

Die nationalen Höhenreferenzsysteme der europäischen Länder sind an verschiedene Bezugspunkte (Meerespegel) angeschlossen und unterscheiden sich zudem in ihrer theoretischen Definition (Höhenmodell). Dadurch differieren die Bezugshöhen im Allgemeinen um mehrere Dezimeter, im Extremfall auch um mehr als 2 m.

Zur Realisierung eines europaweit einheitlichen Höhensystems wurde 1955 auf Anregung der IAG das „Réseau Européen Unifié de Nivellements (REUN)“ konzipiert, das eine gemeinsame Ausgleichung europäischer Nivellementsnetze unter Berücksichtigung der Schwere vorsah (KNEISSL 1960). Das REUN wurde später zum „United European Levelling Network (UELN)“ weiterentwickelt. Zurzeit sind die Nivellementsnetze 1. O. von 26 europäischen Ländern im UELN enthalten. Das Daten- und Analysezentrum des UELN befindet sich beim Bundesamt für Kartographie und Geodäsie (BKG). Die Ausgleichungsergebnisse von 1986 (REUN86) wurden für die Lagerung des Deutschen Haupthöhennetzes DHHN92 verwendet.

Das „European Vertical Reference Network (EUVN)“ dient dem Zusammenschluss des EUREF/ETRS89 mit dem UELN. Es wurde in einer GPS-Kampagne im Mai 1997 gemessen und besteht aus 196 Stationen: 66 EUREF-Punkte, 13 nationale Permanentstationen, 54 UELN-Punkte und 63 Pegel.

Das EUVN und das UELN-95/98 bilden zusammen das *EVRS* mit der Realisierung des *„European Vertical Reference Frame 2000 (EVRF2000)“*. Die Ergebnisse werden als Geopotentielle Koten und als Normalhöhen nach der Theorie von Molodenski angegeben. Einziger Bezugspunkt ist der Nullpunkt des Amsterdamer Pegels (Normaal Amsterdams Peil – NAP). Allerdings ist das in der Berechnung verwendete Gezeitenmodell nicht einheitlich. Inzwischen ist eine Neuausgleichung des UELN mit Lagerung auf insgesamt 13 europäischen Datumspunkten erfolgt, bei der auch das Gezeitenmodell vereinheitlicht wurde. Die Ergebnisse sind als EVRF2007 verfügbar, das nun im Sinne von INSPIRE als einheitliches europäisches Höhenbezugssystem genutzt werden kann. Durch Verschneidung von ETRS89-Punkten mit dem EVRF2007 lässt sich zudem die Grundlage für ein europäisches Geoid ableiten (IHDE 2009).

Das erste für ganz Deutschland maßgebende Präzisionsnivellement wurde von 1868 bis 1894 durch die Königlich Preußische Landesaufnahme durchgeführt (Ur-Nivellement), wobei auch die Verbindung zum Amsterdamer Pegel gemessen wurde. Da dieser mit dem Mittel der Wasserstände an den deutschen Küsten gut übereinstimmte und in Nordwestdeutschland bereits verbreitet genutzt wurde, ist er als Nullpunkt für diese Nivellements eingeführt worden. Daran anknüpfend wurde 1879 an der alten Sternwarte von Berlin eine besondere Höhenmarke als Datumspunkt angebracht. Die Höhe dieses Normalhöhenpunktes (NHP) wurde mit 37,000 m über Normal-Null (NN) festgelegt, was dem kurz zuvor nivellierten Höhenunterschied zum Nullpunkt des Pegels Amsterdam entsprach. Nivellementskorrektionen aufgrund der Nichtparallelität der Niveauflächen wurden damals allerdings nicht vorgenommen. Das zur selben Zeit gemessene Bayerische Präzisionsnivellement wurde an das preußische Ur-Nivellement zwangsangeschlossen.

Wegen des bevorstehenden Abbruchs der Berliner Sternwarte wurde der NHP von 1879 im Jahre 1912 nach Hoppegarten verlegt, ca. 35 km östlich von Berlin. Die Definition der Höhenbezugsfläche (NN) hat sich dadurch nicht geändert. Im selben Jahr wurde mit den Arbeiten an einem neuen Haupthöhennetz begonnen, die aber erst 1956 beendet werden konnten. Dieses Netz wird als *Deutsches Haupthöhennetz 1912 (DHHN12)* bezeichnet. Es besteht aus 8 Netzteilen, die mess- und berechnungstechnisch nacheinander entstanden sind. Somit bildet das DHHN12 keine homogene Basis für ein deutschlandweites Höhenbezugssystem. Das Niveau des DHHN12 wurde – trotz der Verlegung des NHP nach Hoppegarten – noch von der Höhe des ursprünglichen NHP von 1879 abgeleitet.

Die Höhen im DHHN12 enthalten die aus Normalschwerewerten abgeleitete normalorthometrische Reduktion und werden als Höhen über NN im DHHN12 bezeichnet. In der ALK-Punktdatei besitzen diese Werte den Höhenstatus 100 (ADV 1993).

Im Jahr 1953 wurde in der DDR der Beschluss zur Einführung von Normalhöhen unter Anschluss an den Pegel Kronstadt (bei St. Petersburg) gefasst. Normalhöhen beruhen auf der Theorie von Molodenski und sind hypothesenfrei ermittelbar. Die Höhenbezugsfläche wird mit „HN = Höhennull“ bezeichnet.

Das *Staatliche Nivellementnetz 1. O. der DDR* wurde von 1954 bis 1956 gemessen und 1957 gemeinsam mit weiteren osteuropäischen Netzen ausgeglichen. Es trägt die Bezeichnung „Staatliches Nivellementnetz 1956 (SNN56)“. In den Jahren 1972 bis 1976 erfolgte eine vollständige Erneuerung (SNN76). Höhenangaben im SNN76 werden in der ALK-Punktdatei mit dem Höhenstatus 150 gekennzeichnet. Die Abweichungen zum DHHN betragen zwischen 12 und 16 cm, wobei die NN-Höhenwerte größer sind als die NH-Höhenwerte. Da der Modellunterschied zwischen den normalorthometrischen Höhen und den Normalhöhen nur wenige Zentimeter beträgt, bedeutet dies, dass der Amsterdamer Pegel unterhalb des Pegels Kronstadt liegt (ADV 1993).

Aufgrund verschiedener Mängel des DHHN12 (langer Realisierungszeitraum, keine geschlossene Berechnung, Verlust vieler Punkte wegen Verkehrswegeausbau) hatte die AdV 1973 beschlossen, die westdeutschen Anteile am DHHN im Zeitraum von 1980 bis 1985 nach einheitlichen Grundsätzen zu erneuern *(Deutsches Haupthöhennetz 1985 (DHHN85))*. Dabei wurden auch die Deutschen Anteile am Europäischen Nivellementnetz UELN gemessen.

Die Auswertungen zogen sich bis in das Jahr 1990, in dem bereits die Deutsche Wiedervereinigung und die Chance auf ein einheitliches Höhennetz in Gesamtdeutschland erkennbar waren. Daher wurde die Auswertung des DHHN85 mit folgendem Kompromiss abgeschlossen (ADV 1993):

- Als DHHN85 gilt die Ausgleichung vom 15.10.1990 in normalorthometrischen Höhen. Einziger Anschlusspunkt aus dem DHHN12 ist die Unterirdische Festlegung (UF) Wallenhorst. Diese ist auch Knotenpunkt im UELN.
- Die Höhen im DHHN85 erhalten den Höhenstatus 140 und können parallel zu den Höhen im DHHN12 (Höhenstatus 100) geführt werden.
- Nach Einarbeitung der Schweremessungen werden zusätzlich geopotentielle Koten, Normalhöhen und orthometrische Höhen (Theorie von Helmert) berechnet, um für wissenschaftliche Untersuchungen und Vergleiche genutzt zu werden.
- Zwischen dem DHHN85 und dem SNN76 der ehemaligen DDR werden Verbindungsmessungen durchgeführt. Danach wird geprüft, ob beide Netze rein rechnerisch zusammengefügt werden können.

Die Netze SNN76 und DHHN85 wurden im Jahr 1990 unter der Bezeichnung *Deutsches Haupthöhennetz 1990 (DHHN90)* formal vereinigt. De facto waren es jedoch zwei getrennte Netze mit verschiedenen Bezugsflächen und andersartigen Höhenmodellen. Auf die Systemunterschiede zwischen SNN76 und DHHN85 von ca. 15 cm wurde bereits näher eingegangen (ADV 1993).

Aus den Beobachtungen des SNN76, des DHHN85 und den von 1990 bis 1992 durchgeführten Verbindungsmessungen wurde das *Deutsche Haupthöhennetz 1992 (DHHN92)* durch Ausgleichung neu bestimmt. Zur Stabilisierung des Netzrandes wurden auch Nivellementdaten aus Nachbarstaaten Deutschlands mitgenutzt (Luxemburg, Österreich, Tschechien). Auf belgischem und schweizerischem Gebiet wurden eigene Ergänzungsmessungen durch die betroffenen Landesvermessungsämter in Deutschland vorgenommen. Die Ausgleichung erfolgte in geopotentiellen Koten. Die dazu eingeführten Schwerewerte mussten auf das International Gravity Standardization Net 1971 (IGSN71) bezogen sein.

Das Netz bestand aus 757 Nivellementlinien mit einer Gesamtlänge von 30.908 km und 468 unbekannten Knotenpunkten. Einziger Anschlusspunkt zur Niveaufestlegung war der REUN-/UELN-Knotenpunkt Nr. 230 Kirche Wallenhorst (bei Osnabrück), amtliche Punktnummer im DHHN (3614) 5. Seine geopotentielle Kote im REUN86 von 926,816 m^2/s^2 wurde dabei als fehlerfreier Ausgangswert angenommen. Damit ist das DHHN92 – ebenso wie das DHHN12 und das DHHN85 – auf den Amsterdamer Pegel (NAP) bezogen, der gleichzeitig der Datumspunkt des europaweiten REUN86 ist.

Die endgültigen Höhen im DHHN92 wurden als Normalhöhen gerechnet. Dazu wurden die geopotentiellen Koten durch einen individuellen Schwerewert dividiert, der als Mittelwert der Normalschwere zwischen den zugehörigen Punkten auf dem Ellipsoid (GRS80) und dem sog. „Telluroid" zu berechnen war. Das Telluroid ist dabei diejenige Fläche, die durch

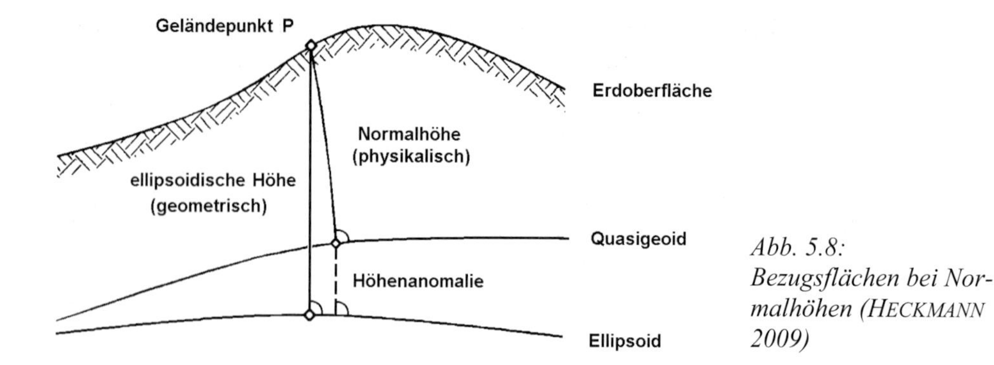

Abb. 5.8: Bezugsflächen bei Normalhöhen (HECKMANN 2009)

Auftragen der Normalhöhen über dem GRS80 entstehen würde. Umgekehrt entsteht durch Abtragen der Normalhöhe von der Erdoberfläche das Quasigeoid. Der Abstand des Quasigeoids zum GRS80 wird als „Höhenanomalie" bezeichnet (siehe Abb. 5.8). Das Quasigeoid verläuft ebenfalls durch den Nullpunkt des NAP, ist aber – im Gegensatz zum Geoid – keine Äquipotentialfläche. Die Abweichung zum Geoid beträgt jedoch nur wenige Zentimeter.

Als amtliche Bezugsfläche wurde „Normalhöhennull (NHN)" eingeführt. Diese ist im Rahmen der Bestimmungsgenauigkeit der NHN-Höhen mit dem Quasigeoid identisch. Die amtlichen NHN-Höhen werden mit Höhenstatus 160 gekennzeichnet.

Das DHHN92 ist das erste, deutschlandweit einheitlich realisierte Höhenbezugssystem und in allen Bundesländern als amtliches System eingeführt worden. Mit dem europäischen UELN ist es allerdings nur im Lagerungspunkt Wallenhorst identisch (ADV 1995).

Ellipsoidische Höhen über dem GRS80: Durch die operationelle Nutzung von satellitengestützten Positionierungsverfahren haben auch die geometrisch definierten Höhenbezugssysteme inzwischen eine gewisse praktische Bedeutung erlangt; aus den 3-D-Positionen ergeben sich unmittelbar ellipsoidische Höhen. Zur Überführung dieser Daten in physikalisch definierte Höhen ist jedoch die Kenntnis des Geoids (bei Normalhöhen: des Quasigeoids) notwendig.

Aus astrogeodätischen, gravimetrischen und satellitengestützten Beobachtungen in Kombination mit Nivellementdaten wurden im Laufe der Zeit Geoid- bzw. Quasigeoidmodelle mit immer höherer Genauigkeit und Auflösung entwickelt. Das derzeit beste bundesweit verfügbare Quasigeoidmodell ist das German Combined Quasigeoid 2005 (GCG05) des Bundesamtes für Kartographie und Geodäsie (BKG) und des Instituts für Erdmessung der Leibniz Universität Hannover mit einer Standardabweichung (1 Sigma) von 1 bis 3 cm. In einzelnen Bundesländern gibt es dazu verfeinerte Lösungen in Form von landesspezifischen „Digitalen Finite-Elemente Höhenbezugsflächen (DFHBF)", die im Detail eine etwas höhere Genauigkeit aufweisen können.

Schwerebezugssysteme

Schwerebezugssysteme gibt es in Deutschland seit rd. 100 Jahren. Bekannt ist das Potsdamer Schweresystem von 1909, welches auf Reversionspendelmessungen des Geodätischen Instituts Potsdam beruht, die von KÜHNEN und FURTWÄNGLER in den Jahren 1898 bis 1904 durchgeführt wurden. Das Potsdamer Schweresystem diente als Rahmen für die geophysikalische Reichsaufnahme (1934-1944) und bis 1971 auch als Internationales Bezugssystem. Allerdings waren die damaligen Schwerewerte im Vergleich zu den heutigen, deutlich genaueren Bestimmungen systematisch um etwa 14 mgal zu groß gewesen.

Das derzeit gültige Internationale Schwerenetz 1971 (International Gravity Standardization Net 1971 – IGSN71) ist definiert durch weltweite absolute und relative Schweremessungen auf Schwerefestpunkten. Es ist etwa im Zeitraum von 1950 bis 1970 entstanden. Bedingt durch die damalige Gerätetechnik ist seine Genauigkeit nach heutigen Ansprüchen nicht besonders hoch; die jeweiligen Absolutschweremessungen wurden mit einer Standardabweichung von 0,1 mgal angegeben (TORGE 1975).

In der DDR war in den Jahren 1960 bis 1968 das Staatliche Gravimetrische Netz (SGN) aufgebaut worden. Die Schwerewerte wurden später in das IGSN71 eingerechnet.

In der heutigen Zeit wird das Schwerebezugssystem durch Kombination von Absolutgravimetern und Relativgravimetern realisiert, sowohl international als auch kontinental und national. Die dazu eingesetzten Absolutgravimeter sind die eigentlichen Träger des Schwerebezugssystems. Sie basieren auf der „Freifall-Methode", d. h. im Gerät wird die Fallstrecke und Fallzeit einer Probemasse im Vakuum gemessen. Damit wird die Schweremessung auf hochgenaue Strecken- und Zeitmessungen zurückgeführt (TORGE ET AL. 1999). Da der Betrag der Schwerebeschleunigung an der Erdoberfläche ortsabhängig ist, müssen Schwerewerte nach Lage und Höhe georeferenziert werden. Deshalb werden Schweremessungen in aller Regel auf vermarkten Festpunkten durchgeführt, für die hinreichend genaue Lagekoordinaten und Höhenangaben vorliegen oder nachträglich bestimmt werden können.

In der Bundesrepublik Deutschland ist durch die Deutsche Geodätische Kommission (DGK) das *Deutsche Schweregrundnetz 1976 (DSGN76)* eingerichtet worden. Die dazu erforderlichen Arbeiten wurden dem Deutschen Geodätischen Forschungsinstitut (DGFI) übertragen (SIGL ET AL. 1981).

Das DSGN76 besteht aus 21 Stationen, von denen 11 mit den IGSN71-Stationen identisch sind. Je nach örtlichen Verhältnissen wurden die Punkte auf Pfeilern oder auf stabilen Fußböden angelegt und durch eine Metallmarke mit der Inschrift „Schweregrundnetz 1976" gekennzeichnet. Für die Stationen wurden zudem geologische und hydrologische Gutachten erstellt. Auf 4 Stationen wurden Absolutschweremessungen durchgeführt. Da diese Absolutschweremessungen genauer waren als die Schwerewerte der 11 IGSN71-Stationen, wurde das DSGN76 nur auf den 4 neuen Absolutschwerepunkten gelagert. Die Schwerewerte im DSGN76 können dennoch als „dem IGSN71 zugehörig" bezeichnet werden. Die Standardabweichung (1 Sigma) der Schwerewerte für die DSGN76-Punkte wurde zu 11 μgal ermittelt, die Standardabweichung der Schwereunterschiede zu 15 μgal.

Das *Deutsche Hauptschwerenetz 1982 (DHSN82)* besteht aus 277 Stationen (ohne Berlin) und ist im Zeitraum von 1978 bis 1982 gemessen worden. Da es an die 21 Punkte des DSGN76 angeschlossen wurde, konnte es vollständig durch Relativgravimetrie – also durch Messung von Schwereunterschieden – bestimmt werden. Berlin musste aufgrund seiner damaligen geographisch-politischen Insellage gesondert an das DSGN76 angebunden werden. Alle Stationen des DHSN sind lage- und höhenstabil vermarkt und bestehen jeweils aus einem Zentrum und mehreren Exzentren.

Die Schweremessungen wurden nach einheitlichen Richtlinien der AdV ausgeführt. Die endgültige Ausgleichung des DHSN82 erfolgte aus fehlertheoretischen Gründen mit der vollständigen Varianz-Kovarianz-Matrix des DSGN76, d. h. als „dynamischer Netzanschluss“ und nicht als Zwangsausgleichung. Auf diese Weise wurden Niveau und Maßstab des DHSN82 bestmöglich aus dem DSGN76 übernommen. Für die 298 Netzpunkte ergaben sich dabei Standardabweichungen in den Schwerewerten zwischen 6 und 14 μgal.

Für die Punkte des DSGN76 ergaben sich in der dynamischen Netzausgleichung des DHSN82 teilweise signifikante Änderungen gegenüber ihren bestehenden Schwerewerten. Aufgrund der höheren Zuverlässigkeit der neu bestimmten Werte wurden auch für diese Punkte die Ergebnisse der DHSN82-Ausgleichung als amtliche Schwerewerte eingeführt. Die Punkte in Berlin wurden später mit Zwang an die Gesamtausgleichung des übrigen Netzes angeschlossen. Die amtlichen Schwerewerte im DHSN82 erhalten den Schwerestatus 100 (ADV 1989).

Nach der Wiedervereinigung Deutschlands hat die DGK die Erweiterung des DSGN76 auf die neuen Länder und dessen Neumessung beschlossen. Die Durchführung der Arbeiten einschließlich der Auswertung wurde dem BKG übertragen. Das neue Netz trägt die Bezeichnung *Deutsches Schweregrundnetz 1994 (DSGN94)* und besteht aus 30 Stationen. Davon sind 19 identisch mit DSGN76-Stationen. Auf allen Zentren der 30 Punktgruppen hat das BKG Messungen mit dem Absolutgravimeter FG5-101 ausgeführt. Zusätzlich wurden vom Institut für Erdmessung (IfE) in Hannover auf 5 dieser Punkte Absolutschweremessungen mit dem Gerätetyp JILAg-3 vorgenommen. Darüber hinaus sind auch Relativschweremessungen im Netz erfolgt. Die Auswertung des DSGN94 ergab für die Absolutschwerestationen eine Standardabweichung (1 Sigma) von 5 μgal. Gegenüber dem DSGN76 zeigte sich eine systematische Niveauverschiebung von 16 μgal. Eine Maßstabsdifferenz ließ sich aus dem Vergleich jedoch nicht ableiten (TORGE ET AL. 1999).

Das *Deutsche Hauptschwerenetz 1996 (DHSN96)* ist eine Erweiterung des DHSN82 unter Einbeziehung aktueller Schweremessungen der neuen Bundesländer und Berlins. Es schließt die Stationen des DSGN94 mit ein. Die ergänzenden Schweremessungen wurden nach den für das DHSN82 vorgegebenen Standards der AdV ausgeführt.

Die Auswertung des DHSN96 erfolgte durch das BKG. Bei der Ausgleichung der Messungen des DHSN82 im Niveau des DSGN94 ergab sich für die alten Bundesländer eine mittlere Niveauverschiebung von – 19,7 μgal. Ursache dafür ist die Ungenauigkeit des DSGN76. Daher hat die AdV beschlossen, in den alten Bundesländern die neuen Schwerewerte im DHSN96 einfach durch Subtraktion von 19 μgal von die amtlichen Schwerewerten des DHSN82 festzusetzen. In den neuen Ländern und in Berlin wurden die 91 Neupunkte des DHSN86 durch Ausgleichung mit Anschluss an 15 Absolutschwerepunkte des DSGN94 ermittelt. Die mittlere Standardabweichung (1 Sigma) der ausgeglichenen Schwerewerte lag bei 5 μgal. Für die amtlichen Schwerewerte im DHSN96 wurde der neue Schwerestatus 130 eingeführt (TORGE ET AL. 1999).

Für die Berechnung von Normalhöhen nach der Theorie von Molodenski benötigt man die sogenannten *„Normalschwerewerte (γ)“*. Diese beziehen sich auf das Niveauellipsoid GRS80 und lassen sich relativ einfach nach Formeln, die nur von der geographischen Breite und der ellipsoidischen Höhe abhängig sind, berechnen (TORGE 2003).

5.2 Festpunktfelder

5.2.1 Die Entwicklung bis heute

Vermarkte Festpunkte an der Erdoberfläche sind das bewährte traditionelle Mittel, die geodätischen Raumbezugssysteme an ausgewählten Orten physisch zu realisieren und dadurch nutzbar zu machen. Zu einem Festpunkt gehören eine Marke (Pfeiler, Mauerbolzen, Kirchturmspitze), die in der Örtlichkeit festgelegt ist, und eine Punktbeschreibung (Skizze). Anhand der Beschreibung kann ein Festpunkt aufgesucht und die vorgefundene Marke vor Ort auf ihre Identität hin überprüft werden. Für diese Marken werden mit aufwendigen Vermessungs- und Auswerteverfahren genaue Lagekoordinaten, Höhenangaben sowie ggf. Schwerewerte bestimmt (siehe Abschnitt 5.3). Die Ergebnisse können nach Übernahme in die amtlichen Festpunkt-Nachweise den Nutzern bereitgestellt werden (siehe Abschnitt 5.5). Man unterscheidet bei den Festpunkten bislang folgende Kategorien:

- Lagefestpunkte (auch als Trigonometrische Punkte – TP – bezeichnet) definieren die amtlichen Lagebezugssysteme und sind zur Anbindung von Objektvermessungen vorgesehen. Die Vermarkungsart ist vorrangig auf eine genaue Lagedefinition ausgerichtet (Pfeiler, Rohre, Platten). TP besitzen im Allgemeinen auch Höhen, die aber nur geringeren Genauigkeitsansprüchen genügen.
- Höhenfestpunkte (auch Nivellementpunkte – NivP – genannt) definieren die amtlichen Höhenbezugssysteme und dienen zum Anschluss von Objektvermessungen bei allen Genauigkeitsansprüchen. Als Vermarkungsart sind hauptsächlich gewölbte Metallbolzen in verschiedenen Ausprägungen in Gebrauch, die einen sehr genauen Höhenbezug repräsentieren. Die Sicherung erfolgt über unterirdische Festlegungen (UF) und Rohrfestpunkte. Höhenfestpunkte besitzen auch Lagekoordinaten, die aber häufig nur eine geringe Qualität aufweisen.
- Schwerefestpunkte (auch als Gravimetriepunkte – GravP – oder Schwerepunkte – SP – bezeichnet) definieren die amtlichen Schwerebezugssysteme und dienen zur Anbindung weiterer Schweremessungen. Sie sind in aller Regel mit Höhenfestpunkten identisch, da die Schwerewerte unmittelbar mit der Höhe korreliert sind.
- Räumliche 3-D-Festpunkte werden seit 1989 – etwa mit Beginn der operationellen Nutzung von satellitengestützten Posititionierungsverfahren – systematisch eingerichtet. Sie werden grundsätzlich mit einer 3-D-Marke festgelegt, die den Lage- und Höhenbezug gleichermaßen gut angibt. Für diese Festpunkte wird in erster Linie die geometrisch definierte räumliche 3-D-Position nachgewiesen. Durch Verknüpfung mit dem physikalischen Höhenbezugssystem kann aber auch die Geoidundulation bzw. Höhenanomalie punktuell ermittelt werden, woraus sich die Lagerung der Höhenbezugsfläche (Geoid bzw. Quasigeoid) ableiten lässt.

Die Festpunktfelder wurden in mehreren Stufen hierarchisch aufgebaut. Für die 3 klassischen Kategorien (Lage, Höhe und Schwere) bestehen die zugehörigen Festpunktfelder aus einem weitmaschigen Netz 1. Ordnung sowie aus Verdichtungsstufen 2. Ordnung, 3. Ordnung und teilweise auch 4. Ordnung. Mit den folgenden tabellarischen Zusammenstellungen soll ein grober Überblick dazu gegeben werden.

Tabelle 5.2: Trigometrische Punkte – alte Bundesländer

Klassifizierung	Punktabstand	Punktdichte	Bemerkung
Hauptpunkte 1. O.	30-70 km	1 TP / 2.000 km^2	DHDN
Zwischenpunkte 1. O.	20 km	1 TP / 400 km^2	
TP 2. O.	8 km	1 TP / 60 km^2	
TP 3. O.	3 km	1 TP / 10 km^2	
TP 4.	1-1,5 km	1 TP / 1-2 km^2	

Die Verdichtung des DHDN bis zur 4. O. wurde in den 1970er Jahren abgeschlossen.

Tabelle 5.3: Trigonometrische Punkte – frühere DDR

Klassifizierung	Punktabstand	Punktdichte	Bemerkung
TP 1. O.	30-60 km	1 TP / 1.500 km^2	STN 1. O.
TP 2. O.	9-10 km	1 TP / 50 km^2	nicht realisiert
TP 3. O.	5-8 km	1 TP / 20 km^2	
TP 4. O.	2,5-3 km	1 TP / 7 km^2	nicht realisiert
TP 5. O.	1-2 km	1 TP / 2,5 km^2	

Die TP 3. O. wurden unmittelbar in das Netz 1. O. eingeschaltet, die TP 5. O. ebenfalls direkt in das übergeordnete Netz 3. O. (siehe Abschnitt 5.1.4).

Tabelle 5.4: Nivellementpunkte

Klassifizierung	Schleifendurchmesser	Schleifenumfang	Bemerkung
NivP 1. O.	30-70 km	180 km	DHHN
NivP 2. O.	10-20 km	60 km	
NivP 3. O.	5-10 km	30 km	
NivP 4. O.	bedarfsweise	bedarfsweise	
Sonstige Höhenpunkte	bedarfsweise	bedarfsweise	

Die Spezifikationen zu den Nivellementschleifen können länderspezifisch abweichen.

Tabelle 5.5: Schwerefestpunkte

Klassifizierung	Punktdichte	Bemerkung
Grundnetzpunkte	1 SFP / 10.000 km^2	DSGN
SFP 1. O.	1 SFP / 1.000 km^2	DHSN
SFP 2. O.	1 SFP / 100 km^2	
SFP 3. O.	1 SFP / 5 km^2	
Sonstige SFP	bedarfsweise	

Tabelle 5.6: Räumliche 3-D-Festpunkte

Netz	Hierarchie-stufe	Anzahl der Punkte	Punktabstand	Einrichtung
EUREF	A	93	100-300 km	1989-1993
DREF	B	109	70-100 km	1991-1993
Landes-REF	C		20-30 km	ab 1992

Bei der Einrichtung des EUREF im Jahre 1989 wurden auf der Erdoberfläche neue Festpunkte durch satellitengestützte Positionierungsverfahren in einzelnen Kampagnen bestimmt *(Räumliche 3-D-Festpunkte)*. Diese wurden grundsätzlich mit einer 3-D-Marke festgelegt. EUREF wurde später durch nationale GPS-Kampagnen mit weiteren Hierarchiestufen verdichtet.

Soweit die Bundesländer unterhalb der C-Netze zusätzliche Verdichtungen ausgeführt haben, wurde dafür die Hierarchiestufe D vergeben.

5.2.2 Zukünftige Entwicklungen

Zur Realisierung und Sicherung der amtlichen Raumbezugssysteme nach Lage, Höhe und Schwere dienen künftig Rahmennetze, die in den „Richtlinien für den einheitlichen Raumbezug des amtlichen Vermessungswesens in der Bundesrepublik Deutschland" vereinbart wurden (ADV 2006). Diese gliedern sich in die Kategorien Geodätische Grundnetzpunkte, Höhenfestpunkte 1. O., Schwerefestpunkte 1. O. und Referenzstationspunkte.

Die *Geodätischen Grundnetzpunkte (GGP)* dienen der physischen Realisierung und Sicherung des dreidimensionalen geodätischen Raumbezugs und der Verknüpfung von Raum-, Höhen- und Schwerebezugssystem. Ihr Abstand beträgt maximal 30 km. GGP werden in der Örtlichkeit mit 3-D-Festlegungen vermarkt und gesichert. Die physikalische Höhe wird durch Präzisionsnivellement aus dem DHHN92 übertragen. Bei der Bestimmung der GGP sind Standardabweichungen (1 Sigma) von 5 mm für die Lage, 8 mm für die ellipsoidische Höhe und 12 μgal für die Schwere einzuhalten. Die GGP sind periodisch zu überwachen. Bei nachgewiesenen Änderungen ab 10 mm in der Lage, 15 mm in der Höhe und 60 μgal in der Schwere sind die neuen Werte einzuführen.

Die *Höhenfestpunkte (HFP) 1. Ordnung des DHHN92* sind in Nivellementschleifen mit einem Durchmesser von 30 bis 80 km bestimmt. Die HFP 1. O. haben innerhalb der Ortslagen Punktabstände von max. 500 m, außerhalb von max. 1.500 m. Exzentrische Sicherungen sind für HFP 1. O. nicht vorgesehen. Die Standardabweichung für 1 km Doppelnivellement aus Streckenwidersprüchen soll 0,4 mm nicht überschreiten. Die HFP 1. O. sollen wegen Höhenänderungen an der Erdoberfläche in geeigneten Zeitabständen neu gemessen werden. Höhen sind zu ändern, wenn sie um mehr als 3 mm vom nachgewiesenen Wert abweichen.

Bei den *Schwerefestpunkten (SFP) 1. Ordnung des DHSN96* ist mindestens 1 SFP 1. O. pro 1.000 km^2 einzurichten. Der Schwerewert soll mit einer Standardabweichung (1 Sigma) $\leq$ 10 μgal bestimmt sein. SFP 1. O. sind mit mindestens 2 Exzentren zu sichern. Das DSGN94 ist dem DHSN96 übergeordnet. Seine Punkte sind Bestandteil des SFP-Netzes 1. Ordnung. Die Höhen der SFP 1. O. werden durch Präzisionsnivellement vom DHHN92 aus übertragen. Schwerewerte sind zu ändern, wenn der neubestimmte Schwerewert um mehr als 30 µgal vom bislang nachgewiesenen Wert abweicht. Die physikalische Höhe des SFP 1. O. ist zu ändern, wenn der Änderungsbetrag 3 mm überschreitet.

Die *Referenzstationspunkte (RSP) des Satellitenpositionierungsdienstes* SA*POS*® dienen der Realisierung und Sicherung des dreidimensionalen geodätischen Raumbezugs sowie der operationellen Bestimmung von amtlichen Koordinaten im ETRS89. Daneben können aus den 3-D-Positionen – in Verbindung mit einem geeigneten Quasigeoidmodell – auch physikalische Höhen über NHN abgeleitet werden. Die RSP haben einen mittleren Abstand von 50 km. Bundesweit werden zurzeit etwa 270 permanente Referenzstationen für SA*POS*® betrieben. Die RSP sind bezüglich ihrer Lage und ihrer ellipsoidischen Höhe mit der gleichen Genauigkeit zu bestimmen wie die GGP (Standardabweichung Lage 5 mm, Höhe 8 mm). Analog dazu sind die Koordinaten der RSP zu ändern, wenn sich die Lage um mehr als 10 mm und die Höhe um mehr als 15 mm verändert hat.

Aufgrund der übereinstimmenden Genauigkeitsanforderungen können RSP die Funktion von GGP übernehmen, wenn die Verknüpfung mit dem Höhen- und Schwerebezugssystem in mindestens einem Sicherungspunkt erfolgt ist und jener die besonderen Anforderungen bezüglich lage- und höhenstabiler Vermarkung erfüllt. Damit ist gleichzeitig ausgesagt, dass es zwischen GGP und RSP keine Hierarchieunterschiede geben soll.

Unterhalb des bundeseinheitlichen Rahmens sind *länderspezifische Verdichtungen des Festpunktfeldes* in unterschiedlichen Ausprägungen möglich. Wegen der hochentwickelten satellitengestützten Positionierungsverfahren und der vorrangigen Bereitstellung des geodätischen Raumbezugs durch SA*POS*® erfolgt eine bedarfsorientierte Vorhaltung von vermarkten Festpunkten. Die verbleibenden Punkte dienen der Ergänzung, der Sicherung (einschließlich Ausfallsicherung!) sowie der unabhängigen Kontrolle von SA*POS*®.

Die physikalisch definierten Höhen- und Schwerebezugssysteme lassen sich nur über vermarkte Festpunkte mit hoher Genauigkeit realisieren und bereitstellen. Erst wenn es möglich ist, physikalische Höhen über große Entfernungen mittels satellitengestützter Messverfahren in Kombination mit einem entsprechenden Geoid- bzw. Quasigeoidmodell hochgenau zu übertragen, könnte man über eine grundsätzliche Umstrukturierung der bisherigen Nivellementnetze nachdenken.

5.3 Mess- und Auswerteverfahren

5.3.1 Klassische Verfahren

Lagebestimmung

Das ursprüngliche Messverfahren war die Triangulation, d. h. die Dreieckswinkelmessung mit dem Theodolit. Der Maßstab eines Triangulationsnetzes wurde aus Basismessungen ermittelt, wobei eine relativ kurze Strecke (Basis) mit mechanischen Messgeräten (Metallstangen, Invardrähte) mit bestmöglicher Präzision gemessen und die erhaltene Länge über ein Vergrößerungsnetz trigonometrisch auf eine Hauptdreiecksseite übertragen wurde. In größeren ausgedehnten Netzen mussten mehrere Basen gemessen werden, um gegenseitige Kontrollen zu ermöglichen und Übertragungsfehler begrenzen zu können.

Die Auswertung erfolgte stufenweise, weshalb alle klassischen Dreiecksnetze in mehreren Ordnungen hierarchisch aufgebaut sind. Frühere Auswerteverfahren waren die Ausgleichung von Dreiecksketten und Füllnetzen im Hauptdreiecksnetz (DHDN). Die Verdichtung des DHDN erfolgte durch Einzel-, Doppel- oder Mehrpunktausgleichungen.

Mit der Entwicklung der elektronischen Entfernungsmessung (elektrooptische Geräte für kurze und mittlere Entfernungen, Mikrowellengeräte für große Entfernungen) wurden für die Erneuerung der TP 1. und 2. O. Streckennetze gemessen und ausgewertet. In der 3. und 4. O. wurden Verdichtungen und Erneuerungen mittels kombinierter Richtungs- und Streckennetze ausgeführt (elektronische Tachymetrie). Verdichtungen in der 4. O. erfolgten teilweise auch durch TP-Züge. Für die elektronische Distanzmessung im Hauptdreiecksnetz sind einheitliche EDM-Richtlinien erstellt und herausgegeben worden (ADV 1973).

Die rasante Entwicklung in der elektronischen Datenverarbeitung kam auch der Auswertung der Messungen zugute. Ab Mitte der 1970er Jahre erfolgte die Koordinatenberechnung vorwiegend durch trigonometrische Netzausgleichung, wobei unterhalb der Anschlusspunkte nur eine Hierarchiestufe entstand. Im TP-Netz 4. Ordnung wurden auch polygonale Berechnungen und Einzelpunktbestimmungen durch freie Stationierung durchgeführt.

Ab 1990 wurden satellitengestützte Verfahren im Lagefestpunktfeld eingesetzt, und zwar ausschließlich im differentiellen Modus (DGPS) mit autarken Referenzstationen. Die Messungen erfolgten häufig in Kampagnen. Die dabei ermittelten Raumvektoren (Basislinien) oder 3-D-Koordinaten wurden entweder als verebnete Strecken in Lagenetze oder als Raumvektoren bzw. Koordinaten direkt in dreidimensionale Netzausgleichungen eingeführt. Durch die Nutzung der DGPS-Verfahren konnten insbesondere die zeitlichen und genauigkeitsrelevanten Komponenten der Netzerneuerung deutlich gesteigert werden.

Höhenbestimmung

Das wichtigste Messverfahren zur genauen Höhenbestimmung ist das geometrische Nivellement. Je nach Genauigkeitsanspruch unterscheidet man Präzisionsnivellements 1. und 2. O., Nivellements 3. und 4. O. sowie (kleinräumige) Ingenieurnivellements. Die heutigen Nivelliergeräte arbeiten digital, sodass die Messdaten automatisch registriert werden können. Für die Präzisionsnivellements gelten besondere Feldanweisungen (ADV 2009).

Die Auswertung der Nivellementschleifen 1. O. erfolgt in der Regel im System der geopotentiellen Koten. Dabei wird an den gemessenen Höhenunterschieden des geometrischen Nivellements die Schwerekorrektion entlang des Nivellementweges angebracht. Nach der Ausgleichung der Knotenpunkte werden die geopotentiellen Koten in metrische Höhenwerte umgerechnet. Früher wurden normalorthometrische Höhen über NN berechnet (DHHN12 und DHHN85), heute werden Normalhöhen über NHN im DHHN92 ermittelt. Die Ausgleichung der Nivellements 2. O. erfolgt ebenfalls unter Berücksichtigung der Schwerekorrektion, aber nicht in geopotentiellen Koten. Nivellements 3. und 4. O. können dagegen unmittelbar geometrisch ausgewertet werden.

Bei großen Höhenunterschieden wird häufig die trigonometrische Höhenübertragung angewandt. Hierbei wird neben dem gemessenen Zenitwinkel auch die Entfernung zwischen Stand- und Zielpunkt benötigt. Sofern diese nicht (elektronisch) gemessen werden kann, muss sie über eine Hilfsfigur indirekt bestimmt werden (z. B. bei unzugänglichen Hochpunkten). Als Ergebnis liefert die trigonometrische Höhenmessung geometrisch definierte Höhenunterschiede. Bei größeren Entfernungen müssen Vertikalrefraktion und Erdkrümmung berücksichtigt werden. Die größte Unsicherheit bei der trigonometrischen Höhenmessung wird durch die Vertikalrefraktion verursacht, insbesondere bei größeren Entfernungen. Dieser Einfluss kann allerdings durch gleichzeitige gegenseitige Zenitwinkelmessung etwas verringert werden. Weitere Fehler können sich durch die Vernachlässigung der Lotabweichung ergeben. Bei großen Höhenunterschieden über kurze Entfernungen ist die trigonometrische Höhenübertragung dem geometrischen Nivellement meist überlegen. Trigonometrische Höhen können sowohl durch Einzelauswertung als auch durch Höhennetzausgleichung ermittelt werden.

Stromübergangsmessungen werden mit besonderem Instrumentarium ausgeführt. Wegen stark ungleicher Zielweiten sind besondere Messungsanordnungen erforderlich, mit denen die verschiedenen Fehlereinflüsse weitgehend eliminiert werden können.

Hydrostatische Nivellements mittels Schlauchwaage sind im amtlichen Vermessungswesen äußerst selten. Sie wurden z. B. im Küstenbereich bis in die 1990er Jahre zur Höhenübertragung eingesetzt und mit wissenschaftlicher Begleitung ausgeführt.

Schwerebestimmung
Die ersten Absolutschwerebestimmungen um 1900 sind durch Pendelmessungen erfolgt. Aufgrund der begrenzten Genauigkeit dieses Verfahrens ist seit etwa 1960 nur noch die Freifall-Methode in Gebrauch. Dabei wird die Fallstrecke und Fallzeit einer Probemasse im Vakuum gemessen. Moderne Absolutgravimeter beinhalten daher physikalische Primärstandards von höchster Genauigkeit. Mit einem Rubidium-Normal für die Kurzzeitmessung und einen jod-stabilisierten Laser für die Wegmessung kann derzeit eine Genauigkeit von besser als 10^{-10} realisiert werden. Der gegenseitige Vergleich der Absolutgravimeter, die eigentlichen Träger des Schwerebezugssystems, erfolgt in internationalen Vergleichskampagnen beim „Bureau International des Poids et Mesures (BIPM)“ in Paris. Dadurch wird eine hohe Zuverlässigkeit der Absolutschwerebestimmung gewährleistet (BKG 2009).

Absolutschweremessungen sind aufwendig und erfordern ein teures Instrumentarium. Daher sind relative Schweremessungen in der Praxis viel verbreiteter. Bei diesem Verfahren werden nur Schwereunterschiede bestimmt, d. h. man muss die Messung auf einem schweremäßig bekannten Festpunkt an- und abschließen. Relativgravimeter sind handlich und verhältnismäßig preiswert. Sie arbeiten nach dem Federwaagen-Prinzip (LaCoste & Romberg, SCINTREX). Dabei wird die Auslenkung einer Probemasse im Instrument aufgrund unterschiedlicher Schwere hochgenau ermittelt. Die Maßstabsbestimmung für die Relativgravimeter erfolgt auf besonders eingerichteten Eichlinien. Diese bestehen aus Schwerefestpunkten mit großen Höhen- bzw. Schwereunterschieden, für die Sollwerte vorliegen.

Absolutschweremessungen liefern unmittelbar die gewünschten Schwerewerte. Im Allgemeinen ist nur eine Höhenreduktion vom Gerätebezugspunkt zur Marke des Schwerefestpunktes erforderlich. Daneben werden die Schwerewerte aber noch wegen des Luftdrucks, der Erdgezeiten und eines ggf. abweichenden Grundwasserstandes korrigiert, um sie auf ein zeitunabhängiges und reproduzierbares System zu beziehen.

Bei der Relativgravimetrie muss die Messung mit einer bestimmten Methodik ausgeführt werden, damit das Driftverhalten der Messfeder (der „Gang“ des Gravimeters) später in der Auswertung berücksichtigt werden kann. Gebräuchlich sind die Differenzmessung, die doppelte Profilmessung und die Schleifenmessung. Wichtig ist, dass während eines Tagesabschnitts immer wieder auf bekannten Schwerefestpunkten gemessen wird, um den Gang als gleichmäßigen (d. h. zeitlich linearen) Einfluss berücksichtigen zu können. Zur Steigerung der Zuverlässigkeit der Messergebnisse sollen außerdem mehrere Geräte parallel zueinander eingesetzt werden. Die Auswertung der Relativschweremessungen erfolgt durch Netzausgleichung im Anschluss an Festpunkte. Dabei findet auch die „dynamische" Variante Anwendung, bei der die Schwereanschlusspunkte im Rahmen ihrer Bestimmungs-Ungenauigkeit auch Verbesserungen erhalten können (ADV 1989).

5.3.2 Satellitengestützte Positionierungsverfahren

Es werden nur Verfahren beschrieben, die im Zusammenhang mit Globalen Navigationssatellitensystemen (GNSS) stehen. Ausgangspunkt dazu ist der operative Betrieb des NAVSTAR-GPS (Navigation System with Time and Ranging – Global Positioning System) der USA ab etwa 1980. Für das russische GNSS „GLONASS (Globalnaya Navigatsionnaya Sputnikovaya Sistema), das in Entstehung befindliche europäische System „Galileo" sowie das chinesische Compass-System gelten bezüglich Aufbau und Messprinzipien ähnliche Bedingungen.

Bei den satellitengestützten Positionierungsverfahren erhält man für die Empfangsantenne eine geometrisch definierte 3-D-Position im Bezugssystem der verwendeten Satelliten. Eine derartige „absolute" Positionsbestimmung beinhaltet jedoch mehrere Fehlerquellen und kann daher nur auf einige Meter genau erfolgen. Dies ist für geodätische Anwendungen nicht ausreichend. Bestimmt man dagegen die Positionen mehrerer Satellitenempfänger zeitgleich (simultan) unter Nutzung derselben Satelliten, so sind die Fehlereinflüsse in den beteiligten Punkten etwa gleich. Das bedeutet, dass die Positionsunterschiede zwischen beiden Punkten erheblich genauer bestimmbar sind, da wesentliche Fehlereinflüsse durch Differenzbildung eliminiert werden. Diese Ergebnisse bezeichnet man auch als Raumvektoren oder Basislinien, die mit sehr hoher Genauigkeit (ca. 10^{-6}) bestimmt werden können. Alternativ lassen sich diese Fehler auch mathematisch modellieren.

Durch gleichzeitige Messungen auf mehreren Stationen und Anschluss an vermarkte Festpunkte lassen sich räumliche 3-D-Netze aufbauen, die zunächst im Bezugssystem des verwendeten GNSS definiert sind (siehe Abschnitte 5.4.2 bis 5.4.4). Über identische Punkte kann ein derartiges Netz dann in die amtlichen Bezugssysteme der Landesvermessung transformiert werden. Bei der Aufspaltung der 3-D-Positionierungsergebnisse in Lage und Höhe ist jedoch zu beachten, dass die Höhenkomponente rein geometrisch definiert ist und die Ergebnisse nicht unmittelbar in die physikalisch definierten Höhenbezugssysteme übernommen werden können.

Das Prinzip der Differentiellen Positionierung mit GNSS (kurz: DGNSS) ist durch die Einrichtung permanenter Referenzstationen optimiert und operationalisiert worden. Für diese Referenzstationen wurden zum einen hochgenaue räumliche 3-D-Koordinaten im ETRS89 bestimmt (Sollpositionen). Zum anderen werden auf diesen Stationen ständig absolute GNSS-Positionsbestimmungen durchgeführt, sodass die Differenz der ETRS89-Sollposition zur jeweils aktuellen „absoluten" GNSS-Position direkt ermittelt und als Korrektur an benachbarte Satellitenempfänger weitergegeben werden kann. Dies erfolgt inzwischen nahezu in Echtzeit und ist die Basis für das „Real-Time-Kinematik-Verfahren (RTK)". Dabei werden die Korrekturdaten von einem Netz aus Referenzstationen abgeleitet, flächenhaft aufbereitet und den Anwendern im Feld über moderne Kommunikationswege zur Verfügung gestellt. Als Vernetzungslösungen sind die Verfahren „Flächenkorrekturparameter (FKP)", „Virtuelle Referenzstation (VRS)" und „Master Auxiliary Concept (MAC)" in Gebrauch.

Nach diesen Grundprinzipien ist auch der amtliche Satellitenpositionierungsdienst der Deutschen Landesvermessung SA*POS*® eingerichtet worden, der im ETRS89 betrieben wird (siehe Abschnitt 5.4.6). SA*POS*® steht seit 1999 flächenhaft zur Verfügung, wobei die Vernetzung der Stationen 2001 realisiert wurde. Die Korrekturdaten können in Echtzeit (über Funk, GSM und Ntrip) oder für Auswertungen im Postprocessing bereitgestellt werden (RINEX-Daten). Bei der Echtzeit-Positionierung erhält man unmittelbar 3-D-Koordinaten im ETRS89. Diese können bei Bedarf in andere Lage- oder Höhensysteme überführt werden. Dabei ist wiederum zu beachten, dass die aus der Positionierung erhaltenen Höhenunterschiede geometrisch definiert sind und nicht physikalisch. Für die Auswertung von GNSS-Netzen im Postprocessing benötigt man allerdings komplexe Ausgleichungsprogramme (z. B. Berner Software, GEONAP, Wanninger-Software). Damit können insbesondere Langzeitmessungen zur Erzielung höherer Genauigkeiten ausgewertet werden.

Durch die messtechnische Verknüpfung der geometrischen 3-D-Raumbezugssysteme mit den physikalischen Höhensystemen (Nivellement und Schweremessung) werden immer bessere Geoid- und Quasigeoidmodelle entwickelt. Diese Modelle können dann im Gegenzug zur Bestimmung physikalischer Höhen aus satellitengestützten 3-D-Positionierungen beitragen. Zudem wird erwartet, dass satellitengestützte Positionierungsverfahren künftig auch zur genauen Höhenübertragung eingesetzt werden können (GNSS-Nivellement).

5.4 Satellitennavigationssysteme und Positionierungsdienste

5.4.1 Grundlagen

Die klassische Beschreibung von GNSS erfolgt nach SEEBER (1993) in der Dreiteilung „Raum-, Kontroll- und Nutzersegment". WANNINGER (2000) hat diese Sichtweise noch um das für Positionierungsdienste wichtige Segment der Referenzstationen erweitert. Die heutige Struktur der GNSS-Segmente gibt Abbildung 5.9 wieder.

Das Raumsegment beinhaltet die im Orbit befindlichen Satelliten. Das Kontrollsegment besteht aus mehreren Bodenstationen (Tracking- und Monitoring-Stationen), von denen

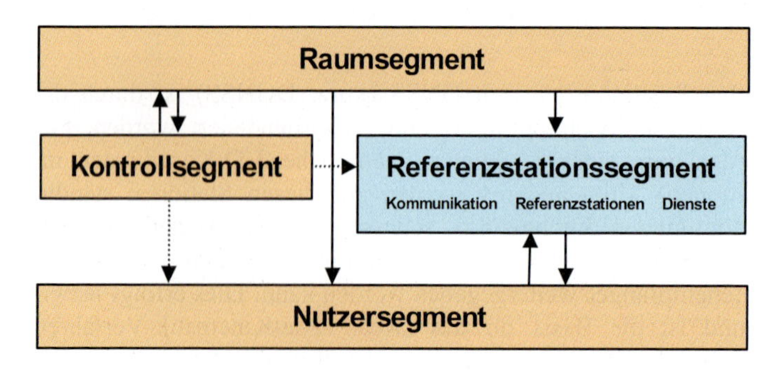

Abb. 5.9: Segmente eines GNSS (LGN)

insbesondere die Bahndaten (Ephemeriden) der Satelliten bestimmt und als Almanach an die Satelliten übertragen werden. Im Nutzersegment findet man die Satellitenempfänger im Bereich der Erdoberfläche, wobei eine Satellitenempfangsausrüstung aus einer Antenne und einem Datenprozessor, der die empfangenen Satellitensignale in dreidimensionale Positionen umrechnet, besteht. Das Referenzstationssegment sammelt und veredelt GNSS-Daten und stellt sie in Form von Positionierungsdiensten zur Verfügung.

5.4.2 GPS (Global Positioning System)

Das GPS wurde durch die USA aufgebaut und ist seit Anfang der 1980er Jahre operativ im Einsatz. Die wichtigsten Systemparameter sind nachstehend tabellarisch wiedergegeben.

Tabelle 5.7: GPS-Systemparameter

Global Positioning System (GPS)	
Anzahl der Satelliten (Soll)	24 + 6
Orbitebenen	6
Satelliten pro Bahnebene (aktiv + Reserve)	5 + 1
Orbithöhe über Erdoberfläche	20.200 km
Bahnneigung gegen Äquatorebene (Inklination)	55°
Umlaufzeit	11 h 58 min
ground track repeat	täglich
Signalübertragungsverfahren	CDMA (Code-Multiplexverfahren)
Referenzsystem	WGS84
Referenzzeitsystem	$T_{(GPS)}$ = TAI – 19 s

Die GPS-Zeit ist auf einer gleichmäßigen Zeitskala ohne Schaltsekunden definiert und war zum 6. Januar 1980 synchron mit der koordinierten Weltzeit (UTC). Sie folgt der durch mehrere Atomuhren linear realisierten „Internationalen Atomzeit (Temps Atomic International – TAI)“ mit einem Offset von – 19 s UTC hinkt der TAI infolge von Schaltsekunden immer mehr hinterher (in 2008 waren es 33 s). Dadurch laufen GPS-Zeit und UTC ebenfalls immer weiter auseinander (JOECKEL ET AL. 2008).

Das Datensignal der GPS-Satelliten wird auf zwei Frequenzen ausgesendet (L1 mit 1.575,42 MHz und L2 mit 1.227,60 MHz). Durch Übertragung der Datensignale auf zwei Frequenzen können ionosphärische Effekte bestimmt und die Genauigkeit der Messergebnisse gesteigert werden.

Im Rahmen der Modernisierung des GPS-Weltraumsegmentes wird der L2-Frequenz ein kommerzieller Code („ziviles Signal“ oder „L2C“) hinzugefügt. Damit erhalten die Empfänger zusätzliche Informationen, die für die Fehlerkorrektur bei modernen RTK-Vermessungen genutzt werden können. Der Aufbau der dritten zivilen Frequenz (L5 mit 1.176,45 MHz) ist im Gange. Die vierte zivile Frequenz (L1C) soll im Jahr 2014 an den Start gehen und wird mit der L1-Frequenz von Galileo kombinierbar sein.

5.4.3 GLONASS (Globalnaya Navigatsionnaya Sputnikovaya Sistema)

Das von Russland betriebene GLONASS ist seit 1982 im Aufbau und wurde 1993 für operabel erklärt. In Tabelle 5.8 sind die wesentlichsten Daten zu diesem System zusammengestellt.

Tabelle 5.8: GLONASS-Systemparameter

Globalnaya Navigatsionnaya Sputnikovaya Sistema (GLONASS)	
Anzahl der Satelliten (Soll)	24 + 6
Orbitebenen	3
Satelliten pro Bahnebene (aktiv + Reserve)	8 + 2
Orbithöhe über Erdoberfläche	19.100 km
Bahnneigung gegen Äquatorebene (Inklination)	64,8°
Umlaufzeit	11 h 15 min
ground track repeat	alle 8 Tage
Signalübertragungsverfahren	FDMA (Frequenz-Multiplexverfahren)
Referenzsystem	PZ-90.02 (seit 20.09.2007)
Referenzzeitsystem	UTC (Moskau) = UTC + 3 h

Das aktuelle Referenzsystem PZ-90.02 der GLONASS-Satelliten ist am ITRF2000 orientiert und unterscheidet sich nur in den Translationen um wenige Dezimeter. Die GLONASS-Zeit bezieht sich, im Gegensatz zur GPS-Zeit, auf die koordinierte Weltzeit (UTC). Sie ist daher vom gelegentlichen Einfügen von Schaltsekunden abhängig. Als Zeitzone wird Moskau angehalten, d. h. Greenwich-Zeit (UTC) + 3 h.

Alle Satelliten senden mit gleichem Code, aber auf verschiedenen Frequenzen im MHz-Bereich, das sogenannte FDMA-Verfahren (Frequenzmultiplexverfahren). Die tatsächliche Übertragungsfrequenz kann von der Kanal-Nummer „k" durch folgende Regel abgeleitet werden (Zoog 2009):

$$\text{L1-Frequenz} = f1(k) = 1.602\ \text{MHz} + k \times 9/16\ \text{MHz}$$

$$\text{L2-Frequenz} = f2(k) = 1.246\ \text{MHz} + k \times 7/16\ \text{MHz}$$

Der Vollausbau des Systems mit 24 Satelliten und 3 Reservesatelliten (künftig: 6 Reservesatelliten) wurde erstmals 1996 erreicht. Wegen der schlechten Qualität der GLONASS-Satelliten der ersten Generation verringerte sich die Anzahl der funktionsfähigen Satelliten bis zum Jahr 1998 auf 13 und im weiteren Verlauf bis 2001 auf nur noch 7 Satelliten.

Seit 2001 werden die verbesserten Uragan-M-Satelliten zum Einsatz gebracht. Diese sollen eine längere Lebensdauer und stabilere Cäsium-Uhren an Bord haben. Im Rahmen der Verbesserung der Satelliten wurde die Signalstruktur um eine weitere zivile Frequenz auf L2 ergänzt, um die Genauigkeit zu steigern. Der Vollausbau mit Uragan-M-Satelliten soll Mitte des Jahres 2010 abgeschlossen sein. Die nächste Entwicklungsstufe, die Uragan-K-Satelliten, sollen ab 2009/2010 mit einem dritten zivilen Signal ausgestattet sein. Gleichzeitig sollen GNSS-Informationen zur Integrität im dritten zivilen Signal übermittelt werden.

Außerdem ist ein Wechsel in der Frequenzübertragung von FDMA auf CDMA geplant, um Kompatibilität mit GPS und Galileo zu erreichen (BECKER 2009).

5.4.4 Galileo

Das von Europa konzipierte und im Aufbau befindliche Globale Navigationssatelliten-System „Galileo" ist durch folgende Spezifikationen gekennzeichnet (Tabelle 5.9).

Tabelle 5.9: Galileo-Spezifikationen

Europäisches Satellitennavigationssystem Galileo	
Anzahl der Satelliten (Soll)	30
Orbitebenen	3
Satelliten pro Bahnebene (aktiv + Reserve)	9 + 1
Orbithöhe über Erdoberfläche	23.200 km
Bahnneigung gegen Äquatorebene (Inklination)	56°
Umlaufzeit	14 h 04 min
ground track repeat	alle 10 Tage
Signalübertragungsverfahren	CDMA (Code-Multiplexverfahren)
Referenzsystem	GTRF
Referenzzeitsystem	GST (Galileo System Time)

Das Referenzsystem „Galileo Terrestrial Reference Frame (GTRF)" soll durch ausgewählte ITRF-Stationen realisiert werden und mit dem ITRF2005 konsistent sein (BKG 2009). Die Galileo-Systemzeit (GST) soll in sehr guter Übereinstimmung mit der Internationalen Atomzeit (TAI) gehalten werden (PTB 2009). Das Galileo-System wird die Frequenzen E5A, E5B (analog zu GPS L1 und L2) und E1 aussenden. Die E6-Frequenz wird im Rahmen der kommerziellen Nutzung integriert sein.

Nach derzeitiger Planung wird Galileo frühestens 2013 operabel genutzt werden können. Dabei sollen die folgenden 5 Dienste verfügbar sein (ESA 2005):

Offener Dienst (Open Service, OS)
Der OS steht in direkter Konkurrenz oder als Ergänzung zum GPS. Er soll ebenfalls frei und kostenlos empfangbar sein. Allerdings müssen Hersteller entsprechender Empfänger Lizenzgebühren entrichten. Der OS ermöglicht die Ermittlung der eigenen Position auf wenige Meter genau. Zudem liefert er die Uhrzeit entsprechend einer Atomuhr (besser als 10^{-13}). Auch kann dadurch die Geschwindigkeit, mit der sich der Empfänger (z. B. in einem Fahrzeug) fortbewegt, errechnet werden.

Kommerzieller Dienst (Commercial Service, CS)
Der CS ist kostenpflichtig und soll verschlüsselt zusätzliche Sendefrequenzen und damit höhere Übertragungsraten von ca. 500 bit/s zur Verfügung stellen. So sind dann beispielsweise Korrekturdaten empfangbar, die eine Steigerung der Positionsgenauigkeit um ein bis zwei Größenordnungen erlauben. Der CS ist unter anderem auch für sicherheitskritische

Anwendungen ausgelegt (z. B. Flugsicherung), wobei Garantien zur ständigen Verfügbarkeit dieses Dienstes geplant sind.

Sicherheitskritischer Dienst (Safety-of-Life, SoL)
Der SoL steht sicherheitskritischen Bereichen zur Verfügung, z. B. dem Luft- und dem Schienenverkehr, und ist das Korrektiv zu den Risiken, die sich aus den kommerziellen Anwendungen (CS) ergeben können. Er bietet Integritätsinformationen (z. B. Warnungen wenige Sekunden im Voraus), bevor das System z. B. wegen ausgefallener Satelliten oder bei Positionierungsfehlern nicht mehr genutzt werden sollte. Auch für diesen Dienst sind Garantien für die ständige Verfügbarkeit geplant.

Öffentlich regulierter Dienst (Public Regulated Service, PRS)
Der PRS steht ausschließlich Regierungsanwendungen zur Verfügung (z. B. Polizei, Küstenwache, Geheimdiensten). Er wird als Dual-Use-System auch für militärische Anwendungen nutzbar sein. Das ebenfalls verschlüsselte Signal ist weitgehend gegen Störungen und Verfälschungen gesichert und soll eine hohe Genauigkeit und Zuverlässigkeit bieten.

Such- und Rettungsdienst (Search And Rescue, SAR)
Der SAR arbeitet mit anderen Diensten zusammen und erlaubt eine schnelle und weltweite Ortung der Notsender von Schiffen oder Flugzeugen. Auch soll erstmalig eine Rückantwort von der Rettungsstelle an den Notrufsender möglich sein.

5.4.5 Weitere Satellitennavigationssysteme

Compass, das chinesische Satellitennavigationssystem, wird auch als „Beidou-2“ bezeichnet (Beidou bedeutet „Großer Bär“). Es soll im Endausbau über 5 geostationäre Satelliten sowie über 30 Satelliten auf mittleren Umlaufbahnen verfügen. Die geostationären Satelliten nehmen Positionen über dem asiatisch-pazifischen Raum ein, 27 Satelliten werden sich auf Umlaufbahnen in 3 Ebenen mit einer Inklination von 55° und einer Höhe von ca. 22.000 km verteilen. Die übrigen 3 Satelliten sollen sich auf geosynchronen Bahnen mit einer Inklination von 55° bewegen.

Die Signale mit präzisen Zeit- und Orbitinformationen werden im L-Band auf den Trägerfrequenzen 1.561,1 MHz, 1.207,14 MHz, 1.268,52 MHz und 1.589,74 MHz übermittelt. Dabei gibt es Überlappungen zu den Frequenzen von GPS, GLONASS und Galileo. Die Verfügbarkeit wird – wie auch bei allen anderen GNSS – 24 h betragen. Im offenen globalen Service soll eine Positionsgenauigkeit von 10 m, eine Zeitgenauigkeit von 50 ns sowie eine Geschwindigkeitsgenauigkeit von 0,2 m/s erreicht werden (BECKER 2009).

EGNOS (European Geostationary Navigation Overlay Service) bildet zusammen mit Galileo das europäische Satellitennavigationssystem für Nutzer in Europa und Nordafrika. Dieses satellitengestützte Erweiterungssystem (Satellite-Based Augmentation System – SBAS) bietet Nutzern der Luft- und Schifffahrt sowie an Land zusätzliche Dienste in Form von Korrekturinformationen an, die in Analogie zu DGNSS-Messungen auf den Bestimmungen bekannter Festpunkte basieren. Neben dem aus drei geostationären Satelliten bestehenden Raumsegment (ESA 2007) empfangen 34 Messstationen die Daten von GPS und GLONASS. EGNOS hat einen gebührenfreien Service und kann kostenlos empfangen werden. Seit 2007 wird EGNOS im Test betrieben, wobei eine Zertifizierung für 2010 angestrebt wird. Die heutige Genauigkeit beträgt für die Lagekomponente 1-2 m und für die Höhenkomponente 2-4 m.

5.4.6 Grundsätze für Positionierungsdienste

Auf der Grundlage internationaler Normen und Standards basiert ein Positionierungsdienst auf einem Netz einheitlich koordinierter aktiver Referenzstationen, die neben permanenten Messungen aller sichtbaren GNSS-Satelliten über Kommunikationsmedien mit einer Zentrale zur kontinuierlichen Datensammlung, -speicherung, -analyse und -bereitstellung verbunden sind und über definierte Qualitätskriterien eine hohe Verfügbarkeit für multifunktionale Nutzungen gewährleisten. Diese Anforderungen führen zu organisatorisch-administrativen, technischen und benutzungsrelevanten Grundsätzen eines Positionierungsdienstes, die nachstehend in Tabelle 5.10 zusammengestellt sind.

Tabelle 5.10: Grundsätze eines Positionierungsdienstes

Organisation, Administration	**Technik**	**Benutzung**
Planungs-, Einrichtungs-, Test- und Betriebsphase	Verwendung von Standards und Normen	Nutzungs- und Lizenzbedingungen
Schaffung der notwendigen Infrastruktur (Zentrale, Stationen, Kommunikation)	Durchgängige Bezugsrahmen „vom Großen ins Kleine“	Kosten, Entgelte, Gebühren
Rechtliche Aspekte, Finanzierung	Einheitliches Netz hochgenau positionierter Referenzstationen	Haftungs- und Gewährleistungsfragen
Regelungen des inneren Betriebs	Definition von Systemparametern	Bereitstellung und Nutzung der Daten
Personalausstattung, Schulungen	Datenkommunikation	Öffentlichkeits- und Nutzerinformation
Vorteile für Verwaltung, Wissenschaft und Wirtschaft	Weiterentwicklung aller Komponenten	Kostenersparnis beim Nutzer
Qualitätsmanagement des Positionierungsdienstes		

Im Rahmen der projektorientierten Konzeption des Dienstes (Planung bis Betrieb) sind Standorte zu erkunden und Stationen einzurichten (Antennenträger, Infrastruktur für die erforderliche Hard- und Software, Daten- und Wartungskommunikation), rechtliche und finanzielle Rahmenbedingungen zu schaffen (Nutzungsverträge, Investitions-, Pflege- und Betriebskosten) sowie Betriebsregeln festzulegen. Ein Personalstamm für die Bedienung des Dienstes ist nicht nur in der Zentrale (Softwarebedienung und Wartung), sondern auch für praktische Aufgaben an den Stationen erforderlich. Zur Steigerung der Nutzerakzeptanz und Optimierung aller Komponenten werden im technischen Bereich Standards und Normen verwendet (vgl. Abschnitt 5.7). Die Anforderungen an die Bezugsrahmen werden international definiert. Wissenschaftlich tätige Institutionen aktualisieren regelmäßig die Bezugsrahmen durch Fortschreibung der sie repräsentierenden Koordinaten der Referenzstationen. Diese Koordinaten dienen der Berechnung der Korrekturdaten des Dienstes (WILLGALIS 2005) und bilden die Schnittstelle zum Nutzer. Die Referenzstationen mit ihren unterschiedlichen Standorten und Komponenten erfordern eine hohe Qualität, Stabilität und Unveränderbarkeit. Sämtliche Einflüsse auf die Station pflanzen sich über die Daten zum Nutzer fort und erfordern ein ausgeprägtes Qualitätsmanagement (QM).

System- oder Leistungsparameter beschreiben vorrangig die technischen Details der Funktionalität eines Dienstes (JAHN 1996). Sie basieren auf den zuvor dargestellten Grundsätzen und orientieren sich an dem Nutzerpotenzial. In der Planungsphase sind sie zu beschreiben und prototypisch zu realisieren, zu überprüfen, bewerten (Evaluation) und nachzusteuern. Die für einen Dienst wichtigsten Parameter sind nachfolgend aufgelistet:

- Geodätische Zweifrequenzempfänger mit absoluten individuellen Antennenkalibrierungen,
- kontinuierliche (24 Stunden an 365 Tagen), flächendeckende, hochgenaue, schnelle und zuverlässige Datenverfügbarkeit,
- Standarddatenrate von 1 Sekunde bei 0 Grad Elevation,
- 30-Sekunden-Intervall für dauerhafte Datenspeicherung,
- Fehlermodellierung für DGNSS und PDGNSS durch qualitativ hochwertige Software (Vernetzung mit FKP, VRS und MAC siehe Abschnitt 5.4.7),
- hohe Anzahl von Nutzern im Parallelbetrieb.

Die Nutzer kommunizieren mit dem Dienst über definierte Schnittstellen und verwenden unterschiedlichen Medien (siehe Abschnitte 5.7.2 und 5.7.3). Die Benutzungsgrundsätze regeln die Beziehungen zwischen Dienstanbieter und Nutzer außerhalb technischer Aspekte (z. B. vertragliche und kostenrelevante Regelungen). Nutzerinformationen in Form eines Informationsdienstes und allgemeine Öffentlichkeitsarbeit sind ständige Prozesse zwischen Dienstanbieter und Nutzer (z. B. Telefon-Hotline, Internet, Newsletter, Broschüren, Informationsveranstaltungen, Workshops).

In der Planungsphase des Dienstes ist eine Zielgruppenanalyse erforderlich. Dadurch lassen sich Nutzer gruppieren, Besonderheiten des Dienstes zielgerichtet aufbauen und Kosten reduzieren. Eine Nutzerübersicht nach Genauigkeitsgruppen ist nachstehend in Tabelle 5.11 zusammengestellt.

Tabelle 5.11: Nutzerübersicht nach Genauigkeitsgruppen

Nutzer	**Genauigkeiten**
Fahrzeugnavigation, Telematik, Verkehrsleitsysteme, Flottenmanagement, Polizei, Feuerwehr, Rettungsdienste, Geoinformationsdienste, Hydrographie, Umweltschutz, Land- und Forstwirtschaft	Meter
Vermessungs- und Katasterwesen, Ingenieurvermessung, Luftbildvermessung und Laserscanning, Geoinformationssysteme, Versorgungsunternehmen, Hydrographie, Seevermessung, Flurbereinigung, Bodenschätzung, Luftfahrt	Zentimeter
Bezugsrahmen, Referenzsysteme der Landesvermessung, Grundlagenvermessung, Katastervermessung, Ingenieurvermessung, wissenschaftliche und geodynamische Untersuchungen, Luftbildvermessungen, Überwachungsaufgaben (Küstenschutz, Pegel, Bauwerke)	Millimeter

Zu den Grundsätzen eines Positionierungsdienstes gehört ein Qualitätsmanagement (QM). Dabei wird die Qualität nach der Norm EN ISO 9000:2005 als der Maßstab eines Produktes (Ware oder Dienstleistung) gewertet, der den bestehenden Anforderungen entspricht. Die reine Kundensicht ist dabei einer Gesamtsicht gewichen, die neben dem Kunden auch das Unternehmen, die Öffentlichkeit und weitere Kriterien berücksichtigt. Über geeignete Organisationsmaßnahmen, die zu einer Verbesserung der Produkte führen sollen, gelangt man zu einem Qualitätsmanagement nach der Norm ISO 9001.

Für einen Positionierungsdienst, der Produkte gemäß den genauigkeitsspezifischen Kundensegmenten erzeugt, lassen sich zahlreiche Qualitätskriterien im Sinne messbarer Größen festlegen. Die einzelnen Kriterien entfalten verschiedene Wirkungsrichtungen, die einerseits den Dienstbetreiber (Innenwirkung I), andererseits den Kunden (Außenwirkung A) betreffen:

Tabelle 5.12: Qualitätskriterien für Positionierungsdienste

Qualitätskriterium	Wirkungsrichtung
Bedienter und unbedienter Betrieb	I
Redundanz der Hard- und Software sowie der Kommunikationsmedien	I
Alarmfunktionalitäten und Reaktionszeiten	I
Genauigkeiten, Zuverlässigkeit, Integrität und Verfügbarkeit	A
Monitoring	A
Datenspeicherung, -analyse und -bewertung	I
Informationsdienst	A
Dokumentationen, Arbeitsanweisungen	I
Validierung sowie Evaluierung aller Dienstkomponenten	I

Diese Qualitätskriterien stellen Oberbegriffe dar, die in der praktischen Umsetzung differenziert werden müssen. Von besonderer Bedeutung sind außenwirksame Kriterien, da man daraus Indikatoren einer messbaren Kundenzufriedenheit ableiten kann.

Für den Nutzer eines Positionierungsdienstes sind die Kriterien Genauigkeit, Zuverlässigkeit, Integrität und Verfügbarkeit in Verbindung mit einem Informationsdienst die entscheidenden Faktoren. Die Genauigkeit orientiert sich an den Wünschen des Auftraggebers und wird statistisch berechnet. Sie bezieht sich in der Hauptsache auf Koordinaten oder messbare Größen und kann als Begrenztheit der Auflösung von Messungen beschrieben werden (WILTSCHKO & MÖHLENBRINK 2005).

Die Zuverlässigkeit wird als stochastische Eigenschaft berechnet und ist die Wahrscheinlichkeit, mit der der Dienst zeitlich und räumlich fehlerfrei funktioniert. Sie (die innere und äußere Zuverlässigkeit) bestimmt das Maß der Aufdeckbarkeit grober Fehler in Datenreihen oder Ausgleichungsansätzen. Daneben lässt sie sich auch in die Bereiche Verfügbarkeit und Aktualität unterteilen. Der Dienst ist zuverlässig, wenn er jederzeit und allerorts funktioniert sowie aktuelle Daten liefert, die mit der Wirklichkeit fehlerfrei übereinstimmen.

Verwendbarkeit und Gebrauchsfähigkeit der Daten wird durch die Integrität beschrieben, die mit Vollständigkeit, Konsistenz und Korrektheit näher spezifiziert werden kann. Datenvollständigkeit ist sowohl für Echtzeit- als auch für Postprocessing-Anwendungen ein wichtiges Maß und Beurteilungskriterium des Kunden. Hierüber hat der Diensteanbieter einen Qualitätsnachweis zu führen. Konsistente Daten werden über Standards realisiert, die Korrektheit der Koordinaten durch Wiederholungsmessungen bestimmt.

Im Bereich der Koordinatenberechnungen sorgen auf Betreiber- und auf Nutzerseite kontinuierliche Monitoringverfahren einerseits für einen Nachweis der Funktionalität, andererseits für eine langfristige Qualitätsaussage zu einzelnen Komponenten.

5.4.7 Staatliche Positionierungsdienste

Mit dem Beschluss zur Einrichtung des Satellitenpositionierungsdienstes der deutschen Landesvermessung (SA*POS*®) hat die AdV 1995 den Startschuss zum Aufbau eines aktiven echtzeitfähigen Positionierungsdienstes gegeben, der unter Nutzung moderner Satellitentechniken einen Umbruch im Raumbezug und der ingenieurgeodätischen Messtechnik sowie tiefgreifende Veränderungen im Hinblick auf Wirtschaftlichkeit und Personalentwicklung bewirkte. SA*POS*® als gesetzlich legitimierte Aufgabe der Bereitstellung des amtlichen geodätischen Raumbezugs gehört damit zur infrastrukturellen Grundversorgung der Länder der Bundesrepublik Deutschland.

Die entscheidenden Komponenten von SA*POS*® sind die flächendeckende Einrichtung permanenter GNSS-Referenzstationen, deren fachliche und kommunikationstechnische Vernetzung sowie die spezifischen multifunktionalen SA*POS*®-Dienste. Letztere bestehen in der Bereitstellung von Korrekturdaten für unterschiedliche Genauigkeitsansprüche, die für alle denkbaren Einsatzmöglichkeiten satellitengestützter Positionierungen Anwendungen finden. Das heutige Dienstekonzept von SA*POS*® (Abb. 5.10) basiert auf einer Kombination aus Echtzeit- und Postprocessing-Komponenten in den Genauigkeitsbereichen vom Meter- bis in den Millimeter-Bereich hinein.

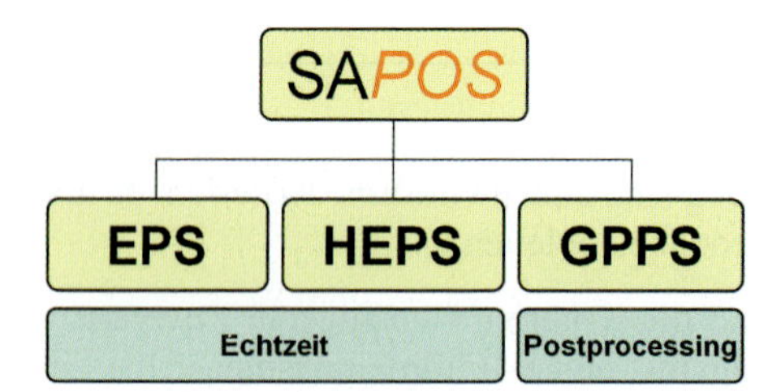

Abb. 5.10: SAPOS®-Servicebereiche (LGN)

Entgegen der Ursprungsdefinition von vier Diensten wurden 2005, nach 10 Jahren Bestand, die beiden früheren Postprocessing-Dienste GPPS (Geodätischer Präziser Postprocessing Positionierungs-Service) und GHPS (Geodätischer Hochpräziser Postprocessing Positionierungs-Service) zum heutigen Geodätischen Postprocessing Positionierungs-Service (GPPS) vereinigt. Alle gebräuchlichen Übertragungsmedien, Datenformate, Taktraten und Einheiten werden von SA*POS*® angeboten (siehe Tabelle 5.13).

Tabelle 5.13: Systemparameter der SAPOS®-Dienste

Einzel-dienst	Beschreibung	Genauig-keiten	Übertragungs-medium	Daten-formate	Taktrate und Einheit
EPS	Echtzeit-Positionierungs-Service	1 m Lage, 2 m Höhe	UKW (RASANT) Mobilfunk (GSM) 2-m-Band (Funk) Internet (Ntrip)	RTCM 2.0	3-5 Sek. / 1 Min. 1 Sek. / 1 Min. 1 Sek. / 1 Min.
HEPS	Hochpräziser Echtzeit-Positionierungs-Service	2 cm Lage, 2-4 cm Höhe	Mobilfunk (GSM) 2-m-Band (Funk) Internet (Ntrip)	RTCM 2.3 RTCM 3.0 RTCM 3.1	1 Sek. / 1 Min. 1 Sek. / 1 Min. 1 Sek. / 1 Min.
GPPS	Geodätischer Postprocessing Positionierungs-Service	< 1 cm	Internet E-Mail Datenträger	RINEX 2.1	≥ 1 Sek. / 1 Min. < 1 Sek. / 1 Min.

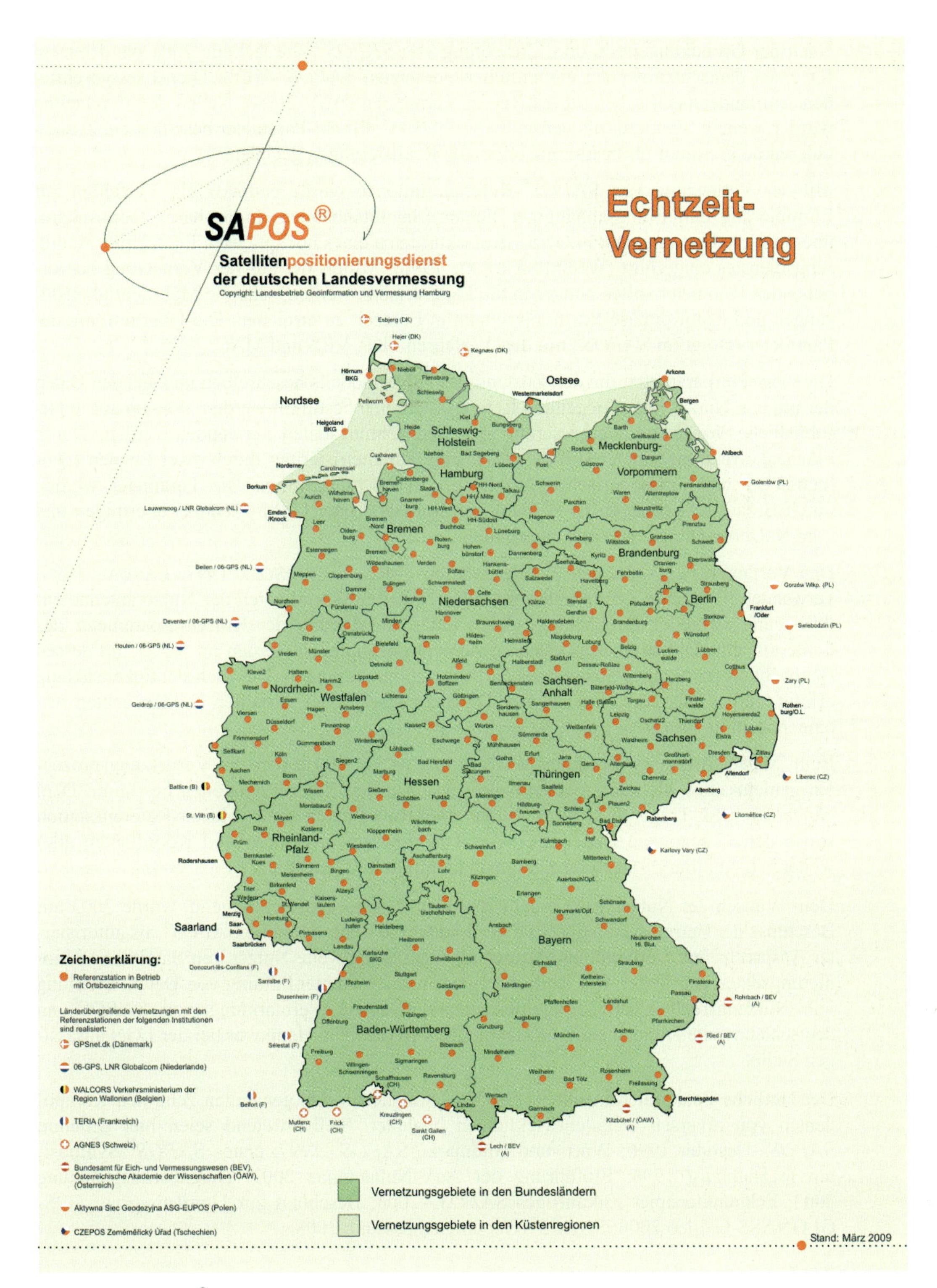

Abb. 5.11: SAPOS®-Referenzstationen-Vernetzung in Deutschland (AdV)

Nach der Grundkonzeption und Einrichtung von SA*POS*® wurde Ende 2001 das Konzept für einen deutschlandweiten einheitlichen vernetzten SA*POS*®-HEPS Dienst festgeschrieben, um länderspezifische Alternativen zu vermeiden (ADV 2004). Neben der Vernetzung wurden weitere Standards als verbindliche SA*POS*®-Pflicht-Parameter beschlossen. Zusätzlich wurde Freiraum für bestimmte optionale Realisierungen gegeben.

Mit der Vernetzung von SA*POS*®-Referenzstationen wurde erstmals ein Verfahren zur Eliminierung entfernungsabhängiger Fehler (Satellitenbahnen, Ionosphäre, Troposphäre) über mittlere Entfernungen in GNSS-Korrekturdaten eines hochpräzisen Echtzeitpositionierungsdienstes eingeführt (WÜBBENA ET AL. 1996). Mittels der aus der Vernetzung hervorgehenden Parameter sollen Nutzer in die Lage versetzt werden, schnelle Mehrdeutigkeitslösungen und damit präzise Positionierungen in Echtzeit zu erreichen. Die Übermittlung der Parameter erfolgt im SA*POS*® mit den Verfahren FKP, VRS und MAC.

Die Korrekturparameter, die den Zustand des Fehlermodells beschreiben und aus den Daten der um den Nutzer herumliegenden Referenzstationen bestimmt werden, können auf unterschiedliche Weise zur Verbesserung der Beobachtungsdaten verwendet werden. Durch Flächenkorrekturparameter (FKP) erfolgt eine Parametrisierung durch zwei Ebenen (geometrischer und ionosphärischer Anteil) im Beobachtungsraum. Die Parameter werden durch Broadcast-Lösungen (z. B. Funk im 2-m-Band oder GSM-Technik) übertragen und vom Nutzerempfänger (Rover) verarbeitet.

Das Verfahren der Virtuellen Referenzstation (VRS, WANNINGER 1997, LANDAU 1998) verwendet die in eine Zentrale übermittelten Näherungskoordinaten der Nutzerantenne zur Erzeugung virtueller Beobachtungsdaten unter Anbringung der Korrekturparameter des Fehlermodells. Die so übermittelten „neuen“ Beobachtungen werden im Rover mit dessen Beobachtungen zu einer Lösung der Nutzerposition verbunden. Die Mehrdeutigkeitslösung erfolgt hierbei über eine extrem kurze Distanz zwischen der virtuellen und der echten Antennenposition.

Beim Master-Auxiliary-Konzept (MAC, EULER ET AL. 2001) wird im Vernetzungsprozess ein gemeinsames Mehrdeutigkeitsniveau zwischen den Referenzstationen bestimmt. Dem Nutzer werden Trägerphasenkorrekturen und Koordinaten einer Master-Referenzstation sowie darauf bezogene Differenzen der Trägerphasenkorrekturen und Koordinaten aller weiteren („Auxiliary“-) Referenzstationen übermittelt (ZEBHAUSER ET AL. 2002).

Dem Wunsch der Nutzer nach einem zentralen Ansprechpartner folgend, wurde 2003 auf Beschluss der Betreibergemeinschaft der Länder die Zentrale Stelle SA*POS*® als autorisierter Ansprech- und Verhandlungspartner für deutschlandweite Nutzer von Satellitenpositionierungsdaten gegründet. Die länderübergreifende Zusammenführung von Daten, Erteilung von Nutzungsrechten und Entgeltfestsetzungen sowie Vermarktung von SA*POS*® an deutschlandweite Kunden sind die Hauptaufgaben dieser in Hannover bei der LGN ansässigen Stelle.

Der amtliche Positionierungsdienst SA*POS*® war neben den genannten zentralen Komponenten von diversen Detailentwicklungen begleitet. Stellvertretend seien hier genannt: SA*POS*®-Decoder 1996; Wort- und Bildmarke SA*POS*® 1997; erstes SA*POS*®-Symposium in Hamburg 1998; Einführung der AdV-Nullantenne 2002; Diagnoseausgleichung 2003; Eckpunktepapier Zukünftiges SA*POS*® 2006; Beschluss zur Umrüstung auf GPS-GLONASS-Galileo 2006; SA*POS*®-Gebührenanpassung 2008.

Als Daueraufgabe im SA*POS*®-Dienst erfolgen von den Ländern umfangreiche Arbeiten im Bereich des Qualitätsmanagements mit Arbeitsanweisungen und Nutzerinformationen. Ein eigener Ionosphärendienst (TEC) gehört ebenso dazu wie länderspezifische Monitoringdienste. Datenanalysen (Qualität, Vollständigkeit, Speicherung), Statistiken und Standardisierungsfragen finden ihre Basis bereits 1998 mit dem erstem QM-Handbuch SA*POS*®. Heute werden zahlreiche Statistiken von den Ländern aus den Betriebszustandsdaten von SA*POS*® generiert.

5.4.8 Private Positionierungsdienste

ascos ist der Satelliten-Referenzdienst der AXIO-NET GmbH (AXIO-NET 2009). 2001 als besondere Dienstleistung der E.ON Ruhrgas AG gegründet, kooperiert das Unternehmen mit SA*POS*® in einer Public Private Partnership (PPP). Mit dem Echtzeitdienst (ED) für einen Genauigkeitsbereich von 30 bis 50 cm und dem Präzisen Echtzeitdienst (PED) mit Genauigkeiten von 2 cm für die Lage- und 4 cm für die Höhengenauigkeit bietet ascos zwei Anwendungen, die auf firmeneigenen, auf SA*POS*®- und auf Stationen Dritter aufsetzen. Neben den beiden Echtzeitverfahren werden Dienstleistungen für die Versorgungs- und Bauwirtschaft, die Forst- und Landwirtschaft sowie Schifffahrt und Deutsche Bahn angeboten.

Die Firma *Trimble* bietet mit ihrem Positionierungsdienst zwei grundsätzliche Genauigkeitsbereiche an. Aufbauend auf einem eigenen Stationsnetz von 145 Stationen und weiteren 30 Referenzstationen erlaubt der NetDGPS-Dienst eine Sub-Meter Genauigkeit, mit einem RTK-Dienst und drei verschiedenen Zeitkontingenten pro Jahr erreicht der Nutzer Zentimetergenauigkeit (TRIMBLE 2009).

Es ist zu beachten, dass private Positionierungsdienste nicht im amtlichen geodätischen Raumbezugssystem betrieben werden (können). Daher sind Positionierungsergebnisse (Echtzeit, Postprocessing und Transformationen) von privaten Diensteanbietern grundsätzlich nur für privatrechliche Zwecke (d. h. zur Georeferenzierung nicht-amtlicher Daten) verwendbar.

5.5 Nachweissysteme und weitere Daten des Raumbezugs

5.5.1 Die Entwicklung bis heute

Die Daten des geodätischen Raumbezugs sind in der Vergangenheit in verschiedenartiger Weise archiviert und aufbereitet worden, wobei auch länderspezifische Besonderheiten auftreten können. Deshalb sollen an dieser Stelle nur einige grundsätzliche Ausführungen zu den bisherigen Festpunkt-Nachweisen erfolgen.

Unabhängig von der Art des Festpunktes gibt es Netzskizzen, Beobachtungsbücher, Berechnungsakten und Punktbeschreibungen (topographische Einmessung und Sicherung). Die Ergebnisse der Auswertungen werden in Form von amtlichen Lagekoordinaten, Höhenangaben und Schwerewerten sowie von Qualitätsangaben punktweise in strukturierter Form nachgewiesen. Dies geschah früher durch analoge Festpunktkarteien, heute digital mittels Festpunktdatenbanken. Aus den Datenbanken lassen sich Festpunktauszüge erzeugen, die den Nutzern der Festpunktfelder zur Verfügung gestellt werden können.

Zur eindeutigen Bezeichnung der Festpunkte sind heute vorwiegend die nachfolgend beschriebenen *Nummerierungssysteme* in Gebrauch. Daneben können länderspezifische Abweichungen bestehen, auf die aber hier nicht näher eingegangen werden kann.

Die Lagefestpunkte (TP) werden innerhalb eines Blattes der Topographischen Karte 1:25.000 (TK25) nummeriert. Dabei werden 3-stellige Leitnummern und 2-stellige Folgenummern vergeben. Als Nummerierungsbezirk wird die 4-stellige Nummer des TK25-Blattes vorangestellt. Im ALK-Modell erhalten TP die Punktartenkennung 0.

Die TP 1. und 2. O. erhalten Leitnummern im Bereich von 1-10, die TP 3. O. von 11-50 und die TP 4. O. werden ab 51 nummeriert. Somit kann man die (frühere) Hierarchiestufe eines TP unmittelbar aus seiner Leitnummer erkennen. Wenn ein TP mehrere Stationspunkte besitzt, werden diese mit einer Folgenummer (beginnend mit 00) gekennzeichnet.

Die Höhenfestpunkte (bisher als NivP bezeichnet) wurden früher gemarkungsweise nummeriert und als Leitnummer die 4-stellige Gemarkungsnummer verwendet. Innerhalb der Gemarkung wurden die NivP dann mit einer laufenden Nummer, beginnend mit 1, gekennzeichnet. Später wurde auch für die NivP das TK25-Blatt als Nummerierungsbezirk mit 4-stelliger Blattnummer eingeführt. Innerhalb der TK25 werden die NivP mit einer einfachen fortlaufenden Nummer gekennzeichnet (1 bis 99.999). Eine Differenzierung nach der Ordnung des NivP erfolgt dabei nicht. Im ALK-Modell sind die NivP zusätzlich durch die Punktart 9 gekennzeichnet.

Die Schwerefestpunkte (SFP) werden ähnlich wie die TP nummeriert. Innerhalb des Nummerierungsbezirks (TK25-Blatt) werden die SFP mit einer 3-stelligen Leitnummer und einer 2-stelligen Folgenummer versehen. Die Leitnummernbereiche sind dabei wiederum nach der Ordnung des SFP differenziert. Für SFP 1. O. (einschließlich der Punkte des DSGN94) wird das Intervall von 1 und 10, für SFP 2. O. das Intervall von 11 bis 20 und für SFP 3. Ordnung das Intervall von 21 bis 999 verwendet. Im ALK-Modell erhalten SFP zusätzlich die Punktartenkennung 8.

Identische Punkte (d. h. Punkte mit mehreren fachlichen Bedeutungen) werden bislang redundant nachgewiesen. Die Verknüpfung erfolgt über gegenseitige Verweise auf die Punktnummer der jeweils anderen Funktion.

Zur graphischen Selektion der Festpunkte ist eine Darstellung in *Festpunktübersichten* (FPÜ) erforderlich. Diese FPÜ werden grundsätzlich auf der Basis der TK25 (dem Nummerierungsbezirk der Festpunkte) erstellt, in aller Regel nach Punktarten getrennt. Früher wurden die FPÜ noch als transparente Deckpausen zur TK25 analog geführt, heute ist die digitale Form gebräuchlich. Es ist außerdem möglich, TP bzw. LFP, NivP bzw. HFP und SFP gemeinsam in kombinierten FPÜ zu präsentieren.

Die Ergebnisse aus der geodätischen Bestimmung der Festpunkte (Lagekoordinaten, Höhenangaben und Schwerewerte) wurden früher in Festpunktkarteien nachgewiesen, heute in Festpunktdateien. Diese werden in der Regel getrennt nach Lage (TP), Höhe (NivP) und Schwere (SFP) geführt. Dabei werden Daten in den verfügbaren Bezugssystemen über entsprechende Auszüge für Nutzer bereitgestellt.

Die *Festpunktauszüge* enthalten grundsätzlich einen Aktualitätsstand. Bei den Daten zu älteren Bezugssystemen werden normalerweise keine konkreten punktbezogenen Genauigkeitsangaben geführt. Nach der Einrichtung des DREF können jedoch für die darauf bezogenen Lage- und 3-D-Festpunkte relative punktbezogene Standardabweichungen oder Lagegenauigkeitsstufen angegeben werden.

Zur praktischen Nutzung der Festpunkte für Anschlussmessungen werden außerdem Punktbeschreibungen abgegeben. Diese enthalten eine topographische Lageskizze und ggf. Sicherungspunkte, sodass die Punktmarken in der Örtlichkeit aufgefunden und identifiziert werden können. Die Festpunktskizzen werden grundsätzlich digital (als Bilddateien) geführt und können durch Fotos ergänzt sein.

Zu den *internen Nachweisen* des geodätischen Raumbezugs zählen die Beobachtungsakten und die dazugehörigen Arbeitsnetzbilder. Diese werden für TP/LFP, NivP/HFP und SFP getrennt geführt und in analoger oder digitaler Form archiviert. Des Weiteren gibt es Berechnungsakten, wiederum getrennt für TP/LFP, NivP/HFP und SFP. In den Ausgleichungsprotokollen sind auch die punktbezogenen Genauigkeitsangaben enthalten, die ggf. in die amtlichen Nachweise übernommen werden. Die Berechnungsakten wurden früher in analoger Form, heute nur noch digital archiviert. Für hierarchisch aufgebaute Festpunktfelder werden außerdem Netzbilder angelegt, in denen die Abhängigkeiten der stufenweisen Berechnung graphisch dargestellt sind. Neben den Berechnungsprotokollen, in denen amtliche Ergebnisse erzeugt worden sind, können auch ergänzende Analysen und Diagnoseausgleichungen archiviert werden.

5.5.2 Amtliches Festpunktinformationssystem AFIS®

Die Grundsätze für die Neumodellierung der Geobasisdaten des Liegenschaftskatasters und der Geotopographie wurden Ende der 1990er Jahre auch auf die Festpunkte der Landesvermessung übertragen. So entstand im Jahr 2000 neben dem Amtlichen Liegenschaftskatasterinformationssystem (ALKIS®) und dem Amtlichen Topographisch-Kartographischen Informationssystem (ATKIS®) das Amtliche Festpunktinformationssystem AFIS®. Alle drei Komponenten bilden zusammen das AFIS®-ALKIS®-ATKIS®-Referenzmodell der AdV, kurz AAA-Modell. Die Geobasisdaten wurden dabei fachlich harmonisiert und DV-technisch in eine Form gebracht, die internationalen Normen und Standards entspricht. Der digitale Datentransfer erfolgt damit künftig über die Normbasierte Austausch-Schnittstelle (NAS) (LUX 2005, ADV 2008).

Ein wesentliches Merkmal des AAA-Modells ist, dass Daten grundsätzlich nicht redundant geführt werden. Insofern enthält AFIS® nur Objekte, die weder in ALKIS® noch in ATKIS® gespeichert sind. Dazu gehören die Lage-, Höhen- und Schwerefestpunkte der Landesvermessung (LFP, HFP und SFP) sowie die SA*POS*®-Referenzstationspunkte (RSP). Für die RSP werden allerdings nur die beschreibenden Daten nachgewiesen; die zur Positionierung benötigten permanent registrierten Satellitendaten und die daraus prozessierten Korrekturdaten gehören nicht zum AFIS®-Modell. Gleiches gilt für die digitalen Geoid- und Quasigeoidmodelle, die zur Umrechnung von ellipsoidischen in physikalisch definierte Höhen verwendet werden.

Das AFIS®-Modell beinhaltet die 4 Punktarten Lagefestpunkt (LFP), Höhenfestpunkt (HFP), Schwerefestpunkt (SFP) und Referenzstationspunkt (RSP). Diese sind jeweils als zusammengesetzte Objekte (ZUSO) ausgestaltet. Innerhalb des jeweiligen ZUSO treten weitere Objektarten auf, insbesondere der Punktort (mit Koordinatenreferenzsystem, Lage, Höhe oder räumliche 3-D-Position), die Schwere (mit Schweresystem und Schwerewert) sowie die Skizze (nur Dateiname als „Unified Resource Identifier (URI)“). Die Zusammenhänge sind in Abbildung 5.12 vereinfacht dargestellt.

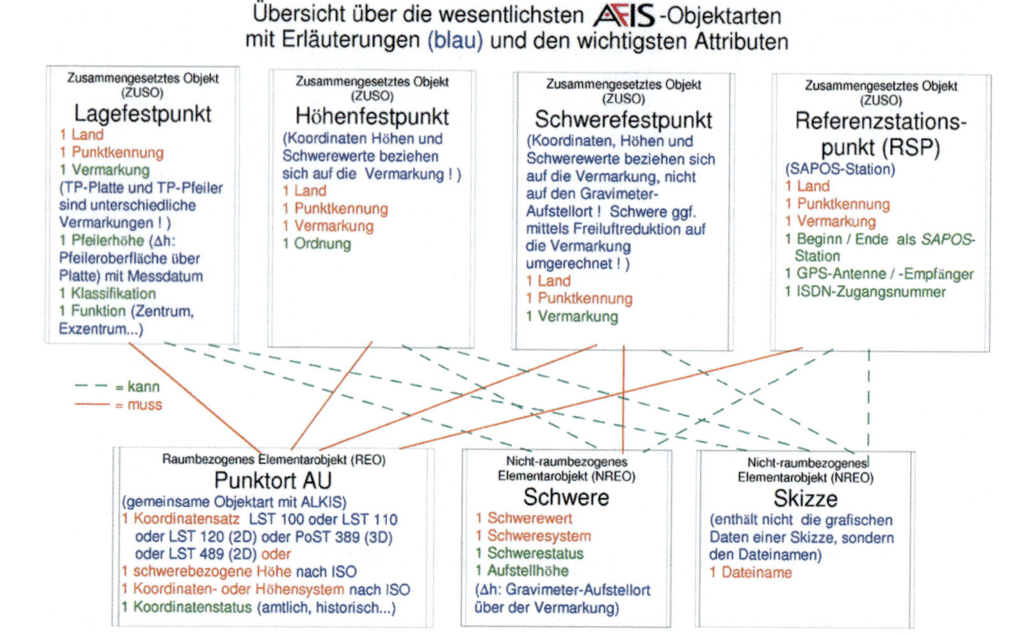

Abb. 5.12: AFIS®-Datenmodell (vereinfachte Darstellung) – (AdV)

Die Geodätischen Grundnetzpunkte (GGP) bilden in AFIS® keine eigene Objektart, sondern gehören zur Kategorie der Lagefestpunkte und werden dort mit einer besonderen Klassifikation gekennzeichnet. Die Objekte „Punktort AU“ und „Schwere“ können multipel geführt werden, sodass man für einen Festpunkt mehrere Koordinaten-, Höhen-, räumliche 3-D- und Schwerereferenzsysteme parallel speichern kann. Die Koordinaten, Höhen und Schwerewerte werden außerdem mit Qualitätsangaben versehen, wobei die wesentlichsten Attribute nachstehend aufgezählt sind:

- Datenherkunft: Hier wird angegeben, auf welche Weise die Daten erhoben worden sind (Messungsverfahren, Digitalisierung, Interpolation, …).
- Genauigkeit: Diese kann als Genauigkeitswert (d. h. als Standardabweichung der zugehörigen Lage-, Höhen- oder Schwereangabe) und als Genauigkeitsstufe geführt werden. Die Genauigkeitsstufen beruhen auf einer Klassenbildung bei der Standardabweichung.
- Vertrauenswürdigkeit: Damit wird die Zuverlässigkeit der Lage-, Höhen oder Schwereangabe charakterisiert (z. B. kontrollierte Bestimmung, Berechnung durch Ausgleichung).

Die Skizzen zu den Festpunkten (Punktbeschreibungen, digitale Fotos und dergleichen) werden selbst nicht in AFIS® geführt, sondern in separaten Informationssystemen. Die Verknüpfung wird über die im Objekt „Skizze“ hinterlegte URI, d. h. über eine „absolute“ Pfadangabe, hergestellt.

Alle in AFIS® modellierten Objekte tragen die Kennung DFGM für „Digitales Festpunktmodell der Grundlagenvermessung". Zwischen den verschiedenen Objekten können Relationen gebildet werden. Die wichtigsten Relationen sind dabei die Identitäten zwischen den verschiedenen Festpunktarten, z. B. Identitäten zwischen Lage- und Höhenfestpunkten oder zwischen Höhen- und Schwerefestpunkten. Die Modellierung der Festpunktdaten in AFIS® ist abschließend. Aus dem umfassenden Objektartenkatalog (OK) wurde im Jahr 2002 eine Teilmenge als „Grunddatenbestand" definiert, der von allen Ländern einheitlich geführt werden muss. Damit ist gewährleistet, dass die Nutzer von Festpunkten die Daten in bundeseinheitlicher Form und über die Landesgrenzen hinweg kompatibel erhalten können.

Die Nutzung von AFIS® wird auch in Zukunft vorwiegend auf Einzelpunkte ausgerichtet sein, weniger auf Massedaten. Daher sind als Standardausgaben die Einzelnachweise und die Punktlisten festgelegt worden. Digitale Daten können dabei zukünftig normbasiert über die NAS abgegeben werden. Abschließend ist anzumerken, dass AFIS® keine Aussagen zu Festpunkt-Übersichten (FPÜ) enthält. Diese für die Nutzung der Festpunkte wichtige Informationsquelle und Selektionshilfe wird also weiterhin länderspezifisch ausgeprägt sein. Es ist zu erwarten, dass FPÜ anlassbezogen und mit verschiedenen Hintergrundgraphiken erstellt werden können (z. B. DTK25, DOP, Liegenschaftskarte oder Präsentationsgraphiken aus dem ATKIS®-DLM). Die verschiedenen Festpunktarten (LFP, HFP und SFP) werden dabei durch unterschiedliche Symbole dargestellt. Darüber hinaus wird auch der Blattschnitt der TK25 zu präsentieren sein, weil dieser weiterhin die Nummerierungsbezirke für LFP, HFP und SFP abgrenzt.

5.5.3 Daten für Zeitreihen

Neben den in Abschnitt 5.5.1 behandelten Nachweisen und sonstigen Daten des „terrestrischen" geodätischen Raumbezugs ist zu ergänzen, dass Beobachtungen und Auswerteergebnisse auch auf zeitliche Veränderungen der Erdoberfläche hin zu analysieren sind. Dies gilt nicht nur für die Höhe, sondern inzwischen auch für die Lage und räumliche 3-D-Position. Die Überwachung der noch verbleibenden Festpunkte (siehe Abschnitt 5.2.2) schließt dabei regelmäßige Wiederholungsmessungen mit ein. Aus den dabei erhaltenen Daten können Verdachtsgebiete für Lage- und Höhenänderungen aufgrund von Bodenbewegungen ermittelt werden. Diese Erkenntnisse sollten anschließend in geeigneter Form (z. B. in Kartenübersichten) publiziert werden.

5.5.4 Satellitendaten

Die Daten der Satellitennavigationssysteme werden den Nutzern heute für die „Echtzeit"- und „Post-Processing"- Anwendungen angeboten. Die Erfassung der Rohdaten erfolgt auf den Referenzstationen in standardisierter Form mit dem RINEX-Format (Abschnitt 5.7.3), das sich international nahezu einheitlich durchgesetzt hat. Dieses Format wird vor allem im Post-Processing eingesetzt. Zur Echtzeitübertragung wird das RTCM-Format verwendet, das in Abschnitt 5.7.2 detailliert beschrieben wird.

5.6 Aktuelle Aktivitäten und Projekte

5.6.1 Internationale Dienste

In der Anfangsphase der Nutzung von Satellitennavigationsverfahren (1984-1996) wurden nationale und internationale Messkampagnen durchgeführt, um großflächige Netze zu beobachten und globale geozentrische 3-D-Koordinaten zu bestimmen. Diese Einzelprojekte sind heute weitgehend von dauerhaften Diensten abgelöst worden, die weltweit verteilt unterschiedlichen Aufgaben nachkommen. So ist die Realisierung und Fortschreibung globaler Bezugssysteme heute eine wissenschaftliche Daueraufgabe. Die daraus abgeleiteten Bezugsrahmen wie das ITRF2005 werden in unregelmäßigen Abständen neu berechnet und durch den IERS eingeführt.

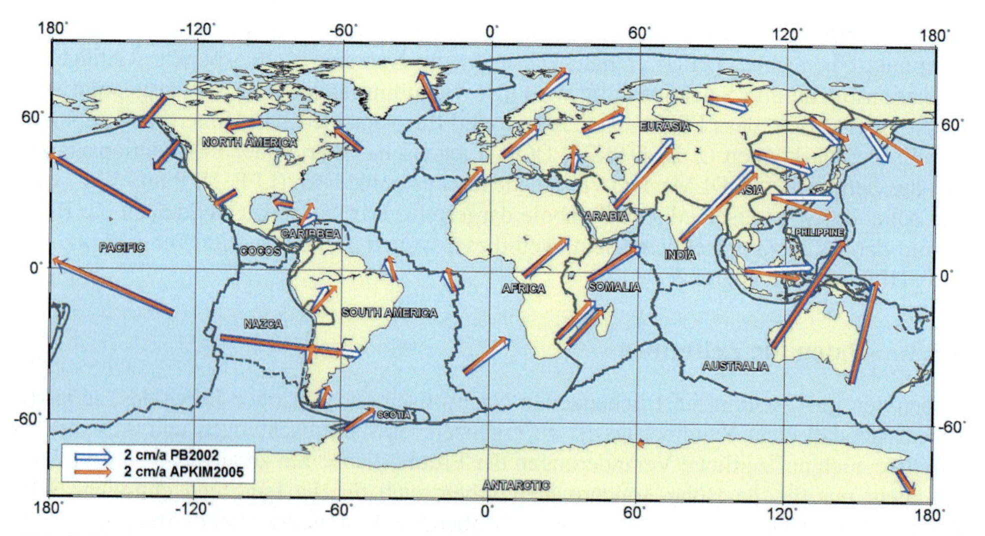

Abb. 5.13: Bewegungen der großen tektonischen Platten aus dem geodätischen Modell APKIM2005 im Vergleich mit dem geologisch-geophysikalischen Modell PB2002 (DREWES 2009)

Aus den weltweit verteilten Stationen des ITRF werden permanent Koordinatensätze ermittelt und publiziert. Internationale Rechenzentren verwenden diese Ergebnisse als Berechnungsgrundlage für eigene Produkte (z. B. Bahndaten von GNSS-Satelliten oder Erdorientierungsparameter). Aus geodätischen Messungen der vergangenen 20 Jahre lassen sich heute die globalen Bewegungen und Geschwindigkeiten kontinentaler Platten mit Zentimetergenauigkeit bestimmen (Abb. 5.13).

5.6.2 Erneuerung des Deutschen Haupthöhennetzes (DHHN)

Eine bedeutende Entscheidung für den geodätischen Raumbezug in Deutschland war die 2005 beschlossene Erneuerung des DHHN92 und damit die Wiederholungsmessung von nahezu 80 % der Nivellementschleifen des Netzes 1. O. Die dazugehörigen Messungen finden in den Jahren 2006 bis 2011 statt, gefolgt von der Auswertung, sowie der Zusammenstellung und Veröffentlichung der Ergebnisse.

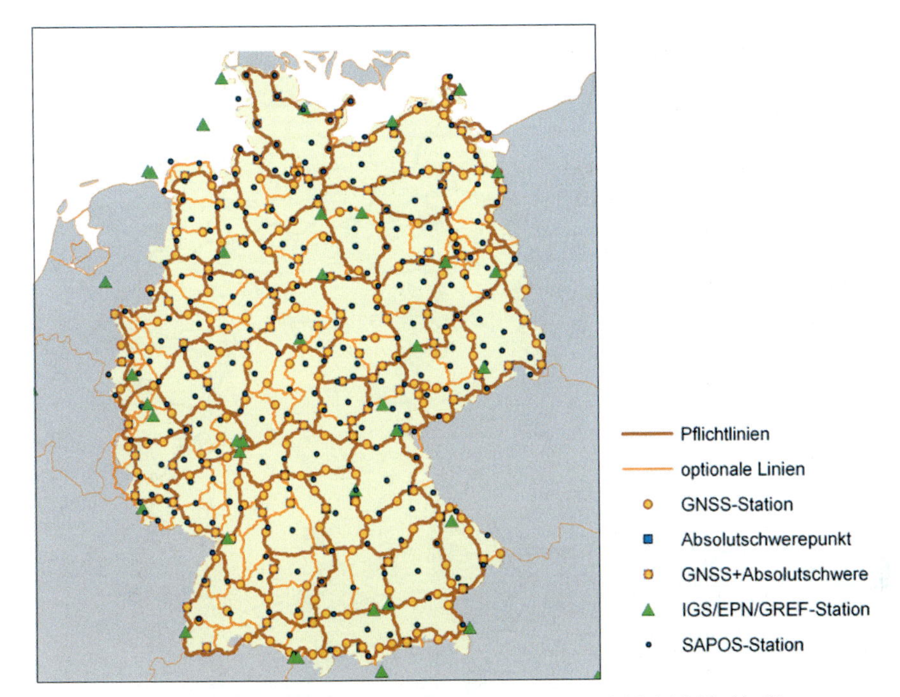

Abb. 5.14: Netzbild zur Erneuerung des DHHN92 von 2006-2011 (ADV)

Durch diese bundesweite Messkampagne (Abb. 5.14) soll einerseits dem zunehmenden Qualitätsverlust im Haupthöhennetz, andererseits den teilweise sehr heterogenen und veralteten Daten entgegengewirkt werden. Die dem DHHN92 zugrundeliegenden Daten wurden bereits vor über 30 Jahren bestimmt und entstammen dabei unterschiedlichen Epochen. Unter Anwendung des geometrischen Präzisionsnivellements mit modernen Digitalnivellierinstrumenten sollen die Ergebnisse weiterhin zur Aufdeckung möglicher Höhenänderungen in Deutschland herangezogen werden.

Neben den klassischen Nivellementmessungen erfolgte 2008 eine hochgenaue 3-D-Bestimmung von 250 GNSS-Punkten, die mit dem DHHN eng verknüpft sind. Auf 100 dieser Punkte werden ab 2009 zusätzliche Absolutschweremessungen durchgeführt. Mit dieser Messkampagne wird also erstmals eine epochengleiche Verknüpfung der bundeseinheitlichen Festpunktfelder realisiert und damit die Integration der geometrischen und physikalischen Bezugssysteme in ausgewählten Festpunkten vollzogen. Die Ergebnisse fließen weiterhin in die Aktualisierung des bundesweiten Quasigeoides ein und führen damit zu einem verbesserten Übergang zwischen den satellitengeodätisch bestimmten geometrischen und den physikalisch ermittelten Höhenwerten.

5.6.3 Überwachung des geodätischen Raumbezugs

Der Raumbezug in Deutschland wird zukünftig durch ein bundeseinheitliches Festpunktfeld aus GGP, RSP, HFP 1. O. und SFP 1. O. realisiert (Abschnitt 5.2.2). Das kinematische Verhalten der Erdoberfläche, die die Trägerin dieses Bezugsrahmens ist, wird sich künftig mehr und mehr auf die regionale (zum Beispiel Europa oder Deutschland) und lokale Ebene (zum Beispiel Deutschland oder kleinere Gebiete) auswirken.

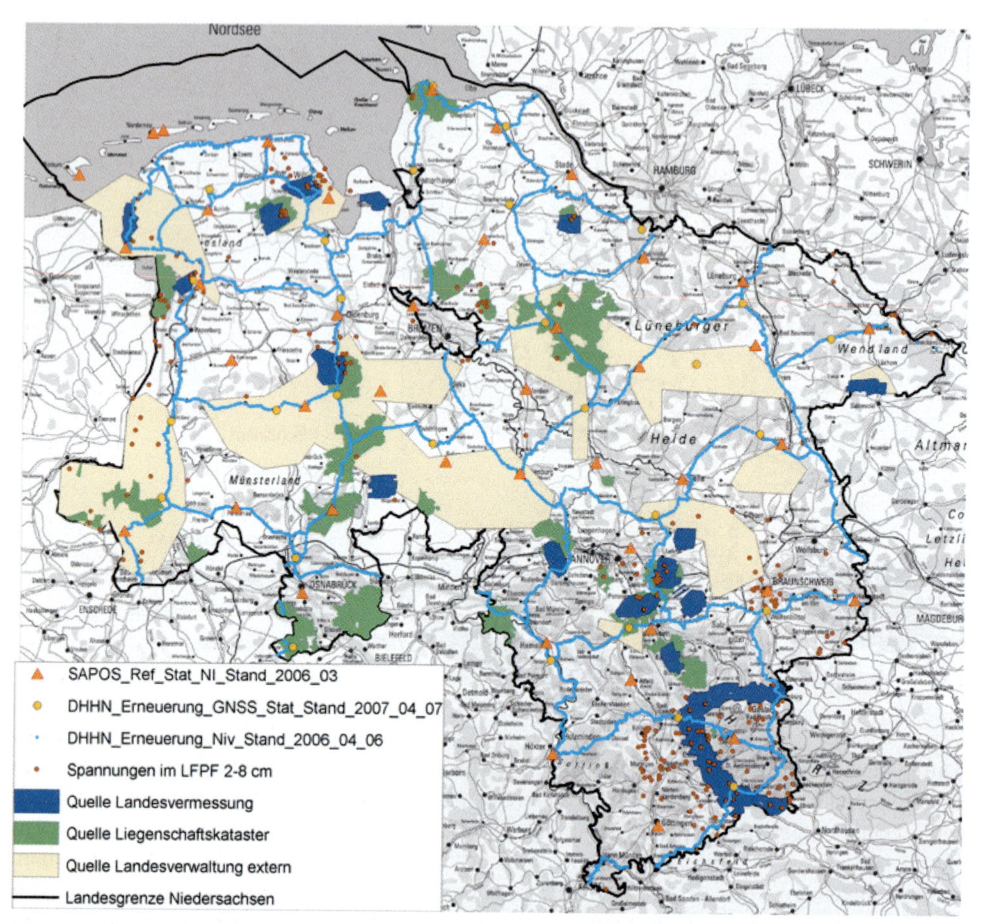

Abb. 5.15: Oberflächenveränderungen in Deutschland am Beispiel Niedersachsens (LGN)

So ist bereits heute bekannt, dass der Ansatz bei der Definition des ETRS89, die Koordinaten bezüglich des festen Teils der europäischen Platte beizubehalten, nur in erster Näherung richtig war. Bewegungsraten von einem bis zwei Zentimetern pro Jahr über Entfernungen von hundert Kilometern sind in vielen Bereichen Europas und damit des ETRS89 bekannt (zum Beispiel Hebung Fennoskandinaviens als Ausgleichsbewegung zur letzten Eiszeit). Die Ursachen liegen im Einflussbereich regionaler oder lokaler Oberflächenveränderungen, die durch tektonische Vorgänge, endogene Prozesse oder menschliche Einflüsse ausgelöst werden. Zudem bestehen innerhalb der eurasischen Platte kleinräumige Intra-Platten, die abweichende Bewegungen ausführen können. Systematische Untersuchungen unterschiedlicher Datenquellen haben z. B. für Niedersachsen ergeben, dass etwa 30 % der Landesfläche Bewegungsraten bis zu 1 cm pro Jahr aufweisen (siehe Abb. 5.15). Dies ist zwar für das Liegenschaftskataster unkritisch, aber für die Bereitstellung des geodätischen Raumbezugs über SA*POS*® nicht mehr vernachlässigbar.

5.7 Ausgewählte internationale und nationale Organisationen und Standardisierungsgremien

5.7.1 IAG und EUREF

Die IAG als eine von acht Sektionen der Internationalen Union für Geodäsie und Geophysik (IUGG) ging 1886 aus der Mitteleuropäischen Gradmessung hervor. Diese international tätige wissenschaftliche Organisation besteht aus vier Kommissionen im Aufgabenfeld geometrischer Bezugssysteme, Erdschwerefeld, Erdrotation und Geodynamik sowie Positionsbestimmung und Anwendung. Die IAG betreibt in Zusammenarbeit mit anderen wissenschaftlichen Institutionen zahlreiche permanene Dienste, die unter anderem Satellitenbahndaten der GPS- und GLONASS-Satelliten sowie Erdorientierungsparameter des IERS zum Übergang des raumfesten auf das erdfeste Bezugssystem berechnen und Nutzern zur Verfügung stellen. Diese Dienste werden freiwillig und kostenlos bereitgestellt und haben unmittelbaren Einfluss auf die Arbeiten im Vermessungswesen.

Die Subkommission EUREF der IAG wurde 1987 zur Einrichtung eines regionalen Bezugssystems für Europa gegründet. Sie arbeitet in der Kontinuität älterer Kommissionen (Einrichtung des ED 50), stellt aktuelle Koordinaten des EUREF Permant Network (EPN) zur Verfügung und realisiert das europäische Bezugssystem ETRS89 in verschiedenen Aktualitätsstufen. Darüber hinaus ist die Kommission zuständig für den Aufbau des European Vertical Reference Systems (EVRS) und des European Combined Geodetic Networks (ECGN), einem einheitlichen europäischen Höhensystem und einem integrierten kinematischen Referenznetz. Die Festpunktfelder bzw. zukünftigen bundeseinheitlichen Rahmennetze sind in diese europäischen Netze eingebunden.

5.7.2 RTCM

Um eine standardisierte und herstellerunabhängige Bereitstellung von Korrekturdaten zu ermöglichen, wurden 1983 im Ausschuss für differentielle GPS-Dienste (heute: Special Committee (SC) 104 on Differential Global Navigation Satellite Systems, DGNSS) der Radio Technical Commission for Maritime Services (RTCM) erste Empfehlungen zur Übertragung differentieller Korrekturen für GPS-Nutzer in der Hydrographie erarbeitet und 1985 mit der Version 1.0 veröffentlicht (WILLGALIS 2005). Das auf die reine unidirektionale Bereitstellung ausgerichtete Format betraf ursprünglich nur Codekorrektionen einer Re-

Tabelle 5.14: RTCM-Versionsentwicklung

RTCM-Version	Veröffentlichung	Inhalt (Auszug)
RTCM 1.0	1985	Pseudostrecken- und Range Rate Korrekturen (RRC)
RTCM 2.0	1990	Korrekturdaten und Statusinformationen
RTCM 2.1	1994	Trägerphasenroh- und korrekturdaten
RTCM 2.2	1998	Erweiterungen auf GLONASS-Daten
RTCM 2.3	2001	Antennenkalibrierungen
RTCM 3.0	2004	Neukonzeption zur effektiveren Datenübertragung
RTCM 3.1	2007	Vernetzung, Transformation

ferenzstation. In der Folge wurden Erweiterungen bezüglich der Trägerphasenrohdaten und -korrekturen sowie der GLONASS-Daten vorgenommen, immer unter der Prämisse der Abwärtskompatibilität.

Diese wurde 2004 mit der Version 3.0 durchbrochen, um eine effektivere Datenübermittlung vor dem Hintergrund neuer Übertragungswege und erweiterter hochgenauer Anwendungen zu ermöglichen. Die RTCM-Versionsentwicklung ist in Tabelle 5.14 zusammengestellt.

Die Verbesserung der Internetkommunikation (Verfügbarkeit, Geschwindigkeit) bewirkte, dass dieses Medium zunehmend in die Echtzeitdatenübertragung einbezogen wurde. So entwickelte das BKG zusammen mit dem Lehrstuhl für Kommunikationstechnik der Universität Dortmund ein Konzept zum Transport von RTCM-Korrekturdaten über das Internet (Networked Transport of RTCM via Internet Protocol – Ntrip). Ntrip ist ein Protokoll zur Übertragung von Daten in einem elektronischen Netzwerk, das an das „Hypertext Transfer Protocol (HTTP) des Internet angelehnt ist. Ntrip wurde 2004 als Standard vom RTCM-Komitee in der Version 1.0 eingeführt und wird seitdem zur Übertragung von GNSS-Daten verwendet. Als Medien vom Nutzer zum Internet dienen die zellularen Kommunikationssysteme GSM, GPRS, EDGE, oder UMTS.

Die technische Umsetzung der Datenübertragung mit dem Ntrip-Verfahren basiert auf einer Client-Server Lösung. Die Referenzstationen sind als Datenquelle mit einem zentral arbeitenden Caster (Serverfunktionen) verbunden, der neben der Kommunikation zum Nutzer (Client) auch Authentifizierungs-, Autorisierungs- und Abrechnungsfunktionen übernimmt. Ntrip wird momentan zu einer erweiterten Version 2.0 entwickelt, die eine vollständige HTTP-Kompatibilität (proxy server) gewährleisten soll. Eine Standardisierung durch RTCM wird folgen.

5.7.3 RINEX

Das Receiver Independent Exchange Format (RINEX, GURTNER ET AL. 1989), entwickelt an der Universität Bern, ist ein empfängerunabhängiges ASCII-basiertes Rohdaten- und Austauschformat, das 1989 auf dem IAG-Symposium in Edinburgh als internationaler Standard beschlossen wurde. Dieses Format dient dem Austausch und der Nutzung von GNSS-Daten im Postprocessing sowie der dauerhaften Speicherung der GNSS-Rohdaten. Die stark redundanten Daten werden durch ein ebenfalls standardisiertes Verfahren komprimiert (HATANAKA 1998). Mit der Fortschreibung dieses Standards auf die Version 2.0 erfolgte die Erweiterung auf GLONASS. Gegenwärtig befindet sich die Version 3.0 (weitere Navigationssysteme wie Galileo und andere) in der Einführungsphase.

5.7.4 TechKom

1999 wurde das Technische Komitee SA*POS*® (TechKom) gegründet, um technische Entwicklungen im SA*POS*® zwischen der AdV, Vertretern der Hersteller von GNSS-Hard- und Software sowie der Kommunikationstechnik unter dem Gesichtspunkt der Standardisierung miteinander abzustimmen. Hier wurden unter anderem technische Entwicklungen im Schnittstellenbereich (RTCM, RTCM-AdV), bei den GNSS-Empfängern (Referenzstationen und Rovern) oder den Datenübertragungsmedien (2-m-Funkempfänger, SA*POS*®-Decoder, GSM, GPRS) sachlich, teilweise auch kontrovers diskutiert, aber meistens gemeinsam gelöst. Das Technische Komitee ist kein Standardisierungsgremium im herkömmlichen Sinn. Es kann als wirksames Bindeglied zwischen Diensteanbietern, Herstellern und Nutzern und damit als zielorientierte Diskussionsplattform angesehen werden. Das Technische Komitee existiert bis heute in bewährter Form.

5.8 Schlussbemerkungen

5.8.1 Wertung

Der amtliche geodätische Raumbezug in Deutschland ist mit der Einführung des ETRS89 für die Lage und für den räumlichen 3-D-Bereich hinsichtlich der bevorstehenden europäischen Anforderungen gut gerüstet. Die Bereitstellung des ETRS89 erfolgt mit einem modernen, satellitengestützten Positionierungsdienst (SA*POS*®) nach internationalen Standards und mit durchgreifender Qualitätssicherung.

Das deutsche Schwerebezugssystem ist ebenfalls sehr gut an internationale Grundlagen angebunden. Was derzeit noch fehlt, ist die Einführung eines Europäischen Vertikalen Referenzsystems (EVRS) als amtliches Gebrauchshöhensystem in Deutschland. Damit könnte erstmals ein europaweit einheitliches, physikalisch definiertes Höhenbezugssystem in der Fläche bereitgestellt werden. Dieser Schritt sollte bei der Auswertung des Wiederholungsnivellements im DHHN92 geprüft werden.

5.8.2 Entwicklungstendenzen

Geodätische Raumbezugssysteme und deren Realisierungen sind unabdingbare Voraussetzungen für eine einheitliche Georeferenzierung. Sie bilden die Grundlage für alle Geodaten und basieren auf *dauerhaft vermarkten Festpunkten.* Auch wenn deren Anzahl durch die Nutzung satellitengestützter Positionierungsverfahren zurückgeht, stellen die Festpunkte weiterhin das grundsätzliche Sicherungssystem des geodätischen Raumbezugs beim Ausfall globaler Satellitennavigationssysteme (GNSS) dar.

Die Aufgaben des Raumbezugs verändern sich kontinuierlich von der passiven zur aktiven bedarfsorientierten Bereitstellung eines Koordinatenrahmens. Festpunkte, zu denen auch die SA*POS*®-Referenzstationen gehören, sind nicht mehr nur physische Messmarken, sondern lassen sich eher als *Geosensoren* bezeichnen, die fest mit der Erdoberfläche verbunden sind und deren Bewegung folgen. Die Erdoberfläche unterliegt bekanntlich zeitlichen Veränderungen, die bodenmechanisch, geophysikalisch (Intra-Platten) oder anthropogen (z. B. durch Eingriffe in den Grundwasserspiegel oder Bergbau) verursacht sein können. Damit dienen dauerhaft vermarkte Festpunkte gleichzeitig zur Sicherung, Überwachung und Kontrolle diverser Nutzungen (z. B. SA*POS*®, Bodenbewegungen) und sind multifunktional verwendbar. Entscheidend ist die Aktualität ihrer Koordinaten- und Höhenangaben.

Mit der Neustrukturierung des bundeseinheitlichen Festpunktfeldes begleitet die Vermessungsverwaltung diesen Aufgabenwandel. Großräumig erfolgt dabei das 3-D-Monitoring der Erdoberfläche über die GGP und die SA*POS*®- Referenzstationen, ggf. auch in speziellen GNSS-Kampagnen. Als übergeordnete Rahmen dienen dazu unter technisch-wissenschaftlichen Gesichtspunkten die europäischen ITRF-Stationen, das EPN und die Referenzstationen von DREF-Online, die alle permanent überwacht werden und ihre Basis in den internationalen Netzen haben.

Die Modernisierungen von GPS und GLONASS sowie der Aufbau von Galileo und Compass entwickeln sich in unterschiedlichen Geschwindigkeiten. Die insgesamt große Steigerung an verfügbaren Satelliten sowie die zusätzlichen Frequenzen werden dem Dienstbetreiber und den Nutzern von SA*POS*® Vorteile bezüglich Verfügbarkeit, Genauigkeit, Zuverlässigkeit und Wirtschaftlichkeit bringen. Unklar sind heute noch die hardwarespezifischen Anforderungen an die Signalverarbeitung, die sich durch die Steigerung der verfügbaren Frequenzen ergeben und Entwicklungen in der Empfänger- und Antennentechnologie erfordern. Hier sind auch weiterhin konzeptionelle Arbeiten erforderlich, um den Positionierungsdienst SA*POS*® an die gesteigerten Anforderungen anzupassen.

Das Dienstekonzept bei Galileo und EGNOS kann bezüglich der Integrität und Datenkommunikation zusätzliche Impulse für SA*POS*® ergeben. Allerdings werden zusätzliche GNSS einen erdgebundenen vernetzten Positionierungsdienst nicht ersetzen, sondern nur ergänzen, denn die Bestimmung entfernungsabhängiger Fehler im Messgebiet des Nutzers ist aufgrund physikalischer Bedingungen in der Signalausbreitung weiterhin notwendig.

SA*POS*®-Anwendungen im Liegenschaftskataster oder bei Ingenieurvermessungen (HEPS-Dienst) können mit neuen Verfahrensansätzen zur unabhängigen Kontrolle bei zeitgleichem Einsatz verschiedener Satellitenkonstellationen optimiert werden. Die höhere Anzahl von Satelliten führt in urbanen Gebieten mit größeren Abschattungen zwar zu einer Steigerung der Verfügbarkeit. Dennoch werden ungünstige geometrische Satellitenkonstellationen in engen Straßenschluchten sowie standpunktbezogene Fehler zuverlässige Positionsbestimmungen weiterhin erheblich beeinträchtigen.

Unmittelbare Arbeiten des Raumbezugs in näherer Zukunft sind:

- die Weiterentwicklung von Qualitätsstandards für Festpunktfelder und SA*POS*® sowie die dazu notwendige aktive Mitarbeit in den internationalen Standardisierungsgremien,
- die Erneuerung des DHHN 2006-2011, die eine weitere Epochenmessung und darüber hinaus die Grundlagen des künftigen integrierten Festpunktfeldes liefert,
- konzeptionelle Überlegungen für die Einführung eines neuen physikalisch definierten Bezugssystems (Höhe und Schwere einschließlich Quasigeoid-Modell) auf der Basis der DHHN-Erneuerung im Kontext zu europäischen Anforderungen,
- Überwachung und Homogenisierung der vermarkten Festpunktfelder in Bezug auf räumliche und zeitliche Veränderungen in Lage und Höhe sowie deren aktive Einbindung in den SA*POS*®-Dienst,
- konzeptionelle Arbeiten zur Trennung interner technischer Betriebskoordinaten (z. B. für SA*POS*®-Referenzstationen) von langzeitstabilen amtlichen Gebrauchskoordinaten auf der Basis zeitlicher Änderungen in den Festpunktfeldern und Bezugssystemen,
- Betrieb und Weiterentwicklung von SA*POS*® hinsichtlich neuer technischer Möglichkeiten, Verfahrensänderungen und Nutzeranforderungen (Qualitätsverbesserungen und Erneuerung von Referenzstationen hinsichtlich weiterer GNSS sowie Höhenbestimmungen mit unterschiedlichen SA*POS*®-Diensten),
- Aufbau und Betrieb des Amtlichen Festpunktinformationssystems (AFIS®) zur Online-Bereitstellung der Daten der geodätischen Festpunktfelder,
- Entwicklung und Aufbau eines erweiterten Dienstekonzeptes für die Bereitstellung amtlicher Meta-Informationen über das Festpunktfeld und SA*POS*® einschließlich Verdachtsgebiete über Lage- oder Höhenänderungen.

Insgesamt lassen sich die Daten des Raumbezugs neben ihren klassischen Aufgabenfeldern ideal für die aktuellen Fragestellungen hinsichtlich der Untersuchungen über das *System Erde* verwenden (Meeresspiegelanstieg, Abwendung von Naturkatastrophen und Risiko-Minimierung), wie dies in den internationalen und nationalen Projekten GGOS (Global Geodetic Observing System) und GGOS_D bereits zum Ausdruck gebracht wird.

Für die deutsche Landesvermessung besteht hierbei die große Chance, ihre vielschichtigen Datenbestände, die teilweise einen jahrzehntelangen Messungszeitraum überdecken und heute einem modernen integrierten Festpunktfeld entnommen werden können, in die aktuellen Analysen über die drängenden Fragen der Zukunft einzubringen.

5.9 Quellenangaben

5.9.1 Literaturverzeichnis

ADV (1973): Richtlinien für die elektromagnetische Distanzmessung im Hauptdreiecksnetz (EDM-Richtlinien). Hessisches Landesvermessungsamt, Wiesbaden.

ADV (1989): Das Hauptschwerenetz der Bundesrepublik Deutschland 1982 (DHSN82). Hessisches Landesvermessungsamt, Wiesbaden.

ADV (1993): Die Wiederholungsmessungen 1980 bis 1985 im Deutschen Haupthöhennetz und das Haupthöhennetz 1985. Bayerisches Landesvermessungsamt, München.

ADV (1995): Deutsches Haupthöhennetz 1992 (DHHN92). Bayerisches Landesvermessungsamt, München.

ADV (2004): SA*POS*® – Satellitenpositionierungsdienst der deutschen Landesvermessung. Ergebnisbericht der Expertengruppe GPS-Referenzstationen im Arbeitskreis Raumbezug einschließlich weiterer Entwicklungen, April 2004.

ADV (2006): Richtlinien für den einheitlichen Raumbezug des amtlichen Vermessungswesens in der Bundesrepublik Deutschland (Stand: 26.01.2006), AdV-Beschluss 115/7.

ADV (2008): Dokumentation zur Modellierung der Geoinformationen des amtlichen Vermessungswesens (GeoInfoDok) – Hauptdokument – Version 6.0 (Stand: 11.04.2008).

ADV (2009): Feldanweisung für die Präzisionsnivellements zur Erneuerung und Wiederholung des DHHN im Zeitraum 2006 bis 2011 (Stand: 1.8.2009).

ALDER, K. (2003): Das Maß der Welt. C. Bertelsmann Verlag, München.

BAUER, M. (2003): Vermessung und Ortung mit Satelliten. Wichmann Verlag, Heidelberg.

BECKER, M. (2009): Status und Perspektiven der Modernisierung von GPS und GLONASS. Schriftenreihe des DVW, 57. Wißner-Verlag, Augsburg (Seminar „GNSS 2009 – Systeme, Dienste, Anwendungen).

BECKERS, H., BEHNKE, K., DERENBACH, H., FAULHABER, U., IHDE, J. IRSEN, W., LOTZE, J. & STREHRATH, M. (2005): Diagnoseausgleichung SA*POS*® – Homogenisierung des Raumbezugs im ETRS89 in Deutschland. In: zfv, 130 (4), 203-208.

BIALAS, V. (1982): Erdgestalt, Kosmologie und Weltanschauung. Verlag Konrad Wittwer, Stuttgart.

BILL, R. & ZEHNER, M. (2001): Lexikon der Geoinformatik. Wichmann Verlag, Heidelberg.

BKG (1999): Das Deutsche Referenznetz 1991 (DREF91) – zusammengestellt von W. Lindstrot. Mitteilungen des BKG, 9. Verlag des BKG, Frankfurt am Main.

BKG (2009): Bericht über die Tätigkeit des Bundesamtes für Kartographie und Geodäsie (1. Juli 2007 – 31. Dezember 2008). Verlag des BKG, Frankfurt am Main.

DIN-TASCHENBUCH (1998): Vermessungswesen – Normen (Bauwesen 12). Beuth Verlag, Berlin/Wien/Zürich.

DREWES, H. (2009): The actual plate-kinematic and crustal deformation model (APKIM2005) as basis for a non-rotating ITRF. In: DREWES, H. (Ed.): Geodetic Reference Frames. International Association of Geodesy Symposia, 134, 95-99. Springer Verlag.

EHLERT, D. & STRAUSS, R. (1990): Die Diagnoseausgleichung 1980 des Deutschen Hauptdreiecksnetzes – Band V: Nachbarschaften, Schlussfolgerungen. DGK-B, 272, Teil I. Verlag des Instituts für Angewandte Geodäsie, Frankfurt am Main.

ESA (2005): Galileo – Das europäische Programm für weltweite Navigationsdienste. ESA-Publications Division, Noordwijk (NL).

ESA (2007): Die Ersten Galileo Satelliten – Galileo In-Orbit Validation Element. ESA-Publications Division, Noordwijk (NL).

EULER, H.-J., KEENAN, C. R., ZEBHAUSER, B. E. & WUEBBENA, G. (2001): Study of a Simplified Approach in Utilizing Information from Permanent Reference Station Arrays. In: Proc of ION GPS 2001, Salt Lake City, Utah, September 11-14, 2001.

GRÜTZBACH, W. (1977): Das Deutsche Hauptdreiecksnetz. Hessisches Landesvermessungsamt, Wiesbaden.

GURTNER, W., MADER, G., MACARTHUR, D. (1989): A Common Exchange Format for GPS Data. Proceedings of the Fifth International Geodetic Symposium on Satellite Systems, 917 ff., Las Cruces.

GURTNER, W. (2007): RINEX – The Receiver Endependen Exchange Format Version 3.00; ftp://ftp.unibe.ch/aiub/rinex/rinex300.pdf.

HATANAKA, Y. (1998): RINEX file compressionprogram for UNIX/MS-DOS/VAX systems: convert the RINEX format to Compact RINEX format; ftp://terras.gsi.go.jp/software.

HECK, B. (2003): Rechenverfahren und Auswertemodelle der Landesvermessung. Wichmann Verlag, Heidelberg.

HECKMANN, B. (2005): Einführung des Lagebezugssystems ETRS89/UTM beim Umstieg auf ALKIS. In: DVW-Mitteilungen Hessen/Thüringen, 1/2005, 17-25.

HECKMANN, B. (2008): Einrichtung und Führung von AFIS, HLBG-INTERN-Sonderheft 3/2008 „ALKIS – Realisierung für Hessen“, S. 48-51, Wiesbaden.

HECKMANN, B. (2009): Realisierung des geodätischen Raumbezugs in Hessen, DVW-Mitteilungen Hessen/Thüringen 1/2009, S. 14-27, Wiesbaden.

HLBG (2008): Produktkatalog 2008, 4. Wiesbaden.

IHDE, J., SCHOCH, H. & STEINICH, L. (1995): Beziehungen zwischen den geodätischen Bezugssystemen Datum Rauenberg, ED 50 und System 42. DGK-B, 298. Institut für Angewandte Geodäsie, Frankfurt am Main.

IHDE, J. (2009): Vorberichte zur 17. Tagung des AK Raumbezug der AdV am 16. und 17. Juni 2009 in Potsdam (interne Dokumente).

JAHN, C.-H. (1996): Der Hochpräzise Permanente Positionierungs-Service (HPPS). In: NaVKV, 4/1996, 195-205.

JAHN, C.-H. (2009): ITRS, ITRF2005, ETRS89 – Bezugssysteme, Realisierungen und Auswirkungen. In: LSA VERM, 1/2009, 27 ff..

JAHN, C.-H., BALLMANN, T. & FELDMANN-WESTENDORFF, U. (2001): SA*POS*®-Vernetzungstest 2001 – auf dem Weg in den Regelbetrieb. In: NaVKV, 4/2001, 7-17.

JOECKEL, R., STOEBER, M. & HUEP, W. (2008): Elektronische Entfernungs- und Richtungsmessung, Wichmann Verlag, Heidelberg.

KNEISSL, M. (1960): Schlussbericht zur Ausgleichung der europäischen Nivellementsnetze 1958/59 (REUN) der Rechenstelle München. DGK-B, 63. Bayerische Akademie der Wissenschaften in Kommission bei der C. H. Beck'schen Verlagsbuchhandlung München.

LANDAU, H. (1998): Zur Qualitätsverbesserung und Vernetzung von GPS-Referenzstationen. In: Vermessungswesen und Raumordnung, 60 (8), 61-68.

LEDERSTEGER, K. (1956): Das internationale Meter und seine Festlegung. In: zfv, 81 (2), 33-46.

LUX, P. (2005): Amtliches Festpunktinformationssystem – AFIS. HLBG-INTERN-Sonderheft 2/2005 „ALKIS-Konzeption für Hessen", 52-56. Wiesbaden.

PERDIJON, J. (1998): Das Maß in Wissenschaft und Philosophie. BLT Lübbe, Bergisch-Gladbach.

SEEBER, G. (1993): Satellite Geodesy. Walter de Gruyter, Berlin/New York.

SIGL, R., TORGE, W., BEETZ, H. & STUBER, K. (1981): Das Schweregrundnetz 1976 der Bundesrepublik Deutschland (DSGN 76) Teil I, DGK-B Nr. 254, Bayerische Akademie der Wissenschaften in Kommission bei der C. H. Beck'schen Verlagsbuchhandlung München.

STRAUSS, R. (1991): Lagebezugssysteme in Deutschland im Wandel. In: AVN, 98(4), 130-138.

TORGE, W. (1975): Geodäsie. Walter de Gruyter, Berlin/New York.

TORGE, W. (2003): Geodäsie. 2. Aufl. Walter de Gruyter, Berlin/New York.

TORGE, W. (2007): Geschichte der Geodäsie in Deutschland. Walter de Gruyter, Berlin/ New York.

TORGE, W., FALK R., FRANKE, A., REINHARDT, E., RICHTER, B., SOMMER, M. & WILLMES, H. (1999): Das Deutsche Schweregrundnetz 1994 (DSGN94). Band I, DGK-B, 309. Bayerische Akademie der Wissenschaften in Kommission bei der C. H. Beck'schen Verlagsbuchhandlung München.

WANNINGER, L. (1997): Virtuelle Referenzstationen in regionalen GPS-Netzen. In: SEEGER & RIDL: GPS-Praxis und Trends ´97. 46. DVW-Seminar 29.9.-1.10.1997, Frankfurt am Main. DVW-Schriftenreihe, 35. Wittwer Verlag, Stuttgart.

WANNINGER, L. (2000): Präzise Positionierung in regionalen GPS-Referenzstationsnetzen. DGK, C 508, München.

WILLGALIS, S. (2005): Beiträge zur präzisen Echtzeitpositionierung in GPS-Referenzstationsnetzen. Wissenschaftliche Arbeiten der Fachrichtung Geodäsie und Geoinformatik der Universität Hannover, 255.

WILTSCHKO, T. & MÖHLENBRINK, W. (2005): Qualitätsanforderungen von Telematikdiensten an Ortung und Navigation. INTERGEO 2005.

WITTE, B. & SCHMIDT, H. (2006): Vermessungskunde und Grundlagen der Statistik für das Bauwesen. Wichmann Verlag, Heidelberg.

WUEBBENA, G., BAGGE, A., SEEBER, G., BOEDER, V. & HANKEMEIER, P. (1996): Reducing Distance Dependent Errors fort he Real-Time Precise DGPS Applications by Establishing Reference Station Networks. ION GPS, 96, 1845-1852.

ZEBHAUSER, B., EULER, H.-J., KEENAN, C. R. & WUEBBENA, G. (2002): A Novel Approach for the Use of Information from Reference Station Networks Conforming to RTCM V2.3 and Future V3.0, ION NTM 2002, January 28-30, 2002, San Diego, CA.

ZOOG, J.-M. (2009): GPS und GNSS: Grundlagen der Ortung und Navigation mit Satelliten. U-blox AG, Thalwil (Schweiz), GPS –X-010006-B-Z3.

5.9.2 Internetverweise

ADV (2004): Expertengruppe GPS-Referenzstationen im Arbeitskreis Raumbezug einschließlich weiterer Entwicklungen; www.sapos.de

ADV (2009): Homepage der Arbeitsgemeinschaft der Vermessungsverwaltungen der Länder der Bundesrepublik Deutschland, Hannover; www.adv-online.de

AXIO-NET (2009): Homepage der AXIO-NET inkl. ascos, dem Satellitenreferenzdienst der AXIO-NET GmbH; www.axio-net.eu und www.ascos.de

BKG (2009): Homepage des Budesamtes für Kartographie und Geodäsie, Frankfurt am Main; www.bkg.bund.de

DGK (2009): Homepage der Deutschen Geodätischen Kommission, München; www.dgfi.badw.de

GDI-DE (2009): Homepage des Lenkungsgremiums für den Aufbau der Geodateninfrastruktur in Deutschland, Frankfurt am Main; www.gdi-de.org

GDZ (2009): Homepage des Geodatenzentrums beim Bundesamt für Kartographie und Geodäsie, Leipzig; www.geodatenzentrum.de

GEOPORTAL (2009): Homepage des Geoportals des Bundes beim Bundesamt für Kartographie und Geodäsie, Frankfurt am Main; www.bkg.bund.de

IERS (2009): Homepage des International Earth Rotation and Reference Systems Service; www.iers.org/iers/earth/itrs/itrs.html

NASA (2009): Public Domain der NASA zur Geoid-Darstellung; http://earthobservatory.nasa.gov/Library/GRACE_Revised/page3.html

PTB (2009): Homepage der Physikalisch-Technischen Bundesanstalt, Braunschweig; www.ptb.de

RTCM (2009): Homepage der Radio Technical Commission for Maritime Services; www.rtcm.org

SA*POS*® (2009): Homepage der Zentralen Stelle SA*POS*® bei der Landesvermessung und Geobasisinformation Niedersachsen, Hannover; www.zentrale-stelle-sapos.de

TRIMBLE (2009): Hompage von Trimble VRS now; www.vrsnow.de/

WILTSCHKO, T. & MÖHLENBRINK, W. (2005): INTERGEO 2005; www.intergeo.de/archiv/2005/wiltschko.pdf

WIKIPEDIA (2009): Die freie Enzyklopädie; de.wikipedia.org/wiki/

6 Geotopographie

Ernst JÄGER

Zusammenfassung

Die Geotopographie hat als Teildisziplin des Vermessungswesens das Ziel, die reale Landschaft zu beschreiben und abzubilden. Den Begriff Geotopographie gibt es seit Mitte der 1990er Jahre, als der damalige Arbeitskreis „Topographie und Kartographie" der Arbeitsgemeinschaft der Vermessungsverwaltungen der Länder der Bundesrepublik Deutschland (AdV) kürzer und prägnanter in Arbeitskreis „Geotopographie" umbenannt worden ist.

Waren einst Karten und textliche Landschaftsbeschreibungen die einzigen Medien zur Speicherung und Darstellung von Landschaftsinformationen, so haben heute vektor- und rasterbasierte Informationssysteme und Datenbanken diese Funktion übernommen. Darin werden die topographischen Daten der Erdoberfläche mit den sichtbaren und teilweise auch mit nicht sichtbaren Gegenständen und Sachverhalten beschrieben. Zu den nicht sichtbaren Objekten gehören unterirdische Leitungen sowie die Grenzen administrativer Einheiten oder von Schutzgebieten. Die sichtbaren Informationen beziehen sich auf die Objektartenbereiche Siedlung, Verkehr, Vegetation, Gewässer und Relief.

Zu den Verfahren der geotopographischen Datengewinnung gehören photogrammetrische Aufnahmen sowie Methoden der Fernerkundung, terrestrische Lage- und Höhenaufnahmen, das Laserscanningverfahren und das Digitalisieren von analogen Kartenvorlagen. Zu den Produkten der geotopographischen Landes-(bzw. Landschafts-)aufnahme gehören analoge und digitale Luftbilder, Digitale Orthophotos (DOP), Digitale Geländemodelle (DGM), Digitale Landschaftsmodelle (DLM) sowie analoge und Digitale Topographische Karten (DTK), die im Amtlichen Topographisch-Kartographischen Informationssystem (ATKIS®) zusammengefasst sind.

Die geotopographische Landesaufnahme ist seit jeher eine staatliche Aufgabe gewesen, ursprünglich aus militärischen Gründen heraus motiviert, seit langem aber bereits als Infrastrukturmaßnahme des Staates begründet, um Verwaltung und Wirtschaft eine verlässliche Grundlage für vielfältige Planungs- und Entscheidungsprozesse zu geben. Geotopographische Daten sind Geobasisdaten, die erst im Zusammenwirken mit Geofachdaten oder als Basis in der Wertschöpfungskette einer privatwirtschaftlichen Datenveredelung ihr wahres Potenzial zeigen können.

Das Kapitel 6 „Geotopographie" bezieht sich wegen dieser Basisfunktion der geotopographischen Daten im Wesentlichen auf Entwicklungen und Verfahren des amtlichen deutschen Vermessungswesens, das durch die Bundesländer – teilweise im Zusammenspiel mit Bundesdienststellen – ausgeführt wird und in dem die AdV eine wesentliche ordnende Rolle spielt. Am Ende der einzelnen Abschnitte wird aber jeweils noch auf Lösungen und Angebote aus der Privatwirtschaft eingegangen und zur Abrundung ein Blick über den Zaun in einige Nachbarländer geworfen.

Summary

Geotopography is a specific area of surveying and mapping with the goal to describe and display the landscape. The term "geotopography" was created in the middle of the 1990s, when the Working Committee of the Surveying Authorities of the States of the Federal Republic of Germany (AdV) renamed one of their working groups from "Topography and Cartography" into "Geotopography", which is shorter and better fits their topics.

Historically, maps and descriptions of landscapes in books or journals have been the only mediums to store and to visualise information about the landscape. Today vector and raster-based information systems and databanks fulfil these functions. Topographic data of the Earth's surface are stored in these systems, describing visible and sometimes even non-visible features or facts. Examples of non-visible features are underground pipelines and administrative boundaries of municipalities or protective areas. Visible features include data about settlements, transportation, vegetation, waters and relief.

Photogrammetry and methods of remote sensing are special techniques of geotopographic data capturing as well as terrestrial 2D and 3D measurements, laser scanning and digitisation of analogue maps. Results and related products of topographic surveying techniques are analogue and digital aerial photos, Digital Orthophotos (DOP), Digital Elevation Models (DGM), Digital Landscape Models (DLM) and analogue or Digital Topographic Maps (DTK). All these digital and analogue products are components of the German Authoritative Topographic Cartographic Information System (ATKIS®).

Geotopographic measurement and mapping of the landscape has always been an official task, originally initiated by military goals. However, during the last century the main intention has changed to a civil infrastructural task of the German federal states, to provide reliable data to official and private customers supporting them in their development and planning processes. Since then, geotopographic data are so-called geospatial reference data. In combination with geodata of other disciplines and driven by private investigators, geospatial reference data offer real potential.

Because of this basic function of geotopographic data, Chapter 6 mainly deals with developments and methods carried out by the official German surveying and mapping agencies, which are organised within the 16 federal states, supported in special fields by some federal agencies. The significant role of AdV is that of a regulating party.

At the end of each subsection some solutions and offerings of private companies are described, as well as rounding off the situation in the field of geotopography in some neighbouring countries.

6.1 Geotopographische Landesaufnahme

6.1.1 Kurze geschichtliche Einführung

Die Geotopographie beschäftigt sich als Disziplin des Vermessungswesens im engeren Sinne mit der Erfassung und Darstellung sichtbarer Sachverhalte und Objekte der Erdoberfläche (aus dem Griechischen: geo = Erde, tópos = Ort, grafein = beschreiben, zeichnen). „Die Geotopographie verfolgt das Ziel, die reale Landschaft zu beschreiben. Gestützt auf das Vermessungssystem werden zu diesem Zweck die wesentlichen Objekte der Erdoberfläche wie Siedlungen, Verkehrsnetze, Vegetation, Gewässer, Geländeformen und die Grenzen politischer sowie administrativer Einheiten mit Namen und sonstigen beschreibenden Angaben flächendeckend erfasst und in Datenbanken geführt." (GOMILLE 2008).

Während sich das Liegenschaftskataster ursprünglich vor dem Hintergrund einer gerechten und vergleichbaren Besteuerung von Grundbesitz entwickelt hat, lag die systematische geotopographische Landesaufnahme wie in den meisten anderen Staaten auch in Deutschland in der Hand militärischer Dienststellen. Speziell in Norddeutschland wurde die topographische Landesaufnahme und Kartenherstellung bis zum ersten Weltkrieg von militärischen Stellen – in Preußen vom Generalstab – durchgeführt, während in Süddeutschland auch zivile Dienststellen beteiligt waren.

Die ersten systematischen Landesaufnahmen mit dem Ziel, Karten im Maßstab 1:100.000 und größer zur Erfassung und Darstellung des eigenen Herrschaftsbereiches herzustellen, wurden im Süden Deutschlands bereits im 16. und 17. Jahrhundert durchgeführt (TORGE 2007). Spätere Landesaufnahmen im 18. Jahrhundert basierten teilweise bereits auf einer von Cassini (III) ausgehenden trigonometrischen Grundlage (z. B. in Bayern, Württemberg, Oldenburg und Sachsen), während beispielsweise die von 1764 bis 1786 durchgeführte Kurhannoversche Landesaufnahme im Orginalmaßstab von 1:21.333,3 ganz ohne Triangulation auskam.

In der Napoleonischen Zeit von 1799 bis 1815 setzte sich dann allgemein die Triangulation als geometrische Grundlage der Landesaufnahmen durch, wobei die Messtischaufnahme das vorherrschende Verfahren der topographischen Detailvermessung wurde (TORGE 2007). In Bayern markierte die Einrichtung des „Topographischen Bureaus" im Jahr 1801 den Beginn der topographischen Landesaufnahme mit dem Ziel, über einen Aufnahmemaßstab 1:28.000 den „Topographischen Atlas des Königreichs Bayern" im Maßstab 1:50.000 abzuleiten. In Preußen begann im Jahr 1814 der Generalstab mit der systematischen, militärisch geprägten Landesaufnahme; dabei entstanden die Messtischblätter im Maßstab 1:20.000 sowie die abgeleitete „Preußische Generalkarte im Maßstab 1:86.000".

Nach dem 1. Weltkrieg wurden die Aufgaben der geotopographischen Landesaufnahme mit der Gründung des Reichsamts für Landesaufnahme vom militärischen Zuständigkeitsbereich in die Zuständigkeit des Reichsministeriums des Innern verlagert. Die nunmehr zivile Behörde gliederte sich neben der Zentralabteilung in eine Trigonometrische, eine Topographische und eine Kartographische Abteilung. Die letzten noch militärisch organisierten geotopographischen Dienststellen in Bayern und Württemberg wurden in den 1920er Jahren in zivile Stellen überführt.

Die nächste größere Zäsur folgte im Jahr 1938 mit der Bildung von 13 Hauptvermessungsabteilungen, die als Mittelinstanzen für die Höhenmessungen und die Landeskartenwerke

1:25.000 und 1:50.000 zuständig waren und die noch bestehenden Landesvermessungsbehörden in Bayern, Sachsen, Württemberg, Baden, Hessen und Mecklenburg ersetzten. Schließlich ging mit dem Inkrafttreten des Grundgesetzes im Jahr 1949 die Kompetenz in Bezug auf das Vermessungs- und Katasterwesen auf die Bundesländer über, da dem Bund dafür keine Zuständigkeit zugesprochen worden ist.

Heute gelten die geotopographische Landesaufnahme und die Erstellung und Aktualisierung daraus hervorgehender Produkte (6.1.2) als Infrastrukturleistung des Staates, sodass sich die Ausführungen im Kapitel 6 im Wesentlichen auf die amtliche Geotopographie beziehen.

6.1.2 Bestandteile der geotopographischen Landesaufnahme

Nach KUMMER, MÖLLERING (2005) ist die geotopographische Landesaufnahme neben der Landesluftbildsammlung und den Topographischen Landeskartenwerken integraler Bestandteil der Geotopographie. Während in älteren Vermessungs- und Katastergesetzen der Länder dieser Aufgabenbereich häufig mit der Erfassung (und Führung) von topographischen Gegenständen und Geländeformen umschrieben wurde, beinhaltet der Begriff der geotopographischen Landesaufnahme heute zusätzlich noch das Digitale Basis-Landschaftsmodell des Amtlichen Topographisch-Kartographischen Informationssystems (ATKIS®) (KUMMER & MÖLLERING 2005). ATKIS® definiert alle landschaftsbeschreibenden Geobasisdaten, die von Seiten des Staates interessenneutral, lückenlos, homogen sowie aktuell aufgebaut und gepflegt werden und die allen Nutzern in Verwaltung, Wirtschaft und Forschung zur Verfügung gestellt werden.

Im engeren Sinne wurden mit dem Projekt ATKIS® in den 1980er Jahren zunächst nur die Digitalen Landschaftsmodelle (DLM) sowie die daraus abgeleiteten Digitalen Kartographischen Modelle (DKM), heute als Digitale Topographische Karten (DTK) bezeichnet, definiert. Seit dem Redesign von ATKIS® im Zusammenhang mit der Harmonisierung der Landschaftsbeschreibung und der Beschreibung der Daten des Liegenschaftskatasters in der Mitte der 1990er Jahre gehören auch die bildhaften Daten der Photogrammetrie in Form von analogen Luftbildern und Digitalen Orthophotos (DOP) sowie alle Daten der Digitalen Geländemodelle (DGM) dazu. Dieser ganzheitliche Ansatz begründet sich durch die vielfältigen Zusammenhänge der einzelnen Modelle untereinander und vereinfacht die Sicht auf die Prozesskette innerhalb der Geotopographie:

- Zur Herstellung von ATKIS®-DOP werden hochgenaue und aktuelle DGM benötigt.
- Die photogrammetrische Aufnahme und Auswertung der Geländeoberfläche war und ist ein gängiges Verfahren, um Geländehöhen und Bruchkanten zur Ableitung von Höhenlinien bzw. DGM zu erhalten.
- Teile der DGM-Inhalte (z. B. Böschungskanten) sind auch als Objekte im ATKIS®-DLM definiert.
- Auswertungen aus dem DGM in Form von Höhenlinien und markanten Geländehöhenpunkten werden in den ATKIS®-Kartenwerken dargestellt.
- Die DTK werden aus den Daten des DLM abgeleitet.
- DOP dienen als Aktualisierungsquelle des Digitalen Basis-Landschaftsmodells (ATKIS®-Basis-DLM).

Die Zusammenhänge werden in Abbildung 6.1 verdeutlicht.

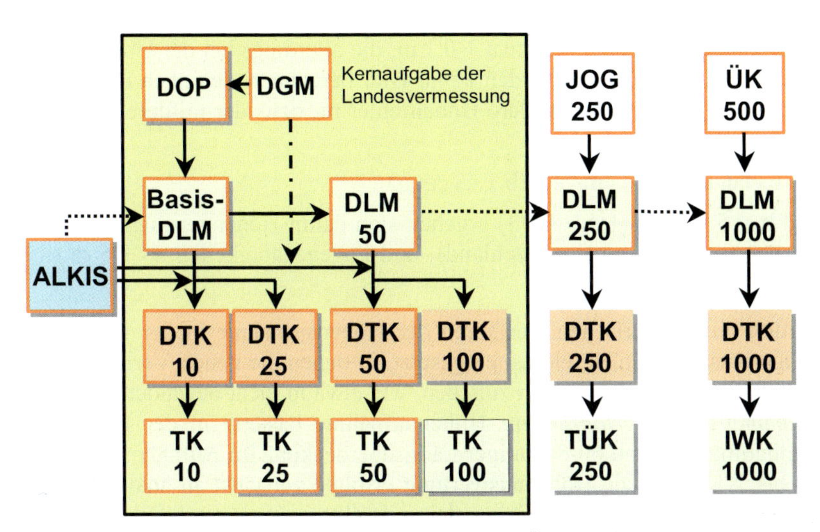

Abb. 6.1: Zusammenhänge innerhalb der ATKIS®-Produktpalette (punktierte Verbindungen gelten für die Aktualisierung)

6.2 Modellierung der Geländehöhe

6.2.1 Verfahren zur Geländehöhenerfassung

Die historischen Meilensteine zur topographischen Landesaufnahme wurden bereits in 6.1.1 skizziert. Bei diesen Vermessungen wurden nur einzelne Höhenpunkte (etwa die höchste Geländestelle) bestimmt und die Geländeformen zur Andeutung von Geländeneigungen in den Kartenwerken durch Schraffen dargestellt. Das älteste *terrestrische Verfahren* zur systematischen Erfassung der Geländehöhen ist die Messtischtachymetrie (HAKE 1982), mit der bereits im 17. Jahrhundert (TORGE 2007) markante Geländepunkte höhenmäßig erfasst und direkt auf die auf dem Messtisch liegenden Karten übertragen wurden.

Eine genaue und flächendeckende Bestimmung der Geländehöhen kam in Deutschland mit der Erstellung der sog. Messtischblätter im Maßstab 1:25.000 seit dem Beginn des 19. Jahrhunderts zustande. Aus dem im Gelände gemessenen und auf den orientierten Messtisch übertragenen Punkthaufen wurde anschließend direkt im Angesicht des Geländes „krokiert", also ein topographischer Entwurf von Höhenlinien gefertigt. Eine noch genauere Höhenaufnahme mithilfe der Messtischtachymetrie bzw. der tachymetrischen Aufnahme erfolgte seit 1925 durch die erstmalige Herstellung der Deutschen Grundkarte 1:5.000 (DGK5) (HAKE 1982).

Bei der sog. Zahlentachymetrie wird das Gelände von einem bekannten Standpunkt aus durch gleichzeitige Entfernungs-, Richtungs- und Höhenmessung punktweise erfasst. Der Punkthaufen wird häuslich auf eine Karte übertragen und daraus das Höhenlinienbild entwickelt. Beide Verfahren, die Messtisch- und die Zahlentachymetrie, liefern gleich genaue Ergebnisse. Unterschiede im Messverfahren ergeben sich vor allem dadurch, dass der geschulte Messtischtopograph mit weniger Messpunkten auskommt, da er das Höhenlinienbild im Angesicht des Geländes zeichnet. Die erzielbare Genauigkeit der terrestrisch aufgenommenen Geländehöhenpunkte liegt bei etwa ± 0,1 m, die allerdings bei der Übertragung auf das Höhenlinienbild nicht gehalten werden kann. Hier berechnen sich nach der Koppeschen Formel der neigungsabhängige mittlere Höhenfehler m_h bzw. der mittlere Lagefehler m_L der Höhenlinien zu:

$$m_h = \pm (a + b * \tan \alpha) \quad \text{bzw.} \quad m_L = \pm (b + a * \cot \alpha)$$

Mit a = 0,4 m und b = 5 (GROSSMANN 1973) ergeben sich damit Höhengenauigkeiten der Höhenlinien von höchstens ± 0,4 m (im Flachland) und Lagegenauigkeiten ab ± 5 m (im Bergland).

Seit ca. 1960 wurden die terrestrischen Verfahren der Höhenaufnahme in der Regel nur noch für Ergänzungsmessungen in Bereichen eingesetzt, in denen die neuen Verfahren der Photogrammetrie keine Höhenauswertungen zuließen, wie etwa in dicht bewaldeten Gebieten. Das *photogrammetrische Verfahren* zur Höhenaufnahme basierte in der Regel auf Weitwinkel-Luftbildaufnahmen mit 60-80 %-iger Längsüberdeckung im Aufnahmemaßstab von etwa 1:8.000 bis 1:12.000. Die Höhenauswertung erfolgte zunächst an analogen Stereoauswertegeräten (z. B. Wild A8, Zeiss C8), indem aus einem orientierten Bildpaar entweder im Flachland punktweise Höhenkoten entstanden oder im Bergland linienweise die Geländehöhen abgefahren und über ein mechanisches Hebelsystem maßstäblich auf Kartenpapier übertragen wurden. Aus der linienweisen Auswertung entstanden so direkt die Höhenlinien; die punktweise Auswertung war die Grundlage für die anschließende manuelle Zeichnung von Höhenlinien. Neben den direkten Höheninformationen wurden auch die Geländestrukturlinien (Geripplinien, Bruchkanten) erfasst.

Seit Mitte der 1970er Jahre wurden die Verfahren der analogen Photogrammetrie durch Entwicklungen in der analytischen bzw. der digitalen Photogrammetrie abgelöst. Mithilfe der analytischen Auswertegeräte (z. B. Zeiss Orthocomp Z 2) wurden viele der bis dahin erforderlichen manuellen Einstellungen durch ein integriertes Rechnersystem vollzogen. Grundlagen waren aber weiterhin orientierte, in das Auswertegerät eingelegte analoge Luftbilder. Dabei entstanden in der Regel Punktmessungen mit einer vorgegebenen festen Rasterweite, die der Rechner automatisch ansteuerte und bei der der Operateur lediglich noch die Messmarke auf das Gelände aufsetzen musste (Abb. 6.2). Das erzeugte digitale Höhenpunktfeld konnte anschließend unter Berücksichtigung ebenfalls erfasster Geländestrukturlinien entweder automatisch oder automationsgestützt in ein Höhenlinienbild weiterverarbeitet werden.

Der Einsatz der digitalen Photogrammetrie machte die Digitalisierung der Luftbilder erforderlich, die dazu zunächst hochauflösend gescannt werden mussten. Die Arbeitsweise der digitalen Auswertegeräte ähnelt der von analytischen Geräten, allerdings mit zunehmendem Automatisierungsgrad. So konnten bald Punkthöhen durch automatische Bildkorrelation bestimmt werden und die Weiterverarbeitung von primären Höhendaten zu einem Digitalen Geländemodell (siehe 6.2.2) weitgehend automatisiert erfolgen. Lediglich die Strukturlinienerfassung ließ sich mit der photogrammetrischen Methode, die das Standardverfahren bis zum Ende der 1990er Jahre bildete, nicht automatisieren.

Die neueste Entwicklung in der digitalen Photogrammetrie besteht in der Möglichkeit, Bildmessungen ohne Okularsysteme vorzunehmen (Beispiel: Planar-System mit der Software DTMaster der Fa. Inpho). Mithilfe des Planar-Systems und der Verwendung einer Polarisationsbrille kann ein digitales Bildpaar über ein Spiegelsystem dreidimensional

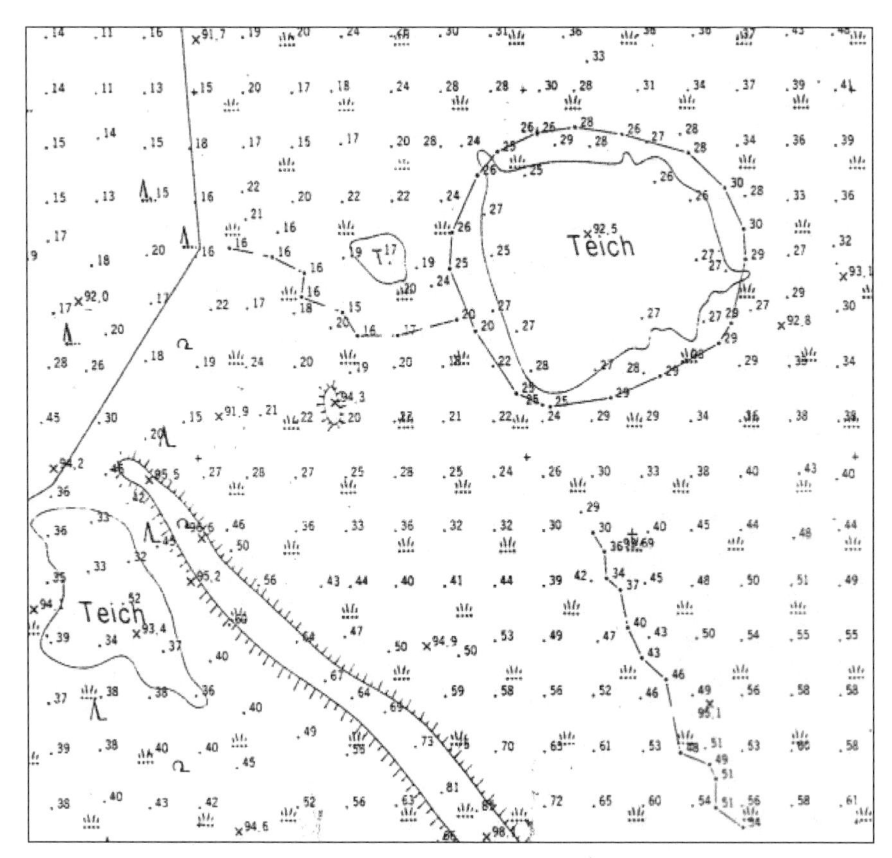

Abb. 6.2: Analytisch erzeugte, regelmäßige Höhenkoten mit Strukturinformationen

betrachtet und ausgewertet werden. Die Luftbilder werden über das Spiegelsystem abwechselnd für das rechte und das linke Auge in hoher Frequenz auf dem Computerbildschirm angeboten, wobei das menschliche Gehirn daraus eine 3-D-Szene entstehen lässt, die genauso ausgewertet werden kann wie mit analytischen oder älteren analogen Auswertegeräten.

Die grundsätzliche Genauigkeit aller vorgestellten Verfahren der photogrammetrischen Höhenbestimmung liegt – bedingt auch durch die Bodenrauigkeit – bei ca. ± 0,2 m, wobei sich durchaus individuelle Eigenheiten unterschiedlicher Operateure beobachten lassen. Während der eine Auswerter dazu neigt, die optisch eingespielte Messmarke eher über als auf dem Boden aufzusetzen, neigen andere Auswerter dazu, die Messmarke etwas in den Boden zu setzen.

Seit Mitte der 1990er Jahre hat das *Laserscanningverfahren* nach und nach alle anderen Verfahren zur Geländehöhenbestimmung verdrängt (SCHLEYER 2000). Während das terrestrische Laserscanning vornehmlich zur digitalen Aufnahme und Vermessung von Gebäudefassaden dient, wird das flugzeuggestützte (Airborne-) Laserscanning zur Geländehöhen- bzw. zur Oberflächenhöhenbestimmung eingesetzt.

Beim Laserscanning werden Laserstrahlen in hoher Frequenz ausgesendet, um die zu bestimmenden Oberflächen zeilenförmig abzutasten. Die Laufzeit zwischen ausgesandten und remittierten Laserimpulsen gibt in Kombination mit einer genauen Ortsbestimmung des Laserscanners ein genaues Maß für die Entfernung zwischen der Sende- und Empfangseinheit (Abb. 6.3). Die Ortsbestimmung erfolgt mittels GPS-Positionierung (siehe 5.4) und inertialem Navigationssystem INS. Umrechnungen dieser Entfernungsmessung unter Berücksichtigung des Ausstrahlwinkels ergeben Höhenbestimmungen der abgetasteten Objekte auf etwa ± 0,15 m. Während die Messpunktdichte anfänglich bei etwa 1 Punkt auf 10 m^2 lag, ermöglicht das Verfahren mittlerweile Auflösungen von 10 bis 100 Punkten/m^2. Zur Kalibrierung der Laserhöhenwerte werden dazu in aller Regel terrestrisch gemessene Kontrollflächen herangezogen.

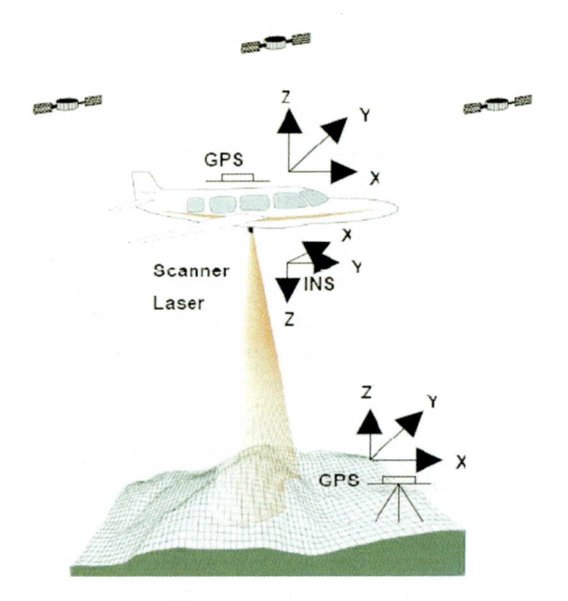

Abb. 6.3:
Prinzip des Airborne-Laserscannings (WEVER 2002)

Beim Laserscanning kann zunächst nicht unterschieden werden, ob ein Messwert direkt einen Bodenpunkt oder einen Oberflächenpunkt (Gebäude, Vegetation) repräsentiert (Abb. 6.4). Diese Klassifizierung kann erst durch eine automatische Auswertung von First-Pulse- und Last-Pulse-Werten und durch Nachbarschaftsuntersuchungen aller Messwerte vorgenommen werden. Ein First-Pulse-Wert gibt die kürzeste Entfernung in einer bestimmten Richtung an und repräsentiert z. B. den Höhenwert einer Baumkrone, während ein Last-Pulse-Wert den größten Entfernungswert für die gleiche Richtung widerspiegelt, also in der Regel den Bodenpunkt. Bei der automatischen Klassifizierung werden benachbarte Punkte mit geringen Höhenunterschieden als Bodenpunkte vorklassifiziert. Bei signifikanten Höhenunterschieden benachbarter Messpunkte wird der höhere Messwert automatisch einem Oberflächenpunkt zugeordnet.

Diese bereits gute Vorklassifizierung in Höhen- und Geländepunkte wird in der Regel noch interaktiv überprüft, wozu beispielsweise das Planar-System (siehe oben) eingesetzt werden kann oder in besonders dichten Nadelwaldgebieten terrestrische Nachmessungen durchge-

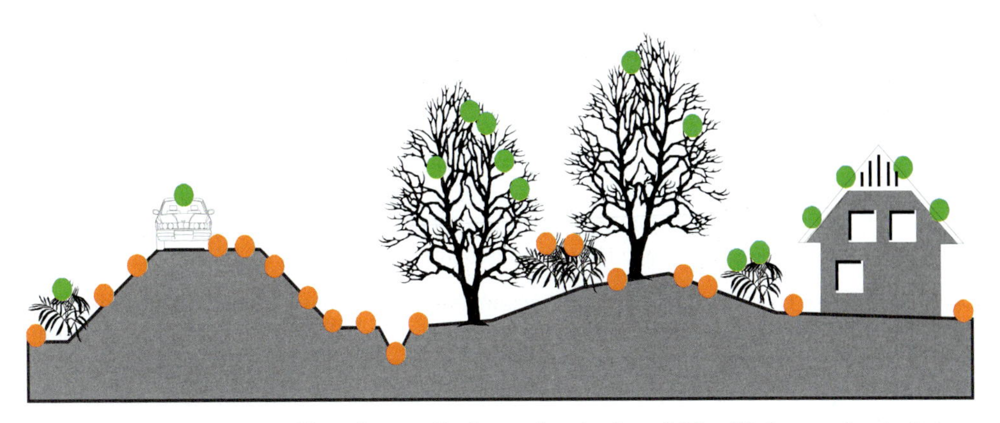

Abb. 6.4: Laserscanning: klassifizierte Bodenpunkte (rot) und Oberflächenpunkte (grün)

führt werden. Im Gegensatz zur photogrammetrischen Methode ermöglicht das Laserscanningverfahren bereits ab Punktdichten von 3-4 Punkten/m^2 auch die automatisierte Bestimmung von Geländestrukturlinien, indem benachbarte Punkte nach lokalen Minima und Maxima ausgewertet werden.

Die klassifizierten Laserscanningdaten können auch für andere Aufgabenstellungen sehr gut verwendet werden, wie bei der Umsetzung der EU-Umgebungslärmrichtlinie durch die Auswertung von Gebäudehöhen, bei genauen Höhenberechnungen in überschwemmungsgefährdeten Gebieten, bei sonstigen wasserwirtschaftlichen Fragestellungen sowie für die Berechnung von 3-D-Stadt- und Oberflächenmodellen (siehe dazu 7.5 und 16.7).

Radarverfahren liefern durch die Abtastung mit elektromagnetischen Wellen aus Flugzeugen oder Satelliten eine zweidimensionale Darstellung der Geländeoberfläche. Die meisten Systeme setzen dabei das sogenannte Synthetic-Aperture-Radar-Verfahren (SAR) ein, bei dem eine mit dem Flugzeug oder dem Satelliten bewegte Antenne seitlich schräg nach unten abstrahlt und denselben Geländeausschnitt mehrfach unter verschiedenen Blickwinkeln erfasst. Die elektromagnetischen Wellen dringen durch Wolken hindurch und liefern somit bei fast allen Wetterbedingungen und auch nachts einwandfreie Bilder der aufgenommenen Landschaft.

Durch die seitwärts gerichtete Antenne können allerdings bei hohen Objekten „Datenschatten" entstehen, die nur durch eine wiederholte – gegenläufige – Messung kompensiert werden können. Militärische Radarsatelliten erreichen Höhenauflösungen im Meter- bis Submeterbereich; der bekannteste deutsche kommerzielle SAR-Satellit Terra-SAR-X (Flughöhe: 514 km) arbeitet in drei verschiedenen Genauigkeitsmodi, wobei der „Spotlight-Modus" ebenfalls eine Höhengenauigkeit von ± 1 m erreicht und der „ScanSAR-Modus" immerhin noch eine Genauigkeit von ± 5-10 m. Flugzeuggestützte SAR-Aufnahmen erreichen Höhengenauigkeiten von immerhin ± 0,5-2 m (SCHLEYER 2000). In der amtlichen Geotopographie werden Radarverfahren gegenwärtig nicht eingesetzt.

6.2.2 Digitale Geländemodelle

Ein Digitales Geländemodell (DGM) ist ein numerisches Modell der Geländehöhen und -formen; es beschreibt die Geländeoberfläche (= Relief) durch die räumlichen Koordinaten einer repräsentativen Menge von Geländepunkten. Damit werden Höheninformationen maßstabsunabhängig und datenverarbeitungsgerecht vorgehalten. Im Unterschied zu einem Digitalen Oberflächenmodell (DOM) enthält ein DGM keine natürlichen oder künstlichen Objekte auf der Erdoberfläche wie Häuser oder Bäume.

Der Aufbau von DGM in Deutschland begann in allen Bundesländern etwa um das Jahr 1980, da die verbesserten Rechnerleistungen nunmehr eine flächendeckende Verarbeitung von Massendaten zuließen. Für den Aufbau bediente man sich zunächst in der Regel der Digitalisierung der vorhandenen Höhenlinien der DGK5 sowie der photogrammetrischen Höhenbestimmung und später der Methode des Laserscannings. Bedingt durch das Alter der DGK5-Höhenfolie (Herstellung seit 1940) sind die daraus abgeleiteten DGM-Informationen ebenfalls sehr alt und zu einem großen Teil bis heute nicht aktualisiert worden.

Die Bestandteile von DGM werden in primäre und sekundäre Informationen unterschieden und auch dementsprechend im ATKIS®-Objektartenkatalog für das Digitale Geländemodell (OK-DGM) in der Dokumentation zur Modellierung der Geoinformationen des amtlichen Vermessungswesens (GeoInfoDok) der AdV beschrieben (ADV 2008). *Primäre DGM-Informationen* bestehen aus unregelmäßig (aus Laserscanning) oder strukturiert (aus digitalisierten Höhenlinien der DGK5) erfassten Geländepunkten sowie aus geomorphologischen Strukturelementen (Bruchkanten, Geripplinien, markante Höhenpunkte), Randlinien, Aussparungsflächen und Wegepunkten. In Niedersachsen beispielsweise stammen die primären DGM-Informationen zu ca. 20 % aus dem Laserscanningverfahren, zu 30 % aus photogrammetrischen Auswertungen und zu 50 % aus digitalisierten Höhenlinien der DGK5. *Sekundäre DGM-Informationen* sind dagegen alle aus diesen Primärdaten abgeleiteten, strukturierten Folgeinformationen – wie beliebige Gitter-DGM und Höhenlinien.

In der Regel werden heutzutage verschiedene Gitter-DGM aus den gleichen Primär-Informationen unter Berücksichtigung von geomorphologisch prägnanten Informationen in einer einheitlichen Gitterweite berechnet. Kennzeichnend für ein strukturiertes Gitter-DGM sind die vorgegebene Gitterweite (Abstand in [m] zwischen den abgeleiteten benachbarten Höhenpunkten) sowie eine entsprechende mittlere Höhengenauigkeit. Die Berechnung der Gitterpunkthöhe erfolgt unter Berücksichtigung der Strukturelemente durch Interpolation aus den umliegenden Höhenkoten des primären DGM. Für die Interpolation wird häufig entweder das Verfahren der Dreiecksvermaschung eingesetzt oder das gewichtete Mittel aus einer definierten Anzahl nächst gelegener Primärpunkthöhen berechnet, wobei keine Punkte jenseits einer Strukturlinie verwendet werden dürfen.

Bei der Interpolation über eine Dreiecksvermaschung nach der Delaunay-Triangulation (Abb. 6.5) entsteht aus den Primärdaten zunächst ein unregelmäßiges Dreiecksnetz (TIN = Triangulated Irregular Network), welches die Geländeoberfläche bestmöglich approximiert. Die Gitterpunkthöhe des regelmäßigen Gitter-DGM wird anschließend nur noch aus den drei Punkten der Dreiecksfläche interpoliert, die den Gitterpunkt enthält. Der Vorteil dieser Methode ist es, dass die Gitterpunkthöhe der wahren Geländehöhe an dieser Stelle am nächsten kommt. Der Vorteil der Höhenberechnung über das gewichtete Mittel einer bestimmten Anzahl von Nachbarkoten ist es, dass die Gitterpunkthöhe ihre direkte Nachbarschaft besser repräsentiert.

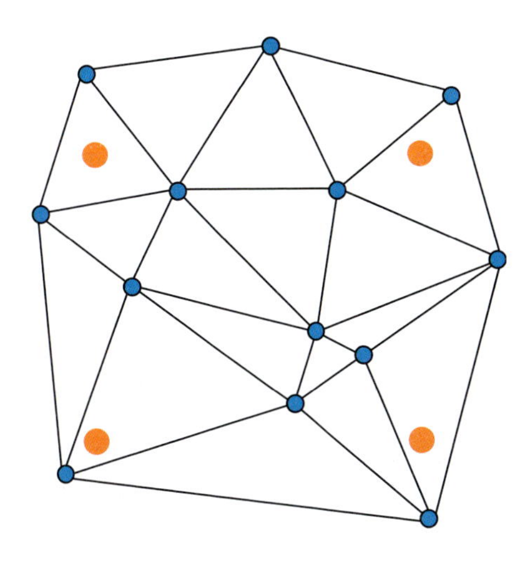

Abb. 6.5:
Dreiecksnetz nach der Delauney-Triangulation mit DGM-Gitterpunkten

Die DGM-Punkte sind lagemäßig im Gauß-Krüger- und/oder im ETRS89/UTM-Koordinatensystem bestimmt, die Höhe bezieht sich auf das DHHN92 (Deutsches Haupthöhennetz von 1992).

Die *DGM-Bezeichnungen* orientieren sich historisch betrachtet an dem jeweiligen Kartenmaßstab, aus dem die Daten zum Aufbau eines Gitter-DGM erfasst worden sind und für den dann wiederum entsprechende Höhenlinien abgeleitet werden sollen. So wurde etwa das DGM50 ursprünglich aus den digitalisierten Höhenlinien der Topographischen Karte 1:50.000 abgeleitet.

Die AdV führt in ihrer Produktpalette (Stand: 16.05.2006) folgende DGM auf: DGM2, DGM5, DGM25, DGM50, DGM250 und DGM1000 (ADV 2006). Als DGM2 ist ursprünglich ein hochgenaues DGM gekennzeichnet worden, das speziell für überschwemmungsgefährdete Gebiete aus den Daten von Laserscanningaufnahmen hergestellt werden sollte (Genauigkeit ± 0,2 m). Das DGM25 und das DGM50 werden auch unter der Bezeichnung DGM-Deutschland als bundesweit homogenes DGM beim Bundesamt für Kartographie und Geodäsie (BKG) geführt. Es ist aus entsprechenden Länderdatensätzen berechnet worden und weist eine Gitterweite von 25 m bzw. 50 m sowie Höhengenauigkeiten von ± 1 m im Flachland bis zu ± 3 m im Bergland auf. Wegen der unterschiedlichen DGM-Herstellungsarten musste das BKG die Daten an den Ländergrenzen harmonisieren, besonders in Fällen wo Geländehöhen aus Laserscanningdaten auf Geländehöhen trafen, die aus ungenaueren Höhenliniendigitalisierungen entstanden sind.

Tabelle 6.1 gibt einen zusammenfassenden Überblick über den *Stand der DGM-Produktion* in den Bundesländern, wobei die Ziffer den entsprechenden Kartenmaßstab anzeigt.

Die AdV diskutiert seit dem Jahr 2008 die *Neudefinition und Erweiterung der DGM-Produktreihe.* Mit der Neudefinition soll die Gitterweite des DGM für die DGM-Bezeichnung maßgebend sein. Zusätzlich zu den bisherigen DGM sollen auch ein DGM1 (1-m-Gitterweite) und ein DGM10 (10 m Gitterweite) in den Produktkatalog aufgenommen werden. Flächendeckend für die Bundesrepublik sollen danach geführt werden: DGM10, DGM25, DGM50, DGM200 und DGM1000. Darüber hinaus werden in den Ländern, die bereits über entsprechend hochgenaue Laserscanningdaten verfügen, optional die Produkte

DGM1, DGM2 und DGM5 aufgebaut und geführt. Als Höhengenauigkeit der Gitterpunkte mit einer Sicherheitswahrscheinlichkeit von 95 % (2 Sigma) sind folgende Werte einzuhalten:

- 5 % der Gitterweite für flaches bis wenig geneigtes Gelände mit geringem Bewuchs,
- 15 % der Gitterweite für stark geneigtes Gelände mit geringem Bewuchs sowie
- 20 % der Gitterweite für flaches bis wenig geneigtes Gelände mit starkem Bewuchs,

wobei aus technischen Gründen in Abhängigkeit von Gelände und Bewuchs maximal eine Genauigkeit von 15 bis 40 cm zu erreichen ist (ADV 2009).

Tabelle 6.1: DGM-Aufbaustand in [%] mit „historischem" Maßstabsbezug (Stand: 31.12.2008)

Bundesland	DGM2	DGM5	DGM25
Baden-Württemberg	100	100	100
Bayern	40	10	100
Berlin	100	100	100
Brandenburg	19	30	100
Bremen	0	100	100
Hamburg	100	100	100
Hessen	9	69	100
Mecklenburg-Vorpommern	0	52	100
Niedersachsen	0	100	100
Nordrhein-Westfalen	54	100	100
Rheinland-Pfalz	100	100	100
Saarland	100	100	100
Sachsen	50	10	100
Sachsen-Anhalt	15	100	100
Schleswig-Holstein	100	50	100
Thüringen	0	100	100

Die erstmalige Herstellung eines hochgenauen DGM ist ein Prozess, der in allen Bundesländern mehrere Jahrzehnte in Anspruch genommen hat. Überschlägig sind dabei Produktionskosten in Höhe von etwa 1.000 €/km^2 angefallen. Zur *Aktualisierung* dieser teilweise 40 bis 60 Jahre alten Daten setzen die Länder das Laserscanningverfahren ein (Abschnitt 6.2.1). Damit wird das alte DGM nicht nur punktuell, sondern in der Regel flächendeckend neu berechnet. Vergleiche zwischen altem und neuem DGM lassen teilweise erhebliche Unterschiede erkennen, die sowohl durch unterschiedliche Erfassungsmethoden als auch durch tatsächliche Höhenveränderungen bedingt sein können (Abb. 6.6 und 6.7).

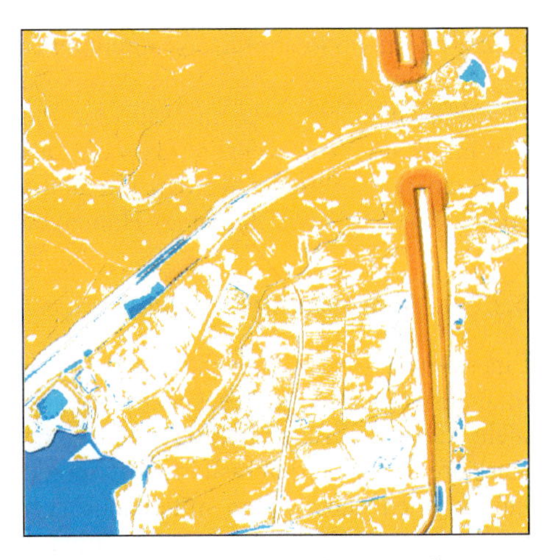

Abb. 6.6: Luftbildausschnitt und Höhenvergleich (rechts) zwischen altem und neuem DGM5 (alte Methode: Höhenliniendigitalisierung; neue Methode: Laserscanning)

Die orangefarbenen Flächen in Abbildung 6.6 weisen Höhendifferenzen in der Größenordnung von ± 0,5 m aus, die mit großer Wahrscheinlichkeit aus der Digitalisierung von Höhenlinien für das alte DGM5 herrühren. Die roten bzw. blauen Flächen kennzeichnen dagegen echte Höhenänderungen durch Straßenbau bzw. Bodenabtragung. In einem zweiten Beispiel sind wesentlich geringere Höhendifferenzen erkennbar (Abb. 6.7); hier ist dem neuen Laserscanning-DGM ein DGM5 aus der photogrammetrischen Auswertung gegenübergestellt.

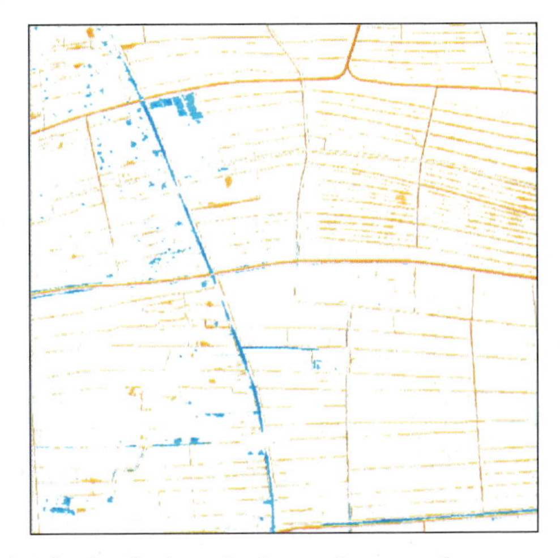

Abb. 6.7: Luftbildausschnitt und Höhenvergleich (rechts) zwischen altem und neuem DGM5 (alte Methode: photogrammetrische Auswertung; neue Methode: Laserscanning)

Überall dort, wo keine Laserscanningdaten zur Aktualisierung vorliegen, eignet sich besonders die digitale stereoskopische Auswertung von DOP oder von orientierten Luftbildern an PC-Arbeitsplätzen (z. B. mithilfe des Planar-Systems und der Software DTMaster). Der Vorteil dieses Verfahrens ist, dass die „alten" Höhenkoten in die aktuelle dreidimensionale Bildszene eingeblendet werden können und Höhendifferenzen durch „schwebende" bzw. „unter der Oberfläche liegende" Höhenkoten schnell und sicher erkannt werden können.

6.2.3 Anwendungsbereiche

Einer der häufigsten Anwendungsfälle beim Gitter-DGM ist die Ableitung von Höhenlinien in maßstabs- und geländespezifischen Äquidistanzen. Diese rechnerisch erzeugten und nicht kartographisch überarbeiteten Höhenlinien weisen in der Regel weniger gerundete Verläufe auf als in den bisherigen Topographischen Karten (Abb. 6.8). Besonders im Flachland können dabei kaum miteinander vergleichbare Linienverläufe entstehen. Das Misstrauen mancher Kartennutzer gegenüber den automatisch erzeugten Höhenlinien ist jedoch unbegründet, sofern bei der Höhenlinienableitung auch die Strukturelemente (Bruchkanten, Geripplinien) berücksichtigt worden sind.

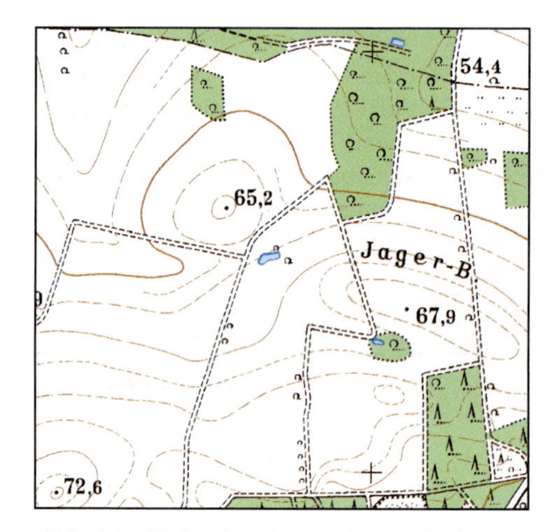

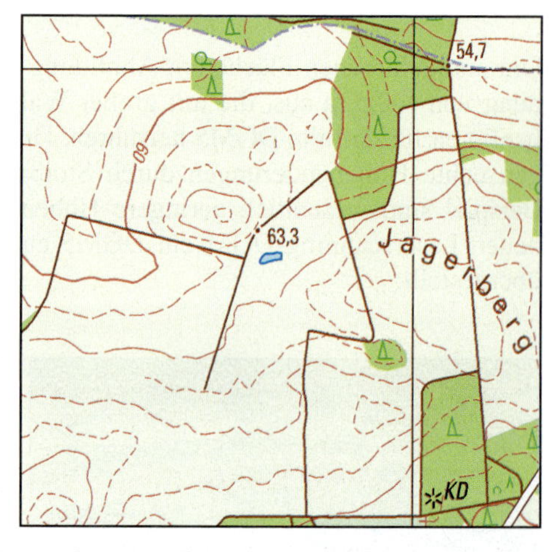

Abb. 6.8: Höhenlinienausschnitte, links: alte TK; rechts: aus dem DGM5 berechnet

Im Verkehrswegebau ist neben der Berücksichtigung von umwelt- und eigentumsrechtlichen Aspekten das DGM ein unverzichtbares Hilfsmittel, um bereits bei der Planung neuer Linienführungen maximale Neigungswinkel einhalten und um im Bergland die Anzahl und Länge kostenintensiver Tunnel- und Brückenstrecken minimieren zu können.

Weitere Anwendungsbereiche sind:

- Ermittlung und Darstellung von Höhenprofilen und von dreidimensionalen Geländedarstellungen; diese Funktionen sind auch auf den bundesweit herausgegebenen CD-ROM Top50 verfügbar (siehe 6.5.2),
- bodenkundliche Reliefanalysen,
- Simulation von Hochwasser- und Windeinflüssen,

- Volumenberechnungen (z. B. bei Erdabträgen bzw. bei Mülldeponien),
- Emissions- und Immissionsanalysen sowie
- Funknetzplanungen.

6.2.4 Lösungen und Angebote aus der Privatwirtschaft

Aufgrund der hohen Kosten für exakte Geländehöhenbestimmungen beschränken sich entsprechende Vermessungen durch private Unternehmen bisher auf örtlich begrenzte Bereiche, um beispielsweise beim Trassenbau durch Längs- und Querprofile eine sichere Planungsgrundlage zu gewinnen. Dazu zählen im Einzelfall auch Tiefenmessungen durch Echolotung in fließenden oder stehenden Gewässern.

Außerhalb der amtlichen Geotopographie werden in der Privatwirtschaft flächendeckend lediglich die in 6.2.1 vorgestellten Radarverfahren eingesetzt. Im Falle der TerraSAR-X-Mission wird erstmals ein deutsches Weltraumprojekt in öffentlich-privater Kooperation durchgeführt. Die Kooperation ermöglicht einerseits der wissenschaftlichen Forschung den freien Zugriff auf die Daten und andererseits den privaten Unternehmen deren kommerzielle Vermarktung (DLR 2008). Ein Überblick über bereits erfasste und verfügbare Daten kann im Internetauftritt der Fa. Infoterra gewonnen werden (INFOTERRA 2009).

Die Fa. Intermap Technologies stellt dagegen aus flugzeuggestützten Radaraufnahmen rein kommerzielle Daten zur Verfügung. Seit ca. 2006 hat die Firma bereits flächendeckend DGM- und DOM-Radardaten von Großbritannien, Deutschland, Frankreich und Italien sowie von einigen nicht europäischen Ländern aufgenommen und prozessiert. Die Höhengenauigkeit der entzerrten Radardaten wird von der Fa. Intermap mit ± 1 m angegeben, die Lagegenauigkeit mit ± 2 m (INTERMAP 2009).

6.2.5 Schlaglichter aus dem europäischen Umfeld

Das Bundesamt für Eich- und Vermessungswesen in Österreich bietet DGM-Daten in den Rasterweiten 10 m, 25 m, 50 m, 100 m, 250 m sowie 500 m an, und zwar wahlweise mit oder ohne Strukturlinien (BEV 2009).

In der Schweiz wird für Gebiete unter 2.000 m Höhe das aus Laserscanningdaten abgeleitete Digitale Terrain-Modell der Amtlichen Vermessung (DTM-AV) im 2-m-Raster mit einer 1-Sigma-Genauigkeit von ± 0,5 m angeboten. Für höher gelegene Bereiche ist nur das aus den Höhenlinien der Landeskarte 1:25.000 abgeleitete DGM25 in Rasterweiten ab 25 m erhältlich (SWISSTOPO 2009).

Beim Ordnance Survey in Großbritannien wird für ausgewählte städtische Gebiete und in überschwemmungsgefährdeten Bereichen ein DGM mit 2 m-Rasterweite und einer Genauigkeit von ± 0,5 m vorgehalten, in ländlichen Gebieten ein 5 m-Gitter (Genauigkeit ± 1,0 m) sowie ein 10 m-Gitter in Heidegebieten und im Bergland (Genauigkeit ± 2,5 m). Aus diesen DGM-Daten lassen sich alle gröberen Rasterweiten ableiten (ORDNANCE SURVEY 2009).

Das Institut Geographique National (IGN) in Frankreich bietet flächendeckend das Produkt DB-ALTI® an, das in den Rasterweiten zwischen 25 m und 1.000 m verfügbar ist und vom IGN für die Höhenlinienableitung der Kartenmaßstäbe 1:25.000 bis 1:1.000.000 genutzt wird (IGN 2009).

6.3 Photogrammetrische Datenerfassung und -verarbeitung

6.3.1 Luftbildaufnahme

Die photogrammetrische Datenerfassung dient in erster Linie der bildhaften Dokumentation der Landschaft zu bestimmten Zeitpunkten mit dem Ziel, durch Ausmessung und Interpretation der Bilddaten Informationen über den Zustand bzw. die Veränderung der aufgenommenen Landschaft zu gewinnen. Luftbildaufnahmen sind stets Zentralprojektionen und entstehen für die Aufgaben der Landesaufnahme durch Senkrechtaufnahmen aus flugzeuggestützten Messanordnungen.

Bei der bis vor wenigen Jahren vorherrschenden Methode der analogen Luftbildaufnahme bestimmten Kammerkonstante und Flughöhe den Bildmaßstab der 23×23 cm^2 großen Messbilder (HAKE 1982). Bis etwa Mitte der 1990er Jahre war die Schwarz-Weiß-Aufnahme das Standardverfahren, bevor erste Tests mit Diapositiv-Farbfilmen durchgeführt wurden, die sich schließlich wegen der besseren Unterscheidbarkeit von Vegetationsflächen sowohl im amtlichen als auch im privaten Luftbildwesen durchgesetzt haben. Neben den Farbaufnahmen können auch Falschfarbenfilme (Color-Infrarot-Filme) eingesetzt werden, die etwa zur Waldschadenskartierung Verwendung finden. Anforderungen an den Bildflug und die analogen Luftbilder sind in der DIN 18740-1 enthalten (DIN 2001).

Bei der Luftbildaufnahme entstehen Verzerrungen im Bild durch eine nicht streng senkrechte Zentralprojektion sowie durch Höhenunterschiede im Gelände. Mit rein photographischen Mitteln an Einbild-Entzerrungsgeräten lassen sich nur die Fehler der Zentralprojektion beheben, indem das Originalluftbild über Kartenpasspunkte optisch umgebildet wird. Gleichzeitig lässt sich das Bild dabei so vergrößern oder verkleinern, dass es einen runden Endmaßstab erhält. Ein völlig entzerrtes Ergebnis kann diese einfache optische Korrektur allerdings nur im flachen Gelände erzielen; Lagefehler durch Höhenunterschiede im Gelände können so nicht beseitigt werden. Für Abhilfe sorgen hier ab ca. 1970 die analytischen Orthoprojektoren, indem die Belichtung des Abbildes nicht durch ein Kameraobjektiv, sondern rechnergesteuert durch eine kleine Spaltblende vorgenommen wurde, die in parallelen Streifen über die Photoschicht läuft und dabei unter Berücksichtigung der Geländehöhen den jeweils geometrisch passenden Ausschnitt aus dem Originalbild überträgt.

Seit Mitte der 1990er Jahre werden analoge Luftbilder im Rahmen der neuen digitalen Bildverarbeitungsprozesse zunächst an photogrammetrischen Präzisionsscannern abgetastet. Anforderungen an das gescannte Luftbild enthält die DIN 18740-2 (DIN 2005). Die Scanauflösung orientiert sich an dem zugrundeliegenden Bildmaßstab und der gewünschten Bodenauflösung eines Bildpunktes (GSD = Ground Sampling Distance). Bei einem Bildmaßstab von 1:12.000 und einer geforderten GSD von 0,20 m muss die Scan-Auflösung mindestens 16 µm betragen.

Seit der Jahrtausendwende wird mit dem Aufkommen der ersten *digitalen* Luftbildkamera, der ADS40 der Firma Leica Geosystems, die analoge Luftbildaufnahme mehr und mehr durch die digitale Methode ersetzt. Der analoge Film wird bei der digitalen Aufnahmetechnik durch CCD-Elemente (CCD: charched coupled device) ersetzt, die in der Lage sind, mehrere spektrale Bereiche des Lichts gleichzeitig zu erfassen und zu speichern. Den Markt teilen sich Flächenkameras und Mehr-Zeilenkameras sowie Rotationsscanner und Ein-Zeilenkameras, wobei für die Luftbildaufnahme besonders die beiden erstgenannten Kamerasysteme eingesetzt werden (Abb. 6.9).

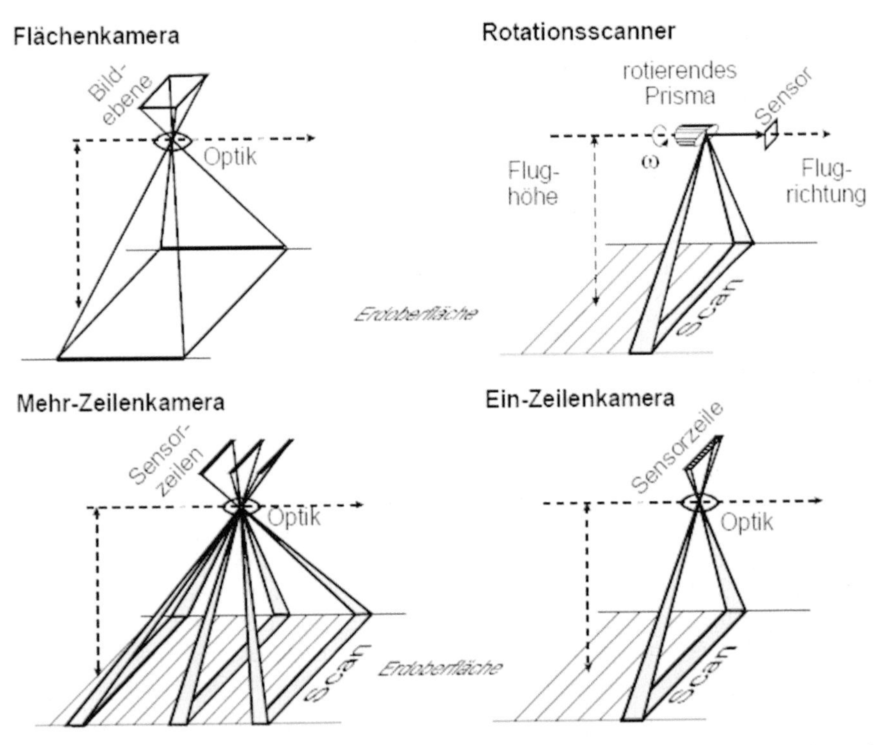

Abb. 6.9: Prinzip verschiedener digitaler multispektraler Aufnahmesysteme (RIES 2004)

Mehr-Zeilenkameras tasten das Aufnahmegebiet in Flugrichtung jeweils gleichzeitig mit Vorwärts-, Senkrecht- und Rückwärtsstrahlen ab, wodurch es zu drei sich zu 100 % überlappenden digitalen Bildern kommt – allerdings mit dem Nachteil, dass sich bewegte Objekte an drei verschiedenen Positionen wiederfinden. Beispiele für Mehr-Zeilenkameras sind die ADS40 sowie die HRSC (High Resolution Stereo Camera) des Deutschen Zentrums für Luft- und Raumfahrt (DLR). Bei digitalen Flächenkameras wird dagegen das Aufnahmeprinzip der analogen Systeme kopiert, indem die lichtempfindlichen CCD-Elemente flächenhaft angeordnet werden. Da die Herstellung von sehr großen CCD-Feldern technisch schwierig ist, werden zur Realisierung eines großen Bildformats mehrere CCD-Felder miteinander gekoppelt. So können durch Überlappungsalgorithmen aus vier nebeneinander installierten und synchron aufnehmenden CCD-Feldern mit jeweils 4.000 × 7.000 Pixeln rechnerisch flächenhafte Bilder von 7.680 × 13.824 Pixeln erzeugt werden (RIES 2004). Beispiele solcher Flächenkameras sind die DMC (Digital Mapping Camera) der Firma Z/I Imaging sowie die UltraCam-D und die UltraCam-X der Firma Vexcel Imaging. Einen umfassenden Vergleich hinsichtlich der radiometrischen und der geometrischen Leistungsfähigkeiten unterschiedlicher Digitalkameras gibt *Jacobsen* (JACOBSEN 2008).

Im Jahr 2008 wurden bereits ca. 60 % aller Bildflüge der Landesvermessungsbehörden digital durchgeführt – mit stark zunehmender Tendenz. Bei digitalen Bildflügen wird in der Regel neben den üblichen Farbkanälen Rot-Grün-Blau auch das Infrarot-Signal als vierter Kanal aufgenommen. Erklärtes Ziel der AdV ist es, bis zum Ende des Jahres 2010 bundesweit farbige DOP-Daten mit 20 cm Bodenauflösung anzubieten.

Unabhängig davon, ob analoge oder digitale Luftbildaufnahmen geplant werden, sind laut DIN 18740-1 gewisse Standardbedingungen für einen Bildflug einzuhalten, um zu gewährleisten, dass Luftbildaufnahmen über längere Zeiträume und über Ländergrenzen hinweg eine möglichst einheitliche Qualität aufweisen. Diese Standardbedingungen sind:

- Sonnenschein oder je nach Festlegung hochstehende Wolken mit klaren Sichten;
- Sonnenstand mindestens 30° über Horizont;
- keine Wolken oder Wolkenschatten in den Bildern;
- Befliegungsgebiet frei von Nebel sowie von Hochwasser und Schnee.

Die *Bildflugplanung* beinhaltet die Unterteilung eines Jahresbildflugprogrammes in sogenannte Bildflugblöcke, deren Größe und Ausdehnung so begrenzt sein sollten, dass ein Bildflug einen bestimmten Block innerhalb einer zusammenhängenden Zeitspanne von 3 bis 4 Stunden abdecken kann. Die Blockgröße variiert in der Regel zwischen 400 km^2 und 700 km^2. Während die Blöcke früher meist im Anhalt an den Blattschnitt der Topographischen Karte 1:50.000 gebildet wurden, werden heute im Sinne einer Hauptnutzergruppe häufig schon kommunale Gebietsgrenzen bei der Blockbildung berücksichtigt. Für viele Nutzer, wie auch für die Vermessungsverwaltung zur Fortführung der digitalen Landschaftsmodelle, ist das Frühjahr ab Mitte März der optimale Bildflugzeitpunkt, da zu dieser Zeit der Blick auf die Erdoberfläche noch nicht durch die Belaubung beeinträchtigt wird. Andere Fachaufgaben benötigen dagegen Sommerbefliegungen wie etwa für die Waldschadenskartierung bzw. wünschen diese, da sie für Tourismuszwecke besser eingesetzt werden können. Die unterschiedlichen Anforderungen sind nicht immer mit einem einzigen Bildflug abzudecken. Deshalb ist in einigen Fällen unter Berücksichtigung wirtschaftlicher Gesichtspunkte zu entscheiden, welche Prioritäten zu setzen sind.

Die für die regelmäßige Befliegung zuständigen Landesvermessungsbehörden der einzelnen Bundesländer haben bis zu Beginn der 2000er Jahre einen 5-jährigen Bildflugturnus eingehalten. Dadurch wurden jährlich für etwa 20 % der jeweiligen Landesfläche Luftbilder bzw. Digitale Orthophotos (DOP) hergestellt. Inzwischen hat sich dieser Turnus in den meisten Ländern beschleunigt und liegt aktuell bei einem bis zu vier Jahren (siehe Tabelle 6.2).

Für eine Stereobildauswertung werden ausreichende Längs- und Querüberdeckungen von in der Regel 60 % und 30 % der benachbarten Luftbildaufnahmen vorgegeben, die laut DIN 18740-1 von den ausführenden Bildflugfirmen maximal um 5 % über- bzw. unterschritten werden dürfen. Die Bildflugplanungen sehen die streifenweise Aufnahme der Luftbilder in Ost-West-Richtung vor (Abb. 6.10). Zur Erzielung einer geometrischen Orthophotogenauigkeit von besser als ± 0,4 m werden vor der Befliegung etwa fünf luftsichtbare Passpunkte pro 100 km^2 geplant, signalisiert und lage- und höhenmäßig bestimmt. Alternativ zu den signalisierten Passpunkten können auch die Bild- und Landeskoordinaten gut bestimmbarer und im Luftbild gut erkennbarer Punkte – wie Gebäudeecken – ausgewählt werden. Die Planung der Passpunkte erfolgt in Verbindung mit der Planung der Bildmittelpunkte so, dass sie zur Durchführung der Bildverknüpfung (Aerotriangulation) auf möglichst vielen Einzelbildern abgebildet werden (Abb. 6.10).

Tabelle 6.2: Befliegungszyklus in den Bundesländern (Quelle: AdV-Umfrage 2006)

Bundesland	**Befliegungszyklus (Jahre)**
Baden-Württemberg	4
Bayern	3
Berlin	2
Brandenburg	4
Hamburg	2
Hessen	3
Mecklenburg-Vorpommern	3
Niedersachsen/Bremen	4
Nordrhein-Westfalen	3
Rheinland-Pfalz	2
Saarland	1
Sachsen	3
Sachsen-Anhalt	3
Schleswig-Holstein	3
Thüringen	4

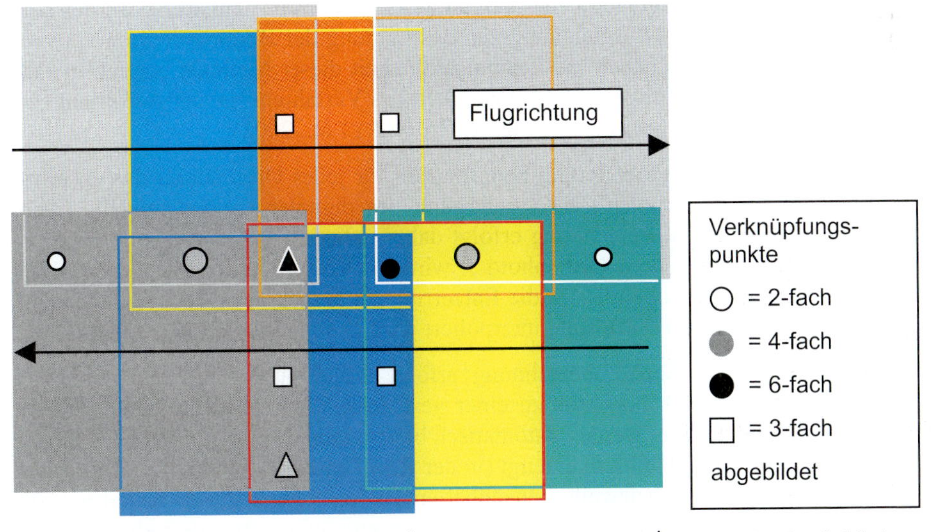

Abb. 6.10: Signalisierte Passpunkte (△ = 3-fach abgebildet; ▲ = 6-fach abgebildet)

6.3.2 Herstellung digitaler Orthophotos

Um nachfolgend die digitale Orthoprojektion berechnen zu können, müssen die innere und äußere Orientierung der Luftbilder bekannt sein. Die innere Orientierung eines Bildes ist durch die Kammerkonstante, die Lage des Bildhauptpunktes, die Verzeichnung des Kameraobjektivs sowie – nur bei der analogen Luftbildaufnahme – durch die Lage der Rahmenmarken gegeben. Die Parameter der inneren Orientierung werden durch eine Kalibrierung der Aufnahmekamera gewonnen. Die räumlichen Koordinaten des Projektionszentrums und die drei Drehungen des Bildes um die Achsen des Landeskoordinatensystems stellen die äußere Orientierung dar. Die Daten der äußeren Orientierung werden in der Regel durch eine Aerotriangulation oder alternativ mittels räumlichem Rückwärtsschnitt berechnet. Die Grundidee der Aerotriangulation ist die Einsparung von Passpunkten oder anders ausgedrückt die Überbrückung von Gebieten ohne Passpunkte.

Mithilfe der Aerotriangulation wird der gesamte Bildverband eines Blockes miteinander verknüpft, indem über die bekannten Passpunkte eine Grobvermaschung erfolgt, die über eine automatische Auswahl gut strukturierter Verknüpfungspunkte (Abb. 6.10) verdichtet wird. Anschließend werden über eine Bündelblockausgleichung mit allen verfügbaren Pass- und Verknüpfungspunkten die endgültigen Parameter der äußeren Orientierung (X,Y,Z) aller Projektionszentren sowie deren Roll-, Dreh- und Kippwinkel (Phi, Omega, Kappa)) für jedes Einzelbild des Blockes bestimmt.

Alternativ zur Aerotriangulation werden speziell in privatwirtschaftlichen Anwendungen immer mehr die direkte und die integrierte Sensororientierung eingesetzt. In beiden Fällen werden die während des Bildflugs aufgenommenen GPS- und INS-Daten (siehe 6.2.1) zur Bestimmung der Elemente der äußeren Orientierung ausgewertet.

Bei der direkten Sensororientierung ersetzen diese Daten die o. a. Verknüpfungspunkte und damit die gesamte Aerotriangulation; bei der integrierten Sensororientierung werden alle Daten in einer gemeinsamen Ausgleichung zur Bestimmung der Bildorientierung verwendet. Wissenschaftliche Tests haben die Leistungsfähigkeit dieser Methode bereits im Jahr 2002 nachgewiesen. Danach erreicht die Genauigkeit des Verfahrens die der Aerotriangulation, benötigt aber erheblich weniger Passpunkte (HEIPKE ET AL. 2002).

Mit der bekannten äußeren Orientierung kann danach für jedes Originalbild das entzerrte Orthophoto Pixel für Pixel unter Berücksichtigung des digitalen Geländemodells (Abb. 6.11) berechnet werden. Die Berechnung erfolgt dabei indirekt. Ausgehend von der X,Y-Position im Ergebnisbild – dem Orthophoto – wird die korrespondierende Position des Eingabebildes aufgesucht, wobei die für die Entzerrung zu berücksichtigende Geländehöhe aus einem Gitter-DGM hoher Auflösung interpoliert wird.

Im letzten Schritt der Orthophotoberechnung erfolgt die Zusammensetzung geeigneter Ausschnitte der einzelnen Orthophotos zu einer geschlossenen Orthophotoszene, die den gesamten Block abdeckt. Dazu werden automatisch bzw. interaktiv Trennlinien (sog. Seamlines) in den entzerrten Einzelbildern erzeugt (in der Regel entlang von Vegetationsgrenzen oder Verkehrswegen) und die jeweils benachbarten Bilder entlang dieser Seamlines zusammengefügt. Gleichzeitig mit diesem Schritt erfolgt eine automatisierte radiometrische Anpassung der Einzelbildausschnitte zu einem homogenen Gesamtmosaik. Das automatisch erzeugte Ergebnis kann interaktiv noch nachgebessert bzw. verändert werden.

Dennoch kann es zwischen unabhängig voneinander berechneten Orthophotoblöcken zu radiometrischen Unterschieden kommen, die insbesondere dann auftreten, wenn Bildflüge zu unterschiedlichen Jahreszeiten durchgeführt worden sind und dadurch bedingt Unterschiede in der Vegetation und im Sonnenstand unvermeidlich sind (Abb. 6.12).

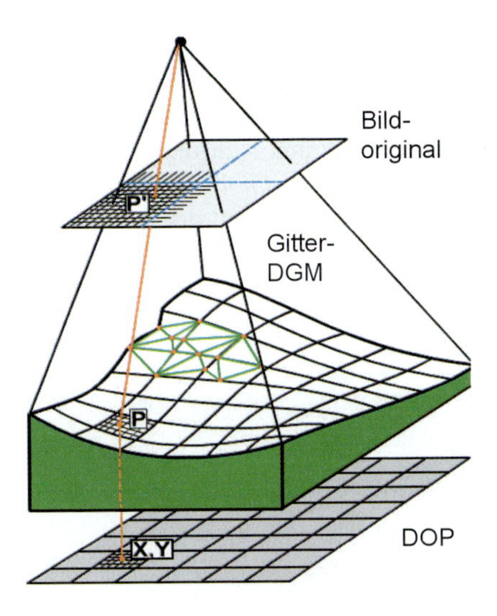

Abb. 6.11:
Berechnung digitaler Orthophotos mithilfe eines DGM
(MAYR & HEIPKE 1988)

Abb. 6.12:
Gesamt-DOP-Mosaik von Deutschland mit unvermeidlichen radiometrischen Unterschieden;
Quelle: Geodatenzentrum des BKG (GDZ 2009)

Neben den radiometrischen Problemen werden mit der auf 0,20 m erhöhten Bodenauflösung der DOP auch geometrische Probleme erkennbar, die auf die Verwendung reiner Gitter-DGM ohne Strukturinformation bei der Luftbildentzerrung zurückzuführen sind. Über reine Gitter-DGM mit einer üblichen Gitterweite von 10 m lassen sich Verkehrslinien auf langen Brücken oder auf Dämmen nicht exakt entzerren, sondern werden im Gegenteil verzerrt dargestellt.

Abhilfe können in diesen Fällen nur sehr viel engere DGM-Gittermaschen (1 m oder sogar 0,5 m) schaffen oder die Berücksichtigung entsprechender Bruchkanten bei Dämmen. Für Brückenbauwerke müssten deren Bauwerkshöhen zusätzlich bekannt sein und in die Berechnung eingeführt werden (Abb. 6.13 und 6.14). In den bisherigen DOP-Ableitungen ist dieses Problem zwar auch schon immer latent vorhanden gewesen, bedingt durch eine größere Flughöhe und eine gröbere Bodenauflösung von 0,40 m aber nicht derart in Erscheinung getreten.

Abb. 6.13: Verzerrte DOP-Darstellung einer Straßenbrücke

Abb. 6.14: Korrigierte Brückendarstellung im DOP

Die verzerrte Darstellung der Brücke in Abbildung 6.13 resultiert aus der DGM-basierten „Entzerrung“ eines Luftbilds, in dem der Bildmittelpunkt weit südlich der Brücke liegt. Zur Korrektur wurde interaktiv der entsprechende nicht entzerrte Ausschnitt eines benachbarten Luftbilds ausgewählt, dessen Bildmittelpunkt nördlich der Brücke liegt. Dieser Prozess hat den Vorteil, dass die Brücke im endgültigen DOP geradlinig verläuft und dass der nördlich unter der Brücke liegende Landschaftsausschnitt sichtbar wird (Abb. 6.14). Als Nachteil ist dabei aber in Kauf zu nehmen, dass dieser Landschaftsausschnitt nicht exakt lagerichtig eingepasst werden kann, da er nicht über das DGM „entzerrt“ worden ist.

6.3.3 Landesluftbildsammlung

Die Landesvermessungsbehörden haben den gesetzlichen Auftrag, alle Luftbildoriginale in Landesluftbildsammlungen zu führen und Auszüge daraus für jedermann zur Verfügung zu stellen. Seit Beginn der systematischen Luftbildaufnahmen in den 1950er Jahren sind somit bundesweit bereits mehrere Mio. Luftbildoriginale archiviert worden. Allein in Niedersachsen umfasst die Landesluftbildsammlung ca. 700.000 Bilder, die jeden Landesteil durchschnittlich 10- bis 15-mal im Abstand von 5 Jahren abbilden.

Alterungsbedingt kommt es trotz der Aufbewahrung in klimatisierten und abgedunkelten Räumen bei vielen Originalen mittlerweile zu Vergilbungen bzw. Ablösungen der Filmschicht von der Trägerschicht. Um die topographischen Zeitdokumente als Kulturgut zu erhalten, sind deshalb viele Landesvermessungsbehörden dazu übergegangen, die analogen Luftbildoriginale in hoher Auflösung (1.000 dpi) zu scannen und in digitalen Archiven zu speichern.

Neben den digitalen Luftbildoriginalen werden auch die daraus abgeleiteten DOP-Datenbestände in die Archive aufgenommen. Nach einer vorläufigen Schätzung werden für die historischen Schwarz-Weiß-Luftbildoriginale in Niedersachsen insgesamt ca. vier TByte Speicherplatz benötigt; für die digitalen 4-Kanal-Originale der neuen Generation (RBG und Infrarot mit 0,20 m Bodenauflösung) sind pro Jahr ca. sechs TByte Speicherplatz bereitzustellen sowie etwa 1,25 TByte pro Jahr für die daraus abgeleiteten DOP-Daten.

Auszüge aus der Luftbildsammlung werden häufig für historische Fragestellungen benötigt, beispielsweise für Beweissicherungen vor Gericht, für Untersuchungen von Altlastenverdachtsflächen oder für Zwecke der Landschafts- bzw. Stadtentwicklung. Die bisher üblichen analogen Auszüge werden dabei schon heute fast vollständig durch digitale Auszüge ersetzt.

6.3.4 Spezielle Luftbilder und Anwendungen

Der Hauptanwendungsbereich für Luftbilder bzw. DOP liegt in der Informationsgewinnung zur Dokumentation des Zustands und von Veränderungen der Landschaft, wie etwa in der Landesaufnahme zur Fortführung der Digitalen Landschaftsmodelle (6.4.2) oder im Liegenschaftskataster zur Erfassung der tatsächlichen Nutzung. Andere klassische Anwendungsbereiche finden sich in der Flurbereinigung, der Archäologie, der Landesplanung, der Land- und Forstwirtschaft (für EU-Flächenanträge), der Umweltüberwachung und dem Umweltschutz, der Meteorologie, der Bauplanung und der geophysikalischen Exploration sowie im Immobilienmanagement.

Neben diesem allgemeinen Nutzen gibt es eine Vielzahl spezieller Anwendungen, von denen einige im Folgenden exemplarisch aufgeführt werden:

- Orientierte Luftbildpaare – also digitale Originalbilddaten mit bekannten Parametern der äußeren Orientierung – bieten die Grundlage für vielfältige ingenieurtechnische Auswertungen, beispielsweise für Flächenpotenzialanalysen, Bewuchshöhenbestimmungen sowie Halden- und Deponievermessungen. Als Orientierungsparameter können dazu die bereits während des Bildflugs registrierten oder die durch eine Aerotriangulation genauer bestimmten Werte benutzt werden. Als technisches Hilfsmittel für diese Auswertungen lässt sich das Planar-System (siehe 6.2.1) einsetzen.
- Luftbilder der Alliierten Streitkräfte aus dem 2. Weltkrieg dienen auch heute noch dazu, mithilfe analoger optischer Auswertemethoden oder halbautomatischer Mustererkennungsverfahren Verdachtsstellen für Bombenblindgänger aufzufinden, um diese dann durch spezialisierte Bombenräumdienste untersuchen und tatsächlich gefundene Blindgänger räumen zu lassen.
- Neben dem Markt für Senkrechtaufnahmen hat sich in den letzten Jahren auch ein lukrativer Markt für Schrägaufnahmen entwickelt, und zwar speziell von Gebäuden in verdichteten urbanen Gebieten. Luftbildaufnahmen werden dafür in niedriger Flughöhe durchgeführt und müssen zur Ablichtung aller Gebäudeseiten auch in Nord-Süd-Ausrichtung erfolgen. Ausführende Stellen sind private Unternehmen, die einerseits im lokalen Bereich tätig sind und Einzelaufträge – beispielsweise mit Hubschrauberbefliegungen – ausführen, andererseits aber auch weltweit tätig sind, wie die Firmen Microsoft und Google.

Abb. 6.15: Orthophoto (links) und leicht verdrehtes True Orthophoto (rechts) (GÜNAY ET AL. 2007)

- Etwa seit der Jahrtausendwende haben neben der klassischen DOP-Technik sog. True Orthophotos verstärkt Einzug in die Praxis gefunden. In True Orthophotos werden Brücken und Gebäudeoberflächen lagerichtig dargestellt, wozu deren Objekthöhen bekannt sein und in ein Digitales Oberflächenmodell (DOM) integriert werden müssen. In einem True Orthophoto stehen 3-D-Objekte senkrecht. Im Falle von Gebäuden sind demnach keine Hauswände mehr, sondern nur noch Dachflächen zu sehen – auch wenn im Original-Luftbild bzw. im daraus abgeleiteten Orthophoto projektionsbedingt Hauswände erkennbar sind (Abb. 6.15). Zur Erzeugung von True Orthophotos sind die Oberflächen von 3-D-Objekten automatisch oder interaktiv auf die geometrisch richtige Lage zu verschieben und die wegen der Zentralprojektion zuvor verdeckten Bildteile durch Inhalte aus Nachbarbildern zu ersetzen, die eine andere Perspektive aufweisen.

- Außer Luftbildern werden für viele Anwendungen auch geringer auflösende Satellitenbilddaten eingesetzt, beispielsweise für großräumige Oberflächenanalysen in der Landwirtschaft und der Statistik. Grundsätzlich werden Satellitenbilder ähnlich prozessiert (entzerrt) wie Luftbilder, allerdings unter stärkerer Berücksichtigung der Erdkrümmung. Das Potenzial von Satellitenbilddaten für die Aufgaben der geotopographischen Landesaufnahme ist schon mehrfach Gegenstand theoretischer und praktischer Untersuchungen gewesen. Bislang sind aber wegen hoher Beschaffungskosten (nur Nutzungsrechte können erworben werden), geringerer Interpretationssicherheit und geringerer Genauigkeit gegenüber Luftbilddaten sowie der Tatsache, dass die Wetterbedingungen im gewünschten Zeitfenster häufig keine Datengewinnung zulassen, Satellitenbilddaten noch nicht zur Fortführung in den Landesvermessungsbehörden eingesetzt worden.
- Als Beispiel für eine solche Anwendung sei das Projekt DeCOVER angeführt, das als deutscher Beitrag in die Europäische Initiative GMES (Global Monitoring of Environment and Security) eingebunden ist und als Zielsetzung die automationsgestützte Erkennung von Änderungen der Landbedeckungsdaten hat (DeCover 2008). Diese Entwicklung ist vor dem Hintergrund neuer europäischer Direktiven zu sehen, die Berichtspflichten für Agrar-, Umwelt-, Wasser-, Bodenschutz- und Naturschutz-Themen sowie für die Raumplanung beinhalten; Beispiele dafür sind die Wasserrahmenrichtlinie und die Bodenschutzstrategie. In der Kombination der unterschiedlicher Datenquellen ATKIS®-Basis-DLM, IKONOS-Satellitendaten und Radardaten wird untersucht, wie signifikante Veränderungsinformationen basierend auf einem gesicherten Ausgangsdatenbestand ermittelt werden können.
- Beim Bundesamt für Kartographie und Geodäsie (BKG) wird in Zusammenarbeit mit dem Institut für Photogrammetrie und Geoinformatik der Leibniz-Universität Hannover ein Wissensbasierter Photogrammetrisch-Kartographischer Arbeitsplatz (WiPKA) entwickelt und getestet, um anhand von automatisierten Objekterkennungsprozessen in aktuellen Luftbildern eine Qualitätsuntersuchung der Daten des ATKIS®-Basis-DLM durchzuführen (BKG 2009). In einer ersten Ausbaustufe werden automatische Module zur Erkennung von Objekten mit hohen Aktualitätsanforderungen wie Straßen und Siedlungen entwickelt und ggf. durch interaktive Eingriffe unterstützt. Mit dem „Wissen" aus der Objektdefinition im Basis-DLM werden entsprechende Bildmuster in den aktuellen, noch nicht für die Fortführung genutzten DOP gesucht. Eine Übereinstimmung signalisiert die Richtigkeit der DLM-Daten; bei einer Nicht-Übereinstimmung erfolgt in der Regel eine interaktive Überprüfung der Situation – mit einer endgültigen Aussage, ob DLM und DOP in der Aktualität übereinstimmen oder nicht.

6.3.5 Lösungen und Angebote aus der Privatwirtschaft

Im Bereich der photogrammetrischen Datenerfassung und -verarbeitung gibt es ein breites Betätigungsfeld für die Privatwirtschaft. Die Datenerfassung mithilfe von Bildfugzeugen wird in Deutschland ausschließlich durch private Unternehmen durchgeführt, die dazu von öffentlichen und privaten Stellen beauftragt werden. Auch im Bereich der Datenprozessierung bieten Unternehmen der Privatwirtschaft alle denkbaren Dienstleistungen von der Erstellung digitaler Orthophotos bis hin zu Bildauswertungen und automationsgestützten Strukturerkennungsverfahren an.

Am bekanntesten und in aller Munde sind die weltweit flächendeckenden Satelliten- und Luftbilddaten in den Portalen der GIS-Anbieter Google Earth und Microsoft Virtual Earth (GOOGLE 2009; MICROSOFT 2009). Die meisten Luftbilddaten, die den deutschen Raum in diesen Anwendungen abdecken, stammen von der Fa. GeoContent, die etwa im Jahr 2002 begonnen hat, einen deutschlandweiten digitalen Orthophotodatenbestand aufzubauen und zu vertreiben (GEOCONTENT 2009). Die Bodenauflösung orientiert sich dabei an wirtschaftlichen Aspekten und ist in dicht besiedelten Regionen höher als in ländlichen Gebieten (zwischen 5 cm und 50 cm). Die geometrische Genauigkeit ist hierbei nicht ganz so hoch wie bei den öffentlichen Anbietern, da alle Bildflüge weitgehend ohne luftsichtbare Passpunkte durchgeführt werden.

Deutsche Satellitenprogramme wie die im Jahr 2008 gestartete RapidEye-Mission oder das für 2011 geplante Projekt EnMap werden unter starker Beteiligung privater Unternehmen sowie mit Forschungsgeldern des Bundes durchgeführt. RapidEye ist ein optisches Erderkundungssystem für die Belange der Land- und Forstwirtschaft mit einer Bodenauflösung von 6,5 m; EnMap steht für ein „Environmental Mapping and Analysis Program“, das über eine Bodenauflösung von 30 m verfügt. Beide Missionen sind zwar für die Belange der topographischen Landesaufnahme nur bedingt geeignet, decken aber wichtige Aufgaben in der globalen Erdbeobachtung ab.

6.3.6 Schlaglichter aus dem europäischen Umfeld

Die Entwicklung der photogrammetrischen Datenerfassung und -verarbeitung ist im europäischen Umfeld entsprechend der Entwicklung in Deutschland verlaufen. So werden in der Schweiz seit dem Jahr 2005 fast alle Luftbildaufnahmen digital durchgeführt und je nach der Genauigkeit des verfügbaren DGM mit einer Bodenauflösung von 25 oder 50 cm angeboten. Bei der Landesvermessung dienen die berechneten DOP vornehmlich zur Fortführung der digitalen Landschafts- und Kartenwerke in einem 6-Jahres-Zyklus (SWISSTOPO 2009).

Das Bundesamt für Eich- und Vermessungswesen (BEV) in Österreich setzt bei der Luftbildaufnahme noch konsequent auf die analoge Filmtechnik. Abhängig von der Anwendung werden die Luftbilder mit Schwarz-Weiß-, Farbpositiv- oder Infrarot-Farbpositivfilm hergestellt. Dem BEV steht dafür ein eigenes Bildflugzeug zur Verfügung. Digitale Orthophotos werden in einer Bodenauflösung von 25 cm produziert (BEV 2009).

In Frankreich werden flächendeckend alle sieben Jahre farbige DOP produziert mit einer Standard-Bodenauflösung von 50 cm; in urbanen Bereichen werden zusätzlich DOP in 20 cm Auflösung erzeugt. Die zentrale Bildflugplanung orientiert sich dabei an der Größe und Form der Departements (IGN 2009).

In Großbritannien stellt der Ordnance Survey entzerrte Luftbilddaten in einem sogenannten Imagery Layer des topographischen Systems OS MasterMap zur Verfügung. Die Standardauflösung liegt bei 25 cm. Bis auf geringe Lücken in Schottland (Stand: Februar 2009) liegt der Imagery Layer bereits geschlossen vor (ORDNANCE SURVEY 2009).

6.4 Geotopographische Landschaftsmodellierung

6.4.1 Meilensteine der ATKIS®-DLM-Entwicklung

Jahrhundertelang war die analoge Karte das einzige Medium zur Speicherung landschaftsbeschreibender Informationen. Erst mit der Entwicklung leistungsfähiger Hard- und Softwaresysteme haben vektorbezogene Informationssysteme und Datenbanken diese Funktion übernommen; die Karte ist dadurch von einem originären zu einem abgeleiteten Produkt geworden.

Seit der Einführung von ATKIS®, dem Amtlichen Topographisch-Kartographischen Informationssystem, haben Digitale Landschaftsmodelle (DLM) die Primärspeicherfunktion für landschaftsbeschreibende Informationen übernommen. Ausgehend von einer im Jahr 1984 vorgelegten AdV-internen Studie entwickelten verschiedene Arbeitsgruppen der AdV bis zum Jahr 1989 eine geschlossene ATKIS®-Gesamtdokumentation (ADV 1989), auf deren Grundlage ab 1990 alle Bundesländer begonnen haben, das Basis-Landschaftsmodell (Basis-DLM), das zunächst noch als DLM25 bezeichnet wurde, aufzubauen. Neben allgemeinen Erläuterungen zum Projekt ATKIS® und Angaben zum Datenmodell enthält die Gesamtdokumentation von 1989 insbesondere die Objektartenkataloge (OK25 und OK200) für das DLM25 und ein DLM200 sowie den Signaturenkatalog (SK25) zur Ableitung eines maßstabsgebundenen Digitalen Kartographischen Modells (DKM25) im Vektorformat. Wesentliche Merkmale des DLM25 (des heutigen Basis-DLM) sind die Maßstabsunabhängigkeit, die Forderung nach einer Lagegenauigkeit von mindestens ± 3 m für die wichtigsten linearen Objekte sowie die Einteilung der Objektarten in 7 Objektartenbereiche:

1. Festpunkte (mittlerweile ersetzt durch Präsentationsobjekte), 2. Siedlung, 3. Verkehr, 4. Vegetation, 5. Gewässer, 6. Relief und 7. Gebiete.

Für die Entwicklung von ATKIS® ist eine konsequente Objektsicht kennzeichnend gewesen, mit der alle Erscheinungsformen der Erdoberfläche beschrieben wurden. Als Objekt wurde ein konkret abgrenzbarer Teil der Landschaft definiert, der einer Objektart zugeordnet und mit Attributen und Namen näher beschrieben werden konnte. Zusätzlich war es möglich, über Referenzen auf andere Objekte hinweisen zu können, z. B. kann von einer Straße auf eine über ihr liegende Brücke verwiesen werden.

Der ATKIS®-OK25 umfasste ca. 150 verschiedene Objektarten, von denen etwa 65 als besonders wichtig eingestuft wurden, um sie in einer 1. Aufbaustufe von 1990 bis ca. 1995 zu erfassen (BREMER ET AL. 1992). In einer 2. Aufbaustufe des Basis-DLM ab ca. 1996 bis 2001 wurden weitere 50 Objektarten erstmals erfasst, während die Daten der 1. Stufe aktualisiert wurden. Schließlich ist ab dem Jahr 2002 eine 3. Aufbaustufe begonnen worden, in der neben der Aktualisierung aller bereits vorhandenen Daten ca. 15 weitere Objektarten sowie weitere Attributwerte neu erfasst wurden.

Nach der Fertigstellung der 2. Aufbaustufe begannen die Entwicklungsarbeiten zur rechnergestützten Ableitung eines Digitalen Landschaftsmodells mittlerer Datendichte (DLM50) durch Modellgeneralisierung und kartographische Generalisierung aus dem Basis-DLM. Ein DLM50 war in der ATKIS®-Gesamtdokumentation von 1989 noch nicht vorgesehen, der Bedarf für ein solches Modell aber sowohl von der AdV-Seite als auch aus der Kundensicht Mitte der 1990er Jahre erkennbar geworden. Mit der Produktion des DLM50 wurde im Jahr 2004 begonnen (siehe 6.4.3).

Parallel zu den Erfassungsarbeiten des Basis-DLM in den Ländern wurde beim BKG beginnend im Jahr 1994 bis zum Jahr 2000 in einer ersten Inhaltsstufe das DLM1000 aufgebaut. Ab dem Jahr 2000 wurde dann auch das Digitale Landschaftsmodell 1:250.000 (DLM250) in einer 1. Aufbaustufe erfasst. Einzelheiten zu den Erfassungsmethoden und -quellen der DLM enthält 6.4.2.

Die mit der Automatisierten Liegenschaftskarte (ALK) von der AdV entwickelte Einheitliche Datenbankschnittstelle (EDBS) wurde für ATKIS®-Vektordaten erweitert und hat in der deutschen GIS-Landschaft jahrzehntelang als Quasi-Standard im Datenaustausch gedient.

Das ursprüngliche ATKIS®-Referenzmodell enthielt als eine Komponente das vektorbasierte DKM, das in dieser Form allerdings nie erstellt worden ist, da das Vorhalten und das gegenseitige Referenzieren zweier Vektordatenbestände (DLM25 und DKM25) in einem Maßstabsbereich softwareseitig nur schwer zu realisieren war. Bevor sich die ersten Bundesländer mit der Ableitung kartographischer Modelle aus dem ATKIS®-Basis-DLM beschäftigen konnten, wurde das ATKIS®-Referenzmodell im Jahr 1995 auf ausdrücklichen Kundenwunsch hin geändert, und zwar zugunsten einer rasterbasierten Kartenkomponente, der Digitalen Topographischen Karte (DTK) (HARBECK 1996).

Zeitgleich mit dieser Entwicklung begannen in der AdV, wiederum auf ausdrücklichen Kundenwunsch hin, erste Überlegungen zur Vereinheitlichung der Modellsicht auf das Liegenschaftskataster (ALB, ALK) und die Geotopographie (JÄGER ET AL. 1998). Unter Einbeziehung der Modellierung der Festpunktfelder entstand so das AAA-Projekt mit den Teilkomponenten AFIS®, ALKIS® und ATKIS® (siehe auch 5.5 sowie 7.2). Dazu waren in den frühen 2000er Jahren umfangreiche Harmonisierungsarbeiten zur Abstimmung der liegenschaftsrechtlichen und der geotopographischen Objektsichten erforderlich, die im Jahr 2002 zur Verabschiedung der Version 1.0 der „Dokumentation zur Modellierung der Geoinformationen des amtlichen Vermessungswesens (GeoInfoDok)“ geführt haben, die bis zum Jahr 2008 zu einer Referenzversion 6.0 weiterentwickelt worden ist. Diese Referenzversion (ADV 2008) soll in allen Bundesländern und beim Bund die Grundlage für die Migration der bestehenden Datenbestände des Raumbezugs, des Liegenschaftskatasters und der Geotopographie in das AAA-Datenmodell sein.

6.4.2 Aufbau des Basis-DLM, des DLM250 und des DLM1000

Digitale Landschaftsmodelle dienen in den Vermessungsverwaltungen zur Ableitung maßstabsentsprechender digitaler Kartenwerke (siehe Abb. 6.1) sowie bei externen Nutzern als Referenzdatensatz (Geobasisdaten) für eigene Geofachdaten, deren Geometrie sich an den Geobasisdaten orientiert.

Für den Aufbau des *ATKIS®-Basis-DLM* haben alle Bundesländer ihre jeweils geeignetste Datenquelle digitalisiert, um die Vorgaben der ATKIS®-Gesamtdokumentation nach einer geometrischen Genauigkeit von ± 3 m für linienförmige Objekte bestmöglich erfüllen zu können. Einen Überblick über die in den Anfangsjahren zur Erfassung genutzten Datenquellen zeigt Tabelle 6.3 (CHRISTOFFERS 1992).

Tabelle 6.3: Datenquellen zum Aufbau des ATKIS®-Basis-DLM

Bundesland	**Datenquelle**
Baden-Württemberg	TK25, Orthophoto
Bayern	TK25
Berlin	Stadtkarte 5
Brandenburg	TK10
Hamburg	DGK5, Luftbilder
Hessen	TK5, Orthophoto
Mecklenburg-Vorpommern	TK10
Niedersachsen/Bremen	DGK5
Nordrhein-Westfalen	DGK5, Luftbildkarte
Rheinland-Pfalz	DGK5, Orthophoto
Saarland	DGK5, ALK
Sachsen	TK10
Sachsen-Anhalt	TK10
Schleswig-Holstein	DGK5
Thüringen	TK10

Bis auf das Bundesland Bayern haben alle anderen Länder die AdV-Vorgaben zur Erfassung des Basis-DLM in drei Aufbaustufen umgesetzt. In Bayern wurde dagegen zunächst eine ATKIS®-Vorstufe auf der Basis der TK25 aufgebaut, das sog. GEOGIS (Geographisches GrundInformationsSystem). Erst ab dem Jahr 2000 hat Bayern die Verfahrensweise der übrigen Länder übernommen und durch die Auswertung von Orthophotos auch die geforderte Lagegenauigkeit der ATKIS®-Objekte sukzessive erreicht (KOLLMUSS 2000).

Die in Tabelle 6.3 aufgeführten Datenquellen wurden in der Regel auch als Grundlage für die zweite und dritte Aufbaustufe genutzt, sofern sie noch aktuell gehalten werden konnten. Ansonsten übernahm immer mehr das Luftbild bzw. das Orthophoto die Funktion als aktuelle Informationsquelle, insbesondere bei der Aktualisierung der bereits erfassten Objektarten. Dadurch konnten auch Ungenauigkeiten in den traditionellen Datenquellen aufgedeckt und behoben werden, sodass die geforderte Lagegenauigkeit von ± 3 m zum Ende der 3. Aufbaustufe überall erreicht worden ist.

Wie bereits in 6.4.1 erwähnt wurde, erfolgte mit jeder neuen Aufbaustufe die grundsätzliche Aktualisierung aller Objektarten, die bereits mit den vorausgegangenen Aufbaustufen erfasst worden waren. Damit konnte die bisher gewohnte Grundaktualisierung im Zyklus von 5 Jahren eingehalten werden. Neben dieser Grundaktualisierung hat die AdV im Jahr

1999 eine sogenannte kontinuierliche Spitzenaktualisierung eingeführt (ADV 1999), um für die aus Kundensicht besonders wichtigen Objektarten eine wesentlich höhere Aktualität zu gewährleisten. Tabelle 6.4 enthält die Objektarten, die zu Beginn des Jahres 2009 der Spitzenaktualisierung unterliegen.

Tabelle 6.4: ATKIS®-Objektarten der Spitzenaktualität (Stand: 2009)

Objektart	**Aktualität in Monaten**
Straße (Bundesautobahn, Bundesstraße, Landesstraße, Kreisstraße)	3
Straße (Gemeindestraße)	12
Platz	12
Schienenbahn	12
Schienenbahn, komplex (mit Bahnkörper und Bahnstrecke)	12
Flughafen	6
Flugplatz, Landeplatz	6
Schifffahrtslinie, Fährverkehr (nur bei Autofährverkehr)	12
Bahnhofsanlage	12
Raststätte	6
Verkehrsknoten	12
Grenzübergang, Zollanlage	12
Anlegestelle, Anleger (bei Autofährverkehr)	12
Tunnel	wie: Straße
Brücke, Überführung, Unterführung	wie: Straße
Freileitung	12
Mast	12
Kanal (Schifffahrt)	12
Verwaltungseinheit	6
Nationalpark	6
Naturschutzgebiet	6
Windrad	12

Das Verfahren der Spitzenaktualisierung bezieht explizit die Verursacher von Landschaftsveränderungen mit ein (Katasterämter, Deutsche Bahn, Netzwerkbetreiber, Straßenbauämter, Wasserwirtschaft), um frühzeitig an gesicherte Veränderungsinformationen zu kommen und diese in das Basis-DLM einarbeiten zu können.

Bis zum Ende des Jahres 2009 ist das Basis-DLM flächendeckend für ganz Deutschland fertiggestellt; es wird mit den Verfahren der Grund- und der Spitzenaktualisierung fortgeführt. Inhaltlich kann der Datenbestand des Basis-DLM von Bundesland zu Bundesland je nach den Anforderungen und Möglichkeiten in den einzelnen Ländern leicht variieren. Um dennoch einen bundesweit einheitlichen Datensatz zu gewährleisten, hat die AdV im Jahr 2005 die Erstellung eines sogenannten Grunddatenbestands beschlossen, der von allen Ländern zu realisieren ist. In der GeoInfoDok sind die entsprechenden Objektarten und Attribute mit einem „G" gekennzeichnet. Bei wichtigen neuen Nutzeranforderungen, wie beispielsweise aus dem Projekt DeCOVER (siehe 6.3.4), ist dieser Grunddatenbestand ggf. zu erweitern.

Das *DLM250* beschreibt die topographischen Objekte der Landschaft und des Reliefs in wesentlich stärker aggregierter Form als das Basis-DLM und mit kartographisch generalisierter Geometrie; der OK250 ist aus dem OK200 (siehe 6.4.1) abgeleitet worden und beinhaltet 66 Objektarten. Die Mindestgröße für flächenförmige Objekte beträgt im Regelfall 0,4 km^2. Das BKG hat im Jahr 2000 mit dem Aufbau des DLM250 in einer 1. Aufbaustufe begonnen, deren Inhalt sich an der NATO-Anforderung zum Aufbau einer Vector Map Level 1 (VMapLv1) orientierte. Grundlage dafür war die bestehende militärische Karte Joint Operations Graphic (JOG250), die durch Mustererkennung und manuelle Digitalisierung mit anschließender interaktiver Attributierung erfasst wurde. Durch nachfolgende Aktualisierungen unter Zuhilfenahme der Daten des Basis-DLM und des DLM50 sind mittlerweile (Stand: 2009) 55 Objektarten Bestandteil des DLM250 (GDZ 2009). Eine weitere Verdichtung erfolgt im Zuge der Aktualisierungen.

Das *DLM1000* ist seit 1994 vom BKG durch Digitalisierung der Übersichtskarte 1:500.000 (ÜK500) entstanden und in einer ersten Aufbaustufe bis zum Jahr 2000 fertiggestellt worden. Ende des Jahres 2008 sind bereits 39 von 44 Objektarten, die im OK1000 enthalten sind, im DLM1000 erfasst. Der Datenbestand ist kartographisch sehr stark generalisiert und soll zur Ableitung der Weltkarte 1:1000.000 Verwendung finden (GDZ 2009). Die Mindestgröße für flächenförmige Objekte beträgt zwischen 5 und 10 km^2.

6.4.3 Ableitung des DLM50

Das DLM50 stellt eine Besonderheit in der Reihe der DLM dar, da es als einziges Produkt nicht von einer analogen Vorlage abdigitalisiert worden ist, sondern durch rechnergestützte Prozesse aus einem DLM höherer Auflösung abgeleitet wird (siehe Abb. 6.1). Es schließt mit seinen ca. 110 Objektarten die Lücke zwischen dem Basis-DLM (ca. 150 Objektarten) und dem beim BKG erfassten DLM250 (66 Objektarten). Die ursprüngliche Vorgabe der AdV sah eine Reduktion des Datenvolumens des DLM50 gegenüber dem Basis-DLM auf 20 % vor. Diese Vorgabe ist allerdings nach empirischen Analysen auf 50 bis 60 % relativiert worden. Im Übrigen soll das DLM50 vollständig aus dem Grunddatenbestand des Basis-DLM abgeleitet werden und geeignet sein für die Ableitung der DTK50 und der DTK100. Die Lagegenauigkeit des DLM50 soll nicht schlechter sein als die der analogen TK50.

Die Umsetzung dieser Vorgaben führte in den Bundesländern zu zwei unterschiedlichen Sichtweisen und Entwicklungen (SCHÜRER 2004, WODTKE 2004). Nachdem durch eine bundesweit ausgeschriebene und durchgeführte Machbarkeitsstudie im Jahr 1999 (JÄGER 2000) ermittelt worden ist, dass die Entwicklung von Softwarebausteinen zur automatischen Modellgeneralisierung sowie zur kartographischen Generalisierung erfolgversprechend sein könne, haben sich zunächst fünf (später 11) Bundesländer zusammengeschlossen, um eine entsprechende Software in zwei Schritten in Auftrag zu geben. Der erste Schritt umfasst die Modellgeneralisierung der Objekte des Basis-DLM zu einem kartographisch noch nicht veränderten Datenbestand, dem sogenannten DLM50.1, das als eigenständiges Produkt angesehen wird (SCHÜRER 2004). In einem zweiten, zeitlich abgesetzten Schritt soll dieses DLM50.1 durch weitgehend automatische Prozesse kartographisch generalisiert werden, um aus dem Ergebnis, dem vektorbasierten DLM50.2, die DTK50 in Rasterform ableiten zu können. SCHÜRER (2008) bezeichnet das DLM50.2 wieder mit dem Begriff DKM50 (6.4.1).

In der zweiten Sichtweise (fünf Bundesländer) laufen die Prozesse der Modellgeneralisierung mit selbst erstellter Software zwar in ähnlicher Weise ab, allerdings wird das Ergebnis – das DLM50.1 – nicht als eigenständiges Produkt gespeichert, sondern dient lediglich als Zwischenstufe für die unmittelbar anschließende interaktive kartographische Generalisierung. Bei diesem Lösungsansatz stellt das DLM50.2 den angestrebten DLM50-Datenbestand dar (WODTKE 2004), der alle Kriterien der AdV-Vorgaben erfüllt und aus dem die DTK50 automatisch abgeleitet werden kann. Beide Sichtweisen sind im Abschnitt 5.4 der GeoInfoDok aufgezeigt worden und damit zulässig (ADV 2008).

Die Trennlinie zwischen der Modell- und der kartographischen Generalisierung ist nicht scharf zu ziehen. In der wissenschaftlichen Methodenlehre (SESTER ET AL. 2008) werden alle semantisch wirkenden Prozesse (wie Zusammenfassung, Weglassen, Klassifizieren) zur Modellgeneralisierung gezählt, während geometrisch wirkende Prozesse (wie Vergrößern, Verdrängen, Punktreduktion) der kartographischen Generalisierung zugerechnet werden. In der praktischen Umsetzung zur Ableitung des DLM50 und der DTK50 aus dem Basis-DLM werden auch geometrische Prozesse, wie im Folgenden verdeutlicht wird, zur Modellgeneralisierung gezählt.

Nach HAKE, GRÜNREICH und MENG (2002) ist die *Modellgeneralisierung* ähnlich wie die Erfassungsgeneralisierung ein Teil der Objektgeneralisierung, mit der aus einem Objektmodell höherer Auflösung ein Objektmodell geringerer Auflösung abgeleitet wird, um

- die erneute Digitalisierung originärer (analoger) Geodaten zur Erstellung eines digitalen Landschaftsmodells zu vermeiden,
- ein DLM als topographische Referenz für ein digitales Fachdatenmodell bereitzustellen oder
- die kartographische Generalisierung im Zuge der Kartenherstellung vorzubereiten.

Die Grundlage für die ATKIS®-Modellgeneralisierung liefern die beiden Objektartenkataloge Basis-OK und OK50. In beiden o. a. Lösungsansätzen der Bundesländer wirkt die Modellgeneralisierung wie eine semantische und geometrische Objektfilterung und verläuft weitgehend nach den gleichen Regeln (PODRENEK 2003; WODTKE 2004):

- Löschen (Weglassen) von Objekten, die im DLM50 nicht geführt werden oder die ein Größenkriterium unterschreiten,
- Klassifizieren von Objekten (z. B. Zusammenfassung der Basis-DLM-Objektarten „Wohnbaufläche“ und Fläche gemischter Nutzung“ zur DLM50-Objektart „Siedlungsfläche“),
- Verschmelzen (Zusammenfassen) von Objekten gleicher Objektart und Attributierung,
- Typisieren zu kleiner flächenförmiger Objekte (Beispiel: ein Objekt „Ackerland“ unter 10 ha Größe wird der Nachbarfläche zugeschlagen, die ihm semantisch am nächsten kommt, also möglichst dem „Grünland“),

- Geometrietypwechsel bei Unterschreiten bestimmter Mindestdimensionen (Beispiel: aus einer flächenförmigen Deponie im Basis-DLM wird eine punktförmige Deponie im DLM50) sowie
- Geometrische Generalisierung zur Linienglättung und zur Stützpunktreduktion.

Interne Untersuchungen bei der Landesvermessung und Geobasisinformation Niedersachsen (LGN) haben Reduktionsraten von bis zu 85 % vom Basis-DLM zum DLM50 in Bezug auf Siedlungsflächen ergeben, was insbesondere durch die im DLM50 erlaubte Zusammenfassung von Flächen über Straßengrenzen hinweg zustande kommt (PODRENEK 2003). Ähnlich hohe Reduktionsraten lassen sich bei den Objektarten Ackerland (77 %) und Grünland (83 %) erzielen, wobei die Mindestflächengröße mit 10 ha definiert ist. Bei der Objektart Wald, Forst können dagegen nur ca. 25 % eingespart werden, bedingt durch die Erfassungsvorschrift, dass die Mindestflächengröße für diese landschaftsprägende Objektart auf 1 ha heruntergesetzt worden ist und auch kleine Waldflächen (< 1 ha) im DLM50 noch als punktförmige Objekte geführt werden. Kaum spürbare Reduktionen gibt es bei der Objektart Straße, die auch im DLM50 noch vollzählig darzustellen ist, kurze Sackgassen ausgenommen.

Außer durch die Anzahl der Objekte lässt sich die Datenmenge im DLM50 gegenüber dem Basis-DLM noch durch eine Verringerung der Stützpunktmenge für linienförmige Objekte und Flächenumringe reduzieren. Zu diesem Zweck werden in beiden Generalisierungslösungen der Länder die gleichen Algorithmen eingesetzt, und zwar zur Linienglättung eine Tiefpass-Filterung durch eine gleitende Mittelbildung (GOTTSCHALK 1973) und zur Punktreduktion der Ansatz von DOUGLAS und PEUCKER (1973). Die Tiefpass-Filterung führt zu neuen Koordinatenwerten für alle Linienstützpunkte, ohne allerdings deren Anzahl zu verringern. Der Douglas-Peucker-Ansatz führt dagegen zu einer Auswahl von Stützpunkten, ohne deren Koordinaten zu verändern; dieser Ansatz wird grundsätzlich auf alle Linienarten angewandt, während die Tiefpass-Filterung in der Regel nur bei mäandrierenden (Gewässer-)Linien eingesetzt wird – gefolgt von der Punktreduktion nach Douglas-Peucker.

Bis etwa zum Anfang der 1990er Jahre, als die analoge Karte noch das einzige „Speichermedium" für landschaftsbeschreibende Daten war, diente die *kartographische Generalisierung* dazu, aus einer Karte größeren Maßstabs eine Folgekarte kleineren Maßstabs abzuleiten. Bei dieser „alten" Art der kartographischen Generalisierung mussten auch alle Vorgänge der Modellgeneralisierung berücksichtigt und integriert werden (HAKE ET AL. 2002), während die „moderne" Art nach einer zuvor durchgeführten Modellgeneralisierung nur noch das kartographische Verdrängen von Objekten zum Inhalt hat.

Die Verdrängung wird erforderlich, um graphische Konflikte zwischen Nachbarobjekten zu vermeiden, die infolge der zunehmend mehr Platz beanspruchenden Signaturierung von Objekten bei kleiner werdendem Maßstab unausbleiblich sind. Um diesen Prozess nach einer vorangegangenen automatischen Modellgeneralisierung auch weitgehend automatisiert durchführen zu können, müssen eindeutige und vielfältige Regeln zur Behandlung von Konfliktsituationen definiert werden (Mindestabstände zwischen Objekten, Objektprioritäten (wer verdrängt wen?), Verdrängungstiefe, Formstabilität) (SCHÜRER 2008). Das Ergebnis wird aus heutiger Sicht aber immer noch einen gewissen interaktiven Nachbereitungsaufwand erfordern, um im Ergebnis ein kartographisch ausgereiftes DLM50.2 zu erreichen.

6.4.4 Landschaftsmodellierung im AAA-Datenmodell

In diesem Abschnitt soll exemplarisch auf ausgewählte Aspekte der Landschaftsmodellierung im neuen AFIS®-ALKIS®-ATKIS®- (AAA)-Datenmodell eingegangen werden.

Das zentrale Element im AAA-Datenmodell ist das *Objekt.* Die vollständige Beschreibung von Objekten umfasst die Bestandteile (ADV 2008)

- Semantik (Sachdaten, Attribute, Werte),
- Raumbezug (Geometrie, Topologie) und
- Präsentation (Schrift, Signatur).

Im neuen ATKIS®-DLM wird die Landschaft geometrisch und topologisch durch punkt-, linien- und flächenförmige Objekte („Raumbezogene Elementarobjekte", „Zusammengesetzte Objekte") beschrieben. Prinzipiell zählen dazu auch Präsentationsobjekte und Kartengeometrieobjekte. Präsentationsobjekte sind Texte und Kartensignaturen, die für einen bestimmten Zielmaßstab erzeugt und platziert werden. Ein Kartengeometrieobjekt entsteht bei der Ableitung eines bestimmten Kartenmaßstabs, wenn das zugrunde liegende DLM-Objekt zur Verhinderung von Darstellungskonflikten geometrisch verdrängt werden muss. Es verweist über eine einseitige Relation „istAbgeleitetAus" auf das geometrisch nicht veränderte DLM-Objekt und übernimmt dessen Attribute. Präsentationsobjekte und Kartengeometrieobjekte tragen zur eindeutigen Zuordnung ihres Entstehungszwecks die Modellart des für sie bestimmten Kartenmaßstabs (Beispiel: DTK25, siehe auch 6.5.3).

Zusammengesetzte Objekte werden zur Modellierung komplexer Sachverhalte gebildet; sie können in der Geotopographie in der Regel mehrere Raumbezogene Elementarobjekte miteinander verknüpfen. Optional sind darüber hinaus auch Nichtraumbezogene Elementarobjekte in den ATKIS®-Daten zulässig, etwa in Form von Lagebezeichnungen oder Eigentümer-Objekten.

Zur Modellierung der Landschaft können sich die digitalen Landschaftsmodelle in Analogie zu ALKIS grundsätzlich folgender *AAA-Objektartenbereiche* bedienen:

- Präsentationsobjekte,
- tatsächliche Nutzung,
- Bauwerke, Einrichtungen und sonstige Anlagen,
- Relief,
- gesetzliche Festlegungen, Gebietseinheiten, Kataloge sowie
- Lage, Eigentümer, Gebäude und Nutzerprofile.

Bedingt durch die notwendige Harmonisierung der Objektsichten zwischen dem Liegenschaftskataster und der Geotopographie gibt es im Vergleich zur Einteilung in Objektbereiche im bisherigen ATKIS® (6.4.1) große inhaltliche Unterschiede; so gehören zum neuen Objektartenbereich „Tatsächliche Nutzung" die im „alten" ATKIS® eigenständigen Objektartenbereiche Siedlung, Verkehr, Vegetation und Gewässer. Die neue Einteilung hat aber den Vorteil, dass in diesen neuen Objektartenbereich „Tatsächliche Nutzung" nur die Objektarten aufgenommen worden sind, die die Erdoberfläche lückenlos und redundanzfrei als sogenannte *Grundflächen* abbilden. Eine darüber hinausgehende, detailliertere Beschreibung der Erdoberfläche erfolgt durch überlagernde Objektarten der anderen Objektartenbereiche.

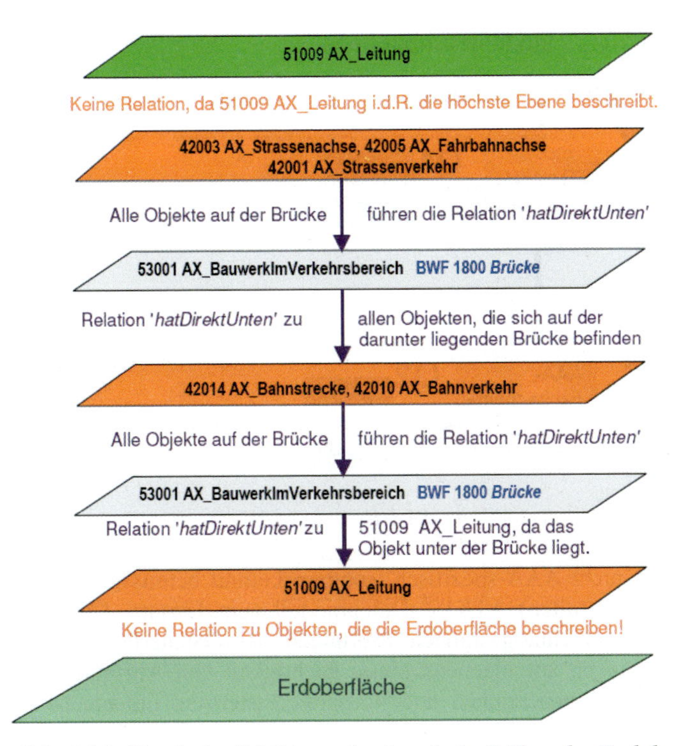

Abb. 6.16: Vertikale Abbildung der Landschaft über der Erdoberfläche (ADV 2008)

Ein digitales Landschaftsmodell ist ein zweidimensionales Informationssystem. Um die Lage von Objekten über oder unter der Erdoberfläche zu modellieren, wird die *Relation* „hatDirektUnten“ verwendet – mit der Besonderheit, dass zu Objekten, die die Erdoberfläche selbst beschreiben, keine Relationen aufgebaut werden. So wird implizit vorausgesetzt, dass eine Brücke über und ein Tunnel unter der Erdoberfläche liegen. In Abbildung 6.16 werden schematisch die Relationen angezeigt, die zu bilden sind, wenn – von oben nach unten betrachtet – die Objekte Leitung, Brücke mit auf ihr liegender Straße, Brücke mit auf ihr liegender Eisenbahn und wieder Leitung zu modellieren sind.

Eine weitere wichtige Besonderheit des AAA-Datenmodells ist die integrierte Führung von *Metadaten* in einem Metainformationssystem nach ISO 19115 „Geographic Information – Metadata“ (ISO 2005). Festlegungen dazu sind im Kapitel 9 der GeoInfoDok enthalten (ADV 2008). Ein bedeutender Aspekt der Metadaten sind Aussagen über die Datenqualität, weshalb die AdV im AAA-Datenmodell auch ein umfangreiches *Qualitätssicherungsmodell* integriert hat (Abb. 6.17). Dabei misst Q1 das AAA-Basisschema an den strategisch-fachlichen Vorgaben der AdV, Q2 misst das AAA-Fachschema an den fachlichen AdV-Vorgaben. Mit Q3 wird festgestellt, ob das AAA-Fachschema den Regeln des AAA-Basisschemas entspricht. Q4 prüft den Geobasisdatenbestand intern als Produkt auf logische Übereinstimmung mit dem Fachschema und auf die Einhaltung der dort niedergelegten Qualitätsangaben; Q5 vergleicht den Geodatenbestand extern mit der realen Welt; Q6 betrifft die Qualität der Schnittstellenbeziehung zum Austausch der AAA-Datenelemente.

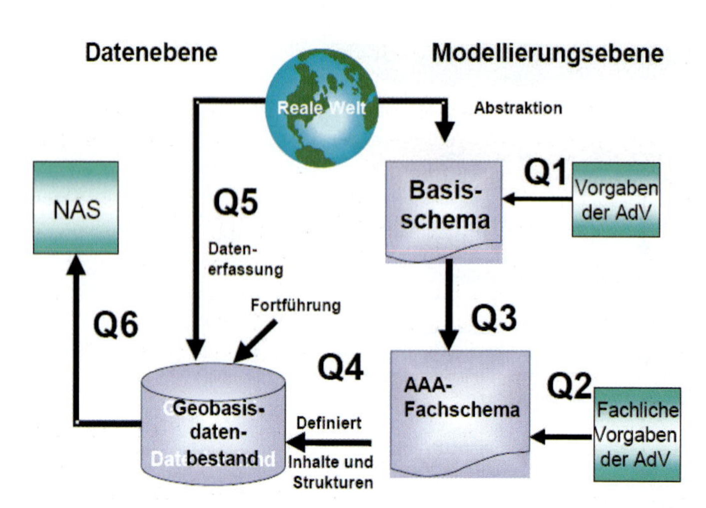

Abb. 6.17: Qualitätssicherungsmodell der AdV im AAA-Projekt (ADV 2007)

Der Qualitätsprüfaspekt Q4 ist nicht AAA-spezifisch, sondern kommt bereits in entsprechender Weise beim bestehenden (alten) ATKIS®-Datenmodell zum Einsatz. Unter Q4 versteht man alle visuellen und rechnergestützten Prüfungen der Datenerfassung und -fortführung; dazu zählen Prüfungen auf Flächenschluss, Richtigkeit von Attributen und Attributwerten, Einhaltung von Wertebereichen und Formatkonsistenzen. Entsprechende visuelle Kontrollen und automatische Prüfroutinen sind seit Beginn der DLM-Datenerfassung Anfang der 1990er Jahre entwickelt und immer weiter verfeinert worden.

Der Qualitätsprüfaspekt Q5, der Aussagen zur Übereinstimmung eines digitalen Datenbestandes mit der realen Welt machen soll, ist im bisherigen Aufbauprozess des Basis-DLM aus Kapazitätsgründen vernachlässigt worden, spielt aber insbesondere aus Sicht der Nutzer eine wichtige Rolle. Der AdV-Arbeitskreis Geotopographie hat deshalb einen ISO-basierten Lösungsansatz zur Q5-Überprüfung des ATKIS®-Basis-DLM erarbeiten lassen (ADV 2007; JÄGER, RAUSCH 2008). Der Ansatz sieht eine statistisch gesicherte stichprobenhafte Überprüfung von Objekten und Attributen des Basis-DLM anhand aktueller Luftbilddaten und sonstiger geeigneter Unterlagen vor, die noch nicht für die Fortführung der DLM-Daten benutzt worden sind. Überprüft werden dabei die Qualitätsaspekte Vollständigkeit (Unter- und Übervollständigkeit), thematische Genauigkeit, zeitliche Genauigkeit und Lagegenauigkeit.

Im Unterschied zum bisherigen ATKIS®-Datenmodell werden die Daten der digitalen Geländemodelle grundsätzlich nicht mehr im Objektbereich Relief der DLM geführt, sondern als eigener DGM-Bestandteil unter den objektstrukturierten Daten ausgewiesen. Damit wird die universelle Verwendbarkeit der DGM-Daten als eigenständiger Datenbestand verdeutlicht. Ausgenommen von diesem Grundsatz sind lediglich ausgewählte Reliefformen, die speziell aus kartographischer Sicht für die Kartenableitung benötigt werden; dies sind die Objektarten „Böschung, Kliff", „Böschungsfläche", „Damm, Wall, Deich", „Einschnitt", „Höhleneingang", „Felsen, Felsblock, Felsnadel", „Düne", „Höhenlinie" und „Geländekante".

6.4.5 Lösungen und Angebote aus der Privatwirtschaft

Parallel zu den ATKIS®-Entwicklungen im amtlichen deutschen Vermessungswesen haben große Unternehmen der Privatwirtschaft Mitte der 1980er Jahre eigene Entwicklungen begonnen, um zunächst nur Verkehrslinien – später jedoch auch allgemeine Landschaftsinformationen – zu erfassen und speziell für Fahrzeug-Navigationszwecke auszuwerten. Dazu wurde zunächst ein neuer Datenstandard, das Geographic Data File (GDF), entwickelt, um Verkehrssituationen speziell im Kreuzungsbereich (Topologie, Abbiegespuren, Einbahnstraßen, usw.) navigationsgerecht abbilden zu können. Die ursprünglich von den Firmen Bosch-Blaupunkt und Philips initiierten Entwicklungen führten schließlich in den 1990er Jahren zur europaweiten Standardisierung durch die Technische Kommission TC 278 des Europäischen Normungsinstituts CEN (CZOMMER, 2000).

Die großen Systemanbieter Navteq und TeleAtlas haben den GDF-Dateninhalt nach und nach um allgemeine landschaftsbeschreibende Informationen erweitert, sodass über Navigationszwecke hinaus vielfältige Anwendungen bedient werden können (wie etwa Location Based Services (siehe 16.7), Web-Mapping (siehe 6.6) und Flottenmanagement). Der Vorteil gegenüber den amtlichen nationalen Datenangeboten ist die weltweite Einheitlichkeit der Datenstrukturen, der Anwendungen und des Erscheinungsbildes.

6.4.6 Schlaglichter aus dem europäischen Umfeld

Im internationalen Vergleich gibt es bei den Strategien zur geotopographischen Landschaftsmodellierung erkennbare Unterschiede. In Österreich findet man digitale Landschaftsinformationen derzeit nur im hochauflösenden Bereich. Im Produktverzeichnis enthalten sind vier voneinander getrennte DLM (BEV 2009):

- ein DLM „Geographische Namen" mit ca. 215.000 Bezeichnungen für Orte, Gewässer, Berge, usw.,
- ein DLM „Gewässer", das flächendeckend alle fließenden und stehenden Gewässer sowie Quellen, Wasserfälle und Bauwerke an Gewässern umfasst,
- ein DLM „Siedlung" mit punktförmigen Points of Interest (wie kommunalen Einrichtungen sowie zu den Themen Kultur, Sport und Freizeit) und
- ein DLM „Verkehr" mit linienförmigen Elementen des Straßen-, Schienen-, Fähr- und Flugverkehrs sowie damit in Verbindung stehenden Points of Interest.

In der Schweiz werden zwei digitale Landschaftsmodelle geführt, das Modell Vector25 und das Modell Vector200 (SWISSTOPO, 2009). Im Modell Vector25 – vergleichbar mit dem ATKIS®-Basis-DLM – werden ca. 8,5 Mio. Objekte mit Lage, Form und Topologie in neun thematischen Ebenen unterschieden: Straßennetz, Eisenbahnnetz, übriger Verkehr, Gewässernetz, Primärflächen (der Bodenbedeckung), Gebäude, Hecken und Bäume, Anlagen sowie Einzelobjekte. Die Lagegenauigkeit liegt entsprechend der Kartiergenauigkeit bei ± 3 bis 8 m. Ab dem Jahr 2010 soll Vector25 durch ein noch genaueres und umfassenderes Topographisches Landschaftsmodell TLM abgelöst werden. Zur Herstellung und Fortführung des TLM werden Methoden der 3-D-Erfassung sowie der topographischen Geländeaufnahme eingesetzt. Das Modell Vector200 enthält noch ca. 500.000 Objekte und ist bei Lagegenauigkeiten von ± 20 bis 60 m bereits stark kartographisch generalisiert. Der Vector200-Datenbestand wird im Turnus der Kartenfortführung aktualisiert.

In Frankreich werden eine BD TOPO und eine BD CARTO als digitale Landschaftsmodelle geführt (IGN 2009). Die BD TOPO – vergleichbar mit dem ATKIS®-Basis-DLM – stellt das gesamte Staatsgebiet maßstabsfrei in 3-D und mit m-Genauigkeit dar und wird kontinuierlich fortgeführt. Die BD CARTO ist durch Digitalisierung der Topographischen Karte 1:50.000 entstanden und bildet die Grundlage für Planungen und Kartenableitungen im Maßstabsbereich zwischen 1:50.000 und 1:250.000.

In Großbritannien ist seit 1995 die OS MasterMap als großmaßstäbige digitale topographische Datenbank aufgebaut worden (ORDNANCE SURVEY 2009). Neben dem bereits erwähnten Bilddatenlayer (siehe 6.3.6) enthält die OS MasterMap eine Topographie-Ebene, eine Ebene mit routingfähigen Verkehrsinformationen und eine Adressdatenbank. Die Erfassungsgrundlagen für die OS MasterMap sind Karten in den Maßstäben 1:1250 (Stadtbereiche), 1:2500 (ländliche Bereiche) sowie 1:10.000 (im Bergland). Der Aktualisierungszyklus liegt je nach Veränderungsaufkommen zwischen 2 und 10 Jahren; dies bedeutet, dass Gebiete mit relativ wenigen Veränderungen auch nur alle 10 Jahre systematisch auf Veränderungen hin untersucht werden. Zur Ableitung von topographischen und kartographischen Daten in geringerer Auflösung setzt das Ordnance Survey auf die Entwicklung weitgehend automatisierter Prozesse der Generalisierung.

Länderübergreifende Untersuchungen und Umfragen haben dabei ergeben, dass bei den europäischen Landesvermessungsverwaltungen grundsätzlich zwei verschiedene Ansätze zur Generalisierung geotopographischer Datenbanken Anwendung finden (STOTER 2005).

In Deutschland und Belgien wird der sogenannte Stufen-Ansatz verwendet, in dem aus dem höher auflösendem DLM jeweils ein Datensatz mit geringerer Auflösung und daraus maßstabsentsprechende Karten abgeleitet werden (Abb. 6.18, links). Alternativ dazu gibt es den sternförmigen Ansatz, bei dem aus einer einzigen Kerndatenbank alle Kartenmaßstäbe erzeugt werden sollen (Abb. 6.18, rechts). Dieser Ansatz ist vor allem noch Gegenstand intensiver Forschungsarbeiten (SESTER 2008), soll aber in einer Mischform bereits in Dänemark, Frankreich, der Schweiz und bei der katalanischen Landesvermessung (in Barcelona) eingesetzt werden – mit einer Kerndatenbank im großmaßstäbigen Bereich und einer zweiten Kerndatenbank (ab ca. 1:50.000) für den kleinmaßstäbigen Bereich. Die Länder Großbritannien, Schweden, Irland und die Niederlande hatten sich zum Zeitpunkt der Umfrage (STOTER 2005) noch für keinen der beiden Ansätze entschieden.

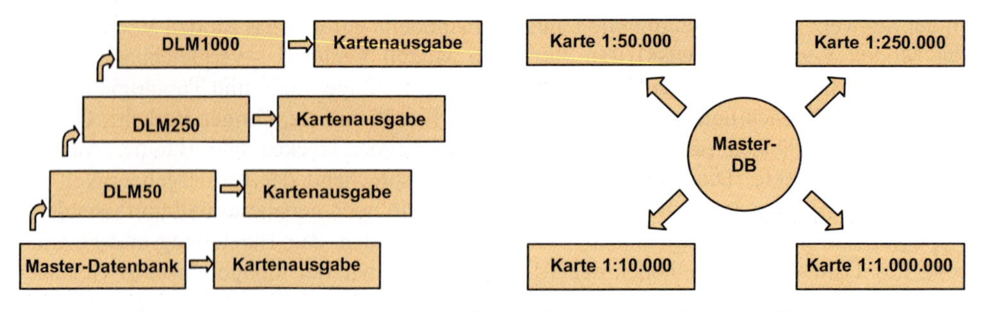

Abb. 6.18: Digitales Folgekartenprinzip; links: stufenweise; rechts: sternförmig

6.5 Topographische Landeskartenwerke

6.5.1 Topographische Standardausgaben

Die Ergebnisse aller topographischen Landesaufnahmen der vergangenen Jahrhunderte waren topographische Karten, die sowohl das Landschaftsbild als auch die messtechnischen und graphischen Fertigkeiten der jeweiligen Zeitspanne widerspiegelten (siehe 6.1.1). Kartenoriginale entstanden im Altertum und Mittelalter durch Ritzen auf Tontafeln oder Metallplatten, als Zeichnung auf Papyrus oder Pergament oder durch Meißeln auf Stein (HAKE 1982), später durch Tuschezeichnung auf Papier und durch Gravur in beschichtete Folien. Diese analogen Techniken wurden etwa seit Ende der 1980er Jahre durch rechnergestützte Verfahren abgelöst, indem die analogen Kartenoriginale gescannt und im Rasterformat bearbeitet wurden.

Jede Region Deutschlands und Europas hat dabei je nach geschichtlicher Entwicklung eigene historische Kartendokumente hervorgebracht (HAKE 1978; GEUDEKE 1992; SCHAFFER 2003), auf die an dieser Stelle nicht näher eingegangen werden kann. Die Vielfalt der kartographischen Landschaftsdokumentationen in Deutschland konnte erst mit der Gründung und der entsprechenden Zuständigkeit des Reichsamts für Landesaufnahme im Jahr 1919 beendet werden. Mit dem Übergang des Vermessungs- und Katasterwesens in den Zuständigkeitsbereich der Länder ist die AdV seit dem Jahr 1949 die Stelle, die sich um die Einheitlichkeit der geotopographischen Daten und Kartenwerke bemüht – durch die Erstellung und Abstimmung von Musterblättern in den 1950er bis 1980er Jahren sowie danach durch die Entwicklung von ATKIS®-Signaturenkatalogen und ATKIS®-Kartenproben.

Unter *topographischen Standardausgaben* sollen im Folgenden amtliche Kartenwerke verstanden werden, die länderübergreifend einen definierten Maßstab, eine einheitliche Kartengraphik, eine abgestimmte Bezeichnung (Kartennummer und Kartenname) und einen fest definierten Blattschnitt aufweisen. Die topographischen Standardausgaben waren und sind in der Regel die Grundlage für fachthematische Darstellungen und Planungen vieler anderer Fachbereiche. Nach intensiven Diskussionen im Jahr 1998 (KLIETZ, UEBERHOLZ 1999) mit Nutzern auf Länder- und auf Bundesebene zur geplanten Einführung einer reduzierten Maßstabsfolge (1:10.000 – 1:50.000 – 1:250.000 – 1:1.000.000) ist schließlich die in Abbildung 6.1 dargestellte Maßstabsfolge beschlossen worden (1:10.000 (optional) – 1:25.000 – 1:50.000 – 1:100.000 – 1:250.000 – 1:1.000.000). In enger Beziehung dazu stehen die verschiedenen ATKIS®-DTK-Produkte in Vektor- oder Rasterform, auf die in allgemeiner, zusammenfassender Form noch im Abschnitt 6.5.3 eingegangen wird.

ATKIS®-DTK-Produkte werden grundsätzlich in neuer Kartengraphik abgeleitet, die eine bessere Lesbarkeit und größere Interpretationssicherheit zum Ziel hat. Gegenüber den Topographischen Karten, die gemäß den Musterblättern vor der „ATKIS®-Zeit" herausgegeben wurden, zeichnet sich die *neue Kartengraphik* insbesondere durch folgende Merkmale aus:

- mehr Farben zur Unterscheidung der Vegetationsflächen (23 Farbtöne anstelle der bisherigen 4-6 Farbtöne),
- größere Signaturen und größere Signaturbreiten,
- größere Mindestabstände sowie
- serifenfreie Schrift.

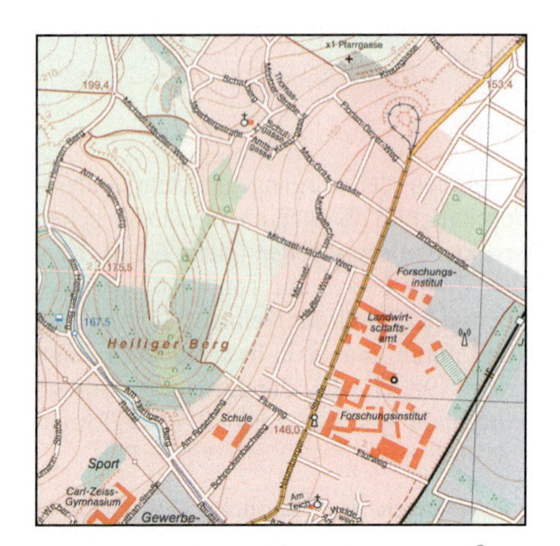

Abb. 6.19: Links: DTK10 nach ATKIS®-SK10 (LVERMGEO THÜRINGEN 2009); rechts: DSK10 in Niedersachsen (LGN 2009a) (jeweils verkleinert dargestellt)

Unter Nicht-Berücksichtigung des Kartenmaßstabs 1:5.000, der nicht in allen Bundesländern bearbeitet worden ist, gelten die Maßstäbe 1:10.000 in den östlichen und 1:25.000 in den übrigen Bundesländern als topographische Grundmaßstäbe, die die Landschaft in detaillierter Form beschreiben. In weiten Teilen Deutschlands ist bereits im 19. Jahrhundert der Maßstab 1:25.000 in Form der sogenannten Messtischblätter als Grundkartenwerk entstanden und als solcher gepflegt worden. In den östlichen Bundesländern ist darüber hinaus im Zeitraum von 1956 bis etwa 1970 die *Topographische Karte 1:10.000* (TK10) als neues Grundkartenwerk aufgebaut worden. Die Grundlage dafür bildeten sowohl topographische Neuaufnahmen als auch Grundrissauswertungen auf photogrammetrischer Basis (SCHAFFER 2003). Heute liegt die TK10 in analoger und digitaler Form gemäß ATKIS®-Signaturenkatalog (ATKIS®-SK10) nur in den östlichen Bundesländern geschlossen vor (Abb. 6.19, links).

In den übrigen Bundesländern werden ebenfalls digitale Ausgaben im Maßstab 1:10.000 hergestellt – allerdings nur im Anhalt an den ATKIS®-SK10 und in der Regel ohne eine analoge Druckausgabe. Beispiele dafür sind die Digitale Straßenkarte (DSK10) in Niedersachsen (Abb. 6.19, rechts) oder die Digitale Ortskarte in Bayern (DOK10), in denen vor allem die Straßen breiter dargestellt werden als im ATKIS®-SK10 vorgeschrieben und – im Falle der DSK10 – die Gebäude fehlen.

Grundlage für die Kartenableitung im Maßstab 1:10.000 ist das ATKIS®-Basis-DLM. Da in den östlichen Bundesländern die alte TK10 als Erfassungsvorlage zum Aufbau des Basis-DLM verwendet worden ist, ist der Aufwand für die kartographische Generalisierung relativ gering. Dies gilt auch in den übrigen Bundesländern, wo die kartographische Generalisierung trotz verbreiteter Straßendarstellung teilweise gar nicht oder nur in den nötigsten Fällen durchgeführt wird. In der breiten Öffentlichkeit wird der Maßstab 1:10.000 besonders als Orientierungskarte speziell im Leit- und Rettungswesen und im Freizeitbereich eingesetzt sowie als Grundlage für Stadt- und Ortspläne verwendet.

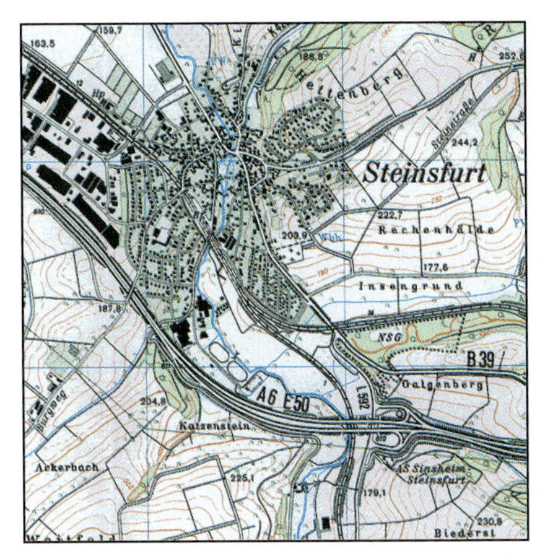

Abb. 6.20: Verkleinerte TK25 in alter (links)(LGL BADEN-WÜRTTEMBERG 2009) und neuer Kartengraphik (rechts)(LGN 2009a)

Anders als im Maßstabsbereich 1:10.000 wird die *Topographische Karte 1:25.000* (TK25) noch nicht von allen Bundesländern aus dem ATKIS®-Basis-DLM abgeleitet. Mit Stand vom 31.12.2008 war die DTK25 lediglich in den Ländern Bayern, Niedersachsen, Bremen, Nordrhein-Westfalen, Rheinland-Pfalz und Sachsen-Anhalt flächendeckend in neuer Kartengraphik erhältlich. In unterschiedlich großen Anteilen ist die DTK25 in den Ländern Brandenburg, Thüringen, Hessen, Mecklenburg-Vorpommern und Berlin fertiggestellt. Noch nicht begonnen mit der DTK25-Ableitung aus dem ATKIS®-Basis-DLM hatten zu Beginn des Jahres 2009 die Länder Baden-Württemberg, Hamburg, Saarland, Sachsen und Schleswig-Holstein; in diesen Ländern wird nach wie vor die „alte" TK25 in rasterbasierter Form aktualisiert und herausgegeben. Abbildung 6.20 zeigt im Vergleich eine jeweils verkleinerte TK25 in alter und in neuer Kartengraphik.

Bei der Fortführung der alten TK25 in Rasterform werden die ursprünglich gescannten analogen Folien (Grundrissfolie, Gewässerfolie, Höhenlinienfolie) jeweils einzeln bearbeitet; wegfallende Objekte werden im Rasterformat gelöscht, neue Objekte zunächst in Vektorform digitalisiert und nach der Symbolisierung in die entsprechende Rasterebene „eingebrannt". Bei der DTK25-Ableitung aus dem Basis-DLM werden alle interaktiven kartographischen bzw. automationsgestützten Prozesse im Vektorformat durchgeführt. Erst für die Druckaufbereitung werden die Vektordaten entsprechend der Zuordnung zu einem der 23 Farbtöne auf die digitalen Druckfolien für Cyan, Magenta, Yellow und Black verteilt.

Mit der Herstellung der *Topographischen Karte 1:50.000* (TK50) wurde erst Mitte der 1950er Jahre begonnen. Damit schloss sich die Lücke zwischen den traditionellen Maßstäben 1:25.000 (Messtischblatt) und 1:100.000 (Generalstabskarte). Die TK50 weist, verglichen mit der TK25, eine stärkere Generalisierung insbesondere bei der Landschaftsdarstellung auf und eignet sich vor allem für die zusammenhängende detaillierte Darstellung größerer Gebiete (22×22 km^2) in einem Kartenblatt. Sie deckt die Fläche von vier TK25 ab und ist häufig die Basis für thematische Karten mit regionalem Charakter – wie Freizeitkarten und Waldbrandeinsatzkarten.

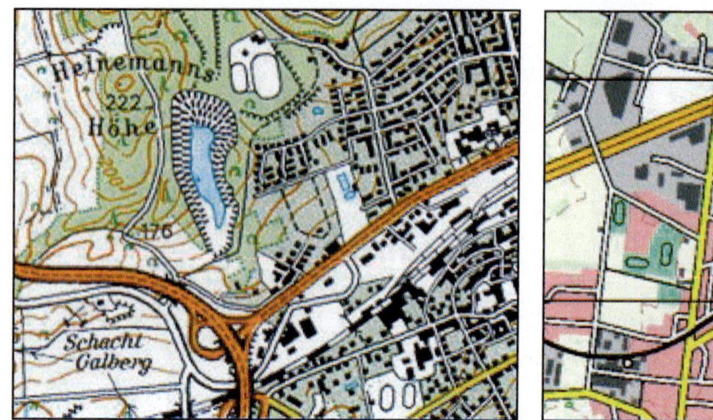

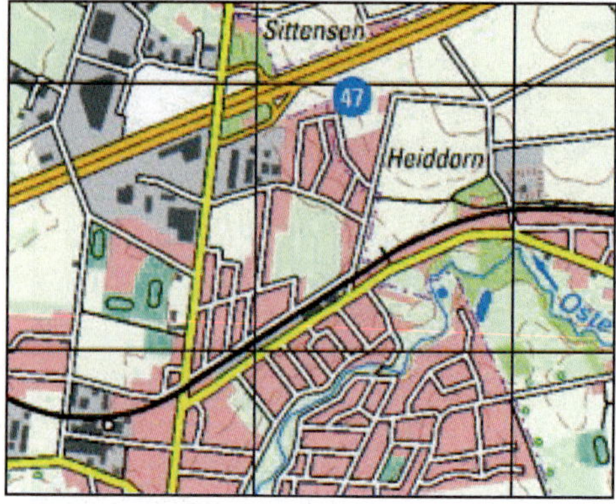

Abb. 6.21: Verkleinerte TK50 in alter (links) und neuer Kartengraphik (rechts (LGN 2009a)

Ebenso wie bei der TK25 führen einige Bundesländer die TK50 noch in alter Kartengraphik fort (Baden-Württemberg, Hamburg, Hessen, Nordrhein-Westfalen, Saarland, Schleswig-Holstein), während in den übrigen Ländern teilweise bereits seit dem Jahr 2004 das ATKIS®-DLM50 als Grundlage für die Ableitung dieses Kartenwerks in neuer Kartengraphik genutzt wird. Neben der Verwendung einer breiteren Farbpalette unterscheidet sich die neue Karte insbesondere durch den Verzicht auf die Einzelhausdarstellung im Siedlungsbereich von der alten TK50 (Abb. 6.21). Einzelhäuser werden lediglich noch in Industrieflächen dargestellt.

Die TK50 wird nach einem Beschluss der AdV aus dem Jahr 2000 als gemeinsame zivil-militärische Ausgabe geführt, weshalb die bis dahin gesondert angefertigte Militärische Ausgabe M745 nicht mehr produziert wird (ADV 2000). Als Folge dieses Beschlusses beinhaltet die TK50 seitdem das UTM-Koordinaten-Gitter, eine dreisprachige Legende (deutsch, englisch, französisch) sowie Angaben über die Meridiankonvergenz.

Der *Kartenmaßstab 1:100.000* ist in Deutschland als Generalstabskarte im 19. Jahrhundert entstanden. Die TK100 in der heutigen Form hat die Karte des Deutschen Reiches 1:100.000 abgelöst und ist etwa Mitte der 1960er Jahre entstanden; sie deckt die Fläche von vier TK50 ab und ist insbesondere dazu geeignet, größere Gebietseinheiten wie Landkreise zusammenhängend in ausreichender Detailliertheit darzustellen.

Die *TK100* wird heute noch von fast allen Bundesländern in alter Kartengraphik auf der Grundlage der einmal eingescannten analogen Kartenoriginale im Rasterformat fortgeführt. Nach kurzzeitigen Überlegungen, auf eine bundesweite Blattschnittausgabe im Maßstab 1:100.000 zu verzichten, kam die AdV im Jahr 2002 überein, die TK100 ebenso wie die TK50 als gemeinsames zivil-militärisches Kartenwerk in neuer Kartengraphik weiterzuführen und damit die Bearbeitung der bisherigen militärischen Ausgabe M648 einzustellen (ADV 2002). Während einige Bundesländer wie Mecklenburg-Vorpommern bereits im Jahr 2008 mit der Bearbeitung dieses Kartenwerks im alten ATKIS®-Datenmodell begonnen haben, wollen die meisten anderen Bundesländer mit der Ableitung erst nach der Umstellung der ATKIS®-Komponenten auf das AAA-Datenmodell beginnen.

Mit dem „Abkommen über Maßnahmen auf dem Gebiet des amtlichen Landkartenwesens“ vom 31. März 1963 zwischen dem Bund und den Ländern hat das Institut für Angewandte Geodäsie (IfAG, heute: BKG) die Herstellung, Laufendhaltung, Vervielfältigung und Veröffentlichung der amtlichen Landkartenwerke in den Maßstäben 1:200.000 und kleiner übernommen. Diese bereits seit 1952 geltende Arbeitsteilung ist ursprünglich für die analoge Kartenwelt konzipiert worden, dann aber folgerichtig auch auf die digitale Bearbeitungstechnik übertragen worden, sodass das BKG für die Bearbeitung des DLM250 und des DLM1000 (6.4.2) sowie die Ableitung der *DTK250* und der *DTK1000* verantwortlich ist. Die Ableitung der DTK250 ist im Jahr 2009 prototypisch fertiggestellt worden, sodass ab dem Jahr 2010 auch mit analogen Kartenausgaben in neuer Kartengraphik zu rechnen ist. Die Entwicklung der Kartengraphik und der Ableitungsregeln für den Maßstab 1:1.000.000 befinden sich dagegen noch im Entwicklungsstadium, sodass hier weiterhin noch analoge Ausgaben in der alten Kartengraphik zu erwarten sind.

Die Blattschnitte der topographischen Landeskartenwerke TK25, TK50 und TK100 basieren als sogenannte Gradabteilungskarten auf den geographischen Netzlinien des Bessel-Ellipsoids. In Bezug auf die TK25 sind dies 6 Breiten- und 10 Längenminuten, bei der TK50 entsprechend 12 Breiten- und 20 Längenminuten sowie bei der TK100 24 Breiten- und 40 Längenminuten. Als Kartenabbildung ist bis zum Ende der 1990er Jahre die Gauß-Krüger-Abbildung verwendet worden.

Im Jahr 1997 hat die AdV beschlossen, als Abbildungsgrundlage zukünftig die *Universale Transversale Mercatorprojektion (UTM)* auf der Basis des Europäischen Terrestrischen Referenzsystems 1989 (ETRS89), das dem Weltweiten Geodätischen System 1984 (WGS84)

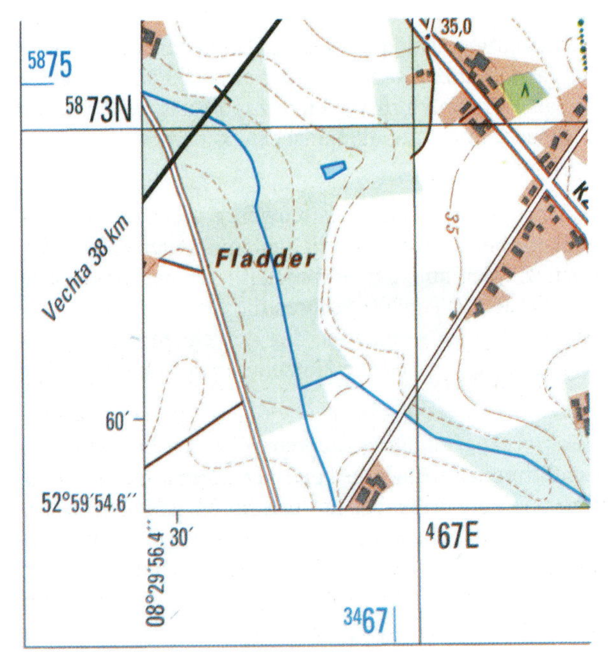

Abb. 6.22: Blattecke der TK25 „2917 Delmenhorst“ (Ausgabejahr 2000) (LGN 2009a)

entspricht, zu verwenden (ADV 1997). Die Änderung der zugrunde liegenden Ellipsoidparameter hätte unter Beibehaltung gerader geographischer Blattbegrenzungswerte zu einer leichten Verschiebung aller Blattschnitte in diesen Kartenwerken geführt. Aus Rücksicht auf analoge Kartennutzer wurde die Projektions- und Abbildungsänderung jedoch ohne Änderung der Blattschnitte umgesetzt, was zur Folge hat, dass die Blattecken der analogen Topographischen Landeskartenwerke nunmehr unrunde geographische Koordinatenwerte aufweisen (Abb. 6.22).

In der TK25 wird die alte Gauß-Krüger-Abbildung für eine noch nicht näher spezifizierte Übergangszeit im Kartenrahmen in blauer Farbe angedeutet (Beispiel in Abbildung 6.22: $^{34}67$). In den neuen zivil-militärischen Ausgaben der TK50 und der TK100 wird dagegen auf die Darstellung der alten Gauß-Krüger-Abbildung ganz verzichtet.

6.5.2 Geotopographische Sonderausgaben

Neben den o. a. topographischen Standardausgaben gibt es eine ganze Reihe geotopographischer Sonderausgaben, die in Ermangelung einer allgemein anerkannten Definition sehr weit gefasst werden können, bis hin zu Planungskarten und Stadtkarten. Im engeren Sinne sollen *geotopographische Sonderausgaben* hier als Karten(werke) verstanden werden, die regelmäßig von einer amtlichen, für die Geotopographie zuständigen Stelle bearbeitet und herausgegeben werden und nicht die Anforderungen an eine Standardausgabe (6.5.1) erfüllen. Darunter fallen alle *regionalen Gebietskarten* (Bezirkskarten, Kreiskarten), die auf den topographischen Kartenwerken aufsetzen, sich aber nicht an den definierten Blattschnitt halten. Dazu zählen auch alle beliebigen Einzelplots aus einer blattschnittfreien DTK-Datenbank („Plot on Demand“), wie sie bereits von einigen Landesvermessungsbehörden angeboten werden.

Ebenso zu den geotopographischen Sonderkarten zählen die auf der Basis der TK25, TK50 oder TK100 erstellten *Freizeitkarten* (Wanderkarten, Radwanderkarten) der Landesvermessungsbehörden, die oft flächendeckend als Infrastrukturmaßnahme zur Tourismusförderung eines Landes erstellt werden und die neben dem geotopographischen Raumbezug zusätzliche freizeitrelevante Informationen enthalten.

Weiterhin fallen *CD-ROM-Produkte* der topographischen Kartenwerke unter die Sonderausgaben, in denen große Bereiche blattschnittfrei dargestellt und mit unterschiedlicher Funktionalität analysiert werden können. Zu den üblichen Funktionalitäten der bundesweit vorliegenden CD-ROM Top50 und der CD-ROM Top200 gehören die Ortssuche, das Strecken- und Flächenmessen, das Einbringen eigener Signaturen, das Berechnen von Höhenprofilen, die Darstellung von 3-D-Geländeansichten und die Nutzung einer Schnittstelle zu GPS-Empfängern.

Schließlich können auch alle *historischen Karten* zu den geotopographischen Sonderausgaben gezählt werden, auch wenn sie nicht immer flächendeckend vorliegen. Ihr Vorhalten und ihre Herausgabe ist eine wichtige amtliche Aufgabe, da historische Karten Wissenschaftlern und Verwaltungen die Möglichkeit geben, Entwicklungstendenzen von Landesteilen zu erkennen und daraus Rückschlüsse für die weitere Entwicklung zu ziehen.

6.5.3 Modellierung der Kartographie im AAA-Datenmodell

Alle analogen topographischen Kartenausgaben werden heutzutage aus vektor- oder rasterbasierten digitalen Datenbeständen abgeleitet. Während im alten ATKIS®-Datenmodell keine Relationen zwischen den Landschaftsmodellen und den kartographischen Modellen aufgebaut worden sind, bietet das AAA-Datenmodell mit den Relationen „istAbgeleitetAus" (für Kartengeometrieobjekte) und „dientZurDarstellungVon" (für Präsentationsobjekte) diese Möglichkeit nunmehr explizit an. Alle AAA-Objekte werden fachlichen Modellarten zugeordnet, wobei ein Objekt durchaus zu mehreren Modellarten gehören kann (CHRISTOFFERS 2007).

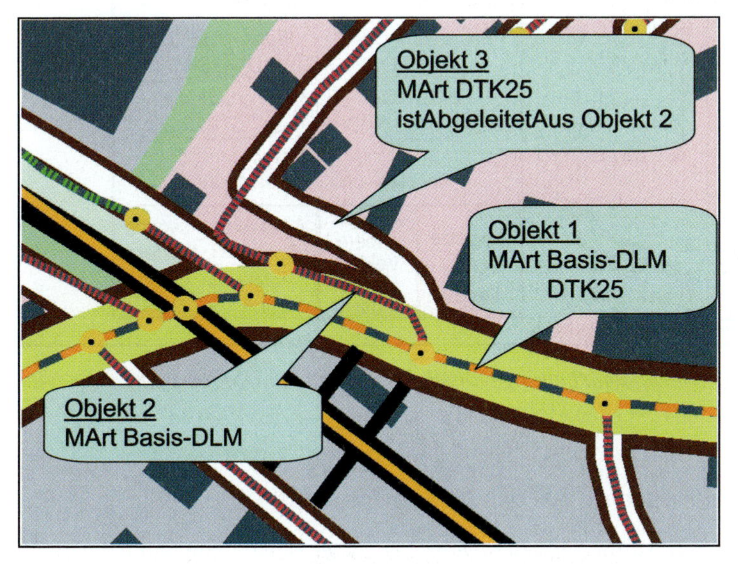

Abb. 6.23: Objekte und Modellarten (MArt) im AAA-Datenmodell (CHRISTOFFERS 2007)

Wenn, wie in Abbildung 6.23 dargestellt, ein Objekt in der DTK25 eine gegenüber dem Basis-DLM unveränderte Geometrie aufweist (Objekt 1), dann erhält das Objekt die Modellartenkennungen (MArt) Basis-DLM und DTK25. Theoretisch könnte Objekt 1 zusätzlich für die Darstellung im Kartenmaßstab 1:10.000 auch noch die MArt DTK10 tragen. Im Fall des Objekts 2 muss die Lage dieser Straße für die Darstellung in der DTK25 kartographisch verdrängt werden; Objekt 2 trägt dann nur die MArt Basis-DLM, das verdrängte Kartengeometrieobjekt 3 erhält nur die MArt DTK25 mit der Relation „istAbgeleitetAus" Objekt 2. Die Relation „istAbgeleitetAus" führt bei Veränderungen des DLM-Objekts folgerichtig dazu, dass die Überprüfung der Darstellung des zugehörigen DTK-Objekts nicht „vergessen" werden kann. Der Grundsatz des AAA-Datenmodells, wonach die vollständige Beschreibung von Objekten die Bestandteile Semantik, Raumbezug und Präsentation umfasst (6.4.4), führt deshalb in Niedersachsen zur Planung, die Aktualisierung der Digitalen Topographischen Modelle quasi parallel mit der Aktualisierung der DLM-Daten bzw. direkt im Anschluss daran durchzuführen (Abb. 6.24). Diese Vorgehensweise sichert die stete Konsistenz zwischen der Landschaftsbeschreibung und der Landschaftsdarstellung in entsprechenden Kartenwerken.

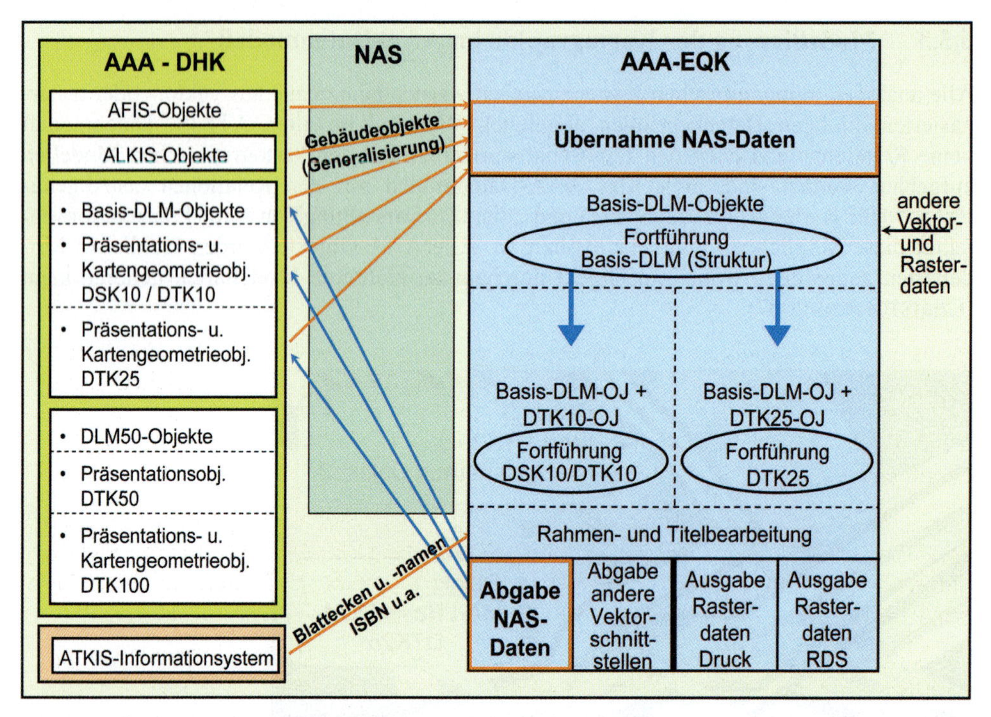

Abb. 6.24: Geplante integrierte Bearbeitung von Basis-DLM und DSK10/DTK25 in Niedersachsen (CHRISTOFFERS 2007)

6.5.4 Lösungen und Angebote aus der Privatwirtschaft

Die freie Wirtschaft ist durch Auftragsarbeiten verbreitet an der Herstellung und Aktualisierung der Daten der topographischen Landesaufnahme beteiligt. Eigene topographische Kartenwerke werden außerhalb der Verwaltung nicht produziert. Dafür bilden die Landeskartenwerke aber die Grundlage für eine große Anzahl privater analoger Kartenproduktionen im Touristik- und Freizeitsektor, auf die hier nicht näher eingegangen werden kann.

Mit dem Blick auf die digitale Datenwelt gibt es allerdings eine Vielzahl von privaten Angeboten, die in Form und Inhalt durchaus mit den kartographischen Ergebnissen der topographischen Landesaufnahme verglichen werden können. Hier seien beispielhaft die Datenbestände der beiden großen Anbieter von Navigationsdaten (NAVTEQ, TeleAtlas) genannt, die in vielen Internetportalen und Anwendungen kartographisch umgesetzt worden sind.

Darüber hinaus wird derzeit durch ein sogenanntes Bürger-Projekt eine freie Weltkarte unter dem Namen OpenStreetMap (OSM) erstellt, die zur freien Benutzung über das Internet verfügbar ist (OPENSTREETMAP 2009). Zum Aufbau der OSM-Datenbank sammeln Tausende Freiwilliger mithilfe von GPS-Geräten Straßen- und Wegegeometrien sowie deren Attribute (wie Name und Klassifizierung). Darüber hinaus werden auch Daten über die Vegetation und Gewässer erfasst, aufbereitet und in das offene OSM-Portal eingestellt. OSM-Daten darf jeder lizenzkostenfrei nutzen.

6.5.5 Schlaglichter aus dem europäischen Umfeld

In der Schweiz werden als Landeskartenwerke die Maßstäbe 1:25.000, 1:50.000 und 1:100.000 in festen Blattschnitten geführt. Für ausgewählte Gebiete gibt es in allen drei Maßstäben sogenannte Zusammensetzungen, in denen touristisch interessante Regionen zusammenhängend dargestellt werden. Darüber hinaus gibt die Schweizer Landesvermessung eine aus vier Blättern bestehende Landeskarte 1:200.000 heraus, eine Generalkarte 1:300.000 als Verkleinerung aus diesen vier Blättern sowie jeweils eine Landeskarte im Maßstab 1:500.000 und 1:1.000.000. Die Schweizer Landeskarten haben einen Aktualisierungszyklus von sechs Jahren (SWISSTOPO 2009).

In Österreich ist die Karte 1:50.000 das topographische Grundkartenwerk; eine Karte im Maßstab 1:25.000 wird aus dieser Grundkarte durch Vergrößerung abgeleitet. Darüber hinaus werden lediglich noch die Maßstäbe 1:200.000 und 1:500.000 geführt. Die Karten im Maßstab 1:200.000 decken jeweils ein Bundesland ab; die Karte 1:500.000 deckt das gesamte Bundesgebiet ab (BEV 2009).

Die französische Landesvermessung bietet topographische Karten in den Maßstäben 1:25.000, 1:50.000 und 1:100.000 an sowie Departement-Karten 1:125.000 und Regionalkarten 1:250.000. Alle Ausgaben sind auch in gescannter Form als Rasterkacheln verfügbar (IGN 2009).

Großbritannien produziert seine topographischen Karten im Maßstab 1:25.000 (Explorer Map) und im Maßstab 1:50.000 (Landranger Map) in großen Blattschnittformaten mit Ausdehnungen bis zu $1 \times 1\ m^2$. Beide Ausgaben gibt es auch in Form der sogenannten Active Maps, die für eigene Routenplanungen und Beschriftungen mit einer schützenden Plastikfolie überzogen sind. Neben diesen beiden Maßstäben bietet der Ordnance Survey noch sogenannte Travel Maps an, und zwar eine Travel Map Route mit zwei Kartenblättern im Maßstab 1:625.000, die England und Schottland komplett abbilden, eine Travel Map Road (acht Kartenblätter im Maßstab 1:250.000) und eine Travel Map Tour mit unterschiedlichen Maßstäben zwischen 1:100.000 und 1:500.000 (ORDNANCE SURVEY 2009).

6.6 Web-Map-Ansatz

6.6.1 Definitionen

Mit dem Übergang der geotopographischen Verarbeitungs- und Führungsprozesse auf digitale Methoden hat sich auch das Zugriffsverhalten der Nutzer auf die angebotenen Daten verändert. Heute werden digitale Daten und Karten vielfach bereits über das Internet vertrieben.

Das Bereitstellen von Kartendiensten im Internet wird im Allgemeinen als Web Mapping bzw. als Web Map Service (WMS) bezeichnet. Über einen WMS kann auf vektor- oder rasterbasierte Kartendaten zugegriffen werden, die auf einem Mapserver verfügbar sind. Damit der Zugriff durch handelsübliche Software und Viewer auf den Web Map Service möglich ist, müssen vom Mapserver und von der Software des Nutzers die gleichen Standards eingehalten werden. Diese allgemeingültigen Standards sind vom Open Geospatial Consortium (OGC) festgelegt worden, einer Organisation aus Regierungsvertretungen, Institutionen der Privatwirtschaft und Universitäten (siehe auch 14.1). Das allgemeine Ziel der OGC ist es, für die raumbezogene Informationsverarbeitung alle Standards festzulegen, die die Interoperabilität vorantreiben. Der WMS ist dabei nur einer der von der OGC festgelegten Standards.

Ein OGC-konformer WMS besitzt drei Funktionen, die von einem Benutzer angefragt werden können:

- GetCapabilities: liefert eine Beschreibung des Dienstes und der Datensätze,
- GetMap: ist der Kartenaufruf und liefert das angeforderte Kartenbild sowie
- GetFeatureInfo: liefert zu einer Koordinate zusätzliche attributive Informationen über die ausgewählten Datenebenen.

Neben dem WMS gibt es auch einen durch die OGC standardisierten Web Feature Service (WFS), mit dem über sechs definierte Funktionen der internetbasierte Zugriff auf attributierte Vektordaten ermöglicht wird.

6.6.2 Anwendungen

Im Sinne einer wirksamen Geodateninfrastruktur (GDI) haben die Vermessungsverwaltungen der Länder und des Bundes den Anspruch, alle geotopographischen (Karten-)Daten bundesweit einheitlich, aktuell und interessenneutral im ständigen Online-Zugriff verfügbar zu machen (siehe auch 3.4 und 13). Neben den jeweils eigenständigen Lösungen in den Ländern (LGN 2009b) und im Bund gibt es seit dem Jahr 2007 einen ersten durch die AdV initiierten bundesweiten WMS-Ansatz auf der Grundlage eines für den Maßstab 1:50.000 modellgeneralisierten Datenbestands des ATKIS®-Basis-DLM. Dieser rasterbasierte Datensatz wird durch das Bundesland Nordrhein-Westfalen vorgehalten (DEUTSCHLAND-ONLINE 2009).

Das Ziel weitergehender Entwicklungen der AdV ist ein zoomstufen-unabhängiger, bundesweit einheitlicher WMS mit Kartendaten im Maßstabsbereich zwischen 1:10.000 bis 1:200.000, der mittelfristig als kaskadierender Dienst realisiert werden soll. Alle originären Daten werden dann dezentral bei den beteiligten Dienststellen geführt. Weitere Informationen zur Online-Bereitstellung finden sich in 15.2.

Neben den behördlich betriebenen WMS gibt es auch private Anbieter mit Deutschland-Viewern auf der Basis von ATKIS®-Daten, wie z. B. die Fa. geoGLIS (GEOGLIS 2009), deren Dienst kundenspezifische Layouts und stufenlose Darstellungen bis zum Maßstab 1:3.000.000 ermöglicht.

6.7 Quellenangaben

6.7.1 Literaturverzeichnis

ADV (1989): ATKIS®-Gesamtdokumentation, 1989. AdV-Geschäftsstelle, Hannover.

ADV (1997): Darstellung des UTM-Gitters in den topographischen Landeskartenwerken. AdV-Beschluss 101/15, 1997. AdV-Geschäftsstelle, Hannover.

ADV (1999): Interne Unterlagen des AdV-Arbeitskreises Topographie und Kartographie. Hannover.

ADV (2000): Gemeinsames zivil-militärisches Kartenwerk Topographische Karte 1:50.000 (TK50). AdV-Beschluss 106/12, 2000. AdV-Geschäftsstelle, Hannover.

ADV (2002): Herstellung einer digitalen topographischen Karte 1:100.000. AdV-Beschluss 111/6, 2002. AdV-Geschäftsstelle, Hannover.

ADV (2006): ATKIS®-Produktkatalog – Version 2.0. Interne Unterlagen des AdV-Arbeitskreises Geotopographie. Hannover.

ADV (2007): Interne Unterlagen des AdV-Arbeitskreises Geotopographie. Hannover.

ADV (2008): Dokumentation zur Modellierung der Geoinformationen des amtlichen Vermessungswesens (GeoInfoDok). ATKIS®-Objektartenkatalog für das Digitale Geländemodell5, Version 6.0, 2008. AdV-Geschäftsstelle, Hannover.

ADV (2009): ATKIS®-Produktkatalog – Version 2.1. Interne Unterlagen des AdV-Arbeitskreises Geotopographie. Hannover.

BREMER, M., LIEBIG, W. & PRÖSSLER, S. (1992): Einrichtung des ATKIS®-DLM25/1 in Niedersachsen. In: NaVKV, 3/1992, 134-157.

CHRISTOFFERS, F. (1992): Rahmenbedingungen zur Einrichtung des ATKIS®-DLM25/1 in Niedersachsen. In: NaVKV, 3/1992, 121-133.

CHRISTOFFERS, F. (2007): Einführung von AFIS®-ALKIS®-ATKIS® und ETRS89/UTM in Niedersachsen – ATKIS®. In: NaVKV, 1 und 2/2007, 69-79.

CZOMMER, R. (2000): Leistungsfähigkeit fahrzeugautonomer Ortungsverfahren auf der Basis von Map-Matching-Techniken. DGK, Reihe C (Dissertationen), 535. München.

DECOVER (2008): DeCOVER-Schlussbericht vom 28.08.2008, Münster; www.decover.info.

DIN (2001): DIN 18740-1: Anforderungen an Bildflug und analoges Luftbild. Deutsches Institut für Normung e. V., Beuth Verlag, Berlin.

DIN (2005): DIN 18740-2: Anforderungen an das gescannte Luftbild. Deutsches Institut für Normung e. V., Beuth Verlag, Berlin.

DOUGLAS, D. & PEUCKER, T. K. (1973): Algorithms for the Reduction of the Number of Points Required to Represent a Line or its Caricature. In: The Canadian Cartographer, 10 (2), 112-123.

GEUDEKE, P.-W. (1992): Die topographische Landesaufnahme in den Niederlanden. Kartographisches Taschenbuch, 33-52. Kirschbaum Verlag, Bonn.

GOMILLE, U. (2008): Niedersächsisches Vermessungsgesetz; Kommentar. Kommunal- und Schul-Verlag, Wiesbaden.

GOTTSCHALK, H.-J. (1973): The Derivation of a Measure for the Diminished Content of Information of Cartographic Lines Smoothed by Means of a Gliding Arithmetric Mean. In: Nachrichten aus dem Karten- und Vermessungswesen, II, 30. Frankfurt am Main.

GROSSMANN, W. (1973): Vermessungskunde III. W. de Gruyter, Berlin/New York.

GÜNAY, A., AREFI, H. & HAHN, M. (2007): True Orthophoto Production Using LIDAR Data. Paper zum ISPRS-Symposium 2007, Stuttgart; www.geovisualisierung.net/isprs2007/docs.

HAKE, G. (1978): Historische Entwicklung des Kartenwesens im Raum Hannover. In: ERIKSEN, W. & ARNOLD, A. (Hrsg.): Hannover und sein Umland. Festschrift zur Feier des 100-jährigen Bestehens der Geographischen Gesellschaft zu Hannover, 50-67. Hannover.

HAKE, G. (1982): Kartographie I. W. de Gruyter, Berlin/New York.

HAKE, G., GRÜNREICH, D. & MENG, L. (2002): Kartographie. 8. Aufl. W. de Gruyter, Berlin/New York.

HARBECK, R. (1996): Das ATKIS®-Systemdesign in der Entwicklung. In: Landesvermessungsamt Rheinland-Pfalz (Hrsg.): Das Geoinformationssystem ATKIS® und seine Nutzung in Wirtschaft und Verwaltung, 185-192. Koblenz.

HEIPKE, C., JACOBSEN, K. & WEGMANN, H. (2002): Analysis of the Results of the OEEPE Test of Integrated Sensor Orientation. In: HEIPKE, C, JACOBSEN, K., WEGMANN, H. (Eds.): Integrated Sensor Orientation. OEEPE Official Publication, 43.

ISO (2005): DIN EN ISO 19115:2005-05 Geographic Information – Metadata. Beuth Verlag, Berlin.

JACOBSEN, K. (2008): Sagt die Anzahl der Pixel im Bild alles? In: DGPF-Tagungsband, 17/2008, 273-282. Oldenburg.

JÄGER, E., SCHLEYER, A. & UEBERHOLZ, R. (1998): AdV-Konzept für die integrierte Modellierung von ALKIS® und ATKIS®. In: zfv, 123 (6), 176-193.

JÄGER, E. (2000): ATKIS® – Modell- und kartographische Generalisierung. In: Schriftenreihe des DVW, 39, 23-29. Wittwer Verlag, Stuttgart.

JÄGER, E. & RAUSCH, S. (2008): Qualitätssicherung des ATKIS®-Basis-DLM durch Q5. In: NaVKV, 2/2008, 9-17.

KUMMER, K. & MÖLLERING, H. (2005): Vermessungs- und Geoinformationsrecht Sachsen-Anhalt, Kommentar. Kommunal- und Schul-Verlag, Wiesbaden.

KLIETZ, G. & UEBERHOLZ, R. (1999): Diskursprojekt der VuKV „Bedarf an analogen Kartenprodukten“. In: NaVKV, 1/1999, 5-14.

KOLLMUSS, H. (2000): Aktualisierung des ATKIS®-Basis-DLM in Bayern. In: Schriftenreihe des DVW, 39, 107-114. Wittwer Verlag, Stuttgart.

MAYR, W. & HEIPKE C. (1988): A contribution to digital orthophoto generation. In: International Archives of Photogrammetry and Remote Sensing, 27, B11, 430-439.

PODRENEK, M. (2003): Automationsgestützte Ableitung des ATKIS®-DLM50 und der DTK50 aus dem ATKIS®-Basis-DLM. In: Kartographische Schriften, 7, 171-176. Kirschbaum Verlag, Bonn.

RIES, C. (2004): Ein allgemeiner Ansatz zur Georeferenzierung von multispektralen Flugzeugscanneraufnahmen. Dissertation, Technische Universität Wien.

SCHAFFER, J. (2003): Von der Mecklenburg-Karte Tilemann Stellas zum Geo-Informationssystem ATKIS® – Die Entwicklung der topographischen Landesaufnahme in Mecklenburg. In: 150 Jahre Mecklenburgische Landesvermessung, 2003. Schwerin.

SCHLEYER, A. (2000): Flächendeckendes, hochgenaues DGM für Baden-Württemberg. In: Schriftenreihe des DVW, 39, 125-137. Wittwer Verlag, Stuttgart.

SCHÜRER, D. (2004): Die Modellgeneralisierung – Ein Werkzeug zur automatischen Ableitung von Digitalen Landschaftsmodellen. In: Kartographische Schriften, 9, 158-166. Kirschbaum Verlag, Bonn.

SCHÜRER, D. (2008): Das AdV-Projekt ATKIS®-Generalisierung – Digitale Landschaftsmodelle und Karten aus dem Basis-DLM. In: KN, 58 (4), 191-199.

SESTER, M. (2008): Multiple Representation Databases. In: LI, Z., CHEN, J. & BALTSAVIAS, E. (Eds.): Advances in Photogrammetry, Remote Sensing and Spatial Information Science. Taylor & Francis, London.

SESTER, M., HAUNERT, J.-H. & ANDERS, K.-H. (2008): Modell- und kartographische Generalisierung von topographischen und thematischen Informationen. In: KN, 58 (6), 307-314.

STOTER, J. E. (2005): Generalisation: The Gap between Research and Practice. Proceedings, 8th ICA workshop on generalisation and multiple representation, 7-8 Juli 2005, La Coruna.

TORGE, W. (2007): Geschichte der Geodäsie in Deutschland. W. de Gruyter, Berlin/New York.

WODTKE, K.-P. (2004): Die neue DTK50 – Umsetzung des AdV-Konzepts in Niedersachsen. In: Kartographische Schriften, 9, 171-184. Kirschbaum Verlag, Bonn.

6.7.2 Internetverweise

BEV (2009): Bundesamt für Eich- und Vermessungswesen Österreich, Wien; www.bev.gv.at

BKG (2009): Qualitätssicherung, Frankfurt am Main; www.bkg.bund.de

DEUTSCHLAND-ONLINE (2009): Deutschland-Online, Bonn; www.do-viewer.nrw.de

DLR (2008): Deutsches Zentrum für Luft- und Raumfahrt, Köln; www.dlr.de

GDZ (2009): Geodatenzentrum des BKG, Leipzig; www.geodatenzentrum.de

GEOCONTENT (2009): GeoContent, Magdeburg; www.geocontent.de

GEOGLIS (2009): geoGLIS, Eckernförde; http://onmaps.de

GOOGLE (2009): Google Earth, Hamburg; http://earth.google.de

IGN (2009): Institut Geographique National, Saint-Mandé, Frankreich; http://professionnels.ign.fr

INFOTERRA (2009): Infoterra Friedrichshafen; www.infoterra.de

INTERMAP (2009): Intermap Technologies, Englewood, USA; www.intermap.com

LGL BADEN-WÜRTTEMBERG (2009): Landesamt für Geoinformation und Landentwicklung, Stuttgart; http://www.lv-bw.de

LGN (2009a): Landesvermessung und Geobasisinformation Niedersachsen. Hannover; www.lgn.niedersachsen.de

LGN (2009b): Niedersachsen-Viewer im Geodatenportal, Hannover; www.geodaten.niedersachsen.de

LVERMGEO THÜRINGEN (2009): Landesamt für Vermessung und Geoinformation, Erfurt; http://www.thueringen.de/de/tlvermgeo/landesvermessung/karten/landeskartenwerke/content.html

MICROSOFT (2009): Microsoft Bing, Unterschleißheim; http://maps.live.de/

OPENSTREETMAP (2009): OpenStreetMap, Hamburg; www.openstreetmap.de

ORDNANCE SURVEY (2009): Ordnance Survey, Southampton, Großbritannien; www.ordnancesurvey.co.uk

SWISSTOPO (2009): Bundesamt für Landestopographie – Swisstopo, Wabern, Schweiz; www.swisstopo.admin.ch

WEVER, C. (2002): Airborne Laser Scanning – Verfahren und Genauigkeiten. Vortrag von C. Wever auf dem Fachforum VoGIS, 2002, Feldkirch; http://www.vorarlberg.at/pdf/vortrag_wever_23_09.pdf

7 Liegenschaftskataster und Liegenschaftsvermessungen

Rainer BAUER, Rudolf PÜSCHEL, Wilfried WIEDENROTH und Michael ZURHORST

Zusammenfassung

Das Liegenschaftskataster bildet zusammen mit dem Grundbuch die Grundlage für das Eigentumssicherungssystem zur Gewährleistung des Eigentums am unbeweglichen Vermögen. Es wird von den Katasterbehörden in den Bundesländern nach landesrechtlichen Vorschriften geführt und beinhaltet alle Bodenflächen eines Bundeslandes. Die heutigen Liegenschaftskataster der Länder haben ihren Ursprung in den Grundsteuerkatastern, die Anfang des 19. Jahrhunderts auf der Grundlage der ersten parzellenscharfen Grundstücksvermessungen zu Steuerzwecken aufgestellt worden sind. Heute dient das Liegenschaftskataster dem Grundbuch als amtliches Verzeichnis, liefert die Geobasisdaten für die Geodateninfrastruktur und übt Basisfunktion für andere Bereiche aus. Die Übereinstimmung von Grundbuch und Liegenschaftskataster ist durch einen regelmäßigen Datenaustausch gesichert. Die von den Finanzbehörden festgestellten Bodenschätzungsergebnisse werden übernommen. Melde- und Auskunftspflichten der Behörden, Eigentümer und Nutzungsberechtigten sind weitere Elemente zur Sicherung einer hohen Aktualität. Das Recht auf Einsicht, Auskunft und Benutzung des Liegenschaftskatasters wird beschränkt durch datenschutzrechtliche Bestimmungen zur Bekanntgabe von personenbezogenen Daten.

Das Liegenschaftskataster wird in allen Bundesländern digital geführt. Die aktuellen Formen werden derzeit umgestellt auf das bundeseinheitliche Amtliche Liegenschaftskataster-Informationssystem (ALKIS®). Die Umsetzung dieses Projekts der Arbeitsgemeinschaft der Vermessungsverwaltungen der Bundesrepublik Deutschland (AdV) ist in den Bundesländern unterschiedlich weit bereits verwirklicht.

Das Liegenschaftskataster wird permanent auf dem Laufenden gehalten. Anlässe hierzu sind vor allem die veränderte örtliche Nutzung der Flurstücke und ein neuer Gebäudebestand. Soll der Zuschnitt der im Liegenschaftskataster geführten Flurstücke in der Örtlichkeit kenntlich gemacht, zerlegt oder neu geschnitten werden, wird dies als öffentlich-rechtliche Maßnahme ausgeführt, die mit Setzen der Verwaltungsakte Grenzfeststellung und Abmarkung endet. Befugte Aufgabenträger sind je nach landesrechtlichen Bestimmungen die Liegenschaftskataster führende Behörde, Öffentlich bestellte Vermessungsingenieure oder andere behördliche Vermessungsstellen. In der Liegenschaftsvermessung vereinen sich Recht und Vermessungstechnik, die beide als Grundlage zur verlässlich abgesicherten und normierten Führung des Liegenschaftskatasters dienen.

Das Verwaltungshandeln durch privilegierte Aufgabenträger, der Einsatz moderner Erfassungsmethoden sowie die normierte Führung des Liegenschaftskatasters als Basisinformationssystem sind die Voraussetzungen, um im heutigen Anforderungsspektrum den Zweck des Liegenschaftskatasters erfüllen zu können. So werden neben der Sicherungsfunktion für das Grundeigentum in den Ländern zunehmend aktivierende Maßnahmen ergriffen. Meist in länderübergreifender Entwicklung entstehen neue Produkte aus dem Fundus des Liegenschaftskatasters, die prädestiniert sind, mit anderen Daten des Amtlichen deutschen Vermessungswesens oder mit Fachdaten anderer Stellen kombiniert zu werden.

Summary

The real estate cadastre, together with the land register, forms the basis for guaranteeing the ownership of immovable property. It is managed according to the regulations by the land registry in the federal states and covers the whole area of a federal state. Today's real estate cadastres have their origins in the fiscal cadastres, which were established on the basis of the first land surveys for taxation purposes at the beginning of the 19th century. Today the real estate cadastre serves as an official register to the land register, it provides the infrastructure with the geospatial reference data and is of basic importance for other areas. The accordance between property register and land registry is guaranteed by a regular data exchange. The results of land use capability classifications, which are determined by the fiscal authorities are taken over. The duty to provide information about changes on the part of the authorities, owners and persons enjoying the right of use are further elements safeguarding a high level concerning the description of the current situation. The right to make use of and to get information from the land registry is restricted by regulations for individual data protection.

The real estate cadastre is managed digitally in all federal states. The present forms are being adapted to the Authoritative Real Estate Cadastre Information System (ALKIS®), which is used in all federal states. Different progress has been made concerning the implementation of this project in the different states.

The real estate cadastre is constantly kept up to date. The main reasons for this are changes in the local use of parcels and existence of new buildings. If the form of parcels stored in the land registry is to be indicated in its real locality, if parcels are to be divided or to be given a new shape, this is carried out as a public measure, which ends with the administrative acts of the determination of boundaries and marking. Authorised to perform these tasks are, according to the regulations for the respective state, the authority responsible for the real estate cadastre, publicly appointed surveyors or other official survey offices. Cadastral surveying depends on law and surveying technology, which both combine to make the reliable and standardised functioning of the land registry possible.

Administrative acts carried out by authorised persons, the use of up-to-date methods of recording data as well as standardised keeping of the real estate cadastre represent today the necessary prerequisites for the efficiency of the real estate cadastre. Besides its function of providing documented evidence of the ownership of landed property in the states, activating measures are taken. As a result of the cooperation between the federal states, new products are developed with the help of the existing stock of the Official surveying in Germany, which are ideal for being combined with other surveying data from reliable official sources.

7.1 Grundsätze

7.1.1 Rechtliche Einordnung

Die aus den Grundsteuerkatastern hervorgegangenen Liegenschaftskataster sind beschränkt öffentliche Register, die dem Gebiet des amtlichen Vermessungswesens zuzuordnen sind. Das amtliche Vermessungswesen ist sowohl aus Sicht der Gesetzgebungskompetenz als auch unter dem Blickwinkel der Zuständigkeit zur Ausführung der Gesetze in der Bundesrepublik Deutschland unbestritten Länderangelegenheit. Die in Artikel 73 Grundgesetz (Gebiete der ausschließlichen Gesetzgebung des Bundes) und Artikel 74 Grundgesetz (Gebiete der konkurrierenden Gesetzgebung) verfassungsrechtlich bestimmten Aufzählungen der Rechtsgebiete enthalten keinen Begriff, der das amtliche Vermessungswesen – auch nicht durch Auslegung – erfasst. Dies gilt besonders auch für die Frage, ob das Vermessungsrecht als ungeschrieben mitzudenkende Zuständigkeit kraft Sachzusammenhangs und als Annexkompetenz im Bereich des Artikels 74 Grundgesetz vorkommt. Auch dem Bodenrecht gemäß Artikel 74 Abs. 1 Nr. 18 Grundgesetz ist das Vermessungs- und Geoinformationsrecht nicht zuzuordnen. Für das Baurecht, das dem Bodenrecht noch eher zugewiesen werden könnte, hat das Bundesverfassungsgericht entschieden, dass eine Gesetzgebungskompetenz des Bundes als Gesamtmaterie nicht gegeben ist, auch nicht aus dem Gesichtspunkt des Sachzusammenhangs. Im Zuge der Bereinigung des Bundesrechts wurde das ehemalige Reichsrecht über das Vermessungswesen aus dem Bundesrecht ausgeschieden und dem Landesrecht zugeteilt. Lediglich das Gesetz über die Beurkundungs- und Beglaubigungsbefugnis der Vermessungsbehörden blieb in Kraft, als durch das Dritte Rechtsbereinigungsgesetz die Vorschriften des früheren Reichsrechts auf dem Gebiet des Vermessungswesens außer Kraft gesetzt wurden. Für das Gebiet der fünf neuen Bundesländer war in der DDR-Zeit ein einheitliches zentrales Vermessungswesen aufgebaut worden, das nach der Wende entsprechend dem bundesdeutschen Rechtsgefüge ebenfalls in die Länderhoheit fiel. Zusammenfassend steht damit fest, dass für das Vermessungswesen hinsichtlich Ausübung der staatlichen Befugnisse und der Erfüllung der staatlichen Aufgaben sowie der Gesetzgebung die Bundesländer zuständig sind (Artikel 30 und Artikel 70 Grundgesetz).

Neben das Liegenschaftskataster stellte sich seit den Gesetzgebungen nach dem 2. Weltkrieg regelmäßig die Landesvermessung als zweites Gebiet des Vermessungswesens, für das die Länderparlamente Bestimmungen erließen. Seit wenigen Jahren tritt bundesweit das Geoinformationswesen als dritter Bereich hinzu, um neuzeitige technische Entwicklungen und Möglichkeiten zur Nutzung und Verbreitung der amtlichen Daten der Vermessungsbehörden gesetzlich zu regeln. In der Vorschriftengebung der Länder gewinnen zusätzlich auch die einzuhaltenden Vorgaben der Europäischen Union an Bedeutung. In 7.6.1 findet sich eine nach Bundesländern geordnete Zusammenstellung der Gesetze und Verordnungen mit den auf dem Gebiet des amtlichen Vermessungswesens gültigen Normen.

Die Wahrung der Rechts- und Wirtschaftseinheit und der Herstellung gleichwertiger Lebensverhältnisse im Bundesgebiet im gesamtstaatlichen Interesse (Artikel 72 Abs. 2 Grundgesetz) ist gewährleistet durch die erfolgreich wirkende Tätigkeit der Arbeitsgemeinschaft der Vermessungsverwaltungen der Länder der Bundesrepublik Deutschland – AdV – (schriftliche Antwort vom 26. Juni 1971 auf eine diesbezügliche mündliche Anfrage im Deutschen Bundestag).

Die rechtliche Qualifikation von Angelegenheiten im Bereich des Liegenschaftskatasters richtet sich nach der Zugehörigkeit der Handlung zu einem Rechtsgebiet. Hoheitliche oder schlicht hoheitliche Maßnahmen der zuständigen Behörden gehören regelmäßig zum Bereich des öffentlichen Rechts. Insbesondere ist die Führung des Liegenschaftskatasters im öffentlichen Recht der Bundesländer geregelt. Die Vorschriften des allgemeinen Verwaltungsrechts und des subsidiären Verwaltungsverfahrensrechts sind daneben maßgebliche Grundlage. Der Verwaltungsakt nach § 9 ff. Verwaltungsverfahrensgesetz des Bundes (BUNDESTAG 2003) als zentrales Instrument öffentlich-rechtlichen Handelns wird auch bei der Führung des Liegenschaftskatasters angewandt. In diesem Kapitel wird das Verwaltungsverfahrensgesetz betreffend auf das Bundesgesetz verwiesen, wenngleich in der rechtlichen Umsetzung das jeweilige Landes-Verwaltungsverfahrensgesetz anzuwenden ist (§ 1 Verwaltungsverfahrensgesetz des Bundes). Als wichtige Beispiele für Verwaltungsakte seien die Grenzfeststellung, die Abmarkung (siehe 7.3.4) und die Fortführung (siehe 7.4.2) genannt.

Daneben können auch privatrechtliche Maßnahmen für den Inhalt des Liegenschaftskatasters eine maßgebliche Grundlage bilden. Vorgänge, die den Vorschriften des materiellen Eigentumsrechts nach Bürgerlichem Gesetzbuch – BGB (BUNDESTAG 2002) und des formellen Grundbuchrechts nach Grundbuchordnung (BUNDESMINISTERIUM DER JUSTIZ 1994a) unterliegen, sind dem Privatrecht zuzuordnen. Soweit Inhalte des Liegenschaftskatasters an der rechtlichen Vermutung (§ 891 BGB) und am Gutglaubenschutz (§§ 892, 893 BGB) teilhaben, unterliegen sie dem Privatrecht. Auch der mögliche Grenzfeststellungsvertrag (7.3.2) zwischen den Grundstückseigentümern ist privatrechtlicher Natur. Ebenso gehört die Grenzscheidung gemäß § 920 BGB durch Sachverständige sowie die gutachterliche Tätigkeit der Vermessungsingenieure in Grenzangelegenheiten dem privaten Recht an. Der Führung des Grundbuchs zuzuordnende Vorgänge wie die Teilung nach § 19 Baugesetzbuch – BauGB (BUNDESTAG 2004), die Vereinigung (§ 890 BGB) oder die Zuschreibung (§ 890 BGB) von Grundstücken unterliegen den Vorschriften des privaten Rechts. Die Doppelspurigkeit von rechtsgeschäftlichen Willenserklärungen und gerichtlichem Eintragungsverfahren gehört zu den Eigenarten des privaten Grundstücks- und Grundbuchrechts; hierzu siehe KUNTZE, ERTL, HERRMANN & EICKMANN (2006), Einleitung Randnummer A1.

Die Eigentümer der im Grundbuch eingetragenen Grundstücke sowie die Erbbauberechtigten und Nutzungsberechtigten werden im Liegenschaftskataster grundsätzlich in Übereinstimmung mit dem Grundbuch nachgewiesen (vgl. 7.1.4). Des Weiteren ist die Führung des Liegenschaftskatasters rechtlich eingebettet in ein Geflecht von Rechtsvorschriften sowie Bundes- und landesrechtliche Bestimmungen, die sich mit dem Bestand und Umfang von Grundstücken befassen. Diese beeinflussen gestaltend die Rechtsverhältnisse an Grundstücken und sind für den Inhalt des Liegenschaftskatasters bestimmend. So sind Veränderungen im Eigentum aufgrund öffentlich-rechtlicher Vorschriften (z. B. Flurbereinigungs- Bau- und Straßenrecht) sowie privatrechtlicher Vorschriften des Wasserrechts verbindliche Festlegungen, die bereits vor der Berichtigung des Grundbuchs in das Liegenschaftskataster übernommen werden können. Die Angaben über Nutzung, Ertragsfähigkeit und Abgrenzung des landwirtschaftlich und des gärtnerisch nutzbaren Bodens werden den von den Finanzämtern rechtskräftig festgestellten Ergebnissen der nach dem Bodenschätzungsgesetz BUNDESTAG 2007) durchgeführten Bodenschätzung entnommen. Zudem werden aufgrund unterschiedlichster gesetzlicher Regelungen (z. B. im Baurecht, Naturschutzrecht, Wasserrecht) öffentlich-rechtliche Festlegungen wie Baulasten, gebietsbezogene Festsetzungen und Klassifizierungen deklaratorisch im Liegenschaftskataster geführt.

Bestandskräftig gewordene Änderungen in den Rechtsverhältnissen von Grundstücken werden auf dem Weg der Berichtigung in das Liegenschaftskataster übernommen. Dies gilt auch für Festlegungen zu Grundstücken, die sich aus rechtskräftigen gerichtlichen Urteilen und gerichtlichen Vergleichen ergeben, soweit sie den Inhalt des Liegenschaftskatasters berühren. Hingegen beruht der Nachweis der Liegenschaften (Flurstücke und Gebäude) im Liegenschaftskataster hinsichtlich ihrer Gestalt (Umfangsgrenzen), Größe (Flächenangabe) und örtlicher Lage sowie die Art und Abgrenzung der tatsächlichen Nutzungen bei Flurstücken auf dem Ergebnis von Liegenschaftsvermessungen und örtlichen Erhebungen der Liegenschaftskataster führenden Behörden.

7.1.2 Historie

Das Wort Kataster wird regelmäßig für ein Verzeichnis gleichartiger Gegenstände und zwar sowohl körperlicher Dinge als auch abstrakter Gegebenheiten wie z. B. Rechte verwendet. Im gleichen Sinne ist dieses Wort auch in anderen Kulturräumen gebräuchlich. In erster Linie wurden und werden Verzeichnisse von Grundstücken als Kataster bezeichnet. So stehen die Wortverbindungen Grundsteuerkataster (Bayern), Primärkataster (Württemberg), Grundkataster (Österreich) und Liegenschaftskataster (Deutschland) jeweils für Register der Grundstücke, die zu verschiedenen Zeiten und in verschiedenen Formen aufgestellt wurden, um die Grundstücke des betreffenden Landes zu erfassen und zu beschreiben.

Die Herkunft des Wortes Kataster ist nicht geklärt, wird heute überwiegend aber auf griechische Wurzeln zurückgeführt, was bereits die bekannte Vorsilbe *kata*, z. B. in den Wörtern Katalog, Katalysator, Katarakt vermuten lässt. SIMMERDING (1969) belegt eine dahingehende Deutung des Wortes unter Hinweis auf das bis Mitte des 17. Jahrhunderts in Venedig gebräuchliche Wort *catastico*. Darunter war eine Liste von Bürgern mit steuerbarem Eigentum zu verstehen. Letztlich wird deshalb das Wort Kataster auf das mittelgriechische (byzantinische) Wort *katastichon* zurückzuführen sein, das „nach Linien, in Reih und Glied“ bedeutet und auch heute noch im Sinne von Notizbuch, Geschäftsbuch, Liste Verwendung findet. Die heutige griechische Umgangssprache gebraucht für ein Grundstückskataster allerdings das Wort *lista*. Von Venedig aus fand das Wort *catastico* Eingang in die Sprache übriger italienischer Staaten, teilweise unter Verkürzung in *catasto* bzw. *catastro* und ist zu Beginn des 16. Jahrhunderts bereits in der Provence als *cadastre* wiederzufinden. Im deutschen Sprachgebiet ist das Wort Kataster seit dem 17. Jahrhundert zunächst in der latinisierten Form *catastrum* belegt. Innerhalb des heutigen Staatsgebiets von Bayern trat der Begriff *Catastrum* um das Jahr 1705 zuerst in den fränkischen Landesteilen und im Jahr 1731 im Gebiet des Hochstifts Bamberg auf. Im 18. Jahrhundert wurde diese latinisierte Form durch die Schreibweise *Cataster* abgelöst.

Gleichwohl gab und gibt es auch Verzeichnisse anderer Gegenstände, Einrichtungen oder unter einem Überbegriff aufzählbare Einheiten, die als Kataster bezeichnet werden. Gebäudesteuerkataster (Preußen), Haussteuerkataster und Fischwasserkataster (Bayern), Gewerbekataster (Altwürttemberg), Wasserrechtskataster (Schweiz) sind hierfür ebenso Beispiele wie die Straßen-, Deich- und Weinbaukataster. In der neueren Zeit kamen insbesondere hinzu die Leitungskataster der Kommunen und Versorgungsunternehmen, Altlastenkataster, Ökoflächenkataster, Erosionskataster, Ausgleichsflächenkataster, Solardachpotenzialkataster, Baumkataster und Biotopflächenkataster. Das zunehmend gebrauchte Wort Mehrzweckkataster ist weder sprachlich noch begrifflich eindeutig einem bestimmten Verzeichnis zuzuordnen, wenngleich im Geoinformationswesen gerne dem Liegenschaftskataster dieser Begriff zur Heraushebung seiner vielfältigen Nutzungsmöglichkeiten angeheftet wird.

Die heutigen Kataster haben ihren Ursprung in den Grundsteuerkatastern aus den ersten Jahrzehnten des 19. Jahrhunderts. Anlass für die Aufstellung der Kataster war das Bestreben, durch die Bereitstellung genauer Grundstücksflächen die Erhebung der Steuern auf eine gerechte Grundlage zu stellen. Diese Grundlage sollte durch eine allgemeine Grundstücksvermessung und die Ermittlung des Ertrags der einzelnen Grundstücke geschaffen werden. In Bayern wurden zur Durchführung der allgemeinen Grundstücksvermessung bereits 1808 Steuervermessungskommissionen gegründet. Die Aufstellung des Grundsteuerkatasters für das ganze Landesgebiet war 1853 abgeschlossen. Mit Gründung des Deutschen Reiches 1871 musste dies für das ganze Reichsgebiet nachgeholt werden.

Von Anfang an wurde erkannt, dass das Grundsteuerkataster über seine steuerliche Bedeutung hinaus hohe Bedeutung hat als vollständiger Nachweis aller Grundstücke des Staatsgebietes. Die vielseitige Verwendbarkeit des Grundsteuerkatasters als Mehrzweckkataster war in Bayern vor allem darin begründet, dass für seine Aufstellung eine einheitliche und systematische Landesvermessung durchgeführt wurde, sowie von Anfang an eine auf einheitlichen geodätischen Grundlagen beruhende vervielfältigungsfähige Rahmenkarte mit runden und festen Maßstäben geschaffen wurde. Mit der wissenschaftlichen Grundlegung für diese Aufgaben sind die Namen Soldner, Gauß und Senefelder verbunden. Dies ist aufgrund des hohen erstmaligen Aufwands nicht in ganz Deutschland so konsequent durchgeführt worden. Im Gebiet des ehemaligen Landes Preußen dienten zur erstmaligen graphischen Darstellung im Grundsteuerkataster meist ältere inselförmig entstandene Kartengrundlagen aus Gemeinheitsteilungen, Separationen oder Verkoppelungen aus der Zeit Anfang des 19. Jahrhunderts. Zudem wurden in den ehemals preußischen Gebieten nicht für alle Ortslagen Karten aufgestellt, da hier aus steuerlicher Betrachtung der Wert des Grund und Bodens weit geringer war als der Wert des Gebäudes; es genügte ein Gebäudesteuerbuch. Dadurch verblieben die sogenannten ungetrennten Hofräume und Hausgärten, sozusagen als weiße Flecken im Liegenschaftskataster (UFER 1992). Diese wurden in den alten Bundesländern nach und nach durch Vermessung aufgelöst. Nach der Wende konnten die neuen Bundesländer vereinfachte Erfassungsmethoden nach den Vorschriften des Bodensonderungsgesetztes (BUNDESTAG 1993a) anwenden (JÄKEL & KINDERLING 2006), um schnell einen Nachweis im Liegenschaftskataster als Grundlage für realkreditfähige Grundstücke zu schaffen.

Die Katasterbücher des Grundsteuerkatasters enthielten die Grundstücke der sog. Steuergemeinden (der späteren Gemarkungen) nach Besitzständen geordnet. Die Besitzstände selbst waren nach der Hausnummer des Wohn- oder Hauptgebäudes, das zu dem Grundbesitz des Grundstückseigentümers gehörte, bezeichnet und geordnet. Grundsätzlich waren die Grundstücke in den Katasterbüchern nur an einer Stelle vorgetragen. Die Führung der Katasterbücher oblag den Rentämtern, d. h. den heutigen Finanzämtern.

Die Erstellung technischer Dokumentationen im Form von Rissen wurde schon fallweise, gegen Ende des 19. Jahrhunderts mit zunehmender Häufigkeit, Situationszeichnungen mit Maßzahlen (Brouillons) und Risse in einfacher Ausgestaltung bei den Grundstücks- und Gebäudevermessungen angefertigt. Mit der Neuaufnahme ganzer Stadtgebiete (z. B. Nürnberg ab 1875) mit der gebietsweise durchgängigen Dokumentation der Maßzahlen war der erste Schritt hin zu einem Vermessungszahlenwerk getan. Dennoch muss, wegen der noch nicht verpflichtenden Vorgabe, Messwerte dauerhaft festzuhalten, bis zur Wende zum 20. Jahrhundert von einem graphischen Kataster gesprochen werden.

Die ursprünglich vorrangige Aufgabe des Katasters, eine Grundlage für die Erhebung der Steuern darzustellen, trat zunehmend zurück und wurde verdrängt vom heutigen Hauptzweck, der Sicherung des Eigentums an Grund und Boden zu dienen. Mit der Anlegung des Grundbuchs seit Gültigkeit des BGB verlor das Kataster seine Bedeutung als unmittelbarer Nachweis des Eigentums an Grund und Boden, blieb aber maßgebend für die Bezeichnung und Beschreibung der Grundstücke im Grundbuch und für den rechtlichen Nachweis des geometrischen Umfangs der Grundstücke. Hatte bis zur Anlegung des Grundbuchs das Kataster noch keinen Vorrang vor anderen Beweismitteln bei Streitigkeiten um eine Grundstücksgrenze, so bildete das Urteil des Reichsgerichts in Leipzig vom 12. Februar 1910 einen entscheidenden Wendepunkt. Nach diesem Urteil kommt zwar dem Ausweis über Nutzungsart und Flächenmaß der Grundstücke keine maßgebliche rechtliche Bedeutung zu, aber den Angaben darüber, welche Flächenteile zum Bestand eines Grundstücks gehören, d. h. die Angaben über die Begrenzung der Grundstücke, nehmen so, wie sie aus dem Liegenschaftskataster in das Grundbuch übernommen wurden, an dem Rechtsschutz der §§ 891 und 892 BGB teil (SIMMERDING 1996a).

Als nach dem Ersten Weltkrieg die Steuerhoheit von den Ländern auf das Deutsche Reich überging, war die Reichsverwaltung bestrebt, die historisch gewachsene Vielfalt im Steuerwesen der Länder durch einheitliche Steuern und Steuergrundlagen für das gesamte damalige Reichsgebiet zu ersetzen. Im Zuge der Steuerreform wurde im Jahre 1925 das Reichsbewertungsgesetz erlassen, das u. a. als einheitliche Besteuerungsgrundlage für verschiedene Steuern den sogenannten Einheitswert einführte. Wenngleich ihr vermessungstechnischer und kartentechnischer Inhalt von unterschiedlicher Qualität war, so wäre doch die Verwendung der aus dem 19. Jahrhundert stammenden Grundsteuerkataster für die vorgesehenen steuerlichen Zwecke möglich gewesen. Hingegen hatten die recht verschiedenartigen Bodenschätzungen sehr an Wert verloren. Versuche, auf ihnen eine neue einheitliche Bewertung aufzubauen, scheiterten. Eine Neuschätzung der landwirtschaftlich genutzten Flächen erwies sich als unumgänglich. Sie wurde mit dem Bodenschätzungsgesetz von 1934 die Bodenschätzung in die Wege geleitet. Das Gesetz schrieb auch vor, die Ergebnisse dieser Bodenschätzung in die Liegenschaftskataster zu übernehmen. Die Erkenntnis, dass die vorhandenen Grundsteuerkataster für eine solche Übernahme nicht geeignet waren, führte zur Anordnung, dass ein neues Kataster aufgestellt werden müsse, das zunächst Reichskataster genannt wurde. Nach der Ablösung der alten Steuerkataster erhielt es die heutige Bezeichnung Liegenschaftskataster.

Aufgrund des Reichsgesetzes über die Neuordnung des Vermessungswesens vom 3.7.1934 (RGBl. I, S. 534) war die Zuständigkeit für das Vermessungswesen einschließlich der Arbeiten zur Aufstellung und Fortführung des Liegenschaftskatasters auf den Reichsminister des Innern übergegangen. Die zentrale Bedeutung war sicherlich in der politischen Forderung zu finden, dass *„der Reichsverteidigung in erster Linie Rechnung zu tragen“* ist. In Reichserlassen wurde die Übernahme der Bodenschätzungsergebnisse in das Liegenschaftskataster mit Bodenschätzungsübernahmeerlass vom 23. September 1936 und vom 22. Februar 1938 und die Form und der Inhalt des Reichskatasters vorgeschrieben und mit Runderlass vom 30. September 1940 die Fortführung (Fortführungserlass) geregelt.

Das Reichskataster bestand hiernach aus folgenden Büchern:

- Flurbuch mit der Zusammenstellung nach Nutzungsarten,
- Liegenschaftsbuch,
- Eigentümerverzeichnis,
- Miteigentümerverzeichnis,
- Gebäudebuch und
- alphabetisches Namensverzeichnis.

Zur Aufstellung des Reichskatasters kam es faktisch nicht mehr. Bis zum Ende des Zweiten Weltkrieges lag z. B. in Bayern das Reichskataster nur für etwa 1 % der Gemeinden vor. Die Schätzung des Kulturbodens war schon weiter fortgeschritten.

Mit dem Grundgesetz fiel die Zuständigkeit für das Vermessungs- und Katasterwesen wieder den Ländern zu. Die Länder entwickelten neue Kataster, die das Konzept des Reichskatasters unterschiedlich modifizierten und allmählich die Grundsteuerkataster ablösten. Trotz wesentlicher Beibehaltung des Konzepts des Reichskatasters erreichte das Liegenschaftskataster eine erhebliche Vereinfachung dadurch, dass die Verzeichnisse über die Eigentümer und über die Miteigentümer sowie das Gebäudebuch in das Liegenschaftskataster eingearbeitet wurden. Unabhängig von der Art der Führung erhielten alle Liegenschaftskataster die einheitliche amtliche Bezeichnung Liegenschaftskataster. In den 1970er Jahren war die Aufstellung der Liegenschaftskataster in den Ländern weitgehend abgeschlossen. Nach Bestandskraft erhielt das Liegenschaftskataster die Eigenschaft als amtliches Verzeichnis der Grundstücke gemäß § 2 Abs. 2 Grundbuchordnung.

In den neuen Bundesländern ging das Liegenschaftskataster zunächst noch einen anderen Weg. Die Führung des Grundbuchs wurde von den Gerichten ausgegliedert und dem Fachorgan „Liegenschaftsdienst" übertragen. So wurde das Grundbuch mit den Flur- und Bodenschätzungskarten des Liegenschaftskatasters als „Bodeneigentumsdokumentation" geführt, wobei die im Liegenschaftsbuch geführten Angaben mit dem Bestandsverzeichnis des Grundbuchs zusammengefasst wurden (NESTLER 1990). Nach der Wende sind die Führung des Grundbuchs und des Liegenschaftskatasters nach dem Muster der alten Bundesländer wieder getrennt worden.

7.1.3 Zweck des Liegenschaftskatasters

Im Liegenschaftskataster, als dem von den Liegenschaftskataster führenden Behörden geführten beschränkt öffentlichen Register, werden die Liegenschaften (Flurstücke und Gebäude) flächendeckend nachgewiesen, dargestellt und beschrieben; bundesweit sind dies knapp 65 Mio. Flurstücke.

Das Liegenschaftskataster hat im Sinne eines Mehrzweckkatasters drei grundlegende Zweckbestimmungen:

- Es ist amtliches Verzeichnis der Grundstücke für den Eigentumsnachweis im Grundbuch. So wird die Lage des Grundeigentums in Form von Flurstücken dargestellt und beschrieben. Bei Bedarf können die Grenzen der Flurstücke und Grundstücke örtlich mit rechtlicher Wirkung aufgezeigt werden. Außerdem weist das Liegenschaftskataster die Ergebnisse der amtlichen Bodenschätzung nach. In seiner klassischen Hauptfunktion stellt das Liegenschaftskataster zusammen mit dem Grundbuch das rechtliche Fundament für die Gewährleistung des Eigentums an Grund und Bodens gemäß Artikel 14 Abs. 1 Grundgesetz dar (*Eigentumssicherungssystem*) und liefert Basisdaten für steuerliche Zwecke.

- Es übt eine *Basisfunktion* für andere Bereiche aus. So soll es den Anforderungen des Rechtsverkehrs, der Verwaltung und der Wirtschaft gerecht werden und insbesondere die Bedürfnisse der Landesplanung, der Bauleitplanung, der Bodenordnung, der Ermittlung von Grundstückswerten sowie des Umwelt- und des Naturschutzes angemessen berücksichtigen. Nach wie vor hat es auch für steuerliche Zwecke (Bedarfswertermittlung, Grundsteuer usw.) eine wichtige Bedeutung.
- Es liefert die *Basisdaten für die Geodateninfrastruktur* (GDI) in Deutschland. Die Geodateninfrastruktur in Deutschland (GDI-DE) ist ein gemeinsames Vorhaben von Bund, Ländern und Kommunen (Abb. 7.1). Mit dem Aufbau der GDI-DE soll eine länder- und ressortübergreifende Vernetzung von Geodaten in Deutschland erreicht werden, um sicherzustellen, dass Geoinformationen zukünftig verstärkt in Entscheidungsprozessen innerhalb der Verwaltung, der Wirtschaft und der Politik zum Einsatz kommen. Neben der Betrachtung nationaler Entwicklungen ist es Aufgabe der GDI-DE, die Entwicklungen in Europa (INSPIRE) sowie weltweit (GSDI) einzubinden.

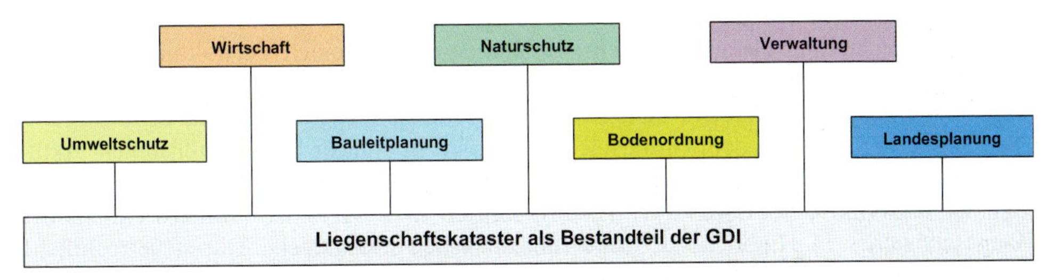

Abb. 7.1: Zweck des Liegenschaftskatasters *(ADV 2009)*

Die Grundbuchordnung (BUNDESMINISTERIUM DER JUSTIZ 1994a) als eine der Vorschriften des formellen Grundbuchrechts bestimmt in § 2 Abs. 2: *„Die Grundstücke werden im Grundbuch nach den in den Ländern eingerichteten amtlichen Verzeichnissen benannt (Liegenschaftskataster)"*. Zweck der Vorschrift, die Grundstücke in den Büchern nach Nummern oder Buchstaben eines amtlichen Verzeichnisses zu benennen, ist es, das Auffinden der im Grundbuch verzeichneten Grundstücke in der Örtlichkeit zu ermöglichen. Umfang und Grenzen des Grundstücks sind im Liegenschaftskataster festgelegt, auf das Bezug genommen ist. Diese Bezugnahme gilt auch für die Anwendung des § 891 BGB.

Bis zum Inkrafttreten des Register-Verfahrensbeschleunigungsgesetzes (BUNDESTAG 1993b) waren die bestehenden landesrechtlichen Vorschriften über die Einrichtung der amtlichen Verzeichnisse zunächst unberührt geblieben (z. B. in Preußen die Grund- und Gebäudesteuerbücher, in Bayern das von den Grundbuchämtern geführte Sachregister). Mit Allgemeiner Verfügung vom 28. April 1941 hatte der Reichsminister der Justiz angeordnet, dass in denjenigen Gemeindebezirken, in denen das Reichskataster fertig gestellt ist, das Reichskataster (später als Liegenschaftskataster bezeichnet) mit dem Ende der Offenlegungsfrist als amtliches Verzeichnis der Grundstücke an die Stelle des bisherigen Verzeichnisses tritt. Es gibt jedoch auch Ausnahmen, nach denen ein anderes amtliches Verzeichnis das Liegenschaftskataster (vorübergehend) ersetzt. In Betracht kommen hierbei vor allem der Flurbereinigungsplan bei Verfahren nach dem Flurbereinigungsgesetz, der Umlegungsplan bzw. der Beschluss über die vereinfachte Umlegung bei Bodenordnungsverfahren nach dem Baugesetzbuch.

Das zukunftsorientierte Liegenschaftskataster gewährleistet durch den Nachweis der Flurstücke eine lückenlose, am Grundeigentum ausgerichtete, einheitliche und in ihrer dauerhaften Verfügbarkeit garantierte eindeutige und allgemeinverbindliche Einteilung von Grund und Boden für die unterschiedlichen Belange von Bürgerinnen und Bürgern, Rechtspflege, Verwaltung und Wirtschaft; siehe hierzu ADV (2001), Nr. 2. Voraussetzung für eine den gesetzlichen Erfordernissen angemessene Verwendbarkeit des Liegenschaftskatasters ist, dass zum einen sein Inhalt hierfür ausreichend umfassend ist und dieser zum anderen hinsichtlich Art und Genauigkeit der Darstellungen und Beschreibungen auf diese Erfordernisse abgestellt ist. Unabhängig von der klassischen Hauptfunktion ist zu erkennen, dass die Ländergesetze zum Vermessungs- und Geoinformationsrecht zunehmend die Aufgabe des Liegenschaftskatasters herausstellen, eine umfangreiche und amtliche Sammlung von Geobasisdaten bereitzuhalten.

Die Verwendungsmöglichkeiten des Liegenschaftskatasters, die zumeist auf rechtlichen Vorgaben gründen, ergeben sich insbesondere aus dem materiellen und formellen Grundbuchrecht, dem Bauplanungs- und Bauordnungsrecht, dem Flurbereinigungsrecht, dem Bewertungsrecht, dem Steuer- und Beitragsrecht, dem allgemeinen Verwaltungsrecht, dem Zwangsversteigerungsrecht, dem Straßenrecht, dem Wasserrecht, dem Naturschutz-, Umwelt- und Denkmalschutzrecht, dem Kommunalrecht, dem Insolvenzrecht, dem bürgerlichen Recht, der Statistik, dem Grundstücksverkehrsrecht und für Fördermaßnahmen. Aktuelle Entwicklungen im Erb- und Schenkungssteuerrecht, ausgehend von der Entscheidung vom BUNDESVERFASSUNGSGERICHT (2006), führten u. a. zu einer Fortentwicklung des Baugesetzbuches in Hinblick auf das Grundstücksbewertungsrecht. Die steuerrechtliche Bedeutung des Liegenschaftskatasters nimmt wieder zu und knüpft somit an den zu Beginn des 19. Jahrhunderts gegebenen Zweck der Aufstellung der Grundsteuerkataster an.

In zunehmendem Maße finden die Daten des Liegenschaftskatasters Verwendung im Rahmen der Ländergesetze zur Geodateninfrastruktur im Vollzug der Umsetzung der INSPIRE-Richtlinie (EUROPÄISCHE UNION 2007). Der Bund und die Länder haben hierzu Rechtsvorschriften erlassen, z. B. das Geodatenzugangsgesetz (Bundestag 2009) sowie länderspezifische Gesetze, z. B das Bayerische Geodateninfrastrukturgesetz (LANDTAG DES FREISTAATES BAYERN 2008). Private Nutzer der Geobasisdaten verwenden die amtlichen Daten der staatlichen Vermessungs- und Geoinformationsbehörden in ihren Geoinformationssystemen (GIS). Der Kreis dieses Nutzersegments spannt sich von den länderübergreifenden Energieversorgungsunternehmern über die Anbieter von Navigationssystemen, die Leitstellen der Rettungsdienste, das Katastrophenmanagement bis hin zu den mittelständischen Betrieben. Notare, Immobilienverwaltungen, Kreditinstitute, Ingenieurbüros und Architekten nutzen die Daten des Liegenschaftskatasters zur Erledigung ihrer Tagesgeschäfte. Gutachter in Grenzangelegenheiten und die Zivilgerichte sind ebenso Nutzer des Liegenschaftskatasters wie die Bürgerinnen und Bürger, sei es, um eigentumsrechtliche Fragen zu klären oder sonstige amtliche Informationen im Zusammenhang mit ihrem Grundbesitz zu erhalten. Zum Ganzen siehe KRIEGEL & HERZFELD (2008), Heft 2, Nr. 1.5.

Die Basisinformationen der Landesvermessung und des Liegenschaftskatasters bilden zusammen die sogenannten Geobasisinformationen, z. B. § 2 Abs. 1 BADEN-WÜRTTEMBERG

(2008). Von der fortschreitenden Automatisierung in der zweiten Hälfte des letzten Jahrhunderts war selbstverständlich und zu Recht auch das Liegenschaftskataster nicht ausgenommen. Die Länder schufen dafür auch die rechtliche Grundlage, indem sie die Wege für die automatisierte Führung des Liegenschaftskatasters in den Vermessungs- und Geoinformationsgesetzen ebneten. Damit wuchs auch die Bedeutung, die der Grundlagenfunktion des Liegenschaftskatasters zugemessen wurde, soweit der Bedarf an amtlichen grundstücks-, boden- und raumbezogenen Nachweisen nachgefragt wurde oder es sich um den Aufbau entsprechender Informationssysteme handelte. SCHULTE (1983) sagt hierzu: *„Das Liegenschaftskataster ist ein unabdingbares Basissystem für die Erfassung und Darstellung unseres Lebensraumes. Ursprünglich nur für begrenzte Zwecke eingerichtet, hatte es sich im Laufe seiner Entwicklung ständig neuen Bedingungen und Anforderungen angepasst und ist damit zu einem vielfältig verwendbaren System geworden. Der Entwicklungsprozess setzt sich fort; Veränderungen im Liegenschaftskataster werden vor allem durch sich wandelnde Anforderungen der Benutzer und durch technische Entwicklungen ausgelöst."*

Allgemein für alle Geobasisdaten gültig, führen dazu die AdV-Grundsätze (ADV 2009) als Kernaussage aus: *„Geobasisdaten bilden die einheitliche Grundlage für die anderen raumbezogenen Fachdaten (Geofachdaten). Optimale Nutzungsmöglichkeiten und wirtschaftliche Potenziale lassen sich dann erschließen, wenn die Geobasisdaten mit allen sonst verfügbaren Geofachdaten integrierbar und verknüpft sind und eine hierauf aufbauende Geodaten-Infrastruktur geschaffen wird. So werden Geodaten verschiedener Fachbereiche wirtschaftlich für verschiedene Problemlösungen einsetzbar. Basieren Fachinformationssysteme auf dem Geobasisinformationssystem, so ist sichergestellt, dass über die einheitliche Verfügbarkeit und Aktualität der Geobasisdaten die Geofachdaten verschiedener Fachbereiche problemlos miteinander zu verknüpfen sind und so umfassend effektiv genutzt werden können."*

Die Grundlagenfunktion des Liegenschaftskatasters ist mittlerweile in den Vermessungs- und Geoinformationsgesetzen der Länder (siehe 7.6.1) verankert. Damit ist sichergestellt, dass die Daten des Liegenschaftskatasters die Grundlage für raum- oder flächenbezogene Informationssysteme aller Art und von allen Stellen der Verwaltungen bilden und bei Bedarf und unter Beachtung einzuhaltender Bedingungen auch von anderen öffentlichen und privaten Stellen genutzt werden können. Das Liegenschaftskataster bietet den einzigen flächendeckenden Nachweis des Grund und Bodens. Der hiermit verbundene hohe Qualitätsanspruch hinsichtlich flächendeckender Aktualität, Vollständigkeit und Einheitlichkeit ist eine große Herausforderung und stete Aufgabe, der sich die Katasterverwaltungen zu stellen haben; siehe hierzu KRIEGEL & HERZFELD (2008), Heft 2, Nr. 1.5.

Das Liegenschaftskataster ist seinem Wesen und seinem Selbstverständnis nach ein öffentliches Grundstücksinformationssystem; siehe hierzu ADV (2001), Nr. 4.1. Deshalb unterliegen seine Informationen dem gesetzlichen Schutz. Ein Recht auf Zugang zu den Geobasisdaten des amtlichen Vermessungswesens sollte entwickelt werden. Alleinige Voraussetzung für den Zugang zu den personenbezogenen Daten im Liegenschaftskataster ist die Darlegung eines berechtigten Interesses des Nutzers.

Grundbuch und Liegenschaftskataster sind beide beschränkt öffentliche Register. Beim Liegenschaftskataster bezieht sich diese Beschränkung im Wesentlichen auf die personenbezogenen Daten. Da die Eigentümerdaten im Liegenschaftskataster vorrangig aus dem Grundbuch übernommen sind, kann für sie kein minderer Schutz gelten als bei dem Begehren nach Einsicht in das oder Auskunft aus dem Grundbuch. Deshalb ist rechtliche Voraussetzung für beide Register die Darlegung eines berechtigten Interesses (§ 12 Grundbuchordnung). So wie nach § 12 c Grundbuchordnung der Urkundsbeamte der Geschäftsstelle über einen Antrag auf Einsicht in das Grundbuch entscheidet, haben die zuständigen Bediensteten der Liegenschaftskataster führenden Behörden nach den gleichen Maßstäben bei der Hinausgabe personenbezogener Daten zu entscheiden, ob eine ausreichende Darlegung eines berechtigtes Interesses vorliegt. Der Begriff des berechtigten Interesses greift weiter als der des rechtlichen, aber enger als der des bloßen Interesses. Dem Interesse des Einsichtbegehrenden steht stets das widerstreitende Interesse des Grundstückseigentümers gegenüber. Die Eigentümerdaten des Liegenschaftskatasters sind keine Bürgerauskunftei für interessante Dinge, sondern ein Instrument des Rechtsverkehrs. Die fachgesetzlichen Vorschriften der Grundbuchordnung und der Katastergesetze gehen den subsidiären Vorschriften in den Gesetzen zum Datenschutz vor. Von der Darlegung eines berechtigten Interesses ist, ohne dass es hierzu weiterer Ausführungen bedarf, der im Grundbuch eingetragene Eigentümer des Grundstücks befreit (Eigentümerprivileg).

Das Vermessungszahlenwerk unterliegt grundsätzlich nicht den datenschutzrechtlichen personenbezogenen Schutzvorschriften, sehr wohl aber den Bedingungen für eine sachgerechte Verwendung. Die Vermessungs- und Geoinformationsgesetze der Länder verlangen i. d. R., dass der Nutzer qualifiziert sein muss (als Vermessungsingenieur) und die Verwendung der Vermessungszahlen keine amtlichen Vermessungen berühren darf oder diese suggeriert. So ist anhand von Vermessungszahlen z. B. das Aufsuchen von Grenzmarken oder die Darstellung in Plänen erlaubt, nicht aber eine quasi amtliche Aussage darüber. Amtliche Aussagen bleiben den Aufgabenträgern für amtliche Vermessungen vorbehalten. Nicht berührt von diesen Einschränkungen ist die Abgabe einzelner Liegenschaftszahlen (wie Grenzlängen, Grenzwinkel oder Grenzabstände von Gebäuden) über das Flurstück, für dessen Benutzung das o. a. berechtigte Interesse anzunehmen ist.

7.1.4 Liegenschaftskataster und Grundbuch

Das Liegenschaftskataster ist das amtliche Verzeichnis der Grundstücke im Sinne des § 2 Abs. 2 Grundbuchordnung. Liegenschaftskataster und Grundbuch sind beide sogenannte beschränkt öffentliche Register, die sich sowohl gegenseitig ergänzen als auch in Teilbereichen vom jeweils anderen Register zu übernehmende Daten enthalten. Während das Grundbuch überwiegend die rechtlichen und nur in geringem Maße die tatsächlichen Verhältnisse dokumentiert, beinhaltet das Liegenschaftskataster vorrangig die tatsächlichen Eigenschaften der Grundstücke und zusätzlich nachrichtlich von anderen Stellen übernommene Daten. Die Grundbuchordnung setzt voraus, dass die Grundstücke in diesem Verzeichnis unter Nummern aufgeführt sind. Zumindest die Lage des Grundstücks muss das amtliche Verzeichnis erkennen lassen. Zudem fordert die Rechtssicherheit, dass auch die Grenzen der Grundstücke mit ausreichender Genauigkeit vermessungstechnisch feststehen und bei Verdunklung wiederhergestellt werden können. Die Eintragung von Grundstücken in das Grundbuch setzt somit voraus, dass die Flurstücke, die es bilden, bereits zuvor in das Liegenschaftskataster aufgenommen worden sind. Nur ein Liegenschaftskataster (als „Parzellarkataster“) vermag die an das amtliche Verzeichnis zu stellenden Anforderungen zu erfüllen. Der Bayerische Verwaltungsgerichtshof (ES 1963, 1/5) sieht darin ein öffentliches Buch, das *„den Grundbesitz des Eigentümers ausweist und für Umfang und Gestalt jedes einzelnen Grundstücks rechtlich maßgebend ist“*. Zum Ganzen siehe BENGEL & SIMMERDING (2000), § 2 Randnummern 36 ff.

Der Begriff *Grundstück* im Sinne des Grundbuchrechts wird gesetzlich nicht definiert, sondern vorausgesetzt (siehe z. B. §§ 94, 96 und 873 BGB, § 3 Grundbuchordnung). Er ist nicht identisch mit dem katastertechnischen Flurstück und auch nicht mit dem Grundstück im Sinne des täglichen Sprachgebrauchs. Das Grundstück im Sinne des BGB und der Grundbuchordnung (Grundstück im Rechtssinne, Grundbuchgrundstück) ist unabhängig von der Nutzungsart ein räumlich begrenzter Teil der Erdoberfläche, der im Bestandsverzeichnis eines Grundbuchblattes unter einer besonderen Nummer oder nach § 3 Abs. 4 Grundbuchordnung gebucht ist (REICHSGERICHT 1914). Nach MOTIVE (1888), III, S. 5 sind Grundstücke die einzig unbeweglichen Sachen und mathematisch begrenzte Erdausschnitte. Das Eigentum am Grundstück erstreckt sich nicht allein auf die Bodenfläche, sondern auch auf den Raum über und unter der Erdoberfläche. Das Grundstück ist somit keine Fläche, sondern ein Körper; siehe hierzu PÜSCHEL (1995), Nr. II.2.1, S. 31. Das Grundstück besteht regelmäßig aus einem oder mehreren Flurstücken, abhängig von seiner Buchung im Bestandsblatt des Grundbuchs. Nur in Ausnahmefällen gehören Teile von Flurstücken zu einem Grundstück (Anliegerflurstücke). Es gibt auch grundstücksgleiche Rechte (z. B. Erbbaurechte, Fischereirechte) oder Sondereigentum an Grundstücken (z. B. Wohnungseigentum). Hierzu werden besondere Grundbücher geführt (z. B. Erbbaurechts-Grundbuch, Wohnungsgrundbuch, Fischereirechts-Grundbuch).

Die *Bedeutung des Liegenschaftskatasters als amtliches Verzeichnis der Grundstücke* wird in den Vorschriften der Grundbuchordnung wiederholt offenkundig. Zentrale Vorschrift für die Bedeutung des Liegenschaftskatasters für das Grundbuch ist neben § 2 Abs. 2 die umfangreiche Vorschrift in § 2 Abs. 3 Grundbuchordnung, in dem die zur Abschreibung von Grundstückteilen im Grundbuch erforderlichen Dokumente des Liegenschaftskatasters (Fortführungsnachweis, Kartenauszug) im Einzelnen beschrieben sind. § 2 Abs. 5 befasst sich mit Ausnahmen zu den Vorschriften des Abs. 2. Weiter nimmt § 5 Abs. 2 Grundbuchordnung Bezug auf den Bezirk der das Liegenschaftskataster führenden Stelle und auf die Liegenschaftskarte, wenn die Vorlage einer beglaubigten Karte von der zuständigen Behörde in besonderen Fällen der Vereinigung von Grundstücken gefordert ist. Die entsprechende Anwendung des § 2 Abs. 3 Grundbuchordnung über die Vorlegung einer amtlichen Karte aus dem Liegenschaftskataster schreibt § 7 Abs. 2 vor, sofern ein Grundstücksteil mit einer Dienstbarkeit oder einer Reallast belastet werden soll, ohne dass der Grundstücksteil abgeschrieben wird. Über Verfügungen und Eintragungen zur Erhaltung der Übereinstimmung zwischen dem Grundbuch und dem amtlichen Verzeichnis nach § 2 Abs. 2 Grundbuchordnung oder einem sonstigen, hiermit in Verbindung stehenden Verzeichnis, mit Ausnahme der Verfügungen und Eintragungen, die zugleich eine Berichtigung rechtlicher Art oder eine Berichtigung eines Irrtums über das Eigentum betreffen, entscheidet der Urkundsbeamte der Geschäftsstelle beim Grundbuchamt (§ 12c Abs. 2 Nr. 2 Grundbuchordnung). § 55 widmet sich den Bekanntmachungen der Eintragungen in das Grundbuch, u. a. an die das Liegenschaftskataster führende Stelle.

Auszug aus der Liegenschaftskarte

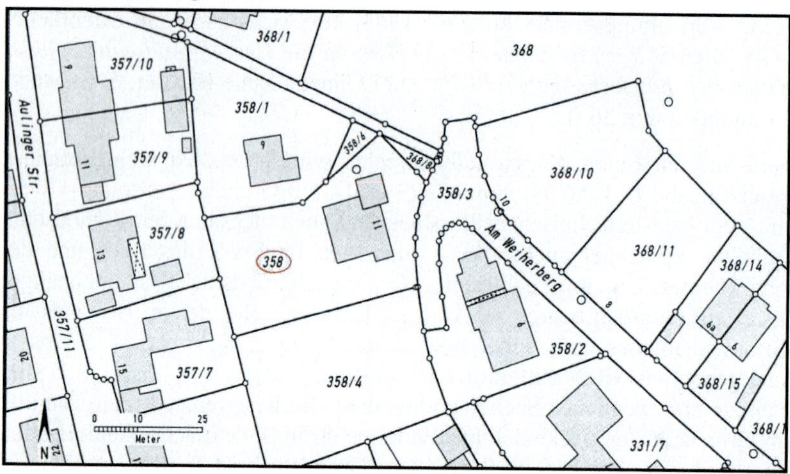

Flurstücksnachweis Liegenschaftsbuch

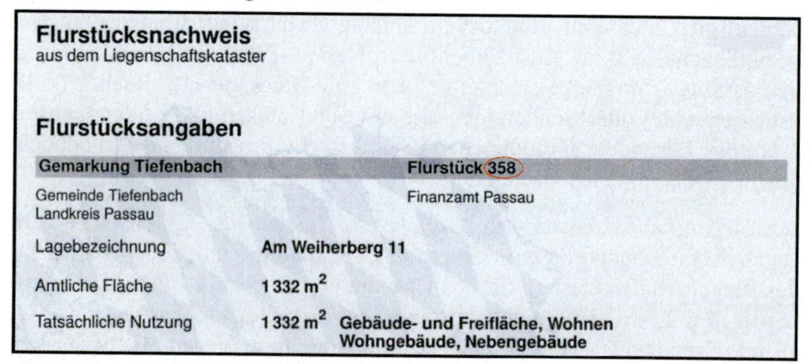

Flurstücksnachweis
aus dem Liegenschaftskataster

Flurstücksangaben

Gemarkung Tiefenbach **Flurstück 358**

Gemeinde Tiefenbach
Landkreis Passau

Finanzamt Passau

Lagebezeichnung	**Am Weiherberg 11**
Amtliche Fläche	**1 332 m²**
Tatsächliche Nutzung	**1 332 m² Gebäude- und Freifläche, Wohnen Wohngebäude, Nebengebäude**

Bestandsverzeichnis des Grundbuchs

Amtsgericht Passau
Grundbuch von Tiefenbach • Blatt 1042 Bestandsverzeichnis Einlegebogen 1

Lfd. Nr. der Grundstücke	Bisherige lfd. Nr. d. Grundstücke	Gemarkung (nur bei Abweichung vom Grundbuchbezirk angegeben) Flurstück a/b	Wirtschaftsart und Lage c	ha	a	m²
1	2	3		4		
		Tiefenbach				
1	-	358	Weiherberg, Ackerland	-	30	27
2	-	358/1	Tiefenbach Hs.Nr.22 1/14 Wohnhaus, Hofraum, Garten	-	08	83
3	R.v.1	358	Weiherberg: Bauplatz Am Weiherberg 7 11; Wohnhaus, Nebengebäude, Garten Gebäude- und Freifläche	-	13	14
4	-	368/8	Am Weiherberg; Landwirtschaftsfläche	-	00	33
5	-	358/6	Am Siedlerweg; Gebäude- u. Freifläche	-	00	51
6	-	358/5	Am Weiherberg; Landwirtschaftsfläche	-	00	18
7	3,6	358	Am Weiherberg 11; Gebäude- und Freifläche	-	13	32

Abb. 7.2: Liegenschaftskataster und Grundbuch

Der Siebente Teil der Grundbuchordnung in den §§ 126 ff. befasst sich mit dem sog. maschinell geführten Grundbuch. Insbesondere gehen dabei die §§ 126 und 127 der Grundbuchordnung auf das Zusammenwirken und den Datenaustausch zwischen den beiden Registern für die Fälle der automationsunterstützten Führung ein. Grundbuch und Liegenschaftskataster stehen im Vollzug dieser Vorschriften in einem täglichen Austausch ausgewählter Daten (Abb. 7.2). Das Grundbuchamt überträgt dabei die aktualisierten Buchungs- und Eigentümerdaten an die Liegenschaftskataster führende Stelle zur Übernahme in das Liegenschaftskataster. Im Gegenzug holt sich das Grundbuchamt von der Liegenschaftskataster führenden Stelle als Vorbereitung zur Eintragung in das Grundbuch tatsächliche Angaben wie Lagebezeichnung, Wirtschaftsart (d. h. aus tatsächlichen Nutzungsarten zusammengeführte Angaben) und Flächenangaben sowie neu gebildete oder wegfallende Flurstücksnummern. Zu den neuen Möglichkeiten des Datentransfers und des Zusammenwirkens von Liegenschaftskataster und Grundbuch bei der maschinellen Führung des Grundbuchs siehe auch KRIEGEL & HERZFELD (2008), Heft 10, Nr. 5.

Die Vermutung der Richtigkeit des Grundbuchs (§ 891 BGB) bildet die Grundlage für den *öffentlichen Glauben* des Grundbuchs (§ 892 BGB). Selbst bei der Unrichtigkeit der Eintragung schützt die Richtigkeitsfiktion den gutgläubigen Erwerber, der ein Recht am Grundstück durch Rechtsgeschäft erwirbt (Gutglaubensschutz). Die Richtigkeitsvermutung und der öffentliche Glaube machen zusammen ein auch als Rechtsscheinprinzip genanntes wesentliches Element der rechtlichen Eigentumssicherung aus. Die in das Grundbuch übernommenen Inhalte des Liegenschaftskatasters werden von der Vermutung nach § 891 BGB und vom öffentlichen Glauben nach § 892 BGB erfasst und zwar insoweit als sie Aufschluss darüber geben, welcher Teil der Erdoberfläche von dem in das Grundbuch eingetragenen Eigentumsrecht räumlich beherrscht wird (Oberlandesgericht Nürnberg, Urteil vom 8.12.1971). Die materiellrechtliche Vermutung und Schutzwirkung erstreckt sich demnach auf das amtliche Verzeichnis nach § 2 Abs. 2 Grundbuchordnung betreffend die Angaben zur Gemarkung, zur Flur und zur Flurstücksnummer. Nach unbestritten herrschender Meinung in Rechtsprechung und Literatur nehmen auch das Vermessungszahlenwerk und die Darstellung in der Liegenschaftskarte, was den Verlauf der Grundstücksgrenzen angeht, teil an den Festlegungen der §§ 891 und 892 BGB. Jene Angaben des Liegenschaftskatasters, durch die der Gegenstand des eingetragenen Eigentums begrenzt wird, gehören zum Inhalt des Grundbuchs, weil sonst der öffentliche Glaube gegenstandslos würde (MDR 1976). Wenngleich auch schon frühere Entscheidungen des Reichsgerichts entsprechende Rechtsauffassungen zeigen, hat endgültig das Reichsgericht in seinem entscheidenden Urteil vom 12.2.1910 (REICHSGERICHT 1910) die Teilnahme der Flurkarte – als die amtliche Karte im Sinne der Grundbuchordnung – am öffentlichen Glauben bestimmt. Der Leitsatz dieses Urteils sei wegen seiner herausragenden, noch heute gültigen Bedeutung wieder gegeben: *„Die aus den Steuerbüchern in das Grundbuch übernommenen Eintragungen werden insoweit durch den öffentlichen Glauben des Grundbuchs gedeckt, als sie die den Gegenstand der eingetragenen Rechte bildende Grundfläche feststellen.“* Die Schutzwirkung des öffentlichen Glaubens erstreckt sich freilich nicht auf jene Flurstücksgrenzen, die nicht zugleich Grundstücksgrenzen sind. Dies ergibt sich ohne weiteres aus den Bestimmungen des § 892 BGB, die sich ausschließlich auf Grundstücke und nicht auf die Flurstücke beziehen. Die Richtigkeitsvermutung und der Gutglaubensschutz erfassen nach einheitlicher Rechtsprechung und Schrifttum nicht jene Angaben des Liegenschaftskatasters, die lediglich der näheren Beschreibung der Grundstücke dienen. Dazu gehören insbesondere Angaben zur Fläche, zur Lage und zur Wirtschaftsart, wenngleich diese Angaben in das

Bestandsverzeichnis des Grundbuchs übernommen werden. Die Genauigkeit des Grenznachweises im Liegenschaftskataster ist für das Grundbuch nachrangig, nur eine vermessungstechnische Frage, die auf die Schutzwirkung des Grundbuchs keinen Einfluss hat. Nach heutiger Anschauung ungenaue Aufnahmeverfahren lassen dennoch eine ausreichend definierte Lage desjenigen Ausschnitts aus der Erdoberfläche zu, auf den sich das im Grundbuch eingetragene Recht erstreckt. Zur Frage des Wirksamwerdens des öffentlichen Glaubens für die Fälle widersprüchlicher Angaben im Liegenschaftskataster (Vermessungszahlen und Liegenschaftskarte widersprechen sich) hat der Bundesgerichtshof in seinem Urteil vom 1.3.1973 (NJW 1973) Stellung bezogen und entschieden: *„Der öffentliche Glaube erstreckt sich dann, wenn die Flurkarte in den Grenzangaben mit den maßgeblichen Unterlagen .... nicht übereinstimmt, auf die nach außen in Erscheinung tretende Flurkarte. Nur wenn die Angaben in der Flurkarte in sich widersprüchlich oder ersichtlich mehrdeutig sind, ist die Flurkarte allein nicht als Grundlage für den öffentlichen Glauben geeignet."* Sobald jedoch der Nachweis des Liegenschaftskatasters versagt, ist, ohne dass es dazu weiterer Ausführungen bedarf, kein Raum für dessen öffentlichen Glauben. Richtigkeitsvermutung und öffentlicher Glaube werden nicht wirksam, wenn im Liegenschaftskataster eine „streitige" Grenze eingetragen ist. Der Eintragung dieses Vermerks in das Grundbuch bedarf es nicht zwingend. Zum Ganzen siehe KRIEGEL & HERZFELD (2008), Heft 6, Nr. 2.6 sowie BENGEL & SIMMERDING (2000), § 22 Randnummern 9 ff. und § 22 Anhang, Randnummern 1 ff. Weiterführend zur Widerlegbarkeit der Vermutung und zum Gutglaubensschutz in besonderen Fällen siehe BENGEL & SIMMERDING (2000), § 22 Anhang, Randnummern 3 ff. Zum Umgang mit Aufnahmefehlern, zu Fragen des Versagens des Katasternachweises und zu Absteckungsfehlern jeweils mit Beispielen siehe KRIEGEL & HERZFELD (2008), Heft 6, Nrn. 2.7 bis 2.9.

Die Verpflichtung zur ständigen Aufgabe, das *Grundbuch und das amtliche Verzeichnis in Übereinstimmung zu halten*, ergibt sich aus den Vorschriften der Grundbuchordnung, der Grundbuchverfügung und dem Vermessungs- und Geoinformationsrecht der Länder. Den möglichen automatisierten Datentransfer zur Übereinstimmung des Bestandsverzeichnisses des Grundbuchs mit dem entsprechenden Inhalt des Liegenschaftskatasters widmen sich die Vorschriften zur Führung des maschinellen Grundbuchs im Siebenten Teil der Grundbuchordnung (§§ 126 ff.). Zur Gewährleistung der Übereinstimmung der beiden amtlichen Register wurden auch länderbezogene Vollzugsvorschriften erlassen. Insbesondere wird darin auch Bezug genommen auf die Vorschriften in Unterabschnitt XVIII/1 der Anordnung über Mitteilungen in Zivilsachen (BUNDESMINISTERIUM DER JUSTIZ 1998). Zur Wahrung der Übersichtlichkeit des Liegenschaftskatasters tragen in vielen Fällen die Verschmelzungen benachbarter Flurstücke bei, die demselben Grundstück angehören. Die Voraussetzungen zur gegebenenfalls notwendigen vorangehenden Vereinigung der Grundstücke werden entweder schon in der notariellen Beurkundung des Rechtsgeschäfts geschaffen oder die Liegenschaftskataster führende Behörde wird hierfür selbst im Rahmen ihrer Möglichkeiten nach § 61 des Beurkundungsgesetzes (BUNDESTAG 1969) in Verbindung mit den Vermessungs- und Geoinformationsgesetzen der Länder tätig.

7.2 Führung des Liegenschaftskatasters

7.2.1 Bestandteile des Liegenschaftskatasters

Das Liegenschaftskatasters wird klassisch untergliedert in

- *Liegenschaftsbuch*, dem beschreibenden, textlichen Teil,
- *Liegenschaftskarte*, dem darstellenden, graphischen Teil und
- *Vermessungszahlenwerk*.

Bestandteile des Liegenschaftskatasters sind außerdem die Unterlagen aus den Liegenschaftsvermessungen, die *Liegenschaftskatasterakten*. Daneben dienen *historische Dokumente* der Recherche und Nachvollziehbarkeit zurück bis zur Entstehung des Katasters.

Liegenschaftsbuch/Liegenschaftsbeschreibung
Die Liegenschaften (Flurstücke und Gebäude) werden im Liegenschaftsbuch nach bestimmten Ordnungsmerkmalen aufgeführt und beschrieben. Darüber hinaus sind die Eigentumsverhältnisse (Buchungsarten, Grundstückseigentümer, Wohnungseigentümer, Erbbauberechtigte und – falls landesrechtlich vorgeschrieben – Nutzungsberechtigte) nachgewiesen. Das Liegenschaftsbuch fasst die beschreibenden Festlegungen und Angaben zu den Flurstücken zusammen. Neben den Ergebnissen örtlicher Vermessungen und Erhebungen durch die Liegenschaftskataster führenden Behörden sind auch Angaben enthalten, die von anderen Stellen nachrichtlich übernommen sind.

Liegenschaftskarte
Die Liegenschaftskarte (Flurkarte) ist der darstellende Teil des Liegenschaftskatasters. In der Liegenschaftskarte werden sowohl die geometrischen als auch die graphikfähigen beschreibenden Inhalte des Liegenschaftskatasters lagerichtig dargestellt. Die Erforderlichkeit und Zulässigkeit der Darstellung topographischer Objekte und Merkmale wird nicht abgeschlossen in kontroversen Meinungen vertreten. Dessen ungeachtet kann nach KRIEGEL & HERZFELD (2008), Heft 8, Nr. 2.6, als herrschende Meinung dazu angesehen werden, dass die Liegenschaftskarte topographisch (nur) insoweit ausgestaltet werden soll, dass die Darstellung der Daten zu den Flurstücken und Gebäuden nicht beeinträchtigt wird und die Aktualisierung der topographischen Angaben gewährleistet ist. Zur Teilnahme der Katasterkarte am öffentlichen Glauben siehe 7.1.4.

Vermessungszahlenwerk
Das Vermessungszahlenwerk (auch Katasterzahlenwerk genannt) wird in einigen Ländern als eigenständiger Teil des Liegenschaftskatasters angesehen und einheitlich als Liegenschaftszahlenwerk bezeichnet. Dabei sind Liegenschaftszahlen diejenigen Daten, die die Geometrie der einzelnen Liegenschaften bestimmen. Gleichwohl ordnen einige Länder die Vermessungsergebnisse einschließlich der daraus abgeleiteten technischen Daten dem darstellenden Teil des Liegenschaftskatasters zu; siehe KRIEGEL & HERZFELD (2008), Heft 2, Nr. 3.1. Das Vermessungszahlenwerk dient als Grundlage für die kartenmäßige Darstellung der Liegenschaften und umfasst Vermessungsdaten und die aus diesen abgeleiteten Maße einschließlich der Koordinaten in einem amtlichen Raumbezugssystem. Zudem ist die Bedeutung des Vermessungszahlenwerks darin zu sehen, dass es die Grenzen der Flurstücke zahlenmäßig genauer repräsentiert als es die graphische Darstellung in der Karte zu leisten

vermag und die unentbehrliche Grundlage bildet für spätere Liegenschaftsvermessungen; siehe hierzu KRIEGEL & HERZFELD (2008), Heft 8, Nr. 10.1.

Liegenschaftskatasterakten
Zu den Liegenschaftskatasterakten gehören nach ADV (2001), Nr. 5.2.4, Unterlagen, die

- als Urkunden im Sinne des Katasterrechts, rechtserhebliche Entscheidungen beinhalten,
- der Fortführung dienen und
- Tatsachenfeststellungen und Maßnahmen für das Liegenschaftskataster dokumentieren.

Dazu gehören insbesondere die Fortführungsnachweise, die technischen Dokumentationen der Liegenschaftsvermessungen (Fortführungsrisse) und die anlässlich der Liegenschaftsvermessungen erstellten Niederschriften. Ebenso sind die das Liegenschaftskataster betreffenden Unterlagen aus bestandskräftigen Bodenordnungsmaßnahmen (z. B. Flurbereinigung oder Umlegung) Bestandteile des Liegenschaftskatasters. Die für die Bodenordnung zuständige Behörde übermittelt die zur Berichtigung des Liegenschaftskatasters erforderlichen Unterlagen und Daten an die Liegenschaftskataster führende Behörde. Entsprechendes gilt für rechtskräftige gerichtliche Entscheidungen und gerichtliche Vergleiche, wenn sie den Verlauf von Grundstücksgrenzen festlegen. Die Gerichte leiten im Vollzug der Anordnung über Mitteilungen in Zivilsachen (BUNDESMINISTERIUM DER JUSTIZ 1998) die betreffenden Urteile und Vergleiche der Liegenschaftskataster führenden Behörde zu.

Historische Dokumente
Zu den Unterlagen des Liegenschaftskatasters zählen auch die aufbewahrten historischen Dokumente, die seit den ersten parzellenscharfen Vermessungen angefertigt wurden und der Anlegung und Führung der Vorläufer des Liegenschaftskatasters dienten. Die technischen Dokumentationen (z. B. Brouillons, Altrisse), die abgelegten Katasterkarten, die Flurbücher, die Urkataster und die Grundsteuerkataster sind unverzichtbare historische Dokumente für erstmalige Grenzermittlungen, für Gutachten in Katasterangelegenheiten und für die Rekonstruktion der geschichtlichen Entwicklung im Umfang und im Bestand der Flurstücke und Gebäude. Ohne den Rückgriff auf die historischen Unterlagen des Liegenschaftskatasters wären in vielen Fällen die Umsetzung der Motive zum BGB und der Vollzug der Vorschriften im BGB zur gesetzlichen Vermutung und zum öffentlichen Glauben nicht zu verwirklichen.

7.2.2 Inhalt des Liegenschaftskatasters

In den meisten Bundesländern werden unter dem Begriff *Liegenschaften* die Elementarobjekte

- Flurstück und
- Gebäude

zusammengefasst.

Ein *Flurstück* ist ein räumlich abgegrenzter Teil der Erdoberfläche, der von einer im Liegenschaftskataster festgelegten, in sich zurücklaufenden Linie umschlossen ist und mit einer Nummer bezeichnet wird. Das Flurstück ist Buchungseinheit der Bodenflächen im Liegenschaftskataster.

Der Begriff *Gebäude* wird in den Ländern nicht einheitlich definiert. Im Wesentlichen wird er bestimmt durch die Vorschriften zum Bauordnungsrecht in den Ländern. Ergänzend tragen auch die Rechtsprechung und das Schrifttum zum Baurecht zur länderspezifischen Definition bei. Die häufig angeführte Festlegung, wonach Gebäude selbstständig benutzbare überdachte oder überdeckte bauliche Anlagen sind, die von Menschen betreten werden können und geeignet oder bestimmt sind, dem Schutz von Menschen, Tieren oder Sachen zu dienen, beschreibt in allgemeiner Form den Gebäudebegriff im Sinne des Vermessungsrechts.

Der Inhalt des Liegenschaftskatasters wird fachlich differenziert nach dem *obligatorischen* Inhalt und den *anderen Angaben*. Letztere dienen nur internen Zwecken der Liegenschaftskataster führenden Behörde.

Der obligatorische Inhalt des Liegenschaftskatasters lässt sich – wesentlich nach KUMMER & MÖLLERING (2005), Abbildung 27 und KRIEGEL & HERZFELD (2008), Heft 2, Nr. 3.2 – wie folgt zusammenfassen (Tabelle 7.1).

Tabelle 7.1: Obligatorischer Inhalt des Liegenschaftskatasters

Bezeichnung	**Einzelangabe**
Geometrische Daten	Flurstücksgrenzen Grenzmarken, Grenzeinrichtungen Gebäudegrundrisse Angaben zur geometrischen Form und zum geodätischen Raumbezug
Bezeichnende Daten	Gemarkungsname Flurnummer (länderspezifisch) Flurstücksnummer
Beschreibende Daten	Lagebezeichnung Flächeninhalt der Flurstücke Tatsächliche Nutzung Bodenschätzungsergebnisse Weitere Klassifizierungen Öffentlich-rechtliche Festlegungen Zugehörigkeiten zu Gebietskörperschaften Vermerk „streitige (strittige) Grenze“
Eigentumsangaben und Grundbuchangaben	Namen, ergänzende Angaben zu Namen und Grundbuchkennzeichen

Nachstehend werden ausgewählte Einzelangaben erläutert.

Flurstücksgrenze
Die Flurstücksgrenze als die das Flurstück umschließende in sich zurückführende Linie setzt sich zusammen aus einer regelmäßig nicht unterbrochenen Aufeinanderfolge von Grenzlinien, die jeweils zwischen zwei Grenzpunkten geradlinig oder kreisförmig verlaufen (geschlossenes Grenzpolygon). Zu Ausnahmen und zum Begriff Grenzlinie siehe PÜSCHEL (1995), Nr. II.2.2, S. 35 ff.

Grenzmarken (Grenzzeichen, Grenzmale)
Grenzmarken sind die örtlichen Kennzeichen der im Liegenschaftskataster nachgewiesenen Grenzpunkte mit vollzogener Abmarkung. Die Art der Marke wird im Liegenschaftskataster (z. B. im Fortführungsriss) nachvollziehbar beschrieben.

Angaben zur geometrischen Form und zum geodätischen Raumbezug
Koordinaten sind eines der Ergebnisse der vermessungstechnischen Berechnungen. Im Liegenschaftskataster werden regelmäßig zweidimensionale (Lage-)Koordinaten verwendet. Sie dienen als Ausgangswerte für weitere Berechnungen und als geometrische Grundlage für die Führung der Liegenschaftskarte. Ausgehend von den zugrunde liegenden Messwerten haften den Koordinaten unterschiedliche Genauigkeiten an, wenngleich ihr Nachweis mit Nachkommastellen eine höhere Genauigkeit ausweist, als ihnen tatsächlich zukommt. Ein der Punktnummer jeweils zugeordnetes Attribut gibt Auskunft über die tatsächliche Genauigkeit der Koordinatenwerte. Die Koordinaten der Grenz- und Gebäudepunkte beziehen sich auf ein amtliches geodätisches Bezugssystem. Weit überwiegend wird heute das Gauß-Krüger-Meridianstreifensystem als System für die Lagekoordinaten im Liegenschaftskataster verwendet. Mit der Umstellung auf das räumliche (3-D) System sollen die Gauß-Krüger-Koordinaten auf das ebenso zweidimensionale UTM-System (Universal Transversal Mercatorprojection) umgestellt werden (siehe 5.1.4).

Flurstücksnummer
Zu seiner Bezeichnung erhält jedes Flurstück im Liegenschaftskataster eine Nummer (Flurstücksnummer). Bezirke zur jeweils nur einmaligen Vergabe einer Flurstücksnummer sind die *Flur* und die *Gemarkung*. Fluren sind die Unterbezirke der Gemarkungen. Die Gebiete kleinerer Gemeinden sind häufig deckungsgleich mit einer Gemarkung. Diese Untergliederung erfolgt nicht in allen Bundesländern. Die Zweckbestimmung der Flur diente der lagemäßig großräumigen Zuordnung von Flurstücken mit der Folge, dass die Anzahl der Flurstücke regelmäßig geringer ist. Dies gilt ebenso für die Gemarkung. Die Bezeichnung einer Gemarkung richtet sich häufig nach ihrer geographischen Lage. Die heutige Bezeichnung kann auch ihren Ursprung in der Zeit der erstmaligen Aufstellung der Kataster haben. Für die bundesweit eindeutige Bezeichnung eines Flurstücks wird ein Flurstückskennzeichen gebildet, das sich zusammensetzt aus der Flurstücksnummer, der Flurnummer, der Nummerierung der Gemarkung sowie des Bundeslandes. Zur Vergabe der Flurstücksnummern siehe KRIEGEL & HERZFELD (2008), Heft 2, Nr. 7.4.

Lagebezeichnung
Für jedes Flurstück wird die Bezeichnung der Lage nachgewiesen. Die verwendeten Lagebezeichnungen lassen sich unterteilen in

- solche, die auf amtlichen oder sonst wie allgemeinverbindlichen Festlegungen beruhen (z. B. Straßenname, Hausnummer, Gewässername) und
- in den übrigen Fällen jene, die von den Katasterbehörden eigenständig aufgrund anderer Merkmale (z. B. Flurname, Gewannenname) vergeben werden.

Weiter ist die Beifügung von Eigennamen möglich. Hinzutreten können etwa auch die Bezeichnung der Bahnlinie bei Eisenbahnflurstücken oder die straßenrechtliche Einstufung bei Straßenflurstücken. Grundsätzlich wird jedem Flurstück nur eine Lagebezeichnung zugeordnet.

Flächeninhalt der Flurstücke
Der Flächeninhalt der Flurstücke wird als feste Angabe im Liegenschaftskataster in Quadratmetern geführt und in das Bestandsverzeichnis des Grundbuchs übernommen. Wird die Fläche eines Flurstücks neu ermittelt, ergibt sie sich als Funktion der umschlossenen Linie, die das Flurstück umfasst. Regelmäßig werden dabei die Koordinaten der Brechpunkte des Umfangspolygons zur mathematischen Berechnung des Flächeninhalts herangezogen. Hilfsweise werden zur Flächenbestimmung Liegenschaftszahlen verwendet oder die Fläche in graphischen oder halbgraphischen Verfahren (durch Digitalisierung der Liegenschaftskarte) ermittelt. Die vom Liegenschaftskataster in das Bestandsverzeichnis des Grundbuchs übernommene Flächengröße nimmt nach übereinstimmender Rechtsprechung und Literatur nicht am öffentlichen Glauben teil. Dies rührt auch daher, weil die Flächenangabe ohne Änderung der örtlichen Grenzen (z. B. aufgrund neuerer Bestimmungsmethoden) von früheren Ergebnissen abweichen kann.

Tatsächliche Nutzung
Die im Liegenschaftskataster unter dem Begriff tatsächliche Nutzung ausgewiesenen äußeren Merkmale eines Flurstücks oder eines Flurstücksteils geben die zum Zeitpunkt der Erhebung vorgefundene tatsächliche Nutzung oder die durch die Art der Bodenbedeckung, der Ausgestaltung oder der vorhandenen baulichen Anlagen gemeinhin zu erwartende Nutzung wieder. Die Erfassung der tatsächlichen Nutzung obliegt allein der Liegenschaftskataster führenden Behörden. Unberührt davon bleibt der Nachweis der gleichwohl interessierenden Festlegungen anderer Stellen oder die Rechtsform des Eigentums sowie die nach unterschiedlichen fachrechtlichen Vorschriften für die gleichen Flächen anderweitig definierten Nutzungsarten. Der Katalog der Nutzungsarten der ADV (2008b) enthält die im Liegenschaftskataster ausweisfähigen Nutzungsarten.

Bodenschätzungsergebnisse
§ 14 des Gesetzes zur Schätzung des landwirtschaftlichen Kulturbodens (BUNDESTAG 2007) schreibt die unverzügliche Übernahme der bestandskräftigen Bodenschätzungsergebnisse, der Lage und Bezeichnung der Bodenprofile in das Liegenschaftskataster vor, weist die das Liegenschaftskataster führenden Behörden an, anlassbezogen für jedes Flurstück die Ertragsmesszahl zu berechnen sowie die Musterstücke und Vergleichsstücke im Liegenschaftskataster besonders zu kennzeichnen (siehe auch 7.1.2). Der Begriff der Schätzungsergebnisse umfasst alle Festlegungen, die zur Beschreibung und Kennzeichnung der Bodenflächen nach der Bodenbeschaffenheit, der Geländegestaltung, den Klima- und Wasserverhältnissen (ausgedrückt in Klassen), der natürlichen Ertragsfähigkeit (ausgedrückt in Wertzahlen als natürliche Zahl ≤ 100) und der Abgrenzung (erfasst als Klassenflächen, Klassenabschnittsflächen, Sonderflächen) getroffen sind; siehe hierzu KRIEGEL & HERZFELD (2008), Heft 3, Nr. 4.2.1.

Öffentlich-rechtliche Festlegungen
Das Spektrum der im Liegenschaftskataster zu führenden Hinweise zu den Liegenschaften aus dem Bereich der öffentlich-rechtlichen Festlegungen anderer Stellen ist weit gefächert. Die flächenbezogenen öffentlich-rechtlichen Festlegungen haben häufig Verfügungs- oder Nutzungsbeschränkungen zum Inhalt und sind daher für die Eigentümer und Nutzer der Bodenflächen von Bedeutung. Die zuständigen Stellen treffen die Festlegungen im Vollzug fachrechtlicher Vorschriften und dokumentieren sie in Verzeichnissen, Karten oder Informationssystemen. Die in das Liegenschaftsbuch übernommenen Hinweise zur Existenz solcher Festlegungen sind ausschließlich nachrichtlicher, nicht rechtsbegründender Art.

Aus Gründen des Datenschutzes werden die gegenseitigen Mitteilungsverfahren zunehmend in veröffentlichten Vorschriften, teilweise als Rechtsnormen, geregelt. Im Regelfall beschränkt sich der Hinweis im Liegenschaftskataster auf die Art der Festlegung. Als Beispiele seien hier angeführt die flurstücksbezogenen Hinweise auf laufende Bodenordnungsverfahren (nach dem Flurbereinigungsgesetz oder dem Baugesetzbuch), auf städtebauliche Sanierungs- und Entwicklungsmaßnahmen, auf Sonderungs- und Zuordnungsverfahren (nach dem Bodensonderungsgesetz und dem Vermögenszuordnungsgesetz), auf Enteignungsmaßnahmen, auf den Denkmalschutz, auf Schutzgebiete und -bereiche und Altlasten (ausführliche Aufzählung in KRIEGEL & HERZFELD (2008), Heft 3, Nr. 6.4). Darüber hinaus sind öffentlich-rechtliche Festlegungen als Hinweis oder Vermerk zu führen, die von der Liegenschaftskataster führenden Behörde in eigener Zuständigkeit getroffen werden (z. B. streitige Grenzen, Schutzflächen für Festpunkte).

Zugehörigkeit zu Gebietskörperschaften
Im Liegenschaftskataster wird – neben der Gemarkung und gegebenenfalls Flur – auch die Zugehörigkeit der Flurstücke zu den jeweiligen Gebietskörperschaften, wie z. B. Gemeinde, Landkreis, nachgewiesen. Ein Flurstück kann nur einer politischen Gemeinde bzw. einem gemeindefreien Bezirk zugehören. Die vom Statistischen Bundesamt festgelegte Schlüsselnummer der Gemeinden und Verwaltungsbezirke (Gemeindeschlüssel) wird hierbei verwendet.

Eigentumsangaben
In Übereinstimmung mit dem Grundbuch werden die Namen der Grundstückseigentümer, der Erbbauberechtigten, der Berechtigten sonstiger grundstücksgleicher Rechte mit Geburtsdatum, Adresse, Eigentumsanteil und Art des grundstücksgleichen Rechts geführt. Bei nicht im Grundbuch buchungsfähigen Grundstücken oder Grundstücksteilen kommt dem Liegenschaftskataster in der Eigentümerangabe eine entscheidende Bedeutung zu. Bei im Grundbuch nicht buchungsfähigen Gewässerflurstücken sind die Eigentumsverhältnisse in den wasserrechtlichen Vorschriften der Länder geregelt. Dem jeweiligen Wasserrecht unterliegende Veränderungen an den Gewässerflurstücken können zur Unrichtigkeit beider Register führen.

Grundbuchangaben
Zu den im Liegenschaftskataster nachrichtlich geführten Grundbuchangaben gehören der Grundbuchbezirk (wie das Gebiet einer Gemeinde, eines Gemeindeteils oder einer Gemarkung), die Nummer des Grundbuchblatts und die laufende Nummer aus dem Bestandsverzeichnis.

7.2.3 Technische Verfahren zur Führung des Liegenschaftskatasters

Die zur Führung des Liegenschaftskatasters verwendeten technischen Verfahren sind eng verbunden mit der Entwicklung der zur Verfügung stehenden Möglichkeiten. So wurde die zunächst analoge Führung in der zweiten Hälfte des letzten Jahrhunderts zunehmend und schrittweise abgelöst von der rechnerunterstützten, elektronischen Vorhaltung des Inhalts. Was die weiter zurückliegende Vergangenheit betrifft, ist allgemein bekannt, dass Register jedweden Inhalts, soweit sie in Buch- oder sonst wie Papierblattform geführt worden sind, handschriftlich verfasst sind. Dies war nicht anders in den Katasterunterlagen (z. B. Grundsteuerkataster, Flurbuch). Der heutigen elektronisch geführten Form gingen im Liegenschaftsbuch die bei der Aufstellung und Fortführung des Liegenschaftskatasters mit

Schreibmaschine beschriebenen (in den Formaten DIN A4 und DIN A6) kartonierten, verschiedenfarbigen Karteiblätter voraus. Die Liegenschaftskarten wurden in ihrer analogen Form bis zu ihrer Umstellung auf eine digitale Fassung, je nach Stand der Material- und Verfahrensentwicklung, auf unterschiedlichen Materialien erstellt. Beginnend mit festem Karton, über aluminiumverstärkte Kartone setzte sich die Reihe der „Datenträger" für die graphische Darstellung des Liegenschaftskatasters fort bis hin zu chemisch unterschiedlichen, möglichst maßhaltigen Folien.

Vor der Umstellung auf das Amtliche Liegenschaftskataster Informationssystem ALKIS® (s. u.) stellen sich seit Mitte der 1970er Jahre die Verfahren Automatisiertes Liegenschaftsbuch (ALB) und Automatisierte Liegenschaftskarte (ALK) oder Digitale Flurkarte (DFK) als diejenigen Dateisysteme dar, in denen das Liegenschaftskataster in maschinell geführter Form vorgehalten wird. Die im Verfahren ALB verwendeten Kennzeichen und hinterlegten Datenkataloge dienen der Vereinfachung der Führung und dem Verständnis des Inhalts. Standardisierte Auszugsformen und Auswertungsmöglichkeiten für unterschiedliche Zwecke und Bedürfnisse ermöglichen die Nutzung des Liegenschaftskatasters und dienen den gesetzlichen Vorschriften zur Einsicht und zur Auskunft sowie zur Benutzung. Das Verfahren ALK umfasst einen Datenbankteil und einen Verarbeitungsteil. Auszüge aus der Liegenschaftskarte werden in analoger oder digitaler Form abgegeben. Die Verfahren ALB und ALK wurden auch in verschiedenen Länderkooperationen gemeinsam entwickelt und gepflegt und sind noch heute im Einsatz. Gemeinhin bekannte Datenformate und Datenschnittstellen dienen der erleichterten Nutzung durch Behörden und Stellen. Allerdings bestehen sowohl für die digitale Form der Führung des Liegenschaftsbuches als auch der Liegenschaftskarte länderbezogen unterschiedliche Regelungen. So wird in Bayern das der ALK entsprechende Verfahren Digitale Flurkarte (DFK) vorgehalten, in Hamburg das Verfahren Digitale Stadtgrundkarte (DSGK).

Die Systeme ALB und ALK (DFK, DSGK) werden nun in ALKIS® überführt. Die Fortentwicklung technischer Möglichkeiten verbunden mit gesellschaftspolitischen Erfordernissen geben Anlass und Begründung, die Bereitstellung von raumbezogenen Basisdaten (Geobasisdaten) für die Verwaltung, die Wirtschaft und für private Nutzer zu verbessern und voranzutreiben. GUSCHE (2005) fasst die Ist-Situation in den Bereichen ALB, ALK und ATKIS® (Amtliches Topographisch Kartographisches Informationssystem) zusammen und zeigt ein Entwicklungspotenzial auf. Dies hatte die ADV (2001) im Jahre 1999 erkannt und die grundlegenden Rahmenbedingungen festgelegt. Es wurden wegweisende Aussagen für eine durch alle Länder akzeptierte Entwicklung und Einführung eines bundeseinheitlichen Verfahrens für ALKIS®, ATKIS® und zudem AFIS® (Amtliches Festpunktinformationssystem) getroffen. Ziel ist es nun, für das Liegenschaftskataster, die Geotopographie und den Raumbezug,

- die semantische Harmonisierung der Inhalte,
- ein gemeinsames Datenmodell und
- eine gemeinsame Datenaustauschschnittstelle

mit dem sogenannten AAA-Datenmodell zu schaffen. Innerhalb der AdV hatten sich alle Bundesländer verpflichtet, mit diesem Schritt spätestens 2005 zu beginnen, sodass eine weitgehend einheitliche Vorgehensweise bei der Einführung des neuen Verfahrens ALKIS® erreicht wird.

Die Einführung von ALKIS® ist für Nutzer der amtlichen Geobasisdaten mit vielfältigen Vorteilen verbunden (LVERMGEO LSA 2005). Die konsequente Nutzung von Normen der International Organization for Standardization (ISO) für die systemunabhängige Definition von Datenmodell und Austauschschnittstelle, die Beschreibung der Geometrie- und Topologiestrukturen sowie für die Metadaten und Qualitätsbeschreibungen der Geodaten hat die positiven Effekte:

- Vereinheitlichung und Gewährleistung der Austauschfähigkeit von Daten und Methoden;
- leichtere Verknüpfung von Fachdaten, die ebenfalls die Prinzipien der ISO-Normen beachten, wodurch eine bessere und leichtere Nutzung des jeweiligen Fachinformationssystems erreicht wird;
- Einsatz von Standard-GIS-Software, was die Kosten für die Anschaffung und Pflege erheblich reduziert; dasselbe gilt für Fachsysteme, die dieselben Standards zugrunde legen;
- langfristige Investitionssicherung bei Anwendern und GIS-Herstellern;
- bundesweit einheitliche Datenschnittstelle Normbasierte Austauschschnittstelle – NAS.

Länderübergreifende Nutzer von Geobasisdaten (z. B. Energieversorgungsunternehmen) sind auf eine bundesweite, semantische und strukturelle Übereinstimmung von Geodaten angewiesen. Durch die föderalistische Organisation der Vermessungsverwaltung in Deutschland sind Inhalt und Umfang der im Liegenschaftskataster geführten Daten jedoch vielfältig. Mit ALKIS® wurde ein bundesweit einheitlicher Grunddatenbestand formuliert. Der Grunddatenbestand ist damit der kleinste gemeinsame Nenner der in Deutschland geführten digitalen Daten im amtlichen Liegenschaftskataster. Daneben können die Vermessungsverwaltungen der Länder zusätzliche, ihren spezifischen Aufgaben angepasste Daten innerhalb von ALKIS® führen.

Die Länder der Bundesrepublik Deutschland haben den obligatorischen Inhalt des Liegenschaftskatasters gesetzlich bestimmt. Hierzu gehören neben den Bestandsdaten des Liegenschaftskatasters (den geometrischen und bezeichnenden Daten) die beschreibenden Daten und die Eigentumsangaben (siehe 7.2.2). Die über die Bestandsdaten des Liegenschaftskatasters hinausgehenden, obligatorischen Inhalte stehen oft in engem Bezug zu den originären Daten anderer Fachverwaltungen. Hierzu zählen insbesondere die Eigentumsangaben des Grundbuchs. Mit ALKIS® wird erstmals auch auf Bundesebene der digitale Datentransfer von den Vermessungs- zu den Grundbuchverwaltungen und umgekehrt möglich. Dies erfordert auf der Seite der Justizverwaltungen ebenfalls den Aufbau eines strukturierten digitalen Datenbestandes. Durch den digitalen Datenaustausch über die Schnittstelle NAS werden in beiden Verwaltungen erheblich kürzere Bearbeitungszeiten bei der Fortführung erreicht. Der Austausch von analogen Unterlagen wird künftig überflüssig.

Seitens der Bund-Länder-Arbeitsgemeinschaft Nachhaltige Landentwicklung – ARGE Landentwicklung – ist mit dem dortigen Projekt LEFIS (WAGNER 2009) unbestritten, dass für die Verfahren der Verwaltungen der Ländlichen Entwicklung (vor allem Flurbereinigungsverfahren) dieselben Normen und Standards gelten wie für das ALKIS®-Modell. Der Datentransfer über die Schnittstelle NAS ist vereinbart worden und wird zu wesentlichen Vereinfachungen in der Zusammenarbeit der Behörden führen.

Damit die Fortführungen im Liegenschaftskataster (siehe 7.2.4) auch an Sekundärdatenbestände der Nutzer weitergeben werden können, wird in den meisten Ländern das Abgabeverfahren Nutzerbezogene Bestandsdatenaktualisierung (NBA) realisiert. Im NBA-Verfahren wird jedem Nutzer ein individuelles Profil zugeordnet, das beschreibt, nach welchen Kriterien er mit Veränderungsdaten versorgt wird. Zu einem vereinbarten Zeitpunkt werden die Daten aus dem Bestand selektiert und abgegeben. Der Nutzer kann den Umfang der Daten individuell nach folgenden Kriterien festlegen:

- Inhaltlicher Umfang durch Angabe der Objektarten,
- räumliche Ausdehnung durch Angabe einer Fläche und
- zeitliche Ausdehnung durch Angabe eines Zeitintervalls.

Mit der systemtechnischen Verbindung von raumbezogenen (Karten-) und nicht-raumbezogenen (Buch-) Daten sind vielfältigere Analysemöglichkeiten realisierbar, als dies bisher über die physisch getrennt geführten Verfahren möglich war.

Im Konzept für das AAA-Datenmodell werden sowohl die Datenstruktur als auch die Semantik zwischen ALKIS® und ATKIS® aufeinander abgestimmt und angepasst. Die reine Überführbarkeit von Daten aus dem Liegenschaftskataster nach ALKIS® erachtete die AdV als nicht ausreichend und beschloss eine semantische Harmonisierung der Objektarten, die in beiden Systemen verwendet werden. Die Zusammenführung beider Datenbestände ist derzeit aber noch nicht geplant, da die Ableitung verschiedener Landschaftsmodelle über eine automatisierte Generalisierung noch Gegenstand der Forschung und nicht praxisreif ist. Das mittelfristige Ziel ist die Darstellung von Daten des Liegenschaftskatasters (z. B. Gebäuden) in der topographischen Karte und umgekehrt, damit Informationen, die in beiden Systemen geführt werden, nur noch einmal erfasst werden müssen. Durch die Harmonisierung und die dadurch mögliche durchgängige Objektsicht können die Daten spitzenaktuell präsentiert und an Nutzer abgegeben werden. Mit der datentechnischen Vernetzung von AFIS®, ALKIS® und ATKIS® wird ein Geobasisinformationssystem geschaffen, das in der Geodateninfrastruktur Deutschland (GDI-DE) einen wesentlichen Bestandteil darstellt.

Nach dem Abgleich der bislang redundant vorgehaltenen Daten und gleichzeitiger Entwicklung des GIS-Marktes können die ersten Länder mit der Implementierung des Verfahrens ALKIS® ab 2009 beginnen. Wegen der engen Verknüpfung der Punktdaten der Landesvermessung mit den Inhalten des Liegenschaftskatasters wird eine abgestimmte Einführung von AFIS® und ALKIS® angestrebt. Ebenso wird das Amtliche Bezugssystem ETRS89 eingeführt. Mit der Einführung von ALKIS® werden auch neue Begriffe eingeführt und bestehende angepasst. So wird z. B. der beschreibende Teil des Liegenschaftskatasters künftig als Liegenschaftsbeschreibung bezeichnet werden.

Zum jeweiligen Stand der ALKIS®-Einführung in den Bundesländern sei verwiesen auf die Homepage der ADV (2009), Rubrik „AAA-Projekt". Die dort veröffentlichte Dokumentation zur Modellierung der Geoinformationen des amtlichen Vermessungswesens *GeoInfoDok* beschreibt die Modellierungen von AFIS®, ALKIS® und ATKIS®.

7.2.4 Anlässe für Veränderungen

Mit AdV-Beschluss wurde der *Qualitätsanspruch* für die Daten des Liegenschaftskatasters vollständig umrissen. Das zukunftsorientierte Liegenschaftskataster kann seinen Auftrag erfüllen, wenn es sich an umfassenden Qualitätsmerkmalen orientiert. So wird das AdV-Qualitätssicherungssystem in der GeoInfoDok (ADV 2009) niedergelegt. Die Qualitätssicherung für Produkte und Daten wird durch das Geoinformationswesen selbst gewährleistet. Aus den Qualitätsanforderungen der Gesellschaft und des Einzelnen ergeben sich als Kriterien für die Durchführung der hoheitlichen Aufgaben des amtlichen Vermessungswesens die

- wirtschaftliche, bedarfsorientierte Datenerhebung,
- redundanzarme integrierte Führung der Sach- und Graphikdaten und
- nutzerorientierte und liberalisierte Datenbereitstellung.

Die Gewährleistung der genannten Kriterien bedingt im Übrigen, dass die Liegenschaftskataster führenden Behörden auch von Amts wegen handeln. Die Tätigkeit von Amts wegen erfolgt durch gesetzliche Ermächtigung oder Verpflichtung und bedarf keines ausdrücklichen Antrags eines Beteiligten. Im Rahmen dieser Tätigkeit hat die Liegenschaftskataster führende Behörde die Verfahrensherrschaft. Neben der Qualität steht die *Aktualität* für die Daten des Liegenschaftskatasters. So empfiehlt die ADV (2008a) den Mitgliedsländern, die Aktualität der tatsächlichen Nutzung durch situationsbezogen differenzierte Vorgehensweisen zu erhöhen. Zudem wird die Vollständigkeit und hohe Aktualität des Nachweis der Gebäude als besonders wertrelevanter Bestandteile der Grundstücke von allen Länderverwaltungen anerkannt und angestrebt (ADV 2005a). Dabei tritt die Genauigkeitsanforderung an die geometrischen Daten des Liegenschaftskatasters hinter die Forderung nach möglichst hoher Aktualität. Die von der Wirtschaft sowie Ver- und Entsorgung formulierte Genauigkeit liegt durchweg nur bei der Erkennbarkeitsgrenze der Darstellung in der Liegenschaftskarte, also bei ca. 20 cm in der Örtlichkeit. Danach kommen – außer den Erfordernissen an präzise Vermessungsverfahren für Grenzpunkte – durchweg einfache und wirtschaftliche Vermessungs- und Erfassungsmethoden zum Einsatz. Auch graphische Ableitungen, z. B. aus Luftbildern können den meisten Anforderungen der Nutzer genügen. Allerdings steht der Nachweis mit eindeutigem Raumbezug für alle Objekte außer Frage. So kann der geometrische Bezug der Objekte zueinander jederzeit (rechnerisch) abgeleitet werden; eine direkte Vermessung (z. B. der Abstände zwischen Flurstücksgrenzen und Gebäuden) erübrigt sich.

Der Aufgabe, die Angaben im Liegenschaftskataster zu der Vielzahl der Flurstücke möglichst aktuell zu halten, können die Liegenschaftskataster führenden Behörden aus Kapazitätsgründen auf wirtschaftliche Weise nicht erfüllen. Deshalb enthalten die Gesetze der Länder für die Eigentümer der Grundstücke und Gebäude sowie die Nutzungsberechtigten die Verpflichtung, den Liegenschaftskataster führenden Behörden die notwendigen Angaben zur Führung des Liegenschaftskatasters zu machen. Davon erfasst sind grundsätzlich alle in Frage kommenden Daten. Die Verwendung des Begriffs Fortführung in einigen Normen kann hierbei keine Einschränkung sein, da jede Änderung des Inhalts des Liegenschaftskatasters eine Fortführung darstellt. Länderbezogen unterschiedlich kann der Auskunftspflicht eine behördliche Anforderung vorangehen oder nur eine Meldepflicht bestehen. Auch kann der meldepflichtige Personenkreis eingeschränkt oder sogar die Vorlage von Unterlagen vorgeschrieben sein. Die subsidiären Vorschriften zum allgemeinen Datenschutz werden durch die Auskunfts- und Meldepflichten fachgesetzlich überlagert. Eine hierin zu erkennende Einschränkung des Rechts auf informationelle Selbstbestimmung im Sinne des Volkszählungsurteils vom BUNDESVERFASSUNGSGERICHT (1983) ist zulässig, weil sie verhältnismäßig ist. Einige Länder haben eine erweiterte Vorlagepflicht von infrage kommenden Unterlagen bzw. eine allgemeine Meldepflicht, die jedermann betrifft, eingeführt. Unterlassungen und Zuwiderhandlungen sind fallweise als Ordnungswidrigkeit qualifiziert. Um einen möglichst aktuellen Stand des Liegenschaftskatasters zu gewährleisten, bedarf es – ohne dass es hierzu an dieser Stelle einer besonderen Begründung bedarf – auch der allgemeinen Melde- und Auskunftspflicht für die nach dem Bundes- oder Landesrecht eingerichteten Behörden oder sonstigen Stellen. Die Vermessungs- und Geoinformationsgesetze der Länder enthalten entsprechende Regelungen.

Die *Mitteilungspflichten* der Grundbuchämter ergeben sich aus den Vorschriften der Grundbuchordnung und der Grundbuchverfügung. Die Bedeutung der Übereinstimmung von Grundbuch und Liegenschaftskataster ist in 7.1.4 beschrieben. Im Bodenschätzungsgesetz ist die Finanzverwaltung gesetzlich angewiesen, den Katasterbehörden die Ergebnisse der Bodenschätzung zur Übernahme und vorgeschriebenen Verarbeitung zur Verfügung zu stellen (siehe hierzu 7.1.1). Als weitere Beispiele von mitteilungsverpflichteten Behörden seien die Flurbereinigungsbehörden (Vorlage von Flurbereinigungsplänen), die Umlegungsstellen (Vorlage von Umlegungsplänen und Umlegungsvermerken), die Kommunalen Gebietskörperschaften (Bekanntgabe der Straßennamen, Hausnummern, Gebietszugehörigkeit, Baugenehmigungen), die Sonderungs- und Zuordnungsbehörden und die Gerichte (nach Grenzfestlegungen aufgrund privatrechtlicher Entscheidungen) genannt. Mitteilungspflichten bestehen auch für die Bauaufsichtbehörden (bei Änderungen im Baulastenverzeichnis).

Anlässe zu Veränderungen im Liegenschaftskataster resultieren in besonderem Maße aus den beantragten oder von Amts wegen durchgeführten *Liegenschaftsvermessungen*. Vermessungen zur Feststellung von Grenzen, zur Flurstücksbestimmung, zur Erfassungen von Veränderungen im Bestand oder im Umfang von Gebäuden sowie die Erhebung und Erfassung anderer Sachverhalte zur Eigenschaft von Flurstücken geben regelmäßig Anlass zur Fortführung des Liegenschaftskatasters. Gleiches gilt für die von Amts wegen, auf Antrag oder aufgrund von Vereinbarungen durchgeführten (Kataster-)Neuvermessungen größerer zusammenhängender Gebiete. Die zur Durchführung von Liegenschaftsvermessungen befugten Stellen sind zur Vorlage der Vermessungsschriften über die bei ihnen durchgeführten Liegenschaftsvermessungen verpflichtet.

Ebenso sind die von den *Fachbehörden* vorgenommenen rechtsbegründenden Veränderungen an den Grundstücken (außerhalb des Grundbuchs) vorzulegen. Dies betrifft Veränderungen im Vollzug der wasser- und straßenrechtlichen Vorschriften, die sich aus den durchgeführten Flurbereinigungs- und Bodenordnungsverfahren ergebenden Veränderungen sowie die Wirkungen der rechtskräftigen gerichtlichen Urteile und Vergleiche, soweit sie den Inhalt des Liegenschaftskatasters berühren. Sie sind in das Liegenschaftskataster zu übernehmen. Zu weiteren Rechtsvorgängen, die sich nach § 22 Grundbuchordnung außerhalb des Grundbuchs vollziehen (z. B. Enteignung), und dieses „unrichtig" werden lassen, siehe BENGEL & SIMMERDING (2000), § 22 Randnummern 3 ff.

Als Ergebnis von Menschenwerk kann das Liegenschaftskataster nicht frei von *Fehlern* sein. Zeichenfehler, Schreibfehler, Aufnahmefehler und Katastrierungsfehler im amtlichen Verzeichnis der Grundstücke werden nach ihrem Bekanntwerden regelmäßig von Amts wegen berichtigt.

7.3 Verwaltungsverfahren Liegenschaftsvermessung

7.3.1 Hoheitscharakter

Die Regelungen zum Liegenschaftskataster und zur Abmarkung treffen den Kern der verfassungsmäßigen Zuständigkeit der Länder der Bundesrepublik Deutschland für das amtliche Vermessungswesen. Entsprechend den Möglichkeiten, die das Recht eröffnet, haben sich unterschiedliche Verwaltungsverfahren in den Ländern eingebürgert, die häufig den regionalen Besonderheiten oder der spezifischen Organisation der jeweiligen Verwaltung Rechnung tragen. Ein Beispiel hierfür ist die Frage der Grenzanerkennung bzw. des Grenzfeststellungsvertrags. Steht im Vordergrund die Flurstückgrenze als geometrische Begrenzung des Ordnungsmerkmals Flurstück des Liegenschaftskatasters, so wird von den Ländervorschriften der Grenzfeststellungsvertrag als öffentlich-rechtlicher (Verwaltungs-) Vertrag ausgestaltet. Die Länder, die Grenzfragen des eigentums- und grundbuchrechtlichen Grundstücks im Rahmen der Grenzanerkennung mitregeln wollen, gestalten den Grenzfeststellungsvertrag privatrechtlich aus. Im Folgenden werden beide Möglichkeiten immer wieder angesprochen; eine Vereinheitlichung ist schon aus der *Sicht eines kompetentiven Föderalismus* nicht erforderlich. Die Ergebnisse der Liegenschaftsvermessung und Abmarkung finden sich schließlich in den (digitalen) Daten des Liegenschaftskatasters wieder. Da länderspezifische Abgaben der Daten tatsächlich kontraproduktiv sein können, haben sich die Länder mit dem Modell AFIS®-ALKIS®-ATKIS® auf standardisierte Datenabgaben verständigt, sodass der (datenschutzrechtlich korrekte) Zugriff auf diese Daten standardisiert und interoperabel möglich ist, so wie es der Artikel 91 c Abs. 2 Grundgesetz fordert.

Zur rechtsverbindlichen Darstellung des Eigentums an Grund und Boden sowie für die Kennzeichnung der bestehenden und der künftigen Flurstücksgrenzen in der Örtlichkeit werden Liegenschaftsvermessungen durchgeführt. Das Verwaltungshandeln bei der Liegenschaftsvermessung unterliegt dem *öffentlichen Recht.* Die fachgesetzlichen Vorschriften und die Verwaltungsverfahrensgesetze der Länder stecken den Rahmen für das Verwaltungshandeln im amtlichen Vermessungswesen ab. Die Gesetze zum Vermessungs- und Geoinformationswesen der Länder legen insbesondere die fachlichen und technischen Bedingungen fest; dabei werden die allgemeinen verwaltungsverfahrensrechtlichen Vorschriften vorausgesetzt. Die Verwaltungsverfahrensgesetze der Länder sind weitestgehend wortgleich dem Verwaltungsverfahrensgesetz des Bundes (BUNDESTAG 2003); insoweit wird im Folgenden jeweils auf das Verwaltungsverfahrensgesetz des Bundes verwiesen.

Die Liegenschaftsvermessung stellt mit ihren Bestandteilen (Abb. 7.3) eine amtliche Leistung dar, ohne selbst Verwaltungsakt mit Wirkung nach Verwaltungsverfahrensrecht zu sein. Technische Bestandteile als Realakte bereiten das *Verwaltungshandeln* sowie die eigentlichen Verwaltungsakte vor (KUMMER & MÖLLERING 2005). Technik und Recht sind bei Liegenschaftsvermessungen eng miteinander verknüpft.

Verwaltungshandeln – Technik	**Verwaltungshandeln – Recht** (VA= Verwaltungsakt)
	Antragsannahme
Vermessungsunterlagen	
Vorausberechnung	
	Mitteilung des Grenztermins
Grenzermittlung	
	Grenztermin, Anhörung Beteiligter
Einbringen des Abmarkungsmaterials	
Vermessung, Dokumentation	
	Grenzfeststellung (VA), Abmarkung (VA)
Auswertung	
	Fortführung Liegenschaftskataster

Abb. 7.3: Technik und Recht bei der Liegenschaftsvermessung

Bei der Liegenschaftsvermessung kommen das Recht und die zu dessen Erfüllung eingesetzte Technik gleichzeitig zur Anwendung. Dabei haben die rechtlichen Normen durchaus zeitlich Bestand. Das Verwaltungsverfahrensrecht ist in seinen Grundzügen seit Jahrzehnten unverändert geblieben und die Vermessungs- und Geoinformationsgesetze der Länder werden allenfalls in Dekaden novelliert. Anders liegt es bei der Anwendung und dem Einsatz technischer Instrumente, Verfahren und Prozesse, die sich besonders in den vergangenen zwei Jahrzehnten enorm entwickelt haben. So bieten der Einsatz der Tachymetrie und die Satellitenverfahren vielfältige Chancen für die Modernisierung der zugelassenen Vermessungsmethoden. Permanent weiterführende Entwicklungsoptionen, insbesondere mit dem Ziel wirtschaftlichen Einsatzes, finden sich laufend in neuen Verwaltungsvorschriften der Länder wieder. Recht und Technik sind untrennbar miteinander verbundene Verwaltungshandlungen, die beide ausschließlich von den dafür Befugten ausgeführt werden dürfen.

Das amtliche Vermessungswesen liegt aufgrund der Ausschlussregelung des Artikels 30 Grundgesetz in der Gesetzgebungskompetenz der Länder (siehe 7.1.1). Das hoheitliche Handeln ist nach Artikel 33 Absatz 4 Grundgesetz Sache des öffentlichen Dienstes und seiner Angehörigen. Mit den Vermessungs- und Geoinformationsgesetzen der Länder werden die *Aufgabenträger* des amtlichen Vermessungswesens festgelegt. Neben den staatlichen Behörden oder den kommunalen Gebietskörperschaften handeln – außer in Bayern – die Öffentlich bestellten Vermessungsingenieure als beliehene Personen (siehe Kapitel 1).

Im Rahmen der Verwaltungsverfahren Grenzfeststellung und Abmarkung setzen auch Öffentlich bestellte Vermessungsingenieure die entsprechenden Verwaltungsakte. Dies ist möglich, weil die Öffentlich bestellten Vermessungsingenieure in ihrer Amtstätigkeit Behörde im verwaltungsverfahrensrechtlichen Sinne gemäß § 1 Abs. 4 Verwaltungsverfahrensgesetz (BUNDESTAG 2003) sind. Als Sondervermessungsbehörden sind die anderen behördlichen Vermessungsstellen (siehe hierzu Kapitel 3) tätig. Zum Verwaltungshandeln durch Feldgeschworene siehe 7.3.4.

Den Kreis der für die Ausführung von Liegenschaftsvermessungen *befugten Personen* in den Vermessungsbehörden legen die Länder im Einzelnen fest. Liegenschaftsvermessungen, bei denen die Verwaltungsakte Grenzfeststellung und Abmarkung gesetzt werden, bleiben den Beamten des gehobenen und höheren vermessungstechnischen Verwaltungsdienstes vorbehalten. Dies gilt analog für die anderen behördlichen Vermessungsstellen. In den Büros der Öffentlich bestellten Vermessungsingenieure werden ausgewählte Beschäftigte eingesetzt, die wie jene in den Behörden qualifiziert sein müssen. Die Wahrnehmung des Grenztermins sowie das Setzen und die Bekanntgabe der Verwaltungsakte Grenzfeststellung und Abmarkung kommen allerdings nur persönlich dem Öffentlich bestellten Vermessungsingenieur zu. Soweit andere Personen, wie Anwärter im Vorbereitungsdienst, Auszubildende oder Vermessungshilfskräfte ohne Befugnis einzelne Arbeiten leisten, dient dies zur Unterstützung des Befugten und läuft unter seiner ständigen Aufsicht, Kontrolle und Verantwortung.

Im Verwaltungsverfahren trifft der Befugte seine Entscheidungen. Er setzt die Verwaltungsakte Grenzfeststellung und Abmarkung. Hierzu ist er mit Kompetenz ausgestattet, die es erlaubt, öffentlich-rechtlich handeln zu dürfen. Die *staatliche* – oder anders ausgedrückt obrigkeitliche – *Gewalt* wird per Rechtsakt ausgeübt. Dies unterliegt der Herrschaft der Verwaltung in einem vorgeschriebenen Verfahren. Anders liegt es beispielsweise beim privatrechtlichen Handeln, bei die Vertragsparteien gleichrangig in horizontaler Rechtsbeziehung zueinander stehen (MÖLLERING 1992).

Mit dem öffentlich-rechtlichen Handeln Grenzfeststellung und Abmarkung werden Verwaltungsakte gesetzt. Diesen muss eine hoheitliche Maßnahme mit Entscheidungscharakter (siehe 7.3.2) vorausgehen (KOPP & RAMSAUER 2005). Letztendlich dienen Grenzfeststellung und Abmarkung im Einzelfall der Sicherung des Grundeigentums. Speziell und exklusiv wird für jeden Grenzpunkt eine dauerhaft verbindlich abgesicherte Festlegung getroffen und mit den rechtlichen und technischen Sachverhalten amtlich dokumentiert.

Aufgrund der Anforderungen an Nachhaltigkeit und Verlässlichkeit des Verwaltungshandelns unterliegen der Staat und seine Aufgabenträger der *Haftung* nach Artikel 34 Grundgesetz. Diese Anforderungen werden im Beamten- und Berufsrecht aufgenommen. Die Bediensteten in den Behörden unterstehen der innerbehördlichen Weisungsbefugnis. In die Haftung für das Handeln der öffentlich Bediensteten tritt grundsätzlich der Staat oder die Körperschaft ein, in deren Dienst er steht. Im Verwaltungsrechtsverfahren ist nicht der Bedienstete beklagt, sondern immer die Behörde, für die er gehandelt hat. Die Ländergesetze für die Öffentlich bestellten Vermessungsingenieure nehmen die grundgesetzliche Haftungsvorschrift auf. Weil die Amtsträger Verwaltungsakte im eigenen Namen setzen, übernehmen sie verwaltungsverfahrensrechtlich als Behörde, aber persönlich die Beklagtenfähigkeit im Verwaltungsverfahren. Öffentlich bestellte Vermessungsingenieure werden verpflichtet, sich für Haftungsansprüche versichern zu lassen.

Ansonsten werden die Instrumente der *Dienst- und Fachaufsicht* durch obere oder oberste Landesbehörden eingesetzt (SAARLAND 2008a), um das Verwaltungshandeln im nachgeordneten Bereich kontinuierlich zu gewährleisten.

7.3.2 Verwaltungsverfahrensrechtliche Grundlagen

Die Liegenschaftsvermessung leitet die Vorbereitung eines Verwaltungsaktes nach § 9 ff. *Verwaltungsverfahrensgesetz* (BUNDESTAG 2003) ein. Dieses öffentlich-rechtliche Verwaltungshandeln wird durch den Antrag eines Berechtigten oder von Amts wegen eingeleitet. Im Sinne § 22 Verwaltungsverfahrensgesetz gilt: Sobald der Antrag eines Berechtigten vorliegt, muss die Liegenschaftskataster führende Behörde die Liegenschaftsvermessung beginnen. Dies gilt ebenso für die Öffentlich bestellten Vermessungsingenieure in ihrer Eigenschaft als Behörde. Inwieweit eine Liegenschaftsvermessung im Rahmen der allgemeinen Aufgaben der Liegenschaftskataster führenden Behörde, z. B. zur Aktualisierung des Nachweises der tatsächlichen Nutzung begonnen wird, entscheidet die Behörde nach pflichtgemäßem Ermessen. Liegenschaftsvermessungen werden aus den unterschiedlichsten Anlässen eingeleitet (siehe hierzu 7.2.4). Für die Grenzfeststellung im Allgemeinen kommen wiederum verschiedene Verfahren (s. u.) in Betracht.

Mit der begründeten Notwendigkeit, im amtlichen Vermessungswesen örtliche Sachverhaltsermittlungen im Rahmen des Untersuchungsgrundsatzes nach § 24 Verwaltungsverfahrensgesetz durchführen zu müssen, räumen die Ländergesetze den Befugten das Recht zur *Betretung von Grundstücken* ein. Maßnahmen können dabei die einfache visuelle Überprüfung der Örtlichkeit, die Vermessungstätigkeiten, das Einbringen von Grenz- und Vermessungsmarken sowie das Abhalten des Grenztermins sein. Den Grundstückseigentümern oder Inhabern grundstücksgleicher Rechte wird eine Duldungspflicht auferlegt, die in der Sozialpflichtigkeit des Eigentums nach Artikel 14 Grundgesetz begründet liegt. Allerdings soll den Grundstückseigentümern oder Inhabern grundstücksgleicher Rechte der Vermessungstermin rechtzeitig angekündigt, mindestens aber anschließend mitgeteilt werden. Zudem ist ein durch die Vermessungstätigkeit eventuell entstandener unzumutbarer Schaden am Grundstück angemessen auszugleichen. Sofern der ursprüngliche Zustand nicht wieder hergestellt werden kann, besteht ein Anspruch auf einen angemessenen Ausgleich in Geld. Leistungspflichtig ist der Verursacher, d. h. der Antragsteller der Liegenschaftsvermessung, entweder direkt oder im Rückgriff nach geleisteter staatlicher Entschädigungspflicht (BAYERN 2006a).

Bei der Grenzfeststellung wird der Nachweis des Liegenschaftskatasters in die Örtlichkeit übertragen und mit dieser verglichen *(Grenzermittlung)*, im Verwaltungsverfahren mit den Beteiligten erörtert (Anhörung), schließlich amtlich festgestellt und vermessungstechnisch dokumentiert. In Bundesländern, in denen die Grenzermittlung eine gutachterliche Äußerung zum Verlauf der Grundstücksgrenze darstellt, wird der Verlauf durch privatrechtlichen Grenzfeststellungsvertrag zwischen den Grundstückseigentümern festgelegt.

Wird nach erstmaliger Grenzfeststellung oder Grenzfeststellungsvertrag (s. u.) wiederholt eine Grenze amtlich bestätigt, so sprechen einige Bundesländer von *Grenzwiederherstellung* (SACHSEN 2008).

Sofern die örtlichen Grenzmarken nur aufgesucht und dann unverändert vorgefunden werden, kann im Sinne schlanken Verwaltungshandelns auf ein förmliches Verfahren mit Verwaltungsakt verzichtet werden. Dies liegt durchaus im Willen der Antragsteller, denen eventuell eine „einfache Amtshandlung" genügt. Die *Grenzauskunft* – sofern sie nach Länderrecht zugelassen ist – dürfte ausreichen, wenn sich der Antragsteller lediglich Gewissheit über den Grenzverlauf verschaffen will, weil dieser über viele Knickpunkte verläuft und schwer identifizierbar ist oder wenn sich Grenzmarken durch Bewuchs oder Bodenbewegungen nicht mehr auffinden lassen. Beispielsweise lässt NIEDERSACHSEN (2003) diese amtliche Grenzauskunft zu, soweit die im Liegenschaftskataster nachgewiesenen Grenzpunkte Koordinaten hoher Genauigkeit besitzen oder als abgemarkt nachgewiesen sind. Die Grenzanzeige besitzt lediglich Auskunftscharakter (keine Liegenschaftsvermessung), weil die Grenzfeststellung oder Grenzwiederherstellung als feststellende Erklärungen (siehe 7.3.1) nicht vollzogen werden.

Lassen sich Flurstücksgrenzen nach dem Liegenschaftskataster nicht durch die Vermessungsstelle eigenständig feststellen bzw. herrscht über deren Darstellung Ungewissheit im Liegenschaftskataster, so kann – je nach Länderrecht – den beteiligten Eigentümern zur Festlegung des örtlichen Verlaufs der gemeinsamen Grenze ein öffentlich-rechtlicher Verwaltungsvertrag oder privatrechtlicher Vertrag (HÄDE 1993) vorgeschlagen werden *(Grenzfeststellungsvertrag)*. Voraussetzung ist die Einigung der Beteiligten. Beim Grenzfeststellungsvertrag wird der vereinbarte Grenzverlauf festgelegt, vermessen und das Ergebnis als künftig maßgebender Grenznachweis in das Liegenschaftskataster übernommen. Voraussetzung für die Zulässigkeit dieses öffentlich-rechtlichen Vertrags nach § 54 ff. Verwaltungsverfahrensgesetz ist, dass dem keine Rechtsvorschriften entgegenstehen (ZACHERT 2000). Zur eindeutigen Rechtsgestaltung sollte dies in einem Fachgesetz, beispielsweise wie in HESSEN (2007) ausdrücklich eingeräumt werden.

Solange sich der Grenzverlauf aus dem Liegenschaftskataster eindeutig ableiten lässt, kommt grundsätzlich nur dieser Verlauf in Betracht. In BERLIN (2004) gelten Flurstücksgrenzen bereits als festgestellt, wenn für sie ein einwandfrei qualifizierter Nachweis im Liegenschaftskataster vorhanden ist. Etwaige Vorstellungen der Grenznachbarn zu einer vom Liegenschaftskataster abweichenden Linienführung können dann nur auf dem privatrechtlichen Wege der Einigung, mit Flurstücksbildung und Eintragung in das Grundbuch umgesetzt werden.

Zusammenfassend zeigt Abbildung 7.4 die wesentlichen Kriterien zur sachverständigen Einordnung der Gegebenheiten sowie die erdenklichen Entscheidungen im Verwaltungsverfahren. Im Einzelnen wird in 7.3.3 und 7.3.4 näher darauf eingegangen.

Entstehen neue Grenzen zur Bildung von Flurstücken, so werden diese Grenzen mit den Beteiligten im Verwaltungsverfahren Flurstückszerlegung erörtert, allerdings ohne Anspruch auf Rechtsbehelf in der Liegenschaftsvermessung. Die Bestimmung der Lage der Flurstücksgrenzen ist Sache der am Verfahren Beteiligten; sie entscheiden und die Behörde realisiert nur vermessungsrechtlich die privatrechtlich vereinbarte Lage der Grenze und der diese bestimmenden Grenzpunkte. Da mit der Liegenschaftsvermessung in jeder Hinsicht auf Liegenschaften (Flurstücke und Gebäude) eingegriffen wird, die der grundgesetzlichen Eigentumsgarantie unterliegen, ist die *Antragstellung* prinzipiell nur dem Eigentümer oder dem Inhaber grundstücksgleicher Rechte vorbehalten. Diese können sich bevollmächtigen lassen. Bei der Antragstellung durch einen Bevollmächtigten muss eine schriftliche Vollmacht des Eigentümers vorliegen. Für Behörden als Antragsteller kann von deren Berechtigung oder Bevollmächtigung ausgegangen werden.

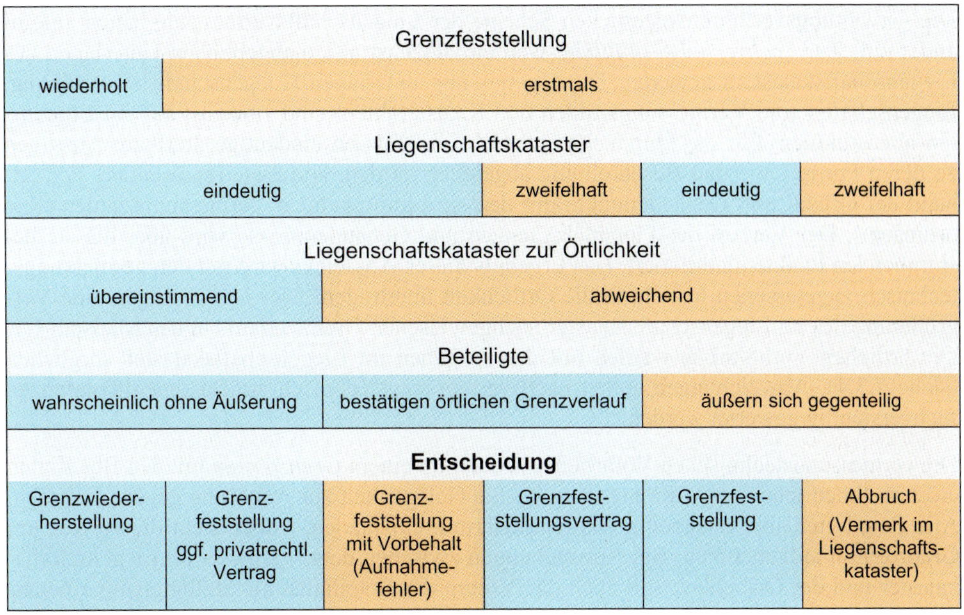

Grenzfeststellung

wiederholt | erstmals

Liegenschaftskataster

eindeutig | zweifelhaft | eindeutig | zweifelhaft

Liegenschaftskataster zur Örtlichkeit

übereinstimmend | abweichend

Beteiligte

wahrscheinlich ohne Äußerung | bestätigen örtlichen Grenzverlauf | äußern sich gegenteilig

Entscheidung

Grenzwieder-herstellung	Grenz-feststellung ggf. privatrechtl. Vertrag	Grenz-feststellung mit Vorbehalt (Aufnahme-fehler)	Grenzfest-stellungsvertrag	Grenzfest-stellung	Abbruch (Vermerk im Liegenschafts-kataster)

Abb. 7.4: Varianten im Grenzfeststellungsverfahren

Zur Vorbereitung der Verwaltungsverfahren Grenzfeststellung und Abmarkung müssen für die Anhörung im Grenztermin und zur Bekanntgabe der Verwaltungsakte die Eigentümer und die Inhaber grundstücksgleicher Rechte als Beteiligte herangezogen werden. Das nach § 11 ff. Verwaltungsverfahrensgesetz (BUNDESTAG 2003) erforderliche Hinzuziehen weiterer Beteiligter ist danach zu beurteilen, inwieweit sich der Verwaltungsakt an Betroffene richtet. Bei der Grenzfeststellung ist dies regelmäßig jeder Anlieger der betroffenen Flurstücksgrenzen. In MECKLENBURG-VORPOMMERN (2009) ist der Erwerber als Beteiligter vorgeschrieben. Ansonsten liegt es im Ermessen der Behörde, von Amts wegen oder auf Antrag Personen mit rechtlichen Interessen hinzuzuziehen. Ist der Eigentümer eines Grundstückes oder sein Aufenthalt nicht festzustellen und ist er als Beteiligter im Sinne § 13 Verwaltungsverfahrensgesetz hinzuzuziehen, so bestellt gemäß Artikel 233 § 2 Abs. 3 Einführungsgesetz zum Bürgerlichen Gesetzbuche (BUNDESTAG 1994) der Landkreis oder die kreisfreie Stadt auf Antrag der für das Verwaltungsverfahren zuständigen Behörde einen gesetzlichen Vertreter des Eigentümers. Diese Vertreterbestellung erfolgt auf Antrag und einzelfallbezogen. Antragsberechtigt sind die Aufgabenträger des amtlichen Vermessungswesens als Behörden im Sinne § 1 Abs. 4 Verwaltungsverfahrensgesetz.

Das Hinzuziehen der Beteiligten im Grenzfeststellungsverfahren dient nicht nur der Wahrung ihrer Rechte am Grundstück, sondern auch der Mitwirkung im Grenzfeststellungsverfahren. *Beteiligte* können als Erkenntnisgehilfen dienen, sofern sich öffentlich-rechtliche Sachverhalte zur Ermittlung der Flurstücksgrenzen nach dem Liegenschaftskataster und im Angesicht der örtlichen Situation nicht ohne Weiteres klären lassen. Auch kann in einigen Ländern das persönliche Erscheinen eines Beteiligten förmlich angeordnet werden (SACHSEN-ANHALT 2004). Allerdings dürfte von diesem Verwaltungszwangsverfahren kaum Gebrauch gemacht werden.

Die verwaltungsverfahrensrechtlichen Schritte der Liegenschaftsvermessung bauen aufeinander auf. Zur *Sachverhaltsermittlung* werden zunächst alle maßgeblichen Unterlagen des Liegenschaftskatasters gewertet. Die Vermessungsunterlagen (Liegenschaftsbeschreibung, Liegenschaftskarte, Vermessungszahlen und Katasterakten) sind zunächst auf ein Ergebnis hin abzustimmen. Für die Flurstücke und Gebäude müssen eindeutige greifbare Aussagen zu deren Form, Lage und Beschreibung abgeleitet werden. Die Lage repräsentiert sich anhand der Grenz- und Gebäudepunkte mit den sie bestimmenden Vermessungszahlen (Koordinaten). Der Verlauf der Flurstücksgrenzen und Gebäudeumrisse wird über die sie bestimmenden Punkte identifiziert. Das Ergebnis dieses Abgleichs wird mit den vermessungstechnisch zugelassenen Mitteln in die Örtlichkeit übertragen. Dies ist sozusagen eine Vergrößerung des im Liegenschaftskataster nachgewiesenen Grenzverlaufs in den Maßstab 1:1. Die örtlichen Verhältnisse werden mit den Angaben im Liegenschaftskataster verglichen (siehe 7.3.4). Abweichungen sollen nach vermessungstechnisch zugelassenen Toleranzen sachverständig gewertet werden.

Die vermessungstechnischen Vorarbeiten werden in einem *Grenztermin* mit den Beteiligten erörtert. Ihnen muss zur Wahrung ihrer Rechte Gelegenheit zur Anhörung gegeben werden. Alle Beteiligten sind rechtzeitig zum Grenztermin einzuladen, jedoch steht diesen frei, am Grenztermin teilzunehmen. Bei Abweichungen zwischen dem Nachweis im Liegenschaftskataster und der Örtlichkeit soll auch das Votum der Beteiligten als Stellungnahme herangezogen werden. Ist der örtliche Grenzverlauf immer so gewesen? Wurden Grenzmarken entfernt oder gar verändert? Der ausführende Vermessungsbefugte nimmt die Antworten auf derartige Fragen auf.

Zusammen mit der vermessungstechnischen Wertung schließt der Vermessungsbefugte seine Sachverhaltsermittlung ab, teilt den Anwesenden im Grenztermin das Ergebnis mit und hört die Beteiligten hierzu an. Die somit nach sachverständigem Ermessen des Vermessungsbefugten abgeschlossene Beweiswürdigung mündet in die *Entscheidung* Grenzfeststellung als Verwaltungsakt oder in einen Grenzfeststellungsvertrag .

Für die vermessungsrechtliche Beurkundung der Tatsachen im Grenztermin wird eine *Niederschrift* als amtliches Grenzdokument aufgenommen. In der Niederschrift werden Vorgänge zur Grenzermittlung beschrieben, vor der Urkundsperson abgegebene Erklärungen der Beteiligten dokumentiert und die behördlichen Entscheidungen festgehalten. In die Niederschrift können Grenzfeststellungsverträge aufgenommen werden (RHEINLAND-PFALZ 2008, BENGEL & SIMMERDING 2000). Die Niederschrift dient der Beweissicherung, sie bezeugt die Abgabe der Erklärungen der Beteiligten sowie des Beurkundenden und gilt als öffentliche Urkunde nach den Bestimmungen des Beurkundungsgesetzes (BUNDESTAG 1969) sowie den Vorschriften der §§ 415, 417 und 418 Zivilprozessordnung (BUNDESMINISTERIUM DER JUSTIZ 2005). Fachlich zählt sie zu den Liegenschaftskatasterakten und wird zur dauerhaften Aufbewahrung bei der Liegenschaftskataster führende Behörde abgelegt. Im Grenzfeststellungs- und Abmarkungsverfahren stellt die Niederschrift das zentrale Dokument dar und kann jederzeit zur Beweiswürdigung des ursprünglich bei der Liegenschaftsvermessung Gewollten herangezogen werden. Bei Bedarf und zur Verdeutlichung kann die Niederschrift den Grenzverlauf skizzenhaft überzeichnet darstellen und die zum Grenztermin vorgefundenen Tatsachen eingehender beschreiben, mehr als dies aus der Liegenschaftsbeschreibung und der Liegenschaftskarte heraus möglich wäre. Der Inhalt und die Form der Niederschrift werden durch Ländervorschriften festgelegt.

Für die Wirksamkeit der Verwaltungsakte Grenzfeststellung und Abmarkung ist deren *Bekanntgabe* erforderlich. Dies erfolgt grundsätzlich mündlich im Grenztermin an die dort anwesenden Beteiligten oder schriftlich per Vordruck an jeden weiteren Beteiligten. Bei umfangreichen Einzelbekanntgaben (mehr als 20) wird in BADEN-WÜRTTEMBERG (2008) die öffentliche Bekanntgabe zugelassen. NIEDERSACHSEN (2003) räumt bei der Bekanntgabe an mehr als zehn Beteiligte das Verfahren der Offenlegung ein. Anders als in der öffentlichen Bekanntgabe (des vollen Inhalts) werden in der Offenlegung der Anlass, der Ort und die Frist der Offenlegung ortsüblich (Aushang, Tageszeitung, Amtsblatt) bekannt gemacht. Die Dokumente der Liegenschaftsvermessung liegen zur Einsicht in der Behörde aus. Nach der Offenlegung und Ablauf der Offenlegungsfrist (von in der Regel einem Monat) gelten die Verwaltungsakte als rechtsförmlich bekannt gegeben. Bei mündlicher Bekanntgabe oder nach Einsichtnahme im Rahmen der Offenlegung erhalten die Beteiligten auf Wunsch eine Kopie der Niederschrift zur Kenntnis. Der schriftlichen Bekanntgabe wird die Niederschrift in beglaubigter Kopie beigefügt.

Der Bekanntgabe von Verwaltungsakten nach dem Vermessungs- und Geoinformationsrecht (z. B. Grenzfeststellung, Abmarkung) ist grundsätzlich eine *Rechtsbehelfsbelehrung* in schriftlicher Form beizufügen; auch den im Grenztermin anwesenden Beteiligten ist diese auszuhändigen, soweit sie dem Ergebnis nicht zugestimmt haben. An die Richtigkeit der Rechtsbehelfsbelehrung werden strenge Anforderungen gestellt, die sich aus § 70 Abs. 2 i. V. m. § 58 Verwaltungsgerichtsordnung (BUNDESMINISTERIUM DER JUSTIZ 1991) ergeben. Gegen solche Verwaltungsakte können die Beteiligten *Widerspruch* erheben (§ 79 Verwaltungsverfahrensgesetz i. V. m. §§ 68 ff. Verwaltungsgerichtsordnung), wenn sie sich in ihren Rechten verletzt sehen. Ist der Widerspruch eines Beteiligten zulässig und begründet, muss ihm mit Abhilfebescheid abgeholfen werden. Ein nicht zulässiger beziehungsweise nicht begründeter Widerspruch ist mit Widerspruchsbescheid als unzulässig beziehungsweise als unbegründet zurückzuweisen. Der Widerspruchsführer hat die Möglichkeit, den Widerspruchsbescheid von der Verwaltungsgerichtsbarkeit überprüfen zu lassen. Davon abweichend wurde zur Verkürzung der Rechtswege das Widerspruchsverfahren in einigen Ländern abgeschafft. Statt des Widerspruches ist sofort Klage beim Verwaltungsgericht zu erheben. Die Grenzfeststellung ist bestandskräftig, wenn die Beteiligten innerhalb der ihnen gestellten Monatsfrist keinen Widerspruch erheben beziehungsweise über Widersprüche abschließend entschieden wurde; also den Beteiligten kein Rechtsbehelf mehr zusteht.

7.3.3 Durchführung einer Liegenschaftsvermessung

Liegenschaftsvermessungen werden in der Regel auf Antrag von den dazu befugten Vermessungsstellen durchgeführt. Diese sind bundeslandspezifisch etwas unterschiedlich. Regelmäßig sind es die Liegenschaftskataster führenden Behörden, Öffentlich bestellte Vermessungsingenieure, Flurneuordnungsbehörden und kommunale Vermessungsbehörden. In Einzelfällen werden Liegenschaftsvermessungen auch von Amts wegen vorgenommen (z. B. Einmessung nicht einmessungspflichtiger Gebäude). Der *Vermessungsantrag*, mit dem die Durchführung einer Liegenschaftsvermessung veranlasst wird, muss von der Vermessungsstelle dahingehend überprüft werden, ob

- der Antragsteller antragsberechtigt ist,
- der Antrag alle für die Bearbeitung erforderlichen Angaben enthält und
- ein Fall der „Ausgeschlossenen Personen“ oder „Besorgnis der Befangenheit“ vorliegt.

Antragsberechtigt sind in der Regel die Eigentümer der Grundstücke und Gebäude oder die von ihnen bevollmächtigten Personen. Behörden, Gerichte und Notare sind in Erfüllung ihrer Aufgaben ohne Vollmacht des Eigentümers antragsberechtigt (siehe 7.3.2). Der Vermessungsantrag muss den Namen und die Anschrift des Antragstellers, den Gegenstand (das Vermessungsobjekt) und den Zweck der Liegenschaftsvermessung sowie den Namen des Kostenschuldners enthalten. Im Fall einer beantragten Flurstückszerlegung (siehe 7.3.5) sind die geometrischen Bedingungen für die neu zu bildenden Flurstücksgrenzen in den Vermessungsantrag aufzunehmen. „Ausgeschlossene Personen" dürfen nach § 20 Verwaltungsverfahrensgesetz (BUNDESTAG 2003) in einem Verwaltungsverfahren für eine Behörde nicht tätig werden. Auch für den Fall, dass „Besorgnis der Befangenheit" vorliegt, also keine unparteiische Amtsausübung gewährleistet ist, muss – bei einem ÖbVermIng – der Vermessungsantrag zurückgewiesen werden (§ 21 Verwaltungsverfahrensgesetz).

Grundlage jeder Liegenschaftsvermessung sind die *Vermessungsunterlagen*, die der ausführenden Vermessungsstelle auf Anforderung von der Liegenschaftskataster führenden Behörde bereitzustellen sind. Zum Mindestinhalt der Vermessungsunterlagen gehören die aktuellen Sach- und Geometriedaten des Liegenschaftskatasters in Form von Auszügen aus dem Liegenschaftsbuch und der Liegenschaftskarte mit den ihr zugrundeliegenden Vermessungszahlen. Bezieht sich der Nachweis des Liegenschaftskatasters im Vermessungsgebiet auf vermarkte Lagefestpunkte, sind auch die entsprechenden Auszüge aus den Nachweisen der Landesvermessung den Vermessungsunterlagen beizufügen. Die Vermessungsunterlagen sind von der Liegenschaftskataster führenden Behörde in dem Umfang zusammenzustellen, wie dies zur sachgemäßen Erfüllung des Vermessungsantrages erforderlich ist. Die Liegenschaftskataster führende Behörde ist für die sachgemäße und vollständige Zusammenstellung der Vermessungsunterlagen zuständig und hat dies zu bescheinigen. Bei der zunehmend automatisierten Bereitstellung der Vermessungsunterlagen in Form eines Onlinezugriffes auf den Gesamtdatenbestand ist ein Wechsel der Verantwortlichkeiten zu verzeichnen. Hier wird dann die Vermessungsstelle verantwortlich für die Vollständigkeit.

Zur *Vorbereitung* der örtlichen Vermessungsarbeiten wird der Nachweis des Liegenschaftskatasters von der ausführenden Vermessungsstelle daraufhin überprüft, ob er in sich widerspruchsfrei ist. Ergeben sich aufgrund der Prüfung Widersprüche (innerhalb des Vermessungszahlenwerks oder zwischen der Liegenschaftskarte und den ihr zugrundeliegenden Vermessungszahlen -Zeichenfehler-), sind diese aufzuklären, falls erforderlich unter Einbeziehung zusätzlicher Beweismittel wie örtliche Vermessungsarbeiten und/oder Einbeziehung der Liegenschaftskataster führenden Behörde. Wird die Liegenschaftskarte mit den ihr zugrundeliegenden Vermessungszahlen (in Form des Koordinatenkatasters) integriert geführt, ist die vorgenannte Prüfung nicht erforderlich. Soweit das Vermessungsobjekt mehrere Flurstücke umfasst, sollte geprüft werden, ob eine vorbereitende Flurstücksverschmelzung (siehe 7.3.5) möglich ist. Ist die Flurstücksverschmelzung möglich, entfällt für die wegfallende Flurstücksgrenze deren Ermittlung in der Örtlichkeit.

Anschließend werden dem Antragsteller sowie den Eigentümern und Nutzungsberechtigten, deren Grundstücke oder bauliche Anlagen bei den örtlichen Vermessungsarbeiten betreten werden müssen, der Vermessungstermin in geeigneter Form (schriftlich oder mündlich) rechtzeitig bekannt gegeben. Das Betretungsrecht für die ausführende Vermessungsstelle (siehe 7.3.2) ergibt sich aus den jeweiligen landesrechtlichen Vorschriften. In Abhängigkeit vom Vermessungsantrag sind örtlich die folgenden Vermessungsarbeiten durchzuführen:

- Ermittlung der bestehenden Flurstücksgrenzen,
- Bildung neuer Flurstücksgrenzen,
- Kennzeichnung der Grenzpunkte,
- Erfassung der ermittelten Flurstücksgrenzen mit ihren Grenzmarken und Grenzeinrichtungen,
- Erfassung von Gebäuden,
- Erfassung sonstiger Sachverhalte und Gegenstände, soweit sie im Liegenschaftskataster nachzuweisen sind.

Ermittlung der bestehenden Flurstücksgrenzen
Unter Grenzermittlung ist in den meisten Bundesländern die vorbereitende Verwaltungstätigkeit zu verstehen, die entweder zur Grenzwiederherstellung oder zur Grenzfeststellung führt (dazu differenzierend siehe 7.3.2 und 7.3.4). Die bestehenden Flurstücksgrenzen sind in dem Umfang zu ermitteln, wie es die sachgemäße Erledigung des Vermessungsantrages erfordert. Bei einem Antrag auf Flurstückszerlegung sind entsprechend der Ländervorschriften die neuen Grenzpunkte widerspruchsfrei in das bestehende Vermessungszahlenwerk einzufügen. Die bereits bestehenden Grenzen der neu zu bildenden Flurstücke können auf besonderen Antrag ermittelt werden. Beweismittel für die Ermittlung bestehender Flurstücksgrenzen ist grundsätzlich der Katasternachweis (BUNDESGRICHTSHOF 2005), primär der Entstehungsnachweis der zu ermittelnden Flurstücksgrenze (BENGEL & SIMMERDING 2000). Bei der Grenzermittlung wird der Nachweis des Liegenschaftskatasters ausgehend von mindestens drei identischen Punkten (Anschlusspunkte, die mit dem Liegenschaftskataster im Rahmen der Zulässigkeit (siehe 7.3.6) übereinstimmen) unter Wahrung des Prinzips der Nachbarschaft in die Örtlichkeit übertragen. Nur in Ausnahmefällen (siehe unten zur Ermittlung von Flurstücksgrenzen, für die die Voraussetzungen einer als festgestellt geltenden Flurstücksgrenze nicht vorliegen oder beim Versagen des Liegenschaftskatasters) können auch katasterfremde Erkenntnisquellen als Beweismittel zur Ermittlung der Flurstücksgrenzen herangezogen werden (§ 26 Verwaltungsverfahrensgesetz). Liegenschaftskatasterfremde Beweismittel sind z. B. der örtliche Besitzstand oder der von den Grundstückseigentümern übereinstimmend angegebene Verlauf der Grenze. Für diesen Fall muss der Besitzstand oder die von den Grundstückseigentümern angegebene Grenze innerhalb eines von der ausführenden Vermessungsstelle vorgegebenen Bereichs liegen. Der vorzugebende Bereich ergibt sich aus der sachverständigen Bewertung aller zur Verfügung stehenden Beweismittel. Darüber hinaus gelten auch öffentliche Urkunden, amtliche Lagepläne, aus denen sich der zu ermittelnde Grenzverlauf ergibt, als Beweismittel. Öffentlich beurkundete Beweismittel haben Vorrang vor allen anderen liegenschaftskatasterfremden Beweismitteln. Bei der Ermittlung von Flurstücksgrenzen, für die die Voraussetzungen einer als festgestellt geltenden Flurstücksgrenze nicht vorliegen (siehe 7.3.4) oder in den Fällen, bei denen das Liegenschaftskataster versagt, können neben dem verwertbaren und vorrangig anzuhaltenden Liegenschaftskataster andere Beweismittel, wie oben beschrieben, in die Sachverhaltsermittlung einbezogen werden. Vom Versagen des Liegenschaftskatasters (ein heute sehr seltener Fall) spricht man in der Regel dann, wenn sich bei der Grenzermittlung keine mit dem Liegenschaftskataster hinreichend identischen Punkte finden lassen oder wenn sich die Vermessungszahlen widersprechen, ohne dass man die fehlerhaften von den richtigen unterscheiden kann (KRIEGEL & HERZFELD 2008). In den vorgenannten Fällen sind die ermittelten Flurstücksgrenzen festzustellen (siehe auch 7.3.2 und 7.3.4). Bei der Ermittlung von Flurstücksgrenzen, die als festgestellt gelten (Voraussetzungen siehe 7.3.4), ist das Ergebnis der Grenzermittlung mit der örtlichen Grenze (vorgefundene

Grenzmarken, feste Grenzeinrichtungen) zu vergleichen. Liegt bei diesem Vergleich die Abweichung innerhalb der Zulässigkeit (siehe 7.3.6), ist die bestehende Flurstücksgrenze wiederhergestellt (Fall der Grenzwiederherstellung nach 7.3.4). Die örtliche Grenze wird mit der im Liegenschaftskataster nachgewiesenen Flurstücksgrenze als übereinstimmend angesehen. Liegt bei dem Vergleich zwischen der ermittelten Flurstücksgrenze und der örtlichen Grenze die Abweichung außerhalb der Zulässigkeit (siehe 7.3.6), sind die Ursachen hierfür zu klären. Ursachen für unzulässige Abweichungen können sein:

- rechtsunwirksame Grenzveränderung,
- Grenzveränderung mit rechtlicher Wirkung,
- Grenzveränderung in Bergbaugebieten durch Verschiebungen der Erdoberfläche,
- Aufnahmefehler,
- Ungenauigkeit des Aufnahmeverfahrens.

Unbeschadet hiervon sind die Eigentumsübergänge außerhalb des Grundbuchs nach BGB (z. B. Ersitzung) zu beachten.

Eine *rechtsunwirksame Grenzveränderung* liegt vor, wenn die örtliche Grenze willkürlich ohne die hierfür erforderliche privatrechtliche Übereignung (Kaufvertrag mit Auflassung und Grundbucheintragung) geändert wurde. Das Liegenschaftskataster bleibt für die Grenzermittlung maßgeblich. Die außerhalb der zulässigen Abweichung liegend ermittelten Grenzmarken sind auf die nach dem Liegenschaftskataster ermittelten Grenzpunkte zurückzuführen.

Eine *Grenzveränderung mit rechtlicher Wirkung* liegt vor, wenn Grundstücksgrenzen aufgrund eines Gesetzes (natürliche Grenzveränderungen aufgrund wasserrechtlicher Vorschriften) oder gesetzlich geregelter Verfahren (z. B. Flurbereinigungs-, Umlegungsverfahren) geändert wurden beziehungsweise Grundstücksgrenzen durch rechtskräftige gerichtliche Urteile oder Vergleiche anders festgelegt wurden, als sie im Liegenschaftskataster nachgewiesen sind. In diesen Fällen ist das Liegenschaftskataster unmaßgeblich. Die Grenze wird auf der Grundlage ihrer rechtsverbindlichen Festlegung ermittelt.

Sind *Grenzveränderungen in Bergbaugebieten durch Verschiebungen der Erdoberfläche* eingetreten, richtet sich die Grenzermittlung unter Berücksichtigung des Verschiebungsvektors nach landesspezifischen Vorschriften (z. B. Nordrhein-Westfalen, Saarland).

Ein *Aufnahmefehler* liegt vor, wenn die im Liegenschaftskataster nachgewiesene Flurstücksgrenze bei ihrer Ersterfassung nicht der rechtmäßigen Grundstücksgrenze entsprach. Das Liegenschaftskataster ist unmaßgeblich. Die örtliche Grenze ist im Wege der Berichtigung in das Liegenschaftskataster zu übernehmen, wenn die Beteiligten übereinstimmend erklären, dass sie die örtliche Grenze als ihre rechtmäßige Grundstücksgrenze ansehen und dass sie die örtliche Grenze nicht willkürlich verändert haben.

Eine *Ungenauigkeit des Aufnahmeverfahrens* liegt vor, wenn die Abweichung zwischen der im Liegenschaftskataster nachgewiesenen Flurstücksgrenze und der örtlichen Grenze zurückzuführen ist auf ihre ungenaue Erfassung (z. B. schwache Knicke wurden nicht erfasst, rechte Winkel wurden nach Augenmaß bestimmt, Strecken wurden nicht horizontal gemessen). Für diesen Fall wird die Flurstücksgrenze auf Grundlage der örtlichen Grenze ermittelt.

Bildung neuer Flurstücksgrenzen
Eine neu zu bildende Flurstücksgrenze wird aufgrund von geometrischen, beziehungsweise örtlichen Bedingungen oder Flächenvorgaben in die Örtlichkeit übertragen, wie diese sich aus dem Vermessungsantrag oder nach örtlicher Angabe der Beteiligten ergeben. Aus den geometrischen Bedingungen werden Bestimmungsmaße abgeleitet, mit denen die neu zu bildende Flurstücksgrenze in die bestehenden Flurstücksgrenzen durch Bildung gemeinsamer Grenzpunkte eingebunden werden.

Die Bestimmungsmaße sind in der Regel durch Vermessung zu ermitteln. In Ausnahmefällen können neu zu bildende Flurstücksgrenzen ohne örtliche Vermessung durch Sonderung (siehe 7.3.5) gebildet werden.

Kennzeichnung der Grenzpunkte
Die Kennzeichnung der Grenzpunkte ist die vorbereitende Verwaltungstätigkeit (Realakt), die auf den Verwaltungsakt Abmarkung (siehe 7.3.4) gerichtet ist. Soweit nach den landesgesetzlichen Vorschriften die Pflicht zur Abmarkung von Grenzpunkten besteht, sind die Grenzpunkte der bestehenden und der neu zu bildenden Flurstücksgrenzen durch Grenzmarken in der Örtlichkeit sichtbar zu kennzeichnen, es sei denn, die Grenzpunkte sind bereits durch Grenzmarken oder feste Grenzeinrichtungen ordnungsgemäß gekennzeichnet. Die Grenzmarken müssen aus dauerhaftem Material (z. B. Grenzsteine) bestehen. Sie sind sichtbar und standfest an- beziehungsweise einzubringen. Meißelzeichen können als Grenzmarken verwendet werden. Grenzpunkte können anstelle von Grenzmarken durch dauerhafte Grenzeinrichtungen (Gebäude, Mauern, feste Zäune) beschrieben werden.

Erfassung der ermittelten Flurstücksgrenzen mit ihren Grenzmarken und Grenzeinrichtungen
Die bestehenden und neu zu bildenden Flurstücksgrenzen sind mit dem Ergebnis der vorbereitenden Arbeiten mit ihren Grenzmarken und festen Grenzeinrichtungen sowie mit den an oder auf der Grenze stehenden baulichen Anlagen zu erfassen. Darüber hinaus sind auch die identischen Punkte (Anschlusspunkte) aufzunehmen, von denen aus die Flurstückgrenzen in die Örtlichkeit übertragen wurden. Die Erfassung erfolgt nach dem in 7.3.6 beschriebenen Verfahren. Wurden bestehende Flurstücksgrenzen wiederhergestellt, ist aufgrund ihrer Erfassung die Übereinstimmung mit ihrem Nachweis im Liegenschaftskataster in geeigneter Form zu führen (z. B. über den Soll-Ist-Vergleich der Koordinaten der identischen Punkte).

Erfassung von Gebäuden
Soweit dies durch Landesrecht bestimmt ist, sind neu errichtete oder im Grundriss veränderte Gebäude im Wege einer Liegenschaftsvermessung zu erfassen. Die Erfassung erfolgt nach dem in 7.3.6 beschriebenen Verfahren. Für ein Gebäude sind der Gebäudegrundriss und die Gebäudefunktion, ggf. Eigenname, Bauart, Geschosszahl sowie Sachdaten (s. u.) zu erfassen. Der Gebäudegrundriss wird durch das aufgehende Mauerwerk im Erdgeschoss gebildet. Sockel und Unregelmäßigkeiten der Außenwände unter 5 cm sowie Dachüberstände, freitragende Balkone, Erker und Loggien werden in der Regel nicht erfasst.

Erfassung sonstiger Sachverhalte und Gegenstände, soweit sie nach Landesrecht im Liegenschaftskataster nachzuweisen sind
Bei jeder durchzuführenden Liegenschaftsvermessung sind, soweit länderspezifisch vorgeschrieben, für das Gebiet des Vermessungsantrags die tatsächlichen Nutzungen, Lagebezeichnungen und Klassifizierungen und wesentliche topographische Merkmale zu erfassen,

soweit die Sachverhalte im Liegenschaftskataster bisher nicht oder nicht in Übereinstimmung mit den tatsächlichen Verhältnissen nachgewiesen sind. Die tatsächlichen Nutzungen sind nach dem Nutzungsartenverzeichnis der ADV (2008b) zu erfassen. Tatsächliche Nutzungen sowie die wesentlichen topographischen Merkmale werden auf einfache Weise erfasst, sodass ihre lagerichtige Darstellung in der Liegenschaftskarte möglich ist.

Die aufgrund der Erfassung gewonnenen Geometrie- und Sachdaten werden im *Fortführungsriss* (Vermessungsriss) dokumentiert. Der Fortführungsriss wird durch vermessungstechnische Belege, wie Klarschriftprotokolle automatisiert erfasster Messdaten ergänzt. Gegebenenfalls ist dem Fortführungsriss ein Erläuterungsbericht beizufügen, in den die Gründe für die getroffenen Entscheidungen insbesondere zur Grenzermittlung aufzunehmen sind. Der Fortführungsriss, dessen Form und Inhalt in der Regel durch Verwaltungsvorschriften der Länder vorgeschrieben ist, kann automationsgestützt erzeugt werden. Für die Schreibweise und für die Ausarbeitung des Fortführungsrisses gilt die Musterzeichenvorschrift für Liegenschaftskarten und Vermessungsrisse der ADV (1992). Allgemein gültige Vorschriften zur Darstellung von Vermessungszahlen enthält die DIN 18702 (Zeichen für Vermessungsrisse, großmaßstäbige Karten und Pläne). Der Fortführungsriss muss von demjenigen, der die Liegenschaftsvermessung verantwortlich ausgeführt hat, unter Angabe seiner Berufsbezeichnung und des Datums unterschrieben werden.

Für alle Grenz-, Gebäude- und sonstigen Punkte des Vermessungsobjektes sind *Koordinaten* im amtlichen Lagebezugssystem des Landes (siehe Kapitel 5) mit der Lagegenauigkeit und Lagezuverlässigkeit, wie sie in den einschlägigen Verwaltungsvorschriften der Länder vorgegeben sind, zu bestimmen. Für die Bestimmung der Koordinaten sind, soweit sie nicht aus SA*POS*®-Messungen (siehe 7.3.6) abgeleitet werden, die Programmsysteme zugelassen, mit denen die geforderte Lagegenauigkeit und Lagezuverlässigkeit sichergestellt ist. Hierzu zählen insbesondere Programmsysteme mit Funktionen zur flächenhaften Ausgleichung.

In einer Koordinatenliste (*Liste zum Fortführungsriss*) werden die Koordinaten der Ist-Punkte den Koordinaten der Soll-Punkte, soweit diese vorliegen, zum Nachweis der Punktidentität insbesondere für die Anschlusspunkte gegenübergestellt. Die Koordinaten der Ist-Punkte ergeben sich aus der Erfassung. Bei den Koordinaten der Soll-Punkte handelt es sich i. d. R. um bereits im Vermessungszahlenwerk enthaltene Koordinaten im amtlichen Lagebezugssystem für Grenzpunkte festgestellter Flurstücksgrenzen (siehe 7.3.4).

Nachdem für jeden Grenzpunkt Koordinaten im amtlichen Lagebezugssystem des Landes bestimmt wurden, sind die *Flächen* der Flurstücke und Flurstücksabschnitte (Flächen unterschiedlicher tatsächlicher Nutzung innerhalb eines Flurstücks) entsprechend der Landesvorschriften zu berechnen, in der Regel dann, wenn:

- sie entstehen,
- die Flurstücksgrenzen im Gebiet des Vermessungsantrags erstmalig in ihrem gesamten Umfang ermittelt wurden,
- ein Flächenfehler zu berichtigen ist (siehe 7.2.2).

Die Flächen der Flurstücke werden grundsätzlich aufgrund von Koordinaten der Grenzpunkte berechnet. Gegebenenfalls sind hierbei die Flächenangaben nach den Vorgaben in den Verwaltungsvorschriften der Länder (Formeln zur Reduktion aus Abbildungsverzerrung und Höhenlage) zu korrigieren. Die Flächenangaben sind auf volle Quadratmeter zu runden. Die Rundungsvorschriften sind länderspezifisch durchaus unterschiedlich. Die Flächen der Flurstücksabschnitte können graphisch nach der Liegenschaftskarte ermittelt (digitalisiert) werden. Sie sind auf die endgültige Fläche des Flurstücks abzustimmen. Das Ergebnis der Flächenberechnung wird im *Flächenberechnungsbeleg* nachgewiesen.

Die *graphische Darstellung* des Ergebnisses der Liegenschaftsvermessung wird heute in der Regel digital und in einem Datenformat aufbereitet, damit die ALK-Grundrissdatei fortgeführt werden kann. Die augenscheinliche Prüfung anhand eines Ausdrucks (Plot) dient gleichzeitig der Kontrolle der Flächenberechnung. Soweit die Verwaltungsvorschriften der Länder die Führung der Liegenschaftskarte noch in analoger Form, beziehungsweise eine zweite, unabhängige „Flächenberechnung nach der Karte“ vorschreiben, ist das Ergebnis der Liegenschaftsvermessung im Maßstab der Liegenschaftskarte graphisch darzustellen. Hierbei ist der alte Bestand schwarz, der neue Bestand rot darzustellen. Fortfallende Kartenelemente sind rot zu kreuzen.

Zur Fortführung des Liegenschaftsbuchs ist für jedes zu verändernde beziehungsweise neu zu bildende Flurstück der nach den Ländervorschriften vorgegebene *ALB-Fortführungsbeleg* anzufertigen.

Nach Abschluss aller zur Erfüllung des Vermessungsantrages erforderlichen Arbeiten sind die Ergebnisse der Liegenschaftsvermessung in Vermessungsschriften zusammenzufassen. Sie dienen der Führung (Aktualisierung) des Liegenschaftskatasters.

Die *Vermessungsschriften* umfassen in der Regel folgende Dokumente:

- den Fortführungsriss mit den Messdaten und der Koordinatenliste sowie das Ergebnis der Flächenberechnung in Form des Flächenberechnungsbelegs,
- die Niederschrift über den Grenztermin (siehe 7.3.4),
- die digital aufbereitete graphische Darstellung, gegebenenfalls die Kartierung sowie den ALB-Fortführungsbeleg,
- je nach Ländervorschrift die Klarschriftprotokolle der sonstigen Erfassungs- und Berechnungsbelege.

Die Vermessungsschriften sind übersichtlich und vollständig zusammenzustellen und von der Vermessungsstelle, die die Liegenschaftsvermessung durchgeführt hat, auf ihre Richtigkeit durchgreifend zu prüfen. Die Richtigkeitsprüfung erstreckt sich auf die anweisungsgerechte Durchführung der Liegenschaftsvermessung nach Form und Inhalt sowie auf die Einhaltung der Qualitätsanforderungen (siehe 7.3.6).

Die Vollständigkeit und Richtigkeit ist von dem Befugten (siehe 7.3.1) der ausführenden Vermessungsstelle zu bescheinigen. Für diese Bescheinigung ist der Begriff „Fertigungsaussage“ gebräuchlich geworden.

Die Vermessungsschriften sind zusammen mit den Vermessungsunterlagen nach bescheinigter Prüfung der Richtigkeit der das Liegenschaftskataster führenden Behörde zur Übernahme einzureichen, soweit diese die Liegenschaftsvermessung nicht selbst durchgeführt hat. Im Fall einer Grenzfeststellung/Abmarkung sind die Vermessungsschriften erst einzureichen, nachdem die Verwaltungsakte bestandskräftig geworden sind (siehe 7.3.4). Mit Abgabe der Vermessungsschriften sind die Arbeiten zur Durchführung der Liegenschaftsvermessung abgeschlossen. Falls sich Übernahmehindernisse ergeben sollten, sind diese von der ausführenden Vermessungsstelle zu beheben.

7.3.4 Grenzfeststellung und Abmarkung

Zur *Grenzfeststellung* gibt es nach dem jeweiligen Vermessungs- und Geoinformationsrecht der Bundesländer keine einheitlichen Regelungen (siehe 7.2.4). Allgemein gelten bestehende Flurstücksgrenzen als bestandskräftig festgestellt, wenn ihr örtlicher Verlauf durch eine einwandfreie (eine durch Kontrollmaße geprüfte und widerspruchsfreie, also geometrisch eindeutige) Vermessung erfasst ist und der im Liegenschaftskataster nachgewiesene Grenzverlauf entweder von den Grundstückseigentümern nachweislich anerkannt wurde oder im Rahmen eines Grenzfeststellungsverfahrens bestandskräftig geworden ist. Liegen diese Voraussetzungen nicht vor, sind bestehende Flurstücksgrenzen festzustellen.

Das Grenzfeststellungsverfahren beginnt mit der *Beantragung* der Grenzfeststellung. In einigen Ländern wird der Antragsteller darauf hingewiesen, dass an die Stelle des Antrages zur Feststellung bestehender Flurstücksgrenzen der Antrag auf Grenzwiederherstellung tritt, falls sich bei der Sachverhaltsermittlung herausstellt, dass die bestehenden Flurstücksgrenzen bereits bestandskräftig festgestellt sind.

Zunächst ermittelt die Behörde (hier die ausführende Vermessungsstelle) den *Sachverhalt*, wie unter 7.3.3 beschrieben. Das Ergebnis der Sachverhaltsermittlung stellt klar, welche bestehenden Flurstücksgrenzen neben den neu zu bildenden Flurstücksgrenzen festzustellen sind. Die ausführende Vermessungsstelle muss nun entscheiden, wer Beteiligter an dem Grenzfeststellungsverfahren ist (siehe 7.3.2). Den Beteiligten wird der Sachverhalt (Ergebnis der Grenzermittlung …) dargelegt. Darüber hinaus ist ihnen Gelegenheit zu geben, sich zu den für die Grenzfeststellung erheblichen Tatsachen zu äußern.

Die *Anhörung* erfolgt, wenn fachgesetzlich vorgeschrieben, in einem örtlich abzuhaltenden Grenztermin. Zu diesem Grenztermin werden die Beteiligten geladen. In begründeten Fällen (z. B. bei Sonderungen (siehe 7.3.5)) kann auf die Darlegung des Sachverhalts in der Örtlichkeit verzichtet werden. Nach erfolgter Anhörung sind die Flurstücksgrenzen im Grenztermin festzustellen.

Die Grenzfeststellung muss hinreichend bestimmt sein (Bestimmtheitsgebot nach § 37 Verwaltungsverfahrensgesetz). Hinreichende *Bestimmtheit eines Verwaltungsaktes* bedeutet, dass der Inhalt der getroffenen Regelung für die Beteiligten vollständig, klar und unzweideutig erkennbar sein muss. Allgemein sind Bezugnahmen auf Unterlagen, die den Beteiligten zugänglich sein müssen, zulässig. Im Rahmen des Grenzfeststellungsverfahrens dient hierzu die aufzunehmende Niederschrift über den Grenztermin. Bei der Grenzfeststellung handelt es sich um die verbindliche Erklärung der Vermessungsstelle, mit der für die ermittelte Flurstücksgrenze amtlich bestätigt wird, dass ihr örtlicher Verlauf mit ihren Beweismitteln übereinstimmt und dass die Beteiligten mit dem Verlauf einverstanden sind. Dieses Einverständnis ist nicht in allen Bundesländern erforderlich.

Für eine bestehende Flurstücksgrenze wird bestätigt, dass ihr örtlicher Verlauf mit dem Liegenschaftskataster übereinstimmt *(Positiventscheidung)*. Im Umkehrschluss bedeutet dies, dass eine Grenzfeststellung materiell fehlerhaft und damit rechtswidrig ist, wenn eine andere als die im Liegenschaftskataster nachgewiesene Flurstücksgrenze festgestellt worden ist (NIEDERSÄCHSISCHES OBERVERWALTUNGSGERICHT 2003). Eine rechtswidrige Grenzfeststellung ist nach § 48 Verwaltungsverfahrensgesetz regelmäßig zurückzunehmen, da das hiernach der Behörde eingeräumte Ermessen „auf Null“ reduziert ist (KUMMER & MÖLLERING 2005). Für eine neu zu bildende Flurstücksgrenze wird bestätigt, dass ihr örtlicher Verlauf mit der Willenserklärung des Antragstellers oder bei einer rechtswirksam veränderten Flurstücksgrenze ihr örtlicher Verlauf mit der rechtsverbindlichen Festlegung übereinstimmt.

Die Feststellung für bestehende Flurstücksgrenzen muss unterbleiben, wenn nach dem Liegenschaftskataster keine zweifelsfreie Entscheidung über den örtlichen Grenzverlauf möglich ist und die Grundstückseigentümer zum Grenzverlauf keine übereinstimmenden Erklärungen abgeben. Für diesen Fall ist die bestehende Flurstücksgrenze als „strittig" zu kennzeichnen *(Negativentscheidung)*.

In den meisten Ländern gibt es die Möglichkeit, eine Flurstücksgrenze unter Vorbehalt festzustellen *(Vorbehaltsentscheidung)*, wenn die Grenzermittlung ergibt, dass die Flurstücksgrenze im Liegenschaftskataster fehlerhaft nachgewiesen ist (Aufnahmefehler). Für diesen Fall wird die Grenze mit dem Vorbehalt festgestellt, dass das vom Amtsgericht geführte Grundbuch (Bestandsverzeichnis) berichtigt wird. Sollte das Amtsgericht die Berichtigung des Grundbuches ablehnen, muss die Grenzfeststellung gemäß § 49 Verwaltungsverfahrensgesetz widerrufen werden.

Die Grenzfeststellung, gegebenenfalls auch die Negativentscheidung, ist den Beteiligten bekannt zu geben (siehe 7.3.2).

Die *Abmarkung* ist das amtliche Kenntlichmachen von festgestellten Flurstücksgrenzen in der Örtlichkeit mit dauerhaften Grenzmarken (Grenzzeichen) durch dazu befugte Aufgabenträger. Sie richtet sich nach landesrechtlichen Vorschriften, da die Bundesländer die Regelungsbefugnis zur Beurkundung der Errichtung fester Grenzzeichen (Abmarkung) nach § 61 Nr. 7 Beurkundungsgesetz und § 919 Abs. 2 BGB haben. Die Abmarkung ist ein feststellender und zugleich beurkundender Verwaltungsakt (BUNDESVERWALTUNGSGERICHT 1971), mit dem die Vermessungsstelle amtlich bestätigt, dass die Grenzzeichen mit den festgestellten Flurstücksgrenzen übereinstimmen (Richtigkeitsvermutung). Das Aufrichten und Verändern eines Grenzzeichens steht der Abmarkung gleich. In den Ländern bestehen unterschiedliche Regelungen zur Abmarkungspflicht (SCHÄUBLE 2005).

Soweit in Bundesländern das Institut der *Feldgeschworenen* eingerichtet ist, können die Feldgeschworenen nach den Bestimmungen des Landesrechts selbstständige Abmarkungen (Verwaltungsakte, aber nicht Liegenschaftsvermessungen) vornehmen. In diesen Fällen handeln die Feldgeschworenen nach BAYERN (2006a), Artikel 12 Abs. 2, als Beliehene und sind Behörde im Sinne des Verwaltungsverfahrensrechts. Feldgeschworene bekleiden ein kommunales Ehrenamt. Die Institution gibt es in Bayern, Rheinland-Pfalz und Thüringen. Das Feldgeschworenenwesen hat seinen Ursprung in den Feldgerichten des Mittelalters (WIEBEL & BAUER 2009).

Mit dem Verwaltungsakt „Abmarkung" werden die Grenzmarken der gekennzeichneten Grenzpunkte als „öffentliche Sache" gewidmet (KUMMER & MÖLLERING 2005, SIMMERDING & PÜSCHEL 2009). Damit erhalten die Grenzzeichen den in den landesgesetzlichen Vorschriften enthaltenen *Schutz*. Dies bedeutet, dass ordnungswidrig handelt, wer unbefugt Grenzzeichen einbringt, entfernt oder in ihrer Lage verändert. Aus dem Inhalt des Verwaltungsaktes „Abmarkung" ergibt sich, dass die Kennzeichnung der Grenzpunkte die Kenntnis des Grenzverlaufs in der Örtlichkeit verbindlich voraussetzt. Folglich können nur bestandskräftig festgestellte Flurstücksgrenzen abgemarkt werden. Demzufolge darf eine „strittige" Grenze nicht abgemarkt werden. Die Zweckbestimmung der Abmarkung liegt darin, den Grundstückseigentümern die Ausdehnung ihrer Eigentumsrechte auf der Erdoberfläche sichtbar zu machen.

Die Abmarkung erfolgt im Rahmen eines eigenständigen Verwaltungsverfahrens. Das Abmarkungsverfahren ist, wie das Grenzfeststellungsverfahren, ein nicht förmliches *Verwaltungsverfahren* und an die Verfahrensgrundsätze des Verwaltungsverfahrensgesetzes gebunden. Werden anlässlich einer Grenzfeststellung Grenzpunkte abgemarkt, können der Grenztermin und der Abmarkungstermin zusammenfasst werden. In die Niederschrift über den Grenztermin ist der Sachverhalt zur Kennzeichnung der Grenzpunkte, das Ergebnis der Anhörung, die Widmung der Grenzzeichen (Abmarkung) sowie die Bekanntgabe der Abmarkung analog zur Grenzfeststellung aufzunehmen. Auch gegen die Abmarkung können die Beteiligten Rechtsmittel erheben (siehe 7.3.2).

Über den Grenztermin ist eine *Niederschrift* zu führen, die den Anforderungen an eine öffentliche Urkunde genügen muss (siehe 7.3.2). Sie darf keine Mängel enthalten, die ihre Beweiskraft beeinträchtigt. In der Niederschrift ist der Hergang des Grenztermins eindeutig und vollständig zu dokumentieren. Die Niederschrift über den Grenztermin muss insbesondere enthalten:

- Das Vermessungsobjekt sowie den Grund, den Tag und Ort des Grenztermins,
- den Namen des Terminleiters als Beurkundenden,
- die Namen der geladenen und anwesenden Beteiligten und gegebenenfalls die Namen der Bevollmächtigten mit Angaben ihrer Identität,
- die Darlegung der für die Grenzfeststellung erheblichen Tatsachen (das Ergebnis der Grenzermittlung) sowie eine den Text erläuternde Skizze mit Zeichenerklärung,
- die Äußerungen der Beteiligten zu dem dargelegten Sachverhalt,
- die Grenzfeststellung, gegebenenfalls die Negativentscheidung,
- die Art der Bekanntgabe der Grenzfeststellung,
- Feststellungen zur Abmarkung,
- gegebenenfalls die von den Beteiligten unterschriebenen Erklärungen auf den Verzicht des Rechtsbehelfs und
- die Unterschrift des Beurkundenden mit Amtsbezeichnung (und Siegel).

Als Anlagen sind der Niederschrift gegebenenfalls die Vollmachten der Beteiligten, die sich im Grenztermin vertreten lassen, beizufügen. In einem Anhang zur Niederschrift sind Bearbeitungsvermerke gegebenenfalls zu den Grenzfeststellungsbescheiden oder zur Widerspruchsbearbeitung aufzunehmen. Mit der Beurkundung der Niederschrift über den Grenztermin ist das Grenzfeststellungsverfahren abgeschlossen.

7.3.5 Flurstückszerlegung/Flurstücksverschmelzung

Flurstücke (zur Definition siehe 7.2.2) werden auf Antrag oder, wenn es für die Führung des Liegenschaftskatasters erforderlich ist, von Amts wegen entweder durch Zerlegung oder Verschmelzung (Veränderungen in der geometrischen Form der Flurstücke) gebildet. Die Flurstücksbildung von Amts wegen beschränkt sich auf die Zerlegung langgezogener Wege-, Graben- und Straßenflurstücke oder auf Flurstücksflächen unterschiedlicher Nutzung.

Bei der *Zerlegung* wird ein bestehendes Flurstück katasterrechtlich in mehrere selbständige Flurstücke aufgeteilt. Aufgrund der Funktion des Liegenschaftskatasters als amtliches Verzeichnis der Grundstücke ist die Flurstückszerlegung Voraussetzung für eine vom Grundstückseigentümer beabsichtigte grundbuchliche Teilung, in der Regel mit dem Ziel der Abschreibung einer Grundstücksteilfläche. Für diesen Fall ist der Grundstückseigentümer bei Antragstellung darauf hinzuweisen, dass die beabsichtigte Teilabschreibung gegebenenfalls einer bauordnungsrechtlichen und möglicherweise auch einer städtebaurechtlichen Teilungsgenehmigung bedarf (abhängig vom geltenden Landesrecht).

Bei der *Verschmelzung* werden mehrere Flurstücke zu einem selbständigen Flurstück zusammengefasst. Flurstücke können verschmolzen werden, wenn sie wirtschaftlich und örtlich eine Einheit bilden und sie unter einer laufenden Nummer im Bestandsverzeichnis des Grundbuchs, also im Grundbuch als ein Grundstück geführt werden und gleiche Belastungsverhältnisse in Abteilung III vorliegen.

Die durch Zerlegung oder Verschmelzung gebildeten Flurstücke entstehen durch ihre *Übernahme* in die Bestandteile des Liegenschaftskatasters mit ihren neuen Bezeichnungen und Begrenzungen. Diese Veränderungen am Flurstücksbestand sind definitive Maßnahmen. Im Gegensatz zu den korrespondierenden grundbuchlichen Gegenstücken Teilung (§ 19 Abs. 1 Baugesetzbuch) sowie Vereinigung und Bestandteilszuschreibung (§ 890 BGB) greifen sie nicht rechtsändernd in den im Grundbuch gebuchten Grundstücksbestand ein und sind daher grundbuchrechtlich nur tatsächlicher Natur.

Seitdem das Liegenschaftskataster auch der räumlichen Abgrenzung von Rechten an Grundstücken dient (die im Liegenschaftskataster nachgewiesenen Flurstücksgrenzen gelten in der Regel als Grundstücksgrenzen), ist in den meisten landesgesetzlichen Vorschriften für die Flurstücksbildung durch Zerlegung zwingend das *Vermessungsgebot* begründet worden. Grundsätzlich jedoch sollen Flurstücke nur aufgrund einer Liegenschaftsvermessung zerlegt werden. Mit der Liegenschaftsvermessung werden definitionsgemäß

- die neu zu bildenden Flurstücke in ihrer geometrischen Form eindeutig festgelegt,
- die bestehenden und neuen Flurstücksgrenzen an das amtliche Lagebezugssystem angeschlossen, womit für die neuen Flurstücke der Raumbezug hergestellt wird und sie somit als Teile der Erdoberfläche bestimmt werden.

Die Flurstückszerlegung mit zurückgestellter örtlicher Vermessung wird in der Fachsprache als *„Sonderung"* bezeichnet. Eine Sonderung ist nur möglich, wenn der Katasternachweis eine geometrisch eindeutige Festlegung der neuen Flurstücksgrenzen sowohl in ihrer relativen Lage innerhalb des Sonderungsgebietes als auch in ihrer absoluten Lage im amtlichen Lagebezugssystem des Landes zulässt. Nach diesen Kriterien sind zwei Sonderungsfälle möglich:

Sonderung nach einem verbindlichen Plan (z. B. für ein Neubaugebiet). Bei diesem Sonderungsfall wird die Abmarkung wegen bevorstehender Bauarbeiten vorübergehend zurückgestellt. Für diesen Fall müssen folgende Voraussetzungen erfüllt sein:

- Die bestehenden Außengrenzen des Sonderungsgebietes müssen als festgestellt gelten (siehe 7.3.4) oder im Rahmen eines Grenzfeststellungsverfahrens festgestellt werden.
- Für alle Grenzpunkte der Außengrenzen und der neu zu bildenden Flurstücksgrenzen müssen Koordinaten mit der geforderten Genauigkeit im amtlichen Lagebezugssystem vorliegen oder berechnet werden können.

- Die ausführende Vermessungsstelle muss durch entsprechende Erklärungen des Antragstellers möglicherweise auch seines Rechtsnachfolgers sicherstellen, dass für alle Grenzpunkte, für die nach landesgesetzlichen Vorschriften eine Abmarkungspflicht besteht, die Abmarkung der Grenzpunkte nachgeholt wird, sobald die Bauarbeiten beendet sind.

Sonderung nach dem Katasternachweis. Bei diesem Sonderungsfall soll die neu zu bildende Flurstücksgrenze zwischen zwei bereits im Liegenschaftskataster nachgewiesenen Grenzpunkten durch eine geradlinige Verbindungslinie verlaufen. Für diesen Fall müssen folgende Voraussetzungen erfüllt sein:

- Die bestehenden Grenzen des neu zu bildenden Flurstücks, über das der Grundstückseigentümer verfügen will, müssen als festgestellt gelten. Diese Bestimmung ist aber nach Landesrecht nicht durchgängig vorhanden.
- Anfangs- und Endpunkt der neuen Grenze müssen bereits einmal Teil einer Grenzfeststellung gewesen sein, d. h. auch einmal abgemarkt gewesen sein.
- Für Anfangs- und Endpunkt der neuen Grenze müssen Koordinaten mit der geforderten Genauigkeit und Zuverlässigkeit im amtlichen Lagebezugssystem berechnet werden können.
- Der Antragsteller muss auf die örtliche Anzeige der neu zu bildenden Flurstücksgrenze ausdrücklich verzichten.

Ein Verfahren zur Bildung von Flurstücken ohne Liegenschaftsvermessung ist am Beispiel Sachsen-Anhalts in RIEDEL (2005) beschrieben.

7.3.6 Vermessungstechnisches Verfahren

Zur Erfassung der Flurstücksgrenzen und Gebäude sind alle Vermessungsverfahren zugelassen,

- die den anerkannten Regeln der Vermessungstechnik und dem Stand der geodätischen Wissenschaften entsprechen und
- mit denen die Qualitätsanforderungen erfüllt werden.

Die Erfassung muss in der Form erfolgen, dass für jeden erfassten Objektpunkt (Grenz- und Gebäudepunkte) Koordinaten im amtlichen Lagebezugssystem des Landes (siehe 5.1.1) bestimmt werden können. Die früher übliche Orthogonalmethode mit Aufbau von Linien mit darauf basierenden Ordinaten ist heute nur in Ausnahmefällen noch anwendbar. Die heute übliche *Aufnahmemethodik* ist das Polarverfahren mit freier Standpunktwahl oder die direkte Punktbestimmung mit GPS-Empfängern (siehe 5.4.2). Häufig wird eine Kombination beider Verfahren verwendet. Immer ist jedoch die Herstellung des Raumbezuges zum amtlichen Lagebezugssystem erforderlich. Die klassische Herstellung des Raumbezuges durch Anschluss der Messungen an das vorhandene örtliche Festpunktfeld wird zunehmend durch die Verwendung temporärer Anschlusspunkte, die mit GPS bestimmt werden oder direkte Bestimmung der Koordinaten per GPS-Messung verdrängt. Hierfür steht heute der Satellitenpositionierungsdienst SA*POS*® (siehe 5.4.7) permanent und flächendeckend zur Verfügung, mit dem weitgehend die direkte Erfassung eines Objektpunktes möglich ist. Aufnahmepunkte sind nur noch dort einzurichten, wo SA*POS*®-Messungen nicht möglich sind; hierzu siehe ADV (2001), Nr. 5.1.1. Bei der SA*POS*®-Messung ist auf eine ausreichende Satellitenverfügbarkeit sowie auf das Vermeiden von Mehrweg-Effekten und Interferenzen zu achten. Die Kalibrierung und Prüfung der für die Erfassung verwendeten Vermessungsgeräte ist turnusmäßig durchzuführen und aktenkundig zu machen.

Die *Qualität* für die Lage der Objektpunkte bestimmt sich nach der Genauigkeit und Zuverlässigkeit ihrer Erfassung. Die Genauigkeit der Punkterfassung bei SA*POS*®-Messungen wird erreicht durch die Koordinatenbestimmung mit mindestens vier Satelliten bei geometrisch günstiger Satellitenkonstellation und einer ausreichend langen Beobachtungszeit. Die Genauigkeit der Punkterfassung aufgrund herkömmlicher Vermessungsverfahren wird grundsätzlich nach fehlertheoretischen Grundsätzen beurteilt. Die Objektpunkte sind mit einer Lagestandardabweichung von ≤ 0,02 m in Bezug zu den Anschlusspunkten im amtlichen Lagebezugssystem des Landes zu erfassen. Die Zuverlässigkeit wird nach der Widerspruchsfreiheit der Punkterfassung beurteilt. Zur Prüfung der Widerspruchsfreiheit ist es erforderlich, die Erfassung durch unabhängige Kontrollen wirksam zu prüfen. Liegt bei der Prüfung die Abweichung außerhalb der Zulässigkeit, sind die Ursachen hierfür zu klären und zu beheben. Die mit SA*POS*®-Messungen bestimmten Koordinaten werden durch mindestens zwei voneinander unabhängige Messungen kontrolliert. Zwei voneinander unabhängige SA*POS*®-Messungen liegen dann vor, wenn zwischen dem Ende der ersten und dem Beginn der zweiten Messung eine hinreichende Änderung der Satellitengeometrie eingetreten und ein erneuter Antennenaufbau erfolgt ist.

Unabhängig vom vermessungstechnischen Verfahren wird die *Abweichung* innerhalb derselben Liegenschaftsvermessung definiert als lineare Differenz, resultierend aus

- zwei unabhängigen Koordinatenbestimmungen für den selben Objektpunkt oder
- zwei unabhängigen Streckenbestimmungen zwischen zwei Objektpunkten.

Bei unabhängigen Koordinatenbestimmungen desselben Objektpunktes ist eine Abweichung von ≤ 0,03 m zulässig. Die Ergebnisse sind arithmetisch zu mitteln. Bei der unabhängigen Streckenbestimmung zwischen zwei Objektpunkten (gemessene Strecke und der aus Koordinaten gerechneten Strecke) ist eine Abweichung von ≤ 0,04 m zulässig. Liegt die Abweichung innerhalb der Zulässigkeit, ist das Prinzip der Nachbarschaft gewahrt. Die Abweichung bei der Ermittlung bestehender Flurstücksgrenzen (siehe 7.3.3) wird definiert als lineare Differenz, resultierend aus

- dem ermittelten Grenzpunkt und dem örtlichen Grenzpunkt mit
- der Strecke zwischen ermitteltem Grenzpunkt und örtlichem Grenzpunkten.

Die zulässige Abweichung ist abhängig von der Qualität des Vermessungszahlenwerks im Liegenschaftskataster, nach der die Flurstücksgrenze ermittelt wurde. Für die Festlegung der zulässigen Abweichungen stützen sich die Verwaltungsvorschriften der Länder auf die vorstehenden Standards. Beim Vergleich mit vorhandenen Vermessungszahlen und im Rahmen von Grenzermittlungen anhand älterer Vermessungsunterlagen müssen weiterhin die Standards berücksichtigt werden, die zum Zeitpunkt der Entstehung des jeweiligen Nachweises einzuhalten waren.

7.4 Fortführung des Liegenschaftskatasters

7.4.1 Qualifizierung zur Übernahme

Das Liegenschaftskataster soll mit seinem Informationsgehalt verlässliche Aussagen liefern, die geeignet sind, die Anforderungen (7.2.4) der Nutzer abzudecken. Jede Veränderung oder Ergänzung muss in sich plausibel und geeignet sein (Erhebungsqualität) sowie in ihrer harmonischen Einfügung in den vorhandenen Datenbestand (Fortführungsqualität) passen. Die Erstellung der Arbeitsergebnisse durch Vermessungsträger sowie die Übernahme in den Liegenschaftskataster führenden Behörden müssen im Rahmen des Qualitätsmanagements des amtlichen Vermessungswesens und anhand der gegebenen Regelwerke ablaufen. Hierbei gelten die in 7.6.1 im Einzelnen aufgeführten Vorschriften der Länder.

Im Allgemeinen lassen sich die Maßnahmen zur Qualitätssicherung für Veränderungen im Liegenschaftskataster nach ADV (2001), Nr. 3.2, zusammenfassen in

- die Fertigungsaussage der Vermessungsstelle,
- die Fortführungsentscheidung der Liegenschaftskataster führenden Behörde,
- ein Qualitätssicherungssystem der Regelwerke.

Als grundlegende Voraussetzung bei einer Liegenschaftsvermessung müssen zunächst ggf. im Aufgabenverbund zwischen dem Öffentlich bestellten Vermessungsingenieur oder der anderen behördlichen Vermessungsstelle mit der Liegenschaftskataster führenden Behörde Vermessungsunterlagen erstellt werden. Liegenschaftsvermessungen gründen sich immer auf den Nachweis des Liegenschaftskatasters zum Zeitpunkt der Vermessung. Die Vermessungsträger sorgen dafür, dass die Vermessungsunterlagen aktuell sind. Vermessungen ohne diese Grundlage, sozusagen im freien Raum, sind für das Liegenschaftskataster nicht denkbar. Für die Vermessung gelten die technische Regelwerke und die anerkannten Standards, zu deren Einhaltung die Vermessungsstellen verpflichtet sind. Durch automatischen Datenfluss zwischen Feldrechnern und Auswertesystemen werden Übertragungsfehler vermieden und der Prüfaufwand optimiert. Sämtliche Vermessungs- und Berechnungsergebnisse werden von der Vermessungsstelle sachverständig geprüft, damit sie die Vermessungsschriften mit einer Fertigungsaussage als richtig bestätigen (siehe 7.3.3) und sie bei der Liegenschaftskataster führenden Behörde einreichen kann. Die Liegenschaftskataster führende Behörde prüft die Vollständigkeit der eingereichten Vermessungsschriften und ob sie von der Vermessungsstelle als richtig bestätigt wurden. Aufgefallene Mängel werden von der Liegenschaftskataster führenden Behörde beseitigt oder die fehlerhaften Vermessungsschriften werden zur Nachbesserung an die Vermessungsstelle zurückverwiesen. Schließlich werden die Ergebnisse der Liegenschaftsvermessung auf ihre harmonische Einfügung in den Bestand des Liegenschaftskatasters hin geprüft. Dies vorausgesetzt, fällt die Liegenschaftskataster führende Behörde ihre Fortführungsentscheidung.

Alle Aufgabenträger des amtlichen Vermessungswesens unterliegen der staatlichen Aufsicht. Dies sichert die Qualität zur Einhaltung der Normen (Technik) und gewährleistet eine Konformität mit den Vorschriften (Recht) bei allen Vermessungsstellen und in der Liegenschaftskataster führenden Behörde. Jeder Aufgabenträger ist für sein Verwaltungshandeln selbst und abschließend verantwortlich. Er ist Beklagter im Verwaltungsgerichtsverfahren.

7.4.2 Fortführung der Register

Die Führung des Liegenschaftskatasters ist Aufgabe der Länder im Rahmen ihrer staatlichen Daseinvorsorge. So wird das Grundeigentum nach Artikel 14 Grundgesetz gesichert. Nur die behördliche Administration kann durchgängig, fortwährend verlässlich und unbeeinträchtigt von wirtschaftlichen oder strukturellen Einflüssen handeln. Die als Staatsaufgabe fixierte Führung des Liegenschaftskatasters dient der Bereitstellung eines aktuellen, flächendeckenden Bestandes an digitalen georeferenzierten und objektstrukturierten Geobasisdaten. Hiermit wird der vielfältige Bedarf an Geoinformationen über den gesamten Lebensraum für alle öffentlichen und privaten Entscheidungen abgedeckt. Die Liegenschaftskataster führende Behörde entscheidet über alle Fortführungen des Liegenschaftskatasters nach Form, Inhalt und Umfang. Anträge der Eigentümer auf Fortführung müssen angenommen und im Rahmen der Vorschriften übernommen werden. Aufgrund des dem Liegenschaftskataster auferlegten Aktualitätsgebots werden Fortführungen auch von Amts wegen eingeleitet. Bei Bedarf kann die Verbesserung der vorhandenen Daten im Umfeld des bearbeiteten Gebietes erforderlich sein (Homogenisierung). So ist jeder Fortführungsfall auch Anlass für die Überprüfung der vorhandenen Daten. Unter anderem durch den Austausch der bisher geführten Koordinaten durch neu vermessene und ausgewertete Koordinaten wird der Nachweis der Liegenschaften permanent geometrisch optimiert.

Mit der Fortführung des Liegenschaftskatasters wird der flächendeckende Bestand an digitalen georeferenzierten und objektstrukturierten Geobasisdaten des Liegenschaftskatasters permanent auf dem Laufenden gehalten

- zur Dokumentation der Liegenschaften,
- zur Sicherung des Eigentums an Grund und Boden,
- zur Gewährleistung eines dauerhaften amtlichen raumbezogenen Bezugssystems,
- zur Abdeckung des vielfältigen Bedarfs an Geoinformationen über den Lebensraum für alle öffentlichen und privaten raumbezogenen Entscheidungen,
- für Selektionen und Analysen spezifischer lösungsorientierter Geoinformationen und
- zur nachrichtlichen Aufnahme fachbezogener oder individueller Daten.

Der fortführende Verwaltungsakt Übernahme wird durch die Liegenschaftskataster führende Behörde erlassen. Dies ergibt sich aus dem gesetzlich zugewiesenen staatlichen Monopol mit alleiniger Befugnis zur Führung des Liegenschaftskatasters. Die Öffentlich bestellten Vermessungsingenieure und die anderen behördlichen Vermessungsstellen führen als Vermessungsträger die Liegenschaftsvermessungen mit den erforderlichen Feststellungen bereits nachgewiesener Grenzen sowie die Abmarkung alter und neuer Grenzpunkte durch. Erst mit der Übernahme wird die Bildung von Flurstücken, gleich ob sie durch Vermessung, Sonderung oder Flurstücksbestimmung ohne Liegenschaftsvermessung vorbereitet worden ist, wirksam. Die Fortführung des Liegenschaftskatasters erfolgt in der Regel auf der Grundlage eines von der Liegenschaftskataster führenden Behörde erstellten *Fortführungsnachweises* (ein Begriff, der in anderen Rechtsgebieten ebenso verwendet wird, jedoch in jeweils andersartiger Weise). Er dient der Darstellung und Verdeutlichung der Veränderungen und Berichtigungen, die in das Liegenschaftskataster übernommen werden. Er wird für einen Einzelfall aber auch für mehrere zusammenhängende oder mehrere gleichartige Fälle aufgestellt. In ihm werden für den Veränderungsfall oder für eine Veränderungsart die Flurstücke, deren Angaben verändert werden sowie die neu entstehenden oder wegfallenden Flurstücke aufgelistet. Ein Fortführungsnachweis wird ausschließlich dann aufgestellt, wenn Flurstücksangaben zu ändern oder zu berichtigen sind, die aus dem Liegenschaftskataster in das Grundbuch zu übernehmen sind. Dies trifft zu für die Bezeichnung der Flurstücke (Nummer und Gemarkung), den Bestand und die Grenzen der Flurstücke, die Lage der Flurstücke, die Nutzungsart (Wirtschaftsart) sowie die Angabe der Flächengröße. Dem Fortführungsnachweis ist in den weit überwiegenden Fällen als Bestandteil ein Auszug aus der Liegenschaftskarte beigefügt, aus dem die im Textteil aufgelisteten Veränderungen in graphischer Form ergänzend ersichtlich sind. Rechtlich erfüllt der Fortführungsnachweis regelmäßig die Merkmale eines Verwaltungsakts; hierzu siehe BENGEL & SIMMERDING (2000), § 2 Randnummer 49.

Die Fortführung des Grundbuchs obliegt dem örtlich zuständigen Grundbuchamt. Die nach den organisationsrechtlichen Vorschriften (Geschäftsverteilungsplan) mit den Eintragungen in das Grundbuch beauftragten Beamten sorgen nach den für die Übereinstimmung von Liegenschaftskataster und Grundbuch geltenden Vorschriften unter Beachtung der für das Grundbuch zu beachtenden Grundsätze für eine zeitnahe Erledigung der Vorgänge. Unter Berücksichtigung der Vorschriften in der Grundbuchordnung und in der Grundbuchverfügung werden in den meisten Ländern im maschinell geführten Grundbuch die Eintragungen zum Gleichlaut mit dem amtlichen Verzeichnis elektronisch unterstützt vorgenommen.

7.4.3 Bekanntgabe und Mitteilung der Fortführung

Veränderungen der Bestandsangaben des Liegenschaftskatasters entwickeln für jeden Einzelfall öffentlich-rechtliche Wirkung gegenüber dem beteiligten Grundstückseigentümer und dem Inhaber grundstücksgleicher Rechte im Sinne § 35 Verwaltungsverfahrensgesetz (BUNDESTAG 2003). Die davon betroffenen Bestandsangaben sind

- Flurstücksgrenzen,
- Grenzmarken,
- Gebäudegrundrisse und
- Flurstückskennzeichen (Gemarkung, Flur, Flurstücksnummer).

Mit der Löschung oder Neueintragung dieser Daten im Liegenschaftskataster entsteht nach § 41 Verwaltungsverfahrensgesetz die Pflicht zur Bekanntgabe an die davon Betroffenen. Dies geschieht in Form eines Fortführungsnachweises, ggf. einschließlich Rechtsbehelfsbelehrung, sowie einem Auszug aus der Liegenschaftsbeschreibung und der Liegenschaftskarte. Sofern durch Ländergesetz zugelassen, kann die Bekanntgabe bei Fortführungen größeren Umfangs durch Offenlegung (siehe hierzu 7.3.2) erfolgen. Mit der Bekanntgabe wird dem Beteiligten die Möglichkeit eingeräumt, Rechtsmittel nach §§ 69 und 70 Verwaltungsgerichtsordnung (BUNDESMINISTERIUM DER JUSTIZ 1991) einzulegen.

Solange die Fortführung der Daten keine unmittelbare rechtliche Wirkung entwickelt, ist dabei der Verwaltungsaktcharakter nicht erfüllt und die Pflicht zur Bekanntgabe entfällt (SCHLESWIG-HOLSTEIN 2004). Dies betrifft die Veränderung beschreibender Daten über tatsächliche Eigenschaften der Liegenschaften sowie Daten, die von anderen Behörden oder Stellen festgestellt oder festgesetzt werden, wie

- Flächenangaben der Flurstücke,
- Nutzungsarten sowie
- Lagebezeichnungen,

- öffentlich-rechtliche Festlegungen und
- Zugehörigkeiten zu Gebietskörperschaften.

Letzteres gilt ebenso für die Eigentumsangaben im Liegenschaftskataster, die aufgrund von Mitteilungen aus dem Grundbuch nachrichtlich übernommen werden. Gegenvorstellungen der Beteiligten werden formlos entgegen genommen. Daraufhin können Flächeninhalte der Flurstücke und Nutzungsarten von der Liegenschaftskataster führenden Behörde von Amts wegen geprüft und bei Bedarf verändert werden. Ist die Liegenschaftskataster führende Behörde für die Daten nicht originär zuständig, wie bei öffentlich-rechtlichen Festlegungen oder Eigentumsangaben, verweist sie den widersprechenden Beteiligten an die zuständige Behörde.

Das Liegenschaftskataster muss ständig mit den Angaben des Grundbuchs in Übereinstimmung gehalten werden (siehe 7.1.4). Die für die Führung des Grundbuchs relevanten Angaben des Liegenschaftskatasters sind

- Flurstückskennzeichen,
- Flächeninhalte der Flurstücke und
- Nutzungsarten (im Grundbuch als Wirtschaftsart geführt).

In einigen Bundesländern werden automatisierte Verfahren zum Datentransfer zwischen dem liegenschaftskatasterseitigen Verfahren ALB und dem grundbuchseitigen Verfahren (SOLUM-STAR) eingesetzt. Gleichzeitig laufen Abstimmungsgespräche zwischen der AdV und der Bund-Länder-Kommission für Datenverarbeitung und Rationalisierung in der Justiz zum Zusammenwirken und über die fachlichen Anforderungen für den Datenaustausch zwischen ALKIS® und dem zur Weiterentwicklung vorgesehenen maschinell geführten Grundbuch. Sofern mit der Liegenschaftsvermessung ein Aufnahmefehler (siehe 7.3.4) behandelt worden ist, bei dem die im Liegenschaftskataster nachgewiesenen Grenzen eines Flurstücks nicht dem bei der Aufnahme vorhandenen rechtmäßigem Verlauf entsprechen, erhält die Grundbuchbehörde einen besonderen Hinweis mit einem Auszug aus der Liegenschaftskarte. Der Grundbuchführer wird vor der Berichtigung des Bestandsverzeichnisses im Grundbuch entscheiden, ob dem der öffentliche Glaube, ein Eigentumserwerb durch Zuschlag oder ein ähnlicher Rechtsvorgang entgegensteht. In Brandenburg ist diese Entscheidung sogar bei der Berichtigung eines Zeichenfehlers obligatorisch, also immer dann, wenn die Darstellung der Liegenschaftskarte mit den maßgeblichen Unterlagen des Liegenschaftskatasters nicht übereinstimmt und berichtigt werden soll. Die nach § 3 Abs. 2 Grundbuchordnung buchungsfreien Grundstücke sowie die nicht buchungsfähigen Flurstücke (z. B. Anliegerflurstücke) werden einschließlich der Eigentumsangaben nur im Liegenschaftskataster geführt. Eine Mitteilung von Veränderungen der Angaben des Liegenschaftskatasters zu diesen Grundstücken an die Grundbuchbehörde entfällt.

Im Rahmen der allgemeinen Mitteilungspflicht nach § 29 Bewertungsgesetz (BUNDESTAG 1991) übersenden die Liegenschaftskataster führenden Behörden den Finanzbehörden Veränderungsmitteilungen zur Erhaltung der Übereinstimmung der Nachweise der Steuerverwaltungen mit dem Liegenschaftskataster.

Je nach Länderbesonderheiten werden weitere behördliche Mitteilungsverfahren gepflegt. Grundsätzlich bestehen hierzu rechtliche Festlegungen der Länder. So wird in Sachsen-Anhalt das Baulastenverzeichnis nach Bauordnungsrecht mit dem Liegenschaftskataster gegenseitig in Übereinstimmung gehalten.

7.5 Das Liegenschaftskataster als Basisinformationssystem

7.5.1 Amtliche Bodenschätzung

Der ursprüngliche Auftrag nach dem Reichsbodenschätzungsgesetz von 1934 (RÖSCH & KURANDT 1950), die Ergebnisse der Bodenschätzung in das Liegenschaftskataster zu übernehmen (siehe 7.1.2 und 7.2.2), ist bis heute unverändert eine von den Liegenschaftskataster führenden Behörden zu erledigende Aufgabe. Die meisten Vermessungs- und Geoinformationsgesetze der Länder nehmen diesen Auftrag zur Übernahme der Daten aus der Bodenschätzung nach dem Bodenschätzungsgesetz auf und erklären die Angaben zur amtlichen Bodenschätzung zum obligatorischen Inhalt des Liegenschaftskatasters. Im Liegenschaftsbuch werden die Angaben der Bodenschätzungsabschnitte zu jedem Flurstück mit ihren Flächeninhalten aufgeführt. Das Bodenschätzungsgesetz von 1934 wurde novelliert (BUNDESTAG 2007). Die für das Liegenschaftskataster wesentlichen Vorschriften sind in § 9 (Ertragsmesszahl: Produkt aus der Fläche in Ar und der Wertzahl) und § 14 (Übernahme in das Liegenschaftskataster) enthalten. Erwähnenswert zum neuen Gesetz ist für die Liegenschaftskataster führenden Behörden die nach § 14 Abs. 1 Bodenschätzungsgesetz nun „unverzüglich" zu erledigende Übernahme in das Liegenschaftskataster. Die Nutzung der Schätzungsergebnisse erstreckt sich neben der vorrangig steuerlichen (z. B. Grundsteuer, Erbschaftsteuer, Gewerbesteuer, Ertragssteuer) auch auf nicht steuerliche Zwecke (z. B. Wertermittlung nach dem Flurbereinigungsgesetz, Wertermittlung landwirtschaftlicher Grundstücke und Betriebe, Bestimmung von Pachtpreisen und Bemessung von Flurschäden; Erhebung von Abgaben und Beiträgen für Kammern, Verbände und Genossenschaften). In Bodeninformationssystemen für den Bodenschutz werden gleichfalls die Daten der Bodenschätzung genutzt.

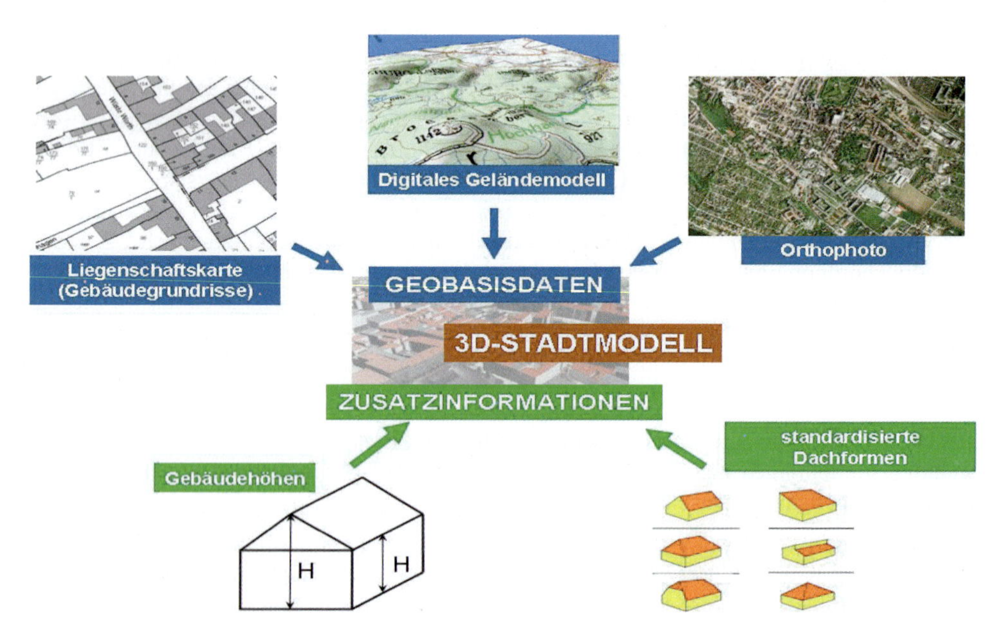

Abb. 7.5: Beispiel für Komponenten eines 3-D-Stadtmodells

7.5.2 Dreidimensionale Stadtmodelle

Dreidimensionale Stadtmodelle können als ALK- oder ALKIS®-Objekte in Kombination mit absolutem Höhenbezug aus dem Digitalen Geländemodell der Geotopographie, unterlegten Orthophotos sowie Zusatzinformationen (Abb. 7.5) zur Verfügung gestellt werden. Hierzu hat die ADV (2004) eine Expertise erarbeitet.

7.5.3 Amtliche Hauskoordinaten und Hausumringe

Georeferenzierte Gebäudeadressen, auch als „Amtliche Hauskoordinaten" bezeichnet, sind im Wesentlichen Datensätze mit Koordinaten, die die Gebäude repräsentieren, und ihrer (postalischen) Adresse. Inhalt und Abgabeschnittstelle sowie die Gebühren für die Hauskoordinaten sind einheitlich festgelegt worden. Bundesweit werden mehr als 20 Mio. Hauskoordinaten geführt. Das Produkt wird für alle Länder zentral vorgehalten (GVHH 2009) und meist von Großkunden zur Weitergabe erworben.

Hausumringe sind Gebäudeobjekte mit Gebäudeumriss und ihrer Zugehörigkeit zur Gemeinde, und somit eine Ergänzung der Amtlichen Hauskoordinaten (Abb. 7.6). Der zentrale Vertrieb (GVHH 2009) ist in Vorbereitung; die Daten von fast allen Ländern sind vorhanden.

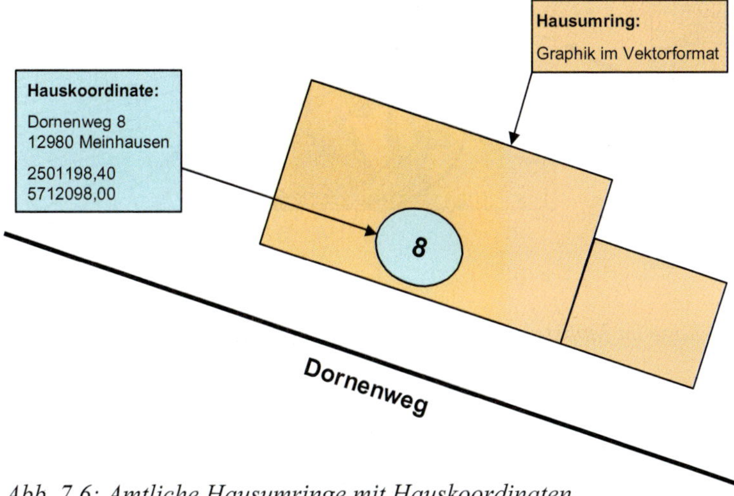

Abb. 7.6: Amtliche Hausumringe mit Hauskoordinaten

7.5.4 Integrationsprodukte mit der Geotopographie

Mit der Modellierung nach dem AAA-Modell wurde Wert auf weitgehende Semantik der mit den Verfahren ALKIS® und ATKIS® geführten Daten gelegt (WIEDENROTH 2008). Obwohl die Daten aus ganz unterschiedlichen Erhebungsquellen stammen, bieten sich Chancen für *Kombinationsprodukte*.

Auch sind Ausgaben der *Liegenschaftskarte mit Digitalem Orthophoto* in Geoportalen oder offline realisierbar und zeigen die flurstücksorientierte Darstellung der Landschaft.

Die *Planungsgrundlage im Zielmaßstab 1:5.000* (ADV 2005c) kommt aus Datenbeständen des Liegenschaftskatasters und der Geotopographie; der Inhalt ist automatisiert aus den Geobasisdaten ableitbar. Es handelt sich im Wesentlichen um die Ausgabe einer Geotopographischen Karte mit Flurstückslayern (Abb. 7.7). Sie können in einigen Ländern bezogen werden.

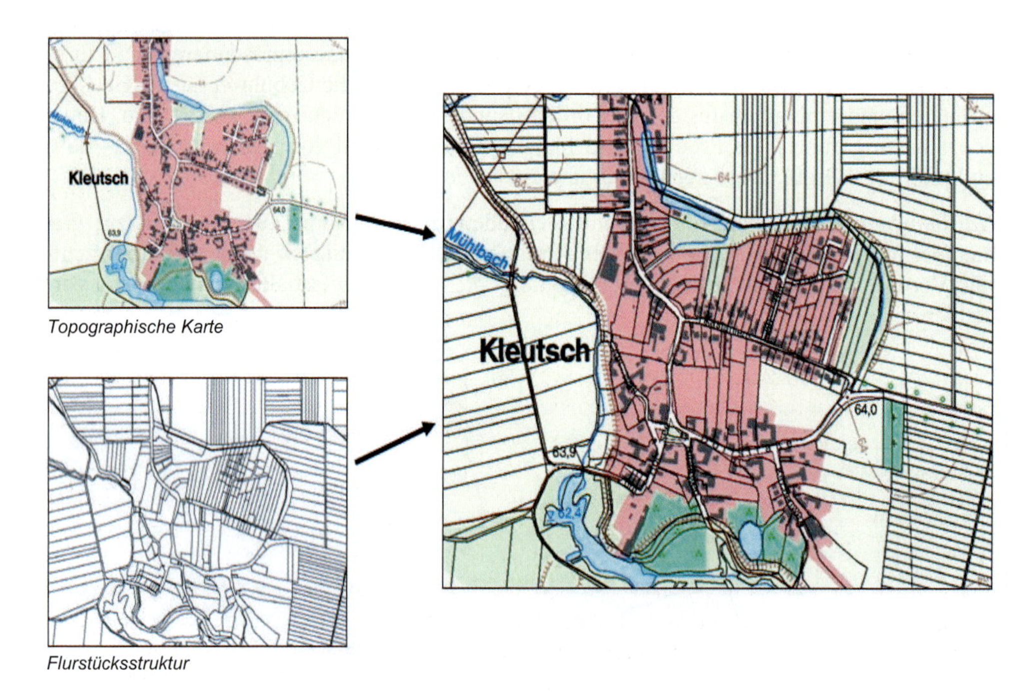

Abb. 7.7: Planungsgrundlage im Maßstab 1:5.000 (verkleinert) (BARTHEL & BEUL 2006)

Als *weiteres Produktpotenzial* sollen mittels Selektion und Kombination vorhandener Geobasisdaten ergänzend zu den Standardausgaben neue konfektionierte Produktvariationen für spezifische Anwendungsbereiche entwickelt werden. Die ADV (2001) hat mit dem Ziel der Nutzer- und Marktorientierung des Liegenschaftskatasters beschlossen, das gesamte Produktpotenzial des Liegenschaftskatasters auch über die Standardausgaben hinaus auszuschöpfen.

7.5.5 Basis im öffentlichen Baurecht

Das amtliche Vermessungswesen stellt als Grundlage Geobasisdaten bereit. Gesetze der Bundesländer regeln, dass diese als Grundlage für z. B. alle raum- und bodenbezogenen Informationssysteme, Planungen und Maßnahmen der Landesverwaltung und der Kommunen zu verwenden sind. Insofern sind alle großmaßstäbigen öffentlichen Planungen auf

Basis der Liegenschaftskarte zu erstellen. Als wesentliches Beispiel ist hier die Bebauungsplanung der Kommunen zu nennen. Als Unterlage für *Bebauungspläne* ist die Liegenschaftskarte zu verwenden, die in Genauigkeit und Vollständigkeit den Zustand des Plangebietes in einem für den Planinhalt ausreichenden Grade erkennen lassen. Aus diesen Planunterlagen sollen sich für beispielsweise Bebauungspläne u. a. die Flurstücke mit ihren Grenzen und Bezeichnungen in Übereinstimmung mit dem Liegenschaftskataster ergeben. Zu den Anforderungen gehört es, dass die Planunterlage in jedem Einzelfall dahin zu überprüfen ist, ob sie in ihrer vermessungstechnischen Qualität und ihrer Übereinstimmung mit dem Liegenschaftskataster den Anforderungen genügt, die sich durch die beabsichtigten rechtsverbindlichen Festsetzungen ergeben. Diese für die rechtsverbindliche Bauleitplanung notwendige Prüfung wird von den Liegenschaftskataster führenden Behörden, Öffentlich bestellten Vermessungsingenieuren oder geeigneten behördlichen Vermessungsstellen vorgenommen und bescheinigt.

Eine allgemeine Verpflichtung, das Liegenschaftskataster als Grundlage zu verwenden, findet sich in den untergeordneten Regelwerken zu den Bauordnungen der Länder, die sich zunehmend an der Musterbauvorlagenverordnung (ARGEBAU 2007) orientieren. Sie schreiben für die bauordnungsrechtlichen Genehmigungs- und Freistellungsverfahren als Bauvorlagen überwiegend den Auszug aus der Liegenschaftskarte und den *Lageplan* vor. Mit dem Auszug aus der Liegenschaftskarte soll eine aktuelle amtliche Aussage zu dem Baugrundstück sowie den Nachbargrundstücken einschließlich des Gebäudebestandes und ihre Bezeichnung durch Gemarkung, Flur, Flurstück und damit eine Zuordnung zum Grundeigentum gegeben werden. Damit sind der Gegenstand, die Rechtsbeziehung und die Ausdehnung in der Baugenehmigung oder Gültigkeit der Freistellung umrissen. Der Lageplan liefert darüber hinaus Angaben, die für die bauordnungsrechtliche Beurteilung erforderlich sind, wie Grenzmaße, öffentliche Verkehrsflächen u. a. Er ist insoweit und für den Einzelfall zu erstellen, und zwar regelmäßig auf der Grundlage des Liegenschaftskatasters. Die Bedeutung von Teilen des Liegenschaftskatasters als Basis für die bauordnungsrechtlichen Anforderungen wird jedoch wesentlich an die Genauigkeit des Gebäudenachweises im Liegenschaftskataster gebunden. Sie wird in dem Maße abnehmen, wie das Liegenschaftskataster Gebäude mit geringerer Genauigkeit nachweist (siehe 7.2.4). Bereits der Auszug aus der Liegenschaftskarte ist der Baugenehmigungsbehörde regelmäßig in beglaubigter Form vorzulegen. So wird der Lageplan auf der Basis des Liegenschaftskatasters erstellt, wird aber anhand des Vermessungszahlenwerks qualifiziert. Das Liegenschaftskataster tritt im Lageplan nicht mehr als Original sondern in seiner übernommenen Form im Zusammenhang mit den anderen Inhalten auf. Hier ist es konsequent, an die in den Lageplan übernommenen Darstellungen aus dem Liegenschaftskataster und damit an den Planaufsteller die gleichen erhöhten Anforderungen zu stellen wie an die Nachweise des Liegenschaftskatasters selbst. Die meisten Länder folgen diesem Grundsatz. Mit dem von der Liegenschaftskataster führenden Behörde oder von einem Öffentlich bestellten Vermessungsingenieur angefertigten und öffentlich beurkundeten Lageplan (amtlicher Lageplan) ist nicht zuletzt die durchgängige Amtlichkeit von den Nachweisen des Liegenschaftskatasters bis zu der Bauvorlage Lageplan sichergestellt. Neben den vorhabenbezogenen Genehmigungen und Freistellungen werden Angaben des Liegenschaftskatasters in den amtlichen Lageplänen als Vorlage für die Genehmigung von Grundstückteilungen oder zur Baulasterklärung gefordert. Der Lageplan in Bauordnungsverfahren stellt wesentlich auch Bezüge zwischen dem Liegenschaftskataster, den planungs- und anderen ortsrechtlichen Festsetzungen, den bauordnungsrechtlichen Bedingungen, den tatsächlichen örtlichen Gegebenheiten und dem geplanten Vorhaben her. Die erforderlichen Angaben basieren auf dem Liegenschaftskataster und werden durch aktuelle vorhabenbezogene Informationen ergänzt. Die Übereinstimmung mit dem Liegenschaftskataster ist im Regelfall nach sechs Monaten zu überprüfen.

Kommt es bei der bauordnungsrechtlichen Beurteilung auf *Grenzabstände* von Bauwerken an, muss dies im Lageplan entsprechend dargestellt werden können. Deshalb ist, falls erforderlich, bei der Ermittlung der Abstände und Abstandflächen auf das Vermessungszahlenwerk des Liegenschaftskatasters und erforderlichenfalls ergänzende örtliche (Grenz-) Untersuchungen und -erhebungen zurückzugreifen. Die Liegenschaftskarte (im Regelmaßstab 1:1.000) ist auf die bauordungsrechtliche Beurteilung auf sehr kleinen Grundstücken oder bei enger Bebauung mit intensiver Flächenausnutzung nicht speziell angelegt. Vergrößerungen der Liegenschaftskarte in den üblichen Zielmaßstab des Lageplanes (1:500) sind nur dann geeignet, wenn die geometrische Genauigkeit der Darstellung in der Liegenschaftskarte hierfür ausreicht. Dies gilt auch für die digital geführte Liegenschaftskarte, mit der zur Präsentation Koordinaten im amtlichen Lagebezugssystem abgegeben werden. Die Grundstücksgrenze rechtssicher durch einen hierzu Befugten untersuchen zu müssen, ergibt sich auch aus den cm-genauen Anforderungen an Grenzabstände und Abstandflächen. Die Rechtsprechung lässt hier nur sehr kleine Toleranzen zu.

Viele Länder fordern den Lageplan als *Amtlichen Lageplan*, wenn an die Qualität und Lage der Grundstücksgrenzen, den Grenzbezug von Gebäuden, durch das Vorhandensein von Baulastflächen hohe Anforderungen gestellt werden. Auch noch nicht in das Liegenschaftskataster übernommene vorgesehene Grenzen, die Berücksichtigung im Baugenehmigungs- oder Teilungsgenehmigungsverfahren finden, begründen hohe Anforderungen. In diesen Fällen ist der Lageplan regelmäßig von der Liegenschaftskataster führenden Behörde oder einem Öffentlich bestellten Vermessungsingenieur zu erstellen. Besonders deutlich wird das Erfordernis Amtlicher Lagepläne bei der Erklärung zu Baulasten. Mit der Baulast wird für das bauordnungsrechtliche Verfahren ein von dem eigentumsrechtlichen Grundstück, wie es im Liegenschaftskataster nachgewiesen wird, abweichende Abgrenzung zum Baugrundstück geschaffen, an die aus der Sicht der Bauordnung die gleichen Anforderungen gestellt werden, wie an eine Grundstücksgrenze.

Nachweise des Liegenschaftskatasters im Kontext mit weiteren tatbestandlichen Erfassungen, zusammengefasst in einem Amtlichen Lageplan können zusätzlich die Bürokratie bei der Bauordnungsbehörde entlasten. Einige Bundesländer sehen vor, dass in diesen Fällen bauordnungsrechtliche Prüfungen entfallen können bzw. sollen. Die Anforderungen der Bauordnungen zeigen zudem, dass das Liegenschaftskataster als Basisinformationssystem eine hohe Qualität und Aktualität besitzen muss.

7.6 Quellenangaben

7.6.1 Literaturverzeichnis

ADV (1985): Koordinatenkataster – Grundsätze und Aufbau. Sonderdruck der AdV, AdV-Geschäftsstelle, Hannover.

ADV (1992): Musterzeichenvorschrift für Liegenschaftskarten und Vermessungsrisse (Muster-ZV). Erstellt durch das Ministerium des Innern und für Sport Rheinland-Pfalz, AdV-Geschäftsstelle, Hannover.

ADV (2001): Profil eines zukunftsorientierten Liegenschaftskatasters. Sonderdruck des AdV-Arbeitskreises Liegenschaftskataster, AdV-Geschäftsstelle, Hannover.

ADV (2002): Grundsätze des Amtlichen Vermessungswesens, Thesenpapier der AdV. In: Wissenswertes über das Amtliche deutsche Vermessungswesen, Sonderdruck der AdV, 20-26, Magdeburg.

ADV (2004): Digitale Oberflächenmodelle und 3D-Stadtmodelle, Expertise der AdV-Arbeitskreise Geotopographie und Liegenschaftskataster. AdV-Geschäftsstelle, Hannover.

ADV (2005a): Aktualisierung des Gebäudenachweises im Liegenschaftskataster. Expertise des AdV-Arbeitskreises Liegenschaftskataster. AdV-Geschäftsstelle, Hannover.

ADV (2005b): Dokumentation von SAPOS- und Tachymetermessungen für das Liegenschaftskataster (MessDokLiKa), Expertise des AdV-Arbeitskreises Liegenschaftskataster. AdV-Geschäftsstelle, Hannover.

ADV (2005c): Planungsgrundlage im Zielmaßstab 1:5000, Expertise der AdV-Arbeitskreise Geotopographie und Liegenschaftskataster. AdV-Geschäftsstelle, Hannover.

ADV (2008a): Aktualität und Nachweis der tatsächlichen Nutzung im amtlichen Vermessungswesen. Expertise des AdV-Arbeitskreises Liegenschaftskataster. AdV-Geschäftsstelle, Hannover.

ADV (2008b): Katalog der tatsächlichen Nutzungsarten im Liegenschaftskataster und ihrer Begriffsbestimmungen (Nutzungsartenkatalog). Zusammenstellung des AdV-Arbeitskreises Liegenschaftskataster, AdV-Geschäftsstelle, Hannover.

ADV (2008c): 60 Jahre AdV, Tätigkeitsbericht 2007/2008. Sonderdruck der AdV, AdV-Geschäftsstelle, Hannover.

ADV (2009): Dokumentation zur Modellierung der Geoinformationen des amtlichen Vermessungswesens (GeoInfoDok), Version 6.0. AdV-Geschäftsstelle, Hannover.

ARGEBAU (2007): Muster einer Verordnung über Bauvorlagen und bauaufsichtliche Anzeigen (Musterbauvorlagenverordnung – MBauVorlV), Fassung Februar 2007. Konferenz der für Städtebau, Bau- und Wohnungswesen zuständigen Minister und Senatoren der Länder (Bauministerkonferenz), Berlin.

BAHNEMANN, H-P. & GOLBACH, U. (2007): Erfahrungen mit der Durchführung von Flurstücksbestimmungen ohne Liegenschaftsvermessungen. In: LSA VERM, 2/2007, 103-114.

BARTHEL, M. & BEUL, D. (2006): Präsentation von Geobasisinformationen im Maßstab 1:5000. In: LSA VERM, 1/2006, 45-56.

BAUER, R. (1993): Berichtigung eines Zeichenfehlers (aus der Rechtsprechung). In: Mitteilungen DVW Bayern, 45 (4), 465-469.

BENGEL, M. & SIMMERDING, F. (2000): Grundbuch Grundstück Grenze – Handbuch zur Grundbuchordnung unter Berücksichtigung katasterrechtlicher Fragen. 5. Aufl. Luchterhand Verlag, Neuwied.

BUNDESGERICHTSHOF (2005): V ZR 11/05 vom 2. Dezember 2005, Karlsruhe; http://www.bundesgerichtshof.de/.

BUNDESMINISTERIUM DER JUSTIZ (1991): Verwaltungsgerichtsordnung (VwGO) in der Fassung der Bekanntmachung vom 19. März 1991 (BGBl. I S. 686), zuletzt geändert durch § 62 Absatz 11 des Gesetzes vom 17. Juni 2008 (BGBl. I S. 1010), Berlin.

BUNDESMINISTERIUM DER JUSTIZ (1993): Verordnung über die grundbuchmäßige Behandlung von Anteilen an ungetrennten Hofräumen (Hofraumverordnung – HofV) vom 24. September 1993 (BGBI. I S. 1658), Berlin.

BUNDESMINISTERIUM DER JUSTIZ (1994a): Grundbuchordnung (GBO) in der Fassung der Bekanntmachung vom 26. Mai 1994 (BGBl. I S. 1114), zuletzt geändert durch Artikel 36 des Gesetzes vom 17. Dezember 2008 (BGBl. I S. 2586), Berlin.

BUNDESMINISTERIUM DER JUSTIZ (1994b): Verordnung über Grundbuchabrufverfahrengebühren (GBAbVfV) vom 30. November 1994 (BGBl. I S. 3580, 3585), zuletzt geändert durch Art. 8 Abs. 5 des Gesetzes vom 27. April 2001 (BGBl. I S. 751), Berlin.

BUNDESMINISTERIUM DER JUSTIZ (1995): Grundbuchverfügung (GBV) in der Fassung der Bekanntmachung vom 24. Januar 1995 (BGBl. I S. 114), zuletzt geändert durch Artikel 78 Abs. 8 des Gesetzes vom 23. November 2007 (BGBl. I S. 2614 mWv 30.11.2007), Berlin.

BUNDESMINISTERIUM DER JUSTIZ (1998): Anordnung über Mitteilungen in Zivilsachen (MiZi) in der Fassung der Bekanntmachung vom 29. April 1998, zuletzt geändert am 25. August 2008 (BAnz. S. 3428), Berlin; http://vwvbund.juris.de/ bsvwvbund_29041998_14301R57212002.htm.

BUNDESMINISTERIUM DER JUSTIZ (2005): Zivilprozessordnung (ZPO) in der Fassung der Bekanntmachung vom 5. Dezember 2005 (BGBl. I S. 3202; 2006 I S. 431; 2007 I S. 1781), zuletzt geändert durch Artikel 29 des Gesetzes vom 17. Dezember 2008 (BGBl. S. 2586), Berlin.

BUNDESTAG (1969): Beurkundungsgesetz (BeurkG) vom 28. August 1969 (BGBl. I S. 1513, zuletzt geändert durch Artikel 5 des Gesetzes vom 12. Dezember 2007 (BGBl. I S. 2840), Berlin.

BUNDESTAG (1991): Bewertungsgesetz (BewG) in der Fassung der Bekanntmachung vom 1. Februar 1991 (BGBl. I S. 230), zuletzt geändert durch Artikel 2 des Gesetzes vom 24. Dezember 2008 (BGBl. I S. 3018), Berlin.

BUNDESTAG (1993a): Gesetz über die Sonderung unvermessener und überbauter Grundstücke nach der Karte (Bodensonderungsgesetz – BoSoG) vom 20. Dezember 1993 (BGBl. I, S. 2182, 2215), zuletzt geändert durch Artikel 22 des Gesetzes vom 21. August 2002 (BGBl. I S. 3322), Berlin.

BUNDESTAG (1993b): Gesetz zur Vereinfachung und Beschleunigung registerrechtlicher und anderer Verfahren (Registerverfahrensbeschleunigungsgesetz – RegVBG) vom 20. Dezember 1993 (BGBl. I S. 2182), Berlin.

BUNDESTAG (1994): Einführungsgesetz zum Bürgerlichen Gesetzbuche (BGBEG) in der Fassung der Bekanntmachung vom 21. September 1994 (BGBl. I S. 2494; 1997 I S. 1061), zuletzt geändert durch Artikel 20 des Gesetzes vom 3. April 2009 (BGBl. I S. 700), Berlin.

BUNDESTAG (2002): Bürgerliches Gesetzbuch (BGB) in der Fassung der Bekanntmachung vom 2. Januar 2002 (BGBl. I S. 42, 2009; 2003 I S. 738), zuletzt geändert durch Artikel 5 des Gesetzes vom 10. Dezember 2008 (BGBl. I S. 2399), Berlin.

BUNDESTAG (2003): Verwaltungsverfahrensgesetz (VwVfG) in der Fassung der Bekanntmachung vom 23. Januar 2003 (BGBl. I S. 102), zuletzt geändert durch Artikel 10 des Gesetzes vom 11. Dezember 2008 (BGBl. I S. 2586), Berlin.

BUNDESTAG (2004): Baugesetzbuch (BauGB) in der Fassung der Bekanntmachung vom 23. September 2004 (BGBl. I S. 2414), zuletzt geändert durch Artikel 4 des Gesetzes vom 24. Dezember 2008 (BGBl. I S. 3018), Berlin.

BUNDESTAG (2007): Gesetz zur Schätzung des landwirtschaftlichen Kulturbodens (Bodenschätzungsgesetz – BodSchätzG) vom 20. Dezember 2007 (BGBl. I S. 3150, 3176), zuletzt geändert durch Artikel 22 des Gesetzes vom 21. August 2002 (BGBl. I S. 3322), Berlin.

BUNDESTAG (2009): Gesetz über den Zugang zu digitalen Geodaten (Geodatenzugangsgesetz – GeoZG) vom 10. Februar 2009 (BGBl. I S. 278), Berlin.

BUNDESVERFASSUNGSGERICHT (1983): 1 BvR 209, 269, 362, 420, 440, 484/83 vom 15. Dezember 1983, BVerfGE 65, 1, Karlsruhe.

BUNDESVERFASSUNGSGERICHT (2006): 1 BvL 10/02 vom 7.11.2006, Absatz-Nr. (1-204), Karlsruhe; http://www.bverfg.de/entscheidungen/ls20061107_1bvl001002.html.

BUNDESVERWALTUNGSGERICHT (1971): IV B 59.70 vom 1. April 1971. In: Die Öffentliche Verwaltung (DÖV), 1972, 174.

DIDCZUHN, A. (1991): Abmarkung und Grenzfeststellungsvertrag. In: Mitteilungen DVW Bayern, 43 (1), 39-62.

DRESBACH, D. & KRIEGEL, O. (2007): Kataster-ABC. 4. Aufl. Wichmann Verlag, Heidelberg.

ERNST, W., ZINKAHN, W., BIELENBERG, W. & KRAUTZBERGER, M. (2008): Baugesetzbuch – Kommentar. 89. Erg.-Lfg., 10/2008. C. H. Beck Verlag, München.

EUROPÄISCHE UNION (2007): Richtlinie 2007/2/EG des Europäischen Parlaments und des Rates vom 14. März 2007 zur Schaffung einer Geodateninfrastruktur in der Europäischen Gemeinschaft (INSPIRE). ABl. L 108 vom 25.4.2007, S. 1 (Ausgabe in deutscher Sprache), Straßburg/ Brüssel;http://eur-lex.europa.eu/JOHtml.do?uri=OJ:L:2007:108:SOM:de:HTML.

FIG FACHWÖRTERBUCH (1999): FIG Fachwörterbuch, Band 4: Katastervermessung und Liegenschaftskataster. 2. Aufl. Bundesamt für Kartographie und Geodäsie, Frankfurt am Main.

FRANKENBERGER, J., HAMPP, D. & FROMMKNECHT, M. (1993): Die digitale Flurkarte – Konzept und Verwirklichung. In: Mitteilungen DVW Bayern, 45 (3), 237-249.

GBGA (1981): Geschäftsanweisung für die Behandlung der Grundbuchsachen vom 7.12.1981, Bayerisches Justizministerialblatt – JMBl. 1981, 190, München.

GOMILLE, U. (2008): Kommentar zum Niedersächsischen Gesetz über das amtliche Vermessungswesen. Kommunal- und Schulverlag, Wiesbaden.

GROTE, T. (2007): Integrierte Führung von Geodaten mit dem AAA-Konzept– Der Weg des Landes Sachsen-Anhalt. In: zfv, 132 (4), 253-260.

GUSCHE, M. (2005): Zum Stand von ALKIS® in Mecklenburg-Vorpommern, Schwerin; http://www.geomv.de/geoforum/2005/beitraege.html.

HÄDE, U. (1993): Rechtsfragen der Grenzabmarkung. In: zfv, 118 (7), 305-319.

HÄDE, U. (1994): Die Abmarkung der Grundstücke im Zusammenspiel von Verwaltungs- und Privatrecht. In: Bayerische Verwaltungsblätter (BayVBl.), 417. Boorberg Verlag, Stuttgart.

HARREITER, S. & PÜSCHEL, R. (2008): Handbuch zu Grundbuch und Liegenschaftskataster, Leitfaden für die bayerischen Kommunen mit zahlreichen Beispielen und Praxishinweisen. Boorberg Verlag, Stuttgart.

HARTMANN, P. (2008): Aus der Praxis eines Öffentlich bestellten Vermessungsingenieurs. In: Vermessung Brandenburg, 2/2008, 28-36.

JÄKEL, J. & KINDERLING, L. (2006): Bodensonderung: Mit großen Schritten dem Ziel entgegen. In: LSA VERM, 2/2006, 155-164.

KATASTERBEHÖRDEN NEUE BUNDESLÄNDER (1998): Abwicklung von Katastervermessungen an den Ländergrenzen. Arbeitsgruppe Fachfragen des Amtlichen Vermessungswesens in den neuen Bundesländern und Berlin. Magdeburg (nicht veröffentlicht).

KUNTZE, J., ERTL, R., HERRMANN, H. & EICKMANN, D. (2006): Grundbuchrecht – Kommentar zu Grundbuchordnung und Grundbuchverfügung einschließlich Wohnungseigentumsgrundbuchverfügung. 6. Aufl. De Gruyter Verlag, Berlin.

KÖHLER, G. (2004): Die Position hessischer Stadtvermessungsämter bei der Ausführung hoheitlicher Katastervermessungen, In: zfv, 129 (6), 384-388.

KÖHLER, G. (2008): Hessisches Vermessungs- und Geoinformationsgesetz – Kommentar. 1. Aufl. Kommunal- und Schulverlag, Wiesbaden.

KRIEGEL, O. & HERZFELD, G. (2008): Katasterkunde in Einzeldarstellungen. 23. Erg.-Lfg. Wichmann Verlag, Heidelberg.

KOPP, F. & RAMSAUER, U. (2005): Verwaltungsverfahrensgesetz (VwVfG) – Kommentar. 9. Aufl. C. H. Beck Verlag, München.

KUMMER, K. (2009): The Property and the Boundary – from a philosophical view. In: www.theboundary.no, Bergen (Norwegen) und FORUM, 2/2009, 94-102.

KUMMER, K. & MÖLLERING, H. (2005): Vermessungs- und Geoinformationsrecht Sachsen-Anhalt – Kommentar. 3. Aufl. Kommunal- und Schulverlag, Wiesbaden.

KUMMER, K. & SCHULTZE, K. (2007): Die Integration zum Geobasisinformationssystem im Ein-Behörden-Modell – Das LVermGeo in Sachsen-Anhalt. In: zfv, 132 (4), 239-246.

LANDTAG DES FREISTAATES BAYERN (2008): Bayerisches Geoinfrastrukturgesetz (BayGDIG) vom 22. Juli 2008 (GVBl 2008, S. 453), München.

LVERMGEO LSA (2005): Die Liegenschaftskarte des Landes Sachsen-Anhalt, Sonderdruck des Landesamtes für Vermessung und Geoinformation Sachsen-Anhalt vom 18. Oktober 2005, Magdeburg.

MATTISECK, K. & SEIDEL, J. (2008): Vermessungs- und Katastergesetz Nordrhein-Westfalen, Kommentar. Kommunal- und Schulverlag, Wiesbaden.

MDR (1976): OLG Nürnberg vom 13.1.1976 7 U 19/73. In: Monatsschrift für Deutsches Recht (MDR) – Zeitschrift für die Zivilrechts-Praxis, 30, 666.

MÖLLERING, H. (1992): Rechtsaspekte im Amtlichen Vermessungswesen. In: NaVKV, 4/1992, 226-231.

MÖLLERING, H. (1994): Rechtliche Eigentumssicherung – Entwicklungen bis zum heutigen Mehrzweckkataster, In: zfv, 119 (2), 57-70.

MÖLLERING, H. (1995): Entwicklungen im Liegenschaftskataster – Realität und Vision. In: NaVKV, 1/1995, 10-13.

MOTIVE (1888): Motive zu dem Entwurfe eines Bürgerlichen Gesetzbuches für das Deutsche Reich. Amtliche Ausgabe, Bd. 3 Sachenrecht. J. Guttentag Verlag, Berlin/Leipzig.

NESTLER, B. (1990): Stand des Liegenschaftswesens der DDR. In: AVN, 97 (8-9), 281-290.

NIEDERSÄCHSISCHES OBERVERWALTUNGSGERICHT (2003): 8 LA 53/03 vom 23. 04. 2003, Lüneburg; http://www.dbovg.niedersachsen.de/.

NJW (1973): BGH vom 01.03.1973 III ZR 69/70: Verjährung von Schadensersatzansprüchen aus Amtspflichtverletzungen wegen Eintragung einer fehlerhaften Parzellenangabe. In: Neue Juristische Wochenschrift, 26 (24), 1077.

ORTH, G. (2001): Das neue Fachrecht über das amtliche Vermessungswesen – Rahmenbedingungen und Ziele. In: Nachrichtenblatt der Vermessungs- und Katasterverwaltung Rheinland-Pfalz, 44 (2), 55-65.

OSTRAU, S. (2008): Nutzerorientierte Bereitstellung von Geobasisdaten. In: fub, 70 (6), 264-275.

PALANDT, O. (Hrsg.) (2002): Bürgerliches Gesetzbuch. 61. Aufl. C. H. Beck Verlag, München.

PERCHERMEIER, G. & WIENHOLD, M. (1991): Automatisiertes Grundbuch- und Liegenschaftsbuch – Verfahren in Bayern (AGLB). In: zfv, 116 (3), 155.

PÜSCHEL, R. (1995): Ein Beitrag zum Vermessungsrecht in Bayern mit besonderer Berücksichtigung der subsidiären Anwendbarkeit des Bayerischen Verwaltungsverfahrensgesetzes auf die Abmarkung. In: Theorie und Forschung, 334. Roderer Verlag, Regensburg.

PÜSCHEL, R. & HARREITER, S. (2008): Handbuch zu Grundbuch und Liegenschaftskataster. Boorberg Verlag, Stuttgart/München/Hannover.

PÜSCHEL, R. (2000): Zur Bekanntgabe der Abmarkung. In: Mitteilungen DVW Bayern, 52 (1), 57-81, (2), 173-200 und (3), 325-344.

PÜSCHEL, R. (2004): Die digitale Flurkarte im öffentlichen Baurecht. In: Mitteilungen DVW Bayern, 56 (4), 539-550 und 57 (1), 87-112.

REICHSGERICHT (1910): V 72/09 vom 12. Februar 1910. RGZ Bd. 73, S. 125-131, Bd. 77, S. 33-34. In: RGZ – Entscheidungen des Reichsgerichts in Zivilsachen 1880 bis 1945. Archiv-DVD-ROM. 1. Aufl., 2004. De Gruyter Verlag, Berlin.

REICHSGERICHT (1914): V368/13 vom 12. März 1914. RGZ Bd. 84, S. 265-284. In: RGZ – Entscheidungen des Reichsgerichts in Zivilsachen 1880 bis 1945. Archiv-DVD-ROM. 1. Aufl. 2004. De Gruyter Verlag, Berlin.

RÖSCH, A. & KURANDT, F. (1950): Bodenschätzung und Liegenschaftskataster. 3. Aufl. Carl Heymanns Verlag, Berlin.

RIEDEL, A. (2005): Neue Möglichkeiten der Flurstücksbestimmung und Erfassung von Gebäuden im Liegenschaftskataster. In: LSA VERM, 1/2005, 27-40.

SCHULTE, H. (1983): Aspekte des Liegenschaftskatasters. In: zfv, 108 (12), 531-534.

SCHÄUBLE, D. (2005): Neuere Entwicklungen im Abmarkungsrecht der Länder. In: zfv, 130 (3), 184-191.

SCHÜTTEL, M. (2008): Das Amtliche Liegenschaftskataster-Informationssystem Rheinland Pfalz. In: Nachrichtenblatt der Vermessungs- und Katasterverwaltung Rheinland-Pfalz, 5 (4), 265-272.

SIMMERDING, F. (1969): Verwendung und Herkunft des Wortes Kataster. In: zfv, 94 (9), 333-341.

SIMMERDING, F. (1978): Aufstellung des Liegenschaftskatasters beendet, vier Jahrzehnte Katastergeschichte in Bayern. In: Mitteilungen DVW Bayern, 30 (2), 70-92.

SIMMERDING, F. (1996a): Das Liegenschaftskataster, Bayerisches Landesvermessungsamt (Hrsg.). In: Schriftenreihe der Bayerischen Vermessungsverwaltung, 14. München.

SIMMERDING, F. (1996b): Grenzzeichen, Grenzsteinsetzer und Grenzfrevler: Ein Beitrag zur Kultur-, Rechts- und Sozialgeschichte. DVW Bayern, München.

SIMMERDING, F. & PÜSCHEL, R. (2009): Bayerisches Abmarkungsrecht. Abmarkungsgesetz mit Feldgeschworenenordnung und Vermessungs- und Katastergesetz. 3. Aufl. Boorberg Taschenkommentare, München.

REIST, H. & STROBEL, E. (1992): Vermessungsrecht für Baden-Württemberg, Kommentar. 2. Aufl. Wittwer Verlag, Stuttgart.

TORGE, W. (2009): Geschichte der Geodäsie in Deutschland. 2. Aufl. De Gruyter Verlag, Berlin/New York.

UFER, W. (1992): Die ungetrennten Hofräume und das Grundbuch. In: AVN, 99 (1), 25-31.

WAGNER, A. (2009): Entwicklung des Landentwicklungsfachinformationssystems LEFIS – Ein Projekt der Bund-Länder-Arbeitsgemeinschaft „Nachhaltige Landentwicklung“. In: KN, 59 (3), 142-150.

WALK, R. (1993): Datenaustauschkonzept der staatlichen Vermessungsämter für das amtliche Grundstücks- und Bodeninformationssystem (GRUBIS). In: Mitteilungen DVW Bayern, 45 (4), 405-448.

WIEBEL, E. & BAUER, R. (2009): Der Feldgeschworene. 28. Aufl. Verlag J. Jehle, Verlagsgruppe Hüthig Jehle Rehm, Heidelberg.

WIEDENROTH, W. (2007): Führung der Geobasisdaten im integrierten Gesamtsystem – Strategie des Landes Sachsen Anhalt. In: LSA VERM, 2/2007, 115-126.

ZACHERT, R. (2000): Öffentlich-rechtlicher Vertrag im Grenzfeststellungsverfahren. In: zfv, 125 (6), 198-203.

ZIEGLER, T. (1989): Vom Grenzstein zur Landkarte: Die bayerische Landesvermessung in Geschichte und Gegenwart. Wittwer Verlag, Stuttgart.

ZIEGLER, T. (1993): Der König ließ messen sein Land. DVW Bayern, München.

ZIEGLER, T. (2007): Das Liegenschaftskataster. In: Schriftenreihe zur Ausbildung in der bayerischen Vermessungsverwaltung, 14. Landesamt für Vermessung und Geoinformation München, aktualisierte Auflage 2007, München.

VERMESSUNGS- UND GEOINFORMATIONSGESETZE DER LÄNDER

BADEN-WÜRTTEMBERG (2008): Vermessungsgesetz für Baden-Württemberg (VermG) vom 01. Juli 2004, Gesetzblatt für Baden-Württemberg 2004, S. 469-576, zuletzt geändert am 14. Oktober 2008, Gesetzblatt für Baden-Württemberg 2008, S. 313-332, Stuttgart; www.landesrecht-bw.de.

BAYERN (2006a): Gesetz über die Abmarkung der Grundstücke (Abmarkungsgesetz – AbmG) 06. August 1981, Bayerisches Gesetz- und Verordnungsblatt 1981, S. 318-324, zuletzt geändert am 26. Juli 2006, Bayerisches Gesetz- und Verordnungsblatt 2006, S. 405-415, München; www.geodaten.bayern.de.

BAYERN (2008): Gesetz über die Landesvermessung und das Liegenschaftskataster (Vermessungs- und Katastergesetz – VermKatG) vom 31. Juli 1970, Bayerisches Gesetz- und Verordnungsblatt 1970, S. 369-372, zuletzt geändert am 23. April 2008, Bayerisches Gesetz- und Verordnungsblatt 2008, S. 139-148, München; www.geodaten.bayern.de.

BERLIN (2004): Gesetz über das Vermessungswesen in Berlin (VermG Bln) vom 09. Januar 1996, Gesetz- und Verordnungsblatt Berlin 1996, S. 56-62, zuletzt geändert am 18. Dezember 2004, Gesetz- und Verordnungsblatt Berlin 2004, S. 524-527, Berlin; www.stadtentwicklung.berlin.de.

BRANDENBURG (2009): Gesetz über das Geoinformations- und amtliche Vermessungswesen im Land Brandenburg (Brandenburgisches Geoinformations- und Vermessungsgesetz – BbgGeoVermG) vom 27. Mai 2009, Gesetz- und Verordnungsblatt für das Land Brandenburg 2009, Teil 1, S. 166-173, Potsdam; www.vermessung.brandenburg.de.

BREMEN (1990): Gesetz über die Landesvermessung und das Liegenschaftskataster (Vermessungs- und Katastergesetz) vom 16. Oktober 1990, Gesetzblatt der Freien Hansestadt Bremen 1990, S. 313-320, Bremen; www.bremen.beck.de.

HAMBURG (2005): Hamburgisches Gesetz über das Vermessungswesen (HmbVermG) vom 20. April 2005, Hamburgisches Gesetz- und Verordnungsblatt 2005, S. 135-140, Hamburg; www.hamburg.de/wir.

HESSEN (2007a): Hessisches Gesetz über das öffentliche Vermessungs- und Geoinformationswesen (Hessisches Vermessungs- und Geoinformationsgesetz – HVGG) vom 06. September 2007, Gesetz- und Verordnungsblatt für das Land Hessen 2007, Teil I, S. 548-566, Wiesbaden; www.hvbg.hessen.de.

HESSEN (2007b): Gesetz über die vereinfachte Bereinigung der Rechts- und Grenzverhältnisse bei Baumaßnahmen für öffentliche Straßen (Grenzbereinigungsgesetz) vom 13. Juni 1979, Gesetz- und Verordnungsblatt für das Land Hessen 1979, Teil I, S. 108 bis 112, zuletzt geändert am 06. September 2007, Gesetz- und Verordnungsblatt für das Land Hessen 2007, Teil I, S. 548-566, Wiesbaden; www.hvbg.hessen.de.

MECKLENBURG-VORPOMMERN (2009): Gesetz über die Landesvermessung und das Liegenschaftskataster des Landes Mecklenburg-Vorpommern (Vermessungs- und Katastergesetz) vom 22. Juli 2002, Gesetz- und Verordnungsblatt für Mecklenburg-Vorpommern 2002, S. 524-531, zuletzt geändert am 16. Februar 2009, Gesetz- und Verordnungsblatt für Mecklenburg-Vorpommern 2009, S. 261, Schwerin; www.service.m-v.de/cms/DLP_prod/ DLP/Laris.

NIEDERSACHSEN (2003): Niedersächsisches Gesetz über das amtliche Vermessungswesen (NVermG) vom 12. Dezember 2002, Niedersächsisches Gesetz- und Verordnungsblatt 2003, S. 5-8, Hannover; www.nds-voris.de.

NORDRHEIN-WESTFALEN (2005): Gesetz über die Landesvermessung und das Liegenschaftskataster (Vermessungs- und Katastergesetz – VermKatG NRW) vom 01. März 2005, Gesetz- und Verordnungsblatt für das Land Nordrhein-Westfalen 2005, S. 174 bis 183, Düsseldorf; http://sgv.im.nrw.de.

RHEINLAND-PFALZ (2008): Landesgesetz über das amtliche Vermessungswesen (LGVerm) vom 20. Dezember 2000, Gesetz- und Verordnungsblatt für das Land Rheinland-Pfalz 2000, S. 572-577, zuletzt geändert am 26. November 2008, Gesetz- und Verordnungsblatt für das Land Rheinland-Pfalz 2008, S. 296-299, Mainz; www.lvermgeo.rlp.de.

SAARLAND (2008): Saarländisches Gesetz über die Landesvermessung und das Liegenschaftskataster (Saarländisches Vermessungs- und Katastergesetz – SVermKatG) vom 16. Oktober 1997, Amtsblatt des Saarlandes 1997, S. 1130-1145, zuletzt geändert am 21. November 2007, Amtsblatt des Saarlandes 2008, S. 278-293, Saarbrücken; www.vorschriften.saarland.de.

SACHSEN (2008): Gesetz über die Landesvermessung und das Liegenschaftskataster sowie die Bereitstellung von amtlichen Geobasisinformationen im Freistaat Sachsen (Sächsisches Vermessungs- und Geobasisinformationsgesetz – SächsVermGeoG) vom 29. Januar 2008, Sächsisches Gesetz- und Verordnungsblatt 2008, S. 138-195, Dresden; www.landesvermessung.sachsen.de.

SACHSEN-ANHALT (2004): Vermessungs- und Geoinformationsgesetz Sachsen-Anhalt (VermGeoG LSA) vom 15. September 2004, Gesetz- und Verordnungsblatt für das Land Sachsen-Anhalt 2004, S. 716-723, Magdeburg; www.lvermgeo.sachsen-anhalt.de.

SCHLESWIG-HOLSTEIN (2004): Gesetz über die Landesvermessung und das Liegenschaftskataster (Vermessungs- und Katastergesetz – VermG) vom 12. Mai 2004, Gesetz- und Verordnungsblatt Land Schleswig-Holstein 2004, S. 128-135, Kiel; www.schleswig-holstein.de/LVERMA/DE/LVERMA_node.html.

THÜRINGEN (2005a): Gesetz über die Abmarkung der Grundstücke (Thüringer Abmarkungsgesetz – ThürAbmG) vom 07. August 1991, Gesetz- und Verordnungsblatt für den Freistaat Thüringen 1991, S. 285-336, zuletzt geändert am 22. März 2005, Gesetz- und Verordnungsblatt für den Freistaat Thüringen 2005, S. 115-125, Erfurt/Jena; www.thueringen.de/de/tlvermgeo/wir/vorschriften/content.html.

THÜRINGEN (2005b): Gesetz über das Liegenschaftskataster (Thüringer Katastergesetz – ThürKatG) vom 07. August 1991, Gesetz- und Verordnungsblatt für den Freistaat Thüringen 1991, S. 285-336, zuletzt geändert am 22. März 2005, Gesetz- und Verordnungsblatt für den Freistaat Thüringen 2005, S. 115-125, Erfurt/Jena; http://www.thueringen.de/de/tlvermgeo/wir/vorschriften/content.html.

THÜRINGEN (2008): Thüringer Gesetz zur Zusammenfassung der Rechtsgrundlagen und zur Neuausrichtung des Vermessungs- und Geoinformationswesens (TLVermGeoG) vom 16. Dezember 2008, Gesetz- und Verordnungsblatt für den Freistaat Thüringen 2008, S. 574-584, Erfurt/Jena; www.thueringen.de/de/tlvermgeo/wir/vorschriften/ content.html.

VERORDNUNGEN DER LÄNDER ZUM VERMESSUNGS- UND GEOINFORMATIONSRECHT

BADEN-WÜRTTEMBERG (2007): Verordnung des Ministeriums für Ernährung und Ländlichen Raum zur Durchführung des Vermessungsgesetzes (DVOVermG) vom 12. April 1988, Gesetzblatt für Baden-Württemberg 1988, S. 145-149, zuletzt geändert am 25. April 2007, Gesetzblatt für Baden-Württemberg 2007, S. 252-266, Stuttgart; www.landesrecht-bw.de.

BAYERN (1981): Feldgeschworenenordnung (FO) vom 16. Oktober 1981 (BayRS 219-6-F), zuletzt geändert durch die Verordnung vom 19. November 2003 (GVBl S. 884), München.

BAYERN (2005): VO zur Übernahme von Gebäudevermessungen von Privatpersonen in das Liegenschaftskataster (Gebäudeübernahmeverordnung – GÜVO) vom 10. Oktober 2005, Bayerisches Gesetz- und Verordnungsblatt 2005, S. 521-523, München; www.geodaten.bayern.de.

BAYERN (2006b): Verordnung über den automatisierten Abruf von personenbezogenen Daten aus dem Liegenschaftskataster (ALB-Abrufverordnung – ALBV) vom 03. Februar 2006, Bayerisches Gesetz- und Verordnungsblatt 2006, S. 116-117, München; www.geodaten.bayern.de.

BERLIN (1990):VO über die Grundstücksnumerierung (Numerierungs-VO – NrVO) vom 09. Dezember 1975, Gesetz- und Verordnungsblatt Berlin 1975 S. 2947-2948, zuletzt geändert am 10. Dezember 1990, Gesetz- und Verordnungsblatt Berlin 1990, S. 2289 bis 2294, Berlin; www.stadtentwicklung.berlin.de.

BRANDENBURG (1999): Verordnung zum Verfahren der Offenlegung des Liegenschaftskatasters (Offenlegungsverordnung) vom 17. Februar 1999, Gesetz- und Verordnungsblatt für das Land Brandenburg 1999, Teil II, S. 130, Potsdam; www.vermessung.brandenburg.de.

BRANDENBURG (1999): Verordnung zum Verfahren bei der Feststellung und Abmarkung von Flurstücksgrenzen (LiegenschaftsvermessungsVO) vom 18. Februar 1999, Gesetz- und Verordnungsblatt für das Land Brandenburg 1999, Teil II, S. 130-131, Potsdam; www.vermessung.brandenburg.de.

BRANDENBURG (2001): Verordnung über Zuständigkeiten in Landesvermessung und Liegenschaftskataster (Vermessungs- und Liegenschaftsgesetzzuständigkeitsverordnung – VermLiegGZV) vom 29. Dezember 1994, Gesetz- und Verordnungsblatt für das Land Brandenburg 1995, Teil II, S. 74-76, zuletzt geändert am 06. Dezember 2001, Gesetz- und Verordnungsblatt für das Land Brandenburg 2001, Teil I, S. 244-249, Potsdam; www.vermessung.brandenburg.de.

BRANDENBURG (2003): Verordnung über die Einrichtung automatisierter Abrufverfahren und regelmäßiger Datenübermittlungen im Liegenschaftskataster (Liegenschaftskataster-Datenübermittlungsverordnung – LiKaDÜV) vom 17. Dezember 1997, Gesetz- und Verordnungsblatt für das Land Brandenburg 1998, Teil II, S. 13-16, zuletzt geändert am 28. August 2003, Gesetz- und Verordnungsblatt für das Land Brandenburg 2003, Teil II, S. 482-483, Potsdam; www.vermessung.brandenburg.de.

BREMEN (2000): Verordnung über das Verfahren zum automatisierten Abruf von Daten des Liegenschaftskatasters (Liegenschaftsdatenübermittlungsverordnung-LieDÜV) vom 27. Januar 1995, Gesetzblatt der Freien Hansestadt Bremen 1995, S. 113-114, zuletzt geändert am 30. November 2000, Gesetzblatt der Freien Hansestadt Bremen 2000, S. 447-449, Bremen; www.bremen.beck.de.

HESSEN (2008): Verordnung zur Ausführung des Hessischen Vermessungs- und Geoinformationsgesetzes (HVGGAusfVO) vom 16. Januar 2008, Gesetz- und Verordnungsblatt für das Land Hessen 2008, Teil 1, S. 17, Wiesbaden; www.hvbg.hessen.de.

MECKLENBURG-VORPOMMERN (2007): Verordnung über den automatischen Abruf von Daten aus dem Liegenschaftskataster (Liegenschaftskataster-Abrufverordnung – Li-KatAVO M-V) vom 18. Juli 2007, Gesetz- und Verordnungsblatt für Mecklenburg-Vorpommern 2007, S. 271-274, Schwerin; www.service.m-v.de/cms/DLP_prod/DLP/Laris.

NORDRHEIN-WESTFALEN (2006): Verordnung zur Durchführung des Gesetzes über die Landesvermessung und das Liegenschaftskataster (DVOzVermKatG NRW) vom 25. Oktober 2006, Gesetz- und Verordnungsblatt für das Land Nordrhein-Westfalen 2006, S. 462-469, Düsseldorf; http://sgv.im.nrw.de.

RHEINLAND-PFALZ (2007): Landesverordnung zur Durchführung des Landesgesetzes über das amtliche Vermessungswesen (LGVermDVO) vom 30 April 2001, Gesetz- und Verordnungsblatt für das Land Rheinland-Pfalz 2001, S. 97-104, zuletzt geändert am 05. Dezember 2007, Gesetz- und Verordnungsblatt für das Land Rheinland-Pfalz 2007, S. 320, Mainz; www.lvermgeo.rlp.de.

SAARLAND (1998): Verordnung über Art und Weise der Abmarkung und Beschaffenheit der Grenzmarken (AbmarkungsVO – AbmV) vom 16. Januar 1998, Amtsblatt des Saarlandes 1998, S. 134-135, Saarbrücken; www.vorschriften.saarland.de.

SAARLAND (2008b): Verordnung über den Inhalt des Liegenschaftskatasters und über die Übermittlung von Daten aus dem Liegenschaftskataster (Katasterinhalts- und -datenübermittlungsverordnung – KaInDÜV) vom 14. Mai 1999, Amtsblatt des Saarlandes 1999, S. 810-813, zuletzt geändert am 21. November 2007, Amtsblatt des Saarlandes 2008, S. 278-293, Saarbrücken; www.vorschriften.saarland.de.

SACHSEN (2003): Verordnung des Sächsischen Staatsministeriums des Innern zur Durchführung des Sächsischen Vermessungsgesetzes (Durchführungsverordnung zum Sächsischen Vermessungsgesetz – DVOSächsVermG) vom 12.05.2003 (Durchführungsverordnung zum Sächsischen Vermessungsgesetz – DVOSächsVermG) vom 01. September 2003, Sächsisches Gesetz- und Verordnungsblatt 2003, S. 342-346, Dresden; www.landesvermessung.sachsen.de.

SACHSEN-ANHALT (2002): Verordnung zur Durchführung des Vermessungs- und Katastergesetzes Sachsen-Anhalt (DVO VermKatG LSA) vom 24. Juni 1992, Gesetz- und Verordnungsblatt für das Land Sachsen-Anhalt 1992, S. 569-571, zuletzt geändert am 19. März 2002, Gesetz- und Verordnungsblatt für das Land Sachsen-Anhalt 2002, S. 130-177, Magdeburg; www.lvermgeo.sachsen-anhalt.de.

SCHLESWIG-HOLSTEIN (1989): Landesverordnung zur Durchführung des Vermessungs- und Katastergesetzes vom 13. Januar 1975 Gesetz- und Verordnungsblatt für Schleswig-Holstein 1975, S. 14, zuletzt geändert am 24. August 1989, Gesetz- und Verordnungsblatt für Schleswig-Holstein 1989, S. 104, Kiel; www.schleswig-holstein.de/LVERMA/DE/ LVERMA__node.html.

7.6.2 Internetverweise

ADV (2009): Homepage der Arbeitsgemeinschaft der Vermessungsverwaltungen der Länder der Bundesrepublik Deutschland, Hannover; www.adv-online.de

BAYERISCHES STAATSMINISTERIUM DER FINANZEN (2009): Homepage der Bayerischen Vermessungsverwaltung, München; www.geodaten.bayern.de

BEZIRKSREGIERUNG KÖLN/EHEMALIGES LANDESVERMESSUNGSAMT NORDRHEIN-WESTFALEN (2009): Homepage der Bezirksregierung Köln und des ehemaligen Landesvermessungsamtes Nordrhein-Westfalen, Köln; www.geobasis.nrw.de

GEOINFORMATION BREMEN (2009): Homepage von GeoInformation Bremen, Bremen; www.geo.bremen.de

GVHH (2009): Homepage der Vertriebsgemeinschaft der Hauskoordinaten bei der Landesvermessung Nordrhein-Westfalen, Bonn; www.lverma.nrw.de

HESSISCHES LANDESAMT FÜR BODENMANAGEMENT UND GEOINFORMATION (2009): Homepage des Hessischen Landesamtes für Bodenmanagement und Geoinformation, Wiesbaden; www.hvbg.hessen.de

LANDESAMT FÜR GEOINFORMATION UND LANDENTWICKLUNG (2009): Homepage des Landesamtes für Geoinformation und Landentwicklung, Stuttgart; www.lgl-bw.de

LANDESAMT FÜR INNERE VERWALTUNG MECKLENBURG-VORPOMMERN – AMT FÜR GEOINFORMATION, VERMESSUNGS- UND KATASTERWESEN (2009): Homepage des Amtes für Geoinformation, Vermessungs- und Katasterwesen, Schwerin; www.laiv-mv.de/land-mv/LAiV_prod/LAiV/AfGVK

LANDESAMT FÜR KATASTER-, VERMESSUNGS- UND KARTENWESEN (2009): Homepage des Landesamtes für Kataster-, Vermessungs- und Kartenwesen (LKVK), Saarbrücken; www.lkvk.saarland.de

LANDESAMT FÜR VERMESSUNG UND GEOBASISINFORMATION RHEINLAND-PFALZ (2009): Homepage des Landesamtes für Vermessung und Geobasisinformation Rheinland-Pfalz, Koblenz; www.lvermgeo.rlp.de

LANDESAMT FÜR VERMESSUNG UND GEOINFORMATION SACHSEN-ANHALT (2009): Homepage des Landesamtes für Vermessung und Geoinformation Sachsen-Anhalt (LVermGeo), Magdeburg; www.lvermgeo.sachsen-anhalt.de

LANDESBETRIEB GEOINFORMATION UND VERMESSUNG HAMBURG (2009): Homepage des Landesbetriebs Geoinformation und Vermessung, Hamburg; www.hamburg.de/startseite-landesbetrieb-geoinformation-und-vermessung

LANDESVERMESSUNG UND GEOBASISINFORMATION NIEDERSACHSEN (2009): Homepage der Landesvermessung und Geobasisinformation Niedersachsen, Hannover; www.lgn.niedersachsen.de

LANDESVERMESSUNGSAMT SCHLESWIG-HOLSTEIN (2009): Homepage des Landesvermessungsamts Schleswig-Holstein, Kiel; www.schleswig-holstein.de/LVERMA/DE/LVERMA_node.html

SENATSVERWALTUNG FÜR STADTENTWICKLUNG BERLIN (2009): Homepage der Senatsverwaltung für Stadtentwicklung Berlin, Berlin; www.stadtentwicklung.berlin.de/geoinformation

STAATSBETRIEB GEOBASISINFORMATION UND VERMESSUNG SACHSEN (2009): Homepage des Staatsbetriebes Geobasisinformation und Vermessung Sachsen (GeoSN), Dresden; www.landesvermessung.sachsen.de

THÜRINGER LANDESAMT FÜR VERMESSUNG UND GEOINFORMATION (2009): Homepage des Thüringer Landesamtes für Vermessung und Geoinformation (TLVermGeo), Erfurt; www.thueringen.de/de/tlvermgeo

VERMESSUNGSVERWALTUNG BRANDENBURG (2009): Homepage der Vermessungsverwaltung Brandenburg, Potsdam; www.vermessung.brandenburg.de

8 Entwicklung ländlicher Räume

Joachim THOMAS

Zusammenfassung

Ländliche Bodenordnung und Flurbereinigung sind in Deutschland und in vielen Ländern Westeuropas von ihren historischen Wurzeln her der Wirkungskreis von Geodäten und ihrer „beruflichen Vorfahren", den Landmessern, Feldmessern oder Geometer. Beides ist seinem Wesen nach eine gleichermaßen technische, rechtliche und planerisch-gestalterische Aufgabe, welche das Wissen um die ökonomischen, ökologischen und sozialen Zusammenhänge und Wechselwirkungen bei der Landnutzung erfordert, und damit auch eine interdisziplinäre Herausforderung. So hatten und haben die damit befassten Vermessungsingenieure die Entwicklungs- und Neuordnungsaufgaben in Zusammenarbeit mit Agrar- und Forstingenieuren, Bauingenieuren und Architekten, Landespflegern und Ökologen, Juristen und Verwaltungsbeamten sowie im engen Schulterschluss mit der örtlich zuständigen Gemeinde und den beteiligten Grundbesitzern zu erledigen.

Der allgemeine gesellschaftspolitische Kontext wird herausgearbeitet, in dem sich heute die Entwicklung ländlicher Räume abspielt; in diesem Zusammenhang werden auch neue strategische und methodische Ansätze sowie die eingesetzten Verwaltungsverfahren dargestellt. Die heutigen Ansätze haben Auswirkungen bis hinein in die institutionellen Formen, mit denen die Entwicklungsziele in einer Region verwirklicht werden; darin eingebettet sind die traditionellen Instrumente der ländlichen Entwicklung, die ländliche Bodenordnung, die integrale Flurbereinigung und die Dorfentwicklung; ihnen gilt der Hauptteil dieses Kapitels.

Die hoheitliche Bodenordnung erweist sich als ein verfassungsgemäßes und nach wie vor zeitgemäßes Instrument und als Brücke zwischen individuellem Freiheitsrecht und Gemeinwohlinteresse bei der Nutzung von Grund und Boden. Die Bodenordnungsverfahren schaffen die eigentumsrechtlichen Voraussetzungen für eine nachhaltige, das heißt ökonomisch zweckmäßige, sozial verträgliche und umweltfreundliche Landnutzung; das gilt gleichermaßen für das Ziel der Erhaltung der Wettbewerbsfähigkeit der Land- und Forstwirtschaft, des Ausgleiches von konkurrierenden Ansprüchen an das nicht vermehrbare Gut „Boden", der Lösung von Landnutzungskonflikten sowie der Landbereitstellung für öffentliche Großbauvorhaben wie etwa beim Verkehrswegebau oder dem Hochwasserschutz zur Vermeidung der Enteignung. In den ostdeutschen Ländern dienen die ländliche Bodenordnung und Flurbereinigung darüber hinaus der Feststellung und Neuordnung der Eigentumsverhältnisse in dem Transformationsprozess von der sozialistischen Planwirtschaft zu einer auf der Privatautonomie gegründeten Wirtschaftsordnung.

Die Dörfer und Siedlungsbereiche stehen heute auf der Agenda der ländlichen Entwicklung. Vormals als „Ortslagenauflockerung" und „Dorfverschönerung" angelegt, ist der Dorfentwicklung eine sprichwörtliche „gesellschaftliche Dimension" zugewachsen.

Ein Ausblick auf die ländliche Entwicklung im internationalen Kontext sowie deren Relevanz und inhaltliche Ausprägung runden den Beitrag ab.

Summary

In Germany and in many Western European countries, rural land readjustment and land consolidation are in the sphere of the activities of their geodetic experts and its "professional ancestors" regarding the historical roots; the "land surveyors", "agrimensores" and "geometres". With respect to its essence it is a likewise technical, legal and creative planning task, which requires knowledge and experience about the economic, ecological and social coherences and interdependencies in land use: therefore, it is an interdisciplinary challenge. Thus, the acting engineers have to treat their development and reorganising tasks in a close cooperation with agrarian and forest engineers, civil engineers and architects, landscape engineers and ecologists, lawyers and administrative officers and in a real partnership with the local municipality and the involved land owners and tenants.

The general socio-political context is pointed out, in which the development of rural areas is taking place; recent strategic and methodological approaches and administrative procedures are demonstrated in this context as well. Today's practical work influences the institutional frame in which the development goals in specific regions are realised. The traditional instruments of rural development, rural land reparcelling, integrated land consolidation and village development and renewal are embedded in this frame.

Statutory land readjustment proves to be a constitutional and timely instrument in order to implement these tasks and as a bridge between individual freedom rights and interests of public weal by the use of real estate property. Statutory land readjustment procedures create the legal prerequisites for sustainable land use, which means economically suitable, socially acceptable and environmentally friendly. That is likewise valid for the goals of improving the competitiveness of agriculture and forestry, the balance of conflicting demands in the unincreasable subject "land", the solution of land use conflicts as well as making land available for public infrastructure projects like traffic investments or flood protection in order to avoid expropriation. Beyond this, in the East German federal states, rural land readjustment procedures and land consolidation serve for ascertainment and reorganising the ownership relations within the transformation process from a socialistic planning economy to an economic system that is based on private autonomy.

Villages and rural settlements are also on the recent agenda of rural development. Coming from former "village dispersing" and "village embellishing", village development has a social dimension added. An outlook to rural development within the international scene, its approaches and relevance as well as the German contribution complete this chapter.

8.1 Die gesellschaftspolitische Aufgabe

8.1.1 Politik für ländliche Räume

Die Bundesrepublik Deutschland ist ein Land wirtschaftlicher Vielfalt; sie ist gleichermaßen Industrie-, Hochtechnologie- und Agrarland. Die größten Beiträge zum Bruttoinlandprodukt werden zwar durch den Dienstleistungsbereich, verarbeitendes Gewerbe und Industrie sowie Handel und Transport erbracht; gleichwohl prägen Landwirtschaft und Wald ganz wesentlich unser Land: von der Fläche der Bundesrepublik Deutschland werden 53,0 % durch die Landwirtschaft genutzt und 29,8 % durch Wald bedeckt (DBV 2009); mehr als ein Drittel der deutschen Bevölkerung lebt in den ländlichen Bereichen. Typisch ist zudem das Nebeneinander von Ballungsräumen und ländlichen Bereichen.

Ländliche Räume in Deutschland sind vielgestaltig. Sie unterscheiden sich beispielsweise im Landschaftsbild, in den natürlichen Standortbedingungen, der regionalen Tradition, im kulturellen Angebot und vor allem hinsichtlich ihrer wirtschaftlichen Situation. Ländliche Räume stehen gegenwärtig wieder vor großen Herausforderungen. Hierzu zählen der demographische Wandel, die Globalisierung der Märkte, eine immer noch schwierige Situation auf den Arbeitsmärkten und der Klimawandel. Dabei unterscheiden sich die ländlichen Räume untereinander hinsichtlich ihrer Ausgangssituation sowie ihrer Entwicklungschancen und Entwicklungspotenziale. Es gibt Regionen, die sich durch eine starke Wirtschaftskraft auszeichnen; auf der anderen Seite gibt es Regionen, die mit hoher Arbeitslosigkeit, mangelnden Perspektiven und in Konsequenz mit der Abwanderung insbesondere der jüngeren Bevölkerung konfrontiert sind.

Ziel der *Politik für ländliche Räume* ist es, die ländlichen Regionen unter Berücksichtigung ihrer unterschiedlichen Entwicklungspotenziale als Lebens- und Wirtschafträume zu erhalten und zu entwickeln. Die Förderung wird heute mehr als in früheren Zeiten auf die spezifischen regionalen Erfordernisse konzentriert; es geht darum, die Eigenverantwortung der Regionen für Wachstum und Beschäftigung sowie für eine hohe Lebensqualität zu stärken. Daraus ergeben sich folgende Teilziele (BMELV 2007):

- Stärkung der Wirtschaftskraft und Diversifizierung der Betriebe sowie Schaffung neuer Arbeitsplätze,
- bedarfsgerechte Anpassung der technischen und sozialen Infrastruktur; Entwicklung innovativer Anpassungsstrategien im Umgang mit Abwanderung und Alterung der Bevölkerung,
- Verbesserung der Perspektiven für junge Menschen,
- Sicherung einer umwelt- und naturverträglichen Landnutzung sowie Erhaltung und Verknüpfung der Umwelt- und Erholungsfunktion ländlicher Räume.

Diese Ziele artikulieren sich in den Entwicklungsstrategien der Europäischen Union (siehe 8.1.2), welche eingebettet sind in die „Lissabon-Strategie" (LISSABON 2000), in der nationalen Raumordnung und der jeweiligen Landesentwicklungsplanung sowie in den mitgliedstaatlichen Interventionen. „Entwicklung ländlicher Räume" ist somit Verwirklichung der Ziele von Raumordnung und Landesplanung, nämlich gleichwertige Lebensbedingungen in Stadt und Land zu anzustreben und Chancengleichheit für die Teilräume zu gewährleisten.

8.1.2 Entwicklungsansätze

Moderne Entwicklungspolitik setzt auf regionale, Gemeinde übergreifende Entwicklung. Dabei baut die ländliche Entwicklung maßgeblich auf den Potenzialen und dem Know-how der Bevölkerung einer Region auf. Jede Region hat ihre individuellen Stärken, die als Basis für ihre künftige Entwicklung dienen können. Die Stärken einer Region und deren Entwicklungspotenziale können die Menschen in der Region am besten selbst erkennen. Hier setzt die *integrierte ländliche Entwicklung* an (BMVEL 2005). In Zusammenarbeit von Politik, Verwaltung, Wirtschafts- und Sozialpartnern sowie Bürgerinnen und Bürgern wird die Basis für eine erfolgreiche Entwicklung erarbeitet. Grundlage ist eine Analyse der regionalen Stärken und Schwächen. Daraus entstehen *regionale Entwicklungskonzepte* (REK) oder *integrierte ländliche Entwicklungskonzepte* (ILEK), welche konkrete Umsetzungsstrategien enthalten und in einem moderierten Prozess zu konkreten Projekten weiter entwickelt werden. Das Entwicklungskonzept muss thematisch breit angelegt sein und sollte die ganze Lebenswirklichkeit in der jeweiligen Region in den Blick nehmen. Nur dann kann es gelingen, die Qualität der ländlichen Räume als Wohn-, Lebens-, Arbeits- und Naturraum zu erhalten und zu verbessern. Integrierte ländliche Entwicklung will die sozialen und kulturellen und wirtschaftlichen Ansprüche an den Raum mit seinen ökologischen Funktionen in Einklang bringen.

Dabei ist die Mitwirkung der von den Maßnahmen der ländlichen Entwicklung unmittelbar oder mittelbar betroffenen Bürgerinnen und Bürger bedeutsam; diese geht weit über die – etwa in den gesetzlich normierten Verwaltungsverfahren – formale Beteiligung hinaus. Sie ist schon von ihren Anfängen her auf eine enge Einbeziehung der Beteiligten in die Planungs- und Entscheidungsprozesse („dialogorientierte Planungsprozesse") angelegt; das gilt sowohl für informelle Planungen wie ein ILEK-Prozess als auch für förmliche Maßnahmen wie etwa ein Flurbereinigungsverfahren. Hierfür haben sich in den letzten Jahren die neudeutschen Kürzel „Partizipation" und „bottom up" eingebürgert. Dahinter verbirgt sich nicht nur das Anliegen, bei den Betroffenen Einsicht in die Notwendigkeit, Richtigkeit und Sinnhaftigkeit der jeweiligen Entwicklungs- oder Neuordnungsmaßnahme zu erzeugen und damit Akzeptanz zu schaffen; dieser Ansatz macht sich vor allem das Wissen der Beteiligten als „Experten vor Ort" zunutze, um zu möglichst tragfähigen und nachhaltig wirkenden Lösungen zu kommen. Ein Leitfaden des Bundesministeriums für Verbraucherschutz, Ernährung und Landwirtschaft (BMVEL 2005) gibt dazu nähere Hinweise und Handlungsempfehlungen.

Für die Aufgabe der ländlichen Entwicklung in Deutschland werden heute vornehmlich vier Zielrichtungen verfolgt, welche auch staatlicherseits gefördert werden:

- Erarbeitung „Integrierter ländlicher Entwicklungskonzepte (ILEK)" oder „Regionaler Entwicklungskonzepte (REK)",
- Regionalmanagement zur Initiierung, Organisation und Begleitung regionaler Entwicklungsprozesse,
- Neuordnung ländlichen Grundbesitzes und
- Dorfentwicklung.

Der Bund und die Länder betreiben schon seit 1969 im Rahmen der *Gemeinschaftsaufgabe „Verbesserung der Agrarstruktur und des Küstenschutzes"* (§ 10 Abs. 1 des Gesetzes über die Gemeinschaftsaufgabe „Verbesserung der Agrarstruktur und des Küstenschutzes" – GAKG – in der Fassung der Bekanntmachung vom 21. 7. 1988 (BGBl. I S. 1055), zuletzt geändert durch Art. 189 der VO vom 31.10.2006 (BGBl. I S. 2407) systematisch die Entwicklung ländlicher Räume; dazu wird für jeweils alle vier Jahre ein Rahmenplan aufgestellt, der die Grundsätze für die Förderung der integrierten ländlichen Entwicklung beinhaltet. Für Maßnahmen, welche über die Programmziele der Gemeinschaftsaufgabe hinausgehen, haben die Länder zusätzlich eigene Länderprogramme aufgelegt.

Seit dem Jahre 2000 ist die ländliche Entwicklung Fördergegenstand der Europäischen Union im Rahmen der sogenannten „zweiten Säule der Gemeinsamen Agrarpolitik (GAP)", zuletzt über die „Verordnung (EG) Nr. 1698/2005 vom 20.9.2005 über die Förderung der Entwicklung des ländlichen Raumes durch den Europäischen Landwirtschaftsfonds für die Entwicklung des ländlichen Raumes (ELER)". Die Ziele der Gemeinschaft werden in Deutschland über einen *„Nationalen Strategieplan"* sowie eine *„Nationale Rahmenregelung* der Bundesrepublik Deutschland für die Entwicklung ländlicher Räume" und spezifische Länderprogramme zur Entwicklung des ländlichen Raumes (wie etwa NRW-Programm „Ländlicher Raum 2007-2013") konkretisiert.

Die verschiedenen Handlungsfelder für die Entwicklung ländlicher Räume sind schalenartig aufgebaut und fügen sich, wie in Abbildung 8.1 dargestellt, zur Zwiebel „Ländliche Entwicklung" (THOMAS 2006a) zusammen:

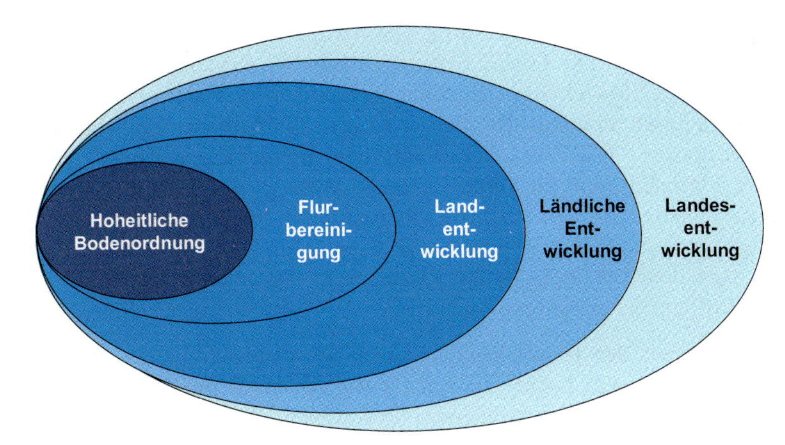

Abb. 8.1: Die Zwiebel „Ländliche Entwicklung"

Das jeweils größere Handlungsfeld beinhaltet die vorhergehenden Ziele und zeichnet sich durch einen größeren instrumentellen und ggf. institutionellen Rahmen aus: so beinhaltet die „Flurbereinigung", über die hoheitliche Bodenordnung hinausgehend, das fachplanerische Segment der Agrarstrukturverbesserung. Die „Landentwicklung" umfasst alle „landbezogenen" und landnutzungsbezogenen Maßnahmen, welche auf das Oberziel der Verbesserung der Lebens- und Arbeitsbedingungen im ländlichen Raum ausgerichtet sind; sie umfasst die Planung, Vorbereitung und Durchführung aller Maßnahmen, die dazu geeignet sind, die Wohn-, Wirtschafts- und Erholungsfunktion des ländlichen Raumes zu erhalten und zu verbessern, um damit für die Förderung und die dauerhafte Verbesserung der Lebensverhältnisse außerhalb der städtischen Gebiete zu sorgen. Insofern ist die Bodenordnung nicht nur auf land- oder forstwirtschaftlich genutzten Grundbesitz beschränkt, sondern umfasst alle Grundstücke des Neuordnungsverfahrens, so sie nicht überwiegend städtisch geprägt sind.

Bei dem Aufgabengebiet „Ländliche Entwicklung“ erweitert sich das Aufgabenspektrum um die Maßnahmen der Dorfentwicklung und Landschaftsentwicklung sowie Fördertatbestände wie die Förderung des ländlichen Tourismus, von landwirtschaftsnahem Handwerk und Gewerbe, von Dienstleistungseinrichtungen sowie der Breitband- und Nahwärmeversorgung im ländlichen Raum. Die EU-Gemeinschaftsinitiative LEADER (französisch: Liaison entre actions de développement de l' économie rural; deutsch: Verbindung zwischen Aktionen zur Entwicklung der ländlichen Wirtschaft) fördert seit 1991 modellhaft innovative Aktionen im ländlichen Raum; auch dieser Bereich gehört in den erweiterten Aufgabenkanon der „Ländlichen Entwicklung“. Die „Landesentwicklung“ schließlich umfasst darüber hinaus alle sonstigen Maßnahmen, welche auf eine sozioökonomisch auskömmliche Ausstattung eines Landes einschließlich der ländlichen Bereiche ausgerichtet sind, wie etwa hinsichtlich Verkehrsinfrastruktur, Gesundheitswesen, Bildung und Kultur; somit sind die Ländliche Entwicklung, die Landentwicklung, die Flurbereinigung sowie auch alle bodenordnerischen Aktivitäten in den ländlichen Bereichen Maßnahmen der Landesentwicklung.

8.1.3 Institutionelle Strukturen in der Entwicklung ländlicher Räume

Dem Bund kommt im Zusammenhang mit der Entwicklung ländlicher Räume eine Rahmen setzende und koordinierende Funktion zu (siehe 8.1.2 und 8.2.2); die ausführenden Befugnisse liegen alleine bei den Ländern. Die Länder bestimmen auch die Organisation, mit der die Aufgaben in der ländlichen Entwicklung ausgeführt werden sollen; zudem bestimmen sie, welche Fachbehörden Flurbereinigungsbehörden und obere Flurbereinigungsbehörden sind, und setzen ihre Dienstbezirke fest. Zuständig ist nach dem „Belegenheitsprinzip“ nach § 3 Abs. 1 VwVfG die Flurbereinigungsbehörde, in deren Amtsbezirk das Flurneuordnungsverfahren liegt; für amtsbezirk- oder gar länderübergreifende Neuordnungsverfahren enthält das Flurbereinigungsgesetz (FlurbG) Spezialregelungen (§ 3 FlurbG). Für die Bodenordnungsverfahren nach dem LwAnpG ist die Flurneuordnungsbehörde zuständig, in deren Amtsbezirk die betroffene Genossenschaft liegt.

Hinsichtlich Aufbauorganisation der *Flurbereinigungsbehörden* hat sich in den letzten Jahren eine „föderale Vielfalt“ breit gemacht: Die Bundesländer nehmen die Aufgaben der ländlichen Neuordnung entweder in einem zwei- oder dreistufigen Behördenaufbau wahr, zudem entweder durch eine Sonderbehörde oder durch Organisationseinheiten innerhalb der Innenverwaltung (SCHWANTAG & WINGERTER 2008). Allen Ländern ist gemeinsam, dass die Bodenordnungsverfahren nach dem FlurbG als staatliche Aufgabe wahrgenommen werden; ist die Flurbereinigungsbehörde organisatorisch dem Landkreis zugeordnet, bleibt die Flurbereinigung dennoch „Landesaufgabe zur Erfüllung nach Weisung“.

In einigen Bundesländern (z. B. in Bayern und Brandenburg) sind Teilaufgaben bei der Durchführung der Flurbereinigung auf die *Teilnehmergemeinschaften* oder Verbände von Teilnehmergemeinschaften übertragen worden. Näheres über die Aufbauorganisation in den Bundesländern ist den Länderseiten zur „Landentwicklung“ unter www.landentwicklung.de zu entnehmen.

Die Flurbereinigungs- oder Flurneuordnungsverfahren werden in der Regel von Projektteams bearbeitet, über die (siehe Abb. 8.2) sich bei (THOMAS 1996) folgende, amüsante Beschreibung findet: „Unser geschultes und intelligentes Außendienstpersonal steht Ihnen jederzeit zur Verfügung“.

Tabelle 8.1: Organisation der Flurbereinigungsbehörden in Deutschland (nur Flächenländer)

Funktion nach FlurbG	Aufgaben	Modell 1 (dreistufig)	Modell 2 (zweistufig)	Modell 3 (zweistufig)
Oberste Flurbereinigungsbehörde	Strategische Aufgaben, Aufsichtsaufgaben	das für die Flurbereinigung zuständige Landesministerium	das für die Flurbereinigung zuständige Landesministerium	das für die Flurbereinigung zuständige Landesministerium
Obere Flurbereinigungsbehörde	Aufsichtsaufgaben	Landesober- oder Landesmittelbehörde	Landesministerium	Ortsbehörde
Flurbereinigungsbehörde	Operative Aufgaben	Ortsbehörde	Ortsbehörde	Ortsbehörde
Im Lande		Baden-Württemberg, Hessen, Mecklenburg-Vorpommern, Rheinland-Pfalz, Sachsen-Anhalt	Brandenburg, Niedersachsen, Nordrhein-Westfalen, Thüringen, Saarland, Schleswig-Holstein	Bayern, Sachsen

Freiberuflich tätige *Planungs- und Ingenieurbüros* spielen ebenfalls bei der Durchführung der Bodenordnungsverfahren nach dem FlurbG eine wichtige und vom Umfang her bedeutsame Rolle. So werden von den Flurbereinigungsbehörden zur Entschärfung von Arbeitsspitzen örtliche Vermessungs- und häusliche Berechnungsarbeiten an Vermessungsbüros im Wege des Werkvertrages vergeben; soweit es sich dabei um Liegenschaftsvermessungen im Sinne der jeweiligen Katastergesetze der Länder handelt, dürfen derartige Arbeiten nur von Öffentlich bestellten Vermessungsingenieuren (ÖbVermIng) ausgeführt werden. Freiberuflich tätige Sachverständige wirken teilweise gutachterlich in der Flurneuordnung mit, z. B. bei der Bodenschätzung, Waldwertermittlung oder bei Entschädigungsfragen.

Abb. 8.2: Das „Projektteam"

Neben dieser reinen Dienstleistungsfunktion, welche freiberuflich Tätige in der ländlichen Entwicklung regelmäßig übernehmen, sieht sowohl das Flurbereinigungsgesetz als auch das Landwirtschaftsanpassungsgesetz für spezielle Neuordnungsaufgaben eine weitergehende Beauftragung vor.

In der Beschleunigten Zusammenlegung (§ 91 FlurbG) können *„geeignete Stellen"* mit der Vorbereitung und Aufstellung des Zusammenlegungsplanes beauftragt werden (§ 99 Abs. 2 FlurbG). Auch im Freiwilligen Landtausch nach § 103a FlurbG kennen wir seit langem den „Helfer", der die Einigung der Tauschpartner herbeiführt. Über diese Art der Beauftragung geht das LwAnpG weit hinaus. Nach § 53 Abs. 4 LwAnpG kann die zuständige Landesbehörde gemeinnützige Siedlungsunternehmen und andere geeignete Stellen, z. B. ÖbVerm-Ing, mit der Durchführung der Flurneuordnungsverfahren beauftragen; diese nehmen dabei als „beliehene Unternehmer" hoheitliche Befugnisse für einzelne Verfahrensabschnitte wahr.

Die *„Bund-Länder-Arbeitsgemeinschaft Nachhaltige Landentwicklung (ArgeLandentwicklung)"* (siehe auch 2.4.2) ist seit 1976 eine der Agrarministerkonferenz zugeordnete Einrichtung, deren Aufgabe es ist, die Planung und Durchführung von Vorhaben der Landentwicklung zu fördern; dies erfolgt insbesondere durch das Erarbeiten von Grundlagenmaterial, Orientierungsdaten und Empfehlungen; der Erfahrungs- und Meinungsaustausch zwischen den Länderverwaltungen wird gepflegt. Grundlage für die Arbeit der Arbeitsgemeinschaft (und damit für die Flurbereinigungsbehörden in den Ländern) sind die „Leitlinien Landentwicklung – Zukunft im ländlichen Raum gemeinsam gestalten" (BMELF 1999 und LEITLINIEN 1998). Die fachliche Arbeit erfolgt in drei Arbeitskreisen (AK I Grundsatzfragen, AK II Recht, AK III Technik und Automation). Die internationale Zusammenarbeit auf dem Gebiet der Landentwicklung wird durch einen Beauftragten wahrgenommen (siehe 8.4.4).

Daneben haben sich in der Ländlichen Entwicklung eine Reihe *„nicht-bürokratischer" Organisationsstrukturen* herausgebildet. Das gilt einmal für die LEADER-Regionen sowie für die grenzüberschreitenden INTERREG-Aktivitäten; das gilt aber auch für die Strukturen, die notwendig sind, um etwa ein ILEK oder ein Dorfentwicklungskonzept auf regionaler oder lokaler Ebene erarbeiten zu können. Diese neuen Organisationsformen sind getragen von dem „bottom up" – Gedanken und darauf angelegt, eigene, bürgerschaftlich getragene lokale oder regionale Strukturen für die Entscheidung über vorgeschlagene Projekte und deren Förderung zu schaffen. Nähere Einzelheiten dazu siehe unter www.leaderplus.de, www.euregio.de und www.regionenaktiv.de.

In diesem Zusammenhang sind schließlich die *Bildungseinrichtungen* („Schulen der Dorferneuerung und Landentwicklung", „Zentrum für ländliche Entwicklung") und wissenschaftlichen Einrichtungen („Akademien Ländlicher Raum") zu erwähnen, welche sich mit der ländlichen Entwicklung im weitesten Sinne befassen und sich auch europaweit zusammengeschlossen haben (siehe www.ebfle.eu). Diese Einrichtungen bieten Fachleuten und interessierten Laien, Kommunal- und Landespolitikern sowie Vertretern aus Wirtschaft und Verwaltung ein Forum, sich mit der „Philosophie der ländlichen Entwicklung", mit deren Methoden und Instrumenten vertraut zu machen und sich mit ihren Vorstellungen, Fragen und Erfahrungen auszutauschen. Insbesondere die Schulen der Dorferneuerung und Landentwicklung bereiten interessierte Gemeinden auf einen geplanten ILEK- oder REK- Prozess oder den „Prozess der Dorf- oder Landentwicklung" vor und begleiten auch diese Prozesse. Weitere Informationen unter www.landentwicklung.org und www.sdl-inform.de.

Weitere Internetverweise zu integrierter ländlicher Entwicklung und Regionalmanagement finden sich in BMVEL (2005); dort sind auch Ansprechpartner im Bund und den Ländern sowie Fortbildungs- und Studienangebote benannt.

8.2 Ländliche Neuordnung

8.2.1 Die Aufgabe der ländlichen Bodenordnung

Einer prosperierenden Entwicklung der ländlichen Räume stehen oftmals die tradierten Eigentums- und Besitzstrukturen sowie die ausgeübte Landnutzung entgegen; das sind einmal die Feld- und Flurstrukturen, welche sich nicht ohne weiteres der technischen Entwicklung im Landbau und der landwirtschaftlichen Betriebstechnik anpassen können. Das betrifft aber auch die Strukturen in den Siedlungsbereichen, vornehmlich den Dörfern, welche in vielen Fällen den Anforderungen an eine zeitgemäße Verkehrsentwicklung, an die bauliche Entwicklung der Wohnsiedlungen, das nachbarliche Miteinander der dörflichen Bevölkerung, die Erfordernisse der öffentlichen Daseinsvorsorge sowie den speziellen Anforderungen der Landwirtschaft nicht mehr genügen. Die Vielschichtigkeit der bei der ländlichen Neuordnung zu lösenden Aufgaben verlangt dem durchführenden Flurbereinigungsingenieur ein hohes Maß an Kompetenz, Verantwortungsbewusstsein und Integrität ab; er muss nicht nur sein Aufgabengebiet fachlich beherrschen. Er muss vor allem in der Lage sein, die unterschiedlichen Interessen und häufig widerstreitenden Ziele zu einem Ausgleich zu bringen und die bestmögliche Lösung über den Neuordnungsplan zu verwirklichen (GAMPERL 1967).

Diese Probleme in einer zeitgemäßen „Landnutzung" sind übrigens nicht neu; schon im 19. Jahrhundert haben Gesetzgeber und Verwaltung in den deutschen Ländern Instrumente entwickelt, um durch eine „gestaltende Bodenordnung" den jeweiligen ökonomischen und gesellschaftlichen Anforderungen bei der Nutzung des Grund und Bodens Rechnung tragen zu können, und durch Rechtsvorschriften allgemeinverbindlich gemacht (WEISS 1982). Das erfolgte ganz wesentlich durch behördlich geleitete Bodenordnungsmaßnahmen. In diesem Sinne verstehen wir unter der *„gestaltenden Bodenordnung"* – in Anlehnung an SEELE (1992) – alle Maßnahmen, die dazu dienen, die Eigentums-, Besitz- und Nutzungsverhältnisse von Grundstücken (subjektive Rechtsverhältnisse) mit den in der (öffentlichen oder privaten) Bodennutzungsplanung manifestierten privaten und öffentlichen Ansprüchen an die Landnutzung (objektive Planungsziele) in Übereinstimmung zu bringen und störende Effekte in der planungskonformen Nutzung zu eliminieren.

Hoheitliche Bodenordnung hat auf der Grundlage der deutschen Eigentumsordnung zu erfolgen. Die Gewährleistung von privatem Eigentum durch den Staat hat Verfassungsrang (Artikel 14 GG); Eigentum und Privatautonomie sind Garanten und Motoren des Wohlstands und Basis der politischen Stabilität eines freiheitlichen und demokratischen Gemeinwesens. Eigentum soll dem einzelnen Individuum einen Freiheitsraum im vermögensrechtlichen Bereich sicherstellen und ihm damit eine eigenverantwortliche Gestaltung des Lebens ermöglichen; es soll dem Einzelnen „von Nutzen" sein. Privatnützigkeit von Eigentum und grundsätzliche Verfügungsbefugnis über das Eigentum sind Kernelemente des grundgesetzlichen Eigentumsbegriffs. Inhalt und Schranken des Eigentumsrechts werden durch Gesetze bestimmt; hoheitliche Bodenordnungsmaßnahmen stellen eine solche Inhalts- und Schrankenbestimmung des Rechts auf Grundeigentum dar (THOMAS 2009b).

Damit ist ein Spannungsbogen beschrieben, mit dem sich die Gesetzgebung zur Neuordnung ländlichen Grundbesitzes seit nunmehr über 200 Jahren befasst, und das mit durchaus unterschiedlichen Zielsetzungen (THOMAS 2005 und 2009b). Worin die heutige Aufgabe der ländlichen Neuordnung besteht und mit welchem rechtlichen Instrumentarium die Aufgaben heute bewältigt werden, soll nachfolgend dargestellt werden.

In Deutschland ist zu unterscheiden zwischen freiwilligen und hoheitlichen Bodenordnungsmaßnahmen und zwar auf privatrechtlicher oder öffentlich-rechtlicher Grundlage. Die Bodenordnungsmaßnahmen erstrecken sich von schlichten Nutzungsvereinbarungen und von freihändigen Grundstücksver-/Grundstückskäufen auf der Grundlage des Bürgerlichen Gesetzbuches (BGB) über hoheitliche Bodenordnungsmaßnahmen etwa auf der Grundlage des Baugesetzbuches oder des Flurbereinigungsgesetzes bis zur hoheitlichen Enteignung auf der Grundlage der Landes-Enteignungsgesetze. Eine Übersicht über die in Deutschland zur Verfügung stehenden Bodenordnungsinstrumente gibt Abbildung 8.3.

Regelung		Freiwillige Bodenordnung	Hoheitliche Bodenordnung
privatrechtliche		Nutzungsvereinbarung (§§ 104 ff. BGB)	
		Landpacht (§§ 581 ff. BGB)	
		„Pflugtausch" (§§ 581 ff. BGB)	
		Freiwilliger Nutzungstausch (§§ 581 ff. BGB)	
		Verkauf/Kauf von Grundstücken (§§ 433 ff. BGB)	
		Tausch von Grundstücken (§ 515 BGB)	
öffentlich-rechtliche		Bodensondierungsgesetz (§ 2 BoSoG)	
		Hessiches/hamb. Grenzbereinigungsgesetz	
		Freiwilliger Landtausch (§ 54 LwAnpG) +)	
		Freiwilliger Landtausch (§ 103a ff. FlurbG)	
	privatnützig	+) unter sinngemäßer Anwendung des FlurbG	Gemeinheitsteilung (GtG NRW) +)
			Zusammenlegung von Waldgenossenschaften (GWG NRW) +)
			Beschleunigte Zusammenlegung (§ 91 FlurbG)
			Vereinfachte Umlegung (§§ 80-84 BauGB)
			Umlegung ((§§ 45 ff. BauGB)
			Vereinfachte Flurbereinigung (§ 86 FlurbG)
			Bodenordungsverfahren (§ 56 ff. LwAnpG) +)
			Regelflurbereinigung (§ 1 i.V.m. § 37 FlurbG)
	fremdnützig		Unternehmensflurbereinigung (§ 87 ff. FlurbG)
			Grundabtretung nach Bergrecht (§ 90 FlurbG)
			Enteignung nach §§ 85 ff. BauGB oder dem jeweiligen Landesenteignungsgesetz

Abb. 8.3: Bodenordnungsinstrumente in Deutschland (nach THOMAS 1993, THIEMANN 2008 – erweitert)

Es handelt sich dabei um länderspezifische Bodenordnungsgesetze, wie etwa das Gemeinschaftswaldgesetz und das Gemeinheitsteilungsgesetz im Lande Nordrhein-Westfalen, das Grenzbereinigungsgesetz in den Ländern Hamburg und Hessen sowie das Bodensonderungsgesetz für die ostdeutschen Länder.

Bei der *freiwilligen Bodenordnung* einigen sich die Eigentümer und Besitzer untereinander als gleichrangige Vertragspartner in freier Übereinkunft über das Eigentum und die Bodennutzung an den betreffenden Grundstücken sowie die zu zahlenden Ausgleiche und Entgelte. Die hoheitliche Bodenordnung ist von einem Über- und Unterordnungsverhältnis zwischen Staat und Bürger geprägt. Die Landabfindung tritt im hoheitlichen Bodenordnungsverfahren zu dem für den Rechtsübergang bestimmten Zeitpunkt jeweils als Surrogat an die Stelle der eingebrachten Grundstücke.

Im Gegensatz zur „gestaltenden Bodenordnung" wird die „bestehende Bodenordnung" mit den bekannten Mitteln der Erd- und Landesvermessung erfasst und abgebildet und durch das Liegenschaftskataster (einschließlich der im Grundbuch erfassten Rechtsverhältnisse) in Nachweisen und Karten beschrieben (siehe Kapitel 5 bis 7); heute bezeichnen wir die so entstandenen und vorgehaltenen Daten als „Geoinformation" oder „Geobasisdaten".

8.2.2 Rechtliche Grundlagen

Unter den Bodenordnungsinstrumenten nach Tabelle 8.2 nimmt das Flurbereinigungsgesetz insofern eine Sonderstellung ein, als es ein Bodenordnungs- und Fachplanungsgesetz ist. Das manifestiert sich insbesondere in den Bestimmungen zur Aufstellung des Plans über die gemeinschaftlichen und öffentlichen Anlagen sowie über spezielle Vorschriften zur Neuordnung der land- oder forstwirtschaftlich genutzten Grundstücke. Zudem nehmen weitere Bodenordnungsgesetze des Bundes und der Länder Bezug auf die Normen des FlurbG, welche den hoheitlichen Bodenordnungsvorgang betreffen, und schreiben deren sinngemäße Anwendung vor. Deshalb werden der Ablauf der „Regelflurbereinigung" und deren technische Durchführung nachfolgend ausführlich behandelt.

Flurbereinigungsrecht ist im Wesentlichen fortgeltendes Bundesrecht. Zwar wurde „das Recht der Flurbereinigung" durch das Gesetz zur Änderung des Grundgesetzes vom 28. 8. 2006 (BGBl. I S. 2034) in die ausschließliche Gesetzgebungskompetenz der Länder überführt; von dieser Kompetenz wurde jedoch bislang kein Gebrauch gemacht. Deshalb gilt das *Flurbereinigungsgesetz FlurbG* i. d. F. der Bekanntmachung vom 16. 3. 1976 (BGBl. I S. 546), zuletzt geändert durch Art. 17 des Gesetzes vom 19. 12. 2008 (BGBl. I S. 2794) als Bundesrecht fort. Die Länder haben das FlurbG ergänzt durch länderspezifische Ausführungsgesetze, in denen die Durchführung der Flurbereinigungsverfahren auf länderspezifische Besonderheiten und Organisationsstrukturen ausgerichtet wird; das Verwaltungsverfahrensgesetz gilt subsidiär.

8.2.3 Neuordnungsziele und Neuordnungsinstrumente

Neuordnungsmaßnahmen nach dem Flurbereinigungsgesetz unterliegen in ihren Zielsetzungen und gesellschaftspolitischen Einschätzungen einem beständigen Wandel; die Ziele haben sich seit ihren Anfängen erheblich geändert (siehe z. B. WEISS 1982 und THOMAS 2005). Bis in die 1970er Jahre war ein Hauptzweck der Flurbereinigung die Förderung der landwirtschaftlichen Erzeugung. Mit der Novellierung des Flurbereinigungsgesetzes im Jahre 1976 wurde dieses Ziel aufgegeben zugunsten eines integraleren Ansatzes; die Flurbereinigung wurde zu einem zentralen Instrument ländlicher Strukturpolitik, der Landentwicklung, ausgestaltet, nämlich eines Instrumentes zum Ausgleich der vielschichtigen flächenbezogenen Interessen in den ländlichen Bereichen.

Programmatische Oberziele

● Produktionssteigerung
● Produktivitätssteigerung
● Integrierte ländliche Entwicklung

FlurbG 1953 ↓ FlurbG 1976 ↓ FlurbG 1994 ↓

Ziele	Maßnahmen	1950	1960	1970	1980	1990	2000	2005	2010
Verbesserung der Produktions- und Arbeitsbedingungen in der Land- und Forstwirtschaft	Neueinteilung der Feldflur	●	●	●	●	◉	◉	◉	◉
	Zusammenlegung zersplitterten Grundbesitzes	●	●	●	●	◉	◉	◉	◉
	Zweckmäßige Gestaltung der Grundstücke	●	●	●	●	◉	◉	◉	◉
	Schaffung von Wegen und Straßen	◉	◉	●	●	●	●	●	●
	Schaffung von Vorflut	◉	●	●	◉	◉	○		
	Aufstockung landwirtschaftlicher Betriebe	○	●	●	◉	○			
	Lösung von Landnutzungskonflikten	○	○	◉	◉	●	●	●	●
	Beseitigung der nachteiligen Folgen aus öffentlichen Vorhaben	○	◉	◉	◉	◉	●	●	●
(nur in Ostdeutschland)	Feststellung und Neuordnung der Eigentumsverhältnisse				(LwAnpG 1990)	●	●	●	◉
Förderung der Landeskultur	Kultivierung von Brachland	●	○						
	Rodung von Wald und Umwandlung in landwirtschaftliche Nutzflächen	●	○						
	Kultivierung von Moorland	●	○						
	Entwässerung von Feuchtgebieten	●	●	●	◉				
	Dränung von Ackerland	●	●	●	◉	○			
	Gewässerbegradigung	○	◉	○					
	Ausweisung von Uferstreifen			○	◉	●	●	●	●
	Gewässerrenaturierung			○	●	●	◉	◉	◉
	Umsetzung der EU-Wasserrahmenrichtlinie								●

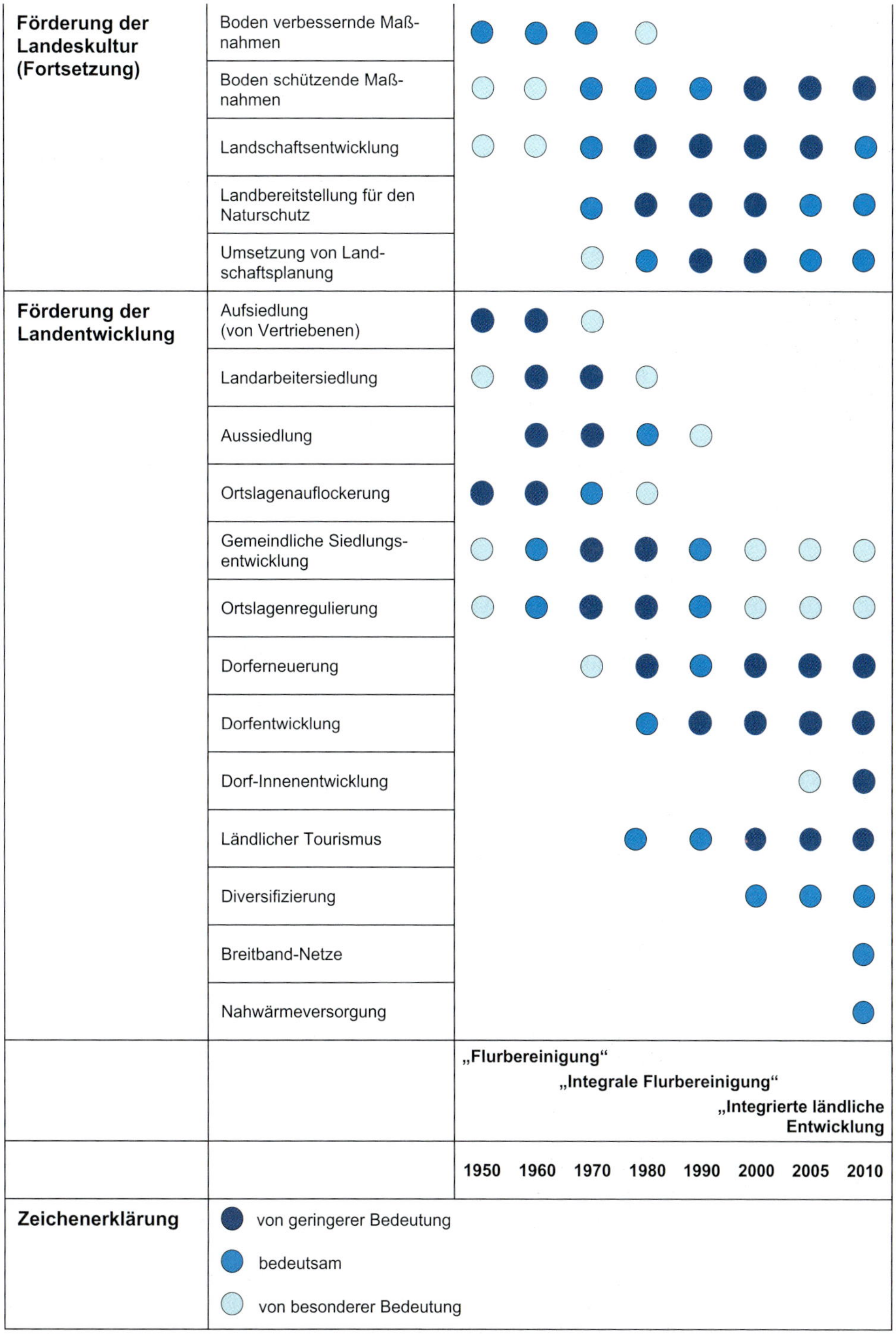

		1950	1960	1970	1980	1990	2000	2005	2010
Förderung der Landeskultur (Fortsetzung)	Boden verbessernde Maßnahmen	◉	◉	◉	○				
	Boden schützende Maßnahmen	○	○	◉	◉	◉	●	●	●
	Landschaftsentwicklung	○	○	◉	●	●	●	●	◉
	Landbereitstellung für den Naturschutz			◉	●	●	●	◉	◉
	Umsetzung von Landschaftsplanung			○	◉	●	●	◉	◉
Förderung der Landentwicklung	Aufsiedlung (von Vertriebenen)	●	●	○					
	Landarbeitersiedlung	○	●	●	○				
	Aussiedlung		●	●	◉	○			
	Ortslagenauflockerung	●	●	◉	○				
	Gemeindliche Siedlungsentwicklung	○	◉	●	●	◉	○	○	○
	Ortslagenregulierung	○	◉	●	●	◉	○	○	○
	Dorferneuerung			○	●	◉	●	●	●
	Dorfentwicklung				◉	●	●	●	●
	Dorf-Innenentwicklung							○	●
	Ländlicher Tourismus				◉	◉	●	●	●
	Diversifizierung						◉	◉	◉
	Breitband-Netze								◉
	Nahwärmeversorgung								◉
		„Flurbereinigung“		„Integrale Flurbereinigung“			„Integrierte ländliche Entwicklung		
		1950	**1960**	**1970**	**1980**	**1990**	**2000**	**2005**	**2010**

Zeichenerklärung

● von geringerer Bedeutung

◉ bedeutsam

○ von besonderer Bedeutung

Abb. 8.4: Bedeutung und Bedeutungswandel der Flurbereinigung in Deutschland

Bei der Verwirklichung der deutschen Einheit wächst der ländlichen Bodenordnung eine besondere Bedeutung zu; dabei geht es letztendlich um die „Lösung der Bodenfrage“, welche sich aufgrund der unterschiedlichen Eigentumsordnungen von Deutscher Demokratischer Republik und Bundesrepublik Deutschland als große Herausforderung auftat, nämlich die sozialistische Eigentums- und Agrarverfassung in eine auf Privateigentum und Privatautonomie basierende Wirtschaftsform zu transformieren (THÖNE 1993). Die Verfahren zur Feststellung und Neuordnung der Eigentumsverhältnisse nach dem *Landwirtschaftsanpassungsgesetz (LwAnpG)* sind nach wie vor eine vordringliche Aufgabe zur Wiederherstellung einer Privateigentumsordnung in den ländlichen Bereichen. Eine Sonderaufgabe dabei stellt die Zusammenführung des in der DDR rechtlich vom Bodeneigentum getrennten Gebäudeeigentums zum Volleigentum im Sinne des bürgerlichen Rechts nach dem BGB dar.

Neuordnungsverfahren nach dem FlurbG

Das FlurbG kennt fünf Verfahrensarten für die Neuordnung von ländlichem Grundbesitz,

- die Regelflurbereinigung (§ 1 in Verbindung mit § 37 FlurbG),
- das Vereinfachte Flurbereinigungsverfahren (§ 86 FlurbG),
- die Beschleunigte Zusammenlegung (§§ 91 ff. FlurbG),
- der Freiwilligen Landtausch (§§ 103 a ff. FlurbG) und
- die Unternehmensflurbereinigung (§§ 87-90 FlurbG).

Die Verfahrensarten unterscheiden sich nach ihren Neuordnungszielen und sind teilweise auf Verfahrensvereinfachung und Verfahrensbeschleunigung ausgerichtet. Bis auf die Unternehmensflurbereinigung sind alle Neuordnungsverfahren *„privatnützig“*, d. h., mit dem Neuordnungsverfahren werden Ziele verfolgt, die primär oder ganz überwiegend von privatem Nutzen für die betroffenen Grundeigentümer sind. Im Gegensatz dazu ist die Unternehmensflurbereinigung *„fremdnützig“*, d. h. im überwiegenden Interesse des zu bedienenden Unternehmens; daraus leiten sich Rechts- und Kostenfolgen ab.

Die Anwendung des FlurbG ist auf ländlichen Grundbesitz begrenzt. Ländlicher Grundbesitz umfasst alle Grundstücke von Neuordnungsverfahren im ländlichen Raum, in denen nach § 37 FlurbG zulässige Maßnahmen durchgeführt werden. Dabei ist gleichgültig, ob sie landwirtschaftlich genutzt werden oder nicht. Waldgrundstücke sind ebenfalls ländlicher Grundbesitz.

Die *Regelflurbereinigung* dient der Verbesserung der Produktions- und Arbeitsbedingungen in der Land- und Forstwirtschaft, der Förderung der allgemeinen Landeskultur und der Landentwicklung (§ 1 FlurbG); dazu kann ländlicher Grundbesitz neu geordnet werden (Flurbereinigung). Jedes der drei Ziele kann für sich alleine oder in beliebiger Verbindung eine Flurbereinigung rechtfertigen.

Die Wettbewerbsfähigkeit von land- und forstwirtschaftlichen Unternehmen gilt es zu erhalten und zu fördern. Die Wirtschaftsflächen müssen nach Lage, Form und Größe an die durch den fortschreitenden Agrarstrukturwandel veränderten betrieblichen Erfordernisse angepasst und durch ein zweckmäßiges Wege- und Gewässernetz erschlossen werden. Durch Produktivitäts- und Zeitgewinn können den Betriebsinhabern Freiräume für außerlandwirtschaftliche Tätigkeiten und Einkommensalternativen erschlossen werden. Durch ein vorausschauendes Flächenmanagement kann der Beeinträchtigung der land- und forstwirtschaftlichen Nutzung vorgebeugt werden; bestehende Landnutzungskonflikte sind aufzulösen.

Zu den landeskulturellen Aufgaben zählen die Erhaltung der Funktionsfähigkeit des Naturhaushalts sowie die Wiederherstellung naturnaher Lebensräume und Landschaftsstrukturen. Im Interesse einer dauerhaften Stabilisierung der Ökosysteme ist dafür Sorge zu tragen, dass Maßnahmen des Umweltschutzes, des Naturschutzes und der Landschaftspflege unter Berücksichtigung der Eigentümer- und Nutzerinteressen umgesetzt und in ihrem Bestand dauerhaft gesichert werden. Das gilt für die Erhaltung der Kulturlandschaft durch Weiterführung einer flächendeckenden Landbewirtschaftung wie für die Landschaftsplanung, für den Aufbau von Biotopverbundsystemen, für den Boden- und Gewässerschutz und die Sicherstellung von sauberem Trinkwasser. Auch naturschutzrechtliche Ausgleichs- und Ersatzmaßnahmen und ökologische Verbesserungsmaßnahmen in den Dörfern und Siedlungsbereichen sind am besten in ihrem Bestand gesichert, wenn sie eigentumsverträglich an geeigneter Stelle umgesetzt werden.

Die Landentwicklung umfasst die Planung, Vorbereitung und Durchführung aller Maßnahmen, die dazu geeignet sind, die Wohn-, Wirtschafts- und Erholungsfunktion des ländlichen Raumes zu erhalten und zu verbessern, um damit für die dauerhafte Verbesserung der Lebensverhältnisse außerhalb der städtischen Gebiete zu sorgen.

Das Flurbereinigungsgebiet wird unter Beachtung der jeweiligen Landschaftsstruktur neu gestaltet, wie es den gegeneinander abzuwägenden Interessen der Beteiligten sowie den Interessen der allgemeinen Landeskultur und der Landentwicklung entspricht und wie es das Wohl der Allgemeinheit erfordert. Die Feldmark wird neu eingeteilt und zersplitterter und unwirtschaftlich geformter Grundbesitz nach neuzeitlichen betriebswirtschaftlichen Gesichtspunkten zusammengelegt und nach Lage, Form und Größe zweckmäßig gestaltet; Wege, Straßen, Gewässer und andere gemeinschaftliche Anlagen werden geschaffen, bodenschützende sowie -verbessernde und landschaftsgestaltende Maßnahmen vorgenommen und alle sonstigen Maßnahmen getroffen, durch welche die Grundlagen der Wirtschaftsbetriebe verbessert, der Arbeitsaufwand vermindert und die Bewirtschaftung erleichtert werden. Maßnahmen der Dorferneuerung können durchgeführt werden; durch Bebauungspläne und ähnliche Planungen wird die Zuziehung der Ortslage zur Flurbereinigung nicht ausgeschlossen. Die rechtlichen Verhältnisse sind zu ordnen (§ 37 Abs.1 FlurbG). Wird der Neuordnungsauftrag so umfassend wahrgenommen, sprechen wir von einer „Integralen Flurbereinigung".

Die Regelflurbereinigung ist das planerisch wie technisch aufwändigste Neuordnungsverfahren und daher auch in der Regel sehr kostenintensiv. Gleichwohl sind die damit verbundenen strukturellen Verbesserungen und erzeugten Wirkungen sowie gesamtwirtschaftliche Wertschöpfung am größten (www.landentwicklung.rlp.de/wertschöpfung).

Eine *Vereinfachte Flurbereinigung* kann nach § 86 Abs. 1 FlurbG eingeleitet werden, um

- Maßnahmen der Landentwicklung, insbesondere Maßnahmen der Agrarstrukturverbesserung, der Siedlung, der Dorferneuerung, städtebauliche Maßnahmen, Maßnahmen des Umweltschutzes, der naturnahen Entwicklung von Gewässern, des Naturschutzes und der Landschaftspflege oder der Gestaltung des Orts- und Landschaftsbildes zu ermöglichen oder auszuführen,
- Nachteile für die allgemeine Landeskultur zu beseitigen, die durch die Herstellung, Änderung oder Beseitigung von Infrastrukturanlagen oder durch ähnliche Maßnahmen entstehen oder entstanden sind,

- Landnutzungskonflikte aufzulösen oder
- eine erforderlich gewordene Neuordnung des Grundbesitzes in Weilern, Gemeinden kleineren Umfangs, Gebieten mit Einzelhöfen sowie in bereits flurbereinigten Gemeinden durchzuführen.

Die Ziele der Vereinfachten Flurbereinigung sind also darauf angelegt, Konflikte, die sich aus konkurrierenden Landnutzungsansprüchen entwickelt haben oder entwickeln können, durch Neuordnung der Grundstücke auszugleichen oder zu lösen. Das folgt aus der Erkenntnis, dass Maßnahmen der gemeindlichen (Siedlungs-)Entwicklung, des Umwelt-, Natur- und Gewässerschutzes, des Baus von Verkehrswegen usw. immer zugleich nachteilige Folgen für die land- oder forstwirtschaftliche Nutzung des Freiraums und damit auf die Agrarstruktur haben. Dies vorbeugend erst gar nicht eintreten zu lassen, oder, wenn sich im Nachhinein die nachteiligen Folgen derartiger Maßnahmen zeigen, sie zu beseitigen, ist der ordnungspolitische Ansatz der vereinfachten Flurbereinigung (THIEMANN 2008, THOMAS 2009b).

Die Vereinfachungsmöglichkeiten beziehen sich auf die formelle Verfahrensdurchführung. Die Bekanntgabe der Wertermittlungsergebnisse kann mit der Bekanntgabe des Flurbereinigungsplans verbunden werden. Von der Aufstellung des Wege- und Gewässerplans kann abgesehen werden; die entsprechenden Maßnahmen sind in diesem Fall in den Flurbereinigungsplan aufzunehmen. Die Ausführungsanordnung und die Überleitungsbestimmungen (siehe 8.2.4) können den Beteiligten in Abschrift übersandt oder öffentlich bekannt gemacht werden.

Eine *Beschleunigte Zusammenlegung* dient nach § 91 FlurbG dazu, möglichst rasch die Verbesserung der Produktions- und Arbeitsbestimmungen in der Land- und Forstwirtschaft herbeizuführen oder um Maßnahmen des Naturschutzes und der Landschaftspflege zu ermöglichen, soweit die Anlage eines neuen Wegenetzes und größere wasserwirtschaftliche Maßnahmen zunächst nicht erforderlich sind.

Auch die Zusammenlegung ist ein durch die Flurbereinigungsbehörde geleitetes Verfahren, in dem innerhalb des Zusammenlegungsgebietes ländlicher Grundbesitz unter Mitwirkung der Gesamtheit der beteiligten Grundeigentümer wirtschaftlich zusammengelegt, zweckmäßig gestaltet oder neu geordnet wird. Die Zusammenlegung ist einzuleiten, wenn mehrere Grundeigentümer oder die landwirtschaftliche Berufsvertretung sie beantragen; für Maßnahmen des Naturschutzes und der Landschaftspflege kann sie auch eingeleitet werden, wenn die für Naturschutz und Landschaftspflege zuständige Behörde sie beantragt und die Zusammenlegung zugleich dem Interesse der betroffenen Grundstückseigentümer dient (§ 93 FlurbG).

Der zersplitterte Grundbesitz ist großzügig zusammenzulegen. Nach Möglichkeit sollen ganze Flurstücke ausgetauscht werden. Die Veränderung oder gar Neuanlage von Wegen und Gewässern sowie Bodenverbesserungen sollten sich auf die nötigsten Maßnahmen beschränken. Ein Wege- und Gewässerplan mit landschaftspflegerischem Begleitplan (§ 41 FlurbG) wird nicht aufgestellt. Die Ermittlung des Wertes der Grundstücke wird in einfacher Weise vorgenommen; die Bekanntgabe der Ergebnisse (siehe 8.2.4) kann mit der Bekanntgabe des Zusammenlegungsplans verbunden werden. Die Landabfindungen, wie sie im Zusammenlegungsplan festgesetzt werden, sind nach Möglichkeit durch Vereinbarungen mit den Beteiligten zu bestimmen. Die Flurbereinigungsbehörde kann geeignete Stellen, insbesondere die landwirtschaftliche Berufsvertretung oder sachkundige Personen beauftragen, die Verhandlungen zur Erzielung einer Vereinbarung mit den Beteiligten zu führen und einen Zusammenlegungsplan zu entwerfen; die von diesen Stellen erzielten Vereinbarungen bedürfen der Genehmigung der Flurbereinigungsbehörde (§ 99 FlurbG).

An die Stelle des Flurbereinigungsplans tritt in der Beschleunigten Zusammenlegung der Zusammenlegungsplan. Ist der Zusammenlegungsplan unanfechtbar geworden, wird den Beteiligten die Ausführungsanordnung (§§ 61 und 62 FlurbG) in Abschrift übersandt oder öffentlich bekannt gemacht.

Der *Freiwillige Landtausch* ist das jüngste und einfachste Instrument zur Neuordnung ländlichen Grundbesitzes. Durch einen Freiwilligen Landtausch können ländliche Grundstücke in einem schnellen und einfachen Verfahren neu geordnet werden, wenn damit das Ziel der Verbesserung der Agrarstruktur verfolgt wird; ein Freiwilliger Landtausch kann auch aus Gründen des Naturschutzes und der Landschaftspflege durchgeführt werden (§ 103a FlurbG).

Der Freiwillige Landtausch ist ein durch die Flurbereinigungsbehörde geleitetes Verfahren, in dem im Einverständnis der Tauschpartner und sonstigen Rechtsinhaber (Grundpfandgläubiger, Nießbraucher, Inhaber von Grunddienstbarkeiten usw.) – einzelne – ländliche Grundstücke getauscht werden. Dazu vereinbaren die Eigentümer der Tauschgrundstücke (Tauschpartner den Tausch und beantragen die Durchführung des Landtausches bei der Flurbereinigungsbehörde. Nach Möglichkeit sollen eine großzügige Zusammenlegung vereinbart und ganz Grundstücke getauscht werden, damit keine größeren Vermessungskosten entstehen; wege- und gewässerbauliche Maßnahmen sollen vermieden werden. Die Ergebnisse des Landtausches werden im Tauschplan, der den Rechtscharakter des „Flurbereinigungsplans“ im Flurbereinigungsverfahren hat, zusammengefasst.

Der Tauschplan ist den Tauschpartnern in einem Anhörungstermin vorzulegen, zu erörtern sowie zur Genehmigung und zur Unterschrift vorzulegen. Das Einverständnis der sonstigen Rechtsinhaber wird in der Regel im schriftlichen Verfahren eingeholt. Nach Unanfechtbarkeit des Tauschplans ordnet die Flurbereinigungsbehörde seine Ausführung an. Anschließend werden die öffentlichen Bücher auf Ersuchen der Flurbereinigungsbehörde nach dem Tauschplan berichtigt. Das Verfahren ist beendet, sobald die öffentlichen Bücher berichtigt sind. Näheres siehe z. B. bei THOMAS (1993).

Eine sogenannte *Unternehmensflurbereinigung* nach §§ 87 ff. FlurbG kann auf Antrag der Enteignungsbehörde eingeleitet werden, wenn Land in großem Umfang für ein öffentliches Vorhaben benötigt wird, um den Landverlust, der den Betroffenen durch das Vorhaben entstehen würde, auf einen größeren Kreis von Eigentümern zu verteilen oder um landeskulturelle Nachteile, die durch das Unternehmen entstehen, zu vermeiden. Verfahren dieser Art haben schon eine lange Tradition (WEISS 2007) und werden heute hauptsächlich beim Verkehrswegebau und beim ökologischen Hochwasserschutz durchgeführt, können aber auch für gemeindliche Vorhaben mit großem Flächenbedarf eingeleitet werden. Entscheidend ist, dass zur Durchführung des Vorhabens eine Enteignung nach dem für das Vorhaben geltenden Fachgesetz zulässig ist; insofern ist die Unternehmensflurbereinigung „fremdnützig“.

Das Flurbereinigungsverfahren kann bereits angeordnet werden, wenn die Planfeststellung für das Vorhaben eingeleitet ist. Das Verfahrensgebiet ist so abzugrenzen, dass der Landverlust für die einzelnen Teilnehmer erträglich bleibt und etwaige agrarstrukturelle Missstände behoben werden können.

Für die Betroffenen bringt die Unternehmensflurbereinigung wesentliche Erleichterungen (WEISS 1991, THOMAS 1992); folgendes Prinzip liegt der Unternehmensflurbereinigung zugrunde:

Das Unternehmen erwirbt freihändig Land am Bedarfsort; soweit das nicht möglich ist, erwirbt das Unternehmen oder die Flurbereinigungsbehörde im Auftrag des Unternehmens im engeren und weiteren Umfeld des Vorhabens austauschfähiges Land, welches im Zuge des Flurbereinigungsverfahrens an den Bedarfsort (etwa in die Trasse der Straße und in die naturschutzrechtlichen Kompensationsflächen) getauscht wird. Soweit der Landbedarf freihändig nicht vollständig gedeckt werden kann, ist die verbleibende Differenz von allen Teilnehmern durch einen (prozentualen) Landabzug für das Unternehmen nach § 88 Nr. 4 FlurbG aufzubringen. Die für das Unternehmen benötigten Flächen werden dem Träger des Unternehmens durch den Flurbereinigungsplan zu Eigentum zugeteilt. Ist von einem Teilnehmer ein Landabzug nach § 88 Nr. 4 FlurbG zu erbringen, hat ihm der Unternehmensträger Geldentschädigung zu leisten, welche sich nach den Grundsätzen im Enteignungsrecht bemisst. In der Regel gelingt es aber, den Landbedarf freihändig zu decken, zumal auch hier die erleichterten Möglichkeiten des Landerwerbs nach § 52 FlurbG durch die Flurbereinigungsbehörde bestehen. Dadurch werden Existenz gefährdende Landinanspruchnahmen bei einzelnen landwirtschaftlichen Betrieben vermieden. Die durch das Unternehmen verursachten Eingriffe in das Wege- und Gewässernetz sowie die Landschafts- und Flurstrukturen werden vermieden bzw. durch eine entsprechende Umgestaltung der Feldflur im Rahmen der Flurbereinigung ausgeglichen. Durchschneidungen der Betriebe und damit verbundene Umwege werden vermieden.

Die Unternehmensflurbereinigung hat sich entwickelt im Zusammenhang mit dem wachsenden Bedarf an Verkehrswegen zu Wasser und zu Lande (WEISS 2000 und 2007). Für das Zusammenwirken zwischen der Flurbereinigungsbehörde und dem Vorhabenträger im Straßenbau hat die Forschungsgesellschaft für das Straßen- und Verkehrswesen e.V. Empfehlungen herausgegeben (FGSV 2008 und 2004). Weitere Einzelheiten ergeben sich z. B. aus KLEMPERT (1975), SCHUMANN (1980), WEISS (1991) und THOMAS (1992).

Flurneuordnung zur Feststellung und Neuordnung der Eigentumsverhältnisse

Die Flurneuordnung zur Feststellung und Neuordnung der Eigentumsverhältnisse ist eine nur in den fünf ostdeutschen Bundesländern zu bewältigende Neuordnungsaufgabe, für die (zunächst die Volkskammer der ehemaligen DDR und dann später) der Deutsche Bundestag nach der deutschen Wiedervereinigung eine eigene Rechtsgrundlage geschaffen hat. Denn hier galt es, nach dem Zusammenbruch des Sozialismus in den ländlichen Bereichen die Voraussetzungen für eine vielfältig strukturierte Landwirtschaft und die Wiederherstellung leistungsfähiger Landwirtschaftsbetriebe zu schaffen. Dazu war Privateigentum am Grund und Boden in vollem Umfange wiederherzustellen und den verschiedenen Wirtschaftsformen (bäuerliche Familienbetriebe, Genossenschaften, landwirtschaftlichen Unternehmen) gleiche Entwicklungs- und Wettbewerbschancen einzuräumen. Das bedeutet, dass nicht der eigentums- und vermögensrechtliche Zustand vor den bodenrechtlichen Veränderungen durch die Staatsorgane der ehemaligen Deutschen Demokratischen Republik einfach nur wiederhergestellt werden sollte; vielmehr waren die auf Privatautonomie angelegten Eigentumsverhältnisse „neu zu ordnen". Dies kann in folgenden Fällen erfolgen (§ 53 LwAnpG):

- Ausscheiden von Mitgliedern aus der landwirtschaftlichen Produktionsgenossenschaft,
- Bildung einzelbäuerlicher Wirtschaften (durch sogenannte „Wiedereinrichter"),

- Zusammenführung von Boden- und Gebäudeeigentum (§§ 64 und 64a LwAnpG),
- Kündigung genossenschaftlich genutzter Flächen durch den Eigentümer zur Bildung, bzw. Vergrößerung bäuerlicher oder gärtnerischer Einzelwirtschaften (durch „Wiedereinrichter").

Während die Flurbereinigung von Amts wegen eingeleitet wird, bedarf es für ein Bodenordnungsverfahren nach LwAnpG eines Antrages:

Zur Neuordnung der Eigentumsverhältnisse wird auf Antrag eines Beteiligten ein *Freiwilliger Landtausch* durchgeführt; ist bei Antragstellung oder während der Durchführung des Freiwilligen Landtausches erkennbar, dass das vorliegende bodenordnerische Problem nicht im Wege der freiwilligen Übereinkunft zwischen den Beteiligten gelöst werden kann, wird ein (hoheitliches) *Bodenordnungsverfahren* nach §§ 56 bis 61a LwAnpG durchgeführt. Damit hat der Gesetzgeber dem Verfassungsgrundsatz der Verhältnismäßigkeit staatlichen Handelns Rechnung getragen (THOMAS 1993). Bei der Durchführung des Bodenordnungsverfahrens sind die Vorschriften des Flurbereinigungsgesetzes sinngemäß anzuwenden. Einzelheiten zu den Verfahren zur Flurneuordnung nach LwAnpG und deren Einsatzmöglichkeiten sind z. B. bei THÖNE (1993), THÖNE & KNAUBER (1996), THIEMANN (2003) und (2004) nachzulesen.

Eine Sonderaufgabe bei der Regelung der Eigentumsverhältnisse in den ostdeutschen Ländern stellt die *Zusammenführung von Boden- und Gebäudeeigentum* dar. Im Unterschied zu den Bestimmungen des § 94 Abs.1 BGB, wonach die mit dem Grund und Boden fest verbundenen Sachen, insbesondere Gebäude, wesentliche Bestandteile des Grundstücks sind, hatte die Gesetzgebung der DDR ein Sondereigentumsrecht an dem Gebäude geschaffen; mit der Begründung des Sondereigentums war das dem Grundeigentum innewohnende Nutzungsrecht an den Sondereigentümer übergegangen (THÖNE 1993).

Auf Antrag des Bodeneigentümers oder des Inhabers des Sondereigentumsrechts sind nach § 64 LwAnpG die Eigentumsverhältnisse an Flächen, auf denen auf der Grundlage eines Nutzungsrechts Sondereigentum an Gebäuden, Anlagen und Anpflanzungen entstanden ist, neu zu ordnen. Die Zusammenführung erfolgt als Freiwilliger Landtausch (§§ 45 und 55 LwAnpG) oder bei fehlender Einigung als Bodenordnungsverfahren nach §§ 53 bis 61a LwAnpG. Auch dabei sind die Vorschriften des FlurbG sinngemäß anzuwenden.

Sonstige Bodenordnungsverfahren

Weitere, nur in einzelnen Ländern eingesetzte Bodenordnungsinstrumente (siehe Tabelle 8.2) seien noch erwähnt, etwa die Flurbereinigungsverfahren zur Befriedigung bergrechtlicher Ansprüche nach § 90 FlurbG (THOMAS 1998a), (KINTZEL 2004), die Zusammenlegung von Waldgenossenschaften (THOMAS 2009a) und die Gemeinheitsteilungsverfahren (THOMAS 2009a).

Schließlich kann die Gemeinde nach § 46 Abs. 4 BauGB ihre Befugnis zur Durchführung der Umlegung auf die Flurbereinigungsbehörde übertragen. Gebrauch von dieser Möglichkeit machen vornehmlich kleinere Gemeinden, denen die Einrichtung und Unterhaltung eines eigenen Umlegungsausschusses zu aufwändig ist.

Der *Freiwillige Nutzungstausch* stellt eine besondere Kategorie dar; der Freiwillige Nutzungstausch ist ein von der Flurbereinigungsbehörde lediglich „moderiertes" Bodenordnungsverfahren, welches seine rechtlichen Wirkungen nur durch den erfolgreichen Abschluss von neuen Pachtverträgen entfaltet. Weitere Einzelheiten entnehme man z. B. KRAM (2004), MWVLW (2000), SCHÄUBLE (2007) sowie FNT (2009a und b).

8.2.4 Ablauf und technische Durchführung von Neuordnungsverfahren

Der Ablauf eines Bodenordnungsverfahrens nach dem FlurbG kann in vier große Abschnitte eingeteilt werden (Tabelle 8.2), welche in jeder Verfahrensart in unterschiedlicher Ausprägungsintensität vorkommen; die Besonderheiten gegenüber dem Ablauf der Regelflurbereinigung leiten sich entweder unmittelbar aus dem Gesetzestext ab oder aber durch analoge, sachverständige Anpassung an die jeweiligen Umstände. Weitere Einzelheiten zum Verfahrensverlauf sowie rechtliche Details ergeben sich z. B. aus SCHWANTAG & WINGERTER (2008) und THOMAS (2009a).

Tabelle 8.2: Ablauf und technische Durchführung von Bodenordnungsverfahren nach FlurbG

Arbeitsabschnitt	Zu erledigende Arbeiten	Vermessungs- und katastertechnische Arbeiten (mit ungefährer zeitlichen Zuordnung im Verfahrensablauf)
1. Einleitung und Anordnung des Verfahrens	Vorbereitende sozioökonomische Analysen und Untersuchungen des Planungsraumes	(ggf.) Photogrammetrische Befliegung des Verfahrensgebietes
	Behördenabstimmung (§ 5 Abs. 2 u. 3 FlurbG)	
	Aufklärung der voraussichtlich betroffenen Beteiligten (§ 5 Abs. 1 FlurbG)	
	Anordnung des Bodenordnungsverfahrens (§ 4 FlurbG)	
	Einrichtung der Organe der Teilnehmergemeinschaft (§§ 16-26 e FlurbG)	Feststellung der Grenze des Flurbereinigungsgebietes (§ 56 FlurbG) Herstellung von Orthophotokarten und/ oder großmaßstäbigen topographischen Karten als Planungsgrundlage
2. Bestandsaufnahme	Erhebung räumlichen, ökonomischen und ökologischen Gegebenheiten	
	Erfassung der Planungen Dritter	Planung, Erkundung, Vermarkung und Bestimmung des Vermessungspunktfeldes im Landesreferenznetz als Grundlage für die nachfolgende Grundstücksvermessung
	Erfassung des Inhaltes von Grundbuch und Liegenschaftskataster der am Verfahren beteiligten Grundstücke (§§ 12-14 u. § 30 FlurbG)	
	Ermittlung der Beteiligten und Ihrer Rechte an den Grundstücken (§ 11 FlurbG)	
	Wertermittlung der Grundstücke und deren Feststellung (§§27 bis 32 FlurbG)	Örtliche Erfassung der Bodengüte und Herstellung der Wertermittlungskarte; Wertberechnung im „alten Bestand"; Aufstellung des „Einlagenachweises"

3. Neugestaltung des Flurbereinigungsgebietes	Erarbeitung der Neugestaltungsgrundsätze (§ 37 u. §38 FlurbG)	
	Aufstellung des Plans über die gemeinschaftlichen und öffentlichen Anlagen und dessen Feststellung/Genehmigung (§ 41 FlurbG)	
	Anhörung der Teilnehmer für die Landzuteilung (Planwunschtermin) (§ 57 FlurbG)	Absteckung und Aufmessung des Planes über die gemeinschaftlichen und öffentlichen Anlagen Herstellung der Zuteilungskarten (1. Stufe); Wertberechnung im „neuen Bestand"; Ermittlung des Landbeitrages und der Abfindungsansprüche
	Entwurf des Neuordnungsplanes und dessen Offenlegung (§ 58 FlurbG)	Zuteilungsberechnung und Koordinatenbestimmung der Grenzpunkte der Zuteilungsflurstücke; Herstellung der Zuteilungskarten (2. Stufe)
	Aufstellung des Flurbereinigungsplanes und dessen Bekanntgabe (§ 59 FlurbG)	Übertragung der neuen Grenzen in die Örtlichkeit; Absteckung, Abmarkung und Aufmessung der neuen Grundstücke
4. Ausführung des Flurbereinigungsplanes und Abschluss des Verfahrens	Ausführungsanordnung (§ 61 bzw. § 63 FlurbG)	Fertigung der Vermessungsschriften für das Liegenschaftskataster Herstellung der Liegenschaftskarte; Übergabe der Vermessungsschriften, Karten und Nachweise an die Katasterbehörde
	Regelung des Besitzüberganges (§§ 65 u. 66 FlurbG)	
	Ausbau der gemeinschaftlichen und öffentlichen Anlagen (§ 42 FlurbG)	Ersuchen auf Berichtigung mit Bescheinigung des Eintritts des neuen Rechtszustandes
	Berichtigung der öffentlichen Bücher (§§ 79 bis 81 FlurbG)	Fertigung von Karten und Nachweisen für die Gemeine(n) zu Archivzwecken (§ 150 FlurbG)
	Entscheidung über die anhängigen Klagen (§ 140 FlurbG)	
	Finanzielle Abwicklung des Verfahrens (§§ 151 u. 152 FlurbG)	
	Schlussfeststellung (§ 149 FlurbG)	

Die technischen, vor allem vermessungs- und katastertechnischen Arbeitsvorgänge sind den Leistungsabschnitten zeitlich in etwa zugeordnet. Hierzu finden sich weitere Ausführungen z. B. in GAMPERL (1967), THOMAS (1985a und b), BATZ (1990), THOMAS (1990a und b), HOISL & NADOLSKI (1994), FEHRES & TESSMER (2000), THURMAIER (2002). Zu

Fragen der Wertermittlung sind empfehlenswert HAHN (1960), BMELV (1982), THOMAS (1986) sowie DVW (1997).

Von zentraler Bedeutung ist das Zusammenwirken von Flurbereinigung, Liegenschaftskataster und Grundbuch bei der Durchführung eines Bodenordnungsverfahrens nach dem Flurbereinigungsgesetz. Zu Beginn des Verfahrens benötigt die Flurbereinigungsbehörde vom Grundbuch und Liegenschaftskataster alle für das Verfahrensgebiet relevanten Daten; dazu teilt die Flurbereinigungsbehörde dem Grundbuchamt und der für die Führung des Liegenschaftskatasters zuständigen Behörde die Anordnung des Flurbereinigungsverfahren einschließlich der in das Verfahren einbezogenen Grundstücke mit. Im weiteren Verlauf bis zum Wirksamwerden der Schlussfeststellung benachrichtigen Grundbuchamt und Katasterbehörde die Flurbereinigungsbehörde über alle Eintragungen und Änderungen im Grundstücksbestand, die nach dem Zeitpunkt der Anordnung des Flurbereinigungsverfahrens vorgenommen sind oder vorgenommen werden.

Vom Zeitpunkt des Eintritts des neuen Rechtszustandes bis zur Berichtigung der öffentlichen Bücher führt die Flurbereinigungsbehörde die öffentlichen Register, weil während dieser Zeit nur der Flurbereinigungsplan die Rechtsverhältnisse an den Grundstücken zutreffend wiedergibt und der Flurbereinigungsplan als amtliches Verzeichnis der Grundstücke gemäß § 2 Abs. 2 Grundbuchordnung gilt. Im Zuge der Berichtigung der öffentlichen Bücher (§§ 79 bis 81 FlurbG) wird der bisherige Grundbuch- und Katasterbestand durch die neuen Nachweise und Karteninhalte des Flurbereinigungsplanes auf Ersuchen der Flurbereinigungsbehörde ersetzt, ein nicht zu unterschätzender Beitrag zur „Bereinigung" und „Erneuerung" von Grundbuch und Liegenschaftskataster (THOMAS 1985, BAYSTMELF 1989).

Während der intensive Datentransfer zwischen Katasterbehörde und Flurbereinigungsbehörde heute weitgehend digital und teilweise „online" erfolgt, steht eine diesbezügliche Entwicklung beim Datentransfer zum Grundbuch erst am Anfang.

8.2.5 Geschichtliche Entwicklung

Die „ländliche Entwicklung" hat ihren eigentlichen Ursprung als staatliche Aufgabe einmal in den gesellschaftlichen Umwälzungen in ganz Westeuropa „am Vorabend" der französischen Revolution, in deren Verfolg umfassende Agrarreformen durchgeführt wurden; die Ursachen der ländlichen Neuordnung insbesondere in den süddeutschen Ländern und Hessen liegen in der zersplitterten und durch viele Bewirtschaftungszwänge bestimmten Flurverfassung , wie sie sich aus der Erbsitte oder aus den Agrarreformen ergeben hat. Die damalige territoriale Verfassung in Deutschland führte zu einer starken räumlichen und zeitlichen Zersplitterung der (Rechts-)Entwicklung. Einen umfassenden Überblick über diese Entwicklung sowohl im ehemaligen preußischen Staatsgebiet als auch in den heutigen Bundesländern gibt WEISS & GANTE (2004).

In den ehemals *preußischen Gebieten* hat sich die Flurbereinigung aus den Gemeinheitsteilungen (Separation) entwickelt. Bereits in der 2. Hälfte des 18. Jahrhunderts wurden vor allem in den westfälischen Lößgebieten große Teile der Allmenden aufgeteilt; zu dieser Zeit gab es in französisch verwalteten Gebieten schon freie Bauern. In den nördlichen und östlichen Landesteilen unterstanden die Bauern noch einem Grundherrn.

Ihre Blüte erlebten die Gemeinheitsteilungen/Markenteilungen nach der preußischen Agrarreformgesetzgebung Anfang des 19. Jahrhunderts. Für viele Bauern war die Landabfindung in der Gemeinheitsteilung, also die Übertragung des Anteils an der „Allmende" oder aus der „gemeinen Mark" zum frei verfügbaren Alleineigentum, eine willkommene Möglichkeit, die neu gewonnene Existenzgrundlage zu stärken. Häufig war das Teilungsverfahren mit einer Ablösung von Reallasten gegenüber dem früheren Grundherrn verbunden, der mit Land oder Geld abgefunden wurde. Die Grundstückszusammenlegung, ein Kernstück der heutigen Flurbereinigung, spielte bei den Gemeinheitsteilungen zunächst keine Rolle. Zwar musste die Landabfindung für die einzelnen Teilnehmer grundsätzlich in einem Plan erfolgen; sie konnte auf Antrag auch mit Flächen zusammengelegt werden, die nicht der Teilung unterlagen (Spezialseparation). Zusammenlegungen außerhalb einer Gemeinheitsteilung waren aber nicht statthaft.

Eine Wende brachte in Preußen das Gesetz vom 2. 4. 1872 „betreffend die Ausdehnung der Gemeinheitsteilungsordnung vom 7. 6. 1821 auf die Zusammenlegung von Grundstücken, welche einer gemeinschaftlichen Benutzung nicht unterliegen". Hiernach konnte auch zur Behebung einer bloßen Gemengelage ein Umlegungs- bzw. Zusammenlegungsverfahren durchgeführt werden, falls mehr als die Hälfte der Grundstückseigentümer (nach Fläche ermittelt) das Verfahren beantragten.

Das Gesetz über die Umlegung von Grundstücken (Umlegungsordnung) vom 21. 9. 1920 enthielt erstmals eine eigenständige, auf Gemeinheitsteilungsvorschriften nicht mehr zurückgreifende Regelung des Umlegungsrechts für ganz Preußen. Öffentliche Interessen an der Umlegung gewannen an Bedeutung; Verfahren konnten jetzt nicht nur auf Antrag, sondern auch von Amts wegen eingeleitet werden, falls nicht drei Viertel der Beteiligten (nach Flächengröße und Grundsteuerreinertrag ermittelt) dem widersprachen. Die Zuziehung von Ortslagen zur Umlegung – bei Zustimmung der Mehrheit der Eigentümer – wurde ebenso möglich wie die Durchführung von Verfahren zur Behebung landeskultureller Nachteile durch Verkehrswege und ähnliche Anlagen.

Die Möglichkeit der Beteiligten, mit entsprechender Mehrheit Umlegungen zu verhindern, wurde in der Folgezeit zunächst durch Maßnahmegesetze für bestimmte Großvorhaben (Talsperren, Autobahnen) ausgeschaltet und schließlich durch Gesetz vom 21. 4. 1934 ganz abgeschafft (WEISS 1982).

Die Flurbereinigungstätigkeit in *Süddeutschland* hat ihren Ursprung in der sogenannten „Vereinödung", der Herauslösung von Höfen aus den im Ortsverband gemeinschaftlich genutzten Flächen; Ziel war die freie Verfügbarkeit und Arrondierung der Flächen der Einzelhofsiedlungen. Die zunächst auf freiwilliger Basis und nur von der Überzeugungskraft der erzielten Ergebnisse getragenen Bewegung fand ihre erste rechtliche Grundlage in der „fürstlich kemptischen Vereinödungsverordnung" vom 27.07.1791, welche nachfolgend fast hundert Jahre erfolgreich im Allgäu und in Oberschwaben Anwendung finden sollte. Weniger erfolgreich waren dagegen andere landesherrlichen Verordnungen, wie etwa das „kurfürstlich-bayerische Generalmandat über die Landeskultur" vom 3.06.1762 oder die fürstlich-würzburgische Landes-Verordnung" vom 21.07.1790 oder die „kurfürstlich-bayerische Verordnung" vom 11.03.1805 oder das „Gesetz, die Zusammenlegung der Grundstücke betreffend" vom 10.11.1861 (STRÖSSNER 1986). Die Erfolgsgeschichte der ländlichen Entwicklung beginnt in Bayern mit dem „Gesetz, die Flurbereinigung betreffend" vom 29.05.1886, in dem die Flurbereinigung als ein Unternehmen verstanden wird, welches „eine bessere Benützung von Grund und Boden durch Zusammenlegung von Grundstücken oder durch Regelung von Feldwegen bezweckt". In dem hierauf aufbauenden bayerischen Flurbereinigungsgesetz vom 06.08.1922 wird die „Flurbereinigungsgenossenschaft" als Träger des Verfahrens bestimmt, dem das bundesdeutsche Flurbereinigungsgesetz von 1953 bis heute mit einer Sonderregelung für Bayern Rechnung trägt.

In den Realteilungsgebieten der ehemaligen Länder Baden, Württemberg und Hohenzollern setzte Mitte des 19. Jahrhundert eine umfassende „Feldbereinigung" ein – zwecks „Vornahme der stückweisen Vermessung sämtlicher Liegenschaften" und „Anlegung, Verlegung und Abschaffung von Feldwegen, auch die Verlegung oder Zusammenlegung der Grundstücke betreffend" (EILFORT 1985).

Die Anfänge der Flurbereinigungstätigkeit im Großherzogtum *Hessen* sind eng mit der Katasteruraufnahme verknüpft, welche in der ersten Hälfte des 19. Jahrhundert allenthalben als Basis für eine Besteuerung des Grundbesitzes durchgeführt wurde. Schon im Jahre 1824 wurde durch eine Instruktion angeregt, bei der Katastervermessung geregelte Gewannen zu bilden und auf die Anlage eines geordneten Wegenetzes hinzuwirken. Da die entsprechende Instruktion vom 05.12.1834 die Durchführung dieser Maßnahmen vom übereinstimmenden Willen der Beteiligten abhängig machte, blieb dieser Vorstoß erfolglos. Erst das „Gesetz, die Zusammenlegung der Grundstücke, Teilbarkeit der Parzellen und Feldwegeanlage betreffend" vom 24.12.1854 brachte einen ersten Durchbruch; die enge Verbindung der Flurbereinigungstätigkeit mit der Katastervermessung blieb noch bis in das Gesetz vom 14.07.1884 erhalten (BATZ 1990).

Eine umfassende Neuregelung des Umlegungsrechts für das ganze *Reichsgebiet* erfolgte auf der Grundlage des Umlegungsgesetzes vom 26. 6. 1936 durch die Reichsumlegungsordnung (RUO) vom 16. 6. 1937. Erklärtes Ziel des Umlegungsgesetzes war, „die Ernährungs- und Selbstversorgungsgrundlage des deutschen Volkes durch eine planmäßig im ganzen Reiche durchzuführende Feldbereinigung alsbald durchgreifend zu verbessern". Zu diesem Zweck wurden einerseits produktionssteigernde Maßnahmen (Bodenverbesserung, Ödlandkultivierung, Schaffung von Siedlerstellen) in den Neuordnungsauftrag der RUO aufgenommen, andererseits die behördlichen Kompetenzen gestärkt und das Verfahren beschleunigt, zum Teil zu Lasten des Rechtsschutzes für die Beteiligten.

Die RUO entsprach in ihrem (am Verfahrensablauf orientierten) Aufbau und in ihrer Regelungsdichte schon weitgehend dem heutigen Flurbereinigungsgesetz. Ihre praktische Anwendung während der Zeit des Dritten Reiches blieb auf kurze Zeit begrenzt; der 2. Weltkrieg brachte die Umlegungsarbeiten weitgehend zum Stillstand. Für die rechtliche Qualität der RUO spricht, dass sie mit Ausnahme einzelner nationalsozialistisch geprägter Vorschriften auch nach dem Krieg in den meisten Bundesländern in Kraft blieb. In der Tat war das Ziel der RUO die Steigerung der landwirtschaftlichen Produktion, angesichts der wirtschaftlichen Not, des Flüchtlingszustroms und des Verlustes der landwirtschaftlichen Gebiete im Osten Deutschlands damals aktueller denn je.

Den veränderten staatsrechtlichen Verhältnissen der *Bundesrepublik Deutschland* trug der Gesetzgeber erst durch das Flurbereinigungsgesetz vom 14. 7. 1953 Rechnung. Es gilt im Wesentlichen noch heute, ist aber zur Anpassung an moderne Entwicklungen im Verwaltungsrecht, an veränderte agrarpolitische Zielvorstellungen und zur besseren Berücksichtigung öffentlicher Belange durch Gesetz vom 16. 3. 1976 novelliert worden. Es wurde das Ziel der Produktionssteigerung in der Landwirtschaft durch das der Produktivitätssteigerung ersetzt, Umweltbelange wurden in den Neuordnungsauftrag aufgenommen und ein Übergang von der sektororientierten zur integralen Flurneuordnung geschaffen. Dieser Ansatz wird bis heute verfolgt und hat dazu geführt, dass „die Flurbereinigung" heute wieder eine hohe gesellschaftliche Akzeptanz genießt. Die Bandbreite, in der die Bundesländer mit den „Leitlinien Landentwicklung" (siehe 8.1.3) diesen Gesetzesauftrag ausfüllen, ist aus dem Sonderheft „5 Jahre Leitlinien Landentwicklung" (ZfV 2004) ersichtlich.

Die Übertragung des Rechts der Flurbereinigung in die Kompetenz der Länder durch die Änderung des Grundgesetzes vom 28. 8. 2006 hat auf die inhaltliche Ausgestaltung der Flurbereinigungstätigkeit in Deutschland bislang keinen Einfluss gehabt.

So spannt sich der geschichtliche Bogen in der ländlichen Bodenordnung von der Vereinödung und Gemeinheitsteilung durch Separation über die Zusammenlegung, Verkoppelung und Feldbereinigung, die Umlegung, die Flurbereinigung und Flurneuordnung bis hin zur Landentwicklung – der integralen ländlichen Neuordnung.

8.3 Dorfentwicklung

8.3.1 Dorfentwicklung und Vermessungswesen – eine Partnerschaft mit Tradition

Die „Entwicklung ländlicher Bereiche" beginnt in den Dörfern und bei den Menschen, die in den Dörfern wohnen und arbeiten; hier spielt sich im Wesentlichen das soziale und kulturelle Leben auf dem Lande ab. Wenn gleichwohl die Dörfer nicht an erster Stelle in diesem Kapitel behandelt werden, so geschieht das aus der Erkenntnis, dass die Aufgaben der Dorferneuerung und Dorfentwicklung einen noch viel breiteren fachplanerischen Ansatz erfordern, als dies schon bei der Landentwicklung der Fall war (siehe Abbildung 8.1), und sich damit als Tätigkeitsfeld zeitweise immer weiter von dem Vermessungs- und Geoinformationswesen, wie es in diesem Buche dargestellt wird, entfernt haben. Dennoch kann festgehalten werden, dass sich die Anfänge der Dorferneuerung aus der Flurneuordnung ableiten und die Geodäten in der Flurneuordnung die „Pioniere der heutigen Dorfentwicklung" waren. Auch heute noch ist die Bodenordnung nach dem Flurbereinigungsgesetz eine wichtige und teilweise unverzichtbare Voraussetzung für eine zukunftsfähige Entwicklung der Dörfer (siehe z. B. bei Kötter 2008).

8.3.2 Dorfentwicklung als Aufgabe

Der ländliche Raum ist von tief greifenden Veränderungen der wirtschaftlichen, demographischen und soziokulturellen Verhältnisse betroffen. Aus dem demographischen Wandel, der Globalisierung der Märkte, dem Strukturwandel in der Landwirtschaft und einer veränderten Ausrichtung der Struktur- und Agrarpolitik resultieren wesentliche externe Einflüsse. Ländliche Räume sind nach ihrer Entfernung zu den Verdichtungsräumen und Ballungszentren sowie nach ihrer Lage im Netz der Entwicklungsachsen und ihren natürlichen Standortvoraussetzungen durch regionaltypische Entwicklungspfade gekennzeichnet. Dies führt zu einer Ausdifferenzierung verschiedener Raumtypen mit einerseits wirtschaftlich prosperierenden und bevölkerungsmäßig wachsenden Regionen, Regionen mit nach wie vor tragfähigem Landwirtschaftssektor, peri-urbanen Regionen und peripheren Regionen (ARL 2008). Alle diese Entwicklungen haben Folgewirkungen für die Dörfer und Siedlungsbereiche im ländlichen Raum. Durch eine zunehmende Konzentration in Gewerbe und Industrie, im Dienstleistungsbereich sowie der öffentlichen Verwaltung wird eine Sogwirkung in die eine oder andere Richtung ausgeübt, welche sich oftmals durch verschiedene äußere Umstände verstärkt. Die Einheit von Wohnen und Arbeiten geht weitgehend verloren; in vielen Dörfern setzt sich ein „Teufelskreis" (SCHÜTTLER 1991) in Gang, begleitet von einem Rückzug der öffentlichen Daseinsvorsorge aus der Fläche. Der fortschreitende Funktionsverlust in den historischen Ortskernen droht die Dörfer auf ihre Wohnfunktion zu reduzieren, was in der Regel mit einem Verfall von eigenständiger und geschichtlich gewachsener Identität einhergeht. Nicht zuletzt besteht in den Dörfern mangels Wissen oder Interesse eine Bedrohung der ökologischen Vielfalt.

Die Dorferneuerung und Dorfentwicklung stellt sich diesen Herausforderungen und gibt Impulse zur Erhaltung der Attraktivität der Dörfer und der umgebenden Landschaft als Lebensmittelpunkt der Bürgerinnen und Bürger. Der Vernachlässigung der alten Ortskerne und ungezügelten Ausweisung von Neubaugebieten am Ortsrand wird heute aus vielerlei Gründen die Strategie „Dorf-Innenentwicklung und Dorf-Umbau" entgegen gestellt: eine Revitalisierung der Ortskerne erfordert ein Umdenken in Richtung Innenentwicklung, Gebäudeum- und -nachnutzung, neues Bauen im Ortskern, Aufwertung des Wohnumfeldes im Ortskern und Sicherung der Daseinsvorsorge. Dazu bedarf es eines kleinteiligen, grundstücksbezogenen Vorgehens auf der Grundlage eines regional abgestimmten strategischen Flächenmanagements (KÖTTER 2008).

8.3.3 Die „Philosophie" der Dorfentwicklung

Eine nachhaltige Dorfentwicklung setzt ganzheitlich auf das Dorf als Lebens-, Wohn- und Arbeitsraum der dort lebenden Menschen; sie folgt dem Subsidiaritätsgedanken in der Form, dass die Dorfbewohner und ihre Gemeinde selbst initiativ werden müssen, weil sie am besten wissen, was für eine zukunftsfähige Entwicklung in ihrem Umfeld Not tut; sie setzt auf ein neues „Selbstwertgefühl für das Leben im ländlichen Raum" , auf die „endogenen" Potenziale und auf eine aktive Bürgergesellschaft. Es ist eine Politik für „die kleine Einheit". Die kleine Einheit ist gelebte Verantwortung; sie ist flexibler und überschaubarer, anpassungsfähiger und lernfähiger. Die Stärkung der kleineren Einheiten ist ein Konzept zur Revitalisierung der Gesellschaft (GLÜCK 1998) und Basis für eine neue Sozialkultur (GLÜCK & MAGEL 2000).

Die Bürger stehen bei der Dorferneuerung im Mittelpunkt; um sie und ihr Anliegen geht es. Ihre rechtzeitige, aktive und intensive Mitwirkung an allen Ideenfindungen, Planungen und Entscheidungen ist eine wichtige Voraussetzung für den Erfolg jeder Dorferneuerung. Die Dorfentwicklungsplanung wird als eine Interaktion, als kultureller Lernprozess verstanden, in dessen Verlauf ein Dorf nicht nur im baulich-technischen und wirtschaftlichen, sondern auch im gesellschaftlichen Bereich in die Lage versetzt wird, den sich ständig wandelnden Ansprüchen ihrer Einwohner und der Gesellschaft im Allgemeinen gerecht zu werden (BECKER, FASTNACHT & KNEISEL 1980). Das Ergebnis ist ein Entwicklungskonzept, mit dem sich alle Beteiligten identifizieren können (MAGEL 1991).

Die Dorferneuerungsaktivitäten können deshalb nicht auf den baulich-ästhetischen Bereich beschränkt bleiben („erhaltende Dorferneuerung"), sondern müssen das ganze wirtschaftliche, soziale und ökologische Wirkungsgefüge des Dorfes in den Blick nehmen. Es gilt, die Vielfalt dörflicher Lebensformen auf sicherer wirtschaftlicher Grundlage mit hoher Umweltqualität zu erhalten und weiterzuentwickeln, den individuellen Charakter des jeweiligen Ortes zu erhalten und weiter zu stärken, die Formenvielfalt ländlicher Kultur und ländlichen Brauchtums zu bewahren, siedlungsstrukturelle Mängel zu beheben und die historischen Ortskerne zu revitalisieren, regionaltypische Bausubstanz und Bauformen zu erhalten und erforderlichenfalls einer neuen zweckmäßigen Nutzung zuzuführen, Einrichtungen für den Gemeinbedarf und für öffentliche und private Dienstleistungen zu erhalten und eine bedarfsgerechte Grundversorgung langfristig zu gewährleisten, neue Formen eines schonenden Umgangs mit den natürlichen Ressourcen zu finden sowie alternative Formen der Energieerzeugung und Energieversorgung, bei der Siedlungsentwicklung ökologische Zusammenhänge zu wahren und das Dorf in seine landschaftliche Umgebung einzubinden, selbstverantwortliches Handeln auf kommunaler Ebene durch Mitverantwortung der dörflichen Gemeinschaft zu stärken und Impulse für wirtschaftliche und kulturelle Eigeninitiative in der Gemeinde auszulösen.

Abb. 8.5: Dorfentwicklung – eine Sache der Dorfbewohner!

Dorferneuerung und Dorfentwicklung ist damit mehr als die Summe einzelner Maßnahmen, sie ist ein Prozess, der Prozess des gemeinsamen Denkens, Diskutierens, Planens und Handelns mit dem Wissen um den Schatz von Tradition und Verantwortung für die künftige Entwicklung des Dorfes. Dorferneuerung ist ein Synonym für eine Geisteshaltung, eine positive Grundhaltung zur Lebenswirklichkeit, eine Sache von Kopf und Herz, welche sich mehr an den geistigen Ressourcen und der Kreativität der Menschen orientiert als an deren Fehlern und Defiziten (THOMAS 1998b).

8.3.4 Instrumente der Dorfentwicklung

Am Anfang jedweder, auf eine nachhaltige Zukunft angelegten Dorfentwicklung steht das *„Dorfentwicklungskonzept"*:

Fundament eines Dorferneuerungs- und Dorfentwicklungsprozesses bildet die individuelle und umfassende Bestandsaufnahme; hier werden in der Regel unter Anleitung eines Experten durch die Dorfbewohner selbst unter enger Einbeziehung der Gemeinde die baulichen, ökonomischen, ökologischen, infrastrukturellen Gegebenheiten sowie die sozialen Strukturen und kulturellen Verflechtungen zusammengetragen. Vorhandene Mängel und (Nutzungs-)Konflikte werden aufgedeckt und in einer sogenannten Stärken-/Schwächenanalyse auf ihre Entwicklungspotenziale und Entwicklungsrisiken hin untersucht. So wird am besten gewährleistet, dass jedes Dorf seinen ihm eigenen Entwicklungspfad beschreiten kann; denn „genormte“ Dorfentwicklung wäre ein Widerspruch in sich. Aus dem so erarbeiteten Leitbild wird eine Entwicklungsstrategie abgeleitet, ergänzt um einen Maßnahmen- und Durchführungsplan, welcher zugleich die zeitliche Reihenfolge, die Kosten der einzelnen Maßnahmen und deren Finanzierung festlegt. Mit einem derartigen „Dorfentwicklungskonzept“, welches informellen Charakter hat, ist der Handlungsrahmen für die nächsten Jahre vorgezeichnet.

Für die Erarbeitung eines Dorfentwicklungskonzeptes hat sich eine Organisationsstruktur in „Dorf-Arbeitskreisen“ oder „Werkstattgesprächen“ bewährt; die Vorbereitung der Dorfbewohner auf den Prozess durch entsprechende Seminare in „Schulen der Dorferneuerung“ (siehe 8.1.3) ist sehr hilfreich.

Die Durchführung der Einzelmaßnahmen erfolgt auf ganz unterschiedliche Weise; sie reicht von der finanziellen *Förderung einzelner öffentlicher oder privater Maßnahmen* bis hin zu Dorfflurbereinigungen mit einem umfassenden Planungs- und Durchführungsansatz. Daneben gibt es eine Fülle von flankierenden und die Motivation der Dorfbevölkerung befördernden Maßnahmen:

Dorferneuerung durch finanzielle Förderung einzelner öffentlicher oder privater Maßnahmen wird in allen Bundesländern praktiziert, in Bayern auch als „schlichte Dorferneuerung“ bezeichnet. Hierbei werden einzelne Erneuerungsmaßnahmen auf Antrag des Maßnahmenträgers mit öffentlichen Mitteln von Bund und Land, teilweise refinanziert durch die Europäische Union, bezuschusst. Voraussetzung ist, dass sich die Maßnahmen im Rahmen des Dorferneuerungskonzeptes bewegen, in ihrer Ausführung Rücksicht auf Umwelt und Natur nehmen und regionaltypischen Bauformen und -materialien Rechnung tragen. Die Maßnahmen reichen von Platz- und Straßenraumgestaltungen, Entsiegelung öffentlicher und privater Flächen, über ökologische Aufwertung von Freiflächen im Dorf und Einbindung des Dorfes in die Landschaft bis hin zu Dach- und Fassadenerneuerung einzelner Gebäude oder gar Ensembles und die Umnutzung ehemals landwirtschaftlich genutzter Bausubstanz. Die Maßnahmen sind auf die Verbesserung der Wohn- und Lebensqualität in den Dörfern angelegt sowie auf eine Gestaltung des Ortsbildes; interessante Beispiele enthält u. a. AID (1993). In den letzten Jahren werden auch zunehmend Projekte gefördert, welche das Gemeinschaftsleben in den Dörfern unterstützen wie Dorfgemeinschaftshäuser oder Dorfläden und die immer noch defizitäre Infrastrukturausstattung ergänzen durch regionale Breitband – oder Energieversorgung; die Fördermöglichkeiten im Einzelnen sind dem GAK-Rahmenplan 2008 bis 2011 und den Förderrichtlinien der Bundesländer zu entnehmen.

Ist im Zusammenhang mit einer bereits angeordneten oder einer geplanten Flurbereinigung die Zuziehung der Ortslagen zum Verfahren beschlossen, weil die Erneuerungsbedarf in den Dörfern offensichtlich ist, schafft die *Ortslagenregulierung* die Voraussetzungen für nachfolgende Dorferneuerungs- und entwicklungsmaßnahmen, indem die Grenzverhältnisse bereinigt und die rechtlichen Verhältnisse geordnet werden. In vielen Fällen stellen die dabei entstandenen neuen Flurkarten die technische und planerische Grundlage für Dorferneuerungsmaßnahmen und die Bauleitplanung der Gemeinde dar. Eindrucksvolle Beispiele über die Neuordnungs- und Neugestaltungsvielfalt der Ortslagenregulierung sind MLWF (1988) zu entnehmen. Selbstverständlich stehen auch in diesem Falle die zuvor dargestellten Fördermöglichkeiten der (schlichten) Dorferneuerung der Gemeinde und den Dorfbewohnern offen.

Steht in einem Dorf ein durchgreifender struktureller und in der Regel funktioneller Erneuerungsbedarf an, wird das Instrument der *„integralen Dorfentwicklung“* (in einigen Ländern auch als „Dorfflurbereinigung“ oder „Dorfentwicklungsverfahren“ bezeichnet) eingesetzt; es handelt sich um ein auf den Dorfbereich beschränktes Neuordnungsverfahren, in der Regel nach § 1 oder § 86 FlurbG eingeleitet. Voraussetzung dafür ist, dass das Dorf zuvor erfolgreich ein Dorfentwicklungskonzept erarbeitet hat und zusammen mit der Gemeinde motiviert und entschlossen dessen Umsetzung angehen will. Träger der Maßnahme ist die Teilnehmergemeinschaft, also die Gemeinschaft aller an dem jeweiligen Verfahren beteiligten Grundeigentümer; in diesem in der Flurbereinigung bewährten „Genossenschaftsprinzip“ ist eine Ursache für den großen und nachhaltigen Erfolg zu sehen, den diese Art der Dorfentwicklung bundesweit verbuchen kann. Eindruckvolle Beispiele finden sich in den Länderpublikationen zur ländlichen Entwicklung.

Eine Übersicht über die Organisation und den Ablauf einer Dorferneuerung sowie die Rolle der Gemeinde und das Zusammenwirken der formellen Planungsinstrumente in der Dorferneuerung gibt MAGEL (1991).

Unter den flankierenden Maßnahmen zur Dorfentwicklung ist an erster Stelle der schon seit 1961 bestehende *Dorfwettbewerb* zu nennen. Ursprünglich auf die Dorfverschönerung („Unser Dorf soll schöner werden“) ausgerichtet, hat er sich über die Jahre zu einer kräftigen Unterstützung des Anliegens der integralen Dorfentwicklung entwickelt. Der auf Landkreisebene beginnende und über die Landes- und Bundesebene in einen Europäischen Dorferneuerungspreis einmündende Bundeswettbewerb ist ein überzeugender Motivator für Dörfer, die das Wettbewerbsmotto „Unser Dorf hat Zukunft“ verfolgen. Weitere Beförderung erfährt die Dorfentwicklung über Dorf-Aktionstage, Dorf-Kulturtage, durch die Prämierung von beispielhaften Dorfentwicklungsprojekten oder – in der Regel thematisch angelegte – Modellvorhaben (Dorfgestalt, Dorfökologie, Energie, Mobilität und vieles andere mehr). Findet die Dorfentwicklung im Rahmen eines LEADER-Prozesses statt, ist die mit der LEADER- Philosophie obligatorisch verbundene Vernetzung mit anderen LEADER-Projekten im Inland oder dem europäischen Ausland eine nicht zu unterschätzende Kraftquelle für die lokalen Akteure der Dorfentwicklung; und der bedarf es für den langen und Kräfte zehrenden Weg einer zukunftsfähigen Dorfentwicklung.

Auf der EXPO 2000 HANNOVER wurden die Erfolge der Dorfentwicklung in Deutschland den Besuchern aus aller Welt präsentiert (EXPO 2000).

8.3.5 Geschichtliche Entwicklung

Die historischen Wurzeln der Erneuerung ländlicher Siedlungen durch einschlägige fachplanerische Aktivitäten des Staates finden sich in den in 8.2 beschriebenen Maßnahmen der Flurneuordnung. Schon die „Vereinödung“ im Hochstift Kempten kann als eine Maßnahme der Dorferneuerung interpretiert werden, erlaubte sie doch für den durch die Herauslegung einzelner Betriebe aus der beengten Ortslage geschaffenen Freiraum eine neue Zweckbestimmung. Auch aus Norddeutschland sind im 18. und 19. Jahrhundert Maßnahmen zur Umstrukturierung von Siedlungen („Bauernlegen“) überliefert (HENKEL 2004); und auch aus anderen Landesteilen sind entsprechende Maßnahmen mit dem Ziel der Dorf-„Verschönerung“ bekannt. Die wohl umfassendsten Bestimmungen zur „Regulierung der

Hofraiten, Ortsberinge, Gärten und Baumstücke“ finden sich in der „Instruktion für die Vollziehung der Güterkonsolidation“ in Hessen-Nassau von 1830; im Mittelpunkt stand dabei die Verbesserung der Verkehrsverhältnisse und die zweckmäßige Neubestimmung der Hofgrundstücke durch Grenzregulierungen (HOLZAPFEL 1912). Eine systematische Einbeziehung der Ortslagen in Maßnahmen der Flurneuordnung erfolgte jedoch erst, als mit der preußischen Umlegungsordnung von 1920 die Rechtsgrundlage für die „Auflockerung der Ortslagen“ geschaffen war; mit der Reichsumlegungsordnung von 1937 wurde die „Ortslagenregulierung“ zu einer eigenständigen Aufgabe der Flurneuordnung, deren Durchführung nicht mehr von der Zustimmung der Beteiligten abhängig gemacht war. Wie der Begriff Ortslagenregulierung zum Ausdruck bringt, ging es bei den Maßnahmen in den Ortslagen zunächst vor allem darum, die Eigentums- und Besitzstruktur umzugestalten – eine Verbesserung der dörflichen Agrarstruktur im traditionellen Sinne. Auf der Grundlage der Reichsumlegungsordnung wurden ab 1940 sogar Neuordnungsmaßnahmen zur Beseitigung der Kriegfolgen durchgeführt; so ist der Wiederaufbau der kriegszerstörten Altstadt Bonn, der Stadt Meckenheim und einiger anderer Orte im Aachener Raum durch die Flurbereinigungsbehörden erfolgt (THOMAS 1985).

Im Zuge der allgemeinen wirtschaftlichen Erstarkung Deutschlands fanden seit Mitte der 1950er Jahre Aspekte der öffentlichen Daseinvorsorge (Wasser- und Stromversorgung, Kanalisation, innerörtlicher Straßenzustand) Eingang in die Ortslagenregulierung, gefolgt von dem Anliegen der Aus- oder Umsiedlung landwirtschaftlicher Betriebe und Auflockerung der Ortslagen zum Zwecke der Erweiterung der im Ort verbliebenen Betriebe; Grundlage war nun das vom deutschen Bundestag zum 01.01.1954 in Kraft gesetzte Flurbereinigungsgesetz. Näheres siehe bei OSTHOFF (1967), KOHLER (1971), STRÖSSNER (1975). Diese Entkernung von verdichteten Teilen der Dorflagen und die Beseitigung abständiger und nicht mehr erneuerungsfähiger Bausubstanz lief vielfach auf eine „Flächen- oder Totalsanierung“ mit dem Abriss ganzer Dorfteile hinaus und fand schließlich seinen Niederschlag in dem Auftrag des Städtebauförderungsgesetzes von 1971, „städtebauliche Sanierungs- und Entwicklungsmaßnahmen in Stadt und Land zu fördern und durchzuführen“.

Mit dem Bundesbaugesetz (BBauG) war im Jahre 1960 das Verhältnis von (staatlicher) Fachplanung und gemeindlicher Bauleitplanung auf eine neue gesetzliche Grundlage gestellt worden. Dies hatte zwar Auswirkung auf das formelle Zusammenwirken von Flurbereinigungsbehörde und Gemeinde anlässlich von Flurneuordnungsverfahren; doch änderten sich inhaltlich die Ziele der Dorferneuerung dadurch nicht; eine gute Momentaufnahme über Aufgaben und Instrumente der städtebaulichen Erneuerung von Dörfern und Ortsteilen in den 1980er Jahren gibt BMRBS (1989).

Der Anfang der modernen Dorferneuerung und Dorfentwicklung ist in dem „Zukunftsinvestitionsprogramm des Bundes und der Länder“ auszumachen, in das die Dorferneuerung im Jahre 1977 aufgenommen wurde. Zunächst als Konjunkturprogramm zur Auflösung des großen Investitionsstaus in den deutschen Städten und Dörfern angelegt, erwuchs die Dorferneuerung zu sprichwörtlich „gesellschaftlicher Dimension“ und einer aktiven Bürgerbewegung mit einer „neuen Bürger- und Sozialkultur“ (GLÜCK 2001). Dabei kam diesem Aufgabenfeld die Jahrzehnte lange Erfahrung der Flurbereinigungsbehörden mit partizipativen, d. h. die beteiligten Bürger einbeziehenden Neuordnungsmaßnahmen zugute und die Hinzunahme informeller und dialogischer Planungsmethoden. Das zwischenzeitlich erstarkte Umweltbewusstsein und das Gedankengut der Agenda 21 waren der Nährboden für den Übergang von der sektoralen Objektförderung hin zum ganzheitlichen Entwicklungsprozess (MAGEL 1991); dem Dorf als sozialer und kultureller Mikrokosmos erwuchs eine neue Wertschätzung: „das Dorf – ein Wert für sich!" (THOMAS 1998b).

8.4 Landentwicklung im internationalen Kontext

8.4.1 Landentwicklung als internationale Herausforderung

Die Entwicklung ländlicher Räume ist keineswegs ein spezifisch deutsches Thema; „Ländliche Entwicklung" ist eine europäische, ist eine globale Herausforderung (WORLD BANK 2003). Die jeweiligen Herausforderungen stellen sich jedoch in ganz unterschiedlicher Weise.

„Ländlich" ist bei globaler Betrachtung gleichzusetzen mit „Armut" (WORLD BANK 2003). So sind die Millenniumsziele (UN 2000) ganz wesentlich darauf ausgerichtet, Hunger und Armut zu bekämpfen („reduction of poverty") und daher auf die ländliche Entwicklung fokussiert (RURAL 21 2000). Zwei Drittel aller Hungernden leben in ländlichen Gebieten. In weiten Teilen der Welt geht es darum, den Menschen die existenziellen Grundbedürfnisse zu befriedigen: gesundes Trinkwasser, genügend Nahrungsmittel und eine menschenwürdige Wohnstatt; diese Selbstverständlichkeiten für entwickelte Länder stehen in vielen Ländern noch weit vor dem Anspruch der Menschen an ein eigenverantwortlich gestaltetes Leben mit Arbeit, Gesundheitsvorsorge und Bildung. Im Mittelpunkt der Armutsbekämpfung steht die „Bodenfrage", nämlich der Zugang der Bevölkerung zu Land („access to land"), als Basis für eine wenigstens die Grundbedürfnisse befriedigende Subsistenzwirtschaft (FAO 2005). „Ländliche Entwicklung muss wieder zum Schwerpunkt der Entwicklungszusammenarbeit werden" (WHH-JAHRESBERICHT 2008). In den von Bürgerkriegen heimgesuchten Regionen der Welt sind Grundeigentum und Grundbesitz Schlüsselfaktoren für eine Aussöhnung zwischen den Ethnien und für erste Schritte hin auf eine wirtschaftliche Erholung des Staatswesens (THOMAS 2000 und 2001, ZIMMERMANN 2003, FIG SYMPOSIUM 2004). Dabei ist die Gewährleistung von Eigentums- und Besitzrechten an Grund und Boden in der Regel zugleich auch eine Frage der Rechtstaatlichkeit („good governance") in der staatlichen Bodenpolitik (FAO 2007) und bei partizipativ und bürgerschaftlich ausgerichteten Entwicklungsaktivitäten (RAUCH ET AL. 2001).

Doch ist die ländliche Entwicklung keineswegs nur eine Herausforderung für die armen und ärmsten Länder der Dritten Welt; ähnlich der Situation nach der deutschen Wiedervereinigung geht es in den Ländern Zentral- und Osteuropas (CEEC) und den Ländern in der Gemeinschaft unabhängiger Staaten (CIS), welche aus der ehemaligen Sowjetunion hervorgegangen sind, darum, den Transformationsprozess von der ehemaligen sozialistischen Planwirtschaft in die freiheitlich marktwirtschaftliche Ordnung zu vollziehen. Davon sind die ländlichen Bereiche ganz erheblich betroffen (siehe z. B. DIJK 2003, THOMAS 2006c).

Schließlich stellen sich auch in den hoch entwickelten Volkswirtschaften die Aufgaben der ländlichen Entwicklung immer wieder neu. Denn je höher der Organisationsgrad einer Gesellschaft, desto differenzierter sind die Nutzungen im Raum zugeordnet (THOMAS 2006a). Im Mittelpunkt steht auch hier die „Bodenfrage", die Frage nach der Landnutzung, die Frage nach der Bodenpolitik, den Eigentums- und Besitzrechten an Grund und Boden und deren Gewährleistung als unverzichtbare Voraussetzung für langfristige und produktive Investitionen (GTZ 1998).

8.4.2 Ansätze und Instrumente der Landentwicklung in Europa

Ländliche Entwicklung als gesellschaftspolitische Herausforderung und staatspolitische Aufgabe ist in Westeuropa seit dem durch die Französische Revolution eingeleiteten Umbruch der Gesellschafts- und Staatssysteme virulent; doch fanden die Entwicklungen ganz überwiegend nur im jeweiligen nationalen Kontext statt, so etwa in Frankreich, den Niederlanden, Schweden, Dänemark, Belgien, Österreich, Luxemburg, Spanien, Italien, Finnland, der Schweiz oder Deutschland. Systematische beschreibende oder gar vergleichende Abhandlungen über die ländliche Entwicklung in Europa sind selten; erste Ausführungen zum „Problem der Grundstückszusammenlegung in Europa" finden sich bei TCHERKINSKY (1942); es folgen KORTE (1952) und WELLING (1955). GAMPERL (1955) stellt nicht nur Ziele und gesetzliche Grundlagen der Flurbereinigung im westlichen Europa dar; diese Veröffentlichung geht auch auf die inhaltliche und technische Durchführung der Flurneuordnung sowie den Aufbau und die Arbeitsweise der ausführenden Stellen ein.

Während die in den vorgenannten Veröffentlichungen beschriebenen Ansätze noch ganz auf die Beseitigung der „Flurzersplitterung" und die traditionelle Agrarstrukturverbesserung angelegt sind, stellt BMELF (1992) die „Flurbereinigung als Instrument zur ökonomischen und ökologisch sinnvollen Entwicklung ländlicher Räume" im europäischen Vergleich erstmals in einen raumordnungspolitischen Sachzusammenhang.

In dem INTERREG III C – Projekt FARLAND (Future Approaches to Land Development) wurden schließlich in den Jahren 2005 bis 2007 die methodischen und instrumentellen Ansätze von 6 europäischen Ländern in der ländlichen Entwicklung systematisch erfasst und einer vergleichenden Analyse unterzogen; Ziel des Projektes war es, aus den Analyseergebnissen eine bedarfsgerechte Fortentwicklung der Instrumente und weitere Innovation für die ländliche Entwicklung abzuleiten (THOMAS 2006b). Die Projektergebnisse sind zusammengefasst in FARLAND (2007) und www.farland.eu .

Gegenwärtig orientiert sich die ländliche Entwicklung in der Europäischen Union an der Erklärung von Cork (CORK 1996) „Auf dem Weg zu einer integrierten Politik der ländlichen Entwicklung" und der Lissabon-Strategie (LISSABON 2000) (mit dem Ziel, die EU bis zum Jahre 2010 zum wettbewerbsfähigsten und dynamischsten wissensgestützten Wirtschaftsraum der Welt zu machen); sie wird umgesetzt in den Entwicklungszielen der „Verordnung (EG) Nr. 1698/2005 vom 20. 9. 2005 über die Förderung der Entwicklung des ländlichen Raumes durch den Europäischen Landwirtschaftsfonds für die Entwicklung des ländlichen Raumes (ELER)". Die Mitgliedstaaten haben diese Ziele durch eigene nationale Entwicklungsprogramme ausgefüllt und konkretisiert (THOMAS 2002a) (siehe 8.1.2). Die Europäische Kommission ist nicht selbst mit der Umsetzung der Progammziele befasst; sie überlässt die operationelle Umsetzung den Mitgliedstaaten. Doch werden die ergriffenen Maßnahmen am Ende des Programmzeitraums von externen Gutachtern dahingehend evaluiert, was von den geplanten Maßnahmen umgesetzt und von den Programmzielen tatsächlich erreicht worden ist (Ex-post-Evaluation).

8.4.3 Supranationale Organisationen in der Landentwicklung

Die *United Nations Economic Commission for Europe* – Working Party on Land Administration (UNECE-WPLA) befasste sich ursprünglich mit der fachlichen Unterstützung der Transformationsländer beim Aufbau von Grundbuch- und Katastersystemen (siehe auch

2.6.1). Inzwischen steht auch das Landmanagement auf der Agenda der Einrichtung und hat sogar Eingang gefunden in den Namen des Sectoral Committee („Housing and Land Management") (CREUZER 2006). Die ArgeLandentwicklung ist hier durch ihren Beauftragten für Internationale Entwicklung (siehe 8.4.4) mit Beiträgen zur ländlichen Entwicklung, Flurbereinigung und Bodenordnung präsent. Die UNECE-WPLA gibt Papers und Guidelines zur Land Administration heraus, führt jährlich zwei Workshops zu aktuellen Fragen der Land Administration und des Land Management durch und erarbeitet auf Antrag von Regierungen der mittel- und osteuropäischen Länder Statusberichte (Land Administration Reviews); ein Vertreter der ArgeLandentwicklung bearbeitet regelmäßig die Fragen um die Landreformen, das Landmanagement und die ländliche Entwicklung.
Näheres unter www.unece.org/programs/hlm.htm.

Die *Food and Agriculture Organization* der Vereinten Nationen (FAO) befasst sich traditionell mit der Landwirtschaft und den ländlichen Bereichen sowie der Ernährungssituation in der Welt. Das Land Tenure Office bei der FAO hat die speziellen Fragen um den Grundbesitz, die Landnutzung sowie deren Umgestaltung durch Landreformen, eine Bodennutzungsplanung und Bodenordnung im Blick. Durch Workshops, Fachkonferenzen, Machbarkeitsstudien und spezielle Publikationen gibt diese Einrichtung richtungsweisende Impulse für eine nachhaltige Entwicklung in den ländlichen Bereichen. Für eine nachhaltige Entwicklung in den Tranformationsländern Mittel- und Osteuropas wird der Flurbereinigung eine besondere Bedeutung zugemessen, was sich in einer eigenen Publikationsreihe (LAND TENURE STUDIES 2009) ausdrückt; der Beitrag der ArgeLandentwicklung ist unter www.landentwicklung.de/interntionales ersichtlich.

Auch die *OECD*, die Organisation für wirtschaftliche Zusammenarbeit und Entwicklung, befasst sich mit der Entwicklung ländlicher Räume. Die OECD ist ein in seiner Art einzigartiges Forum, in dem die Regierungen von 30 demokratischen Staaten gemeinsam daran arbeiten, den globalisierungsbedingten Herausforderungen im Wirtschafts-, Sozial- und Umweltbereich zu begegnen. In dem Bericht „Das neue Paradigma für den ländlichen Raum" (OECD 2006) sind die Herausforderungen formuliert, welche Politik und Verwaltungen bei der Förderung einer integrierten ländlichen Entwicklung zu bewältigen haben. Die OECD beobachtet und analysiert die wirtschaftliche Entwicklung in den Teilräumen Europas und bewertet die von den jeweiligen Regierungen ergriffenen Interventionen. In Länderprüfungen werden diese Erkenntnisse auf die nationale Ebene heruntergebrochen; ein entsprechender Bericht über Deutschland ist erschienen unter OECD (2007).

8.4.4 Das deutsche Engagement in der internationalen Landentwicklung

Deutsche Experten auf dem Gebiet der ländlichen Entwicklung sind international in vielfältiger Weise tätig. Der Einsatz erfolgt einmal im Rahmen von bilateralen *Partnerschaften* zwischen dem jeweiligen Bundesland und einem anderen Staat. Über die zurzeit bestehenden Zusammenarbeitspartnerschaften auf dem Gebiet der ländlichen Entwicklung gibt folgende Webseite Aufschluss: www.landentwicklung.de/internationales/.

Auf der Grundlage des EU-Twinning-Programms werden deutsche Experten als Berater im Rahmen von Verwaltungspartnerschaften zwischen dem Bund oder einem Bundesland und einzelnen Beitrittsländern der Europäischen Union tätig. Näheres ergibt sich aus:
www.europa.de/int/comm/enlargement/pas/twinning/index.htm.

Zudem werden deutsche Experten über *Kurzzeit- oder Langzeiteinsätze* für deutsche oder internationale Entwicklungsorganisationen tätig; das sind insbesondere die

- Deutsche Gesellschaft für Technische Zusammenarbeit (GTZ), www.gtz.de,
- Internationale Weiterbildung und Entwicklung GmbH (inwent), www.inwent.org,
- Bodenverwertungs-und -verwaltungs- GmbH (BVVG), www.bvvg.de,
- AHT GROUP AG, www.aht-group.de sowie
- GFA consulting group (GFA), www.gfa-group.de.

Die „deutsche Landentwicklung" wird international durch einen *„Beauftragten für Internationale Entwicklung"* der ArgeLandentwicklung vertreten (siehe 8.1.3). Seine Aufgabe ist es, internationale Projektaktivitäten deutscher und ausländischer Partner auf dem Gebiet der ländlichen Entwicklung zu unterstützen und zu koordinieren, bei der Arbeit von Unterorganisationen der Vereinten Nationen, der UNECE Working Party on Land Administration sowie der Food and Agriculture Organization (FAO) (siehe 8.4.3), mitzuwirken sowie die Mitgliedverwaltungen der Arbeitsgemeinschaft in der „Beratungsgruppe für internationale Entwicklung im Vermessungs- und Geoinformationswesen (BEV)" zu vertreten. Die Jahresberichte der ArgeLandentwicklung (z. B. ARGE 2008) sowie www.landentwicklung.de/ internationales/ geben Aufschluss über das internationale Engagement auf dem Gebiet der ländlichen Entwicklung.

Einer besonderen Erwähnung bedarf der an der Technischen Universität München, Lehrstuhl für Bodenordnung und Landentwicklung, seit dem Jahre 2001 eingerichtete englischsprachige *Postgraduate-Master-Studiengang* für Fach- und Führungskräfte aus Entwicklungs- und Transformationsländern (siehe auch 17.3.2). In diesem dreisemestrigen Studiengang werden die Stipendiaten mit den Philosophien, Methoden, Instrumenten und Technologien zu Land Policy und Land Tenure vertraut gemacht und zum Master of Land Management and Land Tenure graduiert (Bock 2005), (Magel & Wehrmann 2006), ein international nicht hoch genug einschätzbarer deutscher Beitrag!

Eine Zusammenstellung herausragender *internationale Konferenzen* zur ländlichen Entwicklung in Deutschland zeigt Tabelle 8.3.

Tabelle 8.3: Internationale Konferenzen zur ländlichen Entwicklung in Deutschland

Jahr	**Ort**	**Thema**	**Quelle**
2000	Potsdam	rural 21 – Internationale Konferenz zur Zukunft und Entwicklung ländlicher Räume	RURAL 21(2000)
2002	München	Land Fragmentation and Land Consolidation in CEEC – a gate towards sustainable rural development in the new millennium	MÜNCHEN (2002)
2007	München	Effective and Sustainable Land Management – a permanent challenge for each society	UNECE (2007)
2007	München	Nachhaltige Entwicklung ländlicher Räume in Deutschland und China	Zeitschrift für Geodäsie, Geoinformation und Landmanagement, 2007, 340-341
2008	München	Policy Meets Land Management	MÜNCHEN (2008)

8.5 Quellenangaben

8.5.1 Literaturverzeichnis

AID (1993): Dorfgestaltung und Ökologie. Auswertungs- und Informationsdienst für Ernährung, Landwirtschaft und Forsten (AID) e.V., Bonn.

ARGE (2008): Jahresbericht 2007 der Bund-Länder-Arbeitsgemeinschaft Nachhaltige Landentwicklung. Bayerisches Staatsministerium für Landwirtschaft und Forsten, München.

ARL (2009): Fünf Thesen zur Entwicklung der ländlichen Räume in Nordrhein-Westfalen. Positionspapier Nr. 80 aus der Akademie für Raumforschung und Landesplanung (ARL), Hannover.

BATZ, E. (1990): Neuordnung des ländlichen Raumes. Wittwer Verlag, Stuttgart.

BECKER, H.-J., FASTNACHT, H. & KNEISEL, M. (1980): Zwei Wege – ein Ziel. Dorfentwicklung mit und ohne Flurbereinigung. KTBL-Schrift, 258, 34 ff. Darmstadt.

BMELF (1982): Wertermittlung in der Flurbereinigung. Bundesministerium für Ernährung, Landwirtschaft und Forsten, Schriftenreihe B (Flurbereinigung), Sonderheft 19. Bonn.

BMELF (1992): Flurbereinigung in Europa. Schriftenreihe des Bundesministers für Ernährung, Landwirtschaft und Forsten, Schriftenreihe B (Flurbereinigung), Heft 78. Landwirtschaftsverlag GmbH Münster-Hiltrup.

BMELF (1999): Leitlinien Landentwicklung – Zukunft im ländlichen Raum gemeinsam gestalten. Bundesministerium für Ernährung, Landwirtschaft und Forsten, Schriftenreihe B (Flurbereinigung), Sonderheft. Bonn.

BMELV (2007): Politik für ländliche Räume. Konzeption zur Weiterentwicklung der Politik für ländliche Räume. Bundesministerium für Ernährung, Landwirtschaft und Verbraucherschutz, Bonn.

BMRBS (1989): Städtebauliche Erneuerung von Dörfern und Ortsteilen – Qualitative Analyse von Aufgaben und Instrumenten. Bundesminister für Raumordnung, Bauwesen und Städtebau, Schriftenreihe Forschung, 477, Bonn.

BMRBS (1990): Bericht der Bundesregierung zur Erneuerung von Dörfern und Ortsteilen (Dorferneuerungsbericht). Bundesminister für Raumordnung, Bauwesen und Städtebau, Bonn.

BMVEL (2005): Ländliche Entwicklung aktiv gestalten. Leitfaden zur integrierten ländlichen Entwicklung. Bundesministerium für Verbraucherschutz, Ernährung und Landwirtschaft, Bonn.

BOCK, H. (2005): Bayerns Antwort auf brennende internationale Probleme – der Münchner TUM-Masterstudiengang Land Management and Land Tenure. DVW-Mitteilungsblatt, 191-202, München.

BOTHE, H.-G. (1968): 250 Jahre Flurbereinigungsgesetzgebung – 200 Jahre Landeskulturbehörden in Deutschland. Innere Kolonisation, 194 ff.

BAYSTMELF (1986): 100 Jahre Flurbereinigung in Bayern 1886-1986. Bayerisches Staatsministerium für Ernährung, Landwirtschaft und Forsten, München.

BAYSTMELF (1989): Der Einfluss der Flurbereinigung auf die Bewirtschaftung landwirtschaftlicher Betriebe. Bayerisches Staatsministerium für Landwirtschaft und Forsten, Materialien zur Flurbereinigung, 16, München.

CREUZER, P. (2006): Internationale Entwicklungszusammenarbeit – der Beitrag der Working Party on Land Administration der United Nations Economic Commission for Europe (UNECE WPLA). In: zfv, 131 (5), 274 -280.

DBV (2009): Situationsbericht 2009. Trends und Fakten zur Landwirtschaft. Deutscher Bauernverband, Berlin.

DIJK, T. v. (2003): Dealing with Central European land fragmentation. A critical assessment on the use of Western European instruments. Uitgeverij Eburon Delft.

DLKG (2006): Ländlicher Raum auf Roter Liste. Der Beitrag der Integrierten Ländlichen Entwicklung zur Schaffung von Arbeitsplätzen unter besonderer Berücksichtigung der demografischen Entwicklung in Deutschland. Deutsche Landeskulturgesellschaft DLKG, Schriftenreihe, 1.

DVW (1997): Verkehrswertermittlung von Grundstücken in ländlichen Bereichen. Deutscher Verein für Vermessungswesen e. V., Schriftenreihe 26/1997. Wittwer Verlag, Stuttgart.

EILFORT, H. (1985): Neuordnung des ländlichen Raumes seit 1680. Beiwort zu Karte IV/21 des Historischen Atlas von Baden-Württemberg.

FAO (2002): Gender and Access to Land. Food and Agriculture Organization of the United Nations, FAO Land Tenure Studies, 4, Rome.

FAO (2005): Access to rural land and land administration after violent conflicts. Food and Agriculture Organization of the United Nations, FAO Land Tenure Studies, 8, Rome.

FAO (2007): Good Governance in Land Tenure and Administration. Food and Agriculture Organization of the United Nations, FAO Land Tenure Studies, 9, Rome.

FARLAND (2007): Far Land – Near Future. Future approaches to land development. Central-European Centre for Communication, Consultation and Land Issues, Budapest.

FEHRES, J. & TESSMER, G. (2000): Auf neuen Wegen zu kostengünstigen Vermessungsergebnissen. LÖBF-Jahresbericht 1999. Landesanstalt für Ökologie, Bodenordnung und Forsten/Landesamt für Agrarordnung NRW, Recklinghausen.

FLURBEREINIGUNG (1986): 100 Jahre Flurbereinigung in Bayern. Bayerisches Staatsministerium für Ernährung, Landwirtschaft und Forsten, München.

FGSV (2003): Hinweise zur Unterstützung des Fachplanungsträgers bei der Erfüllung von Ausgleichs-/ Ersatzverpflichtungen durch Bodenordnungsverfahren nach dem Flurbereinigungsgesetz. Forschungsgesellschaft für Straßen- und Verkehrswesen e.V., Köln.

FGSV (2008): Hinweise für die Zusammenarbeit von Straßenbau und Flurbereinigung bei der Vorbereitung und Durchführung von Verfahren nach dem Flurbereinigungsgesetz-Hinweise zur Unternehmensflurbereinigung. Forschungsgesellschaft für Straßen- und Verkehrswesen e.V., Köln.

GAMPERL, H. (1955): Die Flurbereinigung im westlichen Europa. Bayerischer Landwirtschaftsverlag, München.

GAMPERL, H. (1967): Ländliche Neuordnung (Flurbereinigung). Handbuch der Vermessungskunde. 10. Aufl., Band 4b. J.B. Metzlersche Verlagsbuchhandlung, Stuttgart.

GLÜCK, A. (1998): Zur Zukunft der ländlichen Räume. In: Der Zukunft auf der Spur. Bayerische Akademie Ländlicher Raum e.V., München.

GLÜCK, A. (2001): 20 Jahre Bayerisches Dorferneuerungsprogramm – eine gelebte Bürger- und Sozialkultur. In: Dorferneuerung in Bayern 1981-2001. Bayerisches Staatsministerium für Landwirtschaft und Forsten, Berichte zur Ländlichen Entwicklung, 78.

GLÜCK, A. & MAGEL, H. (2000): Neue Wege in der Kommunalpolitik – Durch eine neue Bürger- und Sozialkultur zur Aktiven Bürgergesellschaft. Verlagsgruppe Jehle Rehm, München.

GTZ (1998): Land Tenure in Development Cooperation – Guiding Principles. Deutsche Gesellschaft für Technische Zusammenarbeit (GTZ) GmbH, Schriftenreihe 264. Universum Verlagsanstalt GmbH KG Wiesbaden.

HAHN, T. (1960): Bewertungsgrundsätze und Schätzungsmethoden in der Flurbereinigung und deren Folgemaßnahmen. Bundesminister für Ernährung, Landwirtschaft und Forsten, Schriftenreihe für Flurbereinigung, Stuttgart.

HENKEL, G. (2004): Der Ländliche Raum. Studienbücher der Geographie. Gebrüder Borntraeger Verlagsbuchhandlung, Berlin/Stuttgart.

HOISL, R. & NADOLSKI, K. (1994): Computerunterstützte Bearbeitung der Bodenordnung in Verfahren der ländlichen Entwicklung. Technische Universität München, Lehrstuhl für Bodenordnung und Landentwicklung. Materialiensammlung, 16.

HOLZAPFEL, W. (1912): Die Gesetzgebung über die Güterkonsolidation im Regierungsbezirk Wiesbaden. Verlag Chr. Limbert, Wiesbaden.

KINTZEL, A. v. (2004): Bodenordnerische und bodenwirtschaftliche Modifikationen der bergrechtlichen Grundabtretung für den Rheinischen Braunkohlentagebau. Schriftenreihe „Beiträge zu Städtebau und Bodenordnung“ des Instituts für Städtebau, Bodenordnung und Kulturtechnik der Universität Bonn, 28.

KLEMPET, B. (1975): Untersuchung über eine zweckmäßige Kooperation von Straßenbau und Flurbereinigung. Forschungsauftrag des Bundesministers für Verkehr, Bonn.

KÖTTER, T. (2008): Von der Dorferneuerung zum Dorfumbau. Neue Herausforderungen für Planung und Flächenmanagement in den Dörfern. In: fub, 70 (2), 56-63.

KOHLER, W. (1971): Flurbereinigung und Dorferneuerung, dargestellt an der Beispielsdorferneuerung Stebbach im Realteilungsgebiet Südwestdeutschlands. Bundesminister für Ernährung, Landwirtschaft und Forsten, Schriftenreihe für Flurbereinigung, Sonderheft, Landwirtschaftsverlag GmbH Münster-Hiltrup.

KORTE, H. C. P. (1952): Die Flurbereinigung in Westeuropa. In: Agrarpolitische Revue, 9, 37-64. Zürich.

KRAM, S. (2004): Zum freiwilligen Nutzungstausch. In: fub, 66 (1), 32.

MAGEL, H. (1991): Dorferneuerung in Deutschland – Anstöße zur umweltfreundlichen Entwicklung unserer ländlichen Heimat. DG BANK Deutsche Genossenschaftsbank, Reihe Finanz & Markt.

MAGEL, H. (2000): Dorferneuerung – Modell für Eigeninitiative und Zukunftsoffenheit. In: Zeitschrift für Kulturtechnik und Landentwicklung, 41, 274-278.

MAGEL, H. & WEHRMANN, B. (2006): „It's all about land“ oder „Wie internationale Netzwerke die Landfrage angehen“. In: zfv, 131 (5), 287-291.

MLWF (1988): Für den ländlichen Raum – Dorfflurbereinigung. Ministerium für Landwirtschaft, Weinbau und Forsten des Landes Rheinland-Pfalz, Mainz.

MWVLW (2000): Freiwilliger Nutzungstausch – eine neue Initiative zur Schaffung wettbewerbsfähiger Schlaggrößen auf Pachtbasis. Ministerium für Wirtschaft, Verkehr, Landwirtschaft und Weinbau. Nachrichten aus der Landeskulturverwaltung des Landes Rheinland- Pfalz, 13.

NRW-PROGRAMM (2006): NRW-Programm „Ländlicher Raum 2007-2013". Ministerium für Umwelt und Naturschutz, Landwirtschaft und Verbraucherschutz des Landes Nordrhein-Westfalen, Düsseldorf.

OECD (2006): Das neue Paradigma für den ländlichen Raum – Politik und Governance. OECD-Prüfberichte über die Politik für den ländlichen Raum. Organisation für wirtschaftliche Zusammenarbeit, OECD-Publications, Paris.

OECD (2007): Deutschland. OECD-Prüfbericht zur Politik für ländliche Räume. Organisation für wirtschaftliche Zusammenarbeit, OECD-Publications, Paris.

OSTHOFF, F. (1967): Flurbereinigung und Dorferneuerung. Schriftenreihe für Flurbereinigung, 42. Bundesministerium für Ernährung, Landwirtschaft und Forsten, Bonn.

RAUCH, T., BARTELS, M., ENGEL, A. (2001): Regional Rural Development – a regional response to rural poverty. Bundesministerium für Wirtschaftliche Zusammenarbeit/ Deutsche Gesellschaft für Technische Zusammenarbeit (GTZ) GmbH, Universum Verlagsanstalt GmbH KG Wiesbaden.

SCHÄUBLE, D. (2007): Nutzungstausch auf Pachtbasis als neues Instrument der Bodenordnung. Dissertation an der Universität der Bundeswehr München, Fakultät für Bauingenieur- und Vermessungswesen.

SCHÜTTLER, K. (1991): Bedeutung der Strukturveränderungen für die Dörfer. In: 2. Europäischer Dorferneuerungskongress – Jugend, Familie und alte Menschen im Dorf. Österreichische Gesellschaft für Land- und Forstwirtschaftspolitik, Wien.

SCHUMANN, R. (1980): Straßenbau und Flurbereinigung. Forschungsgesellschaft für das Straßenwesen e.V., Köln, Kirschbaum Verlag, Bonn-Bad Godesberg.

SCHWANTAG, F. & WINGERTER, K. (2008): Flurbereinigungsgesetz. Standardkommentar, 8. Aufl. Agricola-Verlag, Butjadingen-Stollhamm.

SEELE, W. (1992): Bodenordnerische Probleme in den neuen Bundesländern. In: Vermessungswesen und Raumordnung, 54, 73.

STRÖSSNER, G. (1975): Das Dorf in der Flurbereinigung. Berichte aus der Flurbereinigung, 23, 13.

STRÖSSNER, G. (1986): Bayerische Gesetzgebung zur Flurbereinigung. In: BayStMELF 1986, 49-67.

TCHERKINSKI, M. (1942): Das Problem der Grundstückszusammenlegung in Europa. Internationales landwirtschaftliches Institut Rom. In: Internationale landwirtschaftliche Rundschau, I. Agrarwirtschaft, 3/1942, 61-98.

THIEMANN, K.-H. (2003): Die wertgleiche Landabfindung in Zusammenführungsverfahren nach § 64 LwAnpG. In: Zeitschrift für Landnutzung und Landentwicklung, 44, 77-82.

THIEMANN, K.-H. (2004): Zum Neuordnungsauftrag der Flächenverfahren nach § 56 Landwirtschaftsanpassungsgesetz (LwAnpG). In: AVN, 111 (7), 242.

THIEMANN, K.-H. (2008): Das vereinfachte Flurbereinigungsverfahren zur Landentwicklung nach § 86 Abs. 1 Nr. und 3 FlurbG (Landentwicklungsverfahren). In: zfv, 133 (2), 90-97.

THÖNE, K.-F. (1993): Die agrarstrukturelle Entwicklung in den neuen Bundesländern. Verlag Kommunikationsforum, Köln.

THÖNE, K.-F. & KNAUBER, R. (1996): Boden- und Gebäudeeigentum in den neuen Bundesländern. RWS Verlag Kommunikationsforum, Köln.

THOMAS, J. (1985): 100 Jahre Neuvermessung im Rheinland durch Flurbereinigungsbehörden. In: zfv, 110, 545-552.

THOMAS, J. (1986): Ein leistungsfähiges Modell zur Beschreibung differenzierter Grundstückswertverhältnisse in Verfahren nach dem Flurbereinigungsgesetz. In: Vermessungswesen und Raumordnung, 48, 32-44.

THOMAS, J. (1990a): Der Vermessungsingenieur in der ländlichen Bodenordnung im Lande Nordrhein-Westfalen. In: Nachrichten aus dem öffentlichen Vermessungsdienst NRW, 23, 72-89.

THOMAS, J. (1990b): Die technische Entwicklung von Wertermittlung, Planung und Vermessung in der ländlichen Bodenordnung in Nordrhein-Westfalen. In: Die Entwicklung der ländlichen Bodenordnung im Lande Nordrhein-Westfalen. Wittwer Verlag, Stuttgart.

THOMAS, J. (1992): Bodenordnungsbedarf bei den Verkehrsprojekten Deutsche Einheit. In: Zeitschrift für Kulturtechnik und Landentwicklung, 33, 335-344.

THOMAS, J. (1993): Zur Bedeutung des freiwilligen Landtausches bei der Lösung bodenordnerischer Aufgaben. In: zfv, 118, 515-523.

THOMAS, J. (1995): Zur Sinnhaftigkeit von Bodenordnungsmaßnahmen in den ländlichen Bereichen – Versuch einer Systematisierung. In: Zeitschrift für Kulturtechnik und Landentwicklung, 36, 292-299.

THOMAS, J. (1996): 175 Jahre Landeskulturverwaltung Nordrhein-Westfalen. Menschliches, Zwischenmenschliches, allzu Menschliches. Landesanstalt für Ökologie, Bodenordnung und Forsten/ Landesamt für Agrarordnung NRW, Recklinghausen.

THOMAS, J. (1998a): Bodennutzungsansprüche und deren Befriedigung durch Interessenausgleich mittels Flurbereinigung. In: PFLUG, W. (Hrsg.): Braunkohlentagebau und Rekultivierung – Landschaftsökologie, Folgenutzung und Naturschutz, 132-141. Springer-Verlag, Berlin/Heidelberg/New York.

THOMAS, J. (1998b): Apropos „Dorferneuerung“ – zur eigenständigen und nachhaltigen umweltgerechten Entwicklung der ländlichen Bereiche. LÖBF-Mitteilungen, 1998, 18-24, Recklinghausen.

THOMAS, J. (2000): Ländliche Entwicklung in Bosnien und Herzegowina zwischen Resignation und Aufbruch. In: Zeitschrift für Kulturtechnik und Landentwicklung, 41, 193-197, 267-273.

THOMAS, J. (2001): Land Tenure Issues in Post-Conflict Countries, the Case of Bosnia and Herzegovina. Deutsche Gesellschaft für Technische Zusammenarbeit (GTZ) GmbH, Eschborn.

THOMAS, J. (2002a): Ländliche Entwicklung – nationale Strukturförderung im europäischen Kontext. In: zfv, 127 (2), 71-81.

THOMAS, J. (2002b): Ressourcenschutz und Ressourcenmanagement – ein Auftrag an die Landentwicklung. Technische Universität München – Lehrstuhl für Bodenordnung und Landentwicklung: In: Vom Biotop zum ganzheitlichen Ressourcenschutz. Materialiensammlung, 28.

THOMAS, J. (2005): Zur Bedeutung und zum Bedeutungswandel der Flurbereinigung in Deutschland. In: fub, 67 (4), 179-188.

THOMAS, J. (2006a): Landentwicklung – international. In: zfv, 131 (5), 281-287.

THOMAS, J. (2006b): Künftige Ansätze und Instrumente zur ländlichen Entwicklung. In: fub, 68 (6), 248-256.

THOMAS, J. (2006c): Property Rights, Land Fragmentation and Emerging Structure of Agriculture in Central and East European Countries. Food and Agriculture Organization; eJADE, Heft 2, 225-275.

THOMAS, J. (2009a): Die Flurbereinigung in Nordrhein-Westfalen. Kommunal- und Schulverlag, Wiesbaden.

THOMAS, J. (2009b): Möglichkeiten und Grenzen der Vereinfachten Flurbereinigung nach § 86 FlurbG bei der Lösung von Landnutzungskonflikten. In: fub, 71 (2), 56-64.

THURMAIER, C. (2002): Einsatz von GIS-Technologien in der Landentwicklung – Effizienz- und Qualitätspotenziale vor dem Hintergrund von Verwaltungsreformen. Technische Universität München, Lehrstuhl für Bodenordnung und Landentwicklung, Materialiensammlung, 26.

WEISS, E. (1982): Zur Entwicklung der ländlichen Bodenordnung im Lande Nordrhein-Westfalen. Beiträge der Akademie für Raumforschung und Landesplanung, 63, Hannover.

WEISS, E. (1991): Möglichkeiten der Unternehmensflurbereinigung zur Förderung von Fachplanungen. In: zfv, 116 (10), 420-441.

WEISS, E. (2000): Zur Entwicklungsgeschichte der Unternehmensflurbereinigung in Deutschland. Recht der Landwirtschaft, Beiheft 1/2000, 1-8.

WEISS, E. (2007): Zur Entwicklung der Unternehmensflurbereinigung in Deutschland. In: zfv, 132 (6), 357-359.

WEISS, E. & GANTE, J. (2004): Landeskulturgesetze in Deutschland – eine Sammlung historischer Gesetze zur Gemeinheitsteilung, Zusammenlegung und Umlegung sowie zur Reallastenablösung. Verlag Dr. Kovac, Hamburg.

WELLING, F. (1955): Flurzersplitterung und Flurbereinigung im nördlichen und westlichen Europa. Schriftenreihe für Flurbereinigung. Bundesministerium für Ernährung, Landwirtschaft und Forsten. Ulmer Verlag, Stuttgart.

WORLD BANK (2003): Land Policies for Growth and Poverty Reduction. World Bank Policy Research Report, Washington D. C.

ZFV (2004): Themenheft „Landentwicklung. zfv, 129 (2), 73-138.

ZIMMERMANN, W. (2003): Policy Implications in Post-Conflict Situation in South and East Asia. WBI/GTZ Distance Learning Course in South and East Asia. World Bank Institute.

ZIMMERMANN, W. (2006): Internationale Entwicklungszusammenarbeit – die entwicklungspolitischen Auswirkungen des globalen Wandels. In: zfv, 131 (5), 263-273.

8.5.2 Internetverweise

CORK (1996): www.wikipedia.org/wiki/Erklärung von Cork

EXPO (2000): www.weyarn.de/MenschenAktiv/EXPO/doerfer2000.html

FARLAND (2007): www.farland.eu

FIG SYMPOSIUM (2004) on Land Administration in Post-Conflict Areas: www.fig.net

FNT (2009a): www.landentwicklung.bwl.de/fno/inhalt/03flurneuordnung/

FNT (2009b): www.landentwicklung.bayern.de/instrumente/fnt/

LAND TENURE STUDIES (2009): www.fao.org/sd/LTdirect/ltstudies_en.htm

LEITLINIEN (1998): www.landentwicklung.de/leitlinien_landentwicklung1.htm

LISSABON (2000): www.auswaertiges-amt.de/diplo/de/Europa/Aufgaben/LissabonStrategie.html

MÜNCHEN (2002): www.landentwicklung-muenchen.de/aktuelle_termine/veranstaltungen_gelaufen

MÜNCHEN (2008): www.gtz.de/en/22783 und www.landentwicklung-muenchen.de

RHEINLAND-PFALZ (2009): Homepage: www.landentwicklung.rlp.de

RURAL 21 (2000): www.fig.net/council/council_2003_2006/magel-papers/rural_21.htm

UN (2000): Declaration of the Millennium Development Goals, New York; www.un.org/millenniumgoals

UNECE (2007): www.unece.org/hlm/wpla/workshops/pastworkshops.htm

WHH-JAHRESBERICHT (2008): www.welthungerhilfe.de/jahresbericht_2008.html

9 Immobilienwertermittlung

Werner ZIEGENBEIN

Zusammenfassung

Die Immobilienwertermittlung hat im Vermessungswesen schon immer eine große Bedeutung gehabt. Die Schaffung der Gutachterausschüsse für Grundstückswerte durch das Bundesbaugesetz im Jahr 1961 hat der Wertermittlung und dem Vermessungswesen neue Impulse gegeben, da mit ihnen eine methodisch einwandfreie und mit qualifizierten Daten begründete Wertermittlung erst möglich geworden ist. Die Geschäftsstellen der Ausschüsse sind überwiegend bei Vermessungs- und Geoinformationsbehörden eingerichtet, da das Personal dort in der Wertermittlung ausgebildet und für die Beschaffung, Auswertung und Präsentation von Informationen sehr gut geeignet ist. Aufgabe der Gutachterausschüsse ist es, den Grundstücksmarkt transparent zu machen und die Grundlagen für eine marktgerechte Wertermittlung zu schaffen. Dieses Kapitel behandelt schwerpunktmäßig diese Aspekte der Immobilienwertermittlung.

Der Grundstücksmarkt, insbesondere der Bodenmarkt, weist im Vergleich mit freien Warenmärkten Besonderheiten auf. Daher ist es erforderlich, qualifizierte Institutionen und Sachverständige für die Wertermittlung von Immobilien zu haben. Die Voraussetzungen dafür, dass diese marktkonforme und allgemein anerkannte Werte ermitteln, werden durch das Baugesetzbuch und die dazu erlassenen Rechtsvorschriften geschaffen. Der dort definierte Verkehrswert hat eine zentrale Bedeutung für die gesamte Immobilienwertermittlung und strahlt auch auf andere Wertbegriffe aus.

Alle Marktvorgänge werden von den Gutachterausschüssen in Kaufpreissammlungen geführt und ausgewertet. Dazu werden die heutigen technischen Möglichkeiten genutzt, wie z. B. aufgaben- und nutzerorientierte Programme, die in Wertermittlungsinformationssystemen eingebettet sind. Die zuständigen Bundesländer haben sehr unterschiedliche Lösungen für die Organisation der Gutachterausschüsse gefunden. Das Leistungsspektrum ist daher sehr breit.

Die Gutachterausschüsse unternehmen enorme Anstrengungen, um den Markt transparent zu machen, indem sie über das Preisniveau, die Preisentwicklung und die Preisbildung bei unbebauten und bebauten Grundstücken informieren. Teilnehmer am Grundstücksmarkt erhalten Bodenrichtwerte für unbebaute Grundstücke und Wohn- oder Nutzflächenwerte für bebaute Grundstücke, um damit ihre Kaufentscheidungen zu treffen. Sachverständige bekommen die erforderlichen Daten für marktkonforme Wertermittlungen.

Verkehrswerte werden in Deutschland nach der Immobilienwertermittlungsverordnung mit dem Vergleichswertverfahren, dem Ertragswertverfahren oder dem Sachwertverfahren ermittelt. Mit allen Verfahren können marktkonforme Verkehrswerte nur durch Abgleich der Wertermittlungsobjekte mit dem Marktgeschehen ermittelt werden. Wie die Gutachterausschüsse die erforderlichen Marktdaten analysieren und als Geofachdaten bereitstellen und wie sie bei den verschiedenen Verfahren zur Verkehrswertermittlung genutzt werden, wird gezeigt.

Summary

The valuation of real estate has always been of great importance in the area of surveying. The establishment of committees of valuation experts based on the German Federal Building Code from 1961 was an essential benefit. The committees enabled the methodical correct valuation of real estate with qualified data. The offices of the committees are mainly associated with agencies of real estate management and geoinformation. Their well-educated staff members are excellently suited for gathering, analysing and presenting market information. The objective of the committees of valuation experts is to provide a transparent overview of the real estate market to enable a proper valuation. This chapter deals mainly with these aspects of real estate valuation.

The real estate market, in particular the land market, has specific characteristics in comparison to open markets. Therefore, qualified institutions and real estate appraisers for the valuation of real estate are required. The building code and the released legal rules make sure that these experts determine market-conform and generally accepted values for real estate. The market value defined in the building code is important for the whole valuation of real estate.

The committees of valuation experts gather, keep and analyse all market activities in a digital purchase price database. For this purpose the facilities of the present information technology are used, e.g. task and user-oriented programs that are embedded in valuation information systems. The responsible German federal states have established different solutions with a wide variety of services for the committees of valuation experts.

By providing information about the price level, the price development and the pricing of undeveloped and developed land, the committees of valuation experts make the real estate market transparent. Market actors obtain standard ground values for undeveloped land and standard values for developed land to analyse and make the right purchase and sale decision. Real estate appraisers obtain the required information to determine market values for real estates.

Market values are calculated based on the German regulation on the determination of real estate value with the value comparison method, the income approach to valuation method or the cost approach to valuation method. Since all methods appraise market values by comparing the specific object with the market, they can be all considered as price comparison. Examples show how the different methods can be applied to the market data provided by the committees of valuation experts.

9.1 Grundlagen

9.1.1 Selbstverständnis

Werte von Grundstücken sind seit jeher von großer Bedeutung für Staat, Gesellschaft und Wirtschaft. Die mit Grundstücken befassten Berufsgruppen haben sich immer auch mit der Bewertung von Immobilien beschäftigt. Mit der Einrichtung der Gutachterausschüsse für Grundstückswerte hat die Wertermittlung neue Impulse erhalten. Durch die Gutachterausschüsse wurde eine methodisch einwandfreie und mit qualifizierten Daten begründete Wertermittlung erst möglich, da sie in ihrem Zuständigkeitsbereich Kenntnis von allen Preisen des gesamten Grundstücksverkehrs erhalten. Die Geschäftsstellen der Gutachterausschüsse sind überwiegend mit den Behörden verbunden, welche die Geobasisdaten (Liegenschaftskataster) führen. Seit Einrichtung der Gutachterausschüsse im Jahr 1961 hat die Immobilienwertermittlung daher in der geodätischen Wissenschaft und in der Praxis der Vermessungsingenieure einen zunehmend höheren Stellenwert bekommen.

In diesem Kapitel werden schwerpunktmäßig die Beiträge der Gutachterausschüsse zur Immobilienwertermittlung behandelt. Es wird gezeigt, welche Geofachdaten des Grundstücksmarktes die Gutachterausschüsse ermitteln und bereitstellen und wie mit diesen Daten der Markt transparent gemacht wird und marktkonforme Wertermittlungen möglich werden.

9.1.2 Gegenstände, Anlässe

Gegenstand der Immobilienwertermittlung sind unbebaute und bebaute Grundstücke, ihre Bestandteile und deren Zubehör. Ebenso werden auch die Werte von grundstücksgleichen Rechten wie Erbbaurechte und Wohnungs- und Teileigentum sowie alle Rechte an Grundstücken wie Wegerechte oder Reallasten ermittelt.

Grundbuchgrundstück (7.1.4) und das Grundstück im wertermittlungstechnischen Sinne sind nicht immer identisch. Wertermittlungsobjekt ist nach SCHULTE (1977) die kleinste, im Hinblick auf die tatsächliche oder erwartete, optimale Nutzung selbständige, wirtschaftliche Einheit, die am Markt gehandelt wird bzw. gehandelt werden könnte. Grundbuchgrundstücke müssen daher, wenn erforderlich, gedanklich für die Wertermittlung in wirtschaftliche Einheiten (Wertermittlungsobjekte) aufgeteilt werden. Hiervon muss jedoch bei rechtlichen Vorgaben wie z. B. der Enteignung von Teilflächen abgewichen werden.

Nachfolgend werden die wesentlichen Anlässe für Immobilienwertermittlungen genannt:

- Privater Bereich
  - An- und Verkauf als Verhandlungsgrundlage
  - Vermögensaufstellungen, Beleihung mit dinglich gesicherten Darlehen
  - Vermögensauseinandersetzungen, z. B. im Erbfall, bei Schenkung oder Scheidung
- Öffentlicher Bereich:
  - Städtebauliche Maßnahmen wie z. B. Bodenordnung, Sanierung, Enteignung
  - Steuerliche Zwecke, Zwangsversteigerungen
- Institutionelle Investoren wie Pensionsfonds, Immobilienfonds, Versicherungen
  - An- und Verkauf
  - Wertentwicklung

Die genannten Anlässe zeigen das Erfordernis einer neutralen, qualifizierten und sachverständigen Immobilienwertermittlung.

9.1.3 Grundstücksmarkt

Die Grundstückswertermittlung ist vor dem Hintergrund der besonderen Verhältnisse des Grundstücksmarktes zu sehen. Auf einem Markt mit freien Wettbewerbsbedingungen steuern Preis und Gewinn die Produktion, das Angebot und die Güterverteilung. Gestiegene Preise und Gewinne führen zu einer Angebotsausweitung; diese führt die Preise und Gewinne zurück. Auf dem Grundstücksmarkt, insbesondere auf dem Bodenmarkt, gibt es andere Konstellationen.

Auf dem Bodenmarkt wird die Qualität des Angebots nicht vom Anbieter (Grundstückseigentümer) sondern durch die Bauleitplanung der Gemeinden bestimmt. Zur Schaffung von höherwertigen Flächen wie Baugrundstücke sind politische Entscheidungen und teilweise auch öffentliche Mittel erforderlich, z. B. für Planung, Erschließung und Infrastruktur. Der Prozess der Produktion von Bauland ist daher nicht einfach einzuschätzen, kaum steuerbar und nicht mit freiem Marktgeschehen zu vergleichen.

Grund und Boden ist physisch nicht vermehrbar. Viele Nutzungsmöglichkeiten von Grundstücken sind begrenzt vorhanden und situationsgebunden. Das Angebot auf solchen Teilmärkten wie in Kerngebieten der Städte oder in begehrten Wohnlagen ist eingeschränkt; je nachgefragter und knapper Grundstücke sind, umso höher sind ihre Preise. Grundstücke drängen nicht wie andere Güter zum Verkauf, sie sind nicht verderblich und werden nicht unmodern. Sie sind steuerlich begünstigt und gelten auf gewachsenen Märkten als inflationssichere Vermögensanlage.

Grundstücke sind Objekte mit sehr individuellen, wenig normierten Eigenschaften. Sie sind Einzelgüter. Das Marktgeschehen ist nicht mit Massengütermärkten zu vergleichen und daher kaum zu überschauen.

Diese nur angedeuteten besonderen Verhältnisse führen zu einem sehr spezifischen Marktgeschehen. Soll der Grundstücksmarkt funktionieren, müssen die Marktteilnehmer über alle für die Preisvereinbarung erforderlichen Informationen verfügen. Dazu ist es erforderlich, den Markt zu beobachten, die Ergebnisse der Marktbeobachtung den Marktteilnehmern und Sachverständigen zugänglich zu machen und im Bedarfsfall qualifizierte Sachverständige zu haben, die Grundstückswerte mit den verfügbaren Informationen ermitteln können.

9.1.4 Institutionen, Sachverständige

Unter den wertermittelnden Stellen haben die Gutachterausschüsse für Grundstückswerte eine herausgehobene Stellung mit besonderen vom Gesetzgeber übertragenen Aufgaben (9.2). Die Gutachterausschüsse erstatten auch Gutachten über Grundstückswerte, der weit überwiegende Teil der Gutachten wird jedoch von Sachverständigen erstellt.

Wertermittelnde Stellen oder Personen haben bei der Erfüllung ihrer Aufgaben besondere Anforderungen zu erfüllen. Sie sollen

- ein spezifisches Sachwissen in der Ermittlung von Grundstückswerten aufweisen, die sie durch fachspezifische Ausbildungen und Erfahrung erwerben,
- fachlich, sachlich und objektiv handeln,

- unabhängig und unparteilich sein und
- weder wirtschaftlich noch persönlich vom Auftraggeber abhängig sein.

Die Sachverständigen kommen überwiegend aus folgenden Berufsgruppen: Bauingenieure, Architekten, Vermessungsingenieure, Betriebswirte, Makler, Immobilienwirtschaftler. Sie sollen über wirtschaftliche, technische, rechtliche und methodische Kenntnisse verfügen. Sie werden als „Sachverständige für die Bewertung von unbebauten und bebauten Grundstücken", im angelsächsischen Raum als valuer oder appraiser, bezeichnet.

Sachverständige können nach der Art ihrer Qualifizierung unterschieden werden:

- *Öffentlich bestellte und vereidigte Sachverständige*, durch Industrie- und Handelskammer (IHK) nach schriftlicher und mündlicher Prüfung bestellt, nach fünf Jahren erneuter fachlicher Nachweis, Vereidigung auf unabhängige, weisungsfreie, persönliche, gewissenhafte und unparteiische Aufgabenerfüllung, Verpflichtung Gutachten zu erstatten.
- *Freie Sachverständige* weisen Sachwissen und Eignung im Einzelfall nach.
- *Zertifizierte Sachverständige*, durch Zertifizierungsstelle nach EN 45013 nach schriftlicher und mündlicher Prüfung zertifiziert, auf 5 Jahre beschränkt, dann Rezertifizierung erforderlich.
- *Angestellte Sachverständige*, Angestellte von Behörden, Banken, Unternehmen oder sonstigen Stellen zur Erfüllung eigener Aufgaben, Qualifikation intern nachgewiesen.
- *Verbandsmäßig anerkannte Sachverständige*, Mitglieder in einem Verband mit Regelungen zu Eignung und Qualifikation, z. B. BDVI, Ring Deutscher Makler (RDM) oder international die Royal Institution of Chartered Surveyors (RICS).

9.1.5 Verkehrswert, andere Wertbegriffe

Der zentrale und im Wirtschafts- und Rechtsleben allgemein anerkannte Wertbegriff in der Immobilienwertermittlung ist der Verkehrswert. Er ist in der heutigen Form im Städtebaurecht im Bundesbaugesetz von 1960 mit dem Zusatz „gemeiner Wert" definiert worden. Der heutige Zusatz „Marktwert" soll den Bezug zum Wertbegriff im angelsächsischen Raum „market value" herstellen. Die aktuelle Definition im § 194 BAUGB hat folgenden Wortlaut:

Der Verkehrswert (Marktwert) wird durch den Preis bestimmt, der

- in dem Zeitpunkt, auf den sich die Ermittlung bezieht,
- im gewöhnlichen Geschäftsverkehr
- nach den rechtlichen Gegebenheiten und tatsächlichen Eigenschaften, der sonstigen Beschaffenheit und der Lage des Grundstücks oder sonstigen Gegenstandes der Wertermittlung
- ohne Rücksicht auf ungewöhnliche oder persönliche Verhältnisse
- zu erzielen wäre.

Mit dieser Definition will der Gesetzgeber erreichen, dass überindividuelle, marktkonforme und allgemein anerkannte Werte ermittelt werden. Der Verkehrswert wird daher einem Preis gleichgesetzt, dessen Preisbildung sich nach bestimmten, in der Definition genannten Normen vollzieht.

Für die Preisbildung auf dem Grundstücksmarkt werden ungewöhnliche und besondere persönliche Beweggründe ausgeschlossen. Es werden nur solche Überlegungen gelten gelassen, wie sie üblicherweise bei Grundstückskäufen im gewöhnlichen Geschäftsverkehr angestellt werden. Gewöhnlicher Geschäftsverkehr geht von wirtschaftlich vernünftigem, marktgerechtem Handeln aus und schließt Umstände und Situationen aus, die für den Markt nicht üblich sind.

Die Überlegungen bei der Preisbildung haben sich an den rechtlichen Gegebenheiten und tatsächlichen Eigenschaften, der sonstigen Beschaffenheit und der Lage des Grundstücks, also an den objektiven verkehrswertbeeinflussenden Eigenschaften des Wertermittlungsobjekts zu orientieren. Der Zeitbezug ist wegen der konjunkturellen Wertveränderungen wichtig.

Um die Preise, die im gewöhnlichen Geschäftsverkehr zu erzielen wären, ermitteln zu können, ist es erforderlich, den Grundstücksmarkt und seine Rahmenbedingungen zu beobachten und zu analysieren. Kaufpreise, die das Ergebnis der Preisbildung zweier Marktteilnehmer wiedergeben, sind von besonderer Bedeutung. Sie werden neben den allgemeinen Faktoren des Marktes und den Eigenschaften der Objekte von den individuellen Zielsetzungen der Marktteilnehmer geprägt und weisen daher, auch bei gleichen Merkmalen der Objekte, unterschiedliche Beträge auf. Aus den differierenden Preisen und Marktdaten ist für ein Objekt ein Verkehrswert zu ermitteln. In der IMMOWERTV sind dazu drei Verfahren angegeben (9.4).

Viele weitere Wertbegriffe stehen in unmittelbarem Zusammenhang mit dem Verkehrswert und haben teilweise sogar eine identische oder ähnliche Definition. Sie sind im Hinblick auf ihre Verwendung und Ermittlung zu verstehen und zu unterscheiden, so z. B.

- *Einheitswert, Grundbesitzwert (Bedarfswert)*: Sie werden nach pauschalisierenden Methoden des steuerlichen Bewertungsrechts für steuerliche Zwecke festgestellt. Werte entsprechen der Definition des Verkehrswertes.
- *Beleihungswert*: Der Wert soll als Preis während der gesamten Dauer der Beleihung bei einer Veräußerung voraussichtlich erzielt werden können. Daher wird der Wert konservativer ermittelt und ein Sicherheitsabschlag angebracht.
- *Voller Wert*: Begriff aus dem Haushaltsrecht von Bund, Ländern und Kommunen, Wert entspricht dem Verkehrswert.
- *Versicherungswert*: Grundlage für Neuwertversicherungen von Gebäuden, er entspricht dem aktuellen Neubauwert.

Werte nach dem Handels- und Steuerbilanzrecht haben andere bereichsspezifische Bedeutung und bleiben hier ohne Erwähnung.

9.1.6 Rechtliche Grundlagen, Vorschriften

Die rechtlichen Grundlagen für die Immobilienwertermittlung werden in den §§ 192 bis 199 des BAUGB gelegt (Abb. 9.1). Dort wird in den Grundzügen geregelt, wie die Gutachterausschüsse für Grundstückswerte einzurichten sind, welche Befugnisse sie haben und welche Aufgaben sie zu erfüllen haben. Nach § 198 sind Obere Gutachterausschüsse oder Zentrale Geschäftsstellen einzurichten, die überregionale Auswertungen des Grundstücksmarktes zu erstellen haben. Obere Gutachterausschüsse erstatten bei einem vorliegenden Gutachten eines Gutachterausschusses unter bestimmten Voraussetzungen ein Obergutachten. In § 194 BAUGB wird der Verkehrswert definiert (siehe 9.1.5).

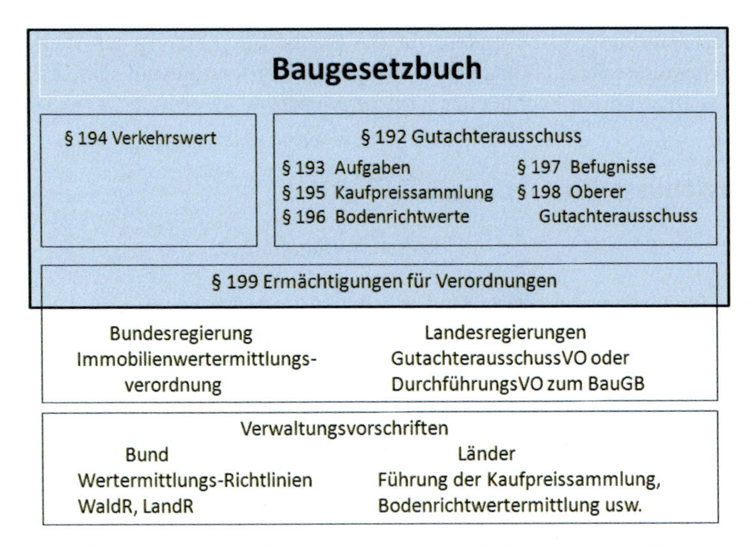

Abb. 9.1: Rechtliche Grundlagen für Grundstückswertermittlung im Baugesetzbuch

§ 199 enthält Ermächtigungen für die

- *Bundesregierung* zum Erlass von Vorschriften über die Anwendung gleicher Grundsätze bei der Ermittlung der Verkehrswerte und bei der Ableitung der für die Wertermittlung erforderlichen Daten einschließlich der Bodenrichtwerte. Das hat sie erstmals 1961 in der Wertermittlungsverordnung, heute in der Immobilienwertermittlungsverordnung (IMMOWERTV) getan.
- *Landesregierungen*, damit diese Rechtsverordnungen erlassen, um die organisatorischen Voraussetzungen für die Tätigkeit der Gutachterausschüsse und ihrer Geschäftsstellen, für die Führung und Auswertung der Kaufpreissammlungen und für die Erledigung sonstiger Aufgaben zu schaffen. Sie werden als Gutachterausschussverordnung oder Durchführungsverordnungen zum BAUGB bezeichnet.

Neben diesen Rechtsvorschriften gibt es eine Reihe von Verwaltungsvorschriften des Bundes und der Länder. Die Bundesministerien haben diese Vorschriften für ihren Wirkungsbereich herausgegeben, um einheitliche Begriffe und Verfahrensweisen bei der Ermittlung von Grundstückswerten zu erreichen. Da an der Erarbeitung auch Experten der Länder und anderer Stellen beteiligt wurden, haben diese die Anwendung der Vorschriften auch für ihre Dienststellen angeordnet. Für Gutachterausschüsse sind diese Richtlinien nicht bindend, gleichwohl werden sie als Hilfsmittel in geeigneten Fällen angenommen. In diesem Zusammenhang sind zu nennen: Richtlinien für die Ermittlung des Verkehrswertes

- von Grundstücken, (Wertermittlungsrichtlinien – WERTR),
- landwirtschaftlicher Grundstücke und Betriebe, anderer Substanzverluste und sonstiger Vermögensnachteile (Entschädigungsrichtlinien Landwirtschaft – LandR 78),
- von Waldflächen (Waldwertermittlungsrichtlinien – WaldR 91).

Die Länder regeln in Verwaltungsvorschriften den gesamten Bereich der Tätigkeiten der Gutachterausschüsse; für Niedersachsen sind sie im Internet unter der folgenden Adresse http://www.lgnapp.niedersachsen.de/vkv/allgemein/gesetze/awertlg.htm einzusehen.

Für den Vorgang der Wertermittlung, insbesondere für die Qualitätsbemessung der Wertermittlungsobjekte, können weitere Rechts- und Verwaltungsvorschriften relevant sein. Auf die im Literaturverzeichnis angeführten Fachbücher wird verwiesen.

9.2 Gutachterausschüsse für Grundstückswerte

9.2.1 Einrichtung

Die Gutachterausschüsse für Grundstückswerte sind mit dem Bundesbaugesetz von 1960 als selbstständige, unabhängige staatliche Institutionen eingerichtet worden. Laut Begründung zur Regierungsvorlage des Gesetzes sollte in erster Linie erreicht werden, „dass für die Marktteilnehmer der sie interessierende Markt hinreichend übersichtlich wird. ... Erst wer vergleichen und aus diesem Vergleich Schlüsse über den Wert eines Gegenstandes ziehen kann, wird gegen Übervorteilung geschützt.“ Die Übersichtlichkeit des Marktes sollte nach dem Willen des Gesetzgebers „dazu führen, dass sich der in Grundstücksgeschäften nicht erfahrene Vertragspartner zuverlässig über die Markttendenzen unterrichten kann.“ Mit den Gutachterausschüssen wurden auch Institutionen geschaffen, die bei den schwierigen Wertermittlungsaufgaben im Städtebau sachgerechte und objektive Verkehrswertgutachten zu erstellen haben.

Die Gutachterausschüsse haben sich seitdem als überaus nützliche Einrichtungen zur Ordnung des Grundstücksmarktes erwiesen. Durch die mit dem Bundesbaugesetz von 1960 verbundene Aufhebung des Preisstopps, die in den sechziger Jahren rege Bautätigkeit und die damit verbundene angespannte Lage auf dem Baulandmarkt waren die Gutachterausschüsse zunächst damit beschäftigt, verstärkt die Verhältnisse auf dem Bodenmarkt zu untersuchen und hier den Marktteilnehmern Orientierungshilfen zu geben. Später erstreckte sich das Tätigkeitsfeld auf die ganze Bandbreite des Immobilienmarktes. Die Nachfrage nach Informationen über das Marktgeschehen ist bei den Gutachterausschüssen bis heute ständig gestiegen.

9.2.2 Aufgaben

Die Aufgaben der Gutachterausschüsse ergeben sich aus den §§ 193, 195(3) und 196 des BAUGB. Daneben haben die Länder gemäß Ermächtigung nach § 199 BAUGB den Gutachterausschüssen weitere Aufgaben übertragen. Beispiele für solche Aufgaben sind in nachfolgender Aufzählung *kursiv* geschrieben. Ebenso sind Aufgaben nach anderen Rechtsvorschriften (z. B. Bundeskleingartengesetz) möglich. Die Aufgaben können ihrer Erledigung entsprechend unterteilt werden:

- Dauerhaft, flächendeckend, von Amts wegen:
  - Führung und Auswertung der Kaufpreissammlungen
  - Ermittlung von Bodenrichtwerten
  - Ableitung von sonstigen zur Wertermittlung erforderlichen Daten
  - *Grundstücksmarktberichte*
  - *Übersichten über Bodenrichtwerte*
- Im Einzelfall, auf Antrag:
  - Gutachten über den Verkehrswert von unbebauten und bebauten Grundstücken sowie Rechten an Grundstücken

  - Auskünfte aus der Kaufpreissammlung in anonymisierter Form
  - Besondere Bodenrichtwerte für einzelne Gebiete bezogen auf abweichende Zeitpunkte für städtebauliche Aufgaben und für Finanzämter
  - Höhe der Entschädigungen für andere Vermögensnachteile (fakultativ)
  - *Gutachten über Höhe von Mieten und Pachten (fakultativ)*
  - *Bodenwert von Grundstücksgruppen (fakultativ)*
  - Gutachten über Pachtzinsen im erwerbsmäßigen Obst- und Gemüseanbau als Maßstab für die Kleingartenpacht (Bundeskleingartengesetz)

Um eine flächendeckende Markttransparenz zu erreichen, sind die zuerst aufgeführten Aufgaben dauerhaft, sachgerecht und umfassend von den Gutachterausschüssen zu erledigen. Da aufgrund des Datenschutzes nur die Gutachterausschüsse durch die Kaufpreissammlungen über vollständige Informationen über den Grundstücksmarkt verfügen, haben sie eine große Verpflichtung, insbesondere die Sachverständigen und andere wertermittelnde Stellen mit den zur Wertermittlung erforderlichen Daten zu versorgen. Nur so haben diese den gleichen Informationsstand und können marktgerechte Werte ermitteln (ZIEGENBEIN 2008).

Die Gutachterausschüsse sind verpflichtet, die antragsbezogenen Aufgaben zu übernehmen, bis auf diejenigen, die als „fakultativ“ gekennzeichnet sind. Antragsberechtigt sind die Eigentümer und ihnen gleichstehende Berechtigte sowie Behörden und Gerichte bei der Erfüllung ihrer Aufgaben (§ 193 BAUGB). Die Gutachterausschüsse erstatten nur einen geringen Teil aller Gutachten, in der Literatur werden 10 % genannt. Sie werden insbesondere von Bund, Ländern und Gemeinden beauftragt, um für Landerwerb und bei städtebaulichen Maßnahmen Gutachten zu erstatten, oder immer dann, wenn besondere Neutralität und Sachkunde eines Kollegialorgans gefragt sind.

9.2.3 Organisation

Die Gutachterausschüsse sind nach § 192 BAUGB selbstständige und unabhängige Ausschüsse mit einem Vorsitzenden und ehrenamtlichen weiteren Gutachtern. Sie bedienen sich einer Geschäftsstelle. Die Bundesländer sind nach § 199 BAUGB ermächtigt, die weitere Organisation durch Rechtsverordnungen zu regeln.

Die sechzehn Länder haben in ihren Durchführungsverordnungen eigenständige Lösungen gefunden. Entsprechend vielfältig sind die unterschiedlichen organisatorischen Einbindungen der Gutachterausschüsse und damit auch die Voraussetzungen für eine sachgerechte Erfüllung der Aufgaben. In den letzten Jahrzehnten haben Gutachterausschüsse und ihre Geschäftsstellen nach ZIEGENBEIN (2008) dort am erfolgreichsten gearbeitet, wo folgende Bedingungen erfüllt waren:

- Große Zuständigkeitsbereiche mit entsprechend umfangreicher Kaufpreissammlung und damit verbundener Auswertemöglichkeit sowie guter technischer Ausstattung. KRUMBHOLZ (2009) gibt für die Zuständigkeitsbereiche der Gutachterausschüsse in den Ländern die Durchschnittszahlen für Fläche und Einwohner an:
  - Als Minimum in Baden – Württemberg 11.000 Einwohner. Hier sind historisch bedingt die Gutachterausschüsse (insgesamt 1.008) gemeindeweise organisiert.
  - In den meisten Bundesländern 100.000 bis 200.000 Einwohner.
  - Als Maximum in Niedersachsen und Sachsen-Anhalt etwa 600.000 Einwohner, von den Stadtstaaten abgesehen.

- Geschäftsstellen sind bei Behörden eingerichtet, welche die Geobasisdaten führen und über Personal verfügen, das in der Führung und Analyse von Daten erfahren und fachlich ausgebildet ist.
- Einrichtung von Oberen Gutachterausschüssen zur landesweiten Harmonisierung der Wertermittlung und ihrer Produkte, für regionsübergreifende Auswertungen und zur bundesweiten Koordinierung. Zurzeit gibt es in sechs Flächenländern Obere Gutachterausschüsse. Nach § 198 BauGB sind die Länder ab 2009 verpflichtet, Obere Gutachterausschüsse oder Zentrale Geschäftsstellen zu bilden.

Das Leistungsspektrum ist wegen der Vielfalt der Regelungen in Deutschland sehr groß.

Die Vorsitzenden und die weiteren Mitglieder der Gutachterausschüsse werden von unabhängigen Stellen der öffentlichen Verwaltung in der Regel für vier bis fünf Jahre mit der Option von Verlängerungen bestellt. Sie sind ehrenamtliche Mitglieder und besitzen umfassende Sachkunde und Erfahrung in der Wertermittlung und sind überwiegend Sachverständige aus den Bereichen Architektur-, Bauingenieur-, Bank- und Vermessungswesen, Landwirtschaft und Sachverständige für den Immobilienmarkt sowie für spezielle Bewertungsfragen.

Die Gutachterausschüsse beraten und beschließen Gutachten mit dem Vorsitzenden und den zwei weiteren Mitgliedern, die am besten für das zu bewertende Objekt geeignet sind. Bodenrichtwerte, Grundstücksmarktberichte sowie die zur Wertermittlung erforderlichen Daten werden mit dem Vorsitzenden und einer größeren Anzahl (in Niedersachsen mindestens vier) weiterer Mitglieder beraten.

Die Geschäftsstellen arbeiten nach Weisung des Vorsitzenden. Sie haben alle vorbereitenden Arbeiten, fachlicher und verwaltungsmäßiger Art, zu erfüllen; insbesondere sind dieses Führung und Auswertung der Kaufpreissammlung, Vorbereiten von Wertermittlungen, Erteilen von Auskünften aus der Kaufpreissammlung und Veröffentlichung der Bodenrichtwerte und aller Marktdaten.

9.2.4 Kaufpreissammlung

Kaufpreissammlungen dienen der Marktbeobachtung und der Marktanalyse und sind Grundlage jeder fundierten Verkehrswertermittlung. So legt § 195 BAUGB auch fest, dass die Gutachterausschüsse Kaufpreissammlungen führen und dazu Abschriften aller Grundstückskaufverträge von den beurkundenden Stellen erhalten. Ebenso sind auch alle anderen Stellen verpflichtet, marktrelevante Vorgänge (z. B. Enteignungsbeschlüsse, Zuschläge in Zwangsversteigerungen, Umlegungspläne) den Gutachterausschüssen mitzuteilen. Die Ausschüsse sind damit die einzigen Stellen, die einen umfassenden Überblick über das Grundstücksmarktgeschehen haben.

Die Kaufpreissammlungen unterliegen dem Datenschutz (§ 195 BAUGB). Sie sind nur den zuständigen Finanzämtern zugänglich. Gerichte oder Staatsanwaltschaften, auch zugezogene Sachverständige, können die Vorlage von Kauffällen verlangen, wenn von Amts wegen ermittelt wird. Auskünfte aus der Kaufpreissammlung in Form von anonymisierten Kauffällen können für Wertermittlungsobjekte bei berechtigtem Interesse, z. B. für jeden Sachverständigen, erteilt werden.

Die Vorgänge auf dem Grundstücksmarkt sind in dem Umfang für die Kaufpreissammlungen auszuwerten, wie es zur Erfüllung der Aufgaben der Gutachterausschüsse erforderlich ist. Dazu sind alle Vorgänge mindestens so zu erfassen, dass sie hinsichtlich Anzahl, Geld- und Flächenumsatz mengenstatistisch ausgewertet werden können. Kauffälle, die dem gewöhnlichen Geschäftsverkehr zuzurechnen sind und auf marktfähige Objekte normiert werden können, sind für Wertermittlungsaufgaben geeignet. Diese Objekte sind in dem dazu erforderlichen Umfang sachlich, örtlich und zeitlich differenziert auszuwerten und mit all ihren verkehrswertbeeinflussenden Merkmalen zu beschreiben. Die zu erfassenden Merkmale hängen allgemein von den Grundstücksarten und im Einzelfall vom Marktgeschehen ab und sind daher teilmarktbezogen festzulegen.

Vertragsmerkmale und Ordnungsmerkmale sind in der Regel aus den vorgelegten Urkunden bzw. aus den bei den Geschäftsstellen vorhandenen Unterlagen zu entnehmen. Teilweise trifft das auch auf die wertbeeinflussenden Merkmale zur Beschreibung des Grundstückszustands zu, soweit Bauleitpläne, Raumordnungsprogramme, ALKIS®, ATKIS® oder ähnliche Dokumente vorhanden sind. Weitere relevante Merkmale wie Grundstücks- und Gebäudeeigenschaften sind durch Ortsbesichtigung oder Fragebogen zu erheben. Die Befugnisse dazu werden den Gutachterausschüssen in § 197 BAUGB eingeräumt.

Kaufpreissammlungen sind so zu organisieren, dass die in ihnen zu den Vorgängen abgelegten Merkmale für die Wertermittlungsaufgaben effektiv und wirtschaftlich selektiert, aufbereitet und analysiert werden können. Seit Datenverarbeitungsanlagen und -programme für die Gutachterausschüsse etwa ab Mitte der achtziger Jahre verfügbar waren, wurden die Kaufpreissammlungen so geführt (HELLMANN 1983, SCHULZ-KLEESSEN 1982, ZIEGENBEIN 1984). Der Einsatz von Datenverarbeitungsanlagen verlangt, Form und Inhalt der Kaufpreissammlungen zu normieren, damit

- aus wirtschaftlicher und fachlicher Sicht gleiche Programme zur Führung und Auswertung verwendet werden können. Hier haben es die Geschäftsstellen bei staatlichen Behörden einfacher, da landesweit eine einheitliche Hard- und Software eingeführt wird. In anderen Bundesländern sind Kooperationen zwischen den Gutachterausschüssen erforderlich;
- seltener vorkommende Objekte überregional, z. B. von den Oberen Gutachterausschüssen oder Zentralen Geschäftsstellen, analysiert werden können;
- überregional tätige Sachverständige gleiche Unterlagen erhalten;
- Auswerteergebnisse verschiedener Gutachterausschüsse vergleichbar sind und zusammengeführt werden können.

Einen Überblick über die in den Kaufpreissammlungen geführten Merkmale enthalten die „Beschreibungen der Elemente der Kaufpreissammlungen", die in den meisten Ländern als Verwaltungsvorschriften herausgegeben worden sind. Sie können im Internet z. B. für Niedersachsen (AKS-NDS 2009) eingesehen werden.

Bei den Geschäftsstellen der Gutachterausschüsse werden neben den Kauffällen weitere für die Wertermittlung wichtige Daten gesammelt, insbesondere Mieten und Pachten. Diese Daten sind formal nicht Bestandteil der Kaufpreissammlungen.

9.2.5 Analyse der Kaufpreissammlung

Die zweite Phase der Führung einer Kaufpreissammlung ist die Analyse. Sie bedeutet das Aufdecken und Quantifizieren der dem Grundstücksmarkt zugrunde liegenden und in den Kaufpreissammlungen mehr oder weniger deutlich zutage tretenden Strukturen (SCHULTE 1976). Da auch die Kaufpreise direkt vergleichbarer Objekte durch persönliche Eigenheiten, Unsicherheiten in der Marktübersicht usw. vom Verkehrswert abweichen, setzt Analyse immer eine Mehrzahl von Kaufpreisen voraus, um diese Abweichungen auszugleichen. Es hat sich in vielen Untersuchungen erwiesen, dass diese Abweichungen in der Regel als zufällig bedingt angesehen werden können.

Mit Verfahren der mathematischen Statistik lassen sich vertiefte Einblicke in solche zufällig streuenden Datenmengen gewinnen. Mit ihnen gelingt es, Gesetzmäßigkeiten und Strukturen in den Daten der Kaufpreissammlungen für die Aufgaben der Wertermittlung sichtbar zu machen. In den Kaufpreissammlungen ist jedoch immer nur eine begrenzte Anzahl an Kauffällen (Stichprobe) für eine bestimmte Fragestellung vorhanden. Mit Stichproben werden Ergebnisse, wie Mittelwerte oder Regressionsfunktionen berechnet. Die aus Stichproben errechneten Ergebnisse (Schätzwerte) sind wegen der begrenzten Anzahl nicht mit den „wahren" Werten identisch. Die Stichprobenergebnisse erlauben aber folgende Aussagen:

- Um die Schätzwerte (z. B. Mittelwerte, Funktionswerte) werden Bereiche eingerichtet, die, verbunden mit einer vorzugebenden Wahrscheinlichkeit, die „wahren" Werte enthalten.
- Schätzwerte (z. B. Regressionskoeffizienten) werden in Tests mit hypothetischen Parametern (z. B. null) verglichen, um zu prüfen, ob die numerisch vorhandenen Abweichungen bei zu wählender Wahrscheinlichkeit nur zufälliger Natur sind oder zur Annahme wahrer Unterschiede berechtigen.

Mathematisch statistische Verfahren ermöglichen bei der Auswertung der Kaufpreissammlungen objektiv begründete, nachvollziehbare Entscheidungen in der Grundstückswertermittlung und gehören daher heute zum Standard.

Die Aufgaben der Gutachterausschüsse können nur mit automatisiert geführten Kaufpreissammlungen wirtschaftlich erledigt werden. Besonders hilfreich sind dazu aufgaben- und nutzerorientierte Programme (ZIEGENBEIN 1995a).

Die Gutachterausschüsse haben ständige Aufgaben wie Bodenrichtwertermittlung, Ermittlung von Indexreihen oder Auswertungen für den Grundstücksmarktbericht jährlich oder mehrmals im Jahr in vergleichbarer Weise zu erledigen. Sie eignen sich besonders gut für eine Standardisierung. In die Programme sind lediglich zur Steuerung erforderliche Daten einzugeben. Sie laufen dann standardmäßig ab und führen zu normierten Ausgaben (NaVKV, 1995, Heft 4). Aber auch für komplexere Aufgaben bis zur Regressionsanalyse von Kauffällen umsatzstarker Teilmärkte ist dieses Prinzip der Standardauswerteaufträge sinnvoll. In den Aufträgen sind alle Auswerteschritte, Ansätze und erforderlichen Eingaben von der Selektion über die Datenaufbereitung bis zur iterativen Optimierung bei der Regressionsanalyse sachverständig formuliert und vorgegeben. Die Auswertung läuft dann programmgesteuert ab (Tabelle 9.1).

Das erste aufgaben- und nutzerorientierte Programmsystem für die Führung und Analyse der Kaufpreissammlungen in Deutschland ist wohl das Programmsystem „AKS Niedersachsen", das 1984 in einer ersten Version für PC von der Niedersächsischen Vermessungs-

Tabelle 9.1: Standardauswerteaufträge für Regressionsanalysen bei den Gutachterausschüssen in Niedersachsen (ZIEGENBEIN 1995a)

<table>
<tr><th colspan="3">Standardauswerteaufträge für Regressionsanalysen</th></tr>
<tr><th colspan="2">Aufbau</th><th>Eingerichtet für</th></tr>
<tr><td>Input</td><td>Zeitraum für Selektion</td><td rowspan="3">• Eigentumswohnungen,
Reihenhäuser,
Freistehende Einfamilienhäuser
für Zielgröße Preis/Wohnfläche
für 3 Baujahrsperioden
• Freistehende Einfamilienhäuser
für Zielgröße Preis/Sachwert
für 3 Baujahrsperioden
• Mehrfamilienhäuser
für Zielgröße Liegenschaftszinssatz</td></tr>
<tr><td>Programmgesteuerter Ablauf</td><td>• Selektion
• Aufbereitung
• Regressionsanalyse</td></tr>
<tr><td>Output</td><td>• Optimierte Regressionsanalyse
• Dokumentation der Analyse und der Ergebnisse mit Hinweisen</td></tr>
</table>

und Katasterverwaltung für alle Gutachterausschüsse im Land eingeführt worden ist (ZIEGENBEIN 1984, 1986). Ab 1992 ist das Programmsystem an die weiterentwickelte Datenverarbeitung angepasst worden (STÜNDL & ÜBERHOLZ 1994, ZIEGENBEIN 1995a, KRUMBHOLZ 2008). Heute gibt es weitere Programme wie „AKS Marktinfo Berlin“ oder „WF-AKuK“. HORBACH (2006) hat in einer Marktanalyse die aktuellen Lösungen verglichen.

9.2.6 Wertermittlungsinformationssystem

Im Wertermittlungsinformationssystem sollen nach ZIEGENBEIN (1999) alle Aufgaben (Anwendungen), die in den Geschäftsstellen der Gutachterausschüsse anfallen und die sich mithilfe der Informations- und Kommunikationstechnik erledigen lassen, zusammengefasst und vernetzt werden. Alle Aufgaben von der Informationsbeschaffung über die Analyse bis zur Präsentation der Ergebnisse werden unter einer Benutzeroberfläche von einem Arbeitsplatz aus erledigt. Damit wird eine wirtschaftliche Arbeitsweise ermöglicht. Kern des Systems ist das Programmsystem für die Führung und Analyse der Kaufpreissammlungen. Dazu kommen alle anderen Programme und das interaktive Graphiksystem, das wegen seiner Bedeutung für das Wertermittlungsinformationssystem hervorzuheben ist. Es ermöglicht, Sach- und Geometriedaten in ihren komplexen, logisch-inhaltlichen und räumlichen Zusammenhängen zu erfassen, zu verwalten und zu präsentieren. Abbildung 9.2 zeigt das Wertermittlungsinformationssystem Niedersachsen (ZIEGENBEIN 1999) mit den darin vernetzten Aufgaben der Gutachterausschüsse.

MÜRLE hat 1997 auf der Intergeo in Karlsruhe über die Entwicklung eines Wertermittlungsinformationssystems bei der Stadt Karlsruhe berichtet. In seiner Dissertation „Aufbau eines Wertermittlungsinformationssystems“ (MÜRLE 2007) beschreibt er die Konzeption eines Geo-Informationssystems zur Eingabe, Verwaltung, Analyse und Präsentation von Geofachdaten des Grundstücksmarktes. Die Innovationen in der Technik werden hier weitere Fortschritte ermöglichen.

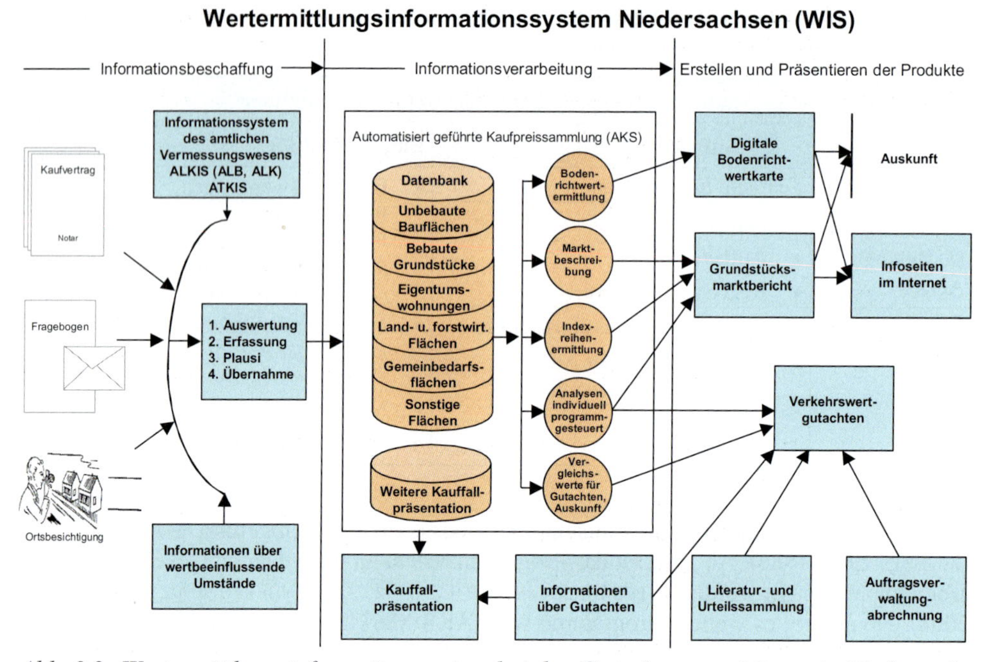

Abb. 9.2: Wertermittlungsinformationssystem bei den Gutachterausschüssen in Niedersachsen (ZIEGENBEIN 1999)

9.3 Informationen zur Markttransparenz

9.3.1 Bedeutung

Informationen über den Grundstücksmarkt sind von großer Bedeutung für

- alle Marktteilnehmer zur Vereinbarung der Preise. Das Spektrum der Marktteilnehmer reicht von unerfahrenen Käufern eigengenutzter Immobilien bis zu international tätigen, ständig am Markt agierenden Finanzinvestoren mit Interesse an Renditeobjekten;
- jede Immobilienwertermittlung zur Ermittlung marktgerechter Verkehrswerte;
- alle, die den Immobilienmarkt beobachten, durch Planungen oder Gesetze beeinflussen usw., insbesondere für die Kommunen (vgl. Kapitel 11).

Die Gutachterausschüsse, die den gesetzlichen Auftrag haben, Markttransparenz zu schaffen, haben mit der Kaufpreissammlung quantitativ einen vollständigen Überblick über den Grundstücksmarkt. Die Güte der von ihnen abgegebenen Informationen ist nach ZIEGENBEIN (2008) abhängig

- vom Umsatz auf den Teilmärkten (Tabelle 9.2). Nur wenn Kauffälle anfallen, können diese analysiert werden. Je mehr Kauffälle, desto qualifizierter und sicherer sind die Ergebnisse. Bei den sonstigen bebauten Grundstücken (Geschäftshäuser, Büro- und Verwaltungsgebäude, Märkte, Lager, Hallen usw.), die in der Region Hannover trotz der Aktivität von Investoren mit 7 % einen relativ geringen Anteil am Umsatz haben,

Tabelle 9.2: Umsätze 2008 auf dem Grundstücksmarkt in der Region Hannover (GMB HANNOVER 2009)

Grundstücksteilmarkt	Anzahl der Erwerbsvorgänge			Geldumsatz		
	Anzahl	Anteil in %		in Mio. €	Anteil in %	
Baugrundstücke, unbebaut	1.358	14	93	206	10	65
Einfamilienhäuser	2.901	29		537	25	
Eigentumswohnungen	3.901	39		346	16	
Mehrfamilienhäuser	382	4		286	13	
Acker/Grünland	731	7		19	1	
Sonst. bebaute Grundstücke	688	7		767	35	
Summe	9.961	100		2.161	100	

ist die Zahl auch wegen der starken Differenzierung der Objekte für statistisch gesicherte Aussagen häufig zu gering;

- von der Führung der Kaufpreissammlung. Für die verwertbaren Kauffälle müssen die verkehrswertbeeinflussenden Merkmale erfasst werden;
- von der Größe des Zuständigkeitsbereiches;
- von der Ausstattung der Geschäftsstellen mit Wissen, geeigneter Hard- und Software.

Abschnitt 9.3 behandelt in Anlehnung an ZIEGENBEIN (2008), wie die Gutachterausschüsse insbesondere die umsatzstarken Teilmärkte transparent machen und damit die Preisfindung und marktgerechte Wertermittlung ermöglichen. Wegen der Vielfalt der Organisationsformen der Gutachterausschüsse (9.2.3) wird der hier dargestellte Standard noch nicht einheitlich in Deutschland anzutreffen sein.

Überregionale Berichte werden von Oberen Gutachterausschüssen herausgegeben. An einem Immobilienmarktbericht für Deutschland, den die Gutachterausschüsse aller Bundesländer unterstützen, wird gearbeitet (KRUMBHOLZ 2009). Der Bericht soll 2010 erscheinen und ist auf das Interesse an überregionalen Informationen und großräumigen Entwicklungen ausgerichtet. Konkrete, auf Teilmärkte und bestimmte Wertermittlungsobjekte bezogene Informationen sind den Marktberichten der Gutachterausschüsse zu entnehmen oder bei den Geschäftsstellen zu erfragen.

Marktinformationen werden auch von anderen Institutionen wie z. B. dem Deutschen Städtetag (11.3.8) und von professionell am Markt tätigen Unternehmen wie Banken, Maklerunternehmen, Research-Unternehmen angeboten. Letztere beschäftigen sich insbesondere mit für Investoren interessanten Marktsegmenten. GUDAT, R., VOSS, W. (2009) berichten über zugängliche Informationen. Zugleich stellen sie Kriterien zur Beurteilung von Qualität und Verlässlichkeit der Daten auf.

9.3.2 Preisniveau, allgemein

Das Preisniveau ist für die Marktteilnehmer die wichtigste Information. Als Preisniveau werden für Teilmärkte mit ausreichendem Umsatz aus Kaufpreisen abgeleitete Werte angegeben, die als Vergleichswerte angesehen werden können: Bodenrichtwerte für den Bodenwert von Grundstücken, Wohn- oder Nutzflächenwerte für bebaute Grundstücke. Für Teilmärkte mit geringem Umsatz können nur Preisspannen mitgeteilt werden.

Preisniveaus werden für definierte Normgrundstücke angegeben. Mit Umrechnungskoeffizienten (9.3.6), die von den Gutachterausschüssen ermittelt werden, können die Nutzer das Preisniveau des Normgrundstücks (den Vergleichswert) auf das sie interessierende Objekt übertragen. Bei dem Bodenmarkt (baureife Grundstücke, landwirtschaftliche Nutzflächen) beziehen sich die Werte auf den m^2 Grundstücksfläche, bei bebauten Grundstücken auf den m^2 Wohn- oder Nutzfläche. Bei bebauten Grundstücken sind in den Werten die Bodenwerte enthalten; daher wird immer auch ein Lagebezug angegeben. Für den Bodenmarkt hat der Gesetzgeber den Bodenrichtwert als das zu ermittelnde Preisniveau definiert (§ 196 BauGB, § 10 ImmoWertV). Für bebaute Grundstücke sind im § 13 der ImmoWertV Vergleichsfaktoren beschrieben; in der Praxis werden in der Regel auf Wohn- und Nutzflächen bezogene Werte ermittelt. Hier wird in Analogie zu den Bodenrichtwerten von Werten gesprochen soweit die Angaben eine vergleichbare Qualität haben und als Vergleichswerte genutzt werden können.

9.3.3 Bodenrichtwerte, Preisniveau für den Boden

Bodenrichtwerte sind durchschnittliche Lagewerte für den Boden je m^2 Fläche für Grundstücke eines Gebietes, für die im Wesentlichen gleiche Nutzungs- und Wertverhältnisse vorliegen. Sie werden von den Gutachterausschüssen in den meisten Bundesländern jährlich, mindestens alle zwei Jahre, jeweils zum Ende des Kalenderjahres ermittelt. In bebauten Gebieten ist der Wert anzugeben, der sich ergeben würde, wenn der Boden unbebaut wäre. Die Bodenrichtwerte werden graphisch in Graphiksystemen und in Bodenrichtwertkarten nachgewiesen. Das Grundstück, auf das sich ein Bodenrichtwert bezieht, ist typisch für eine Zone oder für eine Lage. Bei der Einrichtung der Richtwertzonen werden diese so gegeneinander abgegrenzt, dass in ihnen Grundstücke mit möglichst gleichen Ausprägungen in den wertbeeinflussenden Merkmalen liegen. Die Bodenwerte der Grundstücke einer Zone sollen nicht mehr als 30 % vom Bodenrichtwert abweichen. Die Eigenschaften des für die Zone typischen Grundstückes sind abzulesen aus der Graphikunterlage (z. B. Größe und Form der Grundstücke, Lage zum Stadtzentrum oder zu wohnungsnahen Grünanlagen) und aus den Zustandsmerkmalen der Richtwertgrundstücke (Entwicklungszustand, Art und Maß der baulichen Nutzung, Erschließungsbeitragsstand).

Um Nutzern zu ermöglichen, Werte von Grundstücken der gleichen Richtwertzone mit abweichenden wertbeeinflussenden Merkmalen aus Bodenrichtwerten abzuleiten, werden zusätzlich Umrechnungskoeffizienten (9.3.6) für diese Merkmale mitgeteilt. Da mit Entwicklungszustand, Art der baulichen Nutzung, Lagewertigkeit und Erschließungsbeitragsstand wesentliche wertbeeinflussende Merkmale in einer Zone regelmäßig gleich sind, werden Umrechnungskoeffizienten nur für das Maß der Nutzung angegeben. Bei Richtwertgrundstücken in Einfamilienhausgebieten charakterisieren z. B. die Grundstücksgrößen das Maß der Nutzung, in anderen Gebieten eher die Geschossflächenzahlen oder Grundflächenzahlen. Siehe Beispiel in 9.5.2.

Bodenrichtwerte werden auch für landwirtschaftliche Nutzflächen ermittelt. Umrechnungskoeffizienten gibt es für Acker- und Grünlandzahl sowie für Flächengrößen (nur Acker).

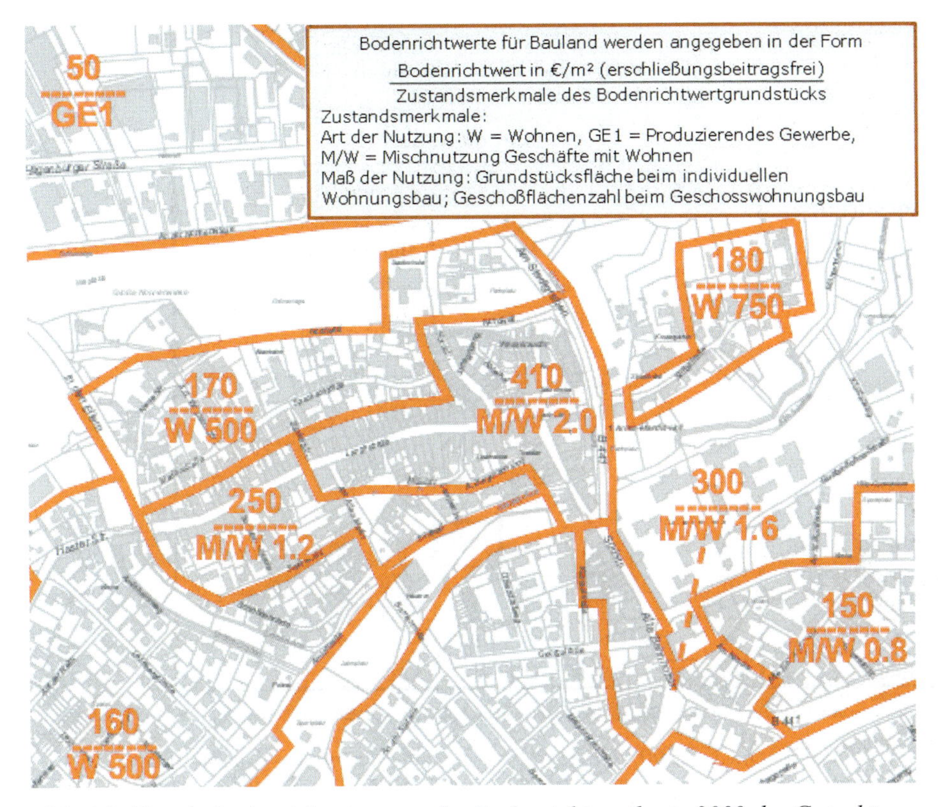

Abb. 9.3: Zonale Bodenrichtwerte aus der Bodenrichtwertkarte 2009 des Gutachterausschusses für Grundstückswerte Hannover

Besondere Bodenrichtwerte (§ 196 Abs.1, Satz 5 BAUGB) werden von den Gutachterausschüssen nur auf Antrag der für den Vollzug des BAUGB zuständigen Behörden und nur für Teile des Gemeindegebietes ermittelt. Sie beziehen sich auf abweichende Zeitpunkte und werden z. B. für Sanierungs- und Entwicklungsmaßnahmen beantragt. Für Zwecke der steuerlichen Bewertung des Grundbesitzes müssen auf Antrag von Finanzämtern Bodenrichtwerte zu abweichenden Stichtagen ermittelt werden.

9.3.4 Preisniveau für bebaute Grundstücke

Für bebaute Grundstücke werden als Vergleichsfaktoren in der Regel auf Wohn- und Nutzflächen bezogene Werte ermittelt. Wohnflächenwerte sind durchschnittliche Werte pro m² Wohnfläche für zu Wohnzwecken genutzte bebaute Grundstücke einer Gebäudeart, für die im Wesentlichen gleiche Nutzungs- und Wertverhältnisse vorliegen; sie werden in Tabellen oder in Karten (MANN 2000) angegeben. Die Tabellen werden mit den zwei Merkmalen aufgebaut, welche die größten Wertunterschiede hervorrufen; in der Regel sind dieses Lage und Alter (Abb. 9.4).

Normierte Wohnflächenpreise in €/m² Wohnfläche nach Lageklassen und Altersgruppen Bezugszeitpunkt: Jahresmitte 2007										
Altersgruppe		Lageklasse								
		gute Wohnlage			mittlere Wohnlage			einfache Wohnlage		
		Bodenrichtwert * in €/m²								
		270	bis Mittel: 215	160	160	bis Mittel: 130	100	100	bis Mittel: 65	30
5 Jahre		*2260*	bis	*1760*	*1760*	bis	*1500*	*1500*	bis	*1210*
bis	Mittel: 10	bis	**1920**	bis	bis	**1550**	bis	bis	**1280**	bis
15 Jahre		*2070*	bis	*1600*	*1600*	bis	*1350*	*1350*	bis	*1070*
15 Jahre		*2070*	bis	*1600*	*1600*	bis	*1350*	*1350*	bis	*1070*
bis	Mittel: 22,5	bis	**1720**	bis	bis	**1370**	bis	bis	**1120**	bis
30 Jahre		*1840*	bis	*1400*	*1400*	bis	*1170*	*1170*	bis	*910*
30 Jahre		*1840*	bis	*1400*	*1400*	bis	*1170*	*1170*	bis	*910*
bis	Mittel: 40	bis	**1510**	bis	bis	**1190**	bis	bis	**950**	bis
50 Jahre		*1640*	bis	*1220*	*1220*	bis	*1010*	*1010*	bis	*770*
50 Jahre		*1640*	bis	*1220*	*1220*	bis	*1010*	*1010*	bis	*770*
bis	Mittel: 70	bis	**1310**	bis	bis	**1010**	bis	bis	**800**	bis
90 Jahre		*1470*	bis	*1080*	*1080*	bis	*880*	*880*	bis	*660*

* Bodenrichtwerte für typische Orte siehe Seite 100.
Bodenrichtwerte für bestimmte Lagen sind bei der Geschäftsstelle des Gutachterausschusses erhältlich (siehe Seite 183).

Abb. 9.4: Wohnflächenwerte 2007 für freistehende Einfamilienhäuser in der Region Hannover ohne Stadt Hannover (GMB HANNOVER 2008)

Alle Wohnflächenpreise in der Tabelle beziehen sich auf die			
Kaufzeit	Jahresmitte 2007		
und gelten für ein freistehendes Ein- oder Zweifamilienhaus mit folgenden Eigenschaften:			
Wohnfläche	140 m²	**Fassade**	Putz
Anzahl der Garagen	1	**Ausstattung**	mittel
Unterkellerung	vollständig	**Grundstücksgröße**	700 m²
Gebäudekonstruktion	massiv		
Zu- und Abschläge bei Abweichungen in den Merkmalen			
• **Wohnfläche**	• **Grundstücksgröße**	• **Unterkellerung**	
• **Ausstattung**	• **Garagen**	• **Fassade**	
• **Gebäudekonstruktion**			
können den nachfolgenden Diagrammen und Erläuterungen entnommen werden.			

Abb. 9.5: Normobjekt des Teilmarktes freistehender Einfamilienhäuser in der Region Hannover ohne Stadt Hannover (Abb. 9.4) (GMB HANNOVER 2008)

Kennzahlen der ausgewerteten Stichprobe Umfang der Stichprobe: 732 Kauffälle				
Merkmal	**Bezug/Einheit**	**Minimum**	**Maximum**	**Mittelwert**
Kaufzeit	Jahr	2005	2007	2006
Lage	Bodenrichtwert [€/m²]	30	270	137
Alter	Jahre	3	96	31
Größe des Objekts	Wohnfläche [m²]	70	250	146
Grundstücksgröße	Fläche [m²]	300	1500	758
Keller	Grad der Unterkellerung	kein Keller	voll unterkellert	voll unterkellert
Garagen	Anzahl	0	2	1
Ausstattung	einfach, mittel, gut, sehr gut			mittel
Fassade	Verblendmauerwerk	nein	ja	nein
Gebäudekonstruktion	Leichtbauweise/Massivbauweise			massiv

Abb. 9.6: Beschreibung des ausgewerteten Teilmarktes freistehender Einfamilienhäuser in der Region Hannover ohne Stadt Hannover (Abb. 9.4) (GMB HANNOVER 2008)

Die Wohnflächenwerte beziehen sich bezüglich der weiteren wertbeeinflussenden Merkmale auf Durchschnittswerte (Normobjekte, Abb. 9.5), die ebenso wie Minima und Maxima zur Beschreibung des ausgewerteten Teilmarktes angegeben werden (Abb. 9.6). Um ausgehend von den Tabellenwerten Wohnflächenwerte von abweichenden Objekten, die zu dem beschriebenen Teilmarkt gehören, abschätzen zu können, werden Umrechnungskoeffizienten (9.3.6) für diese Merkmale mitgeteilt. Siehe Beispiele in 9.5.3 und 9.5.4.

Wohnflächenwerte und zugehörige Umrechnungskoeffizienten werden für umsatzstarke Teilmärkte wie freistehende Einfamilienhäuser, Reihenhäuser und Doppelhaushälften, Eigentumswohnungen und Mehrfamilienhäuser jährlich ermittelt. Dazu sollten je Teilmarkt über 200 Kauffälle aus den jeweils letzten Jahren zur Verfügung stehen, um sichere Ergebnisse zu erzielen. Die Stichproben werden mit dem mathematisch-statistischen Verfahren der Regressionsanalyse ausgewertet. In den Grenzen der Stichprobe werden aus der optimierten Regressionsfunktion die Wohnflächenwerte für die Tabelle und die Umrechnungskoeffizienten für die wertbeeinflussenden Merkmale berechnet.

Die Gutachterausschüsse in Niedersachsen haben mit dem „Immo-Preis-Kalkulator" 2007 eine weitere sehr komfortable Möglichkeit eröffnet (KERTSCHER 2009). Mit ihm können die Nutzer das Preisniveau für freistehende Einfamilienhäuser, für Reihenhäuser, Doppelhaushälften und für Eigentumswohnungen erfahren, indem sie im Internet (GAG-NDS 2009) die vier wertbeeinflussenden Merkmale Lage (Adresse), Baujahr, Wohnfläche und Grundstücksfläche eingeben. Das ausgegebene Preisniveau hat nicht die Qualität der aus den Wohnflächenwerten berechenbaren Werte, da weniger Merkmale berücksichtigt werden. Der Kalkulator verwendet aber die gleichen optimierten Regressionsfunktionen. In Nordrhein-Westfalen können Nutzer für die gleichen Immobilien eine allgemeine Preisauskunft erhalten, in der online aus Preisen vergleichbarer Objekte ein Durchschnittspreis mit Streuung angegeben wird. Später sollen auch lagebezogene „Immobilienrichtwerte" für bebaute Objekte abgerufen werden können (BORISPLUSNRW 2009). Berlin hat ein vergleichbares Angebot (GAONLINE (2009). Andere Länder werden hier folgen.

Landeshauptstadt Hannover			
Kauf- und Warenhäuser, Geschäfts- und Bürogebäude			
Lage		€/m² Nutzfläche	Bemerkung
Innenstadt Hannover	Spitzenlage	bis zu 10.000	voll modernisiert oder Neubau
	Ia-Lage	3.000 bis 5.000	normaler Zustand, gute Unterhaltung
	Ib-Lage	2.000 bis 3.500	
	II-Lage	900 bis 2.500	
Büro- und Verwaltungsgebäude			
Innenstadt	II-Lage	1.000 bis 2.500	Neubau oder Bestand (normaler Zustand, gute Unterhaltung
Peripherie zur Innenstadt, gute Verkehrslage oder Bürozentren an der Peripherie Hannovers		800 bis 2.000	
Wohn- und Geschäftshäuser			
Peripherie zur Innenstadt, gute Verkehrslage		1.000 bis 1.500	normaler Zustand, gute Unterhaltung
Übrige Gebiete		700 bis 1.200	

Abb. 9.7: Nutzflächenpreise 2008 für Gebäude gewerblicher und geschäftlicher Nutzung in Hannover (GMB HANNOVER 2009)

Die Teilmärkte für Gebäude gewerblicher und geschäftlicher Nutzung zeigen große Unterschiede bezüglich Lage, Größe, Alter, Ausstattung; dafür stehen nicht genug Kauffälle zur Verfügung, um statistisch gesicherte Aussagen treffen zu können. Daher können häufig nur Preisspannen für die Nutzflächenpreise wie in Abbildung 9.7 angegeben werden.

9.3.5 Preisentwicklung

Mit Kenntnis der Preisentwicklung können Werte und Preise auf die Wertverhältnisse anderer Stichtage transformiert werden. Vergleiche der Entwicklung der Grundstückspreise mit den Entwicklungen konkurrierender Investitionen, der Einkommen und der Lebenshaltungskosten oder mit abweichenden regionalen oder lokalen Entwicklungen sind auch immer von politischem und wirtschaftlichem Interesse.

Die Änderungen der allgemeinen Wertverhältnisse auf dem Grundstücksmarkt werden von den Gutachterausschüssen aus der Kaufpreissammlung abgeleitet und in Indexreihen erfasst und veröffentlicht (§ 11 IMMOWERTV). Es wird davon ausgegangen, dass in den aus Kaufpreisen abgeleiteten Indexreihen alle zeitabhängigen für die Preisbildung maßgebenden Einflüsse wie die allgemeine Wirtschaftslage, die Verhältnisse auf dem Kapitalmarkt sowie die wirtschaftliche und demographische Entwicklung des Gebietes erfasst sind.

Gutachterausschüsse ermitteln Bodenpreisindexreihen in der Regel für Einfamilienhaus-, Mehrfamilienhaus- und Gewerbegrundstücke sowie für Ackerland und Grünland. Mehrere Indexreihen für gleiche Nutzungen in einem Zuständigkeitsbereich sind erforderlich, wenn Entwicklungen durch Lage- oder andere Einflüsse abweichend verlaufen.

Für eine Differenzierung in mehrere Indexreihen müssen genügend geeignete Kauffälle zur Verfügung stehen. Je weniger Fälle es sind, desto mehr sind Abweichungen in den wertbeeinflussenden Merkmalen durch Zu- oder Abschläge zu berücksichtigen. In der Regel werden Abweichungen in Erschließungsbeitragsstand, Maß der Nutzung und Lagewertigkeit bei Baugrundstücken und Abweichungen in Acker- oder Grünlandzahl, Flächengröße (nur Acker) und Lagewertigkeit bei landwirtschaftlichen Nutzflächen berücksichtigt und die

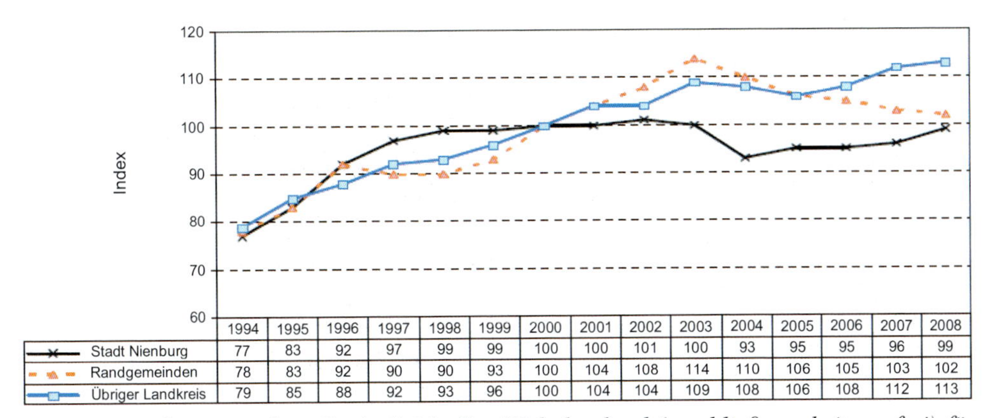

	1994	1995	1996	1997	1998	1999	2000	2001	2002	2003	2004	2005	2006	2007	2008
Stadt Nienburg	77	83	92	97	99	99	100	100	101	100	93	95	95	96	99
Randgemeinden	78	83	92	90	90	93	100	104	108	114	110	106	105	103	102
Übriger Landkreis	79	85	88	92	93	96	100	104	104	109	108	106	108	112	113

Abb. 9.8: Bodenpreisindexreihe individuelles Wohnbauland (erschließungsbeitragsfrei) für den Landkreis Nienburg/Weser (GMB SULINGEN 2009)

Preise auf ein Normgrundstück des Indexreihengebietes umgerechnet. Die wesentlichen Einflüsse sind damit erfasst. Die so normierten Preise werden nach dem Eliminieren von Ausreißern auf ihre Abhängigkeit von der Zeit untersucht.

Für bebaute Wohngrundstücke leiten Gutachterausschüsse häufig Indexreihen für die umsatzstarken Teilmärkte freistehender Einfamilienhäuser, Reihen- und Doppelhaushälften, Eigentumswohnungen und Mehrfamilienhäuser auf der Grundlage von normierten Kaufpreisen ab. Zur Normierung der Preise werden die gleichen Umrechnungskoeffizienten für die gleichen wertbeeinflussenden Merkmale der Teilmärkte verwendet, die zur Umrechnung der Wohnflächenwerte (9.3.6) angegeben werden. Die auf eine Norm umgerechneten Preise kennzeichnen die zeitbedingten Änderungen der allgemeinen Wertverhältnisse auf den Teilmärkten der bebauten Wohngrundstücke. Der Umsatz auf den Teilmärkten mit Gebäuden gewerblicher und geschäftlicher Nutzung ist für die Ableitung qualifizierter Indexreihen häufig zu gering.

9.3.6 Preisbildung

Wie die Marktteilnehmer im gewöhnlichen Geschäftsverkehr die Merkmale bei der Preisbildung beurteilen und bewerten, wird bei Analysen von Kauffällen festgestellt. Informationen darüber werden insbesondere bei der Verkehrswertermittlung benötigt.

Die §§ 9 bis 14 der IMMOWERTV enthalten Grundsätze für die Ableitung der für die Wertermittlung erforderlichen Daten. Neben den bereits oben aufgeführten Indexreihen (9.3.5) und Vergleichsfaktoren für bebaute Grundstücke (9.3.4) werden dort Umrechnungskoeffizienten, Marktanpassungsfaktoren und Liegenschaftszinssätze als erforderliche Daten behandelt. Für Ertragsobjekte werden außerdem Bewirtschaftungsdaten wie Mieten oder Bewirtschaftungskosten zur Wertermittlung benötigt.

Umrechnungskoeffizienten geben die Wertunterschiede von Grundstücken wieder. Preise von Grundstücken werden neben den allgemeinen Wertverhältnissen durch ihre wertbeeinflussenden Merkmale bestimmt. Mit der Information über den Einfluss der Merkmale in Form von Umrechnungskoeffizienten können Preise oder Werte von in den Merkmalen abweichenden Grundstücken im Wege des Preisvergleichs (9.4.2) auf andere Grundstücke übertragen oder umgerechnet werden. Siehe Beispiele in 9.5.2 bis 9.5.4.

Leistungsfähige Gutachterausschüsse ermitteln durch Regressionsanalyse Umrechnungskoeffizienten von allen statistisch signifikanten wertbeeinflussenden Merkmalen für alle Teilmärkte, für die Bodenrichtwerte und Wohnflächenwerte mitgeteilt werden: Baugrundstücke, landwirtschaftliche Nutzflächen, Einfamilienhäuser, Eigentumswohnungen und Mehrfamilienhäuser. Damit sind die Übertragung von Werten und die Umrechnung von Preisen auf Objekte mit abweichenden Merkmalen auf diesen Teilmärkten möglich.

Umrechnungskoeffizienten können als Koeffizienten oder als Zu- und Abschläge angegeben werden. Abbildung 9.9 zeigt zum einen das Diagramm mit Umrechnungskoeffizienten für die Abhängigkeit der Preise von Baugrundstücken für Einfamilienhäuser von ihrer Fläche und zum anderen das Diagramm mit Zu- und Abschlägen für die Wohnflächenwerte von freistehenden Einfamilienhäusern bei abweichender Wohnfläche.

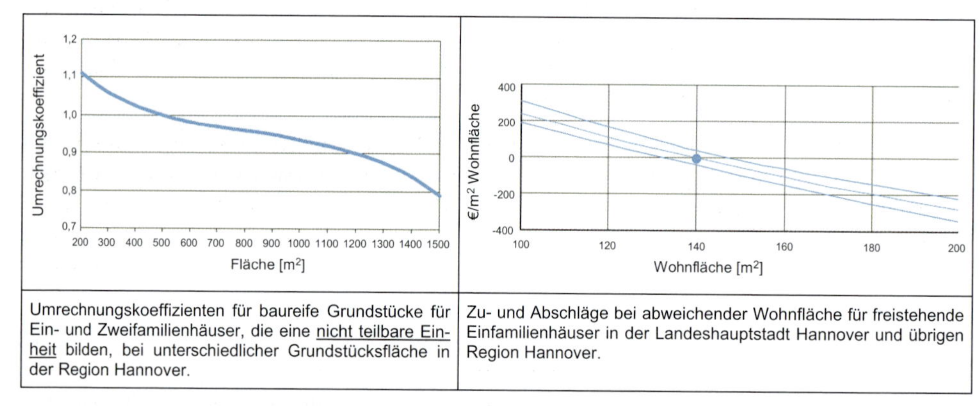

Umrechnungskoeffizienten für baureife Grundstücke für Ein- und Zweifamilienhäuser, die eine nicht teilbare Einheit bilden, bei unterschiedlicher Grundstücksfläche in der Region Hannover.

Zu- und Abschläge bei abweichender Wohnfläche für freistehende Einfamilienhäuser in der Landeshauptstadt Hannover und übrigen Region Hannover.

Abb. 9.9: Umrechnungskoeffizienten (GMB HANNOVER 2008)

Liegenschaftszinssätze sind die Zinssätze, mit denen die Grundstückswerte im Durchschnitt marktüblich verzinst werden. Da Verkehrswerte von Ertragsobjekten häufig nach dem Ertragswertverfahren (9.4.3) (Beispiel in 9.5.4) ermittelt werden, leiten die Gutachterausschüsse Liegenschaftszinssätze durch Umkehrung des Ertragswertverfahrens mit den Preisen als Ertragswerte ab, um mit diesem Verfahren an den Markt angepasste Ergebnisse zu erzielen (MÖCKEL 1975).

Bei den Gutachterausschüssen liegt in der Regel nur bei Mehrfamilienhäusern und Eigentumswohnungen eine ausreichende Anzahl geeigneter Kauffälle vor. Eigentumswohnungen werden fast immer mit dem Vergleichswertverfahren bewertet. Wenn jedoch genügend Kauffälle vermieteter Eigentumswohnungen vorliegen, ermitteln die Gutachterausschüsse auch dafür den Liegenschaftszinssatz. Für die Gebäude mit gewerblicher und geschäftlicher Nutzung können in der Regel nur Mittelwerte und Spannen für die Liegenschaftszinssätze mitgeteilt werden.

Ein Ergebnis für Mehrfamilienhäuser enthält Abbildung 9.10. Die angegebenen jährlichen Zinssätze beziehen sich auf ein Mehrfamilienwohnhaus mit durchschnittlichen Eigenschaften (Normobjekt) und gelten nur für die beschriebene Stichprobe. Weicht ein Objekt von den Eigenschaften des Normobjekts in den meistens relevanten Merkmalen Wohnfläche, Nettokaltmiete oder Bodenrichtwert ab, so führt das zu einer Veränderung des Liegenschaftszinssatzes. Das Maß der Veränderung wird in Regressionsanalysen ermittelt und in Form von Umrechnungskoeffizienten mitgeteilt.

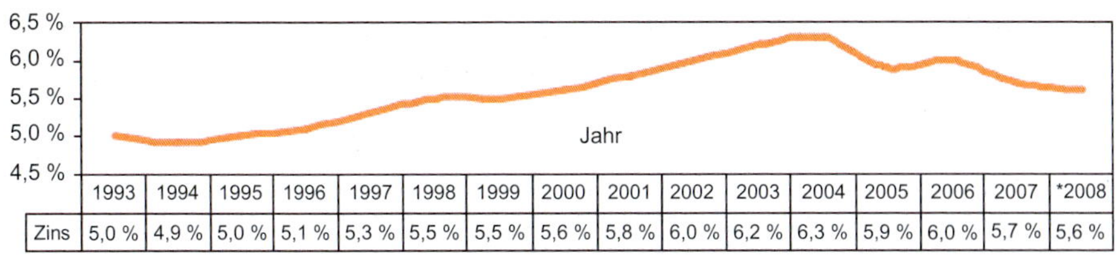

	1993	1994	1995	1996	1997	1998	1999	2000	2001	2002	2003	2004	2005	2006	2007	*2008
Zins	5,0 %	4,9 %	5,0 %	5,1 %	5,3 %	5,5 %	5,5 %	5,6 %	5,8 %	6,0 %	6,2 %	6,3 %	5,9 %	6,0 %	5,7 %	5,6 %

* Die für das Berichtsjahr angegebenen Werte können sich durch nachträglich eingehende Kaufverträge noch verändern.

Abb. 9.10: Liegenschaftszinssätze für Mehrfamilienhäuser in der Region Hannover (Basiszinssatz) (GMB HANNOVER 2009)

Marktanpassungsfaktoren (§ 14 IMMOWERTV) werden benötigt, um von theoretischen Zwischenwerten, welche die allgemeinen Wertverhältnisse nicht ausreichend berücksichtigen, zu Verkehrswerten zu gelangen. Dazu untersuchen die Gutachterausschüsse anhand von Kauffällen das Verhältnis der Kaufpreise zu den Zwischenwerten, die als Vorbereitung für die Auswertung für jeden Kauffall berechnet werden müssen.

So werden z. B. Anpassungsfaktoren Kaufpreis/Sachwert für Sachwerte von Einfamilienhäusern oder Kaufpreis/Vergleichswert für die Werte von bebauten Erbbaurechten ermittelt. Der Marktanpassungsfaktor für bebaute Erbbaurechte kann aus dem Verhältnis ihrer Preise zu den Vergleichswerten von gleichen unbelasteten Grundstücken abgeleitet werden. In der Regel sind für freistehende Einfamilienhäuser sowie Reihenhäuser und Doppelhaushälften genügend Kauffälle dafür vorhanden.

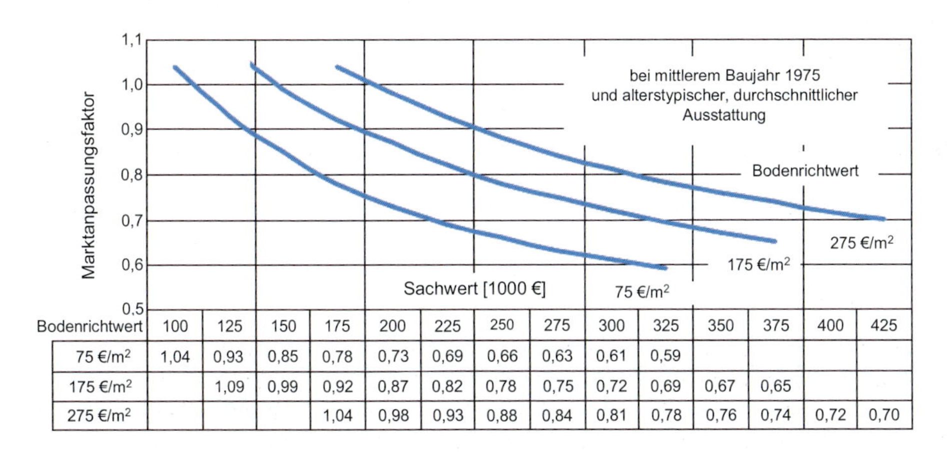

Bodenrichtwert	100	125	150	175	200	225	250	275	300	325	350	375	400	425
75 €/m²	1,04	0,93	0,85	0,78	0,73	0,69	0,66	0,63	0,61	0,59				
175 €/m²		1,09	0,99	0,92	0,87	0,82	0,78	0,75	0,72	0,69	0,67	0,65		
275 €/m²				1,04	0,98	0,93	0,88	0,84	0,81	0,78	0,76	0,74	0,72	0,70

Abb. 9.11: Marktanpassungsfaktoren für Sachwerte (Sachwertfaktoren) von Einfamilienhäusern in der Region Hannover (GMB HANNOVER 2009)

Sachwerte (9.4.4) werden allein nach Kostengesichtspunkten berechnet. Mit dem Faktor aus Abbildung 9.11 gelingt der Übergang vom Sachwert zum Verkehrswert. Zusätzlich müssen die Art der Sachwertberechnung und die untersuchte Stichprobe beschrieben werden, damit eine sachgerechte Verwendung gewährleistet ist. In Abhängigkeit vom Sachwert und von der Lagewertigkeit (Bodenrichtwert) ergibt sich der Anpassungsfaktor aus der Abbildung 9.11. Weichen Baujahr und Ausstattung vom Normobjekt ab, stehen Umrechnungskoeffizienten für Zu- und Abschläge zur Verfügung. Siehe Beispiel in 9.5.5.

Beim Ertragswertverfahren (9.4.3) werden nachhaltig erzielbare *Mieten* benötigt, um marktgerechte Verkehrswerte zu ermitteln. Soweit lokal keine Mietspiegel veröffentlicht sind, teilen Gutachterausschüsse häufig differenzierte Übersichten über Wohnungsmieten für Mehrfamilienhäuser mit. Auswertbare Mieten erhalten die Gutachterausschüsse durch die Fragebögen zu den Kauffällen von Ertragsobjekten. Für geschäftliche und gewerbliche Nutzungen sowie für landwirtschaftliche Nutzflächen werden wegen des geringen Umfangs an auswertbarem Material häufig nur Spannen für Mieten und Pachten angegeben.

9.3.7 Marktstruktur

Die Gutachterausschüsse informieren mit mengenstatistischen Angaben über die Anzahl der Kauffälle, über den Flächenumsatz und den Geldumsatz, differenziert nach sachlichen und räumlichen Teilmärkten, über die Marktstruktur. Verbunden mit der zeitlichen Entwicklung ergeben sich wichtige und interessante Informationen über die Entwicklungen auf dem Grundstücksmarkt.

9.3.8 Verbreitung

Die Gutachterausschüsse haben die Informationen zur Markttransparenz zu ermitteln und zu veröffentlichen. Die meisten Bundesländer haben einen jährlichen Turnus vorgegeben. Die Art der Veröffentlichung ist länderweise geregelt. Folgende Regelungen sind Standard:

- Auskunft: telefonisch (Hannover: 10.000 Anrufe/Jahr) oder persönlich in den Geschäftsstellen der Gutachterausschüsse, unentgeltlich.
- Kauf der Produkte bei den Geschäftsstellen: Bodenrichtwerte in Karten oder auf CD-ROM, Grundstücksmarktberichte mit allen weiteren Informationen in Buchform oder auf CD-ROM, schriftliche Auskünfte aus Bodenrichtwertkarten oder Grundstücksmarktberichten.
- Bezug über Internet: Bodenrichtwert mit der zugehörigen Zone nach Eingabe der Adresse, Grundstücksmarktberichte ganz oder in Auszügen. Über das Gemeinschaftsportal GAONLINE (2009) sind die länderspezifischen Portale erreichbar. Die Kosten sind länderweise unterschiedlich, für allgemeine Informationen teilweise unentgeltlich.

Viele Interessenten am Grundstücksmarkt, auch ausländische Investoren, agieren bundesweit. Sie wollen die Informationen aller Gutachterausschüsse in Deutschland nach Inhalt und Form mit einem möglichst gleich guten Standard online erhalten (STINGLWAGNER & NEUNDÖRFER 2007). Mit dem Portal GAONLINE (2009), das von der AdV initiiert worden ist, wurde der Zugang zu den Marktinformationen der Gutachterausschüsse erleichtert. Mit dem Projekt „Vernetztes Bodenrichtwertinformationssystem“ (VBORIS) der AdV erfolgt der nächste wichtige Schritt zur bundesweiten Harmonisierung und inhaltlichen Vereinheitlichung (LIEBIG 2008, KRUMBHOLZ 2008).

9.4 Verfahren der Wertermittlung

9.4.1 Überblick

Die Gutachterausschüsse sind nach § 8 der IMMOWERTV gehalten, zur Ermittlung von Verkehrswerten das Vergleichswertverfahren (9.4.2), das Ertragswertverfahren (9.4.3) oder das

Sachwertverfahren (9.4.4) oder mehrere dieser Verfahren heranzuziehen. Der Verkehrswert ist aus dem Ergebnis dieser Verfahren unter Berücksichtigung der Lage auf dem Grundstücksmarkt zu bemessen. Andere Verfahren (9.4.6), die teilweise auch andere Zielsetzungen haben, werden von den Gutachterausschüssen dann zur Verkehrswertermittlung herangezogen, wenn wegen der Komplexität des Objekts oder wegen besonderer Fragestellungen die drei Verfahren der IMMOWERTV nicht zum Ziel führen.

Um den Verkehrswert zu erhalten, ist gemäß Definition (9.1.5) der Preis zu ermitteln, der im gewöhnlichen Geschäftsverkehr nach den Eigenschaften des Wertermittlungsobjekts am wahrscheinlichsten zu erzielen wäre. Diese Vorgabe verlangt, dass das Grundstücksmarktgeschehen und die Preise von Grundstücken zu beobachten und zu analysieren sind. Die Erkenntnisse daraus sind auf die Wertermittlungsobjekte zu übertragen. Die Verfügbarkeit von Preisen vergleichbarer Grundstücke ist auf dem Grundstücksmarkt sehr unterschiedlich, auf manchen Teilmärkten sehr gering. Für die Wertermittlung heißt das:

- Je geringer die Informationsdichte, umso komplexer ist das Vorgehen für die Übertragung der Erkenntnisse aus dem Marktgeschehen auf das Wertermittlungsobjekt und
- je größer die Informationsdichte, umso einfacher ist das Vorgehen.

Wegen der Anbindung jeder Verkehrswertermittlung an das Marktgeschehen lassen sich *alle Wertermittlungsverfahren als vergleichende Betrachtungen oder Preisvergleiche* auffassen (Abb. 9.12). Es lässt sich auch so formulieren:

Ohne vergleichende Betrachtung des Wertermittlungsobjekts mit dem Marktgeschehen kann kein Preis, der im gewöhnlichen Geschäftsverkehr zu erzielen wäre, ermittelt werden.

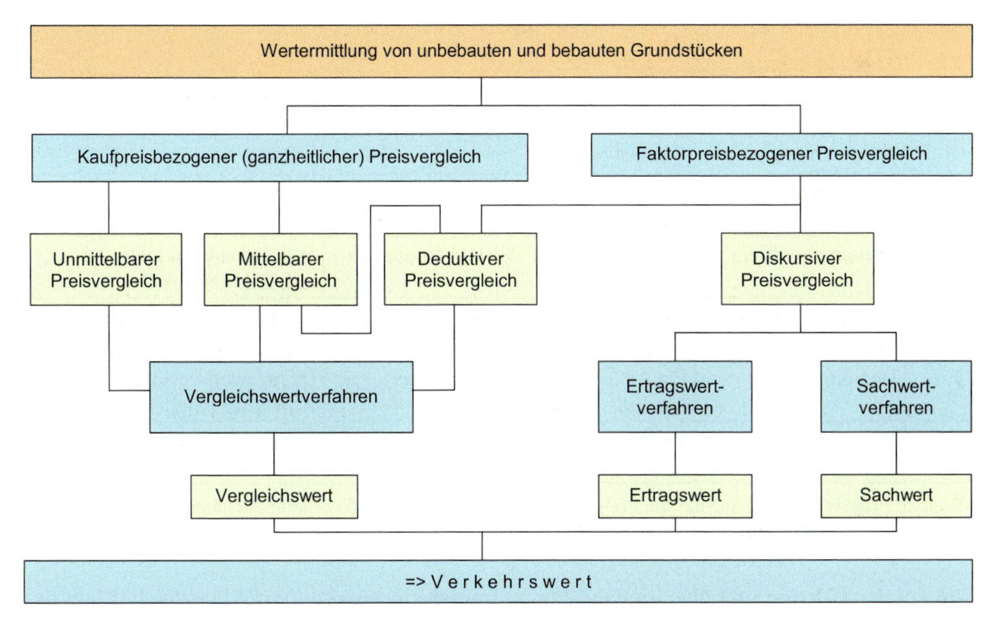

Abb. 9.12: Wertermittlungsverfahren der IMMOWERTV, dargestellt als Preisvergleiche nach REUTER (1989)

Reuter (1989) unterscheidet bei den Preisvergleichen zwischen den kaufpreisbezogenen ganzheitlichen Preisvergleichen, bei denen die Preise der Grundstücke auf das zu bewertende Grundstück transformiert werden, und den faktorpreisbezogenen Preisvergleichen, bei denen aus Preisen und aus dem Markt abgeleitete Faktoren verwendet werden, um den Verkehrswert zu ermitteln.

9.4.2 Vergleichswertverfahren

Das Vergleichswertverfahren ist ein ganzheitlicher Preisvergleich. Es hat durch die Verwendung der Preise von Vergleichsgrundstücken direkten Bezug zum Grundstücksmarkt und führt direkt zum Verkehrswert. Es wird für Wertermittlungsobjekte der Frage nachgegangen, was in anderen Fällen zum gleichen Zeitpunkt für vergleichbare Grundstücke gezahlt worden ist. Daher sind nach den §§ 15 und 16 der ImmoWertV bei Anwendung des Vergleichswertverfahren Kaufpreise solcher Grundstücke heranzuziehen, die mit dem zu bewertenden Grundstück hinreichend übereinstimmende Grundstücksmerkmale aufweisen (Vergleichsgrundstücke). Bei ganzheitlichen Preisvergleichen werden die Kaufpreise selten als Gesamtkaufpreise verwendet. Allgemein werden die Kaufpreise auf Grundstücksmerkmale bezogen, die unbestritten nach den Gepflogenheiten auf dem Grundstücksmarkt die Kaufpreishöhe nahezu linear beeinflussen, zum Beispiel bei unbebauten Grundstücken die Grundstücksfläche, bei wohngenutzten bebauten Grundstücken die Wohnfläche oder bei Ertragsobjekten die Nutzfläche oder der jährliche Ertrag. Diese Grundstücksmerkmale werden auch als Bezugsgröße oder Vergleichsmaßstab bezeichnet.

Über die Art des Preisvergleichs entscheiden vorrangig die in der Kaufpreissammlung vorhandenen Kauffälle. Es empfiehlt sich ein iteratives Vorgehen. In der Tabelle 9.3 sind die Arten des Preisvergleichs, nach den Prioritäten 1 bis 4 geordnet, angegeben. Die verschiedenen Preisvergleiche werden nachfolgend behandelt.

Tabelle 9.3: Arten des Preisvergleichs, geordnet nach Prioritäten von 1 bis 4

Stufe	Art des Vergleichs	Vorgehen	Fragen
1	Unmittelbar	Mittelwert	Ausreichende Anzahl von Vergleichsgrundstücken?
2a	Mittelbar, evident	Umrechnung auf Wertermittlungsobjekt, Mittelwert	Wie 1; Daten aktuell und teilmarktkonform?
2b	Mittelbar, statistisch	Abhängigkeiten aus Stichprobe, Regressionsfunktion	Ausreichende Anzahl für signifikante Ergebnisse?
3	Deduktiv	Plausible Ableitung aus anderer Qualität	Bezugswert verfügbar? Ableitung möglich?
4	Intersubjektiv	Wertung der Aussagen mehrerer Sachverständiger	Wissensbasis ausreichend?
Weitere *Fragen* bei 1 bis 3: Sind die Preise im gewöhnlichen Geschäftsverkehr entstanden? bei 3 und 4: Entsprechen die Annahmen dem üblichen Marktgeschehen?			

Am anschaulichsten und überzeugendsten ist immer ein *unmittelbarer Vergleich*. Liegt das Ergebnis einer Selektion nach unmittelbar vergleichbaren Kauffällen vor, stellen sich die Fragen, ob ihre Anzahl für die Berechnung eines qualifizierten Mittelwertes ausreicht und ob alle Preise im gewöhnlichen Geschäftsverkehr entstanden sind. Zur Beantwortung dieser Fragen kann die mathematische Statistik beitragen.

Die Preise der Vergleichsgrundstücke variieren auch beim unmittelbaren Vergleich im Rahmen einer natürlichen Streuung. Zur Ermittlung des Verkehrswertes ist daher eine größere Anzahl von Vergleichsgrundstücken erforderlich. Die wünschenswerte Zahl hängt von den folgenden Parametern ab:

- Qualität des Ergebnisses als a priori zuzulassende Abweichung d % des Mittelwertes der Preise vom wahren Wert (Ergebnis aus unendlich vielen Kaufpreisen).
- Streuung der Preise y_i, gemessen als relative Streuung mit dem Variationskoeffizienten V = Standardabweichung s / Mittelwert y_m. Bei vielen Untersuchungen hat sich gezeigt, dass V für Grundstücksarten konstant ist, unabhängig von der Höhe der Preise. In Tabelle 9.4 sind die marktüblichen Erfahrungswerte aus Niedersachsen eingetragen.
- Sicherheitswahrscheinlichkeit für die Aussage.

ZIEGENBEIN (1978) hat hierfür eine Näherungsformel angegeben, die für Tabelle 9.4 ausgewertet worden ist. Wie viele Kauffälle für einen Preisvergleich erforderlich sind, kann dort nach Wahl der Parameter entnommen werden.

Tabelle 9.4: Erforderliche Anzahl der Vergleichsgrundstücke beim unmittelbaren Preisvergleich und Erwartungsbereiche.
Beispiel: Bei Einfamilienhäusern (V = 0,10) sind 11 Vergleichsgrundstücke erforderlich, um mit einer Wahrscheinlichkeit von 90 % sicher zu stellen, dass der Mittelwert nicht mehr als 5 % vom wahren Wert abweicht.
*Beispiel: Preise von unmittelbar vergleichbaren Einfamilienhäusern (V = 0,10) mit einem Mittelwert von 1.500,- Wohnfläche können mit S=92 % zwischen 1.200,- und 1.800,- €/m² (± 0,20 * 1.500,-) erwartet werden.*

Grundstücksart	Üblicher Variationskoeffizient V	Abweichung d	Erforderliche Anzahl bei Sicherheitswahrscheinlichkeit		Erwartungsbereich für 92-95 % $y_m \pm 2*V * y_m$
			95 %	90 %	
Eigentumswohnungen	0,10	5 % 10 %	15 4	11 4	$y_m \pm 0{,}20 * y_m$
Einfamilienhäuser, Mehrfamilienhäuser	0,10 bis 0,15	5 % 10 % 5 % 10 %	15 4 35 9	11 4 24 6	$y_m \pm 0{,}20 * y_m$ $y_m \pm 0{,}30 * y_m$
Baugrundstücke	0,20	5 % 10 %	61 15	43 11	$y_m \pm 0{,}40 * y_m$
Landwirtschaftliche Grundstücke	0,25	5 % 10 %	96 24	68 17	$y_m \pm 0{,}50 * y_m$

Ausgehend von vorher festgelegten Anforderungen an die Genauigkeit des Verkehrswertes kann so objektiv entschieden werden, ob ein unmittelbarer Vergleich möglich und angeraten ist. Andernfalls muss ein mittelbarer Preisvergleich (Tabelle 9.3) durchgeführt werden.

Bevor Preise zur Verkehrswertermittlung verwendet werden können, ist zu überprüfen, ob sie im gewöhnlichen Geschäftsverkehr entstanden sind. Kauffälle, deren besondere Preisvereinbarungen nicht bei der Aufnahme in die Kaufpreissammlung erkannt und entsprechend gekennzeichnet worden sind, können mit Mitteln der mathematischen Statistik aufgespürt werden. Dazu wird um den Mittelwert y_m ein Bereich (Erwartungsbereich) eingerichtet, in dem mit hoher Wahrscheinlichkeit marktübliche Kaufpreise unmittelbar vergleichbarer Grundstücke zu erwarten sind. Liegen Preise außerhalb dieses Bereiches, werden sie als Preise interpretiert, die nicht im gewöhnlichen Geschäftsverkehr entstanden sind. Die Grenzen des Bereiches hängen von der Standardabweichung s und der Sicherheitswahrscheinlichkeit S ab. Da das Erkennen und Ausscheiden von Preisen mit Besonderheiten (Ausreißern) nicht schematisch erfolgt, sondern jeder Einzelfall noch interpretiert wird, bleiben folgende Vereinfachungen ohne Auswirkungen. Die Grenzwerte des Erwartungsbereiches werden mit dem 2-fachen (etwa 92-95 % Wahrscheinlichkeit) der Standardabweichung um den Mittelwert eingerichtet. Die Standardabweichungen werden aus den teilmarktüblichen Variationskoeffizienten abgeleitet, da sie ansonsten durch Preise mit Besonderheiten (Ausreißer) verfälscht sein können. Tabelle 9.4 enthält für die Grundstücksarten die um den Mittelwert y_m einzurichtenden Erwartungsbereiche.

Sind genug Preise des gewöhnlichen Geschäftsverkehrs für den unmittelbaren Vergleich vorhanden, so ist der Mittelwert der Vergleichswert für das Wertermittlungsobjekt. Der Mittelwert bezieht sich auf ein Objekt mit den durchschnittlichen Eigenschaften der Vergleichsgrundstücke. Weicht das Wertermittlungsobjekt von diesen durchschnittlichen Eigenschaften wertbedeutsam ab, so ist das durch Zu- oder Abschläge zum Vergleichswert zu berücksichtigen, um den Verkehrswert zu erhalten.

Für den *mittelbaren evidenten Preisvergleich* wird vorausgesetzt, dass evident ist, welche Merkmale Wertunterschiede in der Stichprobe hervorrufen, und dass aktuelle und teilmarktkonforme Indexreihen (9.3.5) und Umrechnungskoeffizienten (9.3.6) für eine Umrechnung auf den Wertermittlungsstichtag und den Zustand des Wertermittlungsobjekts dafür vorliegen. Die beiden Wege des mittelbaren evidenten Preisvergleichs sind in Abbildung 9.13 dargestellt. Einmal sind Kaufpreise die Ausgangspunkte und zum anderen Bodenrichtwerte oder Vergleichsfaktoren.

Beim ersten Weg werden mittelbar vergleichbare Grundstücke aus der Kaufpreissammlung selektiert. Je nach Verfügbarkeit unterscheiden sich die Grundstücke dann in einem oder mehreren wertbeeinflussenden Merkmalen vom Wertermittlungsobjekt. Über die erforderliche Anzahl kann nach Tabelle 9.4 entschieden werden. Nach der konjunkturellen und qualitativen Anpassung beziehen sich die umgerechneten Preise auf die Verhältnisse des Wertermittlungsobjekts. Nun ist wie beim unmittelbaren Vergleich zu überprüfen, ob alle Kaufpreise im gewöhnlichen Geschäftsverkehr entstanden sind (Tabelle 9.4). Nach dem Entfernen eventueller Ausreißer wird der Mittelwert aus den verbliebenen umgerechneten Preisen bestimmt. Der Mittelwert ist der Vergleichswert für das Wertermittlungsobjekt. Für die nicht bei der Umrechnung verwendeten Merkmale werden die durchschnittlichen Eigenschaften der Vergleichsgrundstücke angenommen. Weicht das Wertermittlungsobjekt von diesen durchschnittlichen Eigenschaften wertbedeutsam ab, so ist das durch Zu- oder Abschläge zum Vergleichswert zu berücksichtigen, um den Verkehrswert zu erhalten.

Beim zweiten Weg des mittelbaren evidenten Vergleichs werden qualifizierte, aus dem Grundstücksmarkt abgeleitete Werte von normierten und definierten Grundstücken verwendet, die mit dem Wertermittlungsobjekt vergleichbar sind. Für unbebaute Grundstücke

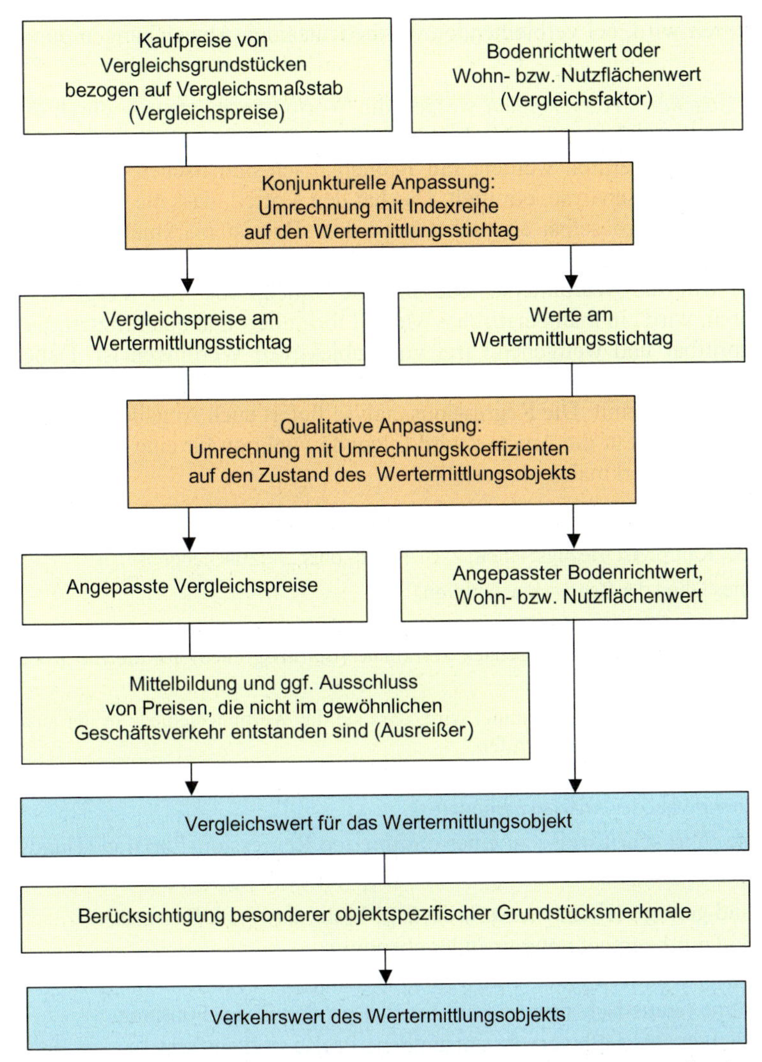

Abb. 9.13: Die zwei Wege beim mittelbaren evidenten Preisvergleich

können hier die von den Gutachterausschüssen veröffentlichten Bodenrichtwerte verwendet werden, aus denen in der Regel die Bodenwerte aller Grundstücke der gleichen Zone nach konjunktureller und qualitativer Anpassung ermittelt werden können (Beispiel in 9.5.2). Für bebaute Grundstücke enthalten die Grundstücksmarktberichte vieler Gutachterausschüsse Wohn- oder Nutzflächenwerte (Abb. 9.4) für definierte Objekte (Abb. 9.5) und die für die Umrechnung erforderlichen Indexreihen und Umrechnungskoeffizienten, sodass eine konjunkturelle und qualitative Anpassung an alle Wertermittlungsobjekte der beschriebenen Teilmärkte (Abb. 9.6) möglich ist. Für die Region Hannover werden zum Beispiel Wohnflächenwerte und Koeffizienten in der für den mittelbaren Preisvergleich erforderlichen Qualität für freistehende Einfamilienhäuser (Beispiel in 9.5.3), Reihenhäuser, Eigentumswohnungen und Mehrfamilienhäuser (Beispiel in 9.5.4) vom Gutachterausschuss veröffentlicht. Der an das Wertermittlungsobjekt angepasste Wert ist der Vergleichswert, aus dem der Verkehrswert ermittelt wird, bei verbleibenden wertbedeutsamen Abweichungen durch Zu- oder Abschläge.

Beim *mittelbaren statistischen Preisvergleich* werden die Wertunterschiede, die durch die Unterschiede bei den wertbeeinflussenden Merkmalen der Vergleichsgrundstücke und des Wertermittlungsobjekts hervorgerufen werden, mit mathematisch-statistischen Verfahren, in der Regel mit der Regressionsanalyse, ermittelt. Das hat den Vorteil, dass die Wertunterschiede aus den Vergleichsfällen selbst abgeschätzt werden. Das ist marktnäher als die Umrechnung mit Koeffizienten, insbesondere wenn nicht sicher ist, ob diese auf die Vergleichsfälle zutreffen. Um die Wertunterschiede in einer Stichprobe von Vergleichsgrundstücken zu erklären, wird ein mathematisches Modell formuliert und quantifiziert, das nachvollziehbar, überprüfbar und weitgehend frei von subjektiven Wertungen ist. Dabei wird der Einfluss mehrerer Merkmale auf die Werte gleichzeitig berücksichtigt, die Gefahr von Überkorrektionen entfällt damit. Die Regressionsanalyse liefert auch Angaben über die Zuverlässigkeit der Ergebnisse. Für die Analyse wird folgende Funktion für eine Stichprobe von i Vergleichsfällen mit m Merkmalen aufgestellt:

$$y_i = b_0 + b_1 * x_1 + b_2 * x_2 + b_3 * x_3 + \ldots + b_m * x_m + u_i$$ mit den Abkürzungen

y_i: Zielgröße, Kaufpreise/Bezugseinheit, z. B. Wohn- oder Nutzflächenpreise.

b_0: Konstantes Glied der Regressionsfunktion.

b_{1-m}: Regressionskoeffizienten. Sie werden bei der Regressionsanalyse ermittelt und geben den Einfluss der wertbeeinflussenden Merkmale (Einflussgrößen) auf die Zielgröße wieder.

x_{1-m}: Einflussgrößen, von denen vermutet wird, dass sie die Wertunterschiede in der auszuwertenden Stichprobe hervorrufen.

u_i: Durch die Einflussgrößen nicht erklärbare Reste (Residuen). Die Quadratsumme Der Residuen wird bei der Analyse minimiert.

Die Regressionsanalyse führt schrittweise zu einer optimierten Regressionsfunktion (Handbuch AKS-NDS 2009). Dabei werden insbesondere folgende Forderungen erfüllt:

- Vergleichsfälle sind genug vorhanden. Anforderung: Mehr als 15/Einflussgröße.
- Einflussgrößen sind nur begrenzt untereinander abhängig.
- Einflussgrößen sind mit der richtigen funktionalen Abhängigkeit erfasst.
- Es sind nur wirksame (statistisch signifikante) Einflussgrößen in der Funktion.
- Nicht im gewöhnlichen Geschäftsverkehr entstandene Preise sind entfernt.
- Es sind keine weiteren Merkmale mit Werteinfluss zu vermuten.
- Die optimierte Regressionsfunktion und die mit ihr ermittelten Funktionswerte sind nach sachverständiger Prüfung plausibel.

Mit der optimierten Regressionsfunktion wird durch Einsetzen der Merkmale eines Wertermittlungsobjekts ein Funktionswert als Vergleichswert errechnet. Weicht das Wertermittlungsobjekt von den durchschnittlichen Eigenschaften der Vergleichsfälle in der Stichprobe wertbedeutsam ab, so ist das durch Zu- oder Abschläge zum Vergleichswert zu berücksichtigen, um den Verkehrswert zu erhalten.

Regressionsanalysen werden in der Regel nicht fallbezogen für ein Wertermittlungsobjekt sondern für einen homogenen Teilmarkt wie z. B. freistehende Einfamilienhäuser durchgeführt und je nach Marktsituation in halbjährlichen oder jährlichen Abständen wiederholt. Die optimierten Regressionsfunktionen werden dann für die Wertermittlungsobjekte des Teilmarktes angewendet.

Der Funktionswert, gerechnet aus einer optimierten Regressionsfunktion, ist unter den gegebenen Verhältnissen (Qualität der Daten und der Analyse) der wahrscheinlichste Wert für ein zu der Stichprobe passendes Wertermittlungsobjekt. Weitere Möglichkeiten werden eröffnet, wenn aus der analysierten Stichprobe eine Anzahl von z. B. 15 Vergleichsfällen, die einem Wertermittlungsobjekt wertmäßig am nächsten liegen, selektiert wird (ZIEGENBEIN 1995b). Die Kaufpreise dieser Vergleichsfälle werden dann mit den Ergebnissen der Regressionsfunktion für die Einflussgrößen auf den Zustand des Wertermittlungsobjekts umgerechnet. Diese umgerechneten Kaufpreise beziehen sich dann auf Objekte mit dem gleichen Zustand wie das Wertermittlungsobjekt; sie können wie beim mittelbaren evidenten Preisvergleich gemittelt werden und ergeben den Vergleichswert des Wertermittlungsobjekts (Beispiel in 9.5.3). Die Praxis zeigt, dass es kaum Unterschiede zwischen Funktionswerten und Mittelwerten der umgerechneten Preise gibt. Der Vorteil dieses Vorgehens liegt damit eher in der Außenwirkung, denn wenn die Vergleichsfälle mit Umrechnung im Gutachten aufgeführt werden, überzeugt das die Nutzer mehr als ein Funktionswert.

Die Anwendung des *deduktiven Preisvergleichs* wird immer dann erwogen, wenn es zu wenige oder gar keine Vergleichsfälle für Wertermittlungsobjekte gibt. Dann sind Werte einer anderen aber in wirtschaftlicher Beziehung stehender Qualität heranzuziehen, aus denen über eine Verknüpfung mit preisrelevanten Faktorleistungen die Werte von Wertermittlungsobjekten deduktiv abgeleitet werden. Ein Anwendungsfall ist werdendes Bauland, für das es weder Bodenrichtwerte noch Preise gibt. Für den Wert des künftigen baureifen Landes in einem werdenden Baugebiet gibt es aber aufgrund von Bodenrichtwerten und Preisen für baureife Grundstücke in den benachbarten Gebieten sichere Grundlagen. Um zum Wert des werdenden Baulandes zu gelangen, sind die preisrelevanten Faktorleistungen (Entwicklungskosten, Flächenabzug, Wartezeit) nach allgemeiner Erkenntnis und Erfahrung abzuschätzen und abzuziehen. Nach REUTER (2006) handelt es sich beim deduktiven Preisvergleich letztlich um ein dem gewöhnlichen Geschäftsverkehr vertrautes Verhalten bei der Preisfindung. Beim deduktiven Vorgehen bleibt jedoch immer offen, ob sich die preisrelevanten Faktoren in gleichem Ausmaß verkehrswertbeeinflussend auswirken. REUTER (2006) zeigt auch Beispiele des deduktiven Preisvergleichs für die Wertermittlung von baureifem Land in kaufpreisarmen Lagen.

Ein *intersubjektiver Preisvergleich* kommt nur infrage, wenn der wertmäßige Ausgleich von Qualitäts- und Konjunkturunterschieden mit dem deduktiven, statistischen und evidenten Preisvergleich nicht gelingt (REUTER 2006). Es handelt sich dabei um freie Schätzungen von ansonsten nicht fassbaren Wertunterschieden durch Sachverständige mit spezieller Marktkenntnis und Erfahrung. Das ist nicht selten die einzige Möglichkeit, wertmäßige Einflüsse (z. B. Lageunterschiede, Leitungsrechte) zu quantifizieren. Solche geschätzten Aussagen sind nur dann verwertbar, wenn sie nachvollziehbar begründet werden.

Die Gutachterausschüsse wenden das Vergleichswertverfahren wegen seines unmittelbaren Marktbezugs so weit wie möglich an. Es kann aber auch von den Sachverständigen eingesetzt werden, da der Gesetzgeber den Zugang zur Kaufpreissammlung in § 195(3) BAUGB geöffnet hat. Im Rahmen der Auskunft aus der Kaufpreissammlung erhalten alle Sachverständigen Vergleichsfälle in anonymisierter Form für ihre Wertermittlungen und, falls vorhanden, auch die wertnächsten aus Regressionsanalysen mit entsprechender Umrechnung auf das Wertermittlungsobjekt. Das sind vorbildliche Möglichkeiten für alle Sachverständigen, das Vergleichswertverfahren als das Verfahren mit der größten Marktnähe zu nutzen.

9.4.3 Ertragswertverfahren

Das Ertragswertverfahren vollzieht die Preisbildung für Ertragsgrundstücke nach; es wird den Fragen nachgegangen, welche Renditen die Grundstücke den Eigentümern bringen und welche Grundstückswerte sich daraus ergeben. Es eignet sich daher für Grundstücke, bei denen der Ertrag für die Werteinschätzung am Markt bedeutsam ist, wie z. B. bei Mehrfamilienhaus-, Büro- und Geschäftsgrundstücken. Das Verfahren ist ein faktorbezogener Preisvergleich und führt zum Verkehrswert, wenn die Wertermittlungsfaktoren marktgerecht angesetzt werden. Der Wert eines Wertermittlungsobjekts wird auf der Grundlage des Ertrages nach den §§ 17 bis 20 der IMMOWERTV ermittelt. Je höher der marktüblich aus dem Grundstück erzielbare Reinertrag, desto höher, so das Kalkül, ist der Grundstückswert. Eine entscheidende Größe des Ertragswertverfahrens ist also der Reinertrag, der sich aus dem jährlichen Rohertrag abzüglich der Bewirtschaftungskosten ergibt.

Der Rohertrag umfasst alle Einnahmen aus dem Grundstück wie Mieten und Pachten, die bei ordnungsgemäßer Bewirtschaftung und zulässiger Nutzung marktüblich erzielbar sind. Weichen die tatsächlichen Mieten (Leerstände, niedrigere Mieten aus persönlichen Gründen) von den marktüblich erzielbaren Mieten ab, dann sind die marktüblich erzielbaren Mieten anzuhalten. Die Abweichungen sind durch Zu- oder Abschläge zu berücksichtigen.

Von den Roherträgen sind die regelmäßig und marktüblich anfallenden jährlichen Aufwendungen zur Bewirtschaftung der Objekte abzuziehen, die nicht durch Umlagen gedeckt sind. Sie werden in der Regel nach der Restnutzungsdauer der Gebäude mit Erfahrungssätzen aus der Literatur (z. B. WERTR, Anlage 3) oder besser aus der regionalen Grundstückswirtschaft angesetzt. Im Einzelnen sind dies Beträge für Verwaltungskosten, Instandhaltungskosten und Mietausfallwagnis.

Der Reinertrag wird im Modell des Ertragswertverfahrens als Rente, erzielt aus dem Kapital Grundstück (Boden + bauliche Anlagen), betrachtet. Das Kapital wird über die Barwertformel für eine jährlich nachschüssige Rente berechnet (Abb. 9.14). Dafür werden die Laufzeit (Restnutzungsdauer der baulichen Anlagen) und der Zinssatz (Liegenschaftszinssatz) benötigt. Die IMMOWERTV berücksichtigt, dass das Kapital „Boden" ewig und das Kapital „Bauliche Anlagen" nur während der Restnutzungsdauer verfügbar ist. Abbildung 9.14 zeigt diese Aufspaltung des jährlichen Reinertrages. Dazu wird der Verzinsungsbetrag des Bodenwertes vom Reinertrag abgezogen. Es verbleibt der auf die baulichen Anlagen entfallende Anteil des Reinertrages, der über die Restnutzungsdauer der baulichen Anlagen mit der Barwertformel kapitalisiert wird. Nach Addition des Bodenwertes ergibt sich der Ertragswert. Die zweite in Abbildung 9.14 angegebene Formel führt zum gleichen Ergebnis. Dabei wird der gesamte Reinertrag über die Restnutzungsdauer der baulichen Anlagen kapitalisiert und der über diese Zeit abgezinste Bodenwert addiert (vereinfachtes Ertragswertverfahren).

Die im vorigen Absatz eingeführten Faktoren Bodenwert, Restnutzungsdauer und Liegenschaftszinssatz haben eine unterschiedliche Bedeutung für das Ergebnis der Ertragswertberechnung. Für mittlere und längere Restnutzungsdauern der baulichen Anlagen ist der Einfluss von Ungenauigkeiten bei der Ermittlung von Bodenwerten und Restnutzungsdauern gering während der Liegenschaftszinssatz von entscheidender Bedeutung ist. Bei geringeren Restnutzungsdauern unter 30 Jahren werden alle drei Faktoren gleich bedeutsam.

Die Bodenwerte werden auf dem Wege des Vergleichswertverfahrens in der Regel aus den Bodenrichtwerten (9.3.3) ermittelt. Es werden nur die Bodenwerte von den Grundstücksflächen im Verfahren angesetzt, die für eine angemessene Nutzung der baulichen Anlagen erforderlich sind. Abweichende Flächen sind besonders zu betrachten und zu bewerten.

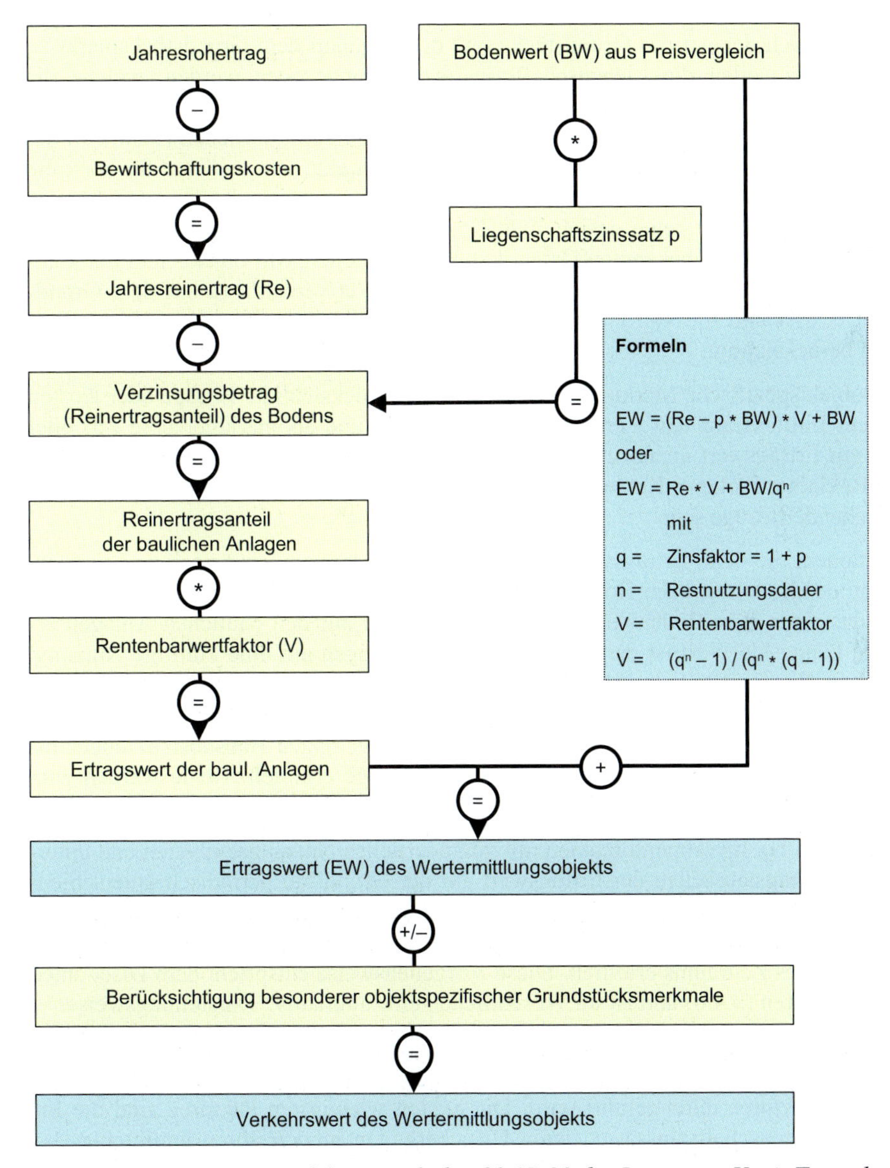

Abb. 9.14: Ertragswertverfahren nach den §§ 17-20 der IMMOWERTV mit Formeln

Die Restnutzungsdauer ist nach der wirtschaftlich sinnvollsten Nutzung des Grundstücks im Einklang mit dem Verhalten auf den jeweiligen Grundstücksteilmärkten zu bemessen. Es sind die Jahre anzuhalten, in denen die baulichen Anlagen bei einer ordnungsgemäßen- Unterhaltung und Bewirtschaftung voraussichtlich noch wirtschaftlich genutzt werden können. Die Restnutzungsdauer kann sich durch Instandsetzungen oder Modernisierungen verlängern oder durch unterlassene Instandhaltung verkürzen.

Liegenschaftszinssätze haben wie die Reinerträge entscheidenden Einfluss auf die Ertragswerte. Sie sind nach der Art des Grundstücks und der Lage auf dem Grundstücksmarkt zu bestimmen. Dabei sollen die Liegenschaftszinssätze herangezogen werden, welche die Gutachterausschüsse für die örtlichen Teilmärkte aus Kaufpreisen von Ertragsobjekten ermitteln und als für die Wertermittlung erforderliche Daten veröffentlichen (9.3.6). In der Literatur empfohlene Zinssätze können nur grobe Anhaltspunkte sein und sind für konkrete Wertermittlungen wenig hilfreich. Für nicht so marktgängige Grundstücksarten können wegen fehlender Kauffälle keine gesicherten Zinssätze ermittelt werden. Hierfür sind die Liegenschaftszinssätze aus bekannten Daten deduktiv abzuleiten. Mit objekt- und marktangepassten Liegenschaftszinssätzen sind die allgemeinen Wertverhältnisse auf dem Grundstücksmarkt erfasst und die von Grundstücksmarktteilnehmern erwarteten künftigen Entwicklungen berücksichtigt.

Besondere objektspezifische Merkmale wie noch nicht berücksichtigte Erträge oder Kosten sind in ihrem Einfluss auf den Verkehrswert zu erfassen und als marktgerechte Zu- oder Abschläge am Ertragswert anzubringen. Das können Einnahmen aus besonderen Nutzungen (z. B. Reklame, Parken), Kosten (z. B. Instandhaltungsstau, Baumängel, Bauschäden) oder abweichende Erträge sein.

Zwei Situationen, die beim Ertragswertverfahren auftreten können, sind noch zu beachten. Einmal kann der Bodenwert die Höhe des Ertragswertes erreichen oder sogar übersteigen. Das zeigt, dass kein dem Bodenwert angemessener Ertrag aus den baulichen Anlagen erzielt werden kann. Als Wert ist dann der Bodenwert, bezogen auf eine künftige Nutzung, vermindert um die gewöhnlichen Freilegungskosten anzusetzen. Ist eine Freilegung des Grundstücks nicht so bald möglich, wird der Bodenwert um die gewöhnlichen Freilegungskosten gemindert und über die Restnutzungsdauer der abgängigen Bausubstanz abgezinst und der Barwert der in dieser Zeit anfallenden Reinerträge ermittelt. Beide werden zum Ertragswert addiert.

Andererseits kann bei Investmentobjekten mit veränderlichen Nutzungseinheiten und unterschiedlichen Vertragslaufzeiten der Ertragswert auf der Grundlage periodisch unterschiedlicher Erträge ermittelt werden. Der Ertragswert wird aus den periodisch erzielbaren Reinerträgen innerhalb eines Zeitraums von maximal 10 Jahren und dem Restwert des Grundstücks am Ende des Zeitraums ermittelt. Diese Vorgehensweise entspricht dem Discounted Cash Flow Verfahren (9.4.6) und ist im Wesentlichen eine alternative Darstellungsweise.

Das Ertragswertverfahren beleuchtet die Wirtschaftlichkeit von Grundstücken, deren Wert durch die Rendite bestimmt wird. Es führt zum Verkehrswert, wenn es mit marktgerechten Wertermittlungsfaktoren durchgeführt wird. Die beiden wichtigsten Faktoren sind die Erträge und die Liegenschaftszinssätze, deren Unsicherheiten im Verfahren unmittelbar 1:1 auf den Ertragswert übertragen werden. Für beide gilt es, die auf die Wertermittlungsobjekte zutreffenden marktkonformen Ansätze in das Verfahren einzuführen (Beispiel in 9.5.4).

9.4.4 Sachwertverfahren

Das Sachwertverfahren vollzieht die Preisbildung für typisch eigengenutzte bebaute Grundstücke nach, für die es nicht auf den Ertrag ankommt. Das Verfahren orientiert sich an bautechnischen Aspekten und an den Kosten für die Bebauung vergleichbarer bebauter Grundstücke unter Berücksichtigung der Wertminderung wegen des Gebäudealters. Das Verfahren ist ein faktorbezogener Preisvergleich und führt zum Verkehrswert, wenn die Wertermittlungsfaktoren marktgerecht angesetzt werden. Der Wert eines Wertermittlungsobjekts wird nach den §§ 21 bis 23 der IMMOWERTV ermittelt. Der Sachwert umfasst den Bodenwert, den Sachwert der nutzbaren baulichen Anlagen und den Sachwert der sonstigen Anlagen. Alle drei Größen werden getrennt ermittelt und wirken sich daher unmittelbar auf den Sachwert aus.

Bodenwerte werden im Wege des Vergleichswertverfahrens in der Regel aus den Bodenrichtwerten (9.3.3) ermittelt. Dabei ist darauf zu achten, dass die Bodenwerte nach den aktuellen, tatsächlich ausgeübten Nutzungen der Grundstücke zu bemessen sind. Höher- oder geringerwertige zulässige Nutzungen sind unter Beachtung der Restnutzungsdauern der baulichen Anlagen durch Zu- oder Abschläge zu berücksichtigen.

Bauliche Anlagen des Grundstücks sind Gebäude und bauliche Außenanlagen (z. B. Versorgungs- und Entsorgungsanlagen, Einfriedungen, Wege- und Platzbefestigungen). Ihre Werte werden ausgehend von ihren Herstellungskosten zum Wertermittlungsstichtag unter Berücksichtigung der Wertminderung bestimmt. Herstellungskosten von Gebäuden werden vorrangig auf der Grundlage von Erfahrungssätzen bezogen auf eine Bezugseinheit (Normalherstellungskosten) ermittelt. Anlage 7 der WERTR enthält Normalherstellungskosten 2.000 je Bruttogrundfläche bezogen auf das Jahr 2000 für fast alle Gebäudetypen. Die Normalherstellungskosten sind dort differenziert nach Gebäudetyp, Baujahr und Ausstattung angegeben und werden daraus für die zu bewertenden Gebäude abgeleitet. Die durchschnittlichen Baunebenkosten sind zu den Gebäudetypen dort ebenfalls in Prozentsätzen angegeben. Mit einem zutreffenden Baukostenindex werden die Herstellungskosten vom Jahr 2000 auf den Wertermittlungsstichtag umgerechnet.

Die Herstellungskosten entsprechen dann den Kosten neu errichteter Gebäude. Soweit es sich um ältere Gebäude handelt, sind die Kosten entsprechend der Restnutzungsdauern der Gebäude im Verhältnis zu ihren Gesamtnutzungsdauern zu mindern. Für diese Alterswertminderung werden in der Regel an technischen Gesichtspunkten orientierte Abschreibungstabellen verwendet. Der Wert baulicher Außenanlagen wird in der Regel durch Erfahrungssätze ermittelt. Der Wert der sonstigen Anlagen wird nur gesondert, in der Regel durch Erfahrungssätze, bestimmt, soweit er nicht bereits im Bodenwert enthalten ist.

Der Sachwert ist insbesondere in dem für das Endergebnis bedeutenden Teil „Wert der baulichen Anlagen“ sehr kostenbezogen und weniger als die beiden anderen Verfahren am Grundstücksmarkt orientiert. Daher ist bei der Verkehrswertermittlung über den Sachwert die Anpassung an die allgemeinen Wertverhältnisse des Grundstücksmarktes besonders wichtig. Sehr überzeugend ist die Anpassung über die Sachwertfaktoren Kaufpreis/Sachwert, die von vielen Gutachterausschüssen aus der Kaufpreissammlung abgeleitet werden (9.3.6, Abb. 9.11). Wichtig ist dabei, dass bei der Wertermittlung die gleichen Grundsätze für das Sachwertverfahren angehalten werden wie bei der Analyse der Kauffälle durch die

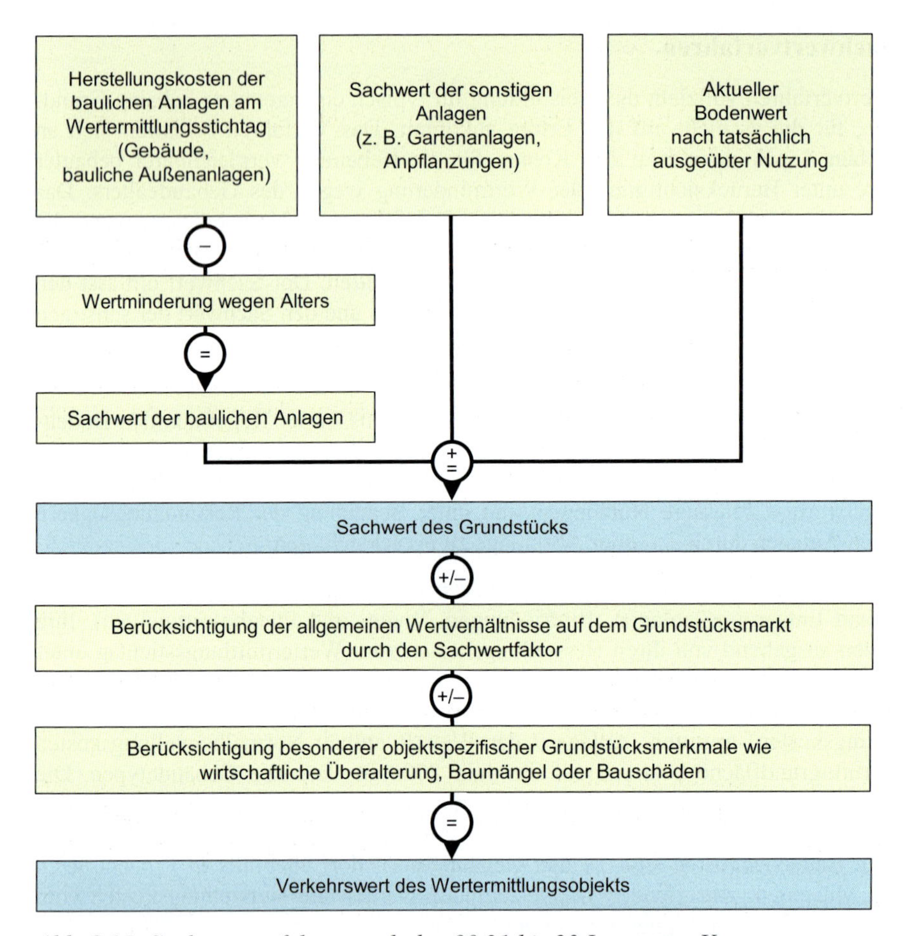

Abb. 9.15: Sachwertverfahren nach den §§ 21 bis 23 ImmoWertV

Gutachterausschüsse. Dieses Vorgehen kann auch als Vergleichswertverfahren mit dem Vergleichsmaßstab Sachwert betrachtet werden.

Besondere objektspezifische Grundstücksmerkmale (z. B. schlechter Grundriss, überdurchschnittlicher Erhaltungszustand, Baumängel und Bauschäden) sind gesondert durch Zu- und Abschläge zu berücksichtigen.

Das Sachwertverfahren beleuchtet die Kosten von Grundstücken. Die Berechnung des Sachwertes ergibt in der Regel nur einen theoretischen Wert. Zum Verkehrswert führt der Sachwert nur, wenn er mit marktgerechten Sachwertfaktoren an den Markt angepasst wird.

9.4.5 Auswahl des Verfahrens

Ziel der Wertermittlung ist der im § 194 BauGB definierte Verkehrswert (9.1.5), also der Preis, der für das zu bewertende Grundstück unter Beachtung aller verkehrswertbeeinflussenden Merkmale im gewöhnlichen Geschäftsverkehr auf dem Grundstücksmarkt am wahrscheinlichsten zu erzielen wäre. Die Auswahl des Verfahrens hat sich immer an diesem Ziel zu orientieren.

Die drei in der IMMOWERTV beschriebenen Verfahren sind grundsätzlich als gleichwertig anzusehen, wenn sie sachgemäß angewendet werden. Die Verfahren sind als Verfahren des Preisvergleichs (Abb. 9.12) dargestellt worden, um ihre erforderliche Anbindung an den Grundstücksmarkt deutlich zu machen und um hervorzuheben, dass kein Verfahren ohne die Auswertung von Kaufpreisen und Marktgeschehen zu marktkonformen Ergebnissen führt. In den Verfahren verwendete Parameter wie Umrechnungskoeffizienten, Liegenschaftszinssätze oder Marktanpassungsfaktoren müssen aus Marktanalysen kommen.

Nach § 8(1) der IMMOWERTV ist das Verfahren nach der Art des Wertermittlungsobjekts unter Berücksichtigung der im gewöhnlichen Geschäftsverkehr bestehenden Gepflogenheiten, insbesondere der zur Verfügung stehenden Daten, zu wählen. Häufig ist in der Literatur zu finden, dass Werte von Ertragsobjekten mit dem Ertragswertverfahren, eigengenutzte Objekte mit dem Sachwertverfahren und so weiter zu ermitteln sind. Diese Aussage ist so zu einseitig und wird der Verfahrensauswahl nicht gerecht.

Bestimmend für die Wahl ist weniger die Art des Wertermittlungsobjekts, sondern sind die folgenden Kriterien:

- für ein Wertermittlungsobjekt verfügbare objekt- und konjunkturrelevante Marktinformationen,
- die Unsicherheiten der Verfahrensergebnisse (ZIEGENBEIN 2006: Vergleichswertverfahren 10 %, Ertragswertverfahren 15 %, Sachwertverfahren 20 %),
- die allgemeinen Vor- und Nachteile der Verfahren.

Liegen genügend Marktinformationen vor, ist wegen des engen Bezuges zwischen Wertermittlungsobjekt und vergleichbaren Grundstücken sowie wegen der geringeren Ergebnisunsicherheiten zuerst zu überprüfen, ob ein ganzheitlicher Preisvergleich möglich ist. Erst wenn eingehend überprüft ist, dass ein ganzheitlicher Preisvergleich nicht möglich ist, wird ein faktorpreisbezogener Vergleich erwogen. Wegen des besseren Marktbezugs und der geringeren Ergebnisunsicherheit ist das Ertragswertverfahren dem Sachwertverfahren dann vorzuziehen. Wenn keine ausreichenden Marktdaten für einen faktorpreisbezogenen Vergleich vorliegen, sind weitere Marktinformationen zu erheben.

9.4.6 Andere Verfahren

Mit den drei Wertermittlungsverfahren der IMMOWERTV lassen sich alle Wertermittlungsaufgaben lösen. Die Stärke der Verfahren ist nach MÖCKEL (1997) ihr begrifflicher und methodischer Bezug zum Grundstücksmarkt. Schwächen liegen nicht im Modell sondern in der Realisierung bei nicht sachgemäßer Anwendung. Insofern bedarf es keiner weiteren Verfahren zur Verkehrswertermittlung. Durch die Internationalisierung des Marktes werden in Deutschland Gutachter aus anderen Ländern tätig und wenden die bei ihnen üblichen Verfahren an. Das sind Verfahren, die in der Regel von Investoren für Preiskalkulationen verwendet werden und mit von ihnen vorgegebenen Werten zu subjektiven Werten führen. Einige sollen kurz vorgestellt werden. Siehe auch KANNGIESER, KERTSCHER & JESSEN 2007.

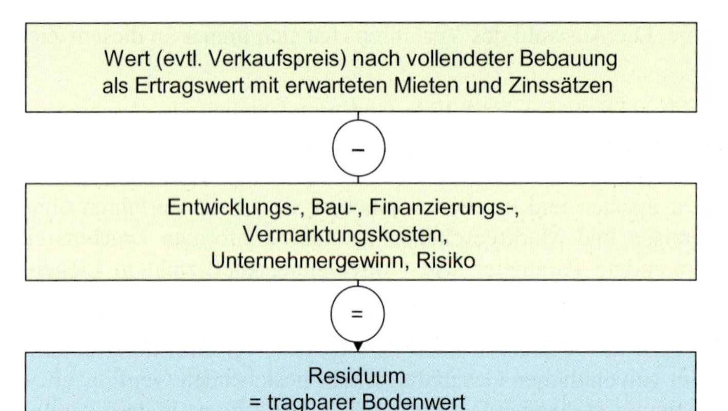

Abb. 9.16: Residualwertverfahren

Das *Residualwertverfahren* wird verwendet, um bei der Entwicklung eines Projekts den tragbaren Bodenwert für den Ankauf des unbebauten Grundstücks zu errechnen. Abbildung 9.16 stellt den Weg zur Ermittlung des Bodenwertes dar. Unsicherheiten bei der Ermittlung sind einmal in den Ausgangsgrößen zu sehen, für die Ertragswertermittlung in den Erträgen und im Zinssatz und für die Kostenermittlung in vielen Positionen. Die größte Unsicherheit ergibt sich aber aus der ungünstigen Fehlerfortpflanzung. Der Bodenwert ist eine Differenz zweier in der Regel wesentlich größerer Beträge. Weisen diese nur geringe entgegengesetzt wirkende Unsicherheiten von z. B. 5 % auf, so wirkt sich das, wie folgendes Beispiel zeigt, auf das Residuum, den Bodenwert, mit 45 % enorm aus.

Ertragswert	1.000.000 €	Unsicherheiten	– 5 %	950.000 €
– Kosten	– 800.000 €		+ 5 %	– 840.000 €
= Bodenwert	= 200.000 €		– 45 %	= 110.000 €

Das Verfahren hat für die Preiskalkulation bei beabsichtigten Investitionen seine Berechtigung, insbesondere in Gebieten, in denen die Bodenwerte einen hohen Anteil am Gesamtwert des Grundstücks haben. Für die Verkehrswertermittlung ist es nicht geeignet (MÖCKEL 1997). Dafür ist das Vergleichswertverfahren besser geeignet, auch in kaufpreisarmen Lagen z. B. mit dem deduktiven Preisvergleich.

Die *Discounted Cash Flow Methode (DCF)*, auch als dynamisches Ertragswertmodell bezeichnet, wird zu Investitionsentscheidungen bei Renditeobjekten herangezogen. Der aus Sicht des Investors zahlbare Kaufpreis ergibt sich als Summe W aller mit einem vorgegebenen Kalkulationszinssatz auf den Stichtag abgezinsten erwarteten zukünftigen Einnahmen und Ausgaben. Der Kalkulationszinssatz wird entsprechend der Renditeerwartung des Investors angesetzt. Durch die Betrachtung der einzelnen Perioden wird die Ertragssituation besser dargestellt als beim allgemeinen Ertragswertverfahren; das Ergebnis ist bei Verwendung marktüblicher Erträge und Liegenschaftszinssätze aber dasselbe.

$$W = \frac{U_1}{q} + \frac{U_2}{q^2} + \frac{U_3}{q^3} + \frac{U_4}{q^4} + \ldots\ldots + \frac{U_n}{q^n} + \frac{W_n}{q^n}$$ mit den Abkürzungen

W: Barwert des Renditeobjekts zum Stichtag,
U_i: Überschüsse in der Periode i = Reinerträge,
q: Zinsfaktor = 1 – r, r = Renditeerwartung des Investors,
W_n: Wert des Objekts nach dem Investitionszeitraum von n Jahren.

Die DCF Methode ist gut für die Vorbereitung von Investorenentscheidungen geeignet. Nach Variation der verschiedenen Faktoren kann entschieden werden, ob und unter welchen Bedingungen eine Investition getätigt werden soll.

Die *Investment Methode* (statisches Ertragswertverfahren) wird im angelsächsischen Raum zur Bewertung von Renditeobjekten angewendet. Dabei wird der Reinertrag nicht auf Gebäude und Boden aufgeteilt, sondern insgesamt als ewige Rente kapitalisiert. Grundsätzlich wird davon ausgegangen, dass der Eigentümer die wirtschaftliche Nutzbarkeit seiner Immobilie durch entsprechende Investitionen immer aufrecht erhält. Bei Verwendung von marktgerechten Faktoren für Ertrag und Zinssatz führt auch dieses vereinfachte Verfahren, insbesondere bei längeren Restnutzungsdauern über 40 Jahre, zu marktnahen Ergebnissen. Besonderheiten bei den Bodenwerten lassen sich im Ertragswertverfahren nach IMMOWERTV aufgrund der gesonderten Behandlung einfacher und transparenter behandeln.

9.5 Beispiele für Wertermittlungen

9.5.1 Vorbemerkung

In den Beispielen wird gezeigt, wie die von den Gutachterausschüssen analysierten und bereitgestellten Marktdaten bei den verschiedenen Verfahren erforderlich sind, um marktgerechte Verkehrswerte zu ermitteln.

9.5.2 Baureifes Grundstück

Aufgabe: Es ist der Verkehrswert eines baureifen 630 m^2 großen Einfamilienhausgrundstücks zum Stichtag 30.06.2009 zu ermitteln. Das Grundstück ist frei von Besonderheiten. Beiträge für die vorhandenen Erschließungsanlagen sind gezahlt.

Lösungsweg: Verkehrswerte unbebauter Grundstücke werden mit dem Vergleichswertverfahren (9.4.2) ermittelt. Priorität hat ein unmittelbarer oder mittelbarer evidenter Preisvergleich (Tabelle 9.3) mit Kauffällen. Eine der ersten Fragen ist, wie viele Vergleichsfälle benötigt werden. Wenn der Mittelwert um weniger als 10 % vom wahren Wert abweichen soll, werden bei einer Sicherheitswahrscheinlichkeit von 90 % 11 Kauffälle vergleichbarer Grundstücke (V = 0,20) benötigt (Tabelle 9.4). Wenn nicht genug Kauffälle vorhanden sind, können die Anforderungen an die Qualität des Mittelwertes gesenkt werden oder es wird ein mittelbarer Vergleich mit einem passenden Bodenrichtwert durchgeführt.

Informationen über das Marktgeschehen: Die Zahl der aus der Kaufpreissammlung selektierten Vergleichsfälle reicht, wie hier angenommen, nicht für den Preisvergleich aus. Das Wertermittlungsobjekt liegt in einem Gebiet, in dem der Gutachterausschuss einen zum Objekt passenden Bodenrichtwert zum Stichtag 01.01.2009, eine Bodenpreisindexreihe und Umrechnungskoeffizienten ermittelt hat. Damit kann ein mittelbarer evidenter Vergleich (Abb. 9.13) durchgeführt werden.

Wertermittlung: Ausgangspunkt ist der zum Stichtag 01.01.2009 veröffentlichte Bodenrichtwert in der Zone, in der das zu bewertende Grundstück liegt (Abb. 9.3). Er gilt für baureife, erschließungsbeitragsfreie Einfamilienhausgrundstücke mit einer Fläche von 500 m^2. Nach Bodenrichtwertkarte und nach Ortskenntnis hat das zu bewertende Grund-

	Norm-objekt	Wertermitt-lungsobjekt	Ansatz	
Bodenrichtwert für W 500: Wohnnutzung, 500 m^2				**160,00** €/m^2
Konjunkturelle Anpassung	01.01.09: 98[1]	30.06.09: 97[2]	97/98*160	158,37 €/m^2
Qualitative Anpassung Grundstücksfläche	500 m^2:1,00[1]	630 m^2:0,977[1]	0,977/1,00*158,37	**154,73** €/m^2
Vergleichswert des Grundstücks			630*154,73	97.480 €/m^2 97.500 €/m^2

[1] für den Teilmarkt abgeleiteten Indexreihe (9.3.5) bzw. Umrechnungskoeffizienten (Abb. 9.9) entnommen
[2] Index noch nicht bekannt, sachverständig aus ersten Auswertungen geschätzt

stück die typischen Eigenschaften der Grundstücke in der Richtwertzone. Daher sind ledig lich eine konjunkturelle und eine qualitative Anpassung wegen des abweichenden Zeitpunkts und der abweichenden Grundstücksgröße erforderlich.

Der aus den Umrechnungen hervorgegangene Vergleichswert ist gleich dem Verkehrswert, da das Wertermittlungsobjekt ansonsten nicht wertbedeutsam von den durchschnittlichen Eigenschaften der Grundstücke in der Richtwertzone abweicht.

9.5.3 Einfamilienhaus

Aufgabe: Für ein freistehendes Einfamilienhaus mit den folgenden Eigenschaften ist zum Wertermittlungsstichtag 21.12.2005 der Verkehrswert zu ermitteln:

- Freistehendes Einfamilienhaus
- Baujahr 1996
- massiv, Verblendmauerwerk
- Keller, Satteldach
- eine Garage
- Ort in Region Hannover
- Grundstücksfläche 490 m^2
- Wohnfläche 134 m^2
- erschließungsbeitragsfrei
- Bodenrichtwert 155,- €/m^2
- gute Ausstattung
- guter Unterhaltungszustand
- durchschnittliche Lagequalität
- keine Baumängel und -schäden
- typische Gartenanlage

Lösungsweg: Verkehrswerte von Einfamilienhäusern werden bevorzugt mit dem Vergleichswertverfahren (9.4.2) ermittelt, da in der Regel genug Vergleichsfälle in der Kaufpreissammlung des zuständigen Gutachterausschusses vorhanden sind. Das Sachwertverfahren sollte erst dann eingesetzt werden, wenn dieses nicht der Fall ist, z. B. bei stark von der Norm abweichenden Objekten (siehe Beispiel in 9.5.5). Folgende drei Lösungswege für einen mittelbaren evidenten oder statistischen Preisvergleich sind möglich:

- Konjunkturelle und qualitative Anpassung von selektierten zum Wertermittlungsobjekt passenden anonymisierten Kauffällen (Auskunft aus der Kaufpreissammlung),
- Konjunkturelle und qualitative Anpassung eines qualifizierten Wohnflächenwertes aus dem Grundstücksmarktbericht,
- Verwendung von am besten zum Wertermittlungsobjekt passenden Kauffällen aus einer Stichprobe, für die eine optimierte Regressionsfunktion ermittelt wurde (im Rahmen der Auskunft aus der Kaufpreissammlung).

Der erste Weg sollte bei allen Gutachterausschüssen möglich sein, setzt allerdings auch aus dem Markt abgeleitete Indexreihen und Umrechnungskoeffizienten voraus. Die beiden anderen Wege sind nur bei noch weiteren Vorleistungen der Gutachterausschüsse möglich.

Informationen über das Marktgeschehen: Der Gutachterausschuss hat im vorliegenden Fall entsprechende Analysen des zutreffenden Teilmarktes durchgeführt. Im Grundstücksmarktbericht sind qualifizierte Wohnflächenwerte mit Indexreihen und Umrechnungskoeffizienten, abgeleitet aus einer Stichprobe von 732 Kauffällen, veröffentlicht. Außerdem liegt eine Regressionsanalyse mit 470 Kauffällen aus den Jahren 2004 und 2005 für den Teilmarkt der freistehenden Einfamilienhäuser vor. Der Wert des oben beschriebenen Grundstücks soll auf den Wegen 2. (Wertermittlung I) und 3. (Wertermittlung II) ermittelt werden.

Wertermittlung I: Aus dem Grundstücksmarktbericht des Gutachterausschusses sind die zutreffenden qualifizierten Wohnflächenwerte zu entnehmen. Abbildung 9.6 beschreibt den sachlich, örtlich und zeitlich abgegrenzten Teilmarkt, zu dem das hier zu bewertende freistehende Einfamilienhaus gehört. Abbildung 9.4 enthält die aus der Analyse hervorgegangenen Wohnflächenwerte in Abhängigkeit von Bodenrichtwert und Alter. Der Wert für das Wertermittlungsobjekt (Alter 9 Jahre, Bodenrichtwert 155 €/m^2) wird durch Interpolation daraus entnommen. Die Tabellenwerte gelten für ein freistehendes Einfamilienhaus (Normobjekt) mit den in Abbildung 9.5 genannten Eigenschaften. Weichen Merkmale des Wertermittlungsobjekts von diesen Eigenschaften ab, wird dieses nachfolgend mithilfe der Indexreihen und Umrechnungskoeffizienten (hier nicht abgebildet) aus dem GMB HANNOVER (2008) durch Zu- und Abschläge berücksichtigt.

	Norm-objekt	**Wertermitt-lungsobjekt**	
Wohnflächenwert für Alter 9 Jahre und Bodenrichtwert 155 €/m^2 aus Abb. 9.4			**1.674** €/m^2
Konjunkturelle Anpassung	2007: 92	2005: 96	+ 73 €/m^2
Qualitative Anpassung			
Wohnfläche	140 m^2	134 m^2	+ 30 €/m^2
Garage, Keller	1	1	--- €/m^2
Gebäude	massiv	massiv	--- €/m^2
Fassade	Putz	Klinker	+ 67 €/m^2
Ausstattung	mittel	gut	+ 120 €/m^2
Grundstücksfläche	700 m^2	490 m^2	– 90 €/m^2
			Vergleichswert = **1.874** €/m^2

Bezüglich der weiteren Merkmale wird von durchschnittlichen Eigenschaften vergleichbarer Einfamilienhausgrundstücke ausgegangen. Weicht das Wertermittlungsobjekt hiervon wertbedeutsam ab, so ist das durch Zu- und Abschläge vom Vergleichswert zu berücksichtigen. Sonst ist der Verkehrswert gleich dem Vergleichswert.

Vergleichswert 134 m^2 Wohnfläche ∗ 1.874 €/m^2 = 251.116 € = rd. 250.000 €

Wertermittlung II: Die Merkmale des Wertermittlungsobjekts werden dem Gutachterausschuss mitgeteilt, ebenso die Adresse, da die wertmäßige Nachbarschaft unter Einbeziehung der Lage ermittelt wird. Die erhaltenen 15 Vergleichsfälle aus der Stichprobe der Regressionsanalyse passen am besten zum Wertermittlungsobjekt.

lfd. Nr.	Wert-ermittlungs-stichtag / Kaufzeit	Lagewert	Haustyp	Grund-stücks-fläche	Baujahr	Wohn-fläche	Unter-kellerung	Garagen	Aus-stattung	umgerechneter Wohnflächen-preis
	[Jahr]	[€/m²]		[m²]		[m²]	[Ja/Nein]	[Anzahl]		[€/m² WF]
Wertermittlungsobjekt										
	21.12.2005	155	Einfamilienhaus	490	1996	134	ja	1	gut	
Vergleichsobjekte										
1	2005	155	Einfamilienhaus	547	1990	135	ja	Stellplatz	gut	2133
2	2005	140	Einfamilienhaus	598	1994	134	ja	2	gut	1998
3	2005	195	Einfamilienhaus	476	1990	131	ja	Garage/Stellplatz	gut	2034
4	2004	190	Einfamilienhaus	425	1990	130	ja	Stellplatz	gut	1645
5	2004	215	Einfamilienhaus	460	1989	133	ja	Stellplatz	gut	1926
6	2004	155	Einfamilienhaus	584	1999	134	ja	1	gut	1743
7	2004	120	Einfamilienhaus	632	1994	128	ja	Garage/Stellplatz	gut	1783
8	2005	130	Einfamilienhaus	576	2002	135	ja	Stellplatz	gut	2064
9	2005	125	Einfamilienhaus	456	1980	148	ja	Stellplatz	gut	1692
10	2005	120	Einfamilienhaus	626	1992	145	ja	1	gut	1734
11	2004	185	Einfamilienhaus	428	1983	140	ja	1	gut	1626
12	2004	115	Einfamilienhaus	639	1988	125	ja	Garage/Stellplatz	gut	1839
13	2004	170	Einfamilienhaus	679	1997	145	ja	2 Stellplätze	gut	2074
14	2005	105	Einfamilienhaus	599	1984	140	ja	1	gut	1656
15	2004	170	Einfamilienhaus	737	1990	131	ja	2	gut	1941

Abb. 9.17: Wertermittlungsobjekt und am besten passende Vergleichsobjekte mit ihren wesentlichen Merkmalen und umgerechneten Wohnflächenpreisen.

Sie sind mit ihren wesentlichen wertbedeutsamen Merkmalen in Abbildung 9.17 eingetragen. Die rechte Spalte enthält die mit der Regressionsfunktion umgerechneten Wohnflächenpreise, die sich nach der Umrechnung auf Objekte mit den gleichen wertbeeinflussenden Merkmalen beziehen wie sie auch das Wertermittlungsobjekt aufweist. Die Preise schwanken zwischen 1.626 €/m² und 2.133 €/m² und ergeben den Mittelwert 1.859 €/m². Sie bewegen sich damit innerhalb des Erwartungsbereiches (Tabelle 9.4) von ± 20 % des Mittelwertes (1.487 €/m² bis 2.231 €/m²). Alle Kauffälle werden damit dem gewöhnlichen Geschäftsverkehr zugerechnet und zur Verkehrswertermittlung herangezogen.

Die Merkmale der Vergleichsgrundstücke passen, wie Abbildung 9.17 zeigt, recht gut zu den Merkmalen des Wertermittlungsobjekts. Die Unterschiede sind durch die Umrechnung der Preise mit den Ergebnissen der Regressionsfunktion berücksichtigt. Eine konjunkturelle Anpassung ist nicht erforderlich, da die Wertverhältnisse in den Jahren 2004 und 2005 konstant waren. Bezüglich der weiteren Merkmale wird von den durchschnittlichen Eigenschaften der Vergleichsobjekte ausgegangen. Weicht das Wertermittlungsobjekt hiervon wertbedeutsam ab, so ist das durch Zu- und Abschläge vom Vergleichswert zu berücksichtigen. Sonst ist der Verkehrswert gleich dem Vergleichswert.

Vergleichswert 134 m² Wohnfläche ∗ 1.859 €/m² = 249.106 € = rd. 250.000 €

Die Ergebnisse beider Wertermittlungen stimmen sehr gut überein, obwohl Ergebnisse unterschiedlicher Regressionsanalysen genutzt werden. Allerdings gibt es eine Schnittmenge mit identischen Kauffällen. Die Wertermittlung II ist wegen der direkten Nutzung von Kauffällen überzeugender; auch weil die 15 Vergleichsobjekte im Gutachten angegeben werden können.

9.5.4 Mehrfamilienhaus

Aufgabe: Der Verkehrswert eines Mehrfamilienhauses mit den folgenden Eigenschaften ist zum Stichtag 30.03.2009 zu ermitteln.

• Mehrfamilienhaus, 8 Wohnungen	• Lage in Hannover	• Mieten zwischen 5,30-5,70 €/m²
• Baujahr 1979	• Grundstücksfläche 700 m²	• im Durchschnitt 5,55 €/m²
• massiv, Keller, Satteldach	• Wohnfläche 580 m²	• 1 Wohnung mit 70 m²: 4,10 €/m²
• guter Unterhaltungszustand	• Bodenrichtwert 290,- €/m²	• mittlere Ausstattung
• keine Baumängel und -schäden		• mit Bad und Zentralheizung

Lösungsweg: Verkehrswerte von Mehrfamilienhäusern werden bevorzugt mit dem Ertragswertverfahren (9.4.3) ermittelt, wenn die erforderlichen Faktoren marktkonform vorliegen, oder auch mit dem Vergleichswertverfahren (9.4.2), wenn genug Vergleichsfälle oder qualifizierte Vergleichsfaktoren vorhanden sind.

Informationen über das Marktgeschehen: Der zuständige Gutachterausschuss veröffentlicht im Grundstücksmarktbericht marktübliche Liegenschaftszinssätze für Mehrfamilienhäuser und Mietübersichten, sodass die wichtigsten Faktoren für marktkonforme Ansätze beim Ertragswertverfahren (Abb. 9.14) vorhanden sind (Wertermittlung I). Ebenso sind qualifizierte Wohnflächenwerte mit Umrechnungskoeffizienten veröffentlicht, sodass zusätzlich ein mittelbarer evidenter Vergleich (Abb. 9.13) möglich ist (Wertermittlung II).

Wertermittlung I: Zuerst sind die aus dem Wertermittlungsobjekt marktüblich erzielbaren Erträge zu ermitteln. Die angegebenen Mieten sind Nettokaltmieten. Die Betriebskosten werden gesondert durch Umlage erhoben. Aus der Mietübersicht des GMB HANNOVER (2009) ist für ein 30 Jahre altes Wohnhaus in einer Lage mit dem Bodenrichtwert von 290 €/m² eine Miete von 5,60 €/m² für die Jahresmitte 2008 zu entnehmen. Korrekturen wegen Ausstattung und Wohnungsgröße sind nicht anzubringen. Die tatsächlichen Mieten sind daher als marktkonform zu betrachten, auch für den Wertermittlungsstichtag. Die Miete von 4,10 €/m² in einer 70 m² großen Wohnung könnte in 5 Jahren auf das marktübliche Niveau angehoben werden. Zunächst wird dafür der Durchschnittswert von 5,55 €/m² für die Ertragswertermittlung angehalten. Als besonderes objektspezifisches Merkmal wird die monatliche Mindereinnahme von 1,45 €/m² über 5 Jahre als Abschlag berücksichtigt.

Das Grundstück hat die für die aktuelle Nutzung angemessene Größe und entspricht den Eigenschaften des Bodenrichtwertgrundstücks. Der Bodenwert ergibt sich daher aus Bodenrichtwert * Fläche: 290 €/m² * 700 m² = 203.000 €.

Für die Bewirtschaftungskosten werden die Ansätze für Verwaltungskosten, Instandhaltungskosten und Mietausfallwagnis aus der II. BV entnommen, genau so wie der Gutachterausschuss es bei der Ermittlung des Liegenschaftszinssatzes getan hat.

Der Gutachterausschuss hat für Mehrfamilienhäuser für das Jahr 2008 einen Liegenschaftszinssatz von 5,6 % ermittelt (Abbildung 9.10). Der Zinssatz gilt für ein Normobjekt und muss noch mit den im GMB HANNOVER 2009 mitgeteilten Umrechnungskoeffizienten an das Wertermittlungsobjekt angepasst werden. Bei höherem Risiko wie bei größerer Wohnfläche und höherer Miete gibt es Zuschläge, bei niedrigerem Risiko wie bei besserer Lage (höherer Bodenrichtwert, Lage in Hannover) Abschläge:

	Norm-objekt	Wertermitt-lungsobjekt	
Liegenschaftszinssatz 2008 aus Abb. 9.10			**5,6 %**
Konjunkturelle Anpassung	2008	2009	0,0 %
Qualitative Anpassung Wohnfläche Bodenrichtwert Miete Lage in Hannover Liegenschaftszinssatz für Wertermittlungsobjekt	 400 m² 240 €/m² 5,00 €/m²	 580 m² 290 €/m² 5,55 €/m² ja	 + 0,4 % – 0,2 % + 0,2 % – 0,1 % **5,9 %**

Damit liegen die Faktoren für das Ertragswertverfahren vor. Die Bewirtschaftungskosten haben einen Anteil von 22,4 % am Rohertrag. Das ist marktüblich. Die Restnutzungsdauer wird mit 50 Jahren abgeschätzt, bei einer angenommenen wirtschaftlichen Gesamtnutzungsdauer von 80 Jahren und dem Alter von 30 Jahren (80 – 30 = 50). Unsicherheiten bei der Restnutzungsdauer und beim Bodenwert haben bei einer Konstellation wie hier geringen Einfluss auf das Ergebnis. Wichtig sind die marktkonforme Ermittlung von Reinertrag und Liegenschatzzinssatz. Die über 5 Jahre geringere Miete von 6.090 € wird auf den Stichtag mit dem Liegenschaftszinssatz abgezinst und führt zu einem Abschlag von 4.572 €.

Ertragswertverfahren (Abb. 9.14)	**Ansätze**	**Ergebnisse**
Jahresnettokaltmiete	12 * 5,55€/m² * 580 m²	36.628 €
Verwaltungskosten Instandhaltungskosten Mietausfallwagnis – Bewirtschaftungskosten	8 Wohnungen * 230,- € 580 m² * 9,- € 3 % von 36.628 €	1.840 € 5.220 € 1.159 € – 8.219 €
= Jahresreinertrag		= 28.409 €
– Reinertragsanteil des Bodens = Reinertragsanteil der baulichen Anlagen	5,9 % von 203.000 €	– 11.977 € = 16.432 €
* Rentenbarwertfaktor für Liegenschaftszinssatz 5,9 % und Restnutzungsdauer 50 Jahre (Alter 30 Jahre)		* 15,98 = 262.583 €
+ Bodenwert = Ertragswert des Wertermittlungsobjekts		+ 203.000 € = **465.583 €**
– Abschlag wegen Mindereinnahme von 6.090 € abgezinst über 5 Jahre mit 5,9 % = Verkehrswert des Wertermittlungsobjekts	5 * 12 * 1,45 €/m² * 70 m² 0,7508 * 6.090 **rd. 460.000 €**	 – 4.572 € = **461.011 €**

Durch die Verwendung marktkonformer Erträge und Liegenschaftszinssätze sind die allgemeinen Wertverhältnisse auf dem Grundstücksmarkt zutreffend erfasst. Weicht das Wertermittlungsobjekt von den durchschnittlichen Eigenschaften der Mehrfamilienhäuser wertbedeutsam ab, so ist das beim Übergang auf den Verkehrswert durch Zu- und Abschläge vom Ertragswert zu berücksichtigen.

Wertermittlung II: Der Grundstücksmarktbericht (GMB HANNOVER 2009) beschreibt den sachlich, örtlich und zeitlich abgegrenzten Teilmarkt, zu dem das hier zu bewertende Mehrfamilienhaus gehört, und enthält die aus der Analyse hervorgegangenen Wohnflächenwerte in Abhängigkeit von Bodenrichtwert und Alter. Die Tabellenwerte gelten für ein Normob-

	Norm-objekt	Wertermitt-lungsobjekt	
Wohnflächenwert für Alter 30 Jahre und Bodenrichtwert 290 €/m² aus GMB Hannover 2009			**730** €/m²
Konjunkturelle Anpassung	Mitte 2008	März 2009	0 €/m²
Qualitative Anpassung Wohnfläche Miete	 600 m² 5,00 €/m²	 580 m² 5,55 €/m²	 0 €/m² + 60 €/m²
Vergleichswert Vergleichswert Abschlag wegen Mindereinnahme (s. o.) Verkehrswert	 580 m² * 790 €/m² **rd. 450.000 €**		= **790** €/m² = **458.200** € – 4.572 € = **453.628** €

jekt. Weichen Merkmale des Wertermittlungsobjekts von diesen Eigenschaften ab, wird dieses nachfolgend mithilfe der Indexreihen und Umrechnungskoeffizienten aus dem GMB HANNOVER (2009) durch Zu- und Abschläge berücksichtigt.

Weicht das Wertermittlungsobjekt von den durchschnittlichen Eigenschaften der Vergleichsobjekte wertbedeutsam ab, so ist das durch Zu- und Abschläge vom Vergleichswert zu berücksichtigen.

Die Ergebnisse beider Wertermittlungen stimmen sehr gut überein, obwohl sie aus unterschiedlichen Wertermittlungsverfahren kommen und Ergebnisse unterschiedlicher Analysen genutzt werden. Es gibt eine Schnittmenge mit identischen Kauffällen.

9.5.5 Villa

Aufgabe: Es ist ein villenähnliches Einfamilienhaus zu bewerten.

Lösungsweg: Das Wertermittlungsobjekt weicht stark von der Norm ab. Ein ganzheitlicher Preisvergleich ist wegen einer zu geringen Zahl an Kauffällen nicht möglich. Es wird daher ein Vergleich mit dem Vergleichsmaßstab Sachwert (9.4.4) durchgeführt.

Informationen über das Marktgeschehen: Im Grundstücksmarktbericht sind Sachwertfaktoren des Teilmarktes (Abb. 9.11), zu dem das Wertermittlungsobjekt passt, mit Umrechnungskoeffizienten für Baujahr und Ausstattung veröffentlicht.

Wertermittlung: Der Sachwert wird in der gleichen Form wie vom Gutachterausschuss im Marktbericht angegeben zu 340.000 € ermittelt, hier nicht ausgeführt. Die allgemeinen Wertverhältnisse auf dem Grundstücksmarkt werden durch den angepassten Sachwertfaktor berücksichtigt.

	Norm-objekt	Wertermitt-lungsobjekt	
Sachwert		**340.000** €	
Sachwertfaktor bei 340.000 € und 225 €/m² (Abb.9.11)			**0,72**
Anpassung: Baujahr Ausstattung	1975 Durchschnitt	1925 Gut	– 0,10 + 0,04
Angepasster Sachwertfaktor Verkehrswert, wenn keine objektspezifischen Besonderheiten zu berücksichtigen sind	0,66 * 340.000 €		= **0,66** = **224.400** € rd. **225.000** €

9.6 Quellenangaben

9.6.1 Literaturverzeichnis

Fachbücher

ERNST, ZINKHAHN, BIELENBERG & KRAUTZBERGER (2009): Kommentar zum Baugesetzbuch. Loseblattkommentar, C. H. Beck Verlag, München.

HILDEBRANDT, H. (2001): Grundstückswertermittlung, aus der Praxis – für die Praxis. 4. Aufl. Wittwer Verlag, Stuttgart.

GERARDY, MÖCKEL & TROFF (2009): Praxis der Grundstücksbewertung. Loseblattsammlung, Olzog Verlag, München.

KLEIBER, SIMON & WEYERS (2002): Verkehrswertermittlung von Grundstücken. 4. Aufl. Bundesanzeiger Verlag, Köln.

KLEIBER, W. (2006): WertR. Wertermittlungs-Richtlinien 2006 und Normalherstellungskosten NHK 2000. Bundesanzeiger Verlag, Köln.

KLEIBER & SIMON (2007): Verkehrswertermittlung von Grundstücken, Kommentar und Handbuch zur Ermittlung von Verkehrs-, Versicherungs- und Beleihungswerten unter Berücksichtigung von ImmowertV und BauGB. Bundesanzeiger Verlag, Köln.

ROSS/BRACHMANN (2005): Ermittlung des Verkehrswertes von Grundstücken und des Wertes baulicher Anlagen. 29. Aufl. Oppermann Verlag, Isernhagen.

SIMON & KLEIBER (2004): Schätzung und Ermittlung von Grundstückswerten. 8. Aufl. Luchterhand Verlag, Neuwied.

SPRENGNETTER, H. O. (2009): Immobilienbewertung, Lehrbuch und Kommentar. Loseblattsammlung, Sprengnetter, Sinzig.

VOGELS, M. (1995): Grundstücks- und Gebäudebewertung marktgerecht. 5. Aufl. Wiesbaden und Berlin.

Rechts- und Verwaltungsvorschriften

BAUGB (2004): Baugesetzbuch in der Fassung vom 23.09.2004 (BGBl. I, 2414), zuletzt geändert durch Artikel 4 des Gesetzes vom 24.12.2008 (BGBl. I 3018).

II. BV (2007): Zweite Berechnungsverordnung in der Fassung der Bekanntmachung vom 12. Oktober 1990 (1990, 2178), zuletzt geändert durch Artikel 78 Abs. 2 des Gesetzes vom 23. November 2007 (BGBl. I, 2614).

IMMOWERTV (2009): Immobilienwertermittlungsverordnung, Entwurf der Bundesregierung, Stand 06/2009.

WERTR: Wertermittlungsrichtlinien vom 01. 03. 2006 (Bundesanzeiger 2006, Nr. 108a).

Aufsätze und sonstige Literatur

GMB HANNOVER (2008) und (2009): Grundstücksmarktberichte 2008 und 2009 des Gutachterausschusses für Grundstückswerte Hannover.

GMB SULINGEN (2009): Grundstücksmarktbericht 2009 des Gutachterausschusses für Grundstückswerte Sulingen.

HELLMANN, R. (1983): Die Kaufpreissammlung als flexible Informationsbasis für Wertermittlungen und Marktanalysen. In: zfv, 108, 226.

HORBACH, J. (2006): Automatisierte Kaufpreissammlung im Angebot – eine Marktanalyse aktueller Lösungen. In: WFA – WertermittlungsForum Aktuell, 1/2006, 12-18.

KANNGIESER, E., KERTSCHER, D. & JESSEN, M. (2007): Analyse nicht normativ geregelter Wertermittlungsverfahren. In: zfv, 132 (6), 347-356.

KERTSCHER, D. (2009): Increase of the Transparency Concerning the Real Estate Market of Lower Saxony – ...with the Online-Real Estate-Price-Calculator. In: zfv, 134 (3), 157-162.

KRUMBHOLZ, R. (2009): Immobilienmarkt für Deutschland. In: fub, 71 (1), 34-38.

KRUMBHOLZ, R. (2008): Die amtliche Grundstückswertermittlung in Niedersachsen, Stand – Ziele, aktuelle Projekte. In: zfv, 133 (4), 245-249.

LIEBIG, S. (2008): GDI – Projekt VBORIS. In: fub, 70 (5), 212-216.

LINKE, C. (1995): Fehleranfälligkeit des Ertragswertverfahrens. In: Grundstücksmarkt und Grundstückswert, 1995, 338-345.

MANN, W. (2000): Eine Marktrichtwertkarte. In: Grundstücksmarkt und Grundstückswert, 2000, 198-202.

MANN, W. (2005): Die Regressionsanalyse zur Unterstützung der Anwendung des Normierungsprinzips in der Grundstücksbewertung. In: zfv, 130 (5), 283-294.

MÖCKEL, R. (1975): Ermittlung des Liegenschaftszinssatzes und der Restnutzungsdauer aus Kaufpreisen von Ertragsgrundstücken. In: Vermessung und Raumordnung, 37, 129-135.

MÖCKEL, R. (1997): Klassische Wertermittlungsmethoden in der Realität – Stärken und Schwächen. Seminar des DVW/RDM Wertermittlung im Spannungsfeld der Sachverständigen und Nutzer 1997.

MÜRLE, M. (2007): Aufbau eines Wertermittlungsinformationssystems. Dissertation. Universitätsverlag Karlsruhe.

NaVKV (1995): Heft 4 – Schwerpunktheft zur automatisiert geführten Kaufpreissammlung in Niedersachsen. NaVKV, 4/1995, 241-352.

REUTER, F. (1989): Zur Umsetzung des Verkehrswertbegriffs in Wertermittlungsmethoden. In: Vermessung und Raumordnung, 51, 377-385.

REUTER, F. (2006): Zur Ermittlung von Bodenwerten in kaufpreisarmen Lagen. In: fub, 68 (3), 97-107.

SCHULTE, H. (1976): Was bieten Kaufpreissammlungen im Hinblick auf eine statistische Auswertung? In: Mathematische Statistik bei der Ermittlung von Grundstückswerten. Zusammengestellt von Brückner, R., Geodätisches Institut, Universität Hannover.

SCHULZ-KLEESSEN, W.-E. (1982): Führung einer Kaufpreissammlung mit Hilfe der automatischen Datenverarbeitung in Frankfurt/Main. Veröffentlichung 162/4 des Instituts für Städtebau Berlin.

SEELE, W. (1982): Wertermittlung bei der Preisprüfung und Ungewissheit des Verkehrswertes. In: Vermessung und Raumordnung, 44, 105-121.

SPRENGNETTER, H. O. (1995): Wie marktkonform sind die deutschen Wertermittlungsverfahren? In: Wertermittlungsforum, 1995, 7-14.

STINGLWAGNER, C. O. & NEUNDÖRFER, M. (2007): Einsatz von Geoinformationssystemen in der Immobilienwirtschaft. In: zfv, 132 (5), 331-335.

STÜNDL, D. & ÜBERHOLZ, R. (1994): Automatisierte Führung und Auswertung der Kaufpreissammlung in Niedersachsen. In: NaVKV, 2/1994, 70 ff.

WANZKE, H. (2009): Internet Presentation of Real Estate Market Data in North Rhine-Westphalia (NRW), Germany. In: zfv, 134 (3), 163-166.

ZIEGENBEIN, W. (1984): Zur automatisierten Führung der Kaufpreissammlung in Niedersachsen. In: NaVKV, 4/1984, 234-251.

ZIEGENBEIN, W. (1986): Zur Analyse der automatisiert geführten Kaufpreissammlungen in Niedersachsen. In: NaVKV, 3/1986, 195-218.

ZIEGENBEIN, W. (1995a): Grundstückswertermittlung mit automatisiert geführter Kaufpreissammlung in Niedersachsen. In: NaVKV, 4/1995, 243-248.

ZIEGENBEIN, W. (1995b): Programmgesteuerte Regressionsanalyse und Vergleichswertermittlung im Programmsystem AKS. In: NaVKV, 4/1995, 321-335.

ZIEGENBEIN, W. (1999): Wertermittlungsinformationssystem Niedersachsen. In: NaVKV, 3/1999, 121-126.

ZIEGENBEIN, W. (2006): Auswahl des geeigneten Verfahrens zur Ermittlung von Grundstückswerten. In Festschrift „125 Jahre Geodäsie und Geoinformatik“ der Fachrichtung Geodäsie und Geoinformatik der Leibniz Universität Hannover, 2006, 333-342.

ZIEGENBEIN, W. (2008): Stand der behördlichen Grundstückswertermittlung – Markttransparenz erreicht? In: fub, 70 (3), 97-104.

9.6.2 Internetverweise

BORISPLUS.NRW (2009): Homepage der Gutachterausschüsse in Nordrhein-Westfalen; www.borisplus.nrw.de

GAG-NDS (2009): Homepage der Gutachterausschüsse in Niedersachsen; www.gag.niedersachsen.de

GAONLINE (2009): Gemeinschaftsportal der Gutachterausschüsse der Bundesländer; www.gutachterausschuesse-online.de

AKS-NDS (2009): Beschreibung der Elemente der Kaufpreissammlung in Niedersachsen; www.lgnapp.niedersachsen.de/vkv/allgemein/gesetze/n3201113.pdf.
Handbücher zur Führung und zur Auswertung der Automatisiert geführten Kaufpreissammlung (AKS);
http://www.lgnapp.niedersachsen.de/vkv/allgemein/gesetze/awertlg.html

10 Aufgaben in Städtebau und Stadtentwicklung

Theo KÖTTER

Zusammenfassung

Städte und Dörfer sind zunehmend einem harten Wettbewerb und immer schwierigeren Rahmenbedingungen ausgesetzt. Zudem erlangen regionale und globale Faktoren immer größeren Einfluss auf ihre Situation und Dynamik. Bei der Entwicklung und Anpassung der Städte und Dörfer an die neuen Herausforderungen gewinnt das Handlungsfeld des Flächenmanagements und der Bodenordnung eine erhebliche strategische Bedeutung, die aus folgenden Rahmenbedingungen und Trends resultiert:

Das Leitbild der nachhaltigen Entwicklung ist sowohl in Raumordnungs- als auch im Städtebaurecht verankert und fordert einen sparsamen und sorgfältigen Umgang mit den natürlichen Ressourcen. Dies gilt in besonderer Weise für den Grund und Boden wegen seiner Unentbehrlichkeit für alle raumrelevanten Funktionen, seiner Unvermehrbarkeit und seiner Begrenztheit. Die weitere Freirauminanspruchnahme durch Suburbanisierung und die weitere Siedlungsflächenausdehnung und -dispersion sollen durch flächenoptimiertes Planen, Entwickeln und Bauen verringert werden.

Vor diesem Hintergrund findet gegenwärtig ein Paradigmenwechsel von der Stadterweiterung zur Innenentwicklung statt. Es soll also eine Abkehr von der zunehmenden Entdichtung und Regionalisierung der Stadt und eine stärkere Hinwendung zur Bestandsoptimierung erfolgen. Die Stadt- und Ortsteilzentren sowie die Dorfkerne sollen gestärkt und als Standorte für Wohnen, Dienstleistungen und Einzelhandel attraktiver gestaltet werden. Dafür sind städtebauliche Nachverdichtungen, Wiedernutzung von Brachflächen sowie Umnutzungen im Bestand erforderlich, die eine forcierte Reaktivierung und Mobilisierung von Flächen bedingen.

Als weiterer wesentlicher Einfluss für die Stadt- und Dorfentwicklung sind der demographische und wirtschaftliche Wandel zu nennen. Dadurch sind der qualitative und vor allem quantitative Bedarf an Wohn- und Arbeitsstätten sowie die Anforderungen an die städtebauliche Infrastruktur einem rasanten Wandel unterworfen. Funktionsverluste und soziale Problemlagen in manchen Stadtteilen erfordern auch erhebliche bodenbezogene Umstrukturierungs- und Anpassungsmaßnahmen im Rahmen des Stadt- und Dorfumbaus.

Tiefgreifende Veränderungen für die Stadt- und Dorfentwicklung sind durch den Klimawandel und die damit einhergehende Notwendigkeit zur Energieeinsparung und Umstellung auf regenerative Energien verbunden. Hierdurch sowie durch die zu erwartenden steigenden Mobilitätskosten werden sich neue Anforderungen an die Siedlungsstruktur und damit an die Nutzung des Grund und Bodens ergeben.

Schließlich ergeben sich aus dem gewandelten Selbstverständnis von Städtebau und Stadtplanung neue Herausforderungen. In Planungsprozessen nimmt die Bedeutung der Folgenabschätzung in Bezug auf die Bevölkerung, auf die Umwelt und auch auf die ökonomische Tragfähigkeit zu. Zudem erfordern der rasche Wandel von gesellschaftlichen Rahmenbedingungen und Zielen sowie der effiziente Einsatz von Ressourcen es, dass Planung und ihre Realisierung wirksamer als bisher miteinander verknüpft und als ein Gesamtprozess gesteuert werden. Damit kommen auch auf das Flächenmanagement und die Bodenordnung und die dort tätigen Geodäten vielfältige neue Herausforderungen zu. Ebenso wenig wie die Stadtentwicklung insgesamt den Kräften des freien Marktes überlassen werden kann, gilt dies auch für die Nutzung des Grund und Bodens. Eine nachhaltige Bodennutzung erfordert dabei einen Ausgleich zwischen sozialer Gerechtigkeit, ökonomischer Tragfähigkeit und ökologischer Vertretbarkeit.

Flächenmanagement und Bodenordnung sind für die Bewältigung der vorgenannten Aufgaben und zur Verwirklichung städtebaulicher Zielsetzungen auf der Ebene der Städte und Gemeinden unverzichtbar. Dabei gilt es zum einen für eine optimale Verwendung des Bodens zu sorgen (Allokation) und zum anderen dazu beizutragen, dass das Bodeneigentum und das Bodeneinkommen im Sinne einer breiten Streuung des privaten Eigentums sozialgerecht verteilt werden (Distribution). Damit hat die Lösung der (klassischen) Bodenfrage, für konkrete städtebauliche Ansprüche geeignetes Land rechtzeitig und zu einem angemessenen Preis bereitzustellen, nichts an Aktualität verloren. Einige ausgewählte Aufgaben und die dazu passenden Strategien und Instrumente werden in den folgenden Abschnitten skizziert.

Summary

Cities and villages are increasingly exposed to tough competition and ever more difficult basic conditions. Besides regional and global factors attain an ever larger influence on their situation and dynamics. During the development and adjustment of cities and villages to the new challenges, the area of the land use management and the land relocation achieve a substantial strategic meaning, which results from following basic conditions and trends.

The approach of sustainable development is embodied both in land use planning law and in town planning law and demands economical and careful handling with natural resources. This is especially true for the land because of its indispensability for all spatial functions, its impossibility to increase and its limitations. The further claiming of free space of suburbanisation and the further expansion and dispersion of settlement areas are to be reduced by surface-optimised planning, developing and building.

Against this background at present a paradigm shift takes place from city expansion to inner city development. So we should see a turning away from the increasing sprawl and regionalisation of the city and a stronger orientation towards the optimisation of the current building structure. The city centres as well as the village centres are to be strengthened and shall be arranged more attractively as locations for living, services and retail trade. Therefore urbanistic infill development, recycling of fallow lands as well as conversion of buildings are necessary, which cause a forced reactivation and mobilisation of land.

As the further substantial influence for the city and village development are to be mentioned the demographic and economic change. Thus the qualitative and quantitative demand of habitations and workplaces as well as the requirements to an urbanistic infrastructure are subjected to a rapid change. Loss of function and social problem situations in some districts also require substantial ground-referred measures of adaption and restructuring in the context of city and village renewal.

Climate change and the accompanying necessity for energy conservation and conversion to renewable energies cause profound changes for city and village development. Therefore, as well as the expected rising mobility costs, new requirements for urban development structure will be needed and thus new requirements for the use of land.

Finally, new challenges result from the changed self-concept of urban development and town-planning. In planning processes, the meaning of the impact assessment regarding the population, the environment and also the economic carrying capacity is increased. Besides the rapid change of basic social conditions and goals as well as the efficient use of resources require, planning and their realisation are linked with one another more effectively than so far and steered than an overall process. Thus various new challenges to land use management, land division and operative geodesists appear. Just as the urban development cannot be left to the forces of the free market altogether, this is also valid for the use of land. Thereby, a lasting use of land requires reconciliation between social justice, economic carrying capacity and ecological viability.

Land management and land relocation are indispensable for the accomplishment of the aforementioned tasks and for the implementation of urbanistic objectives at the city and municipality levels. Therefore, it is necessary to cater for optimal use of land on the one hand (allocation) and that land property and land income are distributed in the sense of a broad dispersion of private property on the other hand (distribution).

Thus the solution of the (classic) land question, that is to provide capable land to an appropriate price for concrete, urbanistic requirements, has not lost its actuality. Some selected tasks and the fitting strategies and instruments are outlined in the following sections.

10.1 Bauleitplanung

10.1.1 System der Raumplanung

Die Raumplanung umfasst die Gesamtheit der raumwirksamen und raumbeanspruchenden Planungen der öffentlichen Hand. Eine zentrale Aufgabe besteht darin, auf den verschiedenen Ebenen und in den verschiedenen Sachgebieten durch Normen und Pläne die vielfältigen privaten und öffentlichen Nutzungsansprüche an den Grund und Boden miteinander in einen ökologisch vertretbaren, ökonomisch tragfähigen und sozialverträglichen Ausgleich zu bringen. Raumplanung hat demzufolge alle sozialen, kulturellen und wirtschaftlichen Gegebenheiten in räumlichem Bezug zu berücksichtigen. Das aktuelle System der räumlichen Planung mit der europäischen Regionalpolitik, der Raumordnung des Bundes, der Landesplanung, der Regionalplanung und der Bauleitplanung zeigt Abbildung 10.1.

Diese fünf Planungsebenen sind durch das beherrschende Gegenstromprinzip miteinander verknüpft, das gewährleisten soll, dass eine vertikale Abstimmung der Belange auf allen Ebenen und in allen Teilräumen erfolgt.

Die Raumordnung des Bundes ist als überfachliche und überörtliche Aufgabe zu verstehen, eine nachhaltige Entwicklung im Bundesgebiet herzustellen und insbesondere auch gleichwertige Lebensbedingungen in allen Teilräumen zu schaffen (Entwicklungs- und Ausgleichsziel). Dabei soll das Prinzip der Nachhaltigkeit eine Entwicklung sicherstellen, die den Bedürfnissen der heutigen Generation entspricht, ohne die Bedürfnisse künftiger Generationen zu gefährden. Bereits daraus ergibt sich die Notwendigkeit, mit allen Ressourcen

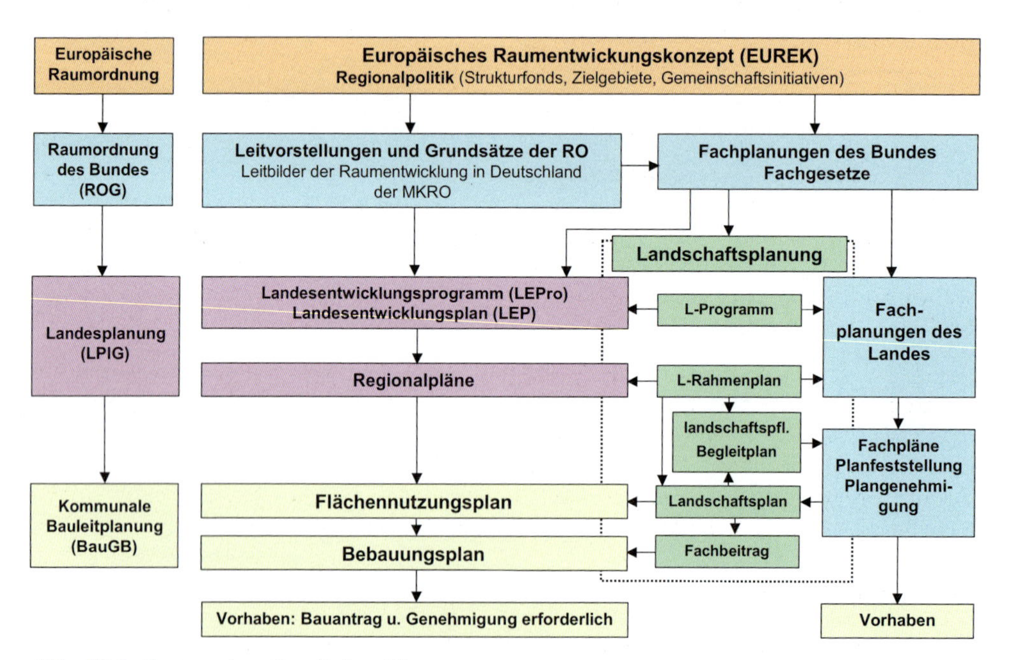

Abb. 10.1: System der räumlichen Planung

und insbesondere der Ressource Grund und Boden sparsam und sorgfältig umzugehen. Das Raumordnungsgesetz in der Fassung vom 01.01.2008 verpflichtet die Länder zur Landes- und Regionalplanung (§ 8 ROG). Zur Koordination der unterschiedlichen Raumansprüche und als Perspektive für eine langfristige Entwicklung hat die Ministerkonferenz für Raumordnung (Mkro) im Juni 2006 drei zentrale Leitbilder für die Raumordnung formuliert:

- Wachstum und Innovation,
- Sicherung der Daseinsvorsorge,
- Erhaltung der natürlichen Ressourcen und der Kulturlandschaften.

Auf der Grundlage ihrer jeweiligen Landesplanungsgesetze haben die einzelnen Bundesländer Landesentwicklungspläne für die Gesamtfläche ihres Landes als Grundlage für die Entwicklung aufgestellt. Wesentliche Inhalte sind die Siedlungsstruktur (zentralörtliches Gliederungssystem), die Raumkategorien (z. B. Verdichtungsräume, Ordnungsräume und ländliche Räume), Entwicklungsachsen zur Bündelung der großräumigen Infrastruktur sowie die Freiraumstruktur.

Die Ziele der Landesplanung und Raumordnung werden durch die Regionalplanung konkretisiert. Diese ist in den Bundesländern hinsichtlich des Zuschnitts der Planungsregionen, der Organisation (staatlich oder kommunal verfasst) und der Inhalte stark ausdifferenziert. In den Stadtstaaten wird die Regionalplanung durch den Flächennutzungsplan ersetzt. Zudem können sog. regionale Flächennutzungspläne auch anderenorts an die Stelle der Regionalplanung treten.

Das Raumordnungsgesetz definiert zwei raumordnerische Steuerungsinstrumente:

Grundsätze der Raumordnung (§ 3 III ROG): Allgemeine Aussagen zur Entwicklung, Ordnung und Sicherung des Raumes in oder aufgrund von § 2 ROG als Vorgabe für nachfolgende Abwägungs- und Ermessensentscheidungen. Diese Grundsätze sind bei den Fachplanungen des Bundes und der Länder zu beachten, können jedoch im Rahmen der Abwägung auch überwunden werden.

Ziele der Raumordnung (§ 3 II ROG): Verbindliche Vorgaben in Form von räumlich und sachlich bestimmten oder bestimmbaren, vom Träger der Landes- und Regionalplanung abschließend abgewogenen Festlegungen in Raumordnungsplänen zur Entwicklung, Ordnung und Sicherung des Raumes. Als solche Ziele sind das zentralörtliche Gliederungssystem, Entwicklungsachsen und Entwicklungsschwerpunkte, die Ausweisung von Ordnungsräumen sowie auch die Darstellung von Vorranggebieten (z. B. zur Ressourcensicherung, für Windparks) anzusehen.

Gegenüber der integrierten, flächendeckenden Raumplanung dienen Fachplanungen der Bewältigung sektoraler Aufgaben, die sich auf Teilräume beschränken wie beispielsweise eine bedarfsgerechte überörtliche Verkehrsinfrastruktur, Ver- und Entsorgungsanlagen sowie auf den Schutz der natürlichen Ressourcen. Ihre Wirkung in Bezug auf die Bodennutzung entfalten diese Planungen durch Planfeststellungsverfahren auf Grundlage von Fachplanungsgesetzen unmittelbar oder durch eigenständige Satzungen.

10.1.2 Bauleitplanung

Die zweistufige Bauleitplanung ist das zentrale Instrument der Kommunen, um die rechtliche Qualität des Grund und Bodens, insbesondere seine Nutzbarkeit für bauliche und sons-

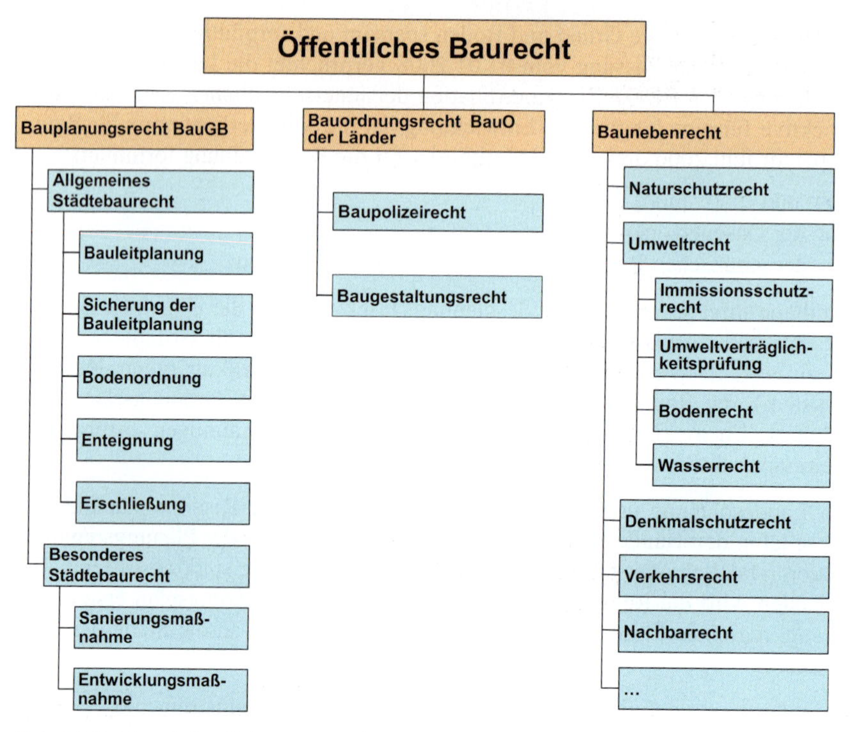

Abb. 10.2: Das öffentliche Baurecht

tige Zwecke zu bestimmen. Der Flächennutzungs- und der Bebauungsplan dienen dazu, die städtebaulichen Nutzungen in einer Gemeinde vorzubereiten und zu leiten (Planmäßigkeitsprinzip). Die Bauleitplanung ist dem Ziel der nachhaltigen Entwicklung verpflichtet. Insbesondere ist mit Grund und Boden sparsam und schonend umzugehen und es sind eine sozialgerechte Bodennutzung zu gewährleisten, die dem Wohl der Allgemeinheit dient, eine menschenwürdige Umwelt zu sichern sowie die natürlichen Lebensgrundlagen zu schützen und zu entwickeln (Hauptleitsätze der Planung). Die Bauleitplanung gehört nach Artikel 28 GG zu den (pflichtigen) Selbstverwaltungsaufgaben der Kommunen. Bauleitpläne sind von der Gemeinde in eigener Verantwortung aufzustellen (Planungshoheit). Rechtsgrundlage für die Bauleitplanung ist das öffentliche Baurecht (vgl. Abb. 10.2).

Das städtebauliche Planungs- und das Bodenrecht sind im BauGB bundeseinheitlich geregelt. Das Allgemeine Städtebaurecht im BauGB enthält Regelungen zur städtebaulichen Planung, ihrer Sicherung und Verwirklichung durch Bodenordnung, zur Enteignung zu städtebaulichen Zwecken sowie zur Erschließung. Das Besondere Städtebaurecht erfasst insbesondere Sanierungs- und Entwicklungsmaßnahmen sowie Gebote zur hoheitlichen Durchsetzung. Das Städtebaurecht wird vor allem durch die Baunutzungsverordnung (BauNVO) und die Planzeichenverordnung ergänzt. Die BauNVO bildet den materiellen Rahmen für die Bauleitplanung und definiert vor allem Standards für Art und Maß der baulichen Nutzung sowie für die Bauweise. Ein weiterer wesentlicher Teil des öffentlichen Baurechts ist das in den Landesbauordnungen der Bundesländer geregelte Bauordnungsrecht mit Aussagen zu Gefahrenabwehr, Baugenehmigungsverfahren, Bauüberwachung und

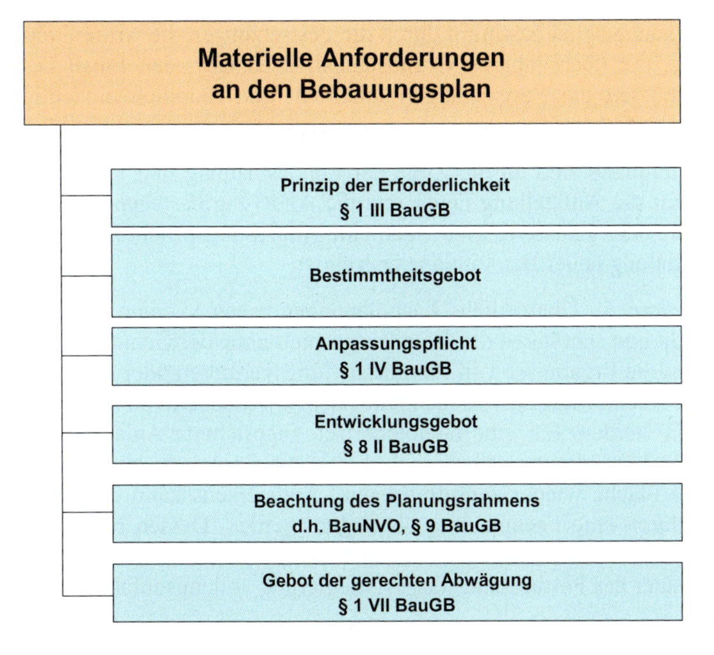

Abb. 10.3: Materielle Anforderungen an die Bauleitpläne

Baugestaltung. Von erheblicher Bedeutung für die städtebauliche Planung und ihre Verwirklichung sind das Naturschutz- und Umweltrecht sowie sonstige fachgesetzliche Regelungen auf Bundes- und Landesebene.

Die Bauleitplanung gehört zum Bereich des Bodenrechts, denn sie setzt die Nutzung des Bodens rechtsverbindlich fest. Aus verfassungsrechtlicher Sicht stellt die Bauleitplanung eine Inhalts- und Schrankenbestimmung des Eigentums dar, innerhalb derer die Baufreiheit als eingeschränktes Recht zur baulichen Nutzung des Grundstücks gilt. Neben der Baufreiheit gehören zur Substanz der Eigentumsgarantie nach Artikel 14 GG auch der Genehmigungsanspruch, der Bestandsschutz und der Entschädigungsanspruch.

Bei der Aufstellung der Bauleitpläne sind die in Abbildung 10.3 genannten materiell rechtlichen Anforderungen zu beachten.

Prinzip der Erforderlichkeit: Die Planungshoheit der Gemeinde verdichtet sich zu einer Rechtspflicht, sobald Zeitpunkt gegeben und soweit (allgemeiner sachlich und räumlicher Umfang) dies für die städtebauliche Entwicklung und Ordnung erforderlich ist. So besteht etwa im Rahmen der Innenentwicklung immer dann ein Planungsbedarf, wenn das beantragte Vorhaben vielfältige öffentliche und private Belange berührt, deren Ausgleich nur im Rahmen einer Abwägung im förmlichen Bauleitplanverfahren bewältigt werden kann und nicht im Baugenehmigungsverfahren. Ein Anspruch auf Aufstellung, Änderung, Ergänzung oder Aufhebung eines Bebauungsplans besteht nicht und kann auch nicht vertraglich begründet werden. Eine „Negativplanung“, mit der die Gemeinde lediglich ein konkretes Vorhaben verhindern will ohne eine positive städtebauliche Zielsetzung damit zu verfolgen, ist unzulässig.

Bestimmtheitsgebot: Der Bebauungsplan bestimmt durch die Festsetzungen die Art und das Maß der baulichen Nutzung, der überbaubaren Grundstücksflächen usw. den Inhalt des Grundeigentums. Deshalb müssen die Festsetzungen inhaltlich und räumlich eindeutig getroffen werden (parzellenscharfe Festsetzungen).

Anpassungspflicht: Die Bauleitpläne sind an die Ziele der Landesplanung und Raumordnung anzupassen. Dies gilt für die Aufstellung neuer und die Änderung bestehender Bauleitpläne. Zudem können neue oder geänderte Ziele auch eine Anpassungspflicht bestehender oder die erstmalige Aufstellung neuer Bauleitpläne begründen.

Vorrang privilegierter Fachplanung: Überörtliche Fachplanungen haben Vorrang vor dem allgemeinen Bauplanungsrecht und schränken die Gestaltungsspielräume der Gemeinde ein. In der Bauleitplanung müssen die Ergebnisse von Planfeststellungsverfahren oder sonstiger Verfahren mit vergleichbarer Rechtswirkung von fachplanerischen Vorhaben von überörtlicher Bedeutung übernommen werden. Für eine fachplanerisch abgesicherte Anlage (z. B. Bahnanlage) ist zunächst eine Entwidmung erforderlich, bevor die Gemeinde im Rahmen der Bauleitplanung auf diese Fläche wieder zugreifen kann.[1] Andererseits kann eine bauleitplanerische Festsetzung durch eine Fachplanung überlagert werden. Dessen rechtliche Durchsetzungskraft führt gegenüber dem entgegenstehenden Bauplanungsrecht dazu, dass der Bebauungsplan für die Dauer des Fortbestands der Privilegierung vollzugsunfähig ist.

Zwischengemeindliches Abstimmungsgebot: Aufgrund möglicher Auswirkungen auf Nachbargemeinden sind Bauleitpläne benachbarter Gemeinden aufeinander abzustimmen. Dies ist insbesondere erforderlich bei unmittelbaren Auswirkungen gewichtiger Art auf die städtebauliche Ordnung und Entwicklung der Nachbargemeinde. Ihnen ist wie Behörden Gelegenheit zur Stellungnahme im Verfahren zu geben.

Entwicklungsgebot: Bebauungspläne sind grundsätzlich aus dem Flächennutzungsplan zu entwickeln. Die Gemeinde soll daher die städtebauliche Entwicklung durch eine in sich stimmige Grundkonzeption für das gesamte Gemeindegebiet steuern. Deshalb darf ein Bebauungsplan grundsätzlich erst aufgestellt werden, wenn ein Flächennutzungsplan vorliegt und der verbindliche Bauleitplan darf nicht von der Grundkonzeption des vorbereitenden Bauleitplans abweichen. Ausnahmen: Selbständiger, vorzeitiger Bebauungsplan und Bebauungsplan zur Innenentwicklung.

Abwägungsgebot: Bei der Aufstellung der Bauleitpläne sind die öffentlichen und privaten Belange gegeneinander und untereinander gerecht abzuwägen. Die Abwägung gilt als Kernstück der Planungshoheit und zielt auf die planerische Gestaltung des Interessenausgleichs ab. Die Abwägung umfasst drei Schritte:

- Ermittlung und Zusammenstellung des Abwägungsmaterials,
- Gewichtung der in die Abwägung einzustellenden Belange,
- Gesamtbewertung der Belange mit der Folge, dass einzelne Belange im Abwägungsergebnis vorgezogen und andere zurückgestellt werden.

Mögliche Abwägungsbelange sind in den §§ 1 V und VI sowie 1a BauGB aufgezählt. Dazu gehören beispielsweise die Gestaltung des Ortsbildes, die Belange der Wirtschaft und des Verkehrs, die Eigentumsbildung weiter Bevölkerungskreise, Schaffung gesunder Bodenverhältnisse, Belange des Umwelt- und Klimaschutzes sowie insbesondere der sparsame

[1] BVerwG, 16.12.1988 – IV C 48.86.

Umgang mit Grund und Boden. Bei fremdnütziger Überplanung privaten Eigentums ist dem verfassungsrechtlich garantierten Grundsatz der Bestandssicherung Rechnung zu tragen. Bei eigentumsverdrängender Planung müssen die Gründe präzisiert werden und die Verwirklichungsmöglichkeiten durch Bodenordnung berücksichtigt werden. Planungen für öffentliche Zwecke sollen daher primär auf geeignetes Eigentum der öffentlichen Hand zurückgreifen und unterschiedliche Belastungen sachlich rechtfertigen.

Bei der Abwägung haben die Gemeinden einen relativ weiten Spielraum planerischer Gestaltungsfreiheit.[2] Die Abwägung unterliegt lediglich einer eingeschränkten gerichtlichen Überprüfung. Die Rechtsprechung hat folgende kategorientypische Abwägungsfehler benannt, die zu einer Nichtigkeit des Bauleitplans führen können:

- Abwägungsausfall: Es hat überhaupt keine sachgerechte Abwägung stattgefunden.
- Abwägungsdefizit: Es sind nicht alle relevanten Belange in die Abwägung eingestellt worden.
- Abwägungsfehleinschätzung: Die jeweilige Bedeutung der öffentlichen und privaten Belange ist nicht erkannt worden.
- Abwägungsdisproportionalität: Es ist ein Ausgleich zwischen den von der Planung berührten und öffentlichen und privaten Belangen in einer Weise erfolgt, die zu einer objektiven Gewichtigkeit einzelner Belange außer Verhältnis steht.

Gebot der Konfliktbewältigung: Die mit der Planung verbundenen Konflikte sind soweit wie möglich auch durch Planung zu bewältigen. Nachfolgenden Maßnahmen der Plandurchführung oder Baugenehmigungsverfahren kann nur überlassen werden, was im Rahmen dieser Maßnahmen auch lösbar ist. Ein Konflikttransfer im Rahmen des Stufensystems vertikaler und horizontaler Planungs- und Zulassungsentscheidungen ist nur dann sinnvoll, wenn etwa in einem nachfolgenden emissionsschutzrechtlichen Verfahren, einem Bodenordnungsverfahren oder einer Baugenehmigung eigene Möglichkeiten der Konfliktbewältigung zur Verfügung stehen. Für die planerische Konfliktbewältigung kommen in Betracht:

- Eine ausreichende funktionale Differenzierung des Plangebietes und die Festsetzung von Nutzungseinschränkungen,
- eine räumliche Trennung unverträglicher Nutzung bzw. deren Festschreibung,
- die Festsetzung von Grenzwerten für Emissionen,
- die Festsetzung von Schutzvorkehrungen, z. B. Lärmschutzanlagen,
- naturschutzrechtliche Festsetzungen z. B. für den Ausgleich aufgrund bauleitplanerischer Eingriffe in Natur und Landschaft.

10.1.3 Flächennutzungsplan

Als erste Stufe der Bauleitplanung enthält der Flächennutzungsplan ein umfassendes, die gemeindlichen Planungen integrierendes Bodennutzungskonzept der Gemeinde, das lediglich in den Grundzügen für das gesamte Gemeindegebiet dargestellt wird. Er ist damit ein zentrales Steuerungsinstrument der Kommunen für die städtebauliche Entwicklung. Die Art der Bodennutzung ist nach den voraussehbaren Bedürfnissen der Gemeinde aus der beabsichtigten städtebaulichen Entwicklung abzuleiten und darzustellen. Bei der Ermittlung der

---

[2] BVerwG, 12.12.1969 – IV C 105.66.

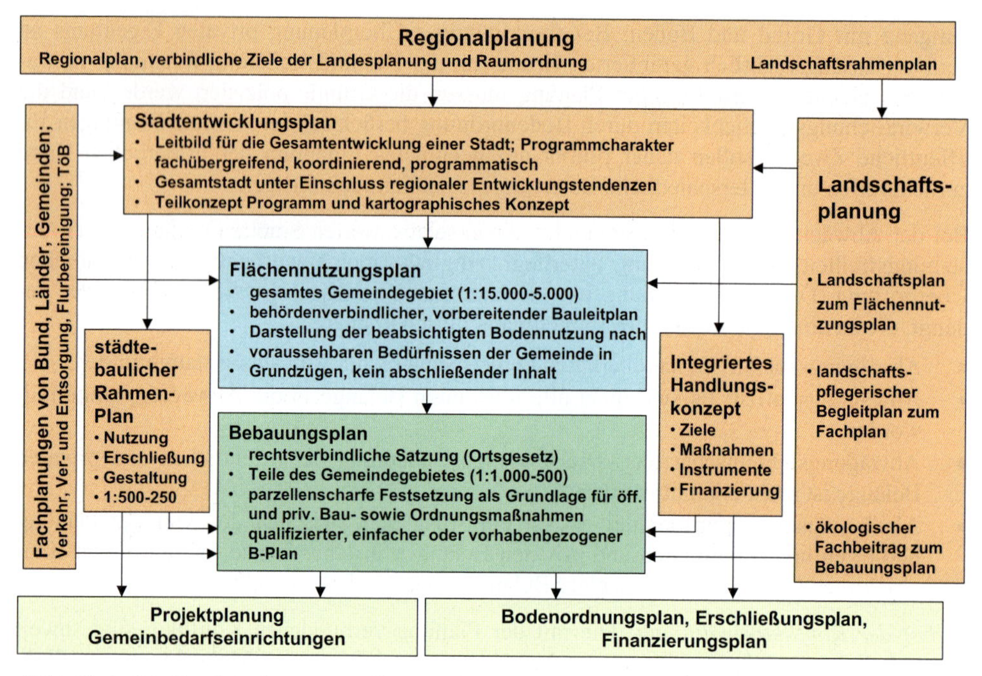

Abb. 10.4: Die Bauleitplanung im System der örtlichen Raumplanung

Bedürfnisse sind naturgemäß Prognosen erforderlich, die sich an dem üblichen Realisierungszeitraum von 15 Jahren nach seiner Aufstellung zu orientieren haben. Die Darstellungen des Flächennutzungsplans haben sich auf solche Aussagen zu beschränken, die gemäß Artikel 71 Abs. 1 GG zur Materie des Bodenrechts gehören. Die Aufzählung in § 5 Abs. II BauGB ist dabei keineswegs abschließend, sondern den Kommunen steht ein Darstellungsfindungsrecht zu. Dargestellt werden können insbesondere:

- Bauflächen und Baugebiete,
- Einrichtung und Anlagen zur Versorgung mit Gütern und Dienstleistungen, Anlagen und Einrichtungen des Gemeinbedarfs,
- Flächen für den überörtlichen Verkehr, örtliche Hauptverkehrszüge,
- Flächen für Versorgungsanlagen,
- Abfallentsorgung, Abwasserbeseitigung, Ablagerungen, Hauptversorgungs- und Hauptwasserleitungen,
- Grünflächen,
- Flächen für Nutzungsbeschränkungen, Vorkehrungen zum Schutz gegen schädliche Umwelteinwirkungen, Wasserflächen, Häfen, Flächen für die Wasserwirtschaft, Hochwasserschutz, Absatzflächen für Aufschüttung, Abgrabungen, Gewinnung von Bodenschätzen,
- Flächen für Landwirtschaft und Wald,
- Flächen für Maßnahmen zum Schutz, zur Pflege und zur Entwicklung von Boden, Natur und Landschaft.

Darstellungen unterliegen der kommunalen Gestaltungsmöglichkeit, nicht hingegen die Kennzeichnungen und nachrichtlichen Übernahmen:

- *Kennzeichnungen:* gegenüber Einflüssen und Naturgewalten schutzbedürftige Bauflächen, Bergbauflächen, Flächen für Abbau von Mineralien sowie für bauliche Zwecke vorgesehene Flächen, deren Böden erheblich mit umweltgefährdeten Stoffen belastet sind;
- *Nachrichtliche Übernahmen*: Überschwemmungsgebiete, Fachplanungen und Denkmalbereiche sollen nachrichtlich übernommen werden. Ausgleichsflächen für zu erwartende Eingriffe in Natur und Landschaft durch neue Bauflächen können den jeweiligen Eingriffen zugeordnet werden.

Die Beschränkung des Flächenutzungsplans auf die Grundzüge der Bodennutzung ist erforderlich und eine parzellenscharfe Darstellung nicht zweckdienlich, damit für den Bebauungsplan noch Entwicklungsspielräume offen bleiben. In der Regel finden Maßstäbe zwischen 1:5.000 und 1:15.000 Anwendung.

Zum Flächennutzungsplan gehört neben der Planzeichnung eine Begründung, in der die Ziele, die planerischen Flächenausweisungen sowie die Abwägung plausibel und nachvollziehbar dargelegt werden.

Neben der Anpassungsverpflichtung an die Ziele der Landesplanung und Raumordnung sowie neben dem Vorrang der Fachplanungen können weitere Bindungen für die Flächennutzungsplanung bestehen. So kann sich die Gemeinde etwa im Rahmen eines Stadtentwicklungsplanes hinsichtlich der Bodennutzung langfristig durch Beschluss gebunden haben. (vgl. Abb. 10.4).

Der Flächennutzungsplan ist in einem förmlichen, öffentlichen Verfahren aufzustellen, zu ändern, zu ergänzen oder aufzuheben. Dieses Verfahren ist hinsichtlich der verschiedenen Schritte mit dem für die Bebauungsplanung nahezu identisch. Mit dem Verfahren wird vor allem das Ziel verfolgt, die betroffenen Bürger frühzeitig an der Planung zu beteiligen, sodass sie ihre rechtlich relevanten Belange in den Planungsprozess einbringen können. Für die Gemeinde besteht eine wesentliche Aufgabe darin, das relevante Abwägungsmaterial systematisch zu sammeln und zu vervollständigen. Die einzelnen Verfahrensschritte sind in Abbildung 10.5 dargestellt.

Verfahrens- und Formfehler führen nur dann zur Unwirksamkeit des Plans, wenn die Rechtsverstöße in § 214 BauGB aufgeführt sind bzw. nicht innerhalb eines Jahres schriftlich geltend gemacht werden (Grundsatz der Planerhaltung).

Der Flächennutzungsplan ist weder Rechtsnorm noch Verwaltungsakt, sondern wird als hoheitliche Maßnahme eigener Art bezeichnet. Für die Bürger enthält der Flächennutzungsplan grundsätzlich keine verbindlichen Regelungen. Ausnahmen bestehen bei der Beurteilung von Vorhaben im städtebaulichen Außenbereich (§ 35 III BauGB) sowie beim gemeindlichen Vorkaufsrecht für unbebaute Flächen im Außenbereich, die der Flächennutzungsplan als Wohnbaufläche oder Wohngebiet darstellt (§ 24 I 5 BauGB). Der Flächennutzungsplan erlangt für die Gemeinde eine Selbstbindung und wirkt über das Entwicklungsgebot bei der Aufstellung von Bebauungsplänen. Die Behörden sind an die Darstellungen des Flächennutzungsplans gebunden, soweit sie diesen nicht widersprochen haben.

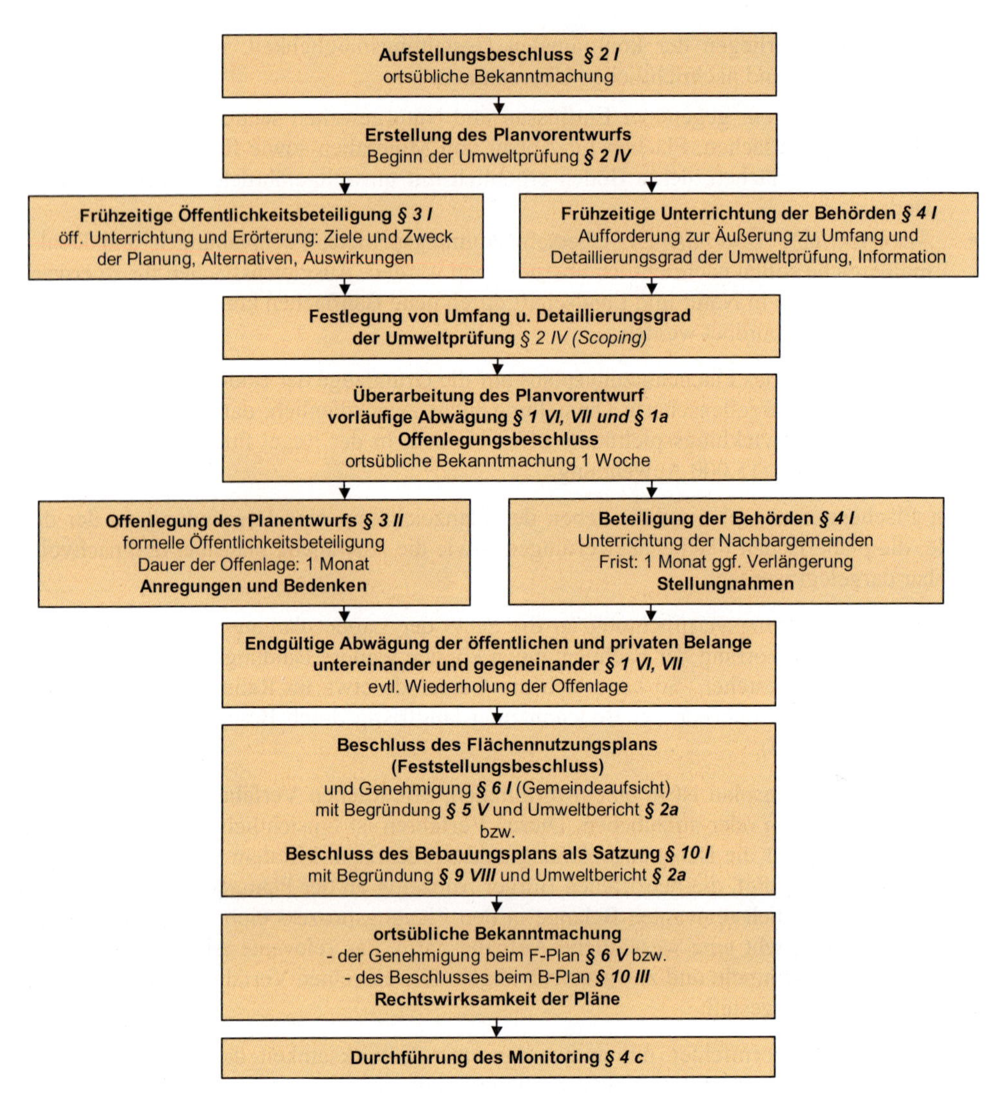

Abb. 10.5: Aufstellungsverfahren für Bauleitpläne nach dem BauGB

10.1.4 Bebauungsplan

Der Bebauungsplan als verbindlicher Bauleitplan soll die Planungsabsichten der Gemeinde rechtsverbindlich konkretisieren. Er bildet die Rechtsgrundlage sowohl für einzelne bauliche Vorhaben als auch für flächenbezogene städtebauliche Maßnahmen. Der Bebauungsplan ist aus dem Flächennutzungsplan für Teilräume des Gemeindegebietes zu entwickeln. Da er als Satzung beschlossen wird und damit rechtsverbindlich für jedermann ist, müssen seine Festsetzungen inhaltlich und räumlich bestimmt, das heißt auch parzellenscharf sein.

Die möglichen Inhalte eines Bebauungsplans werden durch § 9 I BauGB bundeseinheitlich abschließend geregelt (enumerativer Katalog). Weitere Festsetzungen können auf Basis der Bauordnungen der Länder für die Baugestaltung getroffen werden. Die Festsetzungsmög-

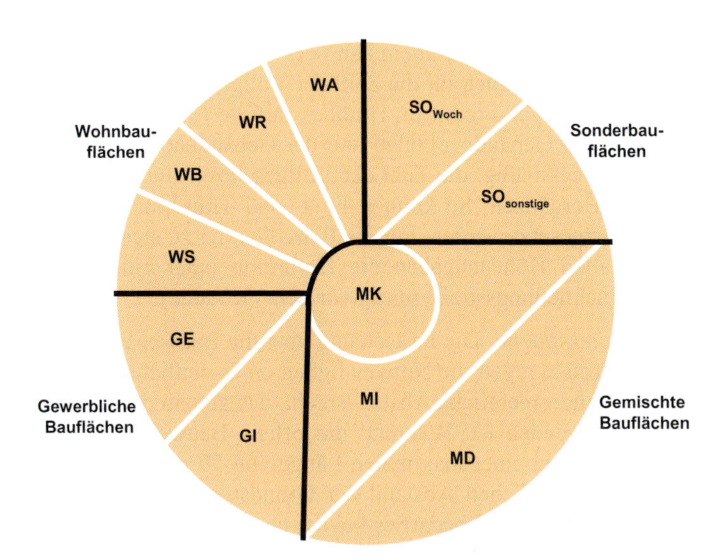

Abb. 10.6: Bauflächen und Baugebiete nach BauNVO

lichkeiten werden durch die BauNVO besonders hinsichtlich Art und Maß der baulichen Nutzung, der Bauweise sowie der überbaubaren Grundstücksfläche konkretisiert.

Der Bebauungsplan bestimmt Inhalt und Schranken des Eigentums. Eigentumsbeschränkende Festsetzungen müssen durch das öffentliche Interesse gerechtfertigt sein. Die Bestandsgarantie erfordert es, unverhältnismäßige Belastungen des Eigentümers zu vermeiden und die Privatnützigkeit des Eigentums soweit wie möglich zu erhalten[3]. Die Enteignungsvoraussetzungen sind im Zuge der Planaufstellung noch nicht abschließend zu prüfen.

Art der baulichen Nutzung: Die Art der baulichen Nutzung gehört zu den wichtigsten Festsetzungen eines Bebauungsplans und bestimmt, in welcher Art ein Grundstück genutzt werden kann, ob beispielsweise ein Wohngebäude, ein Handwerksbetrieb, eine Tankstelle oder ein sonstiges Vorhaben zulässig ist. Abbildung 10.6 zeigt die verschiedenen Baugebiete gemäß Baunutzungsverordnung, die aus den Bauflächen entwickelt werden können. Bei den Festsetzungen besteht ein Typenzwang, sodass ein anderer Gebietstyp nicht festgesetzt werden kann. Zur Feinsteuerung für die Nutzungsmischung und Konfliktbewältigung kann eine horizontale und vertikale Differenzierung der baulichen Nutzung vorgenommen werden. Dabei muss indessen der Gebietscharakter der einzelnen Typen beibehalten werden und die Differenzierungen sind städtebaulich zu rechtfertigen.

Das Maß der baulichen Nutzung: Die Baunutzungsverordnung enthält Obergrenzen für das Maß der baulichen Nutzung, die bei der Planung grundsätzlich einzuhalten sind. Überschreitungen in Einzelfällen (z. B. höhere Grundflächenzahl) müssen städtebaulich begründet werden. Das Maß der baulichen Nutzung kann durch die Grundflächenzahl (GRZ), die Geschossflächenzahl (GFZ), die Zahl der Vollgeschosse (Z) sowie durch die Höhe baulicher Anlagen bestimmt werden. Die GRZ gibt an, wie viele Quadratmeter Grundfläche je Quadratmeter Grundstücksfläche von der baulichen Anlage überdeckt werden dürfen. Soweit ein Bebauungsplan überhaupt Festsetzungen zum Maß der baulichen Nutzung trifft, muss zwingend eine GRZ festgesetzt werden. Die Geschossflächenzahl (GFZ) gibt an, wie viele Quadratmeter Geschossfläche je Quadratmeter Grundstücksfläche zulässig sind. GRZ

[3] BVerwG, Beschluss v. 22.2.2002 – BvR 1402/01

und GFZ können auch absolut festgesetzt werden. Zudem kann der Bebauungsplan Höchst- und Mindestmaße vorsehen. Dies gilt analog auch für die Zahl der Vollgeschosse (Z), deren Definition sich aus den Landesbauordnungen ergibt. Im Hinblick auf die Einfügung in das Stadt- und Landschaftsbild kommt dem Gebäudevolumen und der Gebäudehöhe eine zentrale Deutung zu. Deswegen ist es zweckmäßig, die Zahl der Vollgeschosse durch Angabe der zulässigen Gebäudehöhe (H) zu ergänzen. So können First- und Traufhöhen ggf. in Verbindung mit der Dachneigung festgesetzt werden, um die Bauvolumina zu steuern. Das Bestimmtheitsgebot erfordert bei allen Höhenangaben die Definition einer eindeutigen Bezugsfläche (z. B. die Höhe der Erschließungsstraße mittig vor dem Gebäude).

Bauweise und überbaubare Grundstücksfläche: Die Festsetzung über die Bauweise (offene, geschlossene und abweichende Bauweise) regelt die Notwendigkeit einen seitlichen Grenzabstand einzuhalten. Hier greift das landesrechtliche Abstandsrecht, das gemäß den bauplanungsrechtlichen Festsetzungen anzuwenden ist. Während die offene Bauweise (Einzelhaus, Doppelhaus und Hausgruppen bis zu einer maximalen Länge von 50 m) und die geschlossene Bauweise (Bebauung ohne seitlichen Abstand zur Grundstücksgrenze) in der Baunutzungsverordnung eindeutig definiert sind, bedarf es bei der abweichenden Bauweise einer Präzisierung im Bebauungsplan. Die Festsetzung der überbaubaren Grundstücksflächen gemäß § 23 BauNVO erfolgt durch Baulinien (Anbaupflicht und Baugrenzen). Die Zulässigkeit von Nebenanlagen muss ggf. auf den nicht überbaubaren Grundstücksflächen besonders geregelt werden.

Diese nutzungsbezogenen Festsetzungen können durch weitere Regelungen im Bebauungsplan gemäß § 9 I BauGB überlagert werden (Mindest- und Höchstmaße für Wohngrundstücke, höchst zulässige Wohnungszahl in Wohngebäuden, Flächen für Wohngebäude für Personengruppen mit besonderen Wohnbedarf, Flächen für Geh-, Fahr- und Leitungsrechte sowie Flächen für Gemeinschaftsanlagen). Darüber hinaus kommen Festsetzungen für eigenständige Nutzungszwecke außerhalb der Baugebiete in Betracht (Flächen für Gemeinbedarf, öffentliche und private Verkehrsflächen, Versorgungsflächen, öffentliche und private Grünflächen sowie Flächen oder Maßnahmen zum Schutz, zur Pflege und zur Entwicklung von Boden, Natur und Landschaft.

Festsetzungen können in Bebauungsplänen in besonderen städtebaulichen Situationen befristet oder bedingt getroffen werden („Baurecht auf Zeit"). Dabei müssen der Zulassungszeitraum von vorne herein exakt befristbar sein und auflösende bzw. aufschiebende Bedingungen hinreichend bestimmt und in ihrem Eintritt hinreichend gewiss sein. Eine praktische Relevanz hat sich besonders im Zusammenhang mit dem Emissionsschutz, dem Naturschutz, dem Bodenschutz, der Überplanung von Gemengelagen sowie bei der Überplanung von noch nicht entwidmeten Bahnanlagen ergeben. Als Planinhalte ohne Festsetzungscharakter nehmen Kennzeichnungen gemäß § 9 V und VI BauGB nicht an den Rechtswirkungen des Bebauungsplans teil.

Nach Zweck, Inhalt sowie zeitlicher und inhaltlicher Verknüpfung mit dem Flächennutzungsplan lassen sich verschiedene Bebauungsplantypen unterscheiden, die Abbildung 10.7 nach Inhalt und Besonderheiten darstellt. Mit dem *qualifizierten Bebauungsplan* kann die Gemeinde die bauliche und sonstige Nutzung im Plangebiet umfassend und abschließend regeln. Dieser Bebauungsplan sperrt das Gebiet für alle Vorhaben, die im Widerspruch zu den Festsetzungen stehen. Bei einem *einfachen Bebauungsplan* ist demgegenüber subsidiär ein ergänzender Maßstab erforderlich, bei dem es sich je nach Lage des Plangebietes um Kriterien des im Zusammenhang bebauten Ortsteils (§ 34 BauGB) oder um Kriterien für

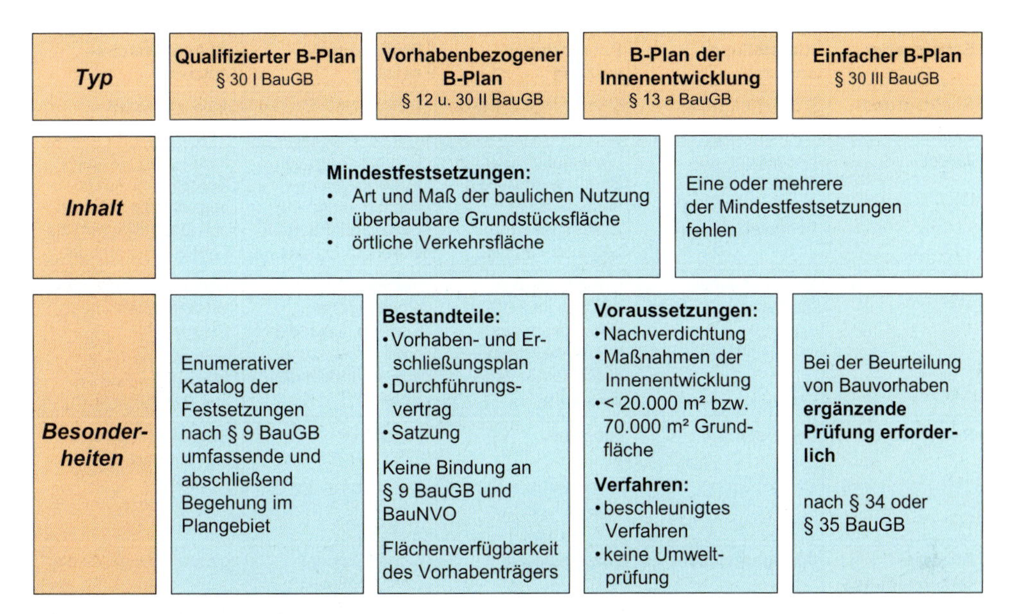

Abb. 10.7: Bebauungsplantypen

den Außenbereich (§ 35 BauGB) handeln kann. Typische Anwendungsbereiche sind beispielsweise die planerische Festsetzung eines Golfplatzes, der Ausbau einer Straße, die Überplanung einer Gemengeanlage. Beim *vorhabenbezogenen Bebauungsplan* verknüpft die Gemeinde ihre Planungshoheit mit einem städtebaulichen Vertrag zur Verwirklichung des Vorhaben- und Erschließungsplans. Darin verpflichtet sich der Vorhabenträger insbesondere zur Durchführung des Projektes, der Erschließung zur Übernahme von planungs- und maßnahmenbedingten Kosten sowie zur Einhaltung von Fristen. Gegenüber dem qualifizierten und einfachen Bebauungsplan als Angebotspläne wird in diesem Fall die Umsetzungsorientierung gestärkt. Zudem besteht eine größere Flexibilität aufgrund der fehlenden Bindung an § 9 BauGB und an die BauNVO.

Der Beschluss des Bebauungsplans als Satzung führt dazu, dass neben natürlichen und juristischen Personen auch Behörden und andere Träger öffentlicher Belange an den Bebauungsplan gebunden sind. Er ist der normative Maßstab für die Beurteilung von baulichen und sonstigen Vorhaben im Plangebiet und stellt zugleich die Grundlage für städtebauliche Maßnahmen (Bodenordnung, Enteignung, Erschließung, städtebauliche Gebote usw.) dar.

Der *Bebauungsplan zur Innenentwicklung* soll die Wiedernutzung von Brachflächen, die Nachverdichtung und andere Maßnahmen der Innenentwicklung fördern, indem das Planungsverfahren vor allem durch Verzicht auf die Umweltprüfung vereinfacht und beschleunigt wird. Ein weiteres Merkmal ist die Befreiung vom Entwicklungsgebot. Der Flächennutzungsplan ist nachträglich im Wege der Berichtigung anzupassen.

Das Verfahren zur Aufstellung eines Bebauungsplans ergibt sich aus Abbildung 10.7. Im vereinfachten Verfahren lässt sich eine Beschleunigung zusätzlich durch Verzicht auf frühzeitige Unterrichtung und Erörterung mit Bürgern und Behörden sowie durch Verzicht auf die Umweltprüfung und das Monitoring erreichen. Dies ist indessen nur bei Planänderun-

Satzungstyp	Klarstellungs-satzung	Entwicklungs-satzung	Ergänzungs-satzung	Außenbereichs-satzung
Rechtsgrund-lage	§ 34 I Nr.1 BauGB	§ 34 IV Nr.2 BauGB	§ 34 IV Nr.3 BauGB	§ 35 VI BauGB
Zweck	Festlegung der Grenzen des im Zusammenhang bebauten Ortsteils	Festlegung bebauter Bereiche im Außen-bereich als im Zusammenhang bebauter Ortsteile	Einbeziehung von Außenbereichs-flächen in den im Zusammenhang bebauten Ortsteil	Festlegung bebauter Bereiche im Außen-bereich, ohne dass sie den Darstellungen des FNP widersprechen.
Voraussetzung	Innenbereichs-qualität	Darstellung der Flächen im FNP als Bauflächen; aus-reichende Prägung durch vorhandene Bebauung	Prägung der einbezogenen Flächen durch die bauliche Nutzung des angrenzenden Bereichs	Keine überwiegende landwirtschaftliche Prägung; vorhandene Wohnbebauung von einigem Gewicht
Rechtsfolge	deklaratorisch	konstitutiv	konstitutiv	Begünstigung von im übrigen nach § 35 II BauGB zu beurteilenden Vorhaben
Anzeige- / Genehmigungs-pflicht	anzeigepflichtig	anzeigepflichtig	Genehmigungs- bzw. bei Ent-wicklung aus dem FNP anzeigepflichtig	genehmigungspflichtig

Abb. 10.8: Satzungen nach §§ 34 und 35 BauGB

gen möglich, sofern die Grundzüge der Planung nicht berührt werden, bei erstmaliger Überplanung von im Zusammenhang bebauter Ortsteile, sofern die Festsetzungen nicht wesentlich von der dort vorhandenen Eigenart der näheren Umgebung abweichen, und für Bebauungspläne zur Sicherung zentraler Versorgungsbereiche (§ 9 IIa BauGB).

Bebauungspläne können durch Normenkontrolle und inzidenter Kontrolle angefochten werden. Bei der Normenkontrolle wird überprüft, ob Bebauungspläne im Einklang mit dem höherrangigen Recht in materieller und verfahrensrechtlicher Hinsicht stehen, insbesondere mit den Vorschriften des BauGB. Antragsberechtigt sind juristische oder natürliche Personen, die geltend machen können, durch den Bebauungsplan in ihren Rechten verletzt zu sein, also ob eine fehlerhafte Abwägung der privaten Belange vorliegt. Bei schwerwiegenden Fehlern kann das Gericht gemäß § 47 V VerwGO den Bebauungsplan verwerfen und für nichtig erklären. Kleinere festgestellte Mängel können durch die Gemeinde in einem ergänzenden Verfahren behoben werden.

Weiterhin kann die Gemeinde Baurechte durch die in Abbildung 10.8 charakterisierten Satzungen nach § 34 und § 35 BauGB schaffen.

10.1.5 Umweltprüfung

Die Umweltprüfung (UP) im Rahmen der Bauleitplanung ist seit 2004 durch § 2 IV BauGB verbindlich vorgeschrieben und setzt die europäischen Vorgaben der sogenannten Plan-UP-Richtlinie um. Daraus ergeben sich besondere verfahrensrechtliche Anforderungen an die Ermittlung und Bewertung des umweltrelevanten Abwägungsmaterials. Für die Bewältigung von Eingriffen in Natur und Landschaft als Teil der Umwelt bilden das Bundesnaturschutzgesetz (BNatSchG) und die entsprechenden Regelungen in den Landschaftsgesetzen der Länder die Rechtsgrundlage. Im Rahmen der UP sind die voraussichtlichen erheblichen

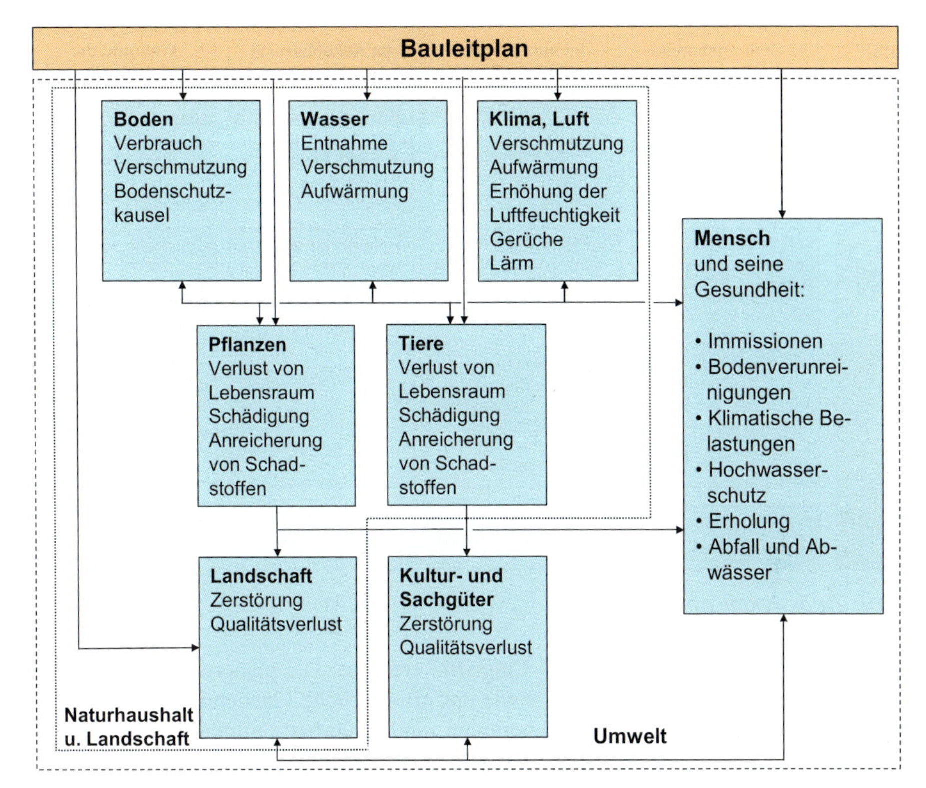

Abb.10.9: Schutzgüter und Gegenstände der Umweltprüfung

Umweltauswirkungen eines Bebauungsplans zu ermitteln, zu beschreiben und zu bewerten (vgl. Abbildung 10.9). Die Beschreibung und Bewertung werden im Umweltbericht als gesonderten Teil der Planbegründung dokumentiert. Die Ergebnisse der UP unterliegen im vollen Umfang der Abwägung. Um Mehrfachprüfungen bei der Flächennutzungs- und Bebauungsplanung zu vermeiden, ist die Abschichtungsregelung anzuwenden. Für Auswirkungen des Bauleitplans, die als Eingriffe in Natur und Landschaft nach dem Naturschutzrecht zu qualifizieren sind, sind Ausgleichsmaßnahmen vorzusehen. Als Eingriffe in Natur und Landschaft im Sinne § 18 ff. BNatSchG gelten Veränderungen der Gestalt oder der Nutzung von Grundflächen oder Veränderung des mit der belebten Bodenschicht in Verbindung stehenden Grundwasserspiegels, die die Leistungsfähigkeit des Naturhaushaltes oder das Landschaftsbild erheblich oder nachhaltig beeinträchtigen können. Der Verursacher hat vermeidbare Beeinträchtigungen zu unterlassen sowie unvermeidbare Beeinträchtigungen auszugleichen, soweit dies zur Verwirklichung der Ziele des Naturschutzes und der Landschaftspflege erforderlich ist. Bei nicht ausgleichbaren Eingriffen ist das Vorhaben zu unterlassen, wenn die Belange von Natur und Landschaft vorgehen. Die Eingriff-Ausgleichs-Regelung ist bei Aufstellung oder Änderung eines Bebauungsplans durchzuführen.

Im Planungsrecht gilt für die Zuordnung von Eingriff und Ausgleich eine zeitliche, räumliche und inhaltliche Entkopplung. Eine Kompensation der Eingriffe kann entweder auf dem Baugrundstück, an anderer Stelle im Baugebiet oder außerhalb des Baugebietes (innerhalb

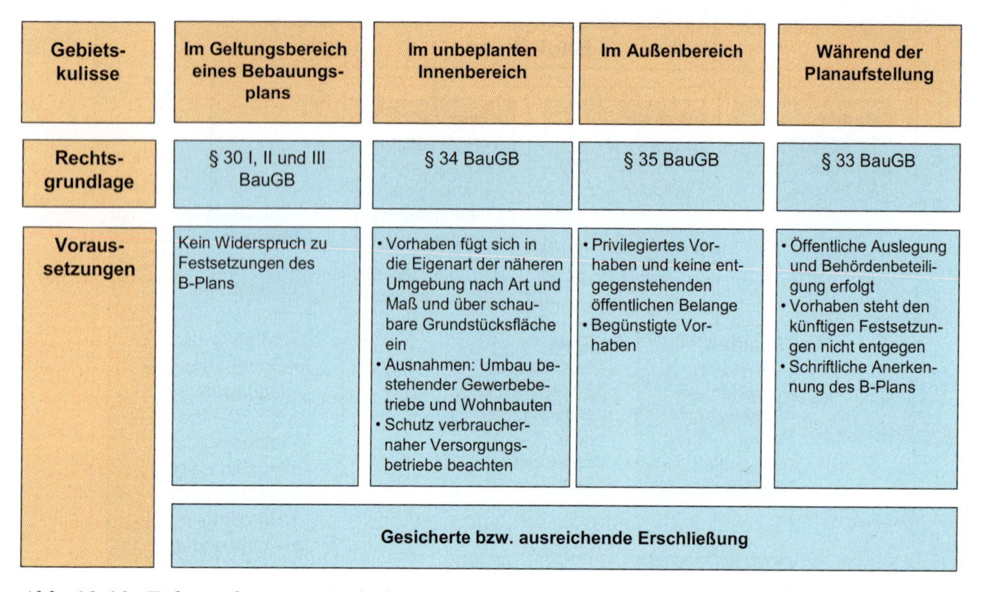

Gebiets-kulisse	Im Geltungsbereich eines Bebauungs-plans	Im unbeplanten Innenbereich	Im Außenbereich	Während der Planaufstellung
Rechts-grundlage	§ 30 I, II und III BauGB	§ 34 BauGB	§ 35 BauGB	§ 33 BauGB
Voraus-setzungen	Kein Widerspruch zu Festsetzungen des B-Plans	• Vorhaben fügt sich in die Eigenart der näheren Umgebung nach Art und Maß und über schau-bare Grundstücksfläche ein • Ausnahmen: Umbau be-stehender Gewerbebe-triebe und Wohnbauten • Schutz verbraucher-naher Versorgungs-betriebe beachten	• Privilegiertes Vor-haben und keine ent-gegenstehenden öffentlichen Belange • Begünstigte Vor-haben	• Öffentliche Auslegung und Behördenbeteili-gung erfolgt • Vorhaben steht den künftigen Festsetzun-gen nicht entgegen • Schriftliche Anerken-nung des B-Plans
	Gesicherte bzw. ausreichende Erschließung			

Abb. 10.10: Zulässigkeit von Vorhaben

oder außerhalb des Wirkungsbereichs des Eingriffs) erfolgen. Die planerische Festsetzung von Ausgleichsmaßnahmen und -flächen sowie das erforderliche Flächenmanagement sind aufeinander abzustimmen. Ausgleichsmaßnahmen sind dauerhaft, mindestens jedoch so lange der Eingriff andauert, zu sichern. Dafür kommen in Betracht:

- *Festsetzungsmöglichkeiten im Bebauungsplan:* Ausgleichsmaßnahmen können als Flächen und Maßnahmen zum Schutz, zur Pflege und zur Entwicklung von Boden, Natur und Landschaft (§ 9 I Nr. 20 BauGB) sowie Flächen für das Anpflanzen bzw. für die Erhaltung von Bäumen, Sträuchern und sonstigen Bepflanzungen (§ 9 I Nr. 25 BauGB) festgesetzt werden. Diese Festsetzungen können bei räumlich getrennten Kompensationsmaßnahmen auch in einem zweiten „Ausgleichsbebauungsplan" erfolgen.
- *Städtebauliche Verträge:* Zur Herstellung, dauerhaften Unterhaltung und zur Sicherung von Ausgleichsmaßnahmen kann die Gemeinde städtebauliche Verträge nach § 11 BauGB anstelle von Festsetzungen im Bebauungsplan abschließen.
- *Flächenbereitstellung durch die Gemeinde:* Festsetzungen in einem Bebauungsplan sind auch dann entbehrlich, wenn die Gemeinde die Flächen bereitstellt, entweder durch Erwerb oder durch langjährige Pachtverträge mit einem privaten Dritten. Das Recht auf Herstellung und dauerhafte Pflege kann in diesem Fall durch eine persönliche Dienstbarkeit nach § 1090 BGB, durch eine Reallast nach § 1105 BGB bzw. eine Baulast auf Grundlage der Landesbauordnungen gesichert werden.

Festgesetzte oder vertraglich vereinbarte Maßnahmen sind vom Vorhabenträger herzustellen. Stellt die Gemeinde die Maßnahmen her, kann sie sich die Kosten vom Vorhabenträger bzw. von den begünstigten Grundstückseigentümern nach § 135 a BauGB erstatten lassen.

Die Zulässigkeit von baulichen oder sonstigen Vorhaben (§ 29 BauGB) richtet sich nach den in Abbildung 10.10 aufgeführten planungsrechtlichen Maßgaben und setzt eine gesicherte Erschließung voraus.

10.2 Flächenmanagement und Bodenordnung

10.2.1 Strategien des Flächenmanagements und kommunale Baulandmodelle

Eine flächeneffiziente Stadtentwicklung mit bedarfsorientierter Innen- und Außenentwicklung erfordert ein strategisches und projektorientiertes Flächenmanagement. Es handelt sich dabei um eine ergebnisorientierte Aufgabe zur Steuerung und Koordination aller dafür erforderlichen Maßnahmen mit folgenden wesentlichen Teilaufgaben (vgl. Abbildung 10.16): Auf der Grundlage eines tragfähigen städtebaulichen Leitbildes und einer darauf aufbauenden gesamtstädtischen Entwicklungskonzeption sind die künftigen Nutzungen von Flächen konzeptionell vorzubereiten und rechtsverbindlich festzusetzen (Planung), die geplante Nutzungsstruktur ist zu optimieren und gegenüber konkurrierenden Nutzungsansprüchen zu sichern (Steuerung), die Planung ist durch Anpassung der bestehenden, subjektiven Rechtsverhältnisse an Grundstücken an die objektiven Planungsziele zu verwirklichen (dynamische Bodenordnung), die Flächen sind entsprechend der späteren städtebaulichen oder sonstigen Nutzung aufzubereiten und insbesondere zu erschließen (Erschließung), für die vorgesehenen Zielgruppen und Nutzern bereit zu stellen (Mobilisierung) und die Wirtschaftlichkeit ist zu sichern (Refinanzierung) sowie die zeitnahe Verwendung zu veranlassen (Baurechtnutzung).

Ein sorgfältiges Flächenmanagement ist dringend geboten, denn die Inanspruchnahme von Freiraum für Siedlungs- und Verkehrszwecke setzt sich in Deutschland ungebrochen fort. Täglich wurden im Jahr 2008 etwa 106 ha Freiraum umgewidmet. Die Flächeninanspruchnahme durch Landschaftszersiedlung und -zerschneidung gefährdet nicht nur die biologische Vielfalt, sondern beeinträchtigt die Lebensqualität und verursacht erhebliche Kosten. Die Dispersion der Siedlungsflächen bei gleichzeitiger Entdichtung führt zu höheren Kosten für die technische Infrastruktur und ebenso für die notwendige Mobilität. Damit einher gehen zusätzliche Belastungen durch Lärm, Luftverschmutzung und Veränderungen des Siedlungs- und Landschaftsbildes. Gleichzeitig werden durch den wirtschaftlichen Strukturwandel immer mehr Flächen freigesetzt (Brachflächenwachstum 9-12 ha pro Tag). Hinzu kommen in vielen Regionen und Orten bereits sinkende Einwohnerzahlen aufgrund des demographischen Wandels und des Durchschnittsalters der Bevölkerung; Familienstrukturen und Formen des Zusammenlebens verändern sich ebenso wie die Arbeitswelt. Diese Trends führen zu einer immer differenzierteren Nachfrage nach Flächen und Gebäuden für Wohnen, Gewerbe und Industrie.

Vor diesem Hintergrund ist aus städtebaulichen, ökologischen, sozialen und ökonomischen Gründen eine städtebauliche Innenentwicklung anzustreben, bei der die Innenbereichspotenziale (Baulücken, Brachflächen, unterbenutzte Flächen usw.) genutzt und damit die Außenentwicklung eingedämmt werden kann. Ebenso wie für andere Umweltgüter ist auch das Nachhaltigkeitsprinzip auf den Umgang mit der Fläche soweit wie möglich zu übertragen. So sieht die nationale Nachhaltigkeitsstrategie der Bundesregierung eine Reduzierung der täglichen Flächeninanspruchnahme auf 30 ha bis zum Jahre 2020 vor. Und zugleich sollen Innenentwicklung und Außenentwicklung im Verhältnis 3:1 stehen. Auf das Flächenmanagement und die Bodenordnung kommen damit wichtige strategische Aufgaben zu, um insgesamt die Flächeneffizienz zu erhöhen und die flächenbezogenen Nachhaltigkeitsziele in den Städten und Gemeinden zu verwirklichen. Dafür sind der Kreislaufgedanke und Ressourceneffizienz im städtischen und stadtregionalen Flächenmanagement als Grundprinzipien einer nachhaltigen Flächenhaushaltspolitik zu verwirklichen.

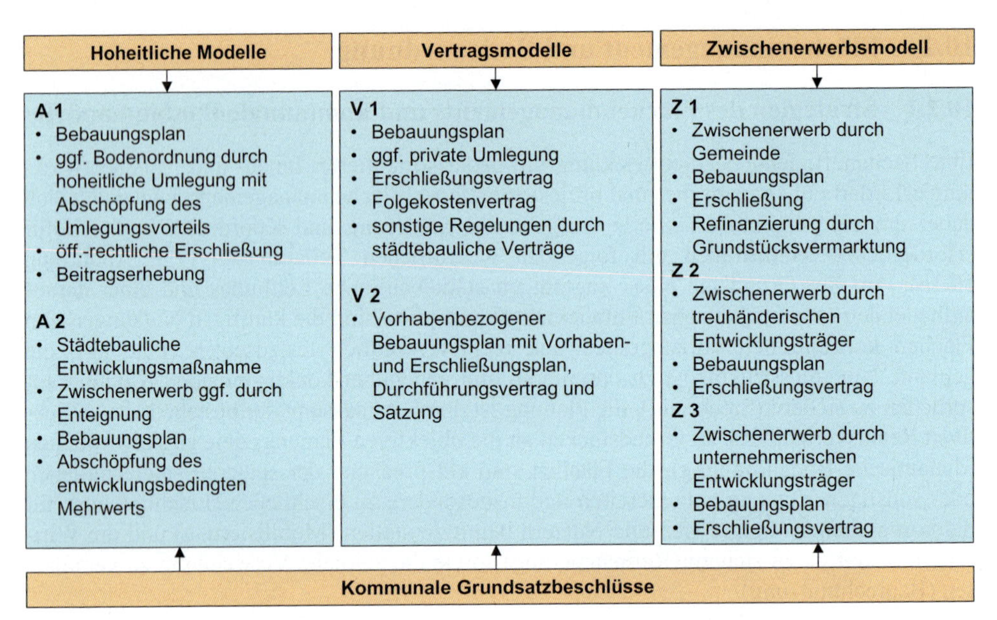

Abb. 10.11: Strategien der Flächenentwicklung

Für diese Aufgaben stehen unterschiedliche Strategien der Flächenentwicklung zur Verfügung, die jeweils verschiedene Instrumente zu strategischen Ansätzen bündeln und in Abbildung 10.11 dargestellt sind. Sowohl bei den hoheitlichen als auch bei den vertraglichen Modellen und den Zwischenerwerbsmodellen kann die Kommune die Planungshoheit zur Steuerung einsetzen. Nach dem Subsidaritätsprinzip haben die Strategien mit kooperativen Ansätzen Vorrang vor den hoheitlichen, sofern damit die intendierten städtebaulichen Zielsetzungen gleichermaßen erreicht werden können. In der Praxis nimmt der Anteil der kooperativen Flächenentwicklungen erheblich zu. Durch derartige PPP-Projekte lassen sich Zeitpunkt, Umfang und Qualität der Baurechtsverwirklichung zielgenauer steuern und die Kosten der städtebaulichen Maßnahmen auf die Planungsbegünstigten weitgehend übertragen. Zahlreiche Kommunen haben für ihre Zwecke bestimmte städtebauliche Instrumente und Vorgehensweisen zu eigenen Baulandmodellen zusammengestellt.

Unter einem kommunalen Baulandmodell ist die grundsätzliche Festlegung von Strategien mit Zielen und Instrumenten für die kommunale Baulandentwicklung und für das Flächenmanagement für eine Mehrzahl von konkreten Fällen zu verstehen. Dabei stehen die Mobilisierung von Bauland und die Beschleunigung der Baulandentwicklung, die Finanzierung der Baulandbereitstellung und Entlastung kommunaler Haushalte, eine ausgewogene sozialräumliche Struktur der Stadt sowie sonstige städtebauliche, ökologische und qualitative Zielsetzungen im Vordergrund. Von zentraler Bedeutung ist der gesetzliche Auftrag der sozialgerechten Bodennutzung, der eine angemessene Wohnraumversorgung, die Eigentumsbildung für weite Kreise der Bevölkerung, kostensparendes Bauen sowie gerechte Verteilung der Lasten erfordert. Das Zusammenwirken der verschiedenen Akteure bei einem solchen Modell zeigt Abbildung 10.12 beispielhaft für den kombinierten Einsatz von Bebauungsplanung, Erschließungsvertrag und weiteren städtebaulichen Verträgen.

Danach wird die Stadt erst dann einen Aufstellungsbeschluss zum Bebauungsplan fassen, wenn die betroffenen Grundstückseigentümer ihre grundsätzliche Mitwirkungsbereitschaft

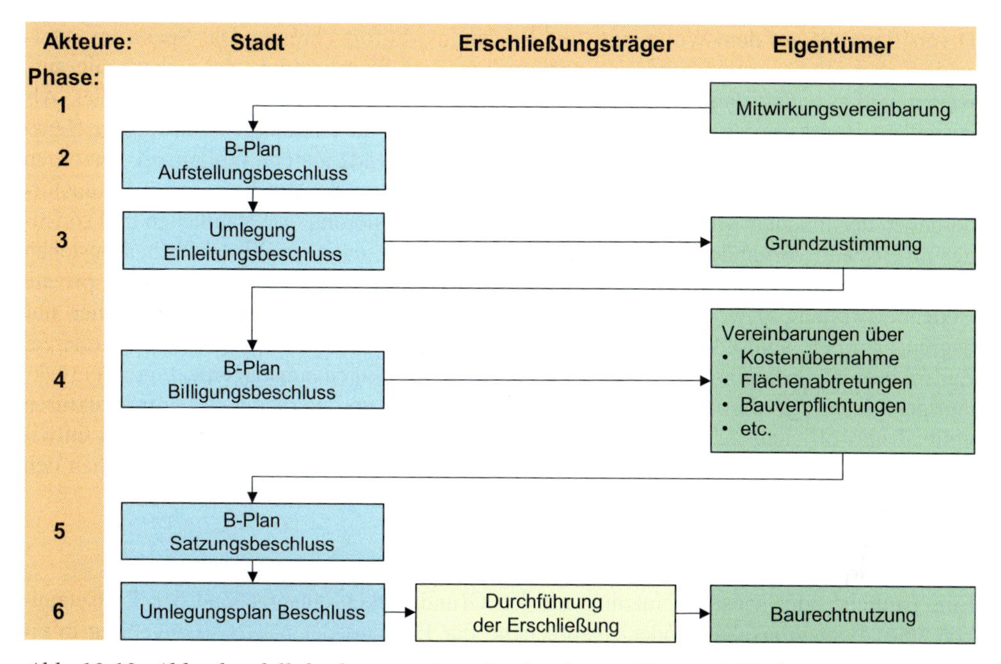

Abb. 10.12: Ablaufmodell der kooperativen Baulandentwicklung mit Umlegung

an dem Baulandmodell zugesagt haben. Vor Beginn der Umlegung und vor dem Billigungs- und Offenlegungsbeschluss ist dann eine Grundzustimmung als rechtlich bindende Erklärung der Eigentümer hinsichtlich der zu erbringenden Leistungen erforderlich. Als dritte Stufe dieses konsekutiven Verfahrens werden dann städtebauliche Verträge beispielsweise zur Regelung der Kostenbeteiligung, zur Abtretung von Flächen für den geförderten Wohnungsbau, über Bauverpflichtungen usw. abgeschlossen. Es folgt der Satzungsbeschluss zum Bebauungsplan, die Beauftragung eines Erschließungsträgers und letztlich die zeitnahe Baurechtsnutzung entsprechend der vertraglichen Vereinbarungen. In einem solchen kooperativen Verfahren setzt die Kommune ihre kommunale Planungshoheit gezielt zur Erreichung ihrer städtebaulichen Ziele ein. Baulandmodelle müssen grundsätzlich den Anforderungen städtebaulicher Verträge nach Angemessenheit und Kausalität genügen.

Als wichtige Voraussetzung für den Erfolg solcher Baulandmodelle sind zu nennen

- Umfassender Konsens zwischen allen beteiligten Akteuren,
- Gleichbehandlung aller Betroffenen,
- Transparenz und Klarheit,
- Langfristigkeit und Verlässlichkeit,
- regionale Abstimmung,
- querschnittsorientierte Organisationsstruktur sowie
- Flexibilität und bedarfsgerechte Fortentwicklung des Modells.

Baulandmodelle sind auch in Zeiten des demographischen Wandels unter Schrumpfungsbedingungen nicht entbehrlich, lassen sich doch damit die notwendigen qualitativen Ziele für den sich zunehmend ausdiffferenzierenden Wohnungsmarkt verwirklichen. Zum einen besteht aufgrund der Haushaltsverkleinerung und des individuellen Wohnflächenwachstums weiterhin ein quantitativer Bedarf von zusätzlichen Bauflächen. Zum anderen wird die

Diversifizierung auf dem Wohnungs- und Baulandmarkt fortschreiten. Das Spektrum unterschiedlicher Wohnformen wird sich entsprechend der Pluralisierung der Lebensstile ausweiten, und es bedarf damit auch eines zunehmend differenzierteren Baulandangebotes. Als besondere Herausforderung stellt sich die Versorgung von einkommensschwachen Haushalten dar, die sich unter Marktbedingungen nicht mit adäquatem Wohnraum versorgen können. Ein Fortentwicklungsbedarf für Baulandmodelle ist bei den komplexen Herausforderungen der Innenentwicklung gegeben. Bei der Mobilisierung von Baulücken und sonstiger im Bestand vorhandener Flächen mit Planungsrecht sowie von Brachflächen bestehen zahlreiche Hemmnisse wie hohe Entwicklungs- und Altlastenrisiken, hohe Kosten, private Bodenbevorratung usw. Da hoheitliche Instrumente des Flächenmanagements hier nur begrenzt greifen, sind kooperative Ansätze und marktwirtschaftliche Anreize zu forcieren. Zudem besteht ein wachsender Bedarf für ein regionales Flächenmanagement, um bei rückläufiger Nachfrage die verfügbaren Flächenressourcen und vorhandenen Infrastrukturen optimal und effizient zu nutzen. Dazu müssen zusätzlich Ausgleichsmechanismen entwickelt werden, um die mit der Entwicklung verbundenen Vor- und Nachteile zwischen den beteiligten Kommunen auszugleichen.

10.2.2 Die klassische Umlegung

Eine bauliche oder sonstige Nutzung auf den Grundstücken entsprechend den Festsetzungen eines Bebauungsplanes oder entsprechend der Eigenart der näheren Umgebung in einem im Zusammenhang bebauten Ortsteil kann oftmals deswegen nicht verwirklicht werden, weil der Zuschnitt der Grundstücke oder die vorhandenen Eigentumsverhältnisse dem entgegenstehen. Wesentlicher Zweck bodenordnerischer Maßnahmen durch Umlegung ist es, für die bauliche oder sonstige Nutzung nach Lage, Form und Größe zweckmäßige Grundstücke bereit zu stellen. Durch Umlegung können eine erstmalige Baureifmachung von Bauland (Erschließungsumlegung) und eine Neuordnung und städtebauliche Optimierung in bereits bebauten Gebieten erfolgen (Neugestaltungsumlegung). Das Bundesverfassungsgericht hat die Baulandumlegung im Gegensatz zur Enteignung als Inhalts- und Schrankenbestimmung eingeordnet (BVerwG 2001): „Das Instrument der Baulandumlegung ist in erster Linie auf den Ausgleich der privaten Interessen der Eigentümer gerichtet. Es soll diesen die bauliche Nutzung ihrer Grundstücke auch in den Fällen ermöglichen, in denen diese sich nicht selbst auf die hierzu notwendige Neuordnung der Eigentumsverhältnisse einigen."[4] Zugleich liegt die Umlegung auch im öffentlichen Interesse, da die Grundstücke mit dem Ziel neugeordnet werden, deren plangerechte und zweckmäßige Bebauung und sonstige Nutzung zu ermöglichen. Die Sozialbindung des Eigentums gemäß Artikel 14 Abs. 2 GG und die Unvermehrbarkeit von Grund und Boden verbieten es, seine Nutzung dem freien Spiel der Kräfte und dem Belieben des Einzelnen vollständig zu überlassen. Daher besteht an einer Verwirklichung eines Bebauungsplans ein öffentliches Interesse. Wesentlicher Bestandteil der Neuordnung ist oftmals auch die Bereitstellung von festgesetzten öffentlichen Verkehrsflächen und der Flächen für sonstige Anlagen, die überwiegend den Bewohnern des Umlegungsgebietes zugute kommen. Auch dies dient dem Interessenausgleich, ist doch die Erschließung eine unabdingbare Voraussetzung für die Bebaubarkeit des Gebietes und damit der einzelnen Grundstücke.

Zusammenfassend lässt sich die Eigenart der Umlegung in Anlehnung an SEELE (1995) wie folgt charakterisieren: Die Eigenart der Umlegung besteht im Wesentlichen darin, dass

[4] BVerwG, Beschluss vom 22.05.2001 – 1 BvR 1512/97.

- die Rechtsverhältnisse der Grundstücke, insbesondere die Grundstücksgrenzen nach Maßgabe der Festsetzung des Bebauungsplanes bzw. entsprechend der Eigenart der näheren Umgebung neu gestaltet werden (Konformitätsprinzip),
- die Erschließungsflächen und Flächen für sonstige Anlagen, die überwiegend den Bewohnern des Umlegungsgebietes zugute kommen, zu gleichen Anteilen von allen Grundstückseigentümern aufgebracht werden (Solidaritätsprinzip),
- das Grundeigentum in der Substanz grundsätzlich nicht vermindert und für den jeweiligen Grundstückseigentümer erhalten wird (Konversationsprinzip) und
- die Umlegung dem Ausgleich privater Interessen der Grundstückseigentümer dient (Privatnützigkeit).

Der Begriff der Umlegung impliziert, dass die ersten drei Anforderungen ermessensfehlerfrei und die vierte generell absolut zu erfüllen ist. Die Umlegung umfasst grob vereinfachend die vier in Abbildung 10.13 aufgezeigten Schritte.

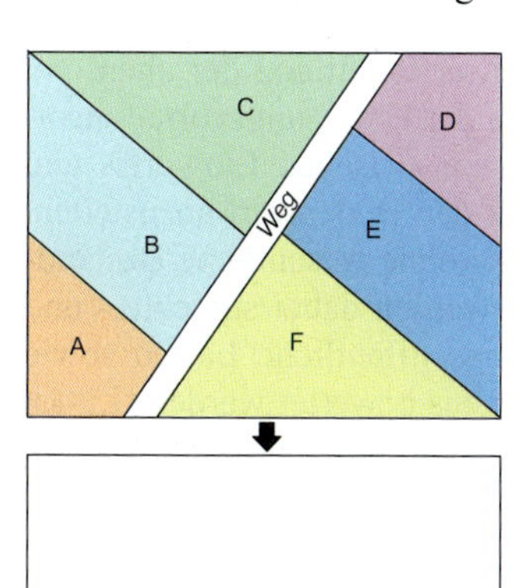

1. Alter Bestand
- Prüfung der Voraussetzungen
- Erörterungstermin mit Eigentümer
- Beschaffung der Bestandsdaten
  - Grundbuchamt
  - Katasteramt
- Anfertigung einer Bestandskarte und eines Bestandsverzeichnisses der Beteiligten
- Öffentliche Auslage von Karte und Verzeichnis

2. Umlegungsmasse
- Vermessung der Umlegungsgebietsgrenze
- Rechnerische Vereinigung aller Grundstücke im Umlegungsgebiet zur Umlegungsmasse

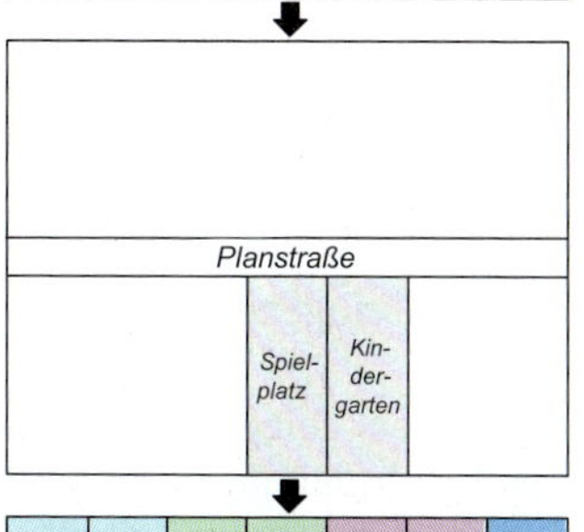

3. Flächenabzug und Verteilungsmasse
- Vorwegabzug von Flächen für örtliche Verkehrsanlagen
- Parkplätze, Grünanlagen, Kinderspielplätze
- Regenklär- und Regenüberlaufbecken
- Ausgleichsmaßnahmen
- Abzug sonstiger Flächen für öffentliche Zwecke gegen Ersatzland

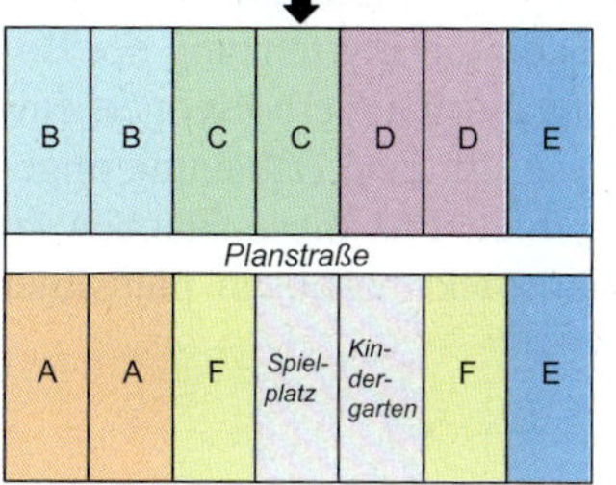

4. Neuer Bestand
- Bestimmung des Verteilungsmaßstabs (Flächen-, Wertmaßstab)
- Ermittlung der Einwurfs- und Zuteilungswerte
- Ermittlung der Sollansprüche
- Erstellung eines Zuteilungsentwurfs
- Planwunschgespräch und Überarbeitung des Zuteilungsentwurfs
- Erstellung des Umlegungsplans
- Berechnung der Geldausgleiche

Abb. 10.13: Umlegungstechnik

Nach der Erfassung des alten Bestandes erfolgt eine fiktive, das heißt ausschließlich rechnerische Vereinigung aller Grundstücke im Umlegungsgebiet zur Umlegungsmasse. Daraus können Flächen für die Verkehrserschließung, für Grünanlagen, für den Emissionsschutz und für weitere Anlagen und Einrichtungen vorab ausgeschieden werden, die überwiegend den Eigentümern des Umlegungsgebietes dienen. Darüber hinaus können Infrastrukturflächen nur dann bereitgestellt werden, wenn dafür geeignetes Ersatzland zur Verfügung gestellt wird. Die verbleibende Fläche (Verteilungsmasse) wird sodann gerecht, das heißt verhältnisgleich an die Eigentümer verteilt. Dafür stehen zwei gesetzlich normierte Maßstäbe zur Verfügung, der Flächen- und der Wertmaßstab. Indessen kann im Einvernehmen mit den Beteiligten auch ein anderer Verteilungsmaßstab festgelegt werden. Die wertmäßigen Differenzen zwischen dem eingeworfenen und dem zugeteilten Grundstück sind in Geld auszugleichen. Im Folgenden wird auf wesentliche Arbeiten und Einzelaspekte der gesetzlichen Baulandumlegung eingegangen.

a) Wertermittlung in der Umlegung: Der Grundsatz der verhältnisgleichen Verteilung der Umlegungsmasse kann nur auf Grundlage einer Verkehrswertermittlung der alten und neuen Grundstücke verwirklicht werden. Zudem können nur so der Umlegungsvorteil quantifiziert und zum Abschluss der Umlegung die Wertdifferenzen zwischen Einwurfs- und Zuteilungsgrundstück plausibel ermittelt werden. Dabei ist auf den Bodenwert abzustellen, also den Verkehrswert gemäß § 194 BauGB eines Grundstücks ohne wesentliche Bestandteile bei legal zulässiger und lagegemäßer Nutzbarkeit. Ggf. werden dabei subjektiv- und objektiv- dingliche Rechte (Grunddienstbarkeiten) und sonstige öffentliche Lasten sowie Altlasten erfasst, soweit diese im Grundstücksverkehr nicht eigens bewertet werden (LINKE 2008, Seite 66). In jedem Fall ist der Bodenwert bei bebauten Grundstücken unabhängig von den baulichen Anlagen zu ermitteln. Beim Einwurf sind üblicherweise folgende Grundstücksqualitäten zu unterscheiden (LINKE 2009):

- *Baureifes Land:* Es handelt sich hierbei um Grundstücke die bereits vor Aufstellung des Bebauungsplanes auf Grundlage eines alten aber aufgehobenen Bebauungsplans oder aufgrund ihrer Lage in einem im Zusammenhang bebauten Orteilsteil bebaubar waren. Insbesondere müssen diese Grundstücke über eine gesicherte Erschließung verfügen und aufgrund ihrer Form auch Baulandqualitäten aufweisen.
- *Ungeordnetes Rohbauland:* Der weitaus überwiegende Teil des Umlegungsgebietes wird grundsätzlich als Rohbauland zu qualifizieren sein. Dies gilt auch für künftige Erschließungsflächen und Flächen für interne Ausgleichsmaßnahmen entsprechend dem Solidaritätsprinzip. Der Unterschied zwischen ungeordnetem Rohbauland und baureifen Land besteht gemäß der Definition dieser Qualitätsstufen in § 4 der ImmoWertV in dem bodenordnerischen Handlungsbedarf und in den noch aufzubringenden Erschließungsflächen.
- *Sonstige Qualitäten:* In einem Umlegungsgebiet können Flächen gelegen sein, die aufgrund ihrer physischen Beschaffenheit oder rechtlichen Beschränkungen niemals Baulandqualität erreichen können. Hier ist eine situationsbedingte Begrenzung der Bodenpreisentwicklung gegeben. Typische Beispiele sind etwa Anbauverbotszonen entlang einer Bundesfernstraße, Grundstücke mit einem felsigen, für eine Bebauung ungeeigneten Untergrund oder Lage im Überschwemmungsgebiet. Für diese Flächen ist entsprechend der Gegebenheiten auf dem örtlichen Grundstücksmarkt ein plausibler Wert zu ermitteln.

Für die zuzuteilenden Grundstücke sind folgende Grundstücksqualitäten zu differenzieren:

- *Baureifes Land, erschließungsflächenbeitragsfrei:* Hierbei handelt es sich um die regelmäßig zugeteilte Grundstücksqualität in der Umlegung. Die zugeteilten Grundstücke haben nach Fertigstellung der Erschließungsanlagen lediglich noch die Herstellungskosten zu tragen, nicht indessen die Kosten für den Grunderwerb der Erschließungsflächen. Der flächenbedingte Vorteil der Erschließungsanlagen wird im Rahmen der Umlegung daher abgeschöpft.
- *Baureifes Land, erschließungsbeitragsfrei:* In bestimmten Ausnahmesituationen ist auch eine voll erschließungsbeitragsfreie Zuteilung möglich, die indessen der Zustimmung aller Eigentümer bedarf. Umlegungen in Sanierungsverfahren erlauben grundsätzlich nur eine solche Zuteilung, da nach § 154 I 2 BauGB keine Erschließungsbeiträge erhoben werden dürfen.
- *Baureifes Land, voll erschließungsbeitragspflichtig:* Eine solche Zuteilung erfolgt immer dann, wenn die im Rahmen der Umlegung bereitgestellten Flächen für Erschließungsanlagen auch außerhalb gelegenen Grundstücken zur Erschließung dienen. Die entgeltliche Zuteilung der Flächen an die Gemeinde erlaubt es dieser, auch von den Eigentümern außerhalb des Umlegungsgebietes Erschließungsbeiträge für den Erwerb der Erschließungsflächen zu erheben.
- *Sonstige Qualitäten:* Werden innerhalb des Umlegungsgebietes Flächen für den naturschutzrechtlichen Ausgleich zugeteilt, so haben diese allenfalls die Qualität Agrarland. Sofern Bewirtschaftungsbeschränkungen aus ökologischen Gründen auferlegt werden, ist die Qualität beeinträchtigtes Agrarland anzusetzen. In den Fällen, in denen nach Abschluss der Umlegung bis zur tatsächlichen Bebaubarkeit des Grundstücks ein größerer Zeitraum liegt, da die Erschließungsanlagen noch nicht benutzbar sind, ist eine Diskontierung der Werte über diese Wartezeit vorzunehmen.

Die Zuteilungswerte für das baureife Land können entweder aus örtlichen Bodenrichtwerten oder im Zuge des Vergleichswertverfahrens auf Basis der Kaufpreissammlung des Gutachterausschusses abgeleitet werden. Dies ist für die Ermittlung der Qualität Rohbauland in der Regel nicht möglich, da es an entsprechenden Vergleichswerten fehlt. Deswegen kommt dafür der deduktive Preisvergleich nach SEELE (1998) zum Einsatz. Der deduktive Preisvergleich ist ein mittelbares Vergleichswertverfahren,[5] mit dem sich ausgehend von einem Grundstück mit der Qualität baureifes Land, erschließungsbeitragsfrei, der Wert für werdendes Bauland, in diesem Fall Rohbauland, ermitteln lässt. Der Ansatz ist in Abbildung 10.14 dargestellt.

Die angegebene Formel gibt den schlüssigen Zusammenhang zwischen dem werdenden Bauland und dem baureifen Land wieder und bildet damit das Verhalten der Akteure auf dem gewöhnlichen Grundstücksmarkt ab. Es wird also der Preis ermittelt, den ein gewöhnlicher Marktteilnehmer für ein Grundstück im Umlegungsgebiet zu Beginn der Umlegung zu zahlen bereit wäre. Dabei sind die noch aufzuwendenden Entwicklungskosten, insbesondere die Herstellungskosten für die Erschließung und die Ausgleichsmaßnahmen zu berücksichtigen, der Flächenabzug für die Erschließungsanlagen sowie die verkürzte Wartezeit bis zur Baureife des Grundstücks. Für die Diskontierung ist ein Liegenschaftszinssatz für werdendes Bauland zu verwenden. Dieser lässt sich nach der von SEELE (1994) angegebenen Formel plausibel ermitteln und kann unter den heutigen Rahmenbedingungen mit 5,5 % angenommen werden.

---

[5] Vgl. Kapitel 9 „Immobilienwertermittlung".

B_{ebfr}: Bodenwert erschließungsbeitragsfreies baureifes Land

–

E: Entwicklungskosten
- Herstellungskosten der Erschließung (§ 127 BauGB)
- Herstellungskosten der Ausgleichsmaßnahmen (§ 135 BauGB)
- Grunderwerbskosten für externe Ausgleichsmaßnahmen (§ 135 BauGB)
- Freilegungs-, Sanierungskosten
- Vermessungs-, Notar-, Grundbuchkosten
- Managementkosten

x

(1- f/100)
f: Flächenabzug für Erschließungsanlagen und interne Ausgleichsmaßnahmen

x

($1/q^n$)
n: verkürzte Wartezeit bis zur Baureife n = N – u
N: normale Wartezeit ohne Umlegung
u: Dauer der Umlegung

=

$B_{Roh,n}$: Bodenwert für Rohbauland mit der Wartezeit n

$$B_{Roh..n} = (B_{ebfr} - E) \times (1 - f/100) \times 1/q^n$$

Abb. 10.14: Ermittlung des Rohbaulandwertes in der Umlegung

Da die Umlegung vom Wertprinzip beherrscht wird, kann der deduktive Preisvergleich nicht im Sinne einer Kostenkalkulation interpretiert werden. Gleichwohl können die plausibel ermittelten Parameter und Kosten das Preisverhalten der Marktteilnehmer sachgerecht abbilden. Die Differenz zwischen Zuteilungswert und dem Einwurfswert entspricht dem wirtschaftlichen Umlegungsvorteil der Eigentümer, der sich aus folgenden Bestandteilen zusammensetzt:

- Zeitvorteil: Verkürzung der Wartezeit gegenüber einer privatrechtlichen Regelung einschließlich Verringerung des Risikos,
- Erschließungsvorteil: Aufgrund des Flächenabzugs fallen beim späteren Erschließungsbeitrag keine Grunderwerbskosten für die Bereitstellung der Erschließungsflächen mehr an,
- Gestaltungsvorteil: Es werden entsprechend der bauplanungsrechtlichen Vorgaben wirtschaftlich nutzbare Grundstücke zugeteilt und ggf. entsprechende Rechte begründet,
- Kostenvorteil: Im Rahmen des Umlegungsverfahrens fallen für die Eigentümer keine Vermessungs-, Notar-, Gutachter- und Grundbuchgebühren sowie Managementkosten an.

Die Ermittlung der Einwurfs- und Zuteilungswerte erfolgt in gleicher Weise bei einer Verteilung nach Werten oder der nach Flächen. In der Praxis werden die differenzierten Grundstücksverhältnisse insbesondere bei einer städtebaulichen Innenentwicklung bzw. aufgrund der Differenzierungen des Bebauungsplans eine Zonierung der Einwurfs- und Zuteilungswerte erfordern. Der Wertermittlungsstichtag ist der Zeitpunkt des Umlegungsbeschlusses (ortsübliche Bekanntmachung).

b) Flächenabzug und Flächenbereitstellung: Aus der Umlegungsmasse könnten vorab die örtlich erforderlichen Flächen nach § 55 II BauGB abgezogen und der Gemeinde oder einem Erschließungsträger übertragen werden. Danach sind abzugsfähig:

- Örtliche Verkehrsflächen (Straßen, Wege, Fuß- und Wohnwege, Plätze und Sammelstraßen),
- Flächen, die überwiegend den Bedürfnissen der Bewohner des Umlegungsgebietes dienen (Parkplätze, Grünanlagen einschl. Kinderspielplätze, Anlagen zum Schutz gegen schädliche Umwelteinwirkungen sowie Regenklär- und Regenüberlaufbecken),
- Flächen für Ausgleichsmaßnahmen gemäß § 1a III BauGB für die vorgenannten Anlagen sowie
- Grünflächen für den Ausgleich der geplanten privaten Bauvorhaben, sofern sie nach § 9 I Nr. 15 BauGB festgesetzt sind.

Auch der Flächenabzug ist Teil des privaten Interessenausgleichs, denn die Bebauung und sonstige Nutzung erfordern entsprechende Erschließungsanlagen. Die Umlegung erhält durch den Flächenabzug daher keinen enteignenden Charakter. Es dürfen indessen nur solche Flächen abgezogen werden, die überwiegend den Bedürfnissen der Bewohner des Umlegungsgebietes dienen. Dagegen dürfen Anlagen, die überwiegend einem überörtlichen Bedarf dienen (Sportplätze, Kleingartenanlagen, größere Parks), nicht vorweg abgezogen werden. Dies gilt ebenso für Ausgleichsflächen, die im Bebauungsplan nach § 9 I, Nr. 20 BauGB festgesetzt worden sind. Die Obergrenze für den Flächenabzug wird durch das Gebot der mindestens wertgleichen Zuteilung definiert. Zu beachten sind die Eigentumsgarantie des Artikels 14 GG sowie das Wesen der Umlegung als eigentumserhaltende Maßnahme. Demnach müssen die Belastungen, die den Eigentümern durch den Verlust eines Teils ihrer Grundstücke entstehen, in einem angemessenen Verhältnis zu den mit der Umlegung verbundenen Vorteilen stehen.[6] Flächenabzüge über 50 % dürften daher problematisch sein.

Weiterhin können auch Flächen für sonstige öffentliche Zwecke bereitgestellt werden, sofern der Bebauungsplan solche festsetzt. Diese Flächen können der Gemeinde oder einem Vorhabenträger jedoch nur dann übertragen werden, wenn gleichwertige Ersatzflächen innerhalb oder außerhalb des Umlegungsgebietes zur Verfügung stehen. Ersatzflächen müssen hinsichtlich ihrer Lage, Nutzbarkeit und Beschaffenheit mit den bereitzustellenden Flächen für öffentliche Zwecke vergleichbar sein. Da diese Flächenbereitstellung nicht dem Interessenausgleich der Grundstückseigentümer dient, demnach nicht privatnützig sondern fremdnützig ist, darf eine derartige Flächenbereitstellung im Rahmen der gesamten Umlegung nur von untergeordneter Bedeutung sein. Insbesondere darf die Verteilungsmasse für die Beteiligten durch die Flächenbeschaffung nicht vermindert werden. Flächenbereitstellungen sind darüber hinaus nur dann zulässig, wenn ein zeitnaher Bedarf besteht und die Maßnahme tatsächlich in den nächsten Jahren auch verwirklicht wird. Sofern der Bedarfsträger kein geeignetes Ersatzland bereitstellen kann und auch nicht in der Lage ist, im Umlegungsgebiet die benötigten Flächen zu erwerben, ist unter den Voraussetzungen des § 87 BauGB eine Enteignung zur Verwirklichung der Gemeinbedarfseinrichtungen zu betreiben.

c) Verteilungsmaßstäbe: Nach dem Vorwegabzug der örtlichen Flächen für die städtebauliche Erschließung ist die Verteilungsmasse entweder im Verhältnis der Flächen oder der Werte auf die Grundstückseigentümer zu verteilen, in dem die früheren Grundstücke vor

---

[6] BVerfG, Beschluss vom 22.05.2001, 1 BvR 1677/97 und 1 BvR 1512/97.

der Umlegung zueinander gestanden haben. Von diesen legalen Maßstäben darf nur im Einvernehmen mit den Beteiligten abgewichen werden. Der Maßstab ist für das gesamte Umlegungsgebiet einheitlich zu bestimmen, das heißt, dass die Verteilung entweder einheitlich nach Werten oder einheitlich nach Fläche erfolgen muss. Allerdings kann bzw. muss ein solcher Verteilungsquotient je nach Wertverhältnissen im Umlegungsgebiet differenziert werden. Die Aufgabe des Verteilungsmaßstabes besteht darin, die individuellen Sollansprüche für die Eigentümer zu ermitteln. Der Sollanspruch ist die maßgebliche Größe für die Aufteilung der Verteilungsmasse. Einfluss auf den Sollanspruch hat lediglich der Wert des eingeworfenen Grund und Bodens, nicht indessen die wesentlichen Bestandteile eines Grundstücks. Der Sollanspruch verkörpert die verfassungsmäßige Eigentumsgarantie sowie den Gleichheitsgrundsatz.

Bei einer Verteilung nach Werten ist die gesamte Verteilungsmasse unter den Eigentümern vollständig aufzuteilen. Der durch die Umlegung bewirkte Vorteil ist von der Gemeinde daher ausschließlich und vollständig in Geld abzuschöpfen. Der Wertmaßstab ist immer dann zweckmäßig, wenn die eingeworfenen und die zugeteilten Grundstücke sehr heterogene Wertverhältnisse aufweisen. Bei Sanierungsumlegungen ist der Wertmaßstab zwingend anzuwenden.

Bei der Flächenumlegung erfolgt die Abschöpfung des Umlegungsvorteils durch die Erhebung eines Flächenbeitrags (F), der bei Neuerschließungsumlegung bis zu 30 % und bei Neuordnungsumlegungen bis zu 10 % der eingeworfenen Fläche betragen kann. Bei überschießendem Umlegungsvorteil ist die Differenz in Geld abzuschöpfen. Kritisch zu diskutieren ist die Verwendung des Flächenbeitrags. Im Hinblick auf die Zweckmäßigkeit der Umlegung und hinsichtlich des Interessenausgleichs der Beteiligten ist die Verwendung für überörtliche Gemeinbedarfseinrichtungen zur Bereitstellung von Wohnbauland zur Wohnraumversorgung für einkommensschwache Bevölkerungsgruppen oder zur Ermöglichung einer Zuteilung von bebauungsfähigen Grundstücken bei Kleinsteigentümer wohl unproblematisch. Der Flächenmaßstab ist gegenüber den Eigentümern leicht vermittelbar und erfreut sich daher einer großen Akzeptanz. Traditionell wird er vor allem in den süddeutschen Bundesländern verwendet. Voraussetzung für seine einfache Handhabung sind weitgehend homogene Wertverhältnisse sowohl bei den eingeworfenen als auch bei den zugeteilten Grundstücken. Die sachgerechte Handhabung des Flächenmaßstabs erfordert wie beim Wertmaßstab ebenfalls eine Bewertung der eingeworfenen und zugeteilten Grundstücke. Nur so lässt sich der Umlegungsvorteil quantifizieren, der dann bis zu den Kappungsgrenzen in Fläche und darüber hinaus in Geld abgeschöpft wird.

Die Wahl des Verteilungsmaßstabes hat nach pflichtgemäßem Ermessen durch die Umlegungsstelle zu erfolgen. Maßgebliche Kriterien sind die Zweckmäßigkeit (mit welchem Maßstab können die Ziele der Planung optimal verwirklicht werden?) und der Rechtmäßigkeit (führt möglicherweise der Flächenmaßstab aufgrund des Flächenbeitrags bei zahlreichen Eigentümern mit Kleinstgrundstücken ausschließlich zu einer Geldabfindung?). Zwar sind die beiden legalen Maßstäbe hinsichtlich der wirtschaftlichen Auswirkungen für die Umlegungsbeteiligten identisch, gleichwohl sind sonstige unterschiedliche Wirkungen festzustellen. So vermindert die Erhebung des Flächenbeitrages die Verteilungsmasse und damit den Sollanspruch in Land für die Beteiligten. Die Rechtmäßigkeit des Flächenmaßstabs ist bei der vorgenannten Verwendung des Flächenbeitrags wohl gegeben. Ausgeschlossen ist er indessen in Sanierungsgebieten, wo ausschließlich der Wertmaßstab zur Anwendung kommen darf. Neben der Anschaulichkeit des Flächenmaßstabs ist auch seine

Robustheit gegenüber Änderungen des Bebauungsplans hervorzuheben. Beim Wertmaßstab können sich durch Planänderungen mitunter alle Sollansprüche verändern.

Der Verteilungsmaßstab ist generell so zu wählen, dass das Eigentum an Grund und Boden für die Eigentümer soweit wie möglich erhalten bleibt. Das Ermessen ist so auszuüben, dass keiner der Beteiligten wesentlich benachteiligt wird und dass es zu einer ausgewogenen Verteilung von Lasten und Vorteilen kommt. Unter Zweckmäßigkeitsgesichtspunkten ist zu fordern, dass die städtebaulichen Zielsetzungen des Bebauungsplans durch die Wahl des Verteilungsmaßstabes optimal erfüllt werden können. Wenn also Bedarf für Gemeinbedarfsflächen besteht, dann ist die Wahl des Flächenmaßstabs für die Bereitstellung dieser Flächen als zweckmäßig anzusehen.

d) Zuteilung und Abfindung: Entsprechend ihrem Sollanspruch sollen die Eigentümer für ihr eingeworfenes Grundstück nach Möglichkeit in gleicher oder gleichwertiger Lage ein neues Grundstück erhalten. Für die Bemessung von Zuteilung und Abfindung sind folgende Grundsätze maßgeblich:

- Zweckmäßigkeitsgrundsatz (§§ 45 und 59 I BauGB): Die neuen Grundstücke müssen zweckmäßig gestaltet sein, sodass die städtebaulichen Ziele des verbindlichen Bauleitplans optimal und wirtschaftlich realisiert werden können. Die festgesetzte bauliche oder sonstige Nutzung stellen bestimmte Anforderungen an die Lage, Form und Größe der zuzuteilenden Grundstücke. Zusammen mit dem Sollanspruch ist das Zweckmäßigkeitsgebot ein Prüfstein für die Rechtmäßigkeit der Zuteilung. Daher sind erheblich vom Sollanspruch abweichende Zuteilungen kritisch dahingehend zu überprüfen, ob sie aus Zweckmäßigkeitsgründen erforderlich sind.
- Grundsatz der verhältnisgleichen Zuteilung (§ 59 I in Verbindung mit §§ 57 und 58 BauGB): Dieser Grundsatz gewährleistet die Bestandsgarantie in der Umlegung. Das Gebot der verhältnisgleichen Zuteilung hat zweifellos Vorrang vor dem Gebot der wertgleichen Zuteilung (§ 57 I Satz 2 BauGB).
- Grundsatz der wertgleichen Zuteilung (§§ 57, 58 und 59 II BauGB): Eine wertgleiche Zuteilung ist eine Mindestanforderung und gehört insofern zum Wesen der Umlegung, als sie nicht unterschritten werden darf. Damit wird die Wertgarantie gewährleistet, wonach jeder Eigentümer ein Grundstück erhalten soll, das mindestens den gleichen Verkehrswert wie sein eingeworfenes Grundstück zum Zeitpunkt des Umlegungsbeschlusses hatte.
- Grundsatz der gleichen oder gleichwertigen Lage (§ 59 I BauGB): Auch dieser Grundsatz knüpft an die Bestandsgarantie für das Eigentum an. Aufgrund des Flächenabzugs und der damit verknüpften Lageansprüche können zahlreiche Grundstücke naturgemäß nicht in gleicher Lage zugeteilt werden. Eine gleichwertige Lage zeichnet sich dadurch aus, dass die Lagemerkmale des zugeteilten mit dem des eingeworfenen Grundstücks weitgehend übereinstimmen. Dies bezieht sich auf die Form der Erschließung (z. B. Eckgrundstück) sowie vor allem auf die topographischen, sozialen und wirtschaftlichen Merkmale.

Mit Zustimmung der betroffenen Eigentümer kann die Abfindung auch aus Geld, Grundeigentum außerhalb des Umlegungsgebietes oder Miteigentum an einem Grundstück, Gewährung eines Erbbaurechtes an einem Grundstück oder an einer Wohnung, Begründung eines Wohnungseigentums oder einem sonstigen dinglichen Recht innerhalb und außerhalb des Umlegungsgebietes bestehen. Sofern Eigentümer kein bebauungsfähiges Grundstück im Umlegungsgebiet erhalten können, können sie dafür in Geld oder mit einem Grundstück außerhalb des Umlegungsgebietes abgefunden werden. Die Geldabfindung bemisst sich nach entschädigungsrechtlichen Vorschriften. Eine vollständige Abfindung in Geld kann auch dann vorgenommen werden, wenn auch Grundstücke außerhalb des Umlegungsgebietes oder die Begründung von Rechten im Umlegungsgebiet abgelehnt werden. Gerade bei zahlreichen Kleinstgrundstücken bietet die Begründung von Miteigentumsanteilen an Grundstücken die Möglichkeit, die verfassungsrechtliche Bestandsgarantie zu gewährleisten.

Aus Zweckmäßigkeitsgründen wird die tatsächliche Zuteilung in Land regelmäßig vom Sollanspruch abweichen und die Differenz in Geld ausgeglichen. Je nach Umfang der unvermeidbaren Mehr- oder Minderzuteilungen ergibt sich ein anderer Wertermittlungsstichtag für die Bemessung des Geldausgleichs. Bei geringfügigen Abweichungen (Spitzenausgleich) sind die Wertverhältnisse zum Zeitpunkt des Umlegungsbeschlusses zugrunde zu legen. Weicht die tatsächliche Zuteilung mehr als nur unwesentlich vom Sollanspruch ab, so sind die Wertverhältnisse zum Zeitpunkt des Umlegungsplanes maßgeblich. Dabei ist nicht die flächenmäßige Abweichung entscheidend, sondern die Frage, wann die Mehr- oder Minderzuteilung die bauliche Nutzbarkeit eines Grundstücks mehr als nur unwesentlich beeinflusst.[7]

e) Verfahren: Die hoheitliche Umlegung ist vom Charakter her ein amtlich geleitetes Grundstückstauschverfahren, das durch Verwaltungsakte durchgesetzt werden kann. Den Ablauf des Verfahrens und die beteiligten Akteure zeigt Abbildung 10.15.

Die Umlegung gehört zum Aufgabenkreis der kommunalen Selbstverwaltung, und ihr obliegt daher die Befugnis, die Umlegung zur Verwirklichung eines Bebauungsplanes oder zur Nachverdichtung und Neuordnung eines im Zusammenhang bebauten Ortsteils durchzuführen. Für die Verfahrensdurchführung, insbesondere für den Erlass der Verwaltungsakte, sehen die meisten Bundesländer einen Umlegungsausschuss vor, der unabhängig und an Weisungen nicht gebunden ist. Ein solches neutrales Gremium hat sich in interdisziplinärer Zusammensetzung (Jurist, Bewertungssachverständiger, Vermessungsingenieur sowie Mitglieder des Gemeinderates) bewährt. Der Umlegungsausschuss wird durch eine Geschäftsstelle in der Kommunalverwaltung unterstützt. Allerdings kann die Gemeinde die Durchführung der gesamten Umlegung auch auf eine geeignete Behörde übertragen; die Geschäftsstellentätigkeit kann von einem Öffentlich bestellten Vermessungsingenieur wahrgenommen werden.

Da eine hoheitliche Umlegung nur dann zur Anwendung kommen kann, wenn sich die Grundstückseigentümer nicht auf eine private Bodenordnung einigen, ist zunächst eine Anhörung der Eigentümer vorzunehmen. Kommt eine Einigung nicht zustande oder würde die private Einigung nicht zur vollständigen Verwirklichung des Bebauungsplans führen, so kann die Umlegungsstelle das Verfahren durch den Umlegungsbeschluss einleiten. Zur Optimierung der planungsrechtlichen Festsetzungen und der bodenordnerischen Maßnahmen ist ein Parallelverfahren von Bebauungsplanung und Umlegung anzustreben. Zum Zeitpunkt des Umlegungsbeschlusses müssen indessen die Planungsabsichten soweit konkretisiert sein, dass die Erforderlichkeit bodenordnerischer Maßnahmen erkennbar ist. Mit dem Umlegungsbeschluss muss eine zweckmäßige Abgrenzung des Umlegungsgebietes erfolgen, das hinter der Bebauungsplangrenze zurückbleiben kann. Maßgeblich ist die Fra-

---

[7] In einem Fall hat der BGH eine Mehrzuteilung von über 10 % nicht mehr als geringfügige Spitze eingestuft; NJW 1985, 3073/3075.

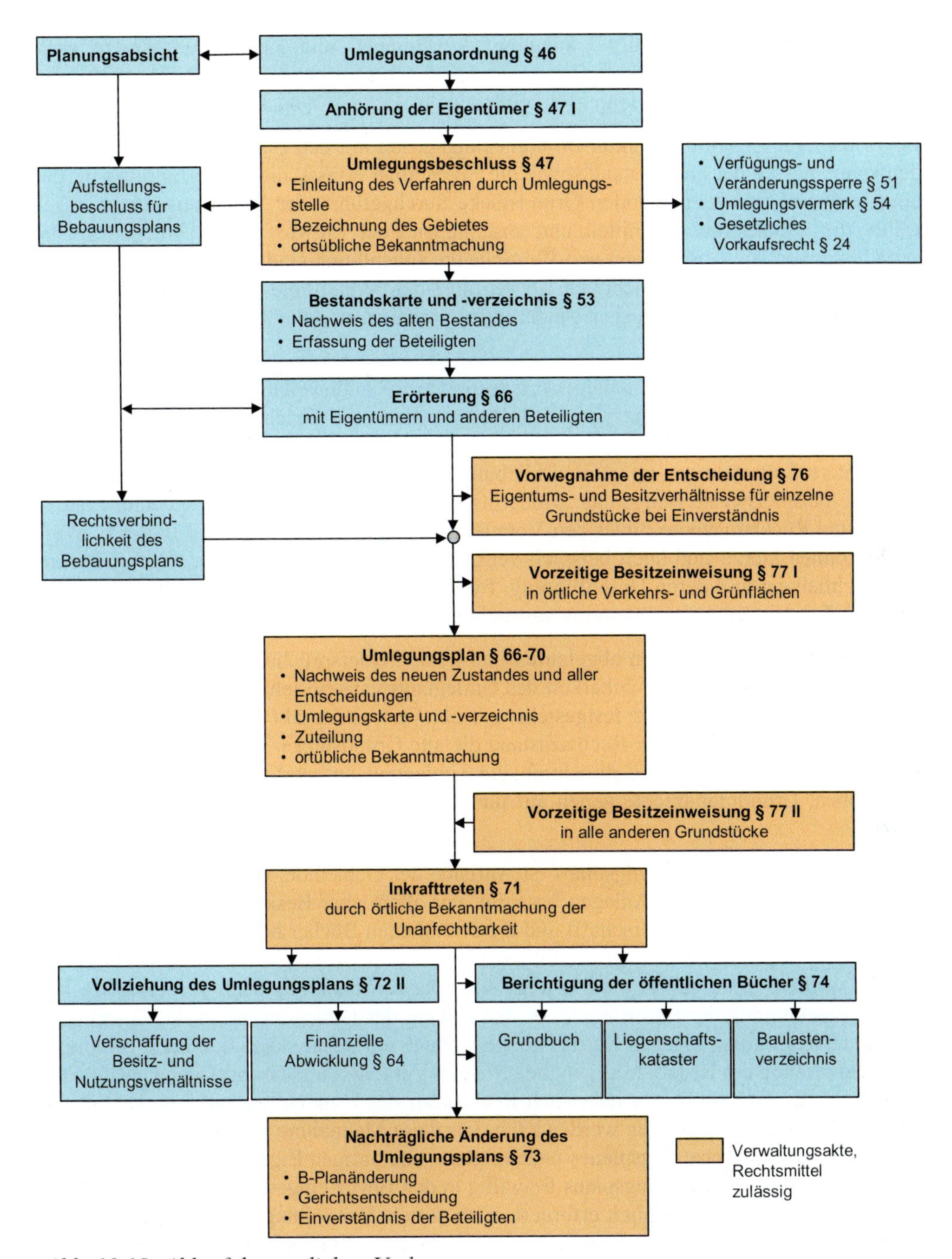

Abb. 10.15: Ablauf der amtlichen Umlegung

ge, welche Grundstücke oder Grundstücksteile zur Verwirklichung des Bebauungsplanes tatsächlich benötigt werden. Auch können Grundstücke, die keinerlei Veränderung ihrer Grundstücksgrenzen erfahren, in das Verfahren mit einbezogen werden.

Die Sicherungsinstrumente der Umlegung (Verfügungs- und Veränderungssperre nach § 51, Umlegungsvermerk § 54 und gesetzliches Vorkaufsrecht § 24 BauGB) stärken die Umsetzungsfähigkeit des Verfahrens erheblich.

Bevor die neue Eigentumsstruktur im Umlegungsgebiet mit den Eigentümern erörtert werden kann, müssen der alte Bestand sowie die Eigentümer erfasst, die Wertermittlung für die eingeworfenen und zuzuteilenden Grundstücke durchgeführt, der Verteilungsmaßstab gewählt, die Sollansprüche ermittelt und anschließend der Entwurf eines Umlegungsplans erstellt werden. Die Anregungen und Wünsche der Eigentümer sind bei der Aufstellung des Umlegungsplanes zu berücksichtigen. Dieser muss den Neuzustand des Umlegungsgebietes mit allen tatsächlichen rechtlichen Änderungen enthalten und zur Übernahme ins Liegenschaftskataster geeignet sein.

Der Umlegungsplan sollte enthalten: Aussagen zum Bebauungsplan, zur Umlegungsanordnung, zum Verteilungsmaßstab, zu den Bodenwerten, zur Erschließungsbeitragspflicht, zum Inkrafttreten des Umlegungsplans und über die Geldleistungen. Darüber hinaus können weitere Festsetzungen zur Verwirklichung des Bebauungsplanes aufgenommen werden, wie beispielsweise Baugebote, Modernisierungs- und Instandsetzungsgebote, Pflanzgebote und Rückbaugebote (unter den Voraussetzungen der §§ 176 bis 178 BauGB). Weiterhin können hierzu und auch beispielsweise zu Kostenbeteiligungen der Eigentümer an der Erschließung und deren Durchführung, freiwilligen Flächenabtretungen für öffentliche Anlagen, Energieversorgungssysteme vertragliche Vereinbarungen aufgenommen werden.

Sobald die Rechtsmittelfristen abgelaufen und keine Widersprüche oder Klagen mehr anhängig sind, wird die Unanfechtbarkeit des Umlegungsplans bestehend aus Umlegungskarte und Umlegungsverzeichnis festgestellt und als Verwaltungsakt ortsüblich bekannt gemacht. Damit ersetzt der neue Rechtszustand die alte Grundstücks- und Eigentumsstruktur. Grundstücksbezogene Rechte, die durch die Umlegung entbehrlich werden, sind damit aufgehoben, Grundpfandrechte gehen auf die neuen Grundstücke über (Surrogationsprinzip).

Die Vollziehung des Umlegungsplans ist Aufgabe der Gemeinde. Ggf. müssen Grundstücke freigelegt und bauliche Anlagen beseitigt, vor allem aber Besitz- und Nutzungsrechte für die neuen Grundstücke verschafft und die öffentlichen Bücher berichtigt werden. Durch kooperative Regelungen können vielfältige Beschleunigungsmöglichkeiten im Verfahren erreicht werden. Dazu gehört die Vorwegnahme der Entscheidung nach § 76 BauGB, bei der mit Zustimmung der Betroffenen vor Aufstellung des Umlegungsplans die Eigentums- und Besitzverhältnisse geregelt werden können. Die Erschließung kann durch die vorzeitige Besitzeinweisung der Bedarfsträger in die örtlichen Verkehrs- und Grundflächen nach § 76 I BauGB vorgezogen werden, sodass nach Rechtskraft des Umlegungsplans mit der Bebauung der Grundstücke begonnen werden kann. Für diese Maßnahme ist indessen die Rechtsverbindlichkeit des Bebauungsplanes unabdingbar. Alle übrigen Eigentümer können bereits vor Inkrafttreten des Umlegungsplans freiwillig in den Besitz eingewiesen und dies, sofern dies das Wohl der Allgemeinheit erfordert, auch mittels Verwaltungsakt durchgesetzt werden. Hinzu kommen die Beschleunigungsmöglichkeiten durch einen Teilumlegungsplan nach § 66 I sowie die Teilinkraftsetzung des Umlegungsplans gemäß § 71 II BauGB.

Rechtsmittel sind gegen alle Verwaltungsakte in der Umlegung zulässig. Nach einem Vorverfahren gemäß § 212 BauGB (in der Regel bei der Umlegungsstelle) kann ggf. ein Antrag auf gerichtliche Entscheidung gemäß § 217 BauGB bei der Kammer für Baulandsachen beim Landgericht gestellt werden. Das Berufungsverfahren ist beim Oberlandesgericht, Senat für Baulandsachen, und die Revision beim Bundesgerichtshof angesiedelt.

10.2.3 Die vereinfachte Umlegung

Für weniger komplexe Bodenordnungsaufgaben regelt § 80 ff. BauGB die vereinfachte Umlegung. Der Zweck dieses Verfahrens ist gemäß § 45 BauGB identisch mit der klassischen Umlegung. Sie dient ebenso zur Verwirklichung eines Bebauungsplanes oder aus Gründen einer geordneten städtebaulichen Entwicklung zur Verwirklichung der innerhalb eines im Zusammenhang bebauten Ortsteils zulässigen Nutzung. Allerdings müssen die zu tauschenden Grundstücke oder Grundstücksteile unmittelbar aneinandergrenzen oder in enger Nachbarschaft liegen (§ 80 I BauGB). Dabei können Grundstücke, insbesondere Splittergrundstücke oder Teile von Grundstücken auch einseitig zugeteilt werden. Die vereinfachte Umlegung ist ebenso wie die Regelumlegung eine Inhalts- und Schrankenbestimmung des Eigentums und dient dem Ausgleich privater Interessen. Dabei sind folgende Besonderheiten zu beachten:

- *Enge Nachbarschaft:* Der unbestimmte Rechtsbegriff der engen Nachbarschaft muss gleichermaßen unter räumlichen und funktionalen Gesichtspunkten konkretisiert werden. Weder eine bestimmte Entfernung noch eine bestimmte Anzahl von Grundstücken sind dafür geeignet. Vielmehr muss nach der Eigenart des jeweiligen Gebietes, der städtebaulichen Situation sowie der funktionalen Beziehungen der Einwurfsgrundstücke der Begriff der engen Nachbarschaft bewertet werden. Entsprechend wird der Gebietsumgriff bei großen Grundstücken und relativ homogener Nutzung erheblich größer ausfallen als bei Gebieten mit kleiner Grundstücksstruktur und stark ausdifferenzierten Nutzungen. Da der Austausch von Flächen auf die enge Nachbarschaft beschränkt ist, ist der Gestaltungsspielraum im Rahmen der vereinfachten gegenüber der klassischen Umlegung erheblich geringer. Andererseits kann dadurch das Zuteilungsgebot der Landzuteilung in gleicher oder gleichwertiger Lage auch leichter erfüllt werden.
- *Einseitige Zuteilung:* Eine einseitige Zuteilung von Flächen erfolgt im Rahmen der Inhalts- und Schrankenbestimmung des Eigentums und ist indessen ausgleichspflichtig. Einseitige Zuteilungen müssen im öffentlichen Interesse geboten sein, das heißt zur Verwirklichung des Bebauungsplanes oder der Nutzungen in § 34-Gebieten. Diesbezüglich gelten die gleichen Anforderungen wie für Mehr- oder Minderzuteilungen in der Regelumlegung. In der Vereinfachten Umlegung dürfen allenfalls unerhebliche Wertminderungen bei den Grundstücken eintreten (§ 80 III BauGB). Diese Regelung trägt der Bestandsgarantie des Grundgesetzes Rechnung. Für die Verteilung ist ausschließlich der Wertmaßstab zulässig.
- *Bereitstellung von Erschließungsflächen:* Die Möglichkeiten zur Aufbringung von Erschließungsflächen sind begrenzt, da § 55 II BauGB nicht anwendbar ist. Die benötigten Flächen können daher lediglich durch einseitige Zuteilung an die Gemeinde oder einen Erschließungsträger bereitgestellt werden, sofern diese über entsprechende Flächen im Umlegungsgebiet verfügen. Damit nicht nur diejenigen Eigentümer, die unmittelbar an der künftigen Verkehrsfläche liegen, diese Flächen aufbringen müssen, ist eine Verteilung auf angrenzende Grundstücke denkbar (Dominoeffekt). Der Umfang der einseitigen Zuteilung ist durch das Gebot der unerheblichen Wertminderung beschränkt. Die umfassende Neuerschließung von Bauland erfordert daher regelmäßig

eine klassische Umlegung, da nur hier das Solidaritätsprinzip bei der Erschließungsflächenbereitstellung anwendbar ist.

- *Verfahren:* Die vereinfachte Umlegung soll schnell und einfach durchführbar sein, sodass für das gesamte Verfahren lediglich zwei Verwaltungsakte erlassen werden müssen. Dazu gehört der Beschluss über die neuen Grenzen, die Geldleistungen und über die Neuordnung, Neubegründung oder Aufhebung von Dienstbarkeiten, Grundpfandrechten und Baulasten. Für Grundpfandrechte ist die Zustimmung der Beteiligten erforderlich. Der neue Rechtszustand tritt mit der Bekanntmachung des Zeitpunktes ein, zu dem die vereinfachte Umlegung unanfechtbar geworden ist. Anschließend sind die öffentlichen Bücher zu berichtigen.

Mit diesem schlanken Verwaltungsverfahren kann die tatsächliche und rechtliche Verfügungsgewalt über die neuen bzw. veränderten Grundstücke, insbesondere deren Beleihungsfähigkeit, innerhalb eines kurzen Zeitraums hergestellt werden. Die Entscheidung zwischen Regelumlegung und Vereinfachter Umlegung liegt im Ermessen der Gemeinde bzw. der Umlegungsstelle. Wesentliche Kriterien dürften die bodenordnerischen Aufgaben für die Erschließung, die Anzahl der Eigentümer, die Komplexität der Rechtsverhältnisse sowie die Größe des Verfahrensgebietes sein.

10.2.4 Die freiwillige Umlegung

Die Neuordnung der Grundstücke für eine plangemäße Nutzung ist zunächst Aufgabe der Eigentümer (Subsidiaritätsprinzip). In einfach gelagerten Fällen kann die für eine bauliche oder sonstige städtebauliche Nutzung optimale Grundstücksstruktur durch den Austausch bzw. den Erwerb von benachbarten Grundstücksteilen erreicht werden. Die erforderlichen zivilgesetzlichen Grundstücksgeschäfte (Grundstückskaufvertrag gemäß BGB, Fortführung des Liegenschaftskatasters und des Grundbuchs) erfüllen insgesamt indessen nicht ohne Weiteres die Anforderungen einer freiwilligen Umlegung. Der Begriff der freiwilligen Umlegung umfasst vielmehr nur solche Bodenordnungsverfahren, bei denen auf Grundlage eines städtebaulichen Vertrages die örtlichen Flächen für öffentliche Zwecke solidarisch bereitgestellt werden und die Grundstücksgrenzen und Rechte an Grundstücken in der Weise neu geordnet werden, dass nach Lage, Form und Größe für eine bauliche Nutzung zweckmäßige Grundstücke entstehen. Die freiwillige Umlegung ist im Gegensatz zur amtlichen Umlegung als städtebaulicher Vertrag zu qualifizieren und (seit 1998) in § 11 I Nr. 1 BauGB geregelt, erfüllt indessen dieselben materiellen Anforderungen (vgl. die in Abschnitt 10.2.2 dargestellten Prinzipien der hoheitlichen Umlegung). Die Neuordnung der Grundstücksverhältnisse ausdrücklich als Anwendungsbereich städtebaulicher Verträge aufgenommen. Nach dieser Maßgabe lassen sich die hoheitliche, einvernehmliche und freiwillige Umlegung unterscheiden (vgl. Tabelle 10.1: Umlegungstypen). Bereits die hoheitliche Umlegung bietet die Möglichkeit zahlreicher konsensualer formeller und materieller Entscheidungen. Vor allem die Anhörung der Eigentümer vor dem Umlegungsbeschluss gemäß § 47 I BauGB und die Erörterung des Umlegungsplans mit den Eigentümern gemäß § 66 I BauGB weisen auf den umfangreichen Kooperationsbedarf des Instrumentes hin.[8]

[8] Vgl. SCHMIDT-ASSMANN, (1996), 37 f.

Tabelle 10.1: Umlegungstypen

Hoheitliche Umlegung § 45 ff. BauGB	**Einvernehmliche Umlegung § 45 ff. und § 11 BauGB**	**Freiwillige Umlegung § 11 BauGB**
• Amtlich durchgeführter Grundstückstausch • (klassische) Umlegung § 45 ff. BauGB • Vereinfachte Umlegung § 80 ff. BauGB • Gesetzlich normierte Verteilungsmaßstäbe: Flächen- u. Wertmaßstab • Bauverpflichtung	Vereinbarungen: • Verteilungsmaßstab (§ 56 II BauGB) • Abfindung und Zuteilung (§ 59 IV BauGB) • Vorwegnahme der Entscheidung (§ 76 BauGB) • Flächenabtretungen, Kostenübernahmen (§ 11 I Nr. 2 u. 3 BauGB)	• Städtebaulicher Vertrag (§ 11 I Nr. 1 BauGB) • Konsensualer Grundstückstausch nach den Prinzipien der hoheitlichen Umlegung • Klassische BGB-Umlegung • Private Verfahrensträgerschaft • Gemeindliche Verfahrensträgerschaft

Wichtige freiwillige Vereinbarungen betreffen den Umlegungsmaßstab (§ 56 II BauGB), die Abfindung und die Zuteilung, (§ 59 IV BauGB), die Vorwegnahme der Entscheidung (§ 76 BauGB) sowie weitere Vereinbarungen (§ 11 BauGB), die sich auf folgende Aspekte erstrecken können:

- Anerkennung des Bestandsverzeichnisses,
- Bewertung der Einwurfsgrundstücke,
- Flächenabtretung für öffentlich geförderten Wohnungsbau und Gemeinbedarfseinrichtungen,
- unentgeltliche Übertragung von öffentlichen Erschließungsflächen,
- Zuteilungen abweichend vom gesetzlichen Sollanspruch,
- Abfindung in Geld oder in Land außerhalb des Umlegungsgebietes sowie
- Übernahme von Kosten für städtebauliche Planungen und Gutachten, Erschließung, Ausgleichsmaßnahmen und für Gemeinbedarfseinrichtungen.

Ein freiwilliges Bodenordnungsverfahren, bei dem sich die Grundstückseigentümer und die Gemeinde über die Einwurfs- und Zuteilungsgrundstücke, die Einwurfs- und Zuteilungswerte, die Übertragung der öffentlichen Flächen sowie über die Kostentragung usw. einigen, ersetzt das gesetzliche Umlegungsverfahren mit all seinen Regelungen. Das BVerwG hat bereits in seinem Urteil von 1984 klargestellt, dass eine Gemeinde auch mit einer freiwilligen Umlegung letztlich städtebauliche Ziele und Zwecke verfolgt und die entsprechenden Vereinbarungen daher als öffentlich rechtliche Verträge zu qualifizieren sind.[9] In der Praxis haben sich folgende Modelle der freiwilligen Umlegung bewährt:

- *Ringtauschmodelle:* Als Vorbereitung für den Ringtausch müssen zunächst die alte und die neue Grundstücksstruktur überlagert und, soweit erforderlich, Grundstücksteilungen vorgenommen werden. Die gebildeten Teilflächen werden in einem Tauschvertrag gemäß § 328 BGB entweder benachbarten Eigentümern im Verfahrensgebiet zur Bildung zweckmäßiger Grundstücke oder der Gemeinde für Erschließungszwecke übertragen. In diesem Verfahren sind auch die Veräußerung des gesamten Eigentums und der Erwerb eines oder mehrerer Baugrundstücke an anderer Stelle im Gebiet möglich. Dabei müssen alle Teilflächen von örtlich nicht gebundenen Rechten und Belas-

[9] Vgl. BVerwG, Urteil vom 06.07.1984.

tungen auf Grundlage entsprechender Löschungsbewilligungen der Rechtsinhaber befreit werden. Rechtssicherheit für alle beteiligten Eigentümer entsteht dadurch, dass alle Grundtauschgeschäfte in einem notariell beurkundeten Vertrag abgewickelt werden. Bei einer großen Anzahl von Teilflächen und Teilnehmern wird das Verfahren intransparent und teuer und daher unpraktikabel. Die Eigentümer haben die Kosten für das Flächenmanagement, die Notar-, Vermessungs- und Katastergebühren sowie die Grunderwerbssteuer zu tragen. Alle Grunderwerbsgeschäfte in diesem Verfahren unterliegen voll der Grunderwerbssteuer.

- *Gesellschaftsmodelle:* Die Eigentümer bringen ihr gesamtes Grundeigentum als Einlage in eine Gesellschaft des bürgerlichen Rechts (GbR) gemäß § 705 ff BGB ein. Dabei wird ein Rückübertragungsanspruch zur Sicherung ihrer Eigentumsinteressen vereinbart. Die Grundstücke werden auf die Gesellschaft aufgelassen, das heißt grundbuchlich vereinigt und katastertechnisch zum Massegrundstück verschmolzen. Sodann erfolgt die Zerlegung und Teilung zur Bildung zweckmäßiger Baugrundstücke und anschließend die Rückübertragung auf die beteiligten Eigentümer. Die örtlichen Flächen für öffentliche Zwecke werden der Gemeinde übertragen. Es fallen demnach bei dieser Form der aufgelassenen GbR zwei Erwerbsvorgänge an, die jeweils grunderwerbssteuerpflichtig sind. Dies gilt indessen lediglich für alle disgruenten Flächen, das heißt für diejenigen Teilflächen, bei denen keine Identität zwischen Einlagegrundstück in die Gesellschaft und Rückübertragungsgrundstück auf den Eigentümer besteht. Dieses Verfahren bietet sich bei umfangreichen Gebieten mit zahlreichen Eigentümern und zersplittertem Grundbesitz, z. B. in Realteilungsgebieten, in besonderer Weise an. Die Vereinigung zum Massegrundstück ist auf die Mithilfe der Grundstückseigentümer und Berechtigten angewiesen; es bedarf einer Freistellung von nicht ortsgebundenen Rechten und Belastungen.

  Im Gegensatz zur aufgelassenen GbR kann auch eine temporäre GbR gegründet werden. Hier erfolgen in einem Notartermin sowohl die Einlage der Grundstücke in die Gesellschaft als auch die Rückübertragung auf die Eigentümer. Das Modell eignet sich vor allem für solche Fälle, bei denen im Rahmen der Neuordnung zahlreiche Grundstücke auf Dritte, z. B. Bauträger, übertragen werden sollen. Auch in diesem Verfahren fällt durch den Erwerbsvorgang der Gesellschaft und die Veräußerung an die Eigentümer bzw. an Bauträger die doppelte Grunderwerbssteuer an. Ein Vorteil der temporären GbR besteht darin, dass keine Insolvenzgefahr besteht und somit das Risiko der beteiligten Eigentümer erheblich reduziert wird.
- *Trägermodelle:* Bei diesen Modellen handelt die Gemeinde oder ein privater Erschließungsträger als Zwischenerwerber aller Flächen im Verfahrensgebiet. Die Sicherung der Eigentümerinteressen erfolgt in beiden Fällen durch Rückübertragungsanspruch im Notarvertrag. Das Massegrundstück wird im Grundbuch durch Vereinigung der Grundstücke und im Liegenschaftskataster durch Verschmelzung der Flurstücke gebildet. Der Zerlegung und Teilung folgt die Rückübertragung an die beteiligten Eigentümer. Bei einem kommunezentrierten Verfahren wird die Gemeinde dabei naturgemäß die örtlichen Flächen für öffentliche Zwecke in ihrem Eigentum behalten, um darauf die Erschließungsanlagen und -einrichtungen zu erstellen. Beim Verfahren mit privatem Erschließungsträger, das sich immer dann anbietet, wenn die Eigentümer ohnehin große Teile der Flächen an einen Dritten veräußern wollen, werden die Erschließungsflächen an die Gemeinde und die gewünschten Baugrundstücke an die Eigentümer zurückübertragen. Bei diesem Verfahrensmodell ist für den Anteil der Fläche, der auf die

Alteigentümer zurückübertragen wird, die doppelte Grunderwerbssteuer zu entrichten, ansonsten der einfache Satz. Aus Sicht der Eigentümer bietet das kommunezentrierte Modell ein geringeres Risiko als bei einem privaten Vertragspartner. Bei privaten Trägern ist ein gewisses Insolvenzrisiko gegeben und damit möglicherweise die Rückübertragung der Grundstücke gefährdet. Gegenüber den beiden vorgenannten Modellen entstehen durch die zusätzlichen Zwischenerwerbskosten höhere Verfahrenskosten.

Für die freiwillige Umlegung als städtebaulichem Vertrag gelten die allgemeinen Rechtsgrundsätze gemäß § 56 I VwVerfG ebenso wie für alle anderen städtebaulichen Vertragstypen auch. Nicht maßgeblich für die freiwillige Umlegung sind hingegen die strikten Bemessungsgrenzen des § 58 I BauGB, der Vertrag zwischen Eigentümern und der Gemeinde darf jedoch bei wirtschaftlicher Betrachtungsweise nicht zu einer übermäßigen Belastung der Eigentümer führen. Für die freiwilligen Vereinbarungen sind folgende Kriterien maßgeblich:

- *Kausalität und Koppelungsverbot:* Es können lediglich Kosten für solche Anlagen und Maßnahmen übergewälzt werden, die Voraussetzung oder Folge der Entwicklung des Umlegungsgebietes sind. Als Spezialfall des Kausalitätsprinzips darf die Gemeinde insbesondere keine hoheitlichen Leistungen, auf die die Eigentümer ohnehin einen Anspruch haben, von Gegenleistungen abhängig machen.
- *Angemessenheit:* In der Gesamtbetrachtung muss die Privatnützigkeit des Verfahrens gewahrt bleiben. Allerdings bilden die Standards der amtlichen Umlegung keine obere Schranke dessen, was abgeschöpft werden kann, sondern sie bieten lediglich eine Orientierung. So können in einer freiwilligen Umlegung die Flächenbeiträge die in § 58 I BauGB normierten Grenzen überschreiten.[10] Die Angemessenheit von Leistungen und Gegenleistungen ist insgesamt und nach der Lage des Einzelfalles zu beurteilen. Die Grenze der Angemessenheit könnte dann überschritten sein, wenn ein Grundstückseigentümer trotz ausreichend großem Einwurfsgrundstück kein bebauungsfähiges Grundstück mehr erhält. Die Gemeinde ist nicht gehalten, den höchstmöglichen Beitrag bei einer freiwilligen Umlegung abzuschöpfen.
- *Subsidiaritätsprinzip und Verhältnismäßigkeitsgebot:* Das Verhältnis von freiwilliger zu gesetzlicher Umlegung ist durch das Prinzip der Subsidiarität bestimmt. Danach genießt jede selbständige privatautonome Regelung und damit jede Einigung der Grundstückseigentümer zur plankonformen Neuordnung der Grundstücke als auch jede einvernehmliche Regelung innerhalb eines gesetzlichen Verfahrens grundsätzlich Vorrang vor den gesetzlichen Regelungen eines grundrechtsbeschränkenden hoheitlichen Verfahrens.[11] Deshalb dient die Anhörung der Eigentümer vor dem Umlegungsbeschluss (§ 47 I BauGB) dazu, die Möglichkeiten einer privaten Einigung zu erfassen. Ein Vorrang besteht allerdings nicht in der Weise, dass erst eine freiwillige Umlegung gescheitert sein muss, bevor ein gesetzliches Verfahren begonnen werden darf. Freiwillige Verfahren und einvernehmliche Regelungen gehen auch in hoheitlichen Verfahren grundsätzlich den gesetzlichen Regelungen allerdings nur dann vor, wenn die öffentlichen Interessen gewahrt werden. Daraus kann aber im Umkehrschluss nicht gefolgert werden, dass bei einer Einigung der Eigentümer keine gesetzliche Umlegung mehr durchgeführt werden darf.

[10] Vgl. BVerwG, Beschluss vom 17.07.2001, ZfBR 2002, S. 74 bis 77.
[11] Vgl. BVerwG, Beschluss vom 22.05.2001 – 1 BvR 1512/97 und 1677/97, NJW 2001, S. 3256.

Vor Durchführung einer freiwilligen Umlegung sind daher folgende Voraussetzungen zu klären:

- Mitwirkungsbereitschaft der Eigentümer: Die Eigentümer müssen bereit und in der Lage sein, eine dem Bebauungsplan entsprechende Neuordnung der Grundstücke herbeizuführen.
- Es muss eine Einigung der Beteiligten hinsichtlich der Zuteilung und Abfindung in der Umlegung vorliegen. Nach § 311 BGB muss eine solche Einigung notariell protokolliert werden, um rechtsgültig zu werden.
- Mitwirkungsbereitschaft der Träger von im Grundbuch eingetragenen Rechten.
- Mitwirkungsbereitschaft der Gemeinde hinsichtlich ihrer alten Straßen und Wege und ihrer sonstigen Grundstücke sowie hinsichtlich der Übernahme der künftigen öffentlichen Flächen. Die Gemeinde kann ihre Mitwirkungsbereitschaft nicht aus dem Grunde versagen, dass sie in einem amtlichen Verfahren den Umlegungsvorteil in Geld und/oder in Fläche abschöpfen könnte. Dies gilt sicherlich dann nicht, wenn die Flächen für städtebauliche Zwecke, insbesondere für eine soziale Wohnraumversorgung benötigt werden.
- Zumutbares Angebot: Der Gemeinde muss ein Angebot mit zumutbaren Konditionen für die Durchführung der Bodenordnung vorliegen. Zumutbar ist ein Angebot dann, wenn die Eigentümer bereit sind, die im Bebauungsplan für öffentliche Zwecke festgesetzten Flächen unentgeltlich an die Gemeinde zu übertragen und wenn die freiwillige Bodenordnung ohne größere rechtliche oder wirtschaftliche Schwierigkeiten zu einem gleichen städtebaulichen Ergebnis wie die hoheitliche Bodenordnung führen würde.
- Gleichbehandlung aller Eigentümer: Im Umlegungsgebiet muss die Gleichbehandlung aller Eigentümer gewährleistet sein und es darf zu keiner Majorisierung beispielsweise von Eigentümern kleinerer Grundstücke kommen.
- Rechtsverbindlicher Bebauungsplan: Bei Gebieten mit Planungsbedarf sollte bereits zu Beginn ein rechtsgültiger Bebauungsplan vorliegen, denn ein Parallelverfahren birgt für eine freiwillige Bodenordnung zu viele Unwägbarkeiten.

Bei der Anhörung der beteiligten Grundstückseigentümer vor der Entscheidung eines Bodeninstruments stellt sich auch die Frage nach den finanziellen Belastungen der Eigentümer. Dabei ist zu berücksichtigen, dass die hoheitliche Umlegung eine Wertorientierung aufweist und der gesamte Umlegungsvorteil, wie in Abschnitt 10.2.2 dargestellt, von der Gemeinde abzuschöpfen ist. Demgegenüber weist die freiwillige Umlegung eine Kostenorientierung auf. Daher ist aus ökonomischer Hinsicht keine Vergleichbarkeit der beiden Verfahrenstypen möglich. Hinsichtlich der Durchführungsdauer ist darauf hinzuweisen, dass der Rechtsübergang vom alten auf den neuen Zustand und damit die vollen Eigentümerbefugnisse in der amtlichen Umlegung letztlich mit der Bekanntmachung der Unanfechtbarkeit des Umlegungsplanes außerhalb des Grundbuches eintritt, während bei der freiwilligen Umlegung die rechtliche Verfügungsgewalt über die neuen Grundstücke zunächst deren Eintragung ins Grundbuch bedingt.

Die Entscheidung zwischen freiwilliger und hoheitlicher Bodenordnung ist nach sachgerechtem Ermessen nach Anhörung der beteiligten Grundstückseigentümer und sorgfältiger Prüfung der vorgenannten Kriterien vorzunehmen. Nach dem Grundsatz, dass für jede Bodenordnungsaufgabe nur ein Instrument sachgerecht ist, muss die Wahl nach objektiven rechtlichen und nicht nach wirtschaftlichen Gesichtspunkten getroffen werden.

Freiwillige Umlegungen kommen in der Praxis meistens auf Initiative der Grundstückseigentümer zustande. Die Verfahrenssteuerung und das Flächenmanagement kann sowohl von der gemeindlichen Umlegungsstelle als auch von einer sonstigen geeigneten Stelle, z. B. von einem Katasteramt oder von einem Öffentlich bestellten Vermessungsingenieur wahrgenommen werden.

10.2.5 Baulanderschließung, Finanzierung und Mobilisierung

Der dynamischen Bodenordnung kommt im Rahmen des Flächenmanagements eine Schlüsselstellung zu. Einerseits müssen die bodenordnerischen Anforderungen an die Planung formuliert und andererseits die Ansprüche der Erschließung in der Bodenordnung berücksichtigt werden. Darüber hinaus sind auch die anderen Wechselwirkungen mit der Plansicherung, mit der Mobilisierung der Bauflächen und der Finanzierung des Baulandprozesses sowie letztlich mit der Baurechtsnutzung für eine erfolgreiche und qualitativ hochwertige Baulandentwicklung von herausragender Bedeutung (vgl. Abb. 10.16). Im Folgenden sollen daher vor allen die sich aus der Baulanderschließung ergebenden Anforderungen an die Bodenordnung thematisiert werden.

Zu den wesentlichen Phasen der Baulandentwicklung und Baulandbereitstellung gehört neben der Planung und der Bodenordnung vor allem die Erschließung. Zwischen diesen und allen weiteren Phasen der Baulandentwicklung bestehen vielfältige Wechselwirkungen. So müssen die durch die Planung ausgewiesenen Erschließungsflächen rechtzeitig der Gemeinde bzw. einem Erschließungs- oder Versorgungsträger übertragen und entsprechende Rechte begründet werden.

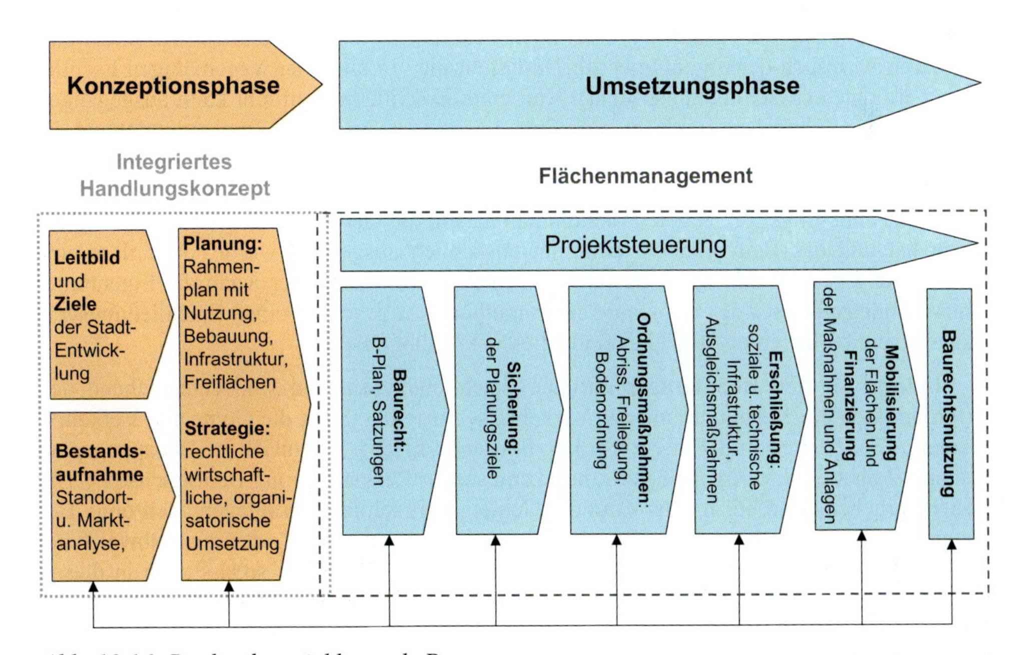

Abb. 10.16: Baulandentwicklung als Prozess

a) Erschließungsanlagen: Art und Umfang der Erschließung hängen von den jeweiligen Grundstücksnutzungen und den sonstigen örtlichen Erfordernissen ab. In allen Fällen ist mindestens eine verkehrliche Erschließung erforderlich. Zur Entwicklung von Rohbauland zu baureifem Land sind sowohl planungs- als auch bauordnungsrechtliche Erschließungsanlagen erforderlich. Die planungsrechtlichen Erschließungsanlagen umfassen nach § 127 II BauGB folgende Anlagen, für die ein Erschließungsbeitrag erhoben werden kann:

- Die öffentlichen zum Anbau bestimmten Straßen, Wege und Plätze,
- Fußwege, Wohnwege und sonstige nicht befahrbare Verkehrsanlagen,
- Sammelstraßen innerhalb der Baugebiete,
- Parkflächen und Grünanlagen mit Ausnahme von Kinderspielplätzen,
- Anlagen zum Schutz von Baugebieten gegen schädliche Umwelteinwirkungen.

Die Zulässigkeit von baulichen Vorhaben gemäß § 29 BauGB setzt eine gesicherte Erschließung der Baugrundstücke voraus. Dazu gehören nach landesrechtlichen Bestimmungen (vgl. Musterbauordnung der kommunalen Spitzenverbände) folgende Anlagen:

- Öffentlich-rechtlich gesicherte Grundstückszufahrt in angemessener Breite zu einer befahrbaren öffentlichen Verkehrsfläche,
- Versorgungsanlagen für Trink- und Löschwasser,
- Abwasseranlagen sowie
- Anschluss an das Stromnetz.

b) Erschließungslast: Die Erschließung ist eine allgemeine hoheitliche Aufgabe der Gemeinde, die sie im Rahmen ihrer Daseinsvorsorge durchzuführen hat, soweit sie nicht nach anderen gesetzlichen Vorschriften oder öffentlich-rechtlichen Verpflichtungen einem anderen obliegt (§ 123 BauGB). Die kommunale Aufgabe der Erschließung kann sich nach der ständigen Rechtsprechung des BVerwG unter bestimmten Voraussetzungen zu einem einklagbaren Anspruch der Eigentümer zur Durchführung vor allen der wegemäßigen Eschließung verdichten (Erschließungspflicht). Von einer Erschließungspflicht kann ausgegangen werden, wenn beispielsweise durch eine Enteignung oder durch eine Baulandumlegung die Flächen für Erschließungsanlagen bereits bereitgestellt wurden und im Falle der hoheitlichen Bodenordnung die Eigentümer Flächen mit der Qualität „baureifes Land, erschließungsflächenbeitragsfrei" zugeteilt bekommen haben, die Gemeinde eine Baugenehmigung erteilt hat und das Bauvorhaben daraufhin tatsächlich ausgeführt wurde, ohne dass eine Erschließung besteht und daher das Gebäude nicht nutzbar ist, oder wenn die Eigentümer eines Planungsgebietes der Gemeinde ein zumutbares Angebot für einen Erschließungsvertrag unterbreitet haben und die Gemeinde dieses Angebot ablehnt.

c) Bindung an den Bebauungsplan: Die Erschließungsanlagen sind entsprechend den Erfordernissen der Bebauung und des Verkehrs herzustellen. Setzt die Gemeinde Verkehrsflächen, Grünflächen und Emissionsschutzflächen gemäß § 9 BauGB im Bebauungsplan fest und stellt sie diese Anlagen selbst her, kann sie zur Refinanzierung Beiträge nach § 127 BauGB erheben. Darüber hinaus kann die Gemeinde Erschließungsanlagen auch ohne Bebauungsplan z. B. in einem im Zusammenhang bebauten Ortsteil oder auch abweichend von den Festsetzungen des Bebauungsplanes rechtmäßig herstellen, sodass auch in diesen Fällen eine Beitragspflicht für die Grundstückseigentümer entsteht. Der Verzicht auf einen Bebauungsplan für § 34-Gebiete korreliert mit dem Umlegungsrecht, wonach eine Umlegung nach § 45 ff. BauGB auch im unbeplanten Innenbereich zulässig ist. Sofern die Flächenbereitstellung auf Probleme stößt und mit Widerspruch der Eigentümer zu rechnen ist, empfiehlt sich allerdings die Aufstellung eines Bebauungsplans nach § 13a BauGB.

Planung, Bodenordnung und Erschließung sind eng aufeinander abzustimmen. Bereits vor Beginn der Bodenordnung muss klar sein, welche Anlagen der äußeren und inneren Erschließung für das Baugebiet vorgesehen sind und wann es zu einer Realisierung dieser Anlagen kommt. Es muss also Gewissheit über die Erschließung und damit über die Wartezeit bis zur Baureife bestehen. Ferner bestimmt der Zeitpunkt der Erschließung auch den Wert der zugeteilten Grundstücke in der Bodenordnung. Bei großen zeitlichen Abständen zwischen Unanfechtbarkeit des Umlegungsplanes und Benutzbarkeit der Erschließungsanlagen ist eine entsprechende Diskontierung des Bodenwertes vorzunehmen.

d) Erschließungsbeiträge: Die Gemeinde hat zur Deckung ihres anderweitig nicht gedeckten Aufwandes für die in § 127 II BauGB abschließend aufgeführten Anlagen von den Grundstückseigentümern bzw. den Erbbauberechtigten einen Erschließungsbeitrag zu erheben. In diesem Erschließungsbeitrag sind zu berücksichtigen:

- der Erwerb der Erschließungsflächen,
- die erstmalige Erstellung der Erschließungsanlagen und die Einrichtung für die Straßenentwässerung und -beleuchtung sowie
- die Übernahme von Anlagen als gemeindliche Erschließungsanlagen.

Für die Erhebung der Erschließungsbeiträge, die max. 90 % der beitragsfähigen Kosten umfassen dürfen, hat die Gemeinde eine Satzung aufzustellen, in der mindestens die Art und der Umfang der Erschließungsanlagen im Sinne von § 129 BauGB, die Art der Ermittlung und der Verteilung des Aufwandes sowie die Höhe des Einheitssatzes, die Kostenspaltung und die Merkmale der endgültigen Herstellung einer Erschließungsanlage geregelt werden.

Die Erschließungsbeiträge sind auf die erschlossenen Grundstücke gerecht zu verteilen. Der Beitragspflicht unterliegen daher lediglich Grundstücke der Qualität „baureifes Land" im Geltungsbereich eines Bebauungsplans und innerhalb einer im Zusammenhang bebauten Ortslage, nicht indessen Außenbereichsgrundstücke, auch wenn diese bebaut sind. Der Verteilungsmaßstab muss in der Erschließungssatzung einheitlich für das gesamte Gemeindegebiet geregelt werden.

e) Erschlossensein: Für eine bauliche Nutzung vorgesehene Grundstücke sind grundsätzlich dann erschlossen, wenn sie durch Kraftfahrzeuge erreichbar sind. Nicht unbedingt erforderlich ist es, dass die Fahrzeuge auf das Grundstück fahren können. Demnach ist auch eine Erschließung mit nicht befahrbaren Wohnwegen eine vollwertige Erschließung eines Wohnbaugrundstückes. Allerdings muss die Anfahrbarkeit für Fahrzeuge des Rettungswesens gegeben sein. Grundstücke in Gewerbegebieten müssen indessen so erschlossen sein, dass ein Herauffahren mit Kraftfahrzeugen aller Art ermöglicht wird. Parkflächen (Parkierungsanlagen) sowie Grünanlagen können selbständig oder als Bestandteil von Verkehrsanlagen erstellt werden. Selbständige Anlagen müssen in jedem Fall aus städtebaulichen Gründen erforderlich sein, und sie sind immer nur dann beitragsfähig, wenn sie sich einem exakt abgrenzbaren Kreis von Grundstücken zuordnen lassen. Dies ist bei selbständigen Parkflächen außerordentlich schwierig, sodass diese meistens nicht beitragsfähig sind. Bei Grünflächen sind alle Grundstücke mit einer Entfernung bis zu 200 m zur Grundstücksgrenze zu Erschließungsbeiträgen heranzuziehen.[12] Als häufigste Form von Emissionsschutzanlagen werden Lärmschutzanlagen für Erschließungszwecke erstellt. Sie sind für

[12] BVerwG 09.12.1994 – 8 C 28/92, ZfBR 1995 96, 97.

diejenigen Grundstücke beitragsfähig, für die sie eine Lärmminderung um mehr als drei dB(A) bewirken. Um den Kreis der beitragspflichtigen Grundstücke zu ermitteln, ist eine horizontale Differenzierung erforderlich, um die Abschirmwirkung von Wohngebäuden dabei zu berücksichtigen. Darüber hinaus ist auch eine vertikale Differenzierung vorzunehmen, wenn die Lärmschutzanlagen aufgrund ihrer Höhe nicht für alle Geschosse eine entsprechende Lärmminderung bewirken.

f) Erschließungsvorteil: Erschließungsbeiträge dienen dem Aufwendungsersatz der Gemeinde und hängen ihrer Höhe nach von dem Vorteil ab, den das erschlossene Grundstück objektiv durch die Erschließung erfährt. Der Erschließungsvorteil besteht darin, was die Herstellung für die bauliche und gewerbliche Nutzung eines Grundstücks hergibt. Bei der Ermittlung des grundstücksbezogenen Vorteils kommt es ausschließlich auf die objektiven Merkmale an. Inwieweit der Eigentümer eines Grundstücks eine Erschließungsanlage tatsächlich in Anspruch nehmen will oder diese subjektiv als Vorteil empfindet, spielt dabei keine Rolle. Erschließungsanlagen sind indessen nur insoweit beitragspflichtig als sie erforderlich sind. Dabei ist von der üblichen lage- und plangemäßen Nutzung auszugehen sowie von den üblicherweise dafür erforderlichen Anlagen und ihren Ausbaustandards, die vor allem in den Richtlinien zur Anlage von Stadtstraßen 2006 (RASt 06) dargestellt sind. Ecklagen von Grundstücken und sonstige Mehrfacherschließungen erhöhen objektiv gesehen den Erschließungsvorteil sowohl für Gewerbe als auch für Wohnbaugrundstücke.

g) Halbteilungsgrundsatz: Für die Beitragsbemessung ist der von der Rechtsprechung entwickelte sog. Halbteilungsgrundsatz bedeutsam.[13] In diesen Fällen erfolgt eine ideelle Aufteilung der Straße, und die Erschließungsbeiträge ermitteln sich nur aus dem anbaufähigen Teil, um zu vermeiden, dass die Anlieger zu Kosten für Anlagen herangezogen werden, die nicht der Erschließung ihrer Grundstücke dienen. Zu solchen Anlagen gehören insbesondere aus rechtlichen oder tatsächlichen Gründen einseitig anbaubare Erschließungsstraßen.

h) Verteilungsmaßstäbe: Die Verteilung des Erschließungsaufwands hat nach einem plausiblen Maßstab unter Beachtung der örtlichen Verhältnisse zu erfolgen. Als Verteilungsmaßstäbe kommen in Betracht:

- Art und Maß der baulichen oder sonstigen Nutzung,
- Grundstücksfläche,
- Grundstücksbreite an der Erschließungsanlage oder
- eine Verbindung der vorgenannten Maßstäbe.

In der Praxis findet meistens eine Kombination von Flächengröße, Nutzungsart und Geschosszahl Anwendung (vgl. Mustersatzung der Bundesvereinigung der kommunalen Spitzenverbände). Bei der Wahl des Maßstabs kommt es zum einen darauf an, dass der Erschließungsaufwand vorteilsgerecht verteilt wird und zum anderen, dass der Maßstab aus Sicht der Beitragspflichtigen verständlich und nachvollziehbar ist. Bei nicht baulich aber gewerblich nutzbaren Grundstücken oder bei Garagengrundstücken kann eine fingierte eingeschossige Bebauung angesetzt werden. Bei planungsrechtlich festgesetzten Grünflächen (Friedhof, Freibad, Kleingärten usw.) kann die beitragspflichtige Grundstücksfläche fiktiv um 50 % reduziert werden. Die objektiv bestehenden Vorteile einer Mehrfacherschließung sind ebenfalls bei der Beitragserhebung zu berücksichtigen. Grundsätzlich ist

---

[13] BVerwG 29.04.1977 – IV C 175, BRS 37, S. 198 ff.

für jede Erschließungsanlage unabhängig von der anderen Erschließungsanlage der volle Erschließungsbeitrag zulässig. Zahlreiche Erschließungssatzungen sehen indessen zumindest für Wohnbaugrundstücke Eckermäßigungen vor (z. B. 2/3 – Regel). Für gewerblich genutzte Grundstücke stellt eine Mehrfacherschließung grundsätzlich einen größeren Vorteil dar.

i) Erschließungsvertrag: Die Gemeinde kann die Erschließung durch Vertrag auch auf einen Dritten übertragen (§ 124 BauGB). Der Erschließungsunternehmer führt die Erschließung auf eigene Kosten und auf eigene Rechnung durch, ohne dass später eine Abrechnung durch die Gemeinde erfolgt, da dieser kein eigener Aufwand entstanden ist. Durch Vertrag können Erschließungsanlagen nach Bundes- und Landesrecht übertragen werden. Derartige Verträge kommen regelmäßig bei einem vorhabenbezogenen Bebauungsplan zum Einsatz.

In der Praxis hat sich dafür ein sog. Doppelverpflichtungsmodell bewährt: Die Gemeinde schließt mit einem Erschließungsträger einen Erschließungsvertrag gemäß § 124 BauGB ab. Zugleich verpflichtet sie die Grundstückseigentümer zur Übernahme der Erschließungskosten und tritt die Ansprüche gegenüber dem Erschließungsträger ab. Als Variante kommt auch ein Erschließungsvertrag zwischen der Gemeinde und den Grundstückseigentümern in Betracht. Diese übertragen ihrerseits die Herstellung der Erschließungsanlagen per Werkvertrag gemäß § 631 BGB auf einem Erschließungsträger. Bei beiden Modellen sind zwei Vertragsebenen zu unterscheiden:

- öffentlich-rechtlicher Erschließungsvertrag nach § 124 BauGB und
- zivilrechtlicher Vertrag zur Refinanzierung der Erschließung mit den Grundstückseigentümern.

Beide Vertragskategorien sind akzessorisch miteinander verbunden. Der Erschließungsträger wird auf der Basis von Werk- oder Geschäftsversorgungsverträgen zur Refinanzierung seiner Kosten tätig.

Der reibungslose Ablauf der gesamten Erschließungsmaßnahme kann durch das mehrstufige Verfahren der kooperativen Baulandentwicklung gesteuert werden. Dabei fasst die Gemeinde die im Rahmen der Bebauungsplanung und der Umlegung erforderlichen hoheitlichen Beschlüsse in Abhängigkeit von der Mitwirkungsbereitschaft der Grundstückseigentümer.

10.3 Quellenangaben

10.3.1 Literaturverzeichnis

ALBERS, G. & WÉKEL, J. (2008): Stadtplanung. Eine illustrierte Einführung. Primus Verlag, Darmstadt.

BATTIS, U., KRAUTZBERGER, M. & LÖHR, R.-P. (2009): Baugesetzbuch, Kommentar zum BauGB. 11. Aufl. C.H. Beck-Verlag, München.

BAUER, U. (2003): Nachhaltige Stadtentwicklung in schrumpfenden Städten. Selbstläufer oder neue Gestaltungsaufgabe? In: Informationen zur Raumentwicklung, 10-11/2003, 635-646.

BUNDESMINISTERIUM FÜR VERKEHR, BAU UND STADTENTWICKLUNG / BUNDESAMT FÜR BAUWESEN UND RAUMORDNUNG (Hrsg.) (2006): Perspektive Flächenkreislaufwirtschaft. Kreislaufwirtschaft in der städtischen/stadtregionalen Flächennutzung – Fläche im Kreis. Bd. 3: Neue Instrumente für neue Ziele. Bonn/Berlin.

BUNZEL, A. & LUNEBACH, J. (1994): Städtebauliche Entwicklungsmaßnahmen – ein Handbuch. Difu-Beiträge zur Stadtforschung, Berlin.

DIETERICH, H. (2005): Baulandumlegung. 5. Aufl. C.H. Beck Verlag, München.

DRIEHAUS, H.-J. (2007): Erschließungs- und Ausbaubeiträge. 8. Aufl. Verlag C.H. Beck, München.

DRIXLER, E. (2008): Flächenmanagement – ein Schlüssel einer erfolgreichen Innenentwicklung? In: fub, 70 (4), 167-173.

DVW E.V. – GESELLSCHAFT FÜR GEODÄSIE, GEOINFORMATION UND LANDMANAGEMENT (Hrsg.) (2009): Umlegung in Stadt und Land – Grundlagen und Beispiele. Schriftenreihe des DVW, 55 (Redaktion: H.-J. LINKE & T. KÖTTER). Wißner-Verlag, Augsburg.

ERNST, W., ZINKHAHN, W., BIELENBERG, W. & KRAUTZBERGER, M. (2009): BauGB-Kommentar. Loseblatt, C.H. Beck-Verlag, München.

GATZWEILER, H.-P., MEYER, K. & MILBERT, A. (2003): Schrumpfende Städte in Deutschland? Fakten und Trends. In: Informationen zur Raumentwicklung, 10/11-2003, 557-574.

HOPPE, W., BÖNKER, C. & GROTEFELS, S. (2004): Öffentliches Baurecht. 3. Aufl. C.H. Beck Verlag, München.

HUNGER, B. (2003): Wo steht der Stadtumbau Ost – und was kann der Westen davon lernen? In: Informationen zur Raumentwicklung, 10-11/2003, 647-656.

JÄSCHKE, D. (2006): Aktuelle steuerliche Fragen der Umlegung von Grundstücken. In: DStR 2006, 31, 1349-1356.

JUNG, H. Y. (2004): Die verfassungsrechtliche Einordnung der städtebaulichen Umlegung auf der Basis der modernen Eigentumsdogmatik. Dissertation an der Rechtswissenschaftlichen Fakultät der Universität Köln.

KÖHLER, H. (2005): Stadt- und Dorferneuerung in der kommunalen Praxis. Sanierung – Stadtumbau – Entwicklung – Denkmalschutz – Baugestaltung. Erich Schmidt Verlag, Berlin.

KOPPITZ, H.-J., SCHWARTING, G. & FINKELDEY, J. (2000): Der Flächennutzungsplan in der kommunalen Praxis. Grundlagen – Verfahren – Wirkungen. Mensch und Buch Verlag, Berlin.

KORDA, M. (Hrsg.) (2005): Städtebau. 5. Aufl. Vieweg+Teubner, Wiesbaden.

KÖTTER, T. (1998): Brachflächenrecycling als Chance für die Stadtentwicklung – Leitbilder und Strategien für die Revitalisierung von freigesetzten Standorten. In: Westdeutsche Immobilien-Holding GmbH (Hrsg.): Marktbericht V, 31-55. Mainz.

KÖTTER, T. (2001): Flächenmanagement – zum Stand der Theoriediskussion. In: fub, 63 (4), 145-166.

KÖTTER, T. (2002): Städtebauliche Kalkulationen als Aufgabe des projektorientierten Flächenmanagements. In: fub, 64 (4), 143-151.

KÖTTER, T. (2007): Sozialgerechte Bodennutzung durch kommunale Baulandmodelle? In: fub- + FORUM-Sonderheft 11/2007, 6-12.

KÖTTER, T. & FRIESECKE, F. (2008): Flächenmanagement und Bodenordnung in den neuen Bundesländern – eine Bilanz für die Zeit nach der Wende. In: fub, 70 (3), 105-116.

KÖTTER, T., MÜLLER-JÖKEL, R. & REINHARDT, W. (2003): Auswirkungen der aktuellen Rechtsprechung des Bundesverfassungsgerichts auf die Umlegungspraxis. In: zfv, 128 (5), 295-302.

KÖTTER, T., MÜLLER-JÖKEL, R. & REINHARDT, W (2004): Auswirkungen des BauGB 2004 auf die Praxis der gesetzlichen Bodenordnung. In: zfv, 129 (6), 376-383.

KÖTTER, T. & WEIGT, D. (2006): Flächen intelligent nutzen – ein marktwirtschaftlicher Ansatz für ein nachhaltiges Flächenmanagement. In: fub, 68 (2), 49-55.

KUSCHNERUS, U. (2005): Der sachgerechte Bebauungsplan. Handreichungen für die kommunale Planung. vhw-Verlag, Bonn.

LAMBERT-LANG, H., TROPF, F. & FRENZ, N. (2005): Handbuch der Grundstückspraxis. 2. Aufl. Verlag für Rechts- und Anwaltspraxis, München.

LEESMEISTER, D. (2006): Materielles Liegenschaftsrecht im Grundbuchverfahren. 3. Aufl. Gieseking Verlag, Bielefeld.

LINKE, H.-J. (2004): Entwicklungen des Bodenordnungsrechts. In: fub, 66 (6), 247-256.

LINKE, H.-J. (2009): Kohlhammer Kommentar zum BauGB, Kommentierung des Bodenordnungsrechts. Loseblatt, Kohlhammer Verlag, Stuttgart.

REINHARDT W. (2005): Durchführung einer Vereinfachte Umlegung nach § 80 BauGB. In: fub, 67 (5), 236-243.

REINHARDT, W. (2007): Bodenordnung und Lastenausgleich im Stadtumbau. In: DVW Schriftenreihe, 52, 47-86.

SCHLICHTER, O., STICH, R., DRIEHAUS, H.-J. & PAETOW, S. (2002): Berliner Kommentar zum Baugesetzbuch. Loseblatt, Carl Heymanns Verlag, München.

SCHMIDT-ASSMANN, E.(1996): Studien zum Recht der städtebaulichen Umlegung. Duncker und Humblot Verlag, Berlin.

SCHMIDT-EICHSTAEDT, G. (2005): Städtebaurecht, Einführung und Handbuch. Kohlhammer Verlag, Stuttgart.

SCHÖNING, G. & BORCHARD, K. (1992): Städtebau im Übergang zum 21. Jahrhundert. Karl Kremer Verlag, Stuttgart.

SCHRÖTHER, H. (2006): Baugesetzbuch Kommentar. 7. Aufl. Verlag Franz Vahlen, München.

SEELE, W. (1994): Bodenpolitik in Vergangenheit und Gegenwart – ausgewählte Schriften. In: BORCHARD, K. & WEISS, E. (Hrsg.): Beiträge zu Städtebau und Bodenordnung, 14, Bonn.

SEELE, W. (1995): Ist die hoheitliche Umlegung noch zeitgemäß? In: Vermessungswesen und Raumordnung, 4/5, 193-207.

SEELE, W. (1997): Über den Stellenwert von Bodenordnung und Bodenwirtschaft in der Geodäsie – Tradition und Effizienz. In: FORUM, 1/1997, 1-16.

SEELE, W. (1998): Bodenwertermittlung durch deduktiven Preisvergleich. In: Vermessungswesen und Raumordnung, 58, 393- 411.

STEFANI, T. (2006): Die Vereinfachte Umlegung – Eine Inhalts- und Schrankenbestimmung des Eigentums. In: fub, 68 (4), 184-189.

STÜER, B. (2006): Der Bebauungsplan. Städtebaurecht in der Praxis. 3. Aufl. C.H. Beck Verlag, München.

SULZER, J. (2005): Revitalisierender Städtebau – Kreative Handlungsfelder. In: Informationen zur Raumentwicklung, 6/2005, 379-386.

WÖRLEN, R. (2002): Sachenrecht. 4. Aufl. Carl Heymanns Verlag, Köln.

10.3.2 Internetverweise

AGUA-NRW (2009): Arbeitsgemeinschaft der Geschäftsstellen der Umlegungsausschüsse in Nordrhein-Westfalen, Herne und Balve; www.agua-nrw.de

BMBF (2009): Forschung für die Reduzierung der Flächeninanspruchnahme und ein nachhaltiges Flächenmanagement (REFINA), Berlin; www.refina-info.de

KÖTTER, T. (2009): Informationen zum Projekt „FIN.30 – Flächen intelligent nutzen" Bonn; www.igg.uni-bonn.de/psb/

STADT FRANKFURT AM MAIN (2009): Umlegung in Frankfurt, Frankfurt am Main; www.frankfurt.de/sixcms/detail.php?id=3025

11 Kommunales Vermessungs- und Liegenschaftswesen

Harald LUCHT, Karlheinz JÄGER, Hans-Wolfgang SCHAAR und Holger WANZKE

Zusammenfassung

Für die städtischen Vermessungsbehörden haben sich die Aufgaben im Laufe der Jahrzehnte stetig erweitert. Ursprünglich als „klassische" Vermessungsämter eingerichtet, waren sie mit der städtischen Kartographie, mit der vermessungstechnischen Umsetzung von Planungen, mit Grundstücksvermessungen und oft mit der Führung des Liegenschaftskatasters betraut. Nach und nach kamen neue Aufgaben hinzu. Das kommunale Vermessungs- und Liegenschaftswesen steht heute in den Städten für Vermessung, Liegenschaftskataster, Kartographie, Bodenordnung, Immobilienbewertung, Immobilienmanagement sowie raumbezogene Grundlagendaten, Geoinformationssysteme (GIS) und Geodateninfrastrukturen (GDI). Diese Aufgabenfelder werden mit hohem Technikeinsatz bearbeitet. Diesen Wandel haben die städtischen Vermessungsbehörden aktiv mitgestaltet und bewältigt und sich dabei zu innovativen und modernen Dienstleistern entwickelt. Die intensive Integration ihrer vielfältigen Aufgaben, Daten und Dienstleistungen in die Geschäftsabläufe innerhalb einer Stadtverwaltung unterstützt die „Gesamtaufgabe Stadtentwicklung" maßgeblich. Die flächendeckende Bereitstellung umfangreicher Geobasisdaten für das gesamte Stadtgebiet bildet die Grundlage für die Nutzung stadtweiter GIS als fachübergreifende Auskunfts- und Planungswerkzeuge. Dies wird von zahlreichen anderen kommunalen Fachbereichen (z. B. Stadtplanung, Stadtentwicklung, Statistik, Hoch-, Tief- und Gartenbau, Umweltschutz, Schul- und Sozialbehörden, Tourismus, Wirtschaftsförderung) sowie externen Partnern (z. B. Rettungsdienste, Polizei, Versorgungsunternehmen, Wissenschaft) genutzt, um darauf aufbauend weitere Fachdaten (Geoinformationen) zu erheben, auszuwerten und darzustellen. In diesem Zusammenhang müssen hohe Anforderungen an Aktualität, Qualität und Detailgrad kommunaler Geoinformationen berücksichtigt werden. Dies dient der Gewährleistung der vielfältigen und umfangreichen Aufgaben in einer Stadt(verwaltung) und sichert auch die Unabhängigkeit der Städte von externen Geodatenanbietern. Dabei werden Geodaten den Nutzern zunehmend über GDI zugänglich gemacht, wobei Geo(daten)portale als effektive Zugänge zu städtischen Infrastrukturdaten über das Internet dienen. Dies muss auch ein vollständiges Metadatenmanagement für alle vorhandenen Geodaten, -dienste und -anwendungen umfassen. Neben dem Online-Angebot über das Internet gewährleisten individuelle Beratungen und der Produktvertrieb als Dienstleistungen in Kundenzentren eine hohe Kundenorientierung.

Summary

For municipal surveying authorities the duties have increased steadily in the course of decades. Originally instituted as classical surveying offices and in charge of the management of the real estate cadastre and the urban cartography, new duties came bit by bit. Today the municipal surveying and real estate authorities are responsible in the cities for surveying, real estate cadastre, cartography, land readjustment, real estate valuation, real estate management as well as geospatial reference data and geoinformation systems (GIS). These areas of responsibility deal with the highest possible use of technology. The municipal surveying authorities have organised this change actively and by this they have developed themselves towards innovative and modern service providers. The intensive integration of their different tasks, data and services in the courses of business processes within the internal city management supports all actions of urban development decisively. To provide extensive geospatial reference data covering the entire city area, this forms the basis for the application of city-wide GIS as multidisciplinary information and planning tools. This is used by numerous other municipal departments (e.g. city planning, city development, statistics, structural engineering, civil engineering and horticulture, environment protection, school and social authorities, tourism, economic support) as well as by external partners (e.g. rescue services, police, public utility companies, science) as a basis for the elicitation, evaluation and presentation of additional data (geoinformation). In this context, high demands for actuality, quality and level of detail of municipal geoinformation have to be considered. This provides the different and extensive duties within a municipality and also enables the independence of the municipal surveying authorities from external geodata suppliers. Thereby, geodata are made increasingly accessible to users through geodata infrastructures (GDI) where geodata portals serve as effective access to municipal infrastructure data on the internet. This must also contain an entire metadata management for all available geodata, services and applications. Besides the online service, individual consultations and products are also offered as services in customer centres to guarantee a high customer orientation.

11.1 Einführung

11.1.1 Historie

Das klassische städtische Vermessungswesen entstand ursprünglich aus der Anforderung, für eine Stadtverwaltung den gesamten Stadtgrundriss mit seinen ständigen Veränderungen, die Infrastruktur, alle Bauwerke, insgesamt das vollständige Bild der Stadtlandschaft zu kennen, es also exakt und detailliert zu vermessen, in Karten darzustellen (Abbildung 11.1) und zu beschreiben (LUCHT 1991). Daneben entwickelten sich als ergänzende Aufgaben, die Stadtplanung zu begleiten, die Liegenschaften zu bewerten und zum Vollzug der Planung den Grund und Boden durch Bodenordnung neu zu ordnen. In Städten mittlerer Größe trat oft die Aufgabe hinzu, durch Einsatz des privaten Rechts erforderliche Grundstücke zu beschaffen und das Liegenschaftsvermögen der Stadt zu verwalten.

Als Folge der Industrialisierung folgten insbesondere in der Gründerzeit Bevölkerungsbewegungen in die Stadt, Gemeinden wuchsen zu Großgemeinden, Städte zu Großstädten. Stadterweiterung erforderte Stadtplanung, Fluchtlinien, Straßenbau, Entwässerungssysteme. Der vermessungstechnische Fachmann vor Ort wurde unentbehrlich, Karten und Planunterlagen erforderlich – zusammenfassend: „Die Stadtgeometer übernahmen alle bei der Gemeinde anfallenden Vermessungsaufgaben … (sie) legten nahe, in der Stadt ein großmaßstäbiges Grundkartenwerk anzulegen …“ (HINTZSCHE 1994).

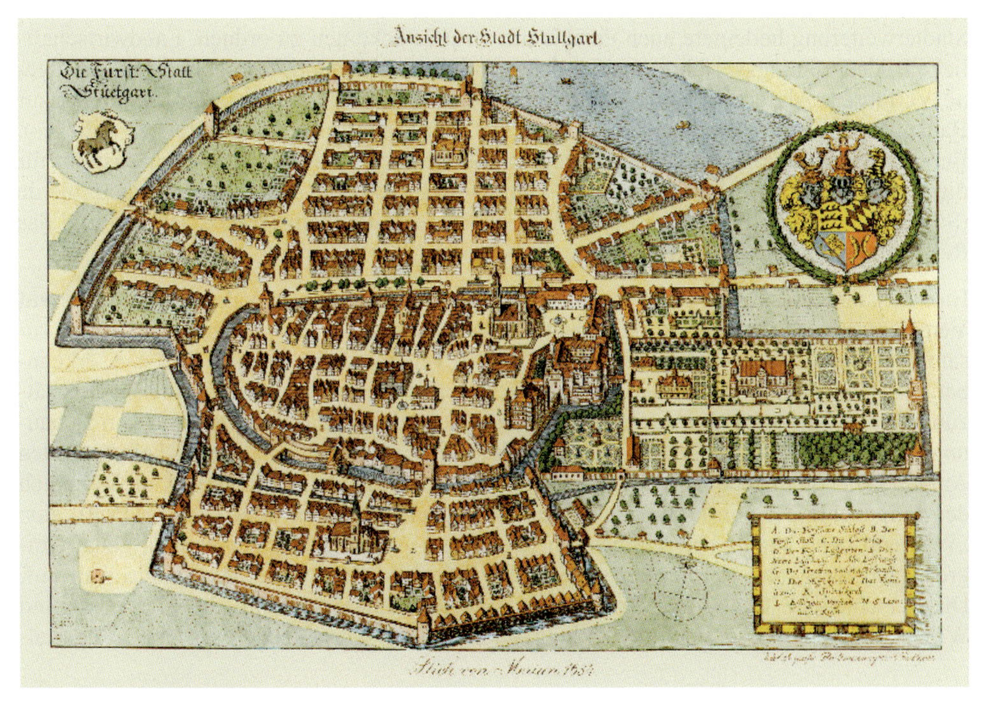

Abb. 11.1: Historische Ansicht der Stadt Stuttgart, Stich von Merian 1634 (Quelle: Stadtmessungsamt Stuttgart)

Aus historischer Sicht war die Zeit ab Mitte des 19. Jahrhunderts und insbesondere die Zeit der Gründerjahre 1870-1890 auslösend (oft beginnend als Abteilung im Tiefbaubereich) für das Entstehen eigenständiger Ämter, z. B. in Breslau 1860, Essen 1864, Frankfurt/Main 1866, Hamburg 1866, Berlin 1876, Dresden 1876, Krefeld 1876, Barmen 1876, Düsseldorf 1885, Magdeburg 1888, München 1889, Görlitz 1895, Brandenburg 1897, Gera 1897, Dortmund 1899, Chemnitz 1900, Offenbach 1900, Zwickau 1902, Frankfurt/Oder 1905, Rostock ca. 1905, Stuttgart 1911 (nach HILLEGAART 1905, BECKENBACH 1937). Sonderentwicklungen gab es in Städten, in welchen die Stadtvermessungsaufgaben zugleich mit der Katasteranlegung verbunden waren. So z. B. in Bremen bereits 1835, als insbesondere für Wege- und Straßenbau Kartenunterlagen benötigt wurden (LUCHT 1985).

In den Städten in Preußen existierte lange das Problem der fehlenden Vermessung der Innen- und Altstädte, der sogenannten ungetrennten Hofräume. Bei der Katasteranlegung zum 1.1.1865 erschien das unproblematisch, weil für die bebauten Hofflächen keine flächenabhängige Steuer, sondern eine Gebäudesteuer erhoben wurde. Die ungetrennten Hofräume waren für die staatliche Katasterverwaltung lange „weiße Flecken", in Berlin bis 1957, in den neuen Bundesländern noch bis in die jüngere Vergangenheit (UFER 1992). Über eine interessante privatwirtschaftliche Lösung der Vermessung dieser „weißen Flecken" wird in der Literatur für die Altstadt von Stettin 1911 berichtet (SCHULTZE 1923). Dort erfolgte die Vermessung durch das städtische Vermessungsamt, die Kosten sind unter Anwendung des Kommunal-Abgaben-Gesetzes für eine Gesamtfläche von rd. 26 Hektar (ha) (davon 15 ha öffentliche Flächen) auf die Grundstückseigentümer umgelegt worden.

Stadterweiterung bedeutete auch damals oft, Grundstücke neu zu ordnen. Landwirtschaftliche Bodenordnungsverfahren halfen dabei und dennoch benötigten auch die Städte eigene Verfahren. Als erster Meilenstein einer städtischen Umlegung von Grundstücken zur Baulanderschließung darf das Umlegungsgesetz für Frankfurt a. M. gelten (Lex Adickes). Bereits 1894 erstmals im Landtag eingebracht, dauerte es bis 1902, ehe es zunächst nur für die Stadt Frankfurt wirksam werden konnte und 1911 für Köln übernommen wurde (SCHRÖDER 1930[1]). Bremen erließ 1913 ein eigenes Umlegungsgesetz. 1936 wurde das Reichsumlegungsgesetz als Rahmengesetz erlassen.

Eine zusammenfassende Erhebung über die Aufgaben im kommunalen Bereich, die auf Veranlassung des Deutschen Städtetages im Reichsbeirat für das Vermessungswesen zusammengetragen worden war, hat GÖBEL (1930) veröffentlicht. Daraus wird u. a. erkennbar, wie neben den rein vermessungstechnischen Arbeiten sehr oft Grundstückswertschätzungen, daneben in rund der Hälfte der Städte Aufstellung und Ausarbeitung von Bebauungsplänen, in 30 % der Städte die Verwaltung der stadteigenen Liegenschaften zu den Aufgaben der städtischen Vermessungs- und Liegenschaftsämter gehörten. Zum Vergleich der Aufgabenfelder von kommunalen und staatlichen Behörden führt GÖBEL (1930) aus: „Während beim staatlichen Vermessungswesen das Arbeitsgebiet gewöhnlich genau umgrenzt ist, weist das Vermessungswesen der Städte ... eine große Mannigfaltigkeit auf. Die verschiedene Größe des Stadtgebiets und der Einwohnerzahl, die Verkehrs- und Wirtschaftsverhältnisse, das Entwicklungsstadium usw. führen dazu, dass eine Vielgestal-

---

[1] SCHRÖDER (1930) gibt einen ausführlichen geschichtlichen Überblick zum Umlegungsverfahren und fordert ein Reichsumlegungsgesetz (das 1936 erlassen wird). ROHLEDER (1931) betont die Vorteile der städtischen Umlegung.

tigkeit des Aufgabenkreises der Städte eintritt, die sich auch bei der Betätigung der Vermessungsämter und ihrer Organisation auswirkt".

Nach dem Zweiten Weltkrieg stand das Vermessungswesen insgesamt, insbesondere auch in den Städten vor einer Herkulesaufgabe. Die Städte lagen in Trümmern, ein Wiederaufbau schien fast unmöglich und forderte insbesondere Leistungen im kommunalen Vermessungs- und Liegenschaftswesen einschließlich der Bodenordnung. In Nordrhein-Westfalen erfolgte vor diesem Hintergrund mit dem Eingliederungsgesetz von 1948 die Eingliederung der Katasterämter (und weiterer bisher selbständiger Sonderbehörden) in die Stadt- und Landkreise – eine Maßnahme, die in den bisher staatlichen Katasterbehörden auf erhebliche fachliche Bedenken stieß[2]. Auch in der Umbruchphase der Deutschen Wiedervereinigung stand das „alte und immer wieder neue Thema" auf der Tagesordnung. Das Für und Wider der Kommunalisierung führte in der Geschichte des Vermessungswesens immer wieder zu breiten Diskussionen, beispielsweise bereits 1920 bei REXROTH und 1937 bei BECKENBACH, dann u. a. von SCHLEGTENDAL (1952) und LUCHT (1992)[3].

Die Jahre nach 1945 waren Aufbaujahre, in denen besonders im Bauwesen erheblich investiert werden musste – in die Infrastruktur der Städte, in das Wohnungswesen und in die personelle Ausstattung der bau- und planungsnahen Behörden. Beim innerstädtischen Wiederaufbau waren insbesondere die Erfahrungen im Bereich der städtischen Umlegung gefragt. Insbesondere in den Großstädten profitierten die Vermessungs- und Liegenschaftsämter von dem Aufbauboom (LUCHT 2008). Das kommunale Vermessungs- und Liegenschaftswesen hat in jenen Jahren in einer Reihe von Städten eine Blütezeit erlebt.

Anders als in den staatlichen Fachverwaltungen gibt es keine „übergeordnete fachliche Institution" für die Städte. Hier hat der Deutsche Städtetag, angeregt durch weitsichtige Fachkollegen, für ein erfolgreiches Zusammenwirken über die Ländergrenzen hinaus gesorgt, ebenso in Arbeitsgemeinschaften der Städte in den Ländern.

Am 3. Juni 1947 haben Fachkollegen in jener schwierigen Zeit nach dem Krieg den Fachausschuss „Kommunales Vermessungs- und Liegenschaftswesen" (heute Fachkommission FK KVL) im Deutschen Städtetag begründet. Zu den Männern der ersten Stunde gehörten der 70-jährige Ludwig Spelten (1877-1953) aus Krefeld und Diedrich August Overhoff vom Siedlungsverband Ruhrkohlenbezirk (heute Regionalverband Ruhr) aus Essen.[4] Aufgabe der Fachkommission ist die Beratung und Unterstützung des Deutschen Städtetages als Vertretung der Städte bei der Beteiligung in der Gesetzgebung und bei den Fragen praktischer Verwaltung und Zukunftssicherung. Gleichrangig dazu steht der interkommunale Erfahrungsaustausch. Kommunale Spitzenkräfte sind (fachliche) Letztentscheider. Darin liegt eine hohe Verantwortung, gerade auch im Fachbereich Vermessungs- und Liegen-

---

[2] Siehe hierzu zusammenfassend die Mitteilung Nr. 244 auf der Homepage des Vermessungstechnischen Museums www.vermessungsgeschichte.de/aktuell.

[3] Dort sind vor dem Hintergrund der Wiedervereinigung Deutschlands die Besonderheiten der Aufgabenstellung in der Ortsinstanz in ihrer über das engere Vermessungswesen hinausgehenden Breite dargestellt, gestützt auf die Empfehlungen der KOMMUNALEN GEMEINSCHAFTSSTELLE FÜR VERWALTUNGSVEREINFACHUNG (KGSt) beim Deutschen Städtetag, Berichte 4/1987 und 4/1989.

[4] Hinzu traten 1947 bis 1950 die Fachkollegen Seemüller (Augsburg), Braune (Berlin), Dr. Röhrs (Bremen), Hinterthür (Essen), Zörner (Frankfurt), Uhl (Freiburg), Peters (Hamburg), Neddermeyer (Hannover), Schmid (Kiel), Ewringmann (Köln), Dr. Pirkel (Köln), Heckmann (Mannheim), Dr. Sauter (München), Sefranek (Nürnberg), Schmelz (Stuttgart), Joerges (Stuttgart).

schaftswesen und in der Gegenwart zusätzlich z. B. im Bereich Geoinformation. Die Fachkommission ist in Deutschland für die Praxis auf kommunaler Ebene die maßgeblich kompetente Institution, ähnlich wie die AdV auf Länderebene.

Im Städtetagsausschuss übernahm Diedrich August Overhoff den Vorsitz von 1947 bis 1965. Ihm folgte Siegfried Stahnke aus Dortmund. 1976 wurde Gustav Bohnsack aus Hannover Vorsitzender, 1985 Dr. Harald Lucht aus Bremen. 1999 übernahm den Vorsitz Ltd. Vermessungsdirektor Gerold Stahr, Leiter des Fachbereichs Vermessungs- und Katasterwesen der Stadt Krefeld und 2008 folgte ihm Stadtdirektor Karlheinz Jäger, Leiter des Stadtmessungsamtes Stuttgart.[5]

11.1.2 Aufgaben heute

Das Vermessungs- und Liegenschaftswesen in den Städten hat als Grundlage der flächen- und raumbezogenen Tätigkeiten das Vermessungswerk, das im Liegenschaftskataster (vielfach eine im Rahmen der als Pflichtaufgabe zur Erfüllung nach Weisung wahrgenommenen Hoheitsaufgabe) und im darauf basierenden großmaßstäbigen Stadtkartenwerk vorliegt. Die Fortführung und somit die ständige Aktualität des Liegenschaftskatasters wird mittels Durchführung von Zerlegungsvermessungen, Grenzfeststellungen, Übernahme von Bodenordnungsverfahren (z. B. Flurbereinigungsverfahren) und Sonderungen (z. B. Verschmelzungen) gewährleistet. Tatsächlich bedeutet die Realisierung dieses Basiswerkes ein vielfältig zu verknüpfendes, komplexes Zusammenfügen tatsächlicher und rechtlicher Gegebenheiten im „System Stadt“: Grundstücke, Eigentums- und andere Rechte, Verkehrswege, unterirdische Leitungssysteme, vielfältige Topographie, Bauwerke aller Art, auch unterirdische Bauwerke, Planungsrechte, usw. – alle Gegebenheiten werden in exakter Geometrie und mit möglichst hoher Aktualität in einheitlicher Darstellung benötigt.

Die große Mehrzahl dieser Grundlagendaten sind kommunal wichtige und bedeutsame Informationen. Diese Daten werden unter dem Sammelbegriff „Kommunaldaten“ zusammengefasst und ergänzen die hoheitlichen Daten. Dazu gehören neben der „kleinräumigen Gliederung“ aus dem statistischen Bereich wesentlich auch das Planungsrecht, Stimmbezirke bei Wahlen, Straßenbenennungen, Hausnummerierungen, die Erfassung von weitergehenden Gebäudedaten zur Erzeugung und Beschreibung dreidimensionaler Stadtmodelle (Stockwerkzahl, Dachform, First- und Traufhöhen). Besondere Eigenschaften eines Flurstückes werden durch zusätzliche Merkmale beschrieben, wie z. B. Baulückeneigenschaft, städtisches Eigentum, Jagdkataster, usw.

---

[5] Erinnert sei in diesem historischen Kontext an herausragende Fachkollegen im Deutschen Vermessungswesen, die lange in diesem Städtetagsausschuss mitgearbeitet haben, u. a. an Prof. Dr. Willi Bonczek (Essen), Prof. Dr. Hubertus Hildebrandt (Nürnberg), Martin Tiemann (Essen), Prof. Dr. Hans-Joachim Sandmann (Bonn), Prof. Dr. Walter Seele (Nürnberg, Dortmund, Bonn) – ebenso an mehrere AdV-Vorsitzende aus den Stadtstaaten, Mitglieder in deren kommunaler Funktion. Die Betreuung des Ausschusses erfolgte von Städtetags-Referenten mit hoher Kompetenz; u. a. Dr. Günter Gaentzsch (1973-1982, später Vorsitzender Richter am Bundesverwaltungsgericht), Jochen Dieckmann (1982-1990, später Hauptgeschäftsführer des Deutschen Städtetags sowie Justiz- und später Finanzminister in Nordrhein-Westfalen), Dr. Frank Steinfort (1990-1999, später Stadtdirektor in Mülheim an der Ruhr).

Konkret besteht die Aufgabe darin, im unmittelbaren Kontakt mit dem Bürger, Unternehmen und anderen kommunalen Dienststellen tätig zu werden, wenn es um Grenzen, um Lagepläne für Bauvorhaben, um Unterlagen für die Beleihung von Grundstücken, um die Grundstücksbewertung oder um die Umlegung bzw. Grenzregelung bei gesetzlichen Bodenordnungsverfahren geht. Eine enge – und durch die Einbindung der Vermessungsbehörde in die Stadtverwaltung selbstverständliche – Zusammenarbeit ist vor allem mit kommunalen Partnerverwaltungen bei planungs- und baubegleitenden Unterlagen, Absteckungen, Bauüberwachungen, usw. erforderlich, womit die Vermessungsdienststellen Dienstleistungen vorzugsweise für die Bau- und Umweltverwaltung erbringen und insoweit Querschnittsaufgaben erfüllen.

Neue Aufgabenfelder sind z. B. auch im Bereich des Gebäudemanagements der Kommunen entstanden. Hier gilt es Plangrundlagen beispielsweise für die Immobilienverwaltung zusammenzuführen, zu erstellen und fortzuführen, z. B. zur Erstellung von Raumkonzepten oder für Ausschreibungszwecke. Ein weiteres Tätigkeitsfeld ist im Bereich des Grünflächenmanagements angesiedelt (Baumkataster, detaillierte Aufnahme von Grünanlagen und Friedhöfen zu deren Bewirtschaftung). Besonders in Großstädten benötigt die Umweltverwaltung geometrisch genau erfasste Daten z. B. für Untersuchungen und Planungen zum Klima-, Lärm-, Hochwasser- und Gewässerschutz. Hierbei gewinnen digitale Geländemodelle (DGM), 3-D-Stadtmodelle oder lage- und höhengenau erfasste Grundwassermessstellen immer mehr an Bedeutung. Wesentliche Komponenten der aktuellen Aufgaben sind dabei die Bereitstellung digitaler Daten, die Einrichtung und der Betrieb von Geoinformations- (GIS) und Auskunftssystemen – auch als Grundlage für Fachsysteme – sowie die Unterstützung von Partnerfachämtern mit GIS und die Beratung zum Einsatz von GIS. Geoinformationssysteme stellen dabei eine fach- und behördenübergreifende „Querschnittstechnologie" dar.

Wenn auch der Schwerpunkt der kommunalen Aufgaben immer mehr auf dem Bereich der GIS-Anwendungen im weitesten Sinn liegt, bleiben die Aufgaben im Bereich der Bodenordnung und im Liegenschaftswesen einschließlich der Grundstücksbewertung unverändert von hoher Bedeutung. SEELE (1990) hat diesen Teil des Vermessungs- und Liegenschaftswesens aus Anlass der deutschen Wiedervereinigung generalisierend so umschrieben: „Vermessungsingenieure sind ... im Liegenschaftswesen tätig, indem sie Land mit seinem natürlichen Bewuchs und seinen künstlichen Anlagen (Grundstücke oder Liegenschaften) nicht nur geometrisch vermessen, textlich erfassen und kartographisch darstellen, sondern darüber hinaus auch monetär und qualitativ bewerten sowie tatsächlich und rechtlich (um)gestalten." In den folgenden Kapiteln werden auch diese Generallinien in ihrer praktischen kommunalen Anwendung vorgestellt.

11.2 Digitaler Technologieeinsatz

11.2.1 Räumliche Beziehungen

Kommunale Entscheidungen beziehen sich überwiegend auf einen bestimmten Ort oder ein geographisch begrenztes Gebiet innerhalb des Stadtgebietes. Dabei werden die verwendeten Informationen als Geoinformationen bzw. Geodaten bezeichnet. Sie haben eine große Bedeutung für die Stadtentwicklung und bilden eine fundierte fachliche Grundlage für schnelle Entscheidungen der Verwaltungsspitze und des Gemeinderats.

Mit dem Einsatz der interaktiven graphischen Datenverarbeitung anstelle analoger Karten und Karteien wurde Ausgang des vergangenen Jahrhunderts ein Methodenwechsel vollzogen. Schon 1988 hatte der Deutsche Städtetag den Mitgliedstädten empfohlen, eine „maßstabsorientierte einheitliche Raumbezugsbasis für kommunale Informationssysteme" (MERKIS) schrittweise aufzubauen und zum Gegenstand der gemeinsamen Planung und Einführung von Fachinformationssystemen zu machen (CUMMERWIE & LUCHT 1988). Daraus haben sich umfassende digitale Geoinformationssysteme – kurz GIS genannt – entwickelt. Heute sind GIS die Grundlage für den Aufbau von digitalen Netzwerken für den Austausch von Geoinformationen – sogenannte Geodateninfrastrukturen (GDI) – und die Bereitstellung von Geoinformationen über Geodatenportale der Städte.

Eine GDI ermöglicht über Präsentationskomponenten (Viewer) und Dienste den Nutzern einen verbesserten Zugang zu Geobasis-, Geofach- und Metadaten über digitale Informations-Netzwerke, sowohl im Intranet als auch im Internet. Dabei ist die Verwendung von Standards die wichtigste Voraussetzung für eine „Daten-Kommunikation" innerhalb einer GDI sowie zu anderen GDI-Ebenen. Insbesondere im städtischen Raum bestehen intensive, überlagerte und verflochtene Nutzungen von (Geo-)Informationen mit vielfältigen Themen und Inhalten, ein großer Anwenderkreis aus unterschiedlichen Fachbereichen sowie eine hohe technische Diversität und Heterogenität von GIS-Applikationen. Dies bedingt einerseits, Geoinformationen flexibel, skalierbar, dynamisch und aktuell vorzuhalten, sowie andererseits einen hohen Aufwand für die Integration, Kopplung, Pflege und Administration eines stadtweit einheitlichen GIS als Grundlage einer kommunalen GDI. Diese sollten sich daher an (inter)nationalen Normen, Standards, Richtlinien und Konzepten orientieren, was vornehmlich den technischen Bereich mit Datenmodellen und Schnittstellen betrifft. Beispiele hierfür sind ISO (International Organization for Standardization), OGC (Open Geospatial Consortium), GDI-DE und INSPIRE[6] (Infrastructure for Spatial Information in Europe). Dies ermöglicht, kommunale GDI in die übergeordnete GDI-Hierarchie zu integrieren sowie die Interoperabilität zwischen verschiedenen Institutionen und Systemen langfristig sicherzustellen.

Aufgrund ihrer langjährigen Erfahrungen bei der GIS-Nutzung und der Verwendung digitaler Geoinformationen – in vielen Städten schon seit mehr als 20 Jahren – hat sich in den städtischen Vermessungsbehörden ein umfangreiches inhaltliches, technologisches, administratives, rechtliches und strategisches Know-how sowie eine umfassende und detaillierte Koordinierungskompetenz für den fachübergreifenden GIS-Einsatz entwickelt. Aus diesen Gründen ist es empfehlenswert, in einer Stadtverwaltung die technische und administrative Koordinierung des stadtweiten, fachübergreifenden Einsatzes von GIS und GDI organisatorisch den Vermessungsdienststellen zuzuordnen. Dabei ist eine gemeinsame Federführung mit der jeweiligen IuK-Dienststelle von großem Vorteil.

---

[6] ISO: Internationale Organisation für Normung mit Sitz in Genf, Gründung 23.2.1947, zur Erarbeitung international gültiger Normen.
OGC: Gemeinnützige internationale Organisation, Gründung 1994, zur Entwicklung und Festlegung offener Standards bei der Entwicklung von raumbezogener Informationsverarbeitung.
GDI-DE: Schaffung einer Geodateninfrastruktur in Deutschland nach dem Gesetz über den Zugang zu digitalen Geodaten (Geodatenzugangsgesetz – GeoZG des Bundes) vom 10.2.2009.
INSPIRE: Schaffung einer Geodateninfrastruktur in der Europäischen Gemeinschaft – RICHTLINIE 2007/2/EG DES EUROPÄISCHEN PARLAMENTS UND DES RATES vom 14.3.2007.

11.2.2 Datenakquisition

Die Daten des amtlichen Liegenschaftskatasters werden durch kommunale Informationen ergänzt und veredelt. Durch ständiges Aktualisieren der Datenbestände wird eine bestmögliche Datenqualität gewährleistet. Die Datenakquisition erfolgt zum einen durch Aufnahmen vor Ort mittels Tachymeter- und/oder GPS-Messungen, z. B. Topographie- und Höhenaufnahmen. Daneben werden digitale Pläne von Dritten übernommen, beispielsweise Straßenausbau- und Bauwerkspläne des Tiefbauamtes oder Lagepläne zum Bauantrag und Planungsdaten von Bauträgern. Eine weitere Quelle ist die Digitalisierung analoger Pläne wie Lagepläne zum Bauantrag, Stellplatzablösungen, Bodenschätzung und Rettungsgassen der Feuerwehr oder die Übernahme analoger Pläne als Rasterdaten wie Flächennutzungspläne, Bebauungspläne und historische Stadtpläne. Fachdaten werden durch manuelle oder automatisierte Erfassung übernommen, beispielsweise Eigentümerangaben, Zustellungsbevollmächtigte, Gebäudefachdaten und Daten zu Mobilfunkantennen. Letztendlich werden auch Daten von Dritten in die Auskunftssysteme eingebunden, Beispiel hierfür sind Lärmschutzeinrichtungen und das Kanalnetz des Tiefbauamtes.

Zur systematischen und flächendeckenden Dokumentation des städtischen Umfeldes und seiner Geländebeschaffenheit einschließlich Gebäuden, Straßenmöblierungen, Fassadendarstellungen, Verkehrsinfrastruktur, usw. ist der Einsatz moderner Mess- und Dokumentationstechniken im Außendienst erforderlich, z. B. in der Luftbildvermessung (Laserscan-Aufnahmen). Der hohe Einsatz moderner IT-Technologien gilt auch für die nachfolgende digitale Datenverarbeitung, um aus den Rohdaten anschauliche Visualisierungen in Form eines 3-D-Stadtmodells zu liefern.

11.2.3 Datenfluss

Aufgrund ihrer zentralen Bedeutung als Entscheidungsgrundlage bei vielen Fragen der Stadtentwicklung müssen GIS fest in die IuK-Prozesse einer modernen kommunalen Verwaltung eingebettet sein. Dabei ist ein durchgängiger digitaler Datenfluss von der Datenaufnahme und -speicherung über die Führung und Aktualisierung bis zur Datenanalyse und letztlich zur Präsentation und Visualisierung der Geodaten zu gewährleisten. Die städtischen Vermessungsverwaltungen spielen hier eine entscheidende Rolle, denn sie müssen nicht nur den Datenfluss innerhalb der Vermessungsverwaltung, sondern häufig auch innerhalb der gesamten Stadtverwaltung (Fachämter und Eigenbetriebe) und darüber hinaus (externe Kunden und Bürger) sicherstellen.

Abbildung 11.2 stellt die verschiedenen Ebenen, zwischen denen der Datenfluss stattfinden muss, am Beispiel der Landeshauptstadt Stuttgart dar. Auf der untersten Ebene erfolgt die Datenerfassung, hier werden Messdaten über vermessungstechnische Methoden entweder selbst erfasst oder durch andere Ämter der Stadtverwaltung bereitgestellt. Auch die Anbindung von externen Quellen, d. h. von Datenlieferanten außerhalb der Stadtverwaltung wie z. B. Öffentlich bestellten Vermessungsingenieuren, ist dieser Ebene zuzuordnen. In der Regel müssen die erfassten Daten in der Datenaufbereitungsebene für die Ablage in den Datenhaltungskomponenten noch angepasst werden (Format- oder Datenmodellanpassungen, Objektbildung aus Rohdaten, usw.). Die Speicherung der Geodaten geschieht derzeit noch in separaten Datenbanken. Daten des Automatisierten Liegenschaftsbuches (ALB) werden in einem Großrechnerverfahren verwaltet, während die graphischen Daten der Automatisierten Liegenschaftskarte (ALK) in einem Datenbank-Managementsystem (DBMS)

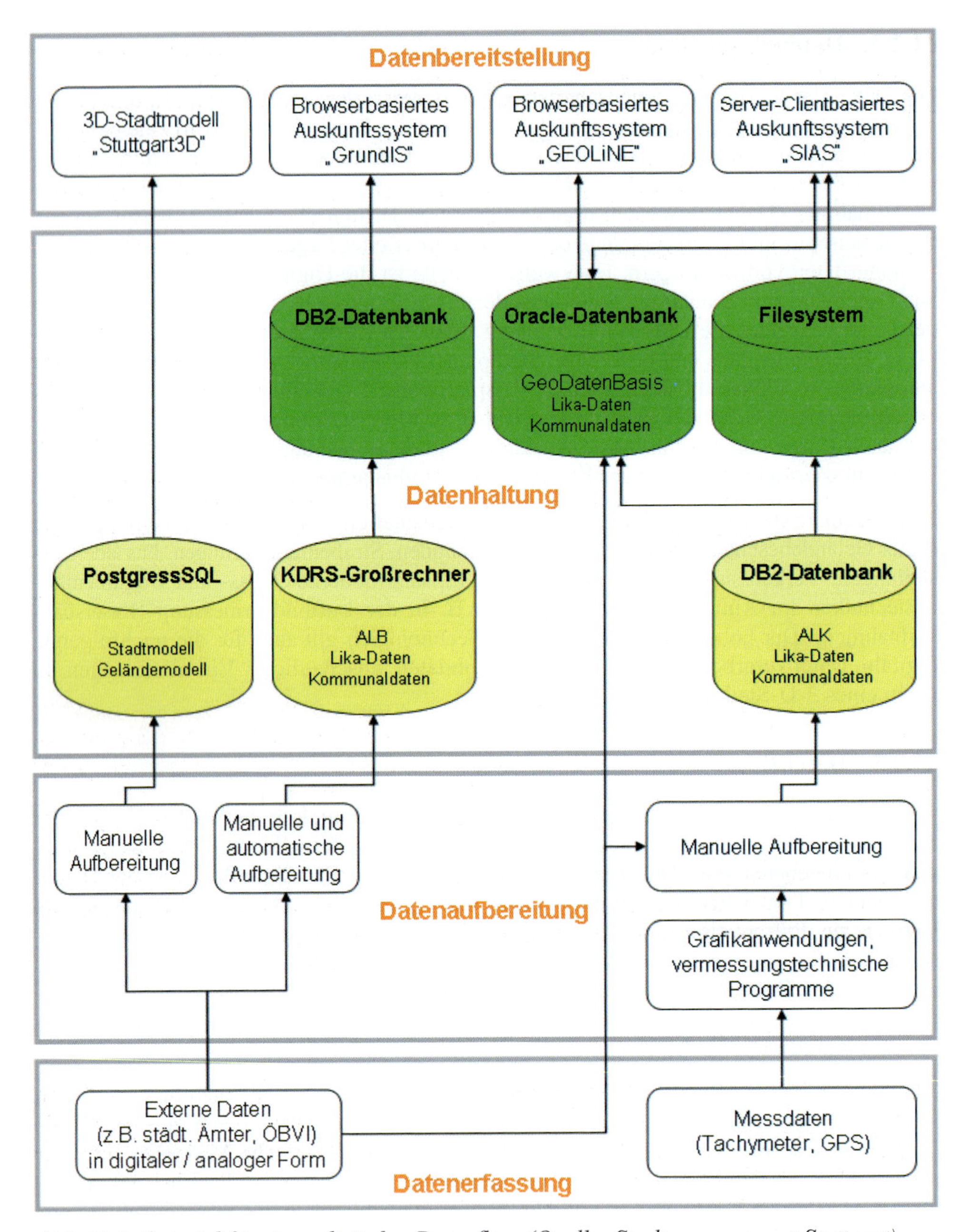

Abb. 11.2: Beispiel für einen digitalen Datenfluss (Quelle: Stadtmessungsamt Stuttgart)

vorgehalten werden. Neben den Daten des Liegenschaftskatasters werden zusätzliche Kommunaldaten geführt, die den erweiterten Anforderungen der Stadtverwaltung dienen.

Im Zuge der produktiven Einführung des Amtlichen Liegenschaftskataster-Informationssystems (ALKIS®) werden diese bislang separat verwalteten Datenbestände in die Geodatenbasis integriert. Dies umfasst bereits heute umfangreiche Geofachdaten aus verschiedenen Ämtern und weitere Daten wie z. B. Luftbilder. Aufgrund der speziellen Anforderungen an die Datenhaltung von 3-D-Daten erfolgt deren Verwaltung in einer separaten Komponente. Mit Einführung von ALKIS® wird aber auch hier eine Kopplung an die Geodatenbasis realisiert. Ferner werden bei der Vereinheitlichung der Geodatenbasis die verbleibenden Systeme in die zentrale, DBMS-basierte Datenhaltung mit standardisierten Datenstrukturen überführt.

Je nach Anforderung der Geodatennutzer – sowohl innerhalb einer Stadtverwaltung als auch durch Bürger, Touristen oder Firmen – kann auf die Geodatenbasis über unterschiedliche Auskunftssysteme zugegriffen werden. Sie werden im Intranet einer Stadtverwaltung sowie im Internet über Geoportale zentral bereitgestellt. Informationen zu den verfügbaren Geodatenbeständen der Geodatenbasis liegen dabei als Metadaten vor. Bei den Auskunftssystemen innerhalb der Stadtverwaltung existieren zum einen browserbasierte Anwendungen mit einfacher Bedienungsoberfläche für Nutzer ohne oder nur mit geringen GIS-Kenntnissen wie auch Client-Server-basierte Fachsysteme mit komplexen Abfrage- und Analysefunktionen für Fachspezialisten. Zukünftig sollen aber auch die browserbasierten Anwendungen um Erfassungs- und Geoanalyse-Funktionen erweiterbar sein und so dem steigenden Bedürfnis der raumbezogenen Aufgabenbearbeitung im städtischen Umfeld Rechnung tragen. Der Trend zum internetgestützten GIS, der durch die aktuellen Entwicklungen von Geodaten-Bereitstellern wie Google Earth und Maps, Microsoft Bing Maps und Virtual Earth 3D oder NASA World Wind unterstützt wird, erlaubt es dabei, sowohl innerhalb als auch außerhalb der Stadtverwaltung einen breiten Benutzerkreis zu erreichen. Vor dem Hintergrund der Tatsache, dass viele Sachbearbeiter im kommunalen Umfeld und die Bürger selbst keine GIS-Experten sind, wird das Thema Software-Ergonomie bzw. Bedienungsfreundlichkeit von Auskunftssystemen mit hoher Priorität verfolgt. Neben den GIS-Anwendungen im 2-D-Bereich existiert z. B. das 3-D-Stadtmodell von Stuttgart als Java Web Start-Anwendung. Es erlaubt die photorealistische Visualisierung texturierter dreidimensionaler Umgebungen. Obwohl der Fokus bei 3-D-Stadtmodellen noch in der Darstellung räumlicher Szenen liegt, ist der Schritt hin zu Systemen mit analytischen Fähigkeiten, z. B. zur Simulation von Hochwasserereignissen, in naher Zukunft möglich.

11.2.4 Automatisierungsgrad

Die elektronische Verarbeitung raumbezogener Informationen wurde von den kommunalen Vermessungsverwaltungen bereits frühzeitig verfolgt. Durch den Einsatz moderner und hochgenauer Datenerfassungsmethoden wie GPS sowie von komplexen Datenbanksystemen und GIS zur Datenverwaltung konnte ein zentraler, qualitativ hochwertiger und detaillierter Geodatenbestand aufgebaut und die Voraussetzungen für eine kontinuierliche Datenaktualisierung geschaffen werden. Für die Vermessungsverwaltung wurde dadurch das Erstellen und Führen analoger Plan- und Kartenwerke obsolet. Durch die Bereitstellung einer zentralen Geodatenbasis ist zudem die Grundlage für eine hochgradige Automatisierung von kommunalen Geschäftsprozessen mit Raumbezug geschaffen worden. Dies hat zu einer starken Optimierung bei der städtischen Verwaltung geführt, da Entscheidungen im kommunalen Umfeld, z. B. bei der Stadt- und Verkehrsplanung oder im Umweltbereich, zum überwiegenden Teil die Einbeziehung der räumlichen Situation erfordern. Ein Beispiel, bei dem GIS seiner Rolle als Querschnittstechnologie gerecht wird, ist das Baustellenmanagement, bei dem in einem automatisierten Arbeitsablauf vom Bauantrag bis zur Baugenehmigung verschiedene Schritte durchlaufen werden, die teilweise auch die Einbeziehung des städtischen GIS erfordern (Abb. 11.3).

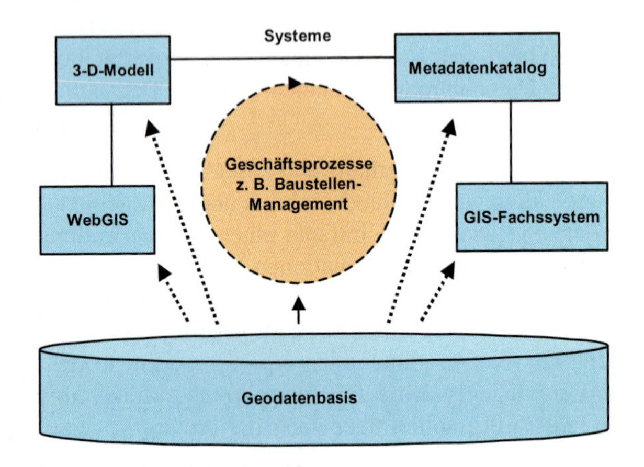

Abb. 11.3: Beispiel für die Einbeziehung eines städtischen GIS in den automatisierten Arbeitsablauf beim Baustellenmanagement der Landeshauptstadt Stuttgart (Quelle: Stadtmessungsamt Stuttgart)

Der hohe Stellenwert von Geoinformationen und der hohe Automatisierungsgrad beim Umgang mit raumbezogenen Daten drückt sich auch darin aus, dass inzwischen in vielen Städten ein hoher Prozentsatz der Arbeitsplätze mit komplexen GIS ausgestattet sind, die sowohl aufwändige fachliche Analysen wie auch die Visualisierung von Ergebnissen für Entscheidungsträger erlauben. Darüber hinaus haben z. B. in Stuttgart alle städtischen Mitarbeiter Zugriff auf das WebGIS sowie auf die 3-D-Daten der Stadt. Den effizienten Zugriff auf die Inhalte der Geodatenbasis ermöglicht dabei ein Metadatenkatalog.

Aufgrund der starken Individualität von Kommunen und der hohen Komplexität interner Prozesse haben sich allerdings sehr heterogene und komplexe Datenstrukturen in der kommunalen Verwaltung entwickelt. Zudem existieren unterschiedliche GIS-Architekturen und es werden unterschiedliche Geoinformationssysteme zur Pflege, Analyse und Präsentation der Daten eingesetzt. Diese inhaltliche und technische Heterogenität ist in besonderem Maße zwischen verschiedenen, teilweise aber auch innerhalb von Kommunen zu beobachten und kann den Automatisierungsgrad derjenigen kommunalen Geschäftsprozesse, die GIS als Querschnittstechnologie nutzen möchten, beeinträchtigen. Aufgrund der zunehmenden Standardisierung durch internationale Institutionen wie OGC und ISO findet derzeit allerdings eine sehr starke Harmonisierung statt. Zudem unterstützen die Bestrebungen zum Aufbau von GDI, insbesondere ausgelöst durch die INSPIRE-Richtlinie auf EU-Ebene, die Anstrengungen zur Vereinheitlichung von Daten und Systemen. Diese Entwicklungen bestimmen auch den Rahmen für die Entwicklung kommunaler GDI. Sie werden zu einer weiteren Automatisierung von raumbezogenen Geschäftsprozessen beitragen.

Beim Einsatz digitaler Technologien zur Erfassung, Aufbereitung, Speicherung, Führung, Bereitstellung und Präsentation von stadtweiten, flächendeckenden Geoinformationen haben heute in vielen Städten die kommunalen Vermessungsdienststellen eine – häufig aus der historischen technischen Entwicklung entstandene – federführende Position inne, meist in enger Zusammenarbeit mit den jeweiligen IuK-Dienststellen der Kommune. Dabei ist aber eine ressort- und fachübergreifende Kooperation innerhalb einer Stadtverwaltung die entscheidende Grundlage für eine stadtweit funktionierende und erfolgreiche Geoinformationstechnologie.

11.3 Aufgaben zur Unterstützung der Stadtentwicklung

11.3.1 Gesamtaufgabe

Die vielfältigen Aufgaben der kommunalen Vermessungsbehörden und die dabei erfassten umfangreichen Informationen unterstützen die Entwicklung der Städte auf unterschiedlichste Weise. Dabei ist eine enge Verzahnung der Vermessungsdienststellen mit anderen Fachbereichen einer Stadt von grundlegender Bedeutung. Die intensive Integration der Aufgaben, Daten und Dienstleistungen der Vermessungsdienststelle in die Geschäftsabläufe innerhalb einer Stadtverwaltung, beispielsweise im Bauwesen, im Umweltschutz, in der Bodenordnung oder im Liegenschaftswesen, unterstützt die „Gesamtaufgabe Stadtentwicklung“ maßgeblich.

STAHR (2006) hat diese Gesamtaufgabe zur besseren Orientierung in einem Säulenmodell zusammengefasst und die folgenden vier Säulen benannt: Geoinformation, Kartographie, Grundstücksbewertung und Bodenordnung. Er weist darauf hin, dass unter diesen vier Säulen eine große Vielfalt der Aufgaben subsummiert sei. Die Ausprägung der Aufgaben ist dabei im Wesentlichen bestimmt durch die Größe der jeweiligen Kommune nach Fläche und Einwohnerzahl, durch regionale Besonderheiten, durch historisch gewachsene Zuständigkeiten sowie durch organisatorische Bedingungen.

Die städtischen Vermessungsdienststellen führen weiterhin vielfältigste Vermessungsarbeiten – vor allem bei stadteigenen Grundstücken und Gebäuden – mit einer hohen Messgenauigkeit unter Einsatz modernster Technik durch. Diese Ergebnisse stehen als aktuelle und zuverlässige Geoinformationen für verschiedenste Auswertungen und Projekte zur Verfügung und bilden eine unverzichtbare Grundlage zur Unterstützung der Stadtentwicklung. Liegenschafts- bzw. Katastervermessungen dienen dabei zur Sicherung der Eigentumsverhältnisse und liefern Informationen über Lage, Form, Größe und Nutzungsart von Grundstücken und Gebäuden, die digital im Liegenschaftskataster erfasst sind. Anhand von Grenzfeststellungen werden Flurstücksgrenzen überprüft und vor Ort abgemarkt. Ingenieurvermessungen erfolgen im Zusammenhang mit der Planung, Ausführung und Dokumentation von Baumaßnahmen im Hoch-, Tief- und Gartenbau. Ingenieurvermessungen bestehender Gebäude liefern zudem Daten für die Erstellung von 3-D-Stadtmodellen. Topographische Bestandsaufnahmen dienen der Erfassung der Geländebeschaffenheit und sind neben der Erfassung durch Lasercan-Daten aus Befliegungen die Grundlage für die Erstellung dreidimensionaler Geländemodelle. Aufgrund dieser vielfältigen Tätigkeitsfelder bleibt bei den städtischen Vermessungsbehörden ein hohes vermessungstechnisches Wissen erhalten, das auch die fachlich exakte Ausschreibung und Vergabe von Vermessungsaufträgen sowie die fundierte Bewertung von beigebrachten Vermessungsschriften garantiert. So hat(te) z. B. beim Bau des neuen Klinikums der Stadt Stuttgart die städtische Vermessungsdienststelle die Federführung für die Durchführung und Vergabe aller Vermessungsaufgaben.

Ein Beispiel zur Unterstützung der Stadtentwicklung ist die systematische Dokumentation des städtischen Umfelds inklusive Bauwerken, Straßenmöblierungen, usw. Diese Aufgabe gilt als Teil der kommunalen Daseinsvorsorge. Organisatorisch ist sie im Sinne der Arbeitsteilung vorzugsweise im Bereich der Bauverwaltung einer Stadt angesiedelt. Die Durchführung ist dabei häufig als Dienstleistung anzusehen. Auslöser dieser Dienstleistungen sind die unterschiedlichen Nutzer, d. h. Partnerverwaltungen, Investoren oder Bürger in der Stadt. Die methodische Zuständigkeit für die Erfassung, Aufarbeitung und Bereitstellung dieser Daten liegt bei den kommunalen Vermessungsverwaltungen.

Ein weiteres Beispiel ist die Federführung von städtischen Vermessungsdienststellen bei Flurneuordnungsverfahren im Stadtgebiet, z. B. bei einer umfangreichen Renaturierungsmaßnahme im Stadtgebiet Stuttgart als Ausgleichmaßnahme für den Flughafenausbau.

11.3.2 Bedeutung kommunaler Geoinformationen

Kommunale Geoinformationen sind in vielen Bereichen unseres Alltags inzwischen unverzichtbar geworden, ihre Anwendungsbereiche und damit auch der Nutzerkreis von Geoinformationen steigen stetig an. Sie haben in der öffentlichen Verwaltung eine große Bedeutung als Planungs-, Entscheidungs- und Handlungsgrundlage für die Stadtentwicklung sowie zur Umsetzung gesetzlicher Anforderungen. Auf der Grundlage von Geodaten und GIS sind übersichtliche und aussagekräftige Darstellungen von komplexen Sachverhalten und Zusammenhängen auf Karten und Plänen zu realisieren. Solche „bildhaften" Darstellungen haben einen hohen Informationsgehalt, sie wecken Interesse und prägen sich ein – ganz nach dem Motto *„Ein Bild sagt mehr als 1.000 Worte"*. Dabei müssen die Daten schnell und leicht abrufbar zur Verfügung stehen, was durch den Einsatz von GIS effektiv unterstützt wird. In vielen Fachbereichen städtischer Verwaltungen werden bereits seit vielen Jahren zahlreiche GIS-Fachanwendungen eingesetzt und umfangreiche Geoinformationen vorgehalten. Dabei sind GIS eine ausgezeichnete Hilfe in der täglichen Arbeit. Sie unterstützen als wichtige Querschnittstechnologie die Kopplung von vielfältigen Informationen aus unterschiedlichsten Bereichen. Die GIS-Daten werden Nutzern zunehmend über GDI zugänglich gemacht, wobei Geodatenportale als effektive Zugänge zu städtischen Infrastrukturdaten dienen. Bei einer stadtweiten GIS-Nutzung in einer Stadtverwaltung besteht eine enge Verzahnung umfangreicher Informationen aus unterschiedlichsten Fachbereichen. Dies erfordert eine intensive Zusammenarbeit aller beteiligten Fachbehörden und Eigenbetriebe. KÖNIGER und MÜLLER (2008) stellen dies sehr anschaulich am Beispiel der Landeshauptstadt Stuttgart und deren Arbeitsgemeinschaft Geoinformationssysteme (GIS-AG) dar. Nachfolgend werden einige praktische Anwendungsbeispiele für kommunale Geoinformationen vorgestellt, stellvertretend für viele weitere Nutzungsbereiche.

11.3.3 Anwendungsbeispiele kommunaler Geoinformationen

Die städtischen Vermessungsbehörden stellen meist die gesamte GIS-Infrastruktur einer kommunalen Verwaltung bereit. Einen entscheidenden Teil dieser Infrastruktur stellen die sogenannten Geobasisdaten dar. Dies sind amtliche Geodaten, die Topographie, Flurstücke und Gebäude ortsgenau darstellen. Hierzu gehören die digitale Stadtkarte (Abb. 11.4), topographische Karten, digitale Geländemodelle und auch 3-D-Stadtmodelle (Abb. 11.5), sowie Luftbilder und Flurkarten. Sie bilden die Grundlage für thematische Karten und GIS-Anwendungen anderer Fachbereiche.

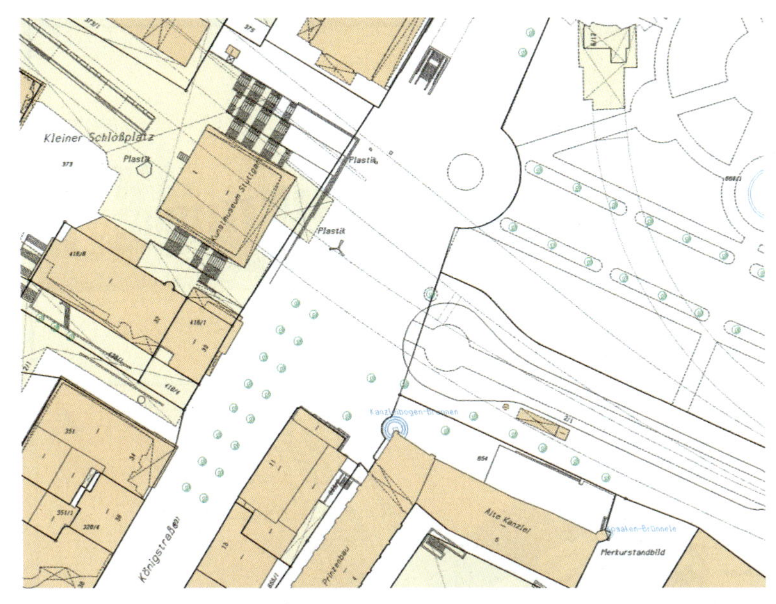

Abb. 11.4: Die digitale Stadtkarte als unverzichtbare Grundlage für die Bereiche Planen, Bauen und Umweltschutz. Das Beispiel aus Stuttgart enthält aktuelle Informationen über Flurstücke, Gebäude, städtische Topographie mit Fahrbahnen, Fußwegen, Bäumen, Unterführungen und unterirdischen Bauwerken (Quelle: Stadtmessungsamt Stuttgart).

Abb. 11.5: Beispiel des Stuttgarter 3-D-Stadtmodells. Es beinhaltet flächendeckend die Grundrisse von etwa 180.000 Gebäuden mit unterschiedlichem Detailgrad der Dachformen, zunehmend Texturierungen der Gebäudefassaden und Dachflächen, sowie Daten zahlreicher beteiligter Fachbehörden (Quelle: Stadtmessungsamt Stuttgart).

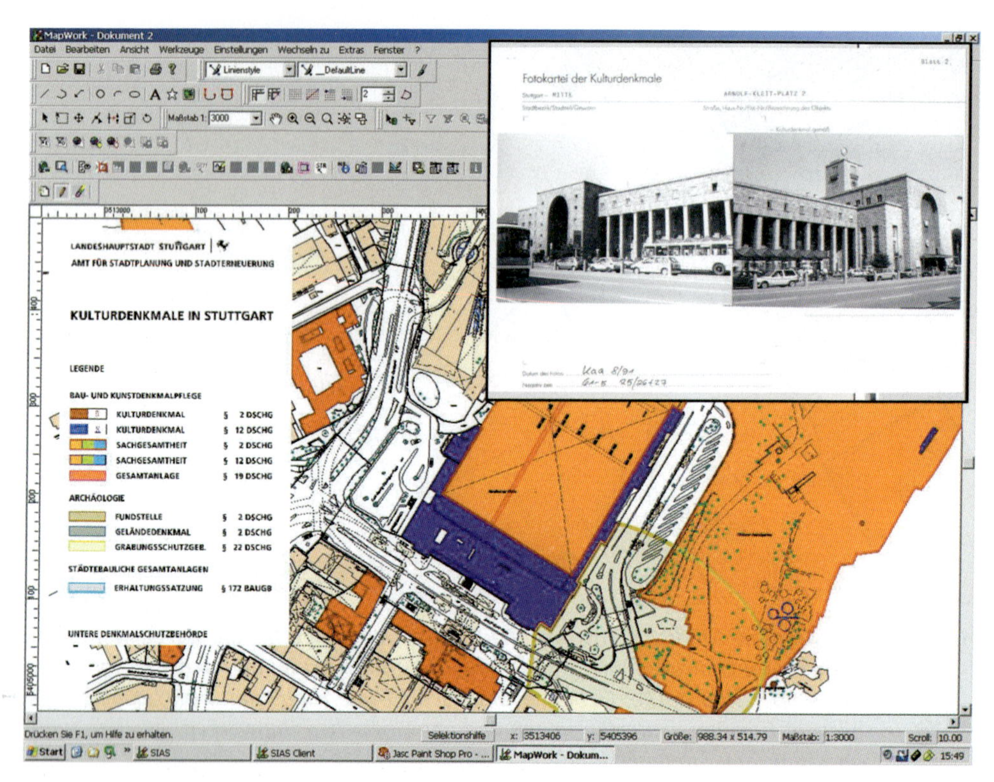

Abb. 11.6: Im Stuttgarter Denkmal-Informationssystem DENKAS stehen für etwa 5.700 Objekte Informationen u. a. zu Architekt, Baujahr, Stil, Denkmalstatus zur Verfügung, verbunden mit rechtlichen Informationen (Quelle: Landeshauptstadt Stuttgart).

Es gibt zahlreiche Beispiele aus dem kommunalen Bereich für die effektive Nutzung von Geoinformationen sowie für die Erzeugung schneller und umfassender Auswertungen und Darstellungen anhand von GIS-Anwendungen in den unterschiedlichsten Fachbereichen. Insbesondere in der Stadtplanung und Stadterneuerung sind umfassende Geoinformationen von grundlegender Bedeutung für eine nachhaltige Flächennutzung und Innenentwicklung, ein effektives Bauflächenmanagement sowie eine angepasste Verkehrsplanung. Dabei können Bauflächenpotenziale (z. B. Baulücken, Brachflächen, untergenutzte Flächen, Umnutzungsflächen, Neubauflächen) in Baulücken- und Brachflächenkatastern systematisch erfasst und die betroffenen Gebiete auf Bebauungsplänen, Luftbildern oder 3-D-Stadtmodellen dargestellt werden, was bei einer Bauberatung auch mögliche Baueinschränkungen wie z. B. archäologische Funde berücksichtigt. Im Liegenschaftswesen werden das Flächen- und Immobilienmanagement, der Grundstücksverkehr und die Bodenordnung maßgeblich von Geoinformationen unterstützt.

Auskunftssysteme über Denkmalobjekte enthalten Informationen u. a. zu Architekt, Baujahr, Stil, Denkmalstatus, usw., verbunden mit den rechtlichen Belangen zu Denkmalstatus

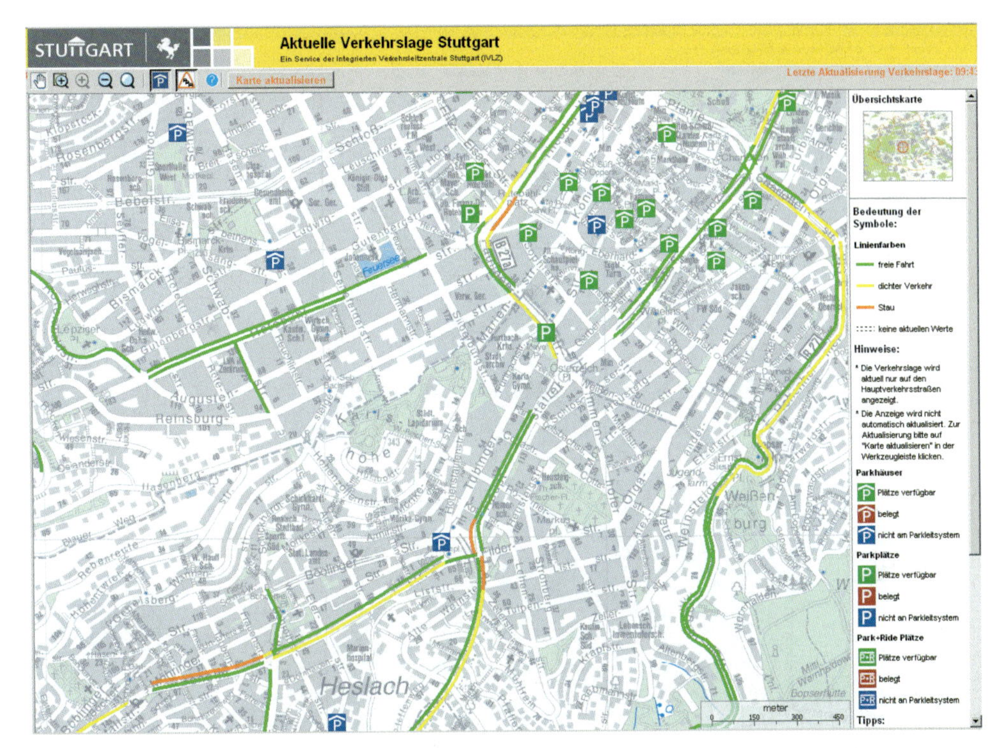

Abb. 11.7: Das Stuttgarter System Verkehrsinformationszentrale VIZ ermöglicht die Darstellung der aktuellen Verkehrslage auf den Hauptverkehrsstraßen, was auch über das Internet abrufbar ist (Quelle: Landeshauptstadt Stuttgart).

und Denkmalbegründung. Angehängte Bild- und Verfahrensdokumente bieten die Möglichkeit, Detailinformationen wie Fotos, Texte, usw. abzurufen (Abb. 11.6).

Im Verkehrswesen helfen Straßenkataster bei der Klassifizierung von öffentlichen Straßen, Wegen und Plätzen, bei der Beschreibung ihrer Beläge und Zustände sowie bei einer Finanzplanung zur Unterhaltung oder Sanierung. Daneben lassen sich über Verkehrsleitzentralen die aktuellen Verkehrslagen auf den Hauptverkehrsstraßen darstellen (Abb. 11.7). Im Bereich der öffentlichen Ordnung können Genehmigungsverfahren von Baustellen und Veranstaltungen im öffentlichen Straßenraum vollständig über GIS-Anwendungen vorgenommen werden, wobei automatisierte Konfliktprüfungen über den Genehmigungszeitraum und die Ausdehnung der jeweiligen Baustelle bzw. Veranstaltung und deren Umleitung stattfinden. Ein Online-Baustellenmanagement ermöglicht die Erfassung von aktuellen und geplanten Baustellen und informiert über deren Dauer, Maßnahmen und Beeinträchtigungen. Dabei können neben städtischen Baustellen auch Baumaßnahmen von Ver- und Entsorgungsunternehmen, öffentlichem Personennahverkehr, Straßenbauämtern und Telekommunikationsunternehmen aufgenommen werden.

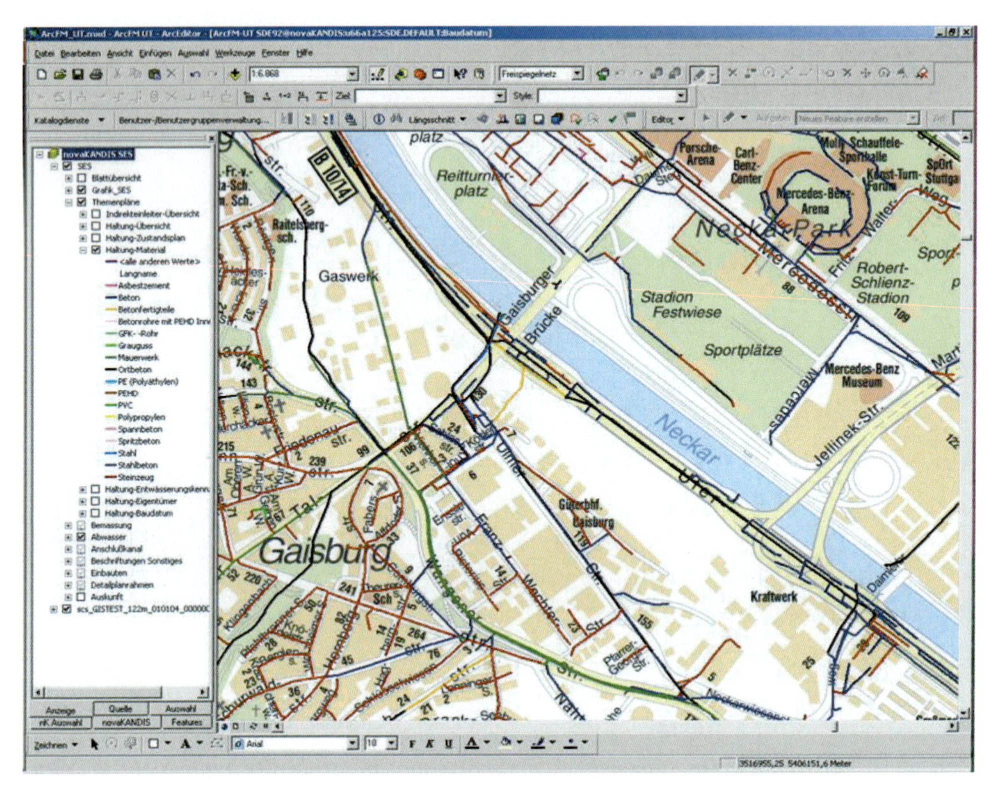

Abb. 11.8: Im Stuttgarter Informationssystem Kanal ISKanal ist das über 1.700 km lange Abwassernetz mit etwa 52.000 Kanalhaltungen flächendeckend zusammen mit seinen Stamm-, Zustands- und Kostendaten dokumentiert (Quelle: Landeshauptstadt Stuttgart).

In Kanalinformationssystemen oder Kanalkatastern sind die Abwassernetze mit Kanalhaltungen flächendeckend für ein Stadtgebiet zusammen mit seinen Stamm-, Zustands- und Kostendaten dokumentiert (Abb. 11.8). Dies unterstützt u. a. die laufende Betriebsführung und ermöglicht Schadenserfassungen und -dokumentationen. Zusammen mit Leitungsinformationen ermöglicht dies auch eine Zusammenarbeit mit Versorgungsträgern.

Im Sozialbereich ist ein GIS der sozialen Infrastruktur eine methodische Grundlage für die Sozialplanung und liefert eine Übersicht über alle dem Sozialamt zugeordneten sozialen Dienste und Einrichtungen. In Karten werden soziale Einrichtungen wie z. B. Altenhilfeangebote oder Jugendeinrichtungen in einzelnen Stadtbezirken dargestellt und mit soziodemographischen Daten in Beziehung gesetzt. Damit kann das wohnortnahe Angebot sozialer Einrichtungen für eine bestimmte Bevölkerungsgruppe in einem Stadtbezirk ermittelt und gegebenenfalls ein weiterer Ausbau geplant werden. Dies unterstützt demographische Planungen wie z. B. eine Kindergarten- und Schulbedarfsplanung.

Freizeit- und Kulturangebote wie Bibliotheken, Schauspielhäuser, Museen, Sehenswürdigkeiten, Sportanlagen, Bäder, usw. können auf Karten dargestellt, mit weiteren Informationen versehen und Nutzern z. B. über das Internet zugänglich gemacht werden. Online-Planer für ein Radrouting abseits von Hauptverkehrsstraßen erleichtern das Radfahren in

Abb. 11.9: Internet-Radroutenplaner basieren auf Stadtplänen und ermöglichen ein individuelles Radrouting abseits von Hauptverkehrsstraßen (Quelle: Landeshauptstadt Stuttgart).

Städten und erhöhen dadurch auch die Verkehrssicherheit für Radfahrer (Abb. 11.9). Zusammen mit Informationen zum öffentlichen Personennahverkehr, zu Parkmöglichkeiten sowie zu Hotels sind solche kommunalen Geoinformationen auch wichtig für den Tourismus. Auf weitere Anwendungen in den Bereichen Umwelt- und Katastrophenschutz wird in nachfolgenden Kapiteln eingegangen.

Letztendlich ermöglichen alle diese fachlichen Geoinformationen eine effektive Steuerung innerhalb einer Stadtverwaltung. GIS stellen somit eine wichtige Grundlage für die Aufgabenerledigung in einer Kommune dar. Darüber hinaus haben Gemeinderat und Verwaltungsspitze einen immer größeren Bedarf an entscheidungsrelevanten Informationen. Diese Informationen sind aber häufig auf zahlreiche Systeme verteilt oder gar unzugänglich, was die Informationsbeschaffung erschwert. In Stuttgart existiert daher z. B. ein kommunales Rats- und Verwaltungs-Informationssystem (KORVIS), das alle benötigten Informationen aus verschiedenen Systemen digital integriert und über ein themenorientiertes Portal zusammenstellt. Als grundlegenden Baustein für die raumbezogene Integration entscheidungsrelevanter Informationen enthält KORVIS eine GIS-Komponente, über die es beispielsweise möglich ist, Bildmaterial (Schrägluftbilder, historische Aufnahmen, usw.) georeferenziert darzustellen.

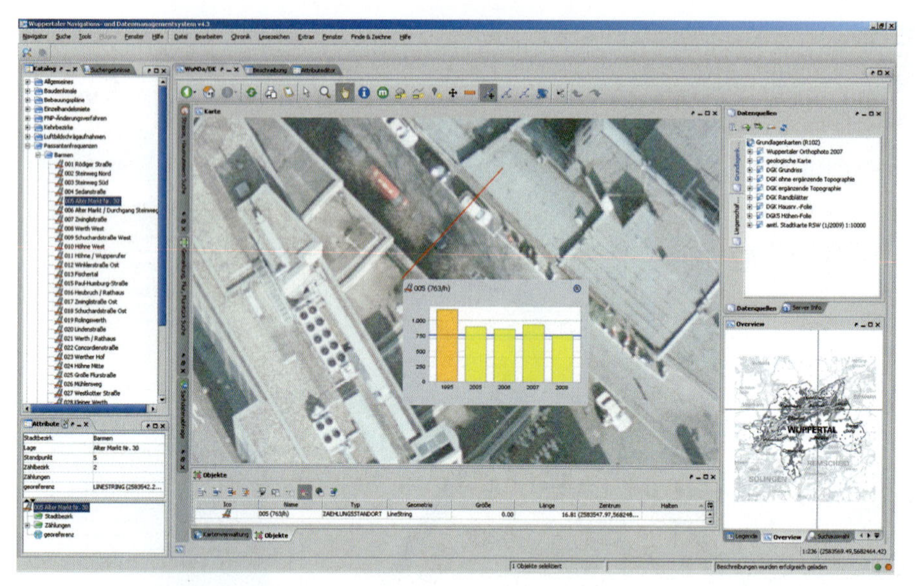

Abb. 11.10: Intranet-Geoportal der Stadt Wuppertal WuNDa (Wuppertaler Navigations- und Datenmanagementsystem) (Quelle: Ressort Vermessung, Katasteramt und Geodaten, Stadt Wuppertal)

Ein weiteres Beispiel ist das Wuppertaler Navigations- und Datenmanagementsystem WuNDa (Abbildung 11.10). Es basiert auf standardkonformen Diensten, die heterogene Geodaten aus verschiedenen Quellen im Browser zusammenführen und darstellen. Benutzerspezifisch können Rechte vergeben werden, sodass auch sensible Daten (z. B. Eigentümerdaten) im Intranet bereitgestellt werden können. Neben der Integration digitaler Karten im Shape- oder Rasterformat sind georeferenzierte Geodaten wie Kaufpreise, Bodenrichtwerte, Lärmkarten, Sachdaten der Bebauungspläne, Baudenkmäler oder Einzelhandelsstandorte in diesem System darstellbar.

11.3.4 Kommunale Geoportale

Die kontinuierliche Ausbreitung des World Wide Web führt dazu, dass sich immer mehr Menschen über ihr persönliches Wohnumfeld, ihre Stadt oder auch Gegenden, die sie gerne besuchen möchten, über das Internet informieren. Ein zentrales Selektionskriterium für die benötigten Informationen, seien dies die Spielplätze in Wohnungsnähe, der Anfahrtsweg zum Theater inklusive der aktuellen Verkehrssituation oder die Sehenswürdigkeiten in der Innenstadt, stellt dabei der räumliche Bezug dar. Würde der geographische Ort bei der Suche nach Informationen nicht eine so bedeutsame Rolle spielen, so hätten kommerzielle Geoportale wie Google Earth und Maps, Microsoft Bing Maps und Virtual Earth 3D, Map24 und andere keine so hohe Verbreitung in der Bevölkerung gefunden.

Dabei unterscheiden sich die Städte insbesondere durch die hohe Datenqualität und -aktualität sowie durch ihre vielfältigen Inhalte von den oben genannten kommerziellen Produkten. Die Städte sind daher in der Pflicht, eigene Geoportale im Internet sowohl für Bürger und Touristen als auch für die Wirtschaft anzubieten. Unter einem Geoportal ist dabei eine Bündelung von Georessourcen zu verstehen, die sowohl Geodaten als auch Geodienste

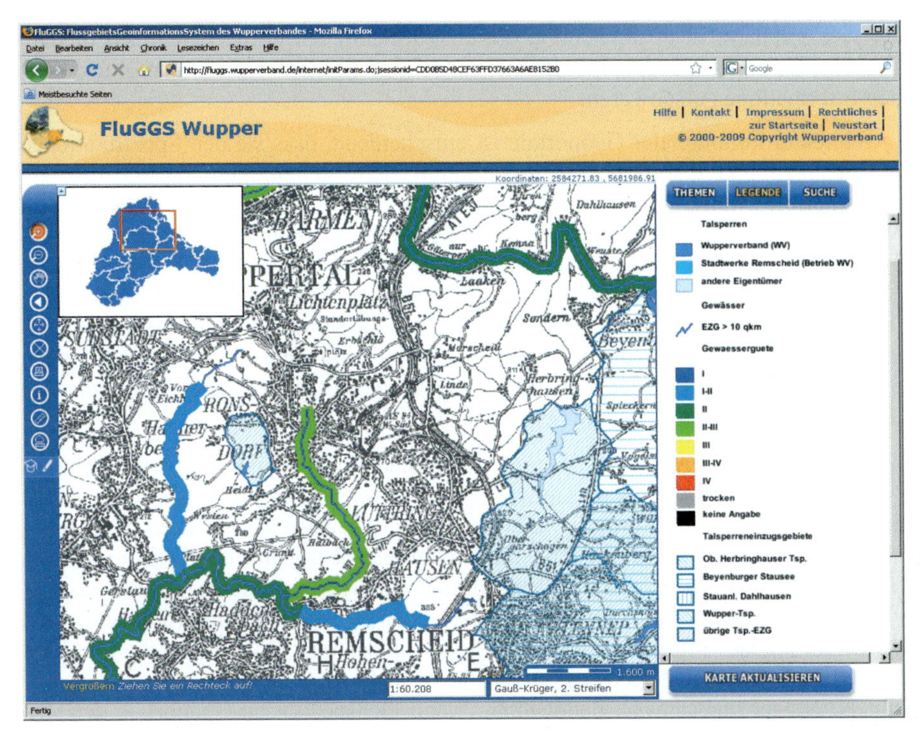

Abb. 11.11: Flussgebietsgeoinformationssystem FluGGS des Wupperverbandes (Quelle: Ressort Vermessung, Katasteramt und Geodaten, Stadt Wuppertal)

umfasst. Durch die Bereitstellung eines Geoportals soll eine bessere und einfachere Nutzung von Geoinformationen ermöglicht werden. Zum einen ist dies erforderlich, um das Informationsbedürfnis interessierter Personen zu befriedigen, zum anderen ist dies aber auch Selbstzweck. Im Zuge der sich ständig verschärfenden Personalsituation in den Kommunen müssen immer mehr Prozesse über eGovernment-Verfahren erledigt werden. Wie am Beispiel des Baustellenmanagements angedeutet, besitzen viele dieser Prozesse eine räumliche Komponente und erfordern daher die Einbeziehung von GIS. Zudem sind die Stadtverwaltungen auch durch rechtliche Entwicklungen (EU-Richtlinie INSPIRE) und organisatorische Bestimmungen zum Aufbau einer Geodateninfrastruktur Deutschland (GDI-DE entsprechend GeoZG) verpflichtet, Geoportale zur Verfügung zu stellen.

Geoportale dienen jedoch nicht allein dem Zugriff auf Karten, Luftbilder, der Visualisierung von 3-D-Daten, der raumbezogenen Abfrage oder der Abwicklung von eGovernment-Prozessen. Häufig sind insbesondere kommerzielle Unternehmen am Abruf von Geodaten interessiert, um diese in eigene Anwendungen integrieren zu können. Insofern gehören auch Shop-Lösungen zu einem Geoportal, die es erlauben, die gewünschten Daten zu selektieren, die Bezahlung ähnlich wie beim Online-Kauf eines Buches abzuschließen und schließlich die Daten herunter zu laden.

Geoportale sind nicht nur auf kommunaler Ebene verfügbar, auch auf Landes- und Bundesebene werden derzeit entsprechende Strukturen im Rahmen von INSPIRE und GDI-DE eingerichtet. Um einen Durchgriff von Bundesebene bis auf die kommunale Ebene (und umgekehrt) zu erlauben, ist es notwendig, die unterschiedlichen Portalebenen miteinander zu verknüpfen, da sonst Geodatenfragmente entstehen, die dem Nutzer den Zugang zu benötigten Informationen erschweren.

Für die Architektur kommunaler Geoportale ist entscheidend, dass sie den Spezifikationen der OGC genügen und damit die Interoperabilität sicherstellen. Durch standardisierte Dienste wie beispielsweise WMS (Web Map Service), WFS (Web Feature Service) und WCS (Web Coverage Service) können kommunale Geodaten in andere Portale eingebunden werden, seien es Länderportale oder Fachportale anderer Nutzer. Ein Beispiel hierfür ist das Flussgebietsgeoinformationssystem (FluGGS) des Wupperverbandes (Abbildung 11.11), einer öffentlich-rechtlichen Gebietskörperschaft zur Unterhaltung des Flusses Wupper im Bergischen Land (Nordrhein-Westfalen). Dieses auf Open-Source-Komponenten basierende Geoportal nutzt die Geodatendienste der an der Wupper anliegenden Städte und Kreise. Damit entfällt eine aufwändige Sekundärdatenhaltung.

Eine Konsequenz aus dem Angebot kommunaler Geodaten in standardkonformen Diensten könnte sein, dass einige kommunale Geodatenportale verzichtbar sind, weil diese Daten über kaskadierende Dienste bereits in übergeordneten Diensten (Bund/Land) verfügbar sind. In letzter Konsequenz hieße das, dass ein gemeinsames europäisches Portal ausreichen würde. Diese Sichtweise ist jedoch nur theoretischer Natur, in der Praxis werden aus folgenden Überlegungen weiterhin Portale auf verschiedenen Ebenen erforderlich sein: Jede Stadt betreibt ihr eigenes Marketing, ihre jeweiligen Geodaten (z. B. Stadtplandienste) sind dabei ein Teil ihres Internet-Angebotes. Die Fülle verfügbarer Geoinformationen im Internet ist für die Nutzer nur sinnvoll handhabbar, wenn fachspezifische Geoportale den Zugang erleichtern. Daneben kann die Eigenständigkeit und besondere Bedeutung kommunaler Geodaten am besten in eigenen Portalen deutlich werden. Daher hat das Präsidium des Deutschen Städtetages im Jahr 2008 den Aufbau eines eigenen kommunalen Geoportals für die Städte in Deutschland grundsätzlich beschlossen.

11.3.5 Bürgerberatung/Kommunales Geodatenzentrum

Neben dem Online-Angebot von raumbezogenen Informationen ist der direkte Kundenkontakt über Kundenzentren weiterhin von großer Bedeutung, da insbesondere individuelle Beratungsleistungen zu spezifischen Kundenwünschen nicht durch Medien ersetzt werden können. Bei den Beratungen erfragen die Bürger und Kunden verschiedenste Informationen, beispielsweise zum Flurstück bzw. zum Liegenschaftskataster, zu Vermessungsleistungen, zur Grundstückswertermittlung und zu Bodenrichtwerten, zu Erschließungs- und Kanalbeiträgen, zu Service-Angeboten wie dem Erstellen thematischer Karten oder Skizzen (z. B. für Werbezwecke), zum Bezug von Produkten wie Stadtplänen, Rad-, Wander- oder sonstigen Karten, Luftbildern, DVDs (z. B. mit mobilen GIS-Anwendungen für Smartphones und PDAs oder mit 3-D-Anwendungen), usw. Kunden- bzw. Geodatenzentren sind dabei häufig nicht nur für die Beratung und den Vertrieb von Produkten zuständig, sondern auch für deren Entwicklung und das entsprechende Marketing in Form von Öffentlichkeitsarbeit (Bereitstellung von Produktverzeichnissen und Flyern, Besuch von Messen, Vorträge und Präsentationen bei öffentlichen Veranstaltungen, usw.). Viele Kundenanfragen, die nicht durch die Vermessungsverwaltungen bearbeitet werden können, werden gezielt an andere Fachämter weiter vermittelt. Dadurch kann eine effiziente Service- bzw. Bürgerorientierung gewährleistet werden. Nicht zuletzt sind die Kundenzentren aber auch für Menschen, die mit neuen Medien – insbesondere mit dem Internet – weniger vertraut sind, eine wichtige Voraussetzung zum Bezug von Geoinformationen.

Für den Bürger sind die internen organisatorischen Regelungen unbedeutend. Er will alle Informationen zum Thema Grundstücksverkehr, Planen, Bauen und Wohnen in einer Auskunftsstelle erhalten und nicht wie ein „Jäger und Sammler“ durch die Büroräume gehen. In einigen Städten wie z. B. Wuppertal und Münster sind daher alle Beratungen und Auskünfte zum oben genannten Themenbereich in zusammenliegenden Räumen oder im Großraumbüro gebündelt, unabhängig davon, welchem Amt der jeweilige Themenbereich zugeordnet ist. Bei schwierigen Fragen können dann die Fachkräfte aller Bereiche sofort hinzugezogen werden. Beispielsweise wird in Nordrhein-Westfalen angestrebt, auch die Auskunft aus dem digital geführten Grundbuch bei den Gemeinden zu ermöglichen.

11.3.6 Grundstücksverkehr und Immobilienmanagement

Die Liegenschaftspolitik – also die Bereitstellung und Verwaltung der für die Aufgaben der Städte erforderlichen Grundstücke, der Erwerb von Vorratsflächen als Voraussetzung für eine geordnete Stadtentwicklung sowie der zielgerichtete Einsatz von Grundstücken sowohl für kommunale als auch für Projekte privater Investoren – ist ein unverzichtbarer Bestandteil einer auf Nachhaltigkeit ausgerichteten Kommunalpolitik. Nur durch eine vorausschauende und aktive An- und Verkaufspolitik können langfristige Ziele der Stadtentwicklung umgesetzt werden.

Das Liegenschaftswesen einer Stadt umfasst dabei zwei große Aufgabenbereiche: den Grundstücksverkehr wie den Erwerb und Verkauf von Grundstücken und Immobilien sowie das Immobilienmanagement zu deren Bewirtschaftung und Verwaltung. Beide Bereiche werden intensiv durch innerstädtische Vermessungsleistungen und kommunale Geoinformationen der städtischen Vermessungsdienststellen unterstützt. Ein Beispiel hierfür sind zonale Bodenrichtwertkarten als Grundlage der Immobilienbewertung (Abb. 11.12).

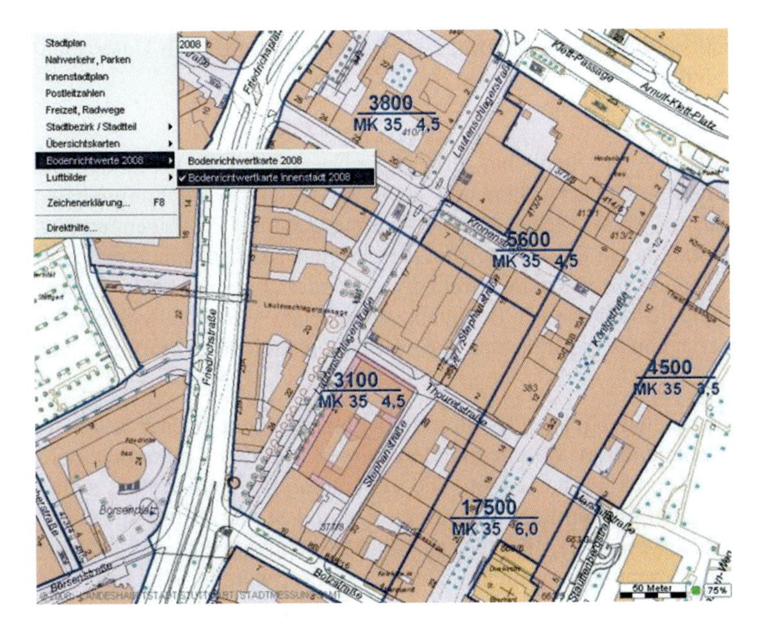

Abb. 11.12: Flächendeckende zonale Bodenrichtwertkarte auf Basis der digitalen Stadtkarte zur Unterstützung der Immobilienbewertung (Quelle: Stadtmessungsamt Stuttgart)

Grundstücksverkehr

In Städten mittlerer Größe sind oft die Aufgaben des Grundstücksverkehrs durch die Liegenschaftsverwaltung mit dem Bereich des Vermessungswesens in einem gemeinsamen Amt oder Fachbereich verbunden. Eine zentrale Abwicklung der Grundstücksgeschäfte ist für ein nachhaltiges Flächenmanagement einer Stadt unabdingbar. In Städten mit knappem Angebot und hohem Preisniveau können Wohnbau- und Gewerbeflächen für strukturell bedeutsame aber wirtschaftlich nicht lukrative Vorhaben nur durch die Bereitstellung kommunaler Flächen zu besonderen Konditionen verwirklicht werden (z. B. sozialer Wohnungsbau, Existenzgründer, Jugendkultur, Künstlerateliers). In Stuttgart werden z. B. gezielt junge Familien im städtischen Wohnungsbauförderungsprogramm „Preiswertes Wohneigentum“ durch die Erwerbsmöglichkeit von preiswerten Bauplätzen gefördert.

Die Liegenschaftsverwaltung erwirbt Grundstücke, die eine Kommune selbst für die Realisierung öffentlicher Vorhaben benötigt (z. B. Grundstücke für Schulen, Krankenhäuser, Kindergärten, Grünanlagen, Straßenbau). In Sanierungsgebieten tritt sie gezielt als Käufer und Verkäufer von Sanierungsobjekten auf, um geplante Sanierungsziele erreichen zu können. Hierzu gehört die Bereitstellung von Ersatzflächen für Betriebsauslagerungen.

Für eine Kommune ist nicht nur der Erwerb und die Veräußerung von Wohnbau- und Gewerbeflächen zur Wirtschaftsförderung wichtig, sondern auch der Erwerb landwirtschaftlicher Flächen. Diese können dann falls erforderlich bei Verhandlungen mit Landwirten als Tauschflächen angeboten werden. Außerdem werden immer häufiger Grundstücke für ökologische Ausgleichsmaßnahmen benötigt.

Der Grundstücksverkehr führt Verhandlungen über den Ankauf, Verkauf und Tausch von Grundstücken, Einräumung/Aufhebung/Heimfall/Belastungen usw. von Erbbaurechten an städtischen Grundstücken, die Erteilung nachbarrechtlicher Zustimmungen, die Bestellung/Aufhebung von Dienstbarkeiten zugunsten der Stadt bzw. einem städtischen Grundstück, die Übernahme von Baulasten zu Lasten städtischer Grundstücke, Rangänderungen und Löschungsbewilligungen sowie die Ausübung von Ankaufs-, Vorkaufs-, Wiederkaufs-, Rückerwerbs- und Rücktrittsrechten. Dabei werden auf der Basis der Verhandlungsergebnisse die notwendigen rechtsgeschäftlichen Verträge erarbeitet und diese nach Unterzeichnung bis zum Vollzug begleitet.

Immobilienmanagement

Das Immobilienmanagement einer Stadt hat die Aufgabe, städtische Gebäude und Grundstücke möglichst effizient zu verwalten und zu bewirtschaften. Bei kommunalen Immobilien handelt es sich im Wesentlichen um Verwaltungsgebäude zur Eigennutzung, Wohn- und Geschäftsgebäude, die an Dritte vermietet werden (auch Zwischennutzung z. B. in Sanierungsgebieten), Gebäude für spezielle Zwecke wie Kindergärten, Museen, Theater usw., unbebaute Grundstücksflächen die zur Bebauung vorgesehen sind, landwirtschaftliche Grundstücke, Reserveflächen und Brachland sowie Straßen und Wege, Grünanlagen und Waldflächen.

Ein effizientes und vorausschauend planendes Immobilienmanagement ist nur möglich, wenn Aufgaben zentral von einem Amt wahrgenommen werden. Bei den Kommunen wird dies aber sehr unterschiedlich praktiziert. Teilbereiche der Immobilien sind oft ausgegliedert und nutzungsspezifisch den Fachämtern zugeordnet. Zumindest Verwaltungsgebäude, unbebaute Grundstücke, Reserveflächen, Immobilien mit Mischnutzungen und an Dritte vermietete Immobilien sollten zentral verwaltet und bewirtschaftet werden. Nur so ist ein flexibles Immobilienmanagement gewährleistet. Kernbereiche sind die Bereitstellung, Nutzung, Bewirtschaftung und Unterhaltung kommunaler Immobilien. Hauptaufgabenfelder des kommunalen Immobilienmanagements sind das kaufmännische Management zur Bedarfsermittlung und Bedarfsplanung; die Vermarktung von Miet- und Pachtflächen; die Anmietung von Gebäuden und Flächen für kommunale Zwecke, zum Flächenmanagement und Controlling; die Objektverwaltung zur Bau- und Grundstücksunterhaltung; die Verwaltung angemieteter Immobilien; die Unterhaltung der technischen Dienste; das infrastrukturelle Management zur Energieversorgung, Gebäudereinigung, Umzugsmanagement; usw.

Für eine kostengünstige Bewirtschaftung sind heute Gebäude- und Grundstücksinformationssysteme bei den Kommunen unverzichtbar. Um die vorhandenen Ressourcen ökonomisch nutzen zu können, sind vollständige Objektdaten wie Gebäudeart, Gebäudenutzung, Raumgrößen, Nutzflächen, Reinigungsflächen usw. zu erfassen und fortzuführen.

Wichtig in einem modernen Immobilienmanagement sind aber nicht nur aktuelle Objektdaten. Für ein effektives Flächenmanagement sind der räumliche Bezug aller gemeindeeigenen Immobilien zueinander und Informationen zum örtlichen Umfeld ebenfalls von Bedeutung. Hier liefern Geodaten die notwendigen Informationen. GIS bieten die Möglichkeit zu räumlichen Abfragen und Analysen. Die Darstellung in einer Karte bietet einen ausgezeichneten Überblick über die zu verwaltenden Immobilien. Dadurch kann vor allem der Bezug zu dezentral verwalteten Immobilien einer Stadt dar- und hergestellt werden. Abbildung 11.13 zeigt z. B. kommunale Immobilienflächen im GIS der Stadt Stuttgart. Das jeweils verwaltende Amt ist dabei durch unterschiedliche Einfärbung der zu verwaltenden Immobilie dargestellt. Das kommunale Immobilienmanagement ist somit nicht nur Aufgabe der Immobilienverwaltung, sondern eine ämterübergreifende Aufgabe einer Stadtverwaltung.

Abb. 11.13: Immobilienmanagement mit der Darstellung kommunaler Immobilien im GIS der Landeshauptstadt Stuttgart. Das jeweils verwaltende Amt ist durch die unterschiedliche Einfärbung der zu verwaltenden Immobilie dargestellt (Quelle: Stadtmessungsamt Stuttgart)

11.3.7 Bedeutung der Immobilienbewertung

„Stadtentwicklung und Wirtschaftsentwicklung sind ohne ausreichende Informationen über Grundstücksrechte, Eigentum und Rechtsänderungen nicht vorstellbar. Die Bereitstellung von Grundstücken und Grundstücksrechten erfolgt durch vertragliche Regelungen aufgrund von Anreizen des Grundstücksmarkts, durch Bodenordnung oder erforderlichenfalls auch durch Zwangsmaßnahmen. In allen Fällen spielen Grundstückswerte eine erhebliche Rolle" (ARBEITSKREIS WERTERMITTLUNG 2003). Grundstücke und Grundstücksrechte sind Vermögenswerte für Bürger, Wirtschaft und Kommune. Grundstückswerte und deren Änderungen sind Grundlagen für An- und Verkauf von Immobilien, Steuern, Beiträge, Entschädigungen und den Ausgleich von Vorteilen aus städtebaulichen und bodenordnerischen Maßnahmen wie Sanierung und Baulandumlegung.

Kommunale Bewertungsstellen und Gutachterausschüsse

Seit jeher benötigen die öffentliche Hand und speziell die Kommunen zur Erfüllung ihrer Aufgaben Informationen über Grundstückswerte. Statt die Dienstleistung „Wertermittlung" in jedem Einzelfall bei externen Sachverständigen einzukaufen, gingen insbesondere die großen Städte seit Ende des 19. Jahrhunderts dazu über, kommunale Bewertungsstellen einzurichten. Damit steht jederzeit qualifiziertes Personal zur Verfügung, um jedwede Wertermittlungsaufgabe hausintern zu lösen. Um die Akzeptanz der Bewertungsergebnisse innerhalb der kommunalen Verwaltung, gegenüber dem Gemeindeparlament und Außenstehenden sicherzustellen, kommt der fachlichen Unabhängigkeit der Bewertungsstellen große Bedeutung zu. Vielfach sind auch die Geschäftsstellen der Gutachterausschüsse für Grundstückswerte in der gleichen Verwaltungseinheit (Fachbereich, Abteilung) angesiedelt. Damit werden neben der Nutzung erheblicher Synergieeffekte die fachliche Akzeptanz gestärkt und die Anwendung gleicher Wertermittlungsverfahren und -daten gewährleistet. Aus Datenschutzgründen ist allerdings die unmittelbare Nutzung der Daten aus der Kaufpreissammlung der Gutachterausschüsse zumeist ausgeschlossen.

Da beide Einrichtungen zum Interessenausgleich beitragen, hat sich die duale Einrichtung von kommunalen Bewertungsstellen und Gutachterausschüssen bei den Großstädten bestens bewährt. Die kommunalen Bewertungsstellen stellen zeitnah adäquate Wertermittlungslösungen für liegenschafts- und finanzpolitische Fragestellungen und Entwicklungen bereit. Durch ihre interdisziplinäre Besetzung erhalten die Gutachterausschüsse wichtige Impulse aus Wirtschaft und Sachverständigenwesen und durch die Nähe zu städtischen Fragestellungen Impulse für ihre Aufgabenerledigung.

Gutachterausschüsse und kommunale Bewertungsstellen sind Nonprofit-Organisationen und vorrangig im öffentlichen Interesse insbesondere für die Entwicklung der Städte und das Wohl der Bürger und ihrer Wirtschaft tätig. Gesetzliche Grundlagen für die Tätigkeit der kommunalen Bewertungsstellen sind beispielsweise die den Gemeinden durch das Baugesetzbuch (BauGB) übertragenen Wertermittlungsaufgaben oder die allgemeinen Wertermittlungsaufgaben nach den Gemeindeordnungen. In Baden-Württemberg sind dies z. B. die §§ 91, 92 der Gemeindeordnung, wonach Vermögensgegenstände pfleglich und wirtschaftlich zu verwalten sind und Grundstücke nur zum vollen Wert veräußert werden dürfen; Abweichungen hiervon sind zu begründen. Die Zuständigkeiten sind weiter ausgeformt in den Aufgabengliederungsplänen und Zuständigkeitsordnungen der Gemeinden. Zielgruppen und Auftraggeber der kommunalen Bewertungsstellen können der Gemeinderat, die „eigene" Kommunalverwaltung, städtische Gesellschaften und Betriebe wie z. B. die Wirtschaftsförderung sowie die Sozial- und Arbeitsverwaltung sein.

Dienstleistungen der städtischen Immobilienbewertungen
Die folgenden Beispiele für Produkte der kommunalen Bewertungsstellen sind nicht abschließend, ihre Reihenfolge stellt keine Wertigkeit dar. Sie sind zudem dynamisch wie die von den Kommunen zu erledigenden Aufgaben: Beratungen sowie Wertermittlungen zum An- und Verkauf von Immobilien für die kommunale Liegenschaftsverwaltung, städtische Gesellschaften und Betriebe einschließlich der Wirtschaftsförderung; Ermittlungen marktüblicher Erbbauzinsen zur Bestellung und Verlängerung von Erbbaurechten; Ermittlung ortsüblich nachhaltig erzielbarer Mieten und Pachten für die An- und Vermietung; Wertermittlungen für Bilanzeröffnungen sowie Bilanzfortschreibungen, insbesondere auch von der Gemeinde als Sacheinlagen in Eigenbetriebe eingebrachte Grundstücke im Rahmen des Neuen Kommunalen Finanzmanagements; Wertermittlungen in städtebaulichen Sanierungsverfahren (sanierungsbedingte Bodenwerterhöhungen als Grundlage für Ausgleichsbeträge, Preisgenehmigungen, Werte nach rechtlichen Maßgaben zur Verhandlung mit Beteiligten, für die Maßnahmenplanung und Maßnahmenabrechnung); Stellungnahmen zu Bebauungsplänen und zu bodenwirtschaftlichen Fragen bei ihrer Umsetzung, Planungsgewinnen und Entschädigungsleistungen; Mitwirkung bei der Erarbeitung von städtebaulichen Verträgen; Wertermittlungen bei Altlastenflächen zum Wertausgleich aufgrund des Bundesbodenschutzgesetzes; Wirtschaftlichkeitsberechnungen anhand verschiedener Bau- und Planungsvarianten; Ermittlung von Einwurfs- und Zuteilungswerten in Baulandumlegungsverfahren; Mitwirkung bei Voruntersuchungen für städtebauliche Entwicklungsmaßnahmen; Mitwirkung oder verantwortliche Aufstellung des Mietspiegels oder der Mietdatenbank; Wertermittlungen für Sozialbehörden, Arbeitsämter, Schulverwaltungsämter (wegen der Gebührenfreiheit nach § 64 Sozialgesetzbuch X ist hier der Aufwand möglichst gering zu halten); Ermittlungen der Einheitswerte sowie der Feuerversicherungswerte kommunaler Immobilien.

Beitrag zur Stadtentwicklung
Mit ihren Wertermittlungen, Grundlagedaten für die Wertermittlung und Informationen zum Grundstücksmarkt sind die Bewertungseinrichtungen (Kommunale Bewertungsstelle und Geschäftsstelle des Gutachterausschusses für Grundstückswerte) auf kommunaler Ebene ein unentbehrlicher Teil der Infrastruktur für die Entwicklung der Städte, ihrer Wirtschaft und des Gemeinwohls. Wegen der vielfältigen Interessen müssen die Bewertungseinrichtungen sich das in sie gesetzte Vertrauen sowohl innerhalb der Kommunalverwaltung – auch was Leistungsfähigkeit und Wirtschaftlichkeit betrifft – als auch in Hinblick auf Kunden und Adressaten ständig neu erwerben. Dies geschieht in erster Linie durch überzeugende Produkte, vorausschauendes kunden- und problemorientiertes Handeln und durch ein angemessenes Beziehungsmanagement, aber auch durch betriebswirtschaftliches Marketing. Dies betrifft in erster Linie die Bereiche Kundenorientierung, Produktpolitik und Kommunikationspolitik gegenüber den Entscheidungsträgern innerhalb der Kommunalverwaltung, die zugleich Kunde und allgemeiner Kostenträger ist.

An die Arbeitsergebnisse der kommunalen Bewertungsstellen werden zum Teil hohe Anforderungen gestellt. Dies betrifft sowohl die Vielfalt der Aufgaben als auch die wohlverstandene Wahrung städtischer Interessen bei der Aufgabenwahrnehmung. Stellungnahmen und kurzfristige Wertaussagen zu eigenen und fremden Wertermittlungen oder Kaufpreisvorstellungen Betroffener, teilweise zu außerordentlich hohen Vermögenswerten und Spezialimmobilien, erfordern Kontakte der Städte untereinander und zu Spezialgutachtern.

11.3.8 Überregionale Marktbeobachtungen

Markttransparenz bezeichnet allgemein die Verfügbarkeit von Informationen über einen Markt, hier speziell den Immobilienmarkt. Für kommunale Belange wie zum Beispiel die strukturelle mittel- und längerfristige Planung der Stadtentwicklung, die Planung neuer Baugebiete oder den An- und Verkauf von Immobilien reichen Informationen über die Lage auf dem lokalen Markt nicht aus, denn der Immobilienmarkt ignoriert insbesondere in Ballungsgebieten häufig die administrativen Grenzen der Kommunen und Landkreise. Daher sind Kenntnisse über die überregionalen Zusammenhänge und Entwicklungen erforderlich, um sich anbahnende Entwicklungen in ihren Auswirkungen auf die eigene Kommune abschätzen zu können. Die kommunalen Spitzenverbände benötigen diese Informationen ebenfalls, um ihre Mitglieder optimal unterstützen und vertreten zu können.

Die wohl bekanntesten überregionalen kommunalen Analysen des Immobilienmarkts erstellt der Arbeitskreis Wertermittlung in der Fachkommission „Kommunales Vermessungs- und Liegenschaftswesen“ (FK KVL) des Deutschen Städtetags. Die Untersuchungen konzentrieren sich auf die Mitglieder des Kommunalen Spitzenverbands, insbesondere große deutsche Städte.

Wohnimmobilienmarkt in großen deutschen Städten
Bereits 1954 beschloss der Bauausschuss des Deutschen Städtetags, Material über die Preisentwicklung unbebauter Baugrundstücke in zunächst 12 Mitgliedsstädten zu sammeln, um dieses bei der Diskussion über eine eventuelle Aufhebung des seit 1936 generell und seit 1953 nur noch für unbebaute Grundstücke geltenden Preisstopps verfügbar zu haben. Hintergrund waren die in vielen Städten zum Teil kräftig steigenden Grundstückspreise, die insbesondere im innerstädtischen Raum die Durchführung städtebaulicher Sanierungspläne ernsthaft gefährden konnten. Heute wird der Immobilienmarkt unbebauter und bebauter zu Wohnzwecken genutzter Immobilien jährlich in 60 bis 70 großen deutschen Städten analysiert (Abb. 11.14). Die Integration der großen Städte in den neuen Bundesländern in das Analysesystem begann unmittelbar nach der Wiedervereinigung und konnte bereits nach wenigen Jahren als vollständig bezeichnet werden. Seit vielen Jahren werden die anfangs internen Zwecken des Deutschen Städtetags und seiner Mitgliedsstädte vorbehaltenen Daten unter wechselnden Titeln (seit 2000: Immobilienmarkt in großen deutschen Städten) in der Zeitschrift „der städtetag“ sowie auf der Website www.staedtetag.de publiziert.

Die aggregierten Daten stammen aus den Kaufpreissammlungen der örtlichen Gutachterausschüsse für Grundstückswerte. Damit basieren die Analysen des Deutschen Städtetags im Gegensatz zu vielen anderen Publikationen auf den originären Daten *aller* in den jeweiligen Städten abgeschlossenen Kaufverträge. Beispielhaft werden nachfolgend die zusammengefassten Ergebnisse der Marktanalyse für 2008 auf der Basis der Daten aus 64 Städten angegeben (Tabelle 11.1, SCHAAR 2009).

Tabelle 11.1: Kennzahlen in den Untersuchungsregionen (Quelle: SCHAAR 2009)

Region	Kaufverträge pro 1.000 Einwohner			Geldumsatz pro Einwohner [Euro]			Geldumsatz pro Kaufvertrag [1.000 Euro]		
	2008	2007	2006	2008	2007	2006	2008	2007	2006
Nord	6,2	6,6	6,3	1.115	1.402	1.243	182	206	192
Süd	7,6	7,6	7,7	1.501	1.608	1.634	199	214	212
Ost	5,3	4,3	4,9	734	913	640	158	182	126

Abb. 11.14: Städte und Untersuchungsregionen der Städtetags-Marktbeobachtungen (Quelle: SCHAAR 2009)

Bei den Umsätzen zeigte sich der Immobilienmarkt sowohl regional als auch bezogen auf die Teilmärkte der unbebauten und der bebauten Grundstücke sehr differenziert: Zuwächse

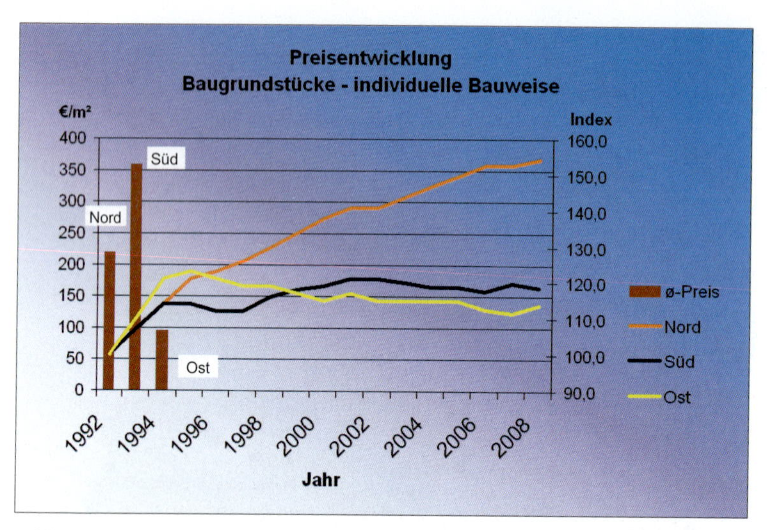

Abb. 11.15: Preisentwicklung für Baugrundstücke des individuellen Wohnungsbaus (Quelle: SCHAAR 2009)

bei der Zahl der verkauften unbebauten Baugrundstücke in der nördlichen Berichtsregion, massive Rückgänge im Süden, durchgängig sehr starke Rückgänge bei bebauten Mehrfamilienhausgrundstücken sowie kräftige Umsatzzuwächse bei Wohnungseigentum im Osten. Die Geldumsätze lagen in der Summe um etwa 15 % unter dem Vorjahresniveau.

Die Preise bewegten sich in allen Untersuchungsregionen weitgehend auf dem Vorjahresniveau. Eine Ausnahme bildeten die Preise der mit Mehrfamilienhäusern bebauten Grundstücke, die in den süddeutschen Großstädten um durchschnittlich 8 % sanken, während sie in den ostdeutschen Großstädten um rd. 6 % anstiegen.

Abbildung 11.15 zeigt die Preisentwicklung für unbebaute Baugrundstücke für Ein- und Zweifamilienhäuser seit 1992. Die Säulen stellen den durchschnittlichen m²-Preis in den Regionen dar. Durchschnittspreise für Grundstücke mit neu errichteten Doppelhaushälften zeigt die Abbildung 11.16 (SCHAAR 2009); als Abkürzung für die Städtenamen dienen die Autokennzeichen.

Blitzumfrage

Im Jahr 1997 wurden die aufgrund des relativ späten Untersuchungsstichtags (1. April jeden Jahres) zumeist erst nach der Jahresmitte veröffentlichten Analysen durch eine sogenannte Blitzumfrage ergänzt. Zum Stichtag 20. Januar berichten die meisten in das System integrierten Städte erste Ergebnisse über die örtliche Marktentwicklung. Hier liegen häufig erste Auswertungen der Kaufpreissammlungen, aber auch sachverständige Einschätzungen zugrunde. Die bereits Anfang Februar veröffentlichte Untersuchung gehört bundesweit zu den zeitlich frühesten, auf fundierter Datenbasis beruhenden Publikationen über Tendenzen auf dem Immobilienmarkt. Sie enthält auch Prognosen für die jeweils im aktuellen ersten Halbjahr erwarteten Entwicklungen.

Aus nahezu allen Städten liegt eine Einschätzung der erwarteten Entwicklung für das erste Halbjahr 2009 vor. Danach werden überall im Mittel weiterhin konstante Preis- und Um-

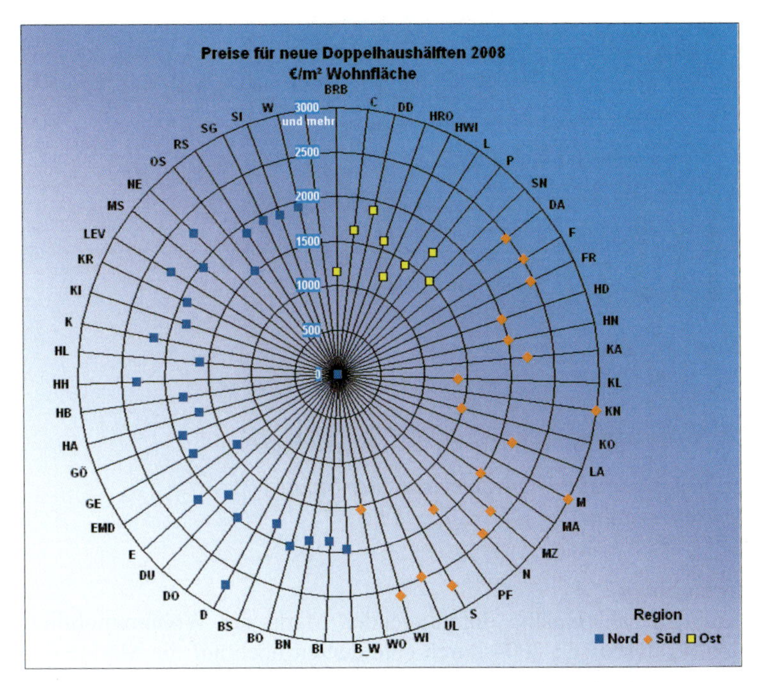

Abb. 11.16: Durchschnittspreise für neue Doppelhaushälften einschließlich Grundstück (Quelle: SCHAAR 2009)

satzverhältnisse erwartet. Sowohl für die Umsatz- als auch die Preisprognose bestehen jedoch in einigen Städten abweichende Tendenzen. Abbildung 11.17 zeigt einen Auszug aus der Blitzumfrage 2009 für die Region Ost.

	Unbebaute, baureife Grundstücke				Bebaute Grundstücke					
	individuelle Bauweise		Geschoß-wohnungsbau		1- und 2-Familienhäuser		3- und Mehr-familienhäuser		Wohnungs-eigentum	
Stadt	Umsatz	Preise	Umsatz	Preise	Umsatz	Preise	Umsatz	Preise	Umsatz	Preise
Region OST	→	→	↘	→	→	→	→	→	→	→
Berlin (Ostteil)	→	→	↘	↘	→	→	↘	↘	→	→
Brandenburg	→	→	↘	↘	↗	↗	→	↗	→	→
Chemnitz	↘	↗	→	→	↘	→	→	→	↗	→
Cottbus	→	•	→	•	→	•	→	•	→	•
Dresden	↘	↘	↘	↘	↘	↘	↘	↘	↘	↘
Frankfurt (Oder)	↘	→	↘	→	→	→	→	→	→	→
Halle (Saale)	→	→	→	→	→	↗	→	→	↗	→
Magdeburg	→	→	↘	→	→	→	↘	→	↘	→
Potsdam	→	↗	→	→	→	→	→	→	→	→
Rostock	↘	↗	↘	↑	→	→	↗	↑	→	→

Legende:

Umsatzentwicklung: ↘ eher Rückgang → eher Stagnation ↗ eher Zunahme

Preisentwicklung: ↓↓ << - 10 % ↓ um - 10 % ↘ um - 5 %
→ um ± 0 %
↗ um + 5 % ↑ um + 10 % ↑↑ >> + 10 %
• keine Angabe

Abb. 11.17: Prognostizierte Entwicklung des Immobilienmarkts im ersten Halbjahr 2009 in großen ostdeutschen Städten (Quelle: Deutscher Städtetag)

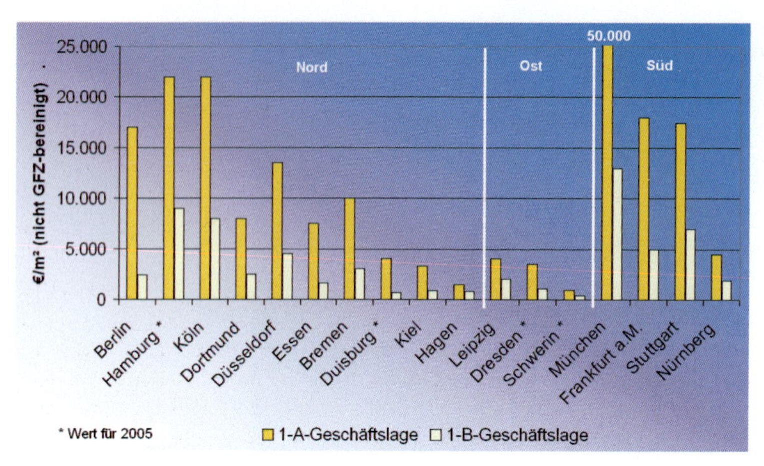

Abb. 11.18: Bodenwerte in Geschäftslagen großer deutscher Städte (Quelle: Deutscher Städtetag, unveröffentlicht)

Analyse der Gewerbeimmobilien

Ergänzt werden diese auf den zahlenmäßig dominierenden Markt der Wohnimmobilien bezogenen überregionalen Analysen seit 2004 durch eine derzeit noch auf die Märkte der 17 im Arbeitskreis Wertermittlung vertretenen Städte begrenzte Untersuchung des Marktes der unbebauten Gewerbeimmobilien. Die Palette reicht von den durchschnittlichen Bodenwerten reiner Gewerbegrundstücke bis hin zu den 1-A-Lagen der Innenstädte (Abb. 11.18).

Überregionale Untersuchungen der Gutachterausschüsse

Während die örtlichen Gutachterausschüsse für die Transparenz des lokalen Grundstücksmarkts zuständig sind, gehört die Herausgabe von Immobilienmarktberichten über das jeweilige Bundesland zu den Kernaufgaben der Oberen Gutachterausschüsse, die derzeit in sechs Bundesländern bestehen. Aufgrund der durch das Erbschaftssteuerreformgesetz von 2008 bewirkten Änderung des BauGB zum 1.7.2009 sind künftig in allen Bundesländern Obere Gutachterausschüsse oder gemeinsame Geschäftsstellen einzurichten, soweit in dem Bundesland mehr als zwei örtliche Gutachterausschüsse vorhanden sind. Diese überregionalen Marktbeobachtungen basieren auf den Daten der örtlichen Gutachterausschüsse. Vielfach nehmen die Oberen Gutachterausschüsse neben einer Aggregation dieses Materials auf Landesebene eigene Auswertungen zu speziellen Problem- und Fragestellungen vor, die erst nach einer Zusammenfassung des lokalen Datenmaterials sachgerecht sind. Auf einer räumlich noch höheren Ebene wird der voraussichtlich im Herbst 2009 erstmalig erscheinende Immobilienmarktbericht Deutschland Markttransparenz herstellen (KRUMBHOLZ 2009). Alle genannten überregionalen Marktbeobachtungen basieren auf den lokal erhobenen und ausgewerteten Daten der Gutachterausschüsse, die als einzige Stellen Informationen über sämtliche innerhalb ihres räumlichen Zuständigkeitsbereichs veräußerten Immobilien erhalten.

11.3.9 Bereitstellung von Bauland

Die Bodenordnung ist ein Regelinstrument zur Bereitstellung von Bauland im öffentlichen und privaten Interesse (siehe auch Abschnitt 10.2). Ein Instrument der kommunalen Bodenordnung ist die Umlegung. Sie ist eine Selbstverwaltungsaufgabe der Gemeinde. Die Umlegung und die vereinfachte Umlegung sind zwei wichtige Bodenordnungsverfahren zur Erschließung und Neugestaltung von Baugebieten bzw. Teilbereichen davon. In diesen seit 1960 nach dem heutigen BauGB geregelten Grundstückstauschverfahren wird das Grundstückseigentum neu geordnet. Ziel ist dabei, zügig zweckmäßig gestaltete Grundstücke nach Lage, Form und Größe für die bauliche oder sonstige Nutzung zu schaffen. Beide Verfahren dienen der schnellen Umsetzung von Bebauungsplänen. Eine Anwendung innerhalb der im Zusammenhang bebauten Ortsteile ist ebenfalls möglich. Dabei wird die häufig von der Planung erheblich abweichende Grundstücksstruktur durch die von der Kommune anzuordnenden Bodenordnungsverfahren mit den Planungen in Einklang gebracht. Umlegungs- und auch Flurneuordnungsverfahren werden dabei maßgeblich von den städtischen Vermessungsdienststellen unterstützt. Dies umfasst von Vermessungen in der Örtlichkeit über die Bereitstellung kommunaler Geoinformationen bis hin zur Federführung bei Umlegungs- und Flurneuordnungsverfahren vielfältige stadtinterne Dienstleistungen.

Umlegungen gemäß §§ 45-79 BauGB

In der Umlegung werden für eine Bebauung unzweckmäßig gestaltete Grundstücke – in der Regel landwirtschaftlich genutzte Grundstücke mit langen schmalen Formen – in tatsächlicher und rechtlicher Hinsicht so umgestaltet, dass auf ihnen der vorhandene Bebauungsplan verwirklicht werden kann. Die Umlegung kann sowohl bei der erstmaligen Entwicklung von landwirtschaftlich oder gärtnerisch genutzten Flächen zu Bauland (Erschließungsumlegung) als auch zur Neuordnung bereits bebauter Gebiete (Neuordnungsumlegung) eingesetzt werden. Die Neuordnungsumlegung lässt sich insbesondere auch in städtebaulichen Sanierungsgebieten zweckmäßig zur Verbesserung der Verhältnisse (Sanierungsumlegung) einsetzen. Der Grundgedanke der Umlegung ist, dass alle Grundstücke des Umlegungsgebietes nach ihrer Fläche (Flächenumlegung) oder nach ihren Werten (Wertumlegung) zur sog. Umlegungsmasse vereinigt werden (Abbildung 11.19).

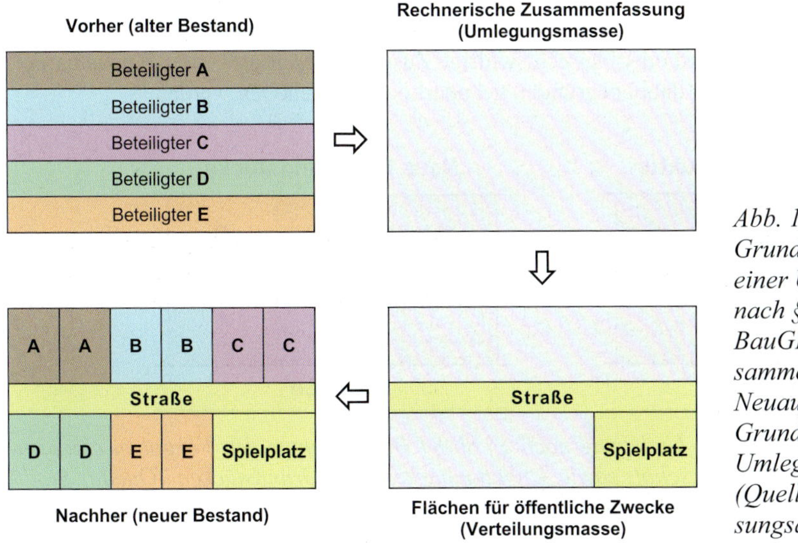

Abb. 11.19: Grundgedanke einer Umlegung nach §§ 45-79 BauGB durch Zusammenlegung und Neuaufteilung von Grundstücken eines Umlegungsgebietes (Quelle: Stadtmessungsamt Stuttgart)

Diese Zusammenfassung erfolgt dabei nur rein rechnerisch und führt nicht zu einem großen Grundstück im Rechtssinne. Aus der Umlegungsmasse werden dann die öffentlichen Verkehrsflächen, örtlichen Freiflächen oder sonstige Gemeinbedarfsflächen vorweg ausgeschieden. Die verbleibende Masse (Verteilungsmasse) ist danach nach einem bestimmten Maßstab an die Eigentümer zu verteilen. Jeder Eigentümer hat grundsätzlich Anspruch auf Zuteilung eines Grundstücks entsprechend seinem Anteil an der Verteilungsmasse. Dieser bemisst sich aufgrund des Verteilungsmaßstabs nach dem Verhältnis der Flächen oder der Werte der Grundstücke.

Eine Umlegung nach Flächen kommt in Betracht, wenn die Grundstücke nach der Zuteilung eine gleiche Art und ein in etwa gleiches Maß der baulichen Nutzung besitzen. Um die bisweilen sehr unterschiedlichen Wertverhältnisse innerhalb eines Verfahrensgebietes der Baulandumlegung besser berücksichtigen zu können, bevorzugen viele Gemeinden die Umlegung nach Werten. Dies gilt besonders, wenn Grundstücke mit unterschiedlicher Art und/oder unterschiedlichem Maß der baulichen Nutzung eingeworfen oder zugeteilt werden sollen.

Die zugeteilten Grundstücke sind in der Regel kleiner als die Einwurfsgrundstücke, jedoch aufgrund der durch die Umlegung erzielten Baureife oder der besseren und höherwertigen Nutzbarkeit wertvoller. Die Unterschiede zwischen den so ermittelten Verkehrswerten für die Einwurfs- und Zuteilungsgrundstücke sind in Geld auszugleichen. Mit Einverständnis des Eigentümers kann anstelle einer Zuteilung im Verfahrensgebiet eine Abfindung in Geld oder eine Abfindung mit einem Grundstück außerhalb des Verfahrensgebiets erfolgen.

Vereinfachte Umlegung §§ 80-84 BauGB
Sie hat die gleiche Zweckausrichtung und den gleichen Anwendungsbereich wie eine klassische Umlegung. Als zusätzliche Kriterien für die Vereinfachung des Umlegungsverfahrens kommen die enge Nachbarschaft von Grundstücken sowie die Vorgabe, dass die Tauschflächen nicht bebaubar sein dürfen, hinzu (Abb. 11.20). Sie hat den Zweck, Teile benachbarter oder in enger Nachbarschaft liegender Grundstücke in der Weise auszutauschen oder einseitig zuzuteilen, dass eine ordnungsgemäße Bebauung einschließlich Erschließung ermöglicht wird oder baurechtswidrige Zustände beseitigt werden. Dienstbarkeiten und Baulasten können dabei begründet, geändert oder aufgehoben werden.

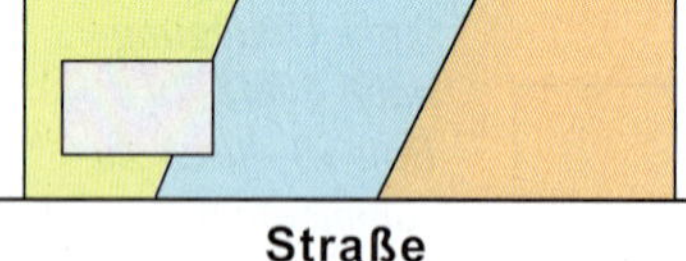

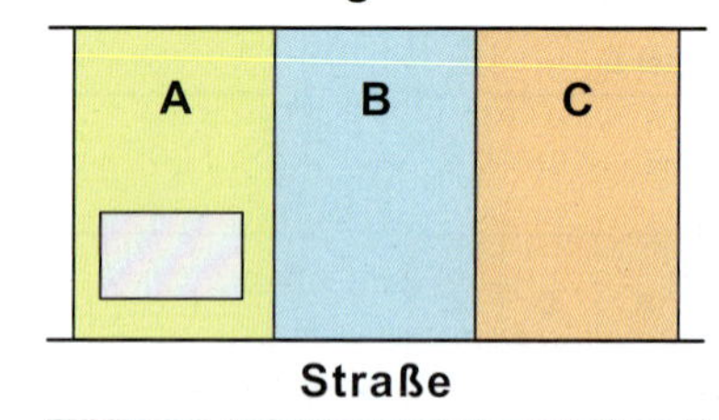

Abb. 11.20: Vereinfachte Umlegung nach §§ 80-84 BauGB unter den Vorgaben einer engen Nachbarschaft sowie Unbebaubarkeit von Grundstücken (Quelle: Stadtmessungsamt Stuttgart)

Im Folgenden werden drei spezielle Modelle städtischer Umlegungsverfahren beschrieben, wie sie in Stuttgart und München durchgeführt wurden und werden.

Freiwillige Umlegungen nach dem „Stuttgarter Modell" (1969-1983)
Bis Ende 1969 fehlten in Stuttgart etwa 17.000 preiswerte Wohnungen. Die Bodenpreise hatten inzwischen eine derartige Höhe erreicht, dass öffentlich geförderter Mietwohnungsbau kaum noch möglich war. Um diesen Anspruch erfüllen zu können, wurden ab 1969 freiwillige Umlegungen nach dem „Stuttgarter Modell" durchgeführt mit dem Ziel, preiswerte Bauplätze zu schaffen. Dabei hatten die Eigentümer entsprechend eines Gemeinderatsbeschlusses zusätzlich zum reduzierten unentgeltlichen Flächenbeitrag einen entgeltlichen Sozialbeitrag in Höhe von 20 % der Einwurfsflächen zu entrichten. Diese Flächen sind dem sozialen Wohnungsbau zugute gekommen. Die Geldentschädigung für diese Flächen lag damals in der Regel zwischen 80 und 100 DM pro Quadratmeter. Der reduzierte unentgeltliche Flächenabzug setzte sich aus dem tatsächlichen Flächenabzug für örtliche Grün- und Verkehrsflächen zuzüglich der halben Differenz aus dem Flächenbeitrag mit maximal 30 % und dem vorgenannten tatsächlichen Flächenabzug zusammen. Mit dieser Verfahrensweise konnten in den 1970er Jahren große Neubaugebiete verwirklicht werden.

Mit der Neufassung des Grunderwerbsteuergesetzes von 1983 wurden die freiwilligen Umlegungen der Grunderwerbsteuer unterworfen, wodurch diese zum Erliegen kamen. Daraus entwickelte sich das heutige „Erweiterte Stuttgarter Modell" für vereinbarte amtliche Umlegungen mit freiwilligem Maßstab.

Umlegungen nach dem „Erweiterten Stuttgarter Modell" (ab 1983)
Durch das von 1993 bis 2006 geltende Investitionserleichterungs- und Wohnbaulandgesetz (InvErlWoBauG) versuchte der Gesetzgeber mit vielfältigen Erleichterungen zu einer beschleunigten und kostengünstigen Ausweisung von Bauland zu kommen. Nach § 6 konnten die privatrechtlichen Neuordnungen der Grundstücksverhältnisse und die Übernahme von Kosten und sonstigen Aufwendungen einschließlich der Bereitstellung erforderlicher Grundstücke vereinbart werden. Diese Bestimmungen wurden in der Neufassung des BauGB von 1998 im § 11 (Städtebaulicher Vertrag) übernommen. Die Umlegung nach dem „Erweiterten Stuttgarter Modell" nutzt die gesetzlichen Möglichkeiten des § 56 Abs. 2 BauGB (Verteilungsmaßstab) in Verbindung mit § 11 BauGB (Städtebaulicher Vertrag). Sie benötigt zur Durchführung ebenfalls die Zustimmung aller Beteiligten. Hierzu werden städtebauliche Verträge abgeschlossen, in denen die Bedingungen dieser Umlegung festgelegt werden.

Beim „Erweiterten Stuttgarter Modell", bei dem mit jedem Eigentümer ein städtebaulicher Vertrag abgeschlossen wird, gelten folgende Konditionen: Die Eigentümer leisten einen unentgeltlichen Flächenbeitrag von 30 % ihrer Einwurfsfläche sowie zusätzlich einen entgeltlichen „Sozialbeitrag" in Höhe von 20 % ihrer Einwurfsfläche zu einem Preis, der noch geförderten Mietwohnungsbau ermöglicht. Dieser Sozialbeitrag ist für geförderten Wohnungsbau, das Sonderprogramm „Preiswertes Wohneigentum" oder für Flächen des Gemeinbedarfs zu verwenden. Die Eigentümer übernehmen ferner die Verfahrenskosten der städtischen Planung und Vermessung und – sofern erforderlich – das Honorar des Maßnahmeträgers, einen Teil der Folgekosten der für das Gebiet notwendigen Sozial-Infrastruktur sowie die Kosten für die externen naturschutzrechtlichen Ausgleichsmaßnahmen. Dabei verpflichten sich die Eigentümer, beim Energiekonzept ihres Bauvorhabens die Anforderungen der Energieeinsparverordnung (EnEV) um 15 % zu übertreffen sowie ihre

Grundstücke innerhalb einer Frist von 5 Jahren zu bebauen. Letztendlich übernehmen die Eigentümer die gesamten Kosten der Erschließung des Neubaugebietes zu 100 %. Die Stadt schließt hierzu einen Erschließungsvertrag mit einem Erschließungsträger gemäß § 124 BauGB ab. Die Eigentümer verpflichten sich über Kostenvereinbarungen gegenüber dem Erschließungsträger zur Übernahme ihrer anteiligen Kosten.

Sozialgerechte Bodennutzung – der „Münchner Weg"

Einen anderen Weg zur Bereitstellung von Bauland schlug die Landeshauptstadt München ein. Zu Beginn der 1990er Jahre stand München vor der Herausforderung, in einer sich ständig verschlechternden Finanzlage ihre städtebaulichen Planungen zielgerichtet fortzuführen und zu finanzieren. Nur so können die Voraussetzungen für dringend benötigte Wohnungen – insbesondere auch für untere und mittlere Einkommensschichten – und für die Ansiedlung von Gewerbe geschaffen werden, nicht zuletzt, um die Abwanderungen ins Umland zu vermeiden. Die Unmöglichkeit, Kosten für Infrastruktur usw. im bisherigen Umfang aus allgemeinen Haushaltsmitteln zu finanzieren, hatte sich zu einem gravierenden Planungshindernis entwickelt. München stand daher vor der Alternative, seine Planungstätigkeit weitgehend einzuschränken oder aber im Zusammenwirken mit den Planungsbegünstigten, denen primär die Vorteile in Form von planungsbedingten Grundstückswertsteigerungen zufließen, die Finanzierung der ausgelösten Kosten sicherzustellen. Im Sinne des Allgemeinwohls wurde einer partnerschaftlichen Zusammenarbeit zwischen Stadt und privaten Partnern der Vorzug gegeben.

Bereits im Jahre 1989 hat der Stadtrat im Beschluss „Wohnen in München" entschieden, dass sich künftig die Planungsbegünstigten anteilig am sozialen Wohnungsbau beteiligen müssen. Danach sollten sie 40 % des neu geschaffenen Baurechts für sozialen Wohnungsbau nutzen oder Belegungsbindungen für von der Stadt unterzubringende Personen bis zur Höhe von 20 % des neuen Baurechts eingehen. Durch das 1993 in Kraft getretene InvErl-WoBauG wurde es den Gemeinden ausdrücklich ermöglicht, Lasten städtebaulicher Planungen von den Planungsbegünstigten tragen zu lassen. Dies gilt seit 1998 als Dauerrecht.

Die Aufstellung von Bebauungsplänen ist oft mit einem hohen finanziellen Aufwand verbunden, andererseits führt die planerische Ausweisung von Bauland aber auch zu wirtschaftlichen Vorteilen (Steigerung des Bodenwertes) der Grundstückseigentümer. Der Münchner Stadtrat hat deshalb beschlossen, dass die von einem Planungsvorhaben ausgelösten Kosten und Lasten in angemessenem Umfang von den Planungsbegünstigten mitzutragen sind. Dabei soll aber mindestens ein Drittel der durch die Überplanung erzielten Steigerung des Bodenwertes – auch als Investitionsanreiz – bei diesen verbleiben. Der Bodenwertzuwachs errechnet sich aus der Differenz des Bodenwertes vor der Überplanung des Grundstückes (sog. „Anfangswert") und nach der Überplanung (sog. „Endwert"). Die Begünstigten sind an den planungsbedingten Kosten und Lasten nur in einer Höhe von bis zu zwei Dritteln dieses Bodenwertzuwachses beteiligt. Fallen die Lasten geringer aus, so verbleiben den Grundstückseigentümern höhere Wertzuwächse.

Die Leistungen sind von den Planungsbegünstigten als Beteiligte im Sinne der Sozialgerechten Bodennutzung zu erbringen. Dies können Grundstückseigentümer, Erwerber und Investoren sein. Das Verfahren kommt aber auch zur Anwendung, wenn die Stadt mit eigenen Grundstücken beteiligt ist. Die Sozialgerechte Bodennutzung wird dabei in den drei Verfahrensschritten Einholung der Grundzustimmung, Abschluss der Grundvereinbarung (Städtebaulicher Vertrag) sowie Abschluss von Ausführungsverträgen abgewickelt.

11.3.10 Dienstleistungen zur Entwicklung der Verkehrsinfrastruktur

Für Unternehmen ist eine gut funktionierende und leistungsfähige Verkehrsinfrastruktur auf Straßen, Schienen, Wasserstraßen und in der Luft wirtschaftlich von größter Bedeutung. Dazu gehören neben den Verkehrswegen mit ihren Leitsystemen auch Planungsverfahren, Steuerungsformen und Regelwerke wie die Straßenverkehrsordnung. Einflüsse wie Verkehrsaufkommen, Art der Fortbewegungsmittel, Anforderungen durch Verkehrsunfälle, Schadstoff- und Lärmemissionen, Schäden durch Erschütterungen, demographische Veränderungen usw. spielen bei der Entwicklung der Infrastruktur eine wichtige Rolle, um der Wirtschaft und den Bürgern gerecht zu werden. Mobilität ist die Voraussetzung für wirtschaftliches Wachstum und die Entwicklung in einer Region.

Vor allem Großstädte stehen bei der Entwicklung des Verkehrsnetzes vor besonderen Herausforderungen, da bei der Planung und Realisierung der Baumaßnahmen die vorhandene Infrastruktur berücksichtigt werden muss. Der gesamte Verkehr muss unter Einbeziehung der bestehenden dichten Bebauung und der vorhandenen Kabeltrassen so umgeleitet werden, dass einerseits die Baumaßnahmen und der fließende Verkehr, andererseits aber auch der umliegende Verkehr nicht beeinträchtigt werden. Für eine reibungslose und sichere Realisierung ist daher eine umfassende Planung und Logistik notwendig, bei der alle am Bau Beteiligten schnell und effizient koordiniert werden. Um die Weiterentwicklung abhängig von den örtlichen Gegebenheiten effizient und umweltschonend zu ermöglichen, sind die Dienstleistungen des Vermessungs- und Geoinformationswesens eine Grundvoraussetzung. Diese Dienstleistungen werden bereits in der Planungsphase eines Projekts mit einer Bestandsaufnahme abgefragt, um die aktuelle Situation im geplanten Gebiet in die Projektplanungen mit aufnehmen zu können.

Für die Realisierungsphase eines Bauprojekts sind weitere umfassende Vermessungstätigkeiten nötig. Diese reichen von einer Trassenberechnung, der Grundstücksvermessung für die Flächenbereitstellung im Kataster bis hin zu Absteckungen sämtlicher Objektpunkte für die ausführenden Firmen. Weiter werden baubegleitende Dienstleistungen wie Erdmassenberechnungen für Abrechungen, Deformations- und Setzungsmessungen für das Monitoring vorhandener umliegender Objekte, Aufnahmen unterirdischer Trassen und Objekte für Leitungsdokumentationen sowie Kontrollmessungen angefordert. Hierbei liegt der Vorteil der Erfüllung der Vermessungsaufgaben bei den städtischen Vermessungsdienststellen darin, dass bei diesen der Datenbestand aktuell vorgehalten wird und in Zusammenarbeit mit anderen beteiligten Ämtern wie dem Planungs- und Tiefbauamt kurzfristig reagiert werden kann. Am Ende eines Verkehrsinfrastrukturprojekts werden Bestands- und Gebäudeaufnahmen durchgeführt, um die Planwerke wie den Stadtplan, das Straßenverzeichnis, das Liegenschaftskataster-Informationssystem, die Daten im Geoinformationssystem und weitere Geodatendienste zu aktualisieren. Diese Geobasisdaten dienen wiederum anderen Maßnahmen als Grundlage.

11.3.11 Unterstützung von Investoren

Bei Investments in Immobilien besteht bei Investoren ein Interesse, ihre Anlageentscheidungen auf der Basis gesicherter und aktueller Informationen zu treffen bzw. potenzielle Vertragsverhandlungen mit zuverlässigen Partnern zu führen. Die Kommunen haben dabei ein Interesse, Investoren zu binden, um Vorteile für die Stadtentwicklung zu generieren

Abb. 11.21: Städtische Ansprechpartner und Dienstleistungen für Investoren (Quelle: Stadtmessungsamt Stuttgart)

(z. B. Revitalisierung von Konversionsflächen) oder durch die Bestandsicherung und Neuansiedlung von Unternehmen Arbeitsplätze zu sichern. Gegenüber Kommunen können auch beratende Firmen bzw. Dienstleistungsunternehmen, die für Dritte tätig sind, als Investoren betrachtet werden. Immer dann, wenn der Kapitaleinsatz dem Erwerb oder der Revitalisierung von Immobilien dient, Markt- und Standortanalysen als Grundlage einer Investitionsentscheidung notwendig sind oder die Überwachung von Investitionen im Vordergrund steht, kann das kommunale Vermessungs- und Liegenschaftswesen unterstützende Leistungen anbieten (Abb. 11.21).

Der Einsatz von Grundstücken für Projekte privater Investoren ist ein unverzichtbarer Bestandteil einer auf Nachhaltigkeit ausgerichteten Kommunalpolitik. Sofern eine Gemeinde zweckmäßige, verfügbare und marktfähige Immobilien in ihrem Vermögen hält, wird sie im Rahmen ihrer Standortpolitik bestrebt sein, diese an geeignete Unternehmen zu veräußern. Hierfür dient als zentraler Dienstleister innerhalb einer Stadtverwaltung der Bereich des Grundstücksverkehrs. Sofern sich Investoren nicht direkt an diesen Fachbereich wenden, wird auch die kommunale Wirtschaftsförderung oder der für den Grundstücksverkehr zuständige Fachdezernent bzw. Bürgermeister als erster Ansprechpartner gewählt.

Gemäß den Gemeindeordnungen der Länder darf eine Gemeinde Vermögensgegenstände in der Regel nur zu ihrem vollen Wert veräußern (siehe z. B. Gemeindeordnung für Baden-Württemberg § 92). Aufgrund dieser Regelung werden durch den Fachbereich Grundstücksverkehr Verkehrswertgutachten bzw. Stellungnahmen zu externen Gutachten bei der kommunalen Bewertungsstelle in Auftrag gegeben. Da die Verwaltung und Bewirtschaftung vieler kommunaler Liegenschaften durch die Liegenschaftsverwaltung erfolgt, ist diese Ansprechpartner für Investoren bei der Belastung von Grundstücken mit Grunddienstbarkeiten und Baulasten.

Unabhängig davon, ob die Kommune als Verhandlungspartner auftritt, benötigen Investoren Informationen und Dienstleistungen zur Abschätzung der Rentabilität, der Markt- und Standortanalyse sowie zur Planung und Durchführung des Projektes. Einen Teil dieser Dienstleistungen können sie von den Vermessungsstellen der Kommunen und den Gutachterausschüssen abrufen. Insbesondere zur Abschätzung der notwendigen Kosten für den Ankauf eines Grundstücks dienen die Veröffentlichungen des Gutachterausschusses. Bodenrichtwerte und Vergleichsdaten aus der Kaufpreissammlung geben einen Überblick über die Marktsituation und mit Einverständnis des Eigentümers kann ein Verkehrswertgutachten für den Investor erstellt werden. Aus den Umsatzdaten und den zurückliegenden Preisinformationen kann der Investor Rückschlüsse auf die Volatilität des Marktes ziehen und mit weiteren wirtschaftlichen Kennziffern Entwicklungspotenziale ableiten.

Geht es um die Planung und Durchführung eines Projektes, so kann sich der Investor auf die Daten der kommunalen Vermessungsdienststellen stützen. Hier kann er insbesondere auf Lagepläne, Höhenprofile oder Luftbilder als zuverlässige und notwendige Arbeitsgrundlagen zurückgreifen. Des Weiteren bieten 3-D-Stadtmodelle den Investoren die Möglichkeit, städtebauliche Zusammenhänge durch perspektivische Ansichten objektiv darzustellen und leichter zu erfassen. Planungsalternativen können hierdurch besser gegenübergestellt und bewertet werden.

11.3.12 Beiträge zum Umweltschutz

Traditionell ist der Bereich Umweltschutz aufgrund seiner Untersuchungen in den räumlichen Dimensionen Boden, Wasser und Luft stark am Einsatz von Geodaten und GIS interessiert. Dabei unterstützen die Vermessungsverwaltungen den Umweltschutz insbesondere durch die Bereitstellung der allgemeinen GIS-Infrastruktur, die eine Grundlage für die Fachsysteme des Umweltbereichs mit ihren individuellen Datenmodellen (z. B. zur Schadstoff- oder Lärmausbreitung sowie zum Stadtklima) bietet. Geobasisdaten wie digitale Stadtgrundkarten, Stadtpläne, Luftbilder und 3-D-Modelle dienen zudem häufig als Grundlage zur räumlichen Verortung und Visualisierung von Umweltthemen im städtischen Umfeld. Dabei gibt es enge Verzahnungen zu anderen Fachbereichen wie der Stadtplanung. So kann z. B. ein 3-D-Stadtmodell dazu genutzt werden, den Einfluss geplanter Neubebauungen in Frischluftschneisen auf Veränderungen im Stadtklima mittels Simulationen einzuschätzen.

Als Fachsysteme im Umweltschutz ermöglichen beispielsweise Altlasteninformationssysteme die systematische Erfassung von Altlastenflächen und Altlastverdachtsflächen, wobei zu jeder Fläche Informationen über umweltgefährdende ehemalige Nutzungen, Untersuchungsergebnisse, die aktuelle Gefahreneinschätzung und den aktuellen Handlungsbedarf verfügbar sind. So können frühzeitig Maßnahmen zum Boden- und Gewässerschutz eingeleitet werden.

In einem Grünflächen- und Baummanagement können die städtischen Grünflächen und Spielplätze mit ihrer Ausstattung sowie ein umfangreicher Baumbestand erfasst werden

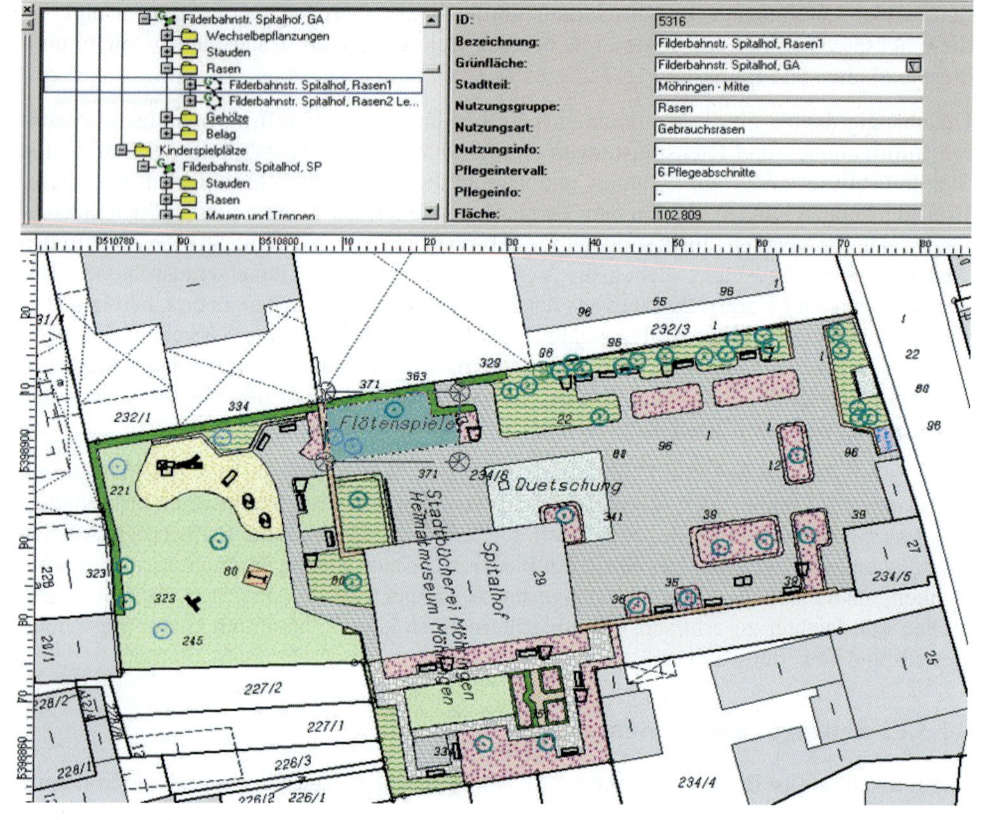

Abb. 11.22: Im Stuttgarter Grünflächen- und Baummanagement GFM sind rd. 1.300 Hektar Grünflächen, 530 Spielplätze mit ihrer Ausstattung sowie 110.000 Bäume erfasst (Quelle: Landeshauptstadt Stuttgart).

(Abb. 11.22). Vor Ort-Kontrollen mit mobilen Einsatzgeräten stellen die Grundlage z. B. für Ausschreibungen im Pflegebereich, für Baumkontrollen oder für die interne Kostenleistungsrechnung dar. Damit sind Informationen für effiziente Planungen von Pflege- und Unterhaltungsmaßnahmen schnell abrufbar. Bei Renaturierungsmaßnahmen im Rahmen von Flurneuordnungsverfahren arbeiten unterschiedlichste Dienststellen und Fachbereiche zusammen, z. B. Vermessungsbehörde, Umweltamt, Flurneuordnungsdienststelle, Tiefbauamt und Liegenschaftsamt, wobei deren jeweilige Geoinformationen gemeinsam für die Durchführung solcher Verfahren und Projekte genutzt werden können.

3-D-Stadtmodelle werden herangezogen, um die Solarenergiepotenziale der Dachflächen von Gebäuden zu bestimmen und darauf aufbauende Maßnahmen zur Nutzung der Sonnenenergie für die städtische Stromversorgung einzuleiten.

11.3.13 Grundlagen zum Katastrophenschutz, Sicherheit und Ordnung

Der Katastrophenschutz stellt ein weiteres wichtiges Anwendungsfeld für Geoinformationen der Vermessungsverwaltungen dar. So können Höheninformationen des digitalen Geländemodells (DGM) kombiniert mit 3-D-Gebäudedaten z. B. für die Simulation von Überschwemmungen verwendet werden. Dabei ist es möglich, bereits im Vorfeld von Hochwasserereignissen gefährdete Gebiete und Bauwerke auszumachen und die Planung von Maßnahmen zur Eindämmung der Auswirkungen solcher Katastrophen oder zur Evakuierung der Bevölkerung vorzunehmen.

Zudem helfen Geoinformationen über Brandschutzzonen, Hydranten, Gebäudehöhen und Stockswerkzahlen Feuerwehr, Rettungsdiensten und Polizei bei akuten Notfällen, um eine genauere Einschätzung der Lage vor Ort zu erhalten. So ist beispielsweise bei starker Rauchentwicklung durch Brände die räumliche Situation an der Gefahrenstelle häufig nicht mehr uneingeschränkt einsehbar – auch hier kann der Zugriff auf 3-D-Gebäudemodelle eine wichtige Informationsgrundlage für die Einsatzleitung bieten. Ähnliches gilt für die Berechnung von Schadstoffwolken. Über die Auswertung der Geoinformationen im Katastrophenfall können außerdem weitere Gefährdungspotenziale (z. B. das Übergreifen eines Feuers auf explosionsgefährdete Gebäude) festgestellt und somit größere Schäden verhindert werden.

Im Bereich Sicherheit und Ordnung dienen die städtischen Verkehrsleitzentralen nicht nur zur täglichen Steuerung und Visualisierung der aktuellen Verkehrssituation, sondern sie können auch bei Großveranstaltungen oder schweren Unfällen dazu genutzt werden, Verkehrsbehinderungen zu minimieren. Die Polizei setzt Geoinformationen vermehrt bei der Verbrechensbekämpfung ein.

11.3.14 Erhebung von Gebühren, Abgaben und Beiträgen

Das Liegenschaftskataster und darauf basierende kommunale Geodaten (z. B. zur Stadttopographie) sind seit mehr als 100 Jahren die Basis für die Erhebung kommunaler Gebühren und Abgaben. Dabei wird entweder das Liegenschaftskataster originär bei den Großstädten geführt (z. B. in Nordrhein-Westfalen, in den Stadtstaaten Berlin, Bremen/Bremerhaven und Hamburg) oder als Sekundärdatenbestand genutzt. Diese Daten dienen für die Erhebung der Niederschlagswassergebühr, die Ermittlung der Straßenreinigungs- und Winterdienstbeiträge sowie der Berechnung von Anschluss- und Erschließungsbeiträgen. Die Erhebung dieser Daten erfolgt vielfach noch auf analoge Weise, mittlerweile liegen die Daten aber auch digital vor und ermöglichen mit den eingesetzten GIS eine wirtschaftliche und qualitativ hochwertige Fortführung.

Niederschlagswassergebühren

Der Berechnung der Abwassergebühr lag in vielen Städten vor 2007 die vereinfachte Annahme „Frischwassermenge gleich Abwassermenge“ zugrunde. Dabei wurden in der Abwassergebühr alle Kosten für die Entsorgung des Niederschlagswassers von Dächern, Einfahrten, großen Parkplätzen, usw. allein über die bezogene Frischwassermenge in Rechnung gestellt.

Nach der aktuellen Rechtsprechung ist die Verwendung des Frischwassermaßstabes für das gesamte Abwasser nun aber nur dann zulässig, wenn die Kosten der Regenwasserbeseitigung von den Grundstücken geringfügig sind. So hat aber z. B. Stuttgart wegen seiner topographischen Lage im Talkessel verhältnismäßig hohe Aufwendungen für die Abführung des Niederschlagswassers. Deshalb wurde 2007 das getrennte Abwassergebührensystem für Schmutzwasser und Niederschlagswasser eingeführt. Seither werden alle versiegelten Flächen, die an das Kanalnetz angeschlossen sind, zur Niederschlagswassergebühr herangezogen. Dazu wurden die versiegelten Flächen durch Befragung der Grundstückseigentümer und über Luftbildauswertungen ermittelt. Aufgabe des Stadtmessungsamtes Stuttgart ist es, die versiegelten Flächen, die durch Baumaßnahmen verändert wurden, fortzuführen. Die Tätigkeit ist deshalb bei der städtischen Vermessungsdienststelle angesiedelt, weil dort die Informationen über erstellte oder abgebrochene Gebäude und veränderte Flurstücksgrenzen im Grundstücksinformationssystem geführt werden. Die Grundbuchämter teilen die Veränderungen im Grundstücksbestand mit, zudem werden Angaben der Grundstückseigentümer berücksichtigt. Die genannten Angaben sind u. a. die Grundlage für die Bestimmung der maßgebenden Versiegelungsflächen. Die ermittelten Flächengrößen gehen durch automatische Übermittlung an die Stadtkämmerei zur Festsetzung der Niederschlagswassergebühren.

Straßenreinigung und Winterdienst
Der Verteilungsmaßstab für die Aufwendungen der Straßenreinigung und des Winterdienstes sind meist die Grundstückslänge an der Straße und/oder die Gebäudebreite entlang der Straßenfront. Beide Informationen liegen in den Daten der digitalen Stadtgrundkarte vor und können genutzt werden.

Anschlussbeitrag
Die Gemeinden können auf der Grundlage der Kommunalabgabengesetze der einzelnen Bundesländer in Verbindung mit dem örtlichen Satzungsrecht Anschlussbeiträge für Ver- und Entsorgungsanlagen (z. B. Frischwasserversorgung, Strom-, Gas- und Fernwärmeversorgung, Abwasserentsorgung) erheben. Als Voraussetzung muss die Möglichkeit bestehen, dass das Grundstück an eine öffentliche leitungsgebundene Einrichtung angeschlossen werden kann.

Erschließungsbeitrag
Die Erhebung von Erschließungsbeiträgen ist in Baden-Württemberg mit Wirkung vom 1.10.2005 im Kommunalabgabengesetz (KAG) geregelt. Durch diese Regelung wurde das bundesrechtliche Erschließungsbeitragsrecht aufgehoben. Wie bereits im bundesrechtlichen Erschließungsbeitragsrecht gehen auch die erschließungsbeitragsrechtlichen Regelungen des KAG Baden-Württemberg von einer logischen Systematik in drei Stufen aus.

In der Kostenphase werden die beitragsfähigen Kosten für die in § 33 KAG aufgeführten beitragsfähigen Erschließungsanlagen ermittelt. Die Gemeinden sind verpflichtet, für Anbaustraßen und Wohnwege Erschließungsbeiträge zu erheben. Bei den in § 33 Satz 1 Nr. 3 bis 7 KAG genannten Anlagen (z. B. Kinderspielplätze, Lärmschutzanlagen) steht es im Ermessen der Gemeinde, sich für die Beitragserhebung zu entscheiden. Bei den beitragsfähigen Anlagen können allerdings nur die Kosten für die Maßnahmen der erstmaligen Herstellung berücksichtigt werden (§ 35 und § 22 KAG). Die beitragsfähigen Erschließungskosten werden entweder auf der Basis der tatsächlichen Kosten oder auf der Grundlage von Einheitssätzen (§ 36 KAG) für eine einzelne Anlage, einen Abschnitt oder für mehrere Anlagen (§ 37 KAG) ermittelt. Diese Kosten haben sich zudem im Rahmen des Erforderlichen (§ 33 Satz 2 KAG) zu halten.

Von den in der Kostenphase ermittelten Erschließungskosten ist in der Verteilungsphase der Gemeindeanteil (§ 23 Abs. 2 KAG) sowie gegebenenfalls ein anderweitig gedeckter Aufwand abzuziehen. Diese umlagefähigen Erschließungskosten sind dann auf die erschlossenen Grundstücke zu verteilen (§ 39 KAG). Den Maßstab für die Verteilung (z. B. Vollgeschossmaßstab oder Geschossflächenmaßstab) regelt die Gemeinde in der Erschließungsbeitragssatzung (§ 38 KAG).

In der Heranziehungsphase entsteht die sachliche Beitragsschuld für jedes erschlossene Grundstück (§ 41 Abs. 1 KAG). Dies setzt voraus, dass auch die in § 40 KAG geregelten grundstücksbezogenen Beitragsvoraussetzungen erfüllt sind. Die für das Grundstück abstrakt entstandene Beitragsschuld ist dann innerhalb der vierjährigen Festsetzungsfrist durch einen Beitragsbescheid an den Beitragsschuldner (§ 21 KAG) festzusetzen und einzuziehen. Die Beitragsschuld ruht als öffentliche Last auf dem Grundstück (§ 27 KAG). Die Gemeinden haben die Möglichkeit, durch die Erhebung von Vorauszahlungen (§ 25 KAG) eine frühzeitige Refinanzierung der Kosten vorzunehmen. Dies ist auch durch Abschluss eines Ablösungsvertrages (§ 26 KAG) möglich, gegebenenfalls kommen auch eine Änderung der Zahlungsweise oder ein (teilweiser) Billigkeitserlass in Betracht (§ 28 Abs. 1, 3, 4, § 41 Abs. 2 KAG).

Außerhalb des Erschließungsbeitragrechts hat die Gemeinde die Möglichkeit, die Erschließung nach § 124 BauGB vertraglich auf einen Dritten zu übertragen.

11.4 Zusammenfassung

11.4.1 Wertung

Unser Leben und die Entwicklung der Städte wird heute mehr denn je vom verantwortungsvollen Umgang mit dem Grund und Boden bestimmt – insbesondere in verdichteten Ballungsräumen von Großstädten. Ein Großteil aller kommunalen Entscheidungen betrifft in irgendeiner Form die Flächennutzung einer Stadt. In diesen Entscheidungsprozessen spielen Geoinformationen eine zentrale Rolle.

Gute Karten stehen dabei vielfach am Anfang: Ob als Planungsgrundlage für vielfältige Baumaßnahmen im Tief- und Hochbau, als Entscheidungshilfe in den städtischen Gremien, als Hintergrundinformation für den Bürger über ein zukünftiges Umfeld bei der Wohnungssuche, als Orientierungshilfe z. B. bei der Parkplatz- und Restaurantsuche oder bei der Reiseplanung. Dabei beschränken sich die Informationen aber längst nicht mehr nur auf gedruckte Karten. Vielmehr treten digitale Geoinformationen mit vielen zusätzlichen Informationen in den Vordergrund.

Für die städtischen Vermessungsbehörden haben sich die Aufgaben im Laufe der Jahrzehnte stetig erweitert. Ursprünglich als „klassische“ Vermessungsämter eingerichtet, waren sie mit der städtischen Kartographie, mit der vermessungstechnischen Umsetzung von Planungen, mit Grundstücksvermessungen und oft mit der Führung des Liegenschaftskatasters betraut. Nach und nach kamen neue Aufgaben aus den Bereichen Wertermittlung von Grundstücken und Gebäuden, Bodenordnung und aktuell Geoinformationen und Geodateninfrastrukturen (GDI) hinzu. Diesen Wandel haben die städtischen Vermessungsbehörden aktiv mitgestaltet und bewältigt und sich dabei zu innovativen und modernen Dienstleistern entwickelt. Die intensive Integration der vielfältigen Aufgaben, Daten und Dienstleistungen der städtischen Vermessungsdienststellen in die Geschäftsabläufe innerhalb einer Stadtverwaltung unterstützt die „Gesamtaufgabe Stadtentwicklung“ maßgeblich. Im Zusammenhang mit Stadtentwicklung, Wirtschaftsförderung und Tourismus werden darüber hinaus unverzichtbare Dienstleistungen und Geoinformationen für Gremien und Entscheidungsträgern in der Politik und Verwaltung zur Entscheidungsfindung bereitgestellt.

Das kommunale Vermessungs- und Liegenschaftswesen steht daher heute in den Städten für Vermessung, Liegenschaftskataster, Kartographie, Bodenordnung, Immobilienbewertung, Immobilienmanagement sowie raumbezogene Grundlagendaten und Geoinformationssysteme (GIS). Diese Aufgabenfelder werden mit hohem Technikeinsatz bearbeitet. Die Erfassung und Bereitstellung flächen- bzw. raumbezogener Geobasisdaten u. a. durch die Vermessung bilden die Grundlage für den Aufbau und die Führung stadtweiter GIS als fachübergreifende Auskunfts- und Planungswerkzeuge. Die Geobasisdaten werden von zahlreichen anderen kommunalen Fachbereichen (z. B. Stadtplanung, Statistik, Hoch-, Tief- und Gartenbau, Umweltschutz) genutzt, um darauf aufbauend weitere Fachdaten (Geoinformationen) zu erheben, auszuwerten und darzustellen. Die Führung eigener kommunaler Geoinformationen der Städte dient der Gewährleistung der erforderlichen Aktualität, Qualität und des Detailgrades der Geodaten für die vielfältigen und umfangreichen Aufgaben in einer Stadt(verwaltung) und sichert damit auch die Unabhängigkeit von externen Geodatenanbietern. Geodaten werden dabei Nutzern zunehmend über GDI zugänglich gemacht, wobei Geo(daten)portale als effektive Zugänge zu städtischen Infrastrukturdaten über das Internet dienen. Neben dem Online-Angebot werden häufig auch individuelle Beratungen und Produkte als Serviceleistungen in Kundenzentren angeboten, um eine hohe Kunden- bzw. Bürgerorientierung zu gewährleisten.

Dabei ist eine gut funktionierende Zusammenarbeit sowohl innerhalb einer Stadt zwischen Behörden und auch Eigenbetrieben mit GIS- und Geodaten-Anwendungen als auch mit Landesbehörden und -diensten, insbesondere mit der Vermessungs-, Kataster- und Flurneuordnungsverwaltung, eine wesentliche Voraussetzung für eine flächendeckende Erfassung und Nutzung von Geoinformationen. Darüber hinaus ist in zunehmendem Maße auch der freie Beruf, also die Öffentlich bestellten Vermessungsingenieure und die beratenden Ingenieure, mit einbezogen in zahlreiche Abläufe des Vermessungs-, Kataster-, Liegenschafts- und Geoinformationswesens.

11.4.2 Ausblick

Für die städtischen Vermessungsdienststellen bleibt es auch zukünftig von hoher Bedeutung, in Zeiten knapper werdender Haushaltsmittel ihre Funktion als kompetenter, innovativer und moderner Dienstleister und Partner für die gesamte Stadtverwaltung aktiv wahrzunehmen. Hierbei ist es wichtig, sich auf die individuellen städtischen Anforderungen und die von regionalen Partnern zu konzentrieren. Auch bei innerstädtisch wie insgesamt verändertem Auftragsvolumen gilt es, die Vermessungskompetenz zu erhalten, das Liegenschaftskataster in hoher Aktualität fortzuführen, die Qualität von Dienstleistungen wie z. B. von Wertermittlungsgutachten beizubehalten, die höhere Datenaktualität und -qualität von Geoinformationen z. B. bei 3-D-Stadtmodellen gegenüber externen Geodatenanbietern zu gewährleisten, die Fachkompetenz für kommunale Geoinformationen, GIS und GDI auszubauen sowie das GIS-Bewusstsein und die Nutzung von GIS und Geodaten in weiteren Fachbereichen und in Geschäftsprozessen weiter zu fördern. Beim Einsatz digitaler Geoinformationstechnologien haben heute in vielen Städten die kommunalen Vermessungsdienststellen eine – häufig aus der historischen Entwicklung entstandene – federführende Position, meist in enger Zusammenarbeit mit den IuK-Dienststellen der Kommune.

Dies gilt es beizubehalten und gegebenenfalls auszubauen. Dabei ist eine ressort- und fachübergreifende Kooperation innerhalb einer Stadtverwaltung die entscheidende Grundlage für eine stadtweit funktionierende und erfolgreiche Geodatennutzung.

Bei der flächendeckenden Bereitstellung eigener kommunaler Stadtpläne und Geodaten für das gesamte Stadtgebiet sind weiter steigende Anforderungen von Verwaltung, Wirtschaft, Bürgern und Projekten an Aktualität, Qualität und Detaillierungsgrad von Geoinformationen zu berücksichtigen. Für den internen Gebrauch in einer Stadtverwaltung – z. B. bei Planungsvorhaben – sind dabei zusätzliche, intern erforderliche Details oder spezielle Ausprägungen zu integrieren. Besonders die Anforderungen an die zukünftige Weiterentwicklung kommunaler GDI stellen eine große Herausforderung dar. Dies muss einhergehen mit der Weiterentwicklung von strategischen, organisatorischen und rechtlichen Konzepten für eine stadtweit einheitliche GIS-Ausrichtung und -Strategie. Dies muss auch ein vollständiges Metadatenmanagement für alle vorhandenen Geodaten, -dienste und -anwendungen umfassen. Dabei sollte ein wirtschaftlicher Einsatz von GIS und GDI trotz hohem Aufwand für die Integration, Kopplung, Pflege sowie Administration bei gleichzeitig abnehmenden Personal- und Finanzressourcen angestrebt werden.

Grundsätzlich wird es von zentraler Bedeutung sein, beim Ausbau kommunaler GDI und Geoportale Durchführungsbestimmungen zur Datenbereitstellung umzusetzen sowie internationale Standards und Richtlinien zu berücksichtigen und zu optimieren. Damit wird der Datenaustausch mit anderen öffentlichen und privaten Anbietern und Nutzern von Geoinformationen weiter verbessert, was Voraussetzung für die Integration kommunaler GDI in übergeordnete GDI auf nationaler (GDI-DE) und europäischer Ebene (INSPIRE) ist. Leicht zu bedienende kommunale Geoportale müssen als zentraler Einstieg zu städtischen Geoinformationen ständig ausgebaut und optimiert sowie durch die Bereitstellung von Internet-GIS-Diensten erweitert werden, auch unter Einbindung von Online-Shop-Lösungen zum Vertrieb von Geodaten. Dabei ist ein verantwortungsvoller Umgang mit Geoinformationen hinsichtlich Persönlichkeitsrechten und Datenschutz erforderlich.

Das kommunale Vermessungs- und Liegenschaftswesen dient damit den vielfältigen Zwecken der Stadtentwicklung und kommunalen Raumordnung, der Bodenordnung, der Stadt- und Verkehrsplanung, dem Bauflächen- und Grundstücksmanagement, dem Umweltschutz, dem Grünflächen- und Baummanagement, der Immobilienbewertung, der sozialen Infrastruktur, der demographischen Entwicklung, der Kindergarten- und Schulbedarfsplanung, für Rettungsdienste und Polizei, dem Tourismus sowie der Zusammenarbeit mit Versorgungsträgern, wie Wirtschaft, Verwaltung und Recht es erfordern.

11.5 Quellenabgaben

11.5.1 Literaturverzeichnis

ARBEITSKREIS WERTERMITTLUNG in der Fachkommission „Kommunales Vermessungs- und Liegenschaftswesen“ im Deutschen Städtetag (2003): Bedeutung und Wirken der Gutachterausschüsse und der Kommunalen Bewertungsstellen in den Städten – Ein Argumentationspapier. Internes Dokument für Mitglieder des Deutschen Städtetags, unveröffentl., erhältlich über Arbeitskreis Wertermittlung.

BECKENBACH (1937): Aufgaben und Gliederung eines städtischen Vermessungs- und Liegenschaftsamtes. In: zfv, 62, 657-672.

CUMMERWIE, H.-G. & LUCHT, H. (1988): Städte brauchen einheitlichen Raumbezug. In: Der Städtetag, 538-543.

GÖBEL, E. (1930): Das kommunale Vermessungswesen Deutschlands unter besonderer Berücksichtigung Preußens. In: zfv, 55, 92-100.

HILLEGAART (1905): Die Besoldungsverhältnisse der Verwaltungsbeamten in deutschen Stadtverwaltungen. In: zfv, 30, 149-161.

HINTZSCHE, M. (1994): Das Vermessungs- und Liegenschaftswesen in den Städten – eine Entwicklung über 100 Jahre. In: Vermessungswesen und Raumordnung, 305-317.

KÖNIGER, S. & MÜLLER, M. (2008): Das Geoinformationssystem der Landeshauptstadt Stuttgart im Umfeld aktueller Entwicklungen der Geoinformationsbranche. In: fub, 70 (3), 130-137.

KOMMUNALE GEMEINSCHAFTSSTELLE FÜR VERWALTUNGSVEREINFACHUNG (KGSt) beim Deutschen Städtetag, Bericht Nr. 4/1987 „Vermessungs- und Katasteramt: Ziele und Aufgaben, Beschreibung des Aufgabeninhalts" und Bericht 4/1989 „Vermessungs- und Katasteramt: Arbeitsverteilung und Zusammenarbeit". Kurzfassung in SCHRIEVER, H. (1989), zfv, 114, 477-482.

KRUMBHOLZ, R. (2009): Immobilienmarktbericht für Deutschland. In: fub, 71 (1), 35-38.

LUCHT, H. (1985): 150 Jahre Kataster und Vermessung in Bremen. In: zfv, 110, 219-228.

LUCHT, H. (1991): Kommunales Vermessungs- und Liegenschaftswesen im Deutschen Städtetag. In: Vermessungstechnik, 38-40.

LUCHT, H. (1992): Kataster und Vermessung in Bremen und aus der Sicht der Städte. In: zfv, 117, 99-107.

LUCHT, H. (2008): Bremen – gestern und heute. In: zfv, 133 (4), 197-205.

REXROTH (1920): Das Arbeitsgebiet der Stadtvermessungsämter. In: zfv, 45, 124-130.

ROHLEDER (1931): Die Umlegung von Grundstücken zur Erschließung von Bauland. In: zfv, 56, 270-278.

SCHAAR, H.-W. (2009): Immobilienmarkt 2008 in großen deutschen Städten. In: Der Städtetag, 4.

SCHLEGTENDAL, G. (1952): Die Eingliederung der Katasterämter im Lande Nordrhein-Westfalen in die Stadt- und Landkreise. In: zfv, 77, 306-311.

SCHRÖDER (1930): Grundeigentum und Grundstücksumlegung. In: zfv, 55, 730-750.

SCHULTZE, C. (1923): Anwendung des Kommunal-Abgaben-Gesetzes bei städtischen Vermessungen. In: zfv, 48, 267-269.

SEELE, W. (1990): Bodenpolitische Anforderungen an das Liegenschaftswesen in den neuen Bundesländern – Herausforderung für Vermessungsingenieure. In: zfv, 115, 519-527.

STAHR, G. (2006): Kommunales Vermessungswesen in Deutschland. In: zfv, 131 (5), 251-257.

UFER, W. (1992): Die ungetrennten Hofräume und das Grundbuch – ein immer noch aktuelles Problem für das Liegenschaftskataster der neuen Bundesländer. In: AVN, 99 (1), 25-31.

11.5.2 Internetverweise

AALEN (2009): Homepage des Geoportals der Stadt Aalen, Aalen; www.gisserver.de/aalen

DEUTSCHER STÄDTETAG (2009): Homepage des Deutschen Städtetags, Fachkommission Kommunales Vermessungs- und Liegenschaftswesen, Köln; www.staedtetag.de

DORTMUND (2009): Homepage des Förderkreises Vermessungstechnisches Museum e. V. Dortmund, Dortmund; www.vermessungsgeschichte.de

ESSEN (2009): Homepage der Stadt Essen, Informationen zur Immobilienbewertung, Essen; www.essen.de/deutsch/rathaus/aemter/ordner_62/bewertung_von_immobilien.asp

KGST (2009): Homepage der Kommunalen Gemeinschaftsstelle für Verwaltungsvereinfachung beim Deutschen Städtetag, Köln; www.kgst.de

MAINZ (2009): Homepage des Stadtplans und Geografischer Informationen der Landeshauptstadt Mainz, Mainz; www.mainz.de

STUTTGART (2009): Homepage des Geoportals und des Stadtplans der Landeshauptstadt Stuttgart, Stuttgart; www.stuttgart.de/geoportal bzw. /stadtplan

WUPPERTAL (2009): Homepage des Umwelt- und Geodatenportals der Stadt Wuppertal, Wuppertal; www.geoportal.wuppertal.de

WUPPERVERBAND (2009): Homepage des Flussgebietsgeoinformationssystems (FluGGS) des Wupperverbandes, Wuppertal; fluggs.wupperverband.de

12 Freier Beruf, Ingenieurvermessung und Geoinformationswirtschaft

Wilfried GRUNAU und Udo STICHLING

Zusammenfassung

Die Freien Berufe sind für das Vermessungswesen von großer Bedeutung. Insbesondere ist hier für den nicht-hoheitlichen Bereich das sehr umfangreiche Themen- und Aufgabenfeld der Ingenieurvermessung zu nennen. Prinzipiell ist es natürlich möglich, die Tätigkeit in jeder zulässigen Unternehmensform auszuüben, gleichwohl ist aber immer zwischen dem Gewerbe und dem Freien Beruf zu differenzieren. Eine genaue Regelung, welche Tätigkeit den Freien Berufen zugeordnet ist, enthält das Einkommenssteuergesetz. Dort sind die sogenannten Katalogberufe, darunter auch der des Vermessungsingenieurs, aufgelistet. Der nachfolgende Beitrag stellt zunächst verschiedene Statistiken vor, um eine Abschätzung über die Anzahl der im Freien Beruf tätigen Vermessungsbüros und deren Umsatz vornehmen zu können, und geht dann auf die verschiedenen Ausprägungen des Freien Berufs wie z. B. ÖbVermIng oder Beratender Ingenieur ein. Benannt werden deren Betätigungsfelder wie auch mögliche firmenrechtliche Zusammenschlüsse. Ebenso erwähnt werden wichtige Rechtsnormen, wie z. B. HOAI und VOB, deren Kenntnis für den Freien Beruf unabdingbar ist und die detaillierte Regelungen auch für den Vermessungsberuf enthalten. Die in diesem Beitrag gemachten Ausführungen haben selbstverständlich keinen rechtsberatenden Charakter, sondern verweisen lediglich auf die Problemlage; auf eine fachkundige Beratung im Einzelfall sollte deshalb keinesfalls verzichtet werden. Eine beispielhafte Auflistung der Tätigkeitsfelder und Good-Practice-Lösungen aus dem Bereich der Ingenieurvermessung beschließen diesen Abschnitt.

Die Geoinformationswirtschaft ist geprägt durch eine Vielzahl von verschiedenen Firmen und Anbietern. Neben den vielen mittelständischen Anbietern von Dienstleistungen gibt es seit vielen Jahren einige große Lösungsanbieter und in letzter Zeit auch breit aufgestellte Dienstleister, die ihre Leistungen weltweit offerieren. Vom Erfassen der Geoinformation bis zum Endprodukt für den Verbraucher sind dabei alle Sparten vertreten. Daneben gibt es in der Geoinformationsbranche Verbände und Initiativen, deren Ausrichtung eher regional geprägt ist. Dadurch sind diese häufig nicht in der Lage, die notwendige Lobbyarbeit für den Einsatz von Geoinformation zu schaffen. Hier haben Impulse durch die Dachverbände, Politik und Ministerien geholfen, eine Sensibilität für die Belange der Wirtschaft zu schaffen und die Wertschöpfungskette verstärkt in Gang zu setzen. Die vielfältige Ausprägung der verschiedenen Formen der Geoinformationswirtschaft lassen sich in einem Kapitel dieser Form nur bruchstückhaft und keinesfalls vollständig darstellen. Dabei zeigt die exemplarische Darstellung dieses Wirtschaftszweiges, welches enorme Entwicklungspotenzial hier noch zur Verfügung steht, wenn die vollständige Verfügbarkeit und Verarbeitung der Geoinformationen der öffentlichen Hand und der Privatwirtschaft einfacher realisierbar wäre. Letztlich zeigt sich außerdem, dass nicht allein die deutsche Entwicklung wegbestimmend sein wird, sondern gerade der Weg über Europa in die Welt wird in den nächsten Jahren die Tendenzen bestimmen. Themen wie Umwelt, Klimaveränderungen und weltweite Vernetzung von Wirtschaftsbeziehungen lassen eine weltweite Betrachtung unerlässlich werden, die auch an der Erdoberfläche nicht aufhört, sondern über die Erde hinausgeht.

Summary

Free professions are of great importance to the surveying field, especially the very extensive topic and task range of the non-sovereign area in surveying engineering are to be named. It is of course possible to perform the job in each permissible form of business organisation, nevertheless there is always a difference between commercial and free professions. The German Income Tax Act contains an exact regulation stating which activity is assigned to the free profession. This chapter first presents different statistics in order to be able to estimate the number of active surveying offices, their turnover and their different acting in the free professions and then continues with definitions of the free profession positions like ÖbVermIng or consulting engineer. Their operating fields are described as well as possible cooperations of offices. Likewise to be mentioned are important regulations, like HOAI and VOB, whose content is indispensable for the free profession and which also contain detailed regulations to the surveying field. Remarks made in this contribution naturally cannot have any right-advisory character. They only refer to the subject, expert consultation in each particular situation is recommended. A sample listing of the fields of activity of surveying engineering and the good-practice-solutions finishes this section.

The geoinformation economy is coined by a multitude of different companies and suppliers. Besides the many medium-size providers of services there have been some big solution providers for many years and more recently also broadly set up suppliers, which offer their services worldwide. From capturing the geoinformation up to the final product, all sections needed for the consumer are represented. There are also associations and initiatives in the geoinformation business, whose activities are focused more regionally. Therefore they are often not able to lobby efficiently for the use of geoinformation. In this case umbrella organisations, politics and ministries have helped to raise awareness for the intentions of the industry and to start more and more value added chains. Because of the multiple areas of the geoinformation economy it is only possible to present fragments and not the whole range in this chapter. Nevertheless the sample presentation of this industry shows enormous development potential still available, if the complete availability and processing of geoinformation both from the public and private sector could be realised easier. In the long run it shows also that not only the development in Germany, but especially the way via Europe into the world will show the trends during the next years. The subjects of environment, climate change and the worldwide networking of trade relations will make a global view necessary that does not stop at the Earth's surface, but goes beyond.

12.1 Rechtsformen von Ingenieurbüros

12.1.1 Grundlagen

Das deutsche Handels- und Gesellschaftsrecht eröffnet verschiedene rechtliche Möglichkeiten, unter denen ein Ingenieurbüro tätig sein kann. Prinzipiell ist es möglich, die Tätigkeit in jeder zulässigen Unternehmensform auszuüben, solange die hierfür zu beachtenden gesetzlichen und berufsrechtlichen Vorgaben erfüllt sind. Ein wesentliches Unterscheidungsmerkmal der Unternehmensform liegt in den Personengesellschaften (z. B. GbR, OHG, KG, Partnerschaft) und den Kapitalgesellschaften (z. B. GmbH, AG, eG). Rund 73 % aller Ingenieurbüros werden als Personengesellschaften geführt, davon 60 % als Einzelgesellschaften und der Rest als Gesellschaften bürgerlichen Rechts. Als Kapitalgesellschaft in Form von GmbH oder AG firmieren rd. 21 % aller Büros. Nur ca. 5 % der Ingenieurbüros sind als Partnergesellschaft nach dem Partnerschaftsgesellschaftsgesetz aufgestellt (HOMMERICH 2006).

Als weiteres Unterscheidungskriterium kann der Status bzw. Titel des Büroinhabers herangezogen werden. Dieser ist von verschiedenen rechtlichen Gegebenheiten abhängig und tritt in der Regel auch in Kombination auf (Reihenfolge nicht wertend):

- Beratender Ingenieur gemäß Ingenieurgesetze der Länder,
- Öffentlich bestellter Vermessungsingenieur gemäß Berufsordnungen der Länder,
- Sachverständiger gemäß § 36 Gewerbeordnung,
- Freiberuflicher Ingenieur,
- Gewerblich tätiger Ingenieur.

12.1.2 Statistiken und andere Zahlen

Die amtliche wie auch die nicht-amtliche Statistik liefert eine ganze Reihe von Angaben über den Freien Beruf. Zu nennen sind hier insbesondere die Umsatzsteuerstatistik, die Dienstleistungsstatistik, der Mikrozensus sowie Datenmaterial der Ingenieurkammern und Verbände. Gleichwohl sind detaillierte Aussagen über Vermessungsbüros nicht ohne weiteres möglich, da viele der Erhebungen lediglich in großen zeitlichen Abständen vorgelegt werden bzw. auch nur einen kleinen Teil der interessierenden Informationen bieten. In einer Auswertung des Mikrozensus 1991 heißt es für die neuen Bundesländer beispielsweise ganz lapidar: Angaben zu den Vermessungsingenieuren können in der Hochrechnung des Mikrozensus wegen der geringen Besetzungszahl nicht mehr ausgewiesen werden. (KIRSTEN & MERZ 1995). Für die alten Bundesländer weist der Mikrozensus 1991 insgesamt 2.000 selbstständige Vermessungsingenieure als Angehörige des Freien Berufs aus, darunter keine Frau. Für 1987 wurden übrigens lediglich 1.000 selbstständige Vermessungsingenieure im Mikrozensus ausgewiesen. Angesichts einer Verdoppelung dieser Zahl innerhalb von nur vier Jahren sollten solche Daten deshalb – und das gilt insbesondere für hochgerechnete Statistiken wie z. B. die des Mikrozensus – mit einer gehörigen Portion Skepsis betrachtet werden. Insgesamt kann festgestellt werden, dass alle Datenquellen für sich allein nur ein sehr unvollständiges Bild der Gesamtheit aller Unternehmen im Vermessungs- und Geoinformationsbereich liefern. Etwas anders sieht es hingegen aus, wenn die verschiedenen Quellen, wie das Handelsregister, die Dienstleistungsstatistik und die Umsatzsteuerstatistik sowie andere vorhandene Daten z. B. der Berufsverbände und Kammern gemeinsam ausgewertet werden.

Handelsregister

Das Handelsregister enthält u. a. Informationen über die jeweiligen Firmensitze, Inhaberverhältnisse, eventuelle Haftungsbeschränkungen, Grund- und Stammkapital sowie bei Kapitalgesellschaften auch die Jahresabschlüsse. Ein Unternehmen muss ins Handelsregister eintragen werden, wenn es nach Art oder Umfang einen kaufmännischen Geschäftsbetrieb darstellt (§§ 1, 29 HGB). Der in der Genios-Datenbank (www.genios.de) gespeicherte Bundesanzeiger listet bei den Handelsregister-Bekanntmachungen für das Suchwort „Vermessungsbüro" ca. 280 Einträge. Nun ist natürlich nicht jedes im Vermessungswesen tätige Ingenieurbüro mit dem Begriff „Vermessungsbüro" verknüpft und zudem werden im Handelsregister auch Änderungen eingepflegt, und somit redundante Firmeneinträge erzeugt. Eine Erweiterung der Recherchen auf fachlich verwandte Begrifflichkeiten, wie z. B. „GIS", „Geodaten" o. Ä. führt dazu, dass die Anzahl der Büros im fachlichen Umfeld des Vermessungswesens auf bis zu 2.000 anwächst. Exakte Daten einzelner Firmen lassen sich im Handelsregister zwar mehr oder weniger problemlos ermitteln, statistisch verwertbare Massendaten hingegen nur bedingt. Ebenso sind dem Handelsregister kaum Aussagen über den Freien Beruf zu entnehmen; eintragungspflichtig sind – bezogen auf den Freien Beruf – gemäß § 5 Abs. 2 PartGG lediglich Partnerschaftsgesellschaften.

Dienstleistungsstatistik

Ein etwas anderes Bild ergibt sich, zieht man die sogenannte Dienstleistungsstatistik zu Rate. Diese Strukturerhebung im Dienstleistungsbereich ist eine jährliche Stichprobenerhebung mit Auskunftspflicht, die bei höchstens 15 % aller Unternehmen und Einrichtungen zur Ausübung einer freiberuflichen Tätigkeit von den Statistischen Ämtern der Länder durchgeführt wird (Dienstleistungsstatistikgesetz vom 19.12.2000). Auf der Grundlage der bei den befragten Stichprobenunternehmen erfassten Merkmalswerte wie Angaben zu den Beschäftigten, Löhnen und Gehältern, Umsätzen, Vorleistungen, Steuern, Subventionen sowie Investitionen, werden durch Hochrechnung Totalwerte ermittelt.

Die in der Dienstleistungsstatistik erhobenen Daten werden nach der sogenannten „Klassifikation der Wirtschaftszweige 2008 (WZ 2008)" einheitlich erfasst. Dort finden sich im Abschnitt M „Erbringung von freiberuflichen, wissenschaftlichen und technischen Dienstleistungen" unter der Ziffer 71.12.3 (vormals 74.20.9) die Vermessungsbüros. Diese Unterklasse umfasst die:

- Land-, Grundstücks- und Katastervermessung,
- Lage- und Höhenaufmaß,
- Erstellung (amtlicher) Lagepläne, Kartographie und Telemetrie,
- Begutachtung in nachbarrechtlichen Grenzstreitigkeiten,
- hydrologische Untersuchungen,
- unterirdische Untersuchungen.

Ausdrücklich nicht enthalten in dieser Auflistung ist die Entwicklung und das Verlegen von Software im Ingenieurwesen. Hierunter sind u. a. auch die „berufliche und andere Anwendungssoftware" sowie „Datenbanken" subsumiert und die den Geoinformationsbereich zumindest in Teilen abdecken. Die Veröffentlichung der Dienstleistungsstatistik erfolgt im Allgemeinen erst ca. 18 Monate nach Erhebung der Daten.

Nach der aktuellen Dienstleistungsstatistik gab es im Jahr 2006 demnach insgesamt 2.939 Vermessungsbüros. Davon waren 2.314 Einzelunternehmen, 376 Personengesellschaften, 220 Kapitalgesellschaften und 29 sonstige Rechtsformen. In den Vermessungsbüros waren 19.322 Personen tätig, davon 15.796 Lohn- und Gehaltsempfänger. Der Gesamtumsatz betrug 1,03 Mrd. EUR. Der Personalaufwand betrug 470 Mio. EUR, der Sachaufwand 380 Mio. EUR. Die Investitionen beliefen sich auf 38 Mio. EUR, an betrieblichen Steuern und Abgaben wurden 7,4 Mio. EUR gezahlt. Die Höhe der Subventionen betrugen hingegen lediglich 690 Tsd. EUR (BUNDESINGENIEURKAMMER 2008).

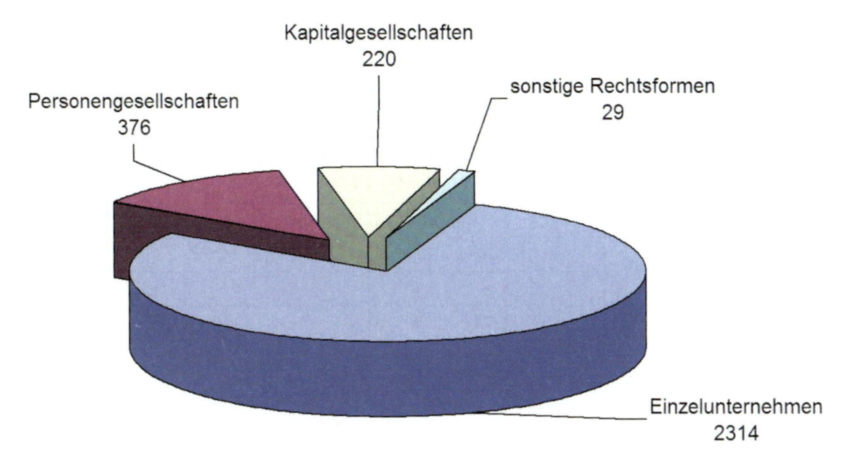

Abb. 12.1: Anzahl der Vermessungsbüros im Jahr 2006 (Daten: Statistisches Bundesamt, Dienstleistungsstatistik)

Umsatzsteuerstatistik

Die Umsatzsteuerstatistik ist im Gegensatz zur Dienstleistungsstatistik eine Sekundärstatistik, d. h. es erfolgt keine eigene Befragung der Unternehmen für statistische Zwecke. Rechtsgrundlage ist das Gesetz über Steuerstatistiken, das eine jährliche Durchführung der Umsatzsteuerstatistik vorschreibt sowie das Umsatzsteuergesetz 2005. Datenbasis sind Umsatzsteuer-Voranmeldungen sowie Auszüge aus dem Grundinformationsdienst der Finanzverwaltung, z. B. Gewerbekennzahl (Wirtschaftszweig), amtlicher Gemeindeschlüssel und Rechtsform. Zwischen den vergleichbaren Werten der Umsatzsteuerstatistik und der Dienstleistungsstatistik gibt es zum Teil erhebliche Abweichungen, insbesondere bei der Anzahl der Ingenieurbüros und den Umsatzzahlen. Diese Unterschiede erklären sich hauptsächlich aus der unterschiedlichen Art der Datenerhebung beider Statistiken. Die Abbildung 12.2 zeigt, auf Basis der Umsatzsteuerstatistik, die Entwicklung der Anzahl der Vermessungsbüros vom Jahr 2000 bis zum Jahr 2007 in Relation zum Umsatz der Unternehmen. Danach gab es im Jahr 2007 zwar mehr Vermessungsbüros als in den Jahren zuvor – im Vergleich zu 2003 sogar rd. 200 Büros mehr – jedoch ist der Jahresumsatz seit dem Jahr 2002 von 1,06 Mrd. EUR stetig auf nunmehr 940 Mio. EUR gefallen und damit so niedrig wie nie zuvor in den letzten Jahren.

Tabelle 12.1: Vermessungsbüros und Umsatz 2006 nach Größenklassen (Daten: Statistisches Bundesamt, Umsatzsteuerstatistik)

Umsatz von ... bis unter ... [EUR]	Vermessungsbüros	Umsatz [1.000 EUR]
über 17.500 – 50.000	540	17.140
50.000 – 100.000	501	35.733
100.000 – 250.000	656	105.931
250.000 – 500.000	536	194.268
500.000 – 1 Mio.	341	234.727
1 Mio. – 2 Mio.	122	163.233
2 Mio. – 5 Mio.	37	105.475
5 Mio. – 10 Mio.	6	36.697
10 Mio. – 25 Mio.	(keine Angabe)	(gesperrt wg. Steuergeheimnis)
25 Mio. – 50 Mio.	–	–
50 Mio. – 100 Mio.	(keine Angabe)	(gesperrt wg. Steuergeheimnis)
100 Mio. – 250 Mio.	–	–
250 Mio. und mehr	–	–
Insgesamt	**2.742**	**982.630**

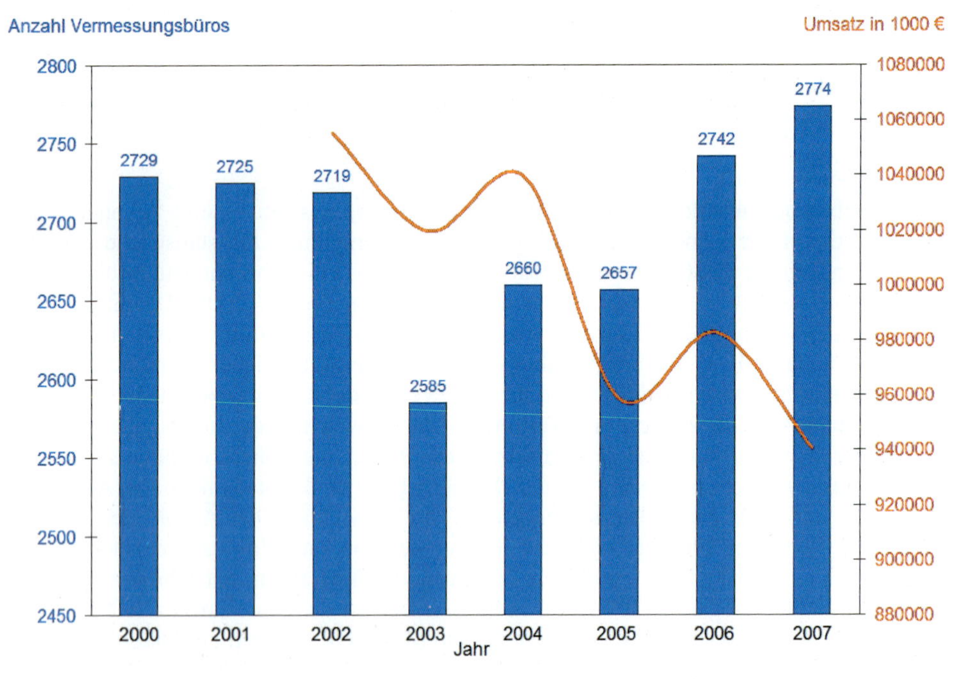

Abb. 12.2: Anzahl der Vermessungsbüros in Relation zum Umsatz (Daten: Statistisches Bundesamt, Umsatzsteuerstatistik)

Tabelle 12.2: Vermessungsbüros und deren Umsatz 2006 nach Ländern (Daten: Statistisches Bundesamt, Umsatzsteuerstatistik

Land	Vermessungsbüros	Umsatz [1000 EUR]
Baden-Württemberg	571	160.596
Bayern	176	98.660
Berlin	118	30.638
Brandenburg	204	71.402
Bremen	10	4.658
Hamburg	23	4.139
Hessen	133	54.149
Mecklenburg-Vorpommern	97	33.289
Niedersachsen	172	83.775
Nordrhein-Westfalen	623	211.057
Rheinland-Pfalz	104	45.381
Saarland	19	14.259
Sachsen	215	61.097
Sachsen-Anhalt	109	48.248
Schleswig-Holstein	49	26.610
Thüringen	119	34.671
Deutschland	**2.742**	**982.630**

Man beachte, dass bei all den vorgenannten Zählungen der Vermessungsbüros nicht zwischen den bundesweit rd. 1.500 ÖbVermIng-Büros und anderen Ingenieurbüros unterschieden wird. Für eine genauere Betrachtung bedarf es daher sicherlich einer wesentlich differenzierteren Erhebungsform.

12.1.3 Existenzgründung

Es gibt viele Möglichkeiten zur Existenzgründung (GRUNAU 2007a). Zu nennen sind beispielsweise die:

- Neugründung,
- Ausgründung (Spin-off),
- Unternehmensübernahme (Unternehmensnachfolge),
- Management-Buy-Out (MBO) oder Management-Buy-In (MBI).

Neben der notwendigen fachlichen Kompetenz sollte auch kaufmännisches Know-how vorhanden sein. Mit einer Existenzgründung sind zumeist zahlreiche Fragen verbunden, die im Vorfeld zu klären sind. Marktanalyse, Business-Plan, öffentliche Förderprogramme, Wahl der passenden Rechtsform, berufsrechtliche Haftung sowie Krankenversicherungsschutz und Alterssicherung sind nur einige Themen, mit denen Existenzgründer sich vorbereitend unbedingt befassen sollten. Nur die wenigsten Gründer können diesbezüglich auf eigene Erfahrungen zurückgreifen, sodass in dieser wichtigen Phase unbedingt fachlich qualifizierte externe Berater (Kammern, Verbände, usw.) hinzugezogen werden sollten: „Beratung ist kein Nachhilfeunterricht, Beratung ist Entscheidungshilfe" (BMWI 2009).

Eine klare Formulierung der Ziele, die mit der Existenzgründung erreicht werden sollen, erleichtert nicht nur den Schritt der Realisierung, sondern auch die Einschätzung der Einflussfaktoren und ihre Wechselwirkung auf den Unternehmenserfolg werden besser erkannt (VBI 2009).

Anlaufstellen für die Gründungsberatung sind online unter www.einfach-gruenden.org sowie unter www.existenzgruender.de zu finden. Ebenso bieten die Ingenieurkammern der Länder (Einstieg z. B. über www.bundesingenieurkammer.de) oder, speziell für Freie Berufe, das Institut für Freie Berufe Nürnberg IFB (www.ifb-gruendung.de) grundlegende Unterstützung und viele weitere hilfreiche Informationen.

12.1.4 Öffentlich bestellte Vermessungsingenieure

Öffentlich bestellte Vermessungsingenieure (ÖbVermIng) können neben ihren hoheitlichen Aufgaben (vgl. Abschnitt 2.2.3) auch nicht-hoheitliche, private Vermessungsaufgaben wahrnehmen. Das nicht-hoheitliche, private Aufgabenspektrum umfasst (BDVI 2009):

- *Ingenieurvermessungen* (Erstellung von Lage- und Höhenplänen, z. B. als Planungsunterlage für Architekten und Bauherren/Absteckung von Bauwerken/Erstellung von Bestandsplänen, z. B. für Versorgungsleitungen wie Strom, Gas, Wasser, Abwasser);
- *Graphische Datenverarbeitung/GIS* (Digitalisierung von Katasterkarten/Erfassung, Auswertung und Führung von Fachkatastern z. B. Leitungskataster, Kanalkataster, Deponiekataster, Baumkataster usw. / Aufbau und Einrichtung von Geoinformationssystemen / nachfrageorientierte Veredlung von Geodaten zu nutzerdefinierten Geoinformationen);
- *Planung* (Anfertigung von Planungsunterlagen für die Aufstellung von Bebauungsplänen auf der Grundlage des Katasternachweises / Bearbeitung von Straßen-, Erschließungs- und Rohrleitungsplanungen, Wasserlaufregulierungen, Grundstücks- und Grunddienstbarkeitsverträge / Aufstellung von Flächennutzungs- und Bebauungsplänen);
- *Bewertung* (Erstellung von Verkehrswertgutachten für bebaute und unbebaute Grundstücke / Gutachterliche Tätigkeit in Grenz- und Bauprozessen sowie bezüglich grundstücksrechtlicher Belastungen);
- *Bodenordnung* (Mitarbeit bei Bodenordnungsverfahren nach dem Flurbereinigungsgesetz / Mitarbeit bei der Baulandumlegung nach dem BauGB / Auflösung).

Da die klassische Liegenschaftsvermessung, zumindest auf den Umsatz der ÖbVermIng-Büros bezogen, rückläufig ist, gewinnen andere Betätigungsfelder für den ÖbVermIng vermehrt an Bedeutung. Aus der Kernkompetenz heraus bieten sich hier besonders die Felder Bewertung, Umlegung und Geoinformation an (ZURHORST 2009).

Die Wahrnehmung von privaten Vermessungsaufgaben bestimmt sich nach den Rechtsnormen, die bei der Ausführung von „Ingenieurvermessungen" maßgebend sind, also nach der Zweckbestimmung der jeweiligen Vermessungstätigkeit. Bei der Fertigung von Bauvorlagen sind dies die Vorschriften der jeweiligen Bauordnung und der Bauvorlagenverordnungen, bei der Ausarbeitung von Bauleitplänen das Baugesetzbuch (KEDDO 2008).

Öffentlich bestellte Vermessungsingenieure sind in ihrer Funktion als privatrechtlich tätige Ingenieure sozietätsfähig. Die Vergesellschaftung, dies muss vertraglich sichergestellt werden, darf sich dabei nicht auf die hoheitlichen Aufgaben beziehen (KEDDO 2008).

12.1.5 Beratende Ingenieure

Die Berufsbezeichnung „Beratender Ingenieur" ist gesetzlich durch die Ingenieurgesetze der Länder geschützt. Die Führung dieses Titels ist nur zulässig, wenn eine Eintragung in die Liste der Beratenden Ingenieure bei der jeweiligen Ingenieurkammer vorliegt. Beratende Ingenieure sind die klassischen Freiberufler, die besonderen Berufspflichten unterliegen. Sie zeichnen sich aus durch:

- Eigenverantwortlichkeit,
- Unabhängigkeit,
- mehrjährige Berufserfahrung sowie eine
- Berufshaftpflichtversicherung.

Der Beratende Ingenieur vertritt in Ausübung seiner beruflichen Tätigkeit keine eigenen Liefer-, Handels- oder Produktionsinteressen. Er ist gesetzlich verpflichtet, weder Provisionen, Rabatte oder sonstige Vergünstigungen für sich, seine Angehörigen oder Mitarbeiter anzunehmen, und er übt keine gewerbliche Tätigkeit aus. Beratende Ingenieure sind zur Einhaltung bewährter Standesregeln und zeitgemäßer ethischer Berufspflichten verpflichtet (GRUNAU 2003, 2007b). Die Ausübung ihres Berufes erfordert die Berücksichtigung gesicherter technischer Erkenntnisse und die Pflicht zur ständigen fachlichen Weiterbildung. Die Wahrung treuhänderischer Unabhängigkeit schließt berufswidrige Handlungen durch anpreisende Werbung konsequent aus (BUNDESINGENIEURKAMMER 2009).

12.1.6 Freier Beruf

Zu der freiberuflichen Tätigkeit gehört gemäß § 18 Abs. 1 Nr. 1 Einkommenssteuergesetz (EStG) die selbstständig ausgeübte Tätigkeit der Vermessungsingenieure. Ein Angehöriger eines Freien Berufs ist demnach auch dann freiberuflich tätig, wenn er sich der Mithilfe fachlich vorgebildeter Arbeitskräfte bedient; Voraussetzung ist, dass er aufgrund eigener Fachkenntnisse leitend und eigenverantwortlich tätig wird.

Die Berufsausübung ist bei Freien Berufen – im Allgemeinen – an strenge Ausbildungsvoraussetzungen gebunden, während im gewerblichen Bereich dagegen der Grundsatz der Gewerbefreiheit gilt. Jeder Gewerbebetrieb, der in Deutschland tätig ist, unterliegt der Gewerbesteuer. Der Freiberufler hingegen kann für sich das Privileg der Gewerbesteuerfreiheit in Anspruch nehmen (Urteil BFH VIII R 69/06 vom 28.10.2008). Auch haben die Angehörigen der Freien Berufe keine kaufmännische Buchführungspflicht; die einfache Erfassung von Einnahmen und Ausgaben genügt.

Unter den herkömmlichen Rechtsformen freiberuflicher Tätigkeit in gemeinsamer Berufsausübung sind zunächst die beiden Grundvarianten Berufsausübungsgesellschaft (Sozietät) sowie Bürogemeinschaft zu unterscheiden (INSTITUT FÜR FREIE BERUFE 2007). Um den Angehörigen Freier Berufe eine weitere, auf ihre besonderen Bedürfnisse hin zugeschnittene Gesellschaftsform zur Verfügung zu stellen, hat der Gesetzgeber das sogenannte Partnerschaftsgesellschaftsgesetz erlassen. Eine Partnerschaftsgesellschaft entspricht dem traditionellen Berufsbild des Freien Berufes, ermöglicht aber zugleich ein flexibleres Agieren am Markt. Die Gründung einer Partnerschaftsgesellschaft ist nur dem Freien Beruf möglich. Die Gesellschaft übt kein Handelsgewerbe aus. Angehörige einer Partnerschaft können nur natürliche Personen sein.

12.1.7 GbR, GmbH und andere Rechtsformen

Die gewählte Rechtsform des Unternehmens ist für den Geschäftsverkehr von entscheidender Bedeutung, da sich daraus u. a. die Haftungsverhältnisse ergeben. So haften die Gesellschafter der Personengesellschaften generell persönlich und unbeschränkt – mit Ausnahme der KG, bei der die Haftung des Komplementärs persönlich und unbeschränkt und die des Kommanditisten betragsmäßig auf die erbrachte Kommanditeinlage beschränkt ist. Bei Kapitalgesellschaften hingegen haftet gegenüber den Vertragspartnern grundsätzlich nur das Gesellschaftsvermögen. Die wirtschaftlichen Rahmenbedingungen, insbesondere wie sie sich zur Zeit darstellen, sollten für den Unternehmer deshalb Anlass sein, die von ihm gewählte Gesellschaftsform kritisch zu überprüfen, um die Haftungsrisiken nach außen bestmöglich zu minimieren.

Von Bedeutung ist auch die steuerrechtliche Unterscheidung nach der gewerblichen oder selbstständigen Tätigkeit: Die für einen Gewerbebetrieb geltenden positiven Voraussetzungen wie z. B. Selbstständigkeit, Gewinnerzielungsabsicht und Beteiligung am allgemeinen wirtschaftlichen Verkehr gelten auch für die Einkünfte aus freiberuflicher Tätigkeit im Sinne des § 18 Abs. 1 Nr. 1 EStG.

Eine Einzelperson kann gleichzeitig freiberuflich und gewerblich tätig sein und beide Tätigkeiten auch nach den jeweiligen Vorschriften betreiben. Da in der Regel auch bei der freiberuflichen Tätigkeit die Erwerbsabsicht nicht fehlt, ist die Abgrenzung zwischen gewerblicher und freiberuflicher Tätigkeit oftmals sehr schwierig. Eine Personengesellschaft dagegen gilt nur dann als freiberuflich, wenn alle Gesellschafter ausschließlich freiberuflich und außerdem als Mitunternehmer leitend und eigenverantwortlich tätig sind. Eine Ausnahme, sowohl für Einzelpersonen als auch für Personengesellschaften, gilt dann, wenn die freiberufliche und die gewerbliche Tätigkeit untrennbar miteinander verbunden sind, sodass die Einkünfte sich nicht nach den beiden Geschäftsarten trennen lassen. In diesem Fall gilt die gesamte Tätigkeit entweder als freiberuflich oder als gewerblich, die steuerlich danach zu qualifizieren ist, ob das freiberufliche oder das gewerbliche Element vorherrscht (Urteile BFH IV R 60/95 vom 24.4.1997; VIII R 101/04 vom 10.6.2008; VIII R 53/07 vom 8.10.2008).

Die GmbH für Freiberufler ist in der Regel bestimmten Beschränkungen ausgesetzt (MICHALSKI 1989). Zu den Freiberuflern, die eine GmbH gründen dürfen, zählen zwar auch die Ingenieure, gleichwohl sollte vor der Gründung einer Freiberufler-GmbH mit einem Steuerfachmann und ggf. auch mit dem Berufsverband die Zulassung abgesprochen werden. Dies gilt beispielsweise mit Blick auf die differierenden Ingenieurgesetze der Länder bezüglich der Führung des Titels „Beratender Ingenieur“. Die vorgenannten Partnerschaftsgesellschaften sind, da sie nur Angehörigen der freien Berufs offenstehen, per definitionem freiberuflich. Eine GmbH dagegen ist gewerblich tätig – auch wenn sie als „Freiberufler-GmbH“ gegründet wurde (Urteil BFH VIII R 73/05 vom 8.4.2008).

12.2 HOAI und andere (Ver-)Ordnungen

12.2.1 HOAI

Die Verordnung über die Honorare für Architekten- und Ingenieurleistungen (Honorarordnung für Architekten und Ingenieure – HOAI) regelt, welche Leistungen zu welchem Preis (nach Stundensätzen oder Wert des Bauvorhabens) abzurechnen sind. Die HOAI stellt öffentliches und damit zwingendes Preisrecht dar. Der Anwendungsbereich ist, um den Vorgaben der europäischen Dienstleistungsrichtlinie zu genügen, auf Büros mit Sitz im Inland beschränkt.

Vermessungstechnische Leistungen sind nach HOAI das Erfassen ortsbezogener Daten über Bauwerke und Anlagen, Grundstücke und Topographie, das Erstellen von Plänen, das Übertragen von Planungen in die Örtlichkeit, sowie das vermessungstechnische Überwachen der Bauausführung, soweit die Leistungen mit besonderen instrumentellen und vermessungstechnischen Verfahrensanforderungen erbracht werden müssen. Ausgenommen davon sind Leistungen, die nach landesrechtlichen Vorschriften für Zwecke der Landesvermessung und des Liegenschaftskatasters durchgeführt werden. Zu den vermessungstechnischen Leistungen können rechnen:

- Entwurfsvermessung für die Planung und den Entwurf von Gebäuden, Ingenieurbauwerken und Verkehrsanlagen,
- Bauvermessungen für den Bau und die abschließende Bestandsdokumentation von Gebäuden, Ingenieurbauwerken und Verkehrsanlagen,
- Vermessung an Objekten außerhalb der Entwurfs- und Bauphase, Leistungen für nicht objektgebundene Vermessungen, Fernerkundung und geographischgeometrische Datenbasen sowie andere sonstige vermessungstechnische Leistungen.

Die vorgenannten Leistungen gehören seit der Novellierung der HOAI durch Beschluss des Bundesrates am 12.6.2009 – trotz massiver Proteste der Berufs- und Fachverbände – nur noch zu den Beratungsleistungen (Anlage 1 Abschnitt 1.5.1 HOAI), deren Honorare entsprechend § 3 Abs. 1 Satz 2 HOAI nicht verbindlich geregelt sind.

12.2.2 Gebührenordnungen

Im Gegensatz zu den privatrechtlichen Vermessungsaufträgen, für die die HOAI bzw. auch das BGB gilt, sind für den Bereich des amtlichen Vermessungswesens die auf Landesgesetzen beruhenden Gebühren- und Kostenordnungen anzuwenden. Die Ordnungen bilden damit auch ein Vergütungssystem für öffentlich-rechtliche Kosten-/Gebührenforderungen der Öffentlich bestellten Vermessungsingenieure (KEDDO 2009). Die Grundparameter der Gebühren basieren überwiegend auf Pauschalen z. B. für Flächengröße, Anzahl der Grenzpunkte, Bodenwert, Bauherstellungskosten oder Wert der baulichen Anlage.

Da die Gebührenordnungen bindend sind, bedeutet dies, dass auch bei vorherigen Kostenschätzungen die Verpflichtung besteht, nach den tatsächlichen Kostenparametern abzurechnen. Weniger Gewinnorientierung und Kostendeckung stehen bei der Festlegung der Gebühren im Vordergrund, sondern besonders die Nutzbarmachung der Geobasisdaten und damit die Marktförderung und Aktivierung (UEBERHOLZ 2008).

12.2.3 VOB, VOL und VOF

Mit rd. 27 Mrd. Euro sind die öffentlichen Bauaufträge mit einem beträchtlichen Umfang an den jährlichen Bauinvestitionen beteiligt. Rechtliche Grundlage für die Vergabe und Abwicklung dieser ca 1,2 Mio. öffentlichen Bauaufträge pro Jahr ist das Vergaberecht (BMVBS 2009). Die Detailvorschriften der Vergabe von Liefer-, Dienstleistungs- und

Bauaufträgen sind enthalten in den drei Vergabe- und Vertragsordnungen bzw. Verdingungsordnungen:

- Vergabe- und Vertragsordnung für Bauleistungen (VOB),
- Verdingungsordnung für Leistungen (VOL) und
- Verdingungsordnung für freiberufliche Leistungen (VOF).

Vergabe- und Vertragsordnung für Bauleistungen (VOB)
Die Vergabe- und Vertragsordnung für Bauleistungen (VOB) enthält Vorschriften, die bei der Ausschreibung von Bauaufträgen durch öffentliche Auftraggeber zu beachten sind. Die VOB ergänzt die werkvertraglichen Bestimmungen des BGB (vgl. dazu auch das Urteil des BGH VII ZR 55/07 vom 24.7.2008) und ist gegliedert in die:

- VOB/A – Allgemeine Bestimmungen für die Vergabe von Bauleistungen,
- VOB/B – Allgemeine Vertragsbedingungen für die Ausführung von Bauleistungen,
- VOB/C – Allgemeine Technische Vertragsbedingungen für Bauleistungen.

An öffentlichen Aufträgen interessierte Unternehmen können ihre Zuverlässigkeit, Fachkunde und Leistungsfähigkeit bei einer Präqualifizierungsstelle nachweisen. Die Präqualifikation ist eine vorgelagerte, auftragsunabhängige Prüfung von Eignungsnachweisen auf der Basis der in § 8 VOB/A definierten Anforderungen. Seit dem Jahr 2006 wird ein Eintrag in die Liste des Vereins für die Präqualifikation von Bauunternehmen e. V. (www.pq-verein.de) von allen öffentlichen Auftraggebern als Eignungsnachweis verbindlich anerkannt.

Verdingungsordnung für Leistungen (VOL)
Die Verdingungsordnung für Leistungen (VOL) ist anzuwenden, wenn die Schwellenwerte der Vergabeordnung (VgV) erreicht werden. Ausgenommen von der VOL sind alle Leistungen, die unter die VOB fallen, sowie Leistungen, die im Rahmen einer freiberuflichen Tätigkeit erbracht oder im Wettbewerb mit freiberuflich Tätigen angeboten werden, soweit deren Auftragswerte die in der Vergabeordnung festgelegten Schwellenwerte nicht erreichen. Für Leistungen oberhalb der Schwellenwerte, die im Rahmen einer freiberuflichen Tätigkeit erbracht werden und deren Gegenstand eine Aufgabe ist, deren Lösung nicht vorab eindeutig und erschöpfend beschrieben werden kann, gilt die Verdingungsordnung für freiberufliche Leistungen (VOF). Eindeutig und erschöpfend beschreibbare freiberufliche Leistungen sind hingegen nach der VOL zu vergeben.

Verdingungsordnung für freiberufliche Leistungen (VOF)
Die Anwendung der VOF ist für den öffentlichen Auftraggeber bei der Vergabe freiberuflicher Planungsleistungen verbindlich vorgeschrieben, wenn eine Leistung durch Freiberufler erbracht wird und die in der Vergabeordnung festgelegten Schwellenwerte erreicht oder überschritten werden (§ 2 Abs. 2 VOF).

12.3 Tätigkeitsfelder und Good-Practice-Lösungen

12.3.1 Tätigkeitsfelder

Ingenieurvermessungen befassen sich mit Vermessungen für Planung, Baudurchführung, Abnahme und Überwachung von Objekten, z. B. Verkehrsbauwerke (Straßen, Eisenbahnen, Wasserstraßen), Maschinenanlagen. Diese Formulierung aus der DIN 18709 beschreibt damit kurz und prägnant einen extrem vielseitigen, hochinteressanten und anspruchsvollen

Leistungsumfang der Vermessungsbüros, der beispielhaft und selbstverständlich nicht abschließend in der vom DVW erstellten Imagebroschüre „Vermessung“ beschrieben wird:

- *Hoch- und Tiefbau:* Entwurfsvermessung für Planung und Entwurf von Gebäuden und Ingenieurbauwerken, Erstellung und Weiterentwicklung von präzisen Kartenwerken/Plänen in entsprechenden Maßstäben für territoriale und städtebauliche Planungen, Erfassung von raumbezogenen Daten über Bauwerke, Anlagen, Grundstücke und Topographie. Bauvermessung für den Bau und die abschließende Bestandsdokumentation von Gebäuden und Ingenieurbauwerken inkl. Aufstellen von Messkonzepten, vermessungstechnische Begleitung von Baumaßnahmen (Aufmaß, Erfassung, Absteckung, Analyse, Controlling, Abnahme, Freigabe usw.), Übertragung von Planungen in die Örtlichkeit. Überwachung und Qualitätskontrolle der Bauausführung, Bauüberwachung inklusive Kontrolle zur Standsicherheit und Deformation während der Bauphase.
- *Architektur und Denkmalpflege:* Darstellung des Bestandes in Karten, Plänen und Ansichten, Visualisierung kunsthistorischer Besonderheiten und archäologischer Details, Dokumentation von Bauschäden, Laserscanning zur 3-D-Darstellung von historisch wertvollen Bauwerken.
- *Verkehrswege:* Bereitstellung von digitalen Karten und Plänen zur Planung; Vermessungen zur Planung neuer Trassen mit Rücksicht auf fahrdynamische Beschränkungen und Minimierung des Unterhaltsaufwands sowie zur Überwindung topographischer Hindernisse; Sicherstellung der plangerechten Ausführung beim Bau; Maximierung der Sicherheit mittels Überwachungsmessungen von Verschiebungen und Kippungen, Deformationsmessungen nach Ende der Bauphase.
- *Wasserstraßen, Hafenbau, Küstenschutz, Staumauern und -dämme:* Erfassung der dynamischen Eigenschaften und ihre Reaktionen auf betroffene Objekte; wasserbauliche Objektvermessung und fahrdynamische Untersuchungen, Flächen- und Landmanagement. Datenerfassung für Planung, Bau und Unterhalt von Häfen und Küstenschutz, regelmäßige Überprüfung des Bemessungswasserstandes. Bauwerksüberwachung an Kaimauern, Staumauern usw. durch regelmäßige Kontroll-, Sicherungs- und Deformationsmessungen bezüglich Verschiebungen oder Verformungen.
- *Kraftwerke, Energiestandorte:* Neubauplanung von Kraftwerken mittels Luftbildern, Plan- und Kartenunterlagen in analoger und digitaler Form mit Standortsuche, -wahl und -untersuchung, Detailplanung im Planungsfortschritt. Planung und Vorbereitung der Genehmigungsverfahren, des Baus, des Betriebs und der laufenden Instandhaltung.
- *Maschinen- und Anlagenbau:* Qualitätskontrolle mit modernster Messtechnik höchster Genauigkeit bei schnellen Fertigungsgeschwindigkeiten, Unterstützung des Aufbaus großer Maschinen. Schnelle Bereitstellung von Informationen (Korrekturen, Qualität der produzierten Erzeugnisse usw.), integrale Überwachung bestehender Bauwerke aufgrund von Alterung, Nutzungsänderung und Umwelteinwirkung.

12.3.2 Good-Practice-Lösungen

Deformationsanalyse mittels kontinuierlichen Messungen[1]

Bei der Höhenbestimmung des Brückenüberbaus an der Kanalbrücke des Wasserstraßenkreuzes Magdeburg konnten Nivellements von unterschiedlichen Messzeiten eines Tages

---

[1] Kurzfassung einer Veröffentlichung im VDVmagazin 4/2008. Autoren: Dipl.-Ing.(FH) Michael Neid, Berlin und Dipl.-Ing.(FH) Michael Platte, Dachau.

Abb. 12.3: Kanalbrücke Oberbau (Quelle: NEID & PLATTE 2008)

bzw. von verschiedenen Messtagen nicht gemeinsam verwendet werden, weil die Höhendifferenzen identischer Punkte den kritischen Wert von ca. 3 mm (Vorgabe gemäß Messprogramm) überschritten. Dies deutete bereits auf relativ große Höhenänderungen, in kurzen Zeitabständen, der Kanalbrücke hin. Es wurde also angestrebt, in einem kleinen zeitlichen Fenster (wenige Stunden) die Bewegung der Brücke an einem diskreten Punkt zu dokumentieren und ebenfalls etwaige Lageänderungen aufzuzeigen. Weiterhin sollte ein Nachweis erbracht werden, ob mit gängigen geodätischen Instrumenten relativ kurzperiodische Schwingungen – also Periodendauern von wenigen Minuten und darunter – am Brückenbauwerk detektiert werden können. Für die Messungen sollten mindestens zwei unterschiedliche Verfahren zum Einsatz kommen, um einerseits eine gegenseitige Kontrolle durchzuführen und andererseits bei Ausfall eines Systems mit dem zweiten Verfahren unabhängig weiter messen zu können. Außerdem wurde ein Vergleich der absoluten 3-D-Ergebnisse der Tachymeter-Auswertung mit den relativen Resultaten der Neigungsmessung angestrebt. Für die kontinuierlichen Messungen des Brückenüberbaus wurden ein elektronisches Tachymeter und ein Neigungssensor verwendet. Das Tachymeter stand dabei auf einem schweren Stativ, um die erforderliche Stabilität zu gewährleisten und damit die Anfälligkeit gegen Wind und Temperatur zu minimieren. Die standardmäßigen internen Batterien wurden von einer externen Blockbatterie unterstützt, um die Messzeit zu verlängern. Die Steuerung des Tachymeters erfolgte über einen externen wetterbeständigen Rechner und ein spezielles Schnittstellenprogramm.

Hochgenaues tachymetrisches 3-D-Messsystem[2]

Das 1979 eingeweihte Bochumer Ruhrstadion ist so konzipiert, dass die Dachkonstruktion ohne sichthindernd wirkende Stützpfeiler auskommt und jeder der über 30.000 Plätze überdacht und nicht weiter als 30 m vom Spielfeld entfernt ist. Durch ihre komplexe Form nehmen sie gleichzeitig die Last der Tribünen und Serviceeinrichtungen sowie der gesamten Dachkonstruktion auf, wodurch sie ständig hohen Belastungen ausgesetzt sind. Das Konzept sieht ein tachymetrisches Messsystem vor, mit dem sämtliche 38 Betonbinder

---

[2] Kurzfassung einer Veröffentlichung im VDVmagazin 1/2009. Autor: Dipl.- Ing. Tobias Groppe, Brakel.

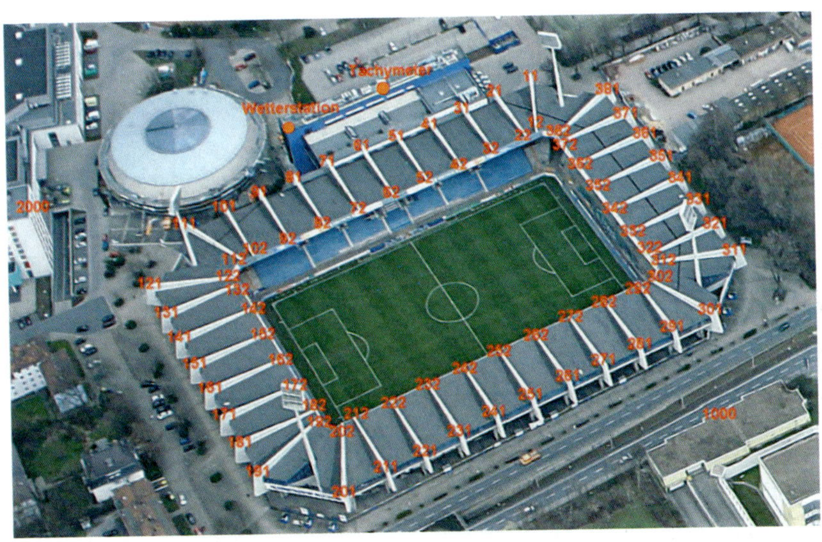

Abb. 12.4: Die 38 Betonbinder der Dachkonstruktion des rewirpowerSTADION (Quelle: GROPPE 2009)

permanent überwacht werden. Auf jedem Binder ist hierzu an der Innen- und Außenseite jeweils ein spezielles Prisma installiert. Diese werden von einem motorisierten und mit einer automatischen Zielerfassung ausgestatteten Tachymeter PC-gesteuert angefahren und angemessen. Um die Auswirkungen von äußeren Einflüssen wie Temperatur, Luftdruck, Wind, Regen- und Schneemengen auf das Bauwerk zu analysieren, sieht das Messsystem zusätzlich die Erfassung dieser Daten von einer eigenen Wetterstation vor. Aus den vom PC erfassten Messdaten wird für jeden Messpunkt unter zusätzlicher Berücksichtigung der aktuellen meteorologischen Daten und der Refraktionseinflüsse in Echtzeit die dreidimensionale Lage im Raum mit einer Messgenauigkeit von kleiner 1 mm bestimmt. Ein Zugriff auf das Messsystem ist jederzeit von außen über eine Modemverbindung zusammen mit einer Fernsteuersoftware möglich. Dadurch ist das Messsystem von einem beliebigen Ort aus vollständig kontrollierbar und erfordert selbst bei Stromausfällen keine manuellen Eingriffe vor Ort.

Berührungslose Höhenmessung von Oberleitungen[3]

Im Zuge des Neubaus der Ortsumgehung Gruiten im Kreis Mettmann musste mit der Kreisstraße K 20 die Ost-West-Verbindung der Bahnverbindung von Wuppertal nach Düsseldorf bzw. Köln durch eine Straßenbrücke mit einer Länge von ca. 45 m überquert werden. Es war zu ermitteln, ob die Unterkante der geplanten Straßenbrücke genügend Abstand zur bestehenden Oberleitung haben würde. Dazu sollten Profile quer zur DB-Strecke in den Achsen der niedrigsten Brückenbalken erstellt werden.

Die Oberleitung besteht für die drei Gleise auf der Südseite jeweils aus einem Tragseil und einem Fahrdraht sowie zwei Bündeln von je vier Abspannseilen seitlich der Gleise. Weiterhin sind zwei Gleise mit einem Weichenpaar im Querungsbereich der Brücke verbun-

[3] Kurzfassung einer Veröffentlichung im VDVmagazin 3/2009. Autor: Dipl.-Ing. Peter Rohde, Essen.

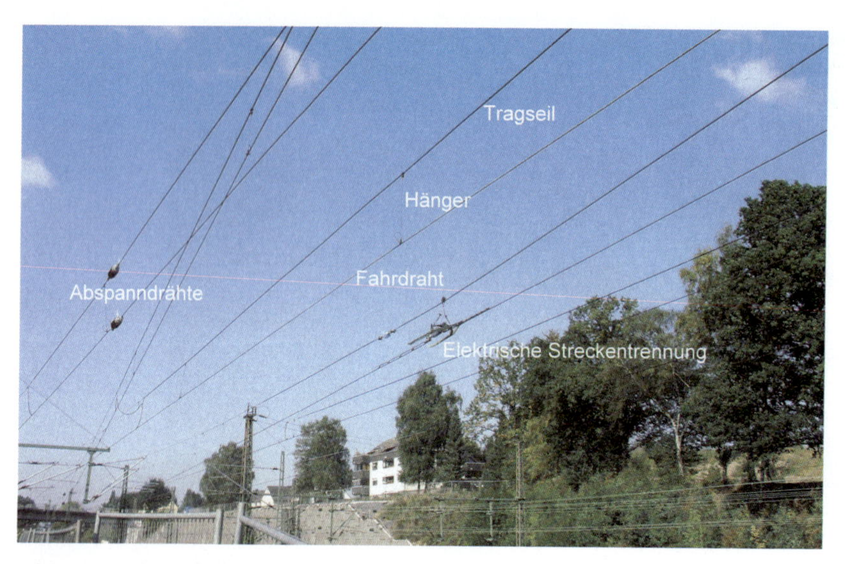

Abb. 12.5: Was ist was bei einer Oberleitung? (Quelle: RHODE 2009)

den. Die vier nördlichen Gleise sind mit jeweils zwei Tragseilen und zwei Fahrdrähten überspannt. Insgesamt waren damit 32 Drähte nach Lage und Höhe zu bestimmen. Um den Bahnbetrieb nicht zu behindern und lange Planungszeiten für die Messung zu vermeiden, wurde angestrebt, die Messung ohne Eingriff in den Bahnbetrieb durchzuführen. Angewendet wurde die Polaraufnahme mit reflektorlosem Entfernungsmesser.

Die Überprüfung der Messung wurde während der verschiedenen Messzeiträume durch Messungen auf unveränderte Oberleitungspunkte des nördlichen Bahntrassenteils sowie der Schienen durchgeführt. Im Ergebnis betrugen die Abweichungen innerhalb von 15 Monaten maximal 2 cm in der Höhe, wobei verschiedene Standpunkte verwendet wurden. Für die Messung an einem schwingenden Bauteil ist das ein zufriedenstellendes Ergebnis.

Vermessungstechnische Begleitung des Rückbaus von 300 m hohen Schornsteinen in den Kraftwerken der VEG AG[4]

Die Schornsteine der Großkraftwerke in Jänschwalde und Boxberg wurden in den 1970er Jahren errichtet. Der Einbau von modernen Rauchgasentschwefelungsanlagen machte diese Schornsteine nun überflüssig. Aufgrund der unmittelbaren Nähe zum laufenden Kraftwerksbetrieb und Anlagen kam nur ein Abtragen der einzelnen Schornsteine von oben nach unten in Frage. Der Abbruch der Schornsteine von +300 m bis auf ca. +50 m erfolgte mittels des weltweit einzigartigen Spezialabbruchkomplexes SAK 30. Der Rest bis +0 m wurde mit herkömmlichen Technologien abgebrochen. Für die Vermessung fielen u. a. folgende Aufgaben an:

- Mitwirkung bei Montage des Personenaufzugs,
- Mitwirkung bei Montage der Kletterbühne,
- Ermittlung der Schornsteingeometrie in +292 m Höhe,

[4] Kurzfassung einer Veröffentlichung im VDVmagazin 1/2006. Autor: Dipl.-Ing. (FH) Heiko Weist, Hoyerswerda

Abb. 12.6:
Einrichten des Aufzugsteigmastes auf Senkrechtstellung (Thyssen-VEAG Flächenrecycling GmbH – TVF) (Quelle: WEIST 2006)

- Absteckungen zur Flugeinweishilfe,
- Mengenermittlung des Abbruchmaterials.

Grundlage aller Vermessungen bildete ein lokales Lage- und Höhenfestpunktnetz „Sondernetz Schornstein". Der Aufbau der Kletterbühne erfolgte auf +31 m am Außenschaft. Dafür war es nötig, die 48 Montagekonsolen in Lage und Höhe im lokalen Bezugssystem als dauerhafte Farbmarke am Schornstein abzustecken. Es wurde dabei von bis zu 5 temporären Instrumentenstandpunkten aus gemessen. Zur Ermittlung der Schornsteingeometrie, war es notwendig, ein kleines lokales Festpunktfeld auf der Kragplatte des Schornsteines zu vermarken. Die Bestimmung der Geometrie des Innenschaftes erfolgt durch 3-D-Aufmaß mit reflektorloser Distanzmessung von drei Instrumentenstandpunkten auf der Kragplatte. Als Nebenleistungen wurden die beim Abbruch entstandenen Betonmengen zu Abrechnungszwecken aufgemessen und das ermittelte Volumen nach REB VB22.013 (Massen und Oberflächen aus Prismen) dokumentiert.

12.4 Geoinformationswirtschaft

12.4.1 Aufbau des Geoinformationsmarktes

Der Geoinformationsmarkt ist ein heterogener Markt, der sich aus Teilnehmern der verschiedensten Formen zusammensetzt. Da neben den in 12.1 beschriebenen „klassischen" Ingenieurbüros hier zahlreiche Firmen, Gesellschaften, Verbände, Initiativen und Netzwerke aktiv teilnehmen, kommt man um eine detaillierte Beschreibung der einzelnen Gruppen nicht herum. Dabei kann die Aufzählung nur eine Momentaufnahme sein, da der Markt stark in Bewegung ist und einer ständigen Weiterentwicklung unterliegt. Dies hängt natürlich einerseits mit den rasanten technischen Entwicklungen im Bereich IT und Datenübertragung zusammen, zum anderen jedoch auch weil hier ein immer größeres Bewusstsein geschaffen wird, dass mithilfe von Geoinformation komplexe Zusammenhänge anschaulich präsentiert werden können und qualitativ hochwertige vollkommen neue Lösungen machbar sind. Deshalb ist es fast unmöglich hier eine lückenlose Aufstellung der Formen der Geoinformationswirtschaft und der einzelnen Initiativen, Cluster und regionalen Vereine zu schaffen, da zu den bestehenden ständig neue hinzukommen. Die Ausrichtung und Zielsetzung dieser ist nicht immer sofort zu erkennen, sodass es bei vielen gerade kleineren und regionalen Zusammenschlüssen schwer ist, eine eindeutige Aussage zu machen. Deshalb beschränken wir uns hier auf die wesentlichen und seit vielen Jahren aktiven Zusammenschlüsse.

Verbände

Der **Deutsche Dachverband für Geoinformation (DDGI)** wurde 1994 gegründet, weil die Beteiligten erkannt hatten, dass es einer Lobby für das Thema Geoinformation bedurfte. Dabei sollte durch die einzige bundesweite Organisation in dieser Form sichergestellt werden, dass nicht die regionalen Themen die tägliche Arbeit bestimmten. Stattdessen sollte stets der Fokus auf die Förderung der gesamten deutschen Geoinformationsbranche gesichert sein. Durch eine breite Mischung aus den verschiedensten Beteiligten der Geoinformation sollte eine enge Verzahnung der Wirtschaft und Behörden mit der Politik erreicht werden. Der DDGI hat in den nunmehr 15 Jahren seines Bestehens stets auf aktuelle Themen zum Oberbegriff Geoinformation hingewiesen und hat in der Politik, Wirtschaft und Bevölkerung durch gezielte Maßnahmen eine stetige Stärkung der gesamten Bereiche der Geoinformationswirtschaft erreicht. Dabei ist er bedingt durch seine Struktur nie Wirtschaftverband gewesen, sondern gerade durch die Mischung bei den Mitgliedern mit Behörden, Verbänden und Wirtschaftsunternehmen konnte er die Inhalte und Meinungen bündeln und so mit einer neutralen Stimme für alle Bereiche sprechen. Ständige enge Kontakte mit der Arbeitsgemeinschaft der Vermessungsverwaltungen der Länder (AdV) stärken das Verständnis für Probleme der Wirtschaft bzw. der Behörde. Dabei ist gerade das Thema der Verfügbarkeit von Geodaten der öffentlichen Hand ein ständig wiederkehrender Programmpunkt, der durch die föderale Struktur der Vermessungsverwaltung einen weiteren Ansatzpunkt bekommt.

Die Mitgliederstruktur spiegelt die verschiedenen Interessengruppen der Geoinformation wider. Neben den Interessengruppen *Fachverband* gibt es *Behörden*, *Wirtschaft* sowie *Lehre und Forschung*. Die Mitgliederversammlung wählt den Präsidenten und die weiteren Mitglieder des Vorstandes. Die Geschäftsstelle ist seit Gründung des DDGI stets beim Präsidenten angesiedelt um so eine optimale Verzahnung und Zuarbeit zu erreichen. Präsident des DDGI ist zurzeit Udo Stichling (Vermessungsbüro Stichling).

Die einzelnen Fachgruppen des DDGI setzen sich aus dem Mitgliederbereich zusammen und erarbeiten Thesenpapiere zu den verschiedenen aktuellen Themenbereichen. Besonders hervorzuheben ist dabei das Qualitätsmodell des DDGI, das als offizielle *Publicly Available Specification* (PAS 1071) mittlerweile die einzige PAS zu Geodaten in dieser Form bundesweit ist. Die Einführung eines Qualitätssiegels, das die Konformität mit der PAS 1071 bescheinigt, wird in den nächsten Jahren dafür sorgen, dass die Nutzer und Anwender von Geoinformationen die Einhaltung dieser Norm und die Qualität der verwendeten Daten durch neutrale Kriterien überprüfen und bescheinigen lassen können.

Die Wissenschaft hat sich im Laufe der letzten Jahre bedingt durch zurückgehende Studierendenzahlen und geringere Budgets, aber auch durch die Auswirkungen der Bachelor- und Masterstudiengangentwicklung zu Gemeinschaften zusammengeschlossen. Zu unterscheiden sind dabei die rein *wissenschaftlichen Verbände*, die sich aus den Mitgliedern verschiedener Hochschulen zusammensetzen und den Verbände bzw. Vereinen, die sich zum Zwecke der Vermarktung und Forschung mit Geoinformation gebildet haben. Die Ersteren sind zwar für die Forschung und Lehre von Bedeutung, jedoch für die Geoinformationswirtschaft eher von untergeordneter Bedeutung, wenn man von einer innovativen „Zuarbeit" dieser Einrichtungen und dadurch entstehenden neuen Geschäftsfeldern mit Geoinformation einmal absieht. Dabei ist jedoch die Grenze zwischen wissenschaftlichen Verbänden, GIS-Initiativen und Vereinen bzw. Verbänden zur Förderung der wirtschaftlichen Bereiche der Regionen und Institute sehr weit gefasst und fast nie klar nach außen erkennbar. Auch wegen der Vielzahl von verschiedenen Studiengängen an den Hochschulen und daraus hervorgehenden Gründungen im Rahmen der Hochschulaktionen kann hier auf alle einzelnen Bereiche dieses Aspektes nicht eingegangen werden. Die Hochschulen knüpfen dabei ein enges Netz untereinander und sorgen so für eine Belebung des Marktes durch ihre Innovationen. Gerade dieser wichtige Teil (Forschung und Innovation), in dem die wissenschaftliche Nähe zu den Hochschulen ein wesentlicher Bestandteil für die Erreichung der Ziele ist, kann also hier nicht ganz vernachlässigt werden. Deshalb seien hier nur beispielhaft für viele Einrichtungen das ISS im Bereich des Campus Birkenfeld, das Geokompetenzzentrum Freiberg e.V. und das Institut für kommunale Geoinformationssysteme e.V. genannt.

Bei einer ständigen Weiterentwicklung der europäischen Themen der Geoinformationsbranche kann man den deutschen GIS-Markt nicht allein für sich betrachten, sondern muss auch einen Blick auf Europa werfen. In Europa gab es eine ähnliche Entwicklung, wie in Deutschland, sodass es auch dort einer Lobby bedurfte, die in der Lage war das Thema Geoinformation in verständlicher Form an die Politik heranzutragen. Dabei ist die Bearbeitung dieses Themas in den verschiedenen Mitgliedsländern stark von nationalen Themen geprägt und nur langsam wird der europäische Gedanke in die Länder implementiert. **EUROGI** wurde 1993 gegründet und ist das europäische Pendant zum DDGI. Ziel der Gründung war es, das Thema Geoinformation von der rein wissenschaftlichen Seite heraus und in das Bewusstsein der gesamten Gesellschaft zu bringen.

Der Mitgliederkreis setzt sich zur Zeit aus den nationalen GIS-Verbänden von 17 europäischen Ländern und 7 Firmenmitgliedern zusammen. Die Firmen sind nur berechtigt Mitglied zu werden, wenn sie gleichzeitig auch ihrem nationalen Verband angehören. Der DDGI ist das nationale Mitglied für Deutschland. Vertreten wird der DDGI zur Zeit durch seine Vizepräsidentin Frau Dr. E. Klien (Fraunhofer IGD).

Das Generalboard wählt den Präsidenten und das Executive Committee. Präsident ist zur Zeit Professor Ing. Mauro Salvemini (Universität Rom), gleichzeitig Präsident des italienischen GIS-Verbandes (AM / FM GIS Italia).

12.4.2 (Regionale) Initiativen zum Thema Geoinformation

Bundesweit gibt es in Deutschland zahlreiche kleinere teils rein regional aufgestellte Initiativen, Verbände und Netzwerke. Teilweise mit finanzieller Förderung durch staatliche Stellen werden spezielle Cluster gebildet und formieren sich Initiativen. Gerade bei der Clusterförderung werden in verschiedenen Bereichen zwar auch Firmen gefördert, die sich aktiv im Geoinformationsmarkt engagieren, aber hierbei geht es dann nicht um die spezielle Unterstützung der Geoinformation, sondern eher um regionale Wirtschaftsförderung bzw. Förderung der Ansiedlung von Unternehmen in einer bestimmten Wirtschaftsregion. Sie selbst trennen in ihren Zielsetzungen manchmal klar die regionalen von den allgemeinen Zielen. Allerdings lassen sich hierbei nicht immer die übergeordneten Ausrichtungen für die Schaffung von Awareness für Geoinformation von den regionalen zum Teil klar wirtschaftlich orientierten Zielen trennen. In den letzten Jahren haben diese Initiativen bedingt durch die europäische INSPIRE-Richtlinie stark an Bedeutung gewonnen, gilt es doch diese Richtlinie nicht nur in den einzelnen Bundesländern, sondern auch in Kommunen und Landkreisen einzuführen, bzw. die Sensibilität für dieses Thema zu schärfen. Somit kann hier nur eine Momentaufnahme mit maßgebenden Beispielen aufgezeigt werden, da in diesem Bereich jedes Jahr neue Mitglieder hinzukommen. Hier könnte die Bündelung aller Interessen eine wesentliche Bereicherung für alle Initiativen sein, damit gerade das häufig ehrenamtliche Engagement der Hauptbeteiligten nicht verpufft. Dabei kann diese Form der Zusammenführung zu einer echten Leistungssteigerung führen ohne dabei die Unabhängigkeit und den regionalen Einfluss zu verlieren. In den Bereichen Weiterbildung, Lobbying und auch Mitgliederverwaltung sind Kooperationen sinnvoll und denkbar. Die Auflistung der verschiedenen Einrichtungen kann nur beispielhaft sein, da eine lückenlose Auflistung aller Gründungen die Recherche sprengen würde und täglich neu gemacht werden müsste.

Der **Runde Tisch GIS e.V. (RT GIS)** wurde im Jahr 2000 in München gegründet. In der Anfangsphase sollte er im bayerischen Raum ein Netzwerk schaffen, dass den Dialog und die Kooperation im Markt der geographischen Informationssysteme fördert. Der wissenschaftliche Ansatz, bedingt durch die räumliche, fachliche und personelle Nähe zur Technischen Universität München, war ein wesentlicher Bestandteil des Gründungsziels.

Der RT GIS hat sich seitdem aus dem Alpenraum heraus mit Mitgliedern aus Österreich und der Schweiz zu einem länderübergreifenden Netzwerk aus dem gesamten Bundesgebiet und dem Mitteleuropäischen Ausland entwickelt. Zur Zeit hat der RT GIS ca. 200 Mitglieder, die sich aus Wirtschaft, Behörden, Hochschulen und natürlichen Personen zusammensetzen. Vorsitzender ist Professor Dr. Matthäus Schilcher.

Der RT GIS möchte durch seine Fortbildungsveranstaltungen über neue und zukunftsweisende Trends im GIS-Markt informieren und Forschungs- und Entwicklungsaktivitäten von allen Beteiligten seinen Mitgliedern aufzeigen. Die jährlich stattfindende mehrtägige Fortbildung im 1.Quartal (2009 zum 14. Mal) hat sich zu einem Highlight aus fachlicher Sicht entwickelt und ist ein Netzwerktreffen mit weit über 300 Beteiligten aus dem gesamten deutschen und mitteleuropäischen Bereich. Dabei werden gerade neu entwickelte Forschungsergebnisse und Anwendungen in bunter Mischung vorgestellt und fachspezifisch beleuchtet.

Die vom RT GIS in den letzten Jahren entwickelten Leitfäden zu verschiedenen Themen aus dem GIS-Bereich sind Maßstab für die Handhabung und Umgehensweise zu GIS-Themen geworden. Der „Leitfaden für die Wirtschaftlichkeit von GIS“ ist das erstmals in allgemeiner schriftlicher Form erstellte Handwerkszeug um den Einsatz und Betrieb eines GIS-Systems einer wirtschaftlichen Betrachtung zu unterziehen. Verschiedene Testplattformen, zuletzt zur Prüfung von INSPIRE- und GMES – Daten, hat der RT GIS aufgebaut, damit alle Beteiligten in die Lage versetzt werden, die Konformität und die Darstellungsform der eigenen Daten mit den Vorgaben von INSPIRE zu testen.

Das **Informations- und Kooperationsforum für Geodaten des ZGDV in Darmstadt (InGeoForum)** ist ein Forum des Zentrums für Graphische Datenverarbeitung e.V. (ZGDV). Das ZGDV, eine Gründung mit Beteiligten der Wirtschaft und Hochschule, besteht bereits seit 1984. Seit 2009 wurde der Forschungsbereich des ZGDV mit dem Fraunhofer Institut für graphische Datenverarbeitung Darmstadt zusammengeführt. 1997 wurde das InGeoForum aus einer regionalen (Rhein-Main) Initiative heraus gegründet mit dem Ziel, ein Forum für Innovation und Kooperation zwischen den Anbietern und Nutzern von Geodaten, GIS und Dienstleistungen mit Geoinformation zu sein. Einen wesentlichen Schwerpunkt legen die Mitglieder des InGeoForums auf die Erforschung und Förderung von Anwendungsbereichen mit Geodaten und haben dabei die Auswirkungen auf die jeweilige Region im Auge aber unter Beachtung der nationalen Auswirkungen auf den gesamten Bereich Geoinformation und Geodatenstruktur. Der Gedanke der Schaffung eines Netzwerkes für die Beteiligten der Geodatennutzung ist ein wesentlicher Punkt bei der Gründung gewesen und auch heute noch Bestandteil der Leitziele des Forums. Deshalb setzen sich die Mitglieder auch sowohl aus Hochschul- und Forschungseinrichtungen als auch aus Firmen der Geoinformationswirtschaft zusammen. Die Geschäftsführung wird zur Zeit durch Ernest McCutcheon (DDS GmbH) wahrgenommen. Sprecher des InGeoForums ist Dr.-Ing. Ralf-H. Borchert (Hessisches Landesamt für Bodenmanagement und Geoinformation).

Der **Verband der Geoinformationswirtschaft Berlin/Brandenburg e.V. (GeoKomm)** ist bedingt durch seine räumliche Nähe zur Hauptstadtpolitik einer der einflussreichsten regionalen GIS-Wirtschaftsverbände im Umfeld von Berlin. Gegründet wurde der Verband Ende 2002. Dabei decken sich seine satzungsmäßigen Ziele weitgehend mit denen des DDGI. Mehrere Ausgliederungen sorgen dafür, dass verfügbare Mittel finanzieller Art zugunsten der Mitglieder ausgeschöpft werden können und ständig für die Entwicklung des Wertschöpfungspotenzials eingesetzt werden können. Durch Weiterbildungsmaßnahmen und Seminare von GeoKomm soll die Umsetzung der satzungsgemäßen Ziele erreicht werden. Eine ständige Präsenz für das gesamte Bundesgebiet wird durch GeoKomm nicht erreicht und ist auch nicht beabsichtigt, denn Ziel ist eine Förderung und Stärkung der GIW in der Region Berlin/Brandenburg. Vorsitzender des GeoKomm ist Dr. Peter A. Hecker. Sitz der Geschäftsstelle ist in Potsdam. Die meisten Mitglieder kommen aus der Hauptstadtregion Berlin/Brandenburg.

Der **Verein zur Förderung der Geoinformatik in Norddeutschland (GIN)** ist im Jahr 2006 aus dem bereits 2003 gegründeten Kompetenzzentrum für Geoinformatik entstanden. Neben der allgemeinen Förderung und Wahrnehmung der Ziele der Geoinformatik hat sich GIN die Verbesserung des Wissentransfers aus der Forschung für alle Bereiche der Gesellschaft zur Aufgabe gemacht. Unter Berücksichtigung der personellen Anbindung an die Universität Osnabrück durch den momentanen Vorsitzenden Professor Dr.-Ing. Manfred Ehlers ist die Nahtstelle zur Forschung sichergestellt. Die Mitglieder von GIN kommen überwiegend aus dem norddeutschen Raum, jedoch auch aus anderen Teilen Deutschlands.

Die **Geo-Daten-Infrastruktur Sachsen e.V. (GDI-Sachsen)** entstand 2002 mit dem Ziel, die Entwicklung einer sich an den Bedürfnissen der öffentlichen und privaten Nutzer orientierenden Geodateninfrastruktur in Sachsen zu fördern. Bedingt durch dieses auf das Bundesland Sachsen abgesteckte Ziel, ist die GDI-Sachsen entsprechend stark regional geprägt und beschäftigt sich mit aktiver wissenschaftlicher und öffentlichkeitspolitischer Mitarbeit und Beratung der Entscheidungsgremien im Freistaat Sachsen. Vorsitzender ist zur Zeit Professor Dr. Horst Lilienblum. Sitz der Geschäftsstelle ist Dresden.

Der **Verein der Geoinformationswirtschaft Mecklenburg-Vorpommern e.V. (Geo MV)** hat sich bewusst auf das Bundesland beschränkt. Bei der Gründung 2004 wurden die Ziele definiert. Vorrangiges Ziel und Interesse des Vereins ist es, im Bereich der Geoinformationswirtschaft Angebot, Zugänglichkeit, Qualität und Verwendung von Geodaten und die daran anknüpfenden Dienstleistungen zu verbessern. Vorsitzender ist momentan Ulf Klammer. Sitz des Vereins ist Rostock.

Das **Geonetzwerk Münsterland** ist keine feste Organisation, sondern ein lockerer Zusammenschluss von Institutionen und Unternehmen aus dem Münsterland. Hierbei geht es um eine rein regionale Stärkung der Kompetenzen im Bereich Geoinformation. Durch konsequente Vernetzung der regionalen Akteure aus Wirtschaft, Verwaltung und Wissenschaft soll zum einen fachliches Bewusstsein geschaffen und zum anderen ein aktiver Wissens- und Technologieaustausch erfolgen. Die Geschäftsstelle hat ihren Sitz in Münster und ist bei der Technologieförderung Münster GmbH angesiedelt.

Eine Initiative zur Wirtschaftsförderung ist die **Geoinformationsinitiative Bonn/Rhein-Sieg/Ahrweiler**. Sie betrachtet sich als reine Wirtschaftsfördermaßnahme für die Beteiligten der Geobranche aus der Region. Dabei übernimmt die Wirtschaftsförderung Bonn das Clustermanagement und sorgt gemäß der Aufgabenstellung für eine Vernetzung der Mitglieder. Gleichzeitig sollen durch Veranstaltungen die Region als Geo-Standort vermarktet und neue Märkte erschlossen werden. Die Initiative versteht sich als Organisator der örtlichen Geo-Kapazitäten und soll gleichzeitig Sammelbecken für weitere Interessenten sein, die sich in der Region ansiedeln wollen, bzw. sollen. Sitz der Initiative ist Bonn.

Das **Geo Business Netzwerk (GEOBIZNET)**, an der Fachhochschule Oldenburg/Ostfriesland/Wilhelmshaven (FH OOW) angesiedelt, dient der Vernetzung zwischen Wissenschaft und Wirtschaft, damit die wirtschaftlichen Potenziale von der Arbeit mit Geoinformation aufgedeckt werden können. Das Netzwerk setzt sich neben der Hochschule nur aus vier weiteren Partnern zusammen, die die Verknüpfung zur Wirtschaft darstellen. Bedingt durch die geringe Mitgliederzahl geht es hier eigentlich nur darum, im Einzugsbereich der Hochschule OOW die Forschungseinrichtungen zu unterstützen und gleichzeitig für die Auswertung der Hochschulforschung sinnvolle Anwendungen zu suchen und zu vermarkten.

Eine der neuesten Gründungen ist das im Bereich der Hochschule Anhalt angesiedelte **Netzwerk GIS Sachsen-Anhalt**. Ziel des Vereins ist die Schaffung eines Wissens- und Kompetenznetzwerkes für Sachsen-Anhalt und die Förderung des Einsatzes von GIS. Eine der Kernaufgaben sieht der Verein in der Übernahme einer Mittlerfunktion zwischen den regionalen Beteiligten bei GIS-Anwendungen. Sitz des Vereins ist Bernburg. Vorsitzender ist zur Zeit Heiko Schrenner.

Das **Grenzüberschreitende INNOVATION Netzwerk für euroregionale Bildung, Entwicklung und Wissenstransfer e.V. (IGN-SN)** ist ein stark regional geprägtes Netzwerk in Sachsen mit klarer Orientierung in die polnischen und tschechischen Grenzregionen. So soll im Rahmen einer grenzüberschreitenden Beratung Wissen transportiert und Awareness für die Geoinformation geschaffen werden. Gegründet wurde IGN-SN im Jahr 2003. Sitz der Geschäftsstelle ist Dresden. Zur Zeit ist Dozent Dr. Frank Hoffmann Vorsitzender.

12.4.3 Staatlich unterstützte Initiativen

Die **Geoinformationswirtschaftskommission (GIW-Kommission)** wurde im Jahr 2003 durch die Bundesregierung ins Leben gerufen, um den Mehrwert von Geoinformation zugunsten des Einsatzes in und für die Wirtschaft zu steigern. Sitz der Geschäftsstelle ist seit der Gründung Hannover, auf dem Gelände der Bundesanstalt für Geowissenschaften und

Rohstoffe (BGR). Leiter der Geschäftsstelle ist Dr. J. Reichling. Die Kommission steht unter der Leitung des Bundesministeriums für Wirtschaft und Technologie (BMWI). Bei der Gründung war der damalige parlamentarische Staatssekretär Rezzo Schlauch Unterstützer und Motor für die Schaffung dieser Kommission. Hauptziel war es, den Wirtschaftsstandort Deutschland zu stärken und Arbeitsplätze zu sichern bzw. zu schaffen. Auslöser für die Initiative des BMWI war die Anregung zahlreicher Verbände aus Industrie und Geoinformation sowie eine erstellte Studie, die ein erhebliches Wertschöpfungspotenzial durch die konsequente Nutzung von Geoinformationen prognostizierte. Die Anwender bemängelten die teilweise umständliche und durch den Föderalismus geprägte Beschaffung von Geoinformationen, die eine konsequente Nutzung von GIS wenn nicht verhinderte, so doch zumindest behinderte. Im Jahr 2004 hat die Kommission erstmals getagt und seitdem in 10 Sitzungen kontinuierlich an Leitprojekten, die „Leuchtturmcharakter" haben sollen, gearbeitet. Die Kommission versteht sich auch als Schaltstelle zwischen der Wirtschaft und der Verwaltung.

Die GIW-Kommission will durch ihre Unterstützung zur Optimierung der Rahmenbedingungen beitragen. Die marktorientierte Gestaltung von Nutzungsrechten, Preismodellen und Datenschutzbestimmungen sind das Hauptgeschäftsfeld der Kommissionsarbeit. Dabei kann sich die Arbeit nur auf Moderation, Koordination, Beratung und Unterstützung der Öffentlichkeitsarbeit beschränken. Aber gerade durch die branchenübergreifende Vernetzung der Wirtschaft mit den beteiligten Fachverbänden ist hier ein erheblicher Bestandteil der Probleme der Geoinformationswirtschaft aufgedeckt worden. Die regelmäßige Aktualisierung der Leitprojekte in Verbindung mit der kontinuierlichen Unterstützung des Ministeriums sollen hier auch weiterhin für Bewegung im Markt sorgen.

Der 2009 erstmals vergebene GIS Business Award soll öffentlichkeitswirksam den innovativen Einsatz von Geoinformation belohnen.

Die **Initiative D21** wurde 1999 parteiübergreifend gegründet, um eine digitale Spaltung Deutschlands zu verhindern. Die Informationsgesellschaft sollte allen Bevölkerungsteilen der Bundesrepublik offenstehen. Sie zeichnet sich durch die annähernd komplette Abdeckung aller Bereiche der Informations- und Kommunikationslösungen aus. Das Ziel soll durch bessere Bildung, Qualifikation und Innovationsfähigkeit erreicht werden, damit so wirtschaftliches Wachstum und zukunftsfähige Arbeitsplätze in ganz Deutschland gesichert werden.

D21 versteht sich nicht als Verband, sondern als Partnerschaft von Politik und Wirtschaft. Die über 200 Mitglieder kommen aus allen Branchen der ITK-Wirtschaft. Durch Networking und Corporate Citizenship sollen Mehrwerte für alle Beteiligten geschaffen werden, die presse- und öffentlichkeitswirksam ausgewertet werden können.

Präsidium, Gesamtvorstand und Beirat sind mit hochrangigen Vertretern aus Wirtschaft und Politik besetzt um so zusätzliche Aufmerksamkeit zu erlangen. Die Geschäftsstelle ist in Berlin, Präsident ist zur Zeit Hannes Schwaderer (Intel GmbH).

D21 gliedert sich in verschiedene Projekte/Aktivitäten, von denen unter dem Oberbegriff „Standort" auch eine Projektgruppe „Geoinformationswirtschaft" (PG-GI) existiert. In der PG-GI sollen Akteure aus Wirtschaft und Verwaltung zusammengeführt werden und das Thema Geobusiness verstärkt ins Bewusstsein gebracht werden. Gemäß den Leitzielen des D21-Gedankens sollen auch hier Informationen über GIS, Awareness für GIS und Qualifizierung für die Arbeit mit GIS vorangetrieben werden.

12.4.4 GDI zum Nutzen der Wirtschaft

Ziele der GDI für die Geoinformationswirtschaft
Die Qualität der Arbeit der Geoinformationswirtschaft ist direkt abhängig von der Qualität der Geodateninfrastrukturen, während die Quantität der Arbeit mit den zu erzielenden Mehrwerten zusammenhängt. Deshalb ist eine funktionierende einheitliche GDI unabhängige Vorraussetzung, damit die GIW in die Lage versetzt wird, mit den vorhandenen Daten effektiv und effizient zu arbeiten.

Im AK der Staatssekretäre für eGovernment und Deutschland-Online in Bund und Ländern müssen die Beschlüsse zu Konzepten des Lenkungsgremiums GDI-DE gefasst werden. Dies geschieht aber nur, wenn von dort auch die notwendigen Impulse kommen. Im Lenkungsgremium GDI-DE müssen Beschlüsse einstimmig durch die Mitglieder gefasst werden. Wobei die Wirtschaft nur durch einen Vertreter der GIW-K abgebildet wird. Obwohl die langjährige Initiative der Wirtschaft letztendlich zur Einrichtung von GDI-DE geführt hat, bleibt die Möglichkeit hier mitzubestimmen relativ gering, obwohl gerade hier die Stimme der GIW zählen sollte. Dafür sind jedoch zu viele Beteiligte stimmberechtigt. Allein die Vertreter der 16 Bundesländer haben hier schon Schwierigkeiten, zu einem einheitlichen Beschluss zu gelangen, der neue Impulse für die GIW setzen kann, weil die Gewichtung der einzelnen Markteinflüsse unterschiedlich gewertet werden. Die geringen Finanzmittel und starke zergliederte Struktur der Beteiligten erleichtern die konsequente schnelle Umsetzung ebenfalls nicht. Andererseits war das Ziel der GDI-DE bei Gründung, die öffentliche GIS verstärkt in Wirtschaftsprozessen zu nutzen. Dies kann aber nur gelingen, wenn die föderalen Strukturen immer weniger ein Hindernis darstellen und die Anwender in die Lage versetzt werden, auf die GIS in einfacher und vereinheitlichter Form zuzugreifen. Eine einheitliche GDI für alle Bereiche schafft die mögliche Unabhängigkeit von den verschiedenen Datenquellen.

Wirtschaftliche Aspekte
Eine einheitliche GDI über alle Bereiche und Regionen führt zu schnelleren Mehrwerten, weil die GIW Lösungen nicht individuell an die Strukturen anpassen muss. Bedingt durch gesetzliche und verwaltungstechnische Vorgaben ist die GIW gezwungen, Prozesse an diese anzupassen. Dafür ist die kontinuierliche Entwicklung erforderlich. Die Problematik dabei ist jedoch, dass sich die Wirtschaft nur dann optimieren kann, wenn sichergestellt ist, dass die Geodateninfrastrukturen hierarchisch in allen Ebenen aufeinander abgestimmt sind und ineinandergreifen. Auch innerhalb der GIW ist dabei nicht immer eine einheitliche Verfahrensweise sichergestellt. Die Wirtschaft zieht hier nicht immer an einem Strang. So spielen in vielen Fällen Marktabsicherung bzw. Sicherung der Marktanteile eine wesentliche Rolle beim Geschäftsverhalten. Hier gilt es ein Bewusstsein bei allen Beteiligten zu schaffen, dass nur eine weitgehende Vereinheitlichung zu einem langfristigen Mehrwert für alle Marktteilnehmer führen kann.

12.4.5 Unternehmensformen der Geoinformationswirtschaft

Wertschöpfungskette mit Geoinformation
Bei der Betrachtung von Wertschöpfungsketten, die mit Geoinformation möglich sind, muss man sich die Fragestellung in verschiedene Teilbereiche aufteilen. Was kostet die eigentliche Geoinformation (Erfassung und Beschaffung, Aktualisierung, Verwaltung usw.), was ist die Dienstleistung (Bereitstellung und Aufbereitung in der gewünschten

Form) und wo liegt der Anteil für weitere Wertschöpfungsformen? Dabei ist in vielen Fällen der Übergang fließend.

Die Wertschöpfungskette lässt sich grob in fünf Segmente aufgliedern und gelangt so von der Datenanbieterseite zur Nutzer- bzw. Anwenderseite. Beide Seiten lassen sich durch private oder öffentliche Marktteilnehmer darstellen. Dabei ist eine Wertschöpfung nicht immer nur durch einen finanziellen Wert messbar, sondern auch durch die Verbesserung von Prozessabläufen innerhalb einer Verwaltung lassen sich Mehrwerte generieren, die dann allerdings in der Regel zu langfristigen Einsparungen oder Verbesserungen für die Bürger führen sollten. Gerade dieser Punkt führt jedoch häufig bei seiner Einführung zu Verzögerungen, da die finanziellen Aspekte sich erheblich besser darstellen lassen und populärer sind, als Prozessverbesserungen und -optimierungen.

Die Wertschöpfungskette gliedert sich folgendermaßen:

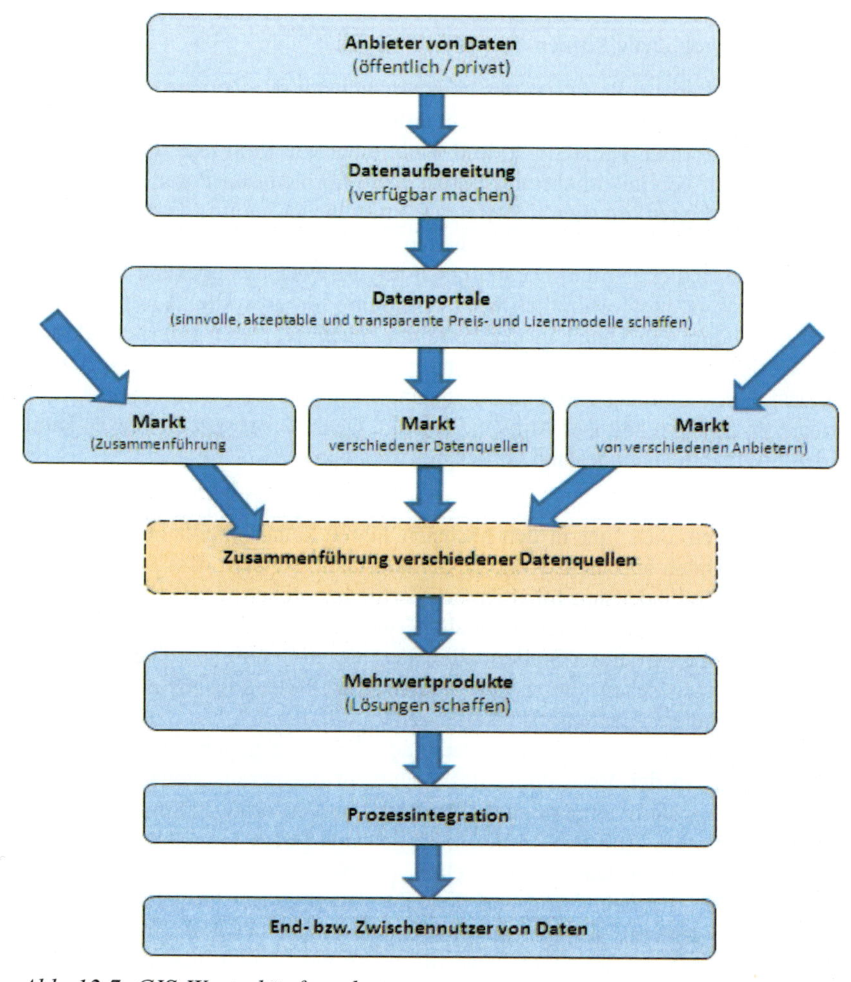

Abb. 12.7: GIS-Wertschöpfungskette

Datenaufbereitung: Hier war in der Vergangenheit in der Hauptsache die öffentliche Verwaltung aktiv (vor allem Vermessungs- und Katasterverwaltung). Jedoch haben sich in den letzten Jahren bedingt durch bessere IT und kostengünstigere Verfahren sowie die teilweise zu komplizierten Gebührenmodelle der Verwaltung immer mehr private Anbieter mit der Erfassung der Daten beschäftigt. Auch ist eine Vielzahl von GIS der öffentlichen Hand aus anderen Quellen verfügbar (z. B. Umweltdaten, Geologische Daten usw.). Eine vollständige Datenerfassung durch die private Hand ist zum jetzigen Zeitpunkt undenkbar und in Teilen auch nicht zulässig (sicherheitsrelevante Daten, Liegenschaftskataster u. a.), jedoch hat in Teilbereichen bereits eine Marktdrehung der Anteile zugunsten der privaten Anbieter stattgefunden. Hier werden zahlreiche Inhalte und Bereiche durch vollkommen private Erfassung dokumentiert. Ebenso erfassen hier Private, wie in der Vergangenheit als Auftragsarbeit für die öffentliche Hand. Dabei dient die private Dienstleistung auch hier manchmal nur als Zuarbeit für die Behörde oder ist als vollkommen private Leistung verfügbar. Ebenso ist hier immer mehr auch die Erfassung durch freiwillige Arbeiten Dritter zu beobachten. Der Markt erstreckt sich bei den globalen Dienstleistern auf eine Handvoll Firmen, die im Einzelfall durch kleinere regionale Firmen unterstützt werden.

Datenportal: Der Weg über das Portal ist nur eine Möglichkeit der Zurverfügungstellung von Daten, aber sicherlich der mit der größten Zukunftsperspektive. Durch Vorgaben, wie die nach einer OGC-konformen Darstellung, und Richtlinien wie INSPIRE wird der Rahmen der möglichen Form vereinheitlicht und immer neue Formen von Portalen realisiert. Dabei stellt sich beim Arbeiten mit diesen Portalen immer wieder heraus, dass die internationalen Standards zwar gelten und auch eingehalten werden, dass jedoch keinesfalls sichergestellt ist, dass die Bedienung und Darstellungsform des Portal weitgehend einheitlich ist. Auch gerade deshalb ist hier vermutlich über viele Jahre hin noch die klassische Form einer digitalen Einbindung von Daten in der herkömmlichen Weise erforderlich. Portale schaffen nur da Lösungen, wo sie Flächendeckung erreichen. Dabei darf nicht übersehen werden, dass durch die Einbindung von Sekundärdaten stets eine Fortschreibung und Aktualisierung getrennt zu erfolgen hat. Der Aufwand entfällt, wenn sichergestellt werden kann, dass stets auf den originären Datenbestand zurückgegriffen wird.

Markt: Im Markt sollen die verfügbaren Geodaten miteinander verknüpft werden. Dabei kann man davon ausgehen, dass hier in den nächsten Jahren kein einheitlicher Markt geschaffen wird, der alle Daten an einem Platz verfügbar macht, sondern dass eine Vielzahl von Märkten mit den verschiedensten Inhalten zur Verfügung stehen werden. Hier gilt es, die vorhandenen Daten zu sichten, zu werten ob sie verwendbar sind und notwendige Rechte zur Nutzung zu erwerben. An dieser Stelle wollen die meisten Beteiligten eine größtmögliche Verfügbarkeit realisiert sehen, um so der Wirtschaft die volle Einsatzmöglichkeit zu eröffnen. Dabei gibt es unterschiedliche Einstellungen zu anfallenden bzw. zu berechnenden Kosten. Die Eigentümer der Daten sind verständlicherweise gegen eine kostenfreie Lieferung. Wobei gerade in der Verwaltung das Argument der bereits steuerfinanzierten Daten verbunden mit der somit eigentlich kostenlosen Zurverfügungstellung, bestritten wird. Aber auch die privaten Anbieter wollen natürlich mit Ihrem Geschäftsmodell den Vertrieb der von Ihnen erfassten Daten sicherstellen. Die Wirtschaft braucht hier Kostenmodelle, die einfach und transparent sind und dennoch Anteil an der tatsächlichen Wertschöpfung haben. Nur wenn es gelingt, die nutzungsbedingten Vorteile in finanzielle Mehrwerte zu transportieren, ist der Markt, also die Wirtschaft, bereit, hierfür Kosten zu akzeptieren. Wobei eine für alle Bereiche gleiche, immer gerechte Struktur sicherlich nicht zu schaffen ist.

Mehrwertprodukte: Der wesentliche Anteil der „klassischen" GIW gehört zu diesem Bereich der Wertschöpfungskette. Dabei ist bei den erzeugten Mehrwertprodukten häufig zu unterscheiden, wo bzw. für wen der Mehrwert erzeugt wird. So werden durch ein erstelltes Portal gleich an drei Stellen Mehrwerte generiert: Der Auftraggeber, in vielen Fällen die öffentliche Hand, verspricht sich Vorteile durch das Portal. Steigerung des Tourismus, Verbesserung der Erreichbarkeit, Transparenz von Verwaltungsabläufen sind nur einige Anwendungen, die durch Portale zu verbesserten Bedingungen und besserer Sichtbarkeit des Auftraggebers führen können. Die Entwickler des Portals – häufig regional ansässige mittelständische Büros und Firmen, die Software entwickeln, fertige Software einsetzen, weiterentwickeln oder anpassen – schaffen Arbeitsplätze in diesem Segment. Und zuletzt profitieren die Nutzer der Portale von den optimierten und in den meisten Fällen einfacheren Zugriffsmöglichkeiten auf die GIS. Die Vielzahl der Produkte ist so mannigfaltig, dass in diesem Kapitel nur ansatzweise Begriffe und Funktionen erklärt werden können. Gerade hier ist deshalb Innovation gefragt und die Firmen schaffen mit immer neuen Anwendungen und Einsatzmöglichkeiten wirkliche Mehrwerte. Der Schritt von der neuen innovativen Einzellösung zu einer weltweit nutzbaren Anwendung ist manchmal nur klein, erfordert jedoch neben einem erheblichen Marketingaufwand zur Schaffung von Marktakzeptanz auch die entsprechenden Vertriebsstrukturen. Dabei sind sowohl Lizenzsoftware ebenso wie die breite Palette an Open-Source-Produkten durch die moderne und teilweise mobile IT immer leistungsfähiger und vielseitiger bei den Einsatzmöglichkeiten und Anwendungen. Hier ist das Ende der Möglichkeiten sowohl inhaltlich als auch technisch bei Weitem noch nicht erreicht.

Prozessintegration: Waren in der Anfangsphase der GIW noch in der Regel die Geodatenbeschaffung und der -vertrieb, um damit Abläufe darzustellen, das Ende der Wertschöpfungskette, so geraten die eigentlichen Informationen heute immer mehr in den Hintergrund. Der Kunde fragt Lösungen nach und nicht mehr einzelne Informationen. Das zieht sich durch alle Bereiche der Wertschöpfungskette und macht erst recht nicht Halt bei den Prozessen, die durch Geoinformation unterstützt werden sollen. Was zählt, ist immer mehr die Optimierung von Prozessabläufen, während der Endnutzer die Geoinformation häufig gar nicht mehr wahrnimmt. Bei vielen Anwendungen ist das GIS nur noch Hilfsmittel, um Prozesse darzustellen und in Gang zu setzen. Durch immer kompliziertere Verknüpfungs- und Verschneidungsmöglichkeiten können Verfahren geschaffen werden, um GIS weiterzuverarbeiten. Das eigentliche GIS erscheint dann nebensächlich. Die bekannten Earth-Viewer sind ein klassisches Beispiel, wie mit GIS Wertschöpfung betrieben werden kann, ohne das GIS selbst vermarkten zu wollen.

Marktsegmente des Geoinformationsmarktes

Die auf dem Markt verfügbaren Geoinformationen gliedern sich in verschiedene Teilbereiche. Dabei ist eine grobe Aufteilung die Trennung zwischen amtlichen Daten des Staates und den weiteren Geodaten möglich. Die weiteren Daten können von öffentlichen Stellen oder Privaten erfasst und geführt werden. Denn keinesfalls sind alle bei der Verwaltung verfügbaren Daten zwingend dem amtlichen Geoinformationswesen zuzuordnen. Die Rechte und das Eigentum an diesen Daten sind im Einzelfall zu klären, weil hier zahlreiche gesetzliche Regelungen und Vorschriften anzuwenden sind, die teilweise undurchsichtig und schwer handhabbar sind. Die amtlichen Geobasisinformationen sind als Staatsaufgabe ein wesentlicher Bestandteil des deutschen Geoinformationswesens. Dazu zählen neben den Daten des Liegenschaftskatasters, die originär vom amtlichen Vermessungswesen (Kataster- und Vermessungswesen, beliehene Stellen wie ÖbVermIng) erfasst, geführt und verwaltet werden, auch die Daten, die für das weitere Verwaltungshandeln erforderlich sind. Katastrophenschutz und Behördenhandeln der verschiedensten Form erfordern Geoinformationen, die unabhängig von Rechten privater Anbieter jederzeit (24 Stunden, 7 Tage) für diese Stellen verfügbar sein müssen. Für diese Stellen gelten neben den allgemeinen Datenschutzbestimmungen im Einsatzfall auch Sonderrechte.

Daneben gibt es Geoinformationen, die von privaten und öffentlichen Stellen erfasst, bzw. zur Verfügung gestellt werden, die jedoch nicht zu den amtlichen Geobasisdaten gehören. In vielen Fällen sind dies kommunale Daten. Aber auch GIS von privaten Dienstleistern, die im Rahmen des Verwaltungshandelns erfasst und dem Markt über Drittverwertungsrechte zur Verfügung gestellt werden. Die Anzahl dieser Produkte der GIW ist in den letzten Jahren nachfragebedingt stark angestiegen und es ist nicht erkennbar, dass der Trend umkehrbar ist.

Ein zusätzlicher Markt hat sich durch sogenannte (Geo-) Datenbroker herauskristallisiert. Diese haben sich auf die Bereitstellung von Geodaten einer Vielzahl von Anbietern spezialisiert. Durch individuelle Preis- und Lizenzmodelle versetzen sie ihre Kunden in die Lage, die gesamte Palette der verfügbaren GIS zu nutzen und weiterzuverwenden.

12.4.6 Produkte der Geoinformationswirtschaft

GIS-Anwendungen
Auf dem deutschen Markt gibt es eine Vielzahl von GIS-Anwendungen, die mit Standardsoftware genutzt und weiterentwickelt werden können. Dabei leistet die Software der großen international aufgestellten Firmen wie Autodesk, ESRI, Intergraph und zahlreicher anderer Unternehmen Basisarbeit. Auf der Grundlage dieser Programme werden prozessorientierte Weiterentwicklungen durch die gleichen Firmen, aber auch durch Dienstleister und Nutzer dieser Software angeboten und in verschiedensten Varianten eingesetzt. Der jährlich erscheinende GIS-Report des Harzer Verlages gibt eine umfassende Information und Grundlage für die Gliederung des Marktes und verschafft dem Nutzer, Anwender und Auftraggeber einen Überblick über diesen vielseitigen und schwer einzuschätzenden Markt.

Der Begriff „GIS-Anwendung“ ist als Sammelbegriff über alle Anwendungen zu verstehen, die mit Geoinformationen Prozesse verknüpfen und visualisieren. In diesem Kapitel kann nicht die ganze Vielzahl von Möglichkeiten ergiebig dargestellt werden, da dies den Rahmen dieses Buches sprengen würde. Eine Aufteilung in Oberbegriffe wird im Folgenden versucht, kann aber nicht allumfassend sein.

Softwareerstellung
Softwareerstellung und Geoinformationswirtschaft sind seit Beginn des Prozesses untrennbar miteinander verbunden. Bei der Anwendung erforderliche Applikationen und Fachschalen müssen in vielen Fällen individuell angepasst und auf die entsprechende fachliche Verknüpfung aufgesetzt werden. Die GIW war deshalb bei ihrem Entstehen ein Wirtschaftszweig, der ohne Informatik und Programmierkenntnisse nicht in der Lage war, seine Produkte kundenbezogen zu vertreiben. Dementsprechend sind auch gerade die großen Softwarevertriebe über viele Jahre ein wesentlicher Marktteilnehmer der GIW gewesen. Durch die Verbreitung von Open-Source-Produkten hat sich in den letzten Jahren hier ein Wandel vollzogen, der die Produkte unabhängiger von Lizenzmodellen macht.

Dabei zeigt sich, je höherwertiger und individueller die abgefragte Lösung sein soll, desto umfangreicher müssen die dafür erforderlichen Kenntnisse sein. Das einfache Customizing wird hier bereits für die Erstellung bzw. Verknüpfung eines GeoWebServices nur mit Basiskenntnissen realisierbar sein. Um dennoch in diesem Bereich weiter Hilfestellung zu geben, ist es teilweise unerlässlich, dass zumindest die Berater Detailkenntnisse über den Umfang der verschiedenen Softwareangebote und -lösungen haben. Dabei gibt es natürlich Standardprodukte, die eine abgefragte Leistung zu 100 % lösen. In diesem Fall kann man auf diese zurückgreifen. Je mehr man jedoch beabsichtigt, individuelle Anpassungen, Abfragen oder sonstige Routinen einzubauen, umso mehr steigt die Anforderung an die Dienstleistung des Anbieters.

Navigationsanwendungen

Unter dem Oberbegriff Navigationsanwendungen lassen sich eine Vielzahl von Produkten des GIS-Marktes zusammenfassen. Eine Unterteilung in reine Navigationsanwendungen und in damit verknüpfte Routing- und Serviceanwendungen macht deutlich, dass die Bandbreite dieser Dienste sehr vielseitig ist. Bei diesen Anwendungen spielt die Qualität der zugrunde gelegten GIS eine wesentliche Rolle. Gerade dabei geht es jedoch nicht immer um die *höchstmögliche* Qualität, sondern um die *erforderliche* Qualität. Ein unvollständiges Straßenverzeichnis ist erheblich schlechter für den Einsatz, als die fehlende Qualität der Darstellung im Plan. Bei der Vielzahl der Möglichkeiten im Bereich der Navigation auf dem Lande und zu Wasser lassen sich hier nicht alle Chancen einer Verarbeitung von GIS aufzeigen.

Dabei haben sich die Aufgaben der Branche im Laufe der Jahre geändert: Stand in der Anfangsphase der Entwicklung noch der Erwerb bzw. die Schaffung einer vollständigen Basisinformation im Fokus der Entwickler, so geht es heute um immer perfektere Planung und Darstellung der Information. Ohne das vollständige Straßen- und Verbindungsnetz lassen sich dabei nur unzureichende Lösungen erarbeiten. Bedingt durch die föderalen Strukturen in Verbindung mit teilweise kommunalen Zuständigkeiten war damit ein Hauptproblem aufgetreten, das es zu beseitigen galt. Daraus ergaben sich völlig neue Geschäftsmodelle und die Notwendigkeit der Firmen eigene Datenbestände aufzubauen und zu nutzen. Viele Informationen, die aus dem amtlichen Vermessungswesen in umfassender Menge vorhanden waren, aber aus lizenztechnischen Gründen nicht zu transparenten Preismodellen verfügbar waren, wurden so selbst aufgebaut und stellen heutzutage für sich betrachtet einen erheblichen Wert dar.

Mittlerweile ist dieses Problem bei den Standardlösungen für den Personenkraftwagen-Verkehr jedoch in den Hintergrund gerückt und die Wirtschaft arbeitet auch hier an Speziallösungen für eigene Marktsegmente. 3-D-Darstellungen auf Handhelds, aktive „mitdenkende“ Software, die Points of Interest (POI) neben der Straße vorschlägt und vieles mehr ist heute nicht nur gewünscht, sondern teilweise bereits realisiert. Tools z. B. über vorhandene Geschwindigkeitskontrollen ermöglichen heute bereits, diese bei einer Tourplanung einzubauen. Neben der immer umfassender werdenden Informationsverarbeitung (z. B. Geschwindigkeitsbeschränkungen, Abmessungen für den Schwerlastverkehr usw.) wird die Routenführung weiter optimiert. Eine verstärkte Einbindung von POI erhöht den Mehrwert für den Endnutzer, macht jedoch auch eine immer größer werdende Abhängigkeit voneinander sichtbar. Der Markt hat hierin nicht nur ein erhebliches Informationspotenzial erkannt, sondern auch die extreme Chance für werbewirksame Einträge ausgenutzt.

Wenn der Individualverkehr diese Lösungen bereits auf ziemlich breiter Basis nutzt, so kommt dem öffentlichen Verkehr und hier vor allem dem Personennahverkehr eher eine informative Rolle zu. Hier ist die Navigation in vielen Fällen eine reine Information, über Fahrtzeiten und Verbindungen.

Im Bereich Verkehr wird an intelligenten Lösungen gearbeitet, die dem Nutzer nicht nur Navigations- und Routingoptionen zur Verfügung stellt, sondern bereits jetzt Warnmeldungen integriert. Dies ist bei dem TMC (Traffic Message Channel) bereits für Straßenbereiche gelungen, sodass hier eine hohe Akzeptanz bei der automatischen Korrektur der Route zu beobachten ist. Unfallmeldungen, entgegenkommende Fahrzeuge und Sperrungen sollen mittelfristig in die Planung so integriert werden, dass diese Meldungen punktgenau in die Route eingearbeitet werden können. Ein sinnvolles Verkehrsmanagement lässt sich durch eine weitere Verknüpfung mit Daten wie Verkehrsaufkommen, vermutliche Fahrtrichtung und Geschwindigkeiten steuern, wenn man in der Lage ist, diese Daten so miteinander zu verschneiden, dass z. B. Ampelphasen automatisiert gesteuert werden können. Dies ist jedoch noch in der Anfangsphase und wird sich in den nächsten Jahren weiterentwickeln.

Marketinganwendungen der öffentlichen Hand und der Privatwirtschaft
Gerade die Kommunen und Landkreise betreiben bereits seit vielen Jahren mit eigenen Webportalen Informationspolitik und Marketing für die Region. Häufig gilt es nur die vorhandene GIS als Marketing für die eigene Sache zu nutzen. Hierin unterscheiden sich viele Kommunen nicht von den Betreibern der EarthViewer. Auch hier soll versucht werden, durch interessante Mehrwerte für den Bürger auf den Seiten des Portals, dort den notwendigen Traffic entstehen zu lassen. Weitere Mehrwerte sollen nur indirekt durch die Reaktion der Nutzer erreicht werden. Dies sind neben der eigentlichen Identifikation des Bürgers mit „seiner“ Verwaltung, Kenntnisse über die Region zu verbreiten und die Wirtschaft zu fördern. Die Beteiligten haben erkannt, dass in der heutigen Informationsgesellschaft der Kunde bzw. Gast sich im Vorfeld über die Gegebenheiten vor Ort informiert.

Web-Portale schaffen hier eine gute Basis, damit umfassend über die grundsätzlichen und aktuellen Themen eines Betreibers informiert werden kann. Im einfachsten Fall sind dies nur Öffnungszeiten und Ansprechpartner der Betroffenen. Hier hat sich allerdings in den letzten Jahren einiges im Selbstverständnis der Kommunen zugunsten des Bürgers getan. So ist das Bild, das der Bürger aus dem Internet durch ein Portal erhält, durch zusätzliche Informationen geprägt. Baurechtliche Ergebnisse (Bauleitpläne), Straßeninformationen (Hausnummern) und Anfahrtwege zur Verwaltung schaffen einen klaren Mehrwert für den Nutzer.

Während die Anwendungen der öffentlichen Hand dabei meistens den Mehrwert in der reinen Information des Kunden/Bürgers als Endprodukt sehen, ist in der Privatwirtschaft hier häufig erst ein Teil der Leistung erreicht. Geomarketing ist ein Geschäftsfeld, das erst seit der massenweisen Verarbeitungsmöglichkeit von Geodaten und Nicht-Geodaten sinnvoll machbar ist. Durch die Verschneidung der verschiedenen Quellen werden für den Kunden bisher nicht abrufbare Mehrwerte erzielt. Die Ergebnisse von sozialen und ökonomischen Datenerfassungen können in die GIS integriert werden und so zu vollkommen neuen Anwendungen führen. Der Marktbereich Geomarketing gewinnt in den letzten Jahren immer mehr an Bedeutung. Gewerbliche Kunden haben erkannt, dass sie durch Nutzung dieser Form des Marketings in die Lage versetzt werden, Standortplanung auf der Grundlage vorhandener Geoinformationen durchzuführen. Durch Hinzuziehung weiterer

Quellen schaffen es Programme, eigene Fragestellungen zu integrieren und für die Beantwortung der verschiedenen Wo-Fragen zu sorgen: Wo sind meine Kunden? Wie kommen sie dahin? Wo wird am meisten gekauft? Wo ist der höchste Preis erzielbar? Wo sind Mailingaktionen sinnvoll? usw. Viele Varianten sind denkbar. Hier liegen erhebliche Marktpotenziale, die allerdings nur schwer zu realisieren sind, weil die Nutzer den Mehrwert der mit GIS erstellten Expertise nicht betriebswirtschaftlich fassen können. Die richtigen Mehrwerte ergeben sich erst nach Implementierung der gesamten Prozesskette in den Workflow eines Unternehmens. Die Kosten dafür lassen sich dann häufig nicht so darstellen, dass der Wert des Geomarketings messbar ist.

In diesen Bereich greift auch der Datenschutz am meisten ein. Verschiedene Studien (Ampelstudie T. Weichert und Studie Prof. Forgó) versuchen hier eine Aufklärung des Marktes zu betreiben. Kernpunkt der Fragestellung ist immer, inwieweit die zur Verfügung gestellten Geoinformationen personenbezogen sind. Sobald dieser Bezug herstellbar ist, greifen das Bundesdatenschutzgesetz und die entsprechenden Ländergesetze ein. Die Gesetzgebung hat hier die schwierige Aufgabe, einerseits die Arbeit mit GIS und sinnvolle Auswertungen zu ermöglichen und andererseits unerbittlich gegen Datenmissbrauch vorzugehen. Die Einhaltung der geltenden Gesetze ist unabdingbare Voraussetzung für eine vertrauenschaffende Lösung.

Location Based Service

Location Based Services (LBS) haben sich in den vergangenen Jahren weiter durchgesetzt. LBS machen sich die Möglichkeit der Bereitstellung von selektiven Informationen und Diensten zu Nutze. Dem Anwender wird unter Zuhilfenahme eines mobilen Endgerätes und von positions-, zeit- und personenabhängigen Daten speziell auf seine Situation (räumlich und interessenmäßig) zugeschnittene Information zur Verfügung gestellt. Dabei fehlt es in der Praxis immer noch an qualitativen Endgeräten, die in der Lage sind, diese Dienste zu nutzen. Die Mobiltelefone sind zwar vielfach in der Lage, dies zu leisten; wegen der Datenschutzregelungen ist aber auch hier immer eine Zustimmung der Beteiligten erforderlich.

Das Zusammenspiel der verschiedenen Akteure hierbei ist für das Funktionieren des LBS erforderlich:

- Ein Endgerät, das technisch in der Lage ist, die erforderlichen Daten zu empfangen, bzw. zu liefern (z. B. Mobiltelefon (Telekommunikationsanbieter), Onboardunit (Tollcollect)).
- Das Zielobjekt wird geortet. Dies geschieht entweder durch Informationen, die der Betreiber eines Dienstes seinem Endgerät beifügt und das dieses direkt (automatisch) oder indirekt freigibt. So lässt sich dann die Position des Gerätes ermitteln.
- Diese Position wird nun dem Dienstebetreiber mitgeteilt, der die Daten aufbereitet und seinen Dienst entsprechend dem Nutzer anbietet bzw. zur Verfügung stellt.
- Der Nutzer arbeitet mit den Diensten bzw. fordert die bereitgestellten Informationen ab, damit er entsprechend aktuelle Daten bekommt.

Die Verknüpfung der genauen räumlichen Lage eines Nutzers mit den speziellen Informationen macht dieses Verfahren einerseits wertvoll, aber andererseits auch sehr anfällig für den Missbrauch. Wenn hier Suchmöglichkeiten für Personen und die Erstellung von Bewegungsprofilen von Einzelnen realisiert werden können, so gibt es für beides sinnvolle, nützliche und gute Einsatzmöglichkeiten, aber natürlich auch entsprechend kriminelle oder zumindest fragwürdige Anwendungen. Als Beispiel sei hier nur die Beobachtung Minderjähriger genannt, damit eine Kontrolle vorhanden ist, die aber genauso gut in die persönlichen Bereiche eingreifen kann, wenn die Kontrolle über den eigentlichen Sicherheitsbereich hinausgeht.

Die stetige Erweiterung der Funktionalitäten von Mobiltelefonen und mobiler IT wird in diesem Bereich zahlreiche weitere Anwendungsmöglichkeiten schaffen, die keinesfalls alle vom Datenschutz unterbunden werden müssen. Die GIW und Randbereiche anderer Industrien werden in diesem Arbeitsfeld innovativ weiter an Ideen arbeiten.

12.5 Ausblick

12.5.1 Einfluss der EU auf den Geoinformationsmarkt

Durch die Gesetzgebung der Europäischen Union wird verstärkt Einfluss auf den Geoinformationsmarkt in Deutschland genommen. Die INSPIRE-Richtlinie zählt dabei sicherlich zu den wichtigsten Vorgaben. Durch die europaweite Vernetzung und Forderungen zum eGovernment werden hier weitere Schritte gemacht. Die gesetzlichen Vorgaben zur Public Sector Information (PSI) werden auch in Deutschland Veränderungen im Umgang mit den allgemeinen Geodaten der Verwaltungen abverlangen. Obwohl Deutschland gerade bei der Menge der verfügbaren Geodaten vom gesamten Bundesgebiet sicherlich führend in der EU ist, werden durch die föderalen Strukturen der Bundesrepublik häufig Grenzen gesetzt, die durch europäische Gesetzgebung immer mehr verändert werden. Hier gilt es, dies nicht als Auflage, sondern als Chance für den Markt zu sehen.

12.5.2 Globalisierung und Geoinformationsmarkt

Durch eine weltweite Kommunikation und Datenübertragung in Echtzeit ist eine internationale Vernetzung immer öfter nicht nur möglich, sondern Standard. Somit lassen sich Netzwerke schaffen, die noch vor wenigen Jahren nicht möglich gewesen wären. Der Begriff Globalisierung muss hier als Oberbegriff für weltweit vernetztes Denken geformt werden. Dabei sollen europäische Projekte und Initiativen dafür sorgen, dass nicht Europa als einzelner Kontinent gesehen wird, sondern die Welt als Ganzes betrachtet werden muss. Bei Betrachtung der anstehenden Aufgaben nur aus dem Bereich Klima und Umwelt erkennt man schnell, dass hier nur eine globale Analyse hilft. Die bereits 1996 von Deutschland (Barwinski, DDGI) mit ins Leben gerufene und gegründete Initiative „Global Spatial Data Infrastructure“ (GSDI) und Kampagnen wie GMES oder das EU-Projekt HUMBOLDT bereiten den Weg für diese Projekte im Bewusstsein der Öffentlichkeit und Politik. Wer hier in Zukunft, wie in früheren Zeiten sein Land oder seinen Kontinent unabhängig von der Welt betrachtet, wird nur zu unzureichenden Ergebnissen kommen. Deshalb gilt es, Themen wie GDI und INSPIRE auch global zu betrachten, wohlwissend, dass dies keine Aufgabe sein wird, die in den nächsten Jahren gelöst sein wird. Eine Erweiterung auf den Raum außerhalb der Erdoberfläche in den Bereich der Atmosphäre und das nähere Erdumfeld ist nicht nur wünschenswert, sondern wird bei Betrachtung der Gesamtheit der Zusammenhänge immer notwendiger. Die globalen Aspekte des GIS-Marktes werden in den nächsten Jahren eine immer stärkere Rolle spielen und dabei die rein nationalen Interessen in den Hintergrund rücken lassen.

12.6 Quellenangaben

12.6.1 Literaturverzeichnis

BUNDESINGENIEURKAMMER (2008): Ingenieurstatistik der Bundesingenieurkammer. Berlin.

DVW – DEUTSCHER VEREIN FÜR VERMESSUNGSWESEN: Vermessung. Ein Beruf mit neuen Perspektiven in Geodäsie, Geoinformation und Landmanagement.

ENSELEIT, J. ET AL. (2002): Statusbericht 2000Plus Architekten/Ingenieure. Bundesministerium für Wirtschaft und Arbeit, Berlin.

FUHRMANN, N. (2006): Baulagennetze. Netze für Bestandsaufnahmen und Absteckungen von Bauvorhaben. In: VDVmagazin, 2/2006.

FORGÓ, NIKOLAUS (2008): Forschungs- und Entwicklungsauftrag zum Thema Geoinformation und Datenschutz“ (GEODAT) des Institut für Rechtsinformatik der Leibniz Universität Hannover

GROPPE, N. (2009): Hochgenaues tachymetrisches 3D-Messsystem. In: VDVmagazin, 1/2009.

GRUNAU, W. (2003): La responsabilité des ingénieurs. In: XYZ, Revue éditée par l'AFT Association Française de Topographie (Frankreich), no95.

GRUNAU, W. (2007a): Unternehmergesellschaft: neue Option für Existenzgründer. In: ZBI-Nachrichten, 4/2007.

GRUNAU, W. (2007b): Technik – Ethik – Verantwortung. In: ZBI-Nachrichten, 2-3/2007.

HOMMERICH, C. & EBERS, T. (2006): Die wirtschaftliche Situation der Ingenieure in der Bundesrepublik Deutschland. Ergebnisse einer Repräsentativumfrage im Auftrag der Bundesingenieurkammer.

INSTITUT FÜR FREIE BERUFE (2007): Rechtsformen im Überblick. Gründungsinformation, 5. IFB, Nürnberg.

KEDDO, L. (2008): Der Öffentlich bestellte Vermessungsingenieur. Stellung und Funktion im Rechtssystem. Wißner-Verlag, Ausgburg.

KIRSTEN, D. & MERZ, J. (1995): Freie Berufe im Mikrozensus I – Struktur und quantitative Bedeutung anhand der ersten Ergebnisse für die neuen und alten Bundesländer 1991. Forschungsinstitut Freie Berufe Lüneburg. Diskussionspapier, 15.

MICHALSKI, L. (1989): Das Gesellschafts- und Kartellrecht der berufsrechtlich gebundenen freien Berufe. O. Schmidt Verlag, Köln.

NEID, M. & PLATTE, M. (2008): Deformationsanalyse mittels kontinuierlichen Messungen. In: VDVmagazin 4/2008.

ROHDE, P. (2009): Berührungslose Höhenmessung von Oberleitungen. In: VDVmagazin 3/2009. Wiesbaden 2009.

SANGENSTEDT, H. (1999): Rechtshandbuch für Ingenieure und Architekten. C. H. Beck Verlag, München.

STATISTISCHES BUNDESAMT (2008): Klassifikation der Wirtschaftszweige (WZ 2008). Wiesbaden.

STATISTISCHES BUNDESAMT (2000-2008): Steuerpflichtige Unternehmen und deren Lieferungen und Leistungen nach wirtschaftlicher Gliederung. Umsatzsteuerstatistiken der Jahre 2000-2008, Wiesbaden.

STERNBERG, R., BRIXY, U. & SCHLAPFNER, J. (2006): Global Entrepreneurship Monitor. Unternehmensgründungen im weltweiten Vergleich. Länderbericht Deutschland 2005. Institut für Wirtschafts- und Kulturgeographie, Hannover/Institut für Arbeitsmarkt- und Berufsforschung, Nürnberg.

UEBERHOLZ, R. (2008): AdV-Gebührenrichtlinie. In: NaVKV, 3 und 4/2008, 3-19.

VBI – VERBAND DER BERATENDEN INGENIEURE (2009): Selbstständig im Ingenieurbüro. VBI-Schriftenreihe, 19. Berlin.

WASILEWSKI, R. (1997): Neue freiberufliche Dienstleistungen – Potenziale und Marktchancen. Institut für Freie Berufe. Deutscher Ärzte-Verlag, Köln.

WEIST, H. (2006): Vermessungstechnische Begleitung des Rückbaus von 300 m hohen Schornsteinen in den Kraftwerken der VEG AG. In: VDVmagazin, 1/2006.

WEICHERT, T. (2008): Datenschutzrechtliche Rahmenbedingungen für die Bereitstellung von Geodaten für die Wirtschaft des Unabhängigen Landeszentrum für Datenschutz Schleswig-Holstein (ULD). Gutachten im Auftrag der GIW-Kommission.

ZURHORST, M. (2009): Der ÖbVI in einem sich wandelnden Berufsumfeld – Zukunftsfragen eines Berufsstandes. Vortrag am 12.3.2009 an der TU Berlin (unveröffentlicht).

12.6.2 Internetverweise

ADV–ARBEITSGEMEINSCHAFT DER VERMESSUNGSVERWALTUNGEN DER LÄNDER (2009): www.adv-online.de

BDVI – BUND DER ÖFFENTLICH BESTELLTEN VERMESSUNGSINGENIEURE E.V. (2009): www.bdvi.de

BUNDESANZEIGER (2009): www.genios.de

BUNDESFINANZHOF (2009): www.bundesfinanzhof.de

BUNDESINGENIEURKAMMER (2009): www.bundesingenieurkammer.de

BUNDESMINISTERIUM DER JUSTIZ (2009): www.gesetze-im-internet.de

BUNDESMINISTERIUM FÜR VERKEHR, BAU UND STADTENTWICKLUNG (2009): www.bmvbs.de

BUNDESMINISTERIUM FÜR WIRTSCHAFT UND TECHNOLOGIE (BMWI) (2009): www.einfach-gruenden.org sowie www.existenzgruender.de

DDGI – Deutscher Dachverband für Geoinformation e.V. (2009): www.ddgi.de

DVW – DEUTSCHER VEREIN FÜR VERMESSUNGSWESEN (2009): www.dvw.de

EUROGI – EUROPEAN UMBRELLA ORGANISATION FOR GEOGRAPHIC INFORMATION (2009): www.eurogi.org

FACHHOCHSCHULE OLDENBURG/OSTFRIESLAND/WILHELMSHAVEN (FH OOW) (2009): www.fh-oow.de

FRAUNHOFER IGD (2009): www.igd.fraunhofer.de

GDI-DE – Geodateninfrastruktur Deutschland (2009): www.gdi-de.de

Geo Business Netzwerk (GEOBIZNET) (2009): www.geobiznet.org

Geo-Daten-Infrastruktur Sachsen e.V. (GDI-Sachsen) (2009): www.gdi-sachsen.de

Geo MV – Geoinformationswirtschaft Mecklenburg-Vorpommern e.V. (2009): www.geomv.de

Geonetzwerk Münsterland (2009): www.geonetzwerk-muensterland.de

Geoinformationsinitiative Bonn/Rhein-Sieg/Ahrweiler (2009): www.geobusiness-region.de

GIN e.V. – Verein zur Förderung der Geoinformatik in Norddeutschland (2009): www.gin-online.de

GIW – K Geoinformationswirtschaftskommission (2009): www.geobusiness.org

GMES – Global Monitoring for the Environment and Security: www.gmes.info

Hochschule Anhalt (FH) (2009): www.hs-anhalt.de

InGeoForum (Informations- und Kooperationsforum für Geodaten des ZGDV in Darmstadt) (2009): www.ingeoforum.de

Initiative D21 (2009): www.initiatived21.de

INNOVATION Netzwerk für euroregionale Bildung, Entwicklung und Wissenstransfer e.V. (IGN-SN) (2009): www.ign-sn.de

INSPIRE (2009): http://inspire.jrc.ec.europa.eu

Juristisches Informationsportal für die Bundesrepublik Deutschland (JURIS) (2009): bundesrecht.juris.de

Netzwerk GIS Sachsen-Anhalt (2009): www.netzwerk-gis.de

Runder Tisch GIS e.V. (RT GIS) (2009): www. rtg.bv.tum.de

Statistisches Bundesamt (2009): www.destatis.de

Verein für die Präqualifikation von Bauunternehmen e.V. (2009): www.pq-verein.de

VDV – Verband Deutscher Vermessungsingenieure e.V. (2009): www.vdv-online.de

C Technische Netzwerke und Transfer

13 Geodateninfrastruktur

Konrad BIRTH und Andreas SCHLEYER

Zusammenfassung

Die Umsetzung der INSPIRE-Richtlinie der Europäischen Union in nationales Recht ist ein wichtiger Impuls, den in der Bundesrepublik schon begonnenen Aufbau der Geodateninfrastruktur Deutschland (GDI-DE) beschleunigt voranzutreiben. Die Behörden des Bundes, der Länder und der Kommunen sind aufgefordert, alle verfügbaren Geodatenbestände über diese einheitliche Infrastruktur nutzergerecht zugänglich zu machen, damit sie in vielen Anwendungsbereichen Verwendung finden können.

Dezentralität und Interoperabilität tasten die jeweilige Hoheit über die Geodaten nicht an, ermöglichen aber ihre europaweite Nutzung über das Internet durch Politik, Verwaltung, Wirtschaft, Wissenschaft und Öffentlichkeit und schaffen die Voraussetzungen zur Entwicklung von Mehrwertdiensten durch Dritte.

Aufbau und Betrieb der GDI-DE muss als Daueraufgabe des Bundes, der Länder und der Kommunen begriffen und mit den notwendigen finanziellen Ressourcen unterlegt werden, um den hohen Nutzen durch die Verwendung interoperabler Geodienste zu erschließen und während des laufenden Prozesses zum Aufbau der europäischen Geodateninfrastruktur nicht hinter andere europäische Staaten zurückzufallen.

Die GDI-DE stellt keine Insellösung dar, sondern ist

- *grenzübergreifend, denn sie ist neben anderen nationalen Geodateninfrastrukturen in die europäische Geodateninfrastruktur eingebettet,*
- *ebenenübergreifend, denn sie verbindet die in unterschiedlicher Verantwortung bei Bund, Ländern und Kommunen geführten Geodatenbestände,*
- *fachübergreifend, denn sie umfasst die Geobasisdaten des amtlichen Vermessungswesens genauso wie die Vielfalt der Geofachdaten öffentlicher und privater Anbieter,*
- *funktionsübergreifend, denn sie ist Teil einer integrierenden Prozesskette von der Datenerfassung über die Datenführung bis hin zur Datenbereitstellung.*

Wichtig ist, dass die Geobasisdaten und die Geofachdaten in Deutschland auf eine einheitliche Raumbezugsgrundlage gestellt werden. Nur auf dieser Grundlage können neue Produkte entstehen und Mehrwerte geschaffen werden.

Darüber hinaus gilt es für die öffentliche Verwaltung in Deutschland, bei der Erarbeitung der Durchführungsbestimmungen zur INSPIRE-Richtlinie über das etablierte Netzwerk der GDI-DE aktiv mitzuarbeiten. Je näher die europäischen Spezifikationen an den in Deutschland vorhandenen und bewährten Festlegungen liegen, desto geringer wird der Aufwand für die Behörden des Bundes, der Länder und der Kommunen sein, der mit der Anpassung an die europäischen Vorgaben verbunden ist.

Summary

The implementation of the INSPIRE Directive of the European Union into national law is an important move to accelerate the already ongoing process of building up the Spatial Data Infrastructure Germany (GDI-DE). The authorities of the Federal Republic of Germany, the federal states and local communities are requested to make all available spatial data sets accessible in a user-friendly way via this uniform infrastructure, so that they can be used in many scopes of application.

Decentralisation and interoperability do not touch the respective sovereignty over the spatial data sets, but enable the Europe-wide use via internet by politics, public authorities, economy, science and the public and facilitate the development of value-added services by third parties.

Setup and handling of the GDI-DE has to be understood as a permanent task of the Federal Government, the Federal States and the local communities and has to be supported by required financial resources, in order not to drop back behind other European states during the ongoing process for setting up the European spatial data infrastructure.

The GDI-DE is not an isolated solution, but it is:

- *a cross-border infrastructure, as it is embedded in the European spatial data infrastructure together with other national spatial data infrastructures;*
- *combining different levels of government, because it connects the spatial data sets managed in different responsibilities by the Federal Government, the Federal States and the local communities;*
- *interdisciplinary, because it includes geospatial reference data of the surveying authorities as well as the variety of spatial thematic data of public and private data providers; and*
- *multi-functional, because it is part of an integrating chain of processes from data collection, to data management and data supply.*

It is important that the geospatial reference data and the geospatial technical data in Germany are referred to a uniform spatial reference system. It is only on this basis that new products and added values can be developed.

In addition it is essential for the public authorities in Germany, when drafting the implementing rules of the INSPIRE Directive, to participate actively in this process via the established network of the GDI-DE. The closer the European specifications are to the existing and proven specifications in Germany, the lower the burden associated with the adaptation to the European requirements for the authorities of the Central Government, the federal states and the local communities will be.

13.1 Geodateninfrastruktur in Deutschland (GDI-DE)

13.1.1 Ausgangssituation

Das Wissen über raumbezogene Sachverhalte ist von alters her eine wesentliche Grundlage für Entscheidungen in Politik, Verwaltung und Wirtschaft. Die Erfassung, Führung und Bereitstellung qualifizierter Geodaten durch die öffentliche Hand oder in deren Auftrag ist daher stets ein wichtiges staatliches Betätigungsfeld. Zur Unterstützung einer nachhaltigen Raum- und Ressourcenpolitik sind flächendeckende, aktuelle und zuverlässige digitale Geodatenbestände ein unverzichtbares Fundament.

Das Potenzial von Daten mit Raumbezug, kurz Geodaten genannt, ist enorm. Dies liegt vor allem in der Möglichkeit begründet, Geodaten über einen einheitlichen Raumbezug zu überlagern und zu verknüpfen. Die Instrumente der Verarbeitung und der Bereitstellung von Geodaten haben sich in den letzten Jahrzehnten fundamental geändert und weiterentwickelt. Mit der Einführung Geographischer Informationssysteme (GIS) wurden bereits in den 1980er Jahren Begriffe wie Geodaten oder Geoinformatik geprägt. Analoge Methoden der Erfassung, Verwaltung oder Analyse und Präsentation von Informationen in Tabellen und Karten wurden abgelöst durch Datenbanken und digitale Präsentationen am Bildschirm. Digitale Geodaten konnten damit nun einfacher integriert, deutlich effizienter und schneller verarbeitet und in digitalen Karten visualisiert werden (LENK 2008).

Die politischen Rahmenbedingungen in Deutschland sind insbesondere durch die föderalistische Struktur des Landes und die kommunale Selbstverwaltung geprägt. Es gibt in Deutschland, anders als teilweise in anderen europäischen Staaten, keine zentrale Zuständigkeit für die Erfassung, Führung und Bereitstellung von Geodaten. Diese Zuständigkeit liegt bei den jeweiligen Gebietskörperschaften, also dem Bund, den Bundesländern, den Landkreisen oder den Gemeinden. Insofern gibt es zunächst auch keine Einheitlichkeit auf dem Gebiet der Geoinformation in Deutschland. Bund, Länder und Kommunen regeln jeweils für ihren Zuständigkeits- und Aufgabenbereich, wie und in welcher Form Geodaten erfasst und bereitgestellt werden.

Dazu kommt, dass die Geodaten meist lokal in Anwendersystemen verarbeitet und proprietär vorgehalten werden; die Bereitstellung der Geodaten erfolgte über Trägermedien wie CD-ROM oder DVD. Heutzutage sind Datenhalter, Datenverarbeiter und Datennutzer über leistungsfähige elektronische Netze miteinander verbunden. Der Schlüssel zur automatisierten Nutzung von Daten von jedem Ort und zu jeder Zeit liegt dabei in der Nutzung von Webdiensten, die für Viele heute bereits zum Alltag gehören. Mit der Verbreitung der Webtechnologie auf der Grundlage des Internets erhielt die Entwicklung im Geoinformationswesen einen weiteren sehr ausgeprägten Entwicklungsschub. Geodaten von Fachverwaltungen, die verteilt an verschiedenen Orten erfasst und geführt werden, können nun über das Internet, unabhängig von ihrem Speicherort, einfach und schnell miteinander kombiniert werden. Anstelle des bilateralen Austauschs von Dateien oder gar Datenträgern können Daten über Webdienste abholbereit im Internet für Jeden bereitgestellt werden. Dem Nutzer bietet sich damit die Möglichkeit, durch Kombination der entsprechenden Online-Geodaten speziell für seine Anwendung und Aufgabenstellung eigene Ergebnisse zu produzieren.

Die öffentliche Verwaltung in Deutschland beim Bund, den Ländern und Kommunen hat diese Situation frühzeitig erkannt. Stand bei der Nutzung der Geodaten in der Vergangenheit die interne, aufgabenbezogene Verwendung in der einzelnen Fachverwaltung im Vordergrund, so wurde in den letzten Jahren dieser Ansatz erweitert hin zu einer Öffnung der Nutzung dieser – teils mit enormen personellen und finanziellen Mitteln aufgebauten – Datenbestände für ein weites Feld von Anwendern auf allen staatlichen Ebenen, in Wirtschaft und Wissenschaft sowie zur Bedienung der Informationsbedürfnisse der Bürgerinnen und Bürger.

Die Geodateninfrastruktur in Deutschland bildet die technische, organisatorische und administrative Grundlage für die Nutzung von Geodaten und Geodatendiensten.

Im Einzelnen besteht eine GDI aus

- Geodaten (Geobasisdaten und Geofachdaten),
- Metadaten, die Geodaten und Geodatendienste beschreiben,
- Geodatendiensten, die Geodaten und Metadaten standardisiert über Geoportale bereitstellen,
- Netztechnologien,
- Vereinbarungen über Zugang, gemeinsame Nutzung und Verwendung der Geodaten und Geodatendienste sowie
- Koordinierungs- und Überwachungsmechanismen,

und hat das Ziel, Geodaten verschiedener Herkunft interoperabel bereitzustellen.

Dazu treten in einer umfassenden Geodateninfrastruktur Spezifikationen in Form von Normen und Standards zur Gewährleistung der technischen Kombinierbarkeit der Geodaten und Geodatendienste und ein durch Rechtsnormen vorgegebener Handlungsrahmen.

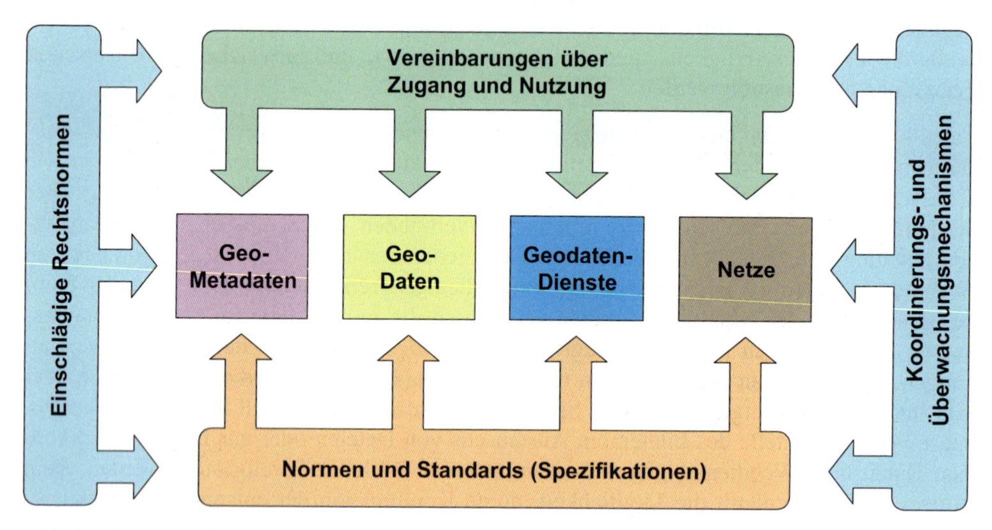

Abb. 13.1: Bestandteile einer Geodateninfrastruktur

Zwangsläufige Bedingung für das Funktionieren einer GDI ist Interoperabilität zwischen den verschiedenen Daten und Systemen. Interoperabilität bedeutet die Fähigkeit unabhängiger Systeme, möglichst ohne manuelle Eingriffe zusammenzuarbeiten, um Informationen auf effiziente und verwertbare Art und Weise auszutauschen bzw. dem Benutzer zur Verfügung zu stellen, ohne dass dazu gesonderte Absprachen zwischen den Systemen notwendig sind. Hierfür müssen in einer GDI Normen, z. B. der International Organization for Standardization (ISO), und Standards, z. B. des Open Geospatial Consortium (OGC), definiert werden.

Deutschland hat die Bedeutung des Aufbaus einer nationalen Geodateninfrastruktur erkannt. Bund, Länder und Kommunen haben 2003 die Initiative Geodateninfrastruktur Deutschland – GDI-DE – ins Leben gerufen. Mit dem Aufbau der GDI-DE soll, durch politische Koordinierung dauerhaft gesichert, eine länder- und ressortübergreifende Vernetzung von Geodaten in Deutschland erreicht werden, sodass Geodaten zukünftig verstärkt in Entscheidungsprozessen innerhalb der Politik, Verwaltung, Wirtschaft und Wissenschaft zum Einsatz kommen.

Geodateninfrastrukturen setzen auf die dezentrale Verantwortung der Geodatenbereitsteller. Durch die technischen Rahmenbedingungen der Vernetzung und der Gewährleistung einheitlicher Datenaustauschstandards wird sichergestellt, dass der Nutzer unmittelbar auf Informationen aus erster Hand zugreifen kann. Mit dieser dezentral organisierten und zugleich partnerschaftlich orientierten Grundidee sind Geodateninfrastrukturen für die Anwendung innerhalb des föderalen staatlichen Aufbaus Deutschlands und Europas in idealer Weise geeignet.

13.1.2 Geodateninfrastruktur im Kontext mit eGovernment

Unter eGovernment (electronic Government) versteht man die elektronische Abwicklung von Geschäftsprozessen der Regierung und der öffentlichen Verwaltung. Die Angebote des eGovernment – vor allem die Online-Dienstleistungen der Behörden – richten sich an Bürgerinnen und Bürger (G2C – government to citizen), Unternehmen (G2B – government to business) und Verwaltungen (G2G – government to government). Damit dient eGovernment nicht nur in Deutschland, sondern weltweit als ein wichtiger Beitrag der Behörden zur Entbürokratisierung und Modernisierung der Verwaltung, zur Entwicklung auch länderübergreifender Dienstleistungen und zur Verbesserung der Wettbewerbsfähigkeit der Standorte.

Im Jahr 2003 wurde von der Bundesregierung und den Regierungschefs der Länder Deutschland-Online initiiert. Deutschland-Online ist die nationale eGovernment-Strategie von Bund, Ländern und Kommunen und setzt sich für ein integriertes eGovernment-Angebot aller Verwaltungsebenen ein. Diesem Anspruch stehen gegenwärtig die heterogene IT- und Prozesslandschaft von Bund, 16 Bundesländern, über 300 Kreisen und weit über 13.000 Kommunen in Deutschland gegenüber. Eine Kommunikation innerhalb dieser heterogenen Landschaft ist nur dann möglich, wenn, aufbauend auf einer einheitlichen Netzinfrastruktur, technische und organisatorische Standards sowie Prozessmodelle festgelegt werden. Vor diesem Hintergrund wurde innerhalb der Initiative Deutschland-Online ein Aktionsplan mit Konzentration auf wenige ausgewählte Vorhaben verabschiedet.

Derzeit werden sechs priorisierte Einzelvorhaben auf der Grundlage dieses Aktionsplans von Deutschland-Online realisiert:

- Deutschland-Online Infrastruktur,
- Deutschland-Online Standardisierung,
- Deutschland-Online Meldewesen,
- Deutschland-Online Personenstandswesen,
- Deutschland-Online Kraftfahrzeugwesen,
- Deutschland-Online Dienstleistungsrichtlinie.

Geoinformationen bilden die Basis für viele eGovernment-Verfahren; aufgrund ihrer Querschnittsfunktion spielt deshalb der Aufbau einer Geodateninfrastruktur eine immer wichtigere Rolle bei der Entwicklung des eGovernments. Geodateninfrastrukturen übernehmen im Rahmen eines umfassenden eGovernments die Rolle einer „Geokomponente", welche für integrierte elektronische Geschäftsprozesse allgemeiner Verwaltungs- und Bürgerdienste verwendet werden kann.

Deutschland hat daher bereits 2003 zur Verbesserung der eGovernment-Prozesse das Projekt Deutschland-Online Vorhaben Geodaten als eines von mehreren Vorhaben der Initiative Deutschland-Online gestartet. Deutschland-Online Vorhaben Geodaten verfolgt das Ziel, die heterogene Geoinformationslandschaft in Deutschland zu harmonisieren, diese Aufgabe als Bestandteil einer ganzheitlichen und nachhaltigen eGovernment-Lösung für Deutschland zu verstehen und dies als gemeinsames Ziel auf allen drei Ebenen der Politik (Bund, Länder und Kommunen) zu verfolgen.

In Modellprojekten zeigt das Vorhaben Geodaten, wie es durch ein gemeinsam abgestimmtes Vorgehen möglich ist, auch vor dem Hintergrund der föderalen Struktur in Deutschland Verwaltungshandeln grundlegend zu erneuern. Zu diesen Modellprojekten gehören derzeit:

- Austauschstandard für Bebauungs- und Flächennutzungspläne (XPlanung),
- Internetdienst zur Verknüpfung von Hauskoordinaten und Adressen (Gazetteer-Service Hauskoordinaten Geocoder),
- deutschlandweit einheitliche digitale Geodaten im Maßstab 1:50.000 (Präsentation des DLM50.1) und
- vernetztes Bodenrichtwertinformationssystem (VBORIS).

Das Vorhaben Geodaten orientiert sich eng an den Zielen, Vorgaben und Standards des Vorhabens Geodateninfrastruktur Deutschland im Zusammenspiel mit der Kommission für Geoinformationswirtschaft des Bundesministeriums für Wirtschaft und Technologie (GIW-Kommission). In der Kooperation und engen Zusammenarbeit des Deutschland-Online Vorhabens Geodaten mit der GDI-DE wird das Prinzip „einige für alle" sehr deutlich. Während beim Aufbau der GDI-DE die infrastrukturellen Voraussetzungen flächendeckend für Deutschland geschaffen werden, sollen im Vorhaben Geodaten kurzfristig realisierbare Geo-Projekte durch Partner aus Verwaltung und Wirtschaft bearbeitet und erfolgreich zum Abschluss gebracht werden. Neben der Integration in bundesweite eGovernment-Prozesse der Verwaltung steht hier häufig auch die Markterschließung für amtliche Geodaten im Fokus. Somit trägt das Vorhaben Geodaten mit seinen schnell realisierbaren und erfolgreichen Geo-Projekten zum Aufbau der GDI-DE bei, umgekehrt kann das Vorhaben Geodaten auf den Arbeitsergebnissen und Standards der GDI-DE aufsetzen.

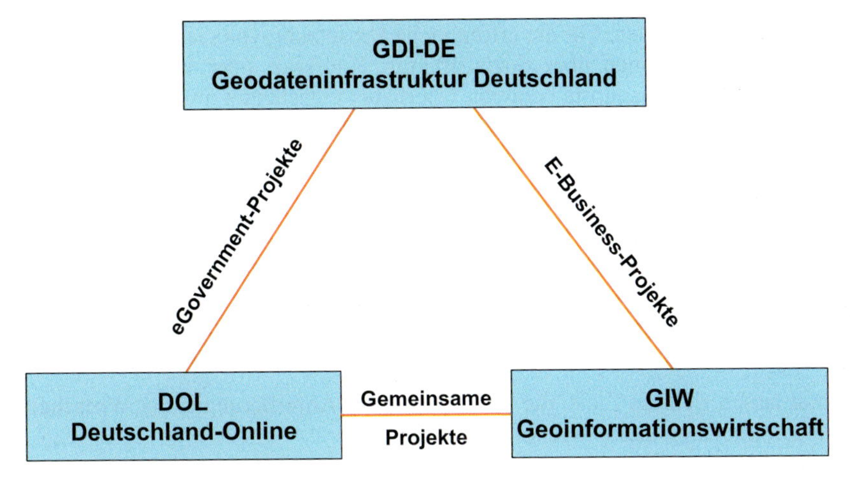

Abb. 13.2: GDI-DE – DOL – GIW (Deutschland-Online 2009)

Die enge Kooperation und Vernetzung von GDI-DE und Deutschland-Online wird in Abschnitt 16.1.4 dargestellt.

13.1.3 Ziele der öffentlichen Hand und der Wirtschaft

Erklärtes Ziel der GDI-DE ist die interoperable, automatisierte und hochgradig effiziente Bereitstellung harmonisierter und damit kombinierbarer Geodaten aus unterschiedlichsten Quellen unter einfachen und transparenten Nutzungsbedingungen, wie sie für Politik, Verwaltung, Wirtschaft und Bürger als elementare Arbeits- und Entscheidungsgrundlagen benötigt werden.

Durch diese harmonisierte und vereinfachte Nutzung von Geodaten und Geodatendiensten ist eine Kostenersparnis in Verwaltung und Wirtschaft zu erwarten. Der Aufbau der GDI-DE eröffnet also sowohl für Datenanbieter als auch für Nutzer von Geodaten und Geodatendiensten großes Potenzial und einen erheblichen Mehrwert. Zusammengefasst lassen sich die Ziele der öffentlichen Hand wie folgt formulieren:

- Vereinfachter Datenaustausch mit anderen öffentlichen Verwaltungen,
- einfacher, standardisierter und browserorientierter Aufbau und Zugriff auf verteilte, heterogene Geodaten und Geodatendienste über modernste Technologien,
- Erleichterung der Lösung hoheitlicher Aufgaben auf der Grundlage von Geodaten,
- schnelleres Suchen, Finden und Nutzen der gewünschten und relevanten Geodaten,
- Harmonisierung der Geodaten mit einer damit verbundenen Qualitätssteigerung,
- rechtliche Absicherung der GDI-Initiativen von Bund, Ländern und Kommunen sowie Nachhaltigkeit der dafür eingesetzten Mittel,
- Ausweitung der Vermarktungsmöglichkeiten der Geodaten und der zugehörigen Geodatendienste als Grundlage für Fachdaten öffentlicher und privater Anbieter,
- wirtschaftlichere Nutzung von Geodaten durch geringere Kosten und höheren Nutzen,
- Erfüllung von Berichtspflichten, wie z. B. nach dem Umweltinformationsgesetz (UIG), dem Informationsfreiheitsgesetz (IFG) oder der Lärmschutzrichtlinie.

Die Wirtschaft braucht Geowissen. Für die erfolgreiche Umsetzung von Geschäftsmodellen werden zunehmend Informationen über Sozialstruktur, Kaufkraft oder Infrastruktur der Unternehmens- und Geschäftsstandorte benötigt. Überhaupt entscheidet immer häufiger die fundierte Kenntnis raumbezogener Informationen über den Erfolg einer Geschäftsidee. Die wirtschaftliche Nutzung von Geoinformationen hat somit ein hohes ökonomisches Potenzial, von dem Impulse für die Gesamtwirtschaft ausgehen.

Die Marktposition ganzer Branchen kann gestärkt werden. Neue Kooperationsmodelle, Werkzeuge und Methoden zur Umsetzung sollen den Wirtschaftsstandort Deutschland stärken und ihm eine dauerhafte Attraktivität verleihen. Dies kann nur im engen Schulterschluss der Kommission für Geoinformationswirtschaft (GIW-Kommission) und der GDI-DE gelingen.

Zusammengefasst lassen sich die Ziele, die Bedürfnisse und Anforderungen der Wirtschaft zur Aktivierung des Geodatenmarkts wie folgt formulieren:

- Geodaten, Metadaten und Geodatendienste sind marktgerecht bereitzustellen,
- Datenvorratshaltung ist beim Nutzer nicht nötig, es können immer die aktuellen Geodaten bezogen werden,
- Datensätze sollten mit einheitlichen und transparenten Preismodellen markt- und nutzerorientiert beziehbar sein (z. B. Flatrate, Klickrate, Umsatzbeteiligung),
- Datensätze und Systeme sollten mit wirtschaftsorientierten Abgabebedingungen (Nutzungsrechte, Datenschutz) ausgestattet sowie verfügbar sein,
- Datensätze und Systeme sollten aktuell, interoperabel sowie technisch und inhaltlich von hoher Qualität sein,
- die Lösungen sollen europaweit unter institutionellen und organisatorischen Aspekten für alle europäischen Mitgliedstaaten einheitlich sein,
- erleichterter Zugang zu verteilt vorliegenden amtlichen Geodaten durch ein zentrales Geoportal,
- bessere Nutzungsmöglichkeiten durch die Harmonisierung von Metadaten und Geodaten, um gezielte Recherchen zu erlauben, Vergleichbarkeit und Qualität der Daten bewerten und analysieren zu können,
- Kooperationen mit anderen Datenanbietern zur Schaffung attraktiver, einheitlicher Angebote,
- Chance, neue Einsatzfelder für die Daten zu erkennen und erweiterte Analysen, Statistiken und Bewertungen durchzuführen und neue Produkte und Dienstleistungen durch den europaweiten interoperablen Zugriff auf Geodaten und Geodatendienste entwickeln und anbieten zu können (Wertschöpfung),
- vollständig digitalisierte Wertschöpfungsketten ermöglichen auch für den bestehenden Geodatenmarkt ein erweitertes On-demand-Angebot und eine deutliche Effizienzsteigerung durch Rationalisierung,
- entwickelte GeoBusiness-Komponenten der GDI müssen sich in später entwickelnde Informationsinfrastrukturen einfügen lassen.

Einen guten Überblick über die Anforderungen und Ziele der Wirtschaft gibt das Memorandum der GIW-Kommission und des Bundesministeriums für Wirtschaft und Technologie (BMWi) „Digitaler Rohstoff Geoinformationen – ein Beitrag zur Sicherung des Wirtschaftsstandortes Deutschland“ (GIW 2008).

13.2 Geodateninfrastruktur in der Europäischen Gemeinschaft

13.2.1 Die INSPIRE-Richtlinie

Ziel der INSPIRE-Richtlinie ist es, eine europäische Geodateninfrastruktur zu schaffen, um Geodaten für politische Maßnahmen der Europäischen Gemeinschaft und der Mitgliedstaaten interoperabel verfügbar zu machen und der Öffentlichkeit den Zugang zu diesen Informationen zu ermöglichen. Die Richtlinie stützt sich dabei auf die von den Mitgliedstaaten eingerichteten Geodateninfrastrukturen (vgl. Abschnitt 4.2.5).

Die Umsetzung der Richtlinie in nationales Recht ist ein wichtiger Impuls, den in Deutschland bereits begonnenen Aufbau einer nationalen Geodateninfrastruktur beschleunigt voranzutreiben. Die angesprochenen Geodaten und Geodatendienste werden in Deutschland bei den Behörden des Bundes, der Länder und der Kommunen geführt. Die Behörden sind aufgefordert, ihre Geodaten und Geodatendienste zeitgerecht und richtlinienkonform bereitzustellen, damit sie gemeinschaftsweit und grenzüberschreitend genutzt werden können.

Die Forderung der Richtlinie, dazu verwaltungsübergreifende Strukturen einzurichten und eine Koordination innerhalb Deutschlands sicherzustellen, wird mit der von Bund, Ländern und Kommunen gemeinsam getragenen Initiative zum Aufbau der GDI-DE (vgl. Abschnitt 13.1) erfüllt.

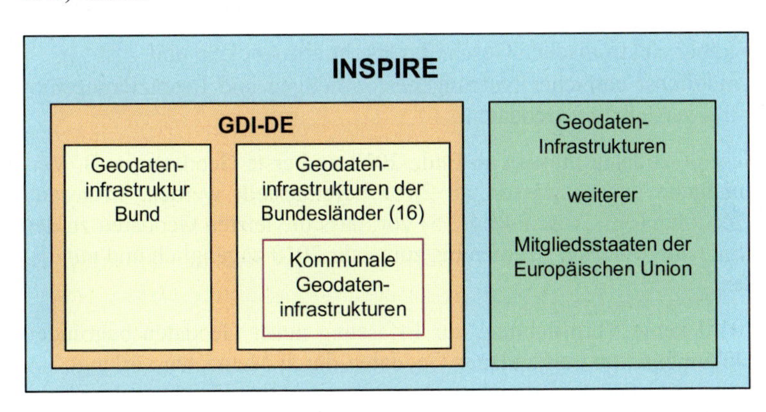

Abb. 13.3: Geodateninfrastruktur in Europa (Koordinierungsstelle GDI-DE 2007)

Wie in Abbildung 13.3 dargestellt, ist die GDI-DE der deutsche Baustein in der durch die INSPIRE-Richtlinie definierten europäischen Geodateninfrastruktur. So wird es auch im Architekturkonzept der GDI-DE (Koordinierungsstelle GDI-DE 2007) beschrieben, das die Vorgaben der INSPIRE-Richtlinie aufgreift und die organisatorischen und technischen Strukturen für den Aufbau der GDI-DE auf den Fahrplan der INSPIRE-Richtlinie ausrichtet.

Darüber hinaus öffnet die INSPIRE-Richtlinie die nationalen Geodateninfrastrukturen und die auf diesen aufgesetzte europäische Geodateninfrastruktur für natürliche und juristische Personen des Privatrechts, soweit diese auf freiwilliger Basis ihre Geodaten und Geodatendienste sowie Metadaten im Einklang mit den Regelungen der Richtlinie interoperabel bereitstellen und die damit verbundenen Kosten selbst tragen. Durch diese Öffnung wird eine über den Bereich der öffentlichen Stellen hinausgehende Harmonisierung der Geodaten und Geodatendienste erreicht und eine Möglichkeit eröffnet, das in den Geodaten enthaltene Wertschöpfungspotenzial einfacher und europaweit zu aktivieren.

13.2.2 Instrumente der INSPIRE-Richtlinie

Die INSPIRE-Richtlinie verlangt von den Mitgliedstaaten, geeignete Strukturen und Mechanismen zur Koordinierung der Beiträge aller Stellen zur Geodateninfrastruktur auf den verschiedenen Verwaltungsebenen einzurichten. Jeder Mitgliedstaat muss eine „Nationale Anlaufstelle" benennen, die für Kontakte mit der Kommission zuständig ist und von einer Koordinierungsstruktur unterstützt wird. Die Koordination innerhalb Deutschlands wird nach dem Subsidiaritätsprinzip (vgl. Abschnitt 13.2.3) dem Mitgliedstaat selbst überlassen.

Darüber hinaus regelt die INSPIRE-Richtlinie innerhalb der nächsten Jahre fachliche Inhalte und technische Instrumente in Durchführungsbestimmungen. Sie formuliert Voraussetzungen und Verpflichtungen, nach denen die Behörden ihre Geodaten bereitstellen müssen. Dazu gehören zum Beispiel

- die Entwicklung technischer Spezifikationen für Geodaten, um die Interoperabilität der Geodaten zu gewährleisten,
- die Festlegung verpflichtender Metadaten für Geodaten, um gezielte Recherchen zu erlauben und die Qualität der Geodaten zu bewerten,
- die Einrichtung eines Geoportals als zentraler Zugang zur europäischen Geodateninfrastruktur für die Nutzer,
- die Bereitstellung von Geodatendiensten und sonstigen Netzdiensten, um Geodaten zu suchen und zu finden, darzustellen, umzuwandeln, aufzurufen und herunterzuladen sowie ihre Bezahlung über elektronischen Geschäftsverkehr abzuwickeln und
- die Abstimmung möglichst einfacher Nutzungsbestimmungen und Lizenzierungsmodelle für die nicht frei verfügbaren Geodaten.

Erste Metadaten zu diesen Geodaten müssen ab Ende 2010 und erste Geodaten, z. B. Verwaltungseinheiten, Flurstücke und Gewässer, ab 2011 bereitgestellt werden. Insgesamt sieht ein mehrstufiger Zeitplan (vgl. Abschnitt 4.2.5) vor, dass die letzten Geodaten zu den in der INSPIRE-Richtlinie aufgeführten Themen bis zum Jahr 2019 zugänglich und nutzbar gemacht werden müssen.

Durch die Richtlinie wird keine Verpflichtung zur Erfassung neuer Geodaten begründet. Stattdessen wird die Dokumentation vorhandener Geodaten durch Metadaten verlangt, um deren Nutzung zu optimieren. Die Richtlinie setzt auf Dezentralität der Datenbestände: Geodaten werden von der Stelle bereitgestellt, die die Geodaten führt.

Die technischen Instrumente, z. B. Geodatendienste, Netzdienste und Netztechnologien, sollen den grenz- und fachübergreifenden, hindernisfreien Zugang und die Nutzung der Geodaten und -dienste unter Verwendung moderner informationstechnischer Konzepte für eine möglichst große Zahl von Anwendern ermöglichen. Ziel der Richtlinie ist es auch, diese Verwaltungsprozesse möglichst einfach, einheitlich und eingebunden in die eGovernment-Strategien (vgl. Abschnitt 13.1.2) der Mitgliedstaaten anzubieten.

Die Europäische Kommission richtet ein INSPIRE Geoportal auf Gemeinschaftsebene ein, für das die Mitgliedstaaten den Zugang zu ihren Geodatendiensten öffnen. Darüber hinaus können die Mitgliedstaaten auch eigene Zugangspunkte zu diesen Diensten schaffen. Schon heute kann auf einen Prototyp des INSPIRE Geoportals (INSPIRE GEOPORTAL 2009) zugegriffen werden.

13.2.3 Rechtliche Umsetzung der Richtlinie in Deutschland

Die INSPIRE-Richtlinie verpflichtet die Mitgliedstaaten, sie bis spätestens 15. Mai 2009 in nationales Recht umzusetzen (vgl. Abschnitt 4.2.5) und der Kommission, dem Rat und dem Europäischen Parlament ab dem 15. Mai 2010 regelmäßig über den Umsetzungsprozess zu berichten.

Aus verfassungsrechtlichen Gründen muss die INSPIRE-Richtlinie für den Zuständigkeitsbereich des Bundes vom Bund, für den Bereich der Länder und der Kommunen von den einzelnen Ländern in jeweils eigenen Rechtsnormen umgesetzt werden.

Um die Einheitlichkeit des Geoinformationswesens in Deutschland über alle Ländergrenzen hinweg zu wahren, wurde Ende 2007 ein „Musterentwurf" für ein Gesetz zur Umsetzung der INSPIRE-Richtlinie gemeinsam von Vertretern des Bundes, der Länder und der kommunalen Spitzenverbände unter der Leitung des Bundesministeriums für Umwelt, Naturschutz und Reaktorsicherheit fertiggestellt (BIRTH 2007).

Er berücksichtigt und unterstützt den laufenden Aufbau der GDI-DE und sorgt für eine Verknüpfung mit den wesentlichen inhaltlichen Komponenten und administrativen Strukturen der GDI-DE. Das zeigt sich durch die Regelungen zur

- Einordnung der Geodateninfrastrukturen der Länder als Bestandteile der GDI-DE,
- Zuordnung der betroffenen Geodaten als Bestandteile der Datengrundlage der GDI-DE,
- Einrichtung eines Geoportals der GDI-DE für den Zugang zum elektronischen Netzwerk und den Zugangspunkten der Länder und Kommunen,
- Einrichtung der „Nationalen Anlaufstelle" gemäß Artikel 19 Abs. 2 der INSPIRE-Richtlinie, die durch das nationale Lenkungsgremium der Geodateninfrastruktur Deutschland wahrgenommen und von der Koordinierungsstelle GDI-DE sowie durch die ressortübergreifenden Kontaktstellen der Länder unterstützt wird.

Dadurch wird klargestellt, dass die Gesetze zur Umsetzung der INSPIRE-Richtlinie als Säulen der nationalen Geodateninfrastruktur zu verstehen sind und sich die weiteren Aktivitäten zum Ausbau der GDI-DE an den Vorgaben der Richtlinie und ihrer Durchführungsbestimmungen orientieren.

Ergänzt werden die gesetzlichen Regelungen durch eine wegen der Anforderungen der INSPIRE-Richtlinie weiterentwickelten Verwaltungsvereinbarung zwischen Bund und Ländern (vgl. Abschnitt 13.3.1). Dazu gehören folgende Aufgaben:

- Koordinierung der Bereitstellung und Aktualisierung von Metadaten,
- Unterrichtung der Kommission über Kosten-Nutzen-Analysen für Durchführungsbestimmungen,
- Bereitstellung von Informationen, die zur Einhaltung der vorgesehenen Durchführungsbestimmungen erforderlich sind,
- Koordinierung zur Sicherstellung der Kohärenz grenzüberschreitender Objekte,
- Koordinierung der Schaffung und des Betriebs eines Netzes,
- Koordinierung der Festsetzung harmonisierter Gebühren und des Aufbaus der Dienstleistungen des elektronischen Geschäftsverkehrs einschließlich der zugehörigen Nutzungsregelungen,
- Einrichtung geeigneter Strukturen und Mechanismen auf den verschiedenen Verwaltungsebenen zur Koordinierung der Beiträge,

- Aufbau und Betrieb einer Anlaufstelle sowie der zugehörigen Koordinierungsstruktur, die alle Ebenen der Verwaltung einschließt,
- Überwachung der Schaffung und Nutzung der nationalen Geodateninfrastruktur,
- Mitwirkung an Berichten sowie an der Unterrichtung der Kommission über die wichtigsten innerstaatlichen Rechtsvorschriften auf dem Gebiet der INSPIRE-Richtlinie.

Abbildung 13.4 stellt dar, wie die „Nationale Anlaufstelle“ in Deutschland durch die Koordinierungsstruktur der ressortübergreifenden Kontaktstellen der Vereinbarungspartner unterstützt wird (vgl. Abschnitt 13.3.2), wobei die Zuständigkeitsverteilung beim Aufbau der Geodateninfrastruktur Deutschland berücksichtigt wird.

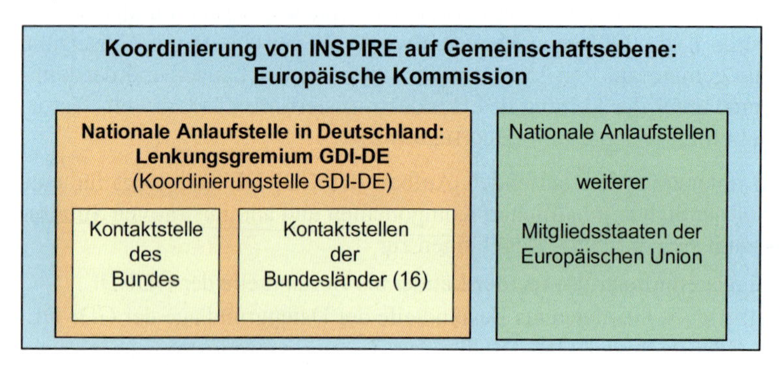

Abb. 13.4: Koordinierung von INSPIRE auf Gemeinschaftsebene und in Deutschland

Folgende Gesetze zur Umsetzung der INSPIRE-Richtlinie in Deutschland sind bisher (Juni 2009) in Kraft getreten:

- 01.08.2008 Bayerisches Geodateninfrastrukturgesetz (BayGDIG),
- 14.02.2009 Geodatenzugangsgesetz des Bundes (GeoZG),
- 28.02.2009 Geodatenzugangsgesetz Nordrhein-Westfalen (GeoZG NRW).

Eine aktuelle Übersicht zum Stand der rechtlichen Umsetzung der INSPIRE-Richtlinie in Deutschland wird auf der Homepage des Lenkungsgremiums GDI-DE (www.gdi-de.org) geführt.

13.3 Organisation und Koordinierung der nationalen GDI

13.3.1 Politischer Auftrag für den Aufbau der GDI-DE

Die Geodateninfrastruktur in Deutschland (GDI-DE) ist ein gemeinsames Vorhaben von Bund, Ländern und Kommunen. Mit dem Aufbau der GDI-DE soll eine länder- und ressortübergreifende Vernetzung von Geodaten in Deutschland erreicht werden, um sicherzustellen, dass Geoinformationen zukünftig verstärkt in Entscheidungsprozessen innerhalb der Verwaltung, der Wirtschaft und der Politik zum Einsatz kommen und in Wertschöpfungsketten des offenen Geodatenmarktes einfließen. Neben der Betrachtung nationaler Entwicklungen ist es Aufgabe der GDI-DE, die Entwicklungen in Europa (INSPIRE) sowie weltweit einzubinden.

Nationale Aktivitäten zum Aufbau von Geodateninfrastrukturen gehen auf Bundesebene in das Jahr 1998 zurück. Mit ihrem Beschluss zur „Verbesserung der Koordinierung des Geoinformationswesens“ vom 17.07.1998 hatte die Bundesregierung die Bundesverwaltung in die Pflicht genommen, das Geodatenmanagement ihrer Behörden zu optimieren, die Verfügbarkeit von Geodaten zu gewährleisten und ihre Nutzung zu fördern. Die erforderlichen Maßnahmen werden seitdem im Interministeriellen Ausschuss für Geoinformationswesen (IMAGI) unter dem Vorsitz des zuständigen Staatssekretärs im Bundesministerium des Innern koordiniert, um den Aufbau der GDI-DE als öffentliche Infrastrukturmaßnahme nachhaltig und zügig voranzutreiben.

Am 10.04.2003 forderte der deutsche Bundestag im Rahmen der Debatte „Nutzung von Geoinformationen in Deutschland voranbringen“ u. a. die verstärkte Zusammenarbeit zwischen Bund und Ländern beim Aufbau der Geodateninfrastruktur in Deutschland.

Am 27.11.2003 beauftragten der Chef des Bundeskanzleramts und die Chefs der Staats- und Senatskanzleien der Länder (CdS) die Staatssekretärrunde für eGovernment, den gemeinsamen Aufbau der GDI-DE von Bund, Ländern und Kommunalen Spitzenverbänden zu initiieren und zu begleiten.

Damit waren die politischen Voraussetzungen geschaffen, um die notwendigen organisatorischen und technischen Vorkehrungen im Rahmen einer verwaltungsübergreifenden Organisationsstruktur zu treffen. Darüber hinaus wurden in das „Kooperationsmodell GDI-DE“ weitere Interessenvertreter aus der Wirtschaft eingebunden.

Am 28.10.2004 beschloss die Staatssekretärsrunde die Einrichtung eines Lenkungsgremiums GDI-DE (vgl. Abschnitt 13.3.2) und übertrug ihm folgende Aufgaben:

- Definition eines abgestimmten Konzepts für den partnerschaftlichen und offenen Aufbau einer Geodateninfrastruktur Deutschland als Bestandteil einer noch zu schaffenden europäischen Geodateninfrastruktur;
- Identifizierung von Schlüsseldaten für die Nationale Geodatenbasis (NGDB);
- Koordinierung der Maßnahmen der Länder, Kommunen und des Bundes zur Mitwirkung bei der Entwicklung, Fortführung und Umsetzung der internationalen Normen und Standards;
- Festlegung von Modellprojekten zur Einrichtung vernetzter Geodatenportale, zur nachhaltigen Aktivierung der Zusammenarbeit öffentlicher, privater und wissenschaftlicher Akteure im Geoinformationswesen nach dem Prinzip „einige für alle“;
- Sicherstellung des Wissenstransfers und des Austauschs von Verfahrenslösungen des Bundes, der Länder und der Kommunen;
- Schaffung der Finanzierungsgrundlage für eine Geschäfts- und Koordinierungsstelle.

Auf der Grundlage dieses Beschlusses ist das Vorhaben GDI-DE integraler Bestandteil des eGovernment in Deutschland und unterstützt uneingeschränkt die Ziele einer modernen Verwaltung. Alle diese Ziele benennen letztlich elementare Handlungsfelder, in denen Bund, Länder und Kommunen, also das Lenkungsgremium GDI-DE mit seiner Koordinierungsstelle, tätig werden müssen.

Zur Erfüllung dieses Auftrages wurde eine Gremienstruktur mit abgestuften Kompetenzen und Aufgaben entwickelt. Die für den Betrieb der GDI-DE erforderlichen Ressourcen werden durch die „Vereinbarung zwischen dem Bund und den Ländern zum gemeinsamen Aufbau und Betrieb der Geodateninfrastruktur Deutschland“ (VERWALTUNGSVEREINBARUNG GDI-DE) sichergestellt.

Diese Verwaltungsvereinbarung schafft zusammen mit der entsprechenden Gesetzgebung des Bundes und der Länder auch die notwendigen verbindlichen organisatorischen Voraussetzungen für die Umsetzung der INSPIRE-Richtlinie in Deutschland. Dies betrifft im Wesentlichen die Koordinierung der Bereitstellung von Geodaten und Geodatendiensten und die Berichterstattung gegenüber der Europäischen Kommission.

Im Wesentlichen obliegen den Vereinbarungspartnern folgende Handlungsschwerpunkte:

1. Erarbeitung und Abstimmung von Konzepten für den partnerschaftlichen und offenen Aufbau einer GDI in Deutschland als Bestandteil einer noch zu schaffenden europäischen Geodateninfrastruktur,
2. Lenkung und Koordinierung der Maßnahmen des Bundes, der Länder und der Kommunen bei der Entwicklung, Fortführung und Umsetzung der internationalen Normen und Standards und Mitwirkung bei der Gestaltung europäischer und internationaler Geodateninfrastrukturen,
3. Festlegung und Koordinierung von Modellprojekten zur nachhaltigen Aktivierung der Zusammenarbeit von öffentlichen und privaten Akteuren im Geoinformationswesen,
4. die Verwaltungsebenen übergreifende Koordination des Aufbaus und Betriebs von interoperablen Geodatendiensten und die Anbindung an ein gemeinsam betriebenes nationales Geoportal Deutschland und
5. Identifikation und verpflichtende Bereitstellung einer Nationalen Geodatenbasis (NGDB), definiert als die Gesamtheit der grundlegenden Geobasis- und Geofachdaten der öffentlichen Verwaltungen des Bundes, der Länder und der Kommunen.

Dem Aufbau und Betrieb der GDI-DE dienen nach dieser Verwaltungsvereinbarung, wie in Abbildung 13.5 dargestellt, folgende Einrichtungen:

1. das Lenkungsgremium GDI-DE,
2. die Koordinierungsstelle GDI-DE und
3. die Kontaktstellen der Vereinbarungspartner.

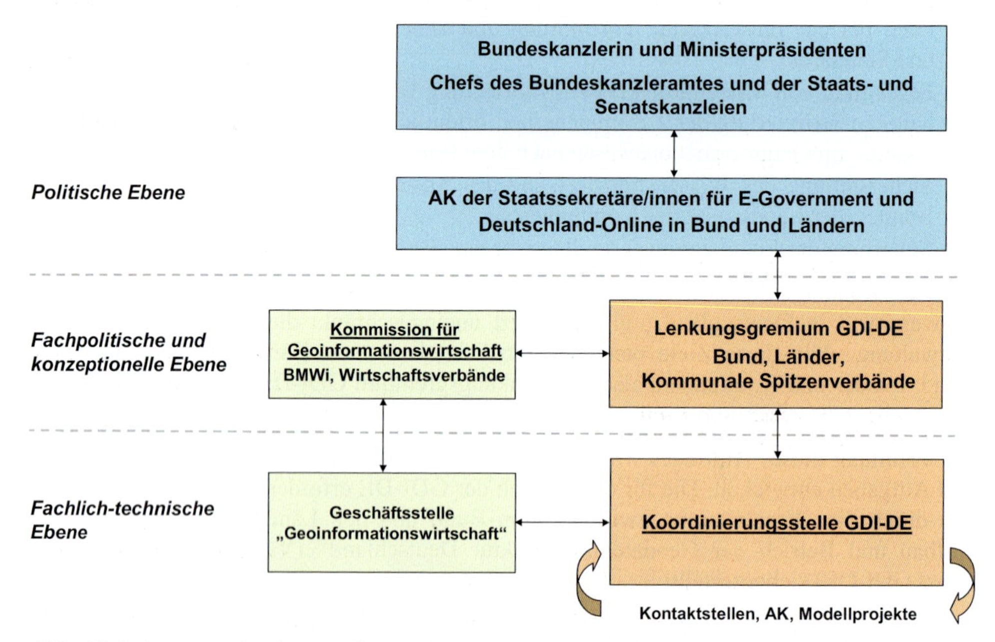

Abb. 13.5: Die verschiedenen Ebenen der GDI-DE (KOORDINIERUNGSSTELLE GDI-DE 2007)

13.3.2 Entscheidungsebene: Lenkungsgremium GDI-DE

Am 17.12.2004 konstituierte sich auf fachpolitischer Ebene das Lenkungsgremium GDI-DE (LG GDI-DE). Es setzt sich aus folgenden Mitgliedern zusammen:

- zwei namentlich benannten Vertretern des Bundes,
- einem namentlich benannten Vertreter jedes Landes und
- je einem namentlich benannten Vertreter der Kommunalen Spitzenverbände auf Bundesebene.

Als ständige Gäste sind im Lenkungsgremium GDI-DE die Kommission für Geoinformationswirtschaft (GIW-Kommission), das Bundesministerium für Umwelt, Naturschutz und Reaktorsicherheit (BMU) und die Geschäftsstelle Deutschland-Online Vorhaben Geodaten vertreten. Beschlüsse des Lenkungsgremiums sind einstimmig zu fassen. Sie werden zuvor fachübergreifend in den betroffenen Ressorts der Bundes- und Länderverwaltungen abgestimmt (z. B. im Bund über den IMAGI). Auf diese Weise wird die Akzeptanz für Maßnahmen der GDI-DE gefördert. Der Bund sowie jedes Land haben jeweils eine Stimme. Die drei Kommunalen Spitzenverbände in Deutschland (Deutscher Städtetag, Deutscher Landkreistag, Deutscher Städte- und Gemeindebund) haben zusammen ebenfalls eine Stimme.

Der Vorsitz des Lenkungsgremiums GDI-DE wechselt im zweijährigen Turnus zwischen den Vereinbarungspartnern, beginnend 2005 mit dem Bund sowie nachfolgend den Ländern in alphabetischer Reihenfolge (in den Jahren 2009/2010 der Freistaat Bayern).

Das Lenkungsgremium GDI-DE steuert und koordiniert die GDI-DE einschließlich der Umsetzung der Anforderungen aus der Richtlinie 2007/2/EG. Ihm obliegen folgende strategische und konzeptionelle Aufgaben:

- Schaffung von Regelungen und Festlegung von Maßnahmen zum Aufbau und Betrieb der GDI-DE als integraler Bestandteil der Geodateninfrastruktur der Europäischen Gemeinschaft gemäß Richtlinie 2007/2/EG,
- Wahrnehmung der Funktion der „Nationalen Anlaufstelle" im Sinne des Artikel 19 Absatz 2 Satz 1 der Richtlinie 2007/2/EG,
- fachlich-inhaltliche Steuerung und Verabschiedung des Arbeitsprogramms der Koordinierungsstelle; hierzu gehört eine abgestimmte Jahresplanung im Hinblick auf die zu erledigenden Aufgaben und auf die Verwendung der Mittel,
- Controlling der Umsetzung der Beschlüsse des Lenkungsgremiums.

Die auf politischer Ebene beschlossene Organisation zum Aufbau und Betrieb der GDI-DE kann wie folgt zusammengefasst werden:

Das Lenkungsgremium der GDI-DE setzt sich aus Vertretern des Bundes, der Länder und der Kommunalen Spitzenverbände zusammen. Der Geschäftsbetrieb des Lenkungsgremiums wird durch die Koordinierungsstelle GDI-DE sichergestellt. Hier werden Beschlüsse, Konzepte und Umsetzungsstrategien des Lenkungsgremiums vor- und nachbereitet und die Projekte der GDI-DE koordiniert.

Die Regelungen der GDI-DE werden mit Unterstützung des Lenkungsgremiums GDI-DE und eines Netzwerks von Ansprechpartnern in den Ländern, den Kommunalen Spitzenverbänden, der GIW-Kommission und anderen Expertengremien erarbeitet und anschließend verbindlich bei Bund und Ländern umgesetzt. Ziel ist es, den Aufbau und den Betrieb der GDI-DE gemeinsam mit Geodatenhaltern, -anbietern und -nutzern zu gewährleisten.

13.3.3 Ausführungsebene: Koordinierungsstelle GDI-DE, Ansprechpartner und Netzwerk

Zur Sicherstellung des operativen Betriebs der GDI-DE wurde am 01.01.2005 auf der fachlich-technischen Ebene die Geschäfts- und Koordinierungsstelle GDI-DE auf der Grundlage der „Vereinbarung zwischen dem Bund und den Ländern zur Einrichtung einer Geschäfts- und Koordinierungsstelle zum gemeinsamen Aufbau der Geodateninfrastruktur Deutschland“ eingerichtet. Mit der neuen Verwaltungsvereinbarung GDI-DE vom 30.10.2008 wurde die Geschäfts- und Koordinierungsstelle GDI-DE in Koordinierungsstelle GDI-DE (KSt. GDI-DE) umbenannt.

Die Koordinierungsstelle wird als Organisationseinheit des Bundesamtes für Kartographie und Geodäsie (BKG) in Frankfurt am Main geführt und nutzt die für die Aufgabenwahrnehmung benötigte räumliche und technische Infrastruktur des BKG.

Die Personalausstattung der Koordinierungsstelle (bis zu 10 Personen) orientiert sich am Arbeitsprogramm der GDI-DE. Über den Personalbedarf einschließlich Wertigkeit entscheidet das Lenkungsgremium auf Grundlage von Wirtschaftlichkeit und Erforderlichkeit in der Aufgabenwahrnehmung. Das Personal wird vom Bund und von den Ländern gestellt bzw. finanziert. Damit wird auch organisatorisch dem Umstand Rechnung getragen, dass in einer gemeinsamen Geodateninfrastruktur administrative Grenzen und Zuständigkeiten zugunsten offener Lösungen in den Hintergrund treten.

Die Koordinierungsstelle koordiniert die Ausführung der Beschlüsse und Aufträge des Lenkungsgremiums sowie die Überwachung ihrer Umsetzung. Sie nimmt operative Aufgaben des Lenkungsgremiums wahr und wird dabei von den Kontaktstellen des Bundes und der Länder unterstützt. Sie unterstützt den Vorsitzenden des Lenkungsgremiums bei der Wahrnehmung seiner Geschäfte.

Die Arbeitskreise (AK) dienen der Weiterentwicklung technischer Grundlagen, dem Wissensaustausch und der fachlichen Abstimmung auf der technischen Arbeitsebene; sie stehen Mitgliedern aus Bundes-, Landes- und Kommunalverwaltungen sowie der Geoinformationswirtschaft offen.

Derzeit sind folgende Arbeitskreise eingerichtet:

- AK Architektur,
- AK Geodienste,
- AK Metadaten.

Die Aufgaben der Arbeitskreise sind langfristig angelegt. Für zeitlich und thematisch begrenzte Programme können temporäre Arbeitsgruppen, Testbeds sowie Modell- und Leitprojekte eingerichtet werden (vgl. Tabelle 13.1).

Mit seinen nach dem Prinzip „einige für alle“ durchgeführten Modellprojekten (siehe Abschnitt 13.5.9) schafft GDI-DE Best-Practice-Beispiele als Bausteine eines umfassenden Netzwerks von Geoinformationen.

Tabelle 13.1: Arbeitsgruppen, Testbeds sowie Modell- und Leitprojekte der GDI-DE

Instrument	Beschreibung
Temporäre Arbeitsgruppen	Temporäre Arbeitsgruppen bearbeiten klar umrissene, zeitlich und thematisch begrenzte Aufgaben, die im Rahmen einer Projektplanung definiert werden. Sie bearbeiten Themen hoher Priorität.
Testbeds	Testbeds dienen der Weiterentwicklung und Erprobung der Praxistauglichkeit technischer Spezifikationen. Sie sind zeitlich begrenzt.
Modell- und Leitprojekte	Modell- und Leitprojekte dienen der konkreten Anwendung von Spezifikationen, insbesondere der exemplarischen Einführung von GDI-Technologien in spezifischen Anwendungsbereichen.

Die Koordinierungsstelle GDI-DE arbeitet in einem organisatorischen Netzwerk. Hierzu gehören u. a. die Kontaktstellen, Ansprechpartner bei den Kommunalen Spitzenverbänden, die GIW-Kommission sowie die Arbeitskreise der GDI-DE. Die Koordinierungsstelle GDI-DE soll zusammen mit den verantwortlichen Trägern der GDI-DE die Koordinierungsaufgaben und den Geschäftsbetrieb des Lenkungsgremiums gewährleisten. Die Koordinierungsstelle GDI-DE nimmt keine originär fachlichen Aufgaben wahr, wie z. B. Datenerfassung, -führung oder -bereitstellung.

Damit gewährleistet die Koordinierungsstelle GDI-DE die kontinuierliche Koordinierung aller übergreifenden operativen Maßnahmen. Sie ist zugleich die Schnittstelle zwischen fachlich-technischer Ebene (Netzwerk der GDI-DE) und fachpolitischer Ebene (Lenkungsgremium GDI-DE).

Jeder Vereinbarungspartner (Bund und 16 Länder) benennt eine Kontaktstelle als unmittelbaren Ansprechpartner der Koordinierungsstelle.

Die Kontaktstellen sind dafür zuständig,

- notwendige Informationen für die Wahrnehmung der Aufgaben der GDI-DE an die Koordinierungsstelle weiterzugeben,

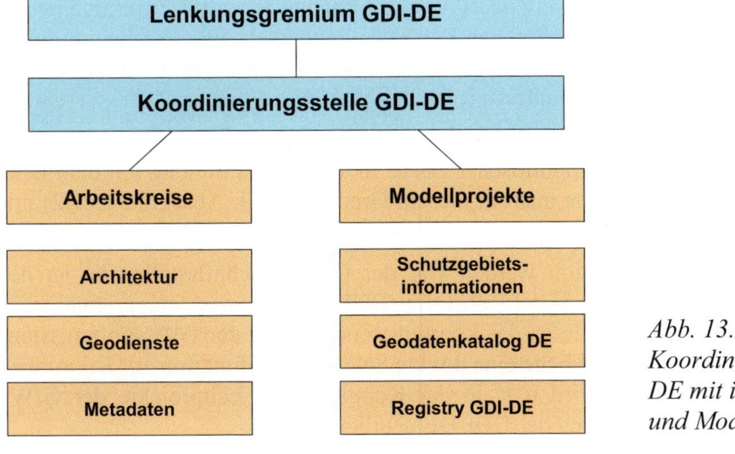

Abb. 13.6: Koordinierungsstelle GDI-DE mit ihren Arbeitskreisen und Modellprojekten

- die Umsetzung der vom Lenkungsgremium beschlossenen Maßnahmen mit Unterstützung der Koordinierungsstelle in der jeweiligen Gebietskörperschaft zu unterstützen,
- auf Anforderung der Koordinierungsstelle über den Stand der Umsetzung der jeweiligen Maßnahmen Auskunft zu erteilen.

13.3.4 Einbindung der Wirtschaft durch die GIW-Kommission

Im Jahr 2003 wurden in einer Studie des Bundesministeriums für Wirtschaft und Technologie (BMWi) mehrere Mrd. Euro Wertschöpfungspotenzial aus der wirtschaftlichen Nutzung von Geoinformationen prognostiziert. Dieses derzeit noch nicht in vollem Umfang aktivierte Wirtschaftspotenzial hat die Bundesregierung veranlasst, neben der GDI-DE im November 2004 im Geschäftsbereich des Bundesministeriums für Wirtschaft und Technologie die Kommission für Geoinformationswirtschaft (GIW-Kommission) einzurichten.

Die GIW-Kommission fungiert als Schaltstelle zwischen Wirtschaft und Verwaltung und setzt sich aus Vertretern der deutschen Wirtschaft und Industrie zusammen. Das Branchenspektrum ist weitreichend und vielfältig: die Rohstoffwirtschaft, die Entsorgungswirtschaft, die Landwirtschaft, die Wasser- und Energieversorger, die Industrie- und Handelskammern, der Bergbau sowie Erdöl/Erdgas, die Werbewirtschaft, die Informationswirtschaft, das Handwerk, die Versicherungswirtschaft, die Finanz- und Immobilienwirtschaft sowie zahlreiche weitere Wirtschaftszweige.

Ziel der GIW-Kommission ist es, die Bedürfnisse der Wirtschaft an staatlichen Geoinformationen zu formulieren, zu bündeln und durch Empfehlungen an die Politik sowie durch konkrete Projektarbeit berücksichtigen zu helfen. Der Mehrwert von Geoinformationen soll gesteigert und gleichzeitig sollen Maßnahmen entwickelt werden, die eine branchenspezifische und regional übergreifende Aktivierung dieses Marktpotenzials ermöglicht. Damit sollen Arbeitsplätze gesichert und geschaffen sowie der Wirtschaftsstandort Deutschland gestärkt werden.

Hierzu entwickelt die GIW-Kommission zahlreiche Aktivitäten; beispielsweise hat sie das Memorandum „Digitaler Rohstoff Geoinformationen – ein Beitrag zur Sicherung des Wirtschaftsstandortes Deutschland (2005)“ formuliert und eine Erhebung zur Nutzung von Geoinformationen durch die Wirtschaft durchgeführt.

Aufbauend auf bereits bestehenden Lösungsmodellen zur Nutzung von Geoinformationen wurden gemeinsame, branchenübergreifende GIW-Leitprojekte in enger Zusammenarbeit mit den für die Geoinformationen zuständigen Behörden entwickelt. Die Ergebnisse dieser Leitprojekte sollen helfen, spezifische Handlungsmöglichkeiten aufzuzeigen und aus diesen exemplarischen Lösungen heraus bundesweit einheitliche Handlungsmodelle zu entwickeln.

Die GIW-Kommission steht auf fachpolitischer Ebene in enger Abstimmung mit dem Lenkungsgremium GDI-DE, weshalb sie auch in diesem Gremium (vgl. Abschnitt 13.3.2) mit beratender Stimme vertreten ist.

Die Geschäfte der GIW-Kommission werden von der GIW-Geschäftsstelle, die an der Bundesanstalt für Geowissenschaften und Rohstoffe (BGR) in Hannover eingerichtet wurde, geführt. Die GIW-Geschäftsstelle ist das koordinierende Organ der GIW-Kommission. Sie nimmt auf der fachtechnischen Ebene eine direkte Schnittstellenfunktion zur Koordinierungsstelle GDI-DE wahr. Dies wird u. a. in der Kopplung der Leitprojekte der GIW-Kommission mit den Modellprojekten der GDI-DE deutlich.

Gemeinsame Projekte von Wirtschaft und Verwaltung zeigen, wie neue Geschäftsideen und -modelle zur markgerechten Bereitstellung von Geoinformationen beitragen können.

Ein herausragendes Beispiel ist die Demonstrations-Anwendung www.georohstoff.org. Am Beispiel des Informationsdienstes „GISInfoService.de" des Leitprojekts „Rohstoffe" wird demonstriert, welche enorme Informationsdichte durch die Vernetzung von Geodaten und Geodatendiensten aus Wirtschaft und Verwaltung plötzlich möglich wird.

13.4 Die Rolle eines Geobasisinformationssystems im GDI-Prozess

13.4.1 Bedeutung und Funktion eines Geobasisinformationssystems

Mit dem Aufbau des Geobasisinformationssystems des amtlichen Vermessungswesens wurde schon frühzeitig unter dem Aspekt des Datenverbundes in integrierten Informationssystemen begonnen. Heute stehen

- die Informationen des Liegenschaftskatasters in Form der „Automatisierten Liegenschaftskarte" und des „Automatisierten Liegenschaftsbuches" sowie
- die Informationen der Topographischen Landesaufnahme deutschlandweit einheitlich im „Amtlichen Topographisch-Kartographischen Informationssystem"

als Geobasisdaten für ein weites Spektrum von Fachinformationssystemen digital zur Verfügung.

Allerdings genügen diese Informationen hinsichtlich ihrer Modellierung nicht in allen Teilen den zeitgemäßen, international verbindlich abgestimmten Normen und Standards. Deshalb hat die AdV die Modellierung der Informationen des Raumbezugs, des Liegenschaftskatasters und der Geotopographie in der „Dokumentation zur Modellierung der Geoinformationen des amtlichen Vermessungswesens" (ADV 2008) zusammengefasst und auf der Grundlage der aktuellen internationalen Normen und Standards (vgl. Kapitel 14) neu konzipiert. Damit werden die integrierte Führung im Geobasisinformationssystem und die Bereitstellung der Geobasisdaten in einer Geodateninfrastruktur erleichtert und das Anwendungspotenzial der Geobasisdaten weiter ausbaut.

Die Vermessungsverwaltungen haben den gesetzlichen Auftrag, ihre Geodaten in einem amtlichen Geobasisinformationssystem aktuell zu führen und als Raumbezugs- und Organisationsgrundlage für alle raumbezogenen Fachinformationssysteme anwendungsneutral bereitzustellen. Dieses Geobasisinformationssystem ist von grundlegender Bedeutung beim Aufbau und Betrieb von Geodateninfrastrukturen und der Umsetzung der eGovernment-Strategien von Bund, Ländern und Kommunen (vgl. Abschnitt 3.4.2).

Die Daten des amtlichen Vermessungswesens liefern für die einzelnen Fachverwaltungen unverzichtbare Grundlagen für Prozesse, Planungen, Maßnahmen und Entscheidungen. Zugleich sind sie für die Wirtschaft ein wertvoller „Rohstoff", auf dem weitere Dienste und Dienstleistungen aufgebaut und neue Produkte geschaffen werden können.

Anders als noch vor Jahren werden die Aufgaben im amtlichen Vermessungswesen nicht mehr ausschließlich in einem regionalen Kontext gesehen. Nutzer aus Wirtschaft, Wissenschaft und Verwaltung haben einen zunehmend grenzüberschreitenden Bedarf formuliert. Dies gilt nicht nur für kommunale und staatliche, sondern ebenso für fachgebietsbezogene

Grenzen (OSTRAU 2008) und wird auch durch die internationalen Beschlüsse zur globalen, nachhaltigen Entwicklung (vgl. Kapitel 4) deutlich.

Um diesen grenzüberschreitenden Anforderungen gerecht werden zu können, werden die Geobasisdaten aus dem bisher geltenden Raumbezugssystem „Potsdam Datum" mit der Gauß-Krüger-Abbildung in das „Europäische Terrestrische Referenzsystem 1989 (ETRS 89) (vgl. Kapitel 5) mit der Universalen Transversalen Mercator-Abbildung (UTM)" transformiert.

Inhalte des Geobasisinformationssystems des amtlichen Vermessungswesens sind die Geobasisdaten des Liegenschaftskatasters, der Geotopographie und des geodätischen Raumbezugs. Mit ihren Geobasisdaten stellt das amtliche Vermessungswesen diese einheitliche geodätische Raumbezugsgrundlage und das Grundgerüst für die geometrische Zuordnung fachspezifischer Sachverhalte bereit. Es schafft damit die nötigen Voraussetzungen für ein effektives und redundanzfreies Zusammenspiel der Geodaten aus verschiedenen Fachbereichen, den sogenannten Geofachdaten. Geofachdaten sind anwendungsspezifische Daten, z. B. Leitungsdaten oder Kundendaten eines Versorgungsunternehmens, wenn sie direkt durch Koordinaten oder indirekt, z. B. durch Postleitzahlbezirke oder administrativen Einheiten, mit einer auf die Erde bezogenen Position verbunden sind.

Die Interoperabilität der Geodaten und Geodatendienste ist das zentrale Anliegen der INSPIRE-Richtlinie. Sie lässt sich mit vertretbarem Aufwand nur sicherstellen, wenn alle Geodaten und Geodatendienste einen gemeinsamen Raumbezug verwenden.

Diese aus wirtschaftlichen und organisatorischen Gründen sinnvolle Forderung nach einem einheitlichen Raumbezug und einer einheitlichen Verwendung der Daten des Liegenschaftskatasters, der Geotopographie und des geodätischen Raumbezugs als Basis für Geoinformationssysteme der anderen Fachbereiche wird bei der Umsetzung der INSPIRE-Richtlinie in nationales Recht in eine gesetzliche Verpflichtung umgewandelt, soweit diese Verpflichtung nicht schon vorher bestanden hat.

Dadurch wird den Daten des amtlichen Vermessungswesens eine fachübergreifende Basisfunktion als neutrale Kernkomponente der Geodateninfrastruktur zugewiesen. Alle anderen Fachbereiche sind verpflichtet, ihre Geofachdaten auf der Grundlage der Geobasisdaten zu erfassen und zu führen.

Geodaten aus Fachinformationssystemen ohne einen einheitlichen Raumbezug bleiben Insellösungen, die über den engen fachbezogenen Einsatzbereich hinaus kaum einen Mehrwert entfalten können. Basieren die Geodaten aus Fachinformationssysteme dagegen auf den Geobasisdaten der Vermessungsverwaltung, so ist sichergestellt, dass über die einheitliche Verfügbarkeit und Aktualität der Geobasisdaten die Geofachdaten verschiedener Fachbereiche problemlos miteinander verknüpft (vgl. Abschnitt 13.4.3) und so umfassend und effektiv genutzt werden können.

Es ist zu erwarten, dass durch den Aufbau der Geodateninfrastrukturen in Deutschland und in Europa der Verbreitungsgrad der Geobasisdaten zunehmen wird. Damit wird die gesellschaftliche Bedeutung, die diese Daten haben, immer deutlicher werden. Deshalb ist es für das amtliche Vermessungswesen in Deutschland wichtig, den prosperierenden Markt für Geobasisdaten aktiv auszubauen und weitere wirtschaftliche Potenziale zu erschließen.

Mit der Bereitstellung seiner Geobasisdaten als einheitliche Raumbezugsgrundlage für die Geofachdaten trägt das amtliche Vermessungswesen wesentlich zur wirtschaftlichen, technologischen und infrastrukturellen Entwicklung des Standortes Deutschland bei (Birth & Mattiseck 2005).

13.4.2 Bereitstellung von Geobasisdaten in einer Geodateninfrastruktur

Die für das Funktionieren der Geodateninfrastruktur notwendige Interoperabilität erfordert neben dem einheitlichen Raumbezug der Geodaten auch eine ausreichende Standardisierung der Daten und Methoden, um eine direkte und reibungslose Kommunikation zwischen verschiedenen Softwareanwendungen und den institutionsübergreifenden und grenzüberschreitenden Zugriff auf Geodaten und Geodatendienste sicherzustellen.

Geobasisdaten sollen möglichst vielen Anwendungen und Nutzern dienen. Aus betriebs- und auch aus volkswirtschaftlichen Gründen ist es deshalb wichtig, über die Existenz und den Umfang dieser Geobasisdaten zu informieren (vgl. Abschnitt 3.5), um Doppelarbeiten zu vermeiden und eine bessere Verknüpfung der auf den Geobasisdaten aufbauenden Fachdaten zu gewährleisten.

Bereits seit 1996 bietet das Geodatenzentrum des amtlichen Vermessungswesens beim Bundesamt für Geodäsie und Kartographie (GDZ 2009) digitale topographische und kartographische Geobasisdaten der Bundesländer und des Bundes auf der Grundlage einer Verwaltungsvereinbarung zwischen den Bundesländern und dem Bund über ein Geoportal an (Bundestag 2008).

Das vorhandene Geobasisdatenangebot einschließlich der Metadaten wird schrittweise ausgebaut und harmonisiert. Die Geodaten werden hinsichtlich Inhalt, Ausdehnung, Qualität, Raumbezug und Vertrieb beschrieben.

Neben der Abgabe auf Datenträger werden die Geobasisdaten entsprechend der technischen Entwicklung auch über standardisierte Dienste (vgl. Abschnitt 13.5.4) bereitgestellt.

Tabelle 13.2 gibt eine Übersicht über die Angebote der Geodatendienste (IMAGI 2008), die unmittelbar in Fachanwendungen integriert werden können und jederzeit den Zugriff auf die aktuellen Daten gewährleisten.

Tabelle 13.2: Angebote standardisierter Geodatendienste des amtlichen Vermessungswesens

Art der Geodatendienste	**Inhalt der Geodatendienste**
Web Map Services	Zur Darstellung der Digitalen Topographischen Karten • 1 : 25.000 • 1 : 50.000 • 1 : 100.000 • 1 : 200.000 • 1 : 500.000 • 1 : 1.000.000
	Zur Darstellung der Digitalen Orthophotos
	Zur Darstellung der Verwaltungsgrenzen 1 : 250.000
Web Feature Services	Zur Suche mit geographischen Namen
Web Catalogue Service	Zur Abfrage von Metadaten (Beschreibung der Daten und ihrer Qualität)

Darüber hinaus bietet das amtliche Vermessungswesen weitere Geodatendienste (vgl. Abschnitte 13.1.2 und 16.1) an:

- Seit 2007 steht ein deutschlandweites einheitliches digitales Kartenbild im Maßstab 1 : 50.000 zur Verfügung, das aus einem einheitlichen Datenbestand aller Bundesländer als Karte im Maßstab 1 : 50.000 abgeleitet wurde und über einen standardisierten Web Map Service genutzt werden kann;
- Ein bundesweit einheitlicher Nachschlagedienst „Amtliche Adressen für Deutschland" ermöglicht es Anwendungen seit 2008, automatisch Recherchen mit Gebäudeadressen über einen standardisierten Web Feature Service, einen sogenannten kaskadierenden „Gazetteer-Service", durchzuführen. Als Ergebnis werden Lagekoordinaten für Gebäude übermittelt.

  Dieser Dienst kann für Navigationszwecke oder für die Geocodierung genutzt werden. Verwaltungen, Energieversorger, die Navigationsindustrie und verstärkt auch Unternehmen aus der Verlags- und Zustellbranche nutzen das Angebot.

Die Verwendung von Geobasisdatendiensten im Geoviewer des GDI-DE-Modellprojekts „Schutzgebietsinformationen" (KOORDINIERUNGSSTELLE GDI-DE 2009) zeigt Abbildung 13.7 beispielhaft.

Mit Wirkung vom 1. Januar 2008 haben sich die Vermessungsverwaltungen der Bundesländer auf eine einheitliche Richtlinie für die Bereitstellung und Nutzung der Geobasisdaten (vgl. Abschnitt 3.4.3) verständigt. Die neue Gebührenrichtlinie soll zur Aktivierung des Geoinformationsmarktes in Deutschland beitragen. Deshalb soll sie jeweils in Landesrecht umgesetzt werden.

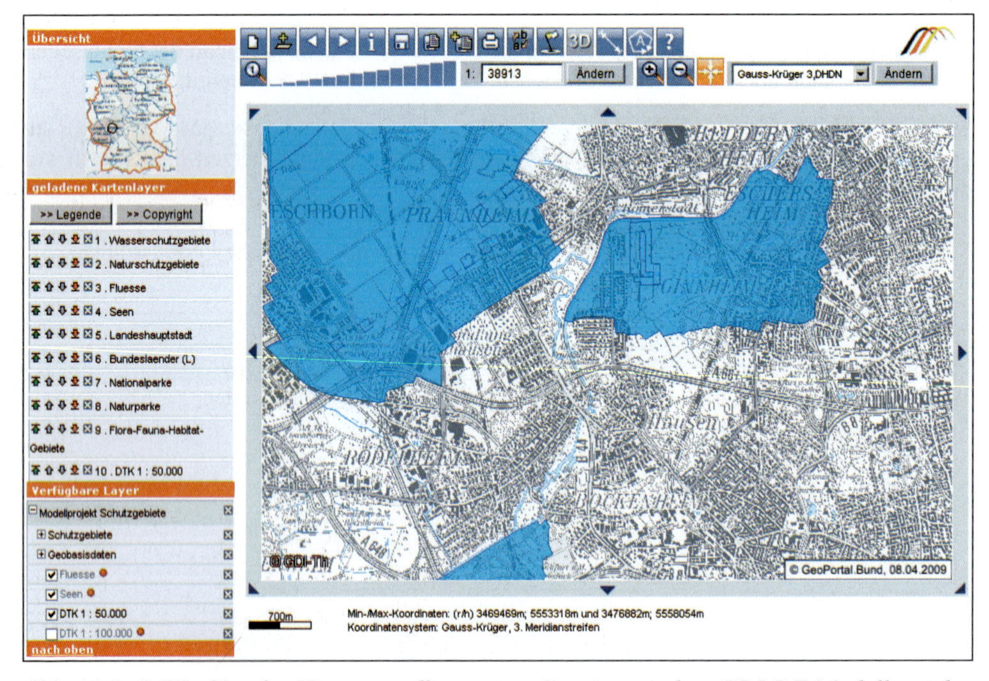

Abb. 13.7: DTK 50 als Hintergrundkarte im Geoviewer des GDI-DE-Modellprojekts Schutzgebietsinformationen

Die erweiterten Bereitstellungsmöglichkeiten der Geobasisdaten, insbesondere durch die Nutzung moderner Medien, entsprechen dem Öffentlichkeitsprinzip (vgl. Abschnitte 3.5.3 und 15.1.2) und dem Verbreitungsgebot. Damit können sie auch zu einer verbesserten Refinanzierung der Bereitstellungskosten sowie zu einer aus volkswirtschaftlicher Sicht erhöhten Wertschöpfung beitragen.

Außerdem soll durch die Bereitstellung der Geobasisdaten über Geodatendienste vermieden werden, dass unnötige und wirtschaftlich nicht vertretbare Mehrfacharbeiten entstehen. Die für den Aufbau einer Geodateninfrastruktur notwendige Freiheit der Datenbereitstellung und -nutzung muss aber sicherstellen, dass die Authentizität der Geobasisdaten gewahrt bleibt und die Unversehrtheit des Originaldatenbestandes ständig gewährleistet wird (BIRTH, MATTISECK 2005).

13.4.3 Integration und Verknüpfung von Geobasisdaten und Geofachdaten

Der Zugang zu allen verfügbaren Geodaten und zu den interoperablen Diensten soll durch den Aufbau der Geodateninfrastrukturen verbessert und vereinfacht werden. Sie verbinden die Geobasisdaten und die Geodaten anderer Fachbereiche oder privater Anbieter miteinander, machen sie über Internet zugänglich und bringen Produzenten, Verarbeiter, Veredler und Nutzer der Geodaten zusammen.

Mit der Verabschiedung der „Dokumentation zur Modellierung der Geoinformationen des amtlichen Vermessungswesens" (GeoInfoDok) durch die AdV (vgl. Kapitel 14) und der schrittweisen Einführung des neuen Datenmodells im amtlichen Vermessungswesen steigt der Bedarf, auch die Nutzung der Geobasisdaten in den darauf aufbauenden Fachinformationssystemen an die neuen Rahmenbedingungen anzupassen und dabei von den modernen Modellierungstechniken zu profitieren.

Anhand ausgewählter Anwendungsbeispiele wurde von der AdV ein „Leitfaden für die Modellierung von Fachinformationen unter Verwendung der GeoInfoDok" erstellt (ADV 2008). Beispiele kommen aus den Bereichen Bodenrichtwerte, Touristik- und Freizeitinformationen und Landentwicklung.

Objektorientierte Datenmodelle können für andere Fachverwaltungen vorteilhaft sein, wenn diese die bisher getrennt geführten Sach- und Graphikdaten zukünftig integriert in einem objektorientierten Datenmodell führen wollen. So werden z. B. für das neue länderübergreifende Fachdateninformationssystem Landentwicklung (LEFIS) folgende Vorteile genannt (FEHRES 2007):

- Aufbau des objektorientierten Fachdatenmodells auf internationalen Standards und Normen,
- Berücksichtigung des AAA-Datenmodells, insbesondere zur Gewährleistung eines problemlosen Datenaustausches,
- Konzeption der kompletten Datenhaltung und durchgängigen Bearbeitung von Bodenordnungsverfahren nach den entsprechenden Gesetzen,
- Auszugs- und Informationssystem zur Erstellung von Verwaltungsakten mit ihren Bestandteilen in Bodenordnungsverfahren sowie von Online-Auskunftssystemen,
- Ausbau zu einem umfassenden Informationssystem Landentwicklung unter Nutzung von GDI-Strukturen und des eGovernments.

Die wesentlichen Vorteile der Modellierung von Fachinformationssystemen auf der Grundlage der GeoInfoDok liegen in der Verwendung eines bewährten Modellierungsrahmens auf der Grundlage internationaler Standards für die

- konzeptuelle Modellierung der Fachinformationssysteme und
- die Modellierung von Softwareschnittstellen.

Darüber hinaus entstehen Vorteile durch die Verwendung von Softwaretools zur

- automatischen, konfigurierbaren Ableitung von Objektartenkatalogen,
- automatischen Ableitung einer normbasierten Austauschschnittstelle (NAS) und
- zur Bildung nutzerspezifischer Profile des Gesamtumfangs des AAA-Datenmodells.

Alles zusammen vereinfacht den fachübergreifenden Informationsaustausch, weil gleiche Konzepte und Begriffe zugrunde gelegt und eine Integration in die im Aufbau befindlichen Geodateninfrastrukturen berücksichtigt werden.

13.5 Infrastrukturelles Architekturkonzept

13.5.1 Anforderungen an die Organisation

In der Bundesrepublik Deutschland sind die öffentlichen Aufgaben zwischen Bund und Ländern bekanntlich so aufgeteilt, dass die beiden politischen Ebenen jeweils für bestimmte (u. a. im Grundgesetz festgelegte) Aufgaben zuständig sind. Zusätzlich gilt das Prinzip der kommunalen Selbstverwaltung, welches im Grundgesetz und in den Landesverfassungen geregelt ist, und den Gemeinden und Landkreisen die eigenverantwortliche Gestaltung vieler Aufgabenbereiche überträgt.

Ergänzend besteht nach dem Subsidiaritätsprinzip die Verpflichtung dezentraler Gebietskörperschaften, gesamtstaatlich zu handeln. Daraus ergibt sich u. a. die Verpflichtung für die Bereitstellung von Geodaten, Geodatendiensten und Metadaten.

Neben den vertikalen Verwaltungsstrukturen zwischen Bund, Ländern und Kommunen beeinflussen auch die horizontalen Strukturen zwischen den Fachverwaltungen einer Verwaltungsebene die Bereitstellung von und den Zugriff auf Geodaten und Metadaten (z. B. Vermessung, Umwelt, Raumordnung). Diese fachlichen Zuständigkeiten müssen im Kontext der GDI-DE ebenfalls berücksichtigt werden.

Die Umsetzung der Architektur der GDI-DE setzt voraus, dass sich Bund, Länder und Kommunen im erforderlichen Maß mit den Zielen und Prinzipien der GDI-DE identifizieren und sich am Aufbau der GDI-DE kooperierend beteiligen. Dies schließt auch die Berücksichtigung der Architektur der GDI-DE bei öffentlichen Investitionen und bei Normgebungsverfahren ein.

Mit den Organen der GDI-DE (vgl. Abschnitt 13.3),

- dem Arbeitskreis der Staatssekretäre auf der politischen Ebene,
- dem Lenkungsgremium GDI-DE auf der fachpolitischen und konzeptionellen Ebene und
- der Koordinierungsstelle GDI-DE und den Kontaktstellen des Bundes und der Länder auf der fachlich-technischen Ebene,

sind die Voraussetzungen geschaffen, der Organisation und der Koordinierung der Geodateninfrastruktur in Deutschland gerecht zu werden.

13.5.2 Anforderungen an die Daten (Nationale Geodatenbasis)

Als wichtiger Bestandteil einer Geodateninfrastruktur gilt eine Geodatenbasis. Sie enthält mindestens die Geodaten, die zur gesetzlichen Aufgabenerledigung erforderlich sind. In Abhängigkeit von den jeweiligen Zielen einer Geodateninfrastruktur enthält sie darüber hinaus die Geodaten, die von Verwaltung, Wirtschaft und Forschung im nationalen, europäischen und globalen Informationsmarkt benötigt werden.

Bereits 2004 hat folgerichtig der Arbeitskreis der Staatssekretäre für eGovernment in Bund und Ländern für die Bereitstellung der Nationalen Geodatenbasis (NGDB) im Rahmen des Aufbaus der Geodateninfrastruktur Deutschland folgenden Auftrag an das Lenkungsgremium GDI-DE formuliert:

- Alle Geodaten, die zur Erledigung gesetzlich vorgeschriebener Aufgaben, zur Unterstützung modernen Verwaltungshandelns und der wirtschaftlichen Entwicklung sowie der Forschung benötigt werden, müssen als Teile der NGDB identifiziert werden.
- Die zuständigen Datenhalter und Datenbereitsteller sind eindeutig zu benennen.
- Die Daten der NGDB sind durch die öffentlichen Verwaltungen des Bundes, der Länder und der Kommunen bereitzustellen.

Für die Umsetzung dieses Auftrags muss die große Menge der in Frage kommenden Geodaten gesichtet, bewertet, ausgewählt und der NGDB zugeordnet werden.

Für den Bereich der Geodaten des Bundes hat sich eine Arbeitsgruppe des Interministeriellen Ausschusses für Geoinformationswesen (IMAGI) mit der Zuordnung von Daten zur NGDB beschäftigt und 2007 auf Grundlage eines allgemeinen Kriterienkataloges die NGDB-Geodatenliste im GeoPortal.Bund veröffentlicht. Darin werden alle vorhandenen Geodatenprodukte aufgeführt, die von Fachbehörden/-institutionen des Bundes in ihrer Zuständigkeit aufbereitet bzw. zusammengestellt werden.

Auf der 10. Sitzung des Lenkungsgremiums GDI-DE am 26.11.2008 wurde beschlossen, eine Arbeitsgruppe auf Ebene des Lenkungsgremiums mit Beteiligung weiterer Vertreter aus allen Verwaltungsebenen (Bund, Länder und Kommunale Spitzenverbände), der Kommission für Geoinformationswirtschaft (GIW-Kommission) sowie der Koordinierungsstelle GDI-DE einzurichten.

Diese Arbeitsgruppe hat auf der 11. Sitzung des LG GDI-DE am 06.05.2009 ein erstes Konzept vorgestellt; die folgenden Ausführungen beziehen sich auf dieses Konzept (NGDB GDI-DE 2009). Als nationale Geodatenbasis wurde definiert:

Als die Nationale Geodatenbasis werden die Geodaten („Schlüsseldaten") bezeichnet, die

- für die Erledigung gesetzlich vorgeschriebener Aufgaben aus nationalen und internationalen Verpflichtungen benötigt werden oder
- amtlich, wirtschaftlich oder wissenschaftlich für Deutschland von Bedeutung sind sowie
  - fachübergreifend oder
  - bundesweit flächendeckend sind oder
  - mehrfach genutzt werden.

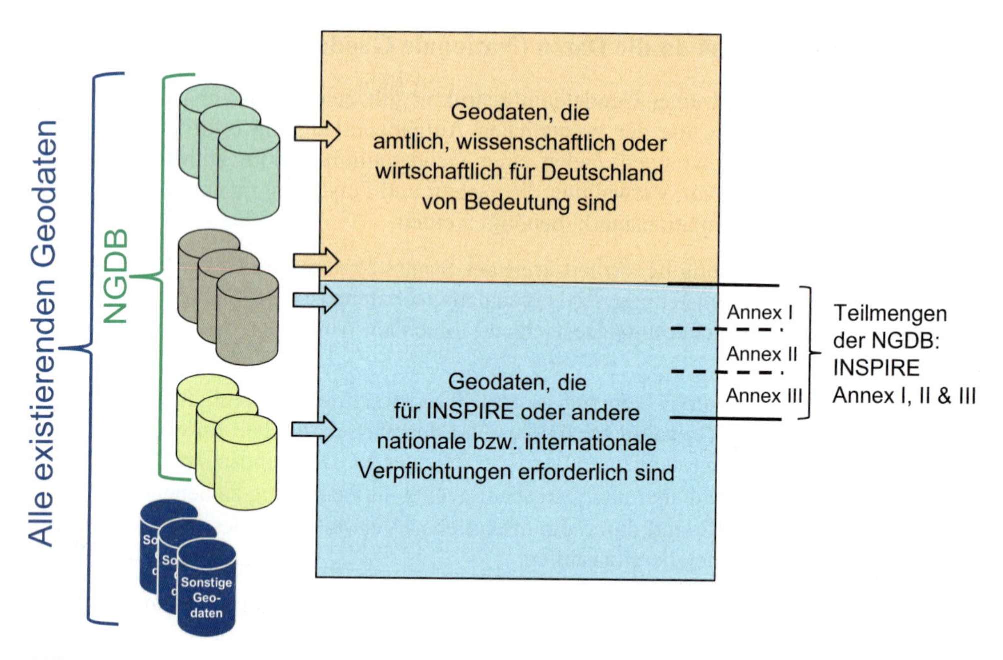

Abb. 13.8: Die Anforderungen der NGDB dienen der Identifikation von Geodaten

Die Zuordnung von Geodaten zur NGDB erfolgt somit transparent auf der Grundlage dieser Aufnahmekriterien. Die allgemeine Definition der NGDB wird anhand von Abbildung 13.8 verdeutlicht.

Für die Identifikation von Geodaten, die sich für eine Integration in die NGDB eignen, sind Qualitätsanforderungen zu stellen. Diese Qualitätsanforderungen beziehen sich auf Kriterien wie einheitlicher Raumbezug, Visualisierbarkeit, Recherchierbarkeit, inhaltlich und geometrisch harmonisierte Datenmodelle und auf Kriterien für die Geodatendienste wie Zugriffs- und Abrufmöglichkeiten sowie Lizenz- und Abrechnungsmodalitäten. Um das offene Konzept zu realisieren, sollen Geodaten unterschiedlicher Qualität in die NGDB aufgenommen werden können.

Dafür sieht das Konzept zwei Stufen für die Qualitätsanforderungen vor (vgl. Tabelle 13.3 und 13.4):

Tabelle 13.3: Qualitätskriterien der Stufe 1:

Qualitätskriterium	**Beschreibung**
Georeferenzierung	Unterstützung von Raumbezugssystemen
Visualisierbarkeit	Unterstützung eines Darstellungsdienstes
Recherchierbarkeit von Geodaten und Geodaten-diensten	Existenz von Metadaten und Unterstützung eines Katalogdienstes, Integrierbarkeit in den Geodatenkatalog-DE

Tabelle 13.4: Qualitätskriterien der Stufe 2

Qualitätskriterium	Beschreibung
Zugriff und Abruf der Geodaten	Unterstützung eines Downloaddienstes
Elektronische Abwicklung von Lizenzverfahren	Existenz eines Lizenzmodells mit erforderlicher elektronischer Dienstleistung
Elektronische Abwicklung von Abrechnungsverfahren	Existenz eines Abrechnungsmodells mit erforderlicher elektronischer Dienstleistung
Harmonisierung von Fachsichten und Objekten	Semantische und geometrische Interoperabilität auf der Grundlage eines einheitlichen Modellierungsrahmen und einem entsprechenden Fachschema

Die Qualitätskriterien werden von der Weiterentwicklung der Normen und Standards sowie dem aktuellen Stand der Technik beeinflusst. Deshalb wurde ein Stufenkonzept entwickelt, aus dem sich

- konkrete Einzelmaßnahmen für die Implementierung der NGDB,
- die Evaluierung des Inhalts der NGDB und
- die Erarbeitung eines interoperablen Modellierungsrahmens für Geodaten der NGDB ergeben.

13.5.3 Bereitstellung und Bezug von Geodaten

Die Schritte der Bereitstellung und des Bezugs von Geodaten können mit den Begriffen „Publish-Find-Bind“ beschrieben werden (KOORDINIERUNGSSTELLE GDI-DE 2007). Ergänzend kann ein Schritt für einen eventuellen Vertragsschluss zwischen Anbieter und Nutzer eingefügt werden („Procure“):

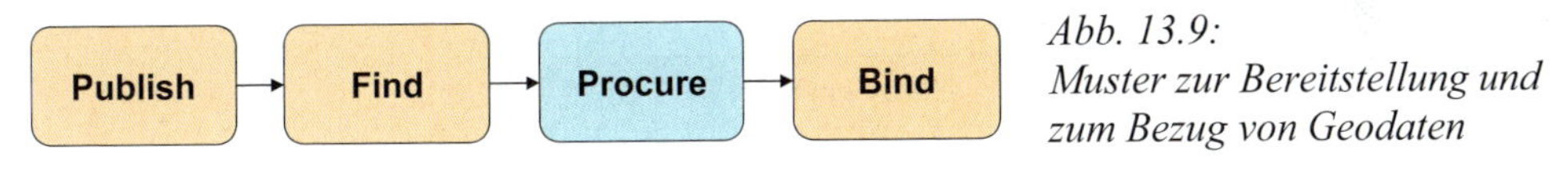

Abb. 13.9: Muster zur Bereitstellung und zum Bezug von Geodaten

Eine Detaillierung der einzelnen Schritte der Publikation und Nutzung von Georessourcen zeigt Tabelle 13.5.

Tabelle 13.5: Schritte der Publikation und Nutzung von Georessourcen

Schritt	Detaillierung
Publish: Geoinformationsressource veröffentlichen	Veröffentlichung der angebotenen Geodaten und -dienste in Metadatenkatalogen
Find: Geoinformationsressource suchen und finden	Finden relevanter Informationen als Ergebnis einer Metadatensuche durch Nutzer bzw. automatisch durch Programme
Procure: Vertrag über Geoinformationsressource schließen	Vertragliche Vereinbarungen über Entgelte, Lizenzierung und Lieferung von Daten interaktiv durch Nutzer bzw. automatisch per Programm
Bind: Geoinformationsressource nutzen	Verbinden des Clients mit dem angegebenen Dienst und Übertragung der Daten zur Visualisierung, Vektor- oder Rasterdatenübertragung oder Sensordatenübertragung

Mit dieser Darstellung liegen die Schritte und die grundsätzlichen Anforderungen an die Bereitstellung und den Bezug von Geodaten fest. Weitere Ausführungen zur Interaktion zwischen Anwender, Diensten sowie Daten- und Dienstverzeichnissen finden sich in Abschnitt 13.5.8.

13.5.4 Bereitstellung von Diensten

Eine zentrale Rolle bei INSPIRE und den nationalen Geodateninfrastrukturen spielt die Bereitstellung von Diensten. Deshalb verlangt die INSPIRE-Richtlinie ausdrücklich als Instrument für die interoperable Nutzung von Geodaten die Bereitstellung von Diensten. Diese Dienste, über Geoportale als elektronische Kommunikations-, Transaktions- und Interaktionsplattform bereitgestellt, ermöglichen erst den schnellen Zugang zu aktuellen Geodaten und Metadaten.

Unter *Dienst (englisch: service)* wird allgemein eine eindeutig identifizierbare, vernetzbare Softwareanwendung verstanden, welche über Schnittstellen bereitgestellt wird und vom Anwender über ein Computernetzwerk aufgerufen werden kann. Im Prinzip wird ein Dienst von einem Anbieter bereitgestellt; ein Nutzer stellt eine Anfrage an einen Dienst und bekommt eine Antwort.

Netzdienste (auch Webdienste, Webservices, englisch: network services oder web services) sind Dienste zur Kommunikation, Transaktion und Interaktion. Der Begriff bezieht seine Definition aus der INSPIRE-Richtlinie; im technischen Umfeld werden meist die Begriffe Webdienst bzw. Webservice verwendet.

Geodatendienste (auch Geodienste, Geo-Webdienste, englisch: spatial data services) sind Netzdienste, die Geodaten und (Geo-) Metadaten in strukturierter Form zugänglich machen. Dies sind vor allem Suchdienste, Darstellungsdienste, Downloaddienste und Transformationsdienste. Geodatendienste sind somit eine definierte Untermenge der Netzdienste, die speziell im Umgang mit Geodaten und der zugehörigen Metadaten zum Einsatz kommen.

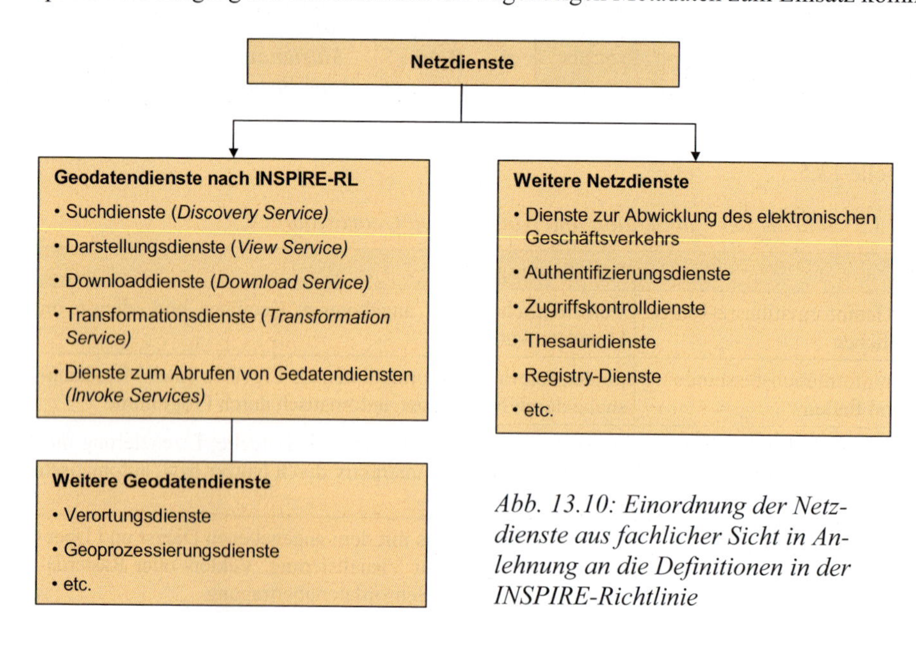

Abb. 13.10: Einordnung der Netzdienste aus fachlicher Sicht in Anlehnung an die Definitionen in der INSPIRE-Richtlinie

Die Tabelle 13.6 zeigt, mit welchen Webdiensten die nach der INSPIRE-Richtlinie geforderten Geodatendienste realisiert werden (die entsprechenden Spezifikationen finden sich in den INSPIRE-Durchführungsbestimmungen und den zugehörigen Leitfäden, den „Guidance Documents"):

Tabelle 13.6: Realisierung der Geodatendienste mit Webdiensten

Geodatendienste nach INSPIRE-RL	Realisierung über
Suchdienst Discovery Service	**CSW (Catalogue Service Web)** = Katalogdienst: *OGC™ Catalogue Services Specification* *ISO Metadata Application Profile for CSW.*
Darstellungsdienst View Service	**WMS (Web Map Service)** = Kartendienst: *ISO 19128: Geographic information-Web map server interface, bezieht sich auf den Standard WMS 1.3.0 OGC Implementation Specification.*
Downloaddienst Download Service	**WFS (Web Feature Service)** ISO/DIS 19142 Geographic information – Web Feature Service ISO/DIS 19143 Geographic information – Filter Encoding OGC Web Services Common Specification
Transformationsdienst Transformation Service	**WCTS (Web Coordinate Transformation Service)** = Koordinatentransformationsdienst *Noch keine fertigentwickelte Spezifikation, die Guidance-Entwürfe empfehlen die Nutzung der Operation transform, definiert im Diskussionspapier der OGC Web Coordinate Transformation Service*
Dienst zum Abrufen von Geodatendiensten Invoke Service	*Derzeit keine Spezifikation durch INSPIRE vorgesehen*

Nachfolgend werden die wichtigsten OGC-basierten und in der Architektur der Geodateninfrastruktur referenzierten Webdienste kurz beschrieben. Ausführlich beschrieben sind diese und weitere Dienste im Architekturkonzept der GDI-DE (Koordinierungsstelle GDI-DE 2007), im Leitfaden „Geodienste im Internet" (Koordinierungsstelle GDI-DE 2008) und im Referenzmodell der Geodateninfrastruktur Sachsen (Referenzmodell 2009).

Ein **Web Map Service (WMS)** ist ein webbasierter Kartendienst. Er generiert über verfügbare Geodaten einen Kartenausschnitt und stellt ihn über das Netz bereit. Die georeferenzierten Daten werden in ein Rasterbildformat, wie beispielsweise PNG, TIFF oder JPEG umgewandelt und können so auf jedem gängigen Browser dargestellt und betrachtet werden. Die Karten können auch im Vektorformat als SVG bereitgestellt werden.

Mit dem **Web Feature Service (WFS)** besteht die Möglichkeit, über das Netz auf Objekte, also auf die Daten selbst, zuzugreifen. Ein WFS bezieht sich ausschließlich auf Vektordaten. Diese Daten kann der Nutzer visualisieren, analysieren oder in anderer Form weiterverarbeiten. Neben einem lesenden Zugriff ist optional auch ein schreibender Zugriff möglich (WFS-T), d. h. Daten können direkt bearbeitet und fortgeführt werden.

Ein **Web Coverage Service (WCS)** dient der standardisierten Bereitstellung mehrdimensionaler, gerasterter Datenbestände. Er liefert Geodaten, die Phänomene mit räumlicher Variabilität repräsentieren. Hierzu gehören beispielsweise Temperaturverteilungen oder Höhenmodelle. Die Ausgabe der WCS-Daten kann sowohl im Raster- als auch im Vektordatenformat erfolgen. Momentan ist die Spezifikation jedoch auf einfache, sogenannte Grid Coverages (Coverage = engl. „Rasterkartenarchiv") begrenzt, d. h. die Daten liegen in festen Abständen wie in einem Gitter vor.

Mit dem **Catalogue Service Web (CSW)** werden Metadaten der Anbieter über die angebotenen Geodaten, Geodatendienste und Anwendungen informiert. Mithilfe solcher Katalogdienste kann ein Nutzer in einer Infrastruktur nach Geodaten und Geodatendiensten, z. B. WMS-Angeboten, suchen.

Der **Web Feature Service Gazetteer (WFS-G)** oder kurz **Gazetteer Service** lehnt sich in seiner Funktion an den WFS an. Ein WFS-G schafft den Zugang zu raumbezogenen Daten über geographische Namensverzeichnisse (engl. Gazetteer), d. h. er liefert zu einem geographischen Namen (z. B. Adresse) die Koordinaten oder stellt das Objekt in einem passenden Kartenausschnitt dar. Er kann somit als Suchdienst für Objekte (z. B. Hausadressen, Ortsnamen, usw.) genutzt werden.

Der **Web Coordinate Transformation Service (WCTS)** ist ein Web Service, der auf Grundlage von festgelegten Transformationsparametern Koordinaten zwischen Koordinatenreferenzsystemen umrechnet, z. B. von der Gauß-Krüger-Projektion in die Universale Transversale Mercator-Projektion. Notwendig ist dieser Service, da oftmals Geodaten aus verschiedenen Quellen mit unterschiedlichen Referenzsystemen zusammengeführt werden müssen. Die Umrechnung erfolgt zur Laufzeit der Anfrage.

13.5.5 Bereitstellung von Metadaten

Die INSPIRE-Richtlinie definiert Metadaten als Informationen, die Geodaten und Geodatendienste beschreiben und es ermöglichen, Geodaten und Geodatendienste zu ermitteln, in Verzeichnisse aufzunehmen und zu nutzen. Metadaten dienen somit dem strukturierten Nachweis von Daten und Diensten und tragen so dazu bei, das Auffinden bestimmter Geodaten und Geodatendienste zu erleichtern und die Vergleichbarkeit der Suchergebnisse zu ermöglichen oder mindestens zu verbessern.

Kurz gesagt sind „Metadaten Daten über Daten und Dienste". Sie beschreiben die generellen Eigenschaften der Geodaten und Geodatendienste, logisch vergleichbar der Beschreibung von Produkten in einem Versandkatalog. Informationen zum Vorhandensein von Daten in einem bestimmten Gebiet, zum zuständigen Ansprechpartner, Fachthema, Koordinatenreferenzsystem und zur Aktualität (Fortführungsstand) der Daten, Maßstabsgrundlage etc. sind solche Metadaten. Sie werden von Anwendern benötigt, um Informationen zur Eignung der Daten und Dienste für den geplanten Einsatzzweck zu erhalten oder gezielt in Geodatenkatalogen nach Daten und Diensten mit bestimmten Inhalten und Eigenschaften zu suchen.

Neben den in den Metadaten enthaltenen Informationen über die Qualität der Daten sollten auch Angaben über den Bestellvorgang und die Abgabebedingungen enthalten sein, die den Vertrieb der Daten erleichtern. Dazu müssen in den Metadatensätzen u. a. Angaben über Bezugsquellen und Entgelte enthalten sein. Im besten Fall enthält der Metadatensatz den Link zum Datenbezug selbst oder zu der entsprechenden Vertriebsstelle.

Für die Erfassung, Führung und Bereitstellung von Metadaten sind sogenannte Metainformationssysteme (MIS) erforderlich. Bei der Erfassung der Metadaten sollte aus Gründen der Wirtschaftlichkeit und der Datenkonsistenz unbedingt darauf geachtet werden, dass möglichst viele Informationen aus den originären Geodatenbanken automatisch ausgelesen und als Metadaten im MIS geführt werden. Die Bereitstellung der Metadaten durch Suchdienste über standardisierte Schnittstellen (vgl. Abschnitt 13.5.4) ist eine zentrale Anforderung an Metainformationssysteme und stellt somit eine zentrale Komponente in einer Geodateninfrastruktur dar (siehe auch Modellprojekt Geodatenkatalog-DE, Abschnitt 13.5.9).

13.5.6 Anforderungen an die Interoperabilität

Interoperabilität von Geodaten und Geodatendiensten ist eine Kernforderung der INSPIRE-Richtlinie. Ziel ist die Schaffung eines interoperablen Datenverbundsystems für Geoinformationen in der Europäischen Gemeinschaft. Basis der Interoperabilität sind gemeinsame Standards, auf deren Grundlage die Kombination von Daten beziehungsweise die Kombination und Interaktion der verschiedenen Systeme und damit eine allgemeine Nutzung der Geodaten und Geodatendienste erst möglich werden.

Auf der technischen Ebene werden über eindeutig spezifizierte Schnittstellen Dienstleistungen für andere Systeme erbracht und Dienstleistungen von anderen Systemen genutzt. Diese Fähigkeit mehrerer Systeme, Daten über eindeutig spezifizierte Schnittstellen auszutauschen, wird „syntaktische Interoperabilität" genannt. Die Komplexität und die inneren Strukturen der Systeme werden dabei vor dem Nutzer einer Dienstleistung verborgen.

Die INSPIRE-Richtlinie setzt bei der Definition der Interoperabilität einen zusätzlichen Schwerpunkt. Neben der syntaktischen Interoperabilität der Geodatendienste wird auch eine Harmonisierung der Geodaten (vgl. Abschnitt 4.2.5) gefordert. Interoperabilität wird nach Artikel 3 Nr. 7 folgendermaßen definiert (INSPIRE-RICHTLINIE 2007):

Im Sinne dieser Richtlinie bezeichnet der Ausdruck Interoperabilität im Falle von Geodatensätzen ihre mögliche Kombination und im Falle von Diensten ihre mögliche Interaktion ohne wiederholtes manuelles Eingreifen und in der Weise, dass das Ergebnis kohärent ist und der Zusatznutzen der Datensätze und Datendienste erhöht wird.

Das bedeutet, dass zusätzliche Geodatenspezifikationen vereinbart werden müssen, um die Bedeutung der ausgetauschten Geodaten zwischen den beteiligten Systemen zu harmonisieren und die sogenannte „semantische Interoperabilität" zu ermöglichen (KOORDINIERUNGSSTELLE GDI-DE 2008).

Die Transformation aus bestehenden Anbietermodellen in die harmonisierten Datenmodelle nach der INSPIRE-Richtlinie wird als Aufgabe der Datenanbieter gesehen. Zwar werden die Datenanbieter nicht gezwungen, ihre bestehenden Modelle zugunsten eines harmonisierten Modells aufzugeben. Doch wird es zukünftig für die Datenanbieter vorteilhaft sein, wenn sie bei Weiterentwicklungen ihre internen Datenmodelle mit den Geodatenspezifikationen der INSPIRE-Richtlinie abstimmen.

13.5.7 Netzdienste: Instrumente für die Nutzung der Daten

Netzdienste stellen die jeweiligen Dienstleistungen über Schnittstellen bereit. Anwendungen und Portale nutzen die Dienstangebote über die Schnittstellen (vgl. Abb. 13.11).

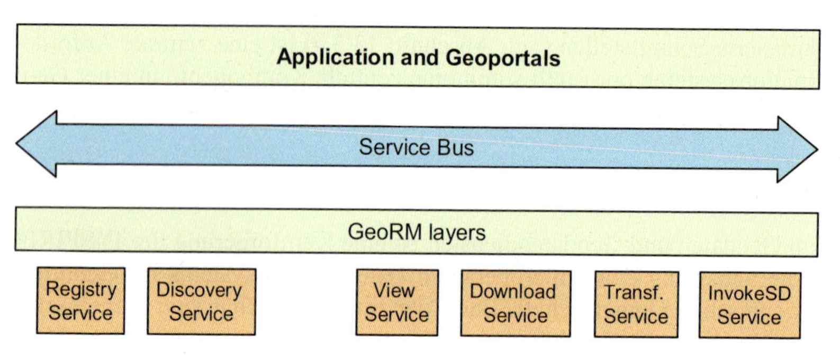

Abb. 13.11: INSPIRE-Architektur (INSPIRE ARCHITECTURE 2007, Abb. 2-1)

Die Schnittstellen können als Zugangspunkte betrachtet werden, die den Zugang der Anwendungen und Portale zu den Diensten und damit zu den Geodaten ermöglichen. Die interoperable Vernetzung der Geodatendienste wird durch den „Service Bus" repräsentiert, der die Interaktion zwischen den Anwendungen und Geoportalen und den vernetzten Geodatendiensten ermöglicht (KOORDINIERUNGSSTELLE GDI-DE 2008).

Ein Geoportal ist ein abgeschlossenes System, das seine Funktionalitäten aus vernetzten Geodatendiensten speist. Vernetzung und Integration von Diensten finden nur auf der Ebene der Dienste statt. Drehscheibe sind deshalb Katalog- und Registry-Dienste, in Abbildung 13.12 als „Daten- und Dienstverzeichnis" bezeichnet. Sie sorgen für den automatisierten Übergang von der Metadatenrecherche zu den verfügbaren Geodaten und Geodatendiensten, zu den organisationsübergreifenden Bereitstellungs- und Bestelldiensten sowie den Diensten für den elektronischen Zahlungsverkehr.

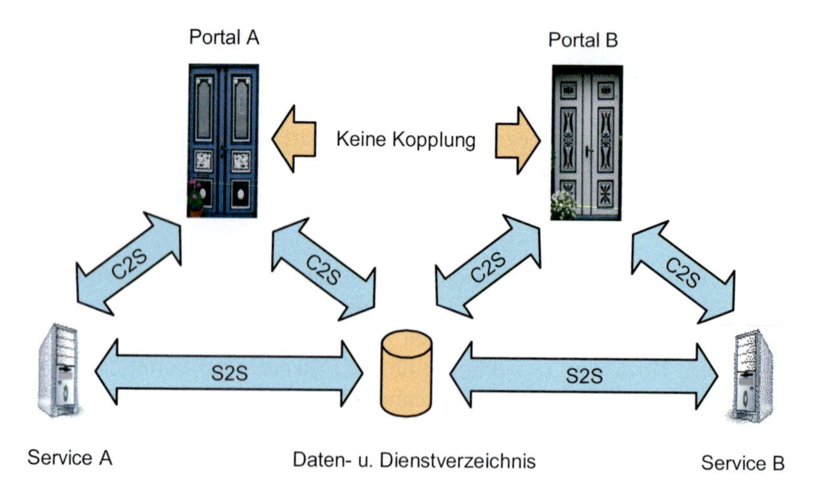

Abb. 13.12: Vernetzung von Diensten und Portalen (KOORDINIERUNGSSTELLE GDI-DE 2008)

Geoportale kombinieren Dienste anwenderorientiert und können in ihrer Benutzeroberfläche weitere komfortable Funktionen anbieten, z. B. Dienste zur durchgängigen Benutzerauthentifizierung, zur Rechte- und Benutzerverwaltung und zur Kontrolle von rechtlichen Zugangsbeschränkungen (KOORDINIERUNGSSTELLE GDI-DE 2008).

Behörden des Bundes, der Länder und der Kommunen verwenden zunehmend Geoportale, um ihre Geodaten und Geodatendienste sowie die zugehörigen Metadaten zu veröffentlichen und zugänglich zu machen. Geoportale sind Anwendungen, die den Zugang zu Geodaten ermöglichen, wobei sie selbst keine Geodaten führen müssen. Grundlegendes Prinzip in einer Geodateninfrastruktur ist die dezentrale Datenhaltung und Bereitstellung durch die originär zuständigen Stellen.

Die Geoportale werden in einem gemeinsam von Bund, Ländern und Kommunen über das Internet betriebenen Geodatennetzwerk verbunden und dienen als Einstiegspunkte und Wegweiser für alle Nutzer raumbezogener Daten. Über Recherchedienste führen sie die Nutzer zu den gesuchten Datenbeständen und den zugehörigen dezentralen Vertriebszentren. Innerhalb einer Geodateninfrastruktur kann es viele Geoportale geben. Jedes Geoportal für sich stellt einen unabhängigen Zugangspunkt dar, der sicherstellt, dass innerhalb des elektronischen Netzwerks, Geodaten gesucht, gefunden und genutzt werden können. Wird über ein Geoportal auf die Geodatendienste einer anderen Stelle zugegriffen, so bedeutet das, dass nur die entsprechenden Geodatendienste und nicht die Geoportale vernetzt werden.

13.5.8 Vernetzung der Dienste

Im Rahmen ihrer Geodateninfrastrukturen generieren der Bund, die Länder und die Kommunen für die bei ihnen liegenden Geodaten interoperable Geodatendienste. Der Zugang zu räumlich verteilt liegenden Geodaten erfolgt ausschließlich über die Vernetzung dieser interoperablen Geodatendienste. Grundsätzlich funktioniert die Interaktion nach dem in Abbildung 13.13 dargestellten Prinzip.

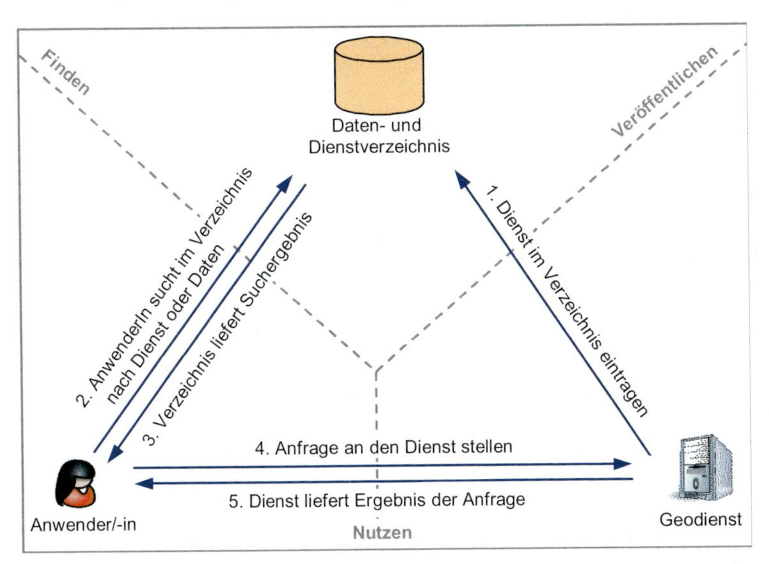

Abb. 13.13: Servicedreieck (KOORDINIERUNGSSTELLE GDI-DE 2008)

Zentrale Aufgaben übernimmt auch hier das „Daten- und Dienstverzeichnis“. Wird durch einen Anwender nach einem Dienst gesucht (2), so werden dem Anfragenden zur Identifizierung der gefundenen Dienste der jeweils zugehörige „Uniform Resource Locator“ (URL) mitgeteilt (3), falls die entsprechenden Dienste von den Anbietern im „Daten- und Dienstverzeichnis“ registriert wurden (1). Danach kann der Anwender mit dem Dienstanbieter direkt interagieren (4) und dessen Dienst nutzen (5) (KOORDINIERUNGSSTELLE GDI-DE 2008).

13.5.9 Umsetzungsimpulse: Modellprojekte des Lenkungsgremiums GDI-DE

In mehreren Modellprojekten des Lenkungsgremiums GDI-DE (vgl. Abschnitt 13.3.3) werden die technischen Komponenten für eine gemeinsame Architektur der GDI-DE ebenenübergreifend entwickelt und erprobt, um die Interoperabilität dezentraler Geodatendienste der öffentlichen Verwaltung auf der Grundlage vorhandener Technologien und Standards des eGovernments zu erreichen und möglichst effektiv zu regeln.

Alle in der GDI-DE vereinbarten Spezifikationen werden dokumentiert und im Internet veröffentlicht. Tabelle 13.7 gibt einen Überblick über diese Modellprojekte (BUNDESTAG 2008).

Tabelle 13.7: Überblick über die Modellprojekte des Lenkungsgremiums GDI-DE

Modellprojekt	Beschreibung
Geodaten-katalog DE	Vorhandene Metadateninformationssysteme des Bundes, der Länder und Kommunen werden in einer übergreifenden Architektur auf Schnelligkeit, Verfügbarkeit und Eindeutigkeit optimiert. Im Fokus steht die Bereitstellung eines vereinheitlichten Metadatenbestandes über einen standardkonformen Katalogdienst. Dabei sollen die Anforderungen INSPIRE-Richtlinie und ihrer Durchführungsbestimmungen zu Metadaten und Netzdiensten erfüllt werden.
Registry GDI-DE	In diesem Modellprojekt werden zentrale Verzeichnisdienste aufgebaut, die auf Technologien des Internets aufsetzen und allgemein notwendige Informationen schnell und einfach als Dienst bereitstellen. Folgende thematische Schwerpunkte werden zurzeit prototypisch bearbeitet: • Koordinatentransformation, • eindeutige Referenzierbarkeit (Objektidentifikatoren), • einheitliche Visualisierung, • konforme Dienste (INSPIRE Monitoring und Reporting), • standardisierte Nutzungsbedingungen, • Organisationsmodell für Organisation und Verwaltung der Inhalte der Registry.
Schutzgebiets-informationen	Für ganz Deutschland werden Rahmenbedingungen für die Darstellung und die fachlichen Mindestanforderungen über die Lage von Schutzgebieten durch standardisierte Dienste vereinbart. Darüber hinaus wurde als konkrete Zugriffslösung eine „click-through-licence“ auf der Grundlage gemeinsamer Lizenzbedingungen eingerichtet. Weitere Ziele des Modellprojektes sind: • Weiterentwicklung und Optimierung des Dienstes Schutzgebietsinformationen, • Anpassungen an die Durchführungsbestimmungen zur INSPIRE-Richtlinie, • Fortschreibung der technischen Rahmenbedingungen, • Sicherstellung der Nutzungsmöglichkeit durch Dritte, • Bereitstellung gemeinsam nutzbarer Informationen.

13.6 Quellenangaben

13.6.1 Literaturverzeichnis

ADV (2002): Geodateninfrastruktur in Deutschland (GDI), Positionspapier der AdV. In: zfv, 127 (2), 90-96. www.adv-online.de/extdeu/broker.jsp?uMen=90f60061-7527-a8fe-ebc4-f19f08a07b51.

ADV (2008): Modellierung von Fachinformationen unter Verwendung der GeoInfoDok – Leitfaden, Version 1.1, Stand: 19.08.2008, Arbeitsgemeinschaft der Vermessungsverwaltungen der Länder der Bundesrepublik Deutschland (AdV), Hannover.

BIRTH, K. (2007): Umsetzung der Richtlinie zur Schaffung einer Geodateninfrastruktur in der Europäischen Gemeinschaft in nationales Recht. In: NÖV NRW, 3/2001.

BIRTH, K. & MATTISECK, K. (2005): Bereitstellung und Nutzung von Geobasisdaten. In: fub, 67 (4), 189-196.

BUNDESTAG (2008): 2. Bericht der Bundesregierung über die Fortschritte zur Entwicklung der verschiedenen Felder des Geoinformationswesens im nationalen, europäischen und internationalen Kontext. BT-Drs. 16/10080, Berlin.

FEHRES, J. (2007): LandEntwicklungsFachInformationsSystem LEFIS. In: zfv, 132 (1), 11-15.

IMAGI (2008): Geoinformation im globalen Wandel. Festschrift zum 10-jährigen Bestehen des Interministeriellen Ausschusses für Geoinformationswesen, Geschäfts- und Koordinierungsstelle des IMAGI, Frankfurt am Main.

IMAGI (2004): Geoinformation und moderner Staat. Informationsschrift des Interministeriellen Ausschusses für Geoinformationswesen, Geschäfts- und Koordinierungsstelle des IMAGI, Frankfurt am Main.

KOORDINIERUNGSSTELLE GDI-DE (2009): 11. Sitzung des Lenkungsgremiums GDI-DE am 06.05.2009 TOP 4.3 Modellprojekt Schutzgebietsinformationen, Interne Unterlage, Frankfurt am Main.

KOORDINIERUNGSSTELLE GDI-DE (2008): Ein praktischer Leitfaden für den Aufbau und den Betrieb webbasierter Geodienste, September 2008, Frankfurt am Main.

KOORDINIERUNGSSTELLE GDI-DE (2007): Architektur der Geodateninfrastruktur Deutschland , Konzept zur fach- und ebenenübergreifenden Bereitstellung von Geodaten im Rahmen des E-Government in Deutschland; Version 1.0, August 2007, Frankfurt am Main. www.gdi-de.de/de_neu/download/AK/GDI_ArchitekturKonzept_V1.pdf.

LENK, M. (2008): Initiative GDI-DE – für die übergreifende Bereitstellung von Geodaten. In: fub, 70 (5), 193-198.

LENK, M. (2008a): INSPIRE wächst. In: GIS-BUSINESS, 1/2008, 12-13.

LUDWIG, R. & ROSCHLAUB, R. (2008): Aufbau einer Geodateninfrastruktur in Bayern (GDI-BY). In: fub, 70 (5), 199-203.

NGDB GDI-DE (2009): Die nationale Geodatenbasis der Geodateninfrastruktur Deutschland, Konzept zur Identifikation von Geodaten der NGDB und Geodatendiensten sowie deren Qualitätsanforderungen und Implementierung, Version 1.0, Stand 16.04.2009. Frankfurt am Main.

OSTRAU, S. (2008): Nutzerorientierte Bereitstellung von Geobasisdaten. In: fub, 70 (6), 264-275.

RUNDER TISCH GIS (2009): INSPIRE für Entscheidungsträger. 3. Aufl., März 2009. München.

STREUFF, H. J. (2008): Wege ebnen – Türen öffnen – Wissen teilen – das Geodatenzugangsgesetz setzt die INSPIRE-Richtlinie um. In: fub, 70 (3), 124-129.

VERWALTUNGSVEREINBARUNG GDI-DE: Vereinbarung zwischen dem Bund und den Ländern zum Aufbau und Betrieb der Geodateninfrastruktur Deutschland.

13.6.2 Internetverweise

ADV (2009): Homepage der Arbeitsgemeinschaft der Vermessungsverwaltungen der Länder der Bundesrepublik Deutschland; www.adv-online.de/

BAYERISCHER LANDTAG (2008): Bayerisches Geodateninfrastrukturgesetz (BayGDIG) vom 22. Juli 2008, Bürgerservice Bayern-Recht Online; www.verwaltung.bayern.de/Titelsuche.116.htm?purl=http%3A%2F%2Fby.juris.de%2Fby%2FGDIG_BY_rahmen.htm

BUNDESTAG (2009): Gesetz über den Zugang zu digitalen Geodaten (Geodatenzugangsgesetz – GeoZG) vom 10. Februar 2009. Bundesgesetzblatt Teil I 2009 Nr. 8, S. 278; bgblportal.de/BGBL/bgbl1f/bgbl109s0278.pdf

DEUTSCHLAND-ONLINE (2009): Homepage von Deutschland-Online; www.deutschland-online.de

GDI-DE (2009): Homepage des Lenkungsgremiums für den Aufbau der Geodateninfrastruktur in Deutschland; http://www.gdi-de.org/ (Übersicht zur Umsetzung der INSPIRE-Richtlinie); www.gdi-de.org/de_neu/inspire/navl_direktive.html

GDZ (2009): Homepage des Geodatenzentrums beim Bundesamt für Kartographie und Geodäsie; URL: http://www.geodatenzentrum.de/

GIW (2008): Digitaler Rohstoff Geoinformation – ein Beitrag zur Förderung und Sicherung des Wirtschaftsstandortes Deutschland, Dezember 2008, Homepage der GIW-Kommission; www.geoinformationswirtschaft.de

IMAGI (2009): Homepage des Interministeriellen Ausschusses für Geoinformationswesen; www.imagi.de

INSPIRE ARCHITECTURE (2007): INSPIRE Technical Architecture – Overview, European Commission, Joint Research Centre 05.11.2007; inspire.jrc.ec.europa.eu/reports/ImplementingRules/network/INSPIRETechnicalArchitectureOverview_v1.2.pdf

INSPIRE GEOPORTAL (2009): INSPIRE Community Geoportal, European Commission, Joint Research Centre; www.inspire-geoportal.eu/

INSPIRE-RICHTLINIE (2007): Richtlinie 2007/2/EG des Europäischen Parlaments und des Rates vom 14. März 2007 zur Schaffung einer Geodateninfrastruktur in der Europäischen Gemeinschaft (INSPIRE) (ABl. L.108 vom 25.04.2007, S. 1); http://eur-lex.europa.eu/LexUriServ/site/de/oj/2007/l_108/l_10820070425de00010014.pdf

LANDTAG NORDRHEIN-WESTFALEN (2009): Gesetz über den Zugang zu digitalen Geodaten Nordrhein-Westfalen (Geodatenzugangsgesetz – GeoZG NRW) vom 17. Februar 2009, Gesetz- und Verordnungsblatt vom 28.02.2009, Bürgerservice Landesrecht; http://sgv.im.nrw.de/lmi/owa/lr_bs_bes_text?gld_nr=7&ugl_nr=7134&ugl_id=847&bes_id=12584&aufgehoben=N

REFERENZMODELL (2009): Referenzmodell der GDI Sachsen, Architekturkonzept, Version 1.0, Stand 09.04.2009; www.gdi.sachsen.de

14 Normung und Standardisierung

Markus SEIFERT

Zusammenfassung

Mit den im Aufbau befindlichen Geodateninfrastrukturen werden vor allem zwei Ziele verfolgt:

- *Daten, insbesondere die der öffentlichen Verwaltung, sollen nur noch einmal erfasst werden und nicht mehrmals. Und zwar idealer Weise dort, wo die fachliche Zuständigkeit und Verantwortung zur Erfassung und Pflege vorhanden ist.*
- *Die Daten sollen in weitgehend offenen Systemen an im Grunde beliebig verteilte Nutzer, gegebenenfalls auch gegen eine entsprechende Gebühr, zur Verfügung gestellt werden können.*

Man benötigt für die damit verbundene erhoffte Interoperabilität, also für die Datenübertragung zwischen verteilten Systemen unterschiedlicher Hersteller, vor allem implementierbare technische Normen. Dieses Kapitel leistet einen Beitrag zu der Erläuterung technischer Richtlinien und Standards im Bereich der formalen Beschreibung der Geodaten, um letztlich auf konzeptioneller Ebene eine weitgehende Unabhängigkeit von bestimmten Herstellerlösungen zu erreichen. Die für den operationellen Betrieb einer Geodateninfrastruktur zu lösenden organisatorischen, gebührentechnischen und rechtlichen Aspekte sind gleichwohl ein entscheidender Baustein, werden hier jedoch nicht weiter vertieft. Ferner wird anhand des AFIS®-ALKIS®-ATKIS®-Anwendungsschemas (kurz: AAA-Anwendungsschema) eine Methodik vorgestellt, die technische Normen für die normbasierte Beschreibung (Modellierung) von vielerlei Geodaten der öffentlichen Verwaltung anbietet. Es wird daher auch das neue Datenmodell der Deutschen amtlichen Vermessung vorgestellt, das bereits komplett die Vorgaben internationaler Standardisierung umgesetzt hat. Dieses Datenmodell deckt die Fachbereiche des amtlichen Liegenschaftskatasters, der Topographie und Grundlagenvermessung ab.

Dieses Kapitel gibt einen Überblick über die Ziele und derzeitigen Aktivitäten in internationalen Standardisierungsgremien (DIN, CEN, ISO), aber auch die Standardisierungsbestrebungen im Bereich der Geoinformation, die mit INSPIRE verbunden sind. Ferner wird auf die Ziele und Schwerpunkte der Normungsarbeit innerhalb der amtlichen Vermessung in Deutschland eingegangen.

Jedes Anwendungsschema beschreibt gewisse Funktionalitäten und ist somit integraler Bestand von Geschäftsprozessen. Durch den Aufbau von Geodateninfrastrukturen werden künftig öffentliche Aufgaben verstärkt auf eGovernment-Lösungen basieren. Letztendlich sind auch virtuelle Organisationen denkbar. Dieses Kapitel gibt einen Überblick über virtuelle Organisationen und deren Anforderungen an die Informations- und Kommunikationstechnik. Es werden zentrale Begriffe (Semantik, Metadaten, Ontologien) für den Aufbau eines semantischen Webs im Bereich der Geoinformation erläutert, die zentrale Komponenten für virtuelle Organisationen darstellen. Letztlich wird noch der konkrete Beitrag von INSPIRE für den Aufbau eines semantischen Webs, bzw. von virtuellen Organisationen skizziert.

Summary

A spatial data infrastructure (SDI) deals with interoperable spatial data. To enable this interoperability there is an urgent need for standards of exchanging data between systems of different vendors. This documentation contributes to these technical guidelines, finally to achieve independency from specific implementations by explaining technical specifications and guidelines in terms of a formal description of geospatial information and at a conceptual level. However, the organisational aspects, potential fees and legal issues that are crucial for running a SDI are not covered by this technical-oriented documentation. Additionally, on the basis of international GI standards a methodology is introduced that provides technical rules or at least a profile of international standards for a formal description (modelling) of official spatial data. A practical test of this approach has been conducted by applying this base model for the modelling of the spatial data of the official surveying and mapping agencies in Germany (AAA Application Scheme). So, the new data model of the surveying and mapping agencies in Germany (AFIS®-ALKIS®-ATKIS® thematic schema) will be briefly introduced. This model already contains the implemented requirements of international GI standards and specifications. This data model covers all areas of the official surveying, mapping and cadastral data. However, thematic details will not be discussed since this would be beyond the scope of this chapter.

This chapter gives an overview of the objectives and the current status of the activities in international standardisation organisations (DIN, CEN, über ISO), but also about the GIS standardisation activities related to INSPIRE. Additionally, the objectives and core issues are presented for the standardisation work within the surveying and mapping agencies in Germany.

Each application scheme also specifies technical functionalities and therefore it is an integrated component of business processes. Through more and more public administration tasks will be based on eGovernment applications. Virtual organisation are possible as well. This chapter gives an overview about virtual organisations and their requirements in terms of information and communication technology. Terms will be explained (semantic, metadata, ontology) that are crucial for the introduction of the semantic web in the area of geoinformation which also are important components of virtual organisations. At the very end the concrete contribution of INSPIRE to the development of a semantic web and virtual organisations is shown. Common aspects of this approach with the widely used Earth viewer are briefly discussed.

14.1 Internationale GIS-Standardisierung

14.1.1 Bedarf für Normen und Standards

Zweifellos – und wie schon mehrfach eindrucksvoll nachgewiesen – spielen Geodaten für Anwendungen und Prozesse in Wirtschaft, Verwaltung und Forschung eine zentrale Rolle. Trotzdem sind Mehrwert und Nutzen von Geodaten noch immer begrenzt, da sie oft nur mit großem Aufwand in Geoinformationssysteme unterschiedlicher Hersteller oder in interschiedliche Arten von Systemen eingebunden werden können. Diese Interoperabilitäts-Probleme sollen durch Verwendung internationaler GIS-Normen gelöst werden.

Unter einer Norm wird im Allgemeinen eine Vorschrift für Größen, Darstellungshinweisen oder Verfahren verstanden. Normen bestimmen fast alle Bereiche des Alltags und sind heutzutage nicht mehr wegzudenken. Selbst der Begriff „Normung" ist nach DIN standardisiert. Nach DIN 820 Teil 3 versteht man unter Normung die planmäßige, durch interessierte Kreise gemeinschaftlich durchgeführte Vereinheitlichung von materiellen und immateriellen Gegenständen zum Nutzen der Allgemeinheit.

Eine Vereinheitlichung von Geodaten ist zu erreichen durch:

- technische Regelwerke, die von allen beteiligten Akteuren im Rahmen einer Empfehlung oder Selbstverpflichtung konsequent angewendet werden,
- Forderung bei Vergaben und Implementierungen nach Einhaltung dieser Normen (z. B. durch entsprechende Vorgaben in Pflichtenheften),
- Schaffung eines spürbaren Mehrwertes durch den Einsatz von Normen,
- rechtliche Rahmenbedingungen (z. B. INSPIRE).

In letzter Konsequenz beruht der Erfolg von Normen auf Freiwilligkeit zu deren Anwendung, die auf der Erkenntnis beruht, dass deren Implementierung wirtschaftlich sinnvoll ist. Der pure Zwang aufgrund gesetzlicher Vorgaben ist eher kontraproduktiv und wird nicht zum nachhaltigen Einsatz von Normen führen.

Der Begriff „Norm" ist im deutschen Sprachgebrauch nicht gleichzusetzen mit dem Begriff „Standard". Während der deutsche Begriff „Norm" dem englischen Begriff „Standard" entspricht, wird unter dem deutschen Begriff „Standard" eine innerbetriebliche Vorschrift ohne Außenwirkung verstanden. Regelungen zur Vereinheitlichungen bestimmter Belange, wie sie beispielsweise auch von der Arbeitsgemeinschaft der Vermessungsverwaltungen der Länder der Bundesrepublik Deutschland (AdV) herausgegeben werden, sind diesen, in der Außenwirkung begrenzten Standards zuzuordnen. Normen werden hingegen von nationalen oder internationalen Normungsgremien erarbeitet und als Entwürfe der Öffentlichkeit zur Stellungnahme vorgelegt, bevor sie verbindlich herausgegeben werden. Trotz dieser begrifflichen Unterscheidung werden im deutschen Sprachgebrauch Norm und Standard in der Regel als Synonyme verwendet. Letztlich ist auch nicht der Prozess der Entstehung eines Standards entscheidend und schon gar nicht dessen Bezeichnung, sondern schlicht die Tatsache, ob er brauchbar und implementierbar ist und von der Fachwelt akzeptiert wird.

Normungsgremium in Deutschland ist *DIN (Deutsches Institut für Normung)*, im Bereich Europas CEN (Comité Européen de Normalisation) und weltweit ISO (International Organisation for Standardisation). Die von Normungsgremien erarbeiteten und verabschiedeten Normen werden auch als *De-jure-Normen* bezeichnet. Im Gegensatz dazu werden Standards, die zwar von vielen Akteuren erfolgreich angewendet werden, jedoch aus keinem formalen Normierungsprozess stammen, als *De-facto-Standard* bezeichnet.

In CEN und ISO arbeiten eine Reihe von technischen Gremien (Technical Committee – TC) an unterschiedlichen Themen. Das für Geoinformation zuständige Komitee in CEN ist das CEN/TC 287, in ISO das ISO/TC 211. Sämtliche nationalen Normungsbestrebungen und die Koordinierung der internationalen Aktivitäten im Bereich der Geoinformationssysteme werden bei DIN gebündelt. Allein DIN ist für Deutschland sowohl bei CEN als auch bei ISO stimmberechtigt. Daher laufen auch alle internationalen Normungsaktivitäten in Deutschland über DIN. Experten aus Verwaltung und Industrie arbeiten auf freiwilliger Basis aktiv in den einschlägigen Arbeitsgruppen von CEN und ISO mit und nehmen darüber hinaus zu allen Normentwürfen konstruktiv Stellung.

Auch im amtlichen Vermessungswesen in vielen Ländern Europas nimmt die Standardisierung einen immer höheren Stellenwert ein. Beispielsweise muss aufgrund eines AdV-Beschlusses das AAA-Anwendungsschema vollständig auf internationalen Normen und Standards basieren, was konsequent auch umgesetzt wurde. Das Ziel ist hierbei vor allem die Vereinheitlichung und Austauschfähigkeit von Daten und Methoden *(Interoperabilität)*, um somit den Herstellern und Anwendern von amtlichen Geoinformationssystemen und Geodaten eine langfristige Sicherung ihrer Investitionen zu gewährleisten.

Mit der Normung und Standardisierung im GIS-Bereich werden damit in der öffentlichen Verwaltung vor allem zwei Ziele verfolgt:

- Daten, insbesondere die der öffentlichen Verwaltung, sollen nur noch einmal erfasst werden und nicht mehrmals. Und zwar idealerweise dort, wo die fachliche Zuständigkeit und Verantwortung zur Erfassung und Pflege vorhanden ist, und
- die Daten sollen in weitgehend offenen Systemen an im Grunde beliebig verteilte Nutzer, gegebenenfalls auch gegen eine entsprechende Gebühr, zur Verfügung gestellt werden können.

Auf den Punkt gebracht bedeutet dies, dass mithilfe der GIS-Standards eine Infrastruktur zur Abgabe von Geodaten geschaffen werden soll – im gängigen Sprachgebrauch also eine *Geodateninfrastruktur* oder kurz: *GDI*. Dadurch erreicht man zweifellos belegbare Rationalisierungsgewinne und die oft, vor allem im staatlichen Verwaltungshandeln geforderten Verbundeffekte (Synergien) nach dem „Einer-für-alle-Prinzip". Damit dies in der Praxis auch funktioniert, sind eine Reihe von organisatorischen, rechtlichen, aber insbesondere auch technischen Maßnahmen zu ergreifen und entsprechende Regelungen zu erlassen. Diese Maßnahmen werden derzeit beim Aufbau von Geodateninfrastrukturen gebündelt und koordiniert umgesetzt. Auf allen Ebenen der Geodateninfrastrukturentwicklungen werden derzeit „Architekturkonzepte", Geodateninfrastrukturgesetze und Organisationseinheiten entwickelt und begründet, die ein entsprechendes Rahmenwerk für den Aufbau einer Geodateninfrastruktur ermöglichen.

Entscheidend für den erfolgreichen Aufbau einer Geodateninfrastruktur ist die Vernetzung aller Akteure, die für die einzelnen Komponenten verantwortlich sind. Wichtigster Grundsatz der Aktivitäten ist dabei das *Konsensprinzip*, d. h. die Akteure müssen letztlich von den sich bietenden Vorteilen der Normen und Standards überzeugt sein. Kosten-Nutzen-Analysen sind wegen des nur äußerst ungenau zu beziffernden monetären Nutzens von Geodateninfrastrukturen nicht wirklich brauchbar. Anreizsysteme, wie beispielsweise die

Finanzierung von Pilotprojekten, unterstützen hingegen den Aufbau einer GDI ganz entscheidend. Pilotprojekte zeigen darüber hinaus auch an praktischen Beispielen anschaulich die Wirkungsweise von Standards – eine nicht zu unterschätzende Möglichkeit zur Steigerung der Akzeptanz von relativ abstrakt formulierten GIS-Standards.

Der Beitrag der Normung kann insbesondere bei der Bereitstellung einer Methodik gesehen werden, die sämtliche technologischen und normbasierten Aspekte bei der Konzeption einer Geodateninfrastruktur abdeckt. Sowohl auf nationaler Ebene als auch in internationalen Institutionen arbeitet man derzeit intensiv an der Entwicklung von technischen Normen, die die Realisierung von interoperablen Systemen ermöglichen sollen. Ein wesentliches Ziel der Standardisierungsbemühungen im Bereich Geoinformation besteht daher darin, die Interoperabilität von Geoinformationssystemen zu ermöglichen, einschließlich der Interoperabilität von Umgebungen für die verteilte Datenverarbeitung. Interoperabilität gestattet es, Komponenten von Informationssystemen miteinander zu mischen und aneinander anzupassen, ohne den Gesamterfolg zu beeinträchtigen (OGC 2003a); sie ist die Grundlage für eine erfolgreiche Implementierung einer GDI auf allen Ebenen. Eine auf Standards basierende GDI wird daher Folgendes ermöglichen:

- Suche nach Informationen und Verarbeitungswerkzeugen, wenn diese benötigt werden, unabhängig davon, wo diese sich befinden (standardisierte Suchdienste und Metadaten).
- Verstehen und Anwenden der gewonnenen Informationen und Werkzeuge, unabhängig davon, von welcher Plattform (lokal oder entfernt) diese unterstützt werden (semantische Interpretation durch formal beschriebene Datenmodelle), sowie
- einfachere und kostenwirksamere Integration und Kombination von Daten, die aus heterogenen Quellen stammen (standardisierte Schnittstellenformate und Webservices).

Es ist das erklärte Ziel, dass der derzeitige Mangel an Interoperabilität im Bereich Geoinformation durch die Definition, Festlegung und schließlich Anwendung und Umsetzung internationaler Standards weitgehend behoben wird. Dadurch wird sich die Wirksamkeit der Nutzung von Geoinformationen in Zukunft deutlich erhöhen. Gleichwohl stehen aber auch die Datenanbieter, vor allem die staatliche Verwaltung in der Pflicht, diese Initiative so gut es geht zu unterstützen und Voraussetzungen zu schaffen, dass auch die eigenen Daten an dieser Interoperabilitätsplattform teilhaben können.

Durch die Normung von Geoinformationssystemen (GIS) sollen Geodaten letztlich einem möglichst breiten Nutzerkreis verfügbar gemacht werden. Nicht nur der Datenbestand selbst, sondern auch Metadaten und Qualitätsbeschreibungen müssen hierzu nach definierten Regeln geführt und abgegeben werden können. Insbesondere im Hinblick auf einen offenen Datenaustausch sind derartige Spezifikationen von elementarer Bedeutung.

Das Deutsche Institut für Normung (DIN) ist keine staatliche Instanz, sondern ein eingetragener Verein, der eine technisch-wissenschaftliche Dienstleistung auf dem Gebiet der Normung erbringt. Diese Arbeit nutzt der Volkswirtschaft und der Allgemeinheit. DIN bildet ein Forum, in dem jedermann, der ein Interesse an der Normung hat, den aktuellen Stand der Technik ermitteln und in Normen festschreiben kann. Nicht nur staatliche Institutionen, sondern auch Industrie, Dienstleistungsunternehmen und Anwender beteiligen sich an der Normungsarbeit des DIN. Derzeit finden Normungsaktivitäten in über 4300 Arbeitsausschüssen mit etwa 33.800 ehrenamtlichen Mitarbeitern statt.

Die Normungsarbeit im Bereich Geoinformation ist organisatorisch beim Normenausschuss-Bauwesen (NABau), Fachbereich 03 „Vermessungswesen, Geoinformation" angesiedelt. Der Normenausschuss-Bauwesen gliedert sich in insgesamt 11 Fachbereiche. Jeder Fachbereich besteht aus mehreren Arbeitsausschüssen. Zehn Fachbereiche beschäftigen sich mit der Normung im Bereich des Bauwesens, aber nur einer mit Vermessungswesen, der wiederum nur vier Arbeitsausschüsse enthält. Nur einer dieser vier Ausschüsse beschäftigt sich mit der Normung von Geoinformationssystemen. Dies zeigt, dass die Rolle der Geoinformation bei der Standardisierung insgesamt doch eher eine Nischendisziplin innerhalb des DIN darstellt.

Vor allem die AdV und die GIS-Industrie fördern finanziell und personell die Arbeit in diesem Ausschuss. Der Fachbereich 03 „Vermessungswesen, Geoinformation" gliedert sich in folgende vier Arbeitsausschüsse:

- Arbeitsausschuss „Geodäsie",
- Arbeitsausschuss „Photogrammetrie und Fernerkundung",
- Arbeitsausschuss „Kartographie und Geoinformation",
- Arbeitsausschuss „Geodätische Instrumente und Geräte".

Die Arbeitsausschüsse sind auf der Homepage von DIN beschrieben (siehe www.din.de). Der für das Geoinformationswesen zuständige Arbeitsausschuss „Kartographie und Geoinformation" ist zugleich Spiegelausschuss zu CEN/TC 287 und ISO/TC 211 und ist für DIN in diesen Normungsgremien abstimmungsberechtigt. Die Übernahme der CEN-Normen ist für DIN verbindlich.

14.1.2 GIS-Normen von ISO

De-jure-Normen für Geoinformationen werden derzeit im Grunde nur im ISO/TC 211 entwickelt und gepflegt. CEN/TC 287 beschränkt sich im Wesentlichen auf die formale Übernahme der ISO-Normen als europäische Normen (EN), erstellt aber derzeit keine eigenen Normen. Das gleiche gilt für DIN, das die europäischen Normen wiederum in nationale Normen formal überführt (DIN EN ISO-Normen). Das bedeutet, dass man für die Erarbeitung der GIS-Normen direkt in den entsprechenden ISO-Arbeitsgruppen mitarbeiten muss, da die Entwicklungsarbeit ausschließlich dort stattfindet. Daher werden im Folgenden nur die ISO-Normen betrachtet.

ISO/TC 211 beschäftigt sich im Wesentlichen mit konzeptionellen Standards für die Modellierung von Geodaten. Im Folgenden werden aber auch einige andere Aspekte angesprochen und erläutert. Es gibt auch eine deutliche Schnittmenge mit OGC-Standards auf der Ebene der Implementierungsspzifikationen (z. B. ISO 19136 ist identisch mit OpenGIS Standard GML). Einige (bei weitem nicht alle) ISO-Standards sind auch zu europäischen Normen (EN) geworden. Eigentlich sollten durch einen formalen Abstimmungsprozess sämtliche ISO-Normen auch zu CEN-Normen werden, was aber wegen zu geringer Beteiligung europäischer Normungsinstitute an der Entwicklung der ISO-Normen aus formalen Gründen nicht immer gelungen ist. Für die erfolgreiche Annahme als europäische Norm sind mindestens fünf Länder erforderlich, die aktiv an der Erarbeitung einer ISO-Norm mitwirken.

Die von den Normungsgremien veröffentlichten Standards und Normen adressieren unterschiedliche Zielgruppen und Themen. Im Folgenden wird eine Eingruppierung der vorhandenen CEN- und ISO-Standards zu verschiedenen Themen versucht. Diese soll lediglich einen groben thematischen Überblick geben. Im Einzelnen können beispielsweise folgende Eingruppierungen gemacht werden:

- Rahmenstandards: Dies sind Regelwerke, die allgemeine Vorgaben zur Beschreibung und Spezifikation von Geoinformationen definieren, ohne detaillierte Schemata oder Elemente vorzugeben. Beispiel: ISO 19101 Referenzmodell.
  Modellierung von Geoinformationen (datenzentrierte Sicht): Diesem Thema werden die Spezifikationen zugeordnet, die für einen modellbasierten Ansatz erforderlich sind. Sie enthalten konkrete Elemente, die in den fachspezifischen Datenmodellen verwendet werden können. Zum Teil gibt es dazu die dazugehörigen Datenaustauschformate als Implementierungsspezifikationen.
  Beispiel: ISO 19107 Spatial Schema mit ISO 19136 Geographic Markup Language.
- Geowebdienste (dienstzentrierte Sicht): Diesem Thema werden die Spezifikationen zugeordnet, die Geodaten und Geoinformationen in einer Geodateninfrastruktur über Webdienste zur Verfügung stellen.
  Beispiel: ISO 19128 Web Map Server.
- Fachbezogene Standards: Diese Standards spielen in Deutschland derzeit keine Rolle, werden im internationalen Normungsgeschehen möglicherweise aber relevant, da es in der Welt offensichtlich zunehmenden Bedarf an standardisierten, fachspezifischen Modellen für Geodaten gibt und derzeit niemand außer ISO/TC 211 in der Lage ist, derartige weltweit anwendbare Modelle zu entwickeln.
  Beispiel: ISO 19144 Land Cover Classification System (LCCS), ISO 19152 Land Administration Domain Model (LADM).
- Metadaten spielen in einer Geodateninfrastruktur eine wesentliche Rolle zum Auffinden von Georessourcen. Metadatenspezifikationen gibt es für die Geodaten selbst aber auch für Dienste. Beispiel: ISO 19115 Metadata.
- Sensor- und Bilddaten nehmen im internationalen Normungsprozess und zunehmend auch in Geodateninfrastrukturen eine zentrale Rolle ein.
- Ortsbezogene Dienste (LBS) gehen schon fast in Richtung fachspezifischer Anwendungen und Modelle. Durch die Kombination von ortsbezogenen Diensten mit allen möglichen Arten von Geoinformationen ist dies jedoch zweifellos ein wesentliches Standbein bei ISO/TC 211, auch wenn diese Dienste derzeit im amtlichen Geoinformationswesen keine große Rolle spielen.

Verschiedene Standards könnten auch mehreren Gruppen zugeordnet werden. Eine inhaltliche Beschreibung der genannten Standards ist in www.isotc211.org aufgeführt.

Der DIN-Arbeitsausschuss „Kartographie und Geoinformation" arbeitet als Spiegelausschuss zu CEN/TC 287 und ISO/TC 211 auch auf internationaler Ebene und bringt dort deutsches Know-how ein. Aufgrund der Vielzahl von Normungsprojekten bei ISO/TC 211 (insgesamt derzeit 58, Stand Juni 2009) kann der Arbeitsausschuss mit seinen begrenzten personellen und finanziellen Mitteln nicht in allen Arbeitsgruppen vertreten sein, auch wenn nicht alle Projekte noch aktiv entwickelt werden. Dadurch beschränkt sich die Einflussnahme bei einigen Projekten lediglich auf eine schriftliche Stellungnahme im Rahmen der formellen Anhörung zu den Normentwürfen.

Derzeit ist eine enorme mengenmäßige Belastung des Arbeitssausschusses mit Arbeitspapieren feststellbar. So ist es kaum möglich, zu allen Entwürfen von ISO/TC 211 fachlich fundiert Stellung zu nehmen. Die aktive Arbeit bei DIN und in den internationalen Gremien CEN und ISO erfordert einen sehr hohen personellen und finanziellen Einsatz, der in Zeiten knapper Haushaltsmittel von der öffentlichen Verwaltung kaum mehr erbracht werden kann. Generell ist zu beobachten, dass Deutschland in den Arbeitsgruppen von ISO/TC 211 im Vergleich zu anderen Ländern personell deutlich unterrepräsentiert ist, obwohl die amtlichen deutschen Standards (allen voran das AAA-Anwendungsschema) den Vergleich zu anderen Ländern nicht zu scheuen brauchen. Immerhin ist das AAA-Anwendungsschema eines der ersten weltweit, das konsequent auf ISO-Standards aufgebaut wurde. Erfahrungsgemäß ist eine Einflussnahme direkt bei der Entwicklung der Normentwürfe erheblich effektiver, als die Abgabe einer schriftlichen Stellungnahme nach Veröffentlichung eines Entwurfs.

Die fertigen ISO-Normen müssen käuflich erworben werden. Für viele Aktive in dem Normungsgeschäft ist die Tatsache unverständlich, dass auch die Experten dafür bezahlen müssen, die maßgeblich an der Entstehung einer Norm mit hohem personellen und finanziellen Einsatz mitgewirkt haben. Die Kosten können neben technischen Unzulänglichkeiten ein weiteres entscheidendes Hemmnis bei der Verbreitung von Standards sein.

14.1.3 OGC-Standards

Das Open Geospatial Consortium, Inc (OGC) ist eine nicht auf den wirtschaftlichen Erfolg ausgerichtete internationale Organisation, die Standards im Konsensverfahren entwickelt. Das Kerngeschäft von OGC ist die Entwicklung von Standards und Spezifikationen, die eine interoperable Nutzung und nahtlose Integration von Geodaten sowie die Entwicklung dazugehöriger Anwendungen (Applikationen) und Webservices ermöglichen sollen. Geodaten und Applikationen umfassen dabei Geoinformationssysteme, Fernerkundung, Vermessungswesen und Kartographie, Navigation, raumbezogene Dienste, Zugriffsregelungen zu Datenbanken, Sensor Web und andere raumbezogene Technologien und Informationsquellen. Damit können komplexe raumbezogene Informationen und Dienste für alle möglichen Anwendungen auch außerhalb der klassischen GIS-Welt verfügbar und nutzbar gemacht werden.

Die Spezifikationen werden im Gegensatz zu ISO und DIN für jedermann frei verfügbar im Internet bereitgestellt. Selbstverständlich sind sie jedoch urheberrechtlich geschützt. Auch die Bezeichnung OpenGIS ist eine eingetragene Schutzmarke des Open Geospatial Consortium, Inc (OGC). OpenGIS ist der Markenname aller Standards und Dokumente, die von OGC erstellt werden. Die Entwicklung offener Standards beruht somit auf der Basis frei verfügbarer Spezifikationen, die von abstrakten Beschreibungen des Aufbaus, der Komponenten und der Funktionsweise eines dienstbasierten GIS im Sinne des OGC bis hin zu detaillierten Spezifikationen der Implementation der Dienste reichen. Hierbei wird jedoch nicht die konkrete Umsetzung der Software vorgeschrieben, sondern die verschiedenen Schnittstellen eines in der Regel web-basierten Dienstes und dessen Eigenschaften und Verhalten festgelegt. Durch diesen offenen Ansatz unterscheidet sich OGC fundamental von ISO/TC 211.

Der Weg zu diesen Spezifikationen läuft über einen ausgiebigen Diskussionsprozess im OGC, dessen Ergebnis schließlich in einer Spezifikation resultiert. In der Regel haben die beteiligten Firmen ein nachvollziehbares, wirtschaftliches Interesse an den entwickelten Spezifikationen. Somit ist davon auszugehen, dass sich die OGC-Spezifikationen näher an den tatsächlichen Erfordernissen des Geoinformationsmarkts orientieren als dies bei den De-jure-Standardisierungsgremien der Fall ist, bei denen es in erster Linie um Neutralität, Nachhaltigkeit und Verlässlichkeit geht. Beide Ansätze haben daher Vor- und Nachteile, eine optimale Lösung wird wohl nur über Synergien erreicht, was derzeit auch erfolgreich praktiziert wird.

Die spezifischen Anforderungen an die Interoperabilität werden dabei durch öffentliche Verwaltungen, GIS-Hersteller und Universitäten in den Prozess eingebracht und vertreten. Ein ganz entscheidender Aspekt dabei ist der gründliche Test von Spezifikationen. Hierbei können Organisationen bestimmte Entwicklungen und Testszenarien (Testbeds) finanziell fördern und damit die Interoperabilität verschiedener Systeme unter praxisnahen Bedingungen testen.

Softwareentwickler und Datenanbieter arbeiten bei OGC eng zusammen, da beide erkannt haben, dass das Fehlen der Interoperabilität die Verbreitung von Geodaten hemmt. Beiden ermöglicht die Interoperabilität durch offene Standards, sich am Geoinformationsmarkt zu etablieren und die jeweiligen Positionen zu stärken, aber auch um neue Marktsegmente zu erschließen. OGC ermöglicht den GIS-Herstellern und den Datenanbietern daher unter anderem:

- frühzeitig die Entwicklung der offenen Standards durch das Einbringen eigener Anforderungen zu beeinflussen,
- Kosten zu sparen, durch Zusammenarbeit mehrerer gleich gesinnter Organisationen bei der Entwicklung dieser Standards,
- Geodaten und GIS-Software zeitnah marktgerecht anzupassen, indem keine proprietären Datenformate angeboten werden, sondern offene OGC-Standards,
- durch „Plug and Play" auf einfache Weise neue Anwender zu gewinnen und Marktsegmente zu erschließen, da der Aufwand zur Datenintegration sinkt,
- den Datenanbietern ein Forum zu schaffen, in dem gleichartige Probleme diskutiert und zusammen mit den GIS-Herstellern angegangen werden können (z. B. geeignete Absicherungen von Webdiensten),
- an maßgeschneiderten Lösungen zu arbeiten, die aber dennoch interoperabel sind,
- spezifische Besonderheiten in den Standardisierungsprozess einzubringen. Oft sind Datenanbieter auch in der Rolle des Kunden von GIS-Herstellern. Solche Organisationen können bei OGC ihre spezifischen Anforderungen im Hinblick auf die Interoperabilität direkt einer breiten und globalen GIS-Industrie, Universitäten und den Datenanbietern vorbringen. Dadurch können Hersteller und Kunden gezielter und schneller interoperable Schnittstellen entwickeln als mit herkömmlichen Methoden über Projekte und Vergaben,
- die einfache Wiederverwendung von Software in verschiedenen Bereichen zu ermöglichen, was eines der zentralen Ziele der Standardisierung ist, sowie
- neue Trends in der Entwicklung der GIS-Technologie zu erkennen, aber auch zu beeinflussen und zu unterstützen.

OpenGIS Standards und Spezifikationen sind technische Dokumente, die Schnittstellen oder Kodierungen (Encodings) spezifizieren. Softwareentwickler verwenden diese Standards in den jeweiligen Schnittstellen, GIS-Produkten und Web-Services. Diese Standards und Spezifikationen sind die „Kernprodukte“ des Open Geospatial Consortium und wurden von den Mitgliedern selbst entwickelt, um ihre speziellen Anforderungen an die Interoperabilität zu erfüllen. Werden diese Standards dann von verschiedenen GIS-Herstellern unabhängig voneinander implementiert, können die entwickelten Komponenten idealerweise ohne weitere Anpassung miteinander kommunizieren. OpenGIS Standards und Spezifikationen sind kostenfrei auf der OGC-Webseite für jedermann verfügbar (siehe www.opengeospatial.com).

14.2 Umsetzung von Normen in nationale GIS-Standards – das AAA-Anwendungsschema

14.2.1 Neuer Standard in der AdV – das AAA-Anwendungsschema

Mit dem AFIS®-ALKIS®-ATKIS®-Anwendungsschema schafft die AdV ein modernes Konzept zur integrierten Führung der Geobasisdaten des amtlichen Vermessungswesens. Das Amtliche Liegenschaftskataster-Informationssystem ALKIS® integriert die liegenschaftsbeschreibenden Daten des ALB (Automatisiertes Liegenschaftsbuch) und die Daten der automatisierten Liegenschaftskarte ALK in einem Datenmodell (SEIFERT 2004). Die Neukonzeption umfasst zudem ein grundlegend neues, zwischen ALKIS® und dem Amtlichen Topographisch-Kartographischen Informationssystem ATKIS® abgestimmtes Datenmodell. Durch die zusätzliche Integration der Punkte der Grundlagenvermessung (AFIS® – Amtliches Festpunkt-Informationssystem) wird es ferner möglich, die in den meisten Bundesländern vorhandene Punktdatei vollständig in das neue Modell zu überführen und alle amtlichen Geobasisdaten einheitlich zu beschreiben (SEIFERT 2000). Das neue Datenmodell deckt also AFIS®, ALKIS® und ATKIS® ab, daher spricht man auch von dem gemeinsamen AFIS®-ALKIS®-ATKIS®-Fachschema oder kurz AAA-Fachschema.

Ein wesentlicher Modellierungsgrundsatz ist die Trennung von fachneutralen und informationstechnologischen Grundelementen in einem Basisschema und den eigentlichen Fachobjekten im AAA-Fachschema. Mit diesem Ansatz ist es denkbar, die fachneutralen Elemente auch als Grundlage für andere Informationssysteme zu nutzen, um in einer verteilten Geodatenwelt zu standardisierten Gesichtspunkten bei der Beschreibung der Geodaten zu gelangen. Damit kann ein wesentlicher Baustein für den Aufbau einer Geodateninfrastruktur geschaffen werden.

Das AAA-Fachschema ist vollständig mit UML beschrieben (SEIFERT 2005). Die Vorteile dieser standardisierten Dokumentation sind

- eine transparente fachliche Spezifikation, die in der Vergangenheit für die verschiedenen Verfahrenslösungen der Vermessungsverwaltung nur unzureichend vorhanden war,
- das Wissen über die fachlichen und informationstechnologischen Komponenten kann allgemein zugänglich gemacht werden,
- die konzeptionelle Beschreibung ist unabhängig von Softwarelösungen, erleichtert aber gleichzeitig die Implementierung und die Erstellung von Pflichtenheften,
- auf Weiterentwicklungen der GIS-Technologie kann flexibel reagiert werden, ohne Einfluss auf das Datenmodell,

- das Modell ist ausbaubar und beliebig erweiterbar (z. B. um 3-D-Elemente),
- es können damit die Geschäftsprozesse (Workflow) im amtlichen Vermessungswesen vollständig beschrieben werden, sowie
- Erleichterung der Qualitätssicherung für Produkte, da standardisierte Prüfungen gegenüber den Vorgaben des Datenmodells möglich sind.

Die Einführung des AAA-Anwendungsschemas als AdV-Standard hat damit für die amtliche Vermessung in Deutschland einen messbaren Mehrwert. Die durchgängige Objektsicht, die einheitlichen Objektartenkataloge mit abgestimmten Inhalten sowie die neue einheitliche und normbasierte Datenaustauschschnittstelle (NAS) haben erhebliche Vorteile für interne aber auch für externe Nutzer der Geobasisdaten (SEIFERT 2003).

Nach Beschluss der Referenzversion (Version 6.0) steht nun fest, dass das AAA-Datenmodell von allen Mitgliedsverwaltungen der Arbeitsgemeinschaft der Vermessungsverwaltungen der Länder in Deutschland (AdV) einheitlich umgesetzt wird.

Das AAA-Fachschema kann für sich alleine nicht existieren und bildet mit dem sog. Basisschema eine untrennbare Einheit. Beide Komponenten zusammen bilden das *AAA-Anwendungsschema*. Das AAA-Anwendungsschema ist somit logisch unterteilt in das Basis- und das darauf aufbauende Fachschema. Das Basisschema enthält fachneutrale Basiselemente zur Beschreibung von geographischen Informationen auf der Grundlage internationaler GIS-Standards von ISO und OGC. Aufbauend darauf werden die fachlichen Inhalte (Objektarten) definiert, die durch „Vererbung" der Eigenschaften die Inhalte des Basisschemas referenzieren. Im Folgenden werden zunächst das Basisschema vorgestellt und die Möglichkeiten für dessen Verwendung bei der Modellierung von beliebigen fachlichen Objektarten (Fachobjekte) am Beispiel des AAA-Fachschemas erläutert.

Fachneutrales Basisschema

Als Basiselemente im AAA-Kontext werden Teile von GIS-Standards betrachtet, die für einen modellbasierten Datentransfer wesentliche Voraussetzung sind und die in einem Basis-Datenmodell (kurz: *Basisschema*) zusammengefasst werden. Das Basisschema ist ein Datenmodell, das Teile aus den ISO- und OGC-Standards und weitere allgemeingültige Regeln zur Bildung von Objekten (z. B. Definition von Objektidentifikatoren) referenziert, bündelt, vordefiniert und über standardisierte Regeln verfügbar macht. Das Basisschema besitzt daher grundlegende Eigenschaften, die von allen Fachmodellen fachübergreifend, aber auch grenzübergreifend angewendet werden können. Aus heutiger Sicht wird INSPIRE eine ähnliche, auf ISO-Normen basierende Methodik festlegen (INSPIRE DS 2.5 2007).

In Deutschland bildet somit das Basisschema die Grundlage der fachlichen Modellierung der AFIS®-, ALKIS®- und ATKIS®-Objektarten sowie für den Datenaustausch (SEIFERT 2005). Auf dieser Grundlage werden prinzipiell beliebige Fachschemata, wie beispielsweise das AAA-Fachschema, erstellt. Seine Anwendung ist somit *grundsätzlich nicht* auf AFIS®, ALKIS® und ATKIS® beschränkt.

Das Basisschema gliedert sich in die zehn Pakete:

- AAA_Basisklassen,
- AAA_Katalog,
- AAA_SpatialSchema,
- AAA_GemeinsameGeometrie,
- AAA_UnabhaengigeGeometrie,

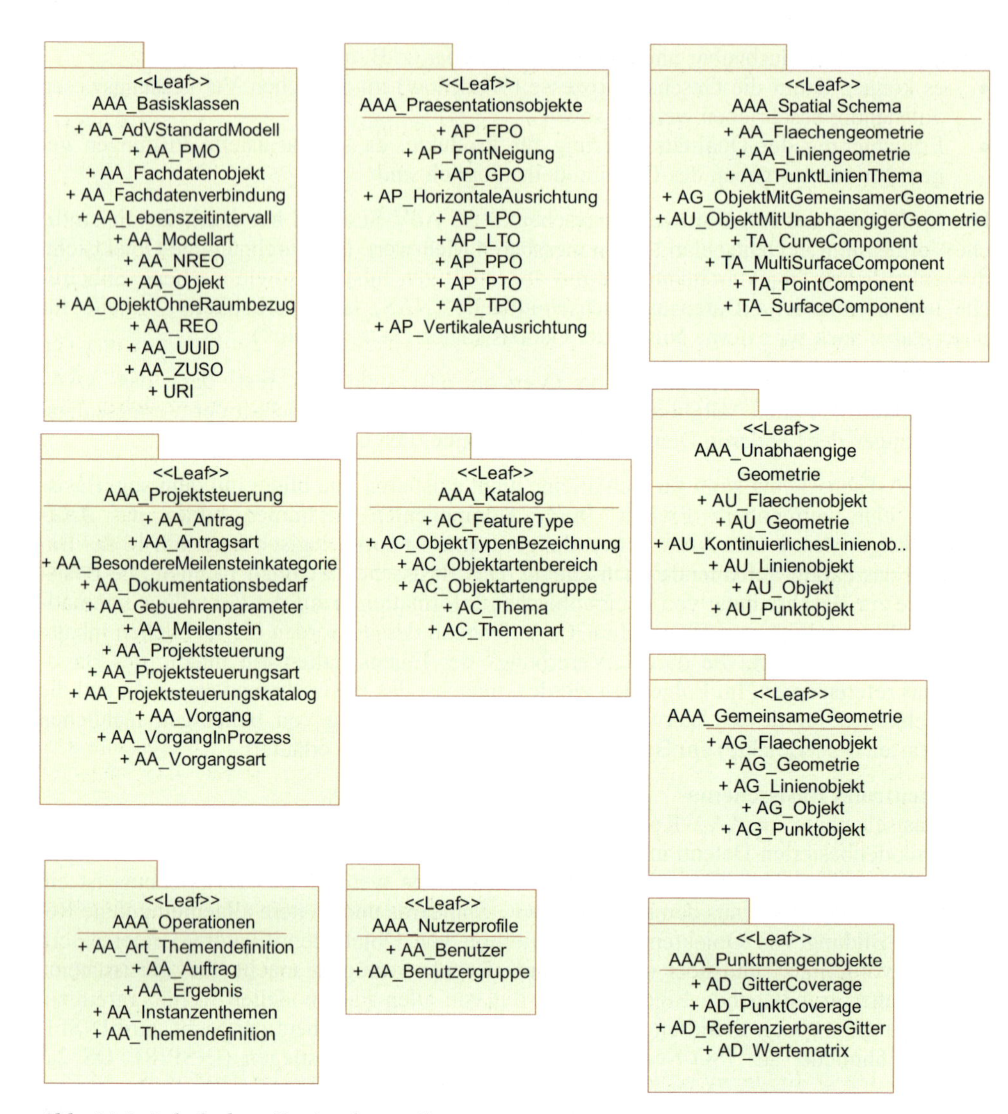

Abb. 14.1: Inhalt des „Basisschemas"

- AAA_Praesentationsobjekte,
- AAA_Punktmengenobjekte,
- AAA_Projektsteuerung,
- AAA_Nutzerprofile,
- AAA_Operationen.

Abbildung 14.1 zeigt den entsprechenden Ausschnitt aus dem UML-Datenmodell, einschließlich der weiteren Differenzierungen innerhalb der Pakete. Im Paket der Basisklassen werden die grundlegenden Elemente zum Aufbau von Objektarten definiert, wobei dann im Paket zur Definition der Kataloge Vorgaben zu deren Darstellung in Objektartenkatalogen gemacht werden. Zentraler Bestandteil sind die Pakete zur Beschreibung der Geometrie, deren Kernelemente aus der entsprechenden ISO-Norm vererbt und weiter konkretisiert werden. Daher sind die verwendeten ISO-Spezifikationen auch Bestandteil des UML-Datenmodells. Es wird unterschieden nach Objektarten, die sich mit anderen Objektarten die Geometrie teilen können (z. B. Flurstück und Gebäude) und Objektarten, die unabhängige Geometrien führen (z. B. Netzpunkte). Mit den Punktmengenobjekten lassen sich Gitterpunkte eines digitalen Geländemodells abbilden (Coverages). Die Präsentationsobjekte sind im Basisschema fachneutral modelliert und lassen sich dadurch für die Präsentation geographischer Daten in beliebigen Fachschemata verwenden ohne sie jedes Mal neu definieren zu müssen. Im Paket „Projektsteuerung" wird ein Rahmen für die Modellierung von Geschäftsprozessen angeboten, mit dem sich beliebige Prozesse strukturiert beschreiben lassen. Dieser Rahmen ist ebenfalls zunächst fachneutral und muss auf der fachlichen Ebene konkret gefüllt werden.

Die Pakete für Nutzerprofile und Operationen dienen lediglich der Verankerung einer Nutzerverwaltung bzw. einer Operationsmodellierung im Basisschema. Sie enthalten nur leere abstrakte Klassen, die bei Bedarf von den jeweiligen Fachschemata weiter ausgefüllt werden müssen. Eine umfassende Erläuterung der abgebildeten Klassen mit deren Eigenschaften enthält die Dokumentation der Daten des amtlichen Vermessungswesens, kurz: GeoInfoDok (ADV 2007). Im Folgenden werden jedoch die wichtigsten Modellierungspakete beschrieben, die für eine gemeinsame Nutzung in einer Geodateninfrastruktur anwendbar sind.

Die Standards AFIS®, ALKIS® und ATKIS® der AdV sind in konzeptioneller Form auf der Grundlage der Norm ISO 19109 *Rules for Application Schema* beschrieben. Dies bedeutet insbesondere:

- Modellierung in UML mit dem Softwarewerkzeug Rational Rose,
- Einhaltung der Regelungen von ISO 19103 für die Verwendung von UML,
- Verwendung von ISO 19107 (und damit implizit auch ISO 19111), ISO 19115, ISO 19123,
- automatisierte Ableitung und Darstellung der Objektartenkataloge gemäß ISO 19110,
- die automatisierte Ableitung der Schnittstelle NAS für den Austausch von AFIS®-, ALKIS®- und ATKIS®-Objekten.

Normbasierte Datenaustauschschnittstelle NAS für objektstrukturierte Daten

Eine Datenaustauschschnittstelle, basierend auf XML/GML, wird in der Regel immer dann verwendet, wenn Geoinformationen ausgetauscht werden sollen, die in einem konzeptionellen und objektstrukturierten Datenmodell modelliert wurden. Objektstrukturierte Geodaten werden dabei nach definierten Syntaxregeln kodiert. Dabei kann es sich sowohl um Informationen handeln, die in ihrer Struktur den gespeicherten Datenbeständen, einschließlich etwaiger Zusatzdaten (z. B. Metadaten, Präsentationsobjekte) entsprechen, oder um Informationen aus daraus abgeleiteten Sichten auf diese Datenbestände (z. B. Objektarten für Ausgabeprodukte). Datenbestände, bei denen der Objektbezug völlig verloren geht (z. B. rein graphisch strukturierte Daten), oder Daten, die in ein einfacher strukturiertes externes Schema kodiert werden (z. B. DXF-Daten), werden nicht mit XML/GML kodiert.

Entsprechend wird eine derartige Schnittstelle dort eingesetzt, wo der Anwendungsschwerpunkt nach Anforderung des Nutzers auf folgenden Kriterien liegt:

- Originalität der Daten,
- volle Auswertbarkeit,
- differenzierte Fortführbarkeit.

Web-basierte Zugriffe auf objektstrukturierte Daten erfordern daher eine umfassendere Komplexität als dies bei graphisch strukturierten Daten der Fall ist. Die normbasierte Austauschschnittstelle (siehe unten) ist nur eine Möglichkeit zur Abgabe von objektstrukturierten Daten. Weitere Beispiele sind INTERLIS (objektstrukturierte Datenaustauschschnittstelle der Schweiz) oder EDBS (Einheitliche Datenbank Schnittstelle der AdV). Entscheidender Punkt ist dabei, dass neben den standardisierten Syntaxregeln auch ein objektstrukturiertes Datenmodell zur Definition einer Datenaustauschschnittstelle gehört.

Das Basisschema wurde konsequent auf der Grundlage internationaler Standards modelliert, wo immer es möglich und sinnvoll war (Abb. 14.2). Zum Datenmodell gehört jedoch auch die automatische Ableitung (Kodierung) der Datenaustauschschnittstelle unter Verwendung standardisierter Encodingregeln, was man dann auch als *Datenaustauschschema* bezeichnen kann. In der amtlichen Vermessung wird eine solche, aus dem AAA-Anwendungsschema abgeleitete Schnittstelle als *Normbasierte Austauschschnittstelle (NAS)* bezeichnet (SEIFERT 2005).

Dadurch, dass in der NAS die GML-Anwendungsschemata auf standardisierte XML-Komponenten, z. B. für Geometrietypen, zurückgreifen und es in GML Regeln gibt, wie das XML-Schema bei der Definition eines Anwendungsschemas zu verwenden ist, kann auch generische GML-Software – sofern sie die verwendeten XML-Komponenten implementiert hat – durch Analyse des GML-Anwendungsschemas der NAS AFIS-ALKIS-ATKIS-Objekte grundsätzlich verarbeiten und syntaktisch interpretieren. Dies gilt auch dann, wenn die Software zuvor kein Wissen über die NAS und AFIS-ALKIS-ATKIS besessen hat.

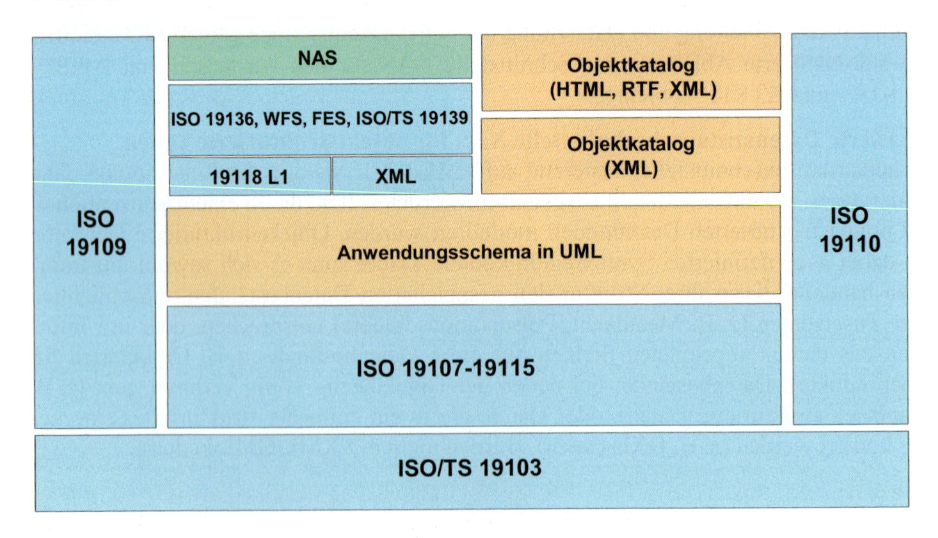

Abb. 14.2: AAA-Fachschema und ISO-Standards

Mit dem von der NAS verwendeten *GML-Profil* werden aus diesem Grunde auch Anforderungen an die Fähigkeiten von Software spezifiziert und dokumentiert. Bei der Festlegung des Profils wurde auch die Zielsetzung berücksichtigt, dass dieses Profil auch über AFIS, ALKIS und ATKIS hinaus Anwendungsanforderungen abdecken soll und sich von einer AdV-internen Festlegung zu einer breiter akzeptierten Festlegung entwickelt.

Die fachliche reale Welt wird unter Verwendung der konzeptionellen Vorgaben der ISO 19100er Normenserie (INTERNATIONAL ORGANIZATION FOR STANDARDIZATION 2005) in ein mit Rational Rose modelliertes UML-Modell umgesetzt. Mit einem *Profiltool* (Rational Rose Script) kann eine Teilmenge eines Fachschemas als zu einem Profil gehörig gekennzeichnet werden. Damit lassen sich länder- oder anwendungsspezifische Teilmengen aus dem umfassenden Datenmodell definieren. Mit dem *Katalogtool* (Rational Rose Script und XSLT) kann ein Anwendungsschema auch in einen leichter les- und editierbaren Objektartenkatalog exportiert werden. Unterstützt werden die Formate XML, HTML und RTF. Mit dem *NAS-Schema Generator* (ebenfalls ein Rational Rose Script) werden die XML-Schemadefinitionen der NAS (Datenaustauschschema) aus dem AAA-Anwendungsschema abgeleitet. Das Katalogtool, das Profiltool und der NAS-Schema-Generator sind generisch konzipiert, sodass sie direkt für beliebige Fachinformationen eingesetzt werden können und nicht ausschließlich für Daten des amtlichen Vermessungswesens.

Die NAS-Schemata sind in XML-Schema definiert und verwenden die OGC Implementation Specifications für Geography Markup Language (GML), Web Feature Service (WFS) und Filter Encoding (FE). Bei GML wird ein stark eingeschränktes GML-Profil des Gesamtumfangs verwendet, um unnötige Freiheitsgrade zu verhindern. Zur Beschreibung der Ableitung der Ausgabeprodukte von AFIS®-ALKIS®-ATKIS® werden NAS-Operationen und XSLT verwendet.

Die NAS findet dann Anwendung, wenn Geoinformationen in der Struktur des gemeinsamen AFIS®-ALKIS®-ATKIS®-Anwendungsschema ausgetauscht werden sollen. Dabei kann es sich sowohl um Informationen handeln, die in ihrer Struktur den gespeicherten Datenbeständen, einschließlich der Zusatzdaten (Präsentationsobjekte, Kartengeometrieobjekte) entsprechen, als auch um Informationen aus daraus abgeleiteten Sichten (z. B. spezielle Produktsichten) auf diese Datenbestände. Die NAS basiert auf den durch das World Wide Web Consortium (W3C) entwickelten XML-Standards, insbesondere XML, XML Namespaces, XML Schema, XLink, XPointer und XPath.

Für die Beschreibung der Objektarten wird die Geography Markup Language (GML), Version 3.2.1, verwendet. GML ist ein OGC-Standard und wurde auch in die ISO 19100er Normenserie integriert (ISO 19136). Das vollständige AAA-Anwendungsschema in UML mit den abgeleiteten Objektartenkatalogen sowie die NAS als XML-Schemadateien sind frei verfügbar (ADV 2007).

ISO 19118 *Encoding* definiert zu diesem Zweck u. a. ein Rahmenwerk für die Erstellung von sog. *Encoding Rules* zur Ableitung von Schnittstellen-Definitionen für den Datenaustausch aus einem UML-Anwendungsschema. Darüber hinaus beschreibt die Norm in einem informativen Anhang spezielle *Encoding Rules* für die Erzeugung von XML-Schemadefinitionen. Die zugelassene Variabilität bei der Abbildung von UML nach XML-Schema führt allerdings dazu, dass die ISO-19100-Basisnormen auf unterschiedliche Weise umgesetzt werden können. Eine Festlegung beispielsweise durch die AdV würde zu AdV-spezifischen Schnittstellen führen. Andere Anwender würden möglicherweise zu anderen Resultaten kommen. Damit wäre der Zweck der Normen, nämlich Interoperabilität zu erreichen, nicht erfüllt. Für eine Reihe von ISO-Normen, die auf konzeptioneller Ebene mit UML-Modellen spezifiziert wurden, existieren (noch) keine genormten XML-Schemata (z. B. ISO 19110 *Objektartenkataloge*). Die Notwendigkeit dieser standardisierten XML-Schemata wurde aber erkannt. Im Bereich der Metadaten (ISO 19139) und Geometrie/Topologie (ISO 19136) wurden bereits entsprechende Festlegungen getroffen.

Zur Definition von Datenaustauschschnittstellen gibt es mit der *Geography Markup Language* (GML) von OGC einen Standard für die Verschlüsselung von Geoinformationen, der darüber hinaus auch als ISO 19136 in der ISO 19100er Normenserie verabschiedet wurde. ISO 19136 ist – vereinfacht gesagt – ein Regelwerk zur Modellierung von anwendungsspezifischen Objektarten mit ihren Eigenschaften in XML-Schema. Für die Beschreibung der Objektarten und deren numerischer, textlicher, geometrischer, zeitlicher und anderer Eigenschaften kann hierbei auf eine Vielzahl häufig verwendeter, standardisierter Komponenten, z. B. eben Geometrietypen, zurückgegriffen werden. Auf diese Weise wird in einem GML-Anwendungsschema eine anwendungsspezifische XML-Sprache definiert. Eine Marktakzeptanz von GML ist aufgrund der neuen Entwicklung noch nicht belegbar, zeichnet sich jedoch ab.

Da die NAS neben der Kodierung von Fachobjekten auch die im Anwendungsschema modellierten *Operationen* auf einem System zur Haltung von Bestandsdaten umfasst (Fortführen, Einrichten, Sperren/Entsperren von Objekten, Reservieren von Fachkennzeichen, Erfragen von Ausgabeprodukten einschließlich der Nutzerbezogenen Bestandsdatenaktualisierung), werden die GML-Objektarten unter Verwendung von Elementen der zu GML komplementären OGC-Spezifikationen *Web Feature Service* (WFS) und *Filter Encoding* (FE) in entsprechende, grundsätzlich Web-Service-fähige, Operationen eingebettet. In diesem Sinne ist eine AFIS®-ALKIS®-ATKIS®-Datenhaltung mit einem gekapselten Web Feature Server zu vergleichen, der zusätzlich AFIS®-ALKIS®-ATKI®S-spezifische Anforderungen berücksichtigt. Damit erfüllt die NAS im Grund nicht die Anforderungen an die Kompatibilität mit der Basisspezifikation des WFS. Das skizzierte Vorgehen war jedoch aufgrund der fachlichen Anforderungen erforderlich.

Zusammenfassend kann festgestellt werden, dass mit der Neuentwicklung von AFIS®-ALKIS®-ATKIS® von der AdV das Ziel verfolgt wird, Grundlagen für die *gemeinsame, ganzheitliche und fachübergreifende Nutzung von Geodaten* zu schaffen. In diesem Sinne soll soweit wie möglich auf bestehende oder absehbare Standardfunktionalitäten von Anwendungssoftware zurückgegriffen werden. Ein Beispiel ist die in diesem Kapitel beschriebene Datenaustauschschnittstelle NAS. Auf die Spezifikation von proprietären Lösungen wird soweit wie möglich verzichtet.

Es ist wichtig festzuhalten, dass das konzeptionelle Modell in einem UML-Anwendungsschema vollständig beschrieben sein muss. Bei der Abbildung auf spezifische Implementierungsmodelle (wie z. B. andere XML-Repräsentierungen) werden auch zukünftig Anpassungen an den IT/GIS-Mainstream erforderlich werden.

Dadurch, dass GML-Anwendungsschemata auf standardisierte XML-Komponenten, z. B. für Geometrietypen, zurückgreifen und es in GML Regeln gibt, wie XML-Schema bei der Definition eines Anwendungsschemas zu verwenden ist, kann grundsätzlich auch generische GML-Software – sofern sie die verwendeten XML-Komponenten implementiert hat – durch Analyse des GML-Anwendungsschemas der NAS derartig kodierte Objekte verarbeiten und syntaktisch interpretieren. Wenn auch damit noch keine vollständige semantische Interpretation von Geodaten möglich ist, kommt man damit jedoch der angestrebten semantischen Interoperabilität immerhin schon einen Schritt näher.

Mit dem für die NAS definierten GML-Profil werden aus diesem Grunde auch Anforderungen an die Fähigkeiten von GML-Software spezifiziert und dokumentiert, die idealerweise von den GIS-Herstellern zur Verfügung gestellt werden können. Bei der Festlegung des Profils wurde auch die Zielsetzung berücksichtigt, dass dieses Profil auch über die amtliche Vermessung hinaus gehende Anwendungsanforderungen abdecken soll und sich von einer zunächst AdV-internen Festlegung zu einer breiter akzeptierten Festlegung innerhalb der Geodateninfrastruktur in Deutschland und Europa entwickelt.

Durch die Spezifikation der NAS als funktionale Datenaustauschschnittstelle mit entsprechenden Operationen und nicht nur als reines „Datenformat" sind die GML-Objekte in der NAS in der Regel in die XML-Elemente der Operationsaufrufe und -ergebnisse eingebettet. Im Fall des Bestandsdatenauszugs (Selektion von Originärdaten) zum Beispiel ist die Menge der GML-Objekte, d. h. das GML-Dokument, in das NAS-Ergebnisdokument eingebettet und kann auf einfache Weise erkannt und extrahiert werden

AFIS®-ALKIS®-ATKIS®-Fachschema

Die in ALKIS zulässigen Objekte werden in einem Datenmodell und einem daraus abgeleiteten Objektartenkatalog (OK) mit ihren Eigenschaften näher beschrieben. Auch für ATKIS® wurden die bisherigen Objektarten in die Objektstruktur des neuen AAA-Datenmodells umgesetzt und gleichzeitig mit den Daten des Liegenschaftskatasters harmonisiert. Harmonisierung in diesem Zusammenhang bedeutet, dass immer dann, wenn fachlich identische Sachverhalte darzustellen sind, auch gleiche Objektarten mit identischer Semantik modelliert werden. Dass es darüber hinaus auch spezielle Objektarten gibt, die nur im Liegenschaftskataster relevant sind (z. B. Eigentümer- und Buchungsdaten) oder genauso nur für ATKIS® von Bedeutung sind (z. B. Straßenachsen), liegt an den unterschiedlichen Fachsichten. Entscheidend ist aber, dass gleiche Dinge auch gleich beschrieben werden. Das Ziel ist zunächst aber nicht, auch die Datenbestände zusammenzuführen. Die hierfür notwendige rechnergestützte Generalisierung ist derzeit noch Gegenstand der Forschung und noch kaum praxistauglich. Das mittelfristige Ziel ist daher, die Daten nur einmal und spitzenaktuell zu erfassen und damit alle gängigen Maßstabsbereiche zeitnah fortzuführen.

Das AAA-Fachschema referenziert die Festlegungen des Basisschemas durch Vererbung. Damit gelten die Festlegungen des Basisschemas und der ISO- und OGC-Standards unmittelbar auch für die Definitionen der Fachobjektarten im AAA-Fachschema. Das Datenmodell ist thematisch strukturiert und in der ersten Gliederungstiefe in Objektartenbereiche (Pakete) unterteilt (Abb. 14.3). Jedes dieser Pakete enthält wiederum Objektartengruppen, in denen die Fachobjektarten aufgeführt sind. Die Tatsächliche Nutzung beispielsweise enthält die Objektartengruppen Siedlung, Verkehr, Gewässer und Vegetation. Unter Siedlung gibt es schließlich u. a. die Objektart Wohnbaufläche. Die gesamte Dokumentation der Geodaten des amtlichen Vermessungswesens (kurz: GeoInfoDok) ist in der aktuellen Fassung frei zugänglich (ADV 2009). Das AAA-Fachschema repräsentiert jedoch zunächst nur eine Komponente zur Datenhaltung der amtlichen Geobasisdaten, ohne Funktionalitäten zur Erfassung der Daten im Felde (Erhebungsprozess). Die Bundesländer haben sich darauf geeinigt, die Konformität der jeweiligen Implementierungen in eigener Verantwortung durch sog. Konformitätserklärungen sicherzustellen.

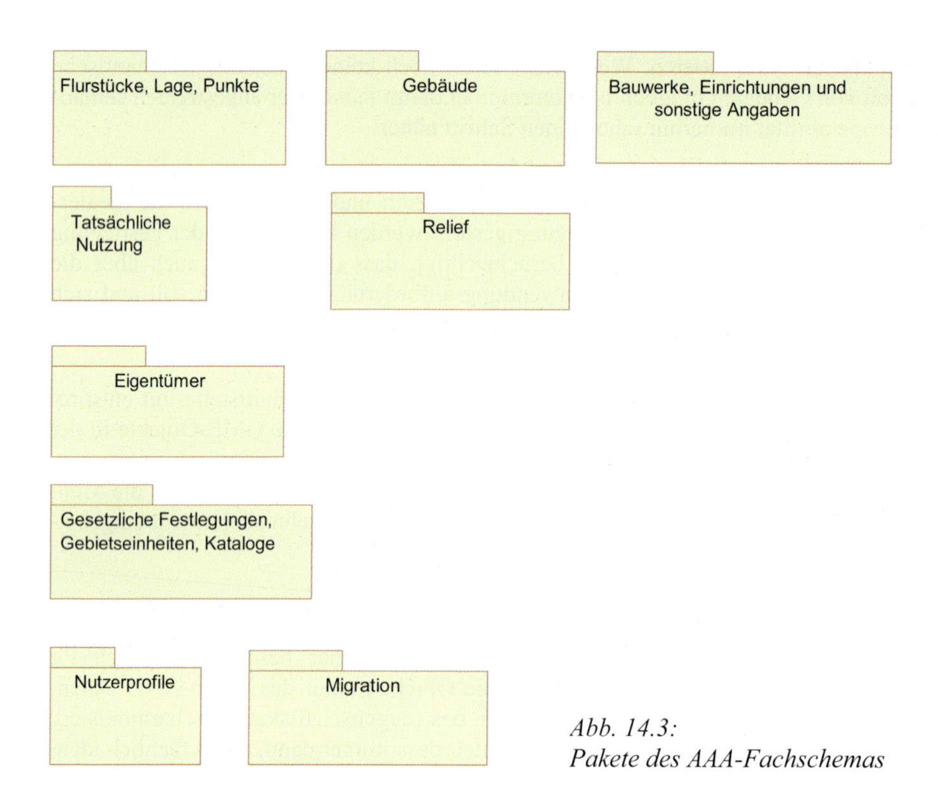

Abb. 14.3: Pakete des AAA-Fachschemas

14.2.2 Semantische Interoperabilität

Interoperabilität – Anforderungen an die Datenbeschreibung
In der allgemeinen Informationstechnologie wird Interoperabilität als die Fähigkeit bezeichnet, mit oder zwischen verschiedenen Funktionseinheiten so zu kommunizieren, Programme auszuführen oder Daten zu übertragen, dass der Benutzer nur geringe oder keinerlei Kenntnisse über die eindeutigen Merkmale dieser Einheiten benötigt (ISO/IEC 2382-1 1993). Aus Sicht der Geoinformatik wird man ohne Kenntnisse der Merkmale jedoch kaum eine Interoperabilität erreichen, da mit den Daten oft auch eine bestimmte Semantik verbunden ist, die der Benutzer kennen muss, um sinnvoll mit den Daten arbeiten zu können. Diese Kenntnis kann jedoch (weitgehend) standardisiert beispielsweise über Metadaten vermittelt werden. Als Benutzer einer GDI gelten Personen oder Organisationen, die im Zusammenhang mit ihrer Geschäftstätigkeit auf bedarfsgerechte und nachhaltige Weise auf Georessourcen zugreifen und diese ebenso sinnvoll und nachhaltig gemeinsam nutzen müssen. Basierend auf plattform- und herstellerneutralen Normen und Standards ist es Ziel einer GDI, Organisationen und Personen bei der Veröffentlichung, Suche, Lieferung und schließlich der Nutzung von Geoinformationen und Diensten über das Internet und über die Grenzen einer Informationsgemeinschaft hinweg zu unterstützen. Dabei entsteht ein wirtschaftlicher Vorteil, der ohne die Nutzung von Standards nicht erreicht worden wäre.

Interoperable Konzepte
Interoperabilität kann unter zwei verschiedenen Aspekten betrachtet werden: Eine Interoperabilität der Konzepte und eine Interoperabilität der Systeme (MÜLLER, PORTELE 2005).

Beide sind für den Aufbau einer Geodateninfrastruktur gleichermaßen notwendig. Eine Interoperabilität der Konzepte ermöglicht eine grundsätzliche Verständigung zwischen zwei Teilnehmern der Geodateninfrastruktur. Beide haben auf der Ebene des Datenaustausches dieselbe Sicht (Semantik) auf die zur Verfügung stehenden Daten, was jedoch nicht zwingend auch bedeutet, dass diese in den jeweiligen Implementierungen auch tatsächlich so gespeichert sind. Entscheidend ist die Abbildbarkeit (mapping) zwischen einem Implementierungsmodell und dem semantisch vereinheitlichten externen Modell. Im Folgenden werden die Anforderungen für eine semantische Interoperabilität am Beispiel des AAA-Anwendungsschemas spezifiziert und eine Methodik aufgezeigt, wie andere Fachdisziplinen ebenfalls semantisch interpretierbare Datenmodelle ableiten können.

Eine Interoperabilität der Systeme ermöglicht, dass zwei Softwareanwendungen, die Bestandteil der Geodateninfrastruktur sind, direkt und reibungslos miteinander kommunizieren, um beispielsweise einen Dienst aufzurufen, der eine Kartenvisualisierung erzeugt. Hierbei spielt die GI-Standardisierung eine wesentliche Rolle.

Eine GDI beruht also auf Normen und Standards aus den Bereichen Geoinformation und Informationstechnologie, von denen einige bereits ausreichend stabil verfügbar sind und in Implementierungen auf dem Geoinformationsmarkt umgesetzt wurden.

In Abbildung 14.4 muss System B in der Lage sein, Daten von System A zu nutzen. Auf Datenbankebene können die Daten im internen Schema völlig unterschiedlich abgelegt sein. Dies liegt zum einen an möglichen unterschiedlichen fachlichen Sichten der verschie-

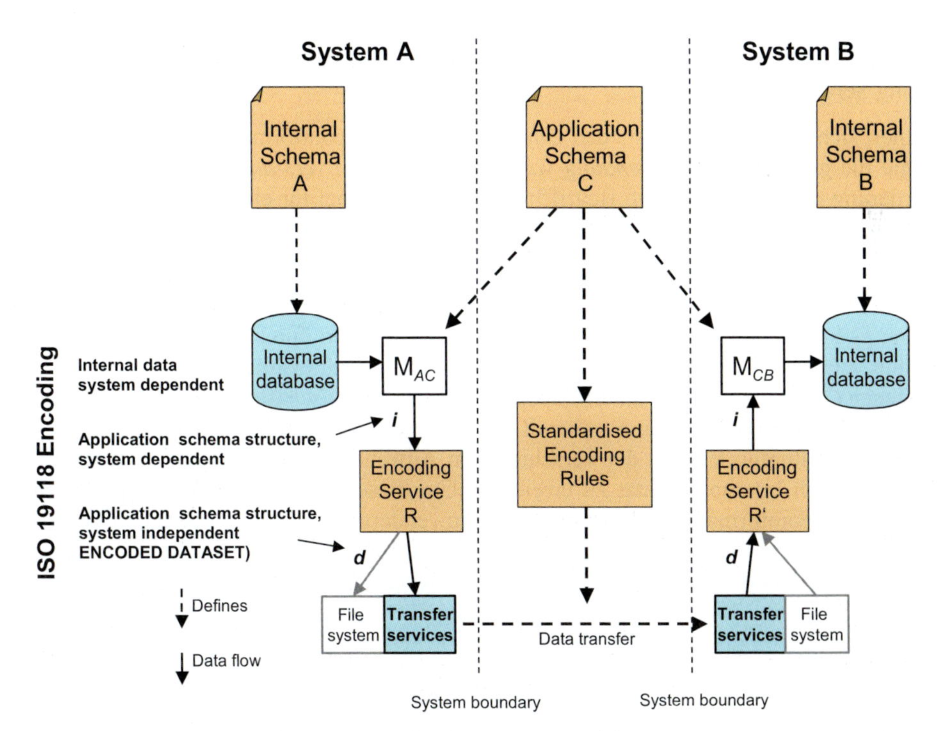

Abb. 14.4: Datentransfermodell nach ISO 19118 (modifiziert)

denen Anwendungsschemata. Beispielsweise kann ein Liegenschaftskataster-Informationssystem eine andere Sicht auf bestimmte Objekte haben (z. B. Lagebezeichnung) als ein Einwohnermeldesystem (z. B. Adresse) und dementsprechend verschieden strukturiert und definiert sein. Zum anderen hängt das interne Schema natürlich von der jeweiligen Implementierung (Datenbank, GIS-Hersteller etc.) ab, wo herstellerspezifische Besonderheiten ebenso vorkommen wie individuelle Methoden zur Optimierung von Datenbankstrukturen.

Daten im Datentransfer sind entsprechend Anwendungsschema C strukturiert und entsprechend eines Standards kodiert/dekodiert. M_{AC} und M_{CB} sind Funktionalitäten zur Transformation von Daten von einer Modellsicht in eine andere, in diesem Fall von dem (beliebigen) internen Modell von System A in die Modellstruktur des Anwendungsschemas C. Auf der Empfängerseite erfolgt derselbe Prozess in umgekehrter Richtung: Hier kommen Daten entsprechend des externen Datenschemas ebenfalls in der Struktur des Anwendungsschemas C an, die von einen Dekodierdienst in die interne Struktur von System B transformiert wird. Wenn sich die Datenstruktur von System A oder B von System C unterscheidet – was in einer offenen Geodatenwelt wohl der Regelfall ist – können derartige Abbildungen möglicherweise nur schwer erreicht werden, wenn diese Modellschemata nicht in irgendeiner Form transformierbar sind. Entscheidender Aspekt bei einem interoperablen Datenaustausch ist somit, dass jedes System sicherstellt, dass es durch geeignete Transformationen das durch das Anwendungsschema C (gemeinsame Sicht) definierte externe Datenschema auf der Ebene des Datentransfers bedienen kann. Das externe Datenschema wird durch Anwendung von standardisierten Encoding Rules automatisch aus dem konzeptionellen Datenmodell abgeleitet. Im Idealfall verwenden die unterschiedlichen Implementierungen dieselben Encoding Rules zur Ableitung des externen Schemas aus dem internen Schema (Encoding Service).

Man nähert sich mit diesem Ansatz den *Ontologien.* In der Geoinformationswelt wird unter Ontologie die *gemeinsame Verwendung von Begrifflichkeiten verstanden* (GRUBER 1993). Die Forderung nach gemeinsamen Begrifflichkeiten steht dabei für eine gemeinsame Sicht auf die fachliche reale Welt und umfasst eine einheitliche Definition der Objektarten (feature definitions), aber auch Metadaten und Raumbezugssysteme (MCKEE 1996), die Geoinformationen nicht unmittelbar definieren, aber für deren Interpretation erforderlich sind.

Nun kann es in fachlich abgegrenzten Geodateninfrastrukturen durchaus gelingen, ein gemeinsames semantisches Verständnis der Geoinformationen zu etablieren, jedoch kaum in einer offenen Geodatenwelt, die unterschiedliche Nutzergemeinschaften integriert. Das Ziel kann daher nicht sein, die Semantik überall auf der Welt zu vereinheitlichen, sondern die fachliche und kulturelle Vielfalt der verschiedenen Anwendergemeinschaften zu akzeptieren, aber dennoch Interoperabilität zu erreichen. Um diesen scheinbaren Widerspruch zu lösen und um Geoinformationen verschiedener Anwendergemeinschaften dennoch gegenseitig austauschbar zu machen, sind Regeln (Normen) erforderlich, die eine Transformation (mapping) von einem Schema in ein anderes ermöglichen. Zwingende Voraussetzung hierfür ist eine *eindeutige konzeptionelle Beschreibung für Daten* und Metadaten nach einer standardisierten Methodik (modellbasierter Ansatz). Ferner müssen natürlich die entsprechenden Transformationsregeln definiert werden, was derzeit immer noch durch menschliche Interpretation der Geoinformationen erfolgt. Die Transformationsregeln können auf unterschiedliche Weise dokumentiert und verfügbar gemacht werden, um eine Schematransformation zu bewerkstelligen. Der eigentliche Datentransfer wird über standardisierte Dienste (Transfer Services) wie beispielsweise dem Web Feature Service realisiert.

Konzeptionelle Beschreibung von Daten – Datenmodellierung

Das oben beschriebene Datentransfermodell erfordert eine eindeutige *konzeptionelle Beschreibung* von Daten, die eine formale Ableitung mithilfe fester Kodierregeln erst ermöglicht. Hierzu gibt es seitens ISO derzeit nur unverbindliche Vorgaben in der Weise, dass *eine* konzeptionelle Beschreibungssprache verwendet werden soll. Die grundlegende Methodik soll daher standardisiert werden, nicht aber eine bestimmte konzeptionelle Beschreibungssprache oder gar ein Modellierungswerkzeug. Gefordert wird hingegen, dass die konzeptionelle Beschreibungssprache UML-konforme Datenmodelle erzeugen können muss. Die konzeptionelle Datenmodellierung beschreibt einen Prozess zur Erstellung einer abstrakten Beschreibung von Teilen der realen Welt und/oder eine Reihe von damit zusammenhängenden Konzepten. Beispielsweise könnte ein Satz von Objekten wie Wasserläufe, Seen und Inseln einen Teil der realen Welt konzeptionell in einem Datenmodell abgebildet werden. Ein Satz von geometrischen Elementen wie Punkten, Linien und Flächen, die die geometrische Form der Realweltobjekte beschreiben, würden damit zusammenhängende Konzepte sein. Diese Form der abstrakten Beschreibung der Realweltobjekte bezeichnet man als *konzeptionelles Modell.*

Die ISO 19100-Serie fordert die konzeptionelle Modellierung im Wesentlichen aus zwei Gründen:

- zur eindeutigen Definition von Geodaten und Geoservices,
- zur standardisierten Beschreibung der Definitionen von Geodaten und Geoservices, damit Systeme untereinander in einer verteilen Datenwelt interoperabel kommunizieren können.

Die von der Object Management Group (OMG) definierte Unified Modeling Language (UML) hilft bei der Spezifizierung, Visualisierung und der Dokumentation von Modellen im Zusammenhang mit Software Systemen (OMG 2008). UML kann sowohl für die Geschäftsmodellierung wie auch für Nicht-Software-Systeme verwendet werden. Mit dieser einheitlichen Sprache können Fachleute ihre Datenmodelle präzise modellieren und daraus Softwareapplikationen und Schnittstellendienste ableiten.

ISO 19101 *Referenzmodell* definiert eine geographische Objektart (Geo-Objektart) ganz allgemein als „eine Abstraktion eines Phänomens der realen Welt, das einen Lagebezug zur Erde aufweist". In der Praxis bezeichnet „Feature" üblicherweise diskrete Datenentitäten, deren Lage im Raum durch geometrische und topologische Zeichenelemente wie Punkte, Linien oder Polygone beschrieben wird·

Die folgende Abbildung 14.5 in UML zeigt die verwendeten ISO-Standards für das AFIS®-ALKIS®-ATKIS®-Anwendungsschema, das auf der konzeptionellen Ebene vollständig objektorientiert modelliert wurde. In der Regel wird in vielen Bereichen für die Modellierung von Fachdaten die Verwendung von UML als konzeptionelle Modellierungssprache empfohlen. Wenn eine Anwendergemeinschaft eine andere konzeptionelle Modellierungssprache, d. h. nicht UML, anwendet, liegt es in deren Verantwortung, das allgemeine ISO-Modell für Fachinformationen (*ISO General Feature Model*) auf das Metadatenmodell der gewählten konzeptionellen Modellierungssprache abzubilden und die Abbildungsregeln beizubehalten. GML repräsentiert einen Standard für das Kodieren von raumbezogenen Daten, kann aber theoretisch (sollte aber nicht) als konzeptionelle Modellierungssprache verwendet werden. Vielmehr sollte eine konzeptionelle Modellierungssprache (z. B. UML, INTERLIS) verwendet und ein GML-Anwendungsschema aus dem konzeptionellen Modell abgeleitet werden.

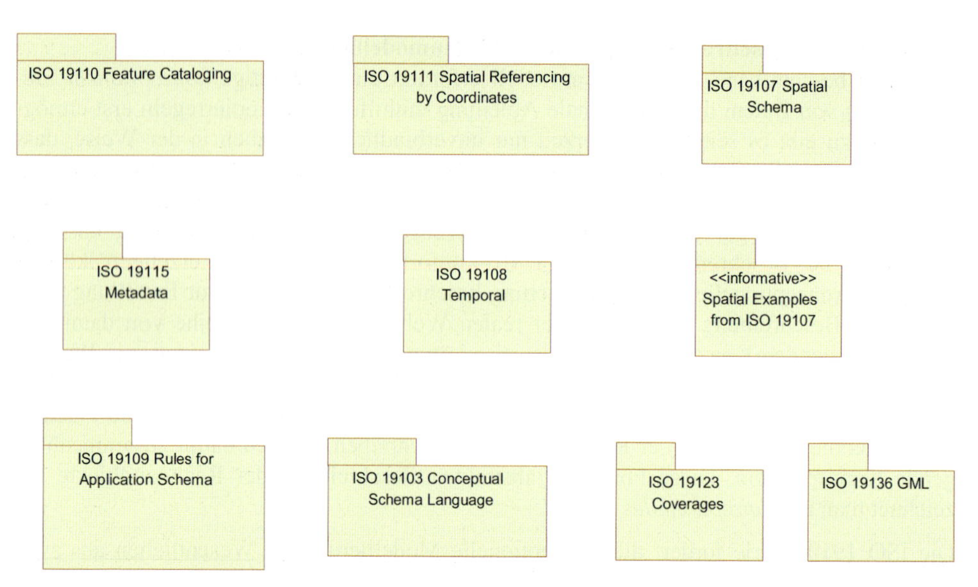

Abb. 14.5: Implementierte ISO-Standards im AAA-Datenmodell

In der Regel wird in vielen Bereichen für die Modellierung von Fachdaten die Verwendung von UML als konzeptionelle Modellierungssprache empfohlen. Wenn eine Anwendergemeinschaft eine andere konzeptionelle Modellierungssprache, d. h. nicht UML, anwendet, liegt es in deren Verantwortung, das allgemeine ISO-Modell für Fachinformationen (*ISO General Feature Model*) auf das Metadatenmodell der gewählten konzeptionellen Modellierungssprache abzubilden und die Abbildungsregeln beizubehalten. GML repräsentiert einen Standard für das Kodieren von raumbezogenen Daten, kann aber theoretisch (sollte aber nicht) als konzeptionelle Modellierungssprache verwendet werden. Vielmehr sollte eine konzeptionelle Modellierungssprache (z. B. UML, INTERLIS) verwendet und ein GML-Anwendungsschema aus dem konzeptionellen Modell abgeleitet werden.

Die in der Abbildung gezeigten ISO-Spezifikationen reichen für eine umfassende Modellierung amtlicher Geobasisdaten (und auch anderer Fachverwaltungen) aus und können auch als Profil einschlägiger Standards für amtliche Geoinformationssysteme betrachtet werden. Für eine anwendungsspezifische Implementierung von Geoinformationsstandards ist nicht eine vollständige Umsetzung der angebotenen Elemente notwendig, sondern eine zulässige Auswahl daraus (Profil). Profile sind daher eine zulässige Untermenge (subset) der angebotenen Spezifikationen. Die Notwendigkeit zur *Bildung von Profilen* ergibt sich aus folgenden Gründen:

- Für eine umfassende und vielfältige Implementierungsmöglichkeit in allen denkbaren Fachdisziplinen lassen die internationalen GI Standards bewusst Freiheitsgrade offen. Für einige interoperable Geodaten sind derartige Freiheitsgrade aber hinderlich und müssen unter Berücksichtigung der jeweiligen Rahmenbedingungen konkretisiert werden. Ein Beispiel ist die Festlegung einer Auswahl von (regional) sinnvollen Koordinatenreferenzsystemen für einen Web Map Service.
- Für gleiche oder ähnliche fachliche Sachverhalte sollten für die formale konzeptionelle Beschreibung auch dieselben konzeptionellen Elemente aus den Standards verwendet werden. Ein Beispiel hierfür wäre die Verwendung gleicher Geometrieelemente für die

Definition von Kreisbögen, die nach ISO 19107 in unterschiedlicher Art beschrieben werden können. Trifft man hierüber keinerlei Konventionen, sind Schematransformationen nur auf unnötig komplexe Weise möglich oder gar nicht.

- Die internationalen GIS-Standards von ISO und OGC sind manchmal noch nicht ausgereift genug, um im praktischen Betrieb eingesetzt zu werden. So sind beispielsweise Elemente teilweise nur sehr spärlich oder gar nicht definiert bzw. erläutert, was wiederum Interpretationsspielräume verursacht. Im Zusammenhang mit der Definition von Metadaten nach ISO 19115 ist beispielsweise eine weitergehende, auf den jeweiligen Anwendungszweck ausgerichtete Definition der Elemente erforderlich (ADV 2008).

14.2.3 Der Beitrag der AdV zur semantischen Interoperabilität von Geodaten in einer GDI

Das Ziel der Standardisierung ist es nicht, für sämtliche Fachanwendungen ein einheitliches und umfassendes Datenmodell zu erstellen. Dies würde aufgrund der berechtigten, unterschiedlichen Fachsichten auf die reale Welt nie gelingen. Vielmehr muss versucht werden, dass die verschiedenen Fachsysteme nach einheitlichen Regeln beschrieben werden. Nicht die fachlichen Inhalte werden daher standardisiert, sondern die Methodik zu deren formaler Beschreibung. Mithilfe des konzeptuellen (modellbasierten) Ansatzes lassen sich die fachlichen und geometrischen Inhalte weitgehend automatisiert auswerten, sodass mithilfe von semantischen Transformationen der gegenseitige Austausch von Informationen (Interoperabilität) über die verschiedenen Fachsysteme hinweg möglich wird. Die ISO-Normen, aber auch das AdV-Basisschema bietet somit genau jene Vorgaben zur Strukturierung von Geoinformationen an, die hierfür notwendig sind. Durch die konsequente Fachneutralität und den engen Bezug zur internationalen Standardisierung von Geoinformationen kann es für beliebige Fachsysteme angewendet werden und bildet damit einen möglichen Basisbaustein für den Aufbau einer Geodateninfrastruktur in Deutschland.

Verwendung des Basisschemas als Grundlage für beliebige Fachschemata und Datenschnittstellen

Durch die konsequent umgesetzte Fachneutralität kann das Basisschema für viele Fachanwendungen mit geographischem Bezug genutzt werden. Das AAA-Fachschema ist im Grunde nur ein Beispiel für die Anwendung des Basismodells. Andere Fachanwendungen können sowohl das Basisschema nutzen als auch (theoretisch) das komplette Anwendungsschema einschließlich der AAA-Objektarten. Es sind ebenso Stufenlösungen denkbar. So können beliebige Profile aus dem AAA-Anwendungsschema erzeugt werden (z. B. Nutzung des GML-Profils, des Basisschemas, Nutzung einzelner ALKIS®-Objektarten). Zur Dokumentation dieser verschiedenen Möglichkeiten wurde anhand von konkreten Beispielanwendungen ein Leitfaden für die Modellierung von Fachinformationen unter Verwendung der GeoInfoDok erstellt (AdV 2009). Die Beispielanwendungen kommen aus dem Bereich der Ländlichen Entwicklung, der Fachsysteme für Bodenrichtwerte sowie der kommunalen Anwendungen. Die Vorteile, die sich aus einem solchen Ansatz ergeben, sind:

- Verwendung bewährter Modellierungsrahmen im Bereich der konzeptuellen Datenmodelle sowie von Software-Schnittstellen,
- Verwendung von bereits vorhandenen und verfügbaren Softwaretools für die Ableitung von Objektartenkatalogen und den entsprechenden Datenaustauschschnittstellen sowie für die Erzeugung von individuellen Profilen aus umfassenden Datenmodellen,

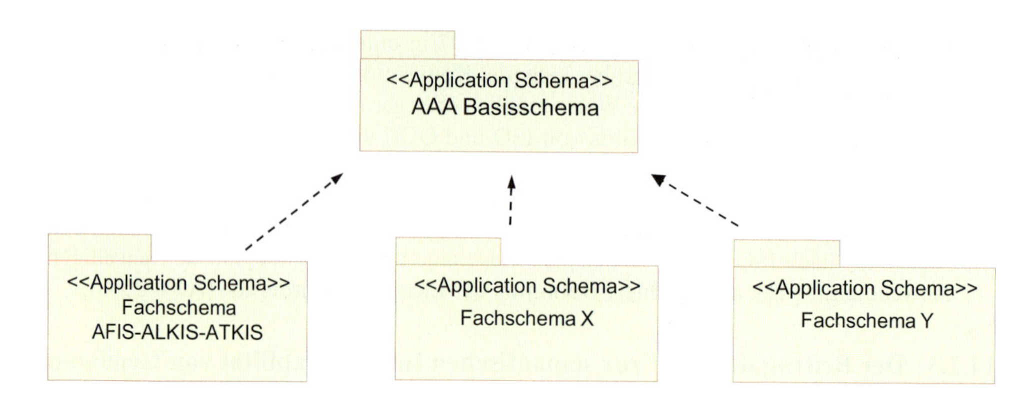

Abb. 14.6: Anbindung von Fachschemata an das Basisschema

- Verwendung marktverfügbarer Softwarekomponenten für das GML-Profil der NAS sowie für Elemente des Basisschemas,
- Einheitliche Konzepte und Modellierungsbegriffe,
- GDI-Integrationsmöglichkeiten durch Verwendung von Standards, sowie
- Vermeidung von Doppelarbeit z. B. bei der Erzeugung eines GML-Profils für die Schnittstelle.

Das Basisschema dient somit als gemeinsame Grundlage der anwendungsspezifischen Fachschemata, sowohl von AFIS®, ALKIS® und ATKIS® als auch bei anderen Fachinformationen (Abb. 14.6).

Das Basisschema regelt insbesondere die Verwendung der grundlegenden, in der ISO 19100er Serie definierten Basisstrukturen, insbesondere die des Raumbezugs. Weiterhin regelt das Basisschema den Aufbau und die Vergabe von persistenten und eindeutigen Objektidentifikatoren. Diese Regelungen sind auch für Fachobjekte verpflichtend.

Ebenso wichtig ist das Konzept der Modellart. Die Modellart beschreibt, zu welchem Modell oder zu welchen Modellen ein Objekt gehört. AFIS®-ALKIS®-ATKIS® definiert z. B. die Modellarten „DLKM" für das digitale Liegenschaftskataster, „Basis-DLM" für ATKIS®-Basis-DLM usw. Eine tatsächliche Nutzung, die sowohl zu ALKIS® als auch zum ATKIS®-Basis-DLM gehört, würde beide Modellarten führen. Jedes Anwendungsschema von Fachinformationen muss mindestens eine Modellart festlegen, die die Objekte dieser Modellart zuordnet.

Die NAS des AAA-Anwendungsschemas besteht aus zwei wesentlichen Komponenten. Zum einen aus den fachlichen Inhalten, die aus dem AAA-Fachschema abgeleitet werden und zum anderen der Syntax zur Datenkodierung unter Verwendung von XML-Schema. Die NAS gilt daher nur in Bezug auf das AAA-Fachschema. Eine beliebige „Fach-NAS" würde zwar dieselbe Syntax für die Datenkodierung verwenden, sie hätte aber andere fachliche Inhalte. Mit diesem Ansatz lassen sich die ersten Schritte in Richtung einer semantischen Interoperabilität von Geodaten machen.

14.3 Die Rolle der GIS-Normen bei der Erstellung der INSPIRE-Durchführungsbestimmungen

14.3.1 GIS-Standards in INSPIRE

Den INSPIRE-Grundsätzen und Zielen folgend, soll zur Unterstützung einer integrierten Europäischen Umweltpolitik die Entwicklung von technischen und organisatorischen Regeln zur Etablierung einer Europäischen GDI (zunächst für Umweltinformationen) vorangetrieben werden. Dabei soll auf (entstehenden oder bestehenden) nationalen Geodateninfrastrukturen aufgebaut und in folgenden Schritten vorgegangen werden:

1. Metadaten
Der erste Schritt zur Umsetzung von INSPIRE wird die Harmonisierung der Informationen über Geodaten (also Metadaten) zum Ziel haben. Damit sollen die Recherche und Bewertung von Geodaten und Geodiensten verbessert werden. Dazu gehört auch die Entwicklung von entsprechenden Regeln zur Erfassung und Pflege von Metadaten für Geodaten und Geoinformationsdiensten. Die Durchführungsbestimmungen zu Metadaten wurden auf der Grundlage von ISO 19115 *Metadata* erstellt und durch weitere, für INSPIRE relevante Elemente ergänzt worden.

Ab spätestens 2012 sollen nationale Metadaten vollständig zur Verfügung stehen. Dazu gehört auch die Entwicklung von Portalen auf EU-Ebene, aber auch auf nationaler und regionaler Ebene.

2. Interoperable Netzdienste
Im Detail noch zu spezifizierende Geoinformationsdienste sollen als nationale Dienste (z. B. via EU Geoportal) öffentlich zugänglich gemacht werden. Im Detail werden folgende Dienste für europaweite Anwendung definiert:

- Zugriff auf Geodaten (upload services),
- Recherche nach Geoinformationen (discovery services), definiert auf Grundlage der OpenGIS Spezifikation für den Katalogdienst (CSW),
- Visualisierung von Geoinformationen (viewing services), definiert auf Grundlage der ISO 19128 Web Map Server (WMS),
- Zugriff auf Geodaten (download services), definiert nach ISO 19142 Web Feature Service (WFS),
- Transformation von Geodaten (transformation services),
- als aufsetzende Geoinformationsdienste (services to invoke spatial data services).

3. Harmonisierung für die Datenintegration
In diesem Schritt steht die Entwicklung von harmonisierten Geodaten-Spezifikationen für die im Anhang der INSPIRE-Rahmenrichtlinie genannten Themen in Vordergrund. Die Harmonisierung soll durch die konsequente Anwendung der ISO 19100 Normenserie und durch fachliche Abstimmung der spezifischen Inhalte mit entsprechenden Fachexperten erreicht werden. Dabei sollen behandelt werden:

- harmonisierte Objekt-Klassifikation,
- harmonisierte Georeferenzierung,

- speziell für Annex I und Annex II:
  - Identifikator für Geoobjekte,
  - Beziehungen zwischen Geoobjekten unterschiedlicher Ebenen und Themen,
  - Festlegung von Kernattributen,
  - Behandlung der zeitlichen Dimension und Aktualisierung (Historie, Versionierung, nach ISO 19108 *Temporal Schema*),
- Vereinbarungen zum Datenaustausch.

Ab spätestens 2013 sollen nationale Geodaten den Spezifikationen folgend bereitgestellt werden können. Es sollen jedoch die Geodatenbestände nicht wirklich zusammengeführt werden, sondern es soll eine gemeinsame Sichtweise (Definition, Semantik) auf die Geodaten verschiedener Themen erreicht werden. Diese Themen werden zeitlich gestaffelt in einzelne Pakete unterteilt und in der INSPIRE Rahmenrichtlinie unterschiedlichen Anhängen (Annexes) zugewiesen.

Die auf Grundlage internationaler Standards mögliche Harmonisierung der Spezifikationen vorhandener Geodaten ist ein wichtiger Schritt hin zu einer europäischen Geodateninfrastruktur. Die angestrebte, universelle Verwendbarkeit der Geodaten wird jedoch möglicherweise irgendwann an Grenzen stoßen, wenn nicht auch sinnvolle Kerndaten und Kernanforderungen an Dienste definiert werden, die hinsichtlich Inhalt, Qualität und Verfügbarkeit europaweit vereinheitlicht sind. Was im Einzelnen wie harmonisiert werden soll, wird in den *Durchführungsbestimmungen (Implementation Rules)* zu INSPIRE genauer spezifiziert. Diese Durchführungsbestimmungen werden durch technische Leitfäden weiter konkretisiert. Durchführungsbestimmungen sind Rechtsnormen und damit verbindlich; technischen Leitfäden fehlt dieser Status, sind damit zunächst unverbindlich. Da die EU-Mitgliedsstaaten bei der Umsetzung von INSPIRE aber auf konkrete Vorgaben aufbauen müssen, ist davon auszugehen, dass diese Leitfäden auch tatsächlich umgesetzt werden. Durch die Trennung einerseits in schlanke Rechtsnormen und andererseits in technische Leitfäden, schafft man sich den notwendigen Freiraum, um künftig schnell auf sich ändernde technische Rahmenbedingungen reagieren zu können, ohne jedes Mal das formale Annahmeverfahren einer Rechtsnorm durchlaufen zu müssen.

Die Duchführungsbestimmungen werden konsequent auf vorhandene ISO- und OGC-Standards aufgebaut und gegebenenfalls mit eigenen zusätzlichen Anforderungen ergänzt. Das formale Referenzieren auf europäische Normen (CEN) ist dabei nicht entscheidend, da auch ISO-Normen und OGC-Spezifikationen normativ referenziert werden können. INSPIRE kann ohne Standards nicht realisiert werden, das ist allen Beteiligten klar. Die konsequente Verwendung und die Konkretisierung schon vorhandener GIS-Standards ist daher der richtige Weg und entspricht der Vorgehensweise der AdV bei dem Aufbau des AAA-Anwendungsschemas.

Die Entwicklung der Durchführungsbestimmungen für die Datenspezifikationen ist zum jetzigen Zeitpunkt noch im Fluss und daher noch nicht veröffentlicht (Stand: Juni 2009). Dennoch lassen sich schon grundsätzliche Tendenzen erkennen, wie die bereitzustellenden Geodaten zu spezifizieren sind (SEIFERT 2006). Sie legen eine ähnliche normbasierte Methodik zugrunde, wie sie von der ISO 19100-Normenserie gefordert wird.

14.3.2 INSPIRE-Datenspezifikationen

Für die INSPIRE-Datenspezifikation werden zwei Kernelemente entwickelt: Ein generisches konzeptionelles Datenmodell und einige, noch zu spezifizierende Register für folgende Bereiche:

- abgestimmtes UML Datenmodell,
- Feature Concept Dictionary mit eindeutiger fachübergreifender Terminologie,
- Objektartenkataloge,
- Glossar,
- Codelisten.

Es werden ferner konkrete Anforderungen und Empfehlungen gemacht, wie die Datenspezifikationen für die einzelnen Themen der Anhänge I bis III entwickelt werden sollen. Abbildung 14.7 hierzu einen Überblick.

Die Rahmendokumente zur Entwicklung der INSPIRE Datenspezifikationen enthalten gewissermaßen allgemeine Regeln, nach denen dann die eigentlichen Durchführungsbestimmungen für die einzelnen Datenthemen zu entwickeln sind. Sie orientieren sich, wie das hier beschriebene Basisschema der AdV an den entsprechenden ISO-Standards, geben jedoch noch keine konkreten Profile vor. Dies soll erst bei der anschließenden Erstellung der themenspezifischen Datenmodelle gemacht werden.

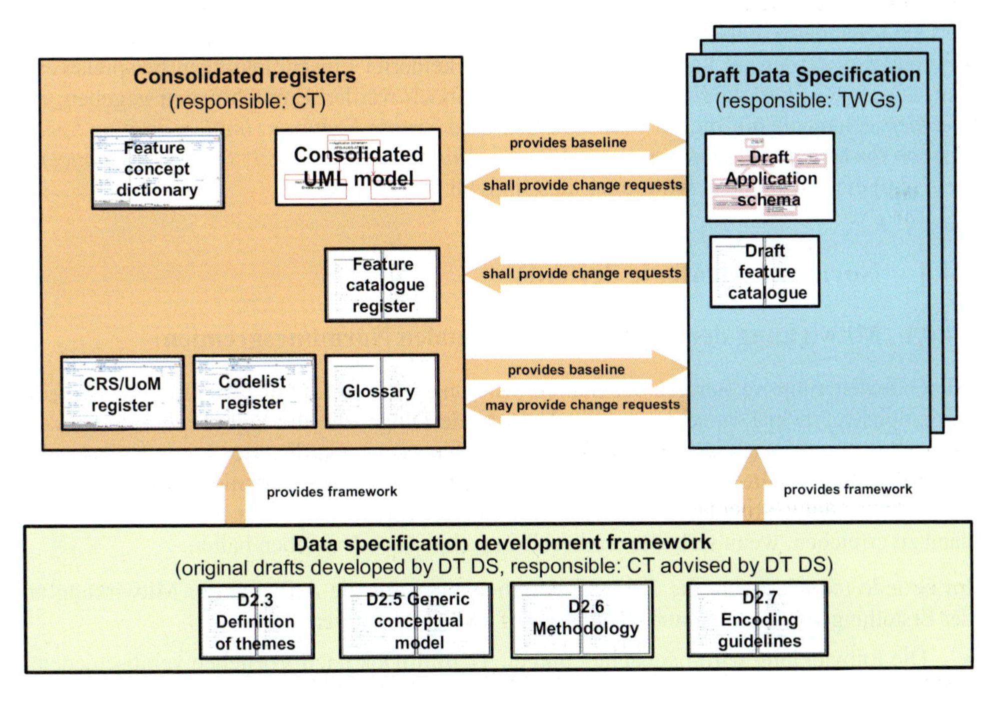

Abb. 14.7: Beziehung zwischen den INSPIRE-Rahmendokumenten, den aufzubauenden Registern und den Datenspezifikationen

Diese Rahmendokumente geben auch die Grundlage für die *Register* (englisch: Registry) vor, die für den operationellen Betrieb von INSPIRE künftig notwendig werden. Die Registry selbst ist jedoch nicht Bestandteil der Durchführungsbestimmungen, deren fachliche Inhalte hingegen schon. Beispielsweise sollen die verwendeten Begriffe und Definitionen (INSPIRE DS 2.3 2007) in einen Register erfasst und verfügbar gemacht werden.

Zusätzlich wird für die Entwicklung der themenspezifischen Datenmodelle für die verschiedenen Annexthemen ein generisches konzeptionelles Modell zugrunde gelegt. Dieses enthält:

- räumliche und zeitliche Darstellungen von Geodaten über unterschiedliche Maßstabsbereiche hinweg,
- räumliche und zeitliche Beziehungen zwischen Geodaten,
- eindeutige Identifikatoren,
- Beschränkungen (Constraints),
- Hinweise zu Referenzsystemen,
- mehrsprachige Aspekte z. B. bei Codelisten.

Damit werden generische Aspekte für Geometrie, Topologie, Zeit, fachliche Informationen, Identifikatoren und Relationen bereitgestellt, um sie in den thematischen Datenmodellen zu konkretisieren. Das generische konzeptionelle Modell ist damit lediglich die Grundlage und kann bei erweiterten Anforderungen fortgeführt werden.

Hinsichtlich der in diesem Abschnitt geschilderten Notwendigkeit zur Reduzierung der von den ISO-Standards belassenen Freiräume, werden in INSPIRE nur allgemeine Hinweise gegeben. So werden im konzeptionellen Modell keinerlei Einschränkungen beispielsweise der ISO 19107 *Spatial Schema* vorgegeben. Dennoch werden Empfehlungen gegeben, die Geometrieelemente auf die im OpenGIS Standard *Simple Features* (*Implementation Specification for Geographic Information – Simple feature access – Part 1: Common Architecture v1.2.0*) einzuschränken, wo immer dies sinnvoll ist.

14.4 Normungsstrategie der AdV

14.4.1 Mitwirkung der AdV in internationalen Normungsgremien

Die Globalisierung im Bereich der Standardisierung macht auch vor dem amtlichen Geoinformationswesen in Deutschland nicht Halt. Viele Dinge, die die tägliche Praxis an Vermessungs- und Katasterämtern beeinflussen, seien es standardisierte Schnittstellen oder konkrete Dateninhalte, werden zunehmend von internationalen Gremien festgelegt, bzw. gefordert. Interoperabilität auf allen Ebenen (global, regional, lokal) ist schließlich auch nur dann zu erreichen, wenn sich alle an dieselben technischen Vorgaben halten.

Im Grunde reduziert sich die Zahl der Möglichkeiten für die AdV bei der Mitwirkung an der Erstellung von Normen und Standards auf zwei Alternativen:

- Die Entwicklung wird beobachtet und die GeoInfoDok nach Vorliegen verabschiedeter Normen entsprechend angepasst. Der Vorteil ist, dass die personellen Ressourcen bei der Normenerstellung gering sind, der Nachteil ist jedoch, dass eigene Anforderungen möglicherweise unberücksichtigt bleiben und dadurch der spätere Anpassungsaufwand enorm sein kann.

- Man arbeitet aktiv bei der Erstellung in den entsprechenden Gremien mit, um eigene Anforderungen direkt in den Prozess einbringen zu können, solange dies mit vertretbarem Aufwand noch möglich ist. Gleichzeitig kann man frühzeitig auf Trends reagieren und sie bei den eigenen Entwicklungen entsprechend berücksichtigen.

Die AdV hat sich für die zweite Alternative entschieden und bringt eigene Anforderungen eines staatlichen Geodatenanbieters in den Normungsprozess ein, teilweise mit der Unterstützung externer Experten. In Fällen, wo die Standards noch nicht soweit waren, wie es die Anforderungen der AdV verlangt haben, wurden zunächst AdV-spezifische Festlegungen getroffen, gleichzeitig aber versucht, diese Dinge auch in die Normen einzubringen. Mit der Veröffentlichung der Version 6.0 der GeoInfoDok ist diese Strategie nun aufgegangen: Das AAA-Datenmodell Version 6.0 ist erstmalig vollständig konform zu der ISO 19100 Normenserie.

Freilich ist die Mitwirkung in internationalen Normungsgremien mit einem hohen personellen und finanziellen Aufwand verbunden. Da die Normen im Konsensprozess bzw. in letzter Konsequenz durch Abstimmungen beschlossen werden, kann nicht immer garantiert werden, dass eigene Anforderungen immer Berücksichtigung finden und letztlich nicht doch ein gewisser Anpassungsaufwand der eigenen Konzepte notwendig wird. Dennoch hat sich für die AdV der Weg der kontinuierlichen, aktiven Mitarbeit bewährt.

14.4.2 Schwerpunkte der Normungsarbeit

Es gibt für die AdV derzeit folgende Schwerpunkte in der internationalen Normungsarbeit:

- ISO/TC 211,
- Open Geospatial Consortium,
- Mitarbeit in den ISNPIRE-Drafting Teams und Thematischen Arbeitsgruppen (TWG).

ISO/TC 211
Die AdV stellt seit Jahren den Leiter der deutschen Delegation bei den Tagungen des Technischen Komitees von ISO/TC 211. Ferner wird versucht, konkrete Themen zu begleiten und Experten auch in die Arbeitsgruppensitzungen zu entsenden. Freilich sind die personellen Ressourcen hierfür sehr begrenzt, sodass diese Aktivitäten verstärkt nach folgendem Arbeitsteilungsgrundsatz zwischen Firmen und Behörden koordiniert werden: Konkrete Mitarbeit der externen Experten in den Arbeitsgruppen – Beobachten und Bewerten durch die Vertreter der Behörden. Diese Vorgehensweise hat sich in der Vergangenheit bewährt.

Bei einigen Entwicklungen bei OGC/ISO ist die AdV durch die konsequente Anwendung der Standards natürlich direkt betroffen. Hier genügt kein „Beobachten“ der Entwicklungen, sondern es muss gezielt Einfluss genommen werden, damit die Entwicklungen der AdV auch künftig ISO-konform bleiben. Die folgenden Themen sind in aller Regel aus zwei Sichtweisen für die AdV von Interesse. Einerseits besteht der Bedarf nach Investitionsschutz, d. h. einem Einbringen von AdV-Lösungen in den Standardisierungsprozess, sodass AdV-Lösungen konform zu neuen oder aktualisierten Standards sind. Zum anderen besteht der Bedarf, die Voraussetzungen zu schaffen, dass neue Standards später als Grundlage für neue Bausteine der Architektur in den GDI der AdV-Mitglieder verwendet werden können. Exemplarisch seien folgende Normenprojekte genannt, die derzeit im engeren Interesse der AdV stehen:

- Die Normung von Web Feature Service (WFS, ISO WI 19142) und Filter Encoding (FE, ISO WI 19143) ist von zentraler Bedeutung, da diese eine wesentliche Grundlage für die NAS-Operationen in der GeoInfoDok sowie zentrale Standards in der GDI-DE-Architektur sind und somit die Normung bei einem erfolgreichen Abschluss Auswirkungen auf die NAS sowie auf die GDI-DE haben wird.
- Revision von ISO 19118 Encoding: Der aktuelle Committee Draft für die Revision der Norm ist problematisch, da er in verschiedenen Punkten die GeoInfoDok nicht mehr konform zu dieser Norm machen würde (insbesondere bzgl. der Art der Historienführung, der Fortführungsaufträge sowie der Verwendung von ISO/TS 19139 zur Beschreibung von Metadaten).
  Nach dem derzeitigen Stand der Überarbeitung ist eine weitere Begleitung der Arbeit erforderlich, um sicherzustellen, dass die NAS weiterhin normbasiert bleibt.
- Revision von ISO 19117 Portrayal: Die bestehende Version der Norm wurde von der AdV geprüft und für untauglich für die Verwendung in der GeoInfoDok befunden. Mit der im Mai 2007 begonnenen Revision wird das Thema neu belebt und es sollte versucht werden, die Anforderungen aus den Signaturenkatalogen der GeoInfoDok einzubringen. Dies gilt besonders, da angestrebt wird, die konzeptuelle Überarbeitung mit Implementierungsstandards in OGC in Einklang zu bringen (oder umgekehrt).
- Revision von ISO/TS 19103 – Conceptual Schema Language: Die Modellierung der GeoInfoDok basiert auf diesem Standard, für den im Jahre 2008 eine Überarbeitung begonnen wurde. Nach bisherigen Kommentaren werden Änderungen vorgeschlagen, die auch auf das AAA-Modell Auswirkungen haben werden.
- Standardisierung von Catalogue Services: Eine Standardisierung von Catalogue Services in noch unbekanntem Umfang (es gibt den Basisstandard sowie zwei weitgehend standardisierte Anwendungsprofile in OGC) ist geplant. Beide Anwendungsprofile sind von Bedeutung; das ISO Anwendungsprofil wurde im Wesentlichen in Deutschland entwickelt und wird in deutschen GDIs verwendet; das von OGC bevorzugte ebRIM-Anwendungsprofil wird im laufenden Registry-Prototyp verwendet. Es ist noch offen, welche dieser Standards wann in den Normungsprozess von ISO/TC 211 oder CEN/TC 287 eingebracht werden.
- Landnutzung: ISO 19144 LCCS – Land Cover Classification System (Landnutzungssystem). Mögliche Auswirkungen auf ATKIS® müssen noch untersucht werden.
- Kataster: ISO 19152 *Land Administration Domain Model (LADM)*, in dem vollständige Katastersysteme modelliert werden. Hier kann es möglicherweise in Zukunft zu Auswirkungen auf ALKIS® bzw. das AAA-Datenmodell kommen. Zudem können Modellierungserfahrungen der AdV bei ISO eingebracht werden.

Open Geospatial Consortium

Mit der Entwicklung des AAA-Anwendungsschemas stellt die AdV die Weichen für die interoperable Nutzung amtlicher Geodaten. Durch die konsequente Nutzung von GIS-Standards entstand natürlich auch eine gewisse Abhängigkeit zu den Normungs- und Standardisierungsgremien. Bei ISO engagiert man ich schon seit vielen Jahren, bei OGC waren es zunächst einzelne Mitgliedsverwaltungen der AdV, die sich mit spezifischen Anforderungen einbrachten. Seit Anfang 2008 ist jedoch die AdV selbst bei OGC stimmberechtigtes Mitglied im Rahmen einer sog. „Combined Technical Membership“, bei der auch nichtrechtsfähige Organisationen wie die AdV Mitglied werden können.

Das OGC-Engagement muss sich auch weiterhin auf Themenfelder fokussieren, die auch auf nationaler Ebene (evtl. im Zuge auch der Umsetzung europäischer Vorgaben) ohnehin anstehen. Schwerpunkte sind dabei der Web-Service-Bereich, u. a.

- GML (Geography Markup Language) – Datenmodellierung und Encoding,
- CSW (Catalogue Service) – Internetrecherche mittels ISO Metadaten,
- Weiterentwicklung WMS (Web Map Service) – Übertragung und Präsentation von Rasterdaten,
- WFS (Web Feature Service) – Übertragung und Präsentation von strukturierten Daten,
- SLD (Styled Layer Descriptor) – Daten-Präsentation,
- WCS (Web Coverage *Service*) – Bereitstellung umfangreicher Rasterdaten,
- DRM (*Digital Rights Management*) – Rechte- und Zugriffsvergabe.

Durch ein Kooperationsabkommen zwischen OGC und ISO werden einige dieser Projekte gemeinsam mit ISO durchgeführt. Es zeichnet sich aber ab, dass die eigentliche Entwicklungsarbeit bei OGC gemacht wird. Danach wird diese Spezifikation in den formalen Normierungsprozess bei ISO eingebracht. Die Mitglieder von ISO haben damit eigentlich erst dann Gelegenheit, zu den Normentwürfen Stellung zu nehmen, wenn die wesentliche Entwicklungsarbeit schon abgeschlossen ist.

Bisher haben sich die Aktivitäten positiv entwickelt, da die deutschen Aktivitäten und Anforderungen auch bei OGC wahrgenommen werden. Zudem ist eine gezielte Mitarbeit und Einflussnahme möglich, die zum einen eine standardkonforme Pflege des AAA-Datenmodells ermöglicht, andererseits aber auch OGC mit konkreten Anforderungen aus der Praxis eines Datenanbieters eine gezielte Weiterentwicklung der Standards erlaubt.

INSPIRE

Bei INSPIRE wurde versucht, frühzeitig Experten an der Entwicklung der technischen Durchführungsbestimmungen zu beteiligen. In Anbetracht der knappen Personalressourcen gelang dies immerhin im ausreichenden Maße, im Vergleich zu anderen Nationen aber relativ bescheiden. Dennoch hat man immer versucht, mit Kommentaren die gesetzlichen Festlegungen zu den *INSPIRE-Durchführungsbestimmungen* im Sinne der AdV zu beeinflussen. Die waren bisher, bzw. werden künftig noch sein:

- Durchführungsbestimmungen zu Metadaten (Stellungnahme der AdV erfolgt), Umsetzung in der AdV noch offen,
- Datenspezifikationen zu den Inhalten der Themen aus Annex I (2. Hälfte 2009; Mitarbeit in den TWG),
- Durchführungsbestimmungen zu View + Discovery Services (Stellungnahme erfolgt),
- Entwurf der Durchführungsbestimmungen zu Koordinatentransformationsdiensten (Stellungnahme erfolgt),
- Entwurf der Durchführungsbestimmungen zu Download-Diensten (Stellungnahme erfolgt).

Wegen der unmittelbaren Verpflichtung zur Umsetzung der INSPIRE-Durchführungsbestimmungen kommt diesen Aktivitäten eine sehr hohe Bedeutung zu. Eigene Anforderungen müssen daher auch hier frühzeitig aktiv in den Entwicklungsprozess eingebracht werden.

14.5 Entwicklungstendenzen und Ausblick

14.5.1 Künftige Herausforderungen

Geodateninfrastrukturen sind nicht wirklich etwas Neues, kennzeichnet sie doch der Versuch, die Produktivität beim Umgang und bei der Wertschöpfung von Geodaten zu erhöhen, was immer schon Ziel der mehr oder weniger automatisierten Geodatenabgabe war. Neu hingegen ist, dass die jetzt erkennbare Zunahme der Produktivität in erster Linie durch Vernetzungseffekte und durch die Integration von Daten verschiedener Ressourcen durch die Anwendung von Normen und Standards ermöglicht wird. Bei dieser Vernetzung fallen mehr und mehr Hindernisse weg, wie inkompatible Schnittstellen, redundante Datenhaltung und inkonsistente Datenbestände. Aber auch Sprachbarrieren, Grenzen und unterschiedliche Nutzungsbedingungen werden in einer europäischen Geodateninfrastruktur bei einer derartigen Vernetzung überwunden. Durch den Wegfall der Ressourcen, die man bisher dafür aufwenden musste, entsteht der eigentliche Produktivitätsgewinn. Die Vernetzung benötigt jedoch klare Regeln und Standards, die für eine interoperable Datenkommunikation unerlässlich sind. Eine derartige Vernetzung hat jedoch konzeptionsbedingt den Nachteil, dass der Aufwand für Sicherheit der Daten und Dienste nicht außer Acht gelassen werden darf. Entsprechende technische Lösungen und internationale Standards werden hierfür in erster Linie bei OGC entwickelt.

Mittlerweile sind eine Reihe von praxiserprobten ISO- und OGC-Standards verfügbar, die interoperable Geoinformationsdienste ermöglichen. In zahlreichen GDI-Initiativen auf unterschiedlichen Ebenen werden sie bereits im operationellen Betrieb mit Erfolg eingesetzt. Zusätzliche europäische Abstimmungen erlauben zunehmend auch eine Ausdehnung der angebotenen Dienste auf Europa (z. B. European Map Projection Standard). Erste grenzüberschreitende Prototypen haben die grundsätzliche Machbarkeit gezeigt, im praktischen Einsatz gibt es derzeit aber noch kaum nutzerorientierte, grenzübergreifende Geodienste.

Für einen praktischen Einsatz der Dienste, bzw. um vorhandene Geodaten in einer Geodateninfrastruktur verfügbar zu machen, sind insbesondere noch folgende Hindernisse zu überwinden:

- Vorhandene Daten- und Dienstespezifikationen müssen in einer einheitlichen Form vollständig beschrieben sein, um sie interpretierbar zu machen. Beispielsweise kann dies durch die Erstellung von konzeptionellen Datenmodellen erreicht werden.
- Vermeidung von Mehrfacherfassungen von Daten durch Verwendung einheitlicher Datenmodelle und transparente Information über vorhandene Geodatenbestände.
- Geodaten müssen letztlich auch soweit es geht harmonisiert werden. Damit bleiben immer noch Unterschiede in der Semantik erhalten, die Daten werden aber immerhin übertragbar gemacht. Dabei sind unterschiedliche geometrische und topologische Festlegungen ebenso zu berücksichtigen wie die Mehrsprachigkeit und das Zusammentreffen unterschiedlicher Kulturen in Europa.
- Beschreibung der Geodaten und Geodienste mit einheitlichen Metadaten (auch Angaben über Qualität und Verfügbarkeit von Daten und Diensten).
- Geodienste müssen gemeinsame (nicht unterschiedliche) Standards verwenden. Oft lassen die ISO- und OGC-Standards aber auch bewusste oder unbeabsichtigte Freiräume, die in entsprechenden Konventionen und Profilen geschlossen werden müssen

(z. B. die Festlegung der zu verwendenden Koordinatenreferenzsysteme in einem europäischen WMS).

- Nicht nur grenzüberschreitende Dienste müssen realisiert werden, sondern auch ressortübergreifende, über die verschiedenen Verwaltungsebenen hinweg. Die organisatorischen Herausforderungen dabei sind zu lösen.
- Es sind Lösungen erforderlich, die uneinheitliche Zugriffs- und Urheberrechte, in den Ländern unterschiedliche Preismodelle und Authentifizierungen regeln. Einheitliche Regelungen hierzu werden zwar angestrebt, sind aber landes- bzw. europaweit schwer durchsetzbar.

INSPIRE möchte auch diese Ziele realisieren. Schon heute ist jedoch abzusehen, dass die Tragweite von INSPIRE über den bloßen technischen Umgang mit Daten hinausgeht. Es entsteht ein gesetzliches Regelwerk auch für die kommerzielle Nutzung amtlicher Geoinformationen, um damit letztlich deren Marktpotenzial freizulegen, was wiederum nur funktionieren kann, wenn die verteilt vorliegenden Daten homogenisiert und als Dienste bereitgestellt bzw. zusammengeführt werden können (GREBE 2007). Ein entscheidender Schritt wird dabei die Einbindung der GIS- und GDI-Technologien in die allgemeine IT und eGovernment-Aktivitäten sein und nicht umgekehrt. Die bestehenden Standards der IT-Welt müssen berücksichtigt werden, damit GDIs reibungslos, sicher und praktikabel funktionieren können. Die Berücksichtigung der allgemeinen eGovernment-Anwendung ist daher ebenso gefragt wie die Implementierung bestehender und gebräuchlicher Standards, beispielsweise bei Diensten zur Datensicherheit, Rechteverwaltung (Digital Rights Management – DRM) oder auch ePayment-Lösungen. Nur im Zusammenspiel entsteht eine Wertschöpfung für Geodaten. Hierbei sind in erster Linie die Standardisierungsgremien (OGC, ISO) gefordert, diesen Trend in belastbare Spezifikationen umzusetzen. Ansätze hierzu sind aber schon jetzt erkennbar.

Mit der Entwicklung in der Informationstechnologie, die den Aufbau einer Geodateninfrastruktur erst möglich gemacht hat, ist nun ein Stand erreicht, um in der öffentlichen Verwaltung zwischen räumlich verteilten Organisationen zu kommunizieren und letztlich das Verwaltungshandeln in Form von Geschäftsprozessen völlig neu strukturieren zu können. Die Geodateninfrastruktur als wesentlicher Kern der eGovernment-Aktivitäten des Staates ist damit auch eine informationstechnologische Plattform für eine neue Organisationsform des Verwaltungshandelns, die man auch als *virtuelle Verwaltung* bezeichnet. Kennzeichen dieser neuen Organisationsform ist es, dass zum Zweck der gemeinsamen Aufgabenerfüllung auch räumlich getrennte Stellen und Behörden so zusammenarbeiten können, als ob sie an einem Ort wären (ENGEL 2001). Verwaltungsdienstleistungen können somit künftig unabhängig von dem Ort erbracht werden, an dem sie abgerufen werden.

Unter einer virtuellen Verwaltung wird dementsprechend eine Organisation von Verwaltungsaufgaben verstanden, bei der durch den Einsatz von Informations- und Kommunikationstechnik die für die Erledigung der Aufgaben notwendigen Akteure und Applikationen unabhängig vom tatsächlichen Standort zusammengefasst werden. Folgende Merkmale sind charakteristisch für eine virtuelle Organisation (REICHWALD 2000):

- Standortunabhängigkeit: Durch den Einsatz moderner Kommunikationsmedien ist die Zusammenarbeit unabhängig vom Standort der beteiligten Personen oder Organisationseinheiten.

- Zeitunabhängigkeit: Die Zusammenarbeit kann jederzeit, auch ohne zeitliche Präsenz der beteiligten Personen erfolgen.
- Vernetzung von Wissensressourcen: Durch die Möglichkeit des Zugriffs auf verteilt vorliegende Informationen wird ein gemeinsamer (virtueller) Arbeitsraum geschaffen, in dem gegenseitig Wissen ausgetauscht wird.
- Dynamisierung formaler Organisationsstrukturen: Formale Organisationsstrukturen (oft hierarchischer Art) sind für einen Wissenstransfer in virtuellen Organisationen unbedeutend und sogar hinderlich. Statt der hierarchischen Organisationsstruktur und formalen Regelwerken steht der pragmatische Austausch von Informationen im Vordergrund.
- Keine Ortsbindung der Organisationen: Dies ist Folge der Standortunabhängigkeit, gilt jedoch nur für die Fälle, die eine derartige virtuelle Organisationsform erlauben, also keinesfalls für die gesamte Staatsverwaltung.

Auch global betrachtet befindet sich die öffentliche Verwaltung im Umbruch. Ziel ist eine *„Moderne Verwaltung"* mit privatwirtschaftlichen Managementinstrumenten (z. B. Budgetierung), Neuordnung von Verwaltungseinheiten und Einsatz von Instrumenten und Standards der betriebswirtschaftlichen Leistungsmessung (z. B. durch Controlling, Kosten- und Leistungsrechnung). In der Regel haben Modernisierungsbestrebungen finanzielle Ziele, insbesondere Kosten- und Personaleinsparungen. Ursache hierfür ist auch die Forderung nach effektiverem Umgang mit Haushaltsmitteln der öffentlichen Verwaltung in den letzten Jahren. Viele der Modernisierungsmaßnahmen haben ihren Ursprung im Einsatz moderner Informations- und Kommunikationstechnik. Typisch für diesen Wandel ist beispielsweise die in den letzten Jahren zunehmende Dienstleistungsorientierung öffentlicher Verwaltungen, mit immer anspruchsvolleren Kundenwünschen, die sich gerade in der Informations- und Kommunikationstechnik auch in den Organisationsformen widerspiegeln. Damit verbunden ist eine zunehmende Vernetzung verschiedener Verwaltungsebenen und Ressorts. Ziel ist die Bündelung von Aufgaben, Reduzierung von Schnittstellen und Verbundeffekte. Dadurch entstehen natürlich auch ganz neue Arbeitsformen wie querschnittsorientierte Projektarbeit jenseits klassischer Hierarchien, was in einer traditionellen, hierarchischen Behördenstruktur manchmal nicht leicht umzusetzen ist.

Die Reformbemühungen der öffentlichen Verwaltung zu einem schlanken Staat mit zum Teil virtuellen Organisationseinheiten gehen nicht ohne den Einsatz von moderner Informationstechnik und neuen Kommunikationsstrukturen. Gleichwohl darf man nicht außer Acht lassen, dass dabei die Kommunikation Verwaltung – Bürger im Rahmen von eGovernment-Aktivitäten auch überschätzt werden kann. Oft haben Bürger eher selten Verwaltungskontakte und sind dann mit modernen Kommunikationsmedien schlicht überfordert oder es steht der notwendige Einarbeitungsaufwand in keinem Verhältnis zum (für den Kunden) erzielbaren Nutzen. Nicht in jedem Fall kann ein Web Map Service eine mit Ansprechpartnern besetzte Vertriebsstelle ersetzen. Der Einsatz moderner IuK-Strategien muss daher verantwortungsvoll sein und darf keinesfalls aus Selbstzweck betrieben werden.

14.5.2 Überarbeitung und Pflege der Normen und Standards

Die Praktikabilität und Umsetzbarkeit von Normen und Standards können nur dann nachgewiesen werden, wenn sie auch tatsächlich implementiert werden. Üblicherweise zeigen sich erst dann Ungenauigkeiten in der Spezifikation, ungewollte Freiheitsgrade bzw. Fehler.

Die Implementierung der Standards muss daher durch eine permanente Überarbeitung der Standards begleitet werden. Dies wird bei OGC und ISO unterschiedlich bewerkstelligt. Nach einer bestimmten Zeit (in der Regel 5 Jahre) werden die ISO-Normen einem regelmäßigen Review unterzogen. Die Mitglieder des technischen Komitees stimmen dann darüber ab, ob eine Überarbeitung erfolgen soll oder nicht. Daneben gibt es auch fachliche Erweiterungen von Standards (z. B. den ISO Metadatenstandard 19115-2) und dringende Verbesserungen, die nicht bis zu einer turnusmäßigen Überarbeitung warten können (z. B. ISO 19115 Amendment). Derartige Verbesserungen und Weiterentwicklungen werden aber im Rahmen der systematischen Überarbeitung in die neue Version eingearbeitet. Diese Vorgehensweise hat jedoch dazu geführt, dass man kaum noch nachvollziehen kann, welche Standards bzw. Überarbeitungen in einzelnen Systemen implementiert wurden. Die Angabe eines Standards (z. B. ISO 19115 *Metadata*) reicht jedenfalls alleine nicht aus.

Bei OGC hingegen können schon bei Vorliegen begründeter Änderungswünsche (Fehlerbereinigung oder Weiterentwicklung) sog. *„Change Proposals"* eingereicht werden, die dann in den zuständigen Arbeitsgruppen behandelt und zu entsprechend überarbeiteten Spezifikationen führen. Durch ein geeignetes Versionskonzept wird sichergestellt, dass erkennbar ist, ob einzelne Versionen untereinander kompatibel sind oder so fundamental überarbeitet wurden, dass dies nicht mehr der Fall ist.

Bei INSPIRE ist das Verfahren zur Überarbeitung der Durchführungsbestimmungen noch nicht abschließend geklärt. Die Durchführungsbestimmungen, die einer Rechtsnorm entsprechen, sind jedoch sehr allgemein gehalten. Technische Details werden in den Leitlinien (Guidelines) geregelt, die keine Rechtsnorm und daher im Grunde zunächst unverbindlich sind, was aber auch dazu führt, dass sie einfach fortführbar sind. Es ist geplant, dass diese technischen Leitlinien den sich ändernden technischen Anforderungen und Rahmenbedingungen bei Bedarf angepasst werden.

14.5.3 De-jure- vs. De-facto-Standards – wer setzt sich durch?

Als De-jure-Standards kann man die von Normungsinstituten (z. B. ISO) entwickelten Normen bezeichnen. De-facto-Standards sind alle anderen Standards, die eben nicht von offiziellen Normungsgremien erstellt wurden, aber dennoch technische Regelungen enthalten, die sich durchgesetzt haben und angewendet werden (z. B. DXF-Datenformat). Die OGC-Standards könnte man dieser Gruppe zuordnen, sofern diese nicht in den ISO-Normierungsprozess eingebracht werden, was bei vielen Standards passiert, bei einigen aber nicht. Welche Standards sich letztlich am Markt durchsetzen werden, entscheiden nicht der Status einer Norm, sondern schlichtweg, ob sie von den GIS-Herstellern und GIS-Nutzern angenommen werden oder nicht. Ein positives Beispiel ist der WMS (ISO 19128), der zum einen vergleichsweise einfach umzusetzen ist und zum anderen mittlerweile von allen WMS-Viewern verarbeitet werden kann.

Nur weil ein Standard von einem Normungsinstitut veröffentlich worden ist, wird er noch lange nicht von der GIS-Industrie akzeptiert und implementiert. Zumindest kann dies im Bereich der Geoinformation beobachtet werden. Es muss sich für die GIS-Hersteller aus verständlichen Gründen lohnen, diese Standards auch umzusetzen, d. h. sie müssen vermarktet werden können. Die Brauchbarkeit einzelner GIS-Standards ist derzeit durchaus unterschiedlich. Manche sind bis heute nicht umgesetzt, da sie entweder zu unreif waren oder der Markt nach solchen Standards noch nicht verlangt hat (z. B. ISO 19117 *Portrayal*).

Wenn Auftraggeber (wie z. B. die AdV beim AAA-Datenmodell) die Umsetzung dieser Standards explizit z. B. bei Ausschreibungen fordern, oder sie von Rechtsnormen referenziert werden (wie z. B. bei INSPIRE), werden sie auch umgesetzt. Freilich dürfen aber nur solche Standards gefordert werden, die eine gewisse Marktreife erreicht haben oder Aussicht darauf haben.

Die Situation bei OGC kann man etwas anders betrachten, da hier im Konsortium die GIS-Hersteller selbst aktiv an den Standards arbeiten. Man kann dabei unterstellen, dass sie das nur dort tun, wo sich eine Implementierung und Vermarktung auch lohnt.

ISO/TC 211 beschäftigt sich im Wesentlichen mit konzeptionellen Standards für die Modellierung von Geodaten. Es gibt jedoch eine Schnittmenge mit OGC-Standards auf der Ebene der Implementierungsspezifikationen (z. B. ISO 19136 ist identisch mit GML bei OGC). Nur ISO und CEN befassen sich mit anwendungsspezifischen (domain specific) Standards, OGC hingegen gar nicht. Ortsbezogene Dienste sind ebenso nur ein Thema bei den De-jure-Standardisierungsgremien.

Derzeit wurden einige Überarbeitungsprojekte (Amendments) bei ISO gestartet. Es ist zwar positiv zu bewerten, dass Mängel der Spezifikationen erkannt und beseitigt werden, führt aber durch den formalen Entwicklungsprozess zu recht unüberschaubaren Aktivitäten, wodurch schwer zu überblicken ist, welche Standards nun eigentlich zu implementieren sind, um ISO-konform zu sein (oder zu bleiben).

Durch die Zusammenarbeit zwischen OGC und ISO ist es erklärtes Ziel, dass OGC-Spezifikationen meist auch De-jure-ISO-Standards werden, die zudem auch Marktakzeptanz haben. Der Idealfall bei der Erstellung von GIS-Normen wäre daher folgender Weg:

- Erstellung einer praxistauglichen und implementierbaren technischen Spezifikation bei OGC oder in gemeinsamen Arbeitsgruppen von OGC und ISO,
- formale Annahme der OGC-Standards bei ISO, um Transparenz und Verlässlichkeit der Normen zu garantieren, und
- die bei ISO geforderte turnusmäßige Überarbeitung erfolgt in gemeinsamen Arbeitsgruppen bei OGC und ISO.

Nach fast zehnjähriger Erfahrung mit der Anwendung und Umsetzung von Normen kann beobachtet werden, dass es bei der Entwicklung weniger darauf ankommt, ob die Normen formal auch zu CEN- oder DIN-Normen werden. Niemand im Bereich der Geoinformatik wird einen bei OGC entwickelten and akzeptierten Standard nur deshalb nicht einsetzen, weil er keine CEN- oder ins Deutsche übersetzte DIN-Norm ist. Entwicklung und Pflege relevanter GIS-Normen finden derzeit ausschließlich auf internationaler Ebene statt.

14.6 Quellenangaben

14.6.1 Literaturverzeichnis

ENGEL, A. (2001): Telekooperation als Herausforderung für das IT-Management, Virtuelle Organisationen im Zeitalter von E-Business und E-Government. Springer Verlag, Berlin/Heidelberg/New York.

GREBE, S. (2007): Stefan Grebe: Europas neue Spielregeln – Durch INSPIRE sollen Geodaten zur Mainstream-IT werden. In: Business Geomatics, 7/2007.

GRUBER, T. R (1993): Toward principles for a design of ontologies used for knowledge sharing. Workshop on Formal Ontology, 1993, Padua.

MÜLLER, M. & PORTELE C. (2005): GDI-Architekturmodelle aus Geodateninfrastrukturen. In: BERNARD, L., FITZKE, J. & WAGNER R. M. (Hrsg.): Geodateninfrastrukturen. Wichmann Verlag, Heidelberg.

REICHWALD, R. (2000): Telekooperation: Verteilte Arbeits- und Organisationsformen. Springer Verlag, Berlin/Heidelberg/New York.

SEIFERT, M. (2000): Der Standards ALKIS – Der Schritt zum GIS, Nachrichten aus dem öffentlichen Vermessungswesen Nordrhein-Westfalen. Hrsg. vom Innenministerium des Landes Nordrhein-Westfalen, 1/2000, Düsseldorf.

SEIFERT, M. (2003): ALKIS – Chancen und Konsequenzen für das amtliche Vermessungswesen. In: Mitteilungen des DVW-Bayern, 2/2003, München.

SEIFERT, M. (2004): Der Standard ALKIS – Was bring er? In: Vermessung Brandenburg, 2/2004, Potsdam.

SEIFERT, M. (2005): Das AFIS-ALKIS-ATKIS-Anwendungsschema als Komponente einer Geodateninfrastruktur, In: zfv, 130 (2), 77-81.

SEIFERT, M. (2006): INSPIRE – Geodaten für Europa. Manuskript zum 11. Münchner Fortbildungsseminar Geoinformationssysteme, Technische Universität München, Tagungsband, München.

14.6.2 Internetverweise

ADV (2007): Arbeitsgemeinschaft der Vermessungsverwaltungen der Länder der Bundesrepublik Deutschland – AdV (Hrsg.): Dokumentation zur Modellierung der Geoinformationen des amtlichen Vermessungswesens (GeoInfoDok) – Version 6.0 – Stand 31.3.2009; www.adv-online.de

ADV (2008): Arbeitsgemeinschaft der Vermessungsverwaltungen der Länder der Bundesrepublik Deutschland – AdV (Hrsg.): AdV-Metadatenkatalog – Version 6.0, Stand 2008; www.adv-online.de

ADV (2009): Homepage der Arbeitsgemeinschaft der Vermessungsverwaltungen der Länder der Bundesrepublik Deutschland, Hannover; www.adv-online.de

INSPIRE DS 2.3 (2007): Drafting Team "Data Specifications" – deliverable D2.3: Definition of Annex Themes and Scope, 2007; www.ec-gis.org/inspire/

INSPIRE DS 2.5 (2007): Drafting Team "Data Specifications" – deliverable D2.5: Generic Conceptual Model , 2007; www.ec-gis.org/inspire/

INTERNATIONAL ORGANISATION FOR STANDARDIZATION (2005): International Organisation for Standardization, Technical Committee 211 Geoinformation, Publications, 2005; www.isotc211.org/

ISO (2003a): EN ISO 19107, Geoinformation – Raumbezugsschema (ISO 19107:2003), International Organisation for Standardization, Technical Committee 211

ISO/IEC 2382-1 (1993): ISO/IEC 2382-1:1993, Information technology – Vocabulary – Part 1: Fundamental terms; http://www.iso.org (2006)

McKee (1996): Toward Consensus-Driven Geoprocessing Interoperability. An Open GIS Consortium (heute: Open Geospatial Consortium) White Paper. GIM. March 1996 issue; http://portal.opengis.org

OGC (2003a): Open Geospatial Consortium: The OGC Reference Model, 2003; http://www.opengeospatial.org/

OGC (2003b): Open Geospatial Consortium: Geography Markup Language (GML) Implementation Specification, 2003; www.opengeospatial.org/specs/

OMG (2008): Object Management Group (OMG): Unified Modeling Language – A specification defining a graphical language for visualizing, specifying, constructing, and documenting the artifacts of distributed object systems; www.omg.org

15 Bereitstellung und Nutzung der Geobasisdaten

Gisela FABIAN und Cordula JÄGER-BREDENFELD

Zusammenfassung

Das Amtliche deutsche Vermessungs- und Geoinformationswesen stellt das aktuelle, flächendeckende und einheitliche Geobasisinformationssystem zuverlässig und interessenneutral zur Verfügung und stellt damit eine normierte und rechtssichere Grundlage für raumbezogene Geofachdaten zur Verfügung. Die Verwendung der Geobasisdaten und der damit einhergehenden eindeutigen Georeferenzierung ermöglicht eine Integration und Kombination verschiedenster Geofachdaten. Dieser grundlegenden Basisfunktion der Geobasisdaten ist sich das Amtliche deutsche Vermessungswesen bewusst und trägt dem auch im Rahmen der Bereitstellung der Geobasisdaten Rechnung. Dabei ist das Selbstverständnis bei der Bereitstellung und Nutzung der Geobasisdaten geprägt durch den Anspruch der grundsätzlichen öffentlichen Zugänglichmachung der Geobasisdaten, der Nutzerorientierung und der Standardisierung der Geobasisdaten und -dienste.

Auch um die breite Anwendung der Geobasisdaten nachhaltig zu erhöhen, werden im Rahmen der Geodateninfrastruktur nutzerfreundliche Vertriebsstrukturen mit standardisierten Geobasisdiensten und -portalen vernetzt aufgebaut. Hierfür werden Geobasisdaten aktuell, flächendeckend und harmonisiert als Grundlage zur Verfügung gestellt. Der Bedarf der (potenziellen) Nutzer wird zugrunde gelegt, um die Produktion, die Bereitstellung und die Weiterentwicklung der Daten und Dienste auf den Nutzerbedarf optimiert auszurichten. Bei der Bereitstellung der Geobasisdaten wird insbesondere auf eine kompetente Beratung Wert gelegt. Hierbei stehen auf Länderebene, auf kommunaler und örtlicher Ebene als auch bundesweit Frontoffice-Vertriebsstellen in einem engmaschigen Netz dem Nutzer zur Verfügung. Dazu ergänzend wird die Konditionenpolitik vereinheitlicht. Die Bezugsbedingungen wie z. B. die technischen Anwendungsvoraussetzungen sowie die Regelungen von Nutzungsrechten und Gebühren werden transparent und nutzerorientiert gestaltet. Einheitliche Geschäfts- und Nutzungsbedingungen sowie Musterverträge werden als Verhandlungsgrundlage für einfache Lizenzierungen und für vertragliche Regelungen von komplexen Lizenzierungen und Partnerschaftsmodellen verwendet. Einheitliche Gebührenmodelle berücksichtigen bei der Bemessung der Gebührenhöhe und der Gebührenstruktur sowohl auf der einen Seite die Anforderungen nach Gewährleistung der staatlichen Grundversorgung mit Geobasisdaten als auch auf der anderen Seite die Anforderungen nach Aktivierung des Geodatenmarktes. Zusätzlich werden die Nutzer und die interessierte Öffentlichkeit über Qualität, Verfügbarkeit und Verwendungsmöglichkeiten der Produkte mit öffentlich wirksamen PR- und Marketingmaßnahmen informiert, um die öffentliche Wahrnehmung und das Image der Geobasisdaten und -dienste zu verbessern.

Das Amtliche Vermessungs- und Geoinformationswesen versteht sich als zentraler Geodienstleister. Es wirkt aktiv bei der Zusammenführung von Geobasisdaten und Fachdaten mit und nimmt mit seiner Beratungsfunktion eine wichtige Moderationsrolle in der deutschen Geodateninfrastruktur ein. Weiterhin trägt es mit seiner aktiven Bereitstellung der standardisierten Geobasisdaten und -dienste und mit kompetenten Beratungsleistungen wesentlich zum Aufbau der einheitlichen deutschen Geodateninfrastruktur bei und bietet Potenziale für Innovation und Beschäftigung für viele Wirtschaftsbereiche.

Summary

The official German Surveying and Mapping, in a dependable way and on a disinterested basis, makes the up-to-date and unitary geospatial reference information system, covering the entire territory of Germany available, thus providing a standardised and legally reliable basis for specialised geospatial data. The use of geospatial reference data and the associated unambiguous spatial referencing techniques creates the possibility to integrate and combine diverse specialised geospatial data. The official German Surveying and Mapping is aware of the associated vital basic function of the geospatial reference data and takes this into account when providing the geospatial reference data. In doing so, it sees itself as provider and user of the geospatial reference data who are guided by the aspiration to generally make geospatial reference data publicly available, by a strong user focus, and by the standardisation of the geospatial reference data and services.

In an effort to support the broad application of geospatial reference data in the long term, user-friendly distribution structures with standardised, cross-linked geospatial reference data services and portals are being established as part of the geospatial data infrastructure. This goal is achieved by creating harmonised up-to-date geospatial reference data covering the entire target area available. The (potential) user's need is taken as a basis for aligning the production, provision and further development of data and services with the requirements of the user in the best possible way. When providing geospatial reference data, particular value is placed on competent advisory services. To achieve this, the user can rely on a closely meshed network of distribution agencies at federal state level, municipal and local levels and at federal level. This is complemented by the harmonisation of the terms and conditions policies. The terms of purchase such as the technical requirements for the application of the data and the rules governing the rights of use and the utilisation charges, for example, are transparent and user-oriented. Uniform business terms and conditions of use and model contracts are used as a basis for negotiating basic licences and for stipulating complex licences and partnership schemes. The amounts and the structure of rates and charges are determined by means of uniform charging schemes that take on the one hand into account, the necessity to ensure the basic supply of geospatial reference data by the state and, on the other hand, the need to vitalise the geospatial data market. In addition, PR and marketing activities with high public visibility are conducted to inform users and interested members of the general public about the quality, availability and possible applications of the products in order to enhance the public perception and improve the image of geospatial reference data and the associated services.

The official German Surveying and Mapping sees itself as key geospatial service providers. It is actively involved in bringing together geospatial reference data and technical data, performing an important role as advisory body who acts as facilitator within the geospatial data infrastructure in Germany. Beyond this, it makes an essential contribution to the creation of a uniform spatial data infrastructure in Germany by actively making available standardised geospatial reference data and services as well as qualified advisory services and also provide potentials for innovation and employment in many economic sectors.

15.1 Geodatenmanagement

15.1.1 Selbstverständnis

Heutzutage gewinnt die Georeferenzierung der Planungs- und Entscheidungsprozesse erheblich an Bedeutung, d. h. relevante Fachinformationen werden immer mehr mit Geobasisdaten verknüpft. Mit Geobasisdaten bezeichnet man Daten, die interessens- und anwendungsneutral die Erscheinungsform der Erdoberfläche (Geotopographie), die Abgrenzungen von Grundstücken und grundstückbezogene Rechte (Liegenschaftskataster) beschreiben sowie den einheitlichen geodätischen Raumbezug zur Verfügung stellen (ADV 2002b). Um die Verfügbarkeit dieser Grundlagendaten für Staat, Wirtschaft, Wissenschaft, Recht und Gesellschaft sicherzustellen, sind die Vermessungsverwaltungen der Bundesrepublik Deutschland gesetzlich mit der Erfassung, Dokumentation, Aktualisierung sowie mit der Bereitstellung von Geobasisdaten und Geobasisdiensten beauftragt (ADV 2008b).

Der Bedarf an georeferenzierten Darstellungen bezieht sich häufig nicht nur auf eine Region innerhalb eines Bundeslandes, sondern es werden immer mehr bundesländerübergreifende bis bundesweite Georeferenzierungen benötigt. Dadurch entsteht eine Herausforderung für das Amtliche deutsche Vermessungs- und Geoinformationswesen, für das die Bundesländer aufgrund des Grundgesetzes zuständig sind. Um bundesweit ein einheitliches Angebot an Daten und Dienste zu erreichen, werden die Produktion und Bereitstellung der Geobasisdaten und -dienste harmonisiert und normiert. Die bundesweite Standardisierung wird aktiv in der AdV organisiert und koordiniert (siehe Abschnitte 2.4.1 und 14.4). Sie wird konsequent an Normen von ISO, von OGC und der europäischen Geodateninfrastruktur ausgerichtet (siehe Abschnitt 15.1.4). Damit wird gewährleistet, dass die Nutzer die Geobasisdaten und Geobasisdienste nicht nur bundesweit, sondern auch im zusammenwachsenden Europa ohne Schwierigkeiten in ihre Geofachanwendungen verknüpfen und integrieren können (ADV 2002b, MEINERT 2008).

Das Amtliche deutsche Vermessungs- und Geoinformationswesen führt das aktuelle, flächendeckende und einheitliche Geobasisinformationssystem zuverlässig und interessensneutral in hoher Qualität und hohem technischen Standard, aus dem alle öffentlichen und privaten Nutzer wichtige raumbezogene Grundlagendaten beziehen und daraus Informationen und Produkte für ihre Aufgaben, Planungen und Entscheidungen ableiten und managen können (siehe Abschnitt 3.1.3). Entscheiden sich Nutzer, ihr Fachinformationssystem auf Grundlage der Geobasisdaten und -dienste zu gestalten, dann stellen sie sicher, dass durch die einheitliche Verfügbarkeit dieser Geoleistungen ihre Fachinformationen mit Geofachdaten und Geofachdiensten anderer Fachbereiche problemlos und effektiv verschnitten, verknüpft und integriert werden können (ADV 2002b). Diesen Mehrwert haben viele Fachbehörden und Firmen erkannt. Sie nutzen die Geobasisdaten und -dienste als raumbezogene Hintergrundinformationen für ihre Fachdatenbanken, indem sie z. B. Geobasisdaten mit demographischen Daten, statistischen Aussagen und Marktuntersuchungsdaten verknüpfen und so ihre spezifischen und problemlösungsorientierten raumbezogenen Fachdaten erzeugen. Auch können sie effizient Objekte – wie beispielsweise Geschäftshäuser, Produktionshallen und Energieversorgungsanlagen – planen oder ein Flächenmonitoring auf Basis der aktuellen, standardisierten Daten der Landesvermessung und des Liegenschaftskatasters durchführen (OSTRAU 2008). In den aufgezeigten Beispielen verzichten die Nutzer bewusst auf die kostenspielige und arbeitsintensive Erfassung und Fortführung der Hintergrunddaten. Sie konzentrieren sich auf die Erstellung und Pflege ihrer Fachinformationen, weil der

Aufbau und die Aktualisierung großflächiger, hoch genauer und zuverlässiger Geodatenbestände einen hohen Personalbedarf und kostenintensive Sachinvestitionen verursachen (ADV 2002a). Wird die Herstellung und das Management der Geofachdaten und -dienste auf die technischen Standards und Datenformate der Hintergrunddaten abgestellt, können sie mit anderen standardisierten Geofachdaten und -diensten ohne technischen Aufwand redundanzfrei kombiniert werden. Auf diese Weise gestalten die öffentlichen und privaten Nutzer ihre Datenveredelungsprozesse und ihr Geodatenmanagement effizient und ressourcenschonend.

Seiner Rolle in dieser Wertschöpfungskette ist sich das amtliche Vermessungs- und Geoinformationswesen bewusst. Mit der Bereitstellung des aktuellen, flächendeckenden und standardisierten Geoinformationssystems und damit verbundenen Wissenstransfer trägt es wesentlich zur einheitlichen deutschen Geodateninfrastruktur bei und bietet Potenziale für Innovation und Beschäftigung nicht nur für den Geodatenmarkt, sondern auch für viele andere Wirtschaftsbereiche (ADV, BDVI 2006). Deswegen gehört es zum Selbstverständnis des Amtlichen deutschen Vermessungswesens, im Rahmen der Bereitstellung der Geobasisdaten und -dienste auf den Feldern der Produkt-, Distributions-, Konditions- und Kommunikationspolitik (siehe Abschnitt 15.7) folgende Arbeiten zu leisten:

- Die aktuellen, flächendeckenden, standardisierten Geobasisdaten und -dienste werden nutzerorientiert so zur Verfügung gestellt, dass sie als integrale und redundanzfreie Grundlage für Geofachsysteme und Geofachdienste verwendet werden können (siehe Abschnitt 13.4, Kapitel 14 und Abschnitte 15.1.3, 15.2).
- Der Bedarf der (potenziellen) Nutzer wird regelmäßig erfasst, um die Produktion, die Bereitstellung und die Weiterentwicklung der Daten und Dienste auf den Nutzerbedarf optimiert auszurichten (siehe Abschnitte 15.1.3 und 15.2).
- Der Frontoffice-Verbund der Vermessungs- und Geoinformationsverwaltungen sowie die Geobasisdienste und -portale werden im Rahmen der Geodateninfrastruktur zu einer zentralen nationalen Geodienstleistung vernetzt aufgebaut (siehe Abschnitte 3.6.3, 13.5 und 15.3).
- Eine kompetente Beratung über die technische Nutzbarkeit und über die Konditionen wird den Nutzern angeboten; dabei werden Nutzungsrechte und -gebühren für die beabsichtigte Anwendung der Geobasisdaten geklärt und ggf. mit einer Lizenzierung geregelt (siehe Abschnitte 15.3 und 15.4).
- Die Konditionenpolitik wird vereinheitlicht; dabei wird angestrebt, die Bezugsbedingungen – wie z. B. die technischen Anwendungsvoraussetzungen, Nutzungsrechte und -gebühren – möglichst transparent und nutzerorientiert zu gestalten und zu beschreiben (siehe Abschnitte 15.5 und 15.6).
- Zur Erhöhung der Verbreitung und Nutzung werden regelmäßig Nutzer und die interessierte Öffentlichkeit über die Verfügbarkeit, Zuverlässigkeit, Genauigkeit, Standardisierung, Bezugsbedingungen und über die Verwendungsmöglichkeiten der Geobasisdaten und -dienste informiert (siehe Abschnitt 15.7).

Ein engmaschiges Netz von Frontoffice-Vertriebsstellen stellt sicher, dass die Nutzer vor Ort beraten und bedient werden können (siehe Abschnitt 15.3). Es wird insbesondere auf die kompetente Beratung Wert gelegt, um den Nutzern aufzuzeigen, welche Geobasisdaten in welchem Datenformat am besten für ihre angestrebte Fachanwendung geeignet sind. Zweckorientiert werden Geoleistungspakete zusammengestellt und den Anwendern zur Verfügung gestellt. Setzen Nutzer die Geobasisdaten und -dienste in ihrem Geofachinformationssystem oder Geofachdienst ein, wird ihnen eine GIS-Beratung über die Aktualisierung und Weiterentwicklung ihres Geofachsystems oder Geofachdienstes angeboten. Dies zeigt, dass sich das amtliche Vermessungs- und Geoinformationswesen als zentraler Geodienstleister versteht: Es wirkt aktiv bei der Zusammenführung von Geobasisdaten und Geofachdaten in einem breit gefächerten Geodatenveredelungsprozess mit und nimmt mit seiner Beratungsfunktion eine wichtige Moderationsrolle in dem Geoinformationswesen ein (ADV, BDVI 2006). Allerdings zwingen die rasante technologische Entwicklung und die vielfältigen Nutzerwünsche dazu, permanent und innovativ alle Optimierungspotenziale auszuschöpfen.

Damit multifunktional auf die Geobasisdaten zugegriffen werden kann, wird der Aufbau und die Vernetzung der Internetdienste und Geoportale vorangetrieben. Zweck- und nutzerorientiert werden durchgängige Onlineverfahren zu Geobasisdiensten ausgebaut, sodass Geobasisdaten in unterschiedlichen Formaten für viele verschiedene Anwendungen rund um die Uhr öffentlich zur Verfügung stehen (siehe Abschnitt 15.2.2).

Wie bei der Produktion, so werden auch bei der Bereitstellung von Geodaten und Geodiensten Kooperationen mit privaten Partnern eingegangen, um die Geobasisprodukte in eine breitere Anwendung zu führen (siehe Abschnitt 15.6). Traditionell wird hierbei beispielsweise mit Buchhändlern zusammengearbeitet, die analoge und digitale topographische Karten und Luftbilder verkaufen, und mit Internetdienstleistern, die analoge bzw. digitale Geodaten und Geodienste in ihr Produktfolio aufnehmen und ihrem Kundenkreis anbieten.

15.1.2 Öffentlichkeitsprinzip

Der Anspruch der AdV ist, dass die Geobasisdaten der breiten Öffentlichkeit grundsätzlich zur Verfügung stehen (ADV 2002b). Die öffentliche Zugänglichmachung von amtlichen Geobasisdaten und -informationen wird spezialgesetzlich in den Vermessungs- und Geoinformationsgesetzen der Länder geregelt. Weiterhin sind auch Zugangsregelungen im Informationsrecht, in den Geodatenzugangsgesetzen und im Datenschutzrecht enthalten. Dabei kann der Zugang vorbehaltsfrei oder unter Vorbehalt geregelt werden. Der öffentliche Zugang zu Daten und Diensten kann beschränkt werden, wenn es der Schutz öffentlicher und sonstiger Belange – wie z. B. der Schutz öffentlicher Sicherheit und der Schutz vertrauens- und datenschutzrelevanter Belange – erfordert (siehe Abschnitt 4.1). Bei der Abgabe von Angaben zu natürlichen Personen – wie beispielsweise Eigentümerangaben – ist grundsätzlich das berechtigte Interesse des Nutzers darzulegen (WEICHERT 2007). Im Vermessungs- und Geoinformationswesen wird i. d. R. nach dem Prinzip „Öffentlichkeit mit Abgabevorbehalt" gehandelt, d. h. der Nutzer wird bei der Bereitstellung zur Einhaltung der schutzrechtlichen Bestimmungen verpflichtet (siehe Abschnitte 3.5.5 und 15.2.2).

Auf bestimmte Abgabeformen besteht in der Regel kein Anspruch. So werden die Daten einerseits auf Papier, digital auf CD, DVD oder auf anderen geeigneten Medien abgegeben und andererseits online über Geodatendienste und Geodatenportale öffentlich angeboten. Die Öffnung des Geodatenmarktes wird auch hinsichtlich des Vertriebs und der Vertriebswege vorangetrieben. Wie in den Geodatenzugangsgesetzen der Bundesländer festgelegt, können Private beispielsweise die in den Behörden vorhandenen elektronischen Meta- und Geodaten grundsätzlich kostenfrei und barrierefrei über Suchdienste recherchieren und über Viewingdienste betrachten (siehe Abschnitte 3.6.2 und 4.1). Verwenden sie die im Viewingdienst bereitgestellten Daten für ihre wirtschaftlichen Zwecke weiter oder laden amtliche Produkte über andere Geodienste, dann haben sie unter bestimmten Bedingungen eine Geldleistung zu zahlen. Entsteht Entgeltpflicht, dann sind sie über die allgemeinen Bezugsbedingungen möglichst elektronisch im Voraus zu informieren und sie erhalten wie alle anderen Nutzer die Daten und Dienste zu gleichen Bedingungen, insbesondere zu nicht überhöhten Entgelten unter Gewährung eines nicht ausschließlichen Nutzungsrechts (§§ 3 und 4 IWG). Durch die bezweckte Transparenz und Gleichbehandlung soll die Wirtschaft vereinfacht die Potenziale der amtlichen Daten zu Mehrzweckdiensten erkennen und für die Aktivierung des Marktes inklusive Schaffung von Arbeitsplätzen einsetzen.

15.1.3 Nutzerorientierung

Wie in Abschnitt 15.1.1 ausgeführt, besagt eine der Leitlinien des Vermessungs- und Geoinformationswesens, dass die Standardisierung, Normierung, Produktion, Bereitstellung und die Weiterentwicklung der Geodaten und Geodienste am Gemeinwohl und auf den Nutzerbedarf auszurichten sind. Damit soll u. a. erreicht werden, dass die amtlichen Geoprodukte einerseits im breiten Umfang zugänglich gemacht und multifunktional angewendet werden und andererseits als integrale und redundanzfreie Grundlage für möglichst viele Geofachsysteme, d. h. als anerkannte Basis der zusammenwachsenden europäischen Geodateninfrastruktur, eingesetzt werden (KUMMER 2004a). Das bedingt, die Herstellung und die Bereitstellung der Metadateninformationen, der Geodaten und Geodienste möglichst in Übereinstimmung mit der Nachfrage zu bringen. Das kann effektiv und umfassend geschehen, wenn das Angebot hinsichtlich der Produktpalette, Geoleistungspakete und Produktmerkmale sowie die Konditionen- und Distributionspolitik kontinuierlich hinterfragt und ggf. angepasst werden (ADV 2008b). Die hierfür erforderlichen Erkenntnisse können gewonnen werden, indem sowohl die Bestandsaufnahme der Nutzeranforderungen als auch die Erfassung neuer Bedarfsgruppen engmaschig in regelmäßigen Abständen im kontinuierlichen Erfahrungsaustausch mit Nutzern und in zielgruppenorientierten Kundenbefragungen erfolgen und analysiert werden (ADV 2007b). Daraus abgeleitete Vorschläge und Schlussfolgerungen können dann in umzusetzende Strategien und Maßnahmen münden. Je nach Ergebnis aus dem Abgleich zwischen Angebot und Nachfrage sind nutzerorientiert

- Produkte in Qualität und Standard anzupassen und ggf. neue zu entwickeln (siehe Abschnitte 15.1.4 und 15.2),
- die Vertriebs- und Versorgungsstrukturen weiterzuentwickeln (siehe Abschnitt 15.3),
- die Bereitstellung hinsichtlich Verfügbarkeit, Zugänglichkeit und Nutzungsbedingungen (Lizenzierung und Gebühren) der Geoprodukte und Geoleistungspakete zu optimieren (siehe Abschnitte 15.2, 15.5 und 15.6),
- die Maßnahmen zur verbesserten Information der Nutzer und der interessierten Öffentlichkeit über die Verfügbarkeit, Zuverlässigkeit, Genauigkeit, Standards, Preise und über die Verwendungsmöglichkeiten der Produkte durchzuführen (siehe Abschnitt 15.7).

15.1.4 Standardisierung

Neben der Nutzerorientierung sind die Produktion und die Bereitstellung der Geodaten und -dienste nicht nur zu vereinheitlichen, sondern entsprechend der anerkannten Regeln der Technik zu standardisieren und zu normieren. Die Resultate der Normung sind inklusive der Qualitätsparameter transparent zu beschreiben und offen zu kommunizieren (siehe Abschnitt 3.5.4 und Kapitel 14). Durch diese Maßnahmen soll generell die Interoperabilität und multifunktionale Anwendbarkeit sowie eine möglichst hohe Verbreitung der Geodaten und Geodienste gesichert werden. Damit hierbei die Geodaten und -dienste in andere Geofachanwendungen nicht nur bundesweit, sondern auch in der aufzubauenden europäischen Geodateninfrastruktur ohne Schwierigkeiten effektiv verknüpft und integriert werden können, ist es unabdingbar, dass alle georeferenzierten Fachdaten und Fachdienste auf einer und derselben einheitlichen und standardisierten Geobasis generiert werden (STOFFEL & FITTING 2008). Diese im hohen Maß harmonisierte und normierte Geobasis führen die Vermessungs- und Geoinformationsverwaltungen flächendeckend, aktuell, zuverlässig und interessenneutral und stellen sie bedarfsorientiert über einen Frontoffice-Verbund, vernetzte Onlinedienste und Geoportale zur Verfügung. Dabei wird insbesondere die Qualität der Produktion, Bereitstellung und Weiterentwicklung der Geobasisprodukte am Gemeinwohl und an den Nutzeranforderungen ausgerichtet (siehe Abschnitt 3.5.4 und Kapitel 14) und die Konditionen- und Distributionspolitik vereinheitlicht (siehe Abschnitte 3.6.2 und 15.6.4).

Die hinsichtlich der Geobasis fachübergreifend durchgeführte bundesweite Standardisierung sowie die Einhaltung der Qualitätsmerkmale des AAA-Modells (siehe Abschnitt 14.2) werden aktiv in der AdV organisiert und koordiniert (siehe Abschnitte 3.4.1 und 3.6.1). Sie werden konsequent entsprechend den Normen von ISO, OGC und der (inter)nationalen Geodateninfrastruktur entwickelt und umgesetzt (siehe Abschnitte 13.4, 13.5 und 14.1). Zusätzlich engagieren sich die Mitgliedsverwaltungen der AdV in internationalen Gremien und Initiativen wie z. B. EuroGeographics, PCC und INSPIRE, damit die zur Verfügung gestellten Geobasisdaten und Geobasisdienste die oben erläuterte grundlegende Basisdienstleistung für die europäische Geodateninfrastruktur und für den Geomarkt gewährleisten können (ADV 2008b, siehe Abschnitt 2.6).

15.2 Produkte und Dienste

15.2.1 Angebotskatalog des Amtlichen deutschen Vermessungswesens

Geobasisdaten können ihre grundlegende Basisfunktion nur dann vollumfänglich erfüllen, wenn es gelingt, bundesweit harmonisierte Geobasisdaten in standardisierten Produkten flächendeckend für die Bundesrepublik bereitzustellen. Hierzu bedarf es im Rahmen einer gemeinsamen Produktpolitik (siehe Abschnitt 15.7) der Festschreibung einheitlicher Produkte und Dienste, deren Mindeststandards durch alle AdV-Mitgliedsverwaltungen erfüllt werden. Einheitliche Produkt- und Dienstfestschreibungen sind bisher in den Bereichen Geotopographie, Liegenschaftskataster und Raumbezug erfolgt. Insbesondere sind hier die Datenbestände des ATKIS® in Form von Digitalen Landschaftsmodellen, Digitalen Geländemodellen, digitalen Orthophotos und digitalen Topographischen Karten (siehe Kapitel 6) sowie die amtlichen Hauskoordinaten und Hausumringe des Liegenschaftskatasters (siehe Abschnitt 7.5.3) und die Satellitenpositionierungsdaten mit SA*POS*®, dem Satellitenpositionierungsdienst der deutschen Landesvermessung (siehe Abschnitt 5.4) zu nennen. Dieses bundesweite Angebot des Amtlichen deutschen Vermessungswesens wird auch über bundesländerübergreifende Vertriebsstellen bereitgestellt (siehe Abschnitt 15.3.2). Mit der Einführung des AAA-Modells in allen Bundesländern werden bei der Festlegung bundeseinheitlicher Produkte und Produktkombinationen weitere Fortschritte zu verzeichnen sein. Die Festschreibung der Mindeststandards von bundesländerübergreifenden Produkten und Diensten hat auf der Basis von Nutzeranforderungen zu erfolgen, um mit der Bereitstellung von Geobasisdaten auch der Aktivierung des Geodatenmarktes dienen zu können (siehe Abschnitt 15.1.3). Gleichzeitig muss dafür Sorge getragen werden, dass durch die AdV eine organisierte Nutzerinformation über länderübergreifende Produkte und Dienste erfolgt. Nutzeranforderungen werden durch Marktanalysen aber auch durch ständigen Erfahrungsaustausch mit Nutzern gewonnen. Beispielsweise finden hinsichtlich des Angebotes der Vermessungsverwaltungen ständige gemeinsame Erörterungen von Angebots- und Nachfrageaspekten seitens AdV und DDGI (siehe Abschnitt 2.5.5) statt. Im Ergebnis dieser Gespräche werden auch Vorschläge zur Anpassung des Geobasisdatenangebotes zu erwarten sein. Hierzu wird durch den DDGI ein Nachfragekatalog und seitens der AdV ein Angebotskatalog bereitgestellt werden. Durch die TF PRM ist die Grundkonzeption eines Angebotskatalogs des Amtlichen deutschen Vermessungswesens zur Information von Nutzern und potenziellen Nutzern entwickelt worden. Dieser wird in einem ersten Schritt über die bundesländerübergreifenden Produkte informieren (Produktkatalog). In einem weiteren Schritt ist beabsichtigt, einen Katalog zur Leistungsbereitstellung mittels Geodatendiensten aufzubauen.

Abb. 15.1: Produktmappe (ADV 2008a)

Der Angebotskatalog über die länderübergreifenden Produkte dient der zielgerichteten und umfassenden Information über das aktuelle Angebot an Geobasisdaten mittels Beschreibung der Produkte, der Gebühren und der weiteren Entwicklungen. Voraussichtlich wird der Katalog eine dreiteilige Struktur haben und aus der bereits bestehenden *Produktmappe,* den zu modifizierenden *Produktblättern* und dem geplanten *Newsletter* der AdV bestehen. Die Produktmappe der AdV „Grundlage für Ihre Entscheidungen" in einheitlichem Corporate Design informiert über das Angebot unter dem Nutzenaspekt (ADV 2008a). Hierzu werden die Produkte mit ihren vielfältigen Einsatzmöglichkeiten und ihrer jeweiligen zentralen Vertriebsstelle des Amtlichen deutschen Vermessungswesens und den Vertriebsstellen in den einzelnen Bundesländern benannt. Abbildung 15.1 zeigt ein Beispiel aus der Produktmappe der AdV. Die bisherigen Produktblätter der AdV für bundesländerübergreifende Produkte (ADV 2009) sollen überarbeitet werden. Ziel ist, einheitlich strukturierte Informationsblätter für jedes bundesländerübergreifende Produkt zu erstellen, in denen über die einzelnen Produktmerkmale und -spezifikationen, den Stand in den einzelnen Bundesländern sowie über Gebühren und Nutzungsbedingungen informiert werden. Der geplante Newsletter der AdV wird über länderübergreifende Themen einen Überblick geben und voraussichtlich auf der Homepage der AdV eingestellt werden. Ebenfalls werden Nutzer mit dem Newsletter auch über neueste und geplante Entwicklungen informiert werden. Die Verwendung von teilweise bereits bestehenden Dokumenten wird in Zusammenarbeit zwischen TF PRM und den Arbeitskreisen der AdV diese einer Überarbeitung, einer regelmäßigen Aktualisierung und einer Bereitstellung zuführen.

15.2.2 Online-Bereitstellung

Aufgrund der erhöhten nutzerorientierten Verfügbarkeit und der aktivierenden Bereitstellung werden Geoprodukte in den Planungs- und Entscheidungsprozessen der Verwaltung, Politik, Wirtschaft und im privaten Bereich immer mehr eingesetzt und der Bedarf an dem multifunktionalen Online-Zugriff auf harmonisierte Geodaten und Geodienste wächst kontinuierlich. Deswegen sind örtlich getrennt produzierte Geodaten und Geoleistungen unabhängig von der Datenhaltung, vom Nutzer angewendetem Browser, PC-Betriebssystem und Applikationen zum Ansehen und zum Downloaden abholbereit im Internet zur Verfügung zu stellen (KOORDINIERUNGSSTELLE GEODATENINFRASTRUKTUR DEUTSCHLAND 2008). Der Staat baut in seiner gewährleistenden, aktivierenden, regulierenden Funktion offen eine fach- und ressortübergreifende Geodateninfrastruktur auf, um mit national vernetzten harmonisierten Geoportalen und Geodiensten ein Bestandteil der zusammenwachsenden europäischen Geodateninfrastruktur zu werden (www.gdi-de.org, siehe Abschnitte 3.4.1, 4.2 und 13.1). Dabei sollen zweck- und nutzerorientiert amtliche Geodaten, Metadaten und Geodienste interoperabel, einfach, barrierefrei und transparent über folgende Dienste zugänglich gemacht werden:

- Suchdienste, über die Geodaten und Geodatendienste mithilfe von Metadaten gefunden werden können,
- Darstellungsdienste, auch Viewingdienste genannt, mit denen Geodaten angezeigt, vergrößert und überlagert werden können,
- Download-Dienste, mit denen auf Geodaten direkt zugegriffen werden können
    - WepMapService (WMS), über den statische, georeferenzierte Karten und Bilder im Rasterbildformat wie z. B. PNG, GIF, JPEG heruntergeladen werden können (siehe Abschnitt 6.6),

  - WebFeatureService (WFS), über den Geodaten mit Objektstruktur (Vektordaten) zum Verändern und Weiterverarbeiten abgerufen werden können (siehe z. B. Abschnitt 7.5),
  - Web Coverage Service (WCS), die sehr detaillierte Geodaten mit räumlicher Variabilität zugänglich machen,
- Transformationsdienste, mit denen Geodaten für eine interoperable Nutzung umgewandelt werden können,
- sonstige Geodienste, die bestimmte GIS- Funktionalitäten zum Analysieren und Lösen verschiedener Aufgaben (Geokodierungsdienste, Routenplaner wie z. B. Radroutenplaner Rheinlandpfalz www.routenplaner.rlp.de, usw.) bereitstellen

(KOORDINIERUNGSSTELLE GEODATENINFRASTRUKTUR DEUTSCHLAND 2008).

Diese webbasierten Geodienste können zu Mehrwertinformationsdiensten im privaten und öffentlichen Sektor ausgebaut werden, wenn zum einem die Interoperabilität zwischen den Diensten und zum anderen die multifunktionale Verwendbarkeit der Geodaten über die Einhaltung der vereinbarten technischen Standards der ISO, des OGC, der GDI, aber auch des AAA-Anwendungsschemas der AdV von Seiten der Anbieter und der Nutzer gewährleistet werden (IMAGI 2008). Dazu werden die Nutzer durch Onlinedienste der Vermessungs- und Geoinformationsverwaltungen in die Lage versetzt: Sie können online hervorragend harmonisierte und standardisierte Geobasisprodukte beziehen, auf deren Grundlage sie ihre eigenen Internetdienste (wie auch ihre Geofachinformationssysteme) interoperabel, multifunktional anwendbar und effektiv gestalten können (siehe Abschnitt 3.4).

Die zunehmende Verfügbarkeit, Kombinierbarkeit, Auflösung und Genauigkeit von Geodaten können dazu führen, dass datenschutzrelevante und sonstige schutzrelevante Belange ggf. bei der Bereitstellung und/oder bei der Anwendung der Geodaten alleine oder in Kombination mit anderen Fachdaten zu beachten sind (WEICHERT 2007, ULD 2007). Neben dieser rechtlichen Prüfung haben die privaten und öffentlichen Anbieter für sich strategisch zu klären, inwieweit sie ihre Daten und Dienste unbeschränkt und kostenfrei allen oder bestimmten Nutzern zugänglich machen (siehe Abschnitt 4.4). Es gibt private und öffentliche Initiativen, die einen hohen Grad der freien und kostenlosen Verfügbarkeit ihrer Daten und Dienste propagieren: z. B. OSM (OPENSTREETMAP 2009) und GEOS (siehe Abschnitt 4.2.3). Im Vermessungs- und Geoinformationswesen werden Metadaten und Darstellungsdienste grundsätzlich kostenfrei sowie bestimmte entgeltpflichtigen Download-Dienste zu marktaktivierenden und nutzerorientierten Bedingungen online angeboten (siehe Abschnitte 3.6.2 und 15.5). Die amtlichen Online-Dienste werden wie private Internetdienste an ihrer Verfügbarkeit, Reaktionszeit und Performance gemessen. Aufgrund der hohen Leistungsfähigkeit der frei verfügbaren privaten Viewer wie z. B. Google Earth Viewer ist es empfehlenswert, die erhöhte Erwartungshaltung der Anwender u. a. mit einer optimierten Skalierbarkeit der Geowebserver, mit einer schnellen Verbindung zwischen Datenhaltungskomponente und Webserver sowie mit einer angemessenen Bandbreite des Internetzugangs zu erfüllen (KOORDINIERUNGSSTELLE GEODATENINFRASTRUKTUR DEUTSCHLAND 2008).

Darüber hinaus sollte im Online-Vertriebssystem der Kunde virtuell durch den Shop geführt werden, möglichst alle vorhandene Geodaten und -dienste bei vorliegender Berechtigung in Echtzeit aufgabenbezogen oder prozessorientiert räumlich, fachlich oder zeitlich selektieren und „aus einer Hand" erhalten können (OSTRAU 2008). Deswegen wird die Shop-Komponente je nach Geschäftsmodell mit oben beschriebenen Geodienstleistungen, mit einer Warenkorbfunktion, mit einem Preismodell- und Lizenzmanagement sowie mit einer Schnittstelle zum Abrechnungs- und ePaymentsystem ausgestattet (KOORDINIERUNGSSTELLE GEODATENINFRASTRUKTUR DEUTSCHLAND 2008). Solche leistungsstarken Dienste mit Shoplösungen, die die Erwartungen vieler Nutzergruppen erfüllen, bieten auch die Behörden an (z. B. www.geoportal.rpl.de , www.lvermgeo.sachsen-anhalt.de).

15.2.3 Geoleistungspakete

Geobasisdaten sollen als einheitliche und rechtssichere Grundlage in der öffentlichen Verwaltung als Raumbezugsgrundlage zur Erfüllung öffentlicher Aufgaben verwendet werden. Gleiches ist auch für die Wirtschaft, Wissenschaft und Gesellschaft anzustreben, da die Verwendung von Geobasisdaten und der damit einhergehenden einheitlichen und eindeutigen Georeferenzierung eine Integration und Kombination verschiedenster Geodaten und damit auch verschiedener Fachinformationssysteme ermöglicht. Damit erschließen sich wirtschaftliche Potenziale und Möglichkeiten der Vereinfachung und Effizienzsteigerung. Dem trägt auch die Abgabe von Geobasisdaten in konfektionierten Geoleistungspaketen über Transferdienste Rechung.

Bisher wurde bei der Bereitstellung der Schwerpunkt bei der Abgabe von Produkten gesehen. Diese produktorientierte Sicht wandelt sich in eine Handlungsweise, bei der die sich aus Produkten und Diensten zusammensetzende Geoleistung im Vordergrund steht. Damit wird den Bedürfnissen von Nutzern nach dem Erwerb von umfassenden auf ihren Nutzungszweck oder ihre Lebenslage abgestimmten Geoleistungen nachgekommen. Mit der Ausrichtung auf Nutzergruppen werden mit vorkonfektionierten Geoleistungspaketen (KUMMER 2004b) häufige und gleichartige Abfragen gebündelt, aufbereitet und zu einheitlichen Konditionen abgegeben. Diese umfassen neben dem Erwerb verschiedener Geobasisdaten auch den Erwerb der erforderlichen Nutzungsrechte (siehe Abschnitt 15.4). Die Bereitstellung der Daten erfolgt – sofern technisch realisiert – über internetbasierte Dienste wobei dabei die zyklische Aktualisierung im Regelfall enthalten ist. Für den Nutzer bietet der Erwerb eines Geoleistungspaketes die Sicherheit, aktuelle Geobasisdaten per Dienst verfügbar zu haben, die hinsichtlich des Umfangs und der Verwendung im Vorhinein auf seine Bedürfnisse abgestimmt sind. Weiterhin liegt der Vorteil für den Nutzer darin, dass er für die von ihm beabsichtigte Verwendung der Geobasisdaten Rechtsicherheit hinsichtlich der Nutzungsrechte hat. Für die Vermessungs- und Geoinformationsbehörde liegt der Vorteil in der wirtschaftlichen und effizienten Aufgabenerledigung aufgrund des geringeren Aufwandes bei der Beratung und der breiteren Verwendung von Geobasisdaten. Abgeschlossen werden können die Geoleistungspakete durch (Rahmen-)Verträge auch auf der Basis der Musterlizenzverträge der AdV. Für die Geoleistungen werden Gebühren erhoben, wobei sich abzeichnet, dass in der Regel nicht die volle Gebührenhöhe (auf der Grundlage der AdV-Gebührenrichtlinie) sondern ein verminderter Betrag erhoben wird (siehe Abschnitt 15.5).

Exemplarisch sei auf das Geoleistungspaket für Katastrophenschutz und Krisenmanagement hingewiesen, das in Auswertung der Hochwasserlage im Land Sachsen-Anhalt im Jahre 2002 geschaffen wurde (WIEDENROTH 2004) sowie auf das Geoleistungspaket MLU, welches auf die Anforderungen des Geschäftsbereiches des Ministerium für Landwirtschaft und Umwelt Sachsen-Anhalt (MLU) abgestimmt wurde und 2008 abgeschlossen werden konnte. In Baden-Württemberg konnte 2008 mit dem Abschluss der Rahmenvereinbarung Geobasisinformation mit dem Städtetag Baden-Württemberg und dem Gemeindetag Baden-

Württemberg Vergleichbares erreicht werden (LANDESAMT FÜR GEOINFORMATION UND LANDENTWICKLUNG BADEN-WÜRTTEMBERG 2009). Eine ähnliche Herangehensweise ist in Bayern, Thüringen und in Schleswig-Holstein zu finden.

15.3 Vertriebsstellen

15.3.1 Organisatorischer Ansatz

Der Anspruch einer nutzerorientierten Bereitstellung der Geobasisdaten durch die Vermessungs- und Geoinformationsverwaltungen spiegelt sich auch in deren Organisationsansatz wieder, in dessen Mittelpunkt der Nutzer mit seinen Bedürfnissen und Anforderungen steht. Dieser aus Nutzersicht bestimmte Organisationsansatz wird als „Frontoffice-Backoffice-Architektur“ (KUMMER 2004a) bezeichnet (siehe Abschnitt 3.3.4).

Durch die Frontoffices erfolgt die Geodatenbereitstellung örtlich ungebunden von der Produktionsleistung, die durch das Backoffice erfolgt. Dabei werden in den Frontoffices die Serviceleistungen der Vermessungs- und Geoinformationsverwaltung gebündelt. Die Leistung der Frontoffices erfolgt über die von Nutzern geforderten Transfer- und Kommunikationsmöglichkeiten wie z. B. über Internet, per Telefon oder persönlich im Gespräch, schriftlich über Brief oder E-Mail. Zur effektiven Leistungsbereitstellung agieren in den Ländern die Frontoffices in der Regel nicht isoliert voneinander, sondern sind untereinander vernetzt, beispielsweise über ein Geoportal zur Bereitstellung von Daten und Nutzung von Online-Diensten.

Primär stehen zur Beratung und Abgabe der Geobasisdaten auf Länderebene die regionalen Frontoffices der jeweiligen Vermessungs- und Geoinformationsverwaltung zur Verfügung (siehe Abb. 15.2). Daneben geben auf kommunaler und örtlicher Ebene teilweise Bürgerbüros und ÖbVermIng Standardauszüge ab. Weitere Ausführungen zu den Vertriebsstellen in den Bundesländern sind in Abschnitt 15.3.3 zu finden. Darüber hinaus nutzen zur Abgabe an überregionale Nutzer die jeweiligen Vermessungs- und Geoinformationsverwaltungen neben den landesinternen Frontoffices auch die bundesländerübergreifend agierenden Frontoffices. So steht dem Nutzer ein engmaschiges Netz von Frontoffice-Vertriebsstellen zur Verfügung.

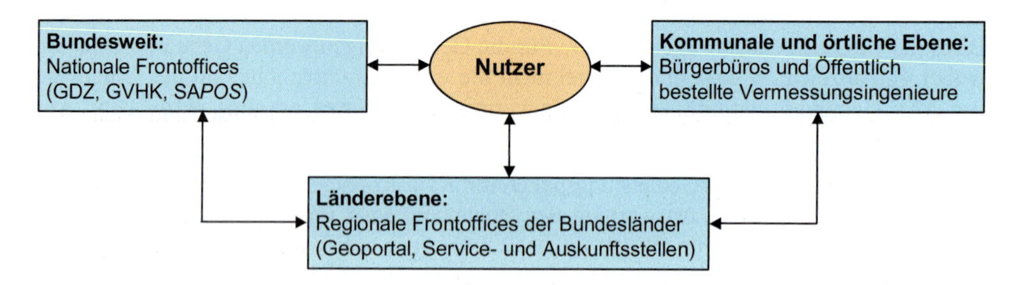

Abb. 15.2: Frontoffice-Verbund

15.3.2 Bundesländerübergreifende Vertriebsstellen des amtlichen Vermessungswesens

Aufgrund von Nutzeranforderungen, Geobasisdaten einheitlich flächendeckend für die Bundesrepublik Deutschland von einer Hand bereitzustellen, wurden bundesländerübergreifende Vertriebsstellen im Rahmen einer gemeinsamen Distributionspolitik der AdV (siehe Abschnitt 15.7.3) eingerichtet. Somit steht pro Produkt und Dienst trotz Länderzuständigkeit dem Nutzer ein zentraler Ansprechpartner zur Verfügung, der länderübergreifend und bundesweit Geobasisdaten weltweit vertreibt. Insgesamt sind drei zentrale Vertriebsstellen auf der Grundlage von Verwaltungsvereinbarungen zwischen den Bundsländern unter Einbeziehung des Bundes als nationale Frontoffices auf dem Gebiet der Geotopographie, des Liegenschaftskatasters und des Raumbezugs eingerichtet worden. Alle drei zentralen Vertriebsstellen ermitteln nunmehr bei der Datenabgabe die Gebührenhöhe nach der AdV-Gebührenrichtlinie (siehe hierzu Abschnitt 15.5.2) und bieten ebenso alle durch den Nutzer geforderten Transfer- und Kommunikationsmöglichkeiten zur Leistungserbringung.

Das Geodatenzentrum (GDZ) stellt seit 1996 die amtlichen digitalen topographischen Geobasisdaten der Länder bei länderübergreifenden Anforderungen auf der Grundlage der Richtlinie über die Inanspruchnahme des BKG als GDZ bereit. 2006 wurde diese Richtlinie durch die Verwaltungsvereinbarung zwischen dem Bundesministerium des Innern und den Ländern über die Breitstellung von digitalen geotopographischen Daten der Vermessungsverwaltungen der Länder durch das Bundsamt für Kartographie und Geodäsie abgelöst (VV GDZ 2006) und setzt damit die Bund-Länder-Zusammenarbeit auf dem Gebiet der Geotopographie fort. Durch diese Verwaltungsvereinbarung wird das BKG autorisiert, die ihm von den Ländern übermittelten ATKIS®-Datenbestände (siehe Kapitel 6) zusammenzuführen, bereitzustellen, und länderübergreifend zu vertreiben und Nutzungsrechte sowie Gebühren festzusetzen. Hierbei gewinnt die europäische Zusammenarbeit zunehmend an Bedeutung (ADV 2008b).

Eine weitere bundesländerübergreifende Vertriebsstelle ist die Gemeinschaft zur Verbreitung der Hauskoordinaten (GVHK) einschließlich Hausumringen (GVHH) bei der Bezirksregierung Köln, die das Angebot der Hauskoordinaten und Hausumringe bündelt und bundesweit Ansprechpartner ist. Im Jahr 2003 wurde die GVHK gegründet und seit September 2006 liegen für das gesamte Bundesgebiet flächendeckend amtliche Hauskoordinaten vor. Mit Stand von April 2009 ergänzen 13 Bundesländer diese um die amtlichen Hausumringe (GVHK, GVHH 2009). Die Bezirksregierung Köln ist durch die Verträge ermächtigt, die Verbreitung der Hauskoordinaten und der Hauskoordinaten einschließlich der Hausumringe zu übernehmen, Nutzungsrechte und Gebühren festzusetzen, sofern das Gebiet mehrerer Bundesländer betroffen ist. Abgeleitet werden beide Datensätze aus dem Liegenschaftskataster, dem amtlichen Verzeichnis aller Flurstücke und Gebäude in Deutschland (siehe Abschnitt 7.5.3).

Der im Jahre 2003 bei Landesvermessung und Geoinformation Niedersachsen eingerichteten Zentralen Stelle SA*POS*® sind seit 2006 alle Bundesländer beigetreten und gehören der Betreibergemeinschaft an. Aufgabenbereiche der Zentralen Stelle sind insbesondere die Bereitstellung der SA*POS*®-Daten und Erteilung von Nutzungsrechten einschließlich der zugehörigen Gebührenfestsetzung, die Vermarktung von SA*POS*® an deutschlandweite Kunden und die deutschlandweite Zusammenführung von SA*POS*®-Daten. SA*POS*®-Nutzer können zwischen HEPS und GPPS wählen (siehe Kapitel 5).

Ziel der Einrichtung von gemeinsamen Vertriebsstellen ist es, den Anforderungen von Recht, Verwaltung, Wirtschaft und Umwelt an die Versorgung mit Geodaten gerecht zu werden. Daher war die Einrichtung der drei zentralen Vertriebsstellen ein richtiger Schritt bei der Ausrichtung an Nutzeranforderungen und trägt damit dem Öffentlichkeitsprinzip Rechnung. Die Einrichtung weiterer gemeinsamer nationaler Vertriebsstellen wird grundsätzlich als nicht zielführend erachtet. Daher hat sich die AdV prinzipiell auf ein Kooperationsmodell für die gemeinsame Aufgabenerledigung verständigt (ADV 2008c). Das Modell der Zusammenarbeit sieht vor, für eine gemeinsame länderübergreifende Aufgabenerledigung bei der Bereitstellung von Geobasisdaten einen Lenkungsausschuss Geobasis einzurichten (siehe Abschnitt 3.6.6).

15.3.3 Vertriebsstellen in den Bundesländern

In den einzelnen Bundesländern stehen die Vertriebsstellen der jeweiligen Vermessungs- und Geoinformationsverwaltungen für die Beratung und Datenabgabe zur Verfügung. Grundsätzlich sind in allen Bundesländern *Service- und Auskunftsstellen* zu finden, zu denen der Nutzer vor allen Dingen durch direktes Gespräch in Kontakt tritt und bei denen der Schwerpunkt bei der umfassenden, kompetenten und bedarfsgerechten Beratung des Nutzers über die Produkte, die Abgabeformen und die Einräumung von Nutungsrechten liegt. In den Ländern sind unterschiedliche Ausprägungen dieser Service- und Auskunftsstellen zu finden, insbesondere bedingt durch den grundsätzlichen Organisationsansatz der jeweiligen Vermessungs- und Geoinformationsverwaltung. Hier kann unterschieden werden zwischen dem Organisationsaufbau als Integrationsbehörde, der Landesamt und Kataster- und Vermessungsamt integriert, einem Aufbau mit Landesamt und staatlichen Kataster- und Vermessungsämtern und einem Organisationsansatz, der geprägt ist durch ein staatliches Landesamt und kommunalisierte Ämter (KUMMER, PISCHLER & ZEDDIES 2006).

Zum Beispiel stellen in Sachsen-Anhalt dem grundsätzlichen Organisationsansatz der Integrationsbehörde folgend die vier regionalen Geokompetenz-Center des Landesamtes für Vermessung und Geoinformation eine umfassende landesweite Beratung und Abgabe des gesamten Produkt- und Diensteangebotes sicher. In Ergänzung dazu ist in Sachsen-Anhalt ein Call-Center eingerichtet, zu dem der Nutzer durch Brief, Fax, E-Mail und Telefon in Kontakt tritt und das primär Standardfragen beantwortet und landesweit Standardauszüge abgibt (DEMPF & JÄGER-BREDENFELD 2007). In Niedersachen ist die grundsätzliche Struktur geprägt durch den landesweit zuständigen Landesbetrieb mit den klassischen Aufgaben der Landesvermessung und den 14 regionalen staatlichen Ämtern, den Behörden für Geoinformation, Landentwicklung und Liegenschaften mit den klassischen Aufgaben eines Katasteramtes als Vermessungs- und Katasterbehörden. Diesen ist – anders als in anderen Bundesländern mit gleicher Organisationsstruktur – als niedersächsische Besonderheit in Erweiterung ihrer örtlichen Zuständigkeit für ihren Amtsbezirk hinaus die Zuständigkeit erwachsen, Geobasisdaten bereitzustellen, die nicht in ihre örtliche Zuständigkeit fallen (GOMILLE 2008). Somit kann in Niedersachsen die Bereitstellung von Geobasisdaten landesweit und flächendeckend durch den Landesbetrieb und die regionalen staatlichen Ämter erfolgen. Berlin sei exemplarisch für die Organisationsstruktur genannt, die neben einem staatlichen Landesamt kommunalisierte Katasterämter kennt. In Berlin übernimmt die Senatsverwaltung für Stadtentwicklung die gesamtstädtischen Aufgaben einschließlich der bezirksübergreifenden Abgabe der Geobasisdaten des Liegenschaftskatasters sowie die Abgabe der weiteren Geobasisdaten. Die 12 kommunalen Vermessungsstellen bei den Bezirksämtern in Berlin geben für den Bezirk insbesondere die Geobasisdaten des Liegenschaftskataster ab. In Brandenburg ist die Landesvermessung und Geobasisinformation Brandenburg in Erweiterung ihrer Zuständigkeit um die Bereitstellung der Geobasisdaten des Liegenschaftskatasters in die Lage versetzt worden, umfassend Geobasisdaten abgeben zu können.

Somit ist in der Regel in den Bundesländern der Bedarf nach *einem* Ansprechpartner erkannt worden, der für die flächendeckende Beratung und Abgabe *aller* Geobasisdaten zuständig ist und über den auch in der Regel die Vernetzung zu den nationalen Frontoffices erfolgt (siehe Abbildung 15.2). Diese Bündelung trägt der Öffnung des Geodatenmarktes Rechnung. Dabei steht die Umsetzung der Beratungs- und Moderationsrolle, die das Geoinformationswesen inne hat, im Vordergrund (siehe Abschnitt 15.1).

Daneben erfolgt die landesweite Abgabe, Suche und Visualisierung von Geobasisdaten durch die *Geoportale* der Geoinformationsverwaltungen (siehe Abschnitt 15.2.2). Über die Geoportale erhalten die Nutzer orts- und zeitunabhängig Geobasisdaten flächendeckend für das jeweilige Land. So werden in manchen Bundesländern über das jeweilige Geoportal bisher konfektionierte Standardprodukte wie beispielsweise Topographische Karten über ein Shopsystem abgegeben. Die Daten erhalten die Nutzer nach der Bestellung per Post. Darüber hinaus werden konfektionierte Produkte wie zum Beispiel Grundstückmarktberichte im Geoportal zum Download angeboten. Teilweise erfolgt die Datenabgabe bereits durch Online-Dienste wie zum Beispiel die Abgabe von Standardauszügen aus dem Liegenschaftskataster oder die Abgabe von Bodenrichtwerten. Sofern im Online-Vertriebssystem ein Abrechnungs- und ePaymentsystem angebunden ist, zahlt der Nutzer die bestellten Daten unmittelbar. Die hierzu erforderliche Gebührenermittlung kann bei standardisierten Produkten in einfacher Weise erfolgen. Bei digitalen Abgaben beispielsweise aus den Datenbeständen des ATKIS ist ein komplexes Shopsystem erforderlich, das neben den üblichen Funktionalitäten eines Standardshopsystems auch Gebührenmodelle, Gebührenberechnungen (auch -schätzungen) auf Basis der jeweiligen Kostenordnung enthält. Inwieweit die Vergabe von Nutzungsrechten auch online abgewickelt werden kann, bleibt abzuwarten. Daneben sind zur Visualisierung von Geobasisdaten auch in Umsetzung der INSPIRE-Richtlinie kostenlose und frei verfügbare Such- und Viewing-Dienste der Geoportale eingerichtet.

Darüber hinaus geben auf kommunaler und örtlicher Ebene auch *Bürgerbüros* und *ÖbVermIng* Standardauszüge ab. Durch den Einsatz von Online-Diensten wird dies zur Verbesserung der Bürgernähe möglich. Die Ausprägungsformen sind dabei unterschiedlich. So werden zum Beispiel in Sachsen-Anhalt Auszüge aus dem Geobasisinformationssystem mittels indirekter Online-Abgabe bei Gemeinden und Landkreisen sowie bei ÖbVermIng abgegeben. In Niedersachen haben die ÖbVermIng die Befugnis, landesweit Standardrepräsentationen der Geobasisdaten abzugeben, während den kommunalen Körperschaften auf Antrag die Mitwirkung an der Aufgabe übertragen werden kann, Standardrepräsentationen aus dem Liegenschaftskataster bereitzustellen (GOMILLE 2008). In Brandenburg sind die ÖbVermIng berechtigt, landesweit analoge Auszüge aus dem Liegenschaftskataster bereitzustellen. Unabhängig von der Umsetzung im Detail wird mit der Abgabe von Standardauszügen durch Kommunen und ÖbVermIng der Präsenz- und Aktivierungsfunktion des Vermessungs- und Geoinformationswesens (KUMMER & MÖLLERING 2005) auch in den Fällen geringerer Flächenpräsenz der Vermessungs- und Geoinformationsbehörde nachgekommen.

15.4 Schutz der Geobasisdaten

15.4.1 Geoinformationsrecht

Geobasisdaten werden öffentlich-rechtlich durch die jeweiligen Vermessungs- und Geoinformationsgesetze der Bundesländer und privatrechtlich durch das Urheberrecht und das Datenbankrecht (URHG 2008) gegen unbefugte Nutzung geschützt (siehe Abb. 15.3). Der Schutz besteht bei erstmaliger Abgabe der Geobasisdaten als auch bei Aktualisierungen.

Der spezialgesetzliche Verwendungsvorbehalt in den Vermessungs- und Geoinformationsgesetzen besteht aus Gründen des öffentlichen Interesses. Schutzzweck der Fachgesetze ist insbesondere die Wahrung der Authentizität und der Integrität der Geobasisdaten. Das BVerwG führt in seinem Beschluss über das Hessische Katastergesetz von 1956 aus, dass der fachrechtliche Verwendungsvorbehalt dem Schutz der amtlichen Auszüge zur Wahrung der Aktualität und Zuverlässigkeit im Interesse der Rechtssicherheit Rechnung trägt (BVERWG 1962). Damit ist die Zielrichtung der fachrechtlichen Verwendungsvorbehalte eine andere als die im Bereich des Urheberrechts und des Datenbankrechts.

Der Schutz erfolgt über die in den jeweiligen Vermessungs- und Geoinformationsgesetzen festgeschriebenen Verwertungsrechte. Grundsätzlich hat die jeweilige Vermessungs- und Geoinformationsverwaltung das Recht, Anderen auf Antrag Nutzungsrechte einzuräumen – in den Vermessungs- und Geoinformationsgesetzen der Bundesländer Hessen und künftig auch in Thüringen als Verwendungsrechte bezeichnet. Somit dürfen Geobasisdaten nur mit Zustimmung der zuständigen Behörde vervielfältigt, an Dritte weitergegeben und in fast allen Bundesländern auch nur mit Erlaubnis der Vermessungs- und Geoinformationsbehörde öffentlich wiedergeben werden. Bei diesen Begrifflichkeiten haben alle Vermessungs- und Geoinformationsgesetze offensichtlich Anleihen beim Urheberrecht insoweit genommen, als die Begriffe aus dem Urheberrecht Verwendung gefunden haben im Sinne der dort definierten Verwertungs- oder Nutzungshandlungen – jedoch ohne die Ausrichtung des Urheberrechts in das Fachrecht zu übernehmen.

In den Vermessungs- und Geoinformationsgesetzen der Bundesländer Hessen, Sachsen und künftig auch Thüringen sowie in Bandenburg ist ausdrücklich festgeschrieben, dass alle Rechte an den Geobasisdaten beim jeweiligen Bundesland liegen (siehe dortiges Geoinfor-

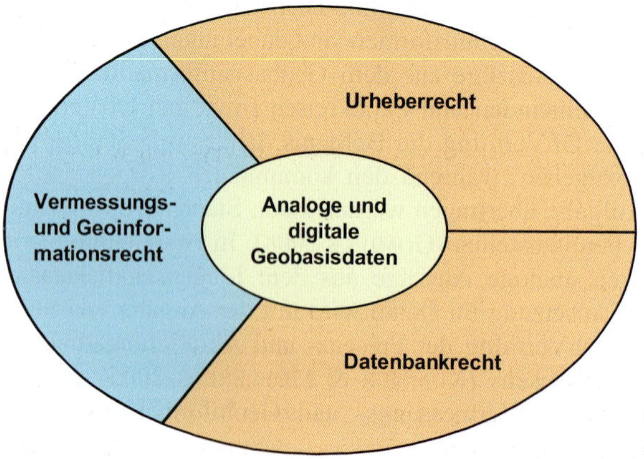

Abb. 15.3: Schutz der Geobasisdaten

mationsrecht). Dies ist sicherlich aufgrund der Erfahrungen in der Praxis im Sinne einer eindeutigen Klarstellung in den Vermessungs- und Geoinformationsgesetzen jüngeren Datums erfolgt. Als neue Regelung entfällt in Brandenburg der Verwendungsvorbehalt. Damit wird dem Öffentlichkeitsprinzip (siehe Abschnitt 15.1.2) in einer neuen Ausprägung gefolgt. Nutzer können ohne öffentlich-rechtliche Zustimmung der zuständigen Behörde in Brandenburg Geobasisdaten vervielfältigen, umarbeiten, veröffentlichen oder an Dritte weitergeben, wobei beabsichtigte Veröffentlichungen und Weitergaben anzuzeigen sind. Die Erteilung von Nutzungsrechten nach Urheberrecht und Datenbankrecht sind von dem Verzicht auf den öffentlich-rechtlichen Verwendungsvorbehalt in Brandenburg unbenommen und sind nach wie vor erforderlich.

15.4.2 Urheber- und Datenbankrecht

Neben dem Schutz durch die jeweiligen Vermessungs- und Geoinformationsgesetze unterliegt die Weiterverwendung der Geobasisdaten auch dem privatrechtlichen Schutz des Urheberrechts und der verwandten Schutzrechte (URHG 2008). Das Urheberrecht zählt damit insbesondere neben dem Patentrecht, welches für technische Erfindungen greift und dem Markenrecht, welches Marken oder Firmennamen schützt, zu den Immaterialgüterrechten, einem Teil des Privatrechts.

Die Geobasisdaten sind über das Urheberecht (§§ 1 ff. UrhG) vor unbefugter Nutzung geschützt, sofern sie als Werk eine persönlich geistige Schöpfung darstellen. Dabei genießen den Urheberrechtsschutz nicht nur einzelne Werke, sondern auch Sammelwerke oder als deren Unterfall Datenbankwerke als neue Kategorie von Werken, die aufgrund der Auswahl oder Anordnung der in der Datenbank aufgenommenen Elemente eine persönliche geistige Schöpfung darstellen. Somit besteht ein eigenständiger urheberrechtlicher Schutz bei einem Datenbankwerk durch seine Gestaltung, dem Datenbankdesign, unabhängig von ggf. bestehenden Rechten an dem Inhalt des Werkes. Das Urheberrecht schützt den Urheber umfassend, sowohl seine materiellen als auch seine ideellen Interessen. Ebenfalls schützt das Urheberrecht den Urheber in der Nutzung seines Werkes. Schutzzweck ist auch die Sicherung einer angemessenen Vergütung für den Urheber des Werkes.

Daneben sind Geobasisdaten vor unbefugter Nutzung durch die Regelungen des Datenbankrechts (§§ 87 ff. UrhG) geschützt. Der Datenbankschutz besteht für solche Datenbanken, bei denen die Beschaffung, Überprüfung, oder Darstellung des Inhalts eine erhebliche Investition erfordert. Der Datenbankschutz besteht unabhängig von einem urheberrechtlichen Schutz für Datenbankwerke und setzt dabei keine persönlich geistige Schöpfung hinsichtlich Auswahl und Anordnung des Inhalts der Datenbank voraus. Wobei die Datenbank als Datenbankwerk nach § 4 UrhG und die Datenbank in § 87a UrhG gesondert umschrieben werden; dennoch stimmen beide Definitionen letztendlich überein (DREIER & SCHULZE 2008). Schutzzweck des Datenbankrechts ist die Sicherung der zur Herstellung einer Datenbank erforderlichen wesentlichen Investition. Somit ist die Datenbank als wirtschaftliche Investition geschützt und ist rechtlich zu trennen von einem etwaigen Schutz an dem Inhalt der Datenbank selbst.

Die Frage, welche Produkte nunmehr durch das Urheber- und Datenbankrecht geschützt sind, war und wird Gegenstand von Diskussionen und rechtlicher Auseinandersetzungen sein. Dabei standen bisher die amtlichen topographischen Kartenwerke besonders im Fokus. Seit jeher sind nach ständiger Rechtssprechung und übereinstimmender Auffassung topographische Karten als Darstellungen wissenschaftlicher oder technischer Art gemäß § 2 Abs.1 Nr.7 UrhG urheberrechtsfähig, soweit es sich um eine eigenschöpferische Leistung handelt. Hierbei ist kein zu hohes Maß an eigenschöpferischer Formgestaltung zu verlangen (DREIER & SCHULZE 2008). Nach dem Urteil des BGH vom 23.6.2005 zur Karten-Grundsubstanz verbleibt im Rahmen der Generalisierung und Verdrängung in der Regel genügend großer Gestaltungsspielraum, um den Urheberrechtsschutz zu bejahen (DREIER & SCHULZE 2008). Zur Klärung der Frage, inwieweit das Datenbankschutzrecht auf die amtlichen topographischen Kartenwerke Anwendung findet, hatte die AdV eine Arbeitsgruppe beauftragt (DIEZ 2004). Im Ergebnis stellte diese fest, dass eine analoge und eine digitale topographische Karte die Merkmale einer Datenbank im Sinne von § 87a UrhG erfüllen (DIEZ 2004). Diese Auffassung wurde bereits zweimal durch Gerichtsurteile bestätigt. Mit dem Urteil des Landgerichtes München I vom 9.11.2005 ist entschieden worden, dass jedes Kartenblatt der TK 25 des Freistaates Bayern eine Datenbank i.S. von § 87a UrhG darstellt. Damit gilt der Datenbankschutz nach §§ 87a UrhG auch für topographische Karten, gleich, ob sie als Rasterdaten oder als analoge Drucke vorliegen (RÖSLER-GOY 2006). Auch das Landgericht Stuttgart kommt in seinem Schlussurteil vom 27.2.2007 zur Entscheidung, dass es sich bei den streitgegenständlichen TK 50 um Datenbanken im Sinne des § 87a UrhG handelt. Damit ist, wenn Dritte von dieser Datenbank wesentliche Teile nutzen wollen, die Erlaubnis für die Verwendung der topographischen Karten per Nutzungsvertrag durch die Vermessungs- und Geoinformationsverwaltung erforderlich.

15.4.3 Verwertungsrechte, Nutzungsrechte

Über die in den Vermessungs- und Geoinformationsgesetzen und im Urheberrecht und der verwandten Schutzrechte festgeschriebenen Verwertungsrechte erfolgt der gesetzliche Schutz der Geobasisdaten. Hierbei handelt es sich um ausschließliche Rechte, die zum Beispiel der Urheber an seinem Werk sowie der Datenbankhersteller an seiner Datenbank hat. Die Verwertungsrechte stehen grundsätzlich der jeweiligen Vermessungs- und Geoinformationsverwaltung zu. Nutzungsrechte werden durch die Vermessungs- und Geoinformationsverwaltungen Nutzern für die von ihnen beabsichtigen Nutzungshandlungen eingeräumt. Somit kann streng genommen nur der Urheber das Werk verwerten, während Andere das Werk nur nutzen und nicht verwerten können (DREIER & SCHULZE 2008).

Zu den Verwertungsrechten in körperlicher Form zählen insbesondere:

- die Vervielfältigung von Geobasisdaten im Sinne von §§ 16, 87b UrhG zum Beispiel als Papierkopie, durch Digitalisierung, Scannen oder Speichern auf Festplatte oder USB-Stick. Hierbei ist es unerheblich, ob die Kopie dauerhaft oder vorübergehend ist und mit welchem Verfahren die Kopie erzeugt wird;
- die Verbreitung von Geobasisdaten im Sinne von §§ 17, 87b UrhG als körperliche Weitergabe der Geobasisdaten an Dritte außerhalb des eigenen Bereiches.

Daneben zählen zu den Verwertungsrechten vor allen Dingen die unkörperlichen Nutzungsformen wie

- die Verwendung von Geobasisdaten im Sinne § 87b UrhG an mehreren Arbeitsplätzen (Mehrplatznutzung) als unkörperliche Vervielfältigung oder
- die öffentliche Wiedergabe der Geobasisdaten im Sinne §§ 15, 87b UrhG als unkörperliche Weitergabe der Geobasisdaten in die Öffentlichkeit. Hierzu zählen die Übertragung per E-Mail oder im Download oder die öffentliche Zugänglichmachung durch das Einstellen von Geobasisdaten in das Word Wide Web.

Nicht jede Verwertung unterliegt einem öffentlich-rechtlichen oder privatrechtlichen Verwendungsvorbehalt. So ist im Fall des eigenen und nicht wirtschaftlichen Gebrauchs in der Regel keine öffentlich-rechtliche Erlaubnis der jeweiligen Vermessungs- und Geoinformationsbehörde erforderlich. Daneben sind die Verwertungsrechte des Urhebers insbesondere durch die Regelungen über die Möglichkeit der Erstellung einer Privat- oder Archivkopie beschränkt (§§ 44a ff. UrhG). Die Rechte des Datenbankherstellers sind durch § 87b UrhG auf wesentliche Teile der Datenbank beschränkt. Daneben werden die Rechte des Datenbankherstellers z. B. durch die Regelungen über die Vervielfältigung zum privaten Gebrauch eingeschränkt (§ 87c UrhG).

Im Übrigen sind die Regelungen des Informationsweiterverwendungsgesetzes zu beachten (IWG 2006). Somit sind alle Nutzer bei Entscheidungen über die Weiterverwendung von dazu bestimmten Informationen von öffentlichen Stellen gleich zu behandeln. Weiterhin haben öffentliche Stellen kein ausschließliches Nutzungsrecht bei der Regelung über die Weiterverwendung von Informationen zu gewähren. Darüber hinaus müssen die Nutzungsbestimmungen verhältnismäßig sein und dürfen die Möglichkeit der Weiterverwendung nicht unnötig einschränken.

15.4.4 Umsetzung

Verträge, mit denen Nutzungsrechte eingeräumt werden, werden häufig Lizenzverträge genannt (siehe Abschnitt 15.6.2). Somit werden die einzelnen Nutzungsrechte häufig als Lizenzen bezeichnet. Nach § 31 UrhG können Nutzungsrechte getrennt nach Nutzungsarten eingeräumt werden. Somit räumt die Vermessungs- und Geoinformationsverwaltung als Lizenzgeber dem Lizenznehmer für jede von ihm angestrebte Nutzungsart und für jeden -zweck das entsprechende Nutzungsrecht ein, Geobasisdaten zu verwenden. Dabei können Nutzungsrechte räumlich, zeitlich oder inhaltlich beschränkt eingeräumt werden. Außerdem unterscheidet man zwischen einfachen oder ausschließlichen Nutzungsrechten oder Lizenzen. Die einfache Lizenz berechtigt den Lizenznehmer, die Geobasisdaten in der erlaubten Art zu nutzen, ohne dass eine Nutzung anderer ausgeschlossen ist. Die ausschließliche Lizenz berechtigt den Lizenznehmer, die Geobasisdaten unter Ausschluss aller anderen Personen nur durch ihn auf die ihm durch die Vermessungs- und Geoinformationsverwaltung erlaubte Nutzungsart zu nutzen. Dabei kann der Lizenzgeber weitere Nutzungsrechte einräumen. Das ausschließliche Nutzungsrecht wird auch als Exklusivrecht bezeichnet. Zur Anwendung wird in der Regel die einfache Lizenz kommen, da in der Praxis keine exklusiven Nutzungsrechte durch die Vermessungs- und Geoinformationsverwaltungen eingeräumt werden.

Die Einräumung einer Lizenz kann kostenfrei oder kostenpflichtig erfolgen. Grundlage für die Gebührenhöhe ist die AdV-Gebührenrichtlinie, die zwischen interner und externer Nutzung unterscheidet (ADV 2007a) (Weiteres hierzu siehe Abschnitt 15.5.2). Für die im Rahmen der internen und externen Nutzung vorgenommenen Nutzungshandlungen werden Lizenzen für die zugrunde liegenden Verwertungs- und Nutzungsrechte eingeräumt. Dabei wird unter der internen Nutzung die Verwendung der Geobasisdaten für den privaten und sonstigen eigenen Gebrauch des Lizenznehmers einschließlich des Betreibens eines internen Informationssystems verstanden und hierfür werden in der Regel Rechte zur Vervielfältigung und Mehrplatznutzung eingeräumt. Unter der externen Nutzung versteht die AdV-Gebührenrichtlinie jede Weitergabe von Geobasisdaten durch den Lizenznehmer an Dritte mit oder ohne deren Veränderung und hierfür werden in der Regel Lizenzen zur Vervielfältigung, zur Verbreitung und zur öffentlichen Wiedergabe erforderlich.

Die Einräumung von Nutzungsrechten erfolgt auf der Basis der durch die AdV im Zuge einer einheitlichen Konditionenpolitik (siehe Abschnitt 15.7.3) entwickelten Allgemeinen Geschäfts- und Nutzungsbedingungen (AGNB) und den modular aufgebauten Musterlizenzvereinbarungen (AdV 2007c), die bei Bedarf sowohl durch die zentralen Vertriebsstellen als auch durch die Vermessungs- und Geoinformationsverwaltungen bei Lizenzierungen eingesetzt werden. Die GIW-Kommission hat der Geoinformationswirtschaft die Anwendung empfohlen (siehe Abschnitt 15.6.4). Die Einräumung erfolgt als einfaches Recht im Sinne des § 31 UrhG und ist auf den konkreten Fall abzustellen. Zur Frage, inwieweit die Einräumung von Lizenzen öffentlich-rechtlicher oder privatrechtlicher Natur ist, hat sich das BGH in seinem Urteil vom 2.7.1987 geäußert: Der Schwerpunkt der vertraglichen Regelungen liegt in der bürgerlich-rechtlichen Nutzungseinräumung und in der Vereinbarung einer hierfür zu zahlenden Vergütung (BGH 1997).

15.5 Gebührenmodelle

15.5.1 Ansatz

Im besonderen Fokus der Nutzerforderungen stehen die Gebühren, die bei der Abgabe der Geobasisdaten und der sich anschließenden Erteilung der Nutzungsrechte anfallen. Besonders hervorzuheben sind hier die Forderungen, die aus der Wirtschaft heraus gestellt werden (siehe Kapitel 12). Dabei ist eine einheitliche Festlegung der Gebührenhöhe über Ländergrenzen hinweg eine wichtige Forderung der überregionalen Nutzer. Daneben soll die Gebührenhöhe so bemessen sein, dass sie sich wirtschaftsfördernd auswirkt und Freiräume für finanzielle Wertschöpfung ermöglicht. Weiterhin werden einfache Gebührenmodelle gefordert, die sich an der beabsichtigten Verwendung der Daten orientieren. Die Gebühren sollen sich nach einheitlichen und einfachen Gebührengrundsätzen und Berechnungsgrundlagen bemessen lassen.

Aus Sicht der Vermessungs- und Geoinformationsverwaltungen ist bei der Bemessung der Gebührenhöhe zu beachten, dass die Höhe der Gebühr die Verwendung der Geobasisdaten fördert und dem Nutzen und der Bedeutung der Geobasisdaten Rechnung trägt. Damit kommt bei der Konditionenpolitik (siehe Abschnitt 15.7.3) der Gebührenhöhe eine besondere Steuerungsfunktion zu. Die Gebühr soll als Äquivalent dem wirtschaftlichen und sonstigen Wert aus Sicht des Nutzers entsprechen. Bürger und Nutzer aus der öffentlichen Verwaltung oder der privaten Wirtschaft mit ihren Anforderungen und Interessen stehen damit im Focus auch bei der Gebührenbemessung. Die (Voll-) Kostendeckung steht somit bei der Gebührenfestlegung nicht im Vordergrund. Vielmehr haben sich die Vermessungs- und Geoinformationsverwaltungen auch bei Gebührenfestlegung an ihren staatlichen Grundaufgaben der Gewährleistung staatlicher Grundversorgung sowie der Aktivierung des Geodatenmarktes auszurichten. Daneben ergeben sich aus der Abgabe von Geobasisdaten über Geoportale auch Anforderungen an die Gebührenmodelle. Diese müssen durch Wahl der Parameter „online-fähig" sein, um eine Gebührenschätzung und -berechnung bei der Abgabe über Geoportale zu ermöglichen (siehe Abschnitt 15.3.3).

Außerdem gilt es bei der Entwicklung von Gebührenmodellen die Anforderungen zu berücksichtigen, die aus internationalem und europäischem Recht erwachsen (siehe Abschnitt 4.4). Hier sind insbesondere die Anforderungen zu nennen, die aus der Geodateninfrastruktur in Europa und in Deutschland aufkommen. Nach der INSPIRE-Richtlinie ist zu beachten, dass die Bedingungen für die Bereitstellung von Geodaten ihrer umfassenden Nutzung nicht in unangemessener Weise im Wege stehen (INSPIRE 2007).Weiterhin ist mit der INSPIRE-Richtlinie für die Gebührenhöhe bei der Nutzung von Geodatensätzen und -diensten zwischen Behörden festgehalten, dass sie die Kosten der Erfassung, Erstellung, Reproduktion und Verbreitung zuzüglich einer angemessenen Rendite nicht übersteigt. Für Geodatensätze und -dienste auf dem Gebiet des Umweltrechtes ist eine gebührenfreie Regelung anzustreben. Such- und Darstellungsdienste werden der Öffentlichkeit kostenlos zur Verfügung gestellt.

Insgesamt gilt es, die Gewährung der staatlichen Grundversorgung und der Aktivierung des Geodatenmarktes auch bei der Bemessung der Gebührenhöhe und der Gebührenstruktur Rechnung zu tragen. Vor diesem Hintergrund hat die AdV mit dem Beschluss zu den Strategischen Leitlinien des Amtlichen deutschen Vermessungswesens auch einen Handlungsrahmen für die Festlegung der Gebühren und Entgelte festgeschrieben (ADV 2007b). Dieser Handlungsrahmen war Richtschnur bei der Entwicklung der AdV-Gebührenrichtlinie.

15.5.2 AdV-Gebührenrichtlinie

Im Rahmen der Bund-Länder-Zusammenarbeit ist eine einheitliche „Richtlinie über die Gebühren für die Bereitstellung und Nutzung von Geobasisdaten der Vermessungsverwaltungen der Länder der Bundesrepublik Deutschland (AdV-Gebührenrichtlinie)" entstanden, die sich über alle bundeseinheitlichen Produkte und Dienste im AAA-Modell erstreckt. Die AdV-Gebührenrichtlinie ist vom AdV-Plenum zum 1.1.2008 verabschiedet worden (ADV 2007a). Sie ersetzt die Entgeltrichtlinie vom 18.10.2001 in der Fassung vom 28.4.2005 und die Richtlinie über Entgelte/Gebühren für die Bereitstellung und Nutzung von SA*POS*®-Daten vom 12./13.5.2004 hinsichtlich der Abschnitte 2 und 3. Damit ist es erstmalig gelungen, sowohl für die Gebiete der Geotopographie und SA*POS*®, für die es bisher bereits Regelungen gab, als auch für den Aufgabenbereich des Liegenschaftskatasters und der Festpunktfelder sowie des Quasigeoids Gebühren nach einer einheitlichen Systematik über alle Produkte und Dienste festzulegen. Insbesondere die Integration von ALKIS® stellte sich hierbei als Herausforderung heraus, da zum einen die bisher bei der Gebührenberechnung vorherrschenden Grundprinzipien im Bereich des Liegenschaftskatasters verschieden waren von der bei ATKIS® vorherrschenden Systematik und zum anderen die Gebührenhöhe in den Bundesländern bisher sehr unterschiedlich war.

Die AdV-Gebührenrichtlinie ist in drei Teile gegliedert. Im ersten Teil sind die allgemeinen Regelungen zu den Berechungsgrundlagen, über die Bereitstellung und die Nutzung enthalten. Im zweiten Teil sind die speziellen Aspekte zu den (Basis-) Gebühren aus den drei Produktbereichen AFIS®, ALKIS® und ATKIS® geregelt. Der dritte Teil beinhaltet ein Glossar.

Die Festlegung der Gebührenhöhe der Geobasisdaten bemisst sich nach dem Basisbetrag aus den Produktbereichen AFIS®, ALKIS® und ATKIS® unter Berücksichtigung der Berechnungsgrundsätze in Abhängigkeit von dem beabsichtigen *Nutzungszweck* und der gewählten *Bereitstellungsart* durch die Erhebung einer *Verwertungs- und Bereitstellungsgebühr*.

Prinzip der AdV-Gebührenrichtlinie ist, dass dieselben Berechnungsgrundsätze für alle Produktbereiche angewendet werden. Gebühren für Produkte werden nach ihrer Flächengröße, nach ihrer Objektanzahl oder nach Zeitdauer bemessen. Gebühren für Dienste werden nach Pixelmenge bei Rasterdaten oder nach Objektanzahl bei Vektordaten ermittelt. Hierbei finden die jeweiligen Ermäßigungsfaktoren für die Informationsmenge nach Flächengröße, Objektanzahl oder Pixelmenge Berücksichtigung. Weiterhin fließt bei der Gebührenfestlegung das Datenformat ein. Bei Abgabe in von dem AAA-Standard Datenformat NAS abweichenden Formaten wird ein entsprechender Formatfaktor angewendet. Berücksichtigung findet als Mehrplatznutzung die Anzahl der Arbeitsplätze, an denen die Geobasisdaten intern und offline genutzt werden. Im Fall des Online-Bezuges wird anstelle der Arbeitsplätze über die abgerufene Datenmenge die Gebühr ermittelt. Für die Bereitstellung aktualisierter Geobasisdaten werden pro Jahr 18 % der Erstbezugsgebühr berechnet.

Für die beabsichtigte Nutzung der Geobasisdaten werden Verwertungsgebühren erhoben, wobei teilweise das Bereitstellungsentgelt reduziert wird. Bei der Nutzung wird zwischen interner und externer Nutzung der Geobasisdaten unterschieden. Unter interner Nutzung wird die Verwendung der Geobasisdaten für den privaten und sonstigen eigenen Gebrauch des Lizenznehmers einschließlich des Betreibens eines internen Informationssystems verstanden. Hierfür fallen keine Verwertungsgebühren an, jedoch Bereitstellungsgebühren in voller Höhe. Unter externer Nutzung ist jede Weitergabe von Geobasisdaten durch den Lizenznehmer an Dritte mit oder ohne deren Veränderung zu verstehen. Sie umfasst grundsätzlich kein Recht zur internen Nutzung. In diesen Fällen fallen deutlich reduzierte Bereitstellungsgebühren an und die Verwertungsgebühr bemisst sich in Abhängigkeit von der Art der externen Nutzung. Hier unterscheidet die AdV-Gebührenrichtlinie zwischen der Weitergabe von Geobasisdaten ohne Veränderung, Weitergabe von Geobasisdaten mit Veränderung in Folgeprodukten und Weitergabe von Geobasisdaten mit Veränderungen in Folgediensten und stellt somit auf den Nutzungszweck ab. Die den im Rahmen der internen und externen Nutzung beabsichtigten Nutzungshandlungen zugrunde liegenden Verwertungs- und Nutzungsrechte wie Vervielfältigung, Verbreitung und öffentliche Wiedergabe werden in Abschnitt 15.4 erläutert.

Für die Bereitstellung werden Bereitstellungsgebühren erhoben, die in Abhängigkeit von der Nutzung reduziert werden. Die Geobasisdaten werden online und offline aus analogen und digitalen Datenbeständen abgegeben. Bei der Offline-Bereitstellung oder bei Bereitstellung über E-Shop fallen nutzungsabhängig Bereitstellungsgebühren an. Die Online-Bereitstellung umfasst die Dienste gemäß Artikel 11 der INSPIRE-Richtlinie wobei für Such- und einfache Darstellungsdienste keine Gebühren erhoben werden. Bei Download-Diensten wird zwischen einem Pauschaltarif, einem nutzungsabhängigen Tarif und einem nutzungsabhängigen Pauschaltarif unterschieden. Beim Pauschaltarif zahlt der Nutzer eine Jahrespauschale ohne Bindung für weitere Jahre während bei dem nutzungsabhängigen Pauschaltarif der Nutzer bei mindestens zweijähriger Bindung einen auf seine Nutzung abgestellten Pauschaltarif bezahlt. Der nutzungsabhängige Tarif schreibt für Rasterdaten einen Basisbetrag für eine Mio. Pixel vor und legt damit unabhängig von den über WMS-Dienste bereitgestellten Daten aus AFIS®, ATKIS® und ALKIS® eine einheitliche Gebühr fest. Beim Download von objektbezogenen Daten werden Basisbeträge pro Objekt festgelegt. Für die Gebührenbemessung ist die abgerufene Pixelmenge oder die abgerufene Objektanzahl maßgeblich.

Die Verwertungs- und die Bereitstellungsgebühr werden gemeinsam erhoben, sofern der Nutzer die beiden zugrunde liegenden Handlungen (Abgabe und Nutzung der Daten) zu gleicher Zeit vollzieht. Dies ist in der Praxis häufig nicht so, da sich Nutzer zum Zeitpunkt des Datenerwerbs über die beabsichtige Nutzung der Geobasisdaten noch nicht vollumfänglich im Klaren sind oder sich im Zuge der Anwendung der Geobasisdaten weitere Nutzungsmöglichkeiten ergeben. In diesen Fällen wird die Verwertungsgebühr im Nachgang zur Datenabgabe erhoben. Neben der Gebührenerhebung für die Nutzung der Geobasisdaten ist die Erteilung einer auf die Nutzung der Daten abgestimmte Nutzungslizenz zur Einräumung der entsprechenden Nutzungsrechte erforderlich (weiteres in Abschnitt 15.4).

Anwendung findet die AdV-Gebührenrichtlinie bereits bei den drei zentralen Vertriebsstellen (siehe Abschnitt 15.3.2), die der Bitte um kurzfristige Einführung gefolgt sind (ADV 2007a). Der Umsetzungsstand der AdV-Gebührenrichtlinie in länderspezifische Gebührenordnungen ist unterschiedlich und hängt ab von der stufenweisen AAA-Einführung in dem jeweiligen Bundesland. Beispielsweise sind in Niedersachen bereits die Regelungen für die Hauskoordinaten, SA*POS*® und ATKIS® eingeführt worden, um den Gleichklang mit den drei zentralen Stellen sicherzustellen (UEBERHOLZ 2008). Mit der stufenweisen AAA-Einführung, vor allen Dingen vor dem Hintergrund des geplanten Einführungszeitpunktes von ALKIS®, sind Übergangszeiten bei der Umsetzung der AdV-Gebührenrichtlinie in den Bundesländern verbunden. Hierüber war sich das Plenum bewusst und nahm dies vor dem Hintergrund einer mittelfristigen Entscheidungs- und Planungssicherheit bei Nutzern in Kauf (ADV 2007a).

15.5.3 Ausblick

Wichtigste Handlungsverpflichtung ist die konsequente und einheitliche Einführung und Anwendung der vorhandenen AdV-Gebührenrichtlinie von allen Ländern, dem Bund und den zentralen Vertriebsstellen. Für nicht zielführend werden Änderungstendenzen während der Einführungssphase erachtet, die den mühsam gefundenen Kompromiss insbesondere im ALKIS®-Bereich in Frage stellen. Zukünftig wird es auch weiterhin neben der AdV-Gebührenrichtlinie separate Vereinbarungen der jeweiligen Vermessungs- und Geoinformationsverwaltung mit anderen Landesbehörden oder Kommunen geben, die speziellen gesetzlichen Regelungen oder anderen Aspekten Rechnung tragen (siehe Abschnitt 15.2.3). Zum jetzigen Zeitpunkt sind in der AdV-Gebührenrichtlinie nicht enthalten beispielsweise Gebühren für die Durchführung von Liegenschaftsvermessungen einschließlich der Übernahme in das Liegenschaftskataster oder aber Gebühren für den Aufgabenbereich der Wertermittlung. Hier ergeben sich möglicher Weise weitere Handlungsfelder für die Fortschreibung der AdV-Gebührenrichtlinie. Darüber hinaus wird die AdV-Gebührenrichtlinie bei Festlegung von weiteren bundesländerübergreifenden Produkten und Produktkombinationen fortzuschreiben sein. Ebenfalls werden Fortschreibungen aufgrund von (berechtigten) Nutzeranforderungen erfolgen.

Mit der AdV-Gebührenrichtlinie hat die AdV eine zukunftsorientierte, INSPIRE- und GDI-konforme Gebührenrichtlinie beschlossen. Die deutliche Gebührensenkung vor allen Dingen im Bereich ATKIS® und ALKIS® und die kostenfreien Such- und Darstellungsdienste dienen der Aktivierung des Geodatenmarktes ebenso wie die nutzungsorientierte Gebührenbemessung. Insgesamt ermöglicht die AdV-Gebührenrichtlinie den Vermessungs- und Geoinformationsverwaltungen und damit letztendlich dem Staat eine angemessene Refinanzierung, jedoch keine Vollkostendeckung. Wie in den Strategischen Leitlinien des amtlichen deutschen Vermessungswesens erläutert, scheidet auf der anderen Seite eine kostenlose Datenbereitstellung durch Download-Dienste zur staatlichen Subventionierung der Wirtschaft aus (ADV 2007b).

15.6 Geschäftsmodelle

15.6.1 Grundsatz

Im Geoinformationswesen können Geodaten und Geodienste mit zwei unterschiedlichen Geschäftsmodellen erstellt und vertrieben werden:

- Es werden Geodaten und Geodienste in eigener Verantwortung erzeugt und Dritten angeboten. Mit der Bereitstellung wird die Nutzungserlaubnis dem Kunden eingeräumt, die Daten und Dienste in einer bestimmten Weise zu verwenden (Lizenzmodell).
- Man geht eine Partnerschaft mit einem Vertragspartner bei der Erstellung der Geodaten und Geodiensten ein und vereinbart, dass
  - beide Partner das Recht erhalten, die gemeinsam entwickelten Produkte intern zu nutzen,
  - beide Partner die gemeinsam entwickelten Produkte intern verwenden und an Dritte verkaufen können,
  - beide Partner die gemeinsam entwickelten Produkte in eigene Daten und Dienste integrieren und die veredelten Produkte vertreiben können,
  - nur ein Partner alle Rechte an den gemeinsam entwickelten Produkten erhält (Dienstleistungsverhältnis).

Die als Geschäftsmodell dargestellten Formen der Zusammenarbeit zweier Vertragspartner werden der strategischen Partnerschaft (siehe Abschnitt 15.6.3) zugeordnet. Daneben gibt es noch weitere Partnerschaftsmodelle, die bundesweit projektiert und mit Erfolg umgesetzt werden; sie werden im Abschnitt 15.6.3 beschrieben. Geht die Verwaltung eine Partnerschaft mit Privaten ein, um mit diesen ein politikfeldbezogenes Ziel oder eine öffentliche Teilaufgabe zu erreichen, bezeichnet man die Zusammenarbeit Public Private Partnership (PPP) (BERTELSMANN STIFTUNG, CLIFFORD CHANCE PÜNDER, INITIATIVE D 21 2003). Dabei können unterschiedliche Partnerschaftsmodelle je nach Zielstellung realisiert werden (siehe Abschnitt 15.6.3).

In Abhängigkeit der zu verfolgenden Ziele und der vorhandenen Ressourcenkapazitäten (Personal, Finanzmittel, usw.) wird in der Regel entschieden, in welchem Geschäftsmodell die Geodaten und Geodienste zu erstellen, zu führen und bereitzustellen sind.

15.6.2 Lizenzmodell

Fällt die Auswahl des Geschäftsmodells auf das Lizenzmodell, dann produziert der Datenhersteller mit Einsatz seiner Ressourcen und auf eigenes Risiko und bietet seine Geodaten und Geodienste Dritten mit dem Anspruch an, eine möglichst hohe Nutzung seiner Produkte und/oder Einnahmen zu erzielen. Je nach strategischer Ausrichtung kann die Zielsetzung für die Einnahmen von teilweiser Deckung der Gesamtkosten bis zur völligen Gewinnmaximierung reichen.

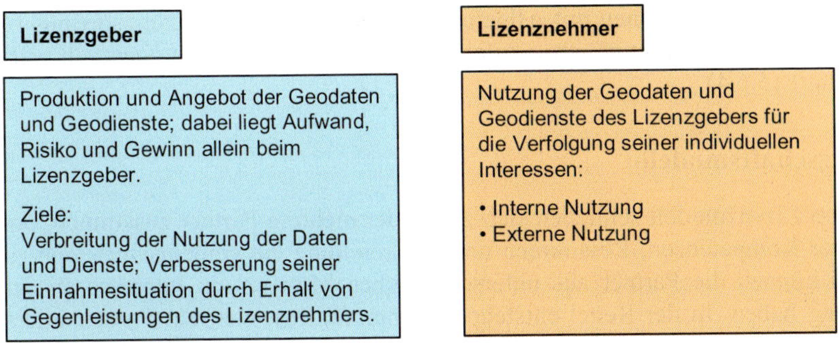

Lizenzgeber

Produktion und Angebot der Geodaten und Geodienste; dabei liegt Aufwand, Risiko und Gewinn allein beim Lizenzgeber.

Ziele:
Verbreitung der Nutzung der Daten und Dienste; Verbesserung seiner Einnahmesituation durch Erhalt von Gegenleistungen des Lizenznehmers.

Lizenznehmer

Nutzung der Geodaten und Geodienste des Lizenzgebers für die Verfolgung seiner individuellen Interessen:

- Interne Nutzung
- Externe Nutzung

Abb. 15.4: Lizenzmodell

Dem gegenüber verfolgt der Datennutzer ein vielleicht sich ergänzendes, aber ansonsten inhaltlich anderes Ziel. Er möchte die Daten bzw. Dienste vom Datenproduzenten erhalten und für die Verfolgung seiner individuellen Interessen einsetzen. Dafür hat er – wenn nichts anderes vereinbart wird – in der Regel eine Gegenleistung zu erbringen. In überwiegenden Fällen wird eine Zahlung in Geld ausgehandelt. In einigen Fällen wird sich auf die Erledigung einer Aufgabe als Gegenleistung geeinigt. Letzteres widerspricht nicht dem Lizenzmodell, weil beide Verhandlungspartner kein gemeinsames Interesse an Erreichung von Zielen haben und sich Aufwand, Risiko und Gewinn teilen (Abb. 15.4).

Im Vermessungs- und Geoinformationswesen werden bei der Abgabe von Geodaten, -diensten und Geodatenapplikationen sowie von Softwareprodukten in der Regel Lizenzen erteilt. Wie in Abschnitt 15.4.4 dargestellt, wird unter der Lizenz die Nutzungserlaubnis an dem Produkt verstanden. Die Lizenzierung wird je nach Ausgestaltung des Lizenznehmerkreises (einfache oder ausschließliche Lizenz) und der vom Lizenznehmer ausgeübten Nutzung (interne und/oder externe Nutzung) unterschiedlich ausgestaltet.

In der Praxis werden häufig einfache Lizenzierungen für die interne und/oder externe Nutzung von Geodaten und -diensten erteilt. Diese Nutzungserlaubnis kann kostenfrei oder kostenpflichtig geregelt werden. Einigt man sich auf die Bezahlung eines Betrages, dann hat der Produkturheber mit der Erteilung der Lizenz Anspruch auf die Geldleistung, unabhängig davon, ob der Lizenznehmer das Produkt tatsächlich nutzt.

In vielen Fällen ist die Erteilung der einfachen externen Nutzung von amtlichen Geobasisdaten und -diensten gebührenpflichtig. Einen anderen Weg gehen die Open-Source-Anbieter. Sie bieten Open-Source-Produkte für eine kostenfreie Nutzung mit der Bedingung an, dass die mit ihren Produkten erzeugten Produkte wieder kostenfrei allen zur Verfügung gestellt werden. Dieses kostenfreie Lizenzmodell findet man auch in der Geoinformationswirtschaft: So wird im Projekt OSM die Schaffung einer freien Weltkarte angestrebt; Freiwillige erfassen Kartendaten mithilfe von GPS-Geräten oder integrieren andere digitale Daten in die OSM-Karte (OpenStreetMap 2009). Jeder kann die Karten von OSM lizenzkostenfrei bearbeiten, kopieren und weiter verbreiten. Grundlage dafür ist die Lizenz „Creative Commons Attribution-Share Alike 2.0" (sog. CC-BY-SA-Lizenz): Jegliche Art der Datennutzung, auch gewerblich, ist zulässig; dafür ist die Datenquelle anzugeben und das abgeleitete Produkt muss ebenfalls die CC-BY-SA-Lizenz haben, d. h. das veredelte Produkt ist wieder lizenzkostenfrei für alle zur Verfügung zu stellen (OpenStreetMap 2009). Ähnlich gestaltete Internetprojekte wie OSM befinden sich im Aufbau.

Alle Fälle der Lizenzmodelle können mit Allgemeinen Geschäfts- und Nutzungsbedingungen (AGNB) und mit dem textbausteinartig aufgebauten Musterlizenzvertrag geregelt werden (siehe Abschnitt 15.6.4).

15.6.3 Partnerschaftsmodelle

Im Gegensatz zum Lizenzmodell schließen sich zwei oder mehrere Partner zusammen, um unter Einsatz ihrer Kompetenzen, Ressourcen und Risikoteilung ein gemeinsames Ziel zu verfolgen. Dabei können die Partner aus unterschiedlichen Motiven ein Interesse an der Zielverwirklichung haben. In der Regel entstehen Partnerschaften, weil ein Partner allein gar nicht oder weniger effizient das Ergebnis erarbeiten kann. Geht die öffentliche Hand mit einem oder mehreren Partnern eines der eben angesprochenen Partnerschaftsmodelle ein, so wird von einer Privat Public Partnership (PPP) gesprochen. Entscheidend für die Zuordnung zum PPP-Modell ist, dass der private Vertragspartner Ziele definiert und verfolgt, die sich mit den Zielen der öffentlichen Verwaltung zu einem wesentlichen Teil decken (Abb. 15.5).

In der Praxis ist eine Partnerschaftsmodellvielfalt zu verzeichnen. Eine mögliche Unterscheidung kann folgendermaßen aussehen:

- *Strategische Partnerschaft*
  Die Partner nutzen ihre Wirtschaftspotenziale für ein gemeinsames Ziel ohne ein Gemeinschaftsunternehmen zu gründen. Sie teilen sich Aufwand, Risiko und Gewinn (siehe Abb. 15.5). Strategische Partnerschaften können im Rahmen von Arbeitsgemeinschaften, gemeinnützigen Vereinen oder von vertraglicher Zusammenarbeit souveräner Partner erfolgen. Einzelne Vermessungsverwaltungen haben in diesem Modell eine PPP mit privaten Firmen auf vertraglicher Basis geschlossen: Um kundenorientiert Geobasisdaten bereitzustellen, steuert die öffentliche Hand aktuelle Geobasisdaten zu dieser Partnerschaft bei, die der private Partner in Geoleistungspaketen für seine Kunden verwendet. Die öffentliche Hand wird an den Umsatzerlösen der Firma beteiligt.
- *Gemeinschaftsmodell*
  Zum Erreichen bestimmter Ziele wird ein Gemeinschaftsunternehmen in privater Rechtsform (z. B. Aktiengesellschaft, Gesellschaft mit beschränkter Haftung oder Per-

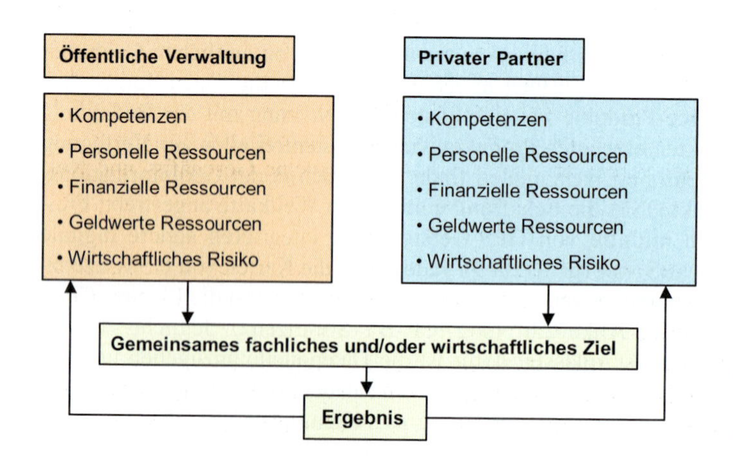

Abb. 15.5: Beispiel für Public Private Partnership: Strategische Partnerschaft

- *Gemeinschaftsmodell*
  Zum Erreichen bestimmter Ziele wird ein Gemeinschaftsunternehmen in privater Rechtsform (z. B. Aktiengesellschaft, Gesellschaft mit beschränkter Haftung oder Personenhandelsgesellschaft (oHG, KG)) gegründet. Das Gemeinschaftsunternehmen erbringt Dienstleistungen, die von den Gründungspartnern zu bezahlen sind. Der Gewinn bzw. das Verlustrisiko liegt beim Gemeinschaftsunternehmen und wird unter Berücksichtigung möglicher Haftungsbeschränkungen im Verhältnis der Partnerschaftsanteile an diesem Unternehmen auf die Partner aufgeteilt.
- *Betreibermodell*
  Zum Erreichen bestimmter Ziele überträgt ein Partner zeitlich befristete Rechte an eine Objektgesellschaft. Die beauftragte Gesellschaft kann zugleich Entwickler, Produzent sowie Finanzgeber sein und handelt auf eigenes Risiko. Sie erhält vom Auftraggeber Geld für die Erfüllung der vertraglich vereinbarten Aufgaben, die sie entweder durch eigene Leistungen erbringt oder ihrerseits Teilleistungen von Dritten erbringen lässt. Im diesem PPP-Modell überträgt die öffentliche Hand Rechte an eine Betreibergesellschaft zum Beispiel für die Planung, für den Aufbau und für den meistens auf 20 bis 30 Jahre befristeten Betrieb von Infrastrukturmaßnahmen (z. B. Wasserversorgung, Müllbeseitigung, Bau und Unterhaltung von Bundesfernstraßen) und zahlt Geld für die von dem privaten Partner erbrachten Leistungen während der Vertragslaufzeit. Da die Betreibergesellschaft Herstellungs- und Bereitstellungspflichten auf eigene Rechnung zu erfüllen hat, wird die öffentliche Hand personell und finanziell entlastet. Dabei ist zu beachten, dass durch den Betreibervertrag die öffentliche Verwaltung sich nicht ihrer hoheitlichen Aufgaben entbinden kann: sie hat auch beim Ausfall des Betreibers die Infrastrukturleistungen sicher zu stellen.

In den meisten Fällen werden die Partnerschaftsmodelle vertraglich geregelt. Im Amtlichen deutschen Vermessungswesen werden – wenn es erforderlich ist – PPP-Modelle in Form von strategischen Partnerschaften auf Basis des Musterlizenzvertrages realisiert.

15.6.4 Umsetzung

Die einfache Lizenz, meist für den Eigengebrauch (interne Nutzung), wird in der Regel durch Überreichung der Allgemeinen Geschäftsbedingungen (AGB) eingeräumt und durch Anerkennung der AGBs vom Lizenznehmer akzeptiert. Die komplexeren Nutzungserlaubnisse (siehe Abschnitt 15.6.2) und die Umsetzung von Partnerschaftsmodellen (siehe Abschnitt 15.6.3) werden grundsätzlich vertraglich vereinbart. Damit die Vermessungsverwaltungen einheitlich alle Fälle der Lizenzmodelle und der strategischen Partnerschaften regeln und durch die Verwendung von standardisierten Vertragsinhalten die Transparenz und Nachvollziehbarkeit für Nutzer verbessern, hat die AdV Allgemeine Geschäfts- und Nutzungsbedingungen (AGNB) und einen modular aufgebauten Musterlizenzvertrag entwickelt. Dieser Mustervertrag ist durch folgendes gekennzeichnet:

- Für die Realisierung aller eben genannter Geschäftsmodelle stehen modular aufgebaute Textbausteine anstelle mehrerer Vertragstexte zur Verfügung;
- kurze und prägnante Vertragstexte vereinfachen die Anwendung;
- Detailregelungen und variable Inhalte werden in Anlagen dargestellt und können ohne Änderungen des Hauptteils aktualisiert werden; somit wird langfristig der Arbeitsaufwand der Vertragspflege reduziert und eine längere Wirksamkeit des Vertragshauptteils erreicht.

Die Mustertexte sind unter www.adv-online.de, Rubrik „Informationen aus der AdV“ zum Herunterladen veröffentlicht (ADV 2009). Sie können auch als Grundlage für Vertragsverhandlungen und -abschlüsse in anderen Bereichen des Geoinformationswesen genommen werden; diese Vorgehensweise hat die GIW-Kommission der Geoinformationswirtschaft ausdrücklich empfohlen (GIW-KOMMISSION 2009).

Als Beispiel sei der Fall angenommen, dass eine Vermessungsverwaltung den Kreis ihrer Geobasisdatennutzer erweitern möchte und hierzu eine strategische Partnerschaft mit einer privaten Firma eingeht. Zusätzlich zu der behördlichen Bereitstellung an ihre Nutzer wird der Firma ein einfaches auf fünf Jahre befristetes Vertriebsrecht eingeräumt, die Daten unverändert und/oder integriert in einem Internetdienst an die Firmenkunden weiterzugeben. Hierfür benötigt die Firma ein internes Nutzungsrecht, um die von der Vermessungsverwaltung erhaltenen Geobasisdaten für die Werbung, Angebot und Internet aufzubereiten, und ein externes Nutzungsrecht für die Weitergabe der Daten an ihre Kunden. Die Vermessungsverwaltung wird am Umsatzerlös des privaten Vertriebs beteiligt. Die hierfür erforderliche Vereinbarung kann wie folgt aussehen:

Lizenzvereinbarung über die Nutzung von Geobasisdaten sowie Geodiensten
zwischen der Vermessungsverwaltung . (nachfolgend Lizenzgeber genannt)
und der Firma … (nachfolgend Lizenznehmer genannt)

1. Vereinbarungsgegenstand

Gegenstand der Vereinbarung ist die Bereitstellung von Geobasisdaten (nachfolgend: Daten) und Geobasisdiensten (nachfolgend: Dienste) des Lizenzgebers nach der **Anlage Daten Dienste**, die Einräumung des Rechts zur internen Nutzung der Daten und Dienste für eigene Aufgaben des Lizenznehmers, die Einräumung des Rechts zur Verwertung der Daten und Dienste nach der **Anlage Verwertung** durch den Lizenznehmer zu folgendem Nutzungszweck: Weitergabe der Geobasisdaten in unveränderter Form und/oder integriert in seinem Interdienst an Dritte.

2. Rechte und Pflichten des Lizenzgebers (nicht abgedruckt)

3. Rechte und Pflichten des Lizenznehmers

3.1 Der Lizenznehmer nutzt die bereitgestellten Daten und Dienste im internen Bereich ausschließlich zur Umsetzung des angegebenen Nutzungszwecks.

3.2 Der Lizenznehmer verpflichtet sich zur Einhaltung der Nutzungsbedingungen nach der Anlage AGNB, soweit in dieser Vereinbarung nichts anderes bestimmt ist. Jede über diese Vereinbarung und die Nutzungsbedingungen hinausgehende Nutzung bedarf der schriftlichen Einwilligung durch den Lizenzgeber.

3.3 Der Lizenznehmer erhält ein nicht ausschließliches, zeitlich auf die Vertragsdauer befristetes Verwertungsrecht, die Daten und Dienste nach den Bestimmungen dieser Vereinbarung unverändert gegen Entgelt an Endnutzer (Dritte) abzugeben und diesen ein internes Nutzungsrecht an den Daten einzuräumen sowie in eigene Internetdienste zu integrieren, zusammen mit diesen an Endnutzer (Dritte) abzugeben und diesen ein internes Nutzungsrecht an den Produkten oder Diensten einzuräumen.

Art und Umfang der Verwertung durch den Lizenznehmer erfolgt nach den Bestimmungen der Anlage Verwertung.

3.4 Die Einräumung von Nutzungsrechten durch den Lizenznehmer gegenüber Dritten nach Nr. 3.3 erfolgt zu den in dieser Vereinbarung getroffenen Nutzungsbedingungen. Der Lizenznehmer hat Dritte vertraglich auf die Einhaltung der Nutzungsbedingungen zu verpflichten.

3.5 Der Lizenznehmer bewirbt die Daten und Produkte nach Nr. 3.3 im Einvernehmen mit dem Lizenzgeber.

3.6 Der Lizenznehmer informiert Dritte in Abstimmung mit dem Lizenzgeber über Inhalte, Formate, Lizenzkonditionen und Entgelte der Daten.

3.7 Der Lizenznehmer schafft die vertraglichen und technischen Vorkehrungen, dass die in die Produkte und Dienste des Lizenznehmers nach Nr. 3.3 integrierten Daten durch Dritte nicht separiert, extrahiert und eigenständig genutzt werden können.

3.8 Der Lizenznehmer stellt den Lizenzgeber von etwaigen Ansprüchen Dritter im gesetzlich zulässigen Umfang frei.

4. Gemeinsame Pflichten (nicht abgedruckt)

5. Finanzielle Regelungen

5.1 Die Höhe der Entgelte zum Zeitpunkt des In-Kraft-Tretens der Vereinbarung ergibt sich aus der **Anlage Entgelte**.

5.2 Der Lizenznehmer führt einen Anteil der aus der Verwertung der Daten eingenommenen Umsatzerlöse an den Lizenzgeber ab. Die Höhe des abzuführenden Anteils beträgt 30 Prozent des Umsatzes des Lizenznehmers nach § 277 Abs. 1 HGB.

5.3 (nicht abgedruckt)

5.4 (nicht abgedruckt)

6. Laufzeit, Kündigung (nicht abgedruckt)

7. Ansprechpartner (nicht abgedruckt)

8. Schlussbestimmungen (nicht abgedruckt)

9. Anlagen

Folgende Anlagen sind Bestandteil dieser Vereinbarung: Anlage Daten / Dienste, Anlage Allgemeine Geschäfts- und Nutzungsbedingungen, Anlage Entgelte, Anlage Verwertung (nicht abgedruckt)

10. Unterschriften

15.7 Public Relations und Marketing

15.7.1 Leitlinien

Im Allgemeinen steht nicht ausschließlich die optimale Herstellung, Entwicklung und Bereitstellung von Produkten im Fokus, sondern auch die positive Wahrnehmung sowohl der Organisation als auch der Produkte (Image). Daneben soll die Vertrauensbildung in die Organisation und seine Leistungsfähigkeit in der Öffentlichkeit verbessert werden. Hierfür werden Maßnahmen ergriffen, die sich aufgrund ihrer Ziele in zwei Gruppen aufteilen lassen:

- Maßnahmen zur Pflege der Beziehung der Institution zur Öffentlichkeit (Public Relations) sowie
- Maßnahmen zur Verbesserung des Images sowie zur Erhöhung der Verbreitung und Anwendung der Produkte (Marketing).

Unter Public Relations wird die Öffentlichkeitsarbeit verstanden, mit der der Bekanntheitsgrad inklusive der Wahrnehmung der Funktionen, Aufgaben und Leistungen der Organisation erhöht sowie der Vertrauenserwerb und das positive Image der Institution in der Öffentlichkeit nachhaltig verbessert werden sollen; sie richtet sich sowohl an die Beschäftigten der Institution (interne Öffentlichkeit) als auch an externe Nutzer und Interessierte in der Wirtschaft, Wissenschaft, Politik, Verwaltung und in der Bevölkerung (externe Öffentlichkeit) (BENTELE & HALLER 1997, ADV 2005). Effiziente und langfristig effektive PR-Maßnahmen werden zielgruppenorientiert konzipiert, regelmäßig durchgeführt und können eine einheitliche Darstellung sowie stärkere Präsens auf dem Geoinformationsmarkt bewirken (MEFFERT, BURMAN & KIRCHGEORG 2007, ADV 2008b).

Dem gegenüber sollen mit Instrumenten des Marketings die Positionierung und die Aktivierungsfunktion des Vermessungs- und Geoinformationswesens auf dem Markt verstärkt werden, indem für bundesweite Produkte

- die Standardisierung, die hohe Qualität und die Nutzerorientierung bei der Produktion, Bereitstellung und Weiterentwicklung der Produkte flächendeckend gewährleistet (Produktpolitik),
- einheitliche Bezugs- und Nutzungsbedingungen sowie eine marktfördernde Preispolitik geschaffen (Konditionenpolitik),
- einheitliche Ansprechpartner und eine vernetzte Geodateninfrastruktur aufgebaut (Distributionspolitik),
- sowie einheitliche, regelmäßige und zielgruppenorientierte Informationen verbreitet (Promotion) werden (WINKELMANN 2002, Abschnitte 3.6.2 und 15.1.1).

Vorschläge zur Umsetzung der hier aufgeführten Leitlinien zu Public Relations und Marketing sind zu erarbeiten, die Realisierung der geplanten Maßnahmen ist zu koordinieren und mit kontinuierlichem Monitoring zu kontrollieren. Zu diesem Zweck wird in der Regel eine Organisationseinheit eingerichtet, die im ständigen Dialog mit den Produktionsbereichen und dem Managementbereich die oben genannten Ziele verfolgt (Beispiel: In der AdV wurde die Task Force Public Relations und Marketing (TF PRM) im Jahr 2005 gegründet (ADV 2005)).

15.7.2 PR-Instrumente

Für eine nachhaltige und höhere Präsenz auf dem Geoinformationsmarkt und für eine effektive Pflege eines positiven Images können unterschiedliche Maßnahmen ergriffen werden:

- Einheitliches Auftreten und Präsentieren innerhalb und außerhalb der Institution durch die Entwicklung und die konsequente, einheitliche Anwendung des Corperate Designs (einheitliche Gestaltung und Nutzung der Kommunikationsformen wie z. B. der Dokumente, Verpackungen, Informationsschriften, Vorträge, Webpräsentation, Labels, Logos) (ATELIER BEINERT 2009);
- zielgruppenorientierte kontinuierliche Pressearbeit beispielsweise durch:
  - regelmäßige Herausgabe von Newsletter,
  - Tätigkeitsberichte der Organisation (ADV 2005),
  - Durchführung von Pressekonferenzen und Veröffentlichung von Artikeln aufgrund medienwirksamer Events (z. B. Beginn neuer Kooperationen, internationale Veranstaltungen, Anknüpfung an aktuelle gesellschaftliche Ereignisse) für bestimmte Zielgruppen und/oder für die allgemeine Öffentlichkeit (BENTELE 2000, ADV 2005);
- produktbezogene, barrierefreie Intra- und Internetpräsentation mit nutzerfreundlicher Oberfläche, möglichst verlinkt auf die Homepage wichtiger Zielgruppen;

- regelmäßiges Ausrichten von Workshops und Informationsveranstaltungen für bestimmte Zielgruppen und/oder für die interessierte Öffentlichkeit (Anwendertreffen, Tag der offenen Tür, usw.);
- Beteiligung an nationalen und internationalen Messen;
- kontinuierlicher gegenseitiger Dialog mit ausgewählten Zielgruppen: regelmäßige Kontaktpflege und Erfahrungsaustausch mit Nutzergruppen; Teilnahme an relevanten Events, Podiumsdiskussionen und Workshops der Zielgruppen (Abschnitt 3.6.2, ADV 2005);
- Lobbyarbeit in Politik und Wirtschaft (ADV 2005).

Die Effektivität der Maßnahmen kann durch die sorgfältige Auswahl der Zielgruppen, erhöhte Zielgruppenorientierung, Kontinuität der Durchführungen und durch das regelmäßige Überprüfen ihres Zielerreichungsgrads (z. B. durch Feedbacks, Kundenmonitorings und überregionale Bedarfserhebung) gesteigert werden (BENTELE 2000).

15.7.3 Marketingfelder

Mit den Marketinginstrumenten sollen die Produkte und Dienstleistungen des Vermessungs- und Geoinformationswesens unter produkt-, konditions-, distributions- und kommunikationspolitischen Gesichtspunkten auf dem Geoinformationsmarkt verstärkt positioniert und ihre Verbreitung und Anwendung gefördert werden (WEIS 2004).

- *Produktpolitik*
  Im Vermessungs- und Geoinformationswesen wird das Ziel verfolgt, Geobasisdaten und Geobasisdienste bundesweit standardisiert in einheitlicher und hoher Qualität hinsichtlich des Inhalts, der Aktualität und der Genauigkeit herzustellen und nutzerorientiert über einheitliche standardisierte Abgabeformate und Schnittstellen zuverlässig bereitzustellen (siehe Abschnitt 15.2). Mithilfe eines regelmäßig durchgeführten Produktmonitorings kann überprüft werden, inwieweit flächendeckend die festgesetzten Qualitäts- und Standardkriterien eingehalten werden. Werden dabei ggf. Abweichungen in der Qualität oder im Standard festgestellt, kann der Zeithorizont für deren Beseitigung aufgezeigt und kontrolliert werden (ADV 2005). Darüber hinaus wird ein Produktkatalog erstellt, mit dem alle Interessierte sich umfassend über die gesamte Palette der bundesweit flächendeckend vorhandenen Produkte sowie detailliert über den Inhalt, die Aktualität, die Genauigkeit, die Zuverlässigkeit, die Verfügbarkeit, die Anwendungsmöglichkeiten und Abgabebedingungen der einzelnen Produkte informieren können.
- *Konditionenpolitik*
  Um die Positionierung und die Aktivierungsfunktion des Vermessungs- und Geoinformationswesens auf dem Markt zu verbessern, empfiehlt es sich,
  - feste und einheitliche Bezugs- und Nutzungsbedingungen der flächendeckend beziehbaren Produkte nutzerorientiert festzusetzen sowie für die Nutzer transparent und nachvollziehbar zu veröffentlichen,
  - amtliche Daten und Dienste allen Nutzern zu gleichen Bezugs- und Nutzungsbedingungen ohne Einräumung eines ausschließlichen Nutzungsrechts anzubieten (siehe Abschnitt 15.1.2),
  - digitale amtliche Meta- und Geodaten im Allgemeinen kosten- und barrierefrei über Such- und Viewingdienste darzustellen (siehe Abschnitte 15.1.2 und 15.2.2) und

 - eine marktfördernde Preispolitik zu betreiben (siehe Abschnitte 3.6.2 und 15.5).

 Diese Anforderungen erfüllen beispielsweise die AdV- Gebührenrichtlinie (ADV 2007a, siehe Abschnitt 15.5.2), mit der die AdV einheitlich und eindeutig Lizenzen und Gebühren für alle Geschäftsmodelle der länderübergreifenden Bereitstellung von Geobasisdaten und -diensten regelt, sowie die standardisierten Musterlizenzverträge, mit der einheitlich und transparent alle Bezugs- und Nutzungsbedingungen mit den Nutzern vereinbart werden können (siehe Abschnitt 15.6.4).

- *Distributionspolitik*
  Eine erhöhte Geomarktdurchdringung kann erreicht werden, wenn die Produkte zur richtigen Zeit allen Nutzern in ihren Anforderungen mit entsprechender Qualität, Standard, Format und Menge bereitgestellt werden (ADV 2005, WEIS 2004, WINKELMANN, 2002). Hierfür sind ein effektives nutzerorientiertes Vertriebssystem und eine bedarfsorientierte Vertriebslogistik erforderlich, die heutzutage u. a. Folgendes zu leisten haben:
  - eine bundesweit flächendeckende Bereitstellung von Geodaten und -dienste über zentrale Vertriebsstellen (siehe Abschnitt 15.3.2),
  - eine engmaschige Vernetzung der Frontoffice- Vertriebsstellen, um die Nutzer vor Ort beraten und bedienen zu können (siehe Abschnitt 15.3.3),
  - einen vernetzten Aufbau der Geodienste und -portale zu einer nationalen Geodateninfrastruktur, um rund um die Uhr die Daten und Dienste bedarfsgerecht allen Nutzern online zur Verfügung zu stellen (siehe Abschnitte 3.4 und 15.2.2),
  - die Bildung von Vertriebspartnerschaften (z. B. mit dem Einzelhandel oder mit Internetanbieter), um vor allem für konfektionierte Produkte neue Nutzerkreise zu erreichen (ADV 2005, siehe auch Abschnitt 15.6.3).
- *Promotion – produktbezogene Kommunikationspolitik*
  Zur erhöhten Verbreitung und Anwendung der Produkte werden kontinuierlich Nutzer und die interessierte Öffentlichkeit über die Verfügbarkeit, Aktualität, Genauigkeit, Verwendungsmöglichkeiten und über die Bezugs- und Nutzungsbedingungen der standardisierten Geodaten und Geodienste informiert (siehe Abschnitte 3.5.4 und 15.2). Dazu werden zielgruppenorientiert Broschüren, Flyer, Produktmappen, Webpräsentationen und andere medienwirksame Produktinformationsmaterialen in einheitlichem Corperate Design und mit dem Produktkatalog abgestimmten Begrifflichkeiten erarbeitet (ADV 2008). Die aufbereiteten Informationen sollten zielgruppenorientiert regelmäßig und anlassbezogen (z. B. bei Produkteinführung oder bei medienwirksamen Ereignissen) über Pressearbeit, Informationsveranstaltungen, Messebeteiligungen oder über andere, mit PR-Maßnahmen (siehe Abschnitt 15.7.2) vergleichbaren Aktivitäten verbreitet werden; dabei sollte darauf geachtet werden, dass die Nutzer und die interessierte Öffentlichkeit frühzeitig über neue und weiterentwickelte Produkte und deren Anwendungsmöglichkeiten in Kenntnis gesetzt werden (ADV 2005, WINKELMANN 2002).

Die Marketinginstrumente sind in ihrer Wirksamkeit und Zielgruppenorientierung regelmäßig mit Erkenntnissen aus Marktbeobachtungen, Bedarfserhebungen und -analysen zu überprüfen und bedarfs- und zukunftsorientiert weiterzuentwickeln.

15.8 Quellenangaben

15.8.1 Literaturverzeichnis

ADV (2002a): Geodateninfrastruktur in Deutschland (GDI). Positionspapier der AdV. In: zfv, 127 (2), 90-96.

ADV (2002b): Grundsätze des Amtlichen Vermessungswesens, Thesenpapier der AdV. In: Wissenswertes über das Amtliche Deutsche Vermessungswesen. 2. Aufl. Sonderdruck der AdV, 20-26. AdV-Geschäftsstelle, Hannover.

ADV (2005): Leitlinien zur Marketing- und Public-Relations-Strategie der AdV. AdV-Beschluss 117/6, 2005. AdV-Geschäftsstelle, Hannover.

ADV (2006a): ATKIS-Produktkatalog. Version 2.0. AdV-Geschäftsstelle, Hannover.

ADV (2006b): Produktstandard für digitale Orthophotos ATKIS-DOP. Version 1.1. AdV-Geschäftsstelle, Hannover.

ADV (2007a): Einführung der AdV-Gebührenrichtlinie. AdV-Beschluss U6/2007. AdV-Geschäftsstelle, Hannover.

ADV (2007b): Strategische Leitlinien des Amtlichen deutschen Vermessungswesens. In: Wissenswertes über das Amtliche Deutsche Vermessungswesen. 2. Aufl. Sonderdruck der AdV, 28-40. AdV-Geschäftsstelle, Hannover.

ADV (2007c): Empfehlung zur Nutzung einheitlicher Lizenzvereinbarungen/AGB für die Lizenzierung amtlicher Geobasisdaten (Produkte und Dienste) im Amtlichen deutschen Vermessungswesen. AdV-Beschluss 119/10. AdV-Geschäftsstelle, Hannover.

ADV (2008a): Grundlage für Ihre Entscheidung. Bundesweit: Geodaten für Wirtschaft, Staat und Gesellschaft. Sonderdruck der AdV. AdV-Geschäftsstelle, Hannover.

ADV (2008b): 60 Jahre AdV, Tätigkeitsbericht 2007/2008. Sonderdruck der AdV. AdV-Geschäftsstelle, Hannover.

ADV (2008c): Kooperation zur gemeinsamen Wahrnehmung von Aufgaben im amtlichen deutschen Vermessungswesen. AdV-Beschluss 120/7. AdV-Geschäftsstelle, Hannover.

ADV, BDVI (2006): Gemeinsam für Staat, Wirtschaft und Gesellschaft, Memorandum über die Zusammenarbeit von AdV und BDVI im amtlichen Vermessungswesen in Deutschland. In: zfv 131 (1), 1-6.

BENTELE, G. (2000): PR für Fachmedien, Professionell kommunizieren mit Experten. UVK-Verlagsgesellschaft, Konstanz.

BENTELE, G. & HALLER, M. (1997): Aktuelle Entstehung von Öffentlichkeit. Akteure, Strukturen, Veränderungen. UVK-Verlagsgesellschaft, Konstanz.

BERTELSMANN STIFTUNG, CLIFFORD CHANCE PÜNDER, INITIATIVE D 21 (2003): Public Private Partnership und E-Government. Eine Publikation aus der Reihe PPP für die Praxis. Gütersloh/Kassel.

BUNDESTAG (2008): 2. Bericht der Bundesregierung über die Fortschritte zur Entwicklung der verschiedenen Felder des Geoinformationswesens im nationalen, europäischen und internationalen Kontext. BT-Drucksache, 16/10080.

BGH (1987): Urteil des Bundesgerichtshofs vom 2. Juli 1987, I ZR 232/85.

BVERWG (1962): Beschluss des Bundesverwaltungsgerichts vom 27.6.1962, NJW 1962, 2267.

DEMPF E.-M. & JÄGER-BREDENFELD, C. (2007): Neue Wege der Bereitstellung von Geobasisdaten. In: zfv, 132 (4), 247-252.

DIEZ, D. (2004): Anwendung des Datenbankschutzrechtes auf die amtlichen topographischen Kartenwerke. In: KN, 54 (6), 268-273.

DREIER, T. & SCHULZE, G. (2008): Urheberrechtsgesetz, Urheberrechtswahrnehmungsgesetz, Kunsturhebergesetz, Kommentar, Verlag C. H. Beck, München.

GOMILLE, U. (2008): Niedersächsisches Vermessungsgesetz, Kommentar. Kommunal- und Schul-Verlag, Wiesbaden.

IMAGI – INTERMINISTERIELLE AUSSCHUSS FÜR GEOINFORMATIONSWESEN (2008): Geoinformation im globalen Wandel. Eine Festschrift zum 10jährigen Bestehen des Interministeriellen Ausschusses für Geoinformationswesen, Oktober 2008. Frankfurt am Main.

INSIPRE (2007): Richtlinie des Europäischen Parlaments und des Rates zur Schaffung einer Geodateninfrastruktur in der Europäischen Gemeinschaft (INSPIRE). Richtlinie 2007/2/EG des Europäischen Parlaments und des Rates, Brüssel; eu-geoportal.jrc.it.

IWG (2006): Gesetz über die Weiterverwendung von Informationen öffentlicher Stellen (Informationsweiterverwendungsgesetz – IWG) vom 13.12.2006, BGBl. I, 2913.

KERTSCHER, K. (2006): 14 GLL vereinen „Kataster/Agrarstruktur/Domäne/Moor". In: NaVKV, 1/2006, 11-16.

KOORDINIERUNGSSTELLE GEODATENINFRASTRUKTUR DEUTSCHLAND (2008): Ein praktischer Leitfaden für den Aufbau und den Betrieb webbasierter Geodienste, September 2008. Frankfurt am Main.

KUMMER, K. (2004a): Das Geodatenportal: Frontoffice der Seamless Geoverment-Organisation. In: zfv, 129 (6), 369-376.

KUMMER, K. (2004b): Grundlagen für die Geodateninfrastruktur in Sachsen-Anhalt. In: LSA VERM, 2/2004, 95-104.

KUMMER, K. (2007): Strategie für die Bereitstellung von Geobasisdaten. In: Wissenswertes über das Amtliche Deutsche Vermessungswesen. 2. Aufl. Sonderdruck der AdV, 2007. AdV-Geschäftsstelle, Hannover.

KUMMER, K. & BOHLMANN, T. (2004c): Geodaten-Portal als Front Office. In: move – moderne Verwaltung, 3/2004.

KUMMER, K., MÖLLERING, H. (2005): Vermessungs- und Geoinformationsrecht Sachsen-Anhalt, Kommentar. Kommunal- und Schul-Verlag, Wiesbaden.

KUMMER, K., PISCHLER, N. & ZEDDIES W. (2006): Das Amtliche Deutsche Vermessungswesen, stark in den Regionen und einheitlich im Bund – für Europa. In: zfv, 131, 230-241.

MEINERT, M. (2008): Harmonie bei Geodaten. In: move – moderne verwaltung, 9/2008, 22-25.

MEFFERT, H., BURMAN, C. & KIRCHGEORG, M. (2007): Marketing, Grundlagen für marktorientierte Unternehmungsführung – Konzepte, Instrumente, Praxisbeispiele. Springer-Verlag, Heidelberg.

OSTRAU, S. (2008): Nutzerorientierte Bereitstellung von Geobasisdaten. In: fub, 70 (6), 264-275.

RÖSLER-GOY, M. (2006): Datenbankschutz gilt auch für Landkarten. In: KN, 56 (2), 66 ff.

STOFFEL, H. G. & FITTING, D. (2008): Nukleus der GDI. In: move – moderne verwaltung, 9/2008, 26-28.

URHG (2008): Gesetz über Urheberrecht und verwandte Schutzrechte (Urheberrechtsgesetz) vom 9. September 1965 (BGBl. I, 1273); zuletzt geändert durch Artikel 83 des Gesetzes vom 17. Dezember 2008 (BGBl. I, 2586).

UEBERHOLZ, R. (2008): AdV-Gebührenrichtlinie. In: NaVKV, 3+4/2008, 3-19.

UNABHÄNGIGES LANDESZENTRUM FÜR DATENSCHUTZ SCHLESWIG-HOLSTEIN (ULD) (2007): Datenschutz und Geoinformation. März 2007. Kiel.

VV GDZ (2006): Verwaltungsvereinbarung zwischen dem Bundesministerium des Innern (BMI) und den Ländern über die Bereitstellung von digitalen geotopographischen und kartographischen Daten der Vermessungsverwaltungen der Länder durch das Bundesamt für Kartographie und Geodäsie (BKG). GMBl. 2006, 52, 1034-1038. Berlin.

WEICHERT, T. (2007): Der Personenbezug von Geodaten. In: DuD – Datenschutz und Datensicherheit 2007, 17-23.

WEIS, H. C. (2004): Marketing. 13. Aufl. Kiehl Friedrich Verlag, Kiel.

WIEDENROTH, W. (2004): Geoleistungspaket für Katastrophenschutz und Krisenmanagement. In: LSA VERM, 2/2004, 105-118.

WINKELMANN, P. (2002): Marketing und Vertrieb – Fundamente für die marktorientierte Unternehmungsführung. 3. Aufl. Oldenbourg Verlag, München/Wien.

Gesetze der Länder (siehe Literaturverzeichnis Kapitel 7)

15.8.2 Internetverweise

ADV (2009): Homepage der Arbeitsgemeinschaft der Vermessungsverwaltungen der Länder der Bundesrepublik Deutschland, Hannover; www.adv-onlinde.de

ATELIER BEINERT (2009): Homepage des Atelier Beinert – The fine arte of graphic design, Berlin; www.beinert.net/faq/corporate-design.html

GDI-DE (2009): Homepage der Geodateninfrastruktur Deutschland, Frankfurt am Main; www.gdi-de.org

GDZ (2009): Homepage des Geodatenzentrum des BKG, Leipzig; www.geodatenzentrum.de

GEOPORTAL RHEINLAND-PFALZ (2009): Homepage des Geoportals Rheinland-Pfalz, Koblenz; www.geoportal.rlp.de

GIW-KOMMISSION (2009): Homepage der GeoBusiness GIW-Kommission, Hannover; www.geobusiness.org

GUTACHTERAUSSCHUSS FÜR GRUNDSTÜCKSWERTE IN BERLIN (2009): Homepage des Gutachterausschusses für Grundstückswerte in Berlin, Berlin; www.gutachterausschuss-berlin.de

GVHK, GVHH (2009): Homepage der Gemeinschaft zur Verbreitung der Hauskoordinaten und Hausumringe, Bonn; www.lverma.nrw.de

OPENSTREETMAP (2009): Homepage von OpenStreetMap, Hamburg; www.opemstreetmap.de

RADROUTENPLANER RHEINLAND-PFALZ (2009): Homepage des Radroutenplaners Rheinland-Pfalz, Koblenz; www.routenplaner.rlp.de

SA*POS*® (2009): Homepage der Zentralen Stelle SA*POS*®, Hannover; www.zentrale-stelle-sapos.de

Vermessungsverwaltungen der Länder (siehe Internetverweise Kapitel 7, S. 377-378)

D Forschung und Lehre

16 Entwicklungsschwerpunkte und Forschungsvorhaben

Heinz BRÜGGEMANN, Hansjörg KUTTERER und Stefan SANDMANN

Zusammenfassung

In diesem Kapitel werden die allgemeine eGovernment-Strategie von Deutschland (Deutschland-Online), die Entwicklungsleistungen des Amtlichen deutschen Vermessungswesens und die Forschungsinteressen und -arbeiten der Geodäsie in Deutschland dargestellt.

Ziel von Deutschland-Online ist es, eine vollständig integrierte eGovernment-Landschaft in Deutschland zu schaffen. Es werden die notwendigen Standards gesetzt und die Stärken des Föderalismus genutzt: Einzelne Partner gehen mit Modelllösungen voran, die auch anderen zugute kommen. So werden über alle Verwaltungsebenen hinweg einheitliche und durchgängige Online-Dienstleistungen ermöglicht.

Im Vorhaben Geodaten sollen kurzfristig realisierbare Geo-Projekte (konkrete Dienstleistungsangebote) durch Partner aus Verwaltung und Wirtschaft nach dem Prinzip „einige für alle" bearbeitet und erfolgreich in die Nutzung gebracht werden.

In der AdV leiteten die Arbeiten zur Grundstücksdatenbank 1970 eine hochaktive Entwicklungsphase ein, die bis heute andauert und viele Experten in den Arbeitskreisen mit ihren Expertengruppen und Projektgruppen beschäftigte. Auf das Konzept der Grundstücksdatenbank folgten für das Liegenschaftskataster die Systemlösungen ALB und ALK, die wiederum die Grundlagen für ALKIS® bildeten. Auf dem Gebiet der Topographie und Kartographie schloss sich an ALB und ALK ATKIS® an, für den Bereich der Grundlagenvermessung wurde AFIS® entwickelt. Gegenwärtig werden ALKIS®, ATKIS® und AFIS® nach gemeinsamen Grundsätzen in die Praxis eingeführt. Erhebliche Entwicklungsleistungen hat die AdV zudem auf dem Gebiet der Satellitenpositionierung geleistet und mit ihrem SAPOS® auch international Maßstäbe gesetzt

Die geodätische Forschung in Deutschland gliedert sich im Wesentlichen in fünf Teilgebiete: Erdmessung und Geodynamik, Ingenieurgeodäsie, Photogrammetrie und Fernerkundung, Geoinformatik und Kartographie, Land- und Immobilienmanagement. Im Kern repräsentieren diese Bereiche die Erfassung, Aktualisierung, Verarbeitung und Nutzung von Geoinformationen. Sie unterliegen dem technologischen Fortschritt in der Sensorik und der Kommunikationstechnologie sowie dem gesellschaftlichen Wandel, den sie aufnehmen und mitgestalten.

Die geodätische Forschung organisiert sich zunehmend in koordinierten Vorhaben, die interdisziplinär angelegt sind. Sie ist in allen Bereichen international aktiv und erfolgreich.

Die geodätische Forschung in Deutschland ist ein weites Feld, das von einem Autor allein nicht erfolgreich bearbeitet werden kann. Der herzliche Dank des zweiten Autors gilt dementsprechend Prof. C. Heipke und Prof. J. Müller für nützliche Hinweise und Kommentare sowie Prof. M. Sester, Prof. W. Voß und insbesondere Dr. A. Weitkamp für die weitergehende Unterstützung bei der Vorbereitung und Formulierung der Abschnitte 16.7 und 16.8.

Wichtige Querschnittthemen sind die Sensorik, die heute weitestgehend digital und automatisiert ist, und die stets qualitätsorientierten geodätischen Auswertemethoden. Satellitenverfahren werden immer bedeutender, ebenso hochauflösende terrestrische und flugzeuggetragene Verfahren wie das Laserscanning. Für alle diese Aufgaben sind auf hohem Niveau Modelle sowie Mess- und Auswertemethoden zu entwickeln.

Summary

This chapter deals with the national initiative for eGovernment in Germany (Deutschland-Online), the development activities of the official German surveying and mapping, and interests and projects in German research institutes.

Modern public administration is vital for Germany's economic success; eGovernment makes a crucial contribution to this. The quality of IT use and the online provision of administration services are a location factor – for the individual federal states and municipalities as well as for Germany as a whole. Federal government, federal-state governments and municipalities have agreed to a joint eGovernment strategy – Deutschland-Online.

The Deutschland-Online strategy draws on the strengths of federalism: On the one hand, some partners are taking the lead with model solutions according to the "some for all" principle. Other partners are to benefit from this in that they will use these developments with a coordinated approach and without central bureaucracy. The aim of the geographic data project (GEODATEN) is to realise concrete projects with harmonised data and to establish the results in economy.

In 1970 work on a parcel database was the starting point for a very active development phase of the Working Committee of the Surveying Authorities of the States of the Federal Republic of Germany (AdV), which is continuing today and which has occupied many experts within the different AdV working groups. The parcel database concept was followed by the system solutions of ALB and ALK, which built the basis for the current ALKIS® solution. In the fields of topography and cartography, ATKIS® was developed and introduced, in the field of geodetic networks it was AFIS®. At present ALKIS®, ATKIS® and AFIS® are introduced, based on common principles and following a common standard. In addition, the AdV has performed significant and internationally acknowledged development efforts in the field of satellite positioning by developing and introducing SAPOS®.

In contrast to the English meaning of "geodesy", which is rather narrow, the German expression "Geodäsie" comprises more fields of interest: geodesy and geodynamics, engineering geodesy, photogrammetry and remote sensing, geoinformation science and cartography, land and real estate management. Progress in technology and changes in society have had a significant impact on the scientific issues to be addressed.

Research in "Geodäsie" in Germany is increasingly organised in coordinated, interdisciplinary projects. Moreover, German scientists are very active and successful in international science organisations. New sensors and sensor systems as well as data processing and analysis techniques are important subjects for all fields. Digitisation and automation together with quality assessment and control are prominent common features. Satellite techniques are of increasing importance. Highly resolving terrestrial and airborne techniques like laser scanning stimulate further research activities. High-level models as well as observation and analysis techniques are requested.

16.1 Deutschland-Online

16.1.1 Ansätze von Deutschland-Online

Der Deutsche Bundestag hat in seiner Entschließung vom 15. Februar 2001 die Gewinnung, Verarbeitung, Verbreitung und Nutzung von Geoinformationen als ein zentrales Element der modernen Informationsgesellschaft bezeichnet. Im Sinne dieser Entschließung haben der damalige Bundeskanzler und die Regierungschefs der Länder bei ihrer Konferenz am 26. Juni 2003 mit Deutschland-Online eine gemeinsame Strategie für ein integriertes eGovernment beschlossen. In verschiedenen Projekten, so zum Beispiel beim BAFÖG, Kraftfahrzeugzulassung, Geodaten oder auch Gewerberegister werden praxisnahe Online-Dienstleistungen entwickelt und den Bürgern und der Wirtschaft zur Verfügung gestellt (www.deutschland-online.de).

16.1.2 Aktionspläne

Deutschland-Online beschreibt in Aktionsplänen die erforderlichen Maßnahmen für eine innovative, leistungsfähige und effiziente Verwaltung. Der Aktionsplan von 2008 definiert priorisierte Vorhaben und umfasst neben den Vorhaben zur Basisinfrastruktur und zur Standardisierung auch vier Fachprojekte, die unmittelbar auf die Bedürfnisse der Bürgerinnen und Bürger ausgerichtet sind: Kraftfahrzeugzulassung, Personenstands- und Meldewesen sowie die IT-Umsetzung der EU-Dienstleistungsrichtlinie (AKTIONSPLAN 2008).

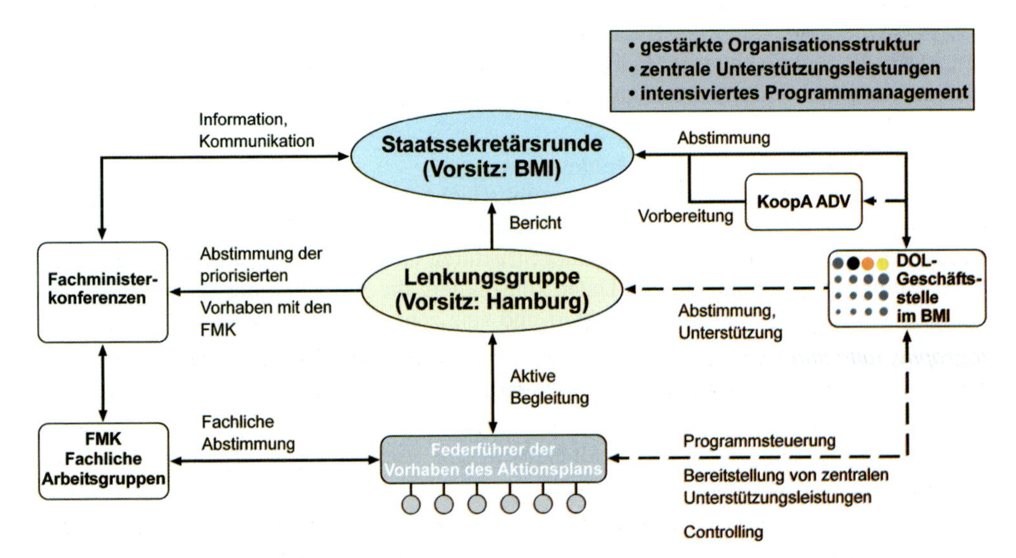

Abb. 16.1: Organisationsstruktur von Deutschland-Online

Deutschland-Online, Vorhaben Infrastruktur
In Deutschland-Online soll eine abgestimmte Kommunikationsinfrastruktur der Deutschen Verwaltung auf- und ausgebaut werden, deren Verfügbarkeit, Sicherheit und Qualität sich an den besonderen Anforderungen einer leistungsfähigen Öffentlichen Verwaltung ausrichtet und auch die Verbindung der Deutschen Verwaltung mit europäischen Strukturen sicherstellt.

Deutschland-Online, Vorhaben Standardisierung
Seit die Bundeskanzlerin und die Ministerpräsidenten der Länder den Aktionsplan Deutschland-Online beschlossen haben, arbeiten Bund, Länder und Kommunen bei der Standardisierung im eGovernment enger zusammen. Es soll die Entwicklung und Bereitstellung von fachlichen Standards für den elektronischen Datenaustausch (XÖV-Standards) unterstützen und koordinieren, sodass elektronische Prozesse innerhalb (G2G) und mit der Verwaltung (G2C, G2B) effizient und in einheitlicher Weise umgesetzt werden können.

Deutschland-Online, Vorhaben Kraftfahrzeug-Wesen
Ziel des Vorhabens ist es, die Registrierungsprozesse von Fahrzeugen unter konsequenter Nutzung der Möglichkeiten von eGovernment und dem Potenzial des Kraftfahrzeug-Onlineregisters beim Kraftfahrtbundesamt (KBA) neu auszurichten. Für Individualkunden und Gewerbe soll damit die Option eröffnet werden, die Fahrzeugregistrierungsprozesse (An-, Ab- und Ummeldung) möglichst durchgängig online ausführen zu können. Neben dem positiv wahrnehmbaren Nutzen für den Bürger soll parallel dazu die interne Verwaltungseffizienz und Kostenstruktur maßgeblich verbessert werden.

Deutschland-Online, Vorhaben Personenstandswesen
Ziel des Vorhabens ist es, durch Pilotierung der Einführung eines landesweiten Personenstandsregisters bis Ende 2009 die Grundlage für die Entscheidung über die zukünftigen Strukturen des Personenstandswesens zu schaffen. Zu diesen Strukturen gehört auch der automatisierte Mitteilungsverkehr zwischen dem Personenstandsregister und anderen Behörden, sowie der lokale Zugriff auf den zentralen Landesdatenbestand. Weitere Ziele liegen in der Fortentwicklung eines Datenaustauschformats X-Personenstand sowie in dem Aufbau einer Online-Registerauskunft von Personenstandsurkunden für Bürgerinnen und Bürger.

Deutschland-Online, Vorhaben Meldewesen
Ausgehend von der Übertragung der ausschließlichen Gesetzgebungskompetenz auf den Bund ist es Ziel des Vorhabens, das Meldewesen in eine neue zukunftsfähigere Struktur zu überführen. Durch die Errichtung zentraler Strukturen im Meldewesen sollen das Rückmeldeverfahren weiter vereinfacht, die Daten konsolidiert, die Aktualität der Daten erhöht, die Nutzung für öffentliche Stellen erleichtert und eine zentrale Online-Melderegisterauskunft ermöglicht werden.

Deutschland-Online, Vorhaben Nationale IT-Umsetzung der EU-Dienstleistungsrichtlinie
Die EU-Dienstleistungsrichtlinie enthält erstmals eine Vorgabe an die Mitgliedstaaten, eine elektronische Abwicklung von wirtschaftsrelevanten Genehmigungsverfahren zu realisieren. Ziel des Vorhabens ist es, ein Modell („Blaupause") für die IT-Umsetzung der EU-Dienstleistungsrichtlinie zu entwickeln und zu erproben. Dabei sind die infrastrukturellen Anforderungen auf nationaler Ebene und im europaweiten Kontext zu definieren, die erforderliche IT-Unterstützung für die medienbruchfreie Verfahrensabwicklung zu beschreiben, eine geeignete IT-Architektur zu entwickeln sowie technische Standards vorzuschlagen.

16.1.3 Das Vorhaben Geodaten in Deutschland-Online

DEUTSCHLAND-ONLINE
GEODATEN

Zu der Thematik Geodaten wurde ein länderübergreifendes Vorhaben unter der Federführung von Nordrhein-Westfalen eingerichtet, an dem neben Bund und 13 Bundesländern auch viele kommunale und regionale Institutionen mitwirken. Im Vorhaben Geodaten sollen kurzfristig realisierbare Geo-Projekte (konkrete Dienstleistungsangebote) durch Partner aus Verwaltung und Wirtschaft nach dem Prinzip „einige für alle“ bearbeitet und erfolgreich in die Nutzung gebracht werden.

Die Arbeitsergebnisse des Vorhabens Geodaten zeichnen sich durch die besondere Praxisnähe aus; viele Lösungen sind seit Jahren für den Bürger frei verfügbar, werden innerhalb der Verwaltung genutzt oder sind beispielsweise durch die Wirtschaft in den praktischen Einsatz übernommen worden (Broschüre „eGovernment mit Geodaten“ (2008), Deutschland-Online (2009)).

16.1.4 Verhältnis GDI-DE zu Deutschland-Online

Abgrenzung zum Vorhaben Geodaten
Das Vorhaben Geodaten baut auf den Arbeitsergebnissen und Standards der GDI-DE (www.gdi-de.de) auf. Während beim Aufbau der GDI-DE die infrastrukturellen Voraussetzungen flächendeckend für Deutschland geschaffen werden, sollen im Vorhaben Geodaten kurzfristig realisierbare Geo-Projekte (konkrete Dienstleistungsangebote) durch Partner aus Verwaltung und Wirtschaft nach dem Prinzip „einige für alle“ bearbeitet und erfolgreich zum Abschluss gebracht werden. Neben der Integration in bundesweite eGovernment-Prozesse der Verwaltung steht hier häufig auch die Markterschließung für amtliche Geodaten im Fokus (siehe Kapitel 13, Geodateninfrastruktur).

Abgrenzung zum Vorhaben Infrastruktur
Um die durchgängige elektronische Abwicklung von ebenenübergreifenden Fachverfahren zwischen Verwaltungseinheiten zu gewährleisten, werden im Deutschland-Online Vorhaben Infrastruktur Verwaltungsnetze verbunden. Die standardisierte und flächendeckende Verbindung der Verwaltungsnetze ist eine entscheidende Voraussetzung für den Erfolg der anderen Vorhaben. Auch für die GDI-DE, in der mittels XML-basierter Geodienste raumbezogene Daten innerhalb Deutschlands und Europas fach- und ebenenübergreifend im Sinne der INSPIRE-Richtlinie über das Internet ausgetauscht werden, ist der reibungslose verwaltungsinterne Datenverkehr eine wesentliche Grundvoraussetzung.

Abgrenzung zum Vorhaben Standardisierung
Ein Ziel von Deutschland-Online ist die Umsetzung durchgängiger elektronisch unterstützter und medienbruchfreier Verwaltungsprozesse über die föderalen Ebenen hinweg. Hierfür sind neben technischen Standards (wie OSCI-Transport) vor allem auch fachliche, semantische Standards erforderlich. Diese semantischen Standards beschreiben, welche Informationen z. B. zu einer „Person“, „Anschrift“ oder „Gewerbeanmeldung“ im konkreten Prozess elektronisch übermittelt werden sollen und dürfen. In der öffentlichen Verwaltung werden diese auf der Syntax XML basierenden Fachstandards als sog. XÖV-Standards bezeichnet.

Mit der GDI-DE wird das Ziel verfolgt, Geodaten verschiedener Herkunft auf der Grundlage ihres Raumbezugs interoperabel und harmonisiert über standardbasierte Dienste fachneutral bereitzustellen. Semantische Standards der XÖV-Familie ermöglichen im günstigsten Fall einen verlustfreien Austausch von Geodaten bzw. Geoinformationen. Um an dieser Stelle ein möglichst optimiertes Ineinandergreifen von GDI-DE-Diensten (Webservices) und XÖV-Standards (Datenstrukturen) zu ermöglichen, ist die Beteiligung der Koordinierungsstelle der GDI-DE in den Arbeitsgruppen der XÖV erforderlich.

16.1.5 Projekte des Vorhabens Geodaten

Austauschstandard für Bebauungs- und Flächennutzungspläne (XPlanung)
Mit XPlanung wurde in den letzten Jahren das objektorientierte Datenaustauschformat XPlanGML für Bauleitpläne entwickelt. Dieses Format basiert auf den gesetzlichen Vorschriften der Bauleitplanung in Deutschland (BauGB, BauNVO PlanzV) und ermöglicht es, den Inhalt von Bebauungsplänen und Flächennutzungsplänen in digitale raumbezogene Objekte umzusetzen. Dieser Standard wurde im Jahr 2008 um die Belange der Regionalplanung und Landschaftsplanung erweitert, wobei das generelle Ziel von XPlanung darin liegt, aus einem gemeinsamen Datenmodell verschiedene Planarten abzuleiten (BENNER, KRAUSE UND SANDMANN 2009).

Die Erstellung von Bauleitplänen erfordert das Zusammenwirken verschiedener Akteure. Die Spezifikation eines digitalen standardisierten Datenformats für Bauleitpläne ermöglicht einen verlustfreien Datenaustausch zwischen den verschiedenen Planungsebenen und den unterschiedlichen öffentlichen und privaten Planungsakteuren während des Planungsprozesses sowie die Bereitstellung unterschiedlicher Services im Verwaltungshandeln „Planen und Bauen". Ein standardisiertes Datenformat für Bauleitpläne ermöglicht die einfache und verlustfreie Übernahme von Bauleitplänen in Fachinformationssysteme (z. B. Raumordnungskataster, Umweltinformationssysteme).

XPlanung ist keine Software, sondern ein technischer Standard, auf dessen Grundlage Software produkt- und plattformunabhängig entwickelt wird. Mit diesem Standard wird die

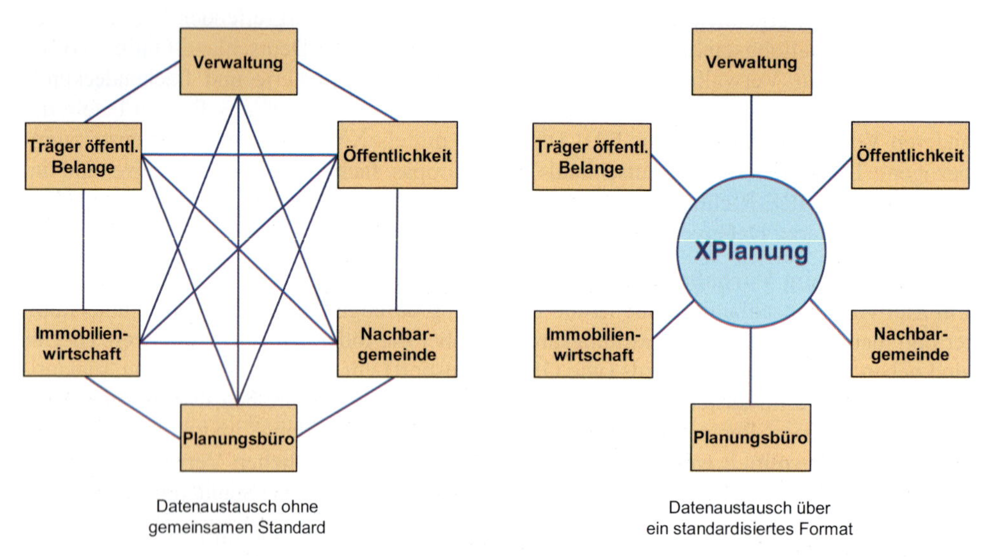

Abb. 16.2: XPlanung als Standard in der Bauleitplanung

Grundlage geschaffen, Bauleitpläne ohne Verlust von Informationen zwischen beliebigen IT-Systemen zu übertragen (FLYER „XPlanung" 2008).

Mit XPlanung ist es möglich, Bauleitpläne nach unterschiedlichen fachlichen Kriterien automatisch auszuwerten. XPlanung ist ein wesentlicher Grundbaustein für einen interaktiven webbasierten Beteiligungsprozess (Beteiligung der Öffentlichkeit, Behörden und sonstigen Träger öffentlicher Belange) bei der Planaufstellung. Auf Basis einheitlich strukturierter digitaler Bauleitpläne können unterschiedliche Dienste etabliert werden, die eine Recherche über die Inhalte von Bauleitplänen ermöglichen. Einerseits können über einheitlich strukturierte Metadaten gezielt Bebauungspläne mit bestimmten Festsetzungen gefiltert werden, anderseits können die Inhalte von Bebauungsplänen über mehrere Pläne hinweg analysiert werden. Spezifische Abfragealgorithmen können auf mehrere Bebauungspläne, die in einem einheitlichen Format strukturiert sind, angewandt werden.

Abb. 16.3: Mit Xplanung erstellter Bebauungsplan

Bei der Modellierung der Objektmodelle und der Visualisierungsvorschriften gilt es, die Modellierungsgrundsätze für Geobasisdaten der Arbeitsgemeinschaft der Vermessungsverwaltungen der Länder der Bundesrepublik Deutschland (AdV) als Grundlage für fachspezifische Datenmodelle zu nutzen. Das entwickelte Objektmodell basiert somit auf den internationalen Standards UML zur Datenmodellierung und GML (Geography Markup Language) zum Austausch raumbezogener Daten. Die Modellierung fußt auf einem Ausschnitt (Profil) der GML-Spezifikation, der für die ALKIS®-NAS Schnittstelle verwandt wird und beachtet die von der AdV spezifizierten NAS Encoding Rules.

Im Rahmen eines Modellprojektes der GDI-DE (siehe Kapitel 13) fand zwischen Mitte 2006 bis Mai 2007 eine erste Praxiserprobung des Standards statt. Dabei wurden in insgesamt 8 Pilotprojekten, an denen Kommunen und Landkreise aus 8 Bundesländern beteiligt waren, existierende, raster- und vektorbasierte Pläne umgesetzt, sowie die Integration des Standards in kommunale Verwaltungsabläufe untersucht. Es hat sich erwiesen, dass die Darstellungen und Festsetzungen der Bauleitplanung mit dem Objektmodell XPlanGML abgebildet werden können (BENNER UND KRAUSE 2007).

2008 wurde das XPlanGML-Formats für Regional- und Landschaftspläne erweitert. Aufgabeschwerpunkte waren die Spezifikation von XPlanGML-Fachschemata, die Spezifikation von Visualisierungsvorschriften für die neuen Objektklassen und die prototypische Umsetzung von Beispielplänen in XPlanGML. Das Projekt wurde durch das Bundesinnenministerium sowie das nordrhein-westfälische Ministerium für Wirtschaft, Mittelstand und Energie (Kofinanzierung) mit Finanzmitteln in Höhe von 50.000 € gefördert.

In Zusammenarbeit mit Experten aus den Gebieten der Regional- und Landschaftsplanung (Projektpartner: Hafen City Universität Hamburg, Forschungszentrum Karlsruhe, Technische Universität Berlin, Bundesamt für Bauwesen und Raumordnung und Deutschland-Online, Vorhaben Geodaten) waren für die Bereiche Regionalplanung und Landschaftsplanung jeweils ein bundesweit gültiges Kernmodell zu entwickeln, sowie beispielhaft für ein Bundesland ein davon abgeleitetes und länderspezifisch erweitertes Objektmodell. Für die Erprobung und prototypische Umsetzung des erweiterten Objektmodells konnten die bisher im Projekt XPlanung entwickelten Software-Werkzeuge, insbesondere die XPlanGML-Toolbox, nach entsprechenden Anpassungen und Erweiterungen verwendet werden (BENNER ET AL. 2008).

Mit dem Beschluss des Deutschen Städtetags vom 12.02.2008 (Empfehlung zur Einführung von XPlanung in den Kommunen) gewinnt der Standard XPlanung als einheitlicher interoperabler Austauschstandard im Bereich der Bauleitplanung zunehmend an Bedeutung sowohl für die Kommunen als auch für die Softwareindustrie. Daher muss die Pflege, Weiterentwicklung und Verbreitung des Standards XPlanung für die Zukunft sichergestellt werden.

Gazetteer Service der Hauskoordinaten Deutschland
Ein Gazetteer ist ein Nachschlageverzeichnis für Geodaten. Im Gazetteer Hauskoordinaten steht der bundesweit einheitliche Datenbestand der Gebäudeadressen (ca. 20 Mio.) in einem standardisierten Schnittstellenformat (WFS-Dienst) zur Verfügung. Der WFS-Dienst steht seit Januar 2009 unter Berücksichtigung eines kaskadierenden Ansatzes zur Verfügung (FLYER „Gazetteer-Service" 2008).

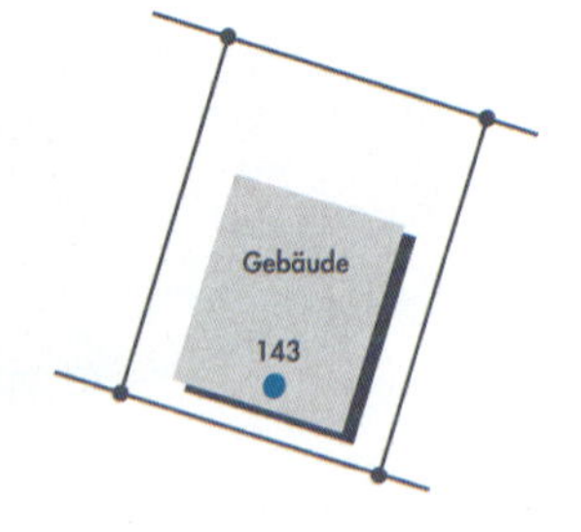

Der Mehrwert vieler Geodatenbestände erschließt sich sowohl für den Nutzer als auch für den Datenprovider erst dann im vollen Umfang, wenn eine Recherchefunktionalität die Bereitstellung wirkungsvoll flankiert. Eine derartige Funktionalität lässt sich durch einen Gazetteer realisieren. Ein Gazetteer ist ein Thesaurus/ein Nachschlagverzeichnis für Geodaten. Er enthält ein strukturiertes Vokabular an Ortsbezeichnern und deren Raumbezug. Für die automatisierte Recherche in Verknüpfung mit Web Diensten (z. B. Web Map Service) wird ein sogenannter Gazetteer Service (GazS) genutzt. Der GazS ist dabei ein Applikationsprofil, das auf einen Web Feature Service aufgesetzt wird.

Durch die spezifische und bundesweit einheitliche Zugriffsmöglichkeit über den Web Dienst werden neue Kundensegmente u. a. dadurch erschlossen, dass eine Online-Nutzung ermöglicht wird und durch die Bündelung dezentraler HK-Primärdaten aufwendige Updateverfahren von Sekundärdatenbeständen für Nutzer und Datenprovider entfallen. Die GazS-Schnittstelle baut auf bestehende OGC-Spezifikationen auf und legt grundlegende Feature Types sowie ihre Attribute in Bezug auf die HK DE fest.

Abb. 16.4: Überlagerte Darstellung: Stadtplan mit Hauskoordinaten (HK)

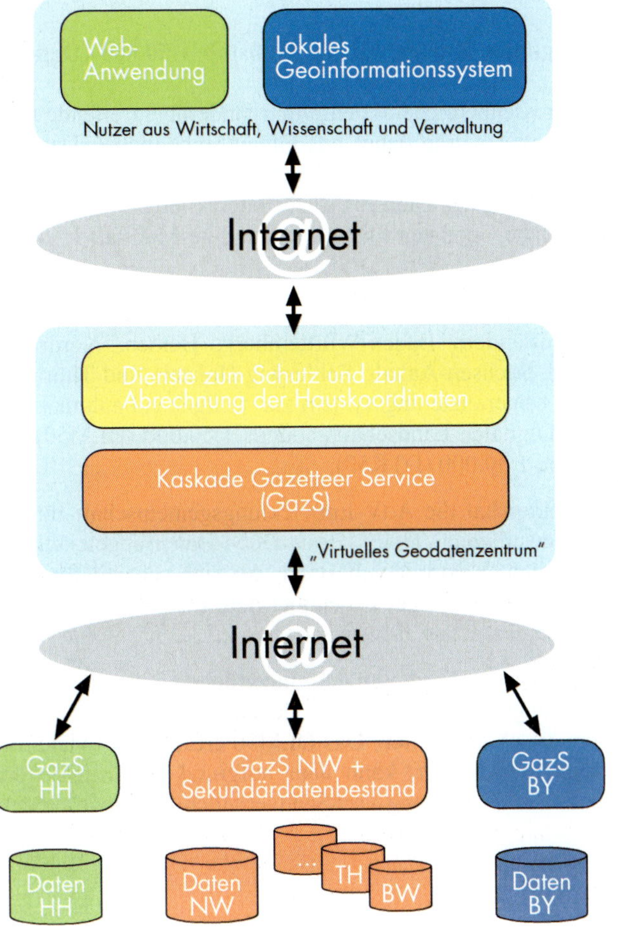

Abb. 16.5: Vereinfachter Aufbau des kaskadierenden Gazetteer Dienstes

Das Projektvorhaben wurde im Februar 2006 gestartet. Bereits im Mai 2006 wurde der erste Prototyp eines GazS NRW in einem Testbed implementiert. Im Dezember 2006 wurde ein kaskadierender GazS zur Einbindung dezentraler Länder-GazS prototypisch umgesetzt. Als Voraussetzung für die Kaskade wurde von Januar bis September 2007 eine bundesweit einheitliche Deutschland-Online Gazetteer Service-Profil Version 1.0 in einer Arbeitgruppe mit den projektbeteiligten Bundesländern abgestimmt. Mit der Bereitstellung dieses Profils für die Länder-GazS und der Implementierung in den kaskadierenden GazS, der Realisierung eines geschützten Zugangs und einer Abrechnungsfunktionalität geht der Prototyp in den Regelbetrieb über. Seit Januar 2009 wird der kaskadierende GazS für den Vertrieb der Hauskoordinaten Deutschland genutzt.

Durch die deutschlandweite Zuständigkeit für Adressen und das damit verbundene Fachwissen wurde die Landesvermessung NRW Mitte 2007 beauftragt, am eContentplus Projekt „EURADIN (European Address Infrastructure)“ teilzunehmen. Das Projekt wurde am 4. Oktober 2007 bei der EU eingereicht und im Januar 2008 befürwortet.

In diesem Projekt setzen Partner aus 14 Mitgliedsstaaten der EU unter Federführung von Spanien den INSPIRE-konformen Zugang zu Adressen in Europa um (EURADIN 2009, https://www.euradin.eu).

Deutschlandweites einheitliches digitales Kartenbild im Maßstab 1:50.000 (Digitales Landschaftsmodell DLM50.1)

Viele Nutzer verlangen für ihre Interessenbereiche aktuelle und länderübergreifende Geodaten. Für die Anwendungen im Internet wurde daher aus einem einheitlichen Datenbestand aller Länder eine Karte im Maßstab 1:50.000 abgeleitet, welche als interoperabler WMS-Dienst angeboten wird. Die Nutzung des Dienstes ist für interessierte Nutzer bis auf Widerruf kostenfrei (FLYER „Einheitliche Geodaten für Deutschland im Maßstab 1:50.000, 2008).

Die Entwicklungsgemeinschaft ATKIS®-Generalisierung (siehe Kapitel 6) der AdV, die sich zur Zeit aus den acht Bundesländern Baden-Württemberg, Hessen, Nordrhein-Westfalen, Rheinland-Pfalz, Saarland, Sachsen-Anhalt, Schleswig-Holstein und Thüringen zusammensetzt, realisiert derzeit ein Generalisierungssystem zur weitgehend automatisierten Ableitung und Produktion eines Digitalen Landschaftsmodells 1:50.000 (DLM50) und einer Digitalen Topographischen Karte 1:50.000 (DTK50).

Nach Abschluss des ersten Teilprojektes hat die AdV-Entwicklungsgemeinschaft für alle Bundesländer das DLM50 aus den jeweiligen ATKIS®-Basis-DLM-Daten abgeleitet. Das DLM50 repräsentiert einen bundesweiten Vektordatenbestand, der sich speziell für rechnergestützte Anwendungen besonders eignet und der gegenüber dem Basis-DLM eine einfachere Strukturierung und geringere Datenmenge aufweist.

Aufgrund des automatischen Herstellungsprozesses und der einheitlichen Parameter ist das DLM50 unabhängig von den Ausgangsdaten der verschiedenen Bundesländer sowohl strukturell, inhaltlich als auch geometrisch einheitlich. Das DLM50 erfüllt somit viele modellierungstechnische Anforderungen der Nutzer, kann aber aufgrund seiner fehlenden graphischen Ausprägung für die visuelle Darstellung von Sachverhalten nur eingeschränkt verwendet werden.

Für die kartographische Darstellung des DLM50 in einem bundesweit einheitlichen Signaturenschlüssel hat die AdV das Projekt DLM50-Präsentationsgraphik eingerichtet. Diese DLM50-Präsentation wird in Form von Rasterdaten erzeugt und über die WEB-Dienste in Deutschland-Online dem Kunden zur Verfügung gestellt werden. Die bei der Präsentation entstehenden graphischen Konflikte zwischen den DLM-Objekten sowie das Fehlen von Zusatzinformationen (z. B. Schriftzusätze) werden dabei bewusst hingenommen.

Die Grundlage für die Herstellung einer einheitlichen DLM50-Präsentation bilden die Ableitungs- und Darstellungsregeln des ATKIS®-Signaturenkatalog 1:50.000 (SK50). Diese weisen jedem DLM50-Objekt in Abhängigkeit seiner Attribute und Relationen feste Signaturen zu, die über geeignete Präsentationsprozeduren in eine Graphik (kartographische Präsentation) umgesetzt werden können.

Für die Produktion der DLM50-Präsentationsdaten hat das Land Rheinland-Pfalz die federführende Koordination übernommen und einen weitgehend automatischen Workflow aufgebaut. Dieser Workflow umfasst Prozeduren, die die Ableitungs- und Darstellungsregeln umsetzten, eine Präsentation aus den DLM50-Daten aufbauen und die signaturierten DLM50-Daten in Form von Rasterdaten ausgeben.

Um eine rasche, bundesweite Herstellung einer DLM50-Präsentation zu gewährleisten, haben sich die Bundesländer Brandenburg, Baden-Württemberg, Mecklenburg-Vorpommern, Niedersachsen, Rheinland-Pfalz und Sachsen bereit erklärt, mit dem entwickelten Workflow die DLM50-Präsentation zu erzeugen. Dabei sind unter dem Motto „einige für alle" Länderallianzen gebildet worden, sodass die bundesweite Herstellung der DLM50-Präsentation sichergestellt werden konnte. Zur besseren visuellen Orientierung werden die DLM50-Daten noch mit den Rasterdaten der DTK50-V-Schriften überlagert, sodass bei einer visuellen Darstellung die DLM50-Daten durch Orts- und Gewannnamen sowie Straßenklassifizierungen näher beschrieben werden. In der Abbildung ist ein Auszug einer vollständigen DLM50-Präsentation dargestellt.

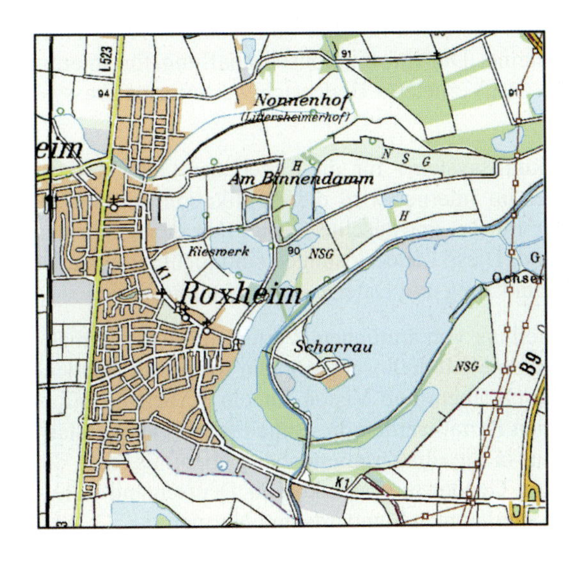

Abb. 16.6: DLM50-Präsentation

Die DLM50-Präsentationsdaten (Rasterdaten) sind innerhalb der Initiative Deutschland-Online über einen Geodatenserver verfügbar. Das Land Nordrhein-Westfalen hat den Aufbau des Geodatenservers und die Bereitstellung der interoperablen WEB-Dienste übernommen. Aus den DLM50-Präsentationsdaten wurde ein einheitlicher Viewing-Dienst für Deutschland erstellt. Für die Implementierung des Dienstes wurden die Festlegungen des WMS-Profils GDI-DE sowie die erweiterten Festlegungen der AdV berücksichtigt. Der WMS-Dienst kann für die Integration in bestehende Geo-Portale genutzt werden.

Zusätzlich erfolgt die Präsentation des neuen Geo-Dienstes über ein frei zugängliches Portal im Internet. Das Land Nordrhein-Westfalen hat hierfür ein Geo-Portal entwickelt, in welchem unter anderem die Arbeitsergebnisse des Vorhabens Geodaten visualisiert werden. Das Portal ist über die WEB-Adresse: www.do-geodaten.nrw.de zugänglich (Deutschland-Online 2009, www.deutschland-online.de).

Vernetztes Bodenrichtwertinformationssystem (VBORIS)

Ziel eines vernetzten Bodenrichtwertinformationssystems ist es, auf Knopfdruck alle wesentlichen Grundstücksinformationen bundesweit flächendeckend, in einem einheitlichen Duktus und mit dem Qualitätsmerkmal „amtlich“ bereitzustellen. In einem ersten Schritt wurde das Portal für alle Gutacherausschüsse in Deutschland www.gutachterausschuesse-online.de freigeschaltet; Derzeit realisieren verschiedene Länder GDI-konforme VBORIS-Lösungen. Das Land NRW hat VBORIS (hier: BORISplus) am 16.10.2008 freigeschaltet (KARUSSEIT 2008).

Das Interesse an Grund und Boden war und ist schon immer sehr groß. Bodenrichtwerte sind für den privaten Haus- und Grundstücksbesitzer ebenso wichtig wie für Gutachter, Banken, Immobilienmakler, Wirtschaftsbetriebe, Städte und Gemeinden. Die Gutachterausschüsse, je nach Bundesland unterschiedlichen Ämtern zugeordnet, ermitteln aus allen Immobilien(ver)käufen die Bodenrichtwerte. Diese dienen später als Grundlage für Gutachten oder Bodenrichtwertauskünfte an Dritte. Die Bodenrichtwerte wurden früher per Hand in die Bodenrichtwertkarten eingetragen und konnten bei den Kommunen eingesehen werden. Die Einführung und breite Nutzung des Mediums Internet führt sukzessive zu einer Umstellung auf Online Bodenrichtwertsysteme. Die Informationsbeschaffung für Interessierte wird dadurch enorm erleichtert (FLYER „Vernetztes Bodenrichtwertinformationssystem“ 2008).

Einige Länder haben bereits Online-Auskunftssysteme für die Daten der Gutachterausschüsse realisiert. Über ein Browserfenster im Internet wird die Applikation aufgerufen; über eine Suchmaske erhält der Betrachter für das gewünschte Gebiet den dazugehörigen Bodenrichtwert z. B. für unbebautes Bauland. Diese Länderlösungen sind nicht aufeinander abgestimmt und unterscheiden sich in Datennutzung und Datenangebot (LIEBIG 2008).

Die AdV hat für eine bundesweite Bereitstellung von amtlichen Wertermittlungsinformationen der Gutachterausschüsse im Internet eine Modelllösung für ein vernetztes Bodenrichtwertinformationssystem (VBORIS) beschrieben. Die Vision für ein vernetztes Informationssystem lautet: In einem gemeinsamen Portal werden die einheitlichen Datenbestände der Länder angeboten. Vernetzt bedeutet in diesem Zusammenhang ebenfalls, dass die Regeln für den Aufbau einer interoperablen Geodateninfrastruktur in Deutschland (GDI-DE) beachtet werden. Es werden somit die anerkannten Standards und Normen (OGC, ISO, usw.) berücksichtigt.

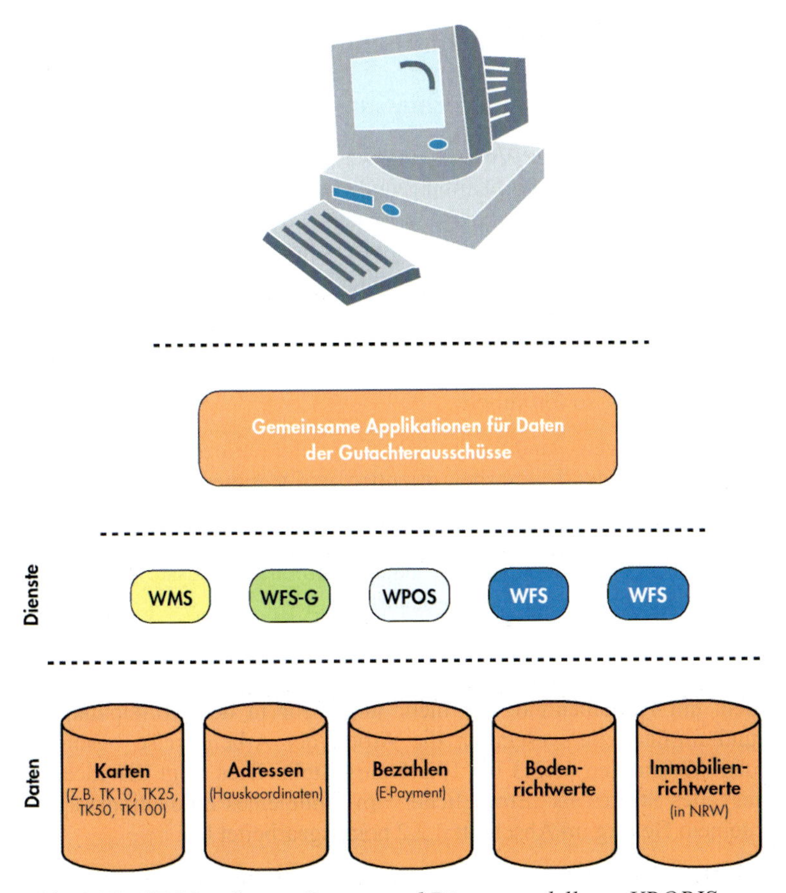

Abb. 16.7: GDI-konformes Daten- und Dienstemodell von VBORIS

Die Realisierung eines vernetzten und deutschlandweiten Informationssystem wird in zwei Stufen angestrebt. In einem ersten Schritt wurden die bestehenden, länderspezifischen Portale der Gutachterausschüsse durch einen zentralen Zugang gebündelt. Über die Homepage www.gutachterausschuesseonline.de erhält jeder Nutzer Zugang zu den bestehenden Länderportalen oder zumindest zu den Ansprechpartnern in den Ländern. In einem zweiten Schritt erfolgt die Vernetzung über GDI-konforme Dienste.

Das Land Nordrhein-Westfalen stellt seit Ende 2008 alle Bodenrichtwerte und Grundstücksmarktberichte über das Portal BORISplus (www.borisplus.nrw.de) den Endnutzern zur Verfügung. Über dieses Portal werden die Daten der Gutachterausschüsse aus NRW im Internet über standardisierte WEB-Dienste angeboten. Das „Plus" im Programmnamen deutet darauf hin, dass Durchschnittswerte der Kaufpreise für Eigentumswohnungen sowie für Ein- und Zweifamilienhäuser online abgerufen werden können. Diese allgemeine Preisauskunft richtet sich an jedermann und erlaubt es, nach Abfrage von relevanten Kriterien ein mittleres Preisniveau aus einer Datenbank abzuleiten.

16.2 Entwicklungsschwerpunkte im amtlichen Vermessungswesen

16.2.1 Entwicklungsziele im amtlichen Vermessungswesen

Entwicklungsarbeiten haben im amtlichen Vermessungswesen und speziell in der AdV in den vergangenen Jahrzehnten zunehmend an Umfang und Bedeutung gewonnen. Während NITTINGER (1969) in seinem Beitrag zum 20-jährigen Bestehen der AdV noch die Koordinierung der Aufgaben von Landesvermessung und Liegenschaftskataster, die Zusammenarbeit mit anderen übergebietlichen Gremien, Auslandskontakte und Fragen der Ausbildung und Organisations- und Gesetzesangelegenheiten als Kernaufgaben der AdV bezeichnet hat und auf Entwicklungsaufgaben gar nicht eingegangen ist, hat sich dieses Bild in den letzten Jahrzehnten gründlich gewandelt. SCHRÖDER (1988) hat dies im Vorwort zur Festschrift zum 40-jährigen Bestehen der AdV so formuliert:

„Die AdV hat sich in ihren Anfängen – und das ist sicherlich unter dem zeitgeschichtlichen Aspekt zu sehen – an den Fragen der Tagesarbeit orientiert und weniger programmatische Vorstellungen entwickelt. In einer Zeit, als die Technologieschübe noch überschaubar waren, konnte eine solche Vorgehensweise auch immer zu befriedigenden Ergebnissen führen. Mit der rasanten Entwicklung der Automatisierten Datenverarbeitung musste sich jedoch auch die AdV mit zukunftsweisenden Konzepten beschäftigen.“

Spätestens mit der Entwicklung des Rahmen-Soll-Konzepts „Automatisiertes Liegenschaftskataster als Basis der Grundstücksdatenbank“ ist die AdV auch eine Entwicklungsgemeinschaft geworden, ein Aufgabenfeld, das mehr und mehr in den Mittelpunkt der AdV-Arbeit rückte und mittlerweile wesentlich die Arbeit der Arbeitskreise bestimmt. Näheres dazu ist in den Abschnitten 16.2.3 bis 16.2.6 dargestellt. Dies folgt der Idee des „Aktivierenden Staates“, des Staates als „Ermöglicher“ im Sinne eines Innovationsträgers, wie KUMMER dies in seinem Beitrag im Abschnitt 3.2.2 herausgearbeitet hat.

Die heutige Rolle der AdV als Entwicklungsgemeinschaft und Innovationsträger wird schließlich besonders deutlich in der Festschrift zu ihrem 60-jährigen Bestehen, die von erfolgreich vollzogenen und laufenden Entwicklungsleistungen geprägt ist. Stoffel (2008) beschreibt diese Rolle in seinem Vorwort bereits als traditionell:

„Die Aufnahme automationsgestützter Verfahren in die Aufgabenerledigung des Amtlichen deutschen Vermessungswesens hat Tradition, tritt allerdings in den letzten Jahrzehnten noch deutlicher in den Vordergrund. Schlagworte wie z. B. AFIS®, ALKIS®, ATKIS®, Standardisierung, Geodateninfrastruktur und damit einhergehend der Bewusstseinswandel weg von regionalen Einzellösungen hin zu einem einheitlichen Geodatenmanagement beherrschen heute die Diskussion, zu der die europäischen Entwicklungen und deren nationale Umsetzung einen nicht unerheblichen Beitrag liefern. Mit der Einrichtung von Zentralen Stellen und einer aktiven Unterstützung der GDI-Initiativen in Bund und Ländern haben die AdV und deren Mitgliedsverwaltungen diese Anforderungen angenommen.“

Neben der originären AdV-Arbeit ist es immer wieder zu Entwicklungsarbeiten in der Kooperation mehrerer Länder gekommen, deren Ergebnisse teilweise in der AdV aufgegangen sind, ähnlich dem Prinzip des eGovernment-Vorhabens Deutschland-Online „einige für alle“. Beispiele für diesen Ansatz finden sich im Abschnitt 16.2.7.

Die aktuellen Entwicklungsziele des amtlichen Vermessungswesens sind in dem Thesenpapier der AdV „Grundsätze des amtlichen Vermessungswesens" zusammengefasst und werden von KUMMER in seinem Beitrag in diesem Buch unter 3.5.5 und 3.5.6 vorgestellt.

CREUZER, ZEDDIES leiten in ihrem Beitrag im Abschnitt 2.1.4 „eine konsequente Weiterentwicklung und Anpassung des organisatorischen und technischen Umfelds an aktuelle Problemstellungen" aus den von ihnen im Abschnitt 2.1.3 zusammengestellten Aufgabenbereichen des deutschen Vermessungs- und Geoinformationswesens ab.

Einige Ländergesetze formulieren explizit einen Entwicklungsauftrag. So heißt es im § 1 Abs. 1 des Vermessungs- und Katastergesetzes des Landes Nordrhein-Westfalen: „Die Aufgabenerfüllung des amtlichen Vermessungswesens ist ständig dem Fortschritt von Wissenschaft und Technik anzupassen." Ergänzend dazu heißt es im § 1 Abs. 3: „Die Geobasisdaten sind in einem Geobasisinformationssystem entsprechend den Anforderungen der Bürger und der Nutzer aus Wirtschaft, Verwaltung, Recht und Wissenschaft zu führen und regelmäßig zu aktualisieren." Auch dieser Anspruch des Gesetzes verpflichtet zur ständigen Überprüfung und Anpassung des Produkt- und Leistungsangebots der Vermessungsverwaltung über entsprechende Entwicklungsleistungen, die zwar nicht in Gänze in Eigenarbeit zu bewältigen sind, die aber entsprechend aufwändige konzeptionelle und qualitätssichernde Leistungen erfordern.

Dabei ist zu beachten, dass die Aufgabengebiete Landesvermessung und Liegenschaftskataster mittlerweile durch komplexe geodätische und informations- und kommunikationstechnische Technologien getragen werden, deren Standardisierung und Einführung international erfolgt. Es ist von grundlegender Bedeutung, dass Deutschland in diese Prozesse kompetent eingebunden ist, um Fremdbestimmung und hohe Folgekosten durch aufwändige Anpassungsarbeiten bei den Systemlösungen zu verhindern. Neben dem BKG müssen die Länder diese Kompetenz für ihren Zuständigkeitsbereich aufbringen und Experten in die europäischen und internationalen Gremien entsenden, die dort die deutschen Interessen vertreten und internationales Know-how nach Deutschland tragen (siehe z. B. Kapitel 14).

16.2.2 Kompetenzbündelung im amtlichen föderalen Vermessungswesen

Deutschland verfügt im Gegensatz zu den meisten anderen Staaten aufgrund des Föderalismus nicht über ein starkes Kompetenzzentrum des amtlichen Vermessungswesens, über das aufwändige Entwicklungsarbeiten auf allen Gebieten – angefangen vom Liegenschaftskataster bis hin zu den staatlichen Aufgaben der Landesvermessung auf Bundes- und Länderebene – wahrgenommen werden könnten. Die Kompetenz verteilt sich vielmehr auf die zentralen Einrichtungen beim Bund und bei den Ländern in der Gestalt des Bundesamtes für Kartographie und Geodäsie (BKG) und der Landesvermessungsämter mit ihren diversen Bezeichnungen und organisatorischen Zuordnungen. Abgesehen von der verfassungsrechtlichen Kompetenz der Länder für das amtliche Vermessungswesen verfügt der Bund mit dem BKG auch nur über eine sehr begrenzte fachliche Kompetenz in Fragen des Liegenschaftskatasters und der Landesvermessung. Bund und Länder sind deshalb auf eine Bündelung in gemeinsamen Arbeitsgruppen angewiesen, um das verteilte Know-how wirksam umsetzen zu können. Diese Zusammenarbeit erfolgt vorwiegend innerhalb der AdV-Gremien, teilweise aber auch bilateral oder in gemeinschaftlichen Entwicklungen außerhalb der AdV.

Entwicklungsarbeiten der AdV erfolgen überwiegend in den vom Plenum der AdV eingerichteten Arbeitskreisen. Dies sind zur Zeit die Arbeitskreise Raumbezug, Liegenschaftskataster, Geotopographie und Informations- und Kommunikationstechnik. Neben den Arbeitskreisen hat das AdV-Plenum die Task Force PRM (Public Relations und Marketing) eingerichtet, die sich mit Fragen der Außendarstellung, des Produktdesigns, der Preis- und Lizenzgestaltung befasst. Die Arbeitskreise und die Task Force PRM richten ihrerseits für spezielle Fragestellungen und über einen begrenzten Zeitraum Projektgruppen ein.

Die Geschäftsordnung der AdV nennt für die Arbeit in den Arbeitskreisen zur Unterstützung des Plenums folgende Aufgaben (ADV 2005):

- Aufstellung und Abstimmung zukunftsorientierter gemeinschaftlicher Konzepte für die bundesweite Vereinheitlichung von Liegenschaftskataster, Landesvermessung und dem Geobasisinformationssystem nach den Bedürfnissen von Politik, Wirtschaft und Verwaltung,
- Moderation und Koordination der Normung und der Standardisierung für die Erfassung und Führung der Geobasisdaten sowie der Zugriffs- und Vertriebsmethoden,
- Unterstützung des Aufbaus und der Weiterentwicklung der nationalen und europäischen Geodateninfrastruktur und der entsprechenden elektronischen Dienste,
- Vertretung und Darstellung des amtlichen Vermessungswesens,
- Zusammenarbeit mit fachverwandten Organisationen und Stellen sowie mit Institutionen der geodätischen Forschung und Lehre,
- Mitwirkung in internationalen Fachorganisationen zur Förderung des Know-how-Transfers,
- Abstimmung in Fragen der fachlichen Ausbildung sowie
- Förderung der gemeinschaftlichen Durchführung länderübergreifend bedeutsamer Vorhaben.

Es geht also neben der Repräsentation, der Zusammenarbeit mit anderen Stellen und Fragen der Ausbildung überwiegend um die Entwicklung von gemeinsamen Konzepten, Standards und Lösungen und den Betrieb gemeinsamer Lösungen für die Bereitstellung der Geobasisdaten, ihre Vernetzung, ihr Qualitätsmanagement und ihr Marketing.

Die Arbeitskreise haben mit ihren Projektgruppen, teilweise unterstützt durch externe Experten, erhebliche Entwicklungsleistungen erbracht. So hat allein der Arbeitskreis Raumbezug seit 2002 21 Projektgruppen eingerichtet. Die Projektgruppen waren in der Regel über einen Zeitraum von einem Jahr aktiv, teilweise aber auch bei längerfristigen Aufgaben bis zu 4 Jahre.

Wenn gegenwärtig aufgrund der Föderalismusdiskussion die Zusammenarbeit zwischen Bund und Ländern im amtlichen Vermessungs- und Geoinformationswesen erneut auf der Tagesordnung steht, so stehen zunächst effizientere organisatorische Strukturen für Gemeinschaftsaufgaben im Vordergrund. Gleichzeitig bemüht sich die AdV aber auch um eine Lösung des Problems, dass für Entwicklungsaufgaben aufgrund schmaler werdender personeller Ressourcen immer weniger Länderexperten zur Verfügung stehen. Ein zeitweise angedachter Kompetenzpool für Gemeinschaftsaufgaben mit zentral verfügbaren Experten wie bei GDI-DE scheint gegenwärtig allerdings nicht umsetzbar zu sein.

Bereits 1969 wurde erkannt, dass neben einer Bündelung der AdV-Kräfte die Zusammenarbeit mit Wissenschaft und Forschung und mit der Wirtschaft von zentraler Bedeutung für die Umsetzung zukunftsweisender Konzepte und neuer Technologien ist. Damals wurde auf Anregung des BMI von der Deutschen Geodätischen Kommission (DGK) und der AdV die „Arbeitsgruppe Automation in der Kartographie (AgA)“ eingerichtet, die bis heute existiert und über ihre Jahrestagungen viele Ideen in die Entwicklung der Kartographie in Deutschland eingebracht hat und weiter einbringt.[1] In den Anfangsjahren der AgA kam es zu einer fruchtbaren Zusammenarbeit besonders zwischen dem damaligen Institut für Angewandte Geodäsie in Frankfurt, der Vorgängerinstitution des heutigen BKG, und verschiedenen Landesvermessungsämtern in Automationsfragen der Kartographie bis hin zu abgestimmten Systembeschaffungen.

Kompetenzbündelung im amtlichen Vermessungswesen für Entwicklungsaufgaben erfolgt neben den AdV-Gremien an verschiedenen anderen Stellen. So arbeiten das BKG und die Landesvermessungsämter aktiv im Vorhaben GDI-DE mit, verschiedene Länder und Kommunen beteiligen sich an Projekten von Deutschland-Online/Geodaten, Länder finden sich in Entwicklungsgemeinschaften auf vertraglicher Basis zusammen, um gemeinsame Lösungen für anstehende Probleme mit ihren begrenzten finanziellen und personellen Mitteln zu entwickeln.

16.2.3 Arbeitskreis Raumbezug

Der heutige Arbeitskreis Raumbezug ist 1996 aus den bis dahin getrennten Arbeitskreisen Trigonometrie und Nivellement zunächst unter dem Namen Grundlagenvermessung zusammengefasst worden, bis er 2002 seine heutige Bezeichnung erhielt. Nachdem es in den Jahrzehnten nach dem 2. Weltkrieg und in den Jahren nach der Wiedervereinigung darum gegangen war, den Bedarfsträgern in Deutschland einheitliche und hoch verdichtete homogene Festpunktfelder für Lage, Höhe und Schwere bereitzustellen, konzentrierten sich die Arbeiten des Arbeitskreises zu Beginn der 1990er Jahre auf die Einführung des Satellitenpositionierungsdienstes und ab dem Jahre 2000 auf die Entwicklung einer langfristig angelegten Gesamtstrategie für einen einheitlichen Raumbezug über ein bundeseinheitliches, homogenes Festpunktfeld (Abb. 16.8).

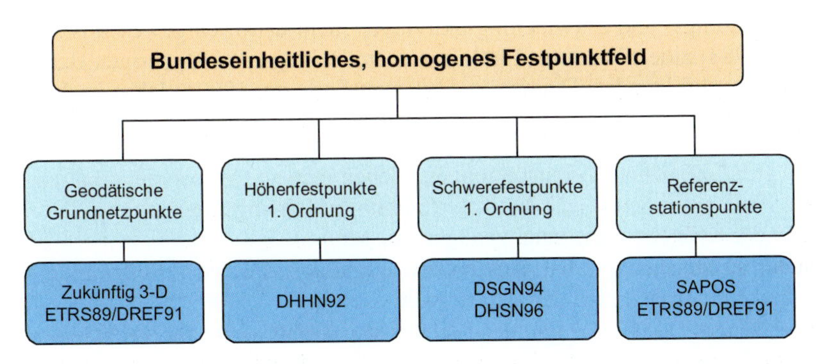

Abb. 16.8: Komponenten des einheitlichen Raumbezugs in Deutschland

[1] Vgl. http://www.ikg.uni-hannover.de/aga/index.php?id=347, entn. 22.05.2009.

Ein in der vom Arbeitskreis 2001 eingerichteten Projektgruppe zur künftigen Gestaltung der Festpunktfelder erarbeitetes Eckpunktepapier wurde 2004 von der AdV verabschiedet und bildet nun die Grundlage für die Realisierung des bundeseinheitlichen, homogenen Festpunktfeldes durch die Länder mit Unterstützung durch das BKG. Zur Überwachung und Überprüfung hat der Arbeitskreis moderne Verfahren entwickelt, die es gewährleisten, dass die Qualität der Koordinaten stets gesichert ist. Dazu wurden 2005 die „Richtlinien für den einheitlichen Raumbezug des amtlichen Vermessungswesens in der Bundesrepublik Deutschland“ von der AdV veröffentlicht (ADV 2005).

In einer groß angelegten Kampagne zur Erneuerung des DHHN wurden 2008 nach Vorgaben des Arbeitskreises 250 geodätische Grundnetzpunkte mit hochpräzisen Messmethoden der Lage, Höhe und Schwere nach bestimmt. Gegenwärtig werden die Messergebnisse arbeitsteilig durch speziell eingerichtete Rechenstellen ausgewertet. Die AdV schafft mit diesen Arbeiten eine Grundlage für Erdoberflächenmodelle höchster Präzision in Deutschland, die auch wissenschaftliche Analysen über rezente Krustenbewegungen und bergbaubedingte Bodenbewegungen gestatten. Durch die Mitmessung von Knotenpunkten europäischer Netze und die Mitwirkung des BKG ist sichergestellt, dass die Ergebnisse in diese Netze einfließen und Gegenstand europaweiter wissenschaftlicher Untersuchungen werden können.

Gegenwärtig bestehen 6 Projektgruppen des Arbeitskreises Raumbezug, die sich mit den nachfolgenden Themen beschäftigen:

- Koordinierung der Messungen im DHHN,
- SA*POS*®-Koordinatenmonitoring,
- GPS-Galileo-GLONASS,
- SA*POS*®-Qualitätsmanagement,
- Richtlinie Geodätische Grundnetzpunkte,
- Stabilität der Festpunktfelder.

16.2.4 Arbeitskreis Liegenschaftskataster

Der bereits 1949 gegründete Arbeitskreis Liegenschaftskataster hat als einziger Arbeitskreis seine ursprüngliche Bezeichnung bis heute beibehalten. Dies bedeutet aber keineswegs, dass er von Modernisierungs- und Entwicklungsaktivitäten nicht betroffen gewesen ist. Im Gegenteil: SCHENK (1988) zitiert WIRTHS (1969) in seinem Beitrag zum 40-jährigen Bestehen der AdV mit den nachfolgenden Themen, die bis zum Ende der 1960er Jahre im Vordergrund standen:

- „Erarbeitung grundsätzlicher Voraussetzungen, denen neuere Aufnahmeverfahren, vor allem die Photogrammetrie und die elektronische Entfernungsmessung, bei ihrer Anwendung in der Katastervermessung genügen müssen,
- Erforschung der technischen und wirtschaftlichen Grundlagen für den Einsatz moderner Rechen- und Kartiergeräte bei der Katastervermessung,
- Anpassung der Katasternachweise und des Fortführungsverfahrens an die veränderten Bedürfnisse von Verwaltung und Recht,
- Erarbeitung von Grundlagen für die Rationalisierung der Katasterführung mit den Mitteln der Automation, ...“

GRUNDSTÜCKSDATENBANK

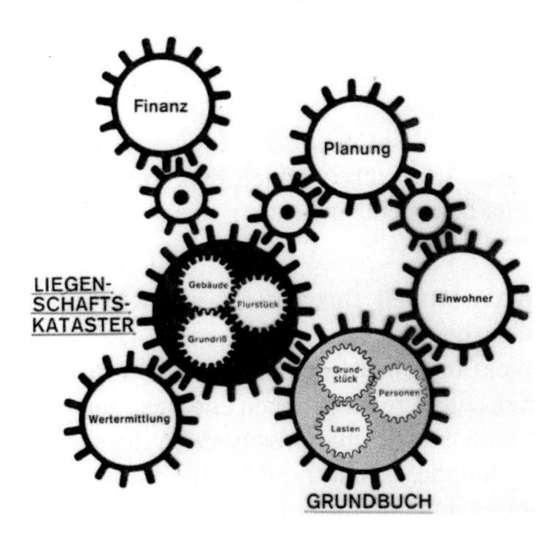

Abb. 16.9:
Modell der Grundstücksdatenbank

Es schloss sich 1970 die Einrichtung der Sachkommission Liegenschaftskataster (SKL) an, die gemeinsam mit der Sachkommission Grundbuch (SKG) das visionäre Konzept der Grundstücksdatenbank (Abb. 16.9) entwickelte, das von dem großen Wurf einer gemeinsamen Lösung für ein automatisiertes Liegenschaftskataster und ein automatisiertes Grundbuch, verbunden mit weiteren grundstücksbezogenen Datenbeständen, ausging.

Das fertige Konzept wurde nicht realisiert, weil die Grundbuchseite quasi im letzten Moment ihre Beteiligung zurückzog. Es sollte noch über 20 Jahre dauern, bis ein automatischer Datenaustausch zwischen getrennten Registern für Grundbuch und Liegenschaftskataster möglich wurde.

Auf der Grundlage des durch die SKL 1971 entwickelten Rahmensollkonzepts „Automatisiertes Liegenschaftskataster als Basis der Grundstücksdatenbank" wurde 1973 das Sollkonzept für das Automatisierte Liegenschaftsbuch (ALB) verabschiedet und durch die Gemeinschaft der Anwender des Automatisierten Liegenschaftsbuchs (GAL), in der fünf Länder vertreten waren, programmiert und schließlich eingeführt. Das ALB ist heute flächendeckend in Deutschland eingeführt und wird gegenwärtig durch das Amtliche Liegenschaftskataster-Informationssystem (ALKIS®) abgelöst.1983 wurde als weitere groß angelegte Entwicklungsarbeit des Arbeitskreises in enger Abstimmung mit dem Arbeitskreis Automation das Vorhaben Automatisierte Liegenschaftskarte (ALK) zur digitalen Führung des Inhalts der Liegenschaftskarten und zur automatischen Herstellung der Katasterkarten in Angriff genommen.

Die Komplexität der Aufgabe zwang dazu, die Konzeption und Entwicklung wesentlicher Softwarekomponenten privaten Unternehmen zu übertragen, während die Standardisierungsarbeiten durch Expertengruppen des Arbeitskreises geleistet wurden, in die auch – wie bereits bei der ALB-Entwicklung – die Kommunalverwaltung integriert war.

Im Ergebnis entstanden Lösungen für die ALK-Datenbank und für den interaktiven graphischen Arbeitsplatz ALK-GIAP. Neben diesen zentral durch die AdV entwickelten Lösungen wurden Firmenlösungen auf der Grundlage der ALK-Standards realisiert. Auch die heute flächendeckend in Deutschland verfügbaren ALK-Lösungen werden gegenwärtig durch ALKIS® abgelöst.

Mit ALB und ALK wurde der erste Integrationsprozess des Liegenschaftskatasters vollzogen. Im ALB wurden die Register des Katasterbuchwerks – Flurbuch, Liegenschaftsbuch, Eigentümerverzeichnis, alphabetische Namenskartei – zusammengefasst, in der ALK das Katasterkartenwerk mit Flurkarte und Schätzungskarte und das Katasterzahlenwerk mit dem Zahlennachweis. Auf Vorschlag des Arbeitskreises Liegenschaftskataster hat die AdV 1996 beschlossen, auch die Integration von ALB und ALK im Amtlichen Liegenschaftskataster-Informationssystem in die Wege zu leiten. Der Arbeitskreis erhielt den Auftrag, ein ALKIS-Fachkonzept in Abstimmung mit der bereits bestehenden Lösung eines Amtlichen Topographisch-Kartographischen Informationssystems (ATKIS®) zu entwickeln.

Die Arbeit mündete in das heute bestehende AAA-Modell für ALKIS®, ATKIS® und AFIS®, das Amtliche Festpunkt-Informationssystem, beschrieben in der GeoInfoDok. Mit ALKIS startete die AdV ein weiteres Mammutprojekt mit einer Entwicklungszeit von über 10 Jahren. Die vom Arbeitskreis mit seinen Experten- und Projektgruppen entwickelten und im AAA-Koordinierungsgremien mit den beiden anderen Informationssystemen des amtlichen deutschen Vermessungswesens abgestimmten Standards sind mittlerweile in diversen Systemlösungen weitgehend durch private GIS-Unternehmen realisiert und in ersten praktischen Anwendungen eingeführt.

16.2.5 Arbeitskreis Geotopographie

Der heutige Arbeitskreis Geotopographie ist 1996 aus den 1949 und 1950 gegründeten Arbeitskreisen Kartographie und Topographie hervorgegangen, zunächst mit der Bezeichnung „Topographie und Kartographie“ im Jahre 1996, ab 2001 mit der heutigen Bezeichnung. Die Zusammenführung und der terminologische Wechsel machen deutlich, dass es zunehmend zu einer Überlagerung der Aufgabenfelder von Topographie und Kartographie gekommen ist, spätestens seit dem Gemeinschaftsprojekt des Amtlichen Topographisch-Kartographischen Informationssystems ATKIS®. Den Entwicklungsbedarf auf den Gebieten Topographie und Kartographie hat HARBECK (1998) in der Festschrift zum 50-jährigen Bestehen der AdV so formuliert: „Techniken der Informationsgewinnung, Grundsätze der Gestaltung, Verfahren der Produktion und Formen der Anwendung haben sich evolutionär, in jüngster Zeit gar revolutionär verändert.“ Harbeck verweist dabei auf die zunehmende Bedeutung der Automation für die topographischen und kartographischen Arbeitsprozesse, die sich in der AdV-Arbeit in einer zeitweise prägenden Rolle des Arbeitskreises Automation[2] der AdV äußerte.

Doch zunächst ging es nach dem Krieg darum, einheitliche Kartenwerke in der Maßstabsfolge 1:5.000, 1:25.000, 1:50.000, 1:100.000, 1:200.000, 1:500.000 und 1:1.000.000 für die Bundesrepublik Deutschland zu entwickeln. Diese Aufgabe beschäftigte den Arbeitskreis Kartographie bis in die 1980er Jahre, wobei die Entwicklung des Maßstabs 1:5.000 dem Arbeitskreis Topographie zufiel. Parallel zu diesen Arbeiten wurden auf der Grundlage der Karten der amtlichen Maßstabsreihe eine Fülle von Sonderkarten vor allem des Freizeit- und Verwaltungsbereichs entwickelt, allerdings überwiegend in der Verantwortung des jeweiligen Landesvermessungsamtes. In der gleichen Zeit entwickelte sich die kartographische Herstellungstechnik von Kupferstich und Lithographie über Schichtgravur und Schriftmontage bis zu ersten automationsgestützten Techniken wie Lichtzeichnung und Gravur

[2] Heutige Bezeichnung: Arbeitskreis Informations- und Kommunikationstechnik.

durch Zeichenautomaten. Die Einführung der jeweils neuen Technik wurde durch umfangreiche Entwicklungs- und Versuchsarbeiten in den Landesvermessungsämtern und beim Institut für Angewandte Geodäsie begleitet und im Arbeitskreis diskutiert.

Neben der Entwicklung der Deutschen Grundkarte 1:5.000 war der wesentliche Entwicklungsschwerpunkt im Arbeitskreis Topographie bis in die 1980er Jahre die Einführung der Photogrammetrie in den Erhebungsprozess der topographischen Landesaufnahme und zur Ableitung von Orthophotos. MICHALSKI (1988) schreibt dazu in der Festschrift zum 40-jährigen Bestehen der AdV: „Es ist daher folgerichtig, dass sich der AK Topographie auf fast allen seinen Tagungen mit Fragen der Einführung, Weiterentwicklung und Optimierung von Verfahrens- und Gerätetechniken auseinandergesetzt hat, zunächst in Form eines Gedanken- und Erfahrungsaustausches, dann bei fortschreitender Verbreitung der neuen Technik verstärkt mit speziellen Untersuchungen, vergleichenden Erhebungen und Empfehlungen.“ Diese Aktivitäten mündeten schließlich in die intensive Begleitung komplexer photogrammetrischer Programmsysteme durch den Arbeitskreis in den 1980er Jahren.

Die von HARBECK (1998) als revolutionär bezeichnete Phase der Topographie und Kartographie begann mit der ATKIS®-Entwicklung ab 1985. Sie wurde erst möglich durch nunmehr verfügbare Konzepte zur komplexen Datenmodellierung und zu objektstrukturierten Datenbankmodellen als Grundlagen späterer Geoinformationssysteme. Dieser Herausforderung war nur mit den vereinten Kräften der Arbeitskreise Automation und Kartographie und Topographie zu begegnen. Die AdV schuf zu diesem Zweck eine eigene Arbeitsgruppe ATKIS®, die direkt dem AdV-Plenum berichtete. Die Entwicklung der ATKIS®-Konzepte erfolgte in Untergruppen, die sich speziell mit der Datenmodellierung, der Gestaltung von Objektartenkatalogen und von Signaturenkatalogen beschäftigten. Die äußerst intensive Arbeit in der AG ATKIS® und in ihren Untergruppen führten 1989 zum Abschluss der Konzeptionsphase. Die gleichzeitige Umsetzung der ATKIS®-Standards in Softwarelösungen durch IT-Unternehmen ermöglichte bereits 1989 den Start der Produktionsarbeiten nach den neuen Standards.

Dieser Erfolg wurde möglich, weil es der AdV und ihrer Arbeitsgruppe gelungen war, alle verfügbaren Kräfte zu bündeln und mit Begeisterung für die große Herausforderung zu erfüllen. HARBECK (1988): „Gemeinsame Gruppenarbeit und die persönliche Identifikation der Mitglieder mit dem Gedankengebäude der digitalen Landschaft und Karte, mit der „ATKIS®-Idee“, haben zu einem intensiven Kenntnisstand geführt. Er hat den überaus großen Vorteil, einerseits konzentriert in der Arbeitsgruppe ATKIS® und ihren Untergruppen vorhanden, andererseits aber auch in die einzelnen Mitgliedsverwaltungen hinein transferierbar zu sein.“ Es bleibt festzuhalten, dass die ATKIS®-Entwicklung durch die AdV ein Musterbeispiel kreativer und erfolgreicher länderübergreifender Entwicklungszusammenarbeit unter wesentlicher Mitwirkung durch den Bund gewesen ist. Leider konnte sich die AdV nicht dazu entschließen, nach diesem Modell nach der Auflösung der AG ATKIS® 1989 auch die ATKIS®-Produktionsphase durch ein straffes Projektmanagement zu begleiten. Die Rückübertragung an die Arbeitskreise trug nicht dazu bei, dass ATKIS® nach bundeseinheitlichen Qualitätskriterien realisiert wurde, ein Umstand, den mancher Anwender später bedauerte.

An die eigentliche ATKIS®-Modellierungsarbeit schloss sich die Entwicklung einer neuen aus ATKIS® abzuleitenden Kartengraphik für die Standardkartenwerke der AdV zunächst im Arbeitskreis Kartographie und ab 1996 im gemeinsamen Arbeitskreis Topographie und

Kartographie an. Heute liegen die ersten Kartenwerke in dieser neuen Kartengraphik vor und müssen ihre Qualität in der täglichen Praxis beweisen.

1990 stellte sich für den Arbeitskreis Topographie und Kartographie als neue Herausforderung die Wiedervereinigung. Es galt, gemeinsame Positionen für einheitliche Karten- und Datenwerke in Deutschland zu entwickeln. Letztlich wurden die durch die AdV entwickelten Konzepte auf die neuen Bundesländer übertragen, die sehr schnell damit begannen, entsprechende Lösungen zu realisieren.

Ab 1997 begannen die Arbeiten für ein gemeinsames Datenmodell für ATKIS® und ALKIS®, die schließlich zum heutigen AAA-Modell führten. Auch für ATKIS® ergaben sich Änderungen, die vom Arbeitskreis in erneuter Entwicklungsarbeit in Abstimmung mit den Arbeitskreisen Liegenschaftskataster und Informations- und Kommunikationstechnik umzusetzen waren. Das Ergebnis findet sich in der ATKIS®-Dokumentation in der GeoInfoDok.

Im Jahre 2000 startete die AdV das Gemeinschaftsprojekt ATKIS®-Modell- und kartographische Generalisierung zunächst unter Beteiligung von vier Ländern, denen bis heute acht weitere Länder beigetreten sind. Das Ziel ist die weitgehend automatische Ableitung von Folge-DLM aus dem Basis-DLM sowie daraus erzeugten Digitalen Topographischen Karten. Heute liegt eine fertige Software zur Ableitung des DLM50 vor, eine erste bundesweite Realisierung ist erfolgt. Eine erneute Ableitung erfolgt mit dem Ziel, eine einheitliche WEB-Präsentation für den Maßstabsbereich 1:10.000 bis 1:200.000 bis zum Herbst 2009 zu realisieren. Bis zum Jahresende 2009 soll darüber hinaus die weitgehend automatische Ableitung eines kartographisch generalisierten Modells 1:50.000 vorliegen.

Ein weiterer Schwerpunkt des Arbeitskreises Topographie und Kartographie – ab 2001 unter seiner neuen Bezeichnung Geotopographie – war in den letzten Jahren die Entwicklung neuer Standards für Digitale Geländemodelle (DGM) und Digitale Orthophotos (DOP). Heute liegen Festlegungen für DGM2, DGM5, DGM25, DGM50, DGM250 und DGM1000 und für DOP20 und DOP40 vor.

16.2.6 Arbeitskreis Informations- und Kommunikationstechnik

Den Herausforderungen der Automation begegnete die AdV 1961 mit der Gründung des Arbeitskreises Automation, der 1989 in Informations- und Kommunikationstechnik umbenannt wurde. Die Gründung wurde erforderlich, da die IuK-Techniken mit ihren immer kürzer werdenden Innovationszyklen alle Arbeitsverfahren des Vermessungswesens durchdrangen und tlw. revolutionierten. Den Anfang machten die Rechenprogramme der Grundlagenvermessung, es folgten Steuerungsprogramme für Zeichenautomaten, komplexe Auswerteprogramme in der Photogrammetrie, interaktive graphische Systeme, Datenbanklösungen für strukturierte Massendaten, Informationssysteme mit zentralen und dezentralen Komponenten, digitale terrestrische und flugzeuggestützte Aufnahmesysteme, Bereitstellung der Produkte über Internet. Ein Ende der Entwicklung ist nicht abzusehen, im Gegenteil: Die Innovationszyklen werden immer kürzer.

Dies hat zur Konsequenz, dass die AdV einen Weg finden muss, den durch die Informations- und Kommunikationstechniken ausgelösten permanenten Entwicklungsdruck aufzufangen und neue Entwicklungen zeitgerecht in neue Verfahrenslösungen umzusetzen. Der Föderalismus im Vermessungswesen sieht keine starke zentrale Institution vor, die über konzentrierte Kompetenz diese Rolle übernehmen könnte, wie dies in anderen Staaten wie

z. B. Frankreich mit dem IGN oder Großbritannien mit dem Ordnance Survey der Fall ist. Es ist das wesentliche Ziel der Arbeitskreise der AdV, durch Bündelung dezentral bei den Landesvermessungsämtern und beim Bundesamt für Kartographie und Geodäsie verfügbaren Wissens fachliche Innovationen und neue IuK-Lösungen aufzugreifen und für die praktische Anwendung nutzbar zu machen. Für den IuK-Bereich hat diese Aufgabe der Arbeitskreis Informations- und Kommunikationstechnik in der Vergangenheit angenommen und erfolgreich die fachliche Verfahrensentwicklung unterstützt.

Zu Beginn der Arbeit des Arbeitskreises stand der Erfahrungsaustausch der Mitglieder über die Nutzung von IT-Systemen, die Einführung neuer Betriebssysteme und Programmiersprachen und die Möglichkeiten neuer Peripheriegeräte im Vordergrund. Dieser reine Gedankenaustausch wurde bald ergänzt um Standardisierungsaktivitäten. Erwähnt seien die Einführung der kompatiblen Schnittstellen (KDCS, KDBS und KSDS) und des Graphischen Kernsystems (GKS) mit Unterstützung durch den Arbeitskreis.

Eine besondere Rolle übernahm der Arbeitskreis bei der Einführung der Automatisierten Liegenschaftskarte zu Beginn der 1970er Jahre. SELLGE (1988) schreibt dazu in der Festschrift zum 40-jährigen Bestehen der AdV: „In den Jahren 1977 bis 1980 war der Arbeitskreis fast ausschließlich mit der Erarbeitung der fachlichen Vorgaben – vorbereitet von der Arbeitsgruppe „Koordinaten- und Grundrissdatei“ – beschäftigt. Zugleich hatte er im Entwicklungs- und Forschungsvorhaben die Funktion eines Lenkungsausschusses.“ In dem vom Bundesministerium für Forschung und Technologie geförderten Vorhaben wurden u. a. die Datenstrukturen für die verschiedenen ALK-Datenbankkomponenten festgelegt.

Die Entwicklung der Fachinformationssysteme ATKIS®, ALKIS® und AFIS® und ihre gemeinsame Modellierung im AAA-Modell hat der Arbeitskreis IK aus informationstechnischer Sicht aktiv begleitet. Er war und ist dabei mit seiner Kernkompetenz besonders verantwortlich für die Bereiche Datenmodellierung, Datenaustausch und Geodienste.

Auf dem GDI-Sektor koordiniert der Arbeitskreis die Aktivitäten der AdV und hält engen Kontakt zu den einschlägigen Normungs- und Standardisierungsgremien ISO und OGC und zu Unternehmen der GIS-Industrie, die sich mit der Umsetzung der Standards beschäftigen.

Bei der Entwicklung der GDI-Konzepte und des AAA-Modells greift der Arbeitskreis zunehmend auf externes Know-how zurück. Dies liegt einerseits an der zunehmenden Breite und Tiefe des erforderlichen Spezialwissens, andererseits an den immer knapper werdenden personellen Ressourcen in den Ländern durch den teilweise drastischen Personalabbau. Hier stellt sich die Frage, wie lange das amtliche deutsche Vermessungswesen es sich noch leisten kann, die kürzer werdenden Innovationszyklen durch einige wenige Experten, die zudem dezentral verteilt sind, zu begleiten. Es besteht die große Gefahr, nachhaltig den Anschluss an die internationale Entwicklung zu verlieren, wenn es nicht gelingt, einen leistungsfähigen Kompetenzpool zentral in Deutschland einzurichten. Dies wird besonders an der Rolle des Arbeitskreises IK deutlich.

16.2.7 Weitere Entwicklungsaktivitäten im amtlichen Vermessungswesen

Entwicklungsaktivitäten werden im amtlichen Vermessungswesen nicht nur über die Arbeitskreise der AdV geleistet. Nicht immer ist es möglich, innovative Konzepte von Beginn an mit allen Mitgliedern der AdV gemeinsam anzugehen, wenn Länder nicht über die nötigen Ressourcen verfügen. Trotzdem kann es über die Initiative einer Gruppe von Ländern zu erfolgreichen und flächendeckenden Gemeinschaftslösungen kommen, wie die Beispiele SA*POS*® und GVHK zeigen. Der Ansatz folgt einer ähnlichen Strategie wie bei dem eGovernment-Vorhaben Deutschland-Online, bei dem Länder nach dem Prinzip „einige für alle“ ein Projekt angehen, um dann weiteren Ländern die Teilnahme zu ermöglichen.

Der SA*POS*®-Gemeinschaft sind nach ihrer Gründung im Jahre 2003 nach anfänglichem Zögern alle Länder beigetreten und betreiben gemeinsam das bundesweite SA*POS*®-Netz und über die SA*POS*®-Zentrale in Hannover auch einen zentralen Vertrieb von Daten und Diensten. Zur gleichen Zeit wurde die Gemeinschaft zur Verbreitung von Hauskoordinaten (GVHK) mit zunächst 8 Ländern gegründet, um über das Landesvermessungsamt NRW einen gemeinsamen Vertrieb der aus dem Liegenschaftskataster abgeleiteten Hauskoordinaten zu organisieren. Auch der GVHK gehören heute alle Bundesländer an, das Vertriebsspektrum wird gegenwärtig um das Produkt Hausumringe erweitert. Beide Gemeinschaften entwickeln neben dem eigentlichen Vertrieb Produktstandards und Lizenzmodelle.

Nach ähnlichem Ansatz entwickelt gegenwärtig eine Ländergemeinschaft eine Gemeinschaftslösung für die Präsentation von Bodenrichtwerten über Internet (VBORIS), eine andere Gruppe eine gemeinsame Internetpräsentation unter Nutzung der Geobasisdaten des Basis-DLM und des automatisch abgeleiteten DLM50. Auch bei diesen Initiativen wird erwartet, dass sich weitere Bundesländer anschließen, bestenfalls bis zur Flächendeckung.

16.3 Geodätische Forschung in Deutschland

16.3.1 Wissenschaftliches Umfeld und Interdisziplinarität

Die Helmert’sche Definition der Geodäsie als „Wissenschaft von der Ausmessung und Abbildung der Erdoberfläche“ ist im Grundsatz auch nach 130 Jahren gültig. Infolge des wissenschaftlich-technologischen Fortschritts, z. B. in der Laser-, der Informations- und der Satellitentechnologie, lassen sich die Kernaufgaben der Geodäsie im öffentlichen und privaten Bereich seit einigen Jahrzehnten immer schneller und kostengünstiger, aber auch umfassender und mit höherer Qualität erfüllen. Aufgrund der Übertragbarkeit der im Laufe der Zeit entwickelten Mess- und Auswertemethoden hat sich zudem der Arbeitsbereich deutlich erweitert. Die Spanne der betrachteten Objekte reicht von Werkstücken in der Industrie, deren Qualität in Echtzeit nachzuweisen ist, bis zu Planeten wie dem Mars, der vollständig in großem Maßstab kartiert wird.

Damit verbunden ist ein durchgreifender Bewusstseinswandel, der dazu geführt hat, dass etliche Themen der „klassischen Vermessung“ aus dem Fokus des wissenschaftlichen Interesses verschwunden sind. Dieser Wandel zeigt sich in verschiedenen Übergängen, z. B. von der analogen zur digitalen Sensorik, von manuellen zu automatisierten Messverfahren sowie von genäherten zu strengen Auswerteverfahren, aber auch in einer grundsätzlich dreidimensionalen Betrachtung anstelle der traditionellen Aufteilung in Lage und Höhe, zunehmend unter Berücksichtigung der Zeit als zusätzliche Dimension. An vielen Stellen wird eine übergreifende, durchgängige Konsistenz der Methoden und Produkte als wesentliches Qualitätsmerkmal gefordert.

Gegenstand dieses und der folgenden Abschnitte ist die geodätische Forschung in Deutschland in ihrer aktuellen Ausprägung. Dabei soll der Begriff Geodäsie im weiten Sinne und summarisch für alle Teildisziplinen des Vermessungs- und Geoinformationswesens verwendet werden. Berührungen und Überlappungen der folgenden Darstellungen mit anderen Kapiteln dieses Buchs entstehen aufgrund der stets gegebenen Anwendungsorientierung geodätischer Forschung auf vielfältige Weise; sie sind sinnvoll und erwünscht. Die geographische Begrenzung im Sinne des Buchtitels dient als Leitfaden. Aufgrund der internationalen Orientierung und Gültigkeit geodätischer Forschung kann sie jedoch nicht in letzter Konsequenz eingehalten werden, zumal es im deutschen Sprachraum regen wissenschaftlichen Austausch gibt – nicht zuletzt bei Stellenbesetzungen im akademischen Bereich.

Die Geodäsie ist eine ingenieurwissenschaftliche Disziplin, die starke Bezüge zu benachbarten Ingenieurwissenschaften wie dem Bauingenieurwesen, dem Maschinenbau und der Elektrotechnik besitzt, zur Informatik, zu den Geo- und Naturwissenschaften und nicht zuletzt zu den Gesellschaftswissenschaften. Sind bei den zuerst genannten Fachgebieten eher technologisch-methodische Probleme von wissenschaftlichem Interesse, so stehen bei den danach genannten Disziplinen experimentelle Fragestellungen im Vordergrund. Daneben gibt es seit jeher gesellschaftliche Aufgaben der Geodäsie, die vor allem an Eigentumsfragen und das Baugeschehen anknüpfen; sie haben sich zu vielschichtigen Managementaufgaben um Grund und Boden weiterentwickelt und besitzen enge Verbindungen zu Disziplinen wie der Geographie, der Architektur oder der Landschafts- und Umweltplanung.

Die geodätische Forschung in Deutschland wird besonders durch die Professuren und Arbeitsgruppen an den Universitäten sowie durch Forschungseinrichtungen und -institute wie das Deutsche GeoForschungsZentrum (GFZ, www.gfz-potsdam.de) in Potsdam, das Deutsche Geodätische Forschungsinstitut (DGFI, www.dgfi.badw.de) in München, das Deutsche Zentrum für Luft- und Raumfahrt (DLR, www.dlr.de), das an mehreren Standorten vertreten ist, oder das Alfred-Wegener-Institut für Polar- und Meeresforschung in Bremerhaven (AWI, www.awi-bremerhaven.de) getragen.

Es existieren vielfältige forschungs- und entwicklungsorientierte Kooperationen mit Behörden und der Wirtschaft, z. B. zu Fragen des Raumbezugs und der Geodateninfrastruktur. Besonders hervorzuheben ist das Engagement des Bundesamts für Kartographie und Geodäsie (BKG), z. B. durch die Einrichtung und den Betrieb des Geodätischen Observatoriums Wettzell gemeinsam mit der Forschungseinrichtung Satellitengeodäsie (FESG). Die Forschung an den deutschen Fachhochschulen ist traditionell stark anwendungsorientiert.

Die Forschungsrichtungen spiegeln sich national in der neuen Sektionsstruktur der Deutschen Geodätischen Kommission (DGK, www.dgk.badw.de) und international in verschiedenen Wissenschaftsorganisationen wie der International Association of Geodesy (IAG, www.iag-aig.org), der Fédération Internationale des Géomètres (FIG, www.fig.net), der International Society of Photogrammetry and Remote Sensing (ISPRS, www.isprs.org) oder der International Cartographic Association (ICA, www.icaci.org) wider.

Koordinierte nationale Aktivitäten und der Wissenstransfer in die Praxis werden durch Verbände wie den DVW – Gesellschaft für Geodäsie, Geoinformation und Landmanagement (www.dvw.de), die Deutsche Gesellschaft für Photogrammetrie und Fernerkundung (DGPF, www.dgpf.de) oder die Deutsche Gesellschaft für Kartographie (DGfK, www.dgfk.net) getragen.

Die folgenden Ausführungen sind als ein aktueller, allgemein informativer Überblick über die geodätische Forschung in Deutschland gedacht. Gute Informationsquellen sind die nationalen und internationalen Fachzeitschriften und Tagungsbände, die Internetauftritte der

Einrichtungen im Bereich der wissenschaftlichen Geodäsie, die man z. B. über die Webseiten der DGK findet, und nicht zuletzt die Jahresberichte der DGK. Die geodätische Forschung in Deutschland ist in allen Teilgebieten in hohem Maße international aktiv und anerkannt.

16.3.2 Technologischer Fortschritt

Als Ingenieurdisziplin und den dadurch gegebenen Anwendungsbezug ist die Geodäsie immer vom technologischen Fortschritt abhängig. Dabei partizipiert sie an Entwicklungen in benachbarten Bereichen, die für die Aufgaben der Geodäsie adaptiert und genutzt werden. Zu nennen sind Sensoren und Sensorsysteme – insbesondere aus den optischen, den Laser- und die Mikrowellentechnologien, aber auch die IT- und Kommunikationstechnologien sowie die Satelliten und Satellitensysteme. Dies betrifft in gleichem Maße die Verfügbarkeit von Hardware, z. B. in Form von Messinstrumenten oder Rechnern, und von Software für allgemeine und spezielle Aufgaben wie Datenbanksysteme oder Visualisierungsprogramme.

Die Geodäsie gestaltet den technologischen Fortschritt auch in hohem Maße mit. Dies ist für die digitalen, teils automatisierten Versionen klassischer Messinstrumente wie Tachymeter oder Nivelliere mit durchgängigem Datenfluss ebenso offensichtlich wie für die Messsysteme zur Erdbeobachtung, zu denen die geometrischen und physikalischen Raumverfahren sowie die Fernerkundungsverfahren im optischen und im Mikrowellenbereich zählen. Besonders deutlich wird der instrumentelle Beitrag in der aktuellen Generation von Schwerefeldsatelliten wie GRACE und GOCE. Die wissenschaftliche Geodäsie initiiert und begleitet solche Entwicklungen – stets qualitätsorientiert – auf vielfältige Weise, wobei Fragen zur Beobachtung, Modellierung, Analyse und Interpretation von besonderem Interesse sind. Die deutschen Beiträge sollen in den folgenden Abschnitten vertieft dargestellt werden.

Besonders hervorzuheben sind die geodätischen Beiträge zur Entwicklung von Auswertemethoden und Algorithmen in Softwarepaketen verschiedenster Prägung, die über die Geodäsie hinaus verwendet werden. Als Beispiel seien die GPS-Auswerteprogramme genannt, die in aller Regel von Geodäten oder unter starker geodätischer Beteiligung entwickelt und erweitert werden.

16.3.3 Geodätische Auswertemethoden

Geodätisches Arbeiten lässt sich allgemein und übergreifend in mehrere Komponenten gliedern: Modellierung, Erfassung, Verarbeitung und Verwaltung, Analyse und Prognose, Präsentation, Gestaltung. Die inhaltlichen Elemente und die Gewichte dieser Komponenten unterscheiden sich in den einzelnen Teildisziplinen und bei den jeweiligen Aufgaben. Die Schwerpunkte sind ebenfalls dem Wandel des wissenschaftlichen Interesses unterworfen.

Bezüglich der Rolle der geodätischen Auswertemethoden bieten sich in diesem Zusammenhang zwei naheliegende Interpretationsmöglichkeiten an. Zum einen sind diese dem engeren Bereich der Verarbeitung und Analyse von Daten zuzuordnen, zum anderen bilden sie bei weiterer Perspektive das Rückgrat und den Rahmen jeglichen geodätischen Arbeitens. In ihrem Zentrum steht nach wie vor die Ausgleichungsrechnung und Statistik (BENNING 2010, KOCH 2004, NIEMEIER 2008). Daneben haben sich in Erweiterung und

Ergänzung verwandte Verfahren etabliert, z. B. aus der Filtertheorie, der Optimierungstheorie oder der Entscheidungstheorie, wobei es viele weitere Methoden gibt, die sinnvoll adaptiert und eingesetzt werden können.

Die wichtigsten Aufgaben der geodätischen Auswertemethoden sind die Ableitung von mittleren, die gesuchten Größen hinreichend repräsentierenden Werten (Schätzung), die Trennung zwischen Regelverhalten und systematischen oder zufälligen Störungen (Filterung), die räumliche oder zeitliche Vorhersage von Werten (Prädiktion) sowie die Bereitstellung von Entscheidungsgrundlagen (Prüfen und Testen). Es ist zu beachten, dass die betrachteten Daten und Modelle mit Unsicherheiten behaftet sind, die geeignet mathematisch zu behandeln sind. Damit ist sowohl die konsistente Ableitung von Unsicherheitsmaßen für Beobachtungs- und Ergebnisgrößen gemeint als auch deren Berücksichtigung bei nachfolgenden Analysen.

Die Auswertung und Analyse von Daten beruht auf Modellen, die für die jeweiligen Aufgaben und Anforderungen zu entwickeln sind und die den mathematischen Rahmen oder Hintergrund definieren. Man unterscheidet zwischen Beobachtungsmodellen, mit deren Hilfe Messanordnungen beschrieben und systematische Einflüsse auf die Beobachtungen parametrisiert oder reduziert werden können, und Objekt- bzw. Prozessmodellen, die es gestatten, die interessierenden Phänomene fachwissenschaftlich zu betrachten. Es lässt sich darüber streiten, ob die Modellierung bereits dem Bereich der Auswertemethoden zuzuordnen ist – es ist aber ohne Zweifel weder sinnvoll noch überhaupt möglich, eine Messung, Auswertung oder Analyse ohne ein zumindest implizit definiertes Modell durchzuführen.

Ein typisches Merkmal geodätischer Auswertemethoden ist eine durchgängige, auf Unsicherheitsmaßen beruhende Qualitätsbetrachtung, um die Daten geeignet zu gewichten und die Genauigkeit und Zuverlässigkeit der Ergebnisse angeben zu können. Zu diesem Zweck bieten sich verschiedene Modellhintergründe an, wobei man sich traditionell der Approximationstheorie oder der Stochastik bedient. In beiden Fällen können Qualitätskenngrößen numerisch quantifiziert werden, wobei im Falle der Stochastik mit den Standardabweichungen bzw. Varianz-Kovarianzmatrizen eine weitergehende Interpretation möglich ist.

Neuere Ansätze verallgemeinern dieses Vorgehen in verschiedener Hinsicht. Auf Basis der Bayes-Theorie ist es – nach wie vor stochastisch begründet – möglich, Vorwissen in Form von vollständigen Wahrscheinlichkeitsdichten bei der Auswertung und Analyse sowie darauf beruhenden Entscheidungen zu verarbeiten (KOCH 2007). Verlässt man den engeren Bereich der Stochastik, so kann mengentheoretisch begründete Information über Unsicherheiten, z. B. in Form von Toleranzen, berücksichtigt werden. In diesem Falle bilden die Intervallmathematik oder die Fuzzy-Theorie den entsprechenden mathematischen Hintergrund. KUTTERER (2002) zeigt verschiedene Ansätze und Methoden zum Umgang mit unterschiedlichen Arten von Unsicherheit. Die Arbeiten von WÄLDER (2008) sind ebenfalls in diesem Kontext angesiedelt.

Heute müssen die geodätischen Auswertemethoden den folgenden Anforderungen gerecht werden: Oft liegen heterogene, in aller Regel vorverarbeitete Massendaten ohne vollständige Dokumentation der Datengenese vor. Die Modellansätze sind aufgrund der Komplexität und Irregularität der realen Gegebenheiten möglicherweise nur genähert gültig – für manche Bereiche wie die Bildanalyse besteht darin das Hauptproblem. Spezielle Ergebnisse oder Werte können in Echtzeit gefordert sein. Die Qualität ist anhand relevanter Merkmale durchgängig zu beschreiben, zu bewerten und zu sichern: Unsicherheitsmaße sind von den Messgrößen konsistent auf die Ergebnisgrößen zu übertragen.

Angesichts der großen Datenmengen spielen rechentechnische Fragestellungen eine große Rolle (BOXHAMMER 2006, ALKHATIB 2007). Auch sind mathematisch strenge Testverfahren erforderlich (KARGOLL 2007; KUTTERER & NEUMANN 2007). In der Signalanalyse kann es sinnvoll sein, lokale Basisfunktionen wie z. B. Wavelets zu verwenden (SCHMIDT 2001).

Verstärkte wissenschaftliche Aktivitäten finden sich beispielsweise bei der gemeinsamen Verarbeitung (Integration) von heterogenen Daten sowie bei der datengetriebenen Modellierung. Die erforderlichen Methoden sind adaptiv und robust zu gestalten, d. h. sie sollen sich an variierende Datenmerkmale anpassen können und wenig anfällig gegenüber Ausreißern in den Daten sein. Bei der Datenintegration spielen Filterverfahren eine besondere Rolle, so z. B. Erweiterungen des bekannten Kalman-Filters wie das Bayes-Filter (ALKHATIB ET AL. 2008). Außerdem sind Verfahren von Interesse, die eine plausible, empirische Gewichtung der unterschiedlichen Daten ermöglichen, z. B. die Schätzung von Varianz- und Kovarianzkomponenten (KOCH & KUSCHE 2002).

Die datengetriebene Modellierung umfasst ein breites Spektrum von Aufgaben und Methoden, bei denen es um die Approximation von unbekannten Relationen physikalischer oder anderer Art zwischen den Daten geht. Typische Aufgaben sind die Modellierung von geometrischen Merkmalen in Punktwolken, z. B. aus Laserscans (DOLD & BRENNER 2006), oder die Modellierung von Korrelationen oder Kausalzusammenhängen in Zeitreihen (NEUNER 2008). Die aktuell diskutierten Methoden entstammen der mathematischen Optimierung, der multivariaten Statistik, der Theorie der stochastischen Prozesse sowie dem Soft Computing mit Teilgebieten wie der Fuzzy-Theorie, den evolutionären Algorithmen, den künstlichen neuronalen Netzen oder dem probabilistischen Schließen.

Die geodätischen Auswertemethoden besitzen eine lange, disziplininterne Tradition mit wichtigen originären Beiträgen, z. B. Theorie der geodätischen Netze und photogrammetrischer Bündel auf Basis der Ausgleichungsrechnung, der statistischen Analyse von Deformationen oder der Zuverlässigkeitstheorie (z. B. WOLF 1975, 1979). Es ist aber auch festzuhalten, dass Entwicklungen in anderen Disziplinen wie der Mathematik und der Informatik immer wieder aufgegriffen und für geodätische Anwendungen genutzt werden. Sieht man auf die Widmungen der in den letzten beiden Jahrzehnten an den Universitäten neu besetzten Geodäsieprofessuren, ist zu erkennen, dass die Auswertemethoden immer stärker Bestandteil der jeweiligen Teilgebiete werden und deren allgemeine wissenschaftliche Untersuchung und Diskussion in der Hintergrund tritt. Gerade deshalb ist es wichtig, einen übergreifend gültigen Anforderungskatalog an die geodätischen Auswertemethoden aus der Geodäsie heraus zu begründen. Die oben beschriebenen Elemente eignen sich dafür als Eckpunkte.

16.3.4 Querschnittthemen

Betrachtet man die Struktur und Inhalte der geodätischen Forschung, sieht man schnell, dass eine Reihe von Querschnittthemen existiert, die technologisch und/oder inhaltlich begründet und sowohl innerdisziplinär als auch fachübergreifend angelegt sein können. Aus technologischer Sicht sind die positionsgebenden und die bildgebenden Sensoren – jeweils im weiteren Sinne – zu nennen. Heute spielen die Sensoren und Sensorsysteme der satellitengestützten Positionierung sowie Laserverfahren eine besondere Rolle. Aus inhaltlicher Sicht sind die oben beschriebenen Auswertemethoden einschließlich der Modellierung und Qualitätsbeschreibung das zentrale Querschnittthema.

Bei den Querschnittthemen gibt es gemeinsame, im Gesamtzusammenhang sich unmittelbar ergänzende Interessen wie z. B. die lokale Verknüpfung und Überwachung der Raumbeobachtungsstationen, genauer der jeweiligen Referenzpunkte, bei der die Erdmessung und die Ingenieurgeodäsie zusammenarbeiten. Die Verbindung von luftgestützten Laser- und Radarverfahren zur Bestimmung der Geometrie der Erdoberfläche und ihrer zeitlichen Änderung für geowissenschaftliche Fragestellungen verbindet die Fernerkundung und die Erdmessung.

Daneben sind Themenbereiche zu erkennen, die mehrere Teilgebiete der Geodäsie betreffen, wobei die jeweiligen Anliegen in der Regel voneinander abweichen. Unterschiede ergeben sich z. B. bei den geforderten bzw. sinnvollen Genauigkeiten oder dem räumlichen und ggf. zeitlichen Detailgrad. Auch stellt sich je nach Objekt und Aufgabenstellung die Frage nach der Verfügbarkeit bzw. Formulierbarkeit von Modellen, die zum einen geometrisch beschreibend und zum anderen physikalisch erklärend sein können.

Als Beispiel sei das GPS genannt, dessen Nutzung in der Erdmessung und in der Ingenieurgeodäsie höchste Genauigkeitsanforderungen erfüllen muss. Für Aufgaben der Geoinformatik genügen geringere Genauigkeiten, da vor allem die Topologie und die Semantik von Bedeutung sind. Ein weiteres Beispiel ist das terrestrische Laserscanning, das für die Generierung von 3-D-Stadtmodellen eingesetzt wird, wofür Genauigkeiten im dm-Bereich oft ausreichen, dessen Messungen für Überwachungsaufgaben in der Ingenieurgeodäsie jedoch soweit zu modellieren, zu kalibrieren und zu filtern sind, dass Genauigkeiten im mm- bis Sub-mm-Bereich erzielt werden, um mit etablierten Verfahren konkurrieren zu können.

16.4 Erdmessung und Geodynamik

16.4.1 GGOS – Leitprojekt und Wissenschaftsmotor

Die Erdmessung als Geodäsie im engeren Sinne (gemäß der englischen Bezeichnung „geodesy“) gliedert ihre Aktivitäten in mehrere Themenfelder (TORGE 2001). Die sogenannten drei Säulen – die Geometrie, das Schwerefeld und die Rotation der Erde – sind von besonderer Bedeutung. Wesentliche messtechnische Grundlage für die Arbeiten in diesen Bereichen sind die geodätischen Raumverfahren. Zu diesen zählen zum einen die sogenannten geometrischen Verfahren wie die Globalen Navigationssatellitensysteme (GNSS), die Radiointerferometrie auf langen Basislinien (VLBI), Laserentfernungsmessungen zu Satelliten oder zum Mond (SLR/LLR) sowie das Positionierungssystem DORIS (Doppler Orbitography and Radiopositioning Integrated by Satellite). Mit diesen können die Kinematik von Beobachtungsstationen auf der Erdoberfläche sowie die Variationen der Erdrotation erfasst, zum Teil auch Schwerefeldgrößen und Satellitenbahnen bestimmt werden. Zum anderen handelt es sich um die seit einigen Jahren realisierten Satellitenmissionen CHAMP, GRACE und GOCE zur Bestimmung des statischen und des zeitvariablen Schwerefeldes. Die altimetrische Erfassung der Meeresoberfläche liefert gravimetrische und geometrische Komponenten der Erde. Daneben sind terrestrische Verfahren der Gravimetrie sowie Ringlaserkreisel zu nennen. Die Integration und Kombination der diversen Messungen, auch von terrestrischen und Satellitendaten (z. B. GPS und Nivellement) sind essentielle Elemente der modernen Geodäsie und Erdbeobachtung.

Die Messverfahren liefern nicht nur Informationen zu den oben genannten geodätischen Größen, sondern mit diesen wichtige Indikatoren für Prozesse im System Erde, das aus den

Komponenten Atmosphäre, Ozeanosphäre, Hydrosphäre, Kryosphäre und feste Erde besteht. Tatsächlich waren die meisten wissenschaftlichen Anstrengungen bislang eher den einzelnen Säulen gewidmet. Übergreifende, integrative Ansätze waren selten zu finden, zumal die Modellierung und Analyse der Daten auf unterschiedlichen Konventionen beruhen.

Aufgrund der gestiegenen Anforderungen der wissenschaftlichen Gemeinschaft, aber auch der Gesellschaft insgesamt an die Verfügbarkeit und Konsistenz geodätischer Produkte im Kontext der drei Säulen, z. B. ein globaler terrestrischer Referenzrahmen, hat die IAG im Jahre 2003 das Global Geodetic Observing System (GGOS) als Leitprojekt initiiert. GGOS steht für zwei verschiedene Aspekte: für den administrativen Rahmen mit organisatorischen Komponenten wie Ausschüssen und Arbeitsgruppen und für das eigentliche Beobachtungssystem (observing system), dessen Infrastruktur durch die Beobachtungsstationen, die Satellitenmissionen sowie Daten- und Analysezentren gebildet wird. Das langfristige Ziel von GGOS ist aus wissenschaftlicher Sicht die Unterstützung und Verbesserung des Verständnisses für das System Erde und damit ein Beitrag zur Erfassung, Interpretation und Prädiktion des globalen Wandels (PLAG & PEARLMAN 2009).

Die organisatorische Komponente von GGOS stellt einen Rahmen für die Datendienste (Services) der IAG und eine Schnittstelle zu den interessierten Kreisen dar. Zentral ist die Integration von GGOS in das Global Earth Observing System of Systems (GEOSS) der internationalen Staatengemeinschaft, an dem sich die IAG beteiligt.

Die Ziele von GGOS als Erdbeobachtungssystem sind ambitioniert, aber realistisch. Von besonderer Bedeutung ist die Verfügbarkeit eines globalen Referenzrahmens, der eine Genauigkeit von 1 mm und eine Stabilität von 0.1 mm/a in Lage und Höhe aufweist. Für die Erdrotation wird ebenfalls ein Genauigkeitsniveau im mm-Bereich angestrebt. Die kommenden wissenschaftlichen und gesellschaftlichen Anforderungen, z. B. im Hinblick auf den globalen Wandel, können nur in solchen konzertierten internationalen Kooperationen erfüllt werden. Man spricht von einem Genauigkeitsanspruch von 10^{-10} für instantane Werte, wobei derzeit etwa 10^{-9} für mittlere Werte erreicht werden, jeweils bezogen auf den Erdradius (PLAG ET AL. 2009a).

Daraus ergeben sich zwei äußerst anspruchsvolle Aufgaben, die in den nächsten Jahren zu bewältigen sind: (1) die Weiterentwicklung der Messverfahren, die das Beobachtungssystem GGOS bilden, bis zur erforderlichen Genauigkeit sowie räumlichen und zeitlichen Auflösung, und (2) die verbesserte Modellierung der relevanten Prozesse und ihrer Wechselwirkungen im System Erde in gemeinsamer Anstrengung aller Geowissenschaften.

Um dies zu erreichen, sind vier Hauptkomponenten innerhalb von GGOS vorgesehen: (1) die Zusammenführung aller globalen geodätischen Netze, der Erdbeobachtungssatelliten und Satellitennavigationssysteme und planetarer Missionen, (2) die Etablierung einer umfassenden und nachhaltigen Dateninfrastruktur, (3) die Erstellung einer durchgängigen und konsistenten Kette der integrierten Datenverarbeitung und -analyse unter Einbeziehung komplexer geowissenschaftlicher Modelle sowie (4) ein Portal für die definierte Weitergabe aller GGOS-Produkte (PLAG ET AL. 2009b).

Viele Wissenschaftler, die in verwandten Bereichen arbeiten, werden von Einzelthemen in GGOS angezogen und tragen durch eigene Forschungsaktivitäten zur Diskussion und Entwicklung bei.

Als übergeordneter Wissenschaftsmotor in der Erdmessung und Geodynamik kann die Interdisziplinarität der Ansätze und das sich daraus ergebende Spannungsfeld betrachtet werden. Beispielsweise besitzt das an der Leibniz Universität Hannover unter der Federführung der Physik eingerichtete Exzellenzcluster QUEST (www.questhannover.de) eine geodätische Komponente, die mit der Anwendung und Nutzung grundlegender Erkenntnisse der modernen Quanten- und Raumzeitphysik – z. B. hochpräzise Uhren im Kontext der allgemeinen Relativitätstheorie oder neuartige Quantensensoren für die geodätische Erdbeobachtung – in vielfältiger Hinsicht befasst ist.

Abschließend sei angemerkt, dass die wichtigen Publikationen der Erdmessung und Geodynamik dem derzeitigen Trend folgend vermehrt in begutachteten Zeitschriften und Tagungsbänden in englischer Sprache erscheinen, zumal die Erde als Forschungsobjekt per se von internationalem Interesse ist. Die Internetauftritte der IAG sowie der verschiedenen Datendienste und beteiligten Institutionen bieten wichtige Zusatzinformationen.

16.4.2 Bezugssysteme und Positionierungsverfahren

Entsprechend den Zielen von GGOS stehen die oben genannten geometrischen Verfahren im besonderen wissenschaftlichen Interesse. Für die Bestimmung eines globalen Bezugsrahmens ist das Zusammenspiel der einzelnen Verfahren relevant (SEEBER 2003). Der International Celestial Reference Frame (ICRF) als inertialer Bezugsrahmen kann – ebenso wie die Weltzeit UT1 – mit hinreichender Genauigkeit allein über das Verfahren der VLBI realisiert werden. Astrometrische Verfahren auf Basis von Sternkatalogen leiden an den Unsicherheiten durch die teilweise recht große Eigenbewegung der Sterne. Da die VLBI sehr kostenintensiv ist, stehen weltweit nur wenige Teleskope zur Verfügung, die geographisch zudem recht inhomogen verteilt sind. Deshalb ist es wichtig, die Beobachtungspläne so zu optimieren, dass die Zielgrößen wie die Stationspositionen und -geschwindigkeiten oder die Erdrotationsparameter (Nutation, Polbewegung und Weltzeit) mit maximaler Genauigkeit und zeitlicher Auflösung erhalten werden. Aktuelle Arbeiten wie z. B. zu VLBI 2010 widmen sich dieser Aufgabe (IVS 2009).

Den Bezug zum Massenzentrum und zum Schwerefeld der Erde liefert SLR. LLR ist das beste geodätische Verfahren zum Test der Einstein'schen Gravitationstheorie im Sonnensystem (MÜLLER ET AL. 2008). Die GNSS, insbesondere GPS, sowie DORIS tragen den globalen terrestrischen Rahmen aufgrund ihrer dichten und homogenen geographischen Verteilung. Um das in Abschnitt 16.4.1 beschriebene Genauigkeitsniveau zu erreichen, sind verschiedene Anstrengungen erforderlich, sowohl bei den funktionalen als auch bei den stochastischen Modellen.

So hat sich in der Vergangenheit gezeigt, dass eine Reihe von Parametern, die für die Bereitstellung von Referenzrahmen eher störend sind, aufgrund des messtechnisch gegebenen Genauigkeitsniveaus wichtige Informationen zu Prozessen im System Erde tragen. Beispiele sind die troposphärische Laufzeitverzögerung oder die jahreszeitlichen Variationen von Stationspositionen. Deshalb sind verbesserte Modelle wesentliche geodätische Beiträge zur Erdsystemforschung. Im Gegensatz zu den funktionalen Modellen sind die stochastischen Modelle bislang von nachgeordnetem Interesse. Zu diesen wurden in den vergangenen Jahren verschiedene Ansätze untersucht, die auf Basis der Theorie der stochastischen Prozesse (HOWIND 2005) bzw. der Turbulenztheorie (SCHÖN & BRUNNER 2008) entwickelt wurden.

Die Kombination der geodätischen Raumverfahren bietet eine Reihe von Aufgaben auf dem Gebiet der Auswertemethoden, da sowohl die Genauigkeitsniveaus der einzelnen Raumverfahren nur genähert gegeben sind als auch die lokalen geometrischen Verknüpfungselemente der unterschiedlichen Beobachtungsinstrumente (Local Ties) auf sogenannten Kollokationsstationen, die sich durch mindestens zwei Beobachtungsverfahren an gleicher Stelle auszeichnen, in der Regel nur unzureichend bekannt sind. Hier sind SCHMID (2009) zur Kombination von GNSS und VLBI und SEITZ (2009) zur Kombination aller Raumverfahren zu nennen.

In diesem Bereich gibt es ein vielfältiges Engagement deutscher Forschungseinrichtungen und Universitätsinstitute. Zu nennen sind die Beiträge des DGFI zur Berechnung von konsistenten Referenzrahmen wie dem ITRF 2005 (ANGERMANN ET AL. 2008) oder die Reprozessierung der im Rahmen des IGS aufgezeichneten GPS-Daten durch das GFZ und das Institut für Planetare Geodäsie der TU Dresden (STEIGENBERGER ET AL. 2006).

Im regionalen bzw. nationalen Bereich sind die Satellitenpositionierungsdienste von besonderem Interesse, vor allem im Hinblick auf die Echtzeitpositionierung, unter Verknüpfung von GPS und GLONASS sowie künftig Galileo. Untersucht werden stationsspezifische Effekte, die mit der Charakteristik der Antennen, mit Mehrwegesignalen oder dem aus dem Stationsaufbau resultierenden Nahfeld zu tun haben (DILSSNER 2007). Weitere Arbeiten beschäftigen sich mit der Verfügbarkeit von GNSS-Signalen in abgeschatteten Bereichen, wie sie z. B. in Innenstädten anzutreffen sind (BECKER ET AL. 2008). Für die Echtzeitpositionierung von Interesse sind auch die Methoden des Precise Point Positioning (HESSELBARTH, 2009).

Bei der Kalibrierung von GNSS-Antennen sind deutsche Wissenschaftler aktiv und erfolgreich, und zwar sowohl bei handelsüblichen Antennen für den Feldeinsatz als auch bei Antennen, die auf niedrig fliegenden Satelliten wie GOCE eingesetzt werden. Inzwischen existieren verschiedene konkurrierende Ansätze (relatives und absolutes Feldverfahren, Laborverfahren), die diskutiert und verglichen werden; siehe z. B. GÖRRES (2009).

Im Bereich der regionalen und lokalen Geodynamik, speziell den rezenten Krustenbewegungen, besteht an verschiedenen Standorten eine große Tradition. So wurde der an der Universität Karlsruhe angesiedelte SFB 461 „Starkbeben" im Jahre 2007 erfolgreich abgeschlossen (SFB461 2008). Weitere aktuelle Projekte sind das CERGOP-2/Environment Project (CAPORALI ET AL. 2007), das EUCOR-URGENT-Projekt (z. B. ROZSA ET AL. 2005) oder das ALPS-GPS Quake Net, an dem das DGFI und die Bayerische Kommission für die Internationale Erdmessung an der Bayerischen Akademie der Wissenschaften beteiligt sind. In die internationale Polarforschung ist die deutsche Geodäsie, vor allem an der TU Dresden und über das AWI, seit langem eingebunden. Zu nennen sind tektonische Untersuchungen, Geoidbestimmungen, Effekte durch ozeanische Auflasten oder die Bestimmung der Fließgeschwindigkeit von Gletschern (HORWATH & DIETRICH 2009).

Abschließend seien die aus wissenschaftlicher Sicht hoch interessanten Daten erwähnt, die von den Landesvermessungsämtern im Zuge der Bereitstellung und Erneuerung terrestrischer Bezugsrahmen erfasst werden. So sind die deutschlandweiten Permanentmessungen auf den SAPOS-Stationen wesentliche Grundlagendaten für flächendeckende geodynamische Analysen, wobei die Eignung der Stationen angesichts der lokalen Gegebenheiten (s.o.) eingehend zu untersuchen ist. Daneben sind die Beobachtungen im Rahmen der Erneuerung des DHHN (FELDMANN-WESTENDORFF 2009) von großer Bedeutung, z. B. im

Hinblick auf systematische Abweichungen zwischen den Beobachtungsverfahren auf den betrachteten räumlichen Skalen oder ebenfalls für geodynamische Untersuchungen.

16.4.3 Erdschwerefeld und Massentransporte im System Erde

Aufgrund der heute gegebenen, in der historischen Entwicklung bislang einzigartigen technischen Möglichkeiten zur Beobachtung geodätischer Parameter im System Erde wird die aktuelle Dekade bisweilen als Goldenes Zeitalter der Physikalischen Geodäsie bezeichnet. Dies ist – neben den oben beschriebenen geometrischen Raumverfahren – insbesondere auf die derzeit im Orbit befindlichen Satellitenmissionen zur Schwerefeldbestimmung CHAMP, GRACE und GOCE zurückzuführen, deren Entwicklung und Nutzung stark von deutscher Seite betrieben und unterstützt wurde. Bei der Tandem-Mission GRACE werden die Abstandsänderungen zwischen den beiden Satelliten, die schnell aufeinander folgen, kontinuierlich hoch genau ausgemessen. Sie liefern einzigartige Informationen über Schwerefeldvariationen, die mit der Massenverteilung und Massentransporten im System Erde zusammenhängen und Rückschlüsse über geophysikalische Prozesse erlauben. Das Hauptinstrument von GOCE ist ein hoch empfindliches dreiachsiges Gradiometer, eine Anordnung von differentiellen Beschleunigungsmessern. Diese Mission ermöglicht die hoch präzise Bestimmung des globalen Schwerefelds mit einer räumlichen Auflösung von 100 km.

Die Variationen des Erdschwerefeldes beruhen auf Massentransporten, die im Wesentlichen atmosphärischen, ozeanischen oder hydrologischen Ursprungs sind. Das sogenannte statische Schwerefeld repräsentiert einen mittleren Zustand der Massen im System Erde, in dessen Definition neben den beobachteten und gefilterten bzw. geschätzten Werten verschiedene Konventionen einfließen. Die räumlichen Variationen spiegeln im Mittel Masseninhomogenitäten wider. Aufgrund der Massenverlagerungen in den Komponenten des Systems Erde variiert das Schwerefeld auch zeitlich, in den flüssigen und gasförmigen Komponenten recht schnell, wobei neben dem direkten Effekt der z. B. abgeschmolzenen Eisbedeckung der indirekte Effekt in Form von Ausgleichsbewegungen der festen Erde auftritt (ILK ET AL. 2005).

Die so erhaltenen Daten sind eine wichtige Grundlage für vielfältige wissenschaftliche Studien, die auf verschiedenen Ebenen angesiedelt sind. Zum einen werden Fragen zur Modellierung, Filterung und Schätzung behandelt, die auf die Bereitstellung sinnvoll interpretierbarer Ergebnisse (geodätische Parameter einschließlich Varianz-Kovarianzinformationen) ausgerichtet sind. Zum anderen sind die Schwerefeldkoeffizienten integrale Träger von Informationen über Massenverlagerungen im System Erde und können – ggf. unter Nutzung von Strukturmodellen – entsprechend analysiert werden. Beiträge zur Validierung der aus den Satellitenmessungen abgeleiteten Ergebnisse durch unabhängige terrestrische Messungen, z. B. Gravimetrie oder lokale Pegelmessungen, in ausgewählten Gebieten unterstützen die geowissenschaftliche Interpretation. Als Beispiel sei die postglaziale Ausgleichsbewegung in Skandinavien genannt (STEFFEN ET AL. 2009).

Die Erfassung, Analyse und Interpretation des Schwerefeldes der Erde und seiner Variationen ist nur in groß angelegten nationalen und internationalen Verbundvorhaben, in denen Vertreter aller Geowissenschaften interdisziplinär zusammenarbeiten, erfolgreich möglich. In Deutschland ragen zwei koordinierte Programme heraus.

Zum einen ist das Schwerpunktprogramm SPP 1257 „Massentransporte und Massenverteilungen im System Erde“ der Deutschen Forschungsgemeinschaft (DFG) zu nennen, an dem unter Federführung der Geodäsie (Universität Bonn) eine Reihe von wissenschaftlichen Einrichtungen in Deutschland beteiligt ist. Neben der primär geodätisch ausgerichteten Auswertung und Analyse der Schwerefelddaten (Beobachtungsmodellierung, konsistente Datenkombination und Trennung von Massensignalen) werden die folgenden Themen grundlegend untersucht: Ozeandynamik, kontinentale Hydrologie, Eismassenbilanz und Meeresspiegel, glazialer isostatischer Ausgleich und Dynamik von Erdkruste und Erdmantel (MASSENTRANSPORTE 2009). Mit der Bestimmung des zeitvariablen Schwerefelds befassten sich z. B. MAYER-GÜRR (2006) und PETERS (2007). Eine Verfeinerung globaler Schwerefeldmodelle wurde von EICKER (2008) vorgestellt.

Im Rahmen des BMBF-Sonderprogramms Geotechnologien (www.geotechnologien.de), Thema „Beobachtung des Systems Erde aus dem Weltall", wurden und werden die Prozessierung und Analyse der aktuellen und künftigen geodätischen Satellitenmissionen finanziert, z. B. zur Nutzung der Mission GOCE (www.goce-projektbuero.de). Auch an diesem Programm sind in Deutschland Geodäten an verschiedenen Standorten beteiligt, die sich z. B. mit Fragen zur Rechentechnik und zu Schätzverfahren oder zur Beurteilung der Qualität der Schwerefeldprodukte befassen. Neuere Arbeiten stammen von WILD-PFEIFFER (2007), BAUR (2007) und WOLF (2008).

16.4.4 Erdrotation und globale dynamische Prozesse

Die Erdrotation als dritte Säule der Erdmessung kann als verkettete Abfolge von Transformationen beschrieben werden, mit der ein zälestischer, d. h. himmelsfester Referenzrahmen wie der auf Quasarbeobachtungen beruhende ICRF mit einem terrestrischen, d. h. mit der Erde rotierenden Bezugsrahmen wie dem ITRF verbunden wird (IERS 2009). Traditionell werden die Komponenten Präzession und Nutation sowie Polbewegung und Weltzeit UT1 (bzw. Tageslänge LOD als deren zeitlicher Ableitung) angegeben. Über den International Earth Rotation and Reference Systems Service (IERS) werden Zeitreihen für die beiden Nutationswinkel, die beiden Polkoordinaten und die Weltzeit sowie die Tageslänge bereitgestellt. Mithilfe der geodätischen Raumverfahren können diese Zeitreihen im Routinebetrieb in täglicher Auflösung mit mm-Genauigkeit bereitgestellt werden. Oft bezeichnet man die Gesamtheit dieser Größen als Erdorientierungsparameter (EOP), die Untermenge bestehend aus den Polkoordinaten und der Tageslänge als Erdrotationsparameter (ERP).

Aus Sicht der Geodynamik sind die EOP bzw. ERP globale, integrale Maßzahlen für eine Vielzahl an dynamischen Prozessen im System Erde, hauptsächlich in der Ozeanosphäre und der Atmosphäre. Im Gegensatz zum Erdschwerefeld zeigen sich in den EOP nicht nur Effekte der Massenverlagerung (engl.: mass term, matter term), sondern auch der Bewegung infolge von Strömungen in der Atmosphäre und den Ozeanen (motion term). Das grundlegende Modell der Erdrotation ist durch die Euler-Liouville-Gleichung gegeben, wobei der Antrieb der Erdrotation entweder auf Basis der Variationen des Trägheitstensors der Erde und des relativen Drehimpulses oder mithilfe von Anregungsfunktionen formuliert werden kann (SEITZ 2004). Auf dieser Basis ist ein recht gutes Verständnis der Erdrotation auf einzelnen Zeitskalen und für einzelne Einflussgrößen gegeben. Defizite bestehen in der skalen- und komponentenübergreifenden Modellierung, auch im Hinblick auf das oben erwähnte GGOS. Einen aktuellen Überblick geben SCHUH ET AL. (2003).

Die geodätische Forschung in Deutschland ist seit langem erfolgreich in der Erdrotation tätig. Derzeitige Arbeiten werden in großem Umfang von der Deutschen Forschungsgemeinschaft im Rahmen der Forschergruppe FOR 584 „Earth Rotation and Global Dynamic Processes" gefördert, die 2006 eingerichtet wurde und nach positiver Zwischenbegutachtung eine Laufzeit von insgesamt sechs Jahren hat (ERDROTATION 2009). Es sei angemerkt, dass es sich um die erste DFG-Forschergruppe innerhalb der Geodäsie handelt. Sie ist auf mehrere Standorte verteilt mit deutschen Arbeitsgruppen in Berlin, Bonn, Bremerhaven, Dresden, Frankfurt, Hannover, München, Potsdam und Wettzell sowie weiteren Arbeitsgruppen in Wien und Zürich.

Die Interdisziplinarität der Forschergruppe besitzt einen klaren Ausgangspunkt innerhalb der Geodäsie und umfasst eine Reihe von Beiträgen aus der Geophysik, der Meteorologie und der Ozeanographie. Ein wesentliches Merkmal der Forschergruppe ist die Entwicklung und Implementierung des Internetportals ERIS (Earth Rotation Information System), das am BKG angesiedelt ist und das sowohl als interne Kommunikationsplattform als auch zum Austausch mit der wissenschaftlichen Gemeinschaft, z. B. durch Bereitstellung von Datensätzen zur Erdrotation, fungiert. Der Schwerpunkt der Arbeiten liegt auf der verbesserten Modellierung der Komponenten des Systems Erde und ihrer Interaktionen. Dies betrifft z. B. die Atmosphäre-Ozean-Kopplung und die Kern-Mantel-Kopplung.

Daneben werden einzelne Beobachtungsverfahren, die für die Erdrotation und die globale Geodynamik von besonderer Bedeutung sind, weiter verbessert. Zu nennen sind die LLR-Messungen sowie der Ringlaserkreisel in Wettzell, aber auch die VLBI-Messungen, bei denen die zeitliche Auflösung von ERP-Daten bis in den stündlichen Bereich gesteigert wird. Im Hinblick auf die GGOS-Idee wird die konsistente Schätzung von Erdrotationsdaten und weiteren geodätischen Parametern intensiv behandelt, zum einen in Erweiterung der Auswertungen zum ITRF unter Einbeziehung von Erdrotation und Schwerefeld, zum anderen unter expliziter Nutzung der physikalischen Beziehung zwischen Erdrotation und Schwerefeld in einem konsistenten Ausgleichungsmodell.

16.5 Ingenieurgeodäsie

16.5.1 Anwendungsfelder und Interdisziplinarität

Die Ingenieurgeodäsie wird oft über ihre Anwendungsfelder definiert, indem sie als derjenige Teilbereich der Geodäsie betrachtet wird, der mit der Vermessung technischer Objekte befasst ist. Dies ist in den direkten Bezügen zum Bauingenieurwesen und zum Maschinenbau begründet, für die die Ingenieurgeodäsie geometrische Informationen unterschiedlicher Art und Genauigkeit erfasst und bereitstellt. Als Beispiele seien die Aufnahme, die Absteckung und die Überwachung von Objekten wie Brücken oder Turbinen genannt. Die in der Praxis anzutreffende Genauigkeitsspanne bewegt sich je nach Aufgabenstellung im Bereich von dm bis µm.

Entfernt man sich von der traditionellen Definition über die Anwendungen, so stellt sich die wissenschaftliche Ingenieurgeodäsie als eine Querschnittdisziplin innerhalb der Geodäsie dar, die viele Berührungspunkte mit benachbarten Teilgebieten aufweist und eine Reihe von generischen Fragestellungen besitzt. Als zentrale Kompetenzfelder sind die Erfassung und Aufnahme, die Absteckung und Steuerung sowie das Monitoring bzw. die Überwachung von im Wesentlichen technischen Objekten anzusehen. Betrachtungen zur Methodik der Ingenieurgeodäsie finden sich in BRUNNER (2007b).

Es ergeben sich Aufgaben in der Modellierung von Beobachtungen, Objekten und Prozessen, in der flexiblen Bereitstellung von Bezugsrahmen, in der Modellierung und Optimierung von Messabläufen, in der Nutzung und Gestaltung von Sensoren und Multi-Sensorkonfigurationen (im Sinne von Systemen und Netzen), in der Definition von Unsicherheits- und Qualitätsmaßen sowie in der Entwicklung und Adaption von Auswerte- und Analysemethoden.

Die Ansätze und Arbeiten sind stärker denn je auf die Erfüllung der Spezifikationen des Endergebnisses ausgerichtet, das im Rahmen einer Fragestellung bzw. eines Projekts zu liefern ist. Dazu müssen die erforderlichen Mess- und Auswerteprozesse der Ingenieurgeodäsie und die Schnittstellen von Teilprozessen eingehend und durchgängig betrachtet und modelliert werden. Dies ist wichtig, wenn es um sehr hohe Genauigkeiten oder um Echtzeitforderungen geht, d. h. die zeitgerechte Verfügbarkeit von Ergebnissen innerhalb von übergeordneten Prozessen.

Ungeachtet der oben getroffenen Aussagen ist die praktische Anwendbarkeit ein Markenzeichen der Ingenieurgeodäsie. Aufgrund der Vielzahl an Sensoren und Sensorsystemen, die für eine bestimmte Aufgabe eingesetzt werden können, ist die Ingenieurgeodäsie stets technologieorientiert. Ingenieurgeodätische Forschung muss sich deshalb eingehend mit Fragen zur Sensorik befassen. Da sinnvollerweise nur das gemessen wird, was ausgewertet werden kann, besteht eine enge Verzahnung mit den Auswertemethoden.

Aufgrund des Querschnittcharakters der Ingenieurgeodäsie gibt es Bezüge zur Photogrammetrie bei den Nahbereichsverfahren mit der Nutzung von Kameras und Kamerasystemen sowie der Analyse und Interpretation von Bildern und Punktwolken, zur Erdmessung mit den physikalischen Verfahren, der satellitengestützten Positionsbestimmung und der lokalen Geodynamik sowie zur Geoinformatik im Hinblick auf die Einrichtung und Nutzung geometriebasierter Informationssysteme (GIELSDORF 2005). In diesem Umfeld zeichnet sich die Ingenieurgeodäsie durch ihr vielfältiges Instrumentarium, ihren aus der Aufgabe heraus definierten hohen Genauigkeits- bzw. Qualitätsanspruch und die damit verbundenen Anforderungen an Mess- und Auswerteverfahren aus. Innerhalb der Geodäsie ist sie die einzige Teildisziplin, die sich mit der Absteckung und Steuerung befasst.

Es besteht eine langjährige, gute Tradition in der Ingenieurgeodäsie, im deutschsprachigen Raum länderübergreifend zu agieren – ein Beispiel ist die jahrzehntelange alternierende Ausrichtung des Internationalen Kurses für Ingenieurvermessung an den Standorten München, Graz und Zürich (z. B. BRUNNER 2007a). Im Gegensatz zur Publikationskultur in der Erdmessung ist die Ingenieurgeodäsie noch eher auf die deutsche Sprache und auf nicht begutachtete Zeitschriften und Tagungsbände ausgerichtet. In den letzten Jahren ist ein Trend zu internationalen Zeitschriften und zum Peer-Review-System zu beobachten.

16.5.2 Sensorsysteme und Sensornetze

Heutige Vermessungsinstrumente sind in der Regel komplexe Sensorsysteme, die in hohem Maße digitale Technologie nutzen und auf automatisierte Abläufe ausgerichtet sind. Dies bedeutet, dass nicht zuletzt aufgrund der Anforderungen aus der Praxis ein vollständiger Datenfluss von der Erfassung der Daten bis zur Bereitstellung der Endergebnisse besteht. Von besonderer Bedeutung sind Sensorsysteme, die nach dem räumlichen Polarverfahren arbeiten. Prominente Beispiele sind Totalstationen, terrestrische Laserscanner und Lasertracker.

Derzeit ist das terrestrische Laserscanning (TLS) von sehr großem Interesse in der Ingenieurgeodäsie und in anderen Disziplinen, auch über die Geodäsie hinaus. Dieses Verfahren liefert in sehr kurzer Zeit detaillierte räumliche Informationen über Objektgeometrien in Form von Mio. von Einzelpunkten, sogenannten Punktwolken (STAIGER & WUNDERLICH 2007). Die naheliegende Anwendung in der Ingenieurgeodäsie ist die Erfassung und Dokumentation komplexer Bauwerksgeometrien. Entsprechende Untersuchungen wurden inzwischen an einer Vielzahl unterschiedlicher Objekte wie Gebäude, auch solche mit kulturgeschichtlicher Bedeutung, Werksanlagen, Straßenszenen oder Höhlen sowie in der Forensik durchgeführt und publiziert; vgl. hierzu die Bände zu den seit 2005 im jährlichen Rhythmus stattfindenden DVW-TLS-Seminaren (DVW-TLS 2009). Aufgrund der schnellen Einsatzfähigkeit, der hohen Messgeschwindigkeit und der hohen räumlichen Auflösung eignet sich das TLS zudem zur Überwachung von Objekten im Bauwesen und im Maschinenbau. Dieser Aspekt wird in Abschnitt 16.5.3 vertieft.

Neben dem Messverfahren an sich steht beim TLS die Auswertekette im Zentrum des wissenschaftlichen (und auch kommerziellen) Interesses, da es derzeit noch eine Reihe von „Flaschenhälsen“ gibt, die ein effizientes Arbeiten einschränken. Dies betrifft z. B. die Registrierung, d. h. die Zusammenführung der Punktwolken von unterschiedlichen Standpunkten in einem einheitlichen Koordinatensystem, und die Georeferenzierung, d. h. die Transformation der vereinigten Punktwolken in ein übergeordnetes Koordinatensystem.

Die Schwierigkeit bzw. Herausforderung besteht in der Flächenorientierung des TLS. Ausgewählte Einzelpunkte sind messtechnisch nicht reproduzierbar, sondern müssen algorithmisch aus geeigneten Zielmarken oder -körpern als Referenzpunkte abgeleitet werden. Von Interesse sind zum einen Zuordnungsverfahren, die gemeinsame geometrische Merkmale in Punktwolken nutzen, und zum anderen Verfahren der direkten Georeferenzierung, bei denen die Laserscanner mit Zusatzsensorik wie z. B. GPS-Empfängern oder digitalen Kompassen gekoppelt werden. Diese Kopplung des TLS mit Zusatzsensorik stellt einen Bezug zum Mobile Mapping dar, mit dessen Hilfe Straßenzüge und andere langgestreckte Objekte im Außenbereich (aufgrund der Nutzung von GNSS) schnell und detailliert von straßen- oder gleisgebundenen Fahrzeugen aufgenommen werden können. Das Mobile Mapping wird in Abschnitt 16.6.2 wieder aufgegriffen.

Das Lasertracking ist ebenfalls ein Polarverfahren, unterscheidet sich vom Laserscanning aber in wesentlichen Teilen. Die Entfernungsmessung findet auf Basis interferometrisch erfasster Längenunterschiede statt, für die eine Initialisierungsmessung erforderlich ist. Die Winkelmessung erfolgt wie beim TLS über eine Strahlablenkeinheit, deren Auslenkung über Winkelencoder erfasst wird. Die Interferometrie gestattet relative Entfernungsmessgenauigkeiten von wenigen ppm im Entfernungsbereich von m bis 10er m. In Verbindung mit der Zielverfolgungseinheit, die für die dreidimensionale interferometrische Messung unerlässlich ist, eignet sich das Lasertracking hervorragend für hochgenaue Arbeiten in der industriellen Messtechnik. Zu nennen sind die Formerfassung und die Flächenrückführung, aber auch die Referenzpunktbestimmung von VLBI-Teleskopen (LÖSLER 2008) und die Bewegungskontrolle von Robotern (z. B. JURETZKO ET AL. 2008). Sowohl ein terrestrischer Laserscanner als auch ein Lasertracker sind als wichtiger Bestandteil der Grundausstattung eines Lehrstuhls für Ingenieurgeodäsie zu betrachten.

Neben den polaren Verfahren kommen solche zum Einsatz, die auf dem Prinzip des räumlichen Bogenschnitts beruhen. Global sind die GNSS zu nennen, die in der Ingenieurgeodäsie für lokale Aufgaben in allen angesprochenen Kompetenzfeldern genutzt werden. Da diese im für die Ingenieurgeodäsie genannten Genauigkeitsbereich nur in Außenbereichen eingesetzt werden können, gibt es aktuelle Entwicklungen bei Positionierungsverfahren im Innenraum, von denen die Arbeiten an der TU Darmstadt genannt werden sollen (z. B. BLANKENBACH ET AL. 2007), bei denen Verfahren wie WLAN, UWB und andere untersucht und für bestimmte Gebäude kalibriert werden.

Ein wesentliches Prinzip der Ingenieurgeodäsie ist die Vernetzung verteilter Sensoren und Sensorsysteme auf Hardware- und Softwareebene, die sich in konzeptionellen Überlegungen und Arbeiten zu den sogenannten Geosensornetzen widerspiegelt. Geosensornetze bieten insgesamt für viele Aufgaben der Geodäsie ein großes Potenzial, in der Ingenieurgeodäsie vor allem im Hinblick auf das Objektmonitoring; siehe z. B. HEUNECKE (2008). Im Kontext der Geoinformatik wird dieses Thema in Abschnitt 16.7.5 wieder aufgegriffen. In der geodätischen Präzisionsmesstechnik ist auch die Vernetzung homogener Sensoren wie Temperaturfühler wichtig, um das Temperaturfeld im Messraum zu erfassen und gemessene Polarelemente hinsichtlich lokaler Temperaturgradienten korrigieren zu können (ESCHELBACH 2007). Über die bereits beschriebene Sensorik hinaus gilt das derzeitige Interesse den sogenannten faseroptischen Sensoren, die permanent z. B. in Bauwerken installiert werden, um so – ggf. vernetzt – kontinuierlich Deformationen aufzeichnen zu können (LIENHART 2007).

16.5.3 Geodätisches Monitoring

Die Überwachung von technischen und natürlichen Objekten mit Methoden der Ingenieurgeodäsie ist seit Jahrzehnten ein zentrales Forschungsthema nicht nur der deutschen Geodäsie, wobei sich hier – vielleicht stärker als in anderen Feldern – eine Reihe von Beiträgen findet, die von Wissenschaftlern außerhalb des engeren Bereichs der Ingenieurgeodäsie geleistet wurden. Dies mag daran liegen, dass neben der messtechnischen Komponente die statistische Analyse der Messungen und abgeleiteter Größen entscheidend ist. Einen Überblick gibt das Lehrbuch von WELSCH ET AL. (2000), sodass dieser Abschnitt kurz gehalten werden kann.

Die wissenschaftlichen Arbeiten zum geodätischen Monitoring lassen sich in drei Kategorien gliedern: messtechnische Erfassung, Modellierung der Deformationsprozesse, Analyse der Deformationsmessungen. Auf die messtechnische Erfassung wurde in Abschnitt 16.5.2 kurz eingegangen. Von aktuellem Interesse sind zum einen die faseroptischen Sensoren, die dauerhaft in ein Bauwerk integriert werden, um dessen Verformungen kontinuierlich zu erfassen (SCHWARZ 2007). Zum anderen zeigt das TLS aufgrund der hohen Messgeschwindigkeit – in Verbindung mit der detaillierten räumlichen Auflösung – ein großes Potenzial für die flächenhafte Erfassung von Objektdeformationen (z. B. KOPACIK & WUNDERLICH 2004). In den letzten Jahren wurde eine Vielzahl an Untersuchungen an verschiedenen Bauwerken vorgestellt.

Die sogenannte kinematische Anwendung des TLS, speziell bei Überwachungsaufgaben, wird von KUTTERER ET AL. (2009) beschrieben: Verzichtet man bei der Erfassung auf räumliche Dimensionen, so sind wesentlich höhere zeitliche Auflösungen möglich. Heutige Scanner sind in der Lage, bis zu 50 Profile pro Sekunde zu messen. Aufgrund der in diesen Fällen gegebenen hohen Redundanz können die Daten effektiv im Orts- und Zeitbereich gefiltert werden. Für die Operationalität dieser Verfahren sind eingehende wissenschaftliche Arbeiten, z. B. zur Beobachtungsmodellierung, erforderlich.

Bei der Modellierung von Deformationsprozessen standen in den vergangenen Jahren verstärkt systemtheoretisch begründete Ansätze im wissenschaftlichen Interesse. Dabei wurden insbesondere dynamische Modelle betrachtet, denen ein Kausalzusammenhang zugrunde liegt. Man unterscheidet zwischen Strukturmodellen, bei denen physikalisches Vorwissen in Form von Differentialgleichungen mit ggf. einigen freien, durch Schätzung bzw. Filterung zu bestimmenden Parametern vorliegt, und Verhaltensmodellen, bei denen mangels genauerer Kenntnisse mit mathematischen Approximationen für das Systemverhalten gearbeitet wird. So stellt EICHHORN (2004) ein adaptives dynamisches Kalmanfilter vor, MIIMA (2002) behandelt Verhaltensmodelle auf Basis von Künstlichen Neuronalen Netzen (KNN) und Neuro-Fuzzy-Methoden.

Die Modellierung von Deformationsprozessen und die Analyse von Deformationsmessungen lassen sich nicht immer streng trennen. Dies zeigt sich z. B. in der Arbeit von NEUNER (2008), der auf Basis von Verhaltensmodellen ein statistisch begründetes Verfahren zur automatischen Identifikation von Instationaritäten in Deformationsprozessen entwickelt. NEUMANN (2009) betrachtet die Analyse von Deformationsmessungen in verschiedenen Ansätzen (Kongruenzmodell, kinematisches Modell), wobei er von einem erweiterten Unsicherheitshaushalt ausgeht, der neben der zufälligen Variabilität der Daten Imperfektionen deterministischer Natur (Impräzision) berücksichtigt, die mithilfe der Intervallmathematik und der Fuzzy-Theorie behandelt werden.

16.5.4 Ingenieurnavigation und kinematische Messverfahren

Die in der Ingenieurgeodäsie genutzten Sensorsysteme sind weitgehend automatisiert, sie arbeiten mit hohen Messfrequenzen und liefern digitale Messwerte. Entweder direkt wie im Falle der Nutzung von GNSS oder indirekt über Zielverfolgungsverfahren bestimmen sie dreidimensionale Trajektorien bewegter Objekte mit hoher Genauigkeit. Viele moderne Messverfahren sind somit grundsätzlich kinematisch angelegt, auch wenn diese Möglichkeit nicht immer genutzt wird. Ein kinematisches Messverfahren bzw. Messsystem zeichnet sich dadurch aus, dass die Zeit eine wesentliche Größe ist.

Die kinematischen Verfahren können sowohl passiv-aufzeichnend als auch aktiv-steuernd angelegt sein. Die erstgenannte Gruppe ist eher im geodätischen Monitoring angesiedelt, das im vorangehenden Abschnitt dargestellt wurde, die zweitgenannte Gruppe definiert den Bereich der Ingenieurnavigation, bei dem die Erfassung um eine Regelung ergänzt wird. Der Aufgabenbereich umfasst die Vorgabe von Positionen und Richtungen, d. h. die Absteckung von Punkten und Achsen, sowie die geometriebezogene Führung und Steuerung von Maschinen.

Anwendungsfelder liegen im Bauwesen, wobei Richtungen im Tunnelbau zu übertragen (vgl. NEUHIERL, 2005, zur Anwendung von Inertialmesstechnik) oder Baumaschinen dreidimensional zu steuern sind (STEMPFHUBER, 2007). Daneben steht der Maschinenbau mit Produktion und Logistik, z. B. im Hinblick auf die Kollisionsvermeidung (WUNDERLICH ET AL. 2008). Schließlich ist das Precision Farming bzw. Precision Agriculture zu nennen, bei dem z. B. die präzisionsgesteuerte Aussaat von großem wirtschaftlichem und ökologischem Interesse ist (vgl. SCHÖLDERLE ET AL. 2008; GRENZDÖRFFER & DONATH 2008). Aus wissenschaftlicher Sicht sind verschiedene Aspekte zu diskutieren. Zum einen sind die verwendeten Systeme hinsichtlich ihrer Bewegungen und ihrer Messungen zu modellieren, die relative Lage der auf der Messplattform verteilten Sensoren ist zu kalibrieren. Die Genauigkeitsforderungen liegen im Objektraum im Subdezimeterbereich und sind somit recht hoch. Es werden geeignete Filteralgorithmen benötigt, die auf einem konventionellen Kalmanfilter aufsetzen, dieses aber je nach Anwendung erweitern – beispielsweise bis hin zu einem auf Monte-Carlo-Verfahren beruhenden Partikelfilter, das sowohl Abweichungen von der Normalverteilung der Messwerte als auch Nichtlinearitäten behandeln kann (ALKHATIB ET AL. 2008). RAMM (2008) untersucht die Verwendung von Formfiltern für Navigationsaufgaben. Schließlich sind Regelungsverfahren zu entwickeln, die eine effektive Rückkopplung zwischen Sensorik und Aktorik ermöglichen.

Der in diesem Kapitel angesprochene Aufgabenbereich weist ein großes wirtschaftliches Potenzial auf. Geodäten stehen hier im Dialog und in Konkurrenz mit anderen Ingenieurdisziplinen wie dem Maschinenbau, der Elektrotechnik und der Informatik, speziell deren Teildisziplinen wie der Regelungstechnik und der Robotik. Als erste Veranstaltung in einer neu etablierten, interdisziplinären Reihe wissenschaftlicher Symposien im zweijährigen Turnus fand im Juni 2009 die 1st International Conference on Machine Control & Guidance an der ETH Zürich statt (INGENSAND UND STEMPFHUBER 2008).

16.5.5 Geodätische Messtechnik

Die geodätische Messtechnik ist als Teil der Metrologie zu sehen, der Wissenschaft vom Messen. Synonym spricht man von dimensionellem Messen – dem Messen geometrischer Größen. Bedeutungsverengend wird der Begriff Metrology verwendet, wenn von Präzisionsmesstechnik gesprochen wird. Zentrale Aufgaben sind das Prüfen und Kalibrieren von Instrumenten (Sensoren und Sensorsysteme), für die z. B. an den Universitätsinstituten entsprechende Labore vorgehalten sowie Einrichtungen und Verfahren entwickelt werden. Lasertracker haben sich als wichtiges Hilfsmittel und Werkzeug etabliert, um schnell und flexibel eine lineare oder räumliche Referenz zu schaffen. Einen Überblick über geodätische Messtechnik in der Industrie- und Präzisionsvermessung gibt SCHWARZ (2007).

Nachdem vor einigen Jahren die Frage der Komponenten- oder Systemkalibrierung geodätischer Messmittel im Vordergrund stand, vor allem am Beispiel digitaler Nivelliergeräte und -latten (SCHLEMMER 2005), werden aktuell die Prüfung und Kalibrierung von Laserscannern und Lasertrackern diskutiert. Nicht zuletzt angesichts der z. B. in 16.5.4 angesprochenen kinematischen Messverfahren ist die Verfügbarkeit von geeigneten Messeinrichtungen wie Linearmessbahnen (z. B. HENNES 2006) oder Dreharmen von Interesse. Eine Verbindung zwischen der Erdmessung und der Ingenieurgeodäsie ist die messtechnische Positionsbestimmung von elektrischen bzw. mechanischen Referenzpunkten, z. B. bei VLBI-Teleskopen (LÖSLER 2008).

Neben der Messtechnik im engeren Sinne befasst sich die Metrologie mit der Definition von Genauigkeitsmaßen, sowohl innerhalb der Geodäsie als auch darüber hinaus. Die in der Fachpresse teilweise sehr intensiv geführte Diskussion soll nicht wiederholt oder vertieft werden. Die im GUM („Guide to the Expression of Uncertainty in Measurement", ISO 1995) dargelegte Empfehlung, den Begriff Unsicherheit anstelle von Genauigkeit zu verwenden und anhand beschriebener Maße zu quantifizieren, wird auch in der Geodäsie diskutiert und umgesetzt.

Dennoch kann dieser Themenbereich nicht als wissenschaftlich abgeschlossen betrachtet werden. HENNES (2007) zeigt die begriffliche Vielfalt und die damit einhergehende Unklarheit und Mehrdeutigkeit auf. Aus Sicht der Ingenieurgeodäsie stehen primär zwei Aufgaben in den nächsten Jahren an: die eingehende mathematische Auseinandersetzung mit den Unsicherheitsmaßen und die messtechnische Erprobung und Validierung der Maße. Ansätze aus der Bayes-Theorie (KOCH 2008) werden in der Literatur favorisiert, die Fuzzy-Theorie bietet guteAlternativen (KUTTERER & SCHÖN 2004). Auch in der Messtechnik zeigt sich der Trend, Messinstrumente und -abläufe vor dem Hintergrund modellierter Unsicherheitsmaße zu simulieren, um die Prozesse durchgängig mathematisch zu beschreiben und so ein eingehendes Verständnis zu ermöglichen.

Neben der wissenschaftlichen Diskussion ist eine berufspolitische Komponente zu beachten, da die angesprochenen Entwicklungen vor allem außerhalb der Geodäsie stattfinden. Es ist wichtig, diese in Normungsausschüssen zu begleiten und unter Beachtung der fachspezifischen Besonderheiten zu adaptieren. Nur so kann die im einführenden Kapitel 16.5.1 angesprochene interdisziplinäre Kommunikation ermöglicht und aufrecht erhalten werden. Davon unberührt ist die Erarbeitung von Merkblättern zur Begriffsklärung und Anleitung im Sinne eines „Good Practice". Mit dieser Aufgabe befasst sich derzeit der Arbeitskreis 4 „Ingenieurgeodäsie" des DVW.

16.6 Photogrammetrie und Fernerkundung

16.6.1 Erfassung und Aktualisierung von Geoinformationen

Geoinformationen, d. h. Informationen über Objekte mit Raumbezug, werden in Geoinformationssystemen (GIS) in digitaler Form für verschiedenste Anwendungen bereitgestellt. Neben Merkmalen wie geometrische und semantische Genauigkeit oder prinzipielle Verfügbarkeit spiegelt die Aktualität der Informationen bzw. der ihnen zugrunde liegenden Daten den praktischen Nutzen eines GIS wider. Diese Thematik, die Erfassung und Aktualisierung von Geoinformationen, ist nach wie vor eine der Hauptaufgaben der Photogrammetrie und Fernerkundung, wobei sich die Mess- und Auswerteverfahren – wie in anderen Bereichen auch – im Laufe der Zeit infolge des technologischen Fortschritts deutlich gewandelt haben.

Allgemein befasst sich die Photogrammetrie und Fernerkundung mit der Beschreibung von Objekten und Oberflächen auf der Grundlage von Bildern. Weitere Tätigkeitsfelder neben den Geoinformation im engeren Sinne sind die z. B. die Ingenieurphotogrammetrie und das Umweltmonitoring. Zwischen der Photogrammetrie und der Fernerkundung bestehen enge Beziehungen. Man kann die Photogrammetrie als Teilgebiet der Fernerkundung betrachten (KONECNY & LEHMANN 1984), nennt die beiden Begriffe aus historischen Gründen aber in der Regel zusammen. Das gemeinsame Prinzip besteht in der flächenhaften Messung von Eigenschaften elektromagnetischer Wellen, die von Objekten ausgestrahlt oder reflektiert werden, mit dem Ziel, daraus Eigenschaften dieser Objekte abzuleiten. Die Objekte werden geometrisch (Position, Lage, Größe, Form), radiometrisch und spektral (Helligkeit, Textur, spektrale Signatur), semantisch (Objektklasse, Attribute) sowie ggf. hinsichtlich ihres zeitlichen Verhaltens beschrieben.

Wesentliche Charakteristika von Photogrammetrie und Fernerkundung sind die berührungslose Aufnahme, die kurze Aufnahmedauer und damit die Möglichkeit zur Erfassung dynamischer Prozesse, die umfassende flächenhafte und bildliche Dokumentation der aufgenommenen Szene, die Auswertung in drei Dimensionen sowie die Möglichkeit, fast beliebig große Objekte zu bearbeiten. Im Zentrum stehen digitale Bilder verschiedenster Sensorsysteme. Deren Auswertung zu automatisieren und dabei möglichst nah an die Interpretationsleistung des Menschen zu gelangen, ist das Ziel der Arbeiten.

In vielen Bereichen des täglichen Lebens nimmt die Bedeutung aktueller Geoinformationen spürbar zu; das vorliegende Buch ist in weiten Teilen diesem Thema gewidmet. Geoinformationen sind längst nicht mehr nur von wissenschaftlichem oder administrativem Interesse. Dies gilt für Geobasisdaten wie die Kataster- und die topographischen Daten und für die Fachdaten, z. B. aus Umwelt, Land- und Forstwirtschaft, Freizeit und Touristik. Zu nennen sind auch die vielfältigen Arbeiten zur Dokumentation des Kulturerbes. Paradebeispiele sind die Mobilität und der Verkehr, die angesichts der modernen Navigationssysteme Geoinformationen recht kurzfristig nachfragen, da sich z. B. die Befahrbarkeit von Straßen aufgrund von Bauarbeiten oder Staus innerhalb recht kurzer Zeit ändern kann.

Wesentliches Merkmal heutiger wissenschaftlicher Arbeiten in Photogrammetrie und Fernerkundung ist das Bestreben, die verfügbaren Technologien zur Datenerfassung – vom Erdboden aus bzw. flugzeug- oder satellitengestützt – optimal im Sinne der GIS zu nutzen und die Auswerte- und Analyseschritte weitestgehend zu automatisieren. In den folgenden Unterabschnitten werden zunächst die Sensoren und Sensorsysteme diskutiert. Anschließend werden die geometrische Bildauswertung und die Bildanalyse behandelt, beides vor dem Hintergrund der Automation der Abläufe. Eine gute Übersicht über den Stand sowie Trends und Perspektiven gibt HEIPKE (2004), an dem sich diese Darstellung orientiert. Aktuellere und weiterführende Darstellungen werden in den folgenden Abschnitten genannt.

Hinsichtlich der Publikationskultur in der Photogrammetrie und Fernerkundung ist zu vermerken, dass seit langem Medien (Zeitschriften und Tagungsbände) mit Peer-Review-System im Vordergrund stehen, in der Regel in englischer Sprache. Aufgrund der Methodenorientierung der Arbeiten gibt es keinen geographischen Schwerpunkt, die internationale Ausrichtung ist aber groß. Traditionell promovieren in der Photogrammetrie und Fernerkundung überdurchschnittlich viele ausländische Wissenschaftler in Deutschland – oftmals mit regionalem Themenbezug. Die wissenschaftliche Photogrammetrie und Fernerkundung ist seit langem in eine Reihe internationaler Projekte eingebunden. Beispiele dafür stellen die Weltraumprojekte MOMS-02/D2, TerraSAR-X und MarsExpress-HRSC, aber auch das von der DFG geförderte deutsch-chinesische Bündelprojekt „3D Urban Geoinformation" dar, das gemeinsam mit der Geoinformatik durchgeführt wird.

16.6.2 Sensoren und Sensorsysteme

Die heutige Photogrammetrie und Fernerkundung zeichnet sich durch durchgängig digitale Aufnahmesysteme aus. Neben den unmittelbaren Vorteilen der digitalen Technologie wie die Eignung zur Archivierung und Kopie ohne Verlust an Bildqualität, zur unmittelbaren rechentechnischen Weiterverarbeitung und zur prinzipiellen Echtzeitfähigkeit sind – im Vergleich mit der Analogphotographie – das erweiterte elektromagnetische Spektrum und die höhere spektrale Auflösung zu nennen. Außerdem lassen sich verschiedene Eigenschaften der Strahlung wie Lichtenergie, Phase, Laufzeit und Polarisation simultan erfassen und bei der Modellierung der Beobachtungen berücksichtigen. Die erhaltenen Datenmengen sind sehr groß und nicht einfach interpretierbar.

Generell lassen sich die luft- und satellitengestützten Systeme in verschiedene Gruppen gliedern: digitale Luftbildkameras mit Genauigkeiten im Sub-dm-Bereich am Objekt (JACOBSEN 2008), hochauflösende Satellitensysteme mit Genauigkeiten von wenigen m bis dm (EHLERS 2007), Multispektral- und Hyperspektralsensoren mit einer Vielzahl an Spektralkanälen zwischen dem sichtbaren und dem Thermalbereich (HEIDEN ET AL. 2007), Laserscanner (MALLET ET AL. 2008) sowie Radarsysteme (BAMLER ET AL. 2008). Angesichts der teils komplementären Eigenschaften der genannten Sensorsysteme liegen ein kombinierter Einsatz und eine gemeinsame Modellierung und Analyse (Datenfusion) nahe.

Obwohl die neueren, nachfolgend angesprochenen Sensorsysteme auf großes Interesse gestoßen sind, ist die digitale Luftbildphotogrammetrie nach wie vor wichtig, sowohl hinsichtlich Genauigkeit und Informationsgehalt im optischen Bereich als auch aus Kostengründen. JACOBSEN (2008) stellt einen Vergleich von digitalen Kamerasystemen vor. Er verweist auf teils recht große systematische Anteile, die bei der Selbstkalibrierung erhalten und korrigiert wurden. CRAMER ET AL. (2009) berichten über das aktuelle DGPF-Projekt zur Evaluierung digitaler Luftbildkamerasysteme, an dem Partner von verschiedenen wissenschaftlichen Einrichtungen teilnehmen. Erste Ergebnisse zeigen Genauigkeiten im Bild von etwa 1 µm und am Objekt je nach Kamera von 1 bis 3 cm.

Insbesondere das luftgestützte (Airborne) Laserscanning (ALS) und das Radar haben sich in den vergangenen Jahren zu äußerst aussichtsreichen Verfahren der Photogrammetrie und Fernerkundung entwickelt. Beide Verfahren sind aktiv, d. h. sie erzeugen die genutzte elektromagnetische Strahlung selbst. Im Gegensatz zur Rekonstruktion von Höheninformation aus überlappenden Bildverbänden liefert das ALS direkt dreidimensionale Objektinformationen. SCHIELE (2005) betrachtet die Kalibrierung von ALS-Systemen. Aufgrund der elektromagnetischen Charakteristiken gibt es gewisse Schwächen, z. B. bei der Abtastung von Wasserflächen, die das Signal nicht reflektieren. Heute sind Full-Waveform-Systeme verfügbar, die das reflektierte Signal mit hoher Frequenz abtasten und so der Analyse den gesamten Signalverlauf zugänglich machen, wodurch detailliertere Schlüsse auf die Struktur und weitere Eigenschaften der erfassten Oberfläche möglich sind; siehe auch JUTZI (2007).

Das im Mikrowellenbereich arbeitende Radar besitzt Vorteile gegenüber dem ALS aufgrund der Unabhängigkeit von Bewölkung und Beleuchtung. Die Modellierung und Auswertung der Radaraufnahmen sind hingegen äußerst komplexe Aufgaben aufgrund der besonderen geometrischen Konfiguration (Schrägsicht) und der Reflexionseigenschaften der Mikrowellen. In der Fernerkundung wird Radar als SAR (Synthetic Aperture Radar) eingesetzt. Mittels InSAR (Interferometrisches SAR) kann die dritte Dimension abgeleitet und zur Bestimmung eines Digitalen Oberflächenmodells (DOM) genutzt werden. Werden Radarszenen wiederholt aufgezeichnet, ist differentielles InSAR möglich, bei dem Positionsunterschiede von Objekten (Persistent Scatterer → PS-InSAR) bestimmt werden, die in den unterschiedlichen Aufnahmen identifiziert werden können (BAMLER ET AL. 2008). Dann lassen sich Höhenunterschiede im Sub-cm-Bereich detektieren (SPRECKELS ET AL. 2008). Bei beiden Verfahren sind aufgrund des absehbaren technologischen Fortschritts und der Radar-Satellitenmissionen wie TerraSAR-X und TanDEM-X deutliche Qualitätsverbesserungen zu erwarten.

Bei den terrestrischen Systemen ist der Bereich des Mobile Mappings zu nennen. In der Regel werden Multisensorsysteme eingesetzt, bei denen als bildgebende Komponente digitale Kameras – auch Videotechnologie – verwendet werden und in den letzten Jahren verstärkt terrestrische Laserscanner Anwendung finden. Die zentrale Aufgabe besteht in der verzerrungsfreien Rekonstruktion der dreidimensionalen Geometrie aus den Aufnahmen sowie deren Modellierung und Interpretation. Bei Kamerasystemen entspricht dies den Aufgaben der Luftbildphotogrammetrie. Bei Lasersystemen, vor allem beim kinematischen (auch: dynamischen) Scanning, bestehen starke Bezüge zum ALS. Für beide Fälle gibt es eine Reihe von kommerziellen Systemen, die in der Regel straßengebunden sind, aber auch auf Schienen oder auf dem Wasser eingesetzt werden können. Offen ist bislang – aufgrund der Nutzung von GNSS – eine effiziente Erfassung von Innenräumen. Ein aktuelles Buch zum Laserscanning ist VOSSELMAN & MAAS (2009), das ein Kapitel zum Mobile Mapping enthält.

Wie im Kontext der Ingenieurgeodäsie beschrieben (Abschnitt 16.5.2), ist das TLS im statischen Einsatz ein effektives Verfahren, um schnell geometrische Informationen zu räumlichen Objekten unterschiedlichster Art mit hoher räumlicher Auflösung zu erhalten. Mit der Ingenieurgeodäsie gibt es starke Berührungspunkte bei hoch genauen Anwendungen und den dabei auftretenden Fragen zu den Mess- und Auswerteverfahren, insbesondere zum Prüfen und Kalibrieren, aber auch zur Beschreibung der Genauigkeit von Punktwolken und daraus abgeleiteten geometrischen Modellen. Die Photogrammetrie und Fernerkundung nutzt für die Modellierung und Auswertung die räumlichen Strahlenbündel als Zugang. Beispielhaft sei SCHNEIDER (2009) genannt, der TLS-Daten und digitale Panoramabilder integriert auswertet.

Neben dem TLS sind im Nahbereich weitere Sensoren von Interesse. Zu nennen ist die Range-Imaging-Technologie (KAHLMANN & INGENSAND, 2007), für die erste Untersuchungen und Anwendungen publiziert wurden. Im Gegensatz zu den grundsätzlich sequentiell arbeitenden scannenden Verfahren sind Range-Imaging-Kameras in der Lage, gleichzeitig für jedes Pixel die Tiefeninformation zu bestimmen. Diese Technologie ist z. B. für Anwendungen in der Robotik oder in der Personenüberwachung interessant. Daneben ist die Hochgeschwindigkeitsfotografie mit digitalen Kameras – bevorzugt in Form von synchronisierten Mehrkamerasystemen – zu nennen, die z. B. bei Crashtests eingesetzt wird (RAGUSE 2007).

16.6.3 Geometrische Auswertung

Die geometrische Auswertung ist die wesentliche Schnittstelle zwischen der Bildaufnahme mit den jeweils genutzten Sensoren und der sich anschließenden Bildanalyse und Bildinterpretation. Diese traditionelle Trennung von den nachfolgenden Aufgaben lässt sich in Zuge der unmittelbar digitalen Bilddaten und automatisierten Verfahren nicht streng aufrecht erhalten. Der geometrischen Auswertung werden die Bildorientierung, die Ableitung von digitalen Oberflächenmodellen (DOM) und Geländemodellen (DGM) sowie die Orthoprojektion und Visualisierung zugeordnet. Sie beruht in aller Regel auch auf der aufgezeichneten radiometrischen Information und aus den Aufnahmen abgeleiteten Bildmerkmalen (Primitiven).

Bei allen Systemen, die auf bewegten Plattformen eingesetzt werden, ist neben der geometrisch-radiometrischen Aufnahme die äußere Orientierung der bildgebenden Komponente zu bestimmen, die sich entsprechend der Bewegung ändert. Dazu wird eine positions- und richtungsgebende, d. h. Navigationskomponente benötigt, die auf GNSS- und Inertialtechnologie beruht und die mit der bildgebenden Komponente zu synchronisieren ist.

Für die Bildorientierung werden neben der wissenschaftlich ausgereiften und routinemäßig betriebenen Aerotriangulation verstärkt die direkte oder die integrierte Sensororientierung eingesetzt (z. B. CRAMER 2001). Dabei werden die Elemente der äußeren Orientierung entweder ausschließlich mit GNSS- und Inertialtechnologie bestimmt oder als beobachtete Größen in die Ausgleichung der geometrischen Bildinformationen eingeführt. Bei hinreichender Kalibrierung sind am Boden Punktgenauigkeiten im Bereich weniger cm möglich. Die Orientierung bzw. räumliche Entzerrung erfolgt in ähnlicher Weise für ALS und InSAR, wobei die Genauigkeiten in vergleichbarer Größenordnung sind, der erreichbare Detailgrad unterhalb dem der stereoskopischen Bilder liegt.

DOM und DGM können indirekt aus stereoskopischen Aufnahmen rekonstruiert werden; sie werden alternativ mithilfe von ALS oder InSAR direkt dreidimensional bestimmt. Ein Beispiel ist die globale Kartierung der Erde auf Basis der SRTM-Mission mit Höhengenauigkeiten von 4 m bei einer horizontalen Auflösung von 30 m (BAMLER ET AL. 2008). Für ALS sind die Werte zwar besser als beim Radar (Auflösung und Genauigkeiten von wenigen dm). Insgesamt bieten die optischen Stereoaufnahmen detailliertere Informationen.

Ein zunächst aufgenommenes DOM enthält topographische Objekte wie Gebäude und Vegetation, die für die Bestimmung eines DGM reduziert werden müssen. Dies kann mithilfe von Filtermethoden oder der Bildanalyse geschehen, indem die entsprechenden Objekte detektiert werden. Gerade das Full-Waveform-ALS bietet durch die Analyse des reflektierten Signals eine aussichtsreiche Möglichkeit, Vegetations- oder Siedlungsstrukturen direkt bei der Messung zu detektieren. Hierfür sind geeignete Analysemethoden zu entwickeln; siehe z. B. MALLET ET AL. (2008). Eine aktuelle Arbeit zur DGM-Bestimmung aus ALS-Daten ist BRZANK (2008), der einen Ansatz aus der Fuzzy-Logik verwendet.

Der Bereich der Orthoprojektion und Visualisierung ist kommerziell weit entwickelt. Beide Aufgaben sind eng miteinander verwandt. Für ein sogenanntes „true ortho" wird ein DOM als Grundlage für die Entzerrung verwendet. Die Visualisierung bezieht sich in der Regel auf fotorealistische 3-D-Graphiken oder animierte Computerszenen wie z. B. Bildflüge. Wissenschaftliche Arbeiten zur Visualisierung, z. B. zur Virtual und Augmented Reality sind in der Geoinformatik angesiedelt; siehe Abschnitt 16.7.

16.6.4 Automatische Bildanalyse und Interpretation von Fernerkundungsdaten

Die Analyse und die Interpretation von Bildern beschäftigt sich mit der zwei- oder dreidimensionalen Erkennung, Extraktion und Beschreibung von Objekten. Mit diesen Aufgaben sind viele aktuelle wissenschaftliche Arbeiten befasst. Es gilt als gesichert, dass sowohl geometrische als auch radiometrische Daten benötigt werden, wobei für großmaßstäbliche Anwendungen die geometrische Information im Vordergrund steht, bei kleineren Maßstäben hingegen die radiometrische Informationen. Weiterhin ist A-priori-Wissen über die zu erkennenden Objekte in Form von Modellen erforderlich. Fernziel ist die vollständige Automatisierung der Abläufe, wobei derzeit semiautomatische Ansätze erfolgreich umgesetzt werden. Bei diesen wird ein menschlicher Operateur in den Auswerteprozess einbezogen. Eine aktuelle Einschätzung zu Aufgaben und Methoden der Mustererkennung in der Fernerkundung gibt FÖRSTNER (2009).

Für verschiedene Objekte wie Straßen, Gebäude und Vegetation wurden inzwischen funktionierende Ansätze vorgeschlagen. BAUMGARTNER (2003) und HINZ (2005) behandeln beispielweise die Extraktion von Straßen aus Luftbildern, GERKE (2006) analysiert räumliche Datenbanken mit einem evidenzbasierten Ansatz. Mit der Extraktion bzw. Rekonstruktion von Gebäuden – teils unter Nutzung von ALS-Daten – befassen sich ROTTENSTEINER (2001), STEINLE (2006) und BEDER (2008). STRAUB (2004) betrachtet die Extraktion von Bäumen aus Fernerkundungsdaten.

Ein vielfach eingesetztes Werkzeug zur Bestimmung von Objektgrenzen sind die sogenannten Snakes, die z. B. von RAVANBAKSH (2008) zur Extraktion von Straßenkreuzungen oder von BUTENUTH (2008) zur modellhaften Beschreibung von Straßennetzen oder Schlaggrenzen verwendet werden. Letzterer betrachtet auch die Abgrenzung zwischen Zellen bei bio-medizinischen Fragestellungen. Hier zeigt sich die große Nähe der Bildanalyse in der Photogrammetrie und Fernerkundung zu einer Reihe von angrenzenden Gebieten wie Computer Vision (z. B. FORSYTH & PONCE 2002).

Die Analyse von hochaufgelösten Punktwolken oder Distanzbildern im Hinblick auf die Segmentierung und geometrische Modellierung darin enthaltener räumlicher Merkmale und Strukturen ist Gegenstand einer Reihe von Arbeiten. Zu nennen sind z. B. BÖHM (2005) und BECKER (2005).

Die von HEIPKE (2004) genannten wissenschaftlichen Fragestellungen zur Bildanalyse sind weiterhin gültig. Dazu zählen die simultane Verwendung mehrerer Bilder – verbunden mit einem frühzeitigen Übergang in den dreidimensionalen Objektraum, die modulare Objektmodellierung unter Einbeziehung geometrischer, radiometrischer und spektraler Informationen, die gemeinsame Verwendung mehrerer Bildauflösungen und Detailstufen in der Objektmodellierung (Multiskalenanalyse), die simultane Auswertung von verschiedenen Datenquellen, die verstärkte Modellierung von Kontext und ganzen Szenen, die Formulierung und Verwendung von unsicherem Wissen (Bayes-Netze, Fuzzy-Logik, Evidenztheorie) zwecks Selbstdiagnose sowie die automatische Erstellung von Wissensbasen.

16.7 Geoinformatik und Kartographie

16.7.1 Geodateninfrastrukturen und Geodatendienste

Die Geoinformatik (englisch: GIScience) beschäftigt sich mit der Automation in der Verarbeitung von Geoinformationen und mit dem generellen Raumverständnis einschließlich der Raumkognition. Sie steht im Spannungsfeld zwischen Anforderungen und Chancen aufgrund des technologischen Fortschritts und der epistemischen Suche nach dem Wesen und der Funktion des Umgangs mit dem Raum, räumlichen Begriffen und Objekten. Wissenschaftliche Herausforderungen für die Forschung liegen in der Modellierung von Geodaten. Neben Schemabeschreibungen der Datenbanken treten zunehmend allgemeine Modellbeschreibungen und Ontologien, mit denen ein „Verständnis“ der räumlichen Objekte ermöglicht werden soll, das Rechnern zugänglich ist.

Die Kartographie ist die traditionelle Wissenschaft zur (visuellen) Kommunikation raumbezogener Informationen. Sie hat im digitalen Zeitalter nicht an Aktualität eingebüßt. Die Aufgabe der Präsentation räumlicher Sachverhalte ist für schnelle moderne Kommunikationsmedien wie Internet-Displays oder Handybildschirme gleichermaßen relevant wie früher für analoge Papierkarten. Die Herausforderungen liegen in den erweiterten Möglichkeiten, die sich durch digitale Systeme und miniaturisierte Hardware ergeben. Eine große Chance besteht in der Personalisierung der visuellen Darstellungen (MENG 2005).

Der Bedarf an Automation in der Datenintegration und der Dateninterpretation wird vor dem Hintergrund der zunehmenden Menge an verfügbaren Geodatenbeständen deutlich. Deren manuelle Bearbeitung ist kaum mehr möglich; sie bedarf der Unterstützung durch adäquate Softwareprodukte. Es sind automatische Interpretationsverfahren erforderlich, die teilweise zum Bereich des Spatial Data Mining gehören (HAN & KAMBER 2001).

Geodaten unterschiedlichster Art werden mittels Geodateninfrastrukturen und Geodatendiensten für Nutzer erschlossen und über das World Wide Web verfügbar gemacht (BERNARD 2006). Die Form der Daten und die Dienste (Web-Services), über die sie betrachtet, bezogen und verarbeitet werden können, sind standardisiert und über das OGC bzw. Standardisierungsgremien beschrieben. Eine wichtige Rolle spielen die Simple Feature Specifications.

Die OGC-basierten Web-Services bieten eine Reihe von Vorteilen (KORDUAN & ZEHNER 2007): Problemlösungen werden für Anwender einfacher und schneller, die Produkte haben am Markt eine höhere Überlebenschance. Die Daten bleiben an der sie anbietenden Stelle, Redundanz in Datenerhebung und Datenhaltung wird vermieden. Es werden nur Ausschnitte bezogen, die gerade benötigt werden. Die Daten können in verschiedenen Koordinatensystemen und Formaten geliefert und dann integriert dargestellt und weiterverarbeitet werden. Nachteilig ist der Aufwand für Bereitstellung und Pflege der Dienste. Zudem muss eine permanente Internetverbindung vorliegen, wobei eine Unterbrechung der Leitungen und somit der Nutzung technisch möglich ist; eventuell wird mit lokalen Caches gearbeitet. Zum Stand ist festzuhalten, dass bislang primär Auskunfts- bzw. Datenbereitstellungs-Dienste realisiert wurden, jedoch nur wenige Analysefunktionen vorliegen.

Für die Suche, den Bezug und die Verarbeitung von Geodaten existieren verschiedene Dienste. Katalogdienste sind Dienste zum Auffinden von Diensten und Daten mittels Metadaten oder zur Verortung von Daten wie die sogenannten Gazetteer-Dienste, die Koordinaten zu gegebenen Namen liefern. Präsentationsdienste werden zur Darstellung von Geodaten in Form von Rasterdaten (WMS, Web Map Service) oder zur Darstellung von kontinuierlichen Daten als Coverages (WCS, Web Coverage Service) verwendet.

Für die Datenbereitstellung und Modifikation sind die Anfrage und Übertragung von Geoobjekten (WFS, Web Feature Service) zu nennen. Verarbeitungsdienste dienen z. B. der Koordinatentransformation. Zu den Diensten wiederum existieren verschiedene Implementierungen wie z. B. das System deegree der Firma LatLon. Inzwischen stellen viele Organisationen wie die Landesvermessungsämter ihre Daten über OGC-konforme Dienste bereit. Die Daten werden in der Regel über XML-Derivate wie z. B. GML (geography markup language) beschrieben.

Die Geoinformatik wird wie die Kartographie von verschiedenen wissenschaftlichen Gesellschaften vertreten. Neben ICA, ISPRS und IGU (International Geographic Union) sind neuere Organisationen wie AGILE in Europa zu nennen. In jüngerer Zeit haben sich begutachtete Publikationen in renommierten Zeitschriften etabliert. Neben die Konferenzen der oben genannten Gesellschaften sind Veranstaltungen wie die GIScience oder die primär auf theoretischen Konzepte ausgerichtete Cosit getreten.

16.7.2 Navigationssysteme und Location Based Services

Navigationssysteme bestehen aus zwei wesentlichen technischen Komponenten. Zum einen ist dies die Positionierungskomponente, mit deren Hilfe die aktuelle Position – in aller

Regel mit der Orientierung und der Zeit – bestimmt wird. Diese erste Komponente beruht auf GNSS-Verfahren, die beim Einsatz in Kraftfahrzeugen mit im Fahrzeug verfügbaren Sensoren zur Koppelnavigation wie z. B. Odometer verknüpft werden können. Bei der zweiten Komponente handelt es sich um digitale Karten, deren Informationen mit den Positionierungsergebnissen verknüpft werden (Map-Matching, z. B. CZOMMER 2001).

In der beschriebenen Grundausstattung haben Navigationssysteme den Massenmarkt erreicht. Sie sind in vielen Fahrzeugen serienmäßig erhältlich, es sind aber auch separate Geräte verfügbar, die z. B. von Fußgängern oder Radfahrern eingesetzt werden. Die Karten werden primär als 2-D-Projektionen dargestellt, wobei es auch Pseudo-3-D-Ansichten gibt. Verschiedene graphische Elemente wie Richtungspfeile unterstützen und vereinfachen die Nutzung der Systeme.

Die digitalen Daten, für die es zwei Provider gibt (NAVTEQ – heute Nokia – und Teleatlas – heute TomTom), werden im GDF-Format bereitgestellt. Von entscheidendem Interesse für die Nutzung ist insbesondere die Aktualität der verfügbaren Daten. Aufgrund der hohen Kosten für eine routinemäßige Erhebung und Fortführung sind auf dem Markt verschiedene Maßnahmen zu erkennen, mit denen dieses Problem behandelt wird. So ist die Offline-Aktualisierung der Daten durch die Nutzer etabliert. Daneben ist die Online-Integration aktueller Informationen, z. B. zur Umgebung, zu nennen.

Sowohl aus wissenschaftlicher als auch aus wirtschaftlicher Sicht ist die Kartenkomponente entscheidend, insbesondere wenn semantische Informationen verschiedenster Art genutzt werden können. Die Positionierung ist angesichts der üblicherweise hinreichenden Genauigkeiten im Meterbereich ein eher nachgelagertes, technisches Problem. Im Außenraum kann dieses bei günstigem GPS-Empfang als gelöst betrachtet werden. Im Falle von Abschattungen sind geeignete Filter- und Zuordnungsalgorithmen erforderlich. Von derzeitigem Interesse ist die Bereitstellung einer Infrastruktur, z. B. auf Mobilfunk-, WLAN- oder UWB-Basis, die eine hinreichend gute Positionierung in Innenräumen ermöglicht.

Hinsichtlich der Kartendarstellung sind 3-D-Modelle von herausragenden Objekten (Landmarken) von großem Interesse. Die Forschung konzentriert sich dabei auf den Bereich der Fußgängernavigation. Dazu ist es erforderlich, weitere Grundlagendaten wie z. B. Gebäudepläne oder Fußgängerzonen zu erfassen. Weitere Fragestellungen sind mit Möglichkeiten zur Kommunikation und Darstellung befasst. Ansätze zur verbalen Vermittlung werden ebenso untersucht wie zur Personalisierung. Bei der Kommunikation spielt eine hierarchische Gliederung der Beschreibung eine Rolle, die eine Einordnung in eine „Grob-zu-Fein"-Struktur ermöglicht (z. B. TOMKO ET AL. 2008).

Die bereits angesprochene Bedeutung der digitalen Karte zeigt sich besonders in den sogenannten Location-Based Services (LBS; ortsbezogene Dienste), die ortsbezogene Information auf mobilen Geräten anbieten. So werden z. B. Fragen nach dem nächsten Restaurant oder der nächsten Tankstelle beantwortet. Der Nachbarschaftsbezug wird durch die Positionsinformation hergestellt, welche entweder über GNSS, WLAN oder eine Eingabe von Adressinformation gewonnen wird.

Eine wesentliche Erweiterungsmöglichkeit ist durch die Berücksichtigung sozialer oder anderer Netzwerke gegeben. So lassen sich „Freunde" definieren und miteinander vernetzen, um sich in der Freizeit oder bei der Arbeit zu treffen. Ebenfalls realisiert sind Anwendungen, die den Weg zurück zum abgestellten Fahrzeug wiederfinden. Von großem Interesse ist diese Gruppe von Anwendungen im sicherheitsrelevanten Bereich, da der Einsatz von Personal bei Unglücken oder Katastrophen wie z. B. Brandfällen deutlich einfacher überwacht und koordiniert werden kann. Elementare Grundlage für diese Anwendungen sind digitale Karten, die mit relevanten, richtigen und aktuellen Zusatzinformationen verknüpft sind.

16.7.3 Datenabstraktion und Geodatenvisualisierung

Räumliche Phänomene spiegeln sich in unterschiedlichen Maßstäben wider. Um ein eingehendes Verständnis für die damit verbundenen Daten und Zusammenhänge zu gewinnen, müssen diese in verschiedenen Skalen dargestellt und inspiziert werden können. Mit diesem zentralen Thema der Kartographie beschäftigt sich die Generalisierung. Hierbei gibt es mehrere Maßnahmen (Erfassungsgeneralisierung, Modellgeneralisierung, kartographische Generalisierung) und Prozesse (Selektion, Glättung, Verdrängung, ...). Wie in anderen Gebieten besteht eine wesentliche Herausforderung in der Automation, die in der Generalisierung seit ca. 40 Jahren wissenschaftlich untersucht wird (MACKANESS ET AL. 2007).

Verschiedene Erfolge sind bei der Automation von Einzelprozessen zu verzeichnen. Zu nennen sind z. B. die Linienglättung, die Gebäudegeneralisierung (Agenten-Ansatz), die Aggregation (z. B. VAN OOSTEROM 1995, HAUNERT 2009) oder die Verdrängung (SESTER 2005). Die Modellgeneralisierung wird in Deutschland beispielsweise eingesetzt, um vollautomatisch aus dem Basis-DLM das DLM50 abzuleiten (PODRENEK 2002, URBANKE & DIECKHOFF 2006, SCHÜRER 2008).

Neben der Generalisierung ist die Visualisierung der Geodaten ein wichtiges Thema. Deren Ziel ist eine schnelle Erfassung der Inhalte zwecks besseren Verständnisses. Dazu ist eine adäquate Darstellung der räumlichen Objekte und ihrer thematischen Inhalte erforderlich. Die thematischen Inhalte werden über graphische Variablen wie z. B. Größe, Form, Helligkeit, Farbe oder Orientierung codiert (BERTIN 1974), die entsprechend der Art der Thematik formuliert und eingesetzt werden. Die graphischen Variablen können qualitative oder quantitative Werte annehmen, wobei nach der Nominal-, Ordinal- und der Verhältnis-Skala (oder Ratio-Skala) unterschieden werden kann.

Diese Techniken wurden traditionell für analoge Karten eingesetzt, sie sind aber auch vor dem Hintergrund der Darstellung räumlicher Objekte und Strukturen auf Computerbildschirmen von großer Bedeutung. Im Speziellen ist die Generalisierung erforderlich, wenn es um Darstellungen auf kleinen mobilen Geräten wie PDAs oder Handys geht. Eine Erweiterung der graphischen Variablen ist möglich, wenn dynamische Elemente wie z. B. Blinken oder Bewegen eingesetzt werden (MACEACHREN 1995). Weitergehende Arbeiten zur Visualisierung nutzen Methoden der Virtual Reality und der Augmented Reality (PAELKE 2006).

16.7.4 Datenintegration und Datenfusion

Die zunehmende Anzahl an digitalen Datenbeständen, die unter anderem über Geodateninfrastrukturen und Internetportale verfügbar sind, ermöglicht (und erfordert) es, Daten unterschiedlicher Quellen zusammenzuführen. Die integrierte Nutzung verschiedenster Aspekte der räumlichen Situation, die in den jeweiligen Datenquellen enthalten bzw. berücksichtigt sind, ist ein wesentlicher Mehrwert gegenüber einer getrennten Bereitstellung. Weiterhin können Datensätze gegenseitig angereichert und mehrfach vorhandene Datenelemente geeignet gemittelt bzw. zusammengefasst werden.

Im einfachsten Falle erfolgt die Datenintegration auf Basis einer einheitlichen Georeferenzierung der entsprechenden Datenquellen, wodurch die Informationen allerdings nur überlagert werden. Für eine echte Integration sind korrespondierende Datenelemente zu identifizieren. Hierfür sind zunächst korrespondierende Objektklassen auf semantischer Ebene zu bestimmen – das sogenannte Semantic Alignment. Dies bedeutet, dass auf Basis der Untersuchung von Objektartenkatalogen oder Ontologien eine Zuordnung gefunden werden muss. KUHN (2003) spricht in diesem Zusammenhang von einem semantischen Referenzsystem, Methoden sind beispielsweise in KOKLA (2006) beschrieben. Im EU-Projekt GiMoDig (SARJAKOSKI ET AL. 2002) wurde eine Integration topographischer Datenbestände in Europa auf Basis der Bestimmung eines sogenannten globalen Schemas erreicht, in das die jeweiligen Objektartenkataloge der Länder automatisch transformiert werden konnten. Die Ermittlung semantischer Beziehungen auf Basis der Analyse von existierenden Datensätzen wird von KIELER ET AL. (2007) vorgeschlagen.

Sind die Korrespondenzen zwischen den Objektklassen gegeben, kann die geometrische Integration erfolgen. Für die Integration von Katasterdaten wird die Nutzung von objektspezifischen Bedingungen vorgeschlagen (z. B. HETTWER & BENNING 2000, GIELSDORF 2005); beispielweise werden Orthogonalitäten oder Parallelitäten im Rahmen von Kleinste-Quadrate-Ansätzen berücksichtigt werden.

Eine generelle Methode zur rein geometrischen Datenintegration ist durch den ICP-Ansatz gegeben (Iterative Closest Point, BESL & MCKAY 1992). Dieser kann allgemein für die Integration und Anpassung von 2-D-Daten, aber auch von 3-D-Punktwolken genutzt werden. Oft erfolgt eine Datenintegration anhand von einigen korrespondierenden Objekten, die quasi als Passpunkte verwendet werden. Die Objekte dazwischen müssen anschließend geeignet transformiert werden; oft findet das sog. Rubber-Sheeting Anwendung (DOYTSHER 2000).

16.7.5 3-D-Stadtmodelle, Geosensornetze und Dynamische Karten

3-D-Stadtmodelle sind für viele Anwendungen von großem Interesse, da sie Stadtszenen in vereinfachter Form in einem räumlich konsistenten Zusammenhang bei gleichzeitig hohem Detailgrad und angemessener Genauigkeit – üblicherweise im Dezimeterbereich – digital bereitstellen. Ein Teil der Arbeiten ist mit der Objekterfassung befasst, wobei unmittelbar beobachtungstechnische Aspekte wie die Modellierung der eingesetzten Sensorsysteme diskutiert werden, bei denen es sich in der Regel um luftgestützte oder terrestrische Laserscanner oder Digitalkameras handelt. Für die Verknüpfung der aus unterschiedlichen Quellen stammenden Daten und der Georeferenzierung von Einzelszenen sind verschiedene algorithmische Fragen zu behandeln.

Da dieser Themenbereich eher der Gewinnung von Geoinformationen zuzuordnen ist, wird er in Abschnitt 16.6 eingehender dargestellt. Im Hinblick auf die Geoinformatik und Kartographie ist die geometrische Modellierung von Interesse, für die verschiedene Modellansätze verwendet werden können, die z. B. die jeweiligen Dachformen geeignet beschreiben. Aufgrund der großen Menge an erfassten Einzelpunkten und des hohen räumlichen Detailgrads ist ein hoher Automationsgrad bei der Auswertung und Modellierung möglich (GRÜN ET AL. 2002, BRENNER 2005).

Bei der Modellierung werden standardisierte Detailgrade (Levels of Detail) angesetzt. Die LODs reichen von regionalen Oberflächenmodellen (LOD 0) über einfache Gebäudeblockmodelle (LOD 1, Auflösung ca. 6 m), Gebäude mit Dachstruktur (LOD 2, Auflösung ca. 4 m) und detaillierte Architekturmodelle (LOD 3, Auflösung ca. 2 m) bis hin zu detaillierten Innenraummodellen des LOD 4 mit einer Auflösung von ca. 20 cm enthalten. Eine wichtige Frage betrifft die automatische Ableitung solcher LODs durch Generalisierung (KADA 2007). Eine Modellierung in OGC-konformer Weise ist mittels CityGML (KOLBE ET AL. 2005) möglich sowie über IFC (Industry Foundation Classes), die besonders im Bereich des Computer Aided Facility Managements (CAFM) eingesetzt werden.

Aufgrund der Komplexität und der Vielzahl an möglichen Einsatzbereichen existiert für diese Thematik keine einheitliche Theorie. Vielmehr orientiert man sich an der jeweiligen Anwendung. In der historischen Entwicklung ist zunächst der Bereich der Telekommunikation zu nennen, bei dem es um die optimale Planung von Antennenstandorten ging. Als weitere Stimulatoren können die Lärmschutzordnung und die kommende Generation von Navigationssystemen betrachtet werden. Zumindest für wichtige Landmarken sind künftig 3-D-Gebäudedarstellungen zu erwarten. Ein weiteres Themenfeld sind Katastrophenfälle mit Evakuationsszenarien auf Basis von 3-D-Gebäudemodellen.

Geosensornetze wurden in Abschnitt 16.5 im Kontext der Ingenieurgeodäsie – speziell im Hinblick auf Monitoringaufgaben – angesprochen. Vor dem Hintergrund der Geoinformatik und Kartographie eröffnen sie eine Reihe attraktiver Forschungsfragen und Anwendungsfelder. Allgemein erfassen Geosensoren neben ihrer räumlichen Position, die das namensgebende Attribut darstellt, Informationen zur Umgebung, z. B. zur Umwelt im engeren Sinne. Die Zukunftsvision sind kleine, kaum sichtbare Sensoren, die sich in die Umgebung integrieren („smart dust").

Für die Skalierbarkeit der vernetzten Sensoren sind verschiedene Eigenschaften wichtig: eine drahtlose Kommunikation, eine Ad-hoc-Ermittlung der Netztopologie, d. h. der Nachbarschaftsbeziehungen zwischen den Sensoren, sowie eine lokale Auswertung („Rechnen auf dem Netz"). Es wird keine zentrale Verarbeitungsstelle im Sinne eines globalen Servers eingerichtet. Für den Betrieb des Netzes sind lokal arbeitende Algorithmen erforderlich. Zunehmend wichtig ist es, Auswertemodelle und Sensoren zu koppeln, um somit eine integrierte Regelschleife zu erhalten.

Für Geosensornetze gibt es viele Anwendungen wie das Umweltmonitoring zur Bestimmung von meteorologischen Parametern (Beispiel: Temperaturverteilung im Weinberg oder in und um Gewässern), Frühwarnsysteme (BILL ET AL. 2008) oder im militärischen Bereich; siehe auch STEFANIDIS & NITTEL (2005).

Das Konzept der Geosensornetze zieht sich durch die gesamte Geodäsie. Dies ist in der zunehmenden Verfügbarkeit von Geosensoren unterschiedlichster Art begründet, deren Daten primär zweckgebunden erfasst werden, aber unter eingehender Diskussion und Nutzung von Beobachtungsmodellen für anders gelagerte Anwendungen genutzt werden können. Die bekannte und etablierte Bestimmung von meteorologischen Parametern wie dem Wasserdampfgehalt in der Atmosphäre als Nebenprodukte der routinemäßigen GPS-Messungen auf Permanentstationen sei zur Motivation und Illustration aufgeführt. Im Kontext sind verschiedene Beispiele zu nennen. Mithilfe eines einzelnen Handys kann die Position des Trägers bestimmt werden; eine größere Gruppe von Handys in einem definierten Bereich, z. B. auf einer Straße, ist geeignet, das dortige Verkehrsaufkommen zu erfassen. Verfügen Autos über Regensensoren, so können sie als einfache mobile Wetterstationen genutzt werden.

Verlagert man die Information über das geometrische Bezugssysteme in Merkmale im Objektraum wie z. B. Straßenmarkierungen oder Hauswände, die aus Laserdaten gewonnen werden, kann diese für die Positionierung von Fahrzeugen lokal zur Verfügung gestellt und genutzt werden (BRENNER 2009). In Verbindung damit – aber nicht ausschließlich – ist ein neues, dynamisches Verständnis von digitalen Karten erforderlich. Die automatische Verarbeitung und Nutzung dieser Informationen erfordert geeignete Repräsentationsformen und Methoden. Ein Fernziel sind Systeme, die die Daten ausgehend von den Erfordernissen der Anwendung aggregieren und interpretieren und so gegebenenfalls in höherwertige Strukturen überführen können (BRENNER 2006). Auf diese Weise erhält man schließlich selbst adaptierende Karten, die ihre Qualität und ihre Anwendungsmöglichkeiten kennen.

16.8 Land- und Immobilienmanagement

16.8.1 Demographischer Wandel

Die Forschung im Land- und Immobilienmanagement ist geprägt durch die Veränderungen der gesellschaftlichen Rahmenbedingungen, insbesondere durch deren flächenbezogene und bodenwirtschaftliche Auswirkungen. Neben dem wirtschaftlichen Strukturwandel (Globalisierung) und neuen Prioritäten beeinflusst der demographische Wandel die Bereiche Wohnen, Arbeiten, Freizeit und Verkehr. In den Industrieländern summieren sich dadurch Phänomene, die sich direkt auf die Stadtentwicklung und damit auf das Land- und Immobilienmanagement auswirken. Beispiele sind die Bevölkerungsabnahme, die Alterung der Gesellschaft, Wanderungsbewegungen und die Pluralisierung der Lebensstile.

Die Bevölkerungszahl wird bis 2020 sinken, wobei im Süden noch ein leichter Anstieg zu verzeichnen ist, im Osten jedoch eine großflächige Schrumpfung zu erwarten ist. Auch innerhalb der Bundesländer gibt es große Disparitäten, z. B. zwischen wachsenden attraktiven Mittelstädten und schrumpfenden ländlichen Räumen. Obwohl die Bevölkerungszahl insgesamt sinkt, steigt die Zahl der Haushalte aufgrund der Alterung (kleine Seniorenhaushalte) und der Singularisierung (jüngere und mittlere Singlehaushalte) weiter an. Diese beanspruchen wiederum mehr Fläche, was sich in der Pro-Kopf-Wohnfläche, aber auch in der Siedlungsfläche pro Kopf widerspiegelt (BBR 2007, 42 ff.). Dieses Siedlungsflächenwachstum hat seine Ursache im materiellen Wohlstand und den gestiegenen Raumnutzungsansprüchen der diversen Nutzungen wie Wohnen, Freizeit, aber auch Gewerbe (KÖTTER 2001). Damit verbunden ist eine hohe Flächeninanspruchnahme, die vornehmlich zu Lasten der landwirtschaftlichen Fläche geht.

Im Rahmen der Nationalen Nachhaltigkeitsstrategie der Bundesrepublik Deutschland werden als Reaktion darauf zwei Ziele benannt. Einerseits gilt es die Flächeninanspruchnahme bis 2020 auf 30 ha/Tag zu reduzieren (Mengenziel); andererseits wird die Siedlungsentwicklung auf den Innenbereich ausgerichtet, da das Verhältnis Außen- zu Innenentwicklung auf 1 : 3 (Qualitätsziel) beschränkt werden soll (BUNDESTAG 2007). Speziell wird die bestandsorientierte Stadtentwicklung gefordert. Dabei ist die Lösung der Bodenfrage von zentraler Bedeutung (KÖTTER 2001). Andererseits geht die geringere Intensität der Flächennutzung (weniger Menschen bei größerer Siedlungsfläche) einher mit einer höheren Kostenbelastung pro Einwohner und entsprechenden bodenwirtschaftlichen Konsequenzen und Verteilungsproblemen. Auch dieser Aspekt macht eine verstärkte Innenentwicklung notwendig. Als einen weiteren Schritt in Richtung Innenentwicklung wurden in der Vergangenheit die Programme Soziale Stadt und der Stadtumbau initiiert. Speziell im Stadtumbau bedarf es zukünftig weiterführender Regelungen hinsichtlich eines Vorteils- und Lastenausgleichs, um das konsensual ausgerichtete Programm für Eigentümer attraktiver zu gestalten.

Dennoch soll nicht nur der städtische Bereich, sondern auch der ländliche Raum in seiner Siedlungs-, Erholungs- und Standort- sowie Agrarproduktions- und ökologischen Funktion nachhaltig gestärkt werden. Für alle Regionen in Deutschland werden „gleichwertige" Lebensbedingungen angestrebt. Als Realisierungsinstrument ist das nachhaltige Flächenmanagement zu nennen (BUNDESREGIERUNG 2009), das nicht zuletzt den siedlungsbedingten Verlust an Kulturböden eindämmen soll. Agrarstrukturelle Belange sind im Kontext der ganzheitlichen ländlichen Entwicklung zu beurteilen. So wird die Bedeutung der Landentwicklung mit den Themenfeldern Dorf- und Siedlungsentwicklung, Freiraum- und Ressourcenschutz sowie Infrastrukturmaßnahmen erheblich zunehmen (KÖTTER 2001).

Die siedlungswirtschaftlichen Fragestellungen stehen wesentlich im Kontext mit den Aspekten in der Wertermittlung. Die Forschung in der Wertermittlung ist zurzeit vornehmlich auf die Bodenwerte und die Transparenz des Grundstücksmarktes ausgerichtet. Es besteht Forschungsbedarf hinsichtlich des Einflusses des demographischen Wandels auf die Bodenwerte und der Ableitung sicherer Bodenwerte für die Innenstädte und andere kaufpreisarme Lagen. Mit Inkrafttreten der neuen ImmoWertV sind Bodenrichtwerte flächendeckend für alle Entwicklungsstufen zu ermitteln und zu veröffentlichen. Als weiteres Forschungsfeld erfordert die Globalisierung der Märkte eine Erhöhung der Transparenz am deutschen Grundstücks- und Immobilienmarkt.

Obwohl über die FIG durchaus ein wissenschaftlicher Austausch betrieben wird, sind die einzelnen Forschungsrichtungen und wissenschaftlichen Arbeiten auf Deutschland ausgerichtet, da sie in großem Maße vom gegebenen rechtlichen Rahmen ausgehen. Nahezu alle Forschungsvorhaben sind interdisziplinär. So findet in der Regel eine Zusammenarbeit in der Forschung mit Stadt- und Umweltplanern, Ökonomen und Rechtswissenschaftlern, aber auch mit den Geoinformatikern im Bereich des GIS statt. Die Publikationen im Bereich Land- und Immobilienmanagement sind bisher überwiegend auf den deutschsprachigen Raum ausgerichtet und werden zurzeit in der Regel nicht begutachtet, wenn auch neueste Tendenzen dahingehend ausgerichtet sind.

16.8.2 Flächeninanspruchnahme

Aufgrund der hohen Flächeninanspruchnahme hat die Bundesregierung in der Nationalen Nachhaltigkeitsstrategie das Mengen- und Qualitätsziel formuliert. Dennoch fehlen Instrumente, die zur Zielerreichung beitragen. So bedarf es der Erforschung zielführender Maßnahmen der Nachverdichtung, die sich auf die Flächeninanspruchnahme auswirken. Daneben müssen Förder- und Finanzpolitik weiterentwickelt werden – einerseits ist die Unterstützung flächenintensiver Siedlungsformen abzubauen und andererseits gilt es, die Kosten der Siedlungsentwicklungen zu optimieren und ein entsprechendes Bewusstsein bei den Kommunen zu schaffen (GANSER 2005, 275). Es bedarf der Entwicklung einer Alternative für das flächenintensive Einfamilienhaus im Umland, die im Rahmen der Innenentwicklung anzubieten wäre (KÖTTER 2001).

Zur Finanzierung der Baulandentwicklungskosten und zur Mobilisierung des zu entwickelnden bzw. bereits vorhandenen baureifen Landes besteht darüber hinaus der Bedarf an effizienten, ökonomischen Instrumenten. Schon seit Jahren existiert die Forderung nach einem Wertausgleichsystem und einer effizienteren Grundstücksbesteuerung, für die zwar Modelle entwickelt, aber nicht realisiert wurden (KÖTTER 2001).

Es ist festzustellen, dass ein Durchbruch hinsichtlich des 30 ha/Tag-Ziels bislang nicht erreicht wurde. Die Inanspruchnahme ist weiterhin ungebrochen hoch – ein geringfügiger Rückgang ist lediglich auf ein Einbrechen der Bauwirtschaft, demographische Faktoren sowie den durch mehrere empirische Studien belegten Reurbanisierungstrend zurückzuführen, nicht aber auf wirksame Instrumente. Die Forschung ist auf die Initiierung zielführender Instrumente zur Lenkung der Akteure (Kommune und private Dritte) ausgerichtet und umfasst sowohl informatorische als auch ordnungspolitische und wirtschaftliche Instrumente.

Für die Umsetzung der nachhaltigen Flächennutzung kommt den informatorischen Instrumenten große Bedeutung zu. Aktuelle Vorschläge und Diskussionen betreffen die Aufstellung einer differenzierteren Flächenstatistik zur Generierung einer aussagekräftigen Basis. Die Entwicklung neuer Baulandkatastern, die umfassend über ausgewiesene Baugrundstücke und Brachflächen sowie bebaubare, aber untergenutzte Flächen informieren, ist als wichtiges Instrument einer Flächenhaushaltspolitik zu betrachten (BUNDESTAG 2007). Entscheidend für den praktischen Einsatz wird es auf Automatisierungsmöglichkeiten für die Laufendhaltung der Systeme ankommen.

Zur Erreichung des 30 ha/Tag-Ziels bedarf es der Entwicklung rein flächen-politisch begründeter Anreizinstrumente, wie z. B. handelbarer Flächenausweisungskontingente oder der Baulandausweisungsumlage (BUNDESTAG 2007). Die Revitalisierung von Brachflächen stellt eine weitere Maßnahme zur Einsparung von Flächen dar, die allerdings in der heutigen Herangehensweise noch nicht als zielführend bezeichnet werden kann. Es fehlt an einer Organisation, die die Revitalisierung regelt und Fördermittel, die zudem aufgestockt bzw. reorganisiert werden müssen, bereitstellt. Auch sind die Brach- und Bauflächenpotenziale im Innenbereich nicht deutschlandweit transparent (WEITKAMP 2008).

Um gegenläufig wirkende Anreize zu beseitigen, erscheint eine Reform der fiskalischen Rahmenbedingungen notwendig. Im Speziellen ist die Reform der Grundsteuer mit dem Hintergrund, die flächenpolitischen Belange zu steuern, zu nennen. Dazu sind Reformvorschläge zur Grundsteuer und deren Wirkungsabschätzung erforderlich.

Die interkommunale Zusammenarbeit im Bereich der Baulandausweisung ist zu intensivieren. Um den notwendigen Stadtum- und -rückbau zu gestalten, erscheint zudem eine Aufstockung der Städtebauförderung unverzichtbar (BUNDESTAG 2007). Dies umfasst auch die Entwicklung neuer Finanzierungsinstrumente, wie die derzeitigen Untersuchungen zu den Möglichkeiten von revolvierenden Fonds als innovative Fördermittel (WEITKAMP 2008).

16.8.3 Innenentwicklung

Neben dem 30 ha/Tag-Ziel hat die Bundesregierung in der Nationalen Nachhaltigkeitsstrategie das Qualitätsziel als Verhältnis der Außen- zur Innenentwicklung mit 1:3 formuliert. Damit einher geht die Notwendigkeit, die Innenentwicklung für die Akteure der Stadtentwicklung attraktiv zu gestalten.

Die Entwicklung der Städte in Deutschland ist sehr heterogen. Einerseits ist – besonders im Osten Deutschlands – das Phänomen der schrumpfenden Städte festzustellen. Dieses wird durch Randwanderungen und den Verlust von Arbeitsplätzen aufgrund wirtschaftlicher Veränderungen (Übergang von der Industrie- zur Dienstleistungsgesellschaft) sowie anhaltende Wanderungs- und Bevölkerungsverluste verursacht (GATZWEILER ET AL. 2003). Andernorts verursachen hohe Bodenpreise wie in München oder Stuttgart bis heute eine andauernde Baulandverknappung (KÖTTER 2001). Entsprechend bedarf es verschieden wirkender planerischer und ordnungspolitischer Instrumente, mit denen diesen Prozessen entgegengewirkt bzw. diese abgemildert werden können.

Es gilt speziell den Trend zur Reurbanisierung aktiv zu unterstützen. Dazu sind die Städte gegenüber dem Umland wettbewerbsfähig zu machen. Der Fokus liegt auf Angeboten für Familien, aber auch auf altengerechten Stadtquartieren. Daneben sollen die Innenbereiche in ihrer Funktionalität gestärkt werden, um der Entwicklung von großen Einzelhandelszentren am Ortsrand mit ihren Nutzungskonflikten und Verkehrsproblemen entgegenzuwirken. Speziell mit dem Programm Stadtumbau (s. u.) kann die Lebensqualität in den Städten nachhaltig gestärkt werden (GATZWEILER & KALTENBRUNNER 2009).

Durch Planung, Baureifmachung und planungsbegleitende Maßnahmen entstehen Kosten, deren Art und Umfang vom jeweiligen Erschließungsaufwand und Erschließungsstandard abhängen (siehe z. B. STELLING 2006). Aktuelle Forschungsansätze zielen auf die Schaffung von Transparenz in Bezug auf die Folgekosten des „Flächenverbrauchs" ab (Ökonomie der Flächenentwicklung). Diese Kostentransparenz soll eine Abwägung zwischen unterschiedlichen Planungsalternativen unterstützen, Remanenzkosten mindern und das Maß an neuen Infrastrukturlasten begrenzen (PREUSS & FLOETING 2009).

Außerdem besteht Forschungsbedarf hinsichtlich der Verbreitung verdichteten, flächensparenden und qualitätsvollen Wohnens. Dabei ist in erster Linie Überzeugungsarbeit bei Bauherrn, Eigentümern und Nutzern zu leisten, dass eine gehobene Wohnqualität und ein attraktives Arbeitsumfeld bei effizienterer Flächennutzung möglich sind. Zur Definition und Beurteilung der Qualität sind Zielgrößen zu formulieren und Bewertungsansätze zu entwickeln und zu operationalisieren (GANSER 2005, 275 ff.).

Zur Unterstützung der Innenstadtentwicklung sind neue Finanzierungsinstrumente zu entwickeln, wobei Stadtentwicklungsfonds diskutiert werden, die ein (Teil-) Revolvieren von Fördergeldern zulassen und daneben private Mittel in die Stadtentwicklung einbringen. Die Forschung befasst sich mit der Aufstellung des Fonds, der Einbindung von privaten Finanzierern einschließlich der Risiko- und Gewinnverteilung und der Definition der finanzierbaren Projekte (JAKUBOWSKI 2007).

16.8.4 Nachhaltiges Flächenmanagement im ländlichen Raum

Als wesentliche Flächenmanagementaufgabe wird die Entwicklung des ländlichen Raums erachtet, der sich sowohl neuen Agrarproduktionsfunktionen (Stichwort Energiepflanzen) als auch neuen funktionalen und strukturellen Anforderungen zu stellen hat. Dies umfasst Wirtschaftsflächen und deren Erschließung, die ländliche Infrastruktur und den Ausbau dezentraler, örtlicher Vermarktungsstrukturen (KÖTTER 2001). Im Mittelpunkt steht eine integrierte ländliche Entwicklung, die den z. T. heterogenen Funktionen des ländlichen Raums gerecht werden soll. Ein nachhaltiges Flächenmanagement auf Basis von Infrastrukturen dient der Umsetzung der Ziele; siehe KLAUS (2003) zur Untersuchung der Landentwicklung hinsichtlich der Nachhaltigkeit. Derzeitige Infrastrukturen werden dieser Aufgabe nicht mehr gerecht, da wirtschaftliche und demographische Probleme zu einer Erosion der sozialen und technischen Infrastruktur führen.

Infrastrukturen müssen flexibel und multifunktional gestaltet werden, um eine Anpassung an die sich ändernden Rahmenbedingungen zu erlauben. Forschungsthemen sind Kriterien und Indikatoren zur optimierten Verteilung der Landnutzungen, die Ermittlung der Wertschöpfungspotenziale für öffentliche und private Akteure (z. B. Kosten-Nutzen-Untersuchungen) sowie regionale und lokale Vorteils- und Lastenausgleichssysteme.

Daneben ist zu prüfen, inwieweit die Einbindung von „natürlicher Infrastruktur" (Biotopverbund, Gewässer) neue Koppelungsmöglichkeiten, Multifunktionalitäten oder Substitutionen erlaubt und damit einen sinnvollen Baustein für ein integriertes Landmanagement bildet. Auch bedarf es der Untersuchung der Flächenkonkurrenzen, die durch die erneuerbaren Energien (Biogas, Windenergie) und die weiterhin bestehende Notwendigkeit der Lebensmittelproduktion entstehen. Darüber hinaus gehen Untersuchungen auf die Konkurrenz zur Siedlungsentwicklung ein.

Von besonderer Bedeutung ist der Dorfumbau, da die Dörfer wie auch der städtische Bereich dem Strukturwandel unterliegen. Neben dem Abbau von Infrastruktur sind viele Ortschaften von hohen Leerstandsquoten im Kern betroffen, die durch die Ausweisung von Neubaugebieten am Ortsrand weiter unter Druck geraten. Forschungsbedarf ist hinsichtlich der Qualifizierung der Lebens- und Arbeitsbedingungen im Ort festzustellen.

Zusammenfassend ist festzuhalten, dass die klassischen Instrumente der Vorplanung (jetzt: Integriertes ländliches Entwicklungskonzept einschließlich des Regionalmanagements) sowie der Flurbereinigung und der Dorfentwicklung angesichts der Forderung nach einer ganzheitlichen Entwicklung weiterzuentwickeln sind; siehe z. B. SCHÄUBLE (2007). Besonderer Bedarf besteht in der Kombination mit städtebaulichen Instrumenten, da städtebauliche Entwicklung und Landentwicklung mehr denn je miteinander verzahnt sind. Speziell sind die Stadt-Umland-Problematik und Fragen der interkommunalen Zusammenarbeit zu nennen.

16.8.5 Wertermittlung und Marktdaten

In der Schaffung der Markttransparenz besteht eine wichtige aktuelle Aufgabe der Gutachterausschüsse, womit primär verlässliche Informationen über das Marktgeschehen, die Bereitstellung der Bodenrichtwerte oder der Grundstücksmarktberichte gemeint ist. MÜRLE (2007) diskutiert ein Wertermittlungsinformationssystem. Derzeit steigt der entsprechende Informationsbedarf in der Wirtschaft, z. B. bei Banken, Versicherungen und Immobilienunternehmen mit überregionalem Aktionsradius, teils über die o. g. Daten hinaus.

In Deutschland gibt es derzeit keine flächendeckenden Bodenwerte. Es gibt auch keine durchgreifende länderübergreifende Abstimmung, sodass keine einheitlichen Kriterien und Darstellungsformen definiert sind. Die Ursache liegt vor allem in der Zuordnung zu unterschiedlichen Ressorts und in den Gutachterausschüssen, die unterschiedlich groß sind und teilweise recht individuell und autonom agieren. Damit kann als zukünftiger Bedarf ein Wertinformationssystem formuliert werden, das einen automatischen Datenfluss, die Standardisierung, das Qualitätssiegel „Amtlichkeit" sowie Flächendeckung und zukunftsorientierte Technologien aufweist (SCHMALGEMEIER 2005).

In bestimmten Bereichen sind Marktinformationen ausreichend vorhanden. Jedoch mangelt es an der Auswertung und Zusammenführung unterschiedlicher Datenquellen. Die heterogene Datenlage – sowohl inhaltlich wie in der räumlichen Verteilung – erfordert erweiterte Modellansätze. Auch beschränken sich die Gutachterausschüsse größtenteils auf den Teilmarkt „Wohnen". So besteht Forschungsbedarf in den verschiedenen Teilmärkten hinsichtlich Methoden zur Verknüpfung der heterogenen Datenbestände, Qualitätskriterien und der Informationsbereitstellung durch die Gutachterausschüsse (GUDAT & VOSS 2009).

Aufgrund der Erbschaftsteuerreform sind für eine gerechte Besteuerung des Grundvermögens ab 1. Juli 2009 erhöhte Anforderungen an „durchschnittliche Lagewerte für den Boden unter Berücksichtigung des unterschiedlichen Entwicklungszustands [...] (Bodenrichtwerte)" (§ 196 Abs. 1 BauGB) zu stellen.

Allerdings sind einige Lagen sehr schwierig zu bewerten. Speziell in Innenstadtlagen und dünn besiedelten Ortslagen des ländlichen Raumes sind nicht genügend Kauffälle für eine gesicherte Ableitung von Bodenrichtwerten vorhanden; in der Regel gibt es keinen Markt für Bauerwartungs- und Rohbauland. Daher sind neue Verfahren zu entwickeln, die die flächendeckende Ermittlung der Bodenrichtwerte der verschiedenen Qualitätsstufen zulassen (REUTER 2006).

Weiterer Forschungsbedarf ergibt sich im Bereich des Einsatzes neuerer statistischer Verfahren (z. B. Sensitivitätsanalyse von HAACK (2006)), des Einflusses umweltschonender Bau- und Energietechniken auf die Verkehrswerte, der Auswirkungen des demographischen Wandels auf den Boden- und Immobilienmarkt oder von Massenbewertungsverfahren, z. B. für grundsteuerliche Zwecke sowie hinsichtlich der Immobilienbewertung im Kontext der Globalisierung und der verschiedenen Teilmärkte (z. B. BAUMUNK (2004), JÄHNKE (2007) und LUDWIG (2005).

16.8.6 Vorteils- und Lastenausgleich (Stadtumbau)

Mit dem Programm Stadtumbau ist es möglich, die Lebensqualität in den Städten nachhaltig zu stärken (GATZWEILER & KALTENBRUNNER 2009). Besonders im Osten Deutschlands ist in vielen Städten ein Schrumpfungsprozess festzustellen, der wiederum zur Änderung von Grundstückswerten führt. Durch den Rückbau baulicher Anlagen kann das dauerhafte Überangebot beseitigt werden. Ähnliche Fragen werden sich in anderen Bereichen Deutschlands stellen. Im Sinne des derzeitigen Paradigmenwechsels von hoheitlichen zu kooperativen Instrumenten hat der Gesetzgeber den Stadtumbau konsensual ausgerichtet; siehe hierzu die Analysen von HENDRICKS (2006). Für Kommunen jedoch stellt der Stadtumbau ein Steuerungsproblem dar. Ihnen fehlen entsprechende Instrumente, um den Stadtumbau durchzusetzen und Ausgleichsmechanismen nutzen zu können.

Die städtebaulichen Verträge als konsensuale Methode versagen dort, wo mangelnde Kooperationsbereitschaft der Eigentümer, heterogene Interessenslagen, eine fehlende Erforderlichkeit sowie rechtliche Schwierigkeiten vorherrschen (DAVY 2005). Derzeit sind keine übertragbaren Fälle von städtebaulichen Verträgen bekannt, die eine sich auf mehrere Teilnehmer erstreckende Lösung des Vorteils- und Lastenausgleichs für den Rückbau von baulichen Anlagen als Hauptanwendungsgebiet des Stadtumbaus beinhalten. Das Scheitern von Verträgen kann in der Regel auf die Konsensfindung oder den fehlenden Modellansatz zur Ermittlung des Ausgleichs zurückgeführt werden.

Es besteht daher weiterer Forschungsbedarf über Modelle für einen Ausgleich von maßnahmebedingten Vorteilen und Lasten, die Grundlage für Verträge oder weitere hoheitliche Instrumente darstellen können (FRIESECKE 2009). Solche Ausgleichssysteme sind z. B. im Ländlichen Raum, in privaten Initiativen der Stadtentwicklung oder in der regionalen Zusammenarbeit wesentlich. Zielorientierte Modelle für einen Vorteils- und Lastenausgleich unterstützen die Akzeptanz für Maßnahmen und können zunächst unwillige Eigentümer einbinden. Ggf. sind solche Ausgleichsmechanismen in Verbindung mit hoheitlichen Instrumenten ergänzend einzusetzen.

Darüber hinaus ist festzustellen, dass ein Flächenmanagement, das sich nur an den Interessen einer Kommune orientiert, zu einer suboptimalen Siedlungsstruktur und Ressourcennutzung führen wird. Forschungsarbeiten gehen in die Richtung eines regionalen Flächenmanagements, das interkommunale Kooperationen für Baugebietsentwicklungen und Infrastrukturmaßnahmen zulässt (KÖTTER 2001).

16.9 Quellenangaben

16.9.1 Literaturverzeichnis

ADV (2005): Geschäftsordnung der AdV. In: Wissenswertes über das Amtliche deutsche Vermessungswesen. Sonderdruck der AdV, 2007, 60-64. Magdeburg.

ADV (2005): Richtlinien für den einheitlichen Raumbezug des amtlichen Vermessungswesens in der Bundesrepublik Deutschland.

AKTIONSPLAN (2008): Deutschland-Online.

ALKHATIB H. (2007): On Monte Carlo methods with applications to the current satellite gravity missions. Diss., Univ. Bonn.

ALKHATIB, H., NEUMANN, I., NEUNER, H. & KUTTERER, H. (2008): Comparison of Sequential Monte Carlo Filtering with Kalman Filtering for Nonlinear State Estimation. In: INGENSAND, H. & STEMPFHUBER, W. (Eds.): MCG 2008, 273-283. ETH Zürich.

ANGERMANN D., DREWES H., GERSTL M., KRÜGEL M. & MEISEL B. (2008): ITRS Combination Centre at DGFI. In: IERS Annual Report 2006. Bundesamt für Kartographie und Geodäsie, Frankfurt am Main.

BAMLER, R., ADAM, N., HINZ, S. & EINEDER, M. (2008): SAR-Interferometrie für geodätische Anwendungen. IN: AVN, 115 (7), 243-252.

BAUMGARTNER, A. (2003): Automatische Extraktion von Straßen aus digitalen Luftbildern. DGK, C 564. München.

BAUMUNK, H. (2004): Immobilien und Immobilienbewertung im Zeitalter der Globalisierung. Diss., TU Dresden.

BAUR, O. (2007): Die Invariantendarstellung in der Satellitengradiometrie – Theoretische Betrachtungen und numerische Realisierung anhand der Fallstudie GOCE. DGK, C 609. München.

BBR (2007): Wohnungs- und Immobilienmärkte 2006. Bundesamt für Bauwesen und Raumordnung, Eigenverlag, Bonn.

BECKER, M., LEINEN, S. & MÜLLER, K. (2008): Analyse der Einsatzmöglichkeiten mehrerer GNSS bei stark eingeschränkter Satellitensichtbarkeit. Report, Institut für Physikalische Geodäsie, TU Darmstadt.

BECKER, R. (2005): Differentialgeometrische Extraktion von 3D-Objektprimitiven aus terrestrischen Laserscannerdaten. Diss., RWTH Aachen.

BEDER, C. (2008): Gruppierung unsicherer orientierter projektiver geometrischer Elemente mit Anwendung in der automatischen Gebäuderekonstruktion. Diss., Univ. Bonn.

BENNER J. (2008): „XPlanung – Die technische Seite“. Vortrag auf dem Firmen-Workshop des Deutschen Städtetages, Köln, 26.5.2008.

BENNER ET AL. (2008): „XPlanung – Neue Standards in der Bauleit- und Landschaftsplanung“. Vortrag auf der Konferenz „Digital Design in Landscape Architecture 2008“, Dessau, 29.5.2008.

BENNER, J. & KRAUSE, K. U. (2007): „Das GDI-DE Modellprojekt XPlanung – Erste Erfahrungen mit der Umsetzung des XPlanGML-Standards“. Beitrag für REAL CORP 2007, Wien, 20.-23.5.2007.

BENNER, J., KRAUSE, K. U. & SANDMANN, S. (2009): Ein neuer Standard in der Bauleitplanung. Verbandszeitschrift „Stadt und Gemeinde“.

BENNING, W. (2010): Statistik in Geodäsie, Geoinformation und Bauwesen. 3. Aufl. Wichmann Verlag, Heidelberg.

BERNARD, L. (2006): Europäische Geodateninfrastrukturen – Status, Herausforderungen und Perspektiven. In: Österreichische Zeitschrift für Vermessung & Geoinformation, 94 (1+2/2006), 83-86.

BERTIN, J. (1974): Graphische Semiologie. Walter de Gruyter Verlag, Berlin.

BESL, P. J. & MCKAY, N. D. (1992): A Method for Registration of 3-D Shapes. In: IEEE Transactions on Pattern Analysis and Machine Intelligence, IEEE Computer Society, (14), 239-256.

BILL, R., NIEMEYER, F. & WALTER, K. (2008): Konzeption einer Geodaten- und Geodiensteinfrastruktur als Frühwarnsystem für Hangrutschungen unter Einbeziehung von Echtzeit-Sensorik. In: GIS – Zeitschrift für Geoinformatik, 1/2008, 26-35.

BLANKENBACH, J., NORRDINE, A., SCHLEMMER, H. & WILLERT, V. (2007): Indoor-Positionierung auf Basis von Ultra Wide Band. In: AVN, 114 (5), 169-178.

BÖHM, J. (2005): Modellbasierte Segmentierung und Objekterkennung aus Distanzbildern. DGK, C 583. München.

BOXHAMMER, C. (2006): Effiziente numerische Verfahren zur sphärischen harmonischen Analyse von Satellitendaten. Diss., Univ. Bonn.

BRENNER, C. (2005): Building reconstruction from images and laser scanning. In: Int. Journal of Applied Earth Observation and Geoinformation, Theme Issue on “Data Quality in Earth Observation Techniques”, 6 (3-4), 187-198.

BRENNER, C. (2006): Dynamic Maps: Von Karten zu Prozessen. In: Wissenschaftliche Arbeiten der Fachrichtung Geodäsie und Geoinformatik der Leibniz Universität Hannover, 263, 101-110.

BRENNER, C. (2009): Extraction of Features from Mobile Laser Scanning Data for Future Driver Assistance Systems. In: SESTER, M., BERNARD, L. & PAELKE, V. (Eds.): Advances in GIScience, 25-42. Springer-Verlag, Berlin.

BROSCHÜRE „eGovernment mit Geodaten“ (2008), Herausgabe durch die Geschäftsstelle Deutschland-Online, Vorhaben Geodaten.

BRÜGGEMANN, H., RIECKEN, J. & SANDMANN, S. (2005): „The GDI NRW as a component of the German, European and Global Spatial Data Infrastructure”. GSDI-Conference 2005, Bangalore.

BRUNNER, F. K. (2007a): Ingenieurvermessung 07. Wichmann Verlag, Heidelberg.

BRUNNER, F. K. (2007b): On the methodology of Engineering Geodesy. In: Journal of Applied Geodesy, 1/2007, 57-62.

BRZANK, A. (2008): Bestimmung Digitaler Geländemodelle in Wattgebieten aus Laserscannerdaten. DGK, C 622. München.

BUNDESREGIERUNG (2009): Handlungskonzept der Bundesregierung zur Weiterentwicklung der ländlichen Räume. Eigenverlag, Berlin.

BUNDESTAG (2007): TA-Projekt: Reduzierung der Flächeninanspruchnahme – Ziele, Maßnahmen, Wirkungen. Eigenverlag, Berlin.

BUTENUTH, M. (2008): Network Snakes. DGK, C 620, München.

CAPORALI, A., BECKER, M., FEJES, I. ET AL. (2007): Geokinematics of Central Europe: New insights from the CERGOP-2/Environment Project. In: Reports on Geodesy, 2 (83), 7-46.

CRAGLIA, M., CAMPAGNA, M., SANDMANN, S. ET AL. (2009): Advanced Regional Spatial Data Infrastructures in Europe. JRC Scientific and Technical Reports.

CRAMER, M. (2001): Genauigkeitsuntersuchungen zur GPS/INS-Integration in der Aerophotogrammetrie. DGK, C 537. München.

CRAMER, M., KRAUS, H., JACOBSEN, K., VON SCHÖNERMARK, M., HAALA, N. & SPRECKELS, V. (2009): Das DGPF-Projekt zur Evaluierung digitaler photogrammetrischer Kamerasysteme. In: SEYFERT, E. (Hrsg.): Publikationen der DGPF, 18 (Zukunft mit Tradition). Jena.

CZERWINSKY, A., SANDMANN, S., STÖCKER-MEIER, E. & PLÜMER, L. (2007): Sustainable use and enlargement of the SDI for EU noise mapping in NRW – best practice for INSPIRE. 13th EC-GI&Gis, Porto.

CZOMMER R. (2001): Leistungsfähigkeit fahrzeugautonomer Ortungsverfahren auf der Basis von Map-Matching-Techniken. DGK, C 535. München.

DAVY, B. (2005): Grundstückswerte, Stadtumbau und Bodenpolitik. In: vhw Forum Wohneigentum, 4/2005, 67-72.

DILSSNER, F. (2007): Zum Einfluss des Antennenumfeldes auf die hochpräzise GNSS-Positionsbestimmung. Wissenschaftliche Arbeiten der Fachrichtung Geodäsie und Geoinformatik der Leibniz Universität Hannover, 271. Hannover.

DOKUMENTATION DER ADV-INFORMATIONSVERANSTALTUNG „Vernetztes Bodenrichtwertinformationssystem (VBORIS)“ am 11.12.2006.

DOLD, C. & BRENNER, C. (2006): Registration of terrestrial laser scanner data using planar patches and image data. In: MAAS, H.-G. & SCHNEIDER, D. (Eds.): Proc. Image Engineering and Vision Metrology, ISPRS Comm. V Symposium, IAPRS Vol. XXXVI, Part 5. Dresden.

DOYTSHER, Y. (2000): A rubber sheeting algorithm for non-rectangular maps. In: Computers Geosciences, 26, 1001-1010.

EHLERS, M. (2007): Neue Sensoren in der Fernerkundung. In: GIS-Business, 12/2007, 29-32.

EICHHORN, A. (2004): Ein Beitrag zur Identifikation von dynamischen Strukturmodellen mit Methoden der adaptiven KALMAN-Filterung. DGK, C 585. München.

EICKER, A. (2008): Gravity Field Refinement by Radial Basis Functions from In-situ Satellite Data. Diss., Univ. Bonn.

ESCHELBACH, C. (2007): Störanfälligkeit geodätischer Präzisionsmessungen durch lokale Temperaturschwankungen. In: BRUNNER, F. K. (Hrsg.): Ingenieurvermessung 07, 169-180. WichmannVerlag, Heidelberg.

FELDMANN-WESTENDORFF, U. (2009): Von der See bis zu den Alpen: Die GNSS-Kampagne 2008 im DHHN 2006-2011. In: WANNINGER, L. & ADELT, U. (Red.): GNSS 2009: Systeme, Dienste, Anwendungen. DVW-Schriftenreihe, 57/2009, 95-111. Wißner-Verlag, Augsburg.

FLYER „Gazetteer-Service" (2008): Herausgabe durch die Geschäftsstelle Deutschland-Online, Vorhaben Geodaten.

FLYER „Einheitliche Geodaten für Deutschland im Maßstab 1:50000" (2008): Herausgabe durch die Geschäftsstelle Deutschland-Online, Vorhaben Geodaten.

FLYER „Vernetztes Bodenrichtwertinformationssystem" (2008): Herausgabe durch die Geschäftsstelle Deutschland-Online, Vorhaben Geodaten.

FLYER „XPlanung" (2008): Herausgabe durch die Geschäftsstelle Deutschland-Online, Vorhaben Geodaten.

FÖRSTNER, W. (2009): Mustererkennung in der Fernerkundung. In: SEYFERT, E. (Hrsg.): Publikationen der DGPF, 18 (Zukunft mit Tradition), 129-136. Jena.

FORSYTH, D. A. & PONCE J. (2002): Computer Vision – A Modern Approach. Prentice Hall, Englewood Cliffs (NJ), U.S.A.

FRIESECKE, F. (2009): Stadtumbau im Konsens? – Zur Leistungsfähigkeit vertraglicher Regelungen für den Umbau. In: fub, 71 (2), 79-89.

GANSER, R. (2005): Quantifizierte Ziele flächensparender Siedlungsentwicklung im englischen Planungssystem – Ein Modell für Raumordnung und Bauleitplanung in Deutschland. Technische Universität Kaiserslautern.

GATZWEILER, H.-P. & KALTENBRUNNER, R. (2009): Stadt als Aufgabe! In: Information zur Raumordnung, 03-04/2009, 143-155.

GATZWEILER, H.-P., MEYER, K. & MILBERT, A. (2003): Schrumpfende Städte in Deutschland? In: Information zur Raumordnung, 10-11/2003, 557-574.

GERKE, M. (2006): Automatic Quality Assessment of Road Databases Using Remotely Sensed Imagery. DGK, C 599. München.

GIELSDORF, F. (2005): Ausgleichungsrechnung und Raumbezogene Informationssysteme. DGK, C 593. München.

GÖRRES, B. (2009): Aktueller Stand der GNSS-Antennenkalibrierung. In: WANNINGER, L. & ADELT, U. (Red.): GNSS 2009: Systeme, Dienste, Anwendungen. DVW-Schriftenreihe, 57, 223-246. Wißner-Verlag, Augsburg.

GRENZDÖRFFER, G. & DONATH, C. (2008): Generation and analysis of digital terrain models with parallel guidance systems for precision agriculture. In: INGENSAND, H. & STEMPFHUBER, W. (Eds.): MCG 2008, 141-150. ETH Zürich.

GRÜN, A., STEIDLER, F. & WANG, X. (2002): Generation and visualization of 3D-city and facility models using CyberCity Modeler. MapAsia, 8. August 2002.

GUDAT, R. & VOSS, W. (2009): Transparenz am Grundstücks- und Immobilienmarkt – Verlässlichkeit behördlicher und gewerbsmäßiger Marktinformationen. In: fub, 71 (1), 19-33.

HAACK, B. (2006): Sensitivitätsanalyse zur Verkehrswertermittlung von Grundstücken. Beiträge zu Städtebau und Bodenordnung, 30; Diss., Uni Bonn.

HAN, J. & KAMBER, M. (2001): Data Mining: Concepts and Techniques. Morgan Kaufmann.

HARBECK, R. (1988): Die Tätigkeit der Arbeitsgruppe ATKIS. In: 40 Jahre Arbeitsgemeinschaft der Vermessungsverwaltungen der Länder der Bundesrepublik Deutschland, AdV, Stuttgart.

HARBECK, R. (1998): Die Arbeit der AdV auf dem Gebiet der Topographie und Kartographie. In: 50 Jahre AdV. AdV, Hannover.

HAUNERT, J. H. (2008): Aggregation in Map Generalization by Combinatorial Optimization. DGK, C 626. München.

HEIDEN, U., SEGL, K., ROESSNER, S. & KAUFMANN, H. (2007): Determination of robust spectral features for identification of urban surface materials in hyperspectral remote sensing data. In: Remote Sensing of Environment, 111 (2007), 537-552.

HEIPKE, C. (2004): Erfassung und Aktualisierung von Geoinformationen aus Luft- und Satellitenbildern. In: Geoforum 2000. Schriftenreihe der Fachrichtung Geodäsie und Geoinformatik der Leibniz Universität Hannover, 252. Hannover.

HENDRICKS, A. (2006): Einsatz von städtebaulichen Verträgen nach § 11 BauGB bei der Baulandbereitstellung – eine interdisziplinäre theoretische Analyse und Ableitung eines integrierten Handlungskonzeptes für die Praxis. Diss., TU Darmstadt.

HENNES, M. (2006): Präzises und kinematisches Prüfen – Möglichkeiten der Präzisions-High-Speed-Messbahn. In: zfv, 131 (6), 353-358.

HENNES, M. (2007): Konkurrierende Genauigkeitsmaße – Potential und Schwächen aus der Sicht des Anwenders. In: AVN, 113 (3), 136-146.

HESSELBARTH, A. (2009): GNSS-Auswertung mittels Precise Point Positioning (PPP). In: WANNINGER, L. & ADELT, U. (Red.): GNSS 2009: Systeme, Dienste, Anwendungen. DVW-Schriftenreihe, 57, 187-202. Wißner-Verlag, Augsburg.

HETTWER, J. & BENNING, W. (2000): Nachbarschaftstreue Koordinatenberechnung in der Kartenhomogenisierung. In: AVN, 107 (6), 194-197.

HEUNECKE, O. (2008): Geosensornetze im Umfeld der Ingenieurvermessung. In: FORUM, 2/2008, 357-364.

HINZ, S. (2005): Automatische Extraktion urbaner Straßennetze aus Luftbildern. DGK, C 580. München.

HORWATH, M. & DIETRICH R. (2009): Signal and error in mass change inferences from GRACE: The case of Antarctica. In: Geophysical Journal International, 177(3), 849-864, doi:10.1111/j.1365-246X.2009.04139.x.

HOWIND, J. (2005): Analyse des stochastischen Modells von GPS-Trägerphasenbeobachtungen. DGK, C 584. München.

INGENSAND, H. & STEMPFHUBER, W. (Eds.): MCG 2008, ETH Zürich.

ISO (1995): Guide to the Expression of Uncertainty in Measurement. ISO.

JACOBSEN, K. (2008): Geometrisches Potential und Informationsgehalt von großformatigen digitalen Luftbildkameras. In: PFG, 5/2008, 325-336.

JÄHNKE, J. (2007): Zur Teilmarktbildung beim Landerwerb der öffentlichen Hand. Schriftenreihe des Instituts für Geodäsie und Geoinformation der Rheinischen Friedrich-Wilhelms-Universität Bonn.

JAKUBOWSKI, P. (2007): Stadtentwicklungsfonds im Sinne der JESSICA-Initiative – Ideen und Organisation. In: Information zur Raumordnung, 09/2007, 579-589.

JURETZKO, M., HENNES, M., SCHNEIDER, M. & FLEISCHER, J. (2008): Überwachung der raumzeitlichen Bewegung eines Fertigungsroboters mit Hilfe eines Lasertrackers. In: AVN, 115 (5), 171-178.

JUTZI, B. (2007): Analyse der zeitlichen Signalform von rückgestreuten Laserpulsen. DGK, C 611. München.

KADA, M. (2007): Zur maßstabsabhängigen Erzeugung von 3D-Stadtmodellen. Diss., Universität Stuttgart.

KAHLMANN, T. & INGENSAND, H. (2007): Range Imaging Metrologie: Einführung, Untersuchungen und Weiterentwicklung. In: AVN, 114 (11-12), 384-393.

KARGOLL, B. (2007): On the theory and application of model misspecification tests in geodesy. Diss., Univ. Bonn.

KARUSSEIT, O. (2008): „BORISplus NRW, Informationsportal für Boden- und Immobilienwerte“. In: LDVZ-Nachrichten, 2/2008.

KIELER, B., SESTER, M., WANG, H. & JIANG, J. (2007): Semantic Data Integration: Data of Similar and Different Scales. In: PFG, 6, 447-457.

KLAUS, M. (2003): Nachhaltigkeit durch Landentwicklung: Stand und Perspektiven für eine Nachhaltige Entwicklung. Diss.; Schriftenreihe des Lehrstuhls für Bodenordnung und Landentwicklung der TU München.

KOCH, K.-R. (2007): Introduction to Bayesian Statistics. 2. Aufl. Springer-Verlag, Berlin.

KOCH, K.-R. (2008): Evaluation of uncertainties in measurements by Monte Carlo simulations with an application for laserscanning. In: Journal of Applied Geodesy, 3/2008, 67-78.

KOCH, K.-R. & KUSCHE, J. (2002): Regularization of geopotential determination from satellite data by variance components. In: Journal of Geodesy, 76 (5), 259-268.

KÖTTER, T. (2001): Flächenmanagement – zum Stand der Theoriediskussion. In: fub, 63 (4), 145-166.

KOKLA, M. (2006): Guidelines on Geographic Ontology Integration. ISPRS Technical Commission II Symposium, 12-14 July, 2006, Vienna, Austria.

KOLBE, T., GRÖGER, G. & PLÜMER, L. (2005): CityGML – Interoperable Access to 3D City Models. In: Proceedings of the First International Symposium on Geo-Information for Disaster Management. Springer Verlag, Berlin.

KONECNY, G. & LEHMANN, G. (1984): Photogrammetrie. Walter de Gruyter Verlag, Berlin/ New York.

KOPACIK, A. & WUNDERLICH, T. (2004): Usage of Laser Scanning Systems at Hydro-Technical Structures. In: Proc. FIG Working Week 2004, TS23.4, Athen.

KORDUAN, P. & ZEHNER, M. L. (2007): Geoinformation im Internet: Technologien zur Nutzung raumbezogener Informationen im WWW. Wichmann Verlag, Heidelberg.

KRAUSE, K. U. & BENNER, J. (2007): „Xplanung“. In: BECK, W., PUNDT, H., STEMBER, J. & STRACK, H. (Hrsg.): „eGovernment in Forschung und Praxis“. Schriften zur angewandten Verwaltungsforschung, 7, 151-164.

KUHN, W. (2003): Semantic reference systems. In: International Journal of Geographical Information Science, 17 (5), 405-409.

KUTTERER, H. (2002): Zum Umgang mit Ungewissheit in der Geodäsie – Bausteine für eine neue Fehlertheorie. DGK, C 553. München.

KUTTERER, H. & NEUMANN, I. (2007): Multidimensional statistical tests for imprecise data. In: XU, P., LIU, J. & DERMANIS, A. (Eds.): Proceedings of the 6. Hotine-Marussi-Symposium, International Association of Geodesy Symposia, 232-237. Springer-Verlag, Berlin/ New York,

KUTTERER, H., PAFFENHOLZ, H. & VENNEGEERTS, H. (2009): Kinematisches terrestrisches Laserscanning. In: zfv, 134 (2), 79-87.

KUTTERER, H. & SCHÖN, S. (2004): Alternativen bei der Modellierung der Unsicherheit beim Messen. In: zfv, 129 (4), 389-398.

LIEBIG, S. (2008): „GDI-Projekt VBORIS“. In: fub, 70 (5), 212-217.

LIENHART, W. (2007): Analysis of inhomogeneous structural data. Shaker-Verlag, Aachen.

LÖSLER, M. (2008): Reference point determination with a new mathematical model at the 20 m VLBI radio telescope in Wettzell. In: Journal of Applied Geodesy, 2 (2008), 233-238.

LUDWIG, H. (2005): Prognose von Gewerbemieten in Deutschland: Methodik und Umsetzung von Mietprognosemodellen für unterschiedliche Marktcharakteristika bei Gewerbeimmobilien. Diss., TU München.

MACEACHREN, A. (1995): How Maps Work. The Guildford Press, New York.

MACKANESS, W., RUAS, A. & SARJAKOSKI, L. (2007): Generalisation of Geographic Information: Cartographic Modelling and Applications. Elsevier; published on behalf of the International Cartographic Association.

MALLET, C., BRETAR, F. & SÖRGEL, W. (2008): Analysis of Full-Waveform Lidar Data for Classification of Urban Areas. In: PFG, 5/2008, 337-349.

MAYER-GÜRR, T. (2006): Gravitationsfeldbestimmung aus der Analyse kurzer Bahnbögen am Beispiel der Satellitenmissionen CHAMP und GRACE. Diss., Univ. Bonn.

MENG, L. (2005): Egoocentric Design of Map-Based Mobile Services. In: The Cartographic Journal, 42 (1), 5-13. Publishing on behalf of the British Cartographic Society.

MICHALSKI, W. (1988): Die Tätigkeit des Arbeitskreises Topographie von 1950-1988. In: 40 Jahre Arbeitsgemeinschaft der Vermessungsverwaltungen der Länder der Bundesrepublik Deutschland, AdV, Stuttgart.

MIIMA, J.-B. (2002): Artificial Neural Networks and Fuzzy Logic Techniques for the Reconstruction of Structural Deformations. Geodätische Schriftenreihe der TU Braunschweig, 18. Braunschweig.

MÜLLER, J., SOFFEL, M. & KLIONER, S. (2008): Geodesy and Relativity. In: Journal of Geodesy, 82 (3), 133-145, doi 10.1007/s00190-007-0168-7.

MÜRLE, M. (2007): Aufbau eines Wertermittlungsinformationssystems. Diss.; Schriftenreihe des Studiengangs Geodäsie und Geoinformatik, Universität Karlsruhe.

NEUHIERL, T. (2005): Eine neue Methode zur Richtungsübertragung durch Koppelung von Inertialmesstechnik und Autokollimation. Diss., TU München.

NEUMANN, I. (2009): Zur Modellierung eines erweiterten Unsicherheitshaushalts in Parameterschätzung und Hypothesentests. DGK, C 634. München.

NEUNER, H. (2008): Zur Modellierung und Analyse instationärer Deformationsprozesse. DGK, C 616. München.

NIEMEIER, W. (2008): Ausgleichungsrechnung. 2. Aufl. Walter de Gruyter Verlag, Berlin.

NITTINGER, J. (1969): 20 Jahre Arbeitsgemeinschaft der Vermessungsverwaltungen der Länder der Bundesrepublik Deutschland (AdV). In: zfv, 94 (1), 5-14.

VAN OOSTEROM, P. J. M. (1995): The GAP-tree, an approach to „on-the-fly“ map generalization of an area partitioning. In: MÜLLER, J.-C., LAGRANGE, J.-P. & WEIBEL, R. (Eds.): GIS and Generalization – Methodology and Practice. GISDATA, 1. Taylor & Francis, London.

PAELKE ,V. (2006): Mixed Reality – Innovative Benutzungsschnittstellen für raumbezogene Informationen. In: Wissenschaftliche Arbeiten der Fachrichtung Geodäsie und Geoinformatik der Leibniz Universität Hannover, 263, 279-288.

PETERS, T. (2007): Modellierung zeitlicher Schwerevariationen und ihre Erfassung mit Methoden der Satellitengravimetrie. DGK, C 606. München.

PLAG, H.-P. & PEARLMAN, M. (Eds.) (2009): Global Geodetic Observing System. Springer, Berlin.

PLAG, H.-P., ROTHACHER, M. & NEILAN, R. (2009a): The Global Geodetic Observing System – Part 1, the Organisation. In: Geomatics World, 1-2/2009, 26-28.

PLAG, H.-P., ROTHACHER, M. & PEARLMAN, M. (2009b): The Global Geodetic Observing System – Part 2, the System. In: Geomatics World, 2-4/2009, 22-25.

PODRENEK, M. (2002): Aufbau des DLM50 aus dem Basis-DLM und Ableitung der DTK50 – Lösungsansatz in Niedersachsen. In: Kartographische Schriften, 6 (Kartographie als Baustein moderner Kommunikation), 126- 130. Kirschbaum Verlag, Bonn.

PREUSS, T. & FLOETING, H. (2009): Folgekosten der Siedlungsentwicklung – Bewertungsansätze, Modelle und Werkzeuge der Kosten-Nutzen-Betrachtung. Deutsches Institut für Urbanistik, Berlin.

RAGUSE, K. (2007): Dreidimensionale photogrammetrische Auswertung asynchron aufgenommener Bildsequenzen mittels Punktverfolgungsverfahren. DGK, C 602. München.

RAMM, K. (2008): Evaluation von Filter-Ansätzen für die Positionsschätzung von Fahrzeugen mit den Werkzeugen der Sensitivitätsanalyse. DGK, C 619. München.

RAVANBAKSH, M. (2008): Road junction extraction from high resolution aerial images assisted by topographic database information. DGK, C 621. München.

REUTER, F. (2006): Zur Ermittlung von Bodenwerten in kaufpreisarmen Lagen. In: fub, 68 (3), 97-107.

RIECKEN, J. & SANDMANN, S. (2001): Exploitation of and access to geospatial data using standards and modern technologies in North-Rhine-Westphalia. 7th EC-GI&Gis Workshop, Potsdam.

ROTTENSTEINER, F. (2001): Halbautomatische Gebäudeauswertung durch Integration von hybrider Ausgleichung und 3D Objektmodellierung. In: PFG, 4/2001, 289-301.

ROZSA, S., HECK, B., MAYER, M., SEITZ, K., WESTERHAUS, M. & ZIPPELT, K. (2005): Determination of Displacements in the Upper Rhine Graben Area from GPS and Leveling Data. In: Int. J. Earth Sci, 94 (2005), 538-549.

SANDMANN, S. (2005): „TIM-online, A part of the eGovernment strategy by the Federal State North-Rhine Westphalia", Agile Conference, Estoril.

SANDMANN, S. (2007): „E-Governement mit Geodaten". D21-Kongressband.

SANDMANN, S. (2007): „ EU-Project: Cross-border Spatial Information System with High Added Value (CROSS-SIS)", CORP 2007.

SANDMANN, S. (2008): „E-Governement mit Geodaten. In: Behörden Spiegel, 3/2008.

SARJAKOSKI, T., SARJAKOSKI, L. T., LEHTO, L., SESTER, M., ILLERT, A., NISSEN, F., RYSTEDT, R. & RUOTSALAINEN, R. (2002): Geospatial Info-mobility Services – A Challenge for National Mapping Agencies. Proceedings of the Joint International Symposium on "GeoSpatial Theory, Processing and Applications" (ISPRS/Commission IV, SDH2002), Ottawa, Canada, July 8-12, 2002, 5 p, CD-ROM.

SCHÄUBLE, D. (2007): Nutzungstausch auf Pachtbasis als neues Instrument der Bodenordnung. Diss.; Schriftenreihe des Studienganges Geodäsie und Geoinformation, Universität der Bundeswehr München.

SCHENK, E. (1988): Die Tätigkeit des Arbeitskreises Liegenschaftskataster von 1951 bis 1988. In: 40 Jahre Arbeitsgemeinschaft der Vermessungsverwaltungen der Länder der Bundesrepublik Deutschland, AdV, Stuttgart.

SCHIELE, O. J. (2005): Ein operationelles Kalibrierverfahren für das flugzeuggetragene Laserscannersystem ScaLARS. DGK, C 592, München.

SCHLEMMER, H. (2005): 30 Jahre Laserinterferenzkomparatoren für Präzisionsnivellierlatten. In: AVN, 112 (6), 198-199.

SCHMALGEMEIER, H. (2005): Grundstücksmarkttransparenz – sind die Gutachterausschüsse „am Puls der Zeit"? In: Grundstücksmarkt und Gründstückswert, 6/2005, 350-357.

SCHMID, R. (2009): Zur Kombination von VLBI und GNSS. DGK, C 636. München.

SCHMIDT, M. (2001): Grundprinzipien der Wavelet-Analyse und Anwendungen in der Geodäsie. Shaker, Aachen.

SCHNEIDER, D. (2009): Geometrische und stochastische Modelle für die integrierte Auswertung terrestrischer Laserscanner- und photogrammetrischer Bilddaten. Diss., TU Dresden.

SCHÖLDERLE, F., SIEMES, M. & KUHLMANN, H. (2008): Multi sensor system requirements for a position steered seed deposition in sugar beet cultivation for the generation of a rectangular formation. In: INGENSAND, H. & STEMPFHUBER, W. (Eds.): MCG 2008, 129-139. ETH Zürich.

SCHÖN, S. & BRUNNER, F. K. (2008): Atmospheric turbulence theory applied to GPS carrier-phase data. In: Journal of Geodesy, 82 (1), 47-57.

SCHRÖDER, W. (1988): In: 40 Jahre Arbeitsgemeinschaft der Vermessungsverwaltungen der Länder der Bundesrepublik Deutschland (Vorwort), AdV, Stuttgart.

SCHÜRER, D. (2008): Das AdV-Projekt ATKIS-Generalisierung – Digitale Landschaftsmodelle und Karten aus dem Basis-DLM. In: KN, 58 (4), 191-199.

SCHUH, H., DILL, R., GREINER-MAI, H., KUTTERER, H., MÜLLER, J., NOTHNAGEL, A., RICHTER, B., ROTHACHER, M., SCHREIBER, U. & SOFFEL, M. (2004): Erdrotation und globale dynamische Prozesse – Eine Übersicht über den derzeitigen Stand der Modellbildung, der Mess- und der Auswerteverfahren. Mitteilungen des BKG, 32. Frankfurt am Main.

SCHWARZ, W. (2007): Vermessungen im Sub-Millimeter-Bereich – Anwendungsbeispiele aus der Industrie- und Präzisionsvermessung. In: AVN, 114 (5), 253-262 (Teil 1) und AVN, 114 (8-9), 341-350 (Teil 2).

SEEBER, G. (2003): Satellite Geodesy. Walter de Gruyter Verlag, Berlin.

SEITZ, F. (2004): Atmosphärische und ozeanische Einflüsse auf die Rotation der Erde – Nummerische Untersuchungen mit einem dynamischen Erdsystemmodell. DGK, C 578, München.

SEITZ, M. (2009): Kombination geodätischer Raumbeobachtungsverfahren zur Realisierung eines terrestrischen Referenzsystems. DGK, C 630. München.

SELLGE, H. (1988): Die Tätigkeit des Arbeitskreises Automation von 1961-1988. In: 40 Jahre Arbeitsgemeinschaft der Vermessungsverwaltungen der Länder der Bundesrepublik Deutschland, AdV, Stuttgart.

SESTER, M. (2005): Optimization approaches for generalization and data abstraction. In: International Journal of Geographical Information Science, 19 (8-9), 871-897.

SPRECKELS, V., WALTER, D., WEGMÜLLER, U., DEUTSCHMANN, J. & BUSCH, W. (2008): Nutzung der Radarinterferometrie im Steinkohlenbergbau. In: AVN, 115 (5), 253-260.

STAIGER, R. & WUNDERLICH, T. (2007): Terrestrisches Laserscanning 2006 – Technische Möglichkeiten und Anwendungen. In: zfv, 132 (2), 81-86.

STEFANIDIS, A. & NITTEL, S. (2005): GeoSensor Networks. CRC Press.

STEFFEN, H., GITLEIN, O., DENKER, H., MÜLLER, J. & TIMMEN, L. (2009): Present rate of uplift in Fennoscandia from GRACE and absolute gravimetry. In: Tectonophysics, doi:10.1016/j.tecto.2009.01.012.

STEIGENBERGER, P., ROTHACHER, M., DIETRICH, R., FRITSCHE, M., RÜLKE, A. & VEY, S. (2006): Reprocessing of a global GPS network. In: Journal of Geophysical Research, 111, B05402, doi 10.1029/2005JB003747.

STEINLE, E. (2006): Gebäudemodellierung und -änderungserkennung aus multitemporalen Laserscanningdaten. DGK, C 594. München.

STELLING, S. (2006): Wirtschaftlichkeit kommunaler Baulandstrategien – städtebauliche Kalkulation und Finanzierung kommunaler Infrastruktur im Prozess der Baulandbereitstellung. Beiträge zu Städtebau und Bodenordnung, 29; Diss., Uni Bonn.

STEMPFHUBER, W. (2007): Herausforderungen der 3D-Baumaschinensteuerung. In: BRUNNER, F. K. (Hrsg.): Ingenieurvermessung 07, 343-354.Wichmann-Verlag, Heidelberg.

STOFFEL, H. G. (2008): Vorwort. In: 60 Jahre AdV. AdV, Hannover.

STRAUB, B.-M. (2003): Automatische Extraktion von Bäumen aus Fernerkundungsdaten. DGK, C 572. München.

TOMKO, M., WINTER, S. & CLARAMUNT, C. (2008): Experiential Hierarchies of Streets. In: Computer, Environment and Urban Systems, 32(1), 41-52.

TORGE, W. (2001): Geodesy. Walter de Gruyter Verlag, Berlin.

URBANKE, S. & DIECKHOFF, K. (2006): Das AdV-Projekt ATKIS-Generalisierung, Teilprojekt Modellgeneralisierung. In: KN, 56 (4), 191-196.

VOSSELMAN, G. & MAAS, H.-G. (2009): Airborne and Terrestrial Laserscanning. Whittles Publishing, U.K.

WÄLDER, O. (2008): Spezielle Verfahren zur Analyse raumbezogener Daten. DGK, C 625. München.

WEITKAMP, A. (2008): Brachflächenrevitalisierung im Rahmen der Flächenkreislaufwirtschaft. Schriftenreihe des Instituts für Geodäsie und Geoinformation der Rheinischen Friedrich-Wilhelms-Universität Bonn. 15.

WELSCH, W., HEUNECKE, O. & KUHLMANN, H. (2000): Auswertung geodätischer Überwachungsmessungen. Wichmann-Verlag Heidelberg.

WESTENBERG, G. & KNABENSCHUH, M. (2008): „Neue Wege in der Vermarktung amtlicher Hauskoordinaten".

WILD-PFEIFFER, F. (2007): Auswirkungen topographisch-isostatischer Massen auf die Satellitengradiometrie. DGK, C 604. München.

WIRTHS, H. (1969): 20 Jahre Arbeitsgemeinschaft der Vermessungsverwaltungen der Länder der Bundesrepublik Deutschland. AdV.

WOLF, H. (1975): Ausgleichungsrechnung. F. Dümmlers Verlag, Bonn.

WOLF, H. (1979): Ausgleichungsrechnung II. F. Dümmlers Verlag, Bonn.

WOLF, K. I. (2007): Kombination globaler Potentialmodelle mit terrestrischen Schweredaten für die Berechnung der zweiten Ableitungen des Gravitationspotentials in Satellitenbahnhöhe. DGK, C 603. München.

WUNDERLICH, T., SCHÄFER, T. & AUER, S. (2008): Passage simulation of monorail suspension conveyors and transport goods for collision prevention. In: INGENSAND, H. & STEMPFHUBER, W. (Eds.): MCG 2008, 297-303. ETH Zürich.

16.9.2 Internetverweise

ADV (2009): Homepage der Arbeitsgemeinschaft der Vermessungsverwaltungen der Länder der Bundesrepublik Deutschland, Hannover; www.adv-online.de

DEUTSCHLAND-ONLINE (2009): Homepage von Deutschland-Online; www.deutschland-online.de

DVW-TLS (2009): Informationen zur Schriftenreihe des DVW; www.dvw.de/modules.php?name=Literatur&pa=showpage&pid=200

ERDROTATION (2009): Erdrotationsportal; www.erdrotation.de

EURADIN (2009): https://www.euradin.eu

GEODATENINFRASTRUKTUR IN DEUTSCHLAND (2009): www.gdi-de.de

GUTACHTERAUSSCHÜSSE ONLINE (2009): www.gutachterausschuesse-online.de

HOMEPAGE ZU XPLANUNG (2009): www.xplanung.de

IERS (2009): International Earth Rotation and Reference Systems Service; www.iers.org

ILK, K. H., FLURY, J., RUMMEL, R. ET AL. (2005): Mass transport and mass distribution in the Earth system – Contribution of the new generation of satellite gravity and altimetry missions to geosciences. GOCE Projektbüro, TU München und GFZ Potsdam; www.dgfi.badw.de/typo3_mt/fileadmin/Dokumente/programmschrift-Ed2.pdf

INTERMINISTERIELLER AUSSCHUSS FÜR DIE GEODATENINFRASTRUKTUR IN NRW (2009): www.ima-gdi.nrw.de

IVS (2009): International VLBI Service; ivscc.gsfc.nasa.gov

KOCH, K.-R. (2004): Parameterschätzung und Hypothesentests in linearen Modellen, Bonn; www.geod.uni-bonn.de/apmg/publikationen/buecher-online/buch97_format_neu.pdf

MASSENTRANSPORTE (2009): Schwerpunktprogramm SPP 1257 „Massentransporte und Massenverteilungen im System Erde“; www.massentransporte.de

SFB461 (2008): SFB 461 Starkbeben – von geowissenschaftlichen Grundlagen zu Ingenieurmaßnahmen. Universität Karlsruhe (TH); www-sfb461.ipf.uni-karlsruhe.de

17 Ausbildung und Qualifikationswege

Christian HEIPKE, Jürgen MÜLLER und Karin SCHULTZE

Zusammenfassung

Die Bedeutung der Berufe im Vermessungs- und Geoinformationswesen hat in der Wissens- und Informationsgesellschaft signifikant zugenommen. Die Tätigkeitsfelder der Fachkräfte sind inhaltlich und methodisch breit angelegt. Sie reichen von der Vermessung einzelner Werkstücke in der Industrie über die Grundstücksgrenze bis zum Mars, von der klassischen Vermessung und der manuell erstellten Liegenschafts- und Wanderkarte bis zu digitalen Geoinformationssystemen, Fahrzeugnavigationssystemen und Weltraumverfahren. Dabei ist es für die Berufe im Vermessungs- und Geoinformationswesen hervorragend gelungen, den rasanten wissenschaftlichen und technischen Fortschritt zu nutzen, um neben traditionellen Tätigkeitsfeldern zukunftsträchtige Aufgabengebiete zu erschließen. Nicht zuletzt deswegen sind die Chancen der Absolventen auf dem Arbeitsmarkt überdurchschnittlich gut.

Dem deutschen Berufsbildungssystem entsprechend gibt es im Vermessungs- und Geoinformationswesen Ausbildungs- und Studienberufe sowie diese ergänzende beamtenrechtliche Laufbahnausbildungen mit dem technischen Referendariat (Assessor).

Staatlich anerkannte Ausbildungsberufe sind der Vermessungstechniker und der Kartograph. Der technologische Fortschritt hat mit der digitalen Bearbeitung der Prozesse zu einer Angleichung beider Berufsbilder geführt, in deren Ergebnis die Ausbildungsberufe derzeit in einer neuen Berufsfamilie „Berufsausbildung in der Geoinformationstechnologie" neu geordnet werden. Unter Einbeziehung des Kartographen sollen wesentliche Teile der Vermessungstechnik in den eigenständigen neuen Beruf Geomatiker integriert werden.

Ein Hochschulstudium ist an Universitäten und Fachhochschulen möglich. Bis 2010 werden die bisherigen Diplomstudiengänge durch die Bachelor- und Masterstudiengänge ersetzt. Die früher nahezu einheitlich bezeichneten Studiengänge (Vermessungswesen, Geodäsie) sind einem differenzierten Bild gewichen. Dabei hat sich die mit der Entwicklung der Geodäsie und Geoinformatik bereits entstandene Vielfalt der Studiengänge mit der Anzahl der international kompatiblen Abschlüsse potenziert.

Im Hinblick auf den behördlichen Tätigkeitsbereich kommt den beamtenrechtlichen Laufbahnausbildungen eine besondere Bedeutung bei der Ausbildung der Fachkräfte zu. Dabei steht der Assessor des Vermessungs- und Liegenschaftswesens als Qualitätsmerkmal für die Übernahme von Führungsaufgaben in öffentlicher Verwaltung und privater Wirtschaft.

Immer kürzere Innovationszyklen fordern zur Wahrung der durch die Ausbildung grundlegend erworbenen Kompetenzprofile eine fortwährende Weiterbildung, zum individuellen Erhalt des „Arbeitsmarktwertes" und als qualitätssichernden Personalentwicklungsbaustein. Universitäten, Fachhochschulen und Berufsverbände stellen sich dieser Aufgabe.

Für die Zukunftsfähigkeit der Berufe im Vermessungs- und Geoinformationswesen gilt es, den Bedeutungszuwachs von raumbezogenen Informationen weiter zu nutzen. Durch qualitativ hochwertige und auf potenzielle Tätigkeitsfelder abgestimmte Ausbildungen sind Nachwuchskräfte für die Übernahme immer komplexerer Aufgaben vorausschauend zu qualifizieren und gleichzeitig für eine lebenslange Weiterbildung zu befähigen.

Summary

Geodesy and geoinformation science have become increasingly relevant in modern society which is characterised by knowledge and information technology. The various geodetic areas cover a broad spectrum in terms of addressed methods and topics, ranging from the determination of the size and form of an industrial workpiece, to property boundaries and the mapping of a whole planet; from classical surveying, manually produced maps for real estate and hiking, to geographic information systems, car navigation systems and space geodetic techniques. As one of only a few disciplines, geodesy and geoinformation science succeeded in using the fast scientific and technical progress not only for strengthening their traditional areas, but also for developing novel and exciting fields. As a result, the labour workforce has very good possibilities to find interesting and well-paid jobs.

According to the German education system, there are different tracks in geodesy and geoinformation science, vocational training and university studies. In addition, future civil servants enrol in a special traineeship to complete their education with the "assessor" degree, which is somewhat similar to that of a Chartered Surveyor.

Officially recognised professions requiring vocational training are the surveying technician and the cartographer. The technological progress in digital processing led to the assimilation of both professions, they were re-organised and today can be found in a new group called Berufsausbildung in der Geoinformationstechnologie (vocational education in geoinformation technology) today. Taking the cartographic training into account major elements of the surveying technician's training will be integrated into a new profession, called geomatician.

Academic studies are possible at universities and at universities of applied sciences. The traditional Dipl.-Ing. degrees will be replaced by bachelor and master degrees by 2010. Instead of the common designation of the programmes (surveying and mapping) various names such as Geodesy, Geodesy and Geoinformation Science, or Geomatics exist today, and this variety will be further increased in the context of new internationally compatible degrees.

For the public service, the traineeship for civil servants plays an important role in the career of the employees. The degree of Assessor in Surveying and Cadastre represents a quality label for taking responsibility in executive functions in public administration and private industry.

Shorter and shorter innovation cycles require further education during the whole professional life in order to maintain the basic competence profile of the original education, at the same time keeping and enhancing the individual competence and to provide a quality assurance mechanism in human development. Universities and professional institutions successfully meet these challenges.

For the sustainability of the profession of geodesy and geoinformation science, it is essential to further exploit the increasing relevance of geo-referenced information. Junior staff have to be qualified to take responsibility for more and more complex tasks and to be enabled for lifelong further education at the same time. This can be achieved by dedicated high-quality education which is oriented towards innovative and relevant new working fields.

17.1 Übersicht

17.1.1 Berufsbilder und Tätigkeitsfelder

Berufe im Vermessungs- und Geoinformationswesen haben eine lange Tradition und eine vielversprechende Zukunft zugleich. Seit jeher haben die Menschen versucht, das Wissen über ihre Umwelt zu erfassen und graphisch darzustellen. Das moderne Berufsbild der Vermesser und Kartographen entwickelte sich seit dem 18. Jahrhundert zweigleisig: zunächst für militärische Zwecke wurden Karten über das staatliche Hoheitsgebiet benötigt, und für die Erhebung von Steuern war mit der Vermessung der Grundstücke eine gerechte Grundlage zu schaffen. Agrarpolitische Maßnahmen, voranschreitende Industrialisierung und städtebauliche Entwicklungen ließen im 19. Jahrhundert weitere Arbeitsfelder entstehen, die von der Planung, Bodenordnung und Bewertung bis hin zur ingenieurtechnischen Vermessung sowie der Herstellung vielfältiger Karten reichten. Mit dem Übergang in die Wissens- und Informationsgesellschaft und der damit einhergehenden GIS-Technologie hat sich für die Berufe im Vermessung- und Geoinformationswesen ein Paradigmenwechsel vollzogen. Klassische Arbeiten wie manuelles Kartieren oder analoge Messverfahren sind modernen GIS-Anwendungen und Weltraumverfahren gewichen. Mit digitalen Methoden und Verfahren werden raumbezogene Informationen für vielfältige und immer komplexere Fragestellungen erfasst, verarbeitet und präsentiert, z. B. im Bereich der Navigation und Telematik sowie der gemeinsamen Visualisierung und Nutzung von Satelliten- und anderen Geodaten im Internet.

Entsprechend der Aufgabenstruktur des Vermessungs- und Geoinformationswesens besteht ein breites Berufsfeld für Geodäten und Kartographen (Abb. 17.1). Dabei ist in Deutschland der weitaus überwiegende Teil im öffentlichen Vermessungs- und Geoinformationswesen tätig, hauptsächlich im behördlichen Bereich (Schröder 1998, AdV 2002, Kummer 2002; Kummer et al. 2006).

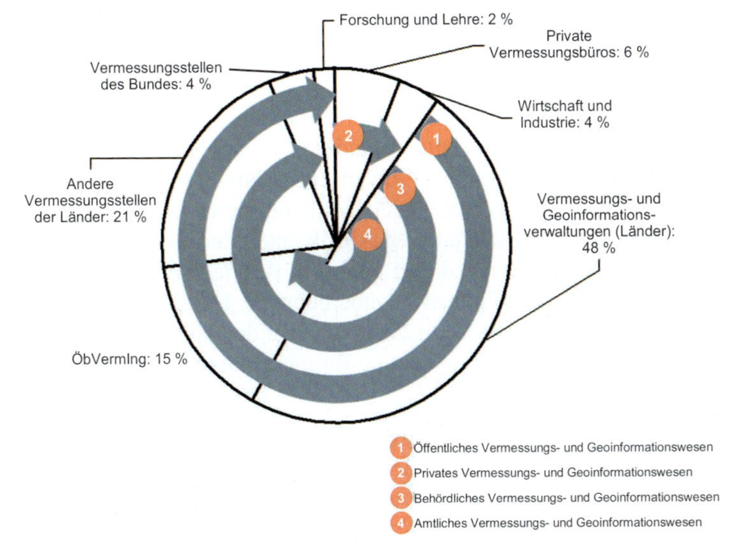

Abb. 17.1: Einsatz der Fachkräfte im Vermessungs- und Geoinformationswesen (AdV 2002 und Kummer et al. 2006, angepasst)

Gemäß der Grundstruktur der beruflichen Erstausbildung in der Bundesrepublik Deutschland (HIPPACH-SCHNEIDER ET AL. 2007) gibt es auch im Vermessungs- und Geoinformationswesen Ausbildungsberufe und Studienberufe sowie ergänzende Zusatzqualifikationen der beamtenrechtlichen Laufbahnausbildungen mit dem technischen Referendariat.

Staatlich anerkannte Ausbildungsberufe sind der Beruf des Vermessungstechnikers und der des Kartographen, wobei bei letzterem zwischen dem Ausbildungsbereich im öffentlichen Dienst (Vermessungs- und Geoinformationsverwaltungen der Länder, Bundesamt für Kartographie und Geodäsie, Behörden mit thematischen Kartographien z. B. in den Fachgebieten Geologie, Wasserwirtschaft, Umweltschutz) und dem der Industrie (Kartographische Verlage, Graphische Betriebe) unterschieden wird. Das Berufsbild des Vermessungstechnikers ist geprägt durch die Erfassung, Auswertung, Verwaltung und Präsentation von Messdaten mit standardisierten Verfahren und Programmen im Innen- und Außendienst (BA 2009a und BMWI 2009a). Aufgaben der Kartographen sind die Verwaltung und Visualisierung raumbezogener Daten aller Art, aus denen sie mit digitalen Techniken topographische Karten, thematische Karten und kartenverwandte Darstellungen sowie Präsentationsgraphiken und multimediale Produkte, z. B. interaktive dreidimensionale Darstellungen, erstellen und aktualisieren (BA 2009b und BMWI 2009b).

Bei den Studienberufen werden bis 2010 die bisherigen Diplomstudiengänge durch die im Zuge der Internationalisierung eingeführten Bachelor- und Masterstudiengänge ersetzt (Bologna-Prozess). Das Tätigkeitsfeld der Absolventen ist außerordentlich vielfältig, siehe u. a. DVW (2009a). Sie erfassen die Erdoberfläche in ihrem natürlichen und rechtlichen Bestand mit terrestrischen Messungen, Verfahren der Satellitengeodäsie, der Photogrammetrie und der Fernerkundung, verwalten und visualisieren die Ergebnisse in Geoinformationssystemen, führen Ingenieurvermessungen aus und sind in der Industrie an verschiedenen Aufgaben beteiligt. Dabei ist der Bachelor als erster Studienabschlusses eher praxisorientiert ausgerichtet. Das Berufsbild des Master ist nach dem grundsätzlichen Ansatz des Studiums praktisch (Master of Engineering) oder wissenschaftlich orientiert (Master of Science) und entsprechend mehr oder weniger stark durch Entwicklungs- und Projektarbeit einerseits sowie theoretische Konzepte, Koordinierungs- und Leitungstätigkeiten andererseits geprägt.

Für das behördliche Vermessungswesen kommt den beamtenrechtlichen Laufbahnausbildungen eine besondere Bedeutung zu. Für den mittleren und den gehobenen vermessungstechnischen und kartographischen Verwaltungsdienst zielen diese darauf ab, während des Vorbereitungsdienstes die zur Erfüllung der Aufgaben der Laufbahn notwendigen Fähigkeiten und Kenntnisse zu vermitteln. Dabei bietet sich den Absolventen der Ausbildung zum gehobenen vermessungstechnischen Verwaltungsdienst auch die Perspektive, bei entsprechender Eignung und Erfahrung Führungsaufgaben zu übernehmen. Die Befähigung für den gehobenen vermessungstechnischen Verwaltungsdienst ist nach den landesspezifischen Vorschriften in einigen Bundesländern auch Voraussetzung für die Zulassung als Öffentlich bestellter Vermessungsingenieur.

Auf die Übernahme leitender Tätigkeiten im Vermessungs- und Geoinformationswesens zielt der Beruf des Assessors des Vermessungs- und Liegenschaftswesens. Als Zusatzqualifikation zu einem universitären Studium befähigt das technische Referendariat die Absolventen für die Übernahme technischer Managementaufgaben in der öffentlichen Verwaltung und der privaten Wirtschaft (SCHULTZE 2002). Dem technischen Assessor eröffnet sich daher ein breites Tätigkeitsspektrum. Zum einen ist das technische Referendariat beamtenrechtlicher Vorbereitungsdienst für die Laufbahn des höheren technischen Verwaltungsdienstes und damit Voraussetzung für die Übernahme von Führungsaufgaben in den Vermessungs- und Geoinformationsverwaltungen. Die Befähigung zum höheren technischen Verwaltungsdienst ist entsprechend den landesrechtlichen Bestimmungen zudem Voraussetzung für die Bestellung zum Öffentlich bestellten Vermessungsingenieur und für den Leiter der anderen behördlichen Vermessungsstellen bei den für die Flurbereinigung und die ländliche Neuordnung zuständigen Ämtern, Stadtvermessungsämtern, Wasser- und Schifffahrtsdirektionen und Wasserstraßenneubauämtern. Die Ausbildung zum höheren technischen Verwaltungsdienst ist im Vermessungs- und Liegenschaftswesen grundsätzlich keine Bedarfsausbildung der Landesverwaltungen, sondern ermöglicht nach den landesgesetzlichen Bestimmungen als Zusatzqualifikation den freien Zugang zum Beruf gemäß Artikel 12 Grundgesetz. Zum anderen haben fachlich spezialisierte Führungskräfte mit der zunehmenden Verflechtung von gesellschaftlicher und technologischer Entwicklung an Bedeutung gewonnen, sodass technische Assessoren auch in der freien Wirtschaft deutlich bessere Berufschancen haben (SCHULTZE 2002, 2008).

Neue Perspektiven für die Fachkräfte des Vermessungs- und Geoinformationswesens resultieren aus der weiter wachsenden Bedeutung raumbezogener Informationen in allen Bereichen des privaten und öffentlichen Lebens, z. B. in der Realisierung der nationalen und internationalen Geodateninfrastrukturen, im Klima- und Umweltschutz (Umweltmonitoring, Nutzung erneuerbarer Energien) oder in der Verkehrslogistik. Gleichzeitig führt der rasante wissenschaftlich-technische Fortschritt mit immer kürzeren Innovationszyklen zu sich ändernden Tätigkeitsprofilen der Fachkräfte, auf die die Ausbildungsinhalte perspektivisch abzustellen sind (u. a. BARWINSKI 1993, BILL & FRITSCH 1994, DVW 2009a). Äußerlich dokumentiert sich dies in der aktuellen Neuordnung der Ausbildungsberufe (siehe 17.2.3) sowie in einer Vielzahl neuer Studiengangsbezeichnungen mit einer zunehmenden Auflösung der traditionellen Grenzen einzelner Fachgebiete (KOHLSTOCK 2007) (siehe 17.3.2). Um die Potenziale für die Berufe des Vermessungs- und Geoinformationswesens zu erschließen, muss der Berufsnachwuchs in allen Ebenen in anforderungsgerechten und zukunftsorientierten Ausbildungen für die Übernahme prognostizierter Tätigkeitsfelder befähigt und gleichzeitig in die Lage versetzt werden, aufbauend auf soliden Grundlagen seine Kenntnisse und Fähigkeit permanent weiterzuentwickeln (siehe 17.5). Der Schlüssel zum Erfolg liegt hier in der Vermittlung von prozessorientierter Methodenkompetenz.

17.1.2 Vorbildungsvoraussetzungen

Für die Berufsausbildung zum Vermessungstechniker und zum Kartographen ist gesetzlich kein bestimmter Schulabschluss vorgeschrieben. Erfahrungsgemäß ist aufgrund der mathematischen Anforderungen mindestens der Abschluss der mittleren Reife empfehlenswert (Abb. 17.2). Eingangsvoraussetzung für das Studium an Universitäten ist in der Regel das Abitur, für das Studium an einer Fachhochschule die Fachhochschulreife. Die Einstellung in den Vorbereitungsdienst des mittleren vermessungstechnischen oder kartographischen Verwaltungsdienstes setzt eine erfolgreich bestandene Abschlussprüfung im Ausbildungsberuf Vermessungstechniker oder Kartograph voraus. Voraussetzung für die Einstellung in den Vorbereitungsdienst der Laufbahn des gehobenen vermessungstechnischen oder kartographischen Dienstes ist ein erfolgreich abgeschlossenes Studium des Vermessungs- und Geoinformationswesens an einer Fachhochschule oder Hochschule (Diplom-Ingenieur (FH), Bachelor). Einstellungsvoraussetzung für das technische Referendariat in der Fach-

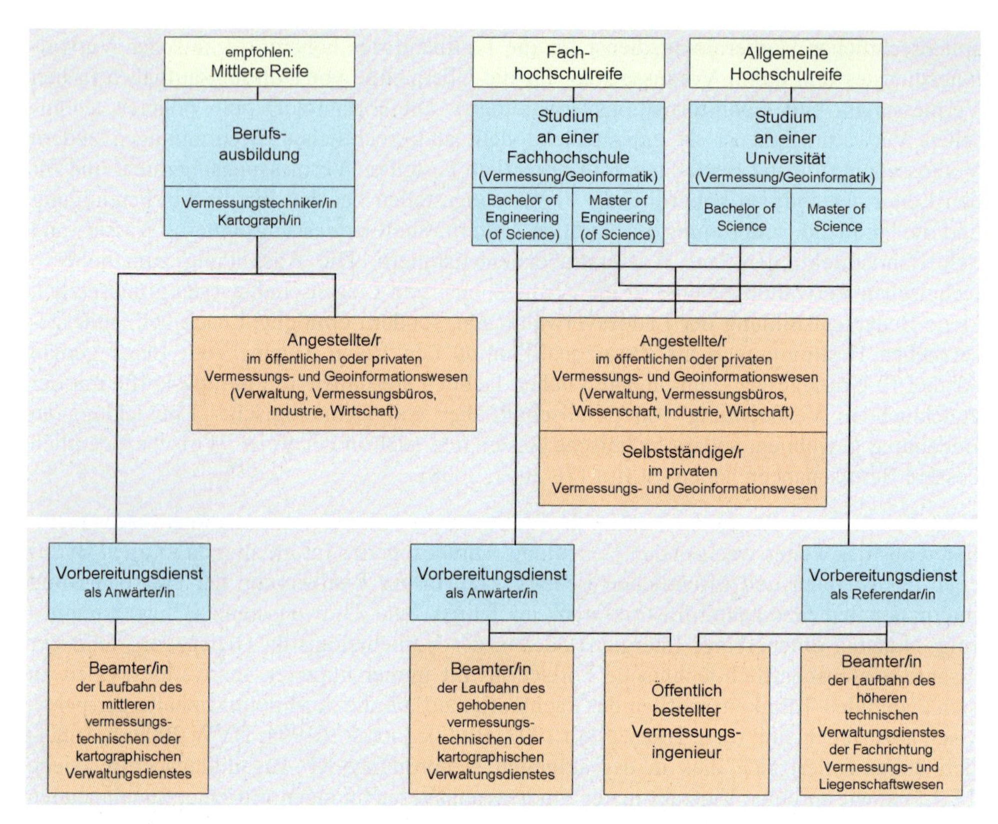

Abb. 17.2: Übersicht über die Qualifikationswege mit Laufbahnausbildungen

richtung Vermessungs- und Liegenschaftswesen ist der erfolgreiche Abschluss eines wissenschaftlichen Studiums (Diplom-Ingenieur, Master) der Geodäsie (Vermessungswesen). Da im Zuge der Internationalisierung des Hochschulwesens insgesamt eine Abkehr von herkömmlichen Studiengangsbezeichnungen zu konstatieren ist, wird eine Definition der Inhalte von Studiengängen nur über die Bezeichnung künftig nicht mehr möglich sein. Um die bisher an die Studiengänge gestellten Anforderungen aufrecht erhalten zu können, hat das Oberprüfungsamt für den höheren technischen Verwaltungsdienst (OPA) auf der Grundlage von Empfehlungen der Arbeitsgemeinschaft der Vermessungsverwaltungen der Länder der Bundesrepublik Deutschland (AdV) ein laufbahnspezifisches Anforderungsprofil für die Vorbildungsvoraussetzungen des technischen Referendariats erarbeitet (OPA 2009a).

17.1.3 Rechtliche Grundlagen

Vermessungstechniker und Kartograph sind staatlich anerkannte Ausbildungsberufe nach dem Berufsbildungsgesetz (BBiG) mit bundeseinheitlichen Standards und als solche in das vom Bundesinstitut für Berufsbildung (BIBB) herausgegebene „Verzeichnis der anerkannten Ausbildungsberufe" eingetragen, siehe BIBB (2009a) oder Kurzübersicht in: BMBF (2008). Für beide Berufe wird im deutschen Kooperationsmodell der beruflichen Bildung (duales System) ausgebildet, u. a. HIPPACH-SCHNEIDER ET AL. (2007). Die Grundsätze der dualen Berufsausbildung sind bundeseinheitlich im BBiG verankert, das im Zuge der Reform der beruflichen Bildung 2005 novelliert wurde (BMBF 2005, 2009a). Daneben gelten weitere arbeitsrechtliche Vorschriften, z. B. das Jugendarbeitsschutzgesetz, das Mutterschutzgesetz, das Sozialgesetzbuch oder das Betriebsverfassungsgesetz.

Grundlage für die betriebliche Ausbildung sind die bundeseinheitlichen Ausbildungsordnungen (BIBB 2009b, c), die den Beruf und die hierfür erforderlichen Fertigkeiten, Kenntnisse und Fähigkeiten beschreiben sowie den Ausbildungsrahmenplan enthalten. Die Berufsausbildung für den Kartographen wurde erstmals 1975 sowie für den Vermessungstechniker erstmals 1976 bundeseinheitlich geregelt (BIBB 2009b, c). Zur Vereinheitlichung der Ausbildung im Beruf Kartograph/-in in Deutschland hat die Kommission Aus- und Fortbildung der Deutschen Gesellschaft für Kartographie (DGfK) als Grundlage für den Rahmenausbildungsplan einen Ausbildungsleitfaden unter dem Titel „focus/kartographie – Grundlagen der Geodatenvisualisierung – Ausbildungsleitfaden Kartograph/Kartographin" herausgegeben (DGFK 2009a). Die schulische Berufsbildung richtet sich nach den Schulgesetzen der Länder. Für den berufsbezogenen Unterricht erlassen die Länder auf der Grundlage der mit den Ausbildungsordnungen inhaltlich und zeitlich abgestimmten Rahmenlehrpläne der Ständigen Konferenz der Kultusminister Lehrpläne für den Berufsschulunterricht. Lehrpläne für den allgemeinenbildenden Unterricht werden von den einzelnen Ländern entwickelt.

Das Berufsausbildungsverhältnis wird individuell durch einen privatrechtlichen Ausbildungsvertrag zwischen Ausbildendem und Auszubildendem begründet. Während der Berufsausbildung haben beide Vertragspartner Rechte und Pflichten, u. a. BMBF (2008). Die Höhe der Ausbildungsvergütung richtet sich nach dem jeweiligen Tarifvertrag. Nach dem BBiG darf nur ausbilden, wer persönlich und fachlich geeignet ist. Dic Ausbilder haben die erforderlichen berufs- und arbeitspädagogischen Kenntnisse nach der Ausbilder-Eignungsverordnung nachzuweisen (BMBF 2009).

Die Diplomstudiengänge wurden durch die Rahmenprüfungsordnung des Hochschulrahmengesetzes (HRG) geregelt. Dadurch war sichergestellt, dass an allen Standorten weitgehend gleiche Inhalte gelehrt wurden, sodass Arbeitgeber von einem vergleichbaren Kenntnisstand aller Absolventen ausgehen konnten. Andererseits konnten inhaltliche und auch strukturelle Änderungen, etwa zur Anpassung an neue technische Entwicklungen, nur schwer umgesetzt werden. Die neuen Studiengänge beruhen nicht mehr auf der Rahmenprüfungsordnung des HRG und können damit flexibler auf sich ändernde Rahmenbedingungen angepasst werden. Zur Sicherstellung einheitlicher Mindeststandards werden die Studiengänge regelmäßig von unabhängigen Agenturen akkreditiert. Darüber hinaus orientieren sich die Universitäten an der Rahmenstudienordnung der Deutschen Geodätischen Kommission (DGK) und deren *Leitlinien zur Gestaltung von Bachelor- und Masterstudiengängen an den deutschen Universitäten* vom November 2004 (KLEUSBERG 2005).

Die Laufbahnausbildungen im Vermessungs- und Geoinformationswesen sind Vorbereitungsdienst für die vermessungstechnischen und kartographischen Laufbahnen und richten sich nach den beamtenrechtlichen Bestimmungen. Aktuell werden diese aufgrund der im Zuge der Föderalismusreform neugeordneten Gesetzgebungskompetenzen für das öffentliche Dienstrecht überarbeitet. Die Statusrechte und -pflichten der Beamten der Länder und Kommunen im Sinne des Artikel 33 Grundgesetz sind unmittelbar und einheitlich durch das am 1. April 2009 in Kraft getretene Beamtenstatusgesetz auf Bundesebene regelt. Das Bild der ergänzenden Landesbeamtengesetze und landesrechtlichen Laufbahnvorschriften ist in der aktuellen Übergangsphase vielgestaltig (BATIS 2009): z. B. sieht das Mustergesetz der Norddeutschen Küstenländer (Bremen, Hamburg, Mecklenburg-Vorpommern, Niedersachsen, Schleswig-Holstein) – dem sich auch Sachsen-Anhalt und Rheinland-Pfalz angeschlossen haben – vor, die bisherigen vier Laufbahngruppen des einfachen, mittleren, gehobenen und höheren Dienstes in künftig zwei Laufbahngruppen zusammenzufassen. Bayern hat die bisherigen Laufbahngruppen durch unterschiedliche Eingangsämter ersetzt, in anderen Bundesländern wird sich zunächst nichts Wesentliches ändern, z. B. in Sachsen.

Der Vorbereitungsdienst wird im Beamtenverhältnis auf Widerruf geleistet. Während des Vorbereitungsdienstes erhalten Anwärter und Referendare Anwärterbezüge nach den hierfür geltenden Bestimmungen. Einzelheiten sind durch die entsprechenden Laufbahn-, Ausbildungs- und Prüfungsordnungen der ausbildenden Bundesländer geregelt. Die länderübergreifende Einheitlichkeit der Vorschriften war bis zum Inkrafttreten des Beamtenstatusgesetzes zum 1. April 2009 durch das nach dem Beamtenrechtsrahmengesetz erforderliche Bund-Länder-Abstimmungsverfahren gewährleistet. Für die Laufbahn des höheren technischen Verwaltungsdienstes haben die Mitgliedsverwaltungen des OPA (siehe 17.4.2) als Grundlage für ein einheitliches Prüfungsamt die jeweiligen Ausbildungs- und Prüfungsvorschriften in Umsetzung der Empfehlungen des Kuratoriums des OPA für die Ausbildungs- und Prüfungsordnung (OPA 2009b) erlassen. Bayern und Baden-Württemberg regeln die Ausbildung und Prüfung für die Laufbahn des höheren vermessungstechnischen Verwaltungsdienstes davon unabhängig in eigenen Verordnungen.

17.1.4 Ausbildungszahlen

Die Chancen für Vermessungsfachkräfte auf dem Arbeitsmarkt sind gut. Die Arbeitslosenquote (BA 2009c) liegt sowohl bei dem Ausbildungsberuf als auch bei den Studienberufen seit Jahren signifikant unter dem Durchschnitt (STATISTISCHES BUNDESAMT 2009, DVW 2009a). Der fachspezifische Arbeitsmarkt befand sich bezogen auf das Verhältnis von Ausbildungszahlen zur Nachfrage an Fachkräften (Auszubildende, Ingenieure (FH, Universität)) in der Vergangenheit in etwa im Gleichgewicht (HAAS ET AL. 2003). Dementgegen ist der Bedarf an Kartographen seit Jahren rückläufig, was in einer überdurchschnittlichen Arbeitslosenquote (BA 2009c) und in den niedrigen Ausbildungszahlen (siehe 17.4.1) sowie in der Neuordnung der Ausbildungsberufe (siehe 17.2.3) zum Ausdruck kommt.

Derzeit befinden sich deutschlandweit knapp 3.000 Vermessungstechniker und ca. 100 Kartographen in der Berufsausbildung, wobei die Ausbildungszahlen seit einigen Jahren kontinuierlich abnehmen (BIBB 2009b, c). Die regionale Verteilung der Auszubildenden im Jahr 2006 ist in Abbildung 17.3 dargestellt. Mit rd. 0,2 % nimmt die Berufsausbildung im Vermessungs- und Geoinformationswesen einen äußerst geringen Anteil an der Gesamtheit der Ausbildungsverhältnisse in der Bundesrepublik ein.

Für die Laufbahnausbildungen sind die Ausbildungszahlen seit Jahren rückläufig (OPA 2009c, LVERMGEO 2009a). Wesentliche Ursachen hierfür liegen sowohl in der individuellen Berufswahl potenzieller Anwärter und Referendare als auch in den eingeschränkten personalwirtschaftlichen Möglichkeiten der Dienstherren (SCHULTZE 2008). Mit etwa einem Viertel aller in 2007 im Bereich der Mitgliedsverwaltungen des OPA in Ausbildung befindlichen Referendare liegt in der Fachrichtung Vermessungs- und Liegenschaftswesen der Schwerpunkt des technischen Referendariats.

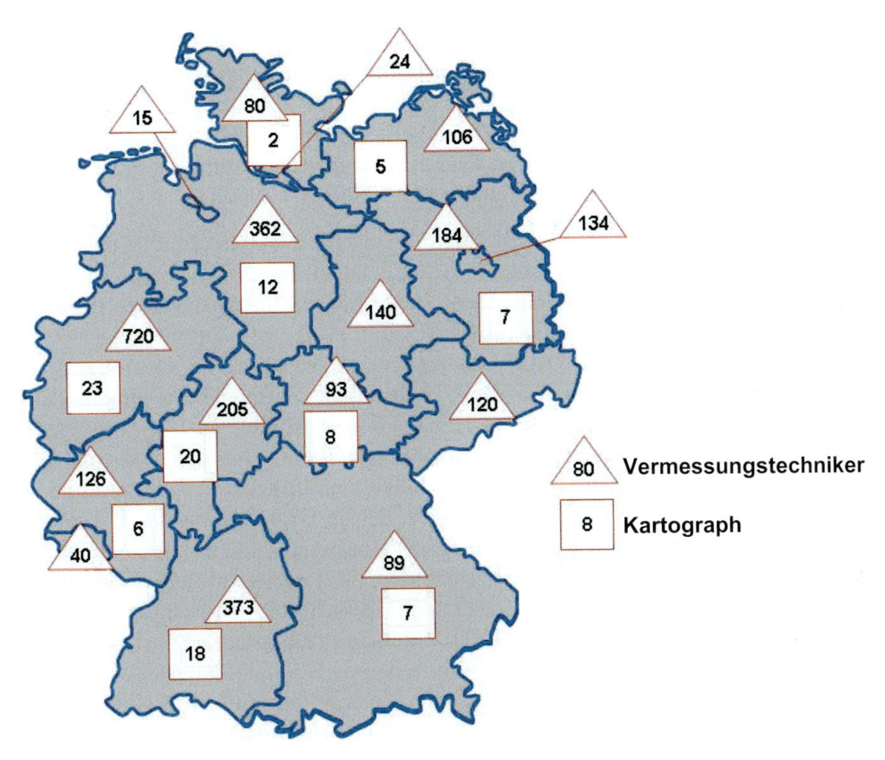

Abb. 17.3: Regionale Verteilung der Auszubildenden in 2006 (BIBB 2009b, c)

Insgesamt ist festzustellen, dass sich das Verhältnis der Fachkräfte zu Lasten der Vermessungstechniker (bzw. mittlerer Dienst) hin zu den Hochschulabsolventen (bzw. gehobener Dienst) verschiebt. Da die Fachaufgaben immer komplexer werden, wird sowohl zur Anleitung von Mitarbeitern als auch für die Weiterentwicklung und Betreuung automationsgestützter Fachverfahren und integrierter Informationssysteme entsprechend qualifiziertes Personal benötigt. Zudem ist die Berufsausbildung zum Kartographen inzwischen in vielen Bundesländern eingestellt oder zurückgefahren. Kartographische Laufbahnausbildungen finden kaum noch statt. Berufspolitische Perspektiven werden aus der Neuordnung der Ausbildungsberufe (siehe 17.2.3) und der Beamtenrechtsreform (siehe 17.4.1) erwartet.

17.2 Vermessungstechniker- und Kartographenausbildung

17.2.1 Organisation der Ausbildung

Die Berufsausbildung findet im dualen System an zwei Lernorten statt: die praktische Berufsausbildung in der Ausbildungsstätte am Arbeitsplatz und die Theorievermittlung in der Berufsschule im Unterricht. Ausbildungsstätten sind grundsätzlich die potenziellen Arbeitgeber (siehe 17.1.1), wobei der Schwerpunkt im behördlichen Vermessungs- und Geoinformationswesen liegt, z. B. Niedersachsen siehe LGN (2009a). Der Ausbildende kann entweder selbst ausbilden oder einen persönlich und fachlich geeigneten Ausbilder mit der

Ausbildung beauftragen (Eignung des Ausbildungspersonals siehe 17.1.3). Einzelne Ausbildungsabschnitte können auch außerhalb der Ausbildungsstätte geleistet werden, sofern nicht alle nach dem Ausbildungsrahmenplan vorgegebenen Inhalte durch das eigene Tätigkeitsprofil abgedeckt werden. Das im Jahr 2005 novellierte BBiG eröffnet auch die Möglichkeit, Teile der dualen Ausbildung im Ausland zu absolvieren, weiterführend Zentrale Auslands- und Fachvermittlung der Bundesagentur für Arbeit (BA 2009d).

Die Durchführung der Berufsausbildung wird durch die jeweils zuständige Stelle nach dem BBiG überwacht. Für die Berufsausbildung im öffentlichen Dienst bestimmen der Bund und die Länder die zuständigen Stellen nach dem BBiG jeweils für den eigenen Bereich, Übersicht u. a. in LGN (2009b). Dies sind für die Ausbildungsberufe Vermessungstechniker und Kartograph (öffentlicher Dienst) auf Landesebene in der Regel die jeweiligen Vermessungs- und Geoinformationsbehörden, z. B. in Sachsen-Anhalt und Thüringen das Landesamt für Vermessung und Geoinformation. Die für den Ausbildungsberuf Kartograph (Industrie) zuständige Stelle nach dem BBiG ist in der Regel die jeweilige Industrie- und Handelskammer. Das BBiG weist den zuständigen Stellen vielfältige Aufgaben zur Organisation und Durchführung der Berufsausbildung zu, z. B. die Organisation der Prüfungen oder die Feststellung der Eignung von Ausbildungspersonal und -stätten. Durch Beratung der an der Berufsausbildung beteiligten Personen fördert die jeweils zuständige Stelle die Berufsausbildung. Zu diesem Zweck hat sie nach dem BBiG Berater zu bestellen (Ausbildungsberater). Für die Abnahme der Prüfungen errichtet sie Prüfungsausschüsse. Der nach dem BBiG von der jeweils zuständigen Stelle zu errichtende Berufsbildungsausschuss beschließt die von der zuständigen Stelle zu erlassenden Vorschriften und ist in allen wichtigen Angelegenheiten der beruflichen Bildung zu unterrichten und zu hören. Im Berufsbildungsausschuss sind die an der Berufsausbildung beteiligten Gruppen (Arbeitgeber, Arbeitnehmer, Lehrkräfte an berufsbildenden Schulen) paritätisch vertreten, die Lehrkräfte mit beratender Stimme.

17.2.2 Gestaltung der Ausbildung

Die Ausbildung zum Vermessungstechniker und zum Kartographen dauert jeweils drei Jahre und endet mit der Abschlussprüfung. Die einzelnen Ausbildungsinhalte leiten sich aus dem Berufsbild (Abb. 17.4) und dem Rahmenausbildungsplan der jeweiligen Ausbildungsordnung ab. Beide Monoberufe werden ohne Spezialisierung nach Fachrichtungen oder Schwerpunkten ausgebildet. Vor dem Ende des zweiten Ausbildungsjahres ist eine Zwischenprüfung zur Ermittlung des Ausbildungsstandes durchzuführen. Während der Ausbildung ist die Berufsschule zu besuchen, wofür der Auszubildende freizustellen ist. Der Berufsschulunterricht ist darauf ausgerichtet, auf der Grundlage der landesrechtlichen Lehrpläne, die betriebliche Ausbildung fachtheoretisch zu fördern und zu ergänzen (Fachunterricht) sowie die Allgemeinbildung zu vertiefen und zu vervollständigen. Bei den Vermessungstechnikern liegt der Schwerpunkt dabei mit etwa 60 % beim Fachunterricht (KELTERER 2002). Der Berufsschulunterricht findet zum Teil in Blockform in überregionalen Fachklassen statt. Für die Kartographenausbildung sind länderübergreifende Fachklassen eingerichtet, derzeit in Gotha, Hamburg und Stuttgart (BA 2009c).

Für beide Ausbildungsberufe besteht die Abschlussprüfung aus einem praktischen und einem schriftlichen Teil. In der praktischen Prüfung soll der Prüfling zeigen, dass er die Fertigkeiten und Kenntnisse entsprechend der betreffenden Ausbildungsordnung anwenden

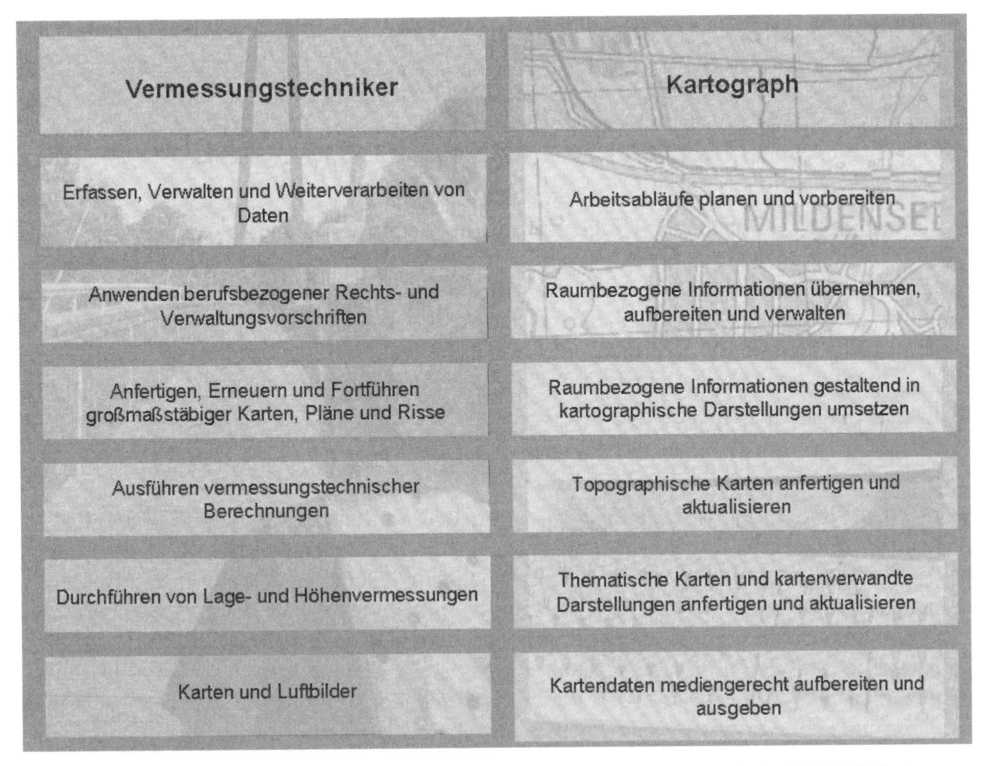

Abb. 17.4: Ausbildungsprofile Vermessungstechniker und Kartograph (BIBB 2009b,c)

kann. Der praktische Teil besteht bei den Vermessungstechnikern aus drei komplexen Aufgaben (z. B. Anfertigen großmaßstäbiger Karten und Pläne, Auswertung von Vermessungsergebnissen) und bei den Kartographen aus der Anfertigung von drei Prüfstücken (z. B. Konstruieren einer thematischen Karte, Erarbeiten einer Präsentationsgraphik). In der schriftlichen Prüfung soll der Prüfling anhand praxisbezogener Aufgaben zeigen, dass er die fachlichen und rechtlichen Zusammenhänge versteht. Der schriftliche Teil der Abschlussprüfung kann in einzelnen Bereichen um eine mündliche Prüfung ergänzt werden, wenn dies für das Bestehen der Prüfung ausschlaggebend ist. Über die bestandene Prüfung erhält der Prüfling von der zuständigen Stelle ein Zeugnis, das auch die Berufsbezeichnung enthält.

17.2.3 Entwicklungstendenzen

Die klassischen Berufsausbildungen zum Vermessungstechniker und zum Kartographen werden den aus der Geoinformationstechnologie und der mit der wachsenden gesellschaftlichen Bedeutung von Geoinformationen einhergehenden Vielfalt von Geodatenanwendungen resultierenden Anforderungen an die Berufe nicht mehr gerecht. Der Schwerpunkt der Ausbildung zum Vermessungstechniker liegt immer noch auf der Erfassung, d. h. der Gewinnung von Daten durch klassische Vermessungen vor Ort (50 % der Gesamtzeit), wohingegen nur 10 % für Verwalten und Weiterverarbeiten der Daten aufgewendet werden. Beim zukünftigen Einsatz der Vermessungstechniker wird das Verhältnis wahrscheinlich umgekehrt sein (VILSER 2005). Daneben bestand die Möglichkeit, dass die Kartographenausbildung aufgrund der geringen Ausbildungszahlen (siehe 17.1.4) komplett eingestellt wird. Gleichzeitig sind beide Berufe durch die digitale Bearbeitung der Prozesse dichter zusammengerückt. Eine Weiterentwicklung beider Berufe auf den Bereich des allgemeinen Umgangs mit Geodaten eröffnet zudem die Perspektive, die beruflichen Einsatzmöglichkeiten auf Nachbardisziplinen auszuweiten, in denen entsprechende Ausbildungsberufe fehlen (ADV 2007b).

In der Fachwelt wird daher seit einiger Zeit gefordert, die Ausbildungsinhalte auf die neuen Tätigkeitsfelder abzustimmen und Geodatenanwendungen mit modernen GIS und Verfahren in die bestehenden Ausbildungsgänge aufzunehmen und aufgrund zunehmender Überdeckung der einzelnen Tätigkeitsbereiche beider Berufe diese zu einem Ausbildungsberuf zu integrieren; mindestens genauso umfassend war die Diskussion, ob eine begriffliche Änderung erforderlich oder gerechtfertigt ist oder diese sich eher nachteilig auf die Ausbildungssituation und das Berufsbild auswirkt, vgl. ADV (2007a, b), ASCHENBERNER (2007), BDVI (2008), BMWI (2008), BRAUER (2008a, b), KOHLSTOCK 2007, VER.DI (2007), VER.DI ET AL. (2008), VILSER (2005).

Vor diesem Hintergrund ist vorgesehen, die Berufsausbildung im Vermessungs- und Geoinformationswesen neuzuordnen; zum Stand des Neuordnungsverfahrens siehe u. a. DGFK (2009b), LFVT (2009). Unter der Bezeichnung „Berufsausbildung in der Geoinformationstechnologie" soll eine neue Berufsfamilie mit den eigenständigen Ausbildungsberufen Geomatiker und Vermessungstechniker geschaffen werden (BMWI 2008). Es ist eine gemeinsame Ausbildung von mindestens 12, maximal 18 Monaten vorgesehen. Der Geomatiker soll wesentliche Teile der Vermessungstechnik aufnehmen und den bisherigen Ausbildungsberuf Kartograph einbeziehen. Der Ausbildungsberuf des Vermessungstechnikers soll auf die Messkompetenz fokussiert werden und den Beruf des Bergvermessers integrieren. Neue Anforderungen, die bislang nicht Gegenstand der Berufsausbildung waren (z. B. Fernerkundung), sollen schwerpunktmäßig im neuen Geomatiker berücksichtigt werden. Es ist vorgesehen, zu Beginn des nächsten Jahrzehnts die Ausbildungsordnungen für die Berufe Geomatiker und Vermessungstechniker in einer gemeinsamen Verordnung zu veröffentlichen. Die Ausbildungsberufe Kartograph und Bergvermesser werden gleichzeitig eingestellt, vgl. ASCHENBERNER (2009), BRAUER (2009).

Die Ausbildung zum Geomatiker soll drei Jahre betragen und neben integrativen Inhalten (z. B. Berufsbildung, Arbeits- und Tarifrecht, Planen und Vorbereiten von Arbeitsabläufen) folgende berufsprofilgebende Qualifikationen vermitteln (BMWI 2008):

- Anwendung von Informations- und Kommunikationssystemen sowie von berufsbezogenen Rechts- und Verwaltungsvorschriften,
- Erfassen von Geodaten,
- Verarbeiten von Geodaten (in unterschiedlichen Aufgabenbereichen),
- Handhaben von geographischen Informationssystemen,
- Modellieren von Daten,
- Ausgeben und Visualisieren von Geodaten,
- Durchführen von Aufträgen (Auftragsbezogenes Anwenden von Geodaten) sowie
- Planen und Durchführen von Marketing und Öffentlichkeitsarbeit.

Der der vorgesehenen Geomatikerausbildung zugrundeliegende prozessorientierte Ansatz ist, in diesen Lernfeldern entlang der Prozesskette „Geodatenmanagement" die Kenntnisse und Fertigkeiten grundsätzlich methodisch und produktneutral zu vermitteln, um potenziell ein breites Spektrum des Berufsfeldes zu eröffnen und gleichzeitig die Methodenkompetenz als Basis für eine lebenslange Fortbildung zu entwickeln (VER.DI ET AL. 2008). Für die einzelnen Prozessbausteine (Datenerhebung, Datenbeschaffung, Datenzusammenführung, Dateninterpretation, Datenmodellierung, Datenpräsentation mit Datenbereitstellung, Datenintegration und Datenverknüpfung, Bepreisung und Verkauf sowie kundenorientierte Bearbeitung) werden dabei entsprechend des Tätigkeitsfeldes der einzelnen Ausbildungsstätte die Methoden in konkreten Bereichen exemplarisch ausgebildet und geprüft, z. B. Erfassen von Geodaten durch Vermessung, aus Fernerkundungsergebnissen oder aus Statistiken.

Dennoch soll der Beruf des Vermessungstechnikers insbesondere aufgrund der vehementen Forderungen des Bundes der Öffentlich bestellten Vermessungsingenieure (BDVI) beibehalten werden, da trotz Angleichen der Berufsbilder Vermessungstechniker und Kartograph deutliche Unterschiede im Berufsprofil gesehen werden, die sich in der Gesamtheit nicht in einem Ausbildungsberuf Geomatiker unterbringen lassen würden (BRAUER 2008a). Gegen die Integration in *einem* Beruf wird mit Unterschieden in den Datenerfassungsmethoden, in den mathematischen und geometrischen Grundlagen sowie in den Arbeitsmethoden und im Einsatz der Technik, die ein Auszubildender erlernen muss, argumentiert. Für die Ausbildung wird nach wie vor eine starke vermessungstechnische Komponente („Messkompetenz") gefordert (BRAUER 2008b). Der Geomatiker wird diese Komponente jedoch als produktneutrale „Erfassungstechnik" auch enthalten.

17.3 Studium und Promotion

17.3.1 Universitäten und Fachhochschulen

Ein Hochschulstudium ist in Deutschland an Universitäten und an Fachhochschulen[1] möglich. In den Ingenieurwissenschaften studieren ungefähr ein Drittel aller Studierenden an Universitäten, während ca. zwei Drittel an Fachhochschulen immatrikuliert sind. Diese Verteilung entspricht in etwa den Bedürfnissen des Arbeitsmarktes, sodass alle Hochschulabsolventen gute Chancen auf einen adäquaten Arbeitsplatz haben.

An Universitäten steht neben der Pflege und Weiterentwicklung der Wissenschaft eine *stärker theorieorientierte* Lehre im Vordergrund, in die insbesondere in den letzten Semestern auch aktuelle Forschungsergebnisse einfließen. Damit wird die bereits von Humboldt propagierte Idee der Einheit von Forschung und Lehre praktisch umgesetzt. Die erste Studien- und Prüfungsordnung für das Vermessungswesen wurde an einer deutschen Universität 1938 erlassen (GROSSMANN 1977). Professoren an Universitäten sind in fast allen Fällen promoviert und müssen darauf aufbauende, vertiefte wissenschaftliche Kenntnisse besitzen, die sie im Rahmen einer mehrjährigen wissenschaftlichen Tätigkeit an Forschungsinstituten oder Forschungsabteilungen größerer Firmen erwerben und mit einer Habilitation oder damit vergleichbaren Leistungen nachweisen. Sie haben ein Lehrdeputat von 8 bis 9 Semesterwochenstunden (SWS) und leiten daneben in der Regel größere Arbeitsgruppen, in denen der wissenschaftliche Nachwuchs herangebildet wird. Ziel des Universitätsstudiums ist es, die Befähigung zur Umsetzung und Weiterentwicklung wissenschaftlicher Methoden und Erkenntnisse zu vermitteln sowie den wissenschaftlichen Nachwuchs auszubilden. Nur

[1] An verschiedenen Orten hat sich für Fachhochschulen die Bezeichnung *Hochschule für angewandte Wissenschaften* eingebürgert, teilweise mit dem Zusatz FH.

an Universitäten ist es möglich, nach dem Studium eine Promotion anzufertigen und damit den Nachweis zu selbständigem wissenschaftlichen Arbeiten zu erbringen (siehe 17.3.3).

Fachhochschulen[2] entstanden in Deutschland seit Mitte der sechziger Jahre des letzten Jahrhunderts durch die Zusammenfassung verschiedener Institutionen des tertiären Bereichs, etwa Staatlicher Ingenieurschulen und Höherer Fachschulen. Ihr Profil ist das *stärker anwendungsorientierte* Studium mit mehr Praxisbezug. Die Professoren der Fachhochschulen sollen eine mehrjährige Berufserfahrung außerhalb der Hochschule mitbringen, sie haben ein deutlich höheres Lehrdeputat von 18 SWS. Neben der Lehre gehört die anwendungsorientierte Forschung zu den Grundaufgaben der Fachhochschulen. Im Gegensatz zu den Universitäten fehlt in der Regel jedoch eine für die Forschung ausgelegte Grundausstattung. Ziel des Studiums an einer Fachhochschule ist die Befähigung zur selbstständigen Anwendung wissenschaftlicher Methoden und Erkenntnisse, dazu ist an vielen Stellen eine längere Praxisphase im Studium integriert.

Während das Studium bis vor kurzem mit dem Titel Diplomingenieur bzw. dem Diplomingenieur (FH) abschloss, werden an beiden Hochschultypen inzwischen im Zuge der Harmonisierung des europäischen Bildungsraumes im Anschluss an die sogenannte Bologna-Erklärung der europäischen Bildungsminister aus dem Jahre 1999 weitgehend nur noch Bachelor- und Masterabschlüsse angeboten (BOLOGNA 1999, WEHMANN & HAHN 2003, KLEUSBERG 2005, WEHMANN 2006). Der universitäre Diplomingenieur ist dabei ungefähr mit dem Master of Science vergleichbar, der Diplomingenieur (FH) mit dem Bachelor. Der Bachelorabschluss wird meist nach sechs (bei Fachhochschulen auch nach sieben) Semestern erreicht und ist berufsqualifizierend, der Masterabschluss nach weiteren vier Semestern (bei Fachhochschulen tlw. auch nach drei). Bei sogenannten konsekutiven Studiengängen, bei denen das Masterstudium direkt auf dem Bachelorstudium aufsetzt, beträgt die maximale Dauer zehn Semester.

Speziell an den Universitäten, die auch im neuen System eher forschungsorientiert ausgerichtet sind, wird der Bachelorabschluss in der Regel als berufsbefähigend und nicht, wie an den Fachhochschulen, als berufsqualifizierend eingestuft; damit soll zum Ausdruck gebracht werden, dass die insbesondere in den ersten zwei Jahren vermittelten theoretischen Grundlagen ein solides und unverzichtbares Fundament bilden, das langfristig im Beruf von großem Nutzen ist.

17.3.2 Studiengänge

Bachelor- und Masterstudiengänge in Geodäsie, Geoinformatik/Geoinformation[3] werden – wenn auch teilweise unter unterschiedlichem Namen – in Deutschland an acht[4] Universitä-

---

[2] Zu den Aussagen über Fachhochschulen sind die Autoren vielen FH-Kollegen zu Dank verpflichtet, insbesondere Profs. Hillmann und Kresse (Hochschule Neubrandenburg), Prof. Kersten (HCU Hamburg), Prof. Krzystek (FH München) und Profs. Brinkhoff, Luhmann und Weisensee (FH Oldenburg).

[3] Vereinzelt findet sich auch der Begriff Geomatik

[4] Der Studiengang an der Universität der Bundeswehr München hat zum Wintersemester 2008/09 letztmalig Studierenden aufgenommen und wird geschlossen. Er wird daher hier nicht weiter berücksichtigt.

ten und an 14 Fachhochschulen[5] angeboten (Abb. 17.5). Die einzelnen Studiengänge sind in den Tabellen 17.1 und 17.2 dargestellt, auslaufende Diplomstudiengänge sind nicht mit aufgeführt.

Die Universitäten bieten nach wie vor stärker forschungsorientierte Studiengänge an, die in der Regel mit den Abschlüssen B.Sc. (Bachelor of Science) und M.Sc. (Master of Science) enden, während an den meisten Fachhochschulen weiterhin stärker anwendungsorientierte Studiengänge zu finden sind, was an sich den Abschlüssen B.Eng. (Bachelor of Engineering) und M.Eng. (Master of Engineering) entspricht (siehe Tab. 17.1 und 17.2). Trotzdem sind die meisten Abschlüsse an Fachhochschulen ebenfalls B.Sc. und M.Sc. Wenn die FH-Masterstudiengänge entsprechend akkreditiert sind, sind ihre Absolventen zum höheren vermessungstechnischen Verwaltungsdienst zugelassen.

Die konsekutiven Bachelor- und Masterstudiengänge an den Hochschulen decken die gesamte Breite des Geodäsiestudiums ab, wie es schon traditionell in den Diplomstudiengängen der Fall war. Insbesondere an den Universitäten bauen sie auf fundierten theoretischen Grundlagen in Mathematik, Physik und Informatik auf, die meist in den ersten drei oder vier Semestern gelehrt werden. Die geodätischen Kernbereiche (Ausgleichungsrechnung, Liegenschafts- und Ingenieurvermessung, Geoinformatik und Kartographie, Photogrammetrie und Fernerkundung, Physikalische Geodäsie, Satellitengeodäsie und Navigation, Landmanagement und Immobilienmanagement) beginnen in geringerem Umfang ebenfalls in den ersten Semestern und rücken vom 4. Semester an verstärkt ins Zentrum des Studiums, wobei an den verschiedenen Standorten durchaus unterschiedliche Schwerpunkte gesetzt werden. So ist z. B. die Physikalische Geodäsie fast ausschließlich an Universitäten vertreten. Flankiert werden die Lehrveranstaltungen durch Kurse aus Jura, Wirtschafts- und Geowissenschaften sowie anderen Ingenieurfächern, z. B. aus Elektrotechnik oder Bauingenieurwesen.

Damit wird klar, dass die Hochschulen über das engere Berufsbild des Vermessungsingenieurs, das im Wesentlichen auf Aufgaben im öffentlichen Dienst ausgerichtet war, ein deutlich weiter gefasstes Verständnis von Geodäsie und Geoinformatik besitzen. So bereiten sie junge Leute auch darauf vor, sich z. B. in der Erdsystemforschung und den Geowissenschaften genauso erfolgreich zu bewähren wie in der Qualitätssicherung von Automobilunternehmen und Baufirmen, bei der Entwicklung von Fahrzeugnavigationssystemen, der Nutzung von Satellitenmethoden, in der Softwareerstellung oder der Entwicklungshilfe.

An manchen Standorten werden einzelne Fachgebiete durch Lehrbeauftragte vertreten. Die spezielle Vertretung eines Teilgebietes durch eine eigene Professur trägt zur besonderen Profilbildung des Standortes bei. Wichtig ist weiterhin die Einbindung der geodätischen Studiengänge in die einzelnen Hochschulen, die zu ihrer Prägung beiträgt, meist ist es eine Kombination mit dem Bauingenieurwesen. Jedoch gibt es auch Fälle, in denen die gesamte Fachrichtung zu einer anderen Fakultät gehört, wie die Integration in die Landwirtschaftliche Fakultät an der Universität Bonn, die Fakultät für Bauingenieur-, Geo- und Umweltwissenschaften an der Universität Karlsruhe oder die Fakultät für Luft- und Raumfahrttechnik und Geodäsie der Universität Stuttgart. Bisweilen sind auch einzelne Institute in Nachbarfakultäten angesiedelt, wie in der Informatik (TU Berlin).

[5] Die HafenCity Universität Hamburg hat den Rang einer Universität. Die Ausbildung zum Vermessungsingenieur (Geodäten) wurde jedoch erst vor wenigen Jahren aus der FH Hamburg übernommen, daher ist der Studiengang hier eingeordnet.

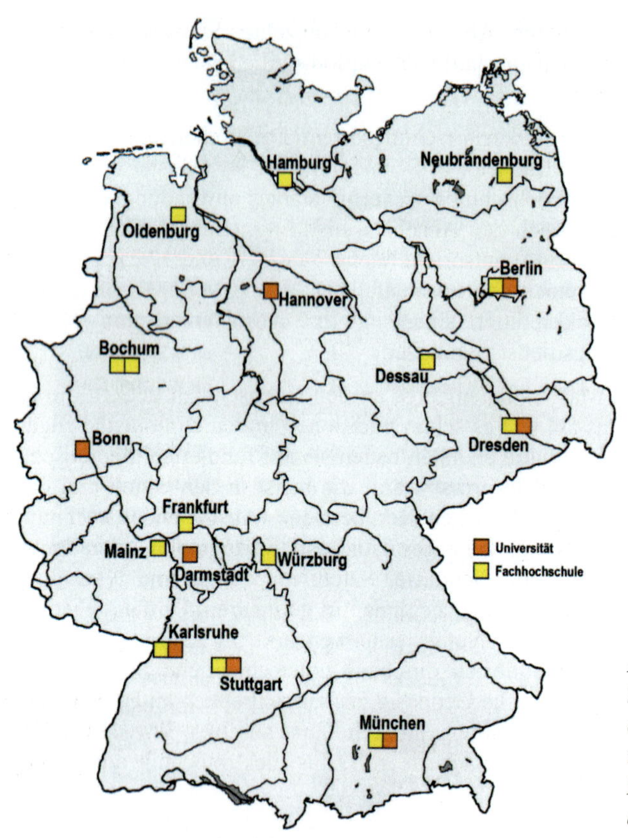

Abb. 17.5: Studienstandorte in den Bereichen Geodäsie, Geoinformatik und Vermessungswesen (aus KLEUSBERG *&* WEHMANN *2006, angepasst)*

Die nicht-konsekutiven Masterstudiengänge (siehe Tab. 17.1) an manchen Standorten richten sich an ausgewählte Zielgruppen, z. B. aus Schwellen- und Entwicklungsländern, um die Studierenden mit Fähigkeiten und Wissen auszustatten, die sie in ihrem Land nicht erwerben können. Beispiele dafür sind die Angebote aus Berlin, München und Stuttgart. Andere Masterstudiengänge sind interdisziplinär ausgerichtet, um geodätische Kompetenzen mit denen anderer Fachrichtungen zu verschneiden und damit bestimmte Marktsegmente zu bedienen, wie der Studiengang *Earth Oriented Space Science and Technology* (ESPACE) an der TU München.

Das Studium ist an allen Hochschulen in verschiedene, maximal zwei-semestrige Module gegliedert, die aus den oben genannten Fachgebieten resultieren und abgeschlossene Einheiten bilden. Sie setzen sich aus Vorlesungen, Übungen, Seminaren und Projekten zusammen, deren Umfang bzw. *work load* mittels sogenannter Leistungspunkte (LP) angegeben wird und sich am *European Credit Transfer System* (ECTS) anlehnt. Ein Leistungspunkt entspricht 30 Zeitstunden, pro Semester werden 30 LP vergeben. Die Studierenden können also in einem sechs-semestrigen Bachelorstudium 180 LP erwerben, in einem konsekutiven Bachlor-Masterstudium (zehn Semester) werden 300 LP vergeben. Die Präsenzlehre wird inzwischen an vielen Standorten durch Angebote ergänzt, die ständig über das Internet verfügbar sind, sog. electronic Learning, (eLearning).

Tabelle 17.1: Universitätsstandorte, an denen in Deutschland Geodäsie und Geoinformatik bzw. Geodäsie und Geoinformation studiert werden kann

Universitäten					
Name	**Studiengang**	**Abschluss**	**Dauer [Sem.]**	**Sprache**	**Bemerkungen**
Konsekutive B.Sc. und M.Sc. Studiengänge					
Universität Bonn	Geodäsie und Geoinformation	B.Sc.+M.Sc.	6+4	Deutsch	akkrediert
TU Darmstadt	Geodäsie und Geoinformation	B.Sc.+M.Sc.	6+4	Deutsch	akkreditiert, B.Sc. gemeinsam mit Bauing.
TU Dresden	Geodäsie und Geoinformation	B.Sc.+M.Sc.	6+4	Deutsch	M.Sc. im Aufbau
	Kartographie und Geomedientechnik	B.Sc.+M.Sc.	6+4	Deutsch	M.Sc. im Aufbau
Leibniz Univ. Hannover	Geodäsie und Geoinformatik	B.Sc.+M.Sc.	6+4	Deutsch	akkreditiert
Universität Karlsruhe	Geodäsie und Geoinformatik	B.Sc.+M.Sc.	6+4	Deutsch	
TU München	Geodäsie und Geoinformation	B.Sc.+M.Sc.	6+4	Deutsch	Master teilw. in Englisch
Universität Stuttgart	Geodäsie und Geoinformatik	B.Sc.+M.Sc.	6+4	Deutsch	B.Sc. ab WS 09 M.Sc. ab WS 12
Nicht-konsekutive M.Sc. Studiengänge					
TU Berlin	Geodesy and Geoinformation Science	M.Sc.	4	Englisch	
Universität Bonn	Geoinformations-systeme	M.Sc.	4	Deutsch	akkreditiert, nächste Einschreibung zum WS 2010/11
TU München	Land Management and Land Tenure	M.Sc.	4	Englisch	Zielgruppe: Studierende aus Schwellenländern
	Earth Oriented Space Science and Technology	M.Sc.	4	Englisch	interdisziplinär
Universität Stuttgart	Geomatics Engineering	M.Sc.	4	Englisch	akkreditiert

Tabelle 17.2: Fachhochschulstandorte, an denen in Deutschland Geodäsie und Geoinformatik studiert werden kann

Fachhochschulen/Hochschulen					
Name	**Studiengang**	**Abschluss**	**Dauer [Sem.]**	**Praxisphase**	**Bemerkungen**
Beuth Hochschule für Technik Berlin (früher TFH Berlin)	Geoinformation	B.Eng.	6	0,5 Sem.	
	Kartographie und Geomedien	B.Eng.	6	0,5 Sem.	
	Vermessungswesen und Geomatik	B.Eng.	6	0,5 Sem.	
	Geoinformation	M.Sc.	4	–	
	Geodatenerfassung und -visualisierung	M.Sc.	4	–	ca. 40 % gemeinsame Module
FH Bochum	Geoinformatik	B.Eng.	7	12 Wochen	
	Vermessung	B.Eng.	7	12 Wochen	
TFH Georg Agricola Bochum	Vermessung und Liegenschaftsmanagement	B.Eng.	10	–	berufsbegleitend
Hochschule Anhalt Dessau	Vermessungswesen	B.Eng.	6	16 Wochen (integriert)	zus. berufsbegl. (ab WS 09/10)
	Geoinformatik	B.Eng.	6		
	Geoinformatik	M.Eng.	4	–	
Hochschule für Technik und Wirtschaft (HTW) Dresden	Geoinformation und Vermessungswesen	B.Eng.	7	1 Sem.	ca. 50 % gemeinsame Module
	Geoinformation und Kartographie	B.Eng.	7	1 Sem.	
	Geoinformation und Management	M.Eng.	3	–	konsekutiv zu beiden B.Eng.
	Geoinformation und Management	M.Eng.	4	–	nicht-konsekutiv
FH Frankfurt	Geoinformation und Kommunaltechnik	B.Eng.	6	–	
HafenCity Universität Hamburg	inkl. ehem. eingest. Studiengang Hydrographie	B.Sc.+M.Sc.	6+4	–	
Hochschule Karlsruhe – Technik und Wirtschaft	Vermessung und Geomatik	B.Sc.	7	1 Sem.	
	Kartographie und Geomatik	B.Sc.	7	1 Sem.	
	Geoinformationsmanagement	B.Sc.	7	1 Sem.	in Akkreditierung
	Geomatics	M.Sc.	4	–	internat.
	Geomatik	M.Sc.	3	–	

Fachhochschulen/Hochschulen					
Name	**Studiengang**	**Abschluss**	**Dauer [Sem.]**	**Praxisphase**	**Bemerkungen**
FH München	Geoinformatik und Satellitenpositionierung	B.Eng.	7	1 Sem.	derzeit nicht akkreditiert
	Kartographie und Geomedientechnik	B.Eng.	7	1 Sem.	
Hochschule Neubrandenburg	Geoinformatik	B.Eng.	6	4 Monate	
	Vermessung	B.Eng.	6	3 Monate	
	Geoinformatik und Geodäsie	M.Eng.	4	–	mit Uni. Rostock und Greifswald
FH Oldenburg	Angewandte Geodäsie	B.Sc.	7	13 Wochen	
	Geoinformatik	B.Sc.	7	13 Wochen	
	Wirtschaftsingenieur – Geoinformation	B.Eng.	7	13 Wochen	
	Geodäsie und Geoinformation	M.Sc.	3	–	ab SS 2009
Hochschule für Technik Stuttgart	Vermessung und Geoinformatik	B.Eng.	7	1 Sem.	
	Vermessung	M.Eng.	3	–	
	Photogrammetry and Geoinformatics	M.Sc.	3	–	Englisch
FH Würzburg	Vermessung und Geoinformatik	B.Eng.	7	1 Sem.	in Planung

Vorteil des eLearning ist u. a., dass die Studierenden sich den Vorlesungsstoff unabhängig von vorgegebenen Orts- und Zeitbeschränkungen aneignen können, ohne auf die (aufgezeichnete) Vorlesung verzichten zu müssen. Abgeschlossen werden die Module mit studienbegleitenden Prüfungen. Dies hat zur Folge, dass es nicht mehr die großen Blockprüfungen wie zumeist während der Diplomstudienzeiten gibt, sondern eine Vielzahl von kleinen Prüfungseinheiten. Die Studierenden erhalten die Möglichkeit, sich über Wahlmodule bereits im Bachelorstudium in begrenztem Umfang hin zu einem bestimmten Fachgebiet zu orientieren. Eine weitergehende Spezialisierung und Differenzierung findet im Rahmen des Masterstudiums statt, in dem bestimmte Bereiche gezielt ausgewählt und vertieft studiert werden. An den Universitäten ist hierbei eine enge Ankopplung an aktuell laufende Forschungsprojekte üblich.

Zunehmend wichtig ist, dass neben der fachlichen Qualifikation die Schlüsselkompetenzen (OECD 2005) der Studierenden optimal gefördert werden. Dies wird durch geeignete Angebote von Vortragsseminaren und Studienprojekten verfolgt, in denen Teamarbeit, selbstverantwortliches und kritisches Handeln, Präsentationstechniken, Diskussionskultur etc. besonders gefordert sind.

Die Studierenden in der Geodäsie und Geoinformatik profitieren in starkem Maße von den relativ niedrigen Studierendenzahlen, die gleichzeitig zu einem exzellenten Betreuungsverhältnis in allen Semestern führen, wenn praktische Übungen und Projekte in kleinen Gruppen durchgeführt werden.

Mit der Einführung von Studienbeiträgen (bis zu 500 € pro Semester) an vielen Standorten wurden weitere Maßnahmen gestartet, um die Lehr- und Studiensituation zu verbessern. Zum Bündel dieser Maßnahmen gehört die Anstellung von Studiengangskoordinatoren, Mentoring in allen das Studium tangierenden Angelegenheiten, Dozentenschulung, Entwicklung neuer Module, Self-Assessment-Tests im Vorfeld des Studiums, unterstützende Tutorien und Campus-Cards (zweckgebundene Rückgabe von Geldern an die Studierenden, etwa in Form von Lehrbüchern, Fremdsprachenkursen, Exkursionen oder Tagungsgebühren). Damit sollen auch zwei generelle Ziele erreicht werden: Einerseits soll die Studiendauer verkürzt werden, sodass möglichst die Regelstudienzeit eingehalten werden kann, andererseits soll die Abbrecherquote, speziell in den ersten Semestern, reduziert werden.

17.3.3 Promotion

Ziel der Promotion ist die wissenschaftliche Weiterqualifikation der leistungsfähigsten Absolventen. Promovierte nehmen oftmals Leitungspositionen in Behörden und Firmen ein. Mit der Promotion weist der Kandidat seine Befähigung zum eigenständigen, ingenieurwissenschaftlichen Arbeiten nach. Wesentlich ist, dass er eigenverantwortlich und selbständig eine anspruchsvolle wissenschaftliche Arbeit in einer bestimmten Zeitspanne erfolgreich bewältigt. Die Promotionsthemen können auf praktischen Arbeiten basieren, Kern ist jedoch, sich mit einer neuen Methode, Modellierung oder einem neuartigen Analyseverfahren theoretisch vertieft auseinanderzusetzen und eine entsprechende Lösung zu erarbeiten. Heutzutage sind im Rahmen der Promotionsarbeit im Normalfall immer größere Programmierarbeiten zu leisten und die Ergebnisse angemessen zu visualisieren.

Für die Zulassung zur Promotion sind grundsätzlich die einzelnen Fakultäten zuständig; die Zulassung ist an den unterschiedlichen Standorten durchaus unterschiedlich geregelt. Die Absolventen der universitären deutschen Studiengänge in Geodäsie und Geoinformatik werden dabei allerdings überall ohne weitere Auflagen zugelassen. Absolventen anderer Studiengänge des In- und Auslands sowie Absolventen der Fachhochschulen müssen in der Regel zusätzliche Nachweise vorweisen.

Je nach Fragestellung werden Teilaspekte des Promotionsthemas vor Beendigung der Dissertation auf internationalen Konferenzen vorgestellt und mit der einschlägigen Wissenschaftsgemeinschaft diskutiert. Es ist nicht unüblich, dass Teilergebnisse der Arbeit vorab in internationalen Zeitschriften publiziert werden.

Die Promotionsdauer liegt in der Regel zwischen drei und sechs Jahren; sie hängt stark davon ab, wie die Rahmenbedingungen, insbesondere weitere Verpflichtungen an der Universität festgelegt sind. Eine entscheidende Rolle spielt die Finanzierung der Stelle aus Drittmitteln oder Landesmitteln, als externer oder interner Doktorand. Es gibt eine Reihe verschiedener Wege zur Promotion. Im klassischen Fall ist man als wissenschaftlicher Mitarbeiter an einem Universitätsinstitut angestellt. Das sind Anstellungen von bis zu zwei mal drei Jahren. Der Mitarbeiter muss in diesem Fall zusätzliche Arbeiten am Institut wahrnehmen, wie etwa die Betreuung von Übungen zu Lehrveranstaltungen. Das Promotionsthema wird mit dem verantwortlichen Hochschullehrer abgestimmt und nach und nach bearbeitet. Dabei kommt es durchaus vor, dass das Thema je nach Erkenntnisstand im Laufe der Zeit etwas umfokussiert wird. Der Doktorand bespricht mit seinem Betreuer in bestimmten Abständen den Fortschritt seiner Arbeit und die weitere Vorgehensweise.

Nach Fertigstellung der schriftlichen Arbeit wird diese bei der zuständigen Fakultät eingereicht, die Gutachten von zwei oder drei fachnahen Professoren einholt. Bei positiver Begutachtung folgt als Abschluss die mündliche Prüfung. Aus der Bewertung des schriftlichen und des mündlichen Teils der Arbeit wird dann die Note gebildet. Die Promotion ist endgültig abgeschlossen, sobald der Doktorand seine Dissertation, gelegentlich nach redaktioneller Überarbeitung, veröffentlicht hat. Dieses formale Prozedere ist auch bei den anderen Promotionswegen einzuhalten.

Aufgrund ihrer längeren Tätigkeit am Institut und der weiteren Aufgaben, die zu übernehmen sind, sind diese Doktoranden oft breiter ausgebildet, als solche, die sich in z. B. nur drei Jahren im Wesentlichen auf ihr Promotionsthema konzentrieren.

Wird der Doktorand aus Drittmitteln (z. B. einem staatlichen Geldgeber wie der Deutschen Forschungsgemeinschaft) finanziert, sind das Thema und der Zeitrahmen (2-3 Jahre) des Forschungsprojektes meist relativ eng vorgegeben. Der Doktorand, der wiederum von seinem Doktorvater bzw. seiner Doktormutter betreut wird, widmet sich dieser Thematik und versucht, zügig seine Promotionsarbeit voranzubringen. Je nach Größe und Organisation des Instituts können dabei weniger Zusatzaufgaben anfallen als in der ersten Variante. Bisweilen können die Forschungsprojekte verlängert werden, was den Abschluss der Arbeit erleichtert. Ein aktueller Trend ist, dass die Forschungsarbeiten Teil eines größeren Verbundprojektes sind, in Kooperation mit Projektpartnern von anderen Universitäten oder Forschungsinstitutionen. In diesem Fall finden regelmäßige Arbeitsbesprechungen statt, und der Doktorand kann vom Austausch mit den Projektpartnern deutlich profitieren.

Eine Variante hiervon ist, dass man Stipendiengelder für einen bestimmten Zeitraum zur Verfügung hat, um einen Doktoranden zu finanzieren. Oft kommen ausländische Studierende, die von ihren Heimatländern ein Promotionsstipendium erhalten haben, nach Deutschland, um hier unter qualifizierter Betreuung in einem ausgewählten Fachgebiet zu promovieren. Das Thema der Arbeit wird in Abstimmung mit dem Doktoranden und entsprechend seiner Interessen ausgesucht. Eine weitere Möglichkeit der Promotion ergibt sich, wenn der Doktorand, bei einer Firma (in der Regel in der dortigen Forschungsabteilung) oder einem anderen Forschungsinstitut (z. B. Institute des Deutschen Zentrums für Luft- und Raumfahrt (DLR), der Max-Planck-Gesellschaft (MPG) oder der Fraunhofer-Gesellschaft (FhG) beschäftigt wird. Der Doktorand fertigt im Rahmen seiner beruflichen Tätigkeit seine Dissertation an, wobei der wissenschaftliche Fokus in enger Abstimmung mit dem Betreuer an der Universität erfolgt. Meist hat der Doktorand auch noch einen direkten fachlichen Ansprechpartner vor Ort. In ähnlicher Weise können Promotionen in Kooperation zwischen Fachhochschulen und Universitäten erfolgen.

Grundsätzlich gibt es auch die Möglichkeit, dass ein externer Doktorand ohne weitere Betreuung und Abstimmung ein Forschungsthema bearbeitet und eine schriftliche Dissertationsschrift an einer Fakultät einreicht; diese kümmert sich um die Bewertung und den Fortgang des Verfahrens. Diese Vorgehensweise wird jedoch sehr selten gewählt, da es sich als sehr vorteilhaft erwiesen hat, sich vor Abgabe der Arbeit mit einem potenziellen Doktorvater abzusprechen.

In Deutschland bietet sich darüber hinaus die Möglichkeit, eine zweite, breiter angelegte wissenschaftliche Arbeit anzufertigen, die Habilitation. Diesen Weg schlagen vor allem Wissenschaftler ein, die langfristig in der Forschung und Lehre tätig sein wollen und sich damit für Professorenstellen qualifizieren möchten. Beschäftigt werden die Habilitanden entweder auf Landes- oder Drittmittelstellen oder im Rahmen von speziellen Habilitationsprogrammen, z. B. der Deutschen Forschungsgemeinschaft (DFG). Der formale Ablauf ähnelt dem der Promotion, wobei die Freiheiten des Habilitanden größer sind, da mehr Eigenständigkeit und selbstverantwortliches Agieren erwartet wird. Die Habilitation verliert heutzutage allerdings etwas an Bedeutung, da seit einigen Jahren die sogenannte Juniorprofessur als Alternative zur Qualifikation für eine Professur auf Lebenszeit eingeführt wurde.

17.3.4 Entwicklungstendenzen

Das Studium an den deutschen Hochschulen ist mit dem Bologna-Prozess (BOLOGNA 1999, siehe auch WAKKER 2002 und ACATECH 2006) in eine Phase der grundlegenden Änderung eingetreten. Obwohl zunächst eine eher strukturelle Anpassung der Studiengänge in Deutschland an internationale Abläufe erwartet wurde, nutzten viele Standorte die – etwas erzwungene – Chance, auch die Inhalte zu reformieren und an neuen Zielen zu orientieren. Solche Ziele waren und sind begründet durch den rasanten Wandel in Technik und Berufswelt und den damit einhergehenden Markterfordernissen, aber auch durch den Wunsch, das Studium an der jeweiligen Heimathochschule ein innovatives und unverwechselbares Profil zu geben.

Gemeinsam ist den Reformen, dass Lehre und Studium aufgewertet und angereichert werden sollen, sei es durch entsprechende *corporate identity*, sei es durch Vermittlung weiterer Schlüsselkompetenzen.

Das zweistufige Bachelor- und Mastersystem soll durch die europaweite Vereinheitlichung für mehr Transparenz und Mobilität bei Studierenden und Lehrenden und damit für mehr Internationalität sorgen. Dazu dienen auch europäische Stipendienprogramme wie die Unterstützung von Auslandssemestern im ERASMUS-Programm der Europäischen Union. Auch die Möglichkeit zur Verleihung von Doppelabschlüssen, also Abschlüssen, die gemeinsam von zwei Hochschulen vergeben werden, soll Mobilität und Internationalität der Studierenden vergrößern.

Eine weitere Tendenz zeigt sich in dem zunehmenden Angebot an interdisziplinären Studiengängen, die sich mit dem in diesem Beitrag primär dargestellten Studium der Geodäsie und Geoinformatik, das sich aus dem Vermessungswesen heraus entwickelt hat, zumindest teilweise überschneiden. Beispiele sind die Studiengänge in Geoinformatik, etwa an den Universitäten in Freiberg, Jena, Münster, Osnabrück, Potsdam und Trier. An den Fachhochschulen gibt es vergleichbare Entwicklungen etwa in Mainz (Archäologie und Geoinformation), München (Geotelematik und Navigation) oder in Stuttgart (Informationslogistik). Viele dieser Studiengänge haben ihre Wurzeln in der klassischen Vermessung und der Geographie, heute verbinden sie Kenntnisse der Informatik mit geodätischen Fragestellungen des Raumbezugs. In diesem Beitrag wird allerdings nicht weiter auf diese Studiengänge eingegangen. Nichtsdestotrotz stellen diese Studiengänge eine sehr interessante Entwicklung dar, die in der Geodäsie und Geoinformatik große Beachtung findet. Aufgrund der damit gewachsenen Zahl ähnlicher Studienrichtungen hat sich auch ein stärkerer Wettbewerb um Studierende entwickelt.

In diesem interdisziplinären Zusammenhang ist erwähnenswert, dass der Bachelorabschluss zukünftig auch als „Drehscheibe" dienen, d. h. einen Wechsel der Studienrichtung und des Studienortes erleichtern soll. Beispielsweise soll ein Student mit einem Bachelorabschluss in Informatik ohne große Nachteile einen Master in Geoinformatik erwerben können, und ein Bachelorabsolvent des Vermessungswesens soll ohne Auflagen ein Masterstudium in Immobilienwirtschaft aufnehmen können. Für die Zulassung zum Masterstudium wird grundsätzlich nicht mehr unterschieden, ob der entsprechende Bachelor-Abschluss an einer Fachhochschule oder eine Universität erlangt wurde, sofern die Studiengänge gleich oder verwandt sind. Sollten jedoch inhaltliche Defizite bestehen, sodass für das weitere Masterstudium an einer Universität wesentliche Komponenten im Bachelorstudium nicht angeboten wurden (z. B. in Ausgleichungsrechnung, Informatik oder Erdmessung), können entsprechende Auflagen festgelegt werden, die das Nachholen der fehlenden Elemente fordern.

Die politischen Forderungen laufen darauf hinaus, dass der Bachelorabschluss berufsqualifizierend sein und den Regelabschluss darstellen soll, mit dem die Mehrheit der Absolventen die Hochschule verlässt; nur ein Teil der Studierenden soll bis zum Master weiter studieren dürfen. Die Hochschulen sind jedoch mehrheitlich der Ansicht, dass ein vollwertiges Ingenieurstudium gerade mit einer stärker forschungsorientierten Ausrichtung mehr als drei Jahre in Anspruch nimmt und bieten neben speziellen Masterprogrammen konsekutive B.Sc.- und M.Sc.-Studiengänge an, die nach einer Regelstudienzeit von fünf Jahren zum Master führen.

Sowohl die Masterabschlüsse der Universitäten als auch diejenigen der Fachhochschulen (M.Sc. und M.Eng.) lassen grundsätzlich den Eintritt in den höheren Dienst zu. Für die Studiengänge sind dabei gewisse Bedingungen, wie das Angebot bestimmter Inhalte, zu erfüllen, die man sich im Rahmen der Akkreditierung bestätigen lassen kann.

Damit hat, mit der Ausnahme des Promotionsrechts, formal eine Gleichstellung der Universitäten und der Fachhochschulen stattgefunden. Inwieweit diese Gleichstellung tatsächlich dazu führt, dass die Studierenden vergleichbare Inhalte in vergleichbarer Tiefe lernen, wird die Zukunft zeigen. Es ist allerdings schon jetzt zu beobachten, dass die Vielfalt der Abschlüsse zugenommen hat und voraussichtlich noch weiter zunehmen wird, zumal sich die Hochschulen zunehmend individuelle Profile geben, um so für Studenten attraktiver zu sein. Als Folge davon müssen sich Arbeitgeber darauf einstellen, Bewerbungen genauer anzuschauen, um fundierte Einstellungsentscheidungen treffen zu können. Hilfreich sind in diesem Zusammenhang die sogenannten *diploma supplements,* die von den Hochschulen zunehmend als Ergänzung zu den Zeugnissen ausgegeben werden und weitere Erläuterungen zu den Studieninhalten geben. Mittelfristig wird erwartet, dass sich für die verschiedenen geodätischen Hochschulstandorte spezifische Profile entwickeln, die am Arbeitsmarkt bekannt werden und so eine schnellere qualitative Einschätzung der Absolventen ermöglichen.

Als neue Variante des Weges zur Promotion (siehe auch ACATECH 2008) etabliert sich momentan die sogenannte strukturierte Doktorandenausbildung. Dem anglo-amerikanischen Vorbild folgend wird ein konkreter Rahmen im Sinne eines Promotionsstudiums vorgegeben. Die Doktoranden, die einen eigenen Doktorandenstatus erhalten, müssen ausgewählte Vorlesungen hören, sich an Seminaren beteiligen und selbst Vorträge halten. Ziel ist es, den Doktoranden weitere Fähigkeiten zu vermitteln und dennoch eine kurze Promotionszeit zu erreichen, um sie schnell für weitere Aufgaben in der freien Wirtschaft oder in der Forschung zu qualifizieren. An vielen deutschen Universitätsstandorten werden zurzeit solche Strukturen entwickelt und Promotionsstudiengänge aufgebaut, die sich zum Teil um einen bestimmten Themenkomplex gruppieren.

17.4 Beamtenrechtliche Laufbahnausbildungen

17.4.1 Laufbahnausbildungen für den mittleren und den gehobenen Dienst

Im mittleren und gehobenen Dienst wird im Vermessungs- und Geoinformationswesen grundsätzlich für die vermessungstechnische und für die kartographische Laufbahn ausgebildet; in einigen Ländern wird in den vermessungstechnischen Laufbahnen für bestimmte Aufgabenbereiche vertieft ausgebildet, z. B. Rheinland-Pfalz: „Liegenschaftskataster, Geotopographie und Raumbezug“, „Landentwicklung und ländliche Bodenordnung“, „Kommunaler Vermessungsdienst“ (LVermGeo RP 2009). In Bayern ist die Ausbildung für den mittleren Dienst zweistufig. Sie besteht aus einer dreijährigen Ausbildung im dualen System (Katastertechniker als Dienstanfänger) und einem einjährigen Vorbereitungsdienst mit anschließender Laufbahnprüfung (Bayerische Vermessungsverwaltung 2009).

Ansatz der Laufbahnausbildungen ist, die Anwärter zur selbständigen und verantwortungsbewussten Erfüllung der Aufgaben der jeweiligen Laufbahn zu befähigen, indem die zuvor erworbenen fachspezifischen Kenntnisse und Methoden in der Verwaltungspraxis vertieft und angewendet werden. Zugleich dient die Ausbildung der Persönlichkeitsbildung, die die Fähigkeit zur Einstellung auf die ständig wandelnden Arbeits- und Umweltbedingungen fördert und die Anwärter auf ihre Verantwortung in einer freiheitlich-demokratischen Grundordnung im Sinne des Grundgesetzes vorbereitet.

Die Einstellungs- und Ausbildungsbehörden werden in den jeweiligen Ausbildungs- und Prüfungsvorschriften der Bundesländer festgelegt. Überwiegend sind dies die oberen Vermessungs- und Geoinformationsbehörden. Für die vermessungstechnischen Laufbahnen sind teilweise auch Flurbereinigungsbehörden oder Kommunalbehörden Ausbildungsbehörden. Der Vorbereitungsdienst dauert zwischen 12 und 18 Monate und gliedert sich in Ausbildungsabschnitte, deren Anzahl, Dauer und Inhalt in dem jeweiligen Rahmenausbildungsplan festgelegt werden. In der Regel wird die praktische Ausbildung durch theoretische Anteile ergänzt. Die Ausbildungsbehörde bestimmt laufbahnbezogen einen persönlich und fachlich geeigneten Beamten als Ausbildungsleiter, der die Ausbildung lenkt und überwacht. Für jeden Anwärter wird durch die Ausbildungsbehörde ein Ausbildungsplan aufgestellt. Die Ausbildungsinhalte decken das gesamte Aufgabenspektrum der Vermessungs- und Geoinformationsverwaltung ab, einschließlich übergreifender Rechts- und Verwaltungskenntnisse, was sich in den Prüfungsfächern widerspiegelt. Die in Abbildung 17.6 beispielhaft für Sachsen-Anhalt angegebenen Prüfungsfächer finden sich prinzipiell in allen Ausbildungs- und Prüfungsvorschriften wieder.

Der Vorbereitungsdienst endet mit der Laufbahnprüfung, die der Feststellung der Eignung und Befähigung für die jeweilige Laufbahn dient. Zur Abnahme der Laufbahnprüfung werden nach den landesrechtlichen Vorschriften Prüfungsausschüsse eingerichtet. Die Prüfung besteht aus einem schriftlichen und einem mündlichen Teil. Teilweise wird zusätzlich die Anfertigung einer praktischen Arbeit gefordert, z. B. in der Ausbildung für den gehobenen Dienst in Rheinland-Pfalz (LVermGeo RP 2009). Nach bestandener Prüfung wird ein Zeugnis über die Laufbahnprüfung durch den jeweiligen Prüfungsausschuss ausgestellt.

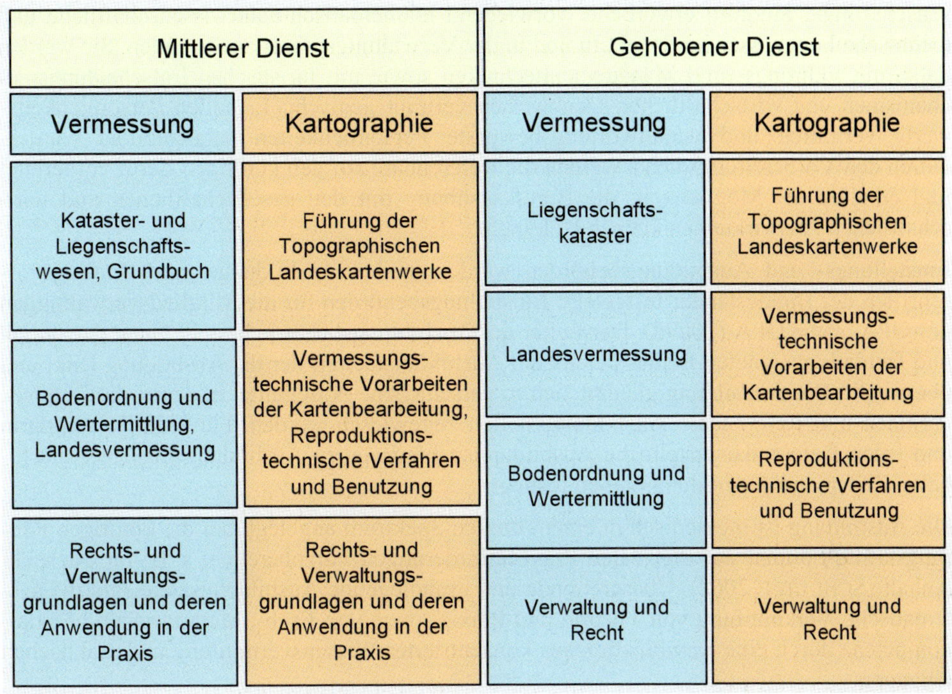

Mittlerer Dienst		Gehobener Dienst	
Vermessung	Kartographie	Vermessung	Kartographie
Kataster- und Liegenschaftswesen, Grundbuch	Führung der Topographischen Landeskartenwerke	Liegenschaftskataster	Führung der Topographischen Landeskartenwerke
Bodenordnung und Wertermittlung, Landesvermessung	Vermessungstechnische Vorarbeiten der Kartenbearbeitung, Reproduktionstechnische Verfahren und Benutzung	Landesvermessung	Vermessungstechnische Vorarbeiten der Kartenbearbeitung
Rechts- und Verwaltungsgrundlagen und deren Anwendung in der Praxis	Rechts- und Verwaltungsgrundlagen und deren Anwendung in der Praxis	Bodenordnung und Wertermittlung	Reproduktionstechnische Verfahren und Benutzung
		Verwaltung und Recht	Verwaltung und Recht

Abb. 17.6: Prüfungsfächer im mittleren und gehobenen Dienst (LVermGeo LSA 2009b)

Für die Zukunft werden die Laufbahnausbildungen infolge der Beamtenrechtsreform (siehe 17.1.3), der Neuordnung der Berufsausbildung (siehe 17.2.3) sowie der Internationalisierung der Studiengänge (siehe 17.3.4) neu zu gestalten sein. Neben länderspezifischen Auswirkungen auf die Struktur der Laufbahnen zeichnet sich dabei vor allem die Frage ab, ob die bisherigen Fachrichtungen Vermessungswesen und Kartographie künftig zu einer Laufbahn des Geoinformationswesens zusammengefasst werden. Daneben werden die Ausbildungsinhalte permanent und in immer kürzeren Intervallen zu hinterfragen und ständig den veränderten Anforderungen der Praxis und den rasanten technischen Entwicklungen anzupassen sein. Der Schwerpunkt der Laufbahnausbildung wird sich dabei weiter zu einer die Erstausbildung ergänzenden praxis- und anwendungsorientierten Komponente verlagern. Die Vertiefung der in der Berufsausbildung oder im Studium erworbenen Kenntnisse wird weiter zurücktreten zugunsten von verstärkt eigenständiger Anwendung dieser in der Verwaltungspraxis. Als Zusatzqualifikation von gut ausgebildetem Fachpersonal werden die Laufbahnausbildungen verstärkt darauf ausgerichtet werden, kreatives und flexibles Denken und Handeln zu fördern, die Nachwuchskräfte für die Übernahme von Eigenverantwortung zu befähigen und Methodenkompetenzen zu entwickeln.

17.4.2 Das technische Referendariat

Die Ausbildungsinhalte des technischen Referendariats sind darauf ausgerichtet, leistungsfähige und kompetente Nachwuchskräfte heranzubilden, die in der Lage sind, fachlich fundierte Führungs- und Managementaufgaben zu bewältigen (SCHRÖDER 2008). Während des Referendariats sollen die angehenden Assessoren befähigt werden, das durch das wissenschaftliche Studium erworbene, vorwiegend mathematisch-naturwissenschaftliche und technische Fachwissen zu erweitern und in der Verwaltungspraxis anzuwenden. Sie werden dabei mit Führungs- und Managementtechniken sowie mit juristischen Entscheidungsmechanismen und wirtschaftlichen Denkweisen vertraut gemacht. Es sollen Persönlichkeitswerte vermittelt und verantwortungsbewusste Persönlichkeiten herangebildet werden. Durch den Vorbereitungsdienst werden die Referendare auf den künftigen Beruf vorbereitet und erhalten die Möglichkeit, die Berufsausübung mit den gesellschaftlichen und wirtschaftlichen Auswirkungen kennen zu lernen.

Einstellungs- und Ausbildungsbehörden werden in den Ausbildungs- und Prüfungsvorschriften der Bundesländer festgelegt; Einstellungsbehörden für die Mitgliedsverwaltungen des OPA, siehe OPA (2009d). Der Leiter der Ausbildungsbehörde bestellt einen persönlich und fachlich geeigneten Bediensteten zum Ausbildungsleiter, der die Ausbildung lenkt und überwacht. Die Ausbildung gliedert sich in verschiedene Abschnitte, in denen die Referendarinnen und Referendare Ausbildungsstellen zugewiesen werden. Für jede Referendarin und jeden Referendar erstellt die Ausbildungsbehörde einen Ausbildungsplan, der die Inhalte, Zeiten und Ausbildungsstellen festlegt.

Die Ausbildung ist methodisch in einem breiten Spektrum angelegt, um die künftigen Führungskräfte optimal auf die realen Praxisanforderungen vorzubereiten, z. B. für Sachsen-Anhalt (SCHULTZE 2002). Übergreifende und grundlegende Ausbildungsziele sind die systematische Verknüpfung von Theorie und Praxis sowie von Fach-, Methoden- und Sozialkompetenz durch eine Kombination aus konzentrierter Wissensvermittlung und praktischen Übungen.

Das technische Referendariat dauert zwei Jahre. Nach Maßgabe der jeweils geltenden Vorschriften können berufsbezogene Tätigkeiten angerechnet werden, soweit sie geeignet sind, die Ausbildung in einzelnen Abschnitten ganz oder teilweise zu ersetzen. Das Referendariat schließt mit der Großen Staatsprüfung, mit der die Befähigung für die Laufbahn des höheren technischen Verwaltungsdienstes in der betreffenden Fachrichtung erlangt und die Berufsbezeichnung „Assessor" erworben wird.

Zur zentralen Betreuung des Ausbildungs- und Prüfungswesens im höheren technischen Verwaltungsdienst in der Bundesrepublik Deutschland hat sich seit über 60 Jahren das von fast allen Bundesländern, dem Bund und den kommunalen Spitzenverbände sowie der Hamburg Port Authority gemeinsam eingerichtete Oberprüfungsamt (OPA) bewährt (Abb. 17.7). Das OPA ist eine Sonderstelle des Bundesverkehrsministeriums und hat seinen Sitz in Bonn. Die Fachaufsicht obliegt dem Kuratorium, das von den Mitgliedsverwaltungen gebildet wird. Jährlich legen rd. 200 Referendare in inzwischen zehn Fachrichtungen die Große Staatsprüfung vor dem Oberprüfungsamt ab. Seit seiner Gründung im Oktober 1946 in Bad Harzburg (OPA 2009e) wurden mehr als 17.000 Kandidaten geprüft. Derzeit sind fast 500 Prüfer aus ganz Deutschland in zehn Prüfungsausschüssen tätig.

Das gemeinschaftliche Oberprüfungsamt gewährleistet sowohl in den einzelnen Mitgliedsverwaltungen als auch in den verschiedenen Fachrichtungen ein unter einheitlichen Aspekten durchgeführtes Referendariat. Die Absolventen erhalten ein bundesweit gleichermaßen anerkanntes Zeugnis über die Große Staatsprüfung. Somit ist sowohl die Vergleichbarkeit der Leistungen als auch die bundesweite Verwendbarkeit der geprüften Assessoren gegeben. Diese zentrale Betreuung des Ausbildungs- und Prüfungswesens ist besonders effektiv, gewährleistet fachrichtungs- und mitgliedsübergreifend ein einheitliches Kompetenzniveau und ermöglicht es zudem, auf aktuelle Entwicklungen flexibel zu reagieren.

Die Große Staatsprüfung vor dem OPA umfasst eine sechswöchige häusliche Prüfungsarbeit, vier schriftliche Arbeiten unter Aufsicht und eine mündliche Prüfung. In allen zehn Fachrichtungen des OPA sind neben jeweils vier fachspezifischen zwei fachrichtungsübergreifende Prüfungsfächer – „Allgemeine Rechts- und Verwaltungsgrundlagen" sowie „Leitungsaufgaben und Wirtschaftlichkeit" – eingerichtet. Durch die sowohl in den Fachrichtungen als auch in den Mitgliedsverwaltungen identischen Prüfstoffverzeichnisse wird – verbunden mit dem fachrichtungsübergreifenden Prüfereinsatz – somit ein einheitlicher Standard der Qualifizierung technischer Nachwuchsführungskräfte gewährleistet.

Die Bundesländer Baden-Württemberg, Bayern und Berlin sind nicht im Oberprüfungsamt vertreten. Berlin ist zum Ende des Jahres 2006 aus dem Kuratorium des Oberprüfungsamtes ausgetreten und bildet derzeit keine Referendare aus. In den beiden anderen Ländern wird das Referendariat landesspezifisch fokussiert auf eine leitende Tätigkeit in der Landesverwaltung durchgeführt.

Im Zuge der Föderalismusreform hat das Oberprüfungsamt mit der zentralen Betreuung der Ausbildung und Prüfung für den höheren technischen Verwaltungsdienst einen entscheidenden Bedeutungszuwachs erhalten. Die fachrichtungs- und mitgliedsübergreifende Vergleichbarkeit der Leistungen sowie auch die bundesweite Verwendbarkeit der Assessoren

DER BUNDESMINISTER FÜR VERKEHR, BAU UND STADTENTWICKLUNG

Vorsitzende/r — KURATORIUM — Vertreter/in

Mitgliedsverwaltungen

- Land Brandenburg
- Freie Hansestadt Bremen
- Freie und Hansestadt Hamburg
- Land Mecklenburg-Vorpommern
- Land Niedersachsen
- Land Nordrhein-Westfalen
- Saarland
- Freistaat Sachsen
- Land Sachsen-Anhalt
- Land Schleswig-Holstein
- Freistaat Thüringen
- Bundesministerium für Verkehr, Bau und Stadtentwicklung
- Bundesministerium der Verteidigung
- Bundesministerium für Wirtschaft und Technologie
- Deutscher Städtetag
- Deutscher Städte und Gemeindebund
- Deutscher Landkreistag
- Hamburg Port Authority

Fachaufsicht — Dienst- und haushaltsrechtliche Aufsicht

OBERPRÜFUNGSAMT
Direktor/in des Oberprüfungsamtes

Prüfungsausschüsse

IA	Hochbau
IB	Städtebau
II	Bauingenieurwesen
IIa	Wasserwesen
IIc	Straßenwesen
IId	Stadtbauwesen
III	Bahnwesen
IV	Maschinen- und Elektrotechnik
IVb	Maschinen- und Elektrotechnik der Wasserstraßen
IVc	Maschinen- und Elektrotechnik der Verwaltung
V	Vermessungs- und Liegenschaftswesen
VI	Wehrtechnik - Kraftfahr- und Gerätewesen - Luft- und Raumfahrtwesen - Schiffbau und Schiffsmaschinenbau - Informationstechnik und Elektronik - Waffen- und Munitionswesen
VII	Luftfahrttechnik
VIII	Landespflege
IX	Umwelttechnik/Umweltschutz

Vorstand: Direktor/in und Leiter/in der Prüfungsausschüsse

Abb. 17.7: Organisationsplan des Oberprüfungsamtes (OPA 2009f, angepasst)

sind wesentliche Alleinstellungsmerkmale des technischen Referendariats und damit grundlegende Erfolgsfaktoren, die es unbedingt zu befördern gilt. Eine weitere Herausforderung für das OPA ergibt sich aus der Internationalisierung des Hochschulwesens. Hier kommt der koordinierten Zusammenarbeit der Mitgliedsverwaltungen besonderes Gewicht bei der Qualitätssicherung der Befähigungsprüfung zu.

Für seine Zukunftsfähigkeit muss sich das technische Referendariat mit den aktuellen Anforderungen wandeln und sich als Zusatzqualifikation für Ingenieure/Master zum Manager etablieren (SCHULTZE 2008). Durch eine innere Reform des technischen Referendariats müssen die Kompetenzprofile der Assessoren dahingehend optimiert werden, dass sie das technische Managementspektrum für die öffentliche Verwaltung und die private Wirtschaft abdecken, sodass die Berufschancen der Assessoren steigen. Damit wird das technische Referendariat sowohl für die potenziellen Referendare als auch für die öffentliche Verwaltung und den privatwirtschaftlichen Arbeitgeber entscheidend an Attraktivität gewinnen. Mögliche Handlungsoptionen hierfür sind neben einer Überprüfung der Ausbildungsinhalte z. B. der Ausbau der Multidisziplinarität, der Bisektoralität und der Internationalität sowie die weitere Stärkung der Praxisorientierung und Flexibilisierung der Ausbildung und der Prüfung, weiterführend siehe (SCHULTZE 2008).

17.5 Berufliche Weiterbildung

17.5.1 Rolle der Weiterbildung für die Personalentwicklung

Bei immer kürzeren Innovationszyklen ist die (berufs-)lebenslange Weiterbildung existenzielle Voraussetzung für den Erhalt der hochtechnischen komplexen Aufgaben- und Kenntnisprofile, sowohl aus Sicht der Fachkraft zum Erhalt des individuellen „Arbeits-Marktwertes“ als auch aus Sicht des Personalmanagements zur Gewährleistung der Leistungsfähigkeit. In dieser durch rasantes Veralten von Fachwissen geprägten schnelllebigen Zeit kann ein einmal absolvierter Ausbildungsabschluss nicht mehr als „berufslanger“ Befähigungsnachweis verstanden werden (HAUSCHILD 1997). Eine „Primär“-Ausbildung sichert lediglich die Grundkompetenz und bildet gleichzeitig die Basis für eine kontinuierliche Weiterbildung, sodass sich auf eine „Ausgangsqualifikation“ aufbauend ein Prozess des (berufs-) lebenslangen Lernens anschließt (SCHULTZE 2000).

Die Innovationszyklen von etwa fünf Jahren stellen besondere Anforderungen an die berufliche Weiterbildung für die Fachkräfte in allen Ebenen und Gebieten des Vermessungs- und Geoinformationswesens. In vielen Bereichen ist die systematische Weiterbildung als zentraler Baustein der Personalentwicklung in die Fortbildung eingebunden (Abb. 17.8, z. B. SCHULTZE 2000 für das Landesamt für Vermessung und Geoinformation Sachsen-Anhalt (LVermGeo LSA)).

Insbesondere in den Vermessungs- und Geoinformationsverwaltungen ist trotz oder gerade wegen leerer öffentlicher Kassen zur Aufrechterhaltung der Zukunftsfähigkeit eine systematische und zielgerichtete Weiterbildung der Mitarbeiter unerlässlich. Umfassende Einstellungsstopps haben dazu geführt, dass ein für die Qualität der Fachverwaltungen unabdingbarer kontinuierlicher Wissenstransfer von den Universitäten und Fachhochschulen über weite Strecken ausschließlich durch Weiterbildungsangebote gewährleistet werden muss.

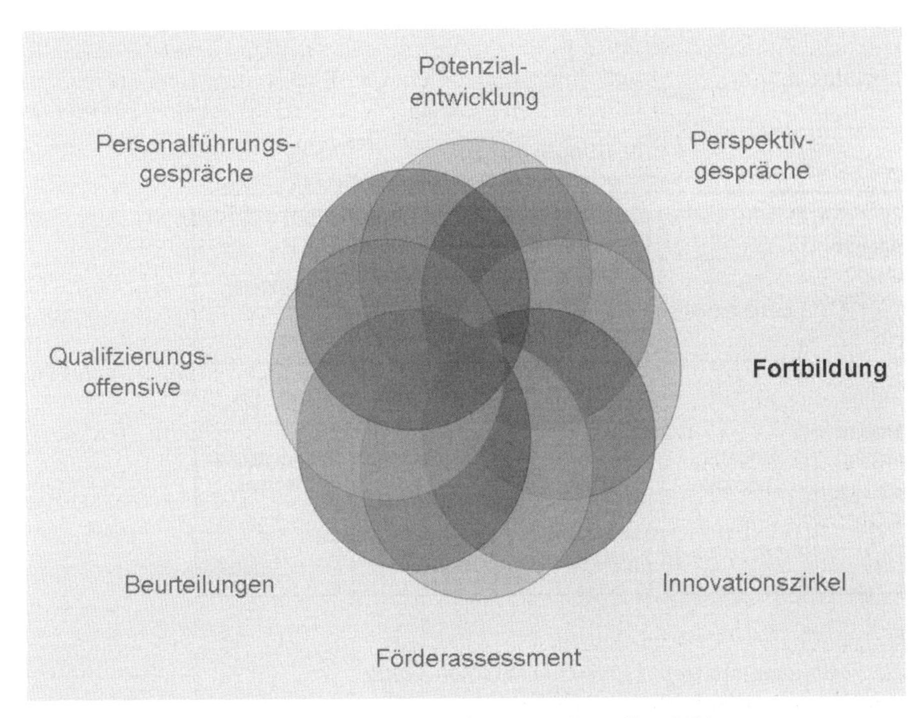

Abb. 17.8: Bausteine der Personalentwicklung im LVermGeo LSA

Das permanente Weiterbildungsgebot gilt besonders auch für die technischen Führungskräfte, da in der Wissens- und Informationsgesellschaft die Verknüpfung von Fach- und Führungskompetenz und damit die Einbeziehung von Expertenwissen auch in den obersten Führungsebenen immer mehr an Bedeutung gewinnt (SCHULTZE 2002). Die kontinuierliche fachliche Weiterbildung ist als Bestandteil einer systematischen und individuellen Führungskräfteentwicklung in allen Managementebenen für die Qualitätssicherung unerlässlich.

17.5.2 Konzeptionen

Die Bedeutung der berufsbegleitenden Weiterbildung haben die Berufsverbände erkannt und entsprechende Angebote initiiert (z. B. BDVI 2009, DGfK 2009c, DVW 2009b, VDV 2009a) oder sich der Qualitätssicherung der Weiterbildung als Ziel verschrieben (z. B. DDGI 2009, DGPF 2009). Um den Anforderungen gerecht zu werden. die sich aus dem beschleunigten technischen und fachlichen Wandel ergeben, sind die Weiterbildungsprogramme in der Regel modularisiert und werden ständig aktualisiert. Eine wachsende Bedeutung kommt dabei den eLearning-Komponenten zu, die sich durch schnelle Verbreitung und gute Aktualisierbarkeit auszeichnen und die durch die Möglichkeiten der Individualisierung des Lernens hinsichtlich Zeit, Ort, Tempo und Tiefe einen signifikanten Mehrwert gegenüber konventionellen Methoden bieten. Gerade für kartographische Themen sind multimediale und interaktive Möglichkeiten des eLearning hervorragend prädestiniert (weiterführend z. B. SCHIEWE 2005).

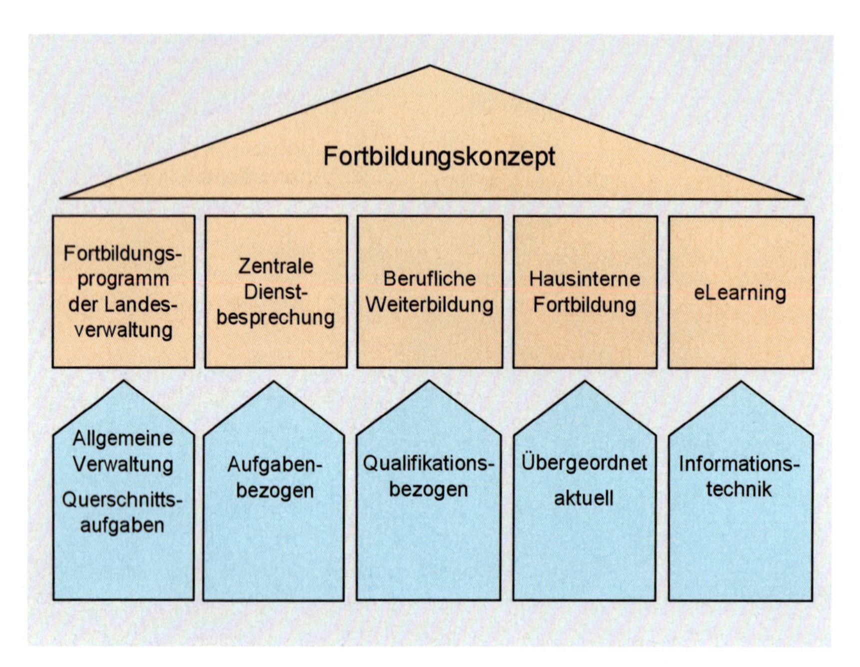

Abb. 17.9: Fortbildungskonzept LVermGeo Sachsen-Anhalt (SCHULTZE 2000, angepasst)

Ein Beispiel für die gezielte und systematische Weiterbildung im Rahmen des Personalmanagements einer technischen Fachverwaltung ist das Fortbildungskonzept des LVermGeo Sachsen-Anhalt, das mit der Zielrichtung, Leistungs- und Motivationspotenziale zu erschließen, strategisch verankert ist (SCHULTZE 2007). Das Fortbildungssystem ist konzeptionell breit angelegt und besteht aus fünf aufeinander abgestimmten Komponenten mit unterschiedlichen Zielrichtungen (siehe Abb. 17.9).

Eine zentrale Rolle nimmt dabei das vom Deutschen Verein für Vermessungswesen (DVW) initiierte Projekt zur Beruflichen Weiterbildung ein, mit der Ausrichtung, arbeitsplatzunabhängig das Qualitätsniveau der jeweiligen Fachausbildung zu sichern (MEHLHORN ET AL. 1998, AUGATH 1999). Um aufgabenbezogen ein einheitliches Qualifizierungsniveau innerhalb des LVermGeo zu gewährleisten, werden jährlich im „Programm der Zentralen Dienstbesprechungen" besondere fachliche Themen für einen arbeitsplatzbezogenen Teilnehmerkreis aufgearbeitet. In „Hausinternen Fortbildungsveranstaltungen" wird von Mitarbeitern für Mitarbeiter über allgemein interessierende aktuelle fachliche Entwicklungen informiert.

Daneben bieten sich für nicht fachbezogene Themen – insbesondere für Informationstechnik und für Querschnittsaufgaben – das Fortbildungsprogramm der Landesverwaltung an. Dabei kommen in erster Linie web-basierte Kurse zur Anwendung, sodass das klassische Seminar mit einem breiten Teilnehmerspektrum eher die Ausnahme darstellt. Vor dem Hintergrund der angespannten Haushaltssituation ist bei allem oberster Grundsatz, dass Bedienstete, die eine Fortbildungsveranstaltung besucht haben, als Multiplikatoren fungieren und die erworbenen Kenntnisse nach dem „Schneeballprinzip" weitergeben.

17.6 Quellenangaben

17.6.1 Literaturverzeichnis

ACATECH (2006): Bachelor- und Masterstudiengänge in den Ingenieurwissenschaften. acatech berichtet und empfiehlt – Nr. 2. acatech – Deutsche Gesellschaft für Technikwissenschaften. Stuttgart, 89 S.

ACATECH (2008): Empfehlungen zur Zukunft der Ingenieurpromotion, acatech berichtet und empfiehlt – Nr. 3. acatech – Deutsche Gesellschaft für Technikwissenschaften, Stuttgart, 173 S.

ADV (2002): Tätigkeitsbericht 2002. Sonderdruck der Arbeitsgemeinschaft der Vermessungsverwaltungen der Länder der Bundesrepublik Deutschland. AdV-Geschäftstelle, Hannover.

ASCHENBERNER, P. (2007): Zum DGfK-Jahr 2007. In: KN, 57 (6), 344-345.

ASCHENBERNER, P. (2009): Ausbildungsordnung Geomatiker – der Startschuss ist gefallen. In: KN, 59 (2), 101-102.

AUGATH, W. (1999): Universitäre berufliche Weiterbildung an der TU Dresden. In: LSA VERM, 1/1999, 83-90.

BARWINSKI, K. J. (1993): Die Herausforderungen Europas an das amtliche Vermessungswesen. In: zfv, 118, 384-388.

BATIS, U. (2009): Quo vadis Beamtenrecht. In: Der Personalrat, 3/2009, 89.

BILL, R. & FRITSCH, D. (1994): Einige Gedanken zur universitären Vermessungsausbildung. In: zfv, 119, 109-113.

BMBF (2005): Die Reform der beruflichen Bildung – Berufsbildungsgesetz 2005. Sonderdruck des Bundesministeriums für Bildung und Forschung, Bonn/Berlin.

BMBF (2008): Ausbildung & Beruf, Rechte und Pflichten während der Berufsausbildung. Sonderdruck des Bundesministeriums für Bildung und Forschung, Bonn/Berlin.

BRAUER, H. (2008a): Zur Neuordnung der Vermessungstechniker- und Kartographenausbildung. In: FORUM, 2/2008, 375-377.

BRAUER, H. (2008b): Zur Neuordnung der Ausbildungsberufe Vermessungstechniker und Kartograph. In: FORUM, 4/2008, 470-471.

BRAUER, H. (2009): Neuordnung der Berufsausbildung im Bereich Geomatik und Vermessungstechnik. In: FORUM, 1/2009, 37.

GROSSMANN W. (1977): 100 Jahre Berufsausbildung in Norddeutschland. In: zfv, 102, 498-506.

HAUSCHILD, C. (1997): Aus- und Fortbildung im öffentlichen Dienst. In: KÖNIG, K. & SIEDENTOPF, H. (Hrsg.): Öffentliche Verwaltung in Deutschland, 577-614. Nomos Verlagsgesellschaft, Baden-Baden.

KELTERER, W. (2002): Berufsausbildung im anerkannten Ausbildungsberuf Vermessungstechniker/in – eine Investition in die Zukunft. In: LSA VERM, 1/2002, 57-67.

KLEUSBERG, A. (2005): Zur Einführung von Bachelor- und Master-Studiengängen in Deutschland. In: zfv, 130, 14-15 und 30-32.

KLEUSBERG, A. & WEHMANN, W. (2006): Die Einführung von Bachelor- und Masterstudiengängen in Deutschland – ein Statusbericht für den Bereich Geodäsie, Geoinformatik und Vermessungswesen. In: zfv, 131, 310-314.

KOHLSTOCK, P. (2007): Vom Landmesser zum Geoinformatiker? – Ein Fachgebiet zwischen Tradition und Fortschritt. In: zfv, 132, 326-330.

KUMMER, K. (2002): Management im Öffentlichen Vermessungswesen: Eine Aufgabe für Geodäten. In: Geodäsie im Wandel – Einhundertfünfzig Jahre Geodätisches Institut. Schriftenreihe des Geodätischen Instituts der TU Dresden, 45-59. Dresden.

KUMMER, K., PISCHLER, N. & ZEDDIES, W. (2006): Das Amtliche deutsche Vermessungswesen, stark in den Regionen und einheitlich im Bund – für Europa. In: zfv, 131, 230-241.

LVERMGEO LSA (2009a): Statistik über die Laufbahnausbildungen 1993-2009 im Landesamt für Vermessung und Geoinformation Sachsen-Anhalt. Magdeburg (nicht veröffentlicht).

MEHLHORN, R., HEINRICH, F., KELLER, D., KUMMER, K., NEUMANN, H., RÜRUP, K.-D., SEITZ, D., SPERLING, D. & WITTE, B. (1998): Modellstruktur Berufliche Weiterbildung. In: zfv, 123, 193-201.

SCHIEWE, J. (2005): E-Learning-Angebote zur Aus- und Weiterbildung in der Kartographie: Status und Bewertung. In: KN, 55 (5), 250-257.

SCHRÖDER, W. (1998): Zur Personalsituation im Vermessungswesen. In: zfv, 123, 414-420.

SCHRÖDER, W. (2008): Technisches Referendariat und Große Staatsprüfung. In: fub, 70 (3), 138-144.

SCHULTZE, K. (2000): Zur Bedeutung der Aus- und Fortbildung im Personalmanagement einer technischen Fachverwaltung. In: Vermessungswesen und Raumordnung, 60, 90-103.

SCHULTZE, K. (2002): Das technische Referendariat – Managementqualifikation für Ingenieure. In: fub, 64 (4), 169-181.

SCHULTZE, K. (2007): Der Zentrale Planungsstab – Strategieentwicklung im LvermGeo. In: LSA VERM, 1/2007, 67-78.

SCHULTZE, K. (2008): Attraktivitätssteigerung des technischen Referendariats. In: LSA VERM, 2/2008, 153-166.

VILSER, I. (2005): Vom Vermessungstechniker zum Geoinformationstechniker – Perspektiven des Berufsbildes. In: fub, 67 (2), 52-59.

WEHMANN, W. (2006): Aktueller Stand und Probleme bei der Einführung von Bachelor- und Masterstudiengängen des Vermessungswesens und der Geoinformation in Deutschland. In: zfv, 131, 45-49.

WEHMANN, W. & HAHN, M. (2003): Bachelor- und Masterstudiengänge in der Vermessungsausbildung – steht der Hochschulausbildung ein Strukturwandel bevor? In: zfv, 128, 374-382.

WAKKER, K. (2002): The European University in the 21st century. Festschrift 50 Jahre Deutsche Geodätische Kommission „Am Puls vom Raum und Zeit“, DGK Reihe E, 26, 37-44. München.

17.6.2 Internetverweise

ADV (2007a): Berufsbilder Vermessungstechniker/in und Kartograph/in, Abschlussbericht der Arbeitsgruppe der Arbeitsgemeinschaft der Vermessungsverwaltungen der Länder der Bundesrepublik Deutschland vom 23.2.2007; http://netzwerk.lo-net2.de/lfvt/Fortbildung/Neuordnung/Uebersicht_Neuordnung.htm (11.6.2009)

ADV (2007b): Berufsbilder Vermessungstechniker/in und Kartograph/in, Eckdatenentwurf der Arbeitsgruppe der Arbeitsgemeinschaft der Vermessungsverwaltungen der Länder der Bundesrepublik Deutschland vom 29.5.2007: http://netzwerk.lo-net2.de/lfvt/Fortbildung/Neuordnung/Uebersicht_Neuordnung.htm (11.6.2009)

BA (2009a): Vermessungstechniker, Bundesagentur für Arbeit; www.berufenet.de (25.4.2009)

BA (2009b): Kartograph, Bundesagentur für Arbeit; www.berufenet.de (25.4.2009)

BA (2009c): Berufe im Spiegel der Statistik, Bundesagentur für Arbeit; www.pallas.iab.de (15.5.2009)

BA (2009d): Zentrale Auslands- und Fachvermittlung der Bundesagentur für Arbeit; www.ba-auslandsvermittlung.de (15.6.2009)

BAYERISCHE VERMESSUNGSVERWALTUNG (2009): Ausbildung Katastertechnik; www.geodaten.bayern.de (4.6.2009)

BDVI (2008): Zur Neuordnung der Ausbildungsberufe Vermessungstechniker und Kartograph vom 16.4.2008, Positionspapier des Bundes der Öffentlich bestellten Vermessungsingenieure; http://netzwerk.lo-net2.de/lfvt/Fortbildung/Neuordnung/Uebersicht_Neuordnung.htm (11.6.2009)

BDVI (2009): BDVI-Bildungsinstitut, Bund der Öffentlich bestellten Vermessungsingenieure; www.bdvi.de (2.6.2009)

BIBB (2009a): Homepage des Bundesinstituts für Berufsbildung; www.bibb.de (18.4.2009)

BIBB (2009b): BIBB – Datenblatt Vermessungstechniker/-in, Bundesinstitut für Berufsbildung; www.bibb.de (15.5.2009)

BIBB (2009c): BIBB – Datenblatt Kartograph/-in, Bundesinstitut für Berufsbildung; www.bibb.de (15.5.2009)

BMBF (2009a): Information des Bundesministeriums für Bildung und Forschung zur Reform der Berufsbildung; www.bmbf.de (25.4.2009)

BMBF (2009b): Information des Bundesministeriums für Bildung und Forschung zur Aussetzung der Anwendung der Ausbilder-Eignungsverordnung; www.bmbf.de (18.4.2009)

BMWI (2008): Eckwertevorschlag zur Neuordnung der Berufsausbildung in der Geoinformationstechnologie (Stand: 21.10.2008), Grundlage für das Antragsgespräch zum Neuordnungsverfahren im Bundesministerium für Wirtschaft und Technologie am 30.1.2009; http://netzwerk.lo-net2.de/lfvt/Fortbildung/Neuordnung/Uebersicht_Neuordnung.htm (11.6.2009)

BMWI (2009a): Vermessungstechniker/-in, Bundesministerium für Wirtschaft und Technologie; www.bmwi.de (25.4.2009)

BMWI (2009b): Kartograph/-in, Bundesministerium für Wirtschaft und Technologie; www.bmwi.de (25.4.2009)

BMWI (2009c): Bergvermessungstechniker/-in, Bundesministerium für Wirtschaft und Technologie; www.bmwi.de (25.4.2009)

BOLOGNA (1999): Der Europäische Hochschulraum, Gemeinsame Erklärung der Europäischen Bildungsminister, 19.6.1999, Bologna; www.bmbf.de/pub/bologna_deu.pdf (11.5.2009)

DEUTSCHER BILDUNGSSERVER (2009): Zentraler Wegweiser zu Bildungsinformationen von Bund und Ländern; www.bildungsserver.de (18.4.2009)

DDGI (2009): Aufgaben der Fachgruppe Aus- und Weiterbildung des Deutschen Dachverbandes für Geoinformation; www.ddgi.de (2.6.2009)

DGFK (2009a): focus/kartographie – Ein neues Lehrbuch für die Berufsausbildung in der Kartographie, Kommission Aus- und Weiterbildung der Deutschen Gesellschaft für Kartographie; http://ims2.bkg.bund.de/ak-ausbildung/start.htm (15.6.2009)

DGFK (2009b): Der neue Beruf des Geomatikers entsteht, Deutsche Gesellschaft für Kartographie; http://ims2.bkg.bund.de/ak-ausbildung/start.htm (11.6.2009)

DGFK (2009c): Weiterbildungsangebote der Deutschen Gesellschaft für Kartographie; www.dgfk.net (2.6.2009)

DGK (2009): Homepage der Deutschen Geodätischen Kommission; http://dgk.badw.de/ (13.6.2009)

DGPF (2009): Arbeitsgebiete des Arbeitskreises Aus- und Weiterbildung der Deutschen Gesellschaft für Photogrammetrie und Fernerkundung; www.dgpf.de (2.6.2009)

DVW (2009a): Vermessung – ein Beruf mit neuen Perspektiven in Geodäsie, Geoinformation und Landmanagement, Deutscher Verein für Vermessungswesen; www.dvw.de (15.5.2009)

DVW (2009b): Berufliche-Weiter-Bildung, Fortbildungsbörse des Deutschen Vereins für Vermessungswesen; www.dvw.de (2.6.2009)

HAAS, T., HINKELMANN, D., KERSTING, N. & WILL, K. (2003): Fragebogenaktion zum Bedarf an Vermessungsfachkräften in Verwaltung und Wirtschaft in Nordrhein-Westfalen – Kurzfassung; www.hochschule-bochum.de (15.5.2009)

HIPPACH-SCHNEIDER, U., KRAUSE, M. & WOLL, C. (2007): Berufsbildung in Deutschland, Europäisches Zentrum für die Förderung der Berufsbildung (CEDEFOP), Cedefop Panorama series, 136, Amt für amtliche Veröffentlichungen der Europäischen Gemeinschaft, Luxemburg 2007; www.bibb.de/de/29246.htm (25.4.2009)

LFVT (2009): Länderübergreifenden Lehrerforum für Vermessungstechnik: Debatte zur Neuordnung des Ausbildungsberufes Vermessungstechniker; http://netzwerk.lo-net2.de/lfvt/Fortbildung/Neuordnung/Uebersicht_Neuordnung.htm (11.6.2009)

LGN (2009a): Ausbildungsstätten im Ausbildungsberuf Vermessungstechniker/in in Niedersachsen, Landesvermessung und Geoinformation Niedersachsen; www.lgn.niedersachsen.de (25.4.2009)

LGN (2009b): Zuständige Stellen anderer Bundesländer, Landesvermessung und Geoinformation Niedersachsen; www.lgn.niedersachsen.de (25.4.2009)

LRZ (2009): Weltweite Liste von Hochschulen im Bereich Geodäsie/Vermessungswesen, Leibnizrechenzentrum; http://www.lrz-muenchen.de/~t5831aa/WWW/Links.html/ (13.6.2009)

LVERMGEO LSA (2009b): Laufbahnausbildung Sachsen-Anhalt, Landesamt für Vermessung und Geoinformation Sachsen-Anhalt; www.lvermgeo.sachsen-anhalt.de (4.6.2009)

LVERMGEO RP (2009): Laufbahnausbildung Rheinland-Pfalz, Landesamt für Vermessung und Geobasisinformation Rheinland-Pfalz; www.lvermgeo.rlp.de (4.6.2009)

OECD (2005): Definition und Auswahl von Schlüsselkompetenzen, Organisation for Economic, Co-Operation and Development; http://www.deseco.admin.ch/bfs/deseco/en/index/03/04.html (1.6.2009)

OPA (2009a): Anforderungen an die wissenschaftlichen Studiengänge und die obligatorischen Studienfächer mit den Abschlüssen des Diplom-Ingenieurs und des Masters als Voraussetzung für die Zulassung zum Vorbereitungsdienst der Laufbahn des höheren technischen Verwaltungsdienstes in der Fachrichtung Vermessungs- und Liegenschaftswesen, Oberprüfungsamt für den höheren technischen Verwaltungsdienst; www.oberpruefungsamt.de (25.4.2009)

OPA (2009b): Ausbildungs- und Prüfungsordnung für die Laufbahn des höheren technischen Verwaltungsdienstes (Empfehlung des Kuratoriums des Oberprüfungsamtes für den höheren technischen Verwaltungsdienst); www.oberpruefungsamt.de (25.4.2009)

OPA (2009c): Bestandene Große Staatsprüfungen in den Jahren 1947-2007, Oberprüfungsamt für den höheren technischen Verwaltungsdienst; www.oberpruefungsamt.de (15.5.2009)

OPA (2009d): Übersicht über die Zulassungs-/Einstellungsbehörden für den Vorbereitungsdienst der Bau- und Vermessungsreferendare im Bereich der Mitgliedsverwaltungen des Kuratoriums des Oberprüfungsamtes für den höheren technischen Verwaltungsdienst; www.oberpruefungsamt.de (15.5.2009)

OPA (2009e): Übereinkommen über die Errichtung eines gemeinschaftlichen Oberprüfungsamtes deutscher Länder und Verwaltungen für den höheren technischen Verwaltungsdienst vom 16.9.1948 i.d.F. vom 1.9.2008; www.oberpruefungsamt.de (25.4.2009)

OPA (2009f): Organisationsplan des Oberprüfungsamtes für den höheren technischen Verwaltungsdienst; www.oberpruefungsamt.de (15.6.2009)

STATISTISCHES BUNDESAMT (2009): Arbeitsmarktstatistik; in: www.destatis.de (15.5.2009)

VDV (2009a): Bildungswerk des Verbandes Deutscher Vermessungsingenieure; www.vdv-online.de (2.6.2009)

VDV (2009b): Hochschulen, Verband Deutscher Vermessungsingenieure www.vdv-online.de (13.6.2009)

VER.DI (2007): Vorschlag zur Neuordnung der Ausbildungsberufe in der Vermessungstechnik und Kartographie vom 30.10.2007, Vereinte Dienstleistungsgewerkschaft; http://netzwerk.lo-net2.de/lfvt/Fortbildung/Neuordnung/Uebersicht_Neuordnung.htm (11.6.2009)

VER.DI, ADV, DGFK UND DGPF (2008): Gemeinsames Positionspapier der Vereinten Dienstleistungsgewerkschaft, der Arbeitsgemeinschaft der Vermessungsverwaltungen der Länder der Bundesrepublik Deutschland, der Deutschen Gesellschaft für Kartographie und der Deutschen Gesellschaft für Photogrammetrie, Fernerkundung und Geoinformation zur Schaffung eines neuen Ausbildungsberufes in der Geomatik vom 22.4.2008; http://netzwerk.lo-net2.de/lfvt/Fortbildung/Neuordnung/Uebersicht_Neuordnung.htm (11.6.2009)

E Rückblick und Anhang

Rückblick: Das deutsche Vermessungswesen von 1882 bis 2010 – Marksteine einer Entwicklung

Josef FRANKENBERGER

… auf Veranlassung des Deutschen Geometer-Vereins

Noch im Jahr der Kaiserproklamation (18.01.1871) wurde am 16.12.1871 im Hotel „Goldene Traube“ in Coburg der Deutsche Geometer-Verein (D.G.V.) als Vorläufer des Deutschen Vereins für Vermessungswesen (DVW) gegründet. Seine Mitglieder gingen sofort mit Feuereifer daran, konstruktiv-kritische Beiträge zu allen Bereichen der Geodäsie und Kartographie zu liefern; ihr Sprachorgan war die Zeitschrift für Vermessungswesen (zfv), die im Verlag von K. Wittwer herausgegeben wurde.

Ein besonderes Anliegen des D.G.V. war von Anbeginn an die Verbesserung der fachlichen und organisatorischen Grundlagen des Vermessungswesens im jungen Deutschen Reich sowie die Schaffung eines einheitlich akademisch ausgebildeten Berufsstands.

Um die bestimmenden Personen im Reich und in den einzelnen Ländern von der notwendigen raschen Beseitigung der Mängel zu überzeugen, schlug der Schriftführer des Vereins, der bayerische Bezirksgeometer K. Steppes 1878 vor, für jedes einzelne deutsche Land eine Darstellung etwa mit dem Titel „Das Vermessungswesen in Deutschland, seine Gegenwart und Zukunft“ zu geben. Dieser Auffassung schloss sich der damals noch in Karlsruhe lehrende Prof. Dr. W. Jordan und Mitherausgeber der zfv spontan an. Auf der VIII. Hauptversammlung 1879 in Danzig fassten dann die Mitglieder den Beschluss: „Die Vereinsmitglieder Steppes und Jordan werden mit der Redaction eines Werkes über das deutsche Vermessungswesen beauftragt.“ Dieses erschien dann 1882 bei K. Wittwer in Stuttgart als zweibändiges Werk mit dem „I. Band. Höhere Geodäsie und Topographie des Deutschen Reichs“ von Jordan und dem „II. Band. Das Vermessungswesen im Dienste der Staatsverwaltung – unter Mitwirkung von Fachgenossen“ von Steppes. Ziel der beiden Herausgeber war eine „historisch- kritische Darstellung“ des deutschen Vermessungswesens in seiner bei der Reichsgründung vorgefundenen „bunten Reihe von Bildern“, um von da auf ein nach einheitlichen Grundsätzen aufgebautes Vermessungswesen hinzuführen. Der Begriff „Deutsches Vermessungswesen“ wurde also vom D.G.V. in die Diskussion eingeführt.

Das nunmehr vorliegende *Jahrbuch 2010 „Das deutsche Vermessungs- und Geoinformationswesen“* (ebenfalls eine Gemeinschaftsarbeit eines vielköpfigen Autorenteams) ist damit nicht nur ein aktueller Sachstandsbericht , sondern auch ein Eichstab, ob das seinerzeitige Ziel des D.G.V. im Verlaufe der 130 Jahre deutscher Geschichte erreicht werden konnte.

Darüber hinaus lassen sich am Beispiel des neu hinzugekommenen Geoinformationswesens anschaulich die Interdependenzen staatspolitischer und wirtschaftlicher Entwicklungen mit dem wissenschaftlich-technologischen Fortschritt studieren.

Die öffentliche Wahrnehmung des Vermessungswesens

„Es ist nicht bloß eine gebräuchliche Einleitungsphrase, sondern es entspricht den wirklichen Verhältnissen, wenn gesagt wird, dass kaum ein anderer Zweig der exakten Wissenschaften mit den wichtigsten Culturinteressen so innig verwachsen ist und dennoch in seiner Gesammtanlage und in seiner Einzelausführung so wenig allgemein erkannt ist und richtig gewürdigt wird, wie das Vermessungswesen." Mit diesem Satz begann Jordan 1882 seine Einleitung zum oben aufgeführten I. Band.

Natürlich stellt sich da heute die Frage, ob beziehungsweise wie sich der gesellschaftspolitische Stellenwert und der Bekanntheitsgrad des Vermessungswesens in den knapp 130 Jahren geändert, gar verbessert hat.

Der Geodät tut sich beim Finden einer objektiven Antwort naturgemäß schwer. Es sollten deshalb möglichst nur Beobachtungen mit Außensicht herangezogen werden. So bietet die Literatur einige Beispiele wie *Franz Kafkas: Das Schloss* (1923), wo die Titelfigur mit recht tragischen Wesenszügen gezeichnet wird. Der Wiener Satiriker *Roda Roda* (1872-1945) hat ironisch knapp den Bekanntheitsgrad des Katasters so beschrieben:
„Herzog Bernhard von Pillingen bereiste seine Staaten. Er kam in irgendeinen Flecken – da wurden seiner Hoheit die Spitzen des Bezirkes vorgestellt: der Klerus – die Offizierskorps – und endlich auch die Staatsbeamten. Darunter der Katasterdirektor. Da sagte Seine Hoheit: „Katasterdirektor? Ungemein interessant. Sagen Sie … ist es wirklich wahr, dass man davon eine so hohe Stimme bekommt?"

Schlagartig und weitestgehend positiv ins Bewusstsein breiter, vor allem jüngerer Bevölkerungsschichten sind Vermessung und Geoinformation in den letzten Jahren durch die modernen, auf Massenanwendung gerichteten Technologien wie GPS und Google Earth, Microsoft oder Bing Maps getreten. Und auch in der Literatur begeistern plötzlich Bücher über Mathematiker, Naturforscher und ihre Arbeiten und Leistungen millionenfaches Publikum, wie *Daniel Kehlmanns „Die Vermessung der Welt"*(2005).

An uns Geodäten, Kartographen und Geoinformatikern liegt es jetzt, das einmal geweckte Interesse für die Erde, ihre Beschreibung und Darstellungsmöglichkeiten auch auf die dafür zuständigen Disziplinen zu lenken.

Am Anfang stand die Auftragsvermessung

Die ersten topographischen Landesaufnahmen und die daraus entstandenen Landkarten waren samt und sonders Auftragsarbeiten namhafter Astronomen und Mathematiker. So schuf der in Ingolstadt lehrende Mathematiker *Philipp Apian* auf Befehl Herzog Albrecht V. von Bayern in den Jahren 1554 bis 1563 die erste auf einem astronomisch-geodätisch bestimmten Festpunktfeld aufgebaute und nach Nord orientierte Landesaufnahme Altbayerns im Maßstab von etwa 1:45.000. Diese 24 „Landtafeln" waren bis zum Beginn des 19. Jahrhunderts Grundlage für alle bekannteren Karten Bayerns.

Fast zur gleichen Zeit wurde Württemberg vom Tübinger Astronomen und Mathematiker *Johann Stöffler (1452-1531)* und in der Folge von seinem Schüler, dem Franziskaner-Mönch *Sebastian Münster (1488-1552)* kartographiert.

Neben den topographischen Karten ließen sich die regionalen Gebietsherrschaften (freie Reichsstädte, Grafschaften und Klöster) Besitzpläne in größeren Maßstäben fertigen. Häufig waren solche Pläne auch Bestandteil von Grenzverträgen und Gerichtsakten über Grenzstreitigkeiten.

Bis zum Beginn des 19. Jahrhunderts waren Landvermessungen von den jeweiligen Grundherren angeordnet worden zur Dokumentation und Klarstellung ihrer Hoheitsrechte vor Ort und in der Karte. Die einzelne Grundstücksgrenze hatte nur dort Bedeutung, wo es bereits einen freien Bauernstand gab, wie in Franken und Württemberg. Dort entwickelte sich zum Schutz und zur Sicherung des Grundeigentums ab dem späten Mittelalter die „Abmarkung" der Grenzen mit Marksteinen, die von vereidigten Feldgeschworenen gesetzt und überwacht wurden. Dieses wohl älteste Ehrenamt auf deutschem Boden trug in der ländlichen Bevölkerung ganz wesentlich zur Hochachtung des Eigentums an Grund und Boden bei und hat sich später bei der Bestellung amtlicher Geometer positiv auch auf deren Wertschätzung in der Öffentlichkeit ausgewirkt.

Institutionalisierung als amtliches Vermessungswesen

Im Zuge der von England und Frankreich ausgehenden *„Aufklärung"* entwickelte sich in der zweiten Hälfte des 18. Jahrhunderts auch in Deutschland ein neues Staats-, Rechts- und Wirtschaftsverständnis, das nicht nur die Grundrechte des Menschen postulierte, sondern auch die Gesetze der Natur entdecken und das Wissen über die Erde, ihre Größe und Figur, ihre Geologie und Meteorologie erweitern wollte. So stellte sich die 1759 gegründete Bayerische Akademie der Wissenschaften insbesondere auch in den Dienst der Erdmessung im allgemeinen und Bayerns im Besonderen. Die Initiatoren und Väter der bayerischen Landes- und Katastervermessung – Fraunhofer, Reichenbach, Schiegg, Soldner und Utzschneider – sie alle waren Akademiemitglieder.

Die Französische Revolution (1789) und die Napoleonischen Kriege ab 1800 waren nicht die Schöpfer des neuen Gedankenkenguts; aber sie verhalfen ihm zum explosionsartigen Durchbruch. Die Grundsätze der Freiheit und Gleichheit für alle Menschen hatten unmittelbare Auswirkungen darauf, mit welchem finanziellen Beitrag das gewonnene Recht auf Privateigentum für alle Bürger zur Erfüllung der Staatsaufgaben herangezogen werden sollte und konnte. Die Forderung nach gleicher und gerechter Besteuerung des Grund und Bodens führte – neben der Militärkartographie – konsequent zur Einrichtung des institutionellen, hoheitlich organisierten Vermessungswesens.

Ein Glücksfall für die süddeutschen Länder war es dabei, dass Landes- und Katastervermessung von Anfang an ein gemeinsames geodätisches Fundament erhielten, so dass sich die wissenschaftlich fundierte Landesvermessung und die Parzellarvermessung in fruchtbarer Symbiose entwickeln konnten zum Vorteil des Staatswesens und seiner Bürger.

Die vom Deutschen Geometer-Verein 1878 beklagten Missstände im deutschen Vermessungswesen lagen grundsätzlich nicht in Baden, Bayern oder Württemberg, sondern in Preußen, wo Landesvermessung und Kataster weitestgehend unabhängig voneinander betrieben wurden. Wegen dieser unkoordinierten Parallelität der damals wichtigsten beiden Säulen eines öffentlichen Vermessungswesens sowie wegen der verordneten Geheimhaltung der Karten und Kataster konnte sich der Nutzen der Geodäsie in den preußischen Landesgebieten viel weniger ins Bewusstsein der Bürger einprägen als beispielsweise in Bayern, wo der „Topographische Atlas" nicht im Kriegsarchiv weggeschlossen wurde, sondern von jedem Bürger gekauft werden konnte, und wo jeder Grundbesitzer „seinen" Katasterauszug in Schrift und Karte für seine Dokumentenmappe ausgehändigt erhielt. Hinzu kam die den Grenzfrieden sichernde Tätigkeit der Feldgeschworenen durch die Abmarkung der örtlichen Grenzen.

Dem Deutschen Geometer-Verein sowie seinen Exponenten Jordan und Steppes gebührt das historische Verdienst, das deutsche Vermessungswesen mit seinen Unzulänglichkeiten kritisch dargestellt und damit die politisch Verantwortlichen zum Handeln veranlasst zu haben.

Das deutsche Vermessungswesen – Ländersache bis heute

Ein heißer Diskussionspunkt war von Anfang an die Frage, ob das Vermessungswesen zur Reichsangelegenheit gemacht werden muss oder Ländersache bleiben kann. Obwohl viele gute fachliche Gründe für die „Verreichlichung" ins Feld geführt wurden, verblieb das Vermessungswesen in der Zuständigkeit der Länder. Dies war von der Verfassung her nicht zu beanstanden, weil das Reich den Ländern in der Tradition des Deutschen Bundes (1815-1865) die Souveränität im Verwaltungsvollzug selbst bei den Reichsgesetzen beließ. So war der Vollzug des Bürgerlichen Gesetzbuchs und der Grundbuchordnung durch die Gerichte ebenso Ländersache wie die Erhebung der Steuern. Und natürlich lagen die Katasterführung und die Parzellarvermessung sowie die damit verbundene Gesetzgebung ebenfalls in Länderhand. In der Landesvermessung kam es allerdings schon sehr früh sachbedingt zu verbindlichen Absprachen zwischen den einzelnen Ländern.

Das föderale Prinzip im Vermessungswesen wurde auch in der Weimarer Republik (1919-1933) beibehalten. Jedoch hatte der 1921 ins Leben gerufene *„Beirat für das Vermessungswesen"* die Aufgabe, einheitliche Grundsätze und Regeln für das öffentliche Vermessungswesen als Empfehlungen zu erarbeiten. Bei den Ländern fanden sie allgemeine Beachtung.

Die massiven Zentralisierungsbestrebungen in den Jahren 1933 bis 1945 kamen im Vermessungswesen nur teilweise zum Vollzug. Die Gesetze und Erlasse aus dieser Zeit wurden – mit Ausnahme des Bodenschätzungsgesetzes von 1934 – nach 1945 zwar nicht förmlich aufgehoben, dann jedoch von den Ländern Zug um Zug durch eigene Vorschriften ersetzt.

Der Grundsatz des Verwaltungsvollzugs durch die Länder wurde 1949 im Grundgesetz (Artikel 83 und folgende Grundgesetz) festgeschrieben und das Vermessungswesen blieb in der ausschließlichen Zuständigkeit der Länder. Die bereits 1948 von den Ländern gegründete *Arbeitsgemeinschaft der Vermessungsverwaltungen der Länder (AdV)*, in der dann auch die mit Vermessungsaufgaben des Bundes betrauten Bundesministerien Mitglied wurden, legt im Konsensualprinzip die für Landesvermessung und Liegenschaftskataster anzuwendenden länderübergreifenden Verfahren und Standards fest.

Die Koordination der geodätischen Wissenschaft und Forschung obliegt der *Deutschen Geodätischen Kommission (DGK)*. Sie ist organrechtlich in die Bayerische Akademie der Wissenschaften eingegliedert; die operativen Forschungsarbeiten werden vom *Deutschen Geodätischen Forschungsinstitut (DGFI)* in München erledigt.

Die geodätischen Aufgaben des Bundes sind seit 1952 dem *Institut für Angewandte Geodäsie (IfAG)* in Frankfurt am Main – heute *Bundesamt für Kartographie und Geodäsie (BKG)* – übertragen. Die Vermessungsaufgaben auf dem Gebiet der Verteidigung obliegen dem *Geoinformationsdienst der Bundeswehr* (früher MilGeo Dienst).

Im Bereich des Flurbereinigungswesens ist seit 1951 die *Arbeitsgemeinschaft für das technische Verfahren Flurbereinigung im Bundesgebiet /AtVF)* – heute *Arbeitsgemeinschaft nachhaltige Landentwicklung* – mit der Koordinierungsaufgabe betraut.

Der rasch steigenden Bedeutung eines effizienten Vermessungs- und Katasterwesens für den Wiederaufbau Deutschlands nach dem Krieg wurde durch die Schaffung von Vermessungs-, Kataster- und Abmarkungsgesetzen in allen Ländern (beginnend mit Hessen 1956) Rechnung getragen. Gleichzeitig regelten die Länder das Berufsrecht für die Öffentlich bestellten Vermessungsingenieure (ÖbVermIng) bei der Durchführung von Aufgaben insbesondere zur Abmarkung und zur hoheitlichen Grundstücksvermessung. Länderübergreifend schlossen sich die ÖbVermIng 1948 zum Bund der Öffentlich bestellten Vermessungsingenieure (BDVI) zusammen.

Die unmittelbar schwersten Bürden der Kriegszerstörungen und des Wiederaufbaus wurden der kommunalen Selbstverwaltung aufgebürdet. Zum Erfahrungsabgleich und zur Abstimmung von Verfahrensstrategien gründeten die Kollegen aus den namhaftesten deutschen Städten im Rahmen des Deutschen Städtetages bereits am 3. Juni 1947 in Krefeld die Fachkommission „Kommunales Vermessungs- und Liegenschaftswesen".

Hochinteressant aufzuzeigen ist es, wie eng das amtliche Vermessungswesen mit dem Individualrecht auf Eigentum an Grund und Boden verbunden ist und welche Folgen dies für die Organisation des Vermessungswesens im Allgemeinen und der Grundbuch- und der Katasterverwaltung im Besonderen hatte (siehe Artikel 14 Grundgesetz sowie Artikel 10-13 der Verfassung der DDR). So war das *VEB Kombinat Geodäsie und Kartographie* in der DDR hauptsächlich mit Ingenieurvermessungen beauftragt, während das 1952 mit dem Grundbuch zusammengelegte Kataster nur noch nachgeordnet rangierte. Dem nicht in die Staatsdoktrin passenden privaten Grundeigentum wollte man auch dadurch den Boden entziehen, dass die noch vorhandenen Grenzzeichen vielfach gezielt systematisch beseitigt wurden.

Die gesellschaftspolitische Bedeutung eines funktionierenden Vermessungswesens rückte aufgrund dieser Defizite in den neuen Bundesländern nach 1989 schlagartig in den Fokus, als es darum ging, den Grundstücksverkehr und die Kreditwirtschaft zum Laufen zu bringen. Die verbeamteten ebenso wie die beliehenen Vermessungsingenieure haben in den 90er Jahren mit ihrem engagierten Einsatz einen wesentlichen Beitrag zum weitgehend reibungslosen Aufbau der notwendigen Infrastruktur, zur städtischen Bodenordnung und zur Landentwicklung geleistet. Es ist müßig, darüber zu diskutieren, ob damals die Gelegenheit zur organisatorischen Verschmelzung von Grundbuch und Liegenschaftskataster versäumt worden ist. Denn die heutigen luK-technischen Möglichkeiten machen solche stets hochproblematischen Organisationsänderungen ohnehin weitgehend überflüssig.

Dies trifft analog auch für die Frage „föderal oder zentral?" zu, wenn sich alle Länder und der Bund auf die Einhaltung gemeinsamer technischer Standards und organisatorischer Vollzugsgrundsätze bei der Gewinnung und beim Austausch raumbezogener Daten verpflichten. Die Bedeutung dieser Forderung lässt sich daran erkennen, dass Bund und Länder bei der Fortentwicklung der föderalen Strukturen im IT-Bereich 2009 im vorgeschlagenen neuen Artikel 91c Grundgesetz die Zusammenarbeit von Bund und Ländern im Bereich der Standardsetzung besonders betonen und hierzu auch einen Grundlagen-Staatsvertrag abschließen wollen, der auch grundsätzlich die Standards für die Geoinformationen mit einbeziehen wird.

Politische Entscheidungen und technologische Entwicklungen – eine wechselseitige Geschichte

In naturwissenschaftlich-technischen Disziplinen, wie etwa bei den Geowissenschaften, lassen sich die gegenseitigen Abhängigkeiten politischer Entscheidungen mit dem Fortschritt in Wissenschaft und Technik besonders anschaulich aufzeigen: Die Politik braucht im Regelfall für ihre Entscheidungen die zur Realisierung erforderlichen technischen Instrumente und Methoden. Das Vermessungswesen war insofern vor 200 Jahren eine bemerkenswerte Ausnahme, weil für die damals geplante Neuordnung des Finanz- und Steuerwesens die benötigten Techniken noch gar nicht zur Verfügung standen. Die kurz darauf gemachten epochalen Erfindungen in der Optik, im Instrumentenbau und in der Drucktechnik waren somit zweckgebunden; gleichzeitig bescherten sie neben der effizienten Erfüllung des Verwaltungsauftrags einen enormen wirtschaftlichen Aufschwung, der fast ein ganzes Jahrhundert nachwirkte.

Heute ist das öffentliche und private Leben maßgebend bestimmt durch die Errungenschaften der Informations- und Kommunikationstechnologien. Ihre Möglichkeiten und Vorteile – darauf können die Vermessungsingenieure zu Recht stolz sein – wurden immer mit am ersten im Vermessungswesen getestet und zur Anwendung gebracht. So war es beim Computereinsatz, bei der elektronischen Strecken- und Winkelmessung sowie bei der terrestrischen Positionierung mit Hilfe extraterrestrischer Satelliten. Dieser intensive Einsatz modernster Technologien hat im Vermessungswesen zu beachtlichen Effizienzsteigerungen geführt, ohne die die im Rahmen der Verwaltungsreformen auferlegten Personaleinsparungen nicht umsetzbar gewesen wären.

Allerdings birgt die rasche Verbreiterung des Aufgaben- und Berufsfelds insbesondere in der Geoinformatik für den Vermessungsingenieur und dessen Partnern in den Nachbardisziplinen die Gefahr, dass sie beide den Überblick verlieren. Um dem gegenzusteuern ist es notwendig, dass – ebenso wie vor 130 Jahren – wieder ein systematischer Überblick über das aktuelle deutsche Vermessungs- und Geoinformationswesen gegeben wird. Dabei soll nicht nur auf die heute länderübergreifend vorhandenen Standards hingewiesen werden, sondern es sollen auch die föderal bedingten regionalen Besonderheiten aufgezeigt werden; und zwar nicht nur im amtlichen Bereich mit seiner Verantwortung für die Geobasisdaten, sondern darüber hinaus auch unter Einbeziehung der kommunalen Aufgabenträger, des freien Berufs, der Wirtschaft sowie nicht zuletzt der Wissenschaft, Forschung und Lehre.

Geoinformation goes international

Dem Geodatenmarkt wohnt gerade in den letzten Jahren eine enorme Dynamik inne. Die staatlichen Verwaltungen haben das Vermessungs- und Geoinformationswesen zu lange als ausschließlich hoheitliche Exklusivaufgabe und als Anbieter- und nicht als Nutzermarkt begriffen. Diese Fehleinschätzung gilt es umgehend zu korrigieren. Gelingen kann dies nur, wenn *alle* Bereiche des Vermessungs- und Geoinformationswesens konstruktiv und vertrauensvoll zusammenarbeiten. Die Lösungen müssen die Verwaltungen der Länder, des Bundes und der Kommunen ebenso einschließen wie den freien Beruf, die Wirtschaft und vor allem auch Wissenschaft, Forschung und Lehre. Nur so werden Geodäsie und Geoinformation von Politik und Öffentlichkeit in gebührendem Maße positiv als Dienstleister wahrgenommen. Schon jetzt ist unverkennbar, dass die Bedeutung digitaler Geodaten und Karten von der breiten Öffentlichkeit erkannt wird. Die elektronische Industrie hat den strategischen Wert raumbezogener Informationen, beispielsweise für Positionierungsdienste aller Art, voll in ihre Produktportfolios eingebaut. Google, Microsoft und Nokia sind nur die auffallendsten Beispiele. Der Frankfurter Allgemeinen Zeitung (vom 25.02.2009) ist zuzustimmen: „Nie war die Karte so wertvoll wie heute“ – trotz oder gerade wegen der augenblicklichen finanzpolitischen und wirtschaftlichen Turbulenzen.

National abgestimmtes gemeinsames Handeln ist notwendig, damit sich Deutschland künftig auch international mit dem von ihm geforderten Engagement einbringen kann. Die aktuellen Wirtschafts- und Umweltprobleme werden der Staatengemeinschaft keine Zeit für lange und halbherzige Verhandlungen lassen. Die Weltgemeinschaft braucht Konzepte und realisierbare Lösungen; Geodaten sind dafür unverzichtbar!

Bund und Länder haben im Rahmen der AdV-Zusammenarbeit auf diese Herausforderung auf nationaler Ebene reagiert und veranlasst durch die Diskussion in der Föderalismuskommission II – eine Verwaltungsvereinbarung erarbeitet, die eine schnelle, marktgerechte Handlungsweise bei länderübergreifenden operativen Fragestellungen sicherstellt.

Fazit

Für Jordan und Steppes war es vor 130 Jahren das erklärte Ziel, einheitliche und hinreichend genaue Vermessungs- und Katastergrundlagen zu schaffen sowie ein akademisches Studium für den Vermessungsingenieur im gesamten Reichsgebiet vorzuschreiben; dies ist – auch unter Einbeziehung der Leistungen anlässlich der Wiedervereinigung ab 1989 – recht gut gelungen.

Ab sofort muss sich das deutsche Vermessungs- und Geoinformationswesen darüber hinaus dem kontinentalen und globalen Wettbewerb stellen – eine Herausforderung nicht nur für die Berufserfahrenen, sondern auch für den Berufsnachwuchs!

Das vorliegende Jahrbuch will dazu seinen Beitrag leisten.

Anhang I: Abkürzungsverzeichnis

/a	pro Jahr
€	Euro; auch: EUR
3-D	Dreidimensional
AA	Auswärtiges Amt
AAA	ATKIS® – ALKIS® – AFIS®
Abs.	Absatz
acatech	Deutsche Akademie der Technikwissenschaften
AdV	Arbeitsgemeinschaft der Vermessungsverwaltungen der Länder der Bundesrepublik Deutschland
AdV-Gebührenrichtlinie	Richtlinie über die Gebühren für die Bereitstellung und Nutzung von Geobasisdaten der Vermessungsverwaltungen der Länder
AFIS®	Amtliches Festpunkt-Informationssystem
AG	Arbeitsgruppe; auch: Aktiengesellschaft
AgA	Arbeitsgruppe Automation in der Kartographie
AGB	Allgemeine Geschäftsbedingungen
AGeoBw	Amt für Geoinformationswesen der Bundeswehr
AGILE	Association of Geographic Information Laboratories in Europe
AGN	Astronomisch-Geodätisches Netz der sozialistischen Länder Osteuropas
AIDS	Acquired Immunodeficiency Syndrome
AK	Arbeitskreis
AKS	Automatisiert/e (geführte) Kaufpreissammlung
ALB	Automatisiert/es (geführtes) Liegenschaftsbuch
ALK	Automatisiert/e (geführte) Liegenschaftskarte
ALKIS®	Amtliches Liegenschaftskataster-Informationssystem
ALS	Airborne Laserscanning
AMK	Agrarministerkonferenz
AP	Aufnahmepunkt
APKIM	Aktuelle plattenkinematische Modelle des DGFI
ARGEBAU	Konferenz der für Städtebau, Bau- und Wohnungswesen zuständigen Minister und Senatoren der Länder (Bauministerkonferenz)
ASCII	American Standard Code for Information Interchange
ATKIS®	Amtliches Topographisch-Kartographisches Informationssystem
AtVF	Arbeitsgemeinschaft für das technische Verfahren Flurbereinigung im Bundesgebiet
AVN	Allgemeine Vermessungs-Nachrichten – Zeitschrift für alle Bereiche der Geodäsie und Geoinformation
AWI	Alfred-Wegener-Institut, Bremerhaven
AWZ	Ausschließliche Wirtschaftszone
B.Eng.	Bachelor of Engineering
B.Sc.	Bachelor of Science
BA	Bundesagentur für Arbeit

BAdW	Bayerische Akademie der Wissenschaften
BAFÖG	Bundesausbildungsförderungsgesetz
BALM	Bundesanstalt für landwirtschaftliche Marktordnung
BAMF	Bundesamt für Migration und Flüchtlinge
BauGB	Baugesetzbuch
BauNVO	Baunutzungsverordnung
BAW	Bundesanstalt für Wasserbau
BayGDIG	Bayerisches Geodateninfrastrukturgesetz
BBD	Bundesbaudirektion
BBiG	Berufsbildungsgesetz
BBK	Bundesamt für Bevölkerungsschutz und Katastrophenhilfe
BBR	Bundesamt für Bauwesen und Raumordnung
BBSR	Bundesinstitut für Bau-, Stadt- und Raumforschung
BDVI	Bund der Öffentlich bestellten Vermessungsingenieure
BEF	Bundesamt für Ernährung und Forstwirtschaft
BAFA	Bundesamt für Wirtschaft und Ausfuhrkontrolle
BfG	Bundesanstalt für Gewässerkunde
BfLR	Bundesforschungsanstalt für Landeskunde und Raumordnung
BfN	Bundesamt für Naturschutz
BfS	Bundesamt für Strahlenschutz
BGB	Bürgerliches Gesetzbuch
BGBEG	Einführungsgesetz zum Bürgerlichen Gesetzbuch
BGBl	Bundesgesetzblatt
BGH	Bundesgerichtshof
BGR	Bundesanstalt für Geowissenschaften und Rohstoffe
BIBB	Bundesinstitut für Berufsbildung
BImA	Bundesanstalt für Immobilienaufgaben
BImSchV	Bundesimmissionsschutzverordnung
BIPM	Bureau International des Poids et Mesures
BK	Bundeskanzleramt
BKG	Bundesamt für Kartographie und Geodäsie
BLE	Bundesanstalt für Landwirtschaft und Ernährung
BMAS	Bundesministerium für Arbeit und Soziales
BMBF	Bundesministerium für Bildung und Forschung
BMELV	Bundesministerium für Ernährung, Landwirtschaft und Verbraucherschutz
BMF	Bundesministerium der Finanzen
BMFSFJ	Bundesministerium für Frauen, Schule, Familie und Jugend
BMG	Bundesministerium für Gesundheit
BMI	Bundesministerium des Innern
BMJ	Bundesministerium der Justiz
BMU	Bundesministerium für Umwelt, Naturschutz und Reaktorsicherheit
BMVBS	Bundesministerium für Verkehr, Bau und Stadtentwicklung
BMVg	Bundesministerium der Verteidigung
BMWi	Bundesministerium für Wirtschaft und Technologie

BMZ	Bundesministerium für wirtschaftliche Zusammenarbeit und Entwicklung
BNetzA	Bundesnetzagentur für Elektrizität, Gas, Telekommunikation, Post und Eisenbahnen
BodSchätzG	Gesetz zur Schätzung des landwirtschaftlichen Kulturbodens (Bodenschätzungsgesetz)
BOS	Behörden und Organisationen mit Sicherheitsaufgaben
BSH	Bundesamt für Seeschifffahrt und Hydrographie
bspw.	beispielsweise
BSU	Bundesstelle für Seeunfalluntersuchung
BVerwG	Bundesverwaltungsgericht
bzw.	beziehungsweise
ca.	zirka
CAFM	Computer-Aided Facility Management
CDMA	Code Division Multiple Access (Code-Multiplexverfahren bei GPS)
CdS	Chef des Bundeskanzleramtes und Chefs der Staats- und Senatskanzleien der Länder (auch für weibliche Form)
CEB	Chief Executive Board for Coordination
CEHAPE	Children's Environment and Health Action Plan for Europe
CEN	Comité Européen de Normalisation
CEOS	Committee on Earth Observation Satellites
CERCO	Comité Européen des Responsables de la Cartographie Officielle
CGPM	Conférence Générale des Poids et Mesures
CHAMP	CHAllenging Minisatellite Payload
CHLM	Committee on Housing and Land Management (UNECE)
CLC	CORINE Land Cover
CLGE	Comité de Liaison des Géomètres Européens/European Council of Geodetic Surveyors
COGI	Interservice Committee on Geographical Information within the Commission
CORINE	Coordination of Information on the Environment
CRS	Coordinate Reference System (im AAA-Modell)
CS	Commercial Service bei Galileo
CSW	Catalogue Service Web
CTP	Conventional Terrestrial Pole
d. h.	das heißt
D.C.	District of Columbia
D.G.V.	Deutscher Geometer-Verein
DAAD	Deutscher Akademischer Austauschdienst
DB	Deutsche Bahn
DBMS	Datenbank-Managementsystem
DDGI	Deutscher Dachverband für Geoinformation
DDR	Deutsche Demokratische Republik
DE	Deutschland
deNIS	Deutsches Notfallvorsorge-Informationssystem

DFD	Deutsches Fernerkundungsdatenzentrum
DFG	Deutsche Forschungsgemeinschaft
DFGM	Digitales Festpunktmodell der Grundlagenvermessung
DFHBF	Digitale Finite Elemente Höhenbezugsfläche
DFK	Digitale Flurkarte
DFS	Deutsche Flugsicherung
DGFI	Deutsches Geodätisches Forschungsinstitut
DGfK	Deutsche Gesellschaft für Kartographie
DGK	Deutsche Geodätische Kommission
DGK5	Deutsche Grundkarte 1:5.000
DGM	Digitales Geländemodell
DGNSS	Differentielle Positionsbestimmung mit GNSS
DGPF	Deutsche Gesellschaft für Photogrammetrie, Fernerkundung und Geoinformation
DGPS	Differentielle Positionsbestimmung mit GPS
DHDN	Deutsches Hauptdreiecksnetz
DHHN92	Deutsches Haupthöhennetz 1992 (auch mit Jahreszusatz 1912 und 1985)
DHSN96	Deutsches Hauptschwerenetz 1996 (auch mit Jahreszusatz 1982)
DHyG	Deutsche Hydrographische Gesellschaft
DIN	Deutsches Institut für Normung e. V.
DKM	Digitales Kartographisches Modell
DLM	Digitales Landschaftsmodell
DLR	Deutsches Zentrum für Luft- und Raumfahrt
DM	Deutsche Mark
DMV	Deutscher Markscheider Verein
DOM	Digitales Oberflächenmodell
DOP	Digitales Orthophoto
DORIS	Doppler Orbitography and Radiopositioning Integrated by Satellite
DREF91	Deutsches Referenznetz 1991
DREF-Online	Nationaler technischer Bezugsrahmen für das SA*POS*® Koordinatenmonitoring
DSGK	Verfahren Digitale Stadtgrundkarte
DSGN94	Deutsches Schweregrundnetz 1994 (auch mit Jahreszusatz 1976)
DST	Deutscher Städtetag
DTK	Digitale Topographische Karte
DVW	Gesellschaft für Geodäsie, Geoinformation und Landmanagement (vormals: Deutscher Verein für Vermessungswesen)
DWD	Deutscher Wetterdienst
e. V.	eingetragener Verein
EAC	European Astronauts Center
EBA	Eisenbahnbundesamt
ECDIS	Electronic Chart Display and Information System
ECGN	European Combined Geodetic Network
ECOSOC	Economic and Social Council der UN

ECTS	European Credit Transfer System
ED(50)	Europäisches Datum (1950); auch: Echtzeit-Dienst von ascos
EDBS	Einheitliche Datenbankschnittstelle
EDGE	Enhanced Data Rates for GSM Evolution
EDM	Elektronische Distanzmessung
EEA	European Environment Agency
EFTA	European Free Trade Association
EG	Europäische Gemeinschaft
eG	eingetragene Gesellschaft
EGNOS	European Geostationary Navigation Overlay Service
EGoS	European Group of Surveyors
eGovernment	electronic Government
EIONET	European Environment Information and Observation Network
eLearning	electronic learning
ELWIS	Elektronisches Wasserstraßeninformationssystem
EN	Europäische Norm
EnEV	Energieeinsparverordnung
EnviSat	Environment Satellite
EnWG	Energiewirtschaftsgesetz
EOP	Erdorientierungsparameter
EPN	EUREF Permanent GPS Network
EPS	Echtzeit-Positionierungsservice des SA*POS*®
ERIS	Earth Rotation Information System
ERP	Erdrotationsparameter
ERS	European Remote Sensing [Satellite]
ESA	European Space Agency
ESOC	European Space Operation Center
ESPACE	Earth Oriented Space Science and Technology
ESSP SaS	European Satellite Services Provider, Société par Actions Simplifiée
EStG	Einkommenssteuergesetz
et al.	lateinische Abkürzung für: und andere
ETM	Enhanced Thematic Mapper
ETRS 89	European Terrestrial Reference System 1989
EU	Europäische Union
EUMETSAT	European Organisation for the Exploitation of Meteorological Satellites
EUREF	European Reference Frame
EuroDEM	European Digital Elevation Modell
EUROGI	European Umbrella Organisation for Geographic Information
EuroSDR	European Spatial Data Research
EuroStat	Statistisches Amt der Europäischen Gemeinschaften
EUSC	European Satellite Center
EUVN	European Vertical Reference Network
EVRS	European Vertical Reference System
EWG	Europäische Wirtschaftsgemeinschaft

FAO	Food and Agriculture Organization
FB	Funktionalbereich
FDMA	Frequency Division Multiple Access (Frequenz-Multiplexverfahren bei GLONASS)
FE	Filter Encoding
FESG	Forschungseinrichtung Satellitengeodäsie
ff	folgende
FFH-Gebiete	Schutzgebiete nach der Richtlinie 92/43/EWG (Fauna-Flora-Habitat-Richtlinie)
FH	Fachhochschule
FhG	Fraunhofer-Gesellschaft
FIG	Fédération Internationale des Géomètres
FIS Hy	Fachinformationssystem Hydrogeologie
FIS Bo	Fachinformationssystem Bodenkunde
FK KVL	Fachkommission Kommunales Vermessungs- und Liegenschaftswesen im Deutschen Städtetag (DST)
FKP	Flächenkorrekturparameter
FLI	Friedrich-Löffler-Institut, Bundesforschungsinstitut für Tiergesundheit
FLUGS	Flussgebietsinformationssystem
FlurbG	Flurbereinigungsgesetz
FPÜ	Festpunkt-Übersicht
fub	Flächenmanagement und Bodenordnung – Zeitschrift für Liegenschaftswesen, Planung und Vermessung
G2B	Government to Business
G2C	Government to Citizens, Government to Community
G2G	Government to Government
GAC	GMES Advisory Council
GAL	Gemeinschaft der Anwender des Automatisierten Liegenschaftsbuchs
Galileo	Europäisches Satellitennavigationssystem
GAP	Gemeinsame Agrarpolitik der Europäischen Union
GATE	Galileo Test- und Entwicklungsumgebung
GAW	Global Atmosphere Watch
GazS	Gazetteer-Service
GBE	Gesundheitsberichterstattung
GBGA	Geschäftsanweisung für die Behandlung der Grundbuchsachen
GBO	Grundbuchordnung
GbR	Gesellschaft bürgerlichen Rechts
GBV	Grundbuchverfügung
GCG05	German Combined Quasigeoid 2005
GCOS	Global Climate Observing System
GDF	Geographic Data Files
GDI	Geodateninfrastruktur
GDZ	Geodatenzentrum (des BKG)
GEO	Group on Earth Observation

GeoInfoDBund	Geoinformationsdienst des Bundes
GeoInfoDBw	Geoinformationsdienst der Bundeswehr
GeoInfoDDtld	Geoinformationsdienst Deutschland
GeoInfoDok	Dokumentation zur Modellierung der Geoinformationen des amtlichen Vermessungswesens
GeoVis	Geovisualisierungszentrum
GeoZG	Geodatenzugangsgesetz
GFZ	GeoForschungsZentrum
GG	Grundgesetz
ggf.	gegebenenfalls
GGOS	Global Geodetic Observing System
GGP	Geodätischer Grundnetzpunkt
GIAP	Graphisch-Interaktiver Arbeitsplatz
GIF	Graphic Interchange Format
GIN	Geoinformatik in Norddeutschland (Verein)
GIOVE	Galileo In-Orbit Validation Element
GIS	Geoinformationssystem
GISCO	Geographical Information System of the European Commission
GISU	Geographisches Informationssystem Umwelt
GITEWS	German-Indonesian Tsunami Early Warning System
GIW-Kommission	Kommission der Geoinformationswirtschaft
GKS	Graphisches Kernsystem
GLONASS	Globalnaya Navigatsionnaya Sputnikovaya Sistema
GmbH	Gesellschaft mit beschränkter Haftung
GMES	Global Monitoring for Environment and Security
GML	Geography Markup Language
GNSS	Global Navigation Satellite System
GOCE	Gravity Field and Steady-State Ocean Circulation Explorer
GOME	Global Ozone Monitoring Experiment
GOOS	Global Ocean Observing System
GPCC	Global Precipitation Climatology Centre
GPPS	Geodätischer Postprocessing Positionierungsservice des SA*POS*®
GPRS	General Packed Radio Service
GPS	Global Positioning System
GRACE	Gravity Recovery and Climate Experiment
GravP	Gravimetriepunkt (Schwerefestpunkt)
GRDC	Global Runoff Data Centre
GREF	Integriertes Geodätisches GNSS-Referenznetz
GRS80	Geodetic Reference System 1980
GSDI	Global Spatial Data Infrastructure
GSM	Global System for Mobile Communication
GSN	GCOS Surface Network
GST	Galileo System Time
GTOS	Global Terestrial Observing System
GTREF	Galileo Terrestrial Reference Frame

GTZ	Gesellschaft für Technische Zusammenarbeit
GUAN	GCOS Upper Air Network
GUM	Guide to the Expression of Uncertainty in Measurement
GVBl.	Gesetz- und Verordnungsblatt; auch: GV, GBl., GVOBl.
GVHH	Gemeinschaft zur Verbreitung der Hauskoordinaten inklusive Hausumringe
GVHK	Gemeinschaft zur Verbreitung der Hauskoordinaten
H0	Norm-Spurweite europäischer Modellbahnen
ha	Hektar
HEPS	Hochpräziser Echtzeit-Positionierungsservice des SA*POS*®
HFP	Höhenfestpunkt
HGB	Handelsgesetzbuch
HIV	Human Immunodeficiency Virus
HK	Hauskoordinaten
HLBG	Hessisches Landesamt für Bodenmanagement und Geoinformation
HN	Höhen-Null (Höhenbezugsfläche in der DDR)
HOAI	Honorarordnung für Architekten und Ingenieure
HRG	Hochschulrahmengesetz
HTML	Hypertext Markup Language
HTTP	Hypertext Transfer Protocol
i. d. F.	in der Fassung
i. d. R.	in der Regel
i. V. m.	in Verbindung mit
IAG	International Association of Geodesy
ICA	International Cartographic Association
ICE	InterCity Express
ICO	Intergovernmental Oceanographic Commission
ICP	Iterative Closest Point
ICRF	International Celestial Reference Frame
ICSU	International Council for Science
iD 2010	Informationsgesellschaft Deutschland 2010
IEMB	Institut für die Erhaltung und Modernisierung von Bauwerken
IERS	International Earth Rotation Service
IfAG	Institut für Angewandte Geodäsie; heute BKG
IFB	Institut für freie Berufe Nürnberg
IFG	Informationsfreiheitsgesetz
IfSG	Infektionsschutzgesetz
IGN	Institut Géographique National
IGOS	Integrated Global Observing Strategy
IGS	International GNSS Service
IGSN71	International Gravity Standardization Net 1971
IGU	International Geographic Union
ILEK	Integriertes ländliches Entwicklungskonzept
IMAGI	Interministerieller Ausschuss für Geoinformationswesen (in der Bundesverwaltung)

IMK	Ständige Konferenz der Innenminister und -senatoren
ImmowertV	Immobilienwertermittlungsverordnung
INKAR	Indikatoren, Karten und Graphiken zur Raum- und Stadtentwicklung
INS	Inertiales Navigationssystem
InSAR	Interferometrisches SAR
INSPIRE	Infrastructure for Spatial Information in Europe
InVeKos	Integriertes Verwaltungs- und Kontrollsystem
InvErlWoBauG	Investitionserleichterungs- und Wohnbaulandgesetz
IPCC	Intergovernmental Panel on Climate Change
ISO	International Standardization Organization
ISPRS	International Society of Photogrammetry and Remote Sensing
IT	Informationstechnologie/-technik
ITRF	International Terrestrial Reference Frame
ITRS	International Terrestrial Reference System
IUGG	Internationale Union für Geodäsie und Geophysik
IuK	Information und Kommunikation; auch: IK
IWG	Informationsweiterverwendungsgesetz
IWK	Internationale Weltkarte
Jhdt.	Jahrhundert
JKI	Julius-Kühn-Institut, Bundesforschungsinstitut für Kulturpflanzen
JOG	Joint Operations Graphics
JPL	Jet Propulsion Laboratory in Pasadena
KAG	Kommunalabgabengesetz
KBA	Kraftfahrtbundesamt
KDBS	Kompatible Datenbankschnittstelle
KDCS	Kompatible Datenkommunikationsschnittstelle
kfw	Kreditanstalt für Wiederaufbau
KG	Kommanditgesellschaft
KGSt	Kommunale Gemeinschaftsstelle für Verwaltungsvereinfachung beim Deutschen Städtetag (DST)
KN	Kartographische Nachrichten – Fachzeitschrift für Geoinformation und Visualisierung
KNN	Künstliches Neuronales Netz
KORVIS	Kommunales Rats- und Verwaltungsinformationssystem
KSDS	Kompatible Systemdateischnittstelle
KSt. GDI-DE	Koordinierungsstelle GDI-DE
KW	Kalenderwoche
LADM	Land Administration Domain Model
LBS	Location Based Service
LCCS	Land Cover Classification System
LEFIS	LandEnwicklungsFachInformationsSystem
LFP	Lagefestpunkt
LfVT	Länderübergreifendes Lehrerforum für Vermessungstechnik
LG GDI-DE	Lenkungsgremium zum Aufbau der Geodateninfrastruktur Deutschland

LGN	Landesvermessung und Geobasisinformation Niedersachsen (Landesbetrieb)
LLR	Lunar Laser Ranging
LOD	Length of Day (Tageslänge)
LP	Leistungspunkte
LPIS	Land Parcel Identification System (Flurstücksidentifizierungssystem)
LSA VERM	Zeitschrift für das Öffentliche Vermessungswesen des Landes Sachsen-Anhalt
LVermGeo LSA	Landesamt für Vermessung und Geoinformation Sachsen-Anhalt
LVermGeo RP	Landesamt für Vermessung und Geobasisinformation Rheinland-Pfalz
LwAnpG	Landwirtschaftsanpassungsgesetz
M.Eng.	Master of Engineering
M.Sc.	Master of Science
MAC	Master Auxiliary Concept
MDR	Monatsschrift für Deutsches Recht
MEGRIN	Multi-Purpose European Ground Related Information Network
MERKIS	Maßstabsorientierte einheitliche Raumbezugsbasis für kommunale Informationssysteme
MilGeo Dienst	Militärgeographischer Dienst
Mio.	Millionen
MIS	Metainformationssystem
MPG	Max-Planck-Gesellschaft
Mrd.	Milliarden
n. Chr.	nach Christi Geburt
NaVKV	Nachrichten der Niedersächsischen Vermessungs- und Katasterverwaltung
NAP	Normaal Amsterdams Peil
NAS	Normbasierte Austauschschnittstelle
NASA	National Aeronautics and Space Administration
NATO	North Atlantic Treaty Organization
NAVSTAR	Navigation System with Time and Ranging
NBA	Nutzerbezogene Bestandsdatenaktualisierung
NGDB	Nationale Geodatenbasis
NHN	Normalhöhen-Null
NHP	Normalhöhenpunkt
NivP	Nivellementpunkt (Höhenfestpunkt)
NJW	Neue Juristische Wochenschrift
NMCA	National Mapping Land Registry and Cadastral Agencies
NN	Normal-Null
Nr.	Nummer
NRW	Nordrhein-Westfalen
Ntrip	Networked transport of RTCM via Internet protocol
o. a.	oben aufgeführter
ÖbVermIng	Öffentlich bestellte Vermessungsingenieure

OECD	Organisation for Economic Co-Operation and Development
OGC	Open GeoSpatial Consortium
ÖGD	Öffentlicher Gesundheitsdienst
OHG	Offene Handelsgesellschaft
OK	Objektartenkatalog
OMG	Object Management Group
OPA	Oberprüfungsamt für den höheren technischen Verwaltungsdienst
OS	Open Service bei Galileo
OSM	OpenStreetMap
PartGG	Partnerschaftsgesellschaftsgesetz
PAS	Publicly Available Specification
PCC	Permanent Committee on Cadastre in the European Union
PD	Potsdam Datum
PD83	Potsdam Datum 1983 (Gebrauchsnetz in Thüringen)
PDA	Personal Digital Assistant
PDGNSS	Präzise Differentielle Positionsbestimmung mit GNSS
PED	Präziser Echtzeit-Dienst von ascos
PG-GI	Projektgruppe Geoinformationswirtschaft
PHARE-Staaten	Bulgarien, Estland, Lettland, Litauen, Polen, Rumänien, Slowakische Republik, Slowenien, Tschechische Republik, Ungarn
PIK	Potsdam-Institut für Klimafolgenforschung
Pkw	Personenkraftwagen
PlanzV	Planzeichenverordnung
PNG	Portable Network Graphics
POI	Points of Interest
PortalU®	Umweltportal Deutschland
PostG	Postgesetz
PPP	Public Private Partnership
PR	Public Relations
PRM	Public Relations und Marketing
PRS	Public Regulated Service bei Galileo
PS-InSAR	Persistent Scatterer InSAR
PTB	Physikalisch-Technische Bundesanstalt in Braunschweig
PZ90	Parametri Zemlia 1990 (Russisches Geodätisches System 1990)
QM	Qualitätsmanagement
QUEST	Centre for Quantum Engineering and Space-Time Research
rd.	rund
RD83	Rauenberg Datum 1983 (Gebrauchsnetz in Sachsen)
RDN	Reichsdreiecksnetz
REK	Regionales Entwicklungskonzept
RETrig	Réseau Européen Trigonométrique
REUN	Réseau Européen Unifié des Nivellements
RGB	Rot, Grün, Blau
RGBl.	Reichsgesetzblatt
RINEX	Receiver Independent Exchange Format

RKI	Robert-Koch-Institut
ROG	Raumordnungsgesetz
RRC	Range Rate Correction (bei RTCM)
RSP	Referenzstationspunkt des SA*POS*®
RT GIS	Runder Tisch GIS
RTCM	Radio Technical Commitee for Maritime Services
RTF	Rich Text Format
RTK	Real-Time-Kinematik Positionierung mit GNSS
S.	Seite
s. o./ s. u.	siehe oben/ siehe unten
SABE	Seamless Administrative Boundaries of Europe
SAGA	Standards und Architekturen für eGovernment-Anwendungen
SA*POS*®	Satellitenpositionierungsdienst der deutschen Landesvermessung
SAR	Synthetic Aperture Radar; auch: Search-and-Rescue-Service bei Galileo
SBAS	Satellite-Based Augmentation System
SC	Special Commitee
Sciamachy	Scanning Imaging Absorption Spectrometer for Atmospheric Cartography
SEIS	Shared Environment Information System
SFB	Sonderforschungsbereich
SFP	Schwerefestpunkt
SGB X	Sozialgesetzbuch Teil 10
SGN	Staatliches Gravimetrisches Netz der DDR
Sigma	Standardabweichung; auch: σ
SK	Signaturenkatalog
SKG	Sachkommission Grundbuch
SKL	Sachkommission Liegenschaftskataster
SLR	Satellite Laser Ranging
SNN76	Staatliches Nivellementsnetz 1. O. in der DDR (Realisierung 1976)
sog.	sogenannt
SoL	Safety-of-Life Service bei Galileo
SP	Schwerepunkt
SRTM	Shuttle Radar Topography Mission
SST	Satellite-to-Satellite Tracking
StAGN	Ständiger Ausschuss für Geographische Namen
StBA	Statistisches Bundesamt
StGB	Strafgesetzbuch
STN 42/83	Staatliches Trigonometrisches Netz der DDR (Realisierung 1983)
SVP	Sonstiger Vermessungspunkt
TAI	Temps Atomique International
TC	Technical Committee
TEC	Total Electronic Content (Ionosphärendienst für SA*POS*®)
TechKom	Technisches Komitee SA*POS*®
TEN	Trans-European Networks

TF PRM	Task Force Public Relations und Marketing
TK	Topographische Karte
TKG	Telekommunikationsgesetz
TLS	Terrestrisches Laserscanning
TP	Trigonometrischer Punkt (Lagefestpunkt)
TSN	Tierseuchennachrichtensystem
TU	Technische Universität
TÜK	Topographische Übersichtskarte
TWG	Thematic Working Group
u. a.	unter anderem
UBA	Umweltbundesamt
UELN	United European Levelling Network (früher: Unified European Levelling Net)
UF	Unterirdische Festlegung (von HFP)
UIG	Umweltinformationsgesetz
ÜK	Übersichtskarte
UML	Unified Modeling Language
UMTS	Universal Mobile Telecommunications System
UN	United Nations (Vereinte Nationen)
UNDP	United Nations Development Programme
UNECE	United Nations Economic Commission for Europe
UNEP	United Nations Environment Programme
UNESCO	United Nations Economical, Social and Cultural Organization
UNGEGN	United Nations Group of Experts on Geographical Names
UNGISP	Geographic Information Strategy Plan for the United Nations
UNGIWG	United Nations Geographic Information Working Group
UN-Habitat	United Nations Centre for Human Settlements
UNHCR	United Nations High Commissioner for Refugees
UNICEF	United Nations Children's Fund
UNOG	United Nations Office at Geneva
UNSCC	United Nations Standards Coordinating Committee
UNSDI	United Nations Spatial Data Infrastructure
UrhG	Urhebergesetz
URI	Unified Resource Identifier
URL	Uniform Resource Locator
US$	US-amerikanische Dollar
USA	United States of America; auch: US
usw.	und so weiter
UT1	Universal Time
UTC	Universal Time Coordinated (koordinierte Weltzeit Greenwich)
UTM	Universale Transversale Mercator-Abbildung
UWB	Ultra Wide Band
v. Chr.	vor Christi Geburt
VA	Verwaltungsakt
VBORIS	Vernetztes Bodenrichtwerte-Informationssystem

VDV	Verband Deutscher Vermessungsingenieure
VEB	Volkseigener Betrieb
VEMAGS	Verfahrensmanagement für Großraum- und Schwertransporte
vgl.	vergleiche
VgV	Vergabeverordnung
VLBI	Very Long Baseline Interferometry
VOB	Vergabe- und Vertragsordnung für Bauleistungen
VOF	Verdingungsordnung für freiberufliche Leistungen
VOL	Verdingungsordnung für Leistungen
VRS	Virtuelle Referenzstation
WAGIS	Wasserstraßengeoinformationssystem
WCS	Web Coverage Service
WCTS	Web Coordinate Transformation Service
WDC-RSAT	World Data Centre of Remote Sensing of the Atmosphere
WebWerdis	Web Weather Request and Distribution System
WESTE	Wetterdaten und -statistiken express
WFP	World Food Programme
WFS	Web Feature Service
WGS84	World Geodetic System 1984 (auch mit Jahreszusatz 1972)
WHO	World Health Organization
WI	Work Item
WIPO	World Intellectual Property Rights Organization
WIS	Wertermittlungsinformationssystem
WISE	Water Information System for Europe
WLAN	Wireless Local Area Network
WMO	World Meteorological Organization
WMS	Web Map Service
WPLA	Working Party on Land Administration (UNECE)
WSÄ	Wasser- und Schifffahrtsämter
WSV	Wasser- und Schifffahrtsverwaltung des Bundes
WWW	World Weather Watch; www = World Wide Web
XML	Extensible Markup Language
XÖV	XML in der öffentlichen Verwaltung
XPlan	XPlanung (Deutschland-Online Projekt für Bauleitplanung)
XSLT	Extensible Style sheet Language TRansformation
z. B.	zum Beispiel
ZEN	Zentraleuropäisches Netz
zfv	Zeitschrift für Geodäsie, Geoinformation und Landmanagement
ZGDV	Zentrum für graphische Datenverarbeitung Darmstadt
ZKI	Zentrum für satellitengestützte Kriseninformation
ZPO	Zivilprozessordnung
ZUSO	Zusammengesetztes Objekt im AAA-Modell

Anhang II: Autorenverzeichnis

Dr.-Ing. Rainer Bauer (Kapitel 7)
Bayerisches Staatsministerium der Finanzen
Vermessungsverwaltung, IuK-Technik,
München
rainer.bauer@stmf.bayern.de
www.stmf.bayern.de

Konrad Birth (Kapitel 13)
Bezirksregierung Köln,
Geobasis NRW, Bonn
konrad.birth@bezreg-koeln.nrw.de
www.bezreg-koeln.nrw.de

Heinz Brüggemann (Kapitel 16)
Bezirksregierung Köln,
Geobasis NRW, Bonn
heinz.brueggemann@bezreg-koeln.nrw.de
www.bezreg-koeln.nrw.de

Peter Creuzer (Kapitel 2)
Behörde für Geoinformation, Landentwicklung
und Liegenschaften, Hannover
peter.creuzer@gll-h.niedersachsen.de
www.gll-h.niedersachsen.de

Gisela Fabian (Kapitel 15)
Senatsverwaltung für Stadtentwicklung,
Geoinformation, Vermessung, Wertermittlung, Berlin
gisela.fabian@senstadt.berlin.de
www.stadtentwicklung.berlin.de

Prof. Dr.-Ing. Josef Frankenberger
(Rückblick)
Amtliches deutsches Vermessungswesen,
Freistaat Bayern, Rosenheim
jug.frankenberger@t-online.de

Wilfried Grunau (Kapitel 12)
Verband Deutscher Vermessungsingenieure
e. V. (VDV), Edewecht
praesident@vdv-online.de
www.vdv-online.de

Bernhard Heckmann (Kapitel 5)
Hessisches Landesamt für Bodenmanagement
und Geoinformation, Wiesbaden
bernhard.heckmann@hvbg.hessen.de
www.hvbg.hessen.de

Prof. Dr.-Ing. Christian Heipke (Kapitel 17)
Institut für Photogrammetrie und Geoinformation, Leibniz Universität Hannover
heipke@ipi.uni-hannover.de
www.ipi.uni-hannover.de

Dr.-Ing. Ernst Jäger (Kapitel 6)
Landesvermessung und Geobasisinformation
Niedersachsen, Hannover
ernst.jaeger@lgn.niedersachsen.de
www.lgn.niedersachsen.de

Karlheinz Jäger (Kapitel 11)
Kommunales Vermessungs- und Liegenschaftswesen, Stuttgart
karlheinz.jaeger@stuttgart.de
www.stuttgart.de

Cordula Jäger-Bredenfeld (Kapitel 15)
Landesamt für Vermessung und Geoinformation
Sachsen-Anhalt, Magdeburg
cordula.jaeger-bredenfeld@LVermGeo.sachsen-anhalt.de
www.lvermgeo.sachsen-anhalt.de

Dr.-Ing. Cord-Hinrich Jahn (Kapitel 5)
Arbeitskreis Raumbezug der AdV,
Hannover
cord-hinrich.jahn@lgn.niedersachsen.de
www.lgn.niedersachsen.de

Dr. Markus Kerber (Kapitel 1)
Grundsatzfragen; Europa und internationale
Entwicklungen im Bundesministerium des
Innern, Berlin
markus.kerber@bmi.bund.de
www.bmi.bund.de

Prof. Dr.-Ing. Theo Kötter (Kapitel 10)
Städtebau und Bodenordnung am Institut für
Geodäsie und Geoinformation, Universität Bonn
koetter@uni-bonn.de
www.isbk.uni-bonn.de

Prof. Dr.-Ing. Klaus Kummer (Kapitel 3)
Landesamt für Vermessung und Geoinformation
Sachsen-Anhalt, Magdeburg
klaus.kummer@LVermGeo.sachsen-anhalt.de
www.lvermgeo.sachsen-anhalt.de

Prof. Dr.-Ing. Hansjörg Kutterer (Kapitel 16)
Geodätisches Institut,
Leibniz Universität Hannover
kutterer@gih.uni-hannover.de
www.gih.uni-hannover.de

Prof. Dr.-Ing. Harald Lucht (Kapitel 11)
Kommunales Vermessungs- und Liegenschaftswesen, Freie Hansestadt Bremen
harald.lucht@t-online.de
www.haraldlucht.eu

Dr. Markus Meinert (Kapitel 4)
Ministerium des Innern des Landes Brandenburg, Potsdam
markus.meinert@mi.brandenburg.de
www.mi.brandenburg.de

Prof. Dr.-Ing. Jürgen Müller (Kapitel 17)
Institut für Erdmessung,
Leibniz Universität Hannover
mueller@ife.uni-hannover.de
www.ife.uni-hannover.de

Prof. Dr. Rudolf Püschel (Kapitel 7)
Bayerische Vermessungsverwaltung,
Vermessungsamt, Vilshofen an der Donau
rudolf.pueschel@va-vof.bayern.de
www.geodaten.bayern.de

Stefan Sandmann (Kapitel 16)
Bezirksregierung Köln,
Geobasis NRW, Bonn
stefan.sandmann@bezreg-koeln.nrw.de
www.bezreg-koeln.nrw.de

Hans-Wolfgang Schaar (Kapitel 11)
Kommunales Vermessungs- und Liegenschaftswesen, Essen
wolfgang.schaar@amt68.essen.de
www.essen.de

Andreas Schleyer (Kapitel 13)
Ministerium für Ernährung und Ländlichen Raum, Stuttgart
andreas.schleyer@mlr.bwl.de
www.mlr.baden-wuerttemberg.de

Karin Schultze (Kapitel 17)
Landesamt für Vermessung und Geoinformation
Sachsen-Anhalt, Magdeburg
karin.schultze@LVermGeo.sachsen-anhalt.de
www.lvermgeo.sachsen-anhalt.de

Dr.-Ing. Markus Seifert (Kapitel 14)
Landesamt für Vermessung und Geoinformation
Bayern, München
markus.seifert@lvg.bayern.de
www.geodaten.bayern.de

Udo Stichling (Kapitel 12)
Deutscher Dachverband für Geoinformation
e. V. (DDGI), Wuppertal
ddgi@vermessung-stichling.de
www.ddgi.de

Dr. Hartmut Streuff (Kapitel 4)
Bundesministerium für Umwelt, Naturschutz und Reaktorsicherheit, Bonn
hartmut.streuff@bmu.bund.de
www.bmu.de

Prof. Dr.-Ing. Joachim Thomas (Kapitel 8)
Umwelt- und Landwirtschaftsministerium
Nordrhein-Westfalen, Düsseldorf
joachim.thomas@munlv.nrw.de
www.umwelt.nrw.de

Holger Wanzke (Kapitel 11)
Kommunales Vermessungs- und Liegenschaftswesen, Wuppertal
holger.wanzke@stadt.wuppertal.de
www.wuppertal.de

Wilfried Wiedenroth (Kapitel 7)
Arbeitskreis Liegenschaftskataster der AdV,
Magdeburg
wilfried.wiedenroth@LVermGeo.sachsen-anhalt.de
www.lvermgeo.sachsen-anhalt.de

Wilhelm Zeddies (Kapitel 2)
Geschäftsführung der AdV, Hannover
wilhelm.zeddies@lgn.niedersachsen.de
www.adv-online.de

Prof. Dr.-Ing. Werner Ziegenbein (Kapitel 9)
Hon.-Professur Grundstücksbewertung,
Leibniz Universität Hannover
wuh.ziegenbein@freenet.de
www.gih.uni-hannover.de

Michael Zurhorst (Kapitel 7)
Bund der Öffentlich bestellten Vermessungsingenieure e. V. (BDVI), Werne
zurhorst@bdvi.de
www.bdvi.de

Stichwortverzeichnis